창·의·력·과·학

I&I 아이 앤 아이

개정판

생명과학(상)

무한상상

바야흐로 창의력의 시대입니다.

과학창의력 향상은 단순한 과학적 흥미만으로는 부족합니다. 과제 집착력, 자신감을 바탕으로 한 체계적인 훈련이 필요합니다. 창의력 과학 아이앤아이 (I&I,Imagine Infinite)는 개정 교육 과정에 따라서 창의적 문제해결력의 극대화에 중점을 둔 새로운 개념의 과학 창의력 통합 학습서입니다.

과학을 공부한다는 것은

1. 과학 개념을 정밀히 다듬어 이해하고
2. 탐구력을 기르는 연습(과학 실험 등)을 꾸준히 하여 각종 과학 관련 문제에 대한 이해와 분석과 상상이 가능하도록 하며
3. 각종 문제 상황에서 창의적 문제 해결을 하는 과정을 뜻합니다.

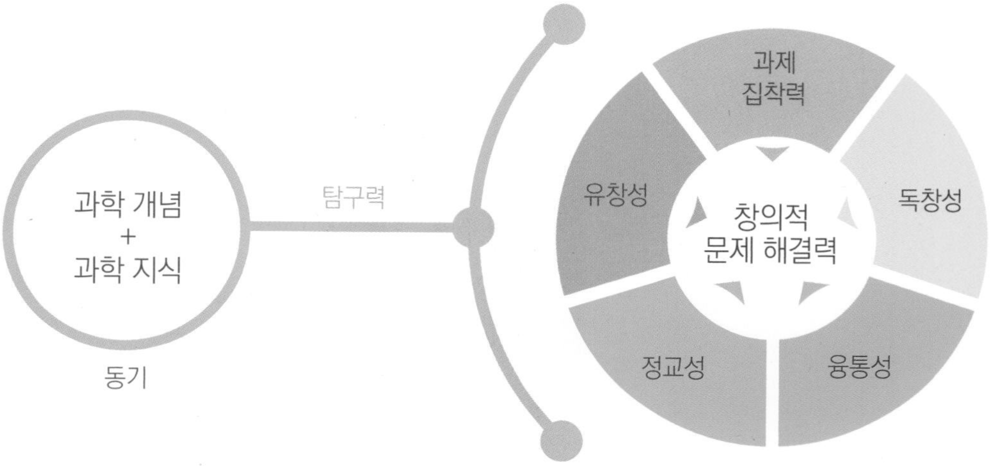

창의적 문제 해결력이 길러지는 과정

이 책의 특징은

1. 각종 그림을 활용하여 과학 개념을 명확히 하였습니다.
2. 교과서의 실험 등을 통하여 탐구과정 능력을 향상시켰습니다.
3. 창의력을 키우는 문제, Imagine Infinitely 에서 스스로의 창의력을 기반으로 하여 창의적 문제해결력을 향상할 수 있도록 하였습니다.
6. 영재학교, 과학고, 각종 과학 대회 기출 문제 또는 기출 유형 문제를 종합적으로 수록하여 실전 대비 연습에 만전을 기했습니다.
7. 해설을 풍부하게 하여 문제풀이를 정확하게 할 수 있도록 하였습니다.

이 책은

과학고, 영재학교 및 특목고의 탐구력, 창의력 구술 검사 및 면접을 준비하는 학생에게 창의적 문제와 그 해결 방법을 제공하며 각종 경시 대회나 중등 영재교육원을 준비하는 학생에게 심화 문제를 제공하고 있습니다. 고교 과학에서 필요한 문제해결 방법을 제공합니다.

영재학교 · 과학고 진학

현황

과학영재학교(영재고)의 경우 전국에 8개교로 서울, 경기, 대전, 세종, 인천, 광주, 대구, 부산에 각 1개씩 있으며, 과학고는 총 20개교로 서울2, 부산2, 인천2, 대구1, 울산1, 대전1, 경기1, 강원1, 충남1, 충북1, 경북2, 경남2, 전북1 ,전남1, 제주1개교가 있습니다. 두 학교가 비슷한 것처럼 보이기도 하지만 설립 취지, 법적 근거, 교육 과정 등 여러 면에서 서로 다른 교육기관입니다.

모집 방법

과학영재학교는 전국 단위로 신입생을 선발하지만, 과학고의 경우 광역(지역)단위로 신입생을 선발합니다. 과학영재학교는 학생이 거주하는 지역과 상관없이 어떤 지역이든 응시가 가능하고, 1단계 지원의 경우 중복 지원할 수 있지만 2단계 전형 일자가 전국 8개교 모두 동일해서 2단계 전형 중복 응시는 불가능합니다. 과학고의 경우 학생이 거주하는 지역에 과학고가 있을 경우 타 지역 과학고에는 응시할 수 없으며, 과학고가 없다면 타지역 과학고에 응시 가능합니다.

모집 시기

과학영재학교는 3월말~4월경에 모집하고, 과학고의 경우 8월초~8월말에 모집합니다.

지원 자격

과학영재학교는 전국 소재 중학교 1, 2, 3학년 재학생, 졸업생이 지원할 수 있으며, 과학고는 해당 지역 소재 중학교 3학년 재학생, 졸업생이 지원할 수 있습니다. 과학고의 경우 학생이 거주하는 지역 소재 중학교 졸업자 또는 졸업 예정자가 지원할 수 있습니다. 즉, 과학영재학교의 경우 중학교 각 학년마다 1번씩 총 3번, 과학고의 경우 중학교 3학년때 1번만 지원할 수 있는 것입니다.

전형 방법

과학영재학교는 1단계(학생기록물 평가), 2단계(창의적 문제해결력 평가, 영재성 검사), 3단계(영재성 다면평가, 1박2일 캠프) 전형이며, 과학고는 1단계(서류평가 및 출석면담), 2단계(소집 면접) 전형으로 학생을 선발합니다. 과학영재학교의 경우 1단계에서 학생이 제출한 서류(자기소개서, 수학/과학 지도교원 추천서, 담임교원 추천서, 학교생활기록부 등)를 토대로 1단계 합격자를 선발하고, 2단계는 수학/과학/융합/에세이 등의 지필 평가로 합격자를 선발하며, 3단계는 1박2일 캠프를 통하여 글로벌 과학자로서의 자질과 잠재성을 평가하여 최종 합격자를 선발합니다. 과학고의 경우 1단계에서 지원자 전원을 지정한 날짜에 학교로 출석시켜 제출 서류(학교생활기록부, 자기소개서, 교사추천서)와 관련된 내용을 검증 평가해 1.5~2 배수 내외의 인원을 선발하고, 2단계 소집 면접을 통해 수학 과학에 대한 창의성 및 잠재 역량과 인성 등을 종합 평가해 최종 합격자를 선발합니다.

준비 과정

과학은 창의력과 밀접한 관계가 있습니다. 문제를 푸는 과정, 실험을 설계하고 결론을 찾아가는 과정 등에서 창의력의 요소인 독창성, 유창성, 융통성, 정교성, 민감성의 자질이 개발되기 때문입니다. 이러한 자질이 개발되면 열정적이고 창의적이 되어 즐겁게 자기 주도적 학습을 할 수 있습니다. 어릴 때부터 이러한 자질을 개발하는 것도 중요하지만 호기심 많은 학생이라면 초등 고학년~중등 때부터 시작하여도 늦지 않습니다. 일단 과학 관련 도서를 많이 접하고, 과학 탐구 대회 등의 과학 활동에 많이 참여하여 과학이 재미있어지는 과정을 거치는 것이 좋습니다. 이후에 중학교 내신 관리를 하면서 문제해결력을 길러 각종 지필대회를 준비하는 것이 좋을 것입니다.

창의적 사고를 위한 요소

유익하고 새로운 것을 생각해 내는 능력을 창의력이라고 합니다.

사고를 원활하고 민첩하게 하여 많은 양의 산출 결과를 내는 유창성, 고정적인 사고의 틀에서 벗어나 다양한 각도에서 다양한 해결책을 찾아내는 융통성, 새롭고 독특한 아이디어를 산출해 내는 독창성, 기존의 아이디어를 치밀하고 정밀하게 다듬어 더욱 복잡하게 발전시키는 정교성 등이 대표적인 요소입니다.

아이앤아이는 창의력을 향상시킵니다.

창의력을 키우는 문제 에서는 문제의 유형을 단계적 문제 해결력, 추리 단답형, 실생활 관련형, 논리 서술형으로 나눠 놓았습니다.
창의적 사고의 요소들은 문제 해결 과정에 포함됩니다.

단계적 문제 해결력 유형의 문제

이 유형의 문제를 해결하기 위해서 기본적으로 유창성과 융통성이 필요합니다. 문제의 한 단계 한 단계의 논리 구조를 따라잡아야 유창하게 답을 쓸 수 있을 것이기 때문입니다. 또 각 단계마다 창의적 사고의 정교성과 독창성이 요구됩니다.

추리단답형 유형 문제

독창적인 사고의 영역입니다. 알고 있는 개념을 바탕으로 주어진 자료와 상황을 명확하게 해석하여 창의적으로 문제를 해결해야 합니다.

실생활 관련형 문제

우리 생활 속에 미처 생각하지 못하고 지나쳤던 부분에 숨겨진 과학적 현상을 일깨워줍니다. 과학이 현실과 동떨어진 것이 아니라 신기하고 친숙한 것임을 이해시켜 과학적 동기부여를 해줍니다.

논리서술형의 문제

대학 입시에서도 비중이 높아진 논술 부분을 대비하기 위해 필수적인 부분입니다. 이 문제를 풀기 위해서는 창의적 사고 요소의 골고루 필요합니다. 현재 과학의 핫 이슈를 자신만의 이야기로 풀어나갈 수 있어야 하며, 과학 관련 문제의 해결책을 창의적으로 제시할 수 있어야 할 것입니다. 이 문제들을 통하여 한층 정교해지는 과학 개념과 탐구 과정 능력, 창의력을 느낄 수 있을 것입니다.

실험에서의 탐구 과정 요소

과학에서 빼놓을 수 없는 것이 과학적인 탐구 능력입니다.

탐구 능력 또는 탐구 과정 능력이란 자연 현상이나 사물에 관한 문제를 연관시켜 해결하는 능력을 말합니다. 과학 관련 문제를 해결하기 위해서는 몇 가지 단계가 필요한데, 이 단계에서 필요한 요소를 탐구 과정 요소라고 합니다. 탐구 과정 요소에는 기초 탐구 과정 요소인 관찰, 분류, 측정, 예상, 추리와 통합 탐구 과정 요소인 문제 인식, 가설 설정, 실험 설계(변인 통제), 자료 변환 및 자료 해석, 결론 도출 등이 있습니다.

기초 탐구 과정 중 분류의 예

우리 주위의 여러 가지 물체나 현상 등을 관찰하여 특징과 용도에 따라 나눔으로서 질서를 정하는 과정을 말합니다. 분류를 하기 위해서는 모둠의 공통된 특징을 가려서 분류 기준을 정해야 합니다.

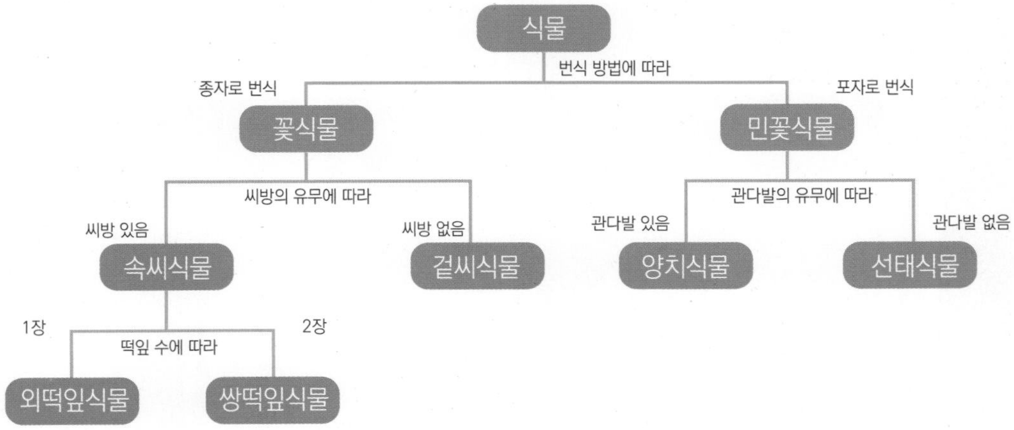

〈분류의 과정〉

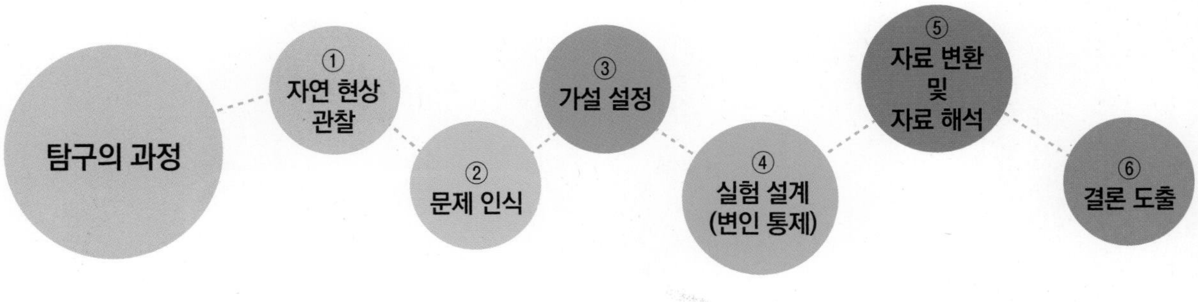

① 뉴턴 : 내가 자고 있는데 누가 날 깨우는 거야? 어라? 사과가 떨어져 나를 깨운 것이구나!

② 그런데 사과는 왜 아래로만 떨어지는 것일까? 사과뿐만 아니라 다른 물체도 아래로 떨어지는구나.

③ 우리가 알고 있는 힘 외에 어떤 다른 힘이 있다는 가설을 세워 보자.

④ 두 물체 사이의 잡아당기는 힘이 얼마인지 실험해 보자. 다른 힘들이 있으면 안되니까 전기적으로 중성이어야 하고, 거리를 재고, 질량을 재고, 힘을 측정해야 하겠지?

⑤ 여러 번 실험을 해서 자료를 종합해 보니

⑥ 새로운 힘이 존재하는데, 그 힘의 크기는 두 물체 사이의 거리의 제곱에 반비례하고, 질량의 곱에 비례하는구나! 이 힘을 만유인력이라고 해야지.

창·의·력·과·학

아이앤아이

단원별 내용 구성

도입

- **아이앤아이**의 특징을 설명하였습니다.
- 창의적 사고를 위한 요소, 탐구 과정 요소를 요약하였습니다.
- 각 단원마다 소단원을 소개하였습니다.

개념 보기

- 개정 교육 과정 순서입니다.
- 중고등 심화 내용을 모두 다루었습니다.
- 본문의 내용을 보조단 내용과 유기적으로 연관시켰습니다.
- 개념을 간략하고 명확하게 서술하되, 각종 그림 등을 이용하여 창의력이 발휘되도록 하였습니다.

개념 확인 문제

- 시험에 잘 출제되는 문제와 함께 다양한 문제를 제시하였습니다.
- 심화 단계로 넘어가는 중간 과정 문제를 많이 해결해 보도록 하였습니다.
- 기초 개념을 공고히 하는 문제를 제시하였습니다.

개념 심화 문제

· 한번 더 생각해야 해결할 수 있는 문제를 실었습니다.

· 고급 문제 해결을 위한 다리 역할을 하는 문제로 구성하였습니다.

창의력을 키우는 문제

· 창의적 문제 해결력을 향상할 수 있도록 하였습니다.

· 단계적 문제 해결형, 추리단답형, 논리서술형, 실생활 관련형으로 나누어서 창의적 문제 해결을 극대화하도록 하였습니다.

· 구술, 심층면접, 논술 능력 향상에도 도움이 될 것입니다.

대회 기출 문제

· 각종 창의력 대회, 경시 대회 문제, 수능 문제를 단원별로 분류하여 실었습니다.

· 영재학교, 과학고를 비롯한 특목고 입시 문제를 각 단원별로 분류하여 실었습니다.

Imagine Infinitely (I&I)

· 각 단원 관련 흥미로운 주제의 읽기 자료입니다.

· 말미에 서술형 문제를 통해 글쓰기 연습이 가능할 것입니다.

정답 및 해설

· 상세한 설명을 통해 문제를 해결할 길잡이가 되도록 하였습니다.

Contents 목차

창·의·력·과·학
아이앤아이
생명과학(상)

프롤로그

I 생물의 구성과 다양성

II 식물의 영양

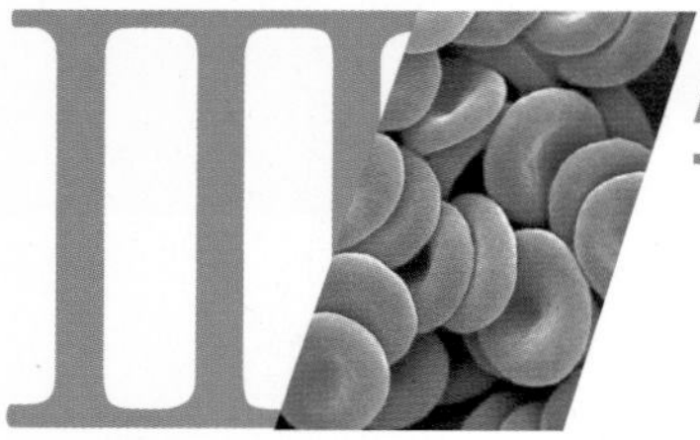

III 소화와 순환

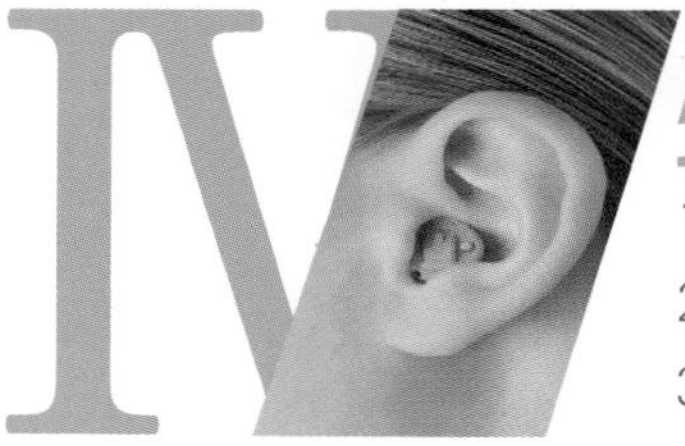

IV 자극과 반응

창·의·력·과·학

아이앤아이

생명과학(하)

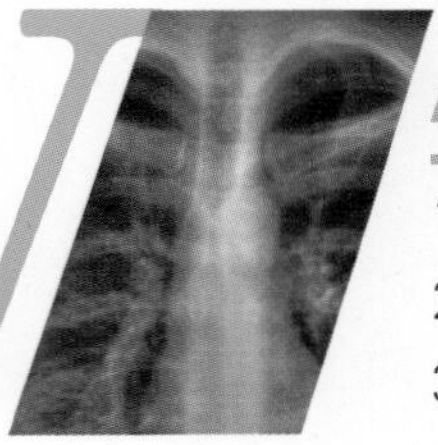

V 호흡과 배설

VI 생식과 발생

VII 유전과 진화

VIII 생태계와 상호 작용

Biology

프롤로그 (prolog)

뜨거운 물체가 손에 닿으면 황급히 손을 움추린 경험이 있을 것이다.
'뜨겁다' 라는 감각은 어떻게 느끼는 것일까?

※ 프롤로그(Prolog)

1. 생명 현상의 특성

(1) 세포 모든 생물은 세포로 구성되어 있으며, 세포는 생물체의 구조적 · 기능적 기본 단위[1]이다.

① **단세포 생물** : 하나의 세포로 몸이 구성된 생물이다. ㉥ 아메바, 짚신벌레, 유글레나 등

② **다세포 생물** : 여러 개의 세포가 각각의 역할을 분담하여 조직적 · 유기적으로 몸을 구성하는 생물이다. ㉥ 물벼룩, 백합, 비둘기, 사람 등

> **❶ 세포의 구조적 · 기능적 단위**
> - 구조적 단위 : 모든 생물의 몸은 세포로 구성되어 있다.
> - 기능적 단위 : 세포 안에서 생물이 살아가는데 필요한 물질과 에너지를 만드는 생명 활동이 일어난다.

(2) 물질대사[2] 생물은 물질대사를 통해 생물체를 구성하는 성분을 만들고 에너지를 얻는다.

① **물질대사** : 생명 활동을 유지하기 위해 생명체 내에서 일어나는 모든 화학 반응이다.

② **물질대사 종류** : 동화 작용과 이화 작용으로 구분한다.

구분	동화 작용 (흡열 반응)	이화 작용 (발열 반응)
정의	작은 분자를 큰 분자로 합성하는 반응	큰 분자를 작은 분자로 분해하는 반응
㉥	광합성, 단백질 합성, 녹말 합성 등	세포 호흡, 소화, 글리코젠 분해 등
에너지 변화	에너지 흡수	에너지 방출
물질 변화와 에너지 출입	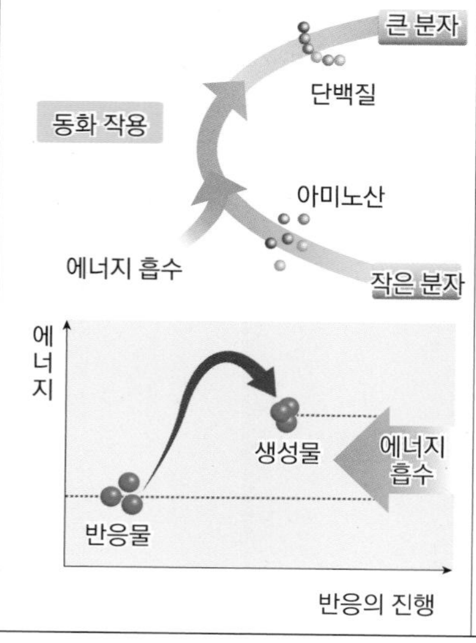	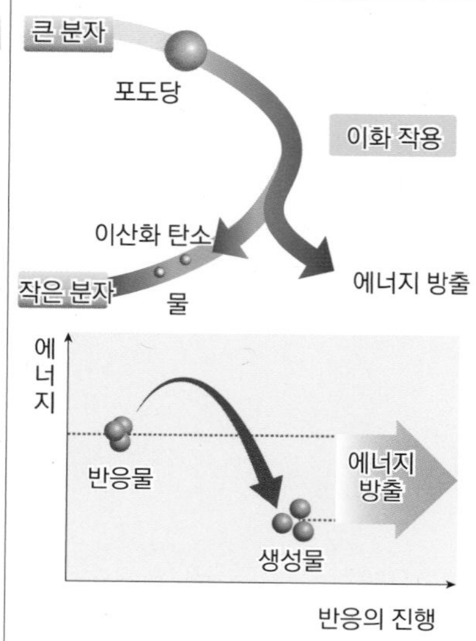

> **❷ 물질대사의 특징**
> - 물질대사 과정은 효소에 의해 진행된다.
> - 물질대사가 일어날 때에는 에너지의 출입이 반드시 함께 일어난다.

(3) 자극과 반응 생물은 빛, 온도, 소리, 접촉 등의 환경 변화를 받아들이고 이에 대해 반응한다.

① **자극** : 빛, 온도 등 생물의 생명 활동에 영향을 미치는 체내 외의 환경 변화이다.

② **반응** : 외부의 자극에 대해 생체 · 기관 · 조직 또는 세포가 나타내는 상태의 변화 또는 활동이다.

	빛에 대한 식물의 반응	빛에 대한 홍채의 반응	접촉에 대한 반응
㉥	• 식물의 줄기는 빛을 향해 자란다. 	• 어두운 곳에서는 동공이 커지고, 밝은 곳에서는 동공이 작아진다. 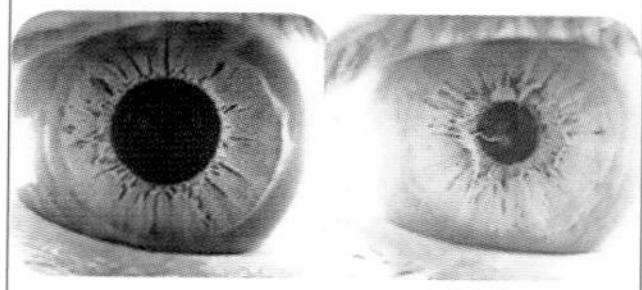	• 미모사의 잎은 자극을 받으면 오므라든다. 

> **미니사전**
>
> **효소** 생물체 내 화학 반응을 촉매하는 역할로서 주로 단백질로 이루어져 있다.

(4) 항상성[3] 유지 생물은 외부 환경이 변하더라도 체내 환경을 일정하게 유지하려는 성질이 있다.

㉰예 체온 조절(더울 때 땀을 흘려 체온을 유지한다.), 삼투압 조절(물을 많이 마시면 오줌량이 증가한다.), 혈당량 조절(식사 후 혈당을 낮추는 호르몬인 인슐린이 분비된다.) 등

(5) 발생과 생장 생물은 발생과 생장을 통해 몸의 크기가 커지고 구조와 기능이 다양해진다.

① **발생** : 수정란이 세포 분열을 통해 세포의 수가 증가하고 세포의 구조와 기능이 다양해지면서 완전한 하나의 개체가 되는 과정이다.

② **생장** : 발생 과정을 통해 생겨난 어린 개체가 세포 분열을 통해 세포의 수가 증가함으로써 몸집이 커지고 무게가 증가하여 성체가 되는 과정이다.

예 개구리의 발생과 생장

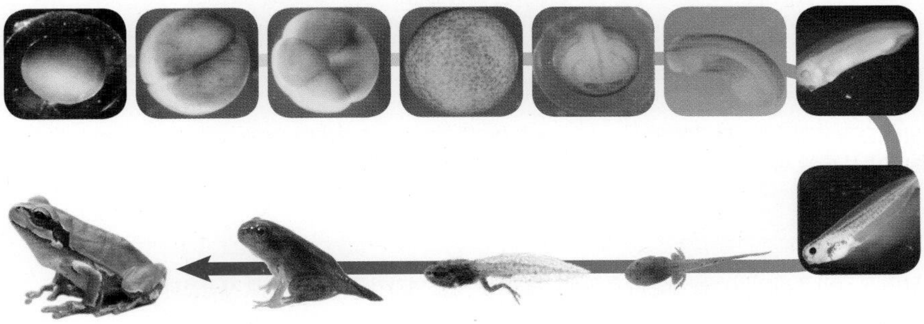

• 개구리의 수정란은 발생 과정을 거쳐 어린 개체인 올챙이가 된다. 올챙이는 세포 분열을 통해 생장하여 성체 개구리가 된다. 발생과 생장은 모두 세포 분열을 통해 일어난다.

(6) 생식과 유전 생물은 자신과 닮은 자손을 남겨 종족을 유지한다.

① **생식** : 생물이 자신과 닮은 자손을 남겨 종족을 보존하는 현상이다.

② **유전** : 생식 과정에서 어버이의 유전 물질이 자손에게 전해지는 현상이다.

(7) 적응과 진화 생물이 환경의 변화에 적응하고 진화함으로써 다양한 생물종이 나타나게 되었다.

① **적응** : 생물이 환경에 알맞게 몸의 형태, 기능, 생활 습성 등을 변화시키는 현상이다.

② **진화** : 생물이 여러 세대를 거쳐 다른 환경에 적응하는 과정에서 유전자가 다양하게 변하여 새로운 종으로 분화되는 현상이다.

❸ **항상성**

여러 가지 환경 변화에 대응하여 체내 환경을 일정하게 유지하려는 성질이다.

	눈신토끼	선인장 가시	사막여우	캥거루쥐
예	• 눈신토끼의 털 색은 겨울이 되면 갈색에서 흰색으로 변하여 천적으로부터 몸을 보호한다.  	• 선인장은 잎이 가시로 변하여 수분의 증발을 막는다. 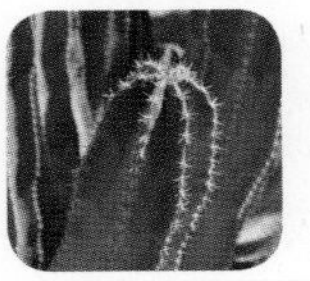	• 사막여우는 온대지방의 여우보다 귀가 크고 몸집이 작아 열 발산이 쉽다. 	• 캥거루쥐는 콩팥의 기능을 발달시켜 수분 손실이 적어지도록 적응, 진화하였다. 

2. 바이러스

(1) 바이러스[1] 살아 있는 생물에 기생하여 증식하며, 여러 가지 질병을 일으키는 병원체이다.

① 세균보다 크기가 훨씬 작은 0.02 ~ 0.2㎛ 정도이다.

② 세포막으로 싸여있지 않고 세포 소기관도 없어 세포의 구조를 갖추지 못하고 있다.

③ 단백질로 이루어진 껍질과 유전 물질인 핵산으로 구성되어 있다.

(2) 바이러스의 발견

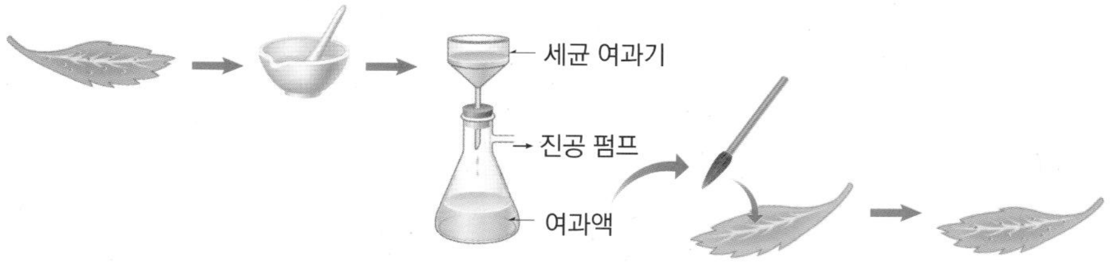

① 담배 모자이크병에 걸린 담뱃잎을 갈아서 즙을 짜낸다.
② 세균 여과기로 걸러낸다.
③ 걸러낸 여과액을 건강한 담뱃잎에 바른다.
④ 건강한 담뱃잎이 담배 모자이크병에 걸린다.

- 담배 모자이크 바이러스는 세균이 통과하지 못하는 세균 여과기를 통과하므로 세균보다 크기가 작다.

(3) 바이러스의 특징 바이러스는 생물적 특징과 무생물적 특징이 모두 나타난다.

생물적 특징	무생물적 특징
• 유전 물질인 핵산을 가지고 있으며 생물체 공통 성분인 단백질로 구성되어 있다. • 숙주 세포 내에서 물질대사와 증식이 가능하다. • 증식 과정에서 자신의 유전 물질이 전달되는 유전 현상이 일어난다. • 돌연변이가 나타나고, 다양한 종류로 진화한다.	• 세포막으로 싸여있지 않고, 세포의 구조를 갖추지 못한다. • 효소가 없어 스스로 물질대사를 할 수 없다. • 숙주 세포 밖에서는 핵산과 단백질이 뭉쳐진 결정 형태로 존재한다.

(4) 바이러스의 증식 과정 바이러스는 숙주 세포 내에서 증식한다.

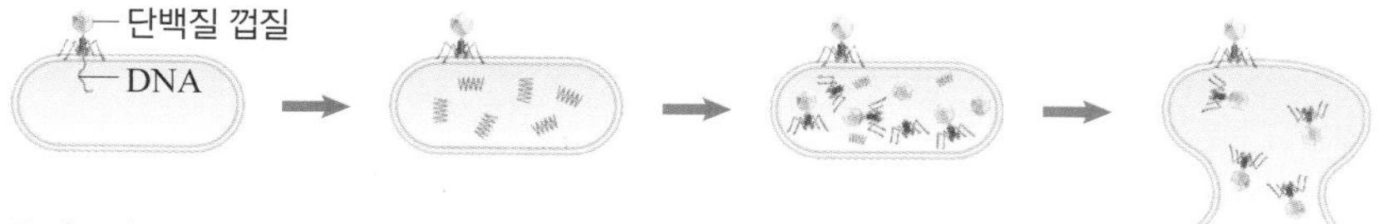

숙주 세포에 부착하여 숙주 안으로 파지의 DNA가 들어가고, 껍질은 숙주 표면에 남는다.
숙주의 효소들을 이용하여 파지의 DNA 분자를 합성하고, 숙주의 DNA를 파괴한다.
파지의 DNA는 단백질 껍질을 만들고 DNA가 그 껍질 안으로 들어가 새로운 파지가 생긴다.
새로 만들어진 파지는 숙주 세포를 파괴하고 나온다.

---

① 바이러스의 종류

● DNA 바이러스

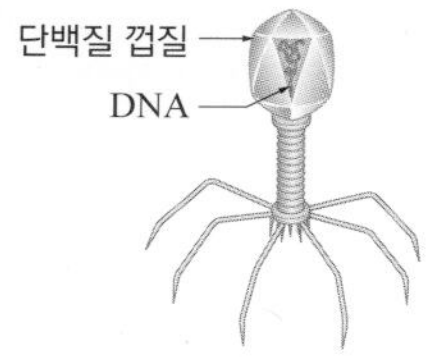

▲ 박테리오파지

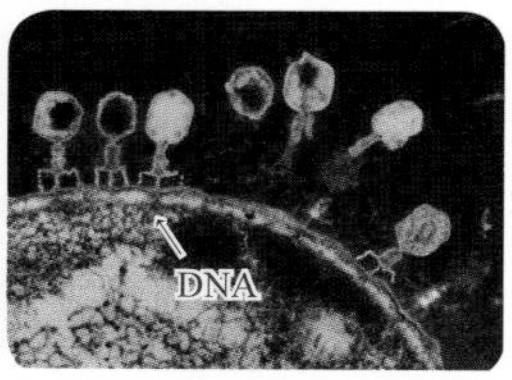

● RNA 바이러스

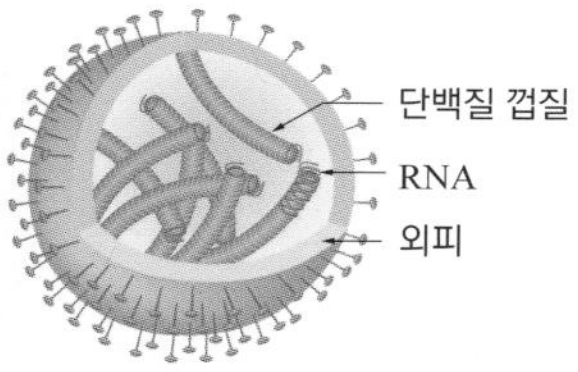

▲ HIV
(사람 면역 결핍 바이러스)

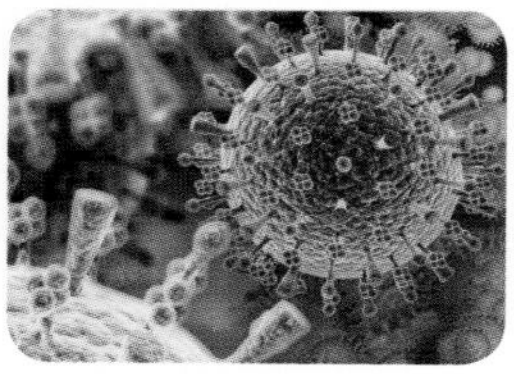

미니사전

핵산 당, 인산, 염기로 구성된 고분자 물질로 유전이나 단백질 합성에 중요한 작용을 한다.

숙주 기생하는 생물에게 영양을 공급하는 생물

3. 화성 생명체 탐사 실험

(1) 동화 작용 확인 실험[1] 광합성을 하는 생명체가 있는지 알아보기 위한 실험이다.

① **실험 방법** : 화성 토양이 든 실험 용기에 방사성 기체($^{14}CO_2$)를 넣고 빛을 비춘다. 며칠 후 방사성 기체를 제거하고 토양 시료를 가열하여 방사성 기체의 발생 여부를 확인한다.

② **실험 가설** : 토양 속에 광합성을 하는 생명체가 있었다면 ^{14}C를 포함한 유기물이 합성되었을 것이고, 가열 과정에 의해 방사성 기체가 발생하였을 것이다.

③ **실험 결과** : 방사성 기체가 검출되지 않았다.

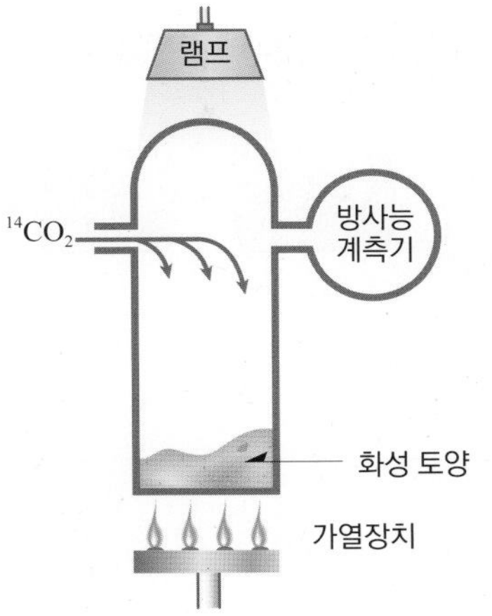

(2) 이화 작용 확인 실험[1] 호흡을 하는 생명체가 있는지 알아보기 위한 실험이다.

① **실험 방법** : 화성 토양이 든 실험 용기에 방사성을 띠는 영양분(^{14}C)을 넣고 며칠 동안 용기 내의 공기에 방사성 기체($^{14}CO_2$)가 발생하는지를 조사한다.

② **실험 가설** : 호흡을 하는 생명체가 있었다면 ^{14}C를 함유한 유기물(방사성 영양분)이 분해되어 방사성 기체($^{14}CO_2$)가 발생하였을 것이다.

③ **실험 결과** : 방사성 기체가 검출되지 않았다.

(3) 기체 교환 확인 실험[2] 호흡을 하여 기체 교환을 하는 생명체가 있는지 알아보기 위한 실험이다.

① **실험 방법** : 화성 토양이 든 실험 용기에 일정한 조성을 가진 혼합 기체와 영양분을 넣고 용기 내부의 기체 조성비가 변하는지 기체 분석기를 이용하여 조사한다.

② **실험 가설** : 호흡을 하는 생명체가 있었다면 기체 교환을 하여 용기 내부의 기체 조성비가 변했을 것이다.

③ **실험 결과** : 용기 속 혼합 기체의 조성에 변화가 없었다.

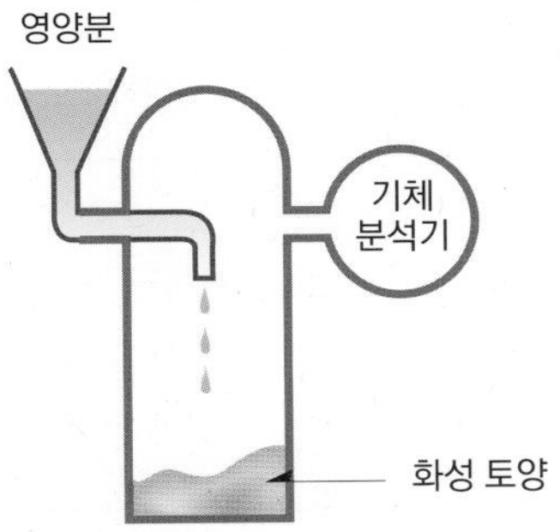

(4) 실험 결과로부터 알 수 있는 사실 화성 토양에는 광합성이나 호흡 등 물질대사를 하는 생명체가 존재하지 않는다.

화성 탐사선에서의 실험

바이킹호에서 실시되었던 실험은 '모든 생물은 물질대사를 한다'는 사실을 전제로 하여 화성 토양에 물질대사를 하는 생물이 있는지를 확인하는 것이었다.

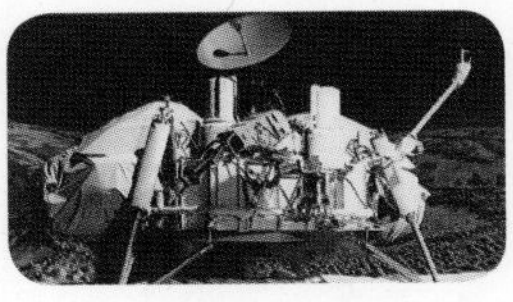

▲ 화성 탐사선 바이킹 1호

❶ 실험에서 방사능 원소 $^{14}CO_2$, ^{14}C 를 사용한 이유

- 자연계에서 탄소의 질량은 대부분 12(^{12}C)로 존재한다.
- 탄소의 질량이 14(^{14}C)인 경우 방사선을 방출하여 방사능 계측기로 쉽게 추적할 수 있다.

→ 방사능 원소를 넣음으로써 실험 결과로 생긴 물질이 제공한 원인 물질에서 왔는지를 쉽게 추적할 수 있다.

❷ 기체 교환 확인 실험에서 방사성이 함유된 영양분을 사용하지 않은 이유

방사성 물질에 의한 영향을 제거하고 기체 조성비의 변화를 알아보기 위함으로, 방사능 계측기가 아닌 기체 분석기를 사용한다.

미니사전

유기물 생체를 이루고, 생체 안에서 만들어지는 물질

방사성 원자핵이 붕괴하면서 입자가 튀어나오는 성질

동위원소 원자 번호는 같지만 질량이 서로 다른 원소

4. 생명 과학의 탐구 방법

(1) 연역적 탐구 방법 문제에 대한 가설을 세우고, 실험을 통해 이를 검증하는 탐구 방법이다.

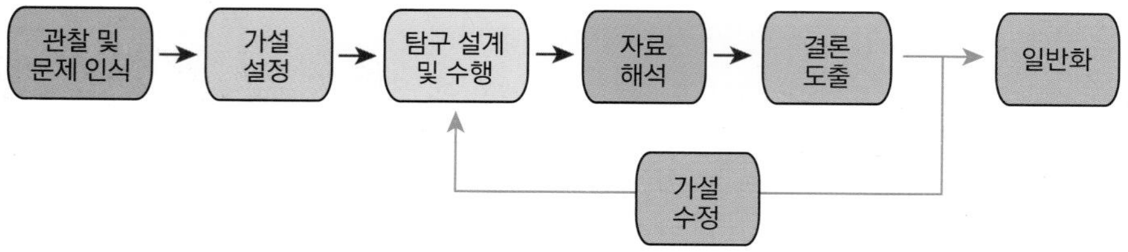

▲ 연역적 탐구 과정

(2) 귀납적 탐구 방법 자연 현상 관찰을 통해 얻은 자료를 검증하여 일반적인 결론으로 도출하는 탐구 방법이다.

▲ 귀납적 탐구 과정

(3) 대조 실험과 변인 통제

① **대조 실험** : 대조군을 설정하여 실험군의 결과와 비교하는 실험으로 실험의 타당성을 높일 수 있다.

대조군	• 실험 조건을 변화시키지 않는 집단
실험군	• 인위적으로 실험 조건을 변화시킨 집단

② **변인** : 실험 결과에 영향을 미치는 요인이다.
• 독립 변인 : 실험에 영향을 줄 수 있는 요인이다.
• 종속 변인 : 조작 변인에 따라 변화되는 변인으로 실험 결과에 해당한다.

독립 변인	조작 변인	• 인위적으로 변화시키는 요인
	통제 변인	• 일정하게 유지하는 변인

③ **변인 통제** : 조작 변인을 제외한 나머지 독립 변인을 일정하게 유지하는 일이다.

미니사전

연역 일반적인 사실이나 원리를 전제로 개별적인 사실이나 보다 특수한 다른 원리를 이끌어 내는 추리

귀납 개별적인 특수한 사실이나 원리로부터 일반적이며 보편적인 명제 및 법칙 유도

검증 검사하여 증명함

가설 어떤 문제에 대한 사실을 설명하기 위하여 설정한 가정이자 잠정적인 결론으로 옳을 수도 있고 틀릴 수도 있다.

변인 어떤 성질이나 모습이 변하는 원인

5. 생명 과학의 탐구 과정

(1) 관찰 및 문제 인식 자연 현상이나 사물의 관찰을 통해 의문을 제기한다.

① **생명 과학 탐구 과정 시작** : 생명 현상을 관찰한다. (시각, 청각, 후각, 미각, 촉각 등 감각 기관 이용 및 보조 기기 사용)

② **문제 인식** : 관찰을 통해 새로운 의문을 제기한다.

예 • 관찰 : 어떤 학교에 다니는 학생들과 그 주변에 있는 학교의 학생들에게 피부병이 발견되었다. 환자의 피부를 배양한 결과 보기 드문 세균이 발견되었다.
• 문제 인식 : 피부병은 세균에 의해서 발병했을까, 바이러스에 의해서 발병했을까?

(2) 가설 설정 관찰 현상에 대한 의문점을 토대로 가설(잠정적인 결론)을 세운다.

예 • 자료 조사 : 자료 조사 결과 유사한 피부병을 일으키는 세균에게는 항생제 A가 효과가 있다는 것을 알았다.
• 가설 설정 : 이 피부병은 항생제 A를 투여하면 치료될 것이다.

(3) 탐구 설계 및 수행 가설을 검증하기 위하여 변인 통제를 하고 탐구를 수행한다.

① 변인과 변인 통제를 하여 탐구를 설계한다.

② 탐구 설계를 바탕으로 대조 실험을 수행한다.

예 • 탐구 실험 : 대조군에게는 특별한 성분이 없는 가짜 약을 투여하고, 실험군에게는 항생제 A가 함유된 약을 투여하였다.

(4) 자료 해설(결과 분석) 탐구로 얻은 자료를 해석하여 경향성과 규칙성을 알아낸다.

탐구 수행 결과 자료 → 분석 → 규칙성, 경향성 발견 → 표, 그래프로 정리 및 해석

예 • 결과 분석 : 일주일 후 실험군에서는 학생의 90% 정도가 피부병이 치유되었으나 대조군은 10% 정도만 치유되었다.

(5) 결론 도출 결과 분석을 근거로 가설을 평가하여 가설 수용 여부를 판단한다.

예 • 결론 도출 : 학생들에게 나타난 피부병은 세균에 의해서 발병된 것이다.

(6) 가설 수정 및 일반화

① **일반화** : 가설이 옳은 것으로 밝혀지면 다른 현상에도 성립하는지 확인한 후(다른 과학자의 반복 확인) 학설로 일반화한다.

② **가설 수정** : 가설이 옳지 않으면 가설 설정으로 다시 돌아간다.

예 • 일반화(학설 성립) : 여러 학자들의 실험 결과를 종합하여 여러 질병들이 세균에 의해서 발병한다는 학설이 성립되었다.

Biology

I

01 생물의 구성과 다양성

이 세상에는 현미경으로나 관찰이 가능한 세균에서부터 거대한 몸집의 코끼리에 이르기까지 다양한 크기의 생물들이 있다. 이들을 이루는 세포의 크기도 다를까?

I 생물의 구성과 다양성 (1)

1. 세포의 구조와 기능

(1) 세포 모든 생물체를 구성하는 구조적 단위이며, 생명 활동이 일어나는 기능적 기본 단위이다.

① **세포의 구조** : 세포막으로 둘러싸여 있으며, 세포막의 안쪽은 핵과 세포질로 구분되고, 세포질 안쪽에 다양한 세포 소기관을 포함하고 있다.

- 원형질 : 생명 활동이 일어나는 부분 → 핵, 세포질(엽록체, 미토콘드리아❶, 리보솜, 소포체, 골지체, 리소좀, 중심립, 세포막, 퍼옥시좀❷ 등)
- 후형질 : 생명 활동 결과 만들어진 부분 → 세포벽, 액포

② **식물 세포와 동물 세포의 구조**

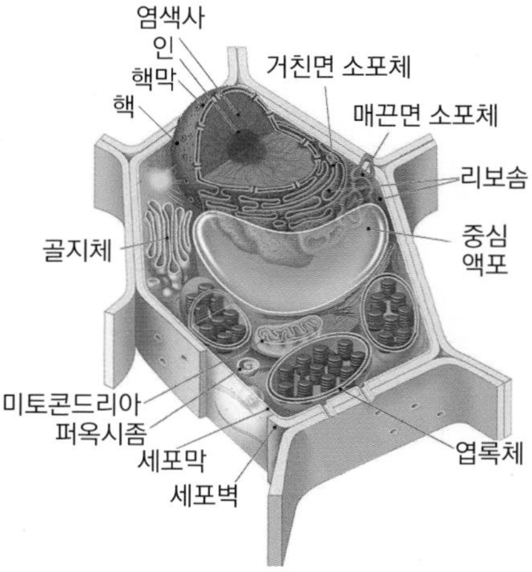

▲ 식물 세포

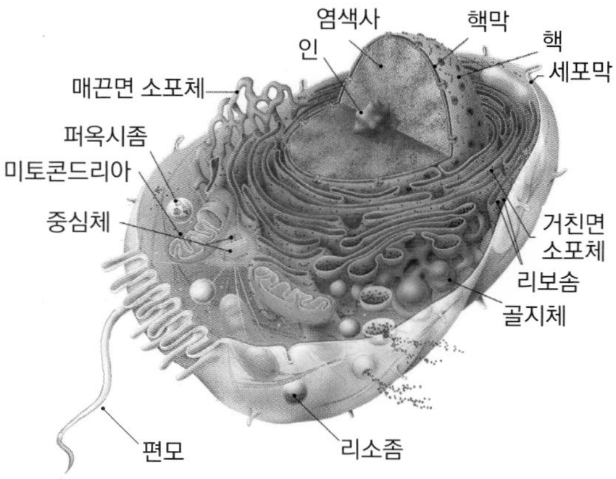

▲ 동물 세포

③ **식물 세포와 동물 세포에 공통으로 있는 세포 소기관**

핵	• DNA(유전 물질)을 가지고 있어 생명 활동의 중심이 된다. • 핵공이 있는 2중 막 구조인 핵막으로 싸여 있어 세포질과 구분된다. • 핵공은 핵과 세포질 사이의 물질의 이동 통로 역할을 한다. • 핵막 안에는 염색사와 인이 존재한다. → DNA가 염색사(염색체) 형태로 존재하며, 인은 리보솜을 구성하는 물질이 합성되는 장소이다.
리보솜	• 단백질과 RNA로 구성되어 있다. • 핵으로부터 전달받은 DNA의 유전 정보에 따라 단백질이 합성되는 장소이다. • 소포체에 붙어 있거나 세포질에 흩어져 있다.
소포체	• 세포 내 물질 수송의 이동 통로 역할을 한다. → 소포체 막의 일부가 핵막과 세포막에 연결되어 있으며, 리보솜에서 합성된 단백질을 골지체나 세포의 다른 부위로 운반한다. • 납작한 주머니 모양으로 막이 복잡하게 얽혀 있다. • 종류 : 거친면 소포체(표면에 리보솜이 부착되어 있는 소포체)와 매끈면 소포체(지질의 합성, 탄수화물 대사 등에 관여)
골지체	• 납작한 주머니가 여러 겹 포개진 구조이다. • 물질의 저장 및 분비 → 소포체에서 전달받은 단백질이나 지질 등을 막으로 싸서 리소좀에 저장하거나 세포 밖으로 분비한다. • 소화샘 등 물질을 분비하는 세포에 발달되어 있다.
리소좀	• 단일막이며, 구형의 주머니 모양이다. • 세포 내 소화 작용 → 여러 종류의 물질을 분해하는 효소가 있어 세균과 같은 이물질이 침입했을 때 이를 분해시킨다. • 손상되거나 오래된 세포 소기관을 스스로 분해한다. • 동물 세포에서 발달하는 경우가 많다. (식물 세포에 존재하는지는 아직 확실하지 않음)

❶ **미토콘드리아**

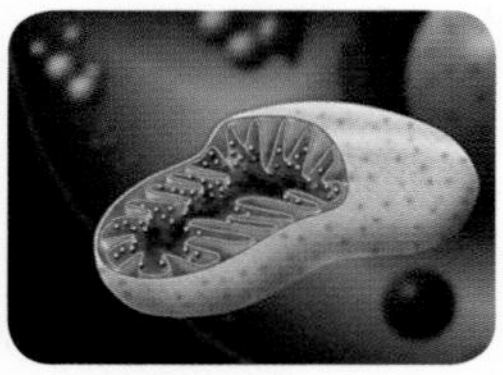

세포 내 호흡 기관인 미토콘드리아는 에너지를 많이 필요로 하는 세포인 근육 세포, 심장 세포 등에서 발달되어 나타난다.

세포 소기관의 막 유무

막	세포 소기관
2중막	핵, 미토콘드리아, 엽록체
단일막	소포체, 골지체, 리소좀, 세포막, 액포, 퍼옥시좀
막 구조 없음	리보솜, 중심체

❷ **퍼옥시좀**

모든 진핵세포의 원형질에 단일막의 과립 형태(분말)로 존재하며, 카탈레이스(catalase)라는 효소가 있어 인체에 유해한 과산화 수소를 물과 산소로 분해한다.

미니사전

인 단백질과 RNA가 결합하여 생성되며, 막이 없는 알갱이 구조로 형성됨

핵공 핵막에 군데군데 나 있는 구멍

지질 생체를 구성하는 물질 중 물에 녹지 않고, 유기 용매에 잘 녹는 물질

효소 화학 반응에서 자신은 변하지 않으면서 반응이 일어나는 속도를 빠르게 하는 단백질

미토콘드리아	• 내막과 외막으로 이루어진 2중막 구조이다. • 세포 호흡(생명 활동에 필요한 ATP 생성)이 일어나는 장소이다. → 외막의 표면에 호흡에 관여하는 효소가 있어 에너지를 생성한다. • DNA가 있어 자기 증식이 가능하다. • 3대 영양소(탄수화물, 단백질, 지방)을 분해하여 에너지를 생성한다.
세포막	• 인지질과 단백질로 구성되어 있으며, 세포를 둘러싸는 얇은 막이다. → 세포 안팎으로의 물질 출입을 조절한다. • 선택적 투과성이 있어 물질의 이동을 통제한다. (*선택적 투과성 : 입자의 크기가 작을수록, 지질에 대한 용해도가 클수록 세포막을 쉽게 통과한다.)
액포	• 생명 활동 결과 생긴 노폐물이 저장되는 곳이다. • 성숙한 식물 세포일수록 크기가 크다. • 동물은 노폐물을 스스로 배설하므로 동물 세포에는 액포가 없거나 발달되지 않아서 매우 작다.

④ 식물 세포에서만 볼 수 있는 세포 소기관

엽록체[3]	• 내막과 외막으로 이루어진 2중막 구조이다. • 광합성이 일어나는 장소이다. → 이산화 탄소와 물을 원료로 하여 포도당을 합성한다. (빛에너지를 화학 에너지로 전환) • DNA가 있어 자기 증식이 가능하다. • 내막 안쪽 구성 - 틸라코이드 : 엽록체의 내부 구조물로 밀폐된 넓적한 주머니 모양이며, 여러 개가 겹쳐 쌓여지면 그라나가 된다. - 그라나 : 동전을 쌓아 놓은 것처럼 틸라코이드가 쌓인 모양의 구조물이다. - 스트로마 : 엽록체 내부에서 그라나를 제외한 기질 부분으로서 투명한 수용액으로 채워져 있다.
세포벽	• 식물 세포의 세포막 바깥을 둘러싸고 있는 두껍고 단단한 막이다. • 식물체를 지탱해 준다. → 세포 모양을 유지하고, 세포를 보호하는 역할을 한다. • 세포벽을 구성하는 주성분은 셀룰로오스이다.

⑤ 동물 세포에서만 볼 수 있는 세포 소기관

중심체	• 2개의 중심립이 핵 주변에 서로 직각 구조로 겹쳐져 있다. • 중심립 : 3개의 미세 소관으로 구성된 미세 소관 다발 9개가 고리 모양으로 배열되어 있으며, 중간은 비어 있는 9+0 구조이다. • 세포가 분열할 때 2개의 중심체가 하나씩 양극으로 이동하여 방추사를 형성하며, 방추사는 각 세포에 유전 물질이 끌려 들어갈 수 있도록 도와준다.
편모	• 세포 표면에 돌출되어 있는 세포의 운동 기관이다. • 2개의 미세 소관으로 구성된 미세 소관 다발 9개가 고리 모양으로 배열되어 있으며, 중앙에 2개의 미세 소관이 있는 9+2 구조이다.

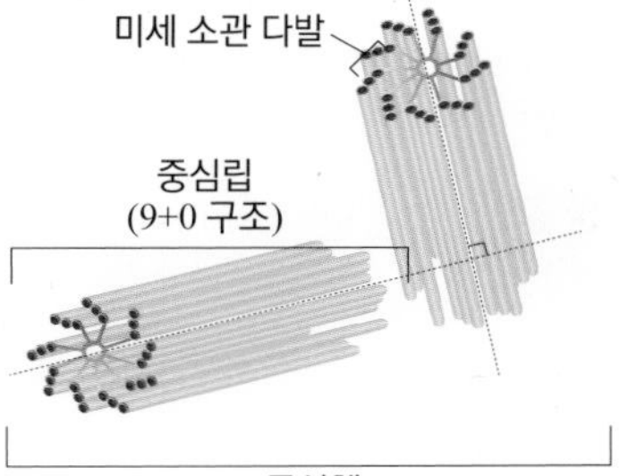

▲ 중심립과 중심체

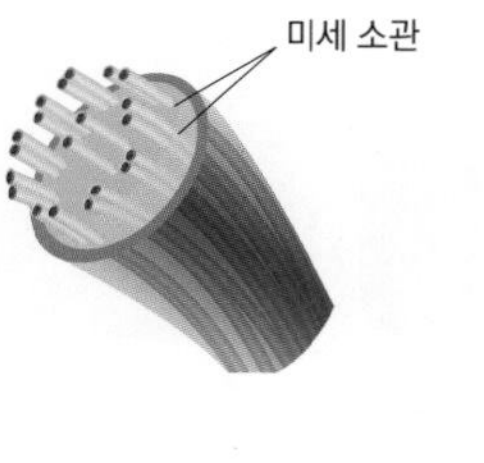

▲ 편모의 미세 소관

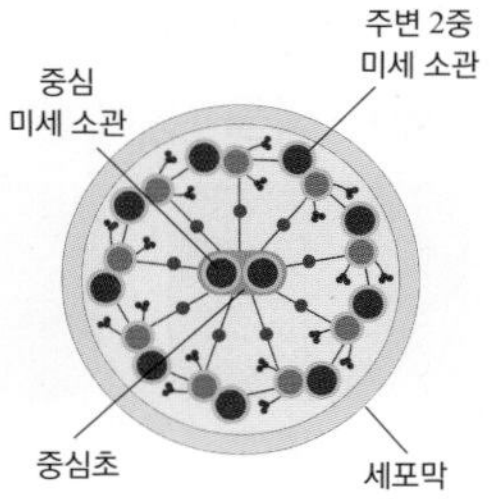

▲ 9+2 구조

정답 p 2

Q1 식물 세포에서 볼 수 있는 세포 소기관을 모두 적어 보시오.

Q2 동물 세포에서 볼 수 있는 세포 소기관을 모두 적어 보시오.

③ 엽록체

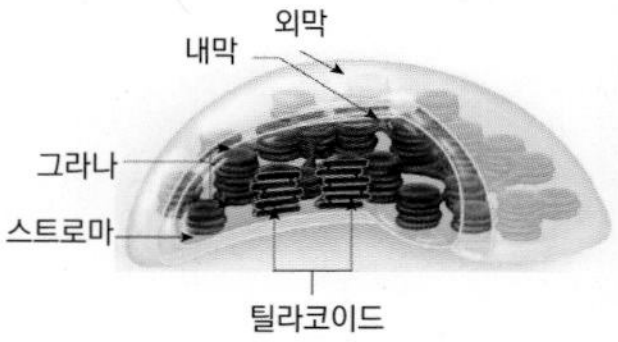

잎세포 내에 들어 있는 소기관으로 광합성을 통해 포도당을 합성한다.

자기 복제가 가능한 세포 소기관

엽록체와 미토콘드리아는 스스로의 DNA, RNA, 리보솜을 가지고 있어서 핵의 도움 없이도 스스로 독자적인 증식을 할 수 있으며, 단백질을 합성할 수도 있다.

원핵세포 VS 진핵세포

- 원핵 세포 : 핵막이 없어 세포 소기관이 세포질에 퍼져 있다. 예 세균, 남조류
- 진핵 세포 : 핵막이 있어서 핵과 세포 소기관이 뚜렷이 구별된다. 대부분의 생물의 세포가 진핵세포이다.

미니사전

증식 수를 늘리는 현상

방추사 세포가 분열할 때 나타나는 가는 실 모양의 섬유질 단백질

셀룰로오스 세포벽의 주성분으로서 섬유소라고도 함

(2) 세포의 특징

① 세포의 크기와 모양은 생물체의 종류에 따라 다양하다.

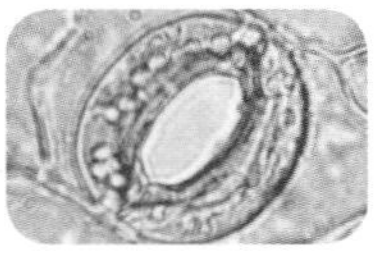
▲ 식물의 공변 세포

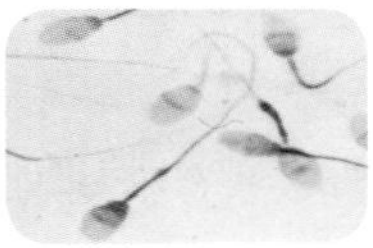
▲ 정자

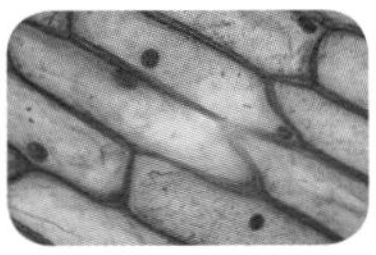
▲ 양파 표피 세포

② 세포의 크기와 모양은 한 생물에서도 부위에 따라 다르다.

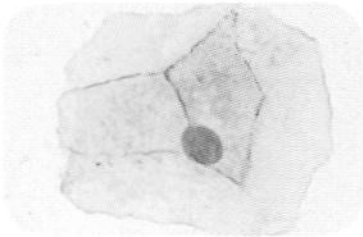
▲ 사람의 입 안 상피 세포

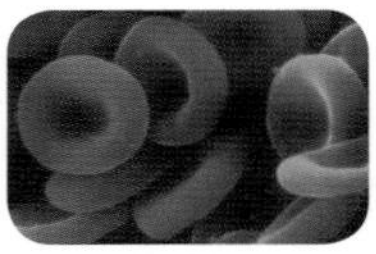
▲ 사람의 적혈구

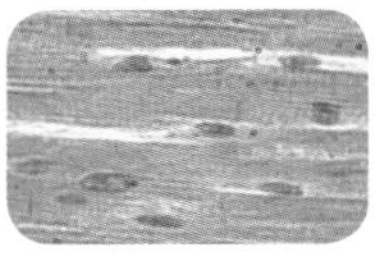
▲ 사람의 근육 세포

③ 세포는 일정 크기 이상으로 무한정 커지지 않는다. → 세포는 어느 정도까지 성장한 후에는 세포 분열을 한다.

④ 생물체는 세포 수를 늘림으로써 성장한다. → 코끼리가 쥐보다 몸집이 큰 이유는 쥐보다 세포 수가 많기 때문이다.

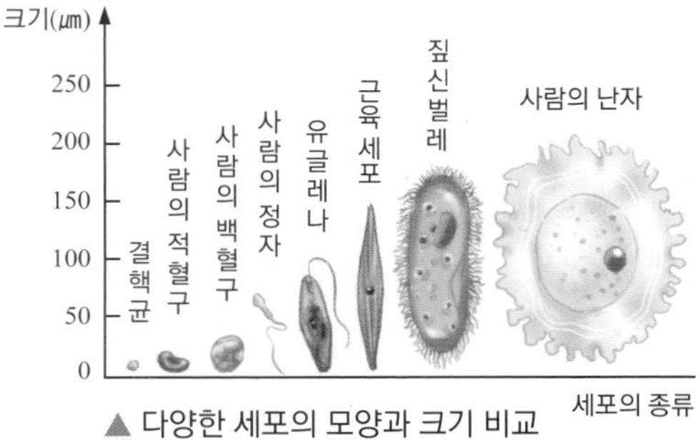

▲ 다양한 세포의 모양과 크기 비교

눈으로 관찰 가능한 세포

세포의 크기는 매우 작아 현미경을 통해 관찰이 가능하지만, 맨눈으로 볼 수 있는 세포도 있다. → 타조알과 달걀은 1개의 세포이며, 사람의 신경 세포 중에는 길이가 1 m 이상인 세포도 있다.

▲ 타조알과 달걀

(3) 식물 세포와 동물 세포의 차이점

① 형태적 차이점

식물 세포		동물 세포	
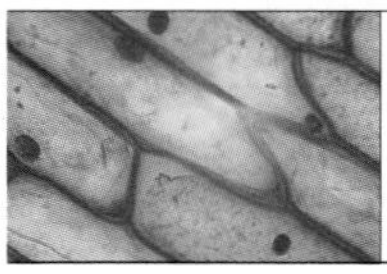	세포벽이 있어 모양이 규칙적이다.	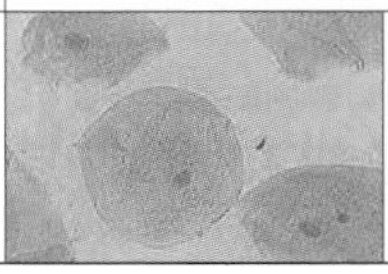	세포벽이 없어 모양이 불규칙하다.

② 구조적 차이점

구분	핵	리보솜	소포체	골지체	리소좀	미토콘드리아	세포막	세포질	엽록체	세포벽	중심체	편모	액포
식물 세포	○	○	○	○	존재 유무 확실하지 않음	○	○	○	○	○	×	×	크게 발달
동물 세포	○	○	○	○	○	○	○	○	×	×	○	○	작거나 없음

2. 단세포 생물과 다세포 생물

(1) 단세포 생물 몸이 한 개의 세포로 이루어진 생물이다.

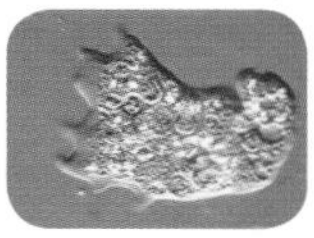
▲ 아메바

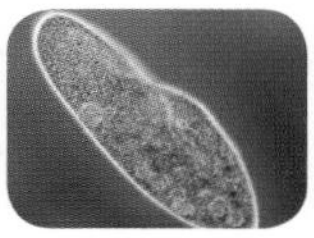
▲ 짚신벌레

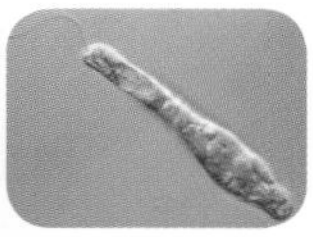
▲ 유글레나

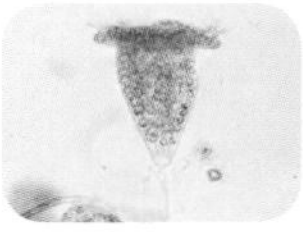
▲ 종벌레

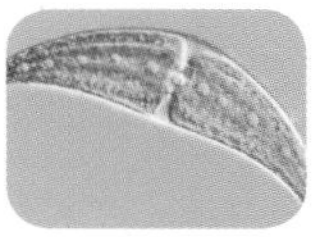
▲ 반달말

(2) 다세포 생물 몸이 여러 개의 세포로 이루어진 생물이다.

▲ 해캄

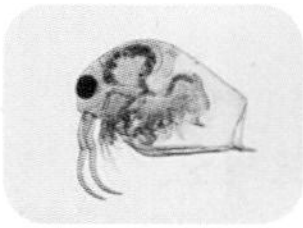
▲ 물벼룩

▲ 물고기

▲ 백합

▲ 비둘기

Q3 단세포 생물과 다세포 생물을 구분하는 기준은 무엇인가?

정답 p 2

미니사전

아메바 수십 개의 위족으로 운동을 하며, 몸이 두 개로 나누어지는 이분법으로 분열

종벌레 앞 끝의 입 부분에 고리 모양의 섬모가 있음

반달말 중앙부가 불룩한 초승달 모양이며, 한쪽으로 휘어져 있음. 몸의 중앙부에 1개의 핵이 있으며, 좌우 대칭을 이룸

개념 확인 문제

세포의 구조와 기능

01 **다음 중 세포에 대한 설명으로 옳은 것은 ○, 틀린 것은 ×표 하시오.**

(1) 모든 세포에는 세포벽이 있다. ( )
(2) 세포는 생물체를 구성하는 기본 단위이다. ( )
(3) 몸이 한 개의 세포로 이루어진 생물도 있다. ( )
(4) 세포의 수가 많을수록 생물의 크기는 크다. ( )
(5) 생명 활동의 대부분이 후형질에서 일어난다. ( )
(6) 같은 생물체 안에서도 세포의 크기와 모양은 기능에 따라 서로 다르다. ( )
(7) 세포는 대부분 크기가 작아서 현미경으로 관찰하지만, 맨눈으로 볼 수 있는 큰 세포도 있다. ( )

02 **다음은 세포에 관한 설명이다. 이 중에서 옳지 않은 것은?**

① 살아 있는 생물은 세포로 이루어져 있다.
② 우리 몸의 부위에 따라 세포의 크기와 모양이 다르다.
③ 세포는 우리 몸을 이루는 구조적이고 기능적인 기본 단위이다.
④ 코끼리처럼 몸이 큰 동물은 작은 동물보다 세포의 크기도 크다.
⑤ 대부분 생물의 몸에서는 살아 있는 동안 계속 새로운 세포가 만들어진다.

03 **다음 그림은 식물 세포의 모형이다.**

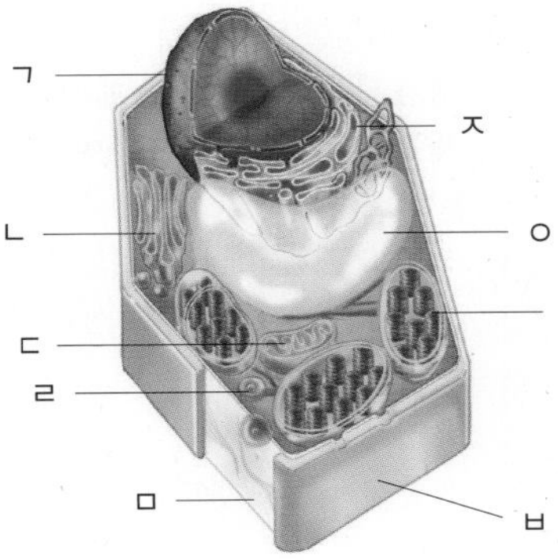

각 기호에 해당하는 세포 소기관의 이름을 쓰시오.

04 **다음은 여러 가지 세포를 나타낸 그림이다. 그림을 보고 옳게 말한 사람은 누구인가?**

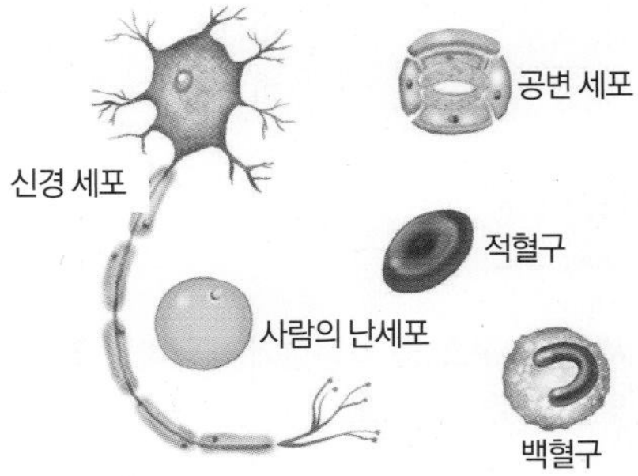

① 무한 : 모든 세포의 크기는 모두 같다.
② 영재 : 세포가 오래될수록 세포의 크기가 크다.
③ 상상 : 세포의 하는 일과 모양은 별 관계가 없다.
④ 알탐 : 모든 생물은 위의 세포들을 공통적으로 가진다.
⑤ 상웅 : 세포의 형태는 생물에 따라, 몸의 부위에 따라 다양하다.

05 **다음 중 식물 세포에서만 관찰할 수 있는 것으로 올바르게 짝지어진 것은?**

① 핵, 세포질 ② 액포, 엽록체
③ 핵, 세포벽 ④ 세포벽, 엽록체
⑤ 세포벽, 세포막

06 **다음은 동물 세포의 모형이다.**

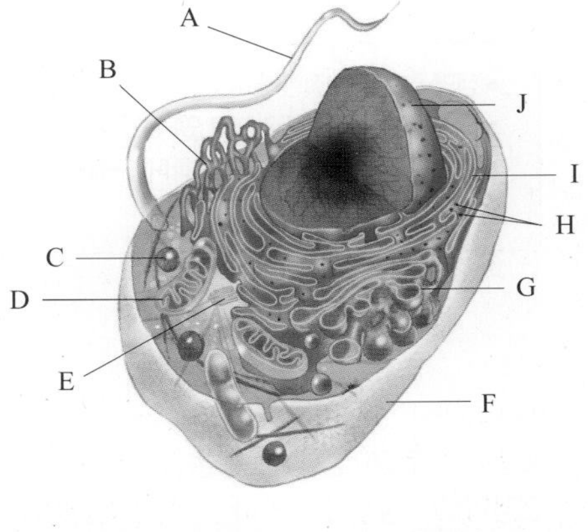

각 기호에 해당하는 세포 소기관의 이름을 쓰시오.

07 다음 중 식물 세포에는 없고 동물 세포에서만 관찰할 수 있는 세포 소기관은 무엇인가?

① 액포 ② 리보솜 ③ 세포막
④ 중심체 ⑤ 미토콘드리아

08 세포 내 구조 중 후형질에 해당하는 것만을 〈보기〉에서 있는 대로 고르시오.

보기

ㄱ. 핵	ㄴ. 액포	ㄷ. 리소좀
ㄹ. 골지체	ㅁ. 세포막	ㅂ. 소포체
ㅅ. 엽록체	ㅇ. 세포벽	ㅈ. 미토콘드리아

09 다음은 식물 세포와 동물 세포의 모식도이다.

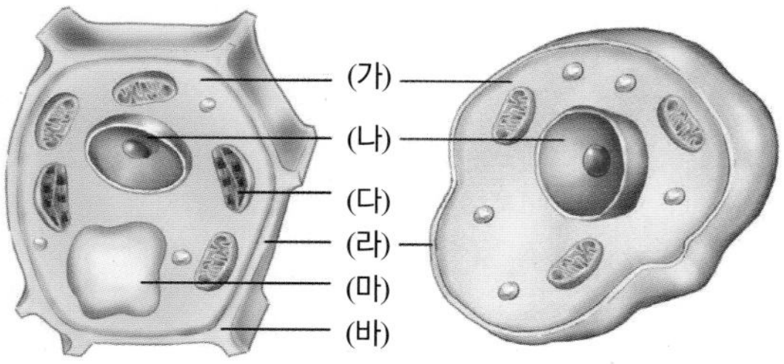

다음에 설명하는 세포 소기관의 기호를 위 모식도에서 찾고 그 이름을 쓰시오.

- 생명 활동을 조절한다.
- DNA(유전 물질)을 가지고 있다.
- 세포 내에서 가장 크고 뚜렷하며, 구형으로 대부분의 세포에 보통 1개가 들어있다.

10 호랑이와 고양이는 같은 동물임에도 불구하고 호랑이가 고양이보다 몸집이 더 크다. 그 이유를 설명하시오.

11 다음에 해당하는 세포 내 구조물의 이름을 쓰시오.

(1) 단백질의 합성 장소이다. ( )
(2) 세포 안과 밖의 물질 출입을 조절한다. ( )
(3) 세포 내 물질의 저장과 분비를 담당한다. ( )
(4) 세포의 호흡을 담당하여 에너지를 생산한다. ( )
(5) 식물 세포에서만 있으며 광합성을 하는 곳이다. ( )
(6) 생명 활동의 결과 생긴 노폐물이 저장되는 곳이다. ( )
(7) 세포 내로 이물질이 침입했을 때 분해시키는 일을 담당한다. ( )
(8) 핵을 제외한 세포 내 물질로, 세포의 생명 활동이 일어나는 장소이다. ( )

12 다음은 현미경으로 식물의 잎을 관찰한 모습이다. A 부분의 기능과 특징에 대해 바르게 설명한 것만을 〈보기〉에서 있는 대로 고르시오.

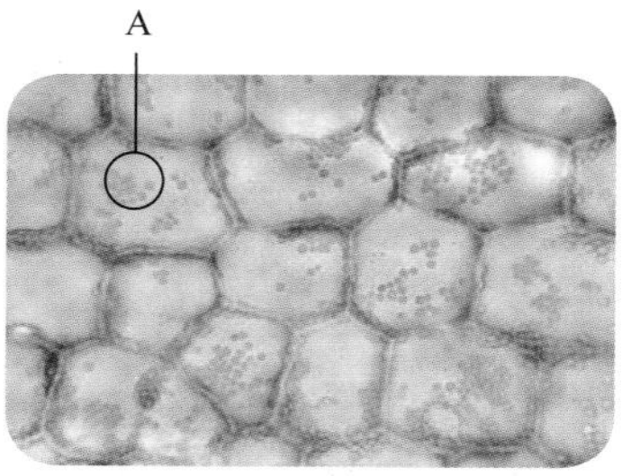

보기

ㄱ. 2중막 구조로 되어 있다.
ㄴ. 빛에너지를 화학 에너지로 전환하는 장소이다.
ㄷ. 생명 활동 결과 생긴 노폐물의 저장 장소이다.
ㄹ. 세포 내 호흡을 담당하여 에너지를 생산하는 장소이다.
ㅁ. 식물 세포에서만 볼 수 있는 세포 소기관이다.
ㅂ. 자신의 DNA, RNA, 리보솜이 있어 스스로 증식할 수 있다.
ㅅ. 유전 물질(DNA)을 가지고 있어 생명 활동의 중심 역할을 한다.

02쪽

13 세포 내에서 단백질이 합성되어 분비되기까지 관여하는 세포 내 소기관을 순서대로 바르게 나열한 것은?

① 핵 → 소포체 → 리보솜 → 골지체
② 핵 → 리보솜 → 골지체 → 소포체
③ 핵 → 리보솜 → 소포체 → 골지체
④ 핵 → 골지체 → 소포체 → 리보솜
⑤ 핵 → 골지체 → 리보솜 → 소포체

14 다음과 관련 있는 세포 소기관의 이름을 쓰시오.

- 과일의 맛을 내는 당분, 색소, 노폐물 등이 들어 있다.
- 식물 세포에 존재하지만 어린 분열 조직에서는 관찰하기 어렵다.

15 다음은 양파의 표피 세포와 입안의 상피 세포를 현미경으로 관찰한 모습이다.

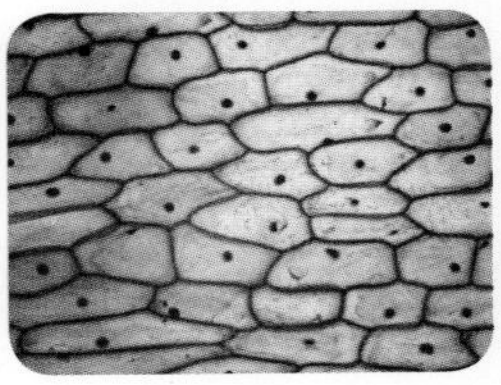
(가)

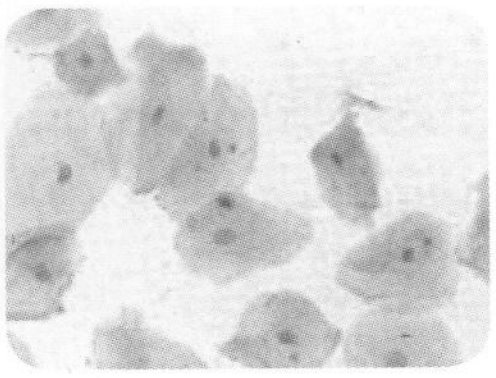
(나)

(가)와 (나)를 비교한 것으로 옳지 않은 것은?

		(가)	(나)
①	세포 종류	양파 표피 세포	입안 상피 세포
②	핵	있다	있다
③	세포질	있다	없다
④	세포벽	있다	없다
⑤	세포 배열	규칙적	불규칙적

16 다음 중 세포 소기관과 그 기능이 바르게 연결된 것은?

① 리보솜 - 물질 운반
② 소포체 - 단백질 합성
③ 골지체 - 세포 내 호흡
④ 미토콘드리아 - 저장과 분비
⑤ 리소좀 - 세균 및 이물질 분해

17 다음 그림은 세포 내의 어떤 소기관을 나타낸 것이다.

이 세포 소기관의 이름과 특징을 바르게 짝지은 것은?

① 미토콘드리아 - 에너지 생성 장소이다.
② 리보솜 - 단백질 합성이 활발한 세포에 발달해 있다.
③ 리소좀 - 분비 작용이 활발한 세포에 많이 발달해 있다.
④ 소포체 - 세포 내 이물질이나 세균을 없애는 역할을 한다.
⑤ 골지체 - 소포체로부터 만들어지며, 분비 작용을 담당한다.

18 식물 세포에서 세포의 생명 활동의 결과로 형성되어 발달하는 세포 소기관을 있는 대로 고르시오.

① 액포 ② 세포막 ③ 세포벽
④ 엽록체 ⑤ 세포 함유물

단세포 생물과 다세포 생물

19 다음 ( )안에 들어갈 알맞은 말을 써 넣으시오.

몸이 한 개의 세포로 이루어진 생물을 ( ) 이라 하고, 몸이 여러 개의 세포로 이루어진 생물을 ( )이라고 한다.

20 다음 중 단세포 생물은?

① 사람 ② 지렁이 ③ 곰팡이
④ 짚신벌레 ⑤ 무궁화

개념 심화 문제

01 세포에 대한 설명으로 옳은 것만을 〈보기〉에서 있는 대로 고르시오.

> **보기**
>
> ㄱ. 세포의 수는 생물마다 다르다.
> ㄴ. 세포의 크기는 모든 생물이 같다.
> ㄷ. 모든 생물은 세포로 구성되어 있다.
> ㄹ. 생물은 같은 종류의 세포로 구성되어 있다.

02 다음은 타조알과 달걀의 모습을 나타낸 것이다. 알들이 다른 세포에 비해 크기가 큰 이유로 옳은 것은?

① 핵이 크기 때문에
② 핵이 많이 들어있기 때문에
③ 양분이 많이 들어있기 때문에
④ 많은 세포로 이루어졌기 때문에
⑤ 세포질의 양이 많이 들어있기 때문에

개념 돋보기

달걀의 구조

달걀은 배아(병아리가 되는 부분)라고 불리는 난세포와 성장하는데 필요한 영양분을 저장하고 있는 난황, 그리고 난세포를 보호하기 위한 난백으로 이루어져 있다. 그러나 배아는 알 전체 부피의 극히 일부분만 차지하며, 알의 대부분을 차지하는 것은 영양분이다.

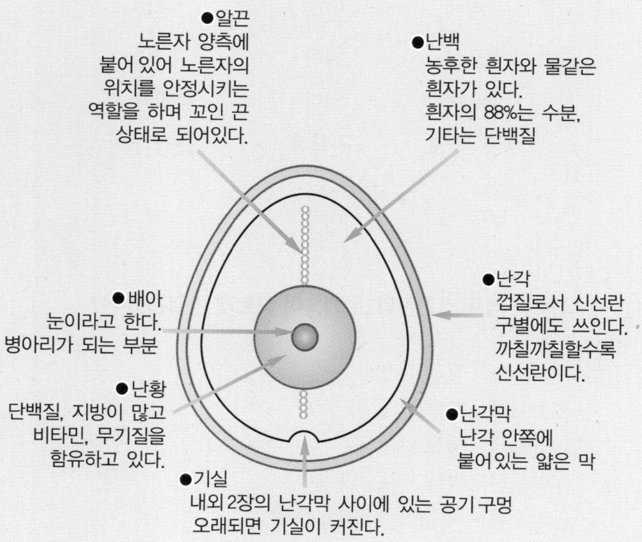

03 다음 표는 시금치 잎을 균질기로 분쇄한 후 원심 분리하여 얻은 세 가지 침전액의 산소와 이산화 탄소 소비량 및 DNA 함량을 조사한 결과이다.

침전액	(가)	(나)	(다)
산소 소비량 (%)	5	10	85
이산화 탄소 소비량 (%)	5	91	4
DNA 함량	93	1	3

(1) 원심 분리를 통해 세포 소기관을 분리할 때 먼저 분리되는 세포 소기관부터 차례대로 기호와 이름을 쓰시오.

(2) 위 실험 결과를 바르게 해석한 내용으로 옳은 것만을 〈보기〉에서 모두 고르시오.

보기

ㄱ. 리보솜이 가장 많이 들어 있는 침전액은 (가)이다.
ㄴ. 엽록체가 가장 많이 들어 있는 침전액은 (나)이다.
ㄷ. 가장 무거운 세포 기관이 들어 있는 침전액은 (다)이다.
ㄹ. 미토콘드리아가 가장 많이 들어 있는 침전액은 (다)이다.

개념 돋보기

세포 분획법(원심 분획법)

- 세포를 파쇄하여 세포막을 제거한 후 원심 분리기에 넣어 돌린다. 이때 회전 속도와 회전 시간을 달리하여 여러 세포 소기관이 무게와 크기에 따라 분리되도록 한다.
- 크고 무거운 소기관일수록 아래쪽에 먼저 가라앉는다.

[세포 분획 과정]

저온 처리 이유 : 1. 균질기에 의한 마찰열 냉각
2. 효소 활동 억제(세포 파괴 시 나오는 가수 분해 효소의 활동을 억제한다.)

800g는 중력의 800배를 내는 회전 속도를 뜻한다.
원심 분리기의 회전 속도가 느릴수록 크고 무거운 입자를 침전시킬 수 있다.

[세포 분획 결과]

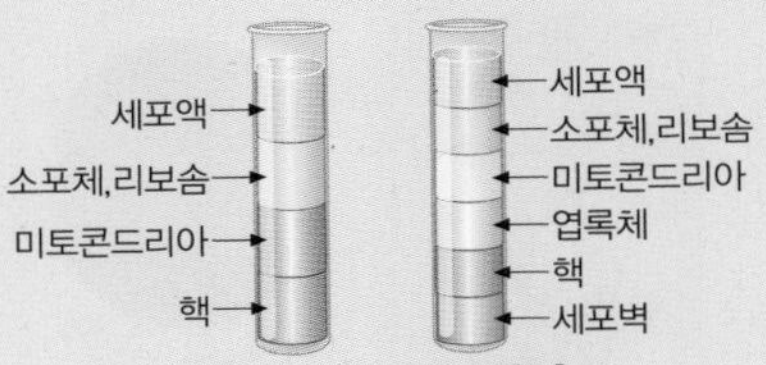

[동물 세포] [식물 세포]

[세포 분획 순서]

- 동물 세포 : 핵 → 미토콘드리아 → 소포체와 리보솜 → 세포액
- 식물 세포 : 세포벽 → 핵 → 엽록체 → 미토콘드리아 → 소포체와 리보솜 → 세포액

04 무한이는 세포 소기관들을 특징에 따라 구분하고자 한다. 물음에 답하시오.

(1) 다음 중 DNA, RNA, 리보솜을 포함하고 있어 독자적인 증식이 가능한 세포 소기관을 있는 대로 고르시오.

① 핵　② 리보솜　③ 골지체　④ 엽록체　⑤ 미토콘드리아

(2) 동물, 식물의 세포 소기관들을 막의 구조에 따라 분류할 때, (ㄱ) ~ (ㄷ)에 해당하는 세포 소기관을 모두 쓰시오.

구분	세포 소기관
막이 없는 소기관	(ㄱ)
단일막 구조	(ㄴ)
이중막 구조	(ㄷ)

05 다음은 세포설이 확립되는 과정을 나타낸 글이다. 이 글을 읽고 세포에 관해 바르게 설명한 것을 있는 대로 고르시오.

세포를 처음으로 관찰한 사람은 영국의 로버트 훅(Robert Hooke)이다. 훅은 자신이 만든 현미경으로 나무의 코르크를 얇게 자른 조각을 관찰한 결과, 코르크의 얇은 조각이 수없이 많은 벌집 모양의 작은 방으로 구성되어 있음을 발견하고는 이를 세포(cell)라고 이름을 지었다. 하지만 훅이 코르크에서 관찰한 벌집 모양의 칸막이는 살아 있는 세포가 아니라, 코르크 세포를 둘러싸고 있는 세포벽이었다. 200년 후 1830년대에 슐라이덴(Schleiden)과 슈반(Schwann)은 많은 종류의 식물과 동물을 연구한 결과, 모두 세포로 구성되어 있음을 발견하였다. 그 이후 1831년 브라운(Brown)은 핵을 발견하였다. 1855년 피르호(Virchow)는 분열 과정에 의해 새로운 세포가 만들어지는 것을 발견하였다. 이러한 과정을 통해 오늘날의 세포설이 확립되었다.

① 세포는 핵과 후형질로 구분된다.
② 모든 세포는 세포로부터 만들어진다.
③ 모든 생물체는 세포로 이루어져 있다.
④ 세포는 생명 활동이 일어나는 기능적 단위이다.
⑤ 세포의 모양은 생물의 종류에 따라 정해져 있다.
⑥ 세포는 전자 현미경으로 관찰해야만 볼 수 있다.
⑦ 세포설을 처음으로 주장한 사람은 로버트 훅이다.

개념 돋보기

로버트 훅(Robert Hooke (1635 ~1703))

- 영국의 화학자, 물리학자, 천문학자
- 1665년 자신이 고안한 현미경으로 동식물을 자세히 관찰함
- 작은 방 구조가 관찰되어 '세포(cell)'라고 이름 지음
- 훅이 관찰한 것은 살아 있는 세포가 아니라 단지 죽은 세포의 세포벽이었음

▲ 로버트 훅

▲ 실험 장치

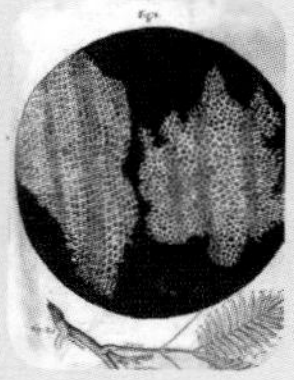
▲ 코르크의 칸막이 구조

06 **세포의 부피와 세포의 표면적과의 관계를 알아보기 위해 페놀프탈레인을 적당량 섞은 한천 조각을 한 변의 길이가 1cm, 2cm, 3cm인 정육면체가 되도록 잘랐다. 세 개의 정육면체를 수산화 나트륨(NaOH) 용액에 담갔다가 동시에 꺼낸 후, 단면을 보니 오른쪽 그림과 같이 붉게 물들었다. 물음에 답하시오.**

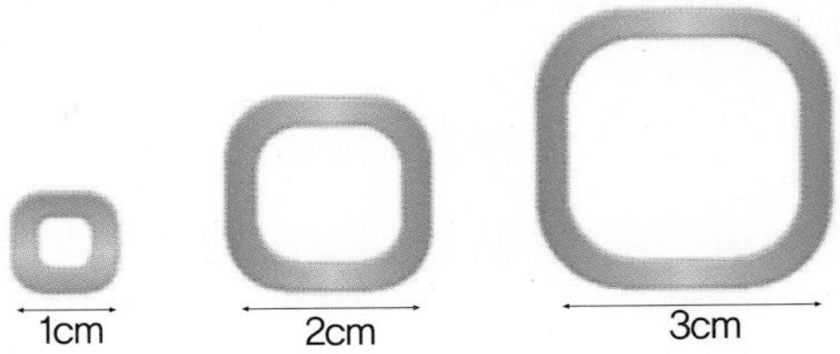

(1) 이 실험 결과를 통해 알 수 있는 가장 타당한 가설은?

① 세포의 부피 증가율과 표면적 증가율은 동일하다.
② 몸집이 큰 생물은 몸집이 작은 생물보다 큰 세포로 이루어진다.
③ 세포의 크기가 작을수록 세포막을 통한 물질 이동의 효율이 높다.
④ 세포가 생명 활동을 하기 위한 물질의 출입은 세포막을 통하여 이루어진다.
⑤ 세포의 크기가 커지면 세포막의 단위 면적당 이동하는 물질의 양이 증가한다.

(2) 위 실험 결과로 미루어 볼 때, 어떤 세포의 크기가 현재보다 100배 이상 커질 경우에 예상되는 결과로 올바른 것은?

① 단위 부피당 표면적의 비가 증가할 것이다.
② 세포막을 통한 산소의 공급이 보다 원활해질 것이다.
③ 세포막을 통한 물질의 흡수와 배출의 효율성이 감소할 것이다.
④ 부피와 함께 세포의 표면적도 늘어나므로 산소나 양분의 공급에는 지장이 없을 것이다.
⑤ 부피가 증가한 만큼 표면적도 늘어나므로 양분 공급은 확산에 의해 충분히 이루어질 것이다.

개념 돋보기

세포의 부피 증가에 따른 표면적 증가

표면적 (S)	6 cm^2	24 cm^2	54 cm^2
부피 (V)	1 cm^3	8 cm^3	27 cm^3
$\frac{표면적(S)}{부피(V)}$	6	3	2

부피가 커질수록 표면적도 커지나 부피에 대한 표면적의 비는 작아진다. 따라서 세포가 커질수록 부피에 대한 표면적의 비는 작아진다.

세포의 흡수율 비교

정육면체 모양의 시료를 각각 붉은 잉크 속에 담갔다 꺼내어 단면을 잘라 흡수 정도를 관찰한다.

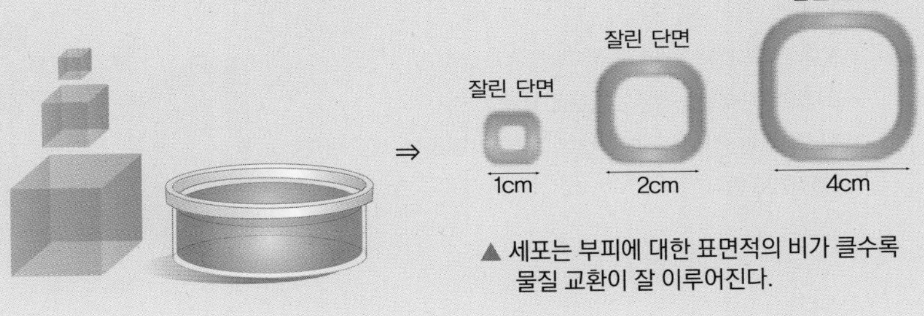

▲ 세포는 부피에 대한 표면적의 비가 클수록 물질 교환이 잘 이루어진다.

07 다음은 동물 세포와 식물 세포의 구조를 비교한 그림과 어떤 세포 소기관을 설명한 글이다. 물음에 답하시오.

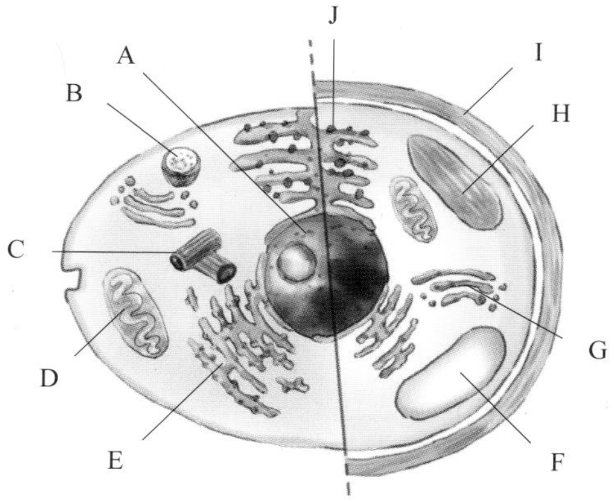

보기

물질의 저장 및 분비에 관여하는 기관으로 거친면 소포체의 리보솜에서 단백질이 합성된 후 소포체를 통해 이동하여 이 소기관에 저장된다. 이 소기관에서 단백질이 소낭에 안전하게 싸여 이동한 후 내용물을 세포 밖으로 방출한다.

(1) 〈보기〉에서 설명하고 있는 세포 소기관을 위 그림에서 찾아 기호와 이름을 쓰시오.

(2) 다음 중 〈보기〉의 세포 소기관이 발달되어 있는 세포는?

① 뼈를 구성하는 골세포 ② 근육을 구성하는 근육 세포 ③ 피부를 구성하는 표피 세포
④ 소화샘을 구성하는 세포 ④ 자극을 전달해 주는 신경 세포

개념 돋보기

단백질 수송 과정

- 소포체에 부착된 리보솜에서 단백질이 합성된다.
- 골지체는 단백질을 작은 소낭으로 감싼다.
- 소낭에 싸인 단백질은 세포 내로 이동하기도 하고, 세포 밖으로 방출되기도 한다.

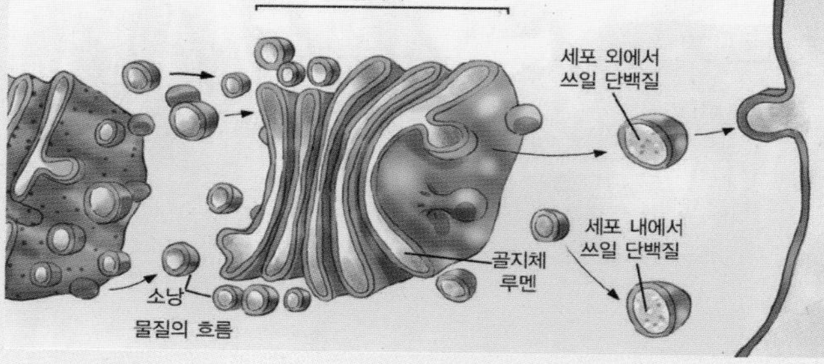

08 다음 자료를 읽고 물음에 답하시오.

(가)는 세포에서 물질이 합성되어 이동하는 과정을, (나)는 세포 배양액에 첨가한 형광 단백질이 세포 안으로 들어가 변화되는 과정을 나타낸 것이다.

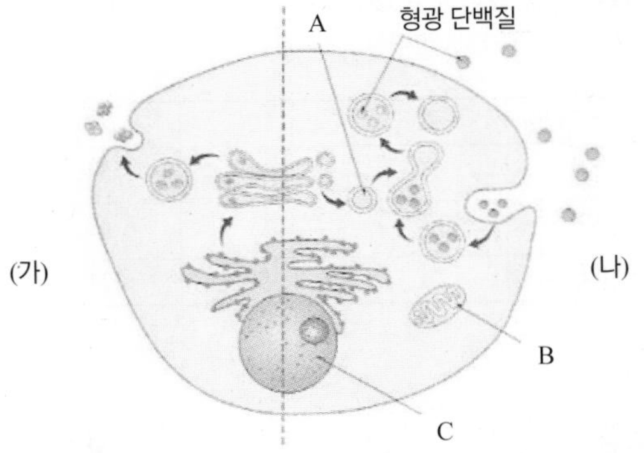

(1) (가)와 같이 이동하는 물질로 옳은 것은?

① DNA ② 녹말 ③ 지질 ④ 리보솜 ⑤ 호르몬

(2) (나) 과정과 세포 소기관에 대한 설명으로 옳은 것만을 〈보기〉에서 있는 대로 고르시오. (단, 형광 단백질을 나타내는 점이 짙을수록 농도가 높다.)

보기

ㄱ. A는 리소좀이며 단백질을 합성한다.
ㄴ. B와 C는 이중막을 가지고 있는 세포 소기관이다.
ㄷ. (나) 과정은 형광 단백질이나 세균같은 이물질이 침입했을 때 이를 분해시킨다.

개념 돋보기

리소좀의 식균 작용

- 외부의 세균 및 이물질이 세포막의 일부에 감싸여져서 식포를 형성하며 세포 안으로 들어온다.
- 식포와 물질을 분해하는 효소를 가진 리소좀이 결합하여 외부 세균 및 이물질을 분해하고, 분해 산물은 세포 밖으로 분비한다.

예 백혈구 - 식균 작용

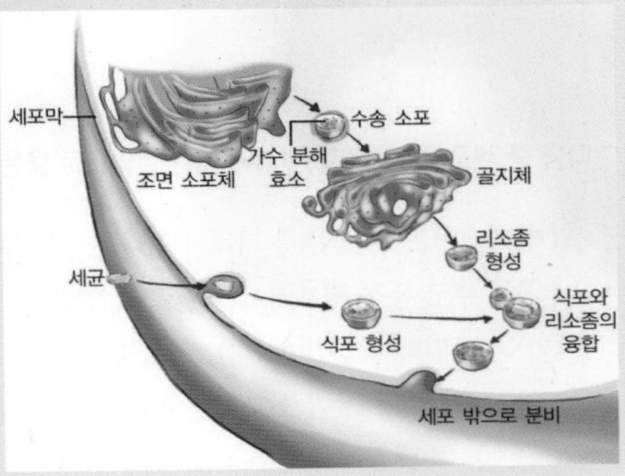

09 단백질의 구성 단위인 아미노산을 방사성 동위 원소로 표지한 다음 세포에 투입시킨 후 시간에 따라 각 세포 소기관에서 방사능 양을 측정하여 표와 같은 결과를 얻었다.

경과 시간(분)	3	10	20	40
(가)	90	44	34	24
(나)	3	43	40	15
(다)	4	9	21	59

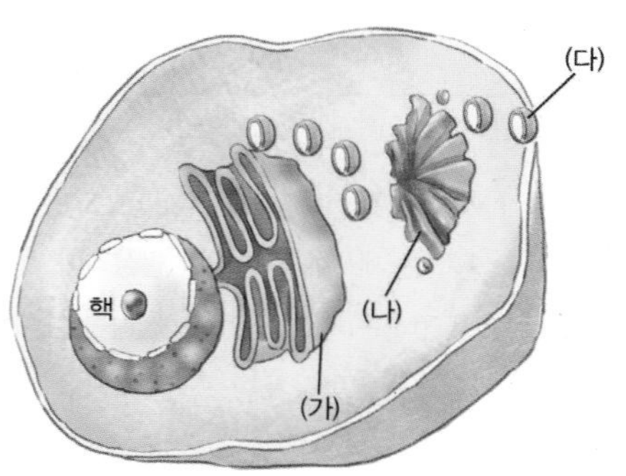

자료를 통해 내릴 수 있는 결론으로 가장 타당한 것은?

① (가)에서 단백질이 분해된다.
② 시간이 지날수록 (나)에 단백질이 축적된다.
③ (나)에서 가장 많은 종류의 단백질이 합성된다.
④ 단백질은 (다)에서 합성된다.
⑤ 단백질은 (가) → (나) → (다)로 이동한다.

10 다음 (가), (나)는 어떤 세포 내에 존재하는 세포 소기관을 나타낸 것이다.

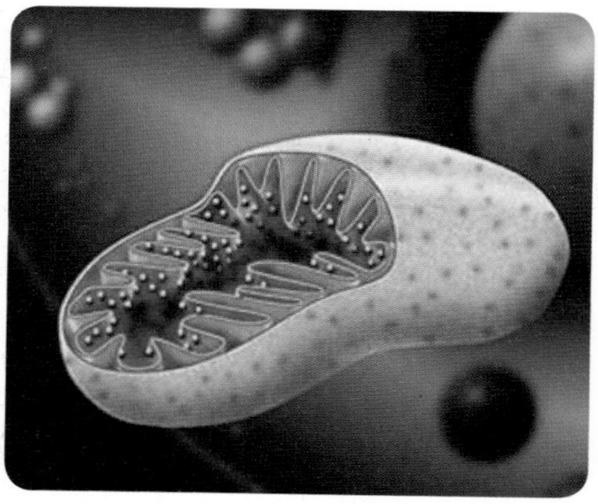
(가)

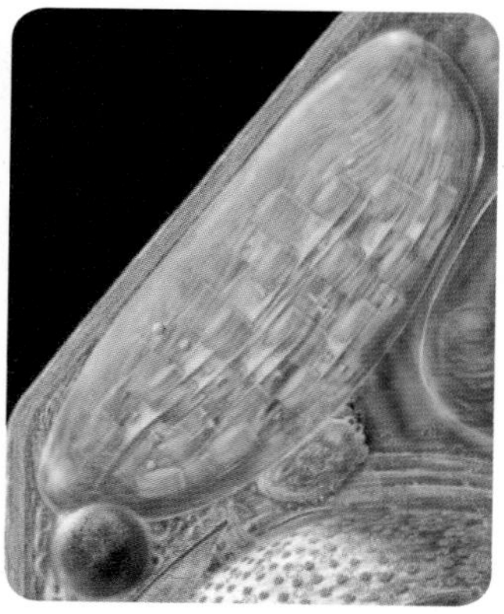
(나)

다음 중 세포 소기관 (가), (나)에 대한 설명으로 옳은 것은?

① (가)와 (나) 모두 DNA를 가지고 있다.
② (나)는 주로 동물 세포에서 관찰할 수 있다.
③ (가)는 단일막 구조이며, (나)는 2중막 구조이다.
④ (가)는 에너지를 많이 소모하는 근육 세포에 많으며, (나)는 오래된 식물 세포일수록 많다.
⑤ (가)에는 물질을 분해하는 효소가 있어 손상된 세포 소기관을 분해하는 역할을 담당한다.

11 다음 그림은 동물 세포의 어떤 세포 소기관 일부를 확대하여 나타낸 것이다.

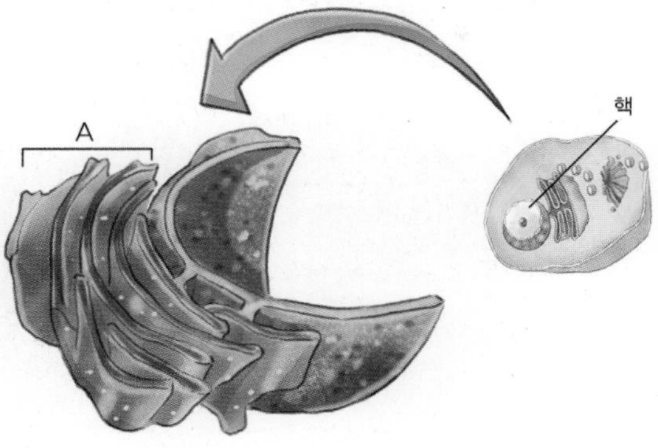

A에 대한 설명으로 옳은 것만을 <보기>에서 있는 대로 고르시오.

> **보기**
>
> ㄱ. 핵막과 연결되어 있다.
> ㄴ. 식물 세포에서는 발견되지 않는다.
> ㄷ. 주된 기능은 탄수화물과 지질의 합성이다.
> ㄹ. 세포 밖으로 분비될 단백질을 합성하는 세포에 발달되어 있다.

12 다음은 세포의 특성을 알아보기 위한 실험이다.

[실험 과정]

- 운동을 시키지 않은 쥐와 운동을 시킨 쥐의 근세포를 각각 채취한다.
- 각각의 근세포에 DNA와 결합하는 형광 물질을 처리한 후 현미경으로 관찰하였다.

[실험 결과]

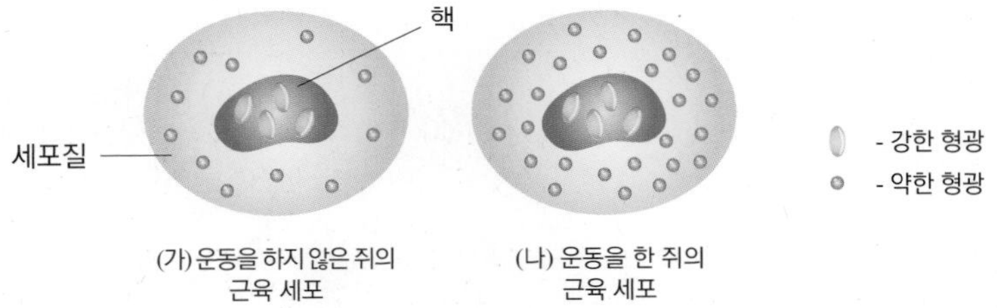

위 실험에 대한 결론으로 가장 적절한 것은?

① 핵의 DNA는 세포질에서 합성된다.
② 운동을 하면 핵의 염색체 수가 증가한다.
③ 운동을 하면 근육 단백질 합성이 증가한다.
④ 세포 내 단백질 합성은 리보솜에서 일어난다.
⑤ 운동을 하면 근세포의 미토콘드리아 수가 증가한다.

13 다음 그림은 동물 세포의 모습을 나타낸 모식도이다.

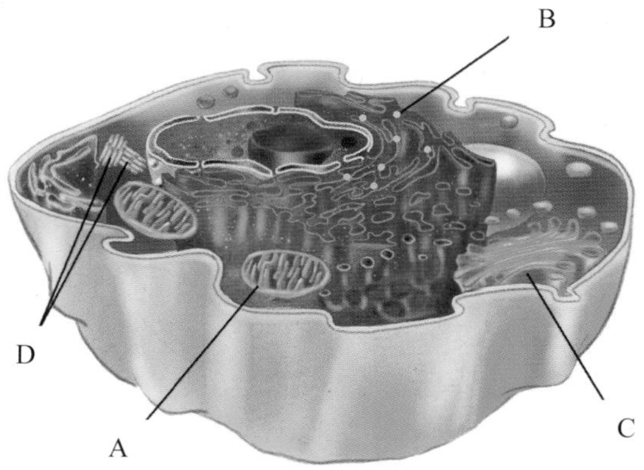

A ~ D에 대한 설명 중 옳은 것만을 〈보기〉에서 있는 대로 고르고, 옳지 않은 것은 바르게 고치시오.

보기

ㄱ. A에서 세포 호흡이 일어난다.
ㄴ. A와 B는 자기 복제가 가능하다.
ㄷ. B는 막에 싸여 있다.
ㄹ. C에서 단백질이 합성된다.
ㅁ. D는 세포 내 물질 수송의 통로가 된다.

14 다음 그림 (가), (나)는 식물 세포와 동물 세포의 구조를 순서 없이 나타낸 모식도이다.

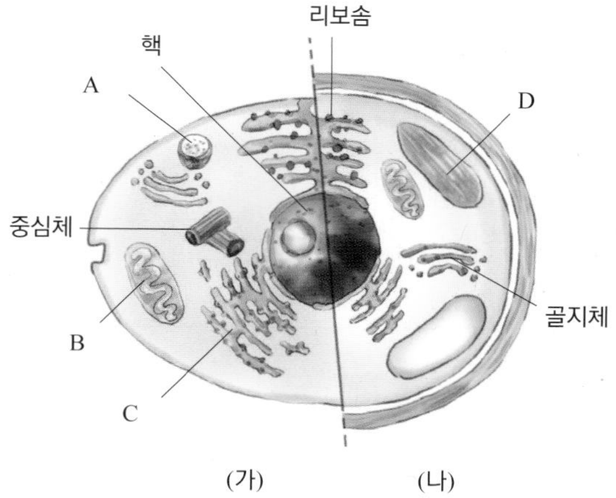

세포 소기관 A ~ D의 이름을 쓰고, 특징을 한 가지 이상 서술하시오.

정답 및 해설 04쪽

15 **다음은 다양한 종류의 단세포 생물을 나타낸 것이다. 물음에 답하시오.**

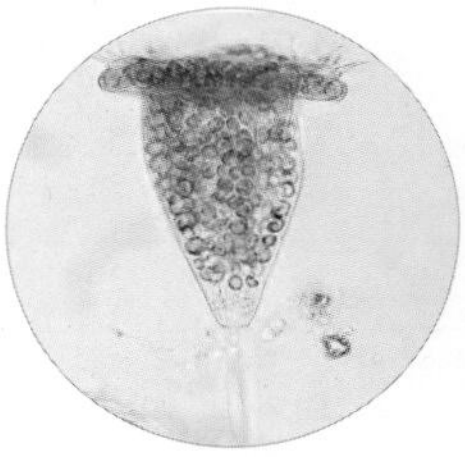
종벌레

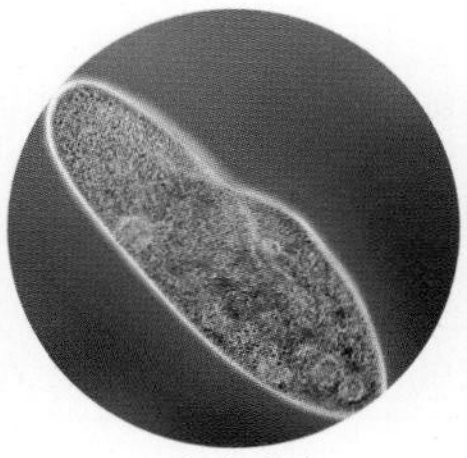
짚신벌레

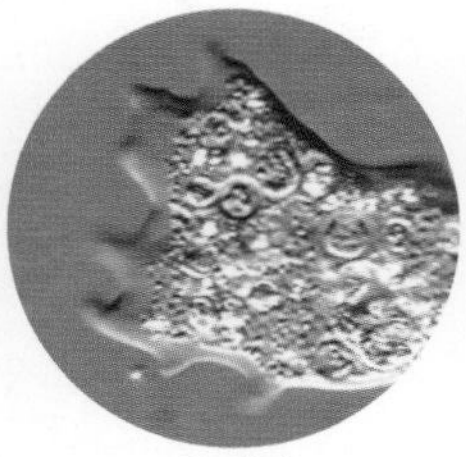
아메바

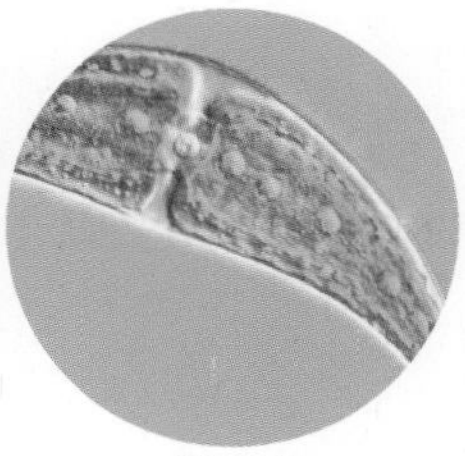
반달말

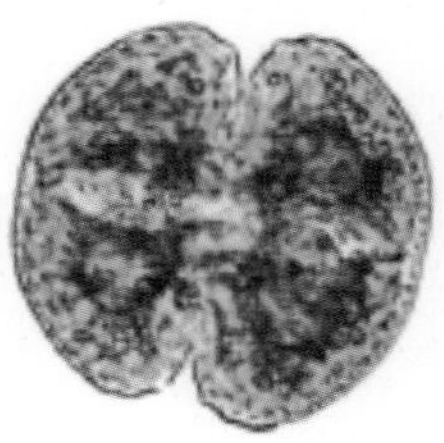
장구말

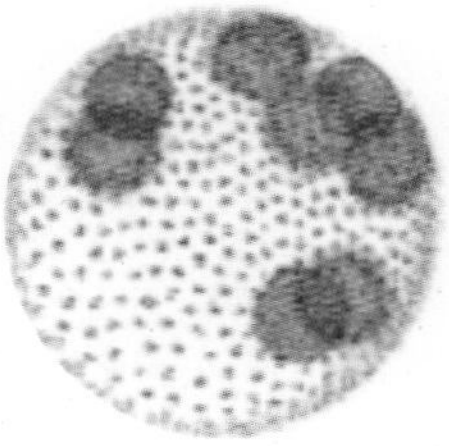
볼복스

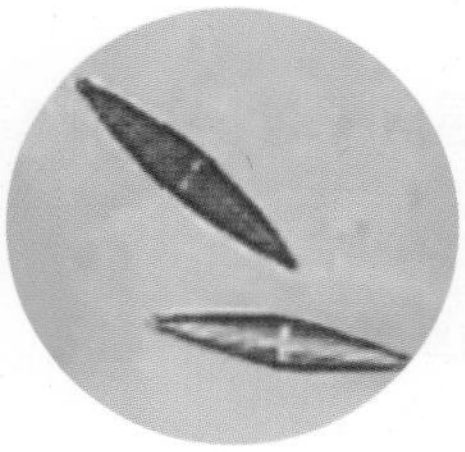
돌말

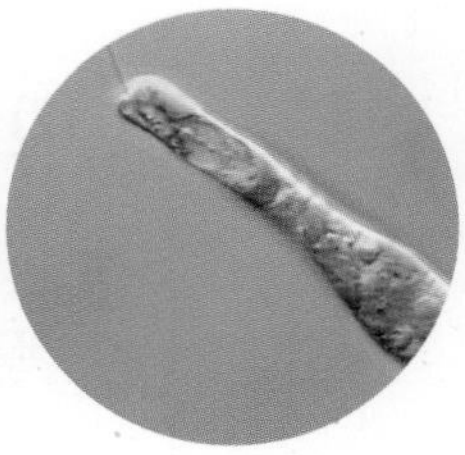
유글레나

(1) 위의 단세포 생물을 아래와 같이 나누고자 할 때 각 영역에 해당하는생물들의 이름을 쓰시오.

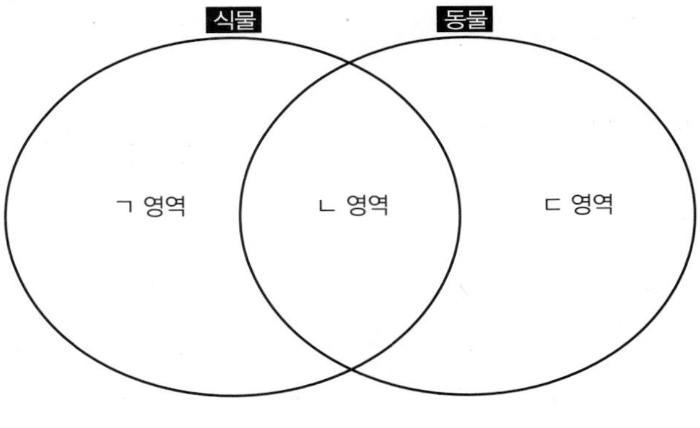

(2) ㄴ 영역에 해당하는 생물이 가지는 동물적, 식물적 특징을 쓰시오.

개념 돋보기

단세포 생물의 종류

- 엽록체를 가지고 있어 광합성을 하는 생물 : 유글레나, 볼복스, 돌말, 장구말, 반달말 등
- 운동 기관이 있는 생물 : 유글레나(편모), 짚신벌레(섬모), 아메바(위족), 종벌레 등

생물의 특징

- 세포로 이루어져 있다.
- 생장을 한다.
- 생식력이 있다.
- 물질 교환 능력이 있다.
- 외부 자극에 대해 반응한다.

잎의 단면 구조

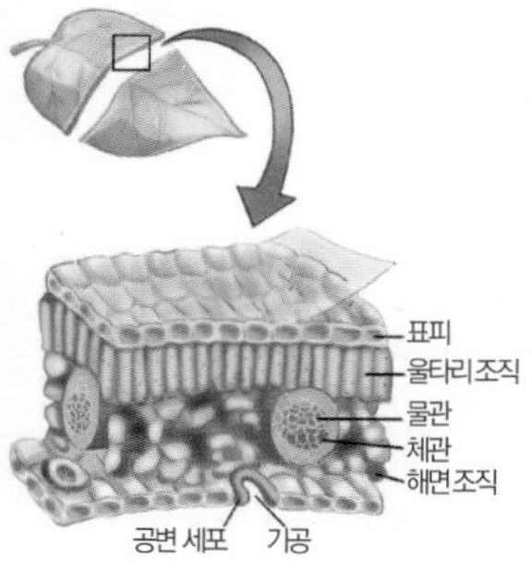

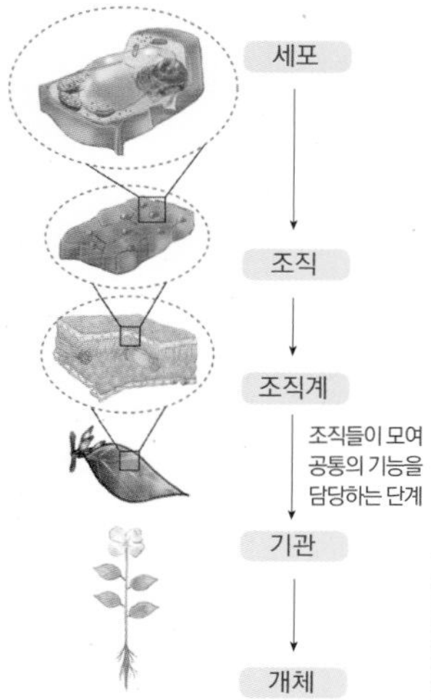

▲ 식물 세포의 구성 단계

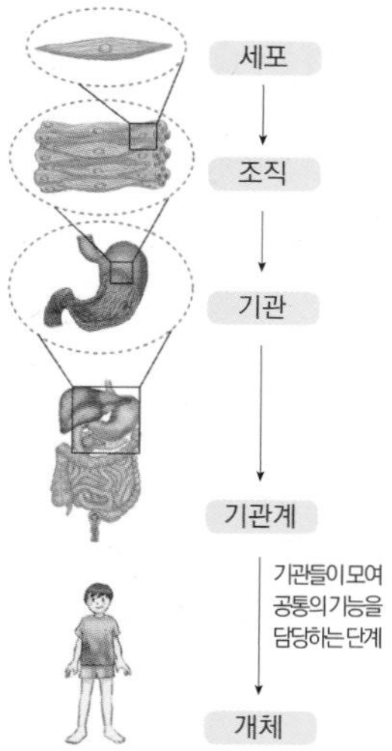

▲ 동물 세포의 구성 단계

3. 생물의 유기적 구성

(1) 생물의 기본적 구성 단계 세포 → 조직 → (조직계) → 기관 → (기관계) → 개체

구성 단계	특징
세포	생물체를 구성하는 구조적, 기능적 기본 단위
조직	모양과 기능이 비슷한 세포들의 모임
조직계	조직의 모임
기관	여러 조직이 모여 고유한 형태와 기능을 가지게 된 것
기관계	기관의 모임
개체	여러 기관이 모여 독립된 구조와 기능을 가지고 생명 활동을 하는 하나의 생물체

(2) 식물의 구성 단계 세포 → 조직 → 조직계 → 기관 → 개체

<table>
<tr><th>세포</th><th colspan="2">조직</th><th>조직계</th><th>기관</th></tr>
<tr><td>표피 세포, 공변 세포, 뿌리털
• 기능 : 내부 보호</td><td rowspan="3">영구 조직
• 기능 : 세포 분열이 일어나지 않음</td><td>표피 조직</td><td>표피 조직계
• 기능 : 식물체를 감싸 보호</td><td rowspan="2">영양 기관
• 기능 : 양분의 합성, 이동 및 저장
예 뿌리, 줄기, 잎</td></tr>
<tr><td>유세포, 저장 세포, 잎살 세포 (엽육 세포)
• 기능 : 영양분을 만들고 저장</td><td>기계 조직, 유조직
예 울타리 조직, 해면 조직</td><td>기본 조직계
• 기능 : 양분의 합성, 저장</td></tr>
<tr><td>물관부 세포, 체관부 세포
• 기능 : 물이나 양분 운반</td><td>통도 조직
예 물관, 체관</td><td rowspan="2">관다발 조직계
• 기능 : 물질의 이동 및 식물체 지지</td><td rowspan="2">생식 기관
• 기능 : 씨를 만들어 번식과 종족 보존에 관여
예 꽃, 열매, 종자</td></tr>
<tr><td colspan="2">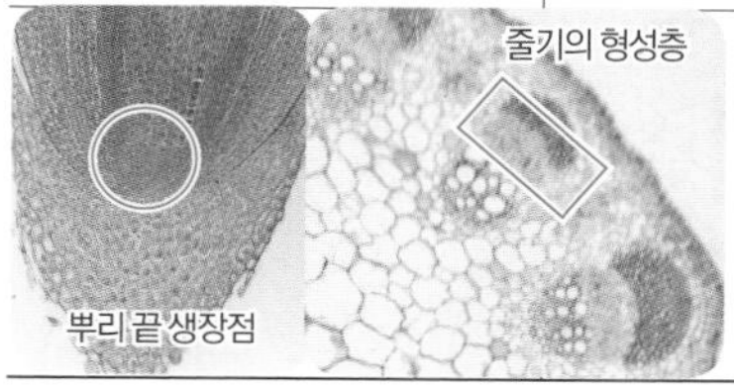</td><td>분열 조직
기능 : 세포 분열이 일어남
→ 세포의 수가 늘어나 식물의 부피 생장이 일어나는 조직
예 생장점, 형성층</td></tr>
</table>

(3) 동물의 구성 단계 세포 → 조직 → 기관 → 기관계 → 개체

<table>
<tr><th>세포</th><th>조직</th><th colspan="2">기관</th><th>기관계</th><th>개체</th></tr>
<tr><td>상피 세포</td><td>상피 조직
• 기능 : 몸의 표면이나 내장 기관 보호
예 피부, 구강 상피, 소장의 융털</td><td colspan="2">소화 기관
예 입, 식도, 위, 소장, 대장</td><td>소화계</td><td rowspan="4">사람</td></tr>
<tr><td>근육 세포</td><td>근육 조직
• 기능 : 근육과 내장 운동 담당
예 골격근, 내장근, 심장근</td><td colspan="2">순환 기관
예 심장, 혈관</td><td>순환계</td></tr>
<tr><td>신경 세포</td><td>신경 조직
• 기능 : 자극에 의한 흥분 전달
예 감각/운동 신경, 뇌, 척수</td><td>감각 기관
예 눈, 코, 귀, 혀</td><td>호흡 기관
예 폐, 기관지</td><td>감각계
호흡계</td></tr>
<tr><td>골세포</td><td>결합 조직
• 기능 : 조직이나 기관 사이 연결 및 몸 지탱
예 혈액, 뼈, 림프, 힘줄</td><td colspan="2">배설 기관
예 신장, 방광, 요도</td><td>배설계</td></tr>
</table>

정답 p 7

Q4 식물에서만 볼 수 있는 생물의 구성 단계는 (㉠), 동물에서만 볼 수 있는 생물의 구성 단계는 (㉡)이다.

4. 생물의 분류

(1) 분류

① **뜻** : 다양한 생물을 일정한 기준에 따라 비슷한 것끼리 무리짓는 것이다.

② **목적** : 생물의 고유한 특성을 이해하고 분류하여 생물들 사이의 유연 관계와 진화의 계통을 밝히기 위해서이다.

(2) 분류 방법

① **자연 분류** : 생물이 가진 고유의 특징을 기준으로 생물들 사이의 관계를 고려하여 분류하는 방법이다.

(예) • 외부 형태나 내부 구조에 따른 분류 : 척추동물, 무척추동물
• 생식 방법에 따른 분류 : 종자식물, 포자식물

② **인위 분류** : 사람들이 정한 임의의 기준에 따라 생물을 분류하는 방법이다.

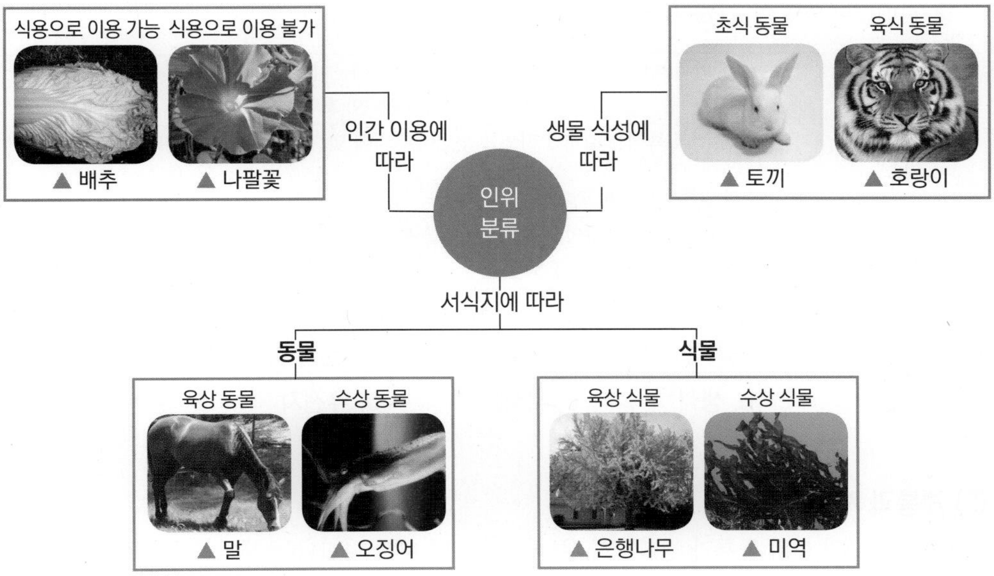

(3) 종과 생물의 분류 단계

① **종** : 생물을 분류하는 기본 단위로서 자유롭게 교배하여 생식 능력을 가진 자손을 낳을 수 있는 개체들을 말한다.

형태학적 종	• 외부 형태와 구조가 유사한 개체를 같은 종으로 분류한 것 • 린네에 의해 체계화된 것으로 생물의 외부 형태를 중요시 함 • 올챙이와 개구리처럼 유생과 성체의 형태가 크게 다르거나, 공작처럼 암수의 형태가 다른 경우 형태적 특징만으로 종을 구분하기 어려움
생물학적 종[1]	• 자연 상태에서 자유롭게 교배하여 생식 능력을 가진 자손을 낳을 수 있는 개체들을 같은 종으로 분류한 것 • 생식적 격리를 가장 중요하게 여김

② **생물의 분류 단계**

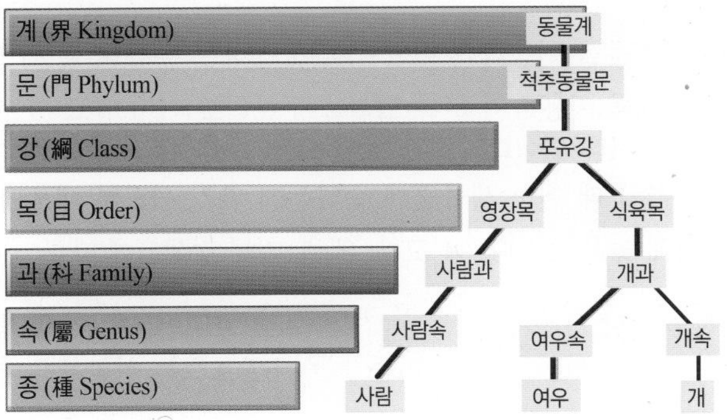

▲ 종 < 속 < 과 < 목 < 강 < 문 < 계 (7단계)

식물과 동물의 분류 기준

기준	식물	동물

움직임 여부	스스로 움직이지 못함	스스로 움직임
번식 방법	포자나 씨로 번식	알이나 새끼를 낳음
영양분 습득 방법	필요한 양분을 스스로 만듦	다른 생물을 섭취하여 영양분 얻음
외부 자극에 대한 반응	느림	빠름

종간 잡종

서로 다른 종의 개체들 간의 교배에 의하여 태어난 잡종으로 생식 능력이 없어 자손을 낳지 못한다.

▲ 노새(암말 + 수탕나귀)

▲ 라이거(수사자 + 암호랑이)

미니사전

유연 관계 발생 계통 가운데 생물들이 유전적으로 서로 얼마나 멀고 가까운지를 나타내는 관계

린네(Carl von Linne 1707 ~ 1778)

(4) 학명 동물과 식물 등의 생물에 붙이는 세계 공통적인 명칭으로서 린네가 창안한 2명법을 사용한다.

① **2명법** : 속명과 종소명으로 표기하며, 종소명 뒤에는 처음 종을 발견한 명명자를 밝히기도 한다.

② **학명의 표기 방식**

속명 + 종소명 + 명명자

예) 사람 *Homo sapiens*
Homo sapiens L.
Homo sapiens Linne

대문자 소문자 대문자로 시작

속명과 종소명은 이탤릭체 (라틴어)로 표기

명명자는 정체로 표기

* 사람의 학명은 '지혜 있는 인간'이라는 뜻이다.

③ **3명법** : 종보다 하위 단계(아종, 변종, 품종)를 표기할 때 종소명 다음에 그 이름을 추가하여 기재한다. → 아종명, 변종명, 품종명의 첫 글자는 소문자로 시작하며, 이탤릭체로 쓴다.
예) 시베리아 호랑이 - *Panthera tigris altaica* Brass

아종	같은 종이지만 형태나 지리적 분포가 다른 종 내의 개체군이다. 예) 호랑이의 아종 : 한국 호랑이, 인도 호랑이, 시베리아 호랑이 등
변종	기본적인 유전적 특성은 같지만 자연 돌연변이에 의해 몇 가지 형질이나 지리적 분포가 다소 다른 종 내의 개체군이다. 예) 고추의 변종 : 피망, 파프리카
품종	가축이나 원예 농작물과 같이 인공 돌연변이를 통해 인위적으로 개량된 종 내의 개체군이다. 예) 사과의 품종 : 부사, 홍옥, 홍로 등

정답 p 7

Q5 다음 중 종을 정의할 때 가장 중요하게 다루어야 하는 것은 무엇인가?

a. 형태 b. 생식 c. 서식지 d. 유전자 e. 영양 방식

(5) 계통과 계통수

① **계통** : 생물의 여러 종류가 진화하여 온 순서와 그에 따라 나타나는 생물 종류 간의 유연 관계이다.

계통수

▲ 계통수

② **계통수** : 계통을 바탕으로 여러 생물들의 유연 관계를 나뭇가지 모양으로 나타낸 것이다.

- 같은 가지에서 갈라진 생물은 공통 조상에서 갈라진 것이므로 유연 관계가 매우 가깝다.
- 가지가 멀리 떨어져 있을수록 유연 관계가 멀다.
- 갈라지는 분기점이 계통수 위쪽일수록 최근에 공통 조상에서 갈라져 나온 것이다.
- 계통수 아래쪽에 위치할수록 하등생물에 가깝고, 위쪽에 위치할수록 고등생물에 가깝다.

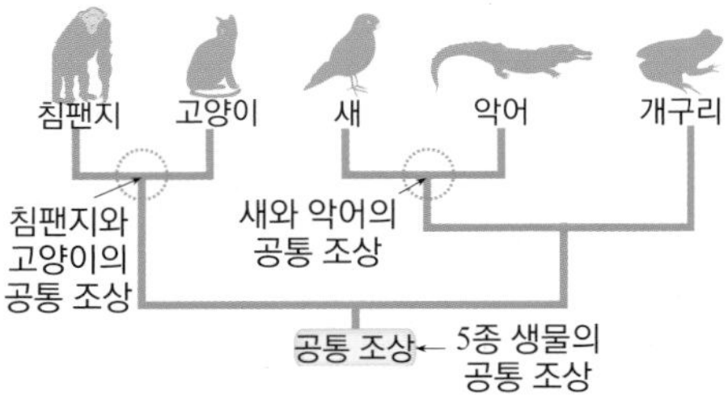

▲ 계통수의 예시

③ **동정** : 다양한 분류 기준을 이용하여 어떤 생물이 속하는 분류군 및 학명을 알아내는 일이다.
→ 도감이나 기존 자료를 이용하여 분류 형질을 구분하고 이미 알고 있는 분류군 중에서 생물 개체의 속과 종을 결정하는 일이다.

④ **검색표** : 생물을 분류할 때 어느 생물군에 속하는지 찾기 쉽도록 대응되는 분류 기준의 특징을 단계적으로 나열해 놓은 표이다. 예) 고체, 액체, 기체 검색표에 따른 동정

A1 눈에 보이지 않는다. ········· 기체
A2 눈에 보인다. ·················· B로 이동

B1 흐르는 성질이 있다. ········· 액체
B2 흐르는 성질이 없다. ········· 고체

(6) 생물의 5계 분류 체계

① **원핵생물계** : 핵이 없는 세균류로서 가장 원시적인 형태의 생물이다.

특징	• 뚜렷이 구분되는 핵이 없고, 유전 물질은 세포질 내에 존재하는 원핵세포이다. • 단세포 생물이며 세포벽이 있다. • 여러 개의 세포가 모여 균체를 이루기도 한다. • 주로 분열법으로 번식한다. • 편모를 가지고 운동을 하는 것도 있고, 광합성을 하는 것도 있다.
생물의 예	• 남세균(광합성을 하는 세균) : 흔들말, 염주말 등 • 세균류 : 대장균, 폐렴균, 포도상구균[1], 헬리코박터 파일로리균[2] 등 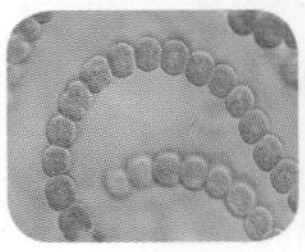 ▲ 염주말 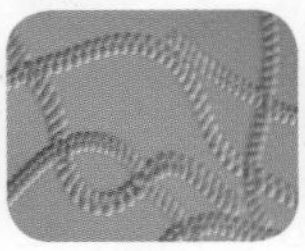 ▲ 흔들말 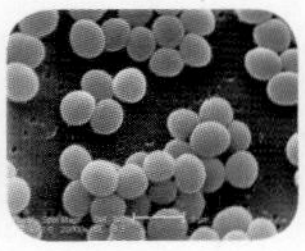 ▲ 포도상구균 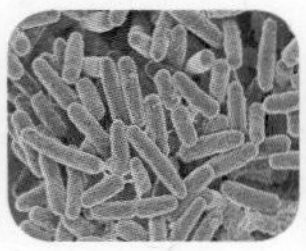 ▲ 대장균 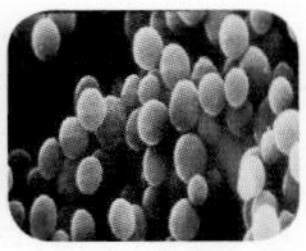 ▲ 폐렴균

② **원생생물계** : 핵이 있고, 기관이 발달하지 않은 다양한 생물이다.

특징	• 진핵세포로 구성된 생물 중 식물계, 동물계, 균계에 속하지 않는 생물들의 무리이다. • 대부분 물속에서 생활한다. • 먹이를 섭취하거나 광합성을 하여 양분을 얻는다. • 크기가 매우 작은 단세포 생물이지만 맨눈으로 볼 수 있는 다세포 생물도 포함된다. • 종류와 특징이 매우 다양하다.
생물의 예	• 광합성을 하는 생물 : 김, 미역, 다시마, 해캄, 유글레나 등 • 광합성을 하지 않는 생물 : 아메바, 짚신벌레 등  ▲ 다시마  ▲ 미역 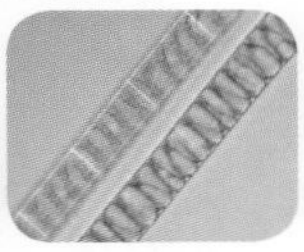 ▲ 해캄 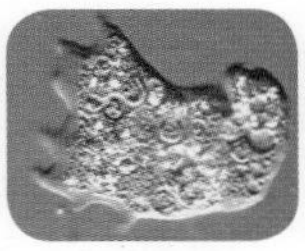 ▲ 아메바 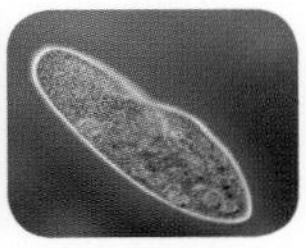 ▲ 짚신벌레

③ **균계** : 몸이 균사로 이루어진 곰팡이, 버섯 등이다.

특징	• 진핵세포로 이루어진 다세포 생물로 운동성이 없다. • 세포에 엽록체가 없어 광합성을 하지 못하고 몸 밖으로 효소를 분비하여 영양분을 분해한 후 흡수한다. • 버섯과 곰팡이는 세포에 세포벽이 있다. • 버섯과 곰팡이는 몸이 실과 같은 균사[3]로 이루어져 있다. • 주로 포자로 번식한다.
생물의 예	• 버섯, 누룩곰팡이, 푸른곰팡이, 붉은빵곰팡이, 효모 등  ▲ 버섯 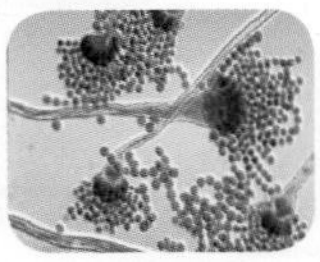 ▲ 푸른곰팡이  ▲ 효모

정답 p 7

Q6 다음 중 원생생물계를 있는 대로 고르시오.

a. 해캄 b. 버섯 c. 염주말 d. 다시마 e. 짚신벌레

생물의 분류 체계

▲ 5계 분류 체계

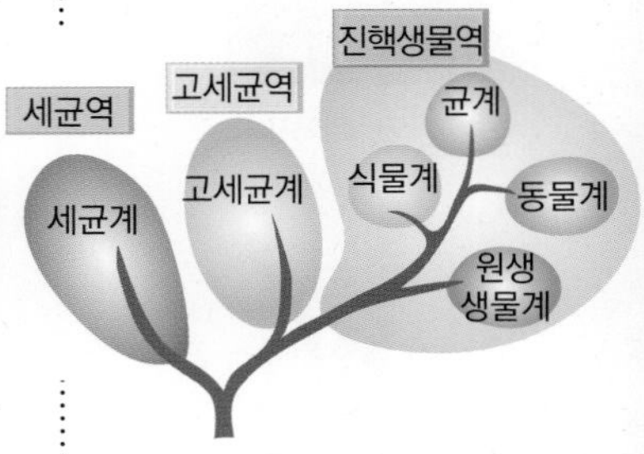

▲ 3역 6계 분류 체계

● 분자생물학적 지식이 발달함에 따라 생물들의 다양한 정보들이 추가되어 원핵생물계를 세균계와 고세균계로 나누는 3역 6계 분류 체계로 분류 하기도 한다.

● 고세균계는 고온, 고염도, 산소가 없는 극한 환경에서 사는 단세포 원핵 생물 무리이다.

❶ 포도상구균

자연계에 널리 분포되어 있는 세균으로 식중독뿐만 아니라 피부염, 방광염 등을 일으키는 원인균

❷ 헬리코박터 파일로리균

사람 위의 점막에만 서식하는 세균으로, 위염, 위궤양 등과 관련이 있다.

❸ 균사

균류의 몸을 이루고 있는 가는 실 모양의 다세포 섬유

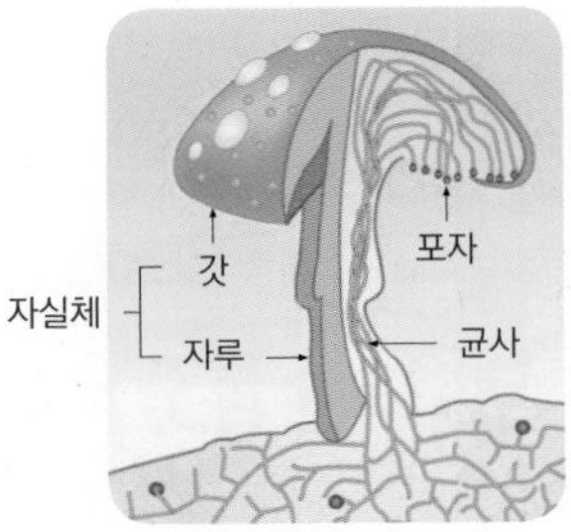

▲ 버섯의 구조

④ 포자

어린 식물체가 될 일종의 세포로, 단단한 막에 둘러싸여 쉽게 건조되지 않으며 습한 곳에서 싹이 나와 새로운 개체로 자란다.

▲ 고사리의 포자

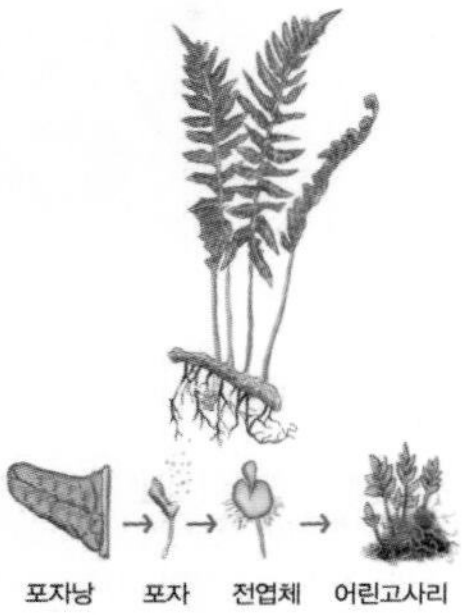

▲ 고사리의 포자번식

꽃이 피지 않는 대신 잎의 뒷면에 형성된 포자낭 속에서 포자가 생성된다. 포자가 싹이 터서 전엽체가 되면 이로부터 어린 고사리가 된다.

⑤ 종자

어린 생물체가 될 세포들이 양분과 함께 단단한 껍질에 싸여 있는 것이다.

▲ 솔방울 씨(종자)

5월 송진가루가 날리기 시작할 때 암꽃이 개화하는데 이때 송진가루가 암꽃과 만나게 되면 솔방울이 된다. 솔방울 속에는 많은 씨앗들이 들어있는데 갈색의 솔방울의 껍질이 열리면서 그 안의 씨앗들은 바람을 타고 날아가게 된다.

꽃의 단면

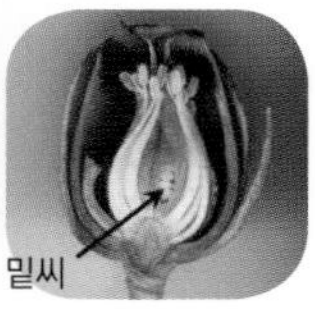

▲ 크리스마스로즈 꽃의 밑씨

④ **식물계** : 기관이 발달하고, 광합성을 하는 생물이다.

특징	• 진핵세포로 이루어진 다세포 생물로, 세포에 세포벽이 있다. • 세포에 엽록체가 있어 광합성을 통해 스스로 양분을 만든다. • 대부분 뿌리, 줄기, 잎과 같은 기관이 발달되어 있다. • 육상 식물은 육상 환경에 적응하기 위한 구조가 발달하였다. • 포자[4]나 종자[5]로 번식한다.
생물의 예	• 이끼류, 고사리, 소나무, 은행나무, 민들레, 벼 등  ▲ 고사리 ▲ 우산이끼 ▲ 소나무 ▲ 민들레 ▲ 벼

⑤ **동물계** : 기관이 발달하고 운동성이 있으며, 먹이를 섭취하는 생물이다.

특징	• 진핵세포로 이루어진 다세포 생물로, 세포에 세포벽이 없다. • 세포에 엽록체가 없어 광합성을 하지 못하고 먹이를 섭취하여 양분을 얻는다. • 대부분 특정 기능을 하는 기관계가 발달하였다. • 이동성이 있으며, 대부분 수정을 통해 번식한다.
생물의 예	• 독수리, 지렁이, 개, 소라, 돌고래, 사람 등  ▲ 독수리 ▲ 지렁이 ▲ 개 ▲ 소라 ▲ 돌고래

정답 p 7

Q7 다음 중 동물계에 속하지 않는 것은?

a. 해파리　b. 물벼룩　c. 지렁이　d. 말미잘　e. 아메바

(7) 자연 분류에 따른 식물의 분류

[식물의 분류 기준]

① 뿌리, 줄기 잎의 구분
- 구분된다 → 경엽식물(양치식물, 종자식물)
- 구분되지 않는다 → 엽상식물(선태식물)

② 관다발의 유무
- 있다 → 관다발식물(양치식물, 종자식물)
- 없다 → 비관다발식물(선태식물)

④ 꽃의 유무
- 핀다 → 꽃식물(종자식물)
- 안핀다 → 민꽃식물(선태식물, 양치식물)

③ 씨방의 유무
- 있다 → 속씨식물
- 없다 → 겉씨식물

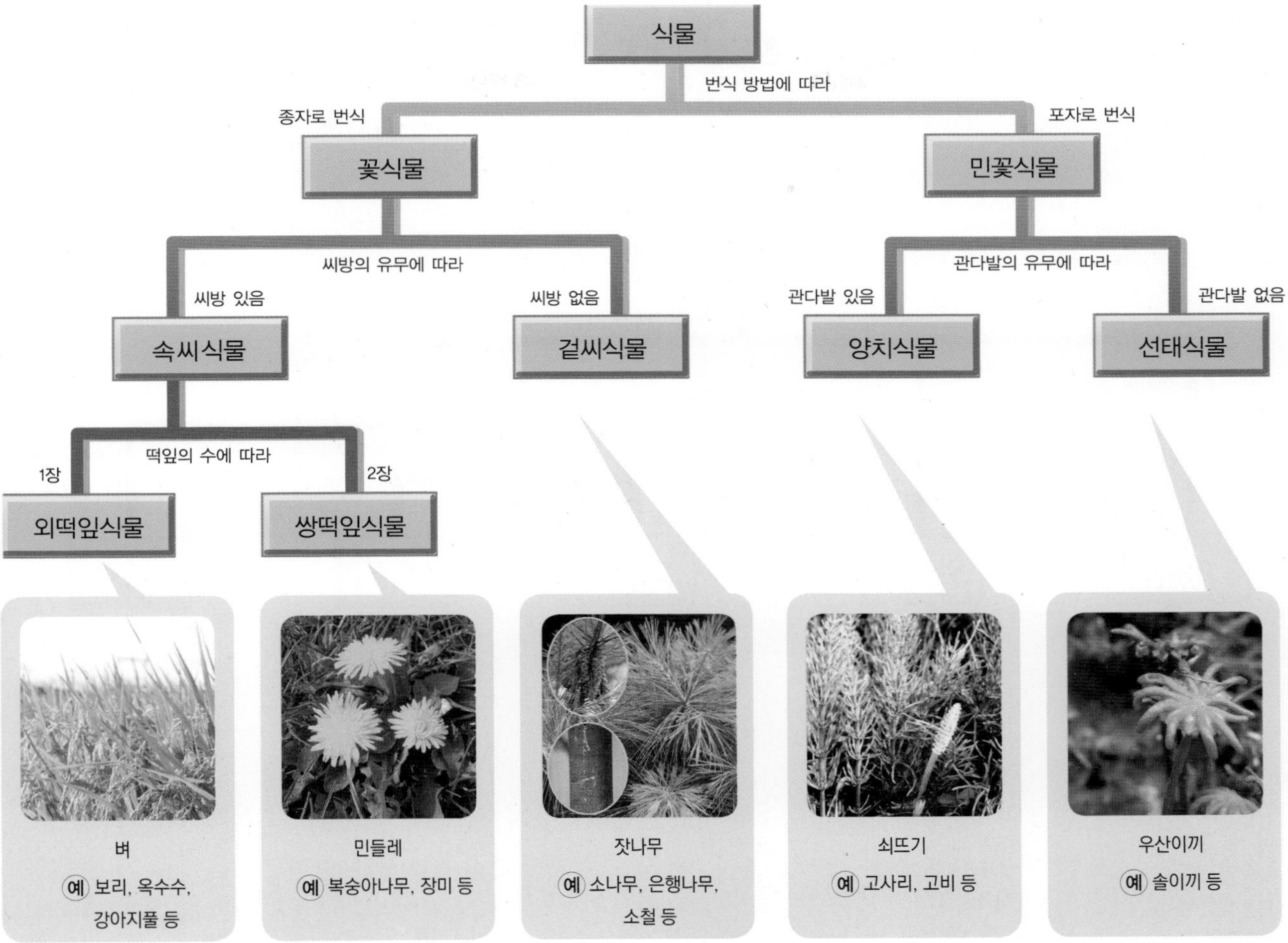

종자식물 (꽃식물)	• 꽃이 피고 암술의 밑씨가 수술의 꽃가루를 받아 열매를 맺음 • 종자를 만들어 이를 통해 번식하는 식물	포자식물 (민꽃식물)	• 꽃을 형성하지 않고 포자로 번식하는 식물
속씨식물	• 밑씨가 씨방 속에 있음 • 꽃의 암술은 암술머리와 씨방으로 되어 있음 • 암술과 수술이 한 꽃 속에 있는 양성화이며, 암수 한 그루인 자웅동주가 대부분임 • 외떡잎식물과 쌍떡잎식물로 분류됨	선태식물	• 습지에 살며, 수중에서 육상으로 옮겨가는 중간 단계의 식물 • 관다발이 없으며, 뿌리는 헛뿌리[7] • 암수가 별도로 존재하는 자웅이주
겉씨식물	• 밑씨가 씨방에 싸여 있지 않고 겉으로 드러나 있음 • 암꽃과 수꽃이 따로 피며, 한 나무에 같이 있는 것을 자웅동주, 은행나무처럼 각각 다른 나무에 피는 것을 자웅이주라고 함 • 꽃받침과 꽃잎이 없으며, 향기와 꿀도 없는 풍매화가 대부분 • 줄기와 관다발에 헛물관[6]이 있고, 형성층이 있어 부피 생장을 함	양치식물	• 뿌리, 줄기, 잎의 구별이 뚜렷하며, 줄기는 땅속줄기 • 관다발에는 체관과 헛물관[6]이 있지만, 형성층이 없어서 줄기가 굵어지지 않음 • 그늘지고 습한 토양에서 잘 자라며, 민꽃식물(포자식물) 중 가장 발달한 식물

6 헛물관 속씨식물에만 있는 물관은 세포들이 세로로 이어져 있으며, 세포들 사이에 막이 없어 하나의 관 구멍이 만들어진다. 하지만 헛물관은 완전히 세포막에 싸여 있어서 관 구멍이 없다.

7 헛뿌리 관다발이 없어서 진정한 뿌리 구실을 못하는 미분화된 뿌리이다. 주로 식물체를 땅에 부착시키는 기능을 한다.

(8) 자연 분류에 따른 동물의 분류

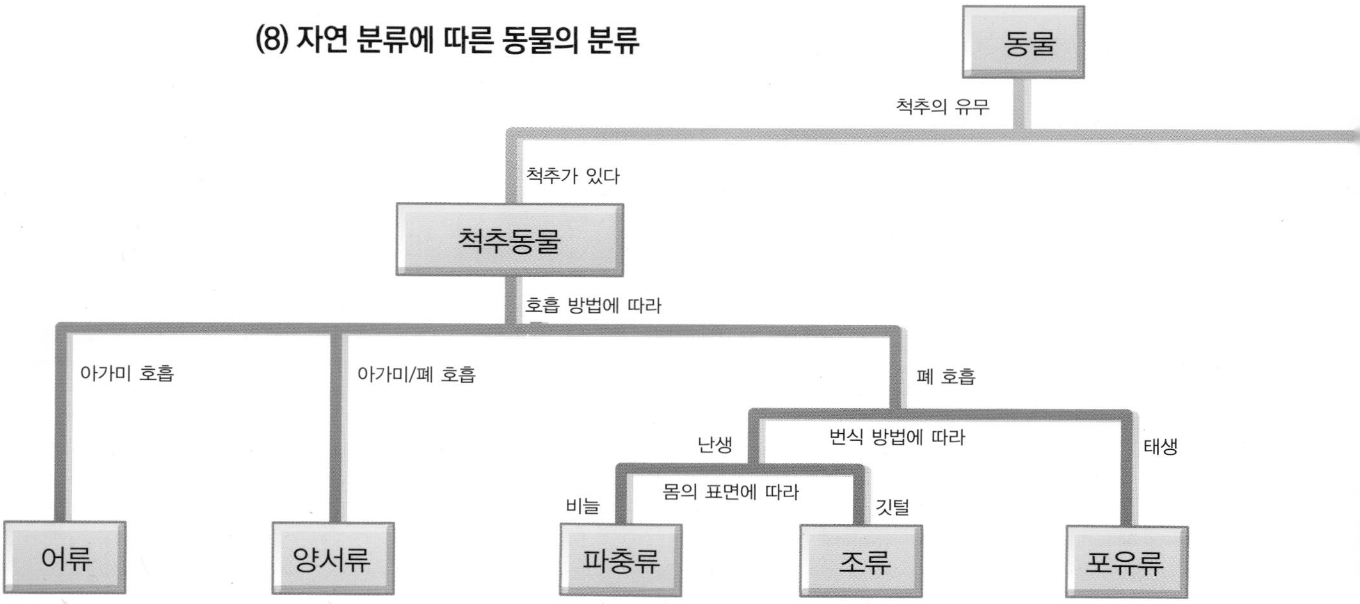

어류

- 변온 동물[8]
- 아가미 호흡
- 체외 수정[9]
- 알을 낳아 번식
- 유선형의 몸
- 물속에서 생활

(예) 붕어, 잉어, 숭어, 고등어 등

양서류

- 변온 동물[8]
- 어릴 적에는 아가미, 성체가 되면 폐호흡
- 체외 수정[9]
- 알을 낳아 번식
- 물과 육지에서 모두 생활

(예) 두꺼비, 도롱뇽, 맹꽁이 등

파충류

- 변온 동물[8]
- 폐호흡
- 체내 수정[9]
- 알을 낳아 번식
- 몸이 단단한 비늘로 덮여 있음

(예) 도마뱀, 뱀, 악어, 거북 등

조류

- 항온 동물[8]
- 폐호흡
- 체내 수정[9]
- 알을 낳아 번식
- 날개 있음
- 깃털로 덮여 있음

(예) 독수리, 펭귄, 참새, 타조 등

포유류

- 항온 동물[8]
- 폐호흡
- 체내 수정[9]
- 새끼를 낳아 젖을 먹여 키움
- 온몸이 털로 덮여 있음

(예) 토끼, 말, 개, 소, 박쥐 등

⑧ 항온 동물 VS 변온 동물

- 항온 동물 : 체온을 일정하게 유지하는 동물
- 변온 동물 : 환경의 온도 변화에 맞추어 체온을 변화시키는 동물 (예) 도마뱀

이른 아침	정오	저녁	밤
도마뱀은 체온을 높이기 위해 바위에 몸을 펼치고 햇볕을 쬔다. 체온을 35℃로 일정하게 유지한다.	사막의 기온은 50℃까지 올라가지만, 도마뱀은 그늘이나 덤불 속에서 쉬기 때문에 체온을 35℃로 일정하게 유지한다.	해가 지게 되면 온도가 서서히 내려가기 때문에 급히 굴 속으로 들어간다. 이때 체온은 16℃로 급속히 내려간다.	사막의 온도가 영하로 떨어지기 때문에 도마뱀은 굴 속에 머물며 체온을 16℃로 일정하게 유지한다.

⑨ 체내 수정 VS 체외 수정

- 체내 수정 : 정자는 액체 내에서만 움직일 수 있기 때문에 수컷의 정자를 암컷 생식 기관으로 보내 번식을 하는 방법으로 육상 동물 등이 이에 해당된다.
- 체외 수정 : 물속 환경에서 동물의 난자와 정자가 만날 수 있도록 하여 번식을 하는 방법으로 개구리 등이 이에 해당된다.

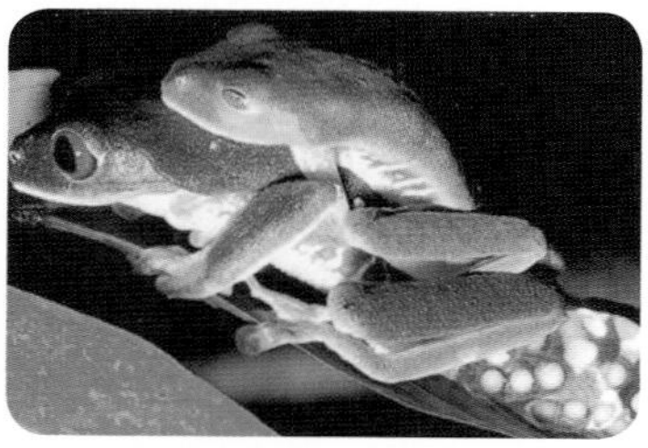

▲ 개구리의 수정은 체외에서 일어난다. 암컷이 난자를 다 방출할 때까지 수컷이 암컷을 앞발로 꽉잡아 정자와 난자가 만날 확률을 높인다.

척추가 없다

무척추동물

절지동물

- 몸이 마디로 구성
- 외골격[10] (단단한 껍데기)을 가짐
- 알을 낳아 번식함
- 변태 과정 거침

(예) 사슴벌레, 거미, 가재, 지네, 메뚜기, 게, 물벼룩 등

환형동물

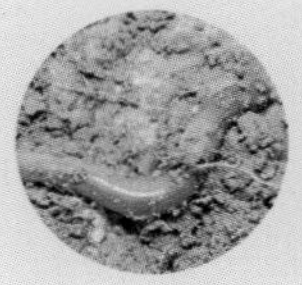

- 몸에 마디(체절)가 있음
- 몸이 긴 원통형
- 알을 낳아 번식
- 다리가 없음

(예) 지렁이, 거머리, 갯지렁이 등

연체동물

- 몸이 연하고 마디와 뼈가 없음
- 변온 동물
- 아가미 호흡
- 알을 낳아 번식함.

(예) 소라, 조개, 문어, 낙지, 오징어, 달팽이 등

편형동물

- 몸이 연하고 납작함
- 배에 있는 인두[11]로 먹이를 먹음
- 물이나 축축한 땅에 삶.

(예) 플라나리아, 촌충 등

극피동물

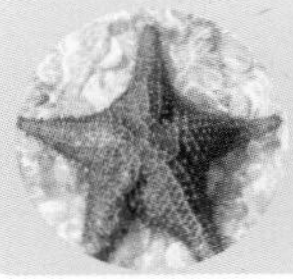

- 몸이 딱딱한 껍데기로 덮여 있음
- 알을 낳아 번식
- 몸은 방사 대칭으로 이루어져 있음

(예) 불가사리, 성게 등

강장동물

- 몸이 연하고 발달 단계가 아주 낮음
- 입과 항문이 구별되지 않음
- 촉수[12]가 있어 다른 동물을 쏨

(예) 해파리, 말미잘 등

⑩ 외골격

뚫고 들어가기 어려운 단단한 덮개인 외골격은 보호와 지지의 두 가지 기능을 한다. 하지만 내부의 몸이 자라는 것에 맞추어 외골격이 자랄 수 없기 때문에, 탈피를 하여 더 큰 외골격을 만들어 다시 단단하게 만든다.

메뚜기가 유생 외골격으로부터 막 빠져 나오고 있다. ▶

⑪ 인두

편형동물의 장은 외부로 뚫린 구멍이 하나뿐이어서 인두가 '입'과 '항문'을 겸한다. 이 구멍 근처에는 대개 가지가 쳐있는데, 이는 영양분의 흡수를 위해 표면적을 늘린 것이다.

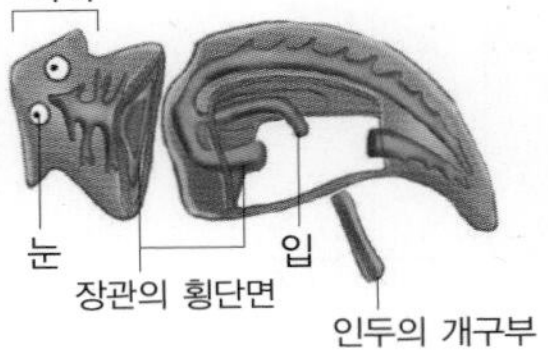

⑫ 촉수

하등 동물의 입 주변에 있는 근육성의 가늘고 길게 돌출되어 있는 돌기로 주로 호흡을 위한 가스 교환이 이루어지고, 이것을 이용하여 먹이를 감거나, 플랑크톤을 잡는다.

▲ 말미잘은 촉수에 닿은 작은 물고기나 새우 등의 동물을 독으로 마비시켜 입으로 통째 삼킨다.

생물체의 유기적 구성

21 생물의 구성 단계에 대한 설명으로 옳은 것은 ○, 틀린 것은 ×표 하시오.

(1) 식물은 동물에 비해 구성 단계가 복잡하다. ( )

(2) 모든 생물의 가장 기본 단위의 단계는 세포이다. ( )

(3) 식물의 구성 단계와 동물의 구성 단계는 동일하다. ( )

(4) 생물의 구성 단계 중 가장 넓은 범위의 단계는 조직이다. ( )

22 다음은 식물과 동물의 구성 단계를 나열한 것이다.

> (가) 식물 : 세포 → (A) → (B) → (C) → 개체
> (나) 동물 : 세포 → (A) → (C) → (D) → 개체

A, B, C, D에 들어갈 알맞은 말을 쓰시오.

23 다음 중 식물과 동물에서만 각각 볼 수 있는 생물의 구성 단계를 차례대로 쓰시오.

24~25 다음 그림은 식물의 구성 단계를 순서 없이 나타낸 것이다. (A와 D는 붉은색 네모로 표시하였다.)

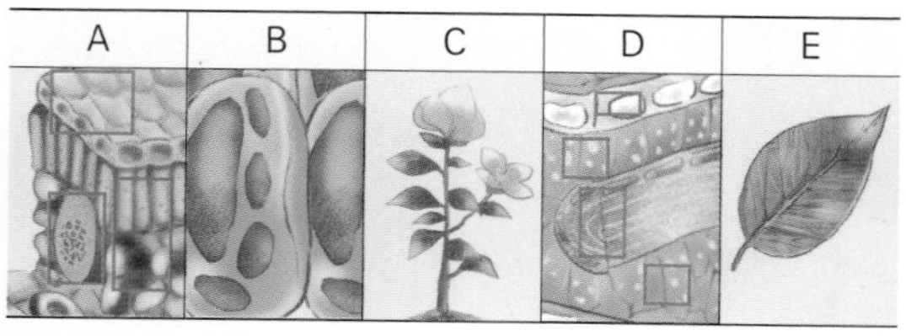

24 각 구성 단계에 해당하는 이름을 바르게 연결한 것은?

① A - 조직계 ② B - 조직 ③ C - 기관
④ D - 세포 ⑤ E - 개체

25 구성 단계 A ~ E를 순서대로 바르게 나열하시오.

26 다음은 동물의 구성 단계 중 일부를 나타낸 것이다.

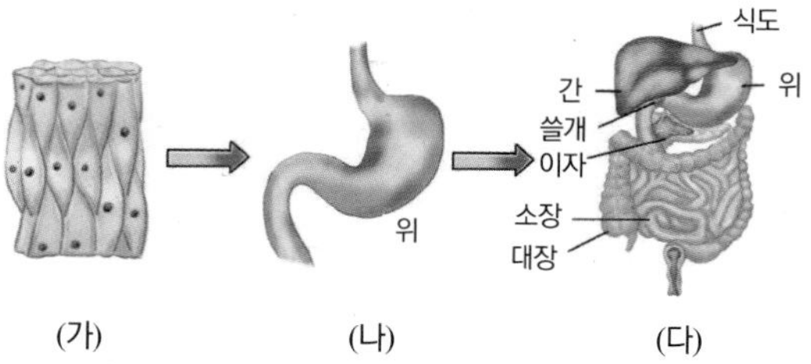

(가) ~ (다)에 해당하는 단계를 각각 쓰시오.

27 사람을 구성하는 세포와 기관에 대한 설명으로 옳지 <u>않은</u> 것은?

① 소장은 기관에 해당한다.
② 모든 세포는 핵을 가진다.
③ 세포의 수가 많을수록 개체가 크다.
④ 다양한 모양의 세포로 구성되어 있다.
⑤ 모양과 기능이 비슷한 세포들이 모여 조직을 이룬다.

28 식물과 동물을 구분하려 할 때 동물에서만 나타나는 특징으로 옳은 것만을 <보기>에서 있는 대로 고른 것은?

> 보기
> ㄱ. 부분 운동 능력을 갖는다.
> ㄴ. 스스로 양분을 만들지 못한다.
> ㄷ. 외부 자극에 대한 반응이 느리다.
> ㄹ. 생식 능력이 있어 자손을 번식한다.
> ㅁ. 조직과 기관이 모여서 기관계가 발달해 있다.

① ㄱ, ㄴ, ㄷ ② ㄱ, ㄴ, ㅁ ③ ㄴ, ㄷ, ㄹ
④ ㄴ, ㄹ, ㅁ ⑤ ㄷ, ㄹ, ㅁ

정답 및 해설 07쪽

29 다음 그림은 식물의 구성 단계를 나타낸 것이다.

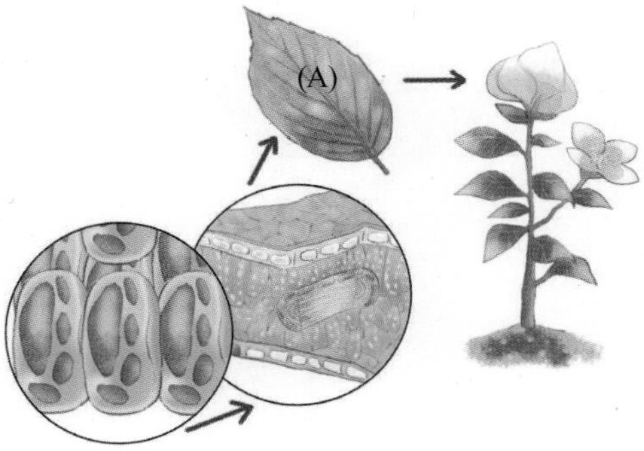

(A)와 같은 단계에 해당되는 것은?

① 뿌리 ② 표피 세포 ③ 관다발계
④ 해면 조직 ⑤ 열대 식물

30 다음 그림은 사람의 팔을 나타낸 것이다.

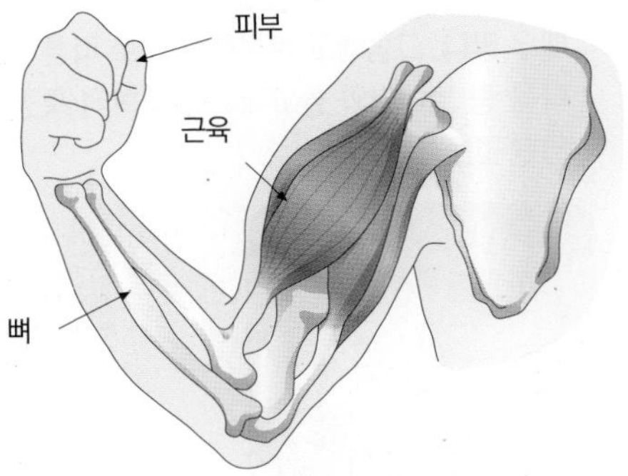

이에 대한 설명으로 옳지 않은 것은?

① 팔을 이루는 기본 단위는 세포이다.
② 사람의 팔은 일정한 형태와 기능을 가진다.
③ 피부, 뼈, 근육은 기관에 해당되는 부분이다.
④ 근육은 여러 개의 근육 세포로 이루어져 있다.
⑤ 피부를 이루는 세포들끼리는 모양과 기능이 같다.

생물의 분류

31 다음 중 자연 분류의 기준으로 동물을 분류할 때 옳은 것을 있는 대로 고르시오.

① 식성 ② 번식 방법 ③ 서식지
④ 척추의 유무 ⑤ 외부 형태

32 다음 중 종에 대한 설명으로 옳은 것은 ○표, 틀린 것은 ×표 하시오.

(1) 종은 생물을 분류하는 가장 기본 단위이다. ( )
(2) 종은 다른 개체군들로부터 생식적으로 격리되어 있다. ( )
(3) 다른 종의 개체들끼리도 교배를 통해서 자손을 낳을 수 있다. ( )
(4) 비슷한 환경에서 생활하면서 식성이 같고 외형적인 모습이 같아지면 동일한 종이라고 할 수 있다. ( )

33 다음 조건을 모두 만족하는 동물은 무엇인가?

- 몸은 단단한 비늘로 싸여 있다.
- 폐를 이용하여 호흡할 수 있다.
- 주위의 온도에 따라 체온이 변한다.

① 새 ② 돌고래 ③ 도마뱀
④ 도롱뇽 ⑤ 강아지

34 다음은 식물을 한 가지 기준에 따라 크게 두 개의 무리로 분류하고, 각 식물의 특징을 설명한 것이다. 빈칸에 알맞은 말을 차례대로 쓰시오.

•••

35 다음 중 생물 분류 단계에 대한 설명으로 옳지 않은 것은?

① 분류의 기본 단계는 7단계이다.
② 강은 문보다 하위 분류 단계이다.
③ 생물의 분류에서 가장 기본적인 단위는 종이다.
④ 개과보다 식육목에 속하는 생물이 더 다양하다.
⑤ 하위 분류 단계가 같아도 상위 분류 단계는 분류 기준에 따라 다를 수 있다.

36 다음은 개와 늑대의 학명을 나타낸 것이다.

- 개 : *Canis familiaris*
- 늑대 : *Canis lupus*

이에 대한 설명으로 옳은 것은 ○표, 틀린 것은 ×표 하시오.

(1) 개와 늑대는 속명이 같다. ( )
(2) 개와 늑대는 동일한 종이다. ( )
(3) 개와 늑대는 명명자가 서로 다르다. ( )
(4) 개와 늑대가 속하는 과의 이름은 같다. ( )

37 다음과 같이 동물들을 A와 B 무리로 나누었을 때 분류 기준은 무엇인가?

A	B
도롱뇽, 비둘기, 토끼	사슴벌레, 소라, 불가사리

① 번식 방법 ② 호흡 방법 ③ 먹이
④ 척추의 유무 ⑤ 체온 유지 방법

38 척추동물 중 다음과 같은 특징을 갖는 종류는?

- 환경에 따라 체온이 변한다.
- 수중에서 육상으로 옮겨 가는 중간 단계의 생물이다.
- 어릴 적에는 아가미, 성체가 되면 피부와 폐로 호흡을 한다.

① 조류 ② 어류 ③ 포유류
④ 양서류 ⑤ 파충류

39 다음 그림은 6종의 생물의 유연 관계를 나타낸 계통수이다.

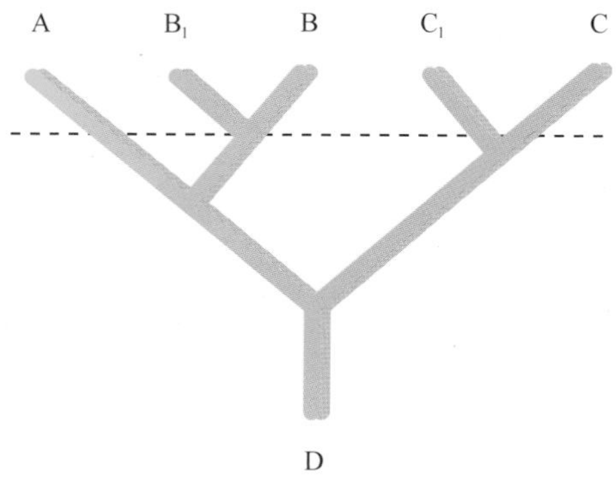

위 계통수에 대한 설명으로 옳은 것만을 〈보기〉에서 있는 대로 고른 것은?

보기
ㄱ. A, B, C는 모두 D로부터 진화하였다.
ㄴ. A와 B의 분화가 C와 C_1의 분화보다 먼저 일어났다.
ㄷ. D를 제외한 5종의 생물을 두 무리로 나눌 경우 A와 B는 서로 다른 무리에 속한다.

① ㄱ ② ㄴ ③ ㄱ, ㄴ
④ ㄴ, ㄷ ⑤ ㄱ, ㄴ, ㄷ

40 고래는 물속에 사는 열대어와 생긴 모습이 비슷한 점이 매우 많다. 그럼에도 분류학상 서로 다른 무리에 속한다. 다음 중 열대어와 돌고래의 분류학적 특징을 바르게 설명한 것은?

열대어

돌고래

① 돌고래는 변온동물이다.
② 돌고래는 아가미로 호흡하며 지느러미가 있다.
③ 돌고래는 새끼를 낳아 젖을 먹여 기르므로 포유류에 속한다.
④ 열대어는 몸이 유선형이며 털로 덮여 있어 체온이 항상 일정하다.
⑤ 열대어는 체온이 일정하지 않아 물속에 살면서 환경의 변화를 최소로 줄일 수 있다.

개념 심화 문제

정답 및 해설 09

16 **생물의 구성 단계를 집과 비교할 때, 생물의 각 구성 단계에 해당하는 집의 구성 요소를 바르게 연결하여 쓰시오.**

벽돌 한장

부엌

유리 한장

전선들

집

거실

벽

전선 한 가닥

유리창

생물의 구성 단계	세포	조직	기관	개체
집의 구성 요소				

개념 심화 문제

17 다음 표는 식물을 구성하는 조직계에 대한 설명이다. 각각의 조직계를 구성하는 하위 단계의 명칭을 맨 윗줄에 쓰고, 아래의 각 칸에 해당하는 것을 그림 (가) ~ (바) 중에서 찾아 기호를 쓰시오

조직계	→ (　　　　)	→ (　　　　)
식물체를 감싸서 보호한다.		
양분의 합성과 저장을 한다.		
물질의 이동 통로이며, 식물의 지지 작용을 한다.		

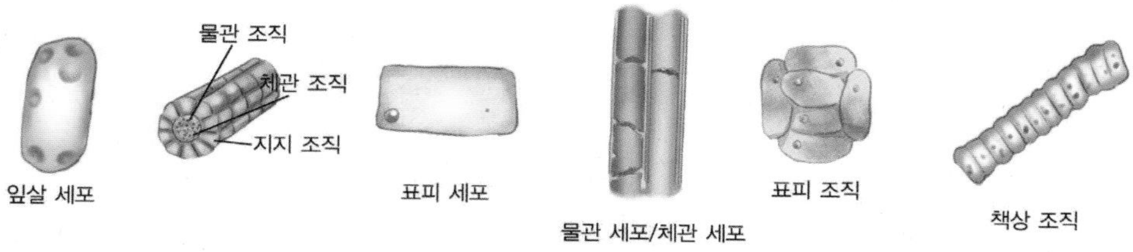

(가)　(나)　(다)　(라)　(마)　(바)

18 다음 그림은 식물 잎의 단면 구조를 나타낸 것이다. 식물체 구성 단계 중 A ~ D가 나타내는 것을 각각 쓰고, 각 조합에 해당하는 조직계의 종류를 쓰시오.

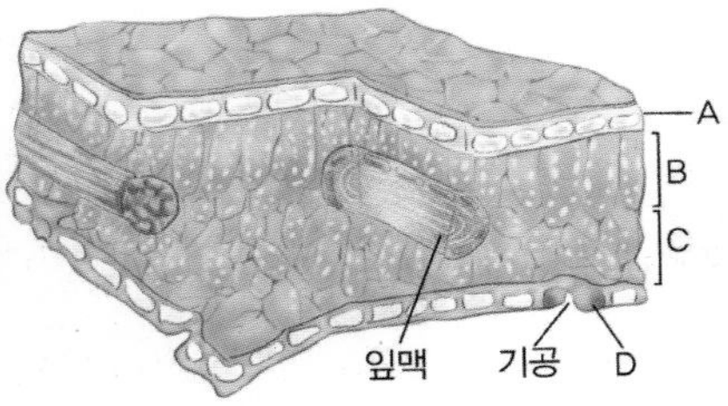

A : (　　　　)　C : (　　　　)

B : (　　　　)　D : (　　　　)

조합	A + D	B + C
조직계의 종류		

개념 돋보기

식물의 조직과 조직계

- 표피 조직계 : 식물체를 감싸 보호하며 표피 조직, 뿌리털, 공변 세포 등으로 구성됨
- 기본 조직계 : 양분을 합성하고 저장하는 일을 하며, 울타리 조직(책상 조직), 해면 조직으로 구성됨
- 관다발 조직계 : 물과 양분의 이동 통로로서 식물체를 지탱하는 역할을 하며, 통도 조직(물관, 체관), 형성층으로 구성됨

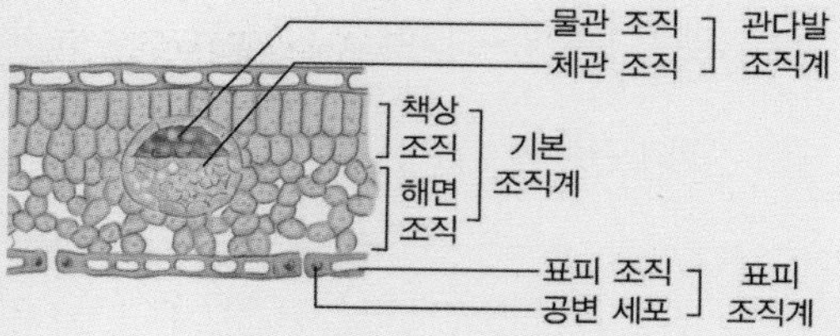

19 **다음 그림은 사람 몸의 구성 단계를 순서 없이 나열한 것이다. 물음에 답하시오.**

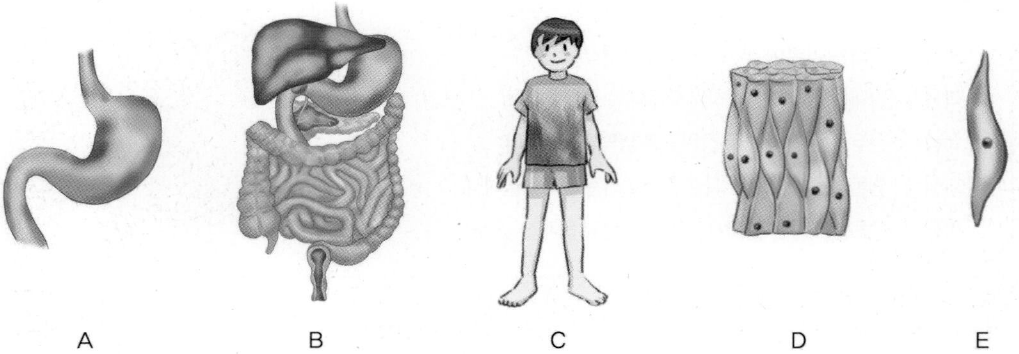

(1) 위 그림에 대한 설명으로 옳지 않은 것을 골라 바르게 고치시오.

① A는 식물의 물관 또는 체관과 구성 단계가 같다.
② B는 식물의 구성 단계에서 볼 수 없다.
③ 결합 조직은 D 단계에 해당된다.
④ E는 세포에 해당된다.
⑤ 구성 단계는 E → D → A → B → C 이다.

(2) 동물의 소화계, 순환계, 배설계의 구성 단계(A ~ D)와 이를 구분하는 기준을 옳게 연결한 것은?

20 **다음은 학생들이 현장 학습을 마친 후 작성한 보고서 내용이다.**

보기

학생 A : 국화는 가을에 꽃이 피는 단일식물이다.
학생 B : 갈대는 물가에 분포하기 때문에 수생식물이다.
학생 C : 완두콩은 떡잎이 두 장이므로 쌍떡잎식물이다.
학생 D : 민들레는 씨앗으로 자손을 퍼뜨리는 종자식물이다.
학생 E : 난초는 그늘진 곳에서 자라기 때문에 음지식물이다.

(1) 자연 분류 방법으로 식물을 분류한 학생을 〈보기〉에서 있는 대로 고르시오.

(2) 인위 분류 방법으로 식물을 분류한 학생을 〈보기〉에서 있는 대로 고르시오.

21 **다음 (가)는 우리 주변에서 쉽게 볼 수 있는 종자식물의 특징을 관찰한 것이며, (나)는 이 관찰 결과를 바탕으로 종자식물을 분류한 검색표이다.**

(가) 식물의 종류와 관찰한 특징

식물의 종류	물관의 종류	잎맥의 모양	씨방의 유무	나이테 유무
콩	물관	그물맥	○	×
벼	물관	나란히맥	○	×
대나무	물관	나란히맥	○	×
잣나무	헛물관	×	×	○
참나무	물관	그물맥	○	○

(○ : 있음, × : 없음)

(나) 관찰한 식물의 검색표(여러 가지 상반되는 형질들을 순서대로 배열하고 양자택일하는 형식으로 차례로 택해 나가도록 적당한 검색 형질들을 정리해 놓은 표)

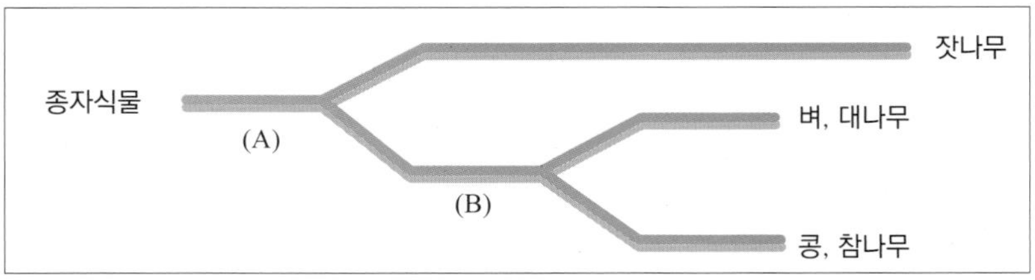

검색표를 만든 기준 A와 B에 해당되는 것을 바르게 짝지은 것은?

	(A)	(B)		(A)	(B)
①	물관의 종류	씨방의 유무	②	잎맥의 모양	나이테의 유무
③	씨방의 유무	잎맥의 모양	④	나이테의 유무	잎맥의 모양
⑤	씨방의 유무	물관의 종류			

22 다음 그림은 두 속에 포함되는 식물 4종을 나타낸 것이다.

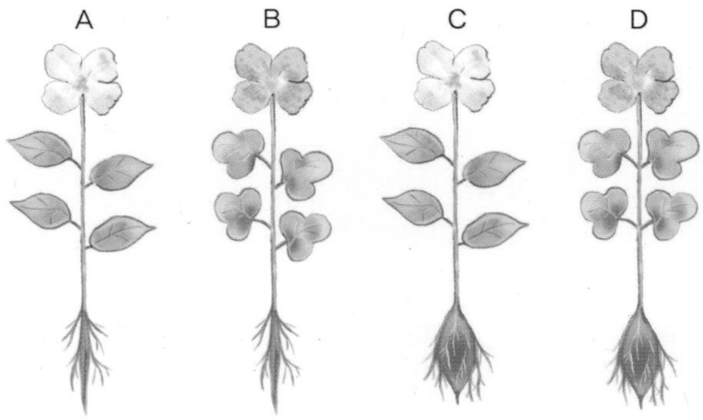

A, B, C가 같은 속이고, D는 다른 속일 때 두 속을 구분할 수 있는 분류 기준은?

① 잎의 형태 ② 뿌리의 형태 ③ 줄기의 가시 유무 ④ 꽃의 색 ⑤ 잎의 배열 상태

23 다음은 다섯 가지 식물을 분류 기준에 따라 나눈 모식도이다.

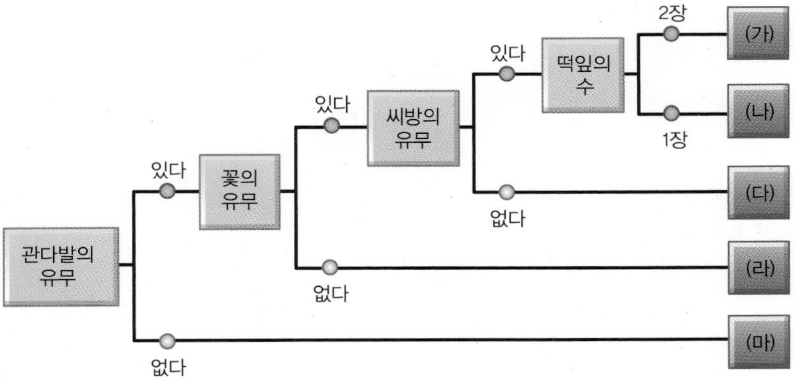

이에 대한 설명으로 옳은 것은?

① (가)에는 은행나무, 소철, 소나무 등이 있다.
② (나)는 헛물관을 가지며, 뿌리는 수염뿌리이다.
③ (다)는 관다발식물이며, 체관, 물관, 형성층을 가지고 있다.
④ (라)는 뿌리, 줄기, 잎의 구별이 뚜렷하다.
⑤ (마)는 민꽃식물 중 가장 발달한 식물이다.

24 다음은 식물의 분류 검색표이다. 물음에 답하시오.

A1 뿌리, 줄기, 잎의 구분이 있고, 관다발이 있다.
  B1 꽃이 피고, 씨로 번식한다.
    C1 밑씨가 (㉠)
      D1 떡잎이 두 장이다.
      D2 떡잎이 한 장이다.
    C2 밑씨가 (㉡)
  B2 꽃이 피지 않고 포자로 번식한다.
A2 뿌리, 줄기, 잎의 구분이 뚜렷하지 않으며, 관다발이 없다.

(1) 위 분류 검색표의 ㉠, ㉡을 각각 채우시오.

(2) 식물 분류 검색표에 해당하는 각각을 〈보기〉에서 찾아 쓰시오.

보기

종자식물 겉씨식물 외떡잎식물 속씨식물 양치식물 선태식물 쌍떡잎식물

A2 : ( ) B1 : ( ) B2 : ( )

C1 : ( ) C2 : ( ) D1 : ( ) D2 : ( )

(3) 이 검색표를 이용하여 보리를 분류한다면 어느 분류 단계에 속하는지 큰 단계부터 작은 단계 순으로 그 기호를 쓰시오. (예 : A1-B1-C1-D1)

개념 돋보기

양치식물과 선태식물

- 양치식물 : 꽃이 피지 않는 민꽃식물이며, 포자로 번식한다. 뿌리, 줄기, 잎의 구분이 뚜렷하며, 관다발이 있으나 형성층은 없다. 예 고사리, 고비, 쇠뜨기
- 선태식물 : 이끼류에 해당하며, 뿌리, 줄기, 잎의 구별이 뚜렷하지 않고, 뿌리는 헛뿌리이다. 관다발이 없고 물과 양분은 몸 전체에서 흡수하며, 포자로 번식한다. 예 우산이끼, 솔이끼

25 생물 상호 간의 유연 관계를 나뭇가지 모양의 그림으로 나타낸 것을 계통수라고 한다. 계통수에서 같은 가지에서 갈라진 생물은 비슷한 점이 많고, 관계가 가깝다. 다음 그림은 식물 계통수의 일부이다. a, b, c 의 분류 기준은 무엇인가?

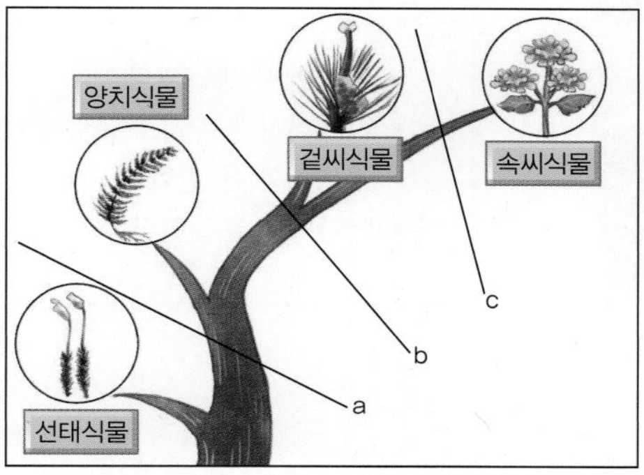

	a	b	c
①	씨방의 종류	관다발 유무	꽃의 유무
②	관다발 유무	종자의 유무	씨방의 유무
③	관다발 종류	잎, 줄기의 구분	포자의 유무
④	떡잎의 종류	엽록소 종류	관다발의 기능
⑤	씨방의 유무	종자의 유무	관다발의 종류

26 다음은 여러 생물의 특징을 조사하여 다음과 같이 (가)와 (나) 두 무리로 나눈 것이다.

(가)와 (나) 무리로 나눈 분류 기준으로 옳은 것만을 <보기>에서 있는 대로 고르시오.

보기

ㄱ. 호흡 방법　　ㄴ. 체온 유지 방법　　ㄷ. 번식 방법　　ㄹ. 척추의 유무

27 다음 그림은 연체동물인 오징어의 모습을 나타낸 것이며, 〈보기〉와 같은 특징을 가지고 있다. 이러한 특징을 가진 연체동물이 물고기와 함께 어류로 분류되지 않는 이유는 무엇인가?

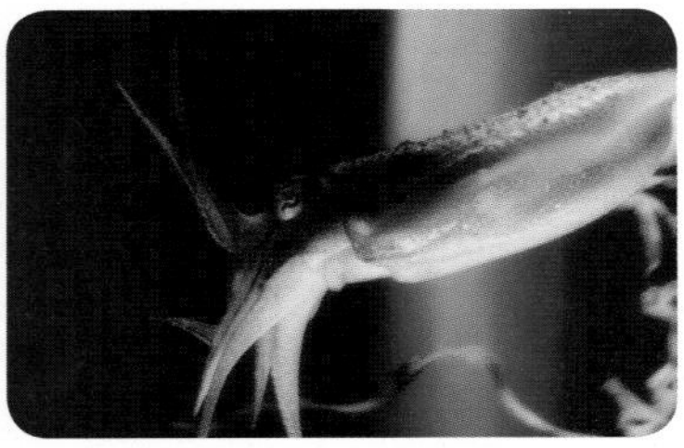

보기

- 물속에서 생활한다.
- 지느러미나 다리로 운동한다.
- 주위의 기온 변화에 따라 체온이 변하는 변온 동물이다.
- 아가미로 호흡한다.

① 비늘이 없기 때문이다.
② 물고기를 잡아먹기 때문이다.
③ 골격을 가지고 있지 못하기 때문이다.
④ 머리와 다리의 구분이 애매하기 때문이다.
⑤ 지느러미의 모양이 물고기와 다르기 때문이다.

28 다음은 사람과에 속하는 종의 일부를 나타낸 것이다.

- *Australopithecus afarensis* (오스트랄로피테쿠스 아파렌시스)
- *Homo habilis* (호모 하빌리스)
- *Homo erectus* (호모 에렉투스)
- *Homo sapiens* (호모 사피엔스)

이에 대한 설명으로 옳은 것만을 〈보기〉에서 있는 대로 고르시오.

보기

ㄱ. 위의 종들은 두 속으로 분류된다.
ㄴ. *Homo erectus* 는 *Australopithecus afarensis* 보다 뇌용량이 더 크다.
ㄷ. *Homo sapiens* 와 유연 관계가 가장 가까운 종은 *Australopithecus afarensis* 이다.

개념 돋보기

연체동물의 분류

분류	몸의 형태	발의 종류	껍질의 유무
다판류	좌우 대칭	없음, 부착생활	O
복족류	좌우 비대칭	복족, 배의 근육	O
부족류	좌우 대칭	부족, 도끼 모양	O
두족류	좌우 대칭	머리에 다리가 8 ~ 10개 있음	X

딱지조개(다판류) : 원시적인 연체동물로 몸에 체절 구조가 남아 있다.

고둥(복족류) : 나사 모양의 껍질로 싸여 있고 배에 근육질의 발이 있어 마치 배로 기어다니는 모습이다.

바지락(부족류) : 2장의 껍질로 싸여 있고 도끼 모양의 발을 이용하여 모래나 진흙을 파내어 그 곳에 정착한다.

문어(두족류) : 보통 껍질은 퇴화되고 머리 부분에 다리가 달려 있으며, 입에는 키틴질로 된 단단한 치설이 있다.

29 다음 생물들의 계통수를 체절과 다리 수를 기준으로 작성해 보시오.

다리 없음 (가) | 체절마다 다리 1쌍씩 있음 (나) | 체절마다 다리 2쌍씩 있음 (다)

30 그림은 어느 지역에 서식하던 같은 속의 생물종 A, B, C 중에서 A, C의 일부가 다른 두 지역으로 이주하면서 5종으로 분화하는 과정을 나타낸 모식도이다.

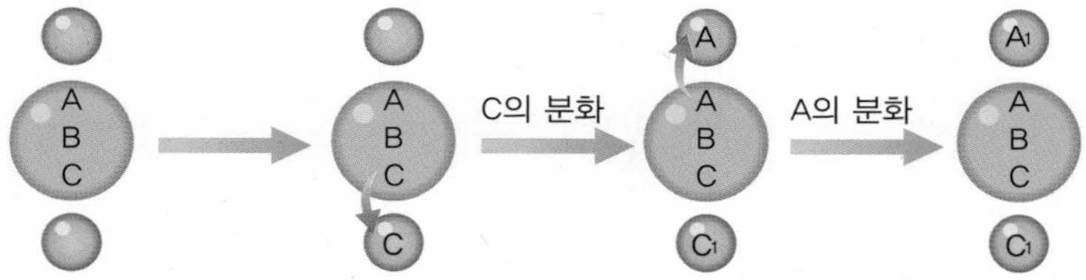

위 자료를 근거하여 작성한 계통수로 가장 적절한 것은?

①
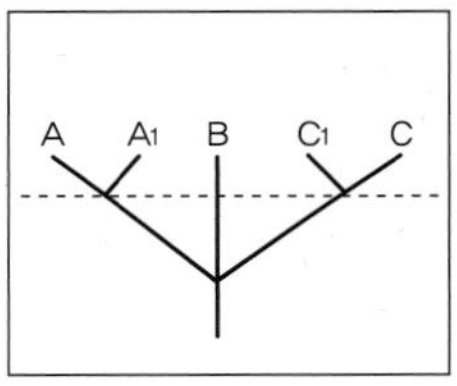

②
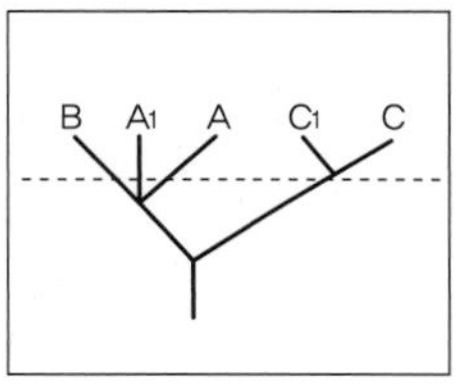

③
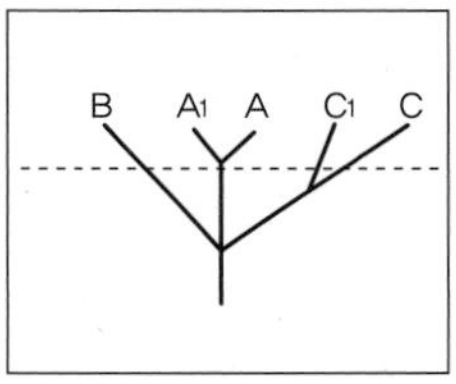

④
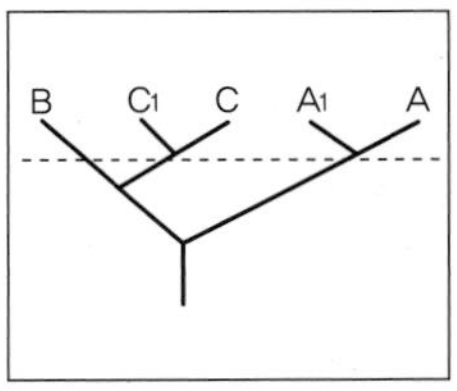

⑤
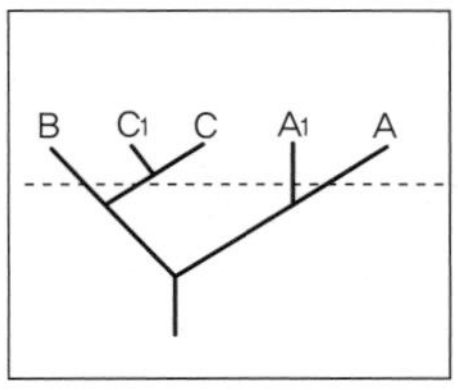

개념 돋보기

계통수 작성하기

다음 표는 개체군 A ~ D의 특징을 조사한 것이다.

	A	B	C	D
특징 I	O	O	O	O
특징 II	-	-	O	O
특징 III	-	-	O	-
특징 IV	O	O	-	-

① 표를 토대로 공통된 특징을 갖는 생물끼리 무리짓는다.

② 특징 I 을 공통으로 가지고 있으며, 특징 II와 IV에 의해 (C, D) (A, B)로 분화되어 진화하였다.

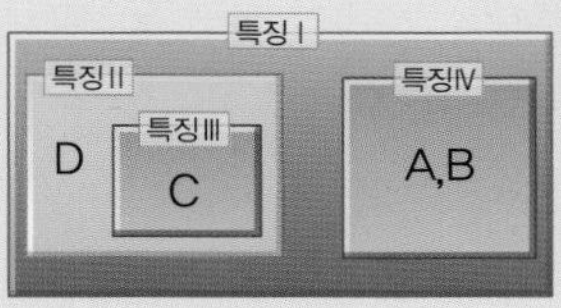

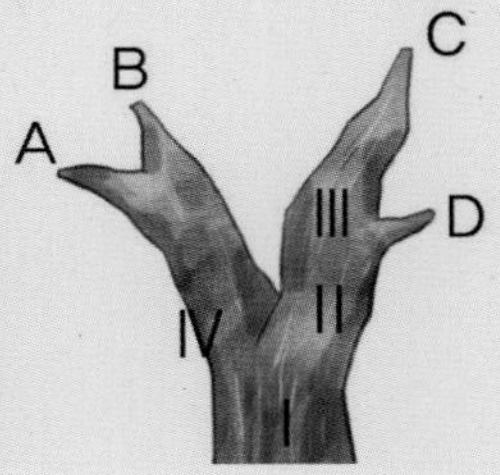

31 그림은 종 P가 여러 종으로 분화되는 과정을 나타낸 것이다. 물음에 답하시오.

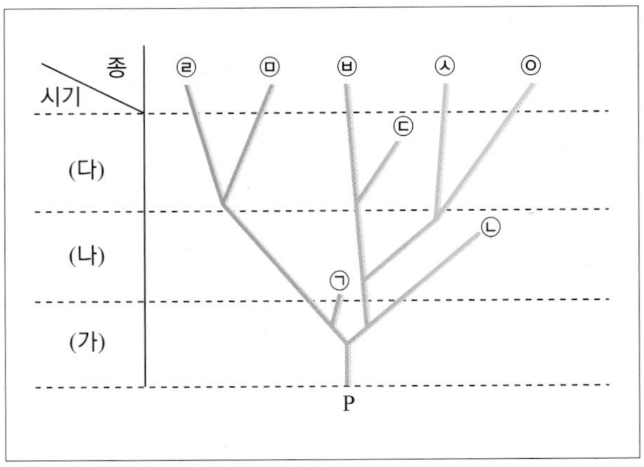

(1) 공통 조상 P에서 분화하여 현재까지 생존하고 있는 종은 총 몇 종인가?

(2) 위 계통수에 대한 설명으로 옳은 것만을 〈보기〉에서 모두 고르고, 옳지 않은 것은 그 이유를 각각 서술하시오.

보기

ㄱ. (다) 시기에는 새로운 종이 출현하지 않았다.
ㄴ. 종의 분화가 가장 많이 일어난 시기는 (가)이다.
ㄷ. 현재까지 생존하는 종들을 두 무리로 분류할 때 ㉥, ㉦, ㉧은 한 무리로 분류하는 것이 타당하다.

단계적 문제 해결형

01 1953년 독일의 헤머링은 갓 모양이 다른 두 삿갓말을 이용하여 자루 이식 실험을 하였다.

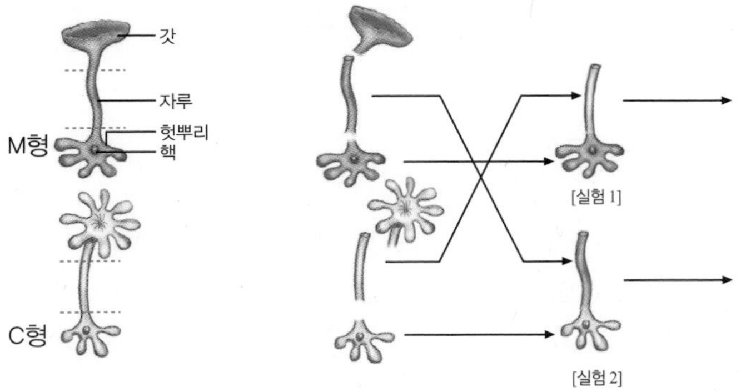

[실험 1] C형 자루에 M형 헛뿌리 이식

[실험 2] M형 자루에 C형 헛뿌리 이식

(1) [실험1], [실험2] 과정에서 이식한 후 생기는 갓의 모양을 관찰했을 때 어떤 결과가 나타났을 지 예상하여 쓰시오.

[실험1] :

[실험2] :

(2) 실험을 통해 삿갓말의 갓 모양을 결정하는 요소와 그 이유를 쓰시오.

논리 서술형

02 다음은 식충식물로 알려진 파리지옥의 모습이다. 물음에 답하시오.

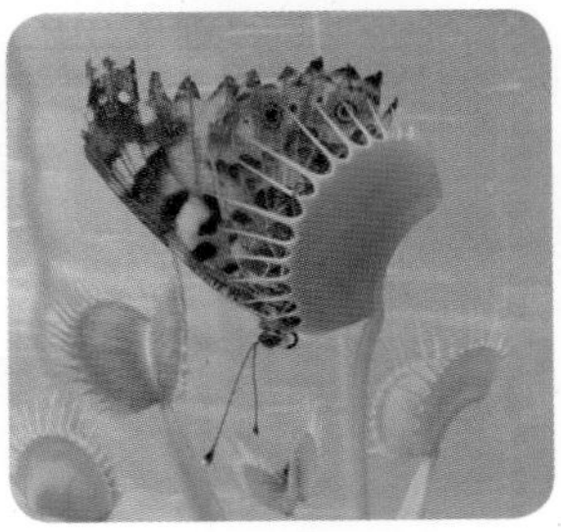

(1) 파리지옥이 갖는 동물적 특징을 쓰시오.

(2) 파리지옥이 식물이라는 사실을 증명할 수 있는 다양한 방법을 쓰시오.

삿갓말

파리지옥

- 넓은 날개가 있는 잎자루로 파리같은 작은 곤충을 유혹해 덮쳐서 잡아먹는다.
- 잎은 붉은 색이며 곤충이 좋아하는 향기 등을 뿜어내면서 유혹하는데 잎에는 미세한 3쌍의 감각모(感覺毛)가 있어서 그 중의 어느 것이든지 벌레가 2번 닿게 되면 잎의 양면이 갑자기 닫힌다.
- 안쪽에 돋은 선에서 산과 소화액을 분비하여 벌레를 분해, 흡수한다.

인지질

●●

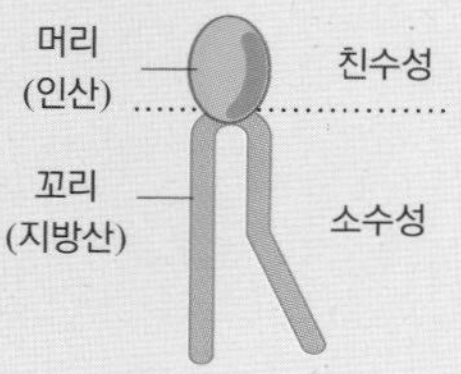

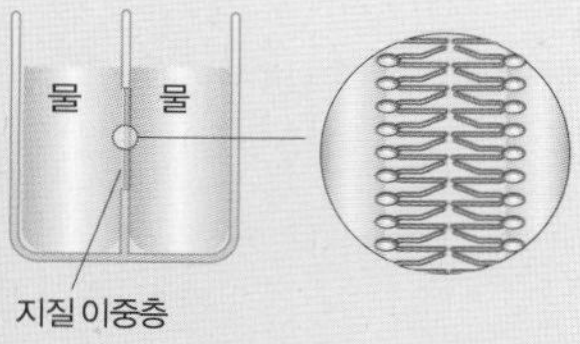

단계적 문제 해결형

03 **세포막은 세포 전체를 둘러싸고 있는 막으로 세포와 외부 환경의 경계를 이루며, 세포로 드나드는 물질의 출입을 통제한다. 이 밖에도 세포 소기관을 이루는 막 역시 세포막과 비슷한 구조로 되어 있는 까닭에 세포를 구성하는 기본적인 막구조를 총칭하여 생체막이라고 한다. 물음에 답하시오.**

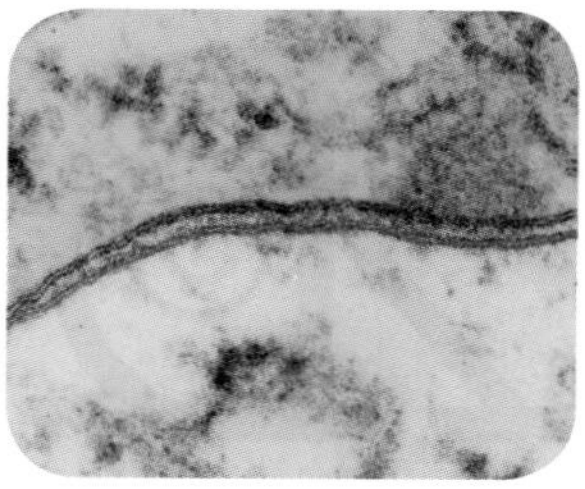

▲ 세포막의 구조

(1) 인지질의 구조적 특징은 (A)와 같다. 이를 참고하여 인지질이 물과 공기 사이에서 분포할 때의 모습과, 물속에 넣었을 때 모습을 아래 그림에 각각 그리시오.

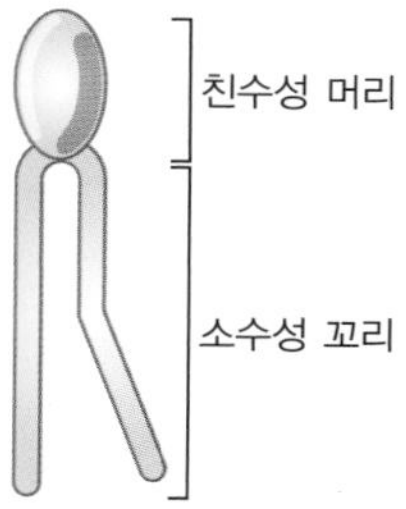

(A)

세포막의 구조

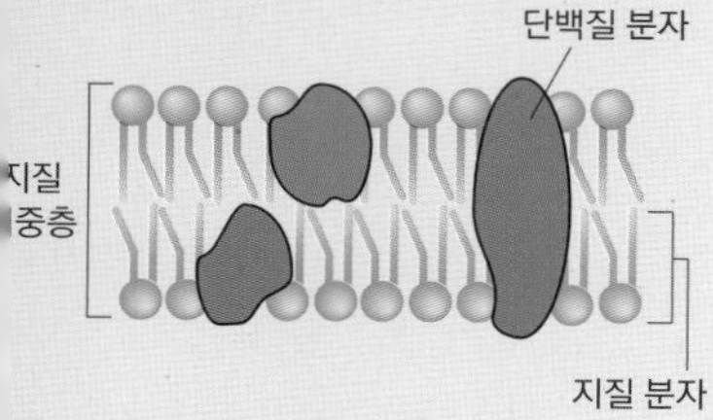

(2) 세포와 외부 환경의 경계를 이루는 얇은 막으로 세포 내외의 물질 출입을 조절하는 기능을 가지는 세포막은 인지질 2중층 구조로 이루어져 있다. 이 세포막의 구조를 설명한 이론으로 '단위막설'과 '유동 모자이크막 구조설' 이 있는데, 이들 중 세포막 구조를 설명하는데 가장 적합하다고 생각하는 것을 고르고 그 이유를 쓰시오.

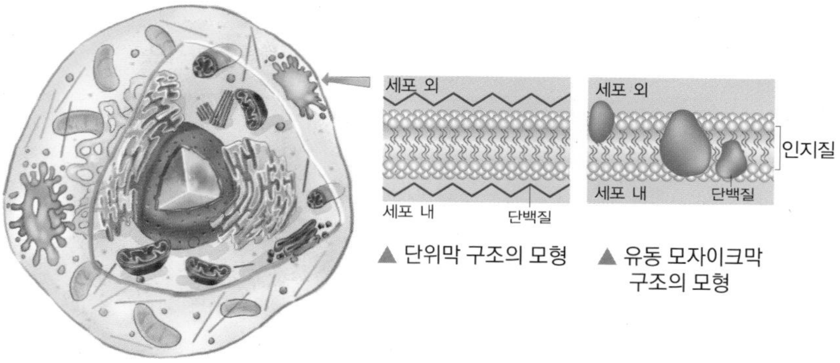

▲ 단위막 구조의 모형 ▲ 유동 모자이크막 구조의 모형

논리 서술형

04 **다음은 사람의 몸 안에 있는 여러 가지 세포이다. 세포들의 특징을 보고 각 물음에 답하시오.**

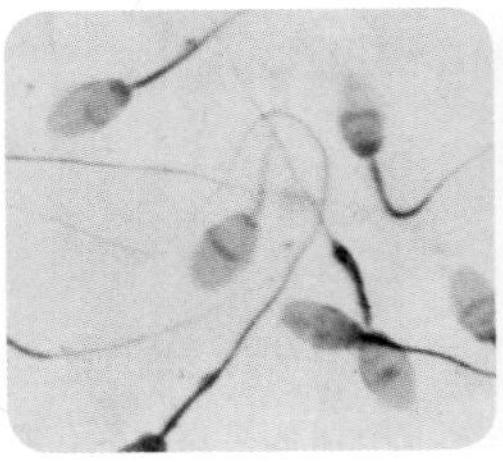
(가) 정자

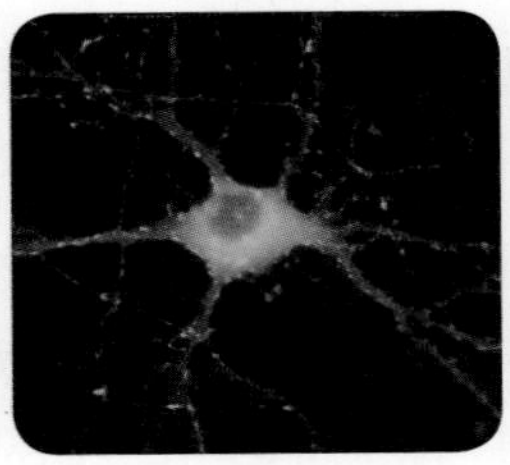
(나) 신경 세포

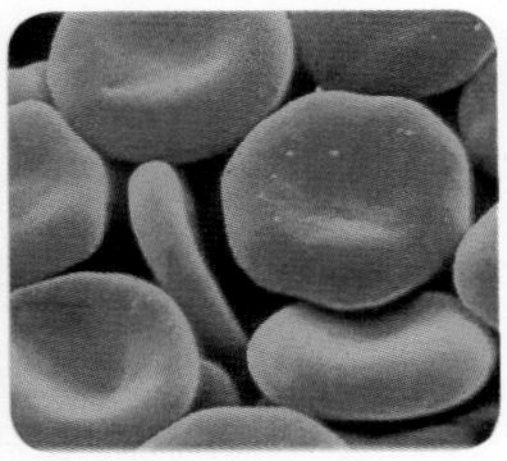
(다) 적혈구

(1) 정자가 다른 세포와 달리 편모를 가지고 있는 이유는 무엇인가?

(2) 신경 세포에서 뻗어 나온 여러 갈래의 돌기는 신경 세포가 하는 일과 어떤 관계가 있는지 쓰시오.

(3) 적혈구의 모양은 적혈구가 혈관을 따라 이동하는 일과 어떤 관계가 있는지 쓰시오.

정자의 모습

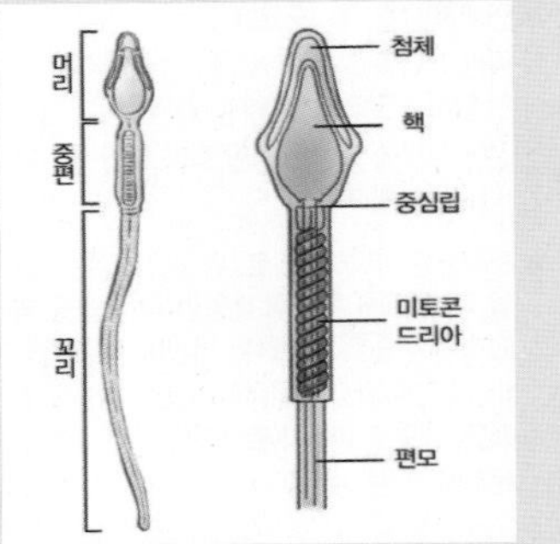

▲ 사람의 정자

- 정자의 구조는 크게 머리, 중편, 꼬리 부분으로 나누어지는데, 그 크기는 0.06mm이다. 바늘구멍으로 100개의 머리를 맞대고 지날 수 있을 정도로 매우 작다.
- 머리의 대부분은 핵이 차지하며, 그 속에 유전 물질인 DNA가 들어 있다.
- 중편에는 미토콘드리아가 나선형으로 둘러싸고 있어 운동에 필요한 에너지를 공급한다.
- 꼬리는 편모와 같은 구조로 되어 있어 편모 운동에 의해 움직인다.
- 정자는 1초에 자기 몸 길이 만큼씩 나아가며, 1분 안에 3 ~ 4mm 정도 이동한다.

신경의 전달 과정

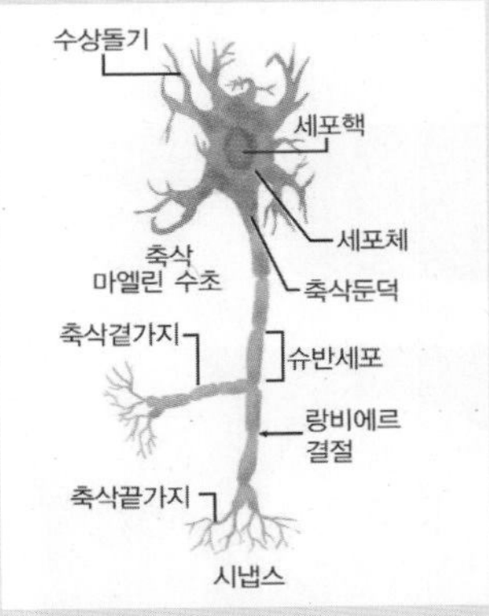

인공 배양 피부의 이용

- 인체 피부를 대상으로 직접 수행할 수 없는 각종 실험에 활용할 수 있다. 예 피부를 통한 약물 전달과 약물 대사, 자외선이나 방사선이 피부에 미치는 영향 등에 대한 연구에 이용될 수 있다.
- 조직뿐만 아니라 귀, 코, 위, 심장 같은 기관을 쥐, 돼지를 통하여 배양한 다음 이를 외과적인 수술로 이식하는 방법이 연구 중이다. 이 경우 환자를 치료하는 좋은 기능도 있지만, 생명을 마음대로 조작하는 윤리적인 문제에 부딪힐 수 있다.

혈액

- 혈액은 특수한 형태의 결합 조직으로, 혈구 세포(blood cell)와 혈장(plasma)으로 구성된다.
- 혈구 세포에는 적혈구(erythrocytes), 백혈구(leukocytes), 혈소판(platelets)이 있다. 혈장은 주로 수분으로 구성되어 있고, 그밖에 무기염과 단백질도 포함되어 있다.
- 혈액의 주된 기능은 산소, 이산화 탄소, 영양분, 노폐물, 호르몬 등을 몸 전체에 운반하는 역할이다. 이러한 기능은 혈장과 적혈구에 의해 수행된다.
- 혈액의 백혈구와 면역글로불린은 다른 생물체의 침입으로부터 우리의 몸을 보호해주는 역할을 한다. 혈소판과 섬유소원은 혈관이 손상되었을 경우 혈액의 응고에 관여한다.
- 혈장의 단백질 성분 중에서 가장 많은 비율을 차지하는 알부민은 혈액의 삼투압을 유지시키는 역할을 한다.

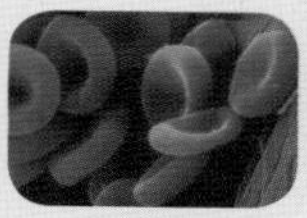
▲ 적혈구

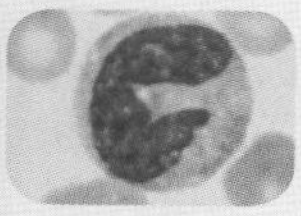
▲ 백혈구

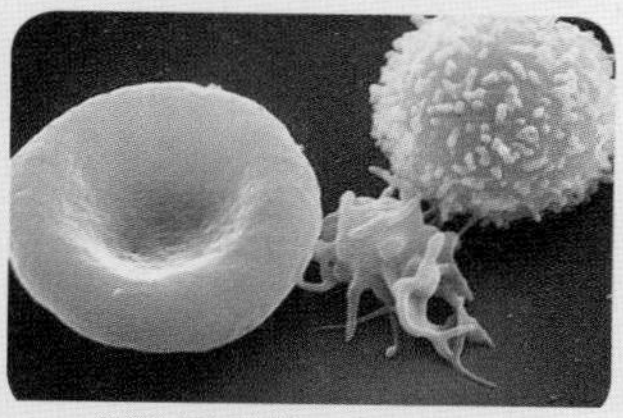
▲ 왼쪽부터 적혈구, 혈소판, 백혈구

단계적 문제 해결형

05 **다음 주어진 기사문을 읽고 물음에 답하시오.**

[인공 피부 초고속 배양 기술 한국인 과학자 첫 개발]

일본 교토대학병원 성형외과 김병묵 교수는 최근 3일 만에 인공 피부를 만들어 내는 초고속 배양 기술을 개발하는 데 성공했다고 발표했다. 정상 피부의 일부를 조금 떼어내 실험실에서 배양하는 인공 피부 배양 기술은 2 ~ 4주가 걸렸기 때문에 피부 이식이 필요한 화상 환자들에게는 '그림의 떡' 이었다. 따라서 자신의 엉덩이 피부를 떼어내 직접 이식하는 피부 이식만 유일한 치료였다. 그러나 김교수는 콜라겐 배지에 피부를 구성하는 섬유아 세포와 표피 세포를 두 층으로 나누어 동시에 배양하는 기법을 고안해 사흘 만에 인공 피부 배양에 성공했다.

(1) 인공 배양된 피부는 생물의 구성 단계 중 어디에 속할까?

(2) 인공 배양된 피부와 우리의 몸을 감싸고 있는 피부는 어떤 점이 다를까?

논리 서술형

06 **다음은 혈액을 이루는 세포들의 기능을 나타낸 것이다. 이를 참고하여 세포의 소기관 중 리소좀이 발달되어 있을 것으로 생각되는 세포를 찾고 그 이유를 쓰시오.**

	적혈구는 가운데가 오목한 원반형으로 철 성분을 가진 헤모글로빈 색소가 있어 붉은색을 띠며 산소를 운반한다.
	세균이 침입하면 수가 늘어나고 세균을 잡아먹어 우리 몸을 보호한다.
	상처가 났을 때 혈액을 굳게 하여 출혈을 막고, 상처난 조직을 덮어 보호한다.

추리단답형

07

다음 표는 질병과 그 질병에 대한 특징을 나타낸 것이다. 다음 각각에 해당하는 질병으로 알맞은 것을 표에서 있는 대로 찾아 쓰시오.

	비정상적으로 지속적인 세포 분열이 일어나 주변의 다른 세포를 파괴하고 때로는 다른 곳으로 전이되기도 하는 질병
	심장에서 신체에 필요한 혈액을 충분히 내보내지 못하는 질병
	위액의 작용에 의해 위 내벽에 생기는 궤양으로 식후 복통을 호소하는 질병
	백혈구가 잘 성숙하지 않은 비정상적인 백혈구가 혈액 속에 증가하여 생기는 질병

(1) 생물의 구성 단계 중 세포 단계에서 이상이 생겨 발생한 질병은? (　　　　　　　　　　)

(2) 생물의 구성 단계 중 기관 단계에서 이상이 생겨 발생한 질병은? (　　　　　　　　　　)

논리 서술형

08

다음을 읽고 물음에 답하시오.

고수 동굴은 한국에서 가장 유명한 석회 동굴 중 하나이다. 동굴 안에는 종유석과 석순으로 만들어진 사랑 바위가 있는데 100년에 겨우 1cm 자라 몇 십만 년 후에야 겨우 만날 수 있기 때문에 이룰 수 없는 사랑을 상징한다.

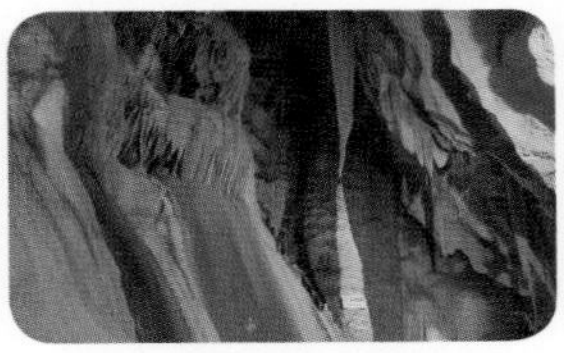

▲ 고수 동굴 내부

석순은 자라는 속도가 비록 느리지만 몸집이 점점 커진다. 그럼에도 석순을 죽순과 같은 생물이라고 하지 않는다. 죽순과 석순의 크기가 자라는 방법에 어떤 차이가 있는지 비교하여 쓰시오.

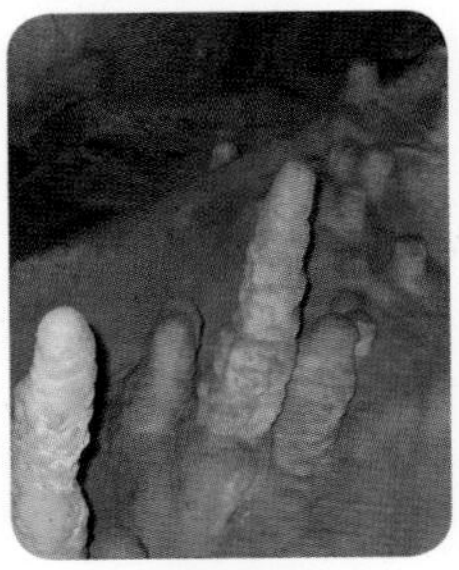

▲ 석순

▲ 죽순

석회 동굴

- 석회 동굴은 석회암 지층의 표면에서 스며든 물이 땅 속으로 흘러가면서 만든 지하수의 통로가 점점 커져서 형성된 동굴이다.
- 동굴 천장에서 스며든 지하수는 석회암층을 용해시키면서 천장이나 벽면 그리고 동굴의 바닥에 종유석(鍾乳石)이나 석순(石筍), 석주(石柱)와 같은 갖가지 동굴의 퇴적물을 성장시킨다.

석순(石筍 Stalagmite)

석회 동굴의 천장에서 떨어지는 물속에 들어있던 탄산칼슘이 동굴 바닥에 쌓여 원주형으로 위로 자란 돌출물이다.

종유석(鍾乳石 Stalactites)

석회 동굴에서 가장 흔하게 발견되는 동굴 생성물 중의 하나로 종류석의 크기는 천장으로부터 물이 공급되는 기간에 따라 달라지며 밑부분이 뾰족한 형태를 띠고 있다.

석주(石柱 Columns)

종유석과 석순의 발달이 계속되어 서로 맞닿아 기둥 모양을 이룬 생성물이다.

논리 서술형

09 다음 그림은 동물들의 주위 온도에 따른 체온 변화를 그래프로 나타낸 것이다. 물음에 답하시오.

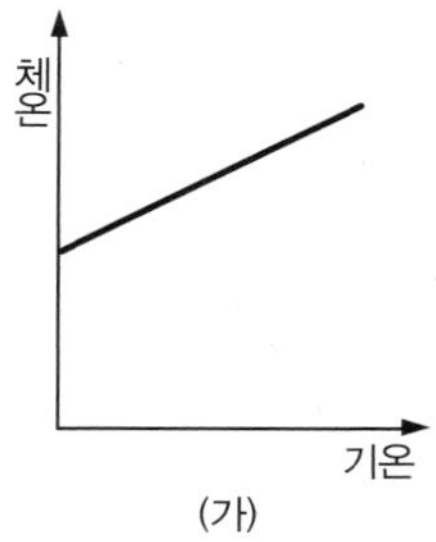

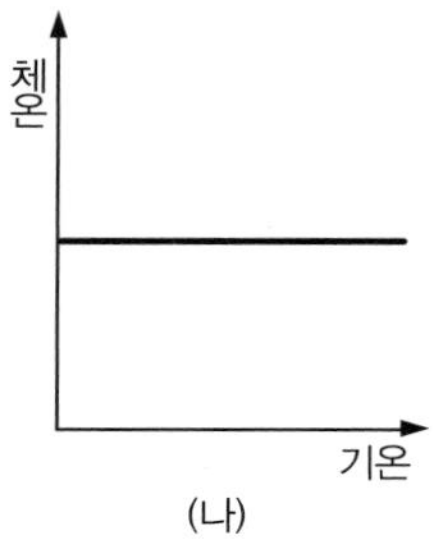

(1) 각 그래프에 해당하는 동물들을 다음 〈보기〉에서 찾아 분류하여 쓰시오.

보기

메뚜기 도롱뇽 고래 펭귄 악어 호랑이 거북이
오리 캥거루 상어 두꺼비

(가) 그래프	(나) 그래프

(2) (가) 그래프를 나타내는 동물들의 체온 조절 방법을 쓰시오.

변온동물
(poikilotherms)

항온동물
(homoiotherms)

변온동물과 대조되는 말로 기온과 관계없이 일정한 체온을 유지할 수 있는 동물이다.

논리 서술형

10 세포의 생명 활동에 필요한 물질과 생명 활동 결과 생긴 노폐물은 세포막을 통해 안팎으로 이동한다. 그림은 김장을 할 때 배추에 소금을 뿌리기 전과 뿌린 후의 모습이다. 물음에 답하시오.

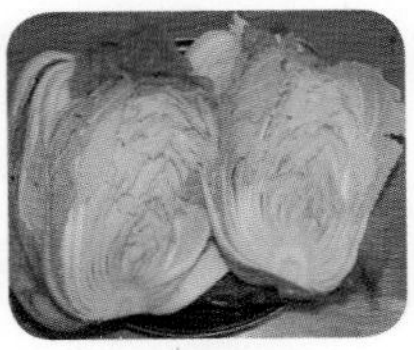
▲ 소금 뿌리기 전

▲ 소금 뿌린 후

(1) 소금을 뿌린 배추의 숨이 죽은 이유를 설명하시오.

(2) 다음은 슬라이드글라스에 농도가 다른 소금물(용액)을 한 방울씩 떨어뜨리고 각각의 슬라이드글라스에 채혈한 혈액을 한 방울씩 떨어뜨린 후 덮개유리를 덮고 현미경으로 관찰한 사진이다. (가) ~ (다)는 각각 어떤 농도의 용액 속 적혈구의 모습인지 설명하시오.

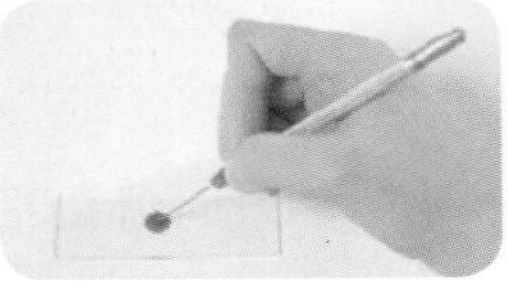

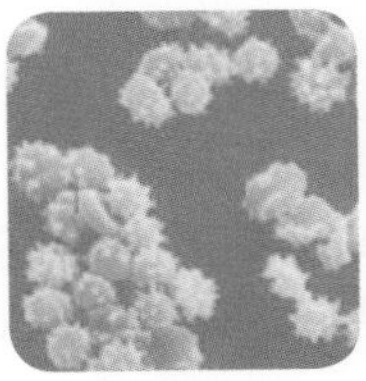
(가)

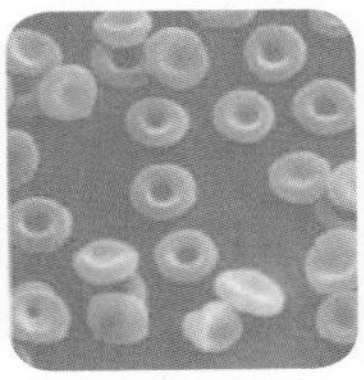
(나)

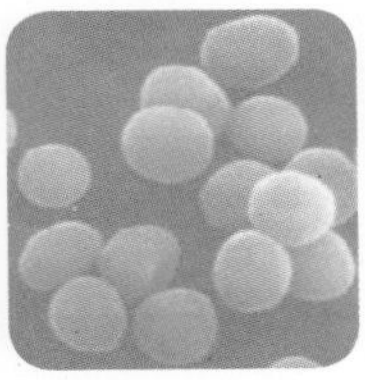
(다)

(3) 링거액은 특정 동물의 혈장과 조성을 비슷하게 맞춰 등장 상태로 만든 용액이다. 사람의 적혈구를 추출하여 각 동물의 링거액에 넣었더니 다음과 같은 변화가 생겼다. 이 결과를 바탕으로 사람을 포함하여 혈장의 삼투압이 높은 동물부터 차례대로 나열하시오.

삼투 현상

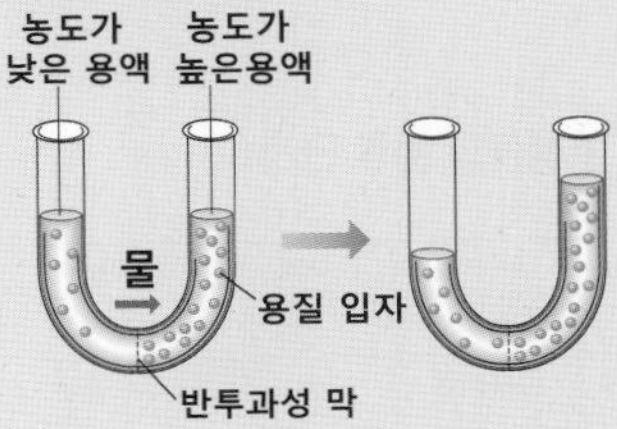

- 반투과성 막을 사이에 두고 두 용액의 농도가 서로 다를 때, 농도가 낮은 용액에서 농도가 높은 용액으로 용매(물)가 이동하는 현상이다.
- 용질 분자는 반투과성 막을 통과하지 못하고 물 분자들이 용질 분자에 결합하게 되므로 농도가 낮은 용액 쪽에서 농도가 높은 용액 쪽으로 이동하는 물 분자의 수는 반대 방향으로 이동하는 물 분자의 수보다 많다.
- 물기둥이 더 이상 높아지지 않을 때 양쪽 방향으로 이동하는 물 분자의 수는 같다.

식물 세포의 삼투압과 팽압

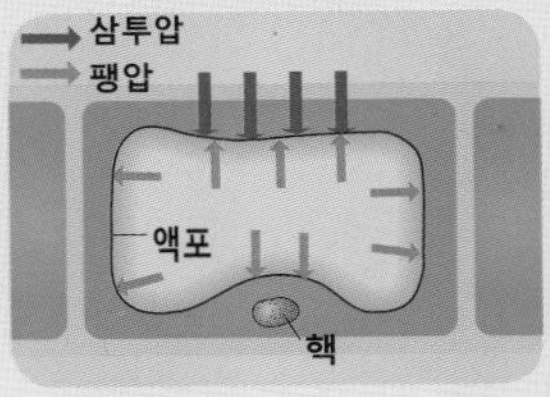

식물 세포의 삼투압과 팽압의 변화

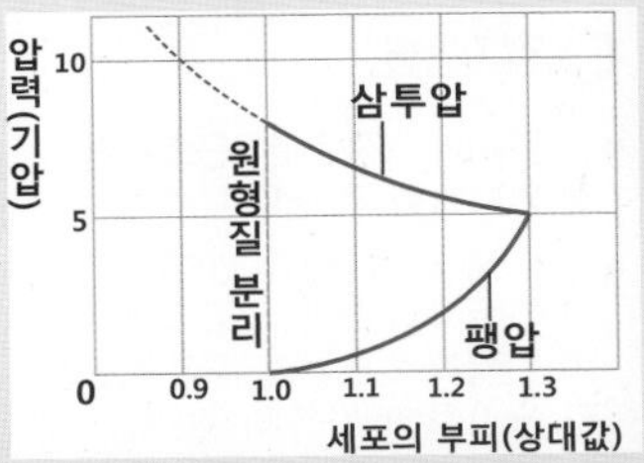

삼투압과 팽압이 같아지면 흡수력은 0이 된다.

원형질 분리

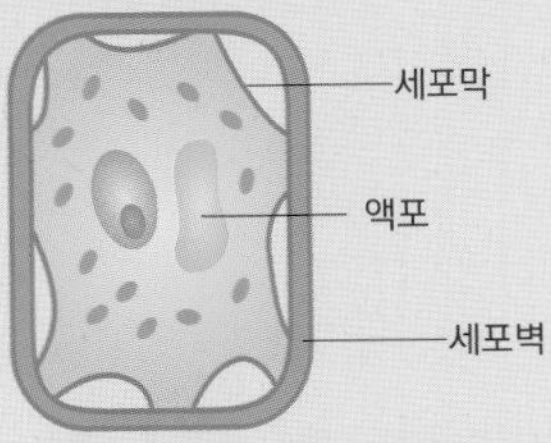

식물 세포를 고장액(세포질보다 농도가 큰 용액)에 넣으면 원형질 분리가 일어나 팽압이 감소한다. 세포의 팽압이 감소하면 식물의 잎은 시든다.

창의력을 키우는 문제

추리 단답형

11 생물학자들이 이전에는 알려지지 않았던 새로운 4가지 동물을 발견하였고, 이 표본을 분류할 수 있는 검색표를 다음과 같이 고안하였다.

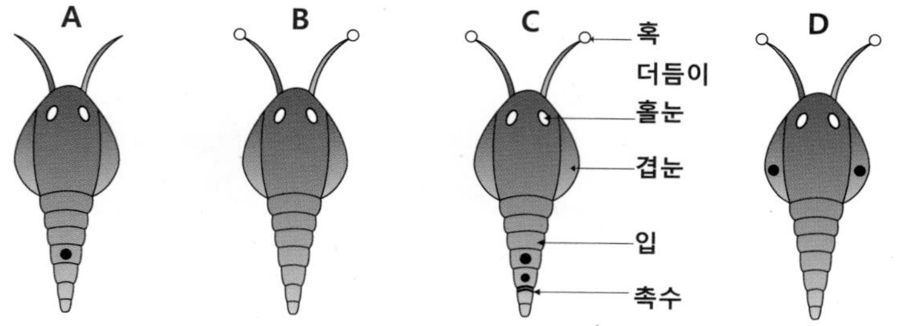

1a 몸에 점이 있다. ······ 2번으로
1b 몸에 점이 없다. ······ 생물 (가)
2a 겹눈에 점이 있다. ······ 생물 (나)
2b 겹눈에 점이 없다. ······ 3번으로
3a 더듬이에 혹이 있다. ······ 생물 (다)
3b 더듬이에 혹이 없다. ······ 생물 (라)

(가) ~ (라)에 알맞은 표본을 위의 그림에서 각각 찾아 기호로 쓰시오.

추리 단답형

12 다음 그림은 절지동물 무리에 속하는 동물들을 나타낸 것이다. 이 동물들을 분류하기 위해서 A1, B1, C2의 검색표를 완성하고 각 동물이 어느 부류에 속하는지 쓰시오.

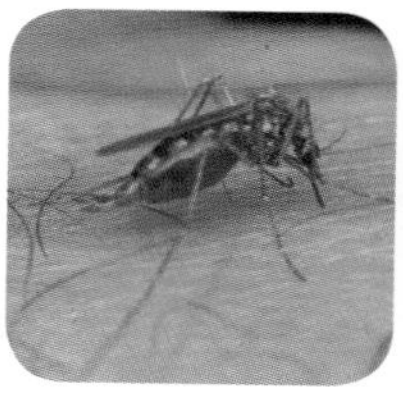
▲ 모기

▲ 전갈

▲ 지네

▲ 게

A1 (   ) ······ 곤충류
A2 몸이 2부분으로 구분되고 다리가 3쌍이 아니다. ······ B로 이동
B1 (   ) ······ 다지류
B2 몸에 마디가 없거나 소수이고, 다리는 일부 마디에만 있다. ······ C로 이동
C1 촉각이 없고 다리는 4쌍이다. ······ 거미류
C2 (   ) ······ 갑각류

모기 : (   ) 전갈 : (   ) 지네 : (   ) 게 : (   )

생물의 분류 단계

	무궁화	벼	개
계	식물	식물	동물
문	종자식물	종자식물	척추동물
강	쌍떡잎식물	외떡잎식물	포유(강)
목	아욱(목)	-	-
과	아욱(과)	벼(과)	개(과)
속	무궁화(속)	벼(속)	개(속)
종	무궁화	벼	개

생물의 분류 단계

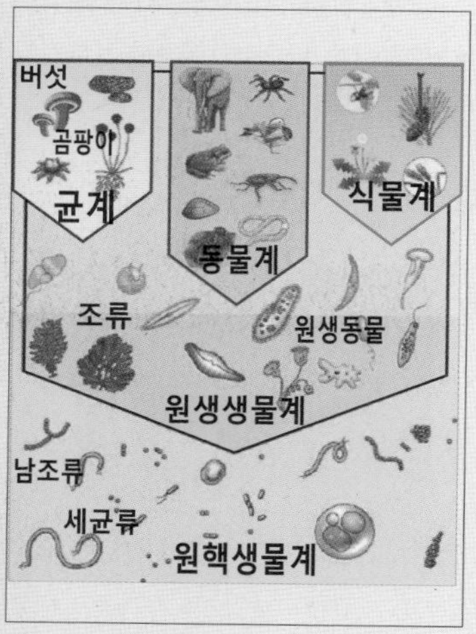

절지동물

- 동물계에서 가장 큰 분류군으로 전체 동물의 84 % 에 해당한다.
- 특징 : 외골격을 가지고 있으며, 몸은 일반적으로 마디로 되어 있고, 각각의 마디에는 관절이 있는 부속지들이 쌍으로 있다. → 이로부터 (관절이 있는 다리)절지동물이라는 이름이 유래되었다.
- 약 88만 종이 절지동물로 분류되었으며, 이들 중 약 86 %가 곤충류이다.

단계적 문제 해결형

13

다음은 "화성에는 생명체가 살고 있을까?" 라는 질문에 대한 답을 얻기 위해 1976년 화성에 착륙한 바이킹 2호에서 화성에 생명체가 존재하는지 알아보기 위한 실험을 나타낸 것이다. 물음에 답하시오.

[실험 과정]

(가) 용기에 방사성 기체($^{14}CO_2$, ^{14}CO)를 넣고 램프로 빛을 비춘다.

(나) 일정 시간이 지난 후 용기 내의 방사성 기체를 모두 제거한다.

(다) 가열 장치로 토양을 가열하면서 용기 내의 방사능을 측정한다.

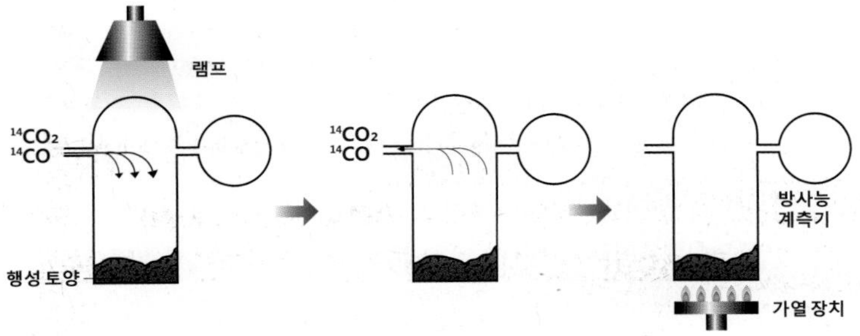

(1) 위의 실험은 토양 중에 생명체가 있다면 생물이 하는 작용 중 어떤 것을 확인하고자 한 것인가?

(2) 실험 (다)에서 가열을 하는 이유는 무엇인가?

(3) 생물의 체내에서 일어나는 물질대사는 동화 작용(합성 작용)과 이화 작용(분해 작용)으로 구분할 수 있다. 다음 그림을 참고로 하여 위에서 확인하고자 하는 물질대사의 종류를 쓰시오.

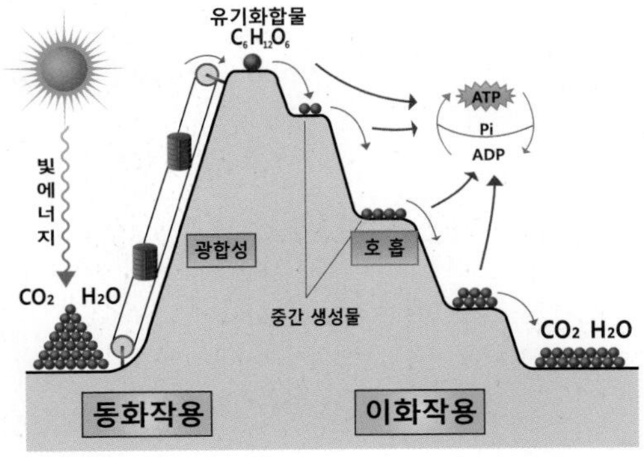

바이킹 호에서의 실험

- 바이킹 호에서 실시되었던 실험은 '모든 생물은 물질대사를 한다'는 사실을 전제로 하여 화성 토양에서 물질대사를 하는지 확인하는 것이었다.(물질대사가 일어난다면 주변의 환경 조성이 바뀔 것이기 때문이다.)
- 바이킹 호에서 실시한 실험의 결과 물질 대사가 일어난다는 증거를 찾지 못하였고, 결국 화성에는 생명체가 살지 않는다는 결론을 얻었다. 그러나 1984년 남극에서 발견된 화성의 것으로 추정되는 운석에서 박테리아의 흔적이 발견됨으로써 화성에 생명체가 존재했으리라는 가설은 다시 설득력을 얻고 연구가 계속 진행되고 있다.

추리 단답형

14 다음은 중증급성호흡기증후군(사스 : SARS)에 대해 조사한 자료와 사스 바이러스의 구조를 나타낸 것이다. 물음에 답하시오.

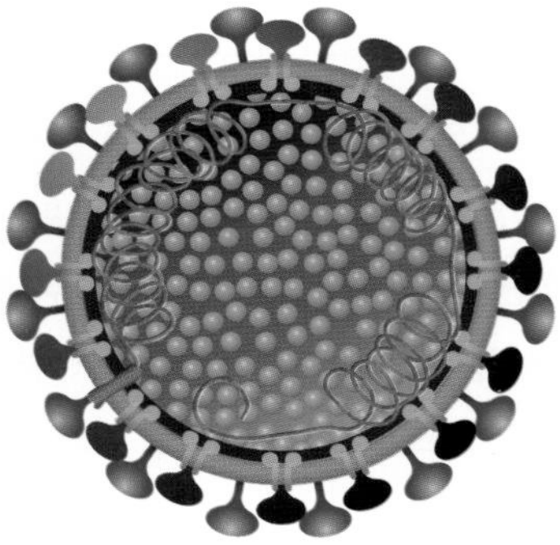

- 2002년 11월 중국에서 발병한 중증급성호흡기증후군은 사스 바이러스가 병원체이다.
- 사스 바이러스는 독감을 일으키는 코로나 바이러스와 비슷한 종류이지만, 독감 예방 주사를 맞아도 안심할 수 없다.
- 사스 바이러스는 세포의 구조를 갖지 않으며, 스스로 물질대사를 하지 못한다.
- 사스 바이러스는 핵산과 단백질로 구성되고 살아 있는 세포에 기생하고 번식한다.

(1) 위 자료를 통하여 알 수 있는 사스 바이러스의 생물적 특징과 무생물적인 특징을 각각 2가지씩 쓰시오.

(2) 사스 바이러스가 스스로 물질대사를 하지 못하고 기생하는 이유를 설명하시오.

(3) 생물과 무생물의 중간형인 바이러스를 지구상에 출현한 최초의 생물체로 보지 않는다. 그 이유를 설명하시오.

바이러스

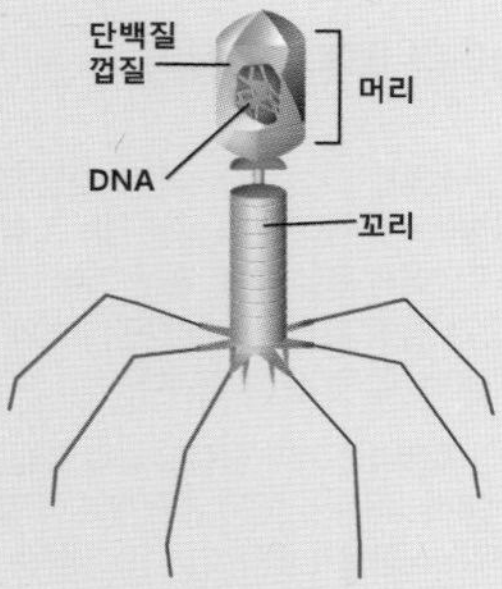

▲ 박테리오파지

01 지질 시대를 거치는 동안 지구 상의 생물들은 지구 환경의 변화에 따라 번성하기도 하고, 멸종하기도 하면서 진화해왔다. 다음 그림은 지질 시대 변화에 따라 척추동물 화석의 기록을 나타낸 것이다. (단, 그림에서 표시된 부분은 동물의 종류와 수를 나타낸 것이다.)

[대회 기출 유형]

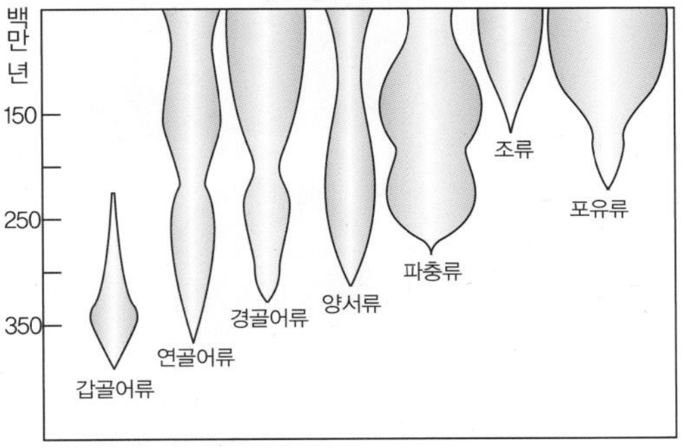

위의 그림에 대한 해석으로 옳은 것만을 〈보기〉에서 있는 대로 고르시오.

보기

ㄱ. 파충류는 곧 멸종될 것이다.
ㄴ. 조류가 가장 진화된 동물이다.
ㄷ. 가장 최근에 나타난 동물은 조류이다.
ㄹ. 연골어류가 경골어류보다 진화된 동물이다.
ㅁ. 동물이 멸종하기 전에는 다양성이 감소한다.
ㅂ. 현재 가장 번성한 동물은 경골어류와 포유류이다.

02 생물의 기본 단위는 세포이다. 세포가 모여 조직이 되고, 조직이 모여 기관이 되며, 기관이 모여 생물의 개체가 된다. 다음 그림 (가)는 식물의 한 조직인 표피 조직이고, (나)는 동물의 한 조직인 혈액의 모습이다.

[대회 기출 유형]

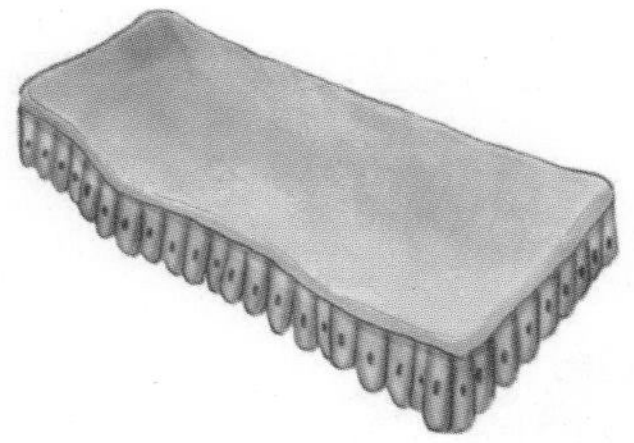
(가)

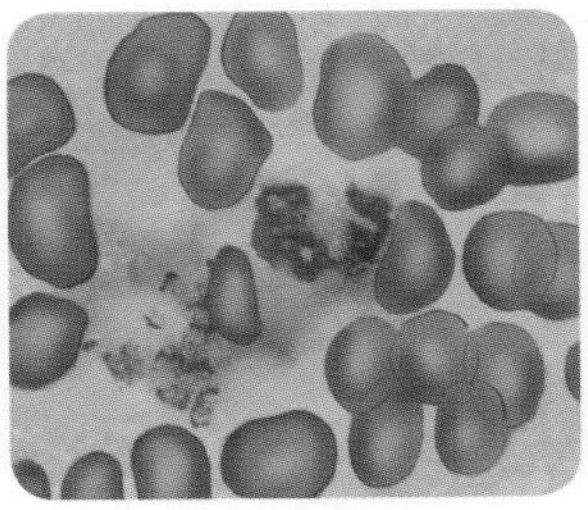
(나)

다음 중 옳은 것만을 〈보기〉에서 있는 대로 고르시오.

보기

ㄱ. 표피 조직과 혈액의 세포가 하는 일은 다르다.
ㄴ. 표피 조직과 혈액은 각각 크기가 다른 세포로 이루어져 있다.
ㄷ. 표피 조직과 혈액의 세포는 둘 다 동일한 내용물로 채워져 있다.
ㄹ. 표피 조직과 혈액은 각각 하는 일이 비슷한 세포로 이루어져 있다.
ㅁ. 표피 조직은 잎의 구성 요소이고, 혈액은 혈관계의 구성 요소이다.

03 사람은 사람들만으로 모여 살 수는 없다. 사람은 자연 환경에 의존하며, 다른 생물과의 상호 작용을 통해서 살아간다. 다음 그림처럼 사람은 조직과 기관으로 구성되어 있다. 여러 사람이 모여 개체군을 형성하고, 여러 가지 개체군이 모여 군집을 형성하며, 몇 개의 군집은 생태계를 이룬다. 생태계는 지구 생물권의 구성 요소이다.

[대회 기출 유형]

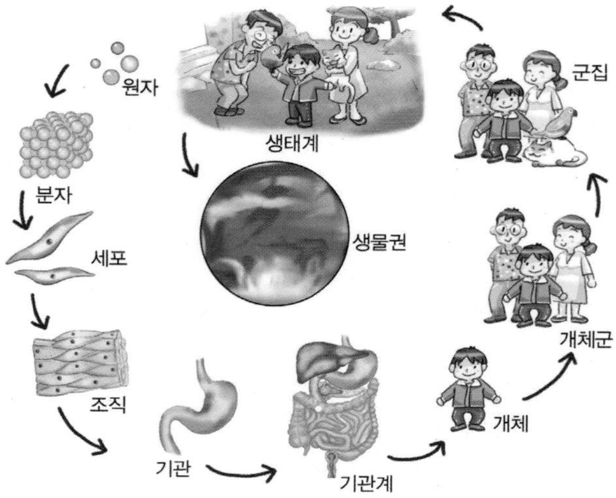

위 그림에 대한 설명으로 옳은 것만을 〈보기〉에서 있는 대로 고르시오.

보기

ㄱ. 생태계는 생물과 무생물로 구성되어 있다.
ㄴ. 지구는 여러 개의 생물권으로 구성되어 있다.
ㄷ. 사람과 무생물은 같은 분자로 이루어져 있다.
ㄹ. 사람과 마찬가지로 식물도 기관계로 구성되어 있다.

04 무한이는 친구와 이야기를 하는 도중 거미가 곤충이 아니라는 말을 듣고, 정말 그런지 알아보기 위하여 거미를 자세히 관찰하였다.

[대회 기출 유형]

거미가 곤충이 아니라는 관찰 결과로 옳은 것만을 〈보기〉에서 있는 대로 고르시오.

보기

ㄱ. 날개가 없다.　ㄴ. 다리가 4쌍이다.　ㄷ. 독을 가지고 있다.　ㄹ. 머리와 가슴의 구분이 없다.

05 **그림은 식물 세포의 내부 구조를 모식적으로 나타낸 것이다. 그림에서 A, B, C, D 부분의 특징을 각각 바르게 설명한 것을 있는 대로 고르시오.**

[특목고 기출 유형]

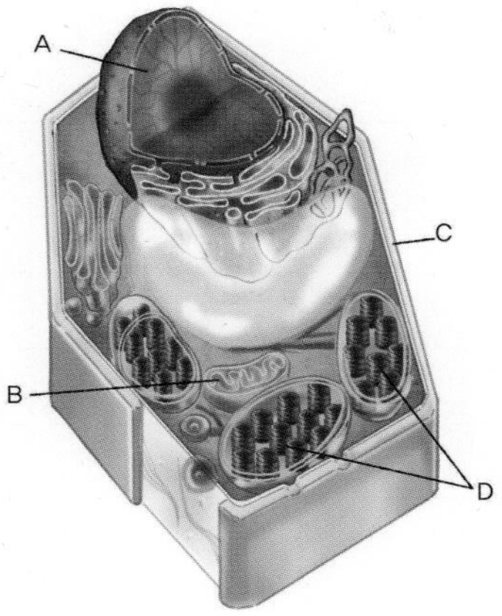

① A : 세포에서 양분을 이용하여 에너지를 생산하는 역할을 한다.
② A : 유전 정보를 간직하고 있으며, 세포 분열할 때에 실 모양으로 변하여 두 개의 세포에 나누어진다.
③ B : 식물 세포에서만 관찰되며, 빛에너지를 이용하여 포도당을 만드는 공장 역할을 한다.
④ C : 식물 세포에서만 관찰되며, 세포의 모양을 단단하게 유지하는 역할을 하고 있다.
⑤ D : 동물 세포와 식물 세포에서 빛에너지를 화학 에너지로 전환시키는 역할을 한다.

06 **그림은 단세포 생물의 하나인 유글레나를 나타낸 것이다. 유글레나는 분류할 때 어느 때는 식물로, 다른 때는 동물로 분류되기도 하는데, 그 이유로 옳은 것만을 〈보기〉에서 있는 대로 고르시오.**

[특목고 기출 유형]

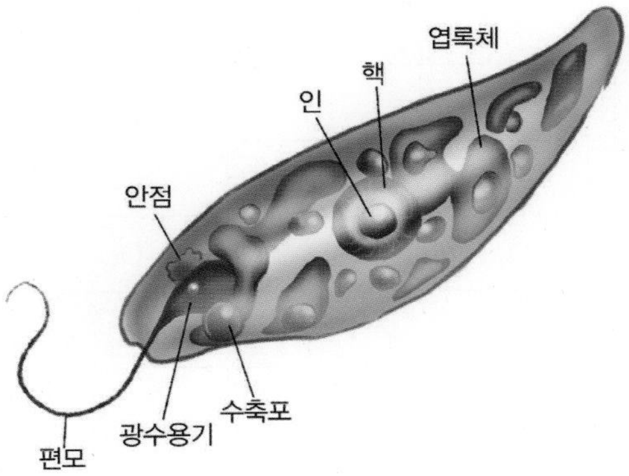

보기

ㄱ. 세포막을 가지고 있다.
ㄴ. 유전 정보가 들어 있는 핵을 가지고 있다.
ㄷ. 채찍 모양의 꼬리를 이용하여 운동을 한다.
ㄹ. 녹색의 색소가 있으며 빛을 이용하여 양분을 만든다.

07 아래의 표는 여러 가지 식물군을 특징에 따라 표로 정리한 것이다. (나)와 (다)에 해당하는 식물의 예로 가장 적당한 것은 무엇인가?

[대회 기출 유형]

식물군	엽록체	관다발	밑씨	번식방법
(가)	있음	있음	겉으로 드러남	종자로 번식
(나)	있음	있음	씨방에 싸여 있음	종자로 번식
(다)	있음	있음	포자가 있음	포자로 번식
(라)	있음	없음	포자가 있음	포자로 번식

	(나)	(다)
①	고사리	민들레
②	민들레	고사리
③	솔이끼	고사리
④	고사리	솔이끼
⑤	민들레	솔이끼

08 아래의 표는 여러 가지 생물군들의 유연 관계를 알아내기 위해 각 생물군이 갖고 있는 특징들을 조사하여 표기한 것이다.

[대회 기출 유형]

				○	○		
				○		○	
	○	○	○	○	○	○	○
	○	○			○	○	○
		○			○	○	○
		○			○		
			○				

위 표에서 생물군 S5와 유연 관계가 가장 가까운 것과 가장 먼 것을 그 이유와 함께 서술하시오.

09 다음 중 펭귄에 대한 설명으로 옳은 것만을 〈보기〉에서 있는 대로 고르시오. [대회 기출 유형]

보기

ㄱ. 펭귄은 깃털로 잘 덮여 있다.
ㄴ. 펭귄은 키틴섬유로 잘 덮여 있다.
ㄷ. 펭귄은 조류와 포유류의 중간 단계이다.

10 매끈면 소포체로부터 떨어져 나온 소낭은 주로 어느 소기관으로 전달되는가? [대회 기출 유형]

① 거친면 소포체 ② 골지체 ③ 리소좀 ④ 리보솜 ⑤ 식물의 액포

11 극피동물이 바다에서만 사는 주원인은 무엇인가? [대회 기출 유형]

① 처음 바다에 나타났기 때문에
② 깊은 바다 속이 더 안전하기 때문에
③ 바다에서 각기 다른 서식지 유형에 살기 때문에
④ 배설 기관이 없으며, 염도에 매우 민감하기 때문에
⑤ 고착 생활에 적응되어 널리 분포할 수 없기 때문에

12 다음 중 머리 부분이 극성이고, 꼬리 부분이 비극성인 것은? [대회 기출 유형]

① 왁스 ② 단백질 ③ 인지질 ④ 중성지질 ⑤ 모두 다

13 액포와 소낭의 가장 중요한 차이점은 무엇인가? [대회 기출 유형]

① 액포의 막은 두껍고 소낭의 막은 얇다.
② 액포는 저장 기관, 소낭은 수송 기관이다.
③ 액포는 핵 가까이 있고, 소낭은 골지체 가까이 있다.
④ 액포막은 탄수화물이 풍부하나 소낭막은 단백질이 풍부하다.
⑤ 소낭은 오직 세포막으로부터 방출되지만 액포는 골지체로부터 방출된다.

14 **다음 중 리소좀을 연구하기에 가장 좋은 세포 형태는?** [대회 기출 유형]

① 신경 세포 ② 피부 세포 ③ 식균 작용을 하는 백혈구
④ 근육 세포 ⑤ 식물의 잎세포

15 **세포에서 단백질의 합성과 분비에 관련된 세포 소기관을 순서대로 나열한 것은?** [대회 기출 유형]

① 리보솜, 소포체, 골지체, 세포막 ② 리보솜, 골지체, 소포체, 세포막
③ 미토콘드리아, 리보솜, 소포체, 세포막 ④ 핵, 미토콘드리아, 리보솜, 골지체, 세포막
⑤ 리보솜, 엽록체, 세포막, 미토콘드리아

16 **다음 설명 중 파충류의 특징적인 모습을 나타낸 것은 무엇인가?** [대회 기출 유형]

① 상피 세포에서 유래한 건조한 피부를 가지며 피부 호흡을 한다. ② 폐로만 호흡하며 체온이 일정하다.
③ 알을 낳고 유생 시기를 거친다. ④ 몸이 비늘로 덮여 있다.
⑤ 자라면서 변태 과정을 거친다.

17 **다음 표는 동물 세포에 있는 세포 소기관 A ~ C의 특징을 나타낸 것이다. A ~ C는 각각 골지체, 리소좀, 미토콘드리아 중 하나이다.** [수능 기출 유형]

세포 소기관	특징
A	세포 호흡이 일어나는 장소이다.
B	세포 내 소화를 담당한다.
C	소포체로부터 전달된 물질을 운반한다.

이에 대한 설명으로 옳은 것만을 〈보기〉에서 있는 대로 고르시오.

보기

ㄱ. A 에서는 이화 작용이 일어난다.
ㄴ. B 에는 효소가 있다.
ㄷ. 식물 세포에는 C 가 없다.

18 **다음 〈보기〉는 동물의 구성 단계에 대한 학생 A ~ C의 발표 내용이다. 제시한 의견이 옳은 학생만을 있는 대로 고르시오.**

[수능 기출 유형]

보기

학생 A : 상피 조직은 동물의 표면이나 내장 기관의 안쪽 벽을 덮고 있다.
학생 B : 소장과 식도는 동물의 구성 단계 중 같은 구성 단계에 해당한다.
학생 C : 결합 조직, 근육 조직, 상피 조직, 신경 조직이 모여 조직계를 이룬다.

19 **다음 그림은 원심 분리기를 이용하여 식물 세포 파쇄액으로부터 세포 소기관을 분리하는 과정을 나타낸 것이다.**

[수능 기출 유형]

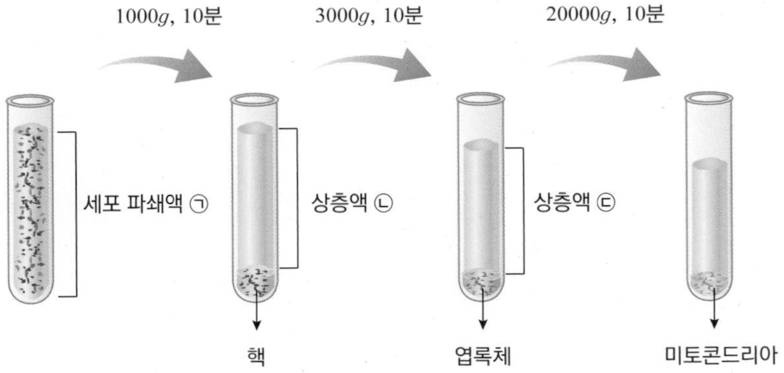

이에 대한 설명으로 옳은 것만을 〈보기〉에서 있는 대로 고르시오.

보기

ㄱ. 이 과정은 세포(조직) 배양법이다.
ㄴ. ㉡ 과 ㉢ 에는 모두 리보솜이 있다.
ㄷ. ㉠ 을 3000g 에서 10분 동안 원심 분리하면 침전물에 핵과 엽록체가 있다.

20 다음 표는 십각목(Decapoda)에 속하는 동물 4종(A ~ D)의 학명과 과명을 나타낸 것이다.

[수능 기출 유형]

종	학명	과명
A	*Fenneropenaeus chinensis*	보리새우과
B	*Portunus trituberculatus*	꽃게과
C	*Marsupenaeus japonicus*	보리새우과
D	*Chionoecetes japonicus* Rathbun	물맞이게과

이에 대한 설명으로 옳은 것만을 〈보기〉에서 있는 대로 고르시오.

보기

ㄱ. A 와 B 는 같은 강에 속한다.
ㄴ. D 의 학명은 이명법을 사용하였다.
ㄷ. C 와 A 의 유연 관계는 C 와 D 의 유연 관계보다 가깝다.

21 표는 식육목(Carnivora)에 속하는 동물 6종(A ~ F)의 학명과 과명을 나타낸 것이다. A ~ F는 3개의 과(개과, 고양이과, 족제비과)로 분류된다.

[수능 기출 유형]

종	학명	과명
A	*Panthera onca*	?
B	*Canis lupus*	개과
C	*Meles meles*	?
D	*Canis latrans*	?
E	*Panthera pardus*	고양이과
F	*Felis catus*	고양이과

이에 대한 설명으로 옳은 것만을 〈보기〉에서 있는 대로 고르시오.

보기

ㄱ. A 와 C 의 유연 관계는 A 와 F 의 유연 관계보다 가깝다.
ㄴ. B 와 E 는 같은 강에 속한다.
ㄷ. D 의 학명에서 종소명은 '*Canis*' 이다.

22 **다음 표 (가)는 생물 A ~ D에서 특징 ㉠ ~ ㉣의 유무를, (나)는 ㉠ ~ ㉣을 순서 없이 나타낸 것이다. A ~ D는 다시마, 대장균, 쇠뜨기, 푸른곰팡이를 순서 없이 나타낸 것이다.**

[수능 기출 유형]

생물 \ 특징	㉠	㉡	㉢	㉣
A	ⓐ	O	X	X
B	O	X	?	O
C	X	?	X	O
D	O	X	O	ⓑ

(○ : 있음, × : 없음)

(가)

특징 (㉠ ~ ㉣)
핵막을 가진다.
관다발을 가진다.
단세포 생물이다.
독립 영양 생물이다.

(나)

이에 대한 설명으로 옳은 것만을 〈보기〉에서 있는 대로 고르시오.

보기

ㄱ. ⓐ 와 ⓑ 는 모두 'O' 이다.
ㄴ. B 는 세포벽을 가진다.
ㄷ. C 와 D 는 모두 포자로 번식한다.

세포의 Life Cycle

세포 사멸(아폽토시스 ; Apoptosis)

세포 사멸은 세포가 기능적인 역할은 유지하면서 유전적 성질에 의해 죽음으로 이르는 단계이다. 세포 전체가 위축되면서 새로운 단백질이 합성되고 세포의 자살 유전자에 의해 죽음으로 유도된다.

세포 사멸은 생체의 정상 과정 중 하나로서 태아의 발생시 만약의 사태를 대비해 미리 준비해 둔 여분의 세포가 사용되지 않고 남아 있을 때, 세포가 바이러스에 감염되었을 때, DNA의 심한 손상 등으로 정상화가 불가능할 때 일어난다. 세포 사멸 과정은 핵 단편화, 염색질의 응축, 염색체 절단, 세포의 균열과 팽창, 세포막의 변화, 다른 세포에게 먹힘 현상으로 이어진다. 즉, 세포 사멸시 세포막과 핵막이 붕괴되고 세포의 크기가 줄어드는 특징을 가지며, 염색질의 응집과 광범위한 핵구조의 파쇄가 동반된다.

세포 사멸의 기능

세포 사멸은 세포가 유전자에 의해 제어되어 스스로 자해되어 사멸하는 것으로서 인체의 초기 발생 과정에서 우리 몸의 형태를 만드는 데 관여하며, 성인에게는 정상적인 세포의 갱신이 필요할 때, 정상적인 세포가 노화될 때, 비정상 세포나 손상된 세포 등 이상이 생긴 세포가 존재할 때 이들 세포를 제거하는 일을 담당한다. 예를 들어 신경 세포는 기능적인 연결을 가질 때에만 생존하며 그렇지 않으면 사멸한다(생존을 위한 경쟁 상황). 따라서 세포 사멸은 전체적인 신체 건강을 유지하게 해주는 메커니즘이다.

세포 사멸의 예

최초 올챙이의 꼬리는 헤엄을 치는데 필수적이지만 개구리가 되면서 꼬리는 세포의 자살로 인해서 퇴화되어 사라진다.

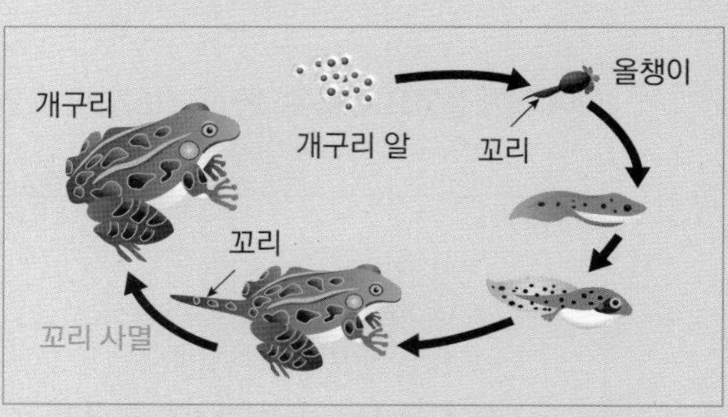

▲ 개구리의 발생 과정

사람의 경우 임신 초기부터 살펴보면 태아 초기의 손발은 제대로 갖춰진 형태가 아니다. 초기 발달이 일어나는 동안 인간의 손과 발은 오리 발과 같은 형태로 붙어 있는 하나의 조직 세포로, 손가락과 발가락은 막으로 연결되어 손가락, 발가락이 없이 뭉툭하게 돌출된 인형 손 모양을 하고 있다. 후기 발생 과정에서 뭉툭한 손 모양 사이의 막에 존재하는 세포가 '계획된 세포죽음'에 빠져 자살함으로써 손가락, 발가락의 형태가 되고 손가락과 발가락이 벌어져 자유자재로 움직일 수 있게 되는 것이다. 즉, 모체 속 태아의 발생 과정에서 세포의 분열과 소멸이 적절하게 일어남으로써 기형이 되는 것을 방지한다.

아폽토시스 현상은 미토콘드리아의 지령에 의해 일어난다.

세포 사멸은 세포 스스로가 죽음에 이르기로 작정하고 에너지인 ATP를 소모해가면서 능동적으로 죽음에 이르는 기작이다. 이때 유전자가 작동하여 죽음에 이르게 하는 단백질을 만들어낸다. 이와 같은 현상이 일어나는 이유는 생체 내에서 적절한 세포의 수를 유지하기 위해서이거나, 전체 개체에 해를 끼치는 비정상적인 세포를 제거하기 위해서이다.

세포 사멸 과정

먼저 세포는 축소되면서 쪼그라들기 시작한다. 이후 인접하는 세포와의 사이에 틈새가 생기고 세포의 핵 안에서는 유전 물질인 DNA가 규칙적으로 절단되어 단편화된다. 쪼그라들어 단편화된 세포 조각들(아폽토시스 소체)은 주변의 식세포가 잡아먹음으로써 자살의 과정이 종료된다.

세포 괴사(Necrosis)

조절되지 않은 유연한 세포의 죽음으로, 세포막에 손상이 있는 경우나 이온 항상성(생물 내 이온 농도가 일정하게 유지되는 성질)의 파괴로 일어난다. 괴사는 급격한 온도나 삼투압의 변화, 혹은 독성 물질에 의해 격렬하게 세포가 파괴되는 과정으로서 대개는 세포가 터져서 죽게 되어 형태상으로도 아폽토시스와 구분된다. 마치 유언장도 남기고 자신의 주위를 잘 정리하고 생을 마감하는 죽음이 아폽토시스에 비유된다면, 교통사고와 같은 불의의 사고로 맞는 죽음은 괴사에 비유할 수 있다. 즉, 화상과 타박상, 독극물의 자극에 의해 일어나는 세포의 죽음으로서, 세포의 사고사 또는 세포의 돌연사라고 할 수 있다.

세포 괴사 과정에서는 세포 내에서 에너지를 만들어내는 역할을 하는 미토콘드리아의 활동은 정지되고 광범위하게 단백질이 분해됨으로써 DNA가 무작위적으로 파손된다.

세포 괴사 과정

외부공격이나 화학물질, 기타 등등의 이유로 세포가 부풀어 오르며, ATP등의 에너지 생산이 일어나지 않아 나트륨-칼륨 펌프가 작동하지 않는다. 따라서 세포질 내 나트륨 이온의 축적이 일어나 삼투압이 상승하게 되어 세포 밖에서 수분이 유입된다. 물의 유입으로 세포막은 팽창하고 세포막 사이 외부와 내부의 삼투압의 차이는 수백에서 수만 배 이상이 되어 결국 세포는 터지고 세포와 핵의 용해에 의해 세포의 내용물이 세포 외부로 노출되면서 염증이 발생한다. 즉, 세포괴사는 세포와 핵이 용해됨으로써 세포 내 각종 분해요소들이 주변 세포로 노출되며 염증을 동반하는 세포의 죽음이므로 사람의 경우, 각종 후유증을 일으킬 수 있다.

[세포 사멸(Apoptosis)의 과정]

세포의 점차적인 축소
↓
인접하는 세포 사이의 틈새 발생
↓
세포 내 DNA의 규칙적인 절단(단편화)
↓
세포 죽음
↓
세포 전체의 단편화(아폽토시스 소체)
↓
근접해 있는 세포에 먹힘으로써 완전한 죽음

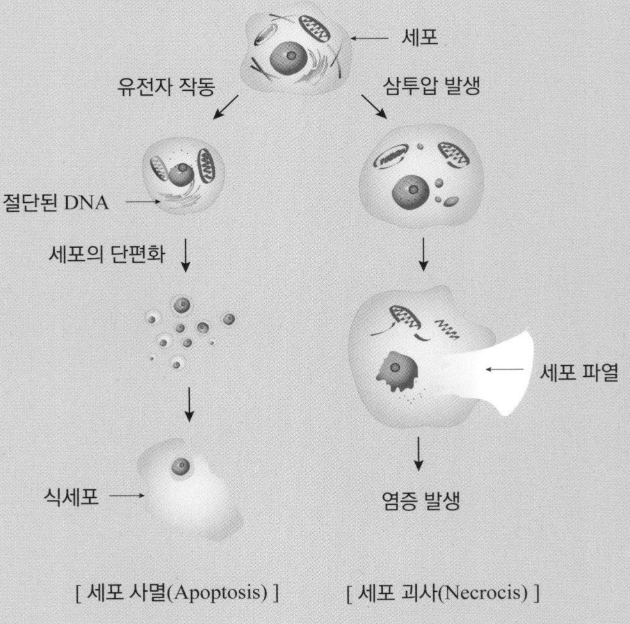

▲ 세포 사멸 VS 세포 괴사

정답 p16

Q1. 세포 사멸과 세포 괴사의 차이점에 대해서 비교 서술하시오.

Biology

II

02 식물의 영양

생텍쥐페리의 소설 〈어린왕자〉에 나오는 바오밥나무는 식물의 줄기가 뿌리 모양과 닮아있는 독특한 모양이다. 식물의 줄기, 뿌리, 잎은 각각 어떤 역할을 할까?

1. 뿌리

(1) 뿌리의 구조

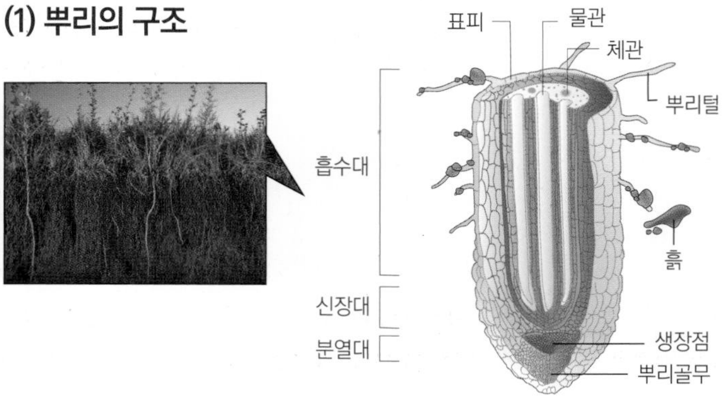

▲ 뿌리의 종단면[1]

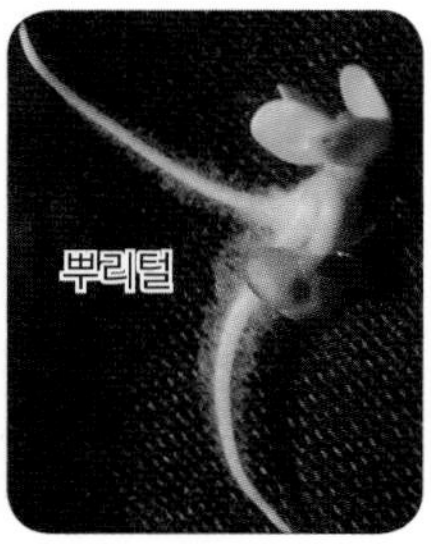

▲ 무 싹의 뿌리털

뿌리털[2]	• 한 개의 표피 세포가 변형되어 만들어짐(세포) • 흙 속의 물과 무기 양분을 흡수함 • 뿌리털이 많을수록 흙과 접촉하는 표면적이 넓어져 물과 무기 양분을 효율적으로 흡수함
생장점	• 세포 분열이 활발하게 일어나 새로운 세포가 만들어지는 부분 → 뿌리의 길이 생장에 기여
뿌리골무	• 죽은 세포로 구성 • 생장점을 감싸서 보호해 주는 역할 • 뾰족하고 단단하여 흙 속을 깊이 파고 들 수 있음

흡수대	• 뿌리털이 많아 흡수 작용이 일어나는 부분
신장대	• 생장점에서 만들어진 세포가 자라 커지는 부분
분열대	• 생장점을 중심으로 하는 세포 분열이 활발하게 일어나는 부분

(2) 뿌리의 종류

① **곧은뿌리** : 곧게 뻗은 원뿌리 주변에 곁뿌리가 나 있다. (원뿌리와 곁뿌리로 구분)

예 쌍떡잎식물(봉선화, 민들레, 땅콩, 해바라기 등), 겉씨식물(소나무, 은행나무 등)

② **수염뿌리** : 굵기와 길이가 비슷하여 원뿌리와 곁뿌리의 구별이 없는 뿌리이다.

예 외떡잎식물(벼, 보리, 강아지풀, 백합, 옥수수, 양파 등)

▲ 곧은뿌리 ▲ 수염뿌리

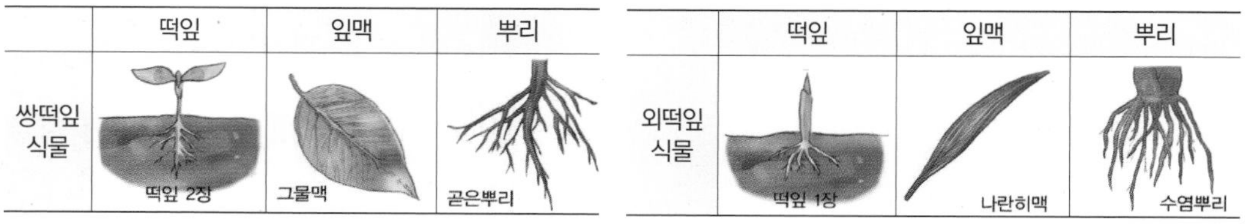

▲ 쌍떡잎식물과 외떡잎식물의 떡잎, 잎맥, 뿌리

정답 p17

Q1 뿌리의 구조 중 한 개의 표피 세포가 변형된 것으로 물과 무기 양분을 흡수하는 부분은?

① 뿌리의 종단면

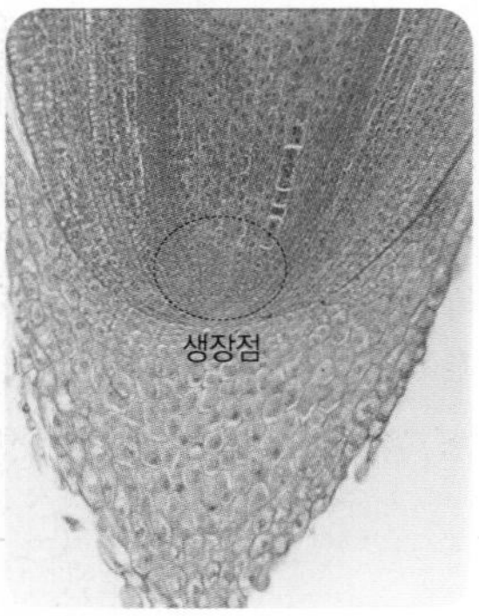

② 뿌리털

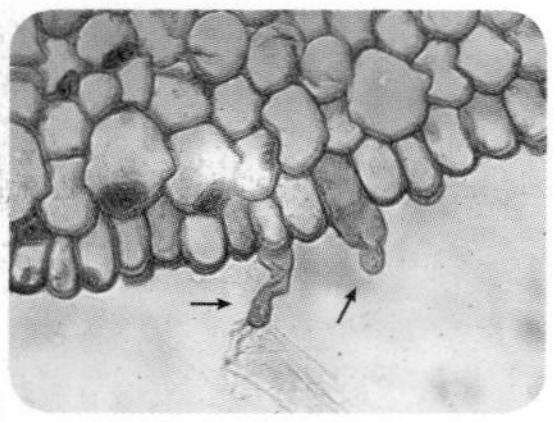

별도의 세포가 있는 것이 아니라 한개의 표피 세포가 길게 변형된 것이다.

잔디

수염뿌리로 되어 있어 토양이 빗물에 씻겨 내려가는 것을 방지하여 언덕의 경사면을 보호한다.

미니사전

무기 양분 칼슘, 마그네슘, 나트륨 등 탄소를 포함하지 않는 영양분

표면적 흙과 뿌리가 닿는 면적

세포 분열 1개의 세포가 2개의 세포로 갈라져 세포의 수가 늘어나는 현상

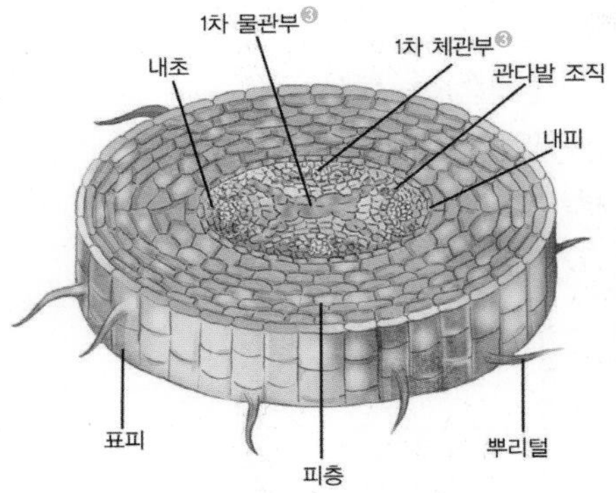

▲ 쌍떡잎식물 뿌리의 횡단면

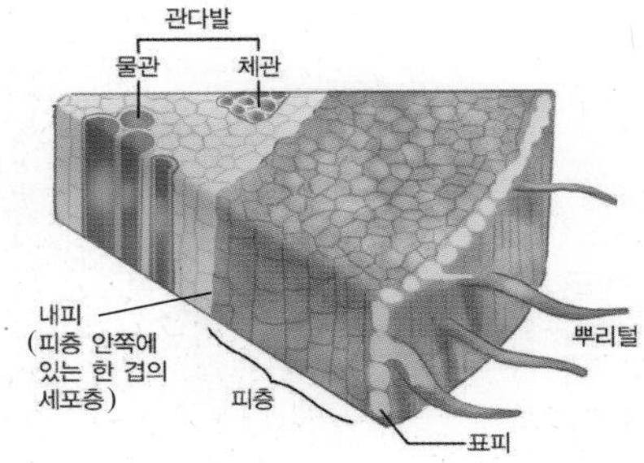

▲ 외떡잎식물 뿌리의 횡단면

관다발	물관	• 뿌리에서 흡수하는 물과 무기 양분의 이동 통로
	형성층	• 세포 분열이 일어나 새로운 세포가 만들어지는 부분 → 부피 생장
	체관	• 잎에서 만든 유기 양분의 이동 통로
표피		• 뿌리의 맨 바깥 부분에 있는 한 겹의 세포층으로 뿌리 내부를 보호
피층		• 표피 안쪽으로부터 내피 사이에 있는 여러 겹의 세포층 • 주로 양분을 저장하는 부분
내피		• 피층 안쪽에 있는 한 겹의 세포층으로 관다발 기둥의 바깥 경계를 이룸
내초		• 내피와 관다발 사이의 조직

(3) 뿌리의 기능

① **지지 작용** : 뿌리가 땅속으로 깊고, 멀리 뻗어나가 식물체를 지탱한다.

② **저장 작용** : 유기 양분을 뿌리에 저장한다.

③ **흡수 작용** : 뿌리털을 통해 물과 무기 양분이 흡수된다.

④ **호흡 작용** : 흙 속에 있는 산소를 흡수하고, 이산화 탄소를 배출한다.

(4) 뿌리의 다양한 변형

저장뿌리④	호흡뿌리	기생뿌리
		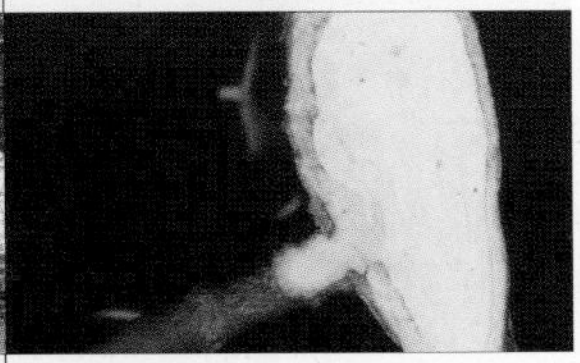
양분을 저장하여 뿌리 전체가 비대해진다.	뿌리의 일부가 공기 중에 노출되어 호흡할 수 있게 해준다.	기생 식물이 숙주에 붙어 기생할 때 만들어진다.
예 고구마, 달리아, 무, 당근 등	예 옥수수, 석곡 등	예 새삼, 겨우살이 등

부착뿌리	수중뿌리	버팀뿌리
	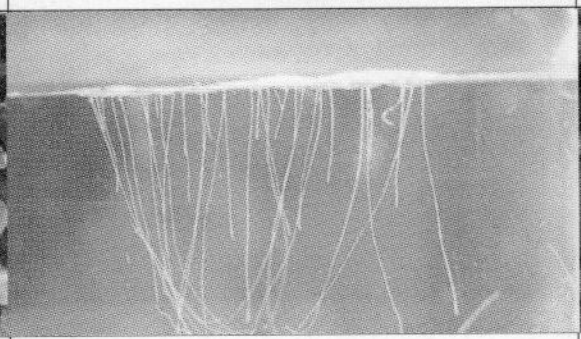	
다른 물체에 붙어 자란다.	식물체가 물에 떠 있을 수 있도록 받쳐준다.	아래쪽 줄기 마디에서 뿌리를 내어 몸을 지탱한다.
예 담쟁이덩굴, 송악 등	예 생이가래, 개구리밥, 마름 등	예 옥수수, 수수

정답 p17

Q2 뿌리의 주요 기능 4가지를 모두 쓰시오.

③ 1차 물관부, 1차 체관부

- 식물의 뿌리와 줄기에 있는 생장점의 세포는 세포 분열을 하여 성숙하는 데 이를 1차 생장이라고 한다. 이러한 1차 생장 결과 생기는 표피, 유조직, 물관부 및 체관부 등의 조직이 1차 조직이다.
- 제1차 관다발 조직의 완성 단계에서 물관부와 체관부 사이에 형성층이라는 분열 조직이 나타나며, 형성층의 세포는 분열을 반복하여 안쪽에 제2차 물관부를, 바깥쪽에 제2차 체관부를 만들어 부피 생장을 한다.

뿌리의 굴지성

지구에서 식물을 거꾸로 길렀을 때에도 식물의 뿌리는 땅 쪽을 향해 자라는 현상이다.

④ 우리 생활에서 저장뿌리의 이용

- 약용 → 인삼, 칡 등
- 식용 → 고구마, 당근, 무, 우엉, 더덕 등

콩과식물의 뿌리

- 콩과식물은 뿌리혹박테리아와 공생한다.
- 뿌리혹박테리아는 식물에게 질소 영양소를 공급하고 식물은 잎에서 만든 양분을 준다.

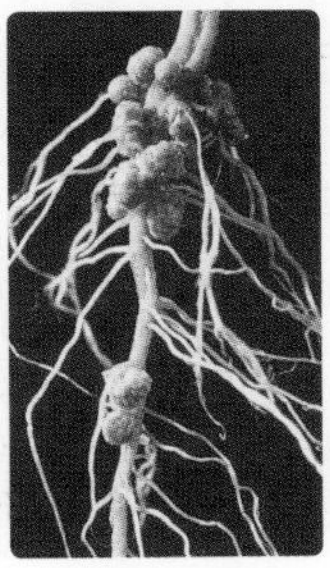

미니사전

지탱 식물체를 오랫동안 버티고 유지하는 상태

유기 양분 탄수화물, 지방, 단백질 등 탄소를 포함한 3대 영양분과 비타민을 포함한 영양분

달걀의 삼투

달걀을 오랫동안 식초에 담가 두면 속껍질을 제외한 껍질이 식초에 의해 녹아 없어진다. → 물에 담그면 삼투 현상에 의해 달걀의 부피가 점점 커지게 된다. → 바늘로 구멍을 내면 물줄기가 분출된다.

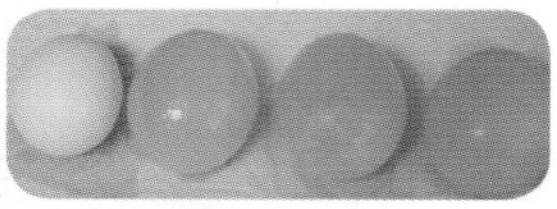

▲ 속껍질만 있는 달걀을 물에 담갔을 때 시간 경과에 따른 부피 변화

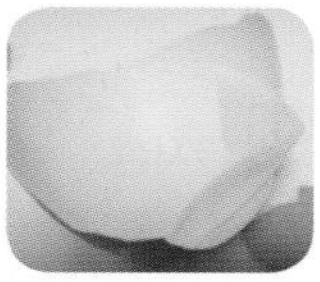

▲ 달걀의 속껍질

양파 표피 세포의 삼투 현상

- 고농도 용액(고장액)에 넣었을 때 → 세포질의 물이 밖으로 빠져나가서 세포막과 세포벽이 서로 분리된다.
- 저농도 용액(저장액)에 넣었을 때 → 물이 세포 안으로 들어와서 세포가 팽팽해진다.

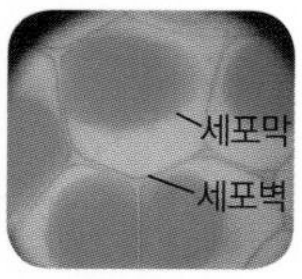

▲ 고농도 용액에 넣었을 때 현미경 모습

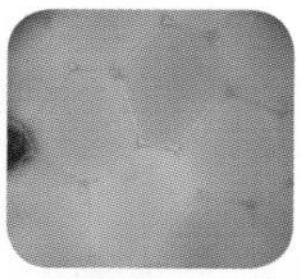

▲ 저농도 용액에 넣었을 때 현미경 모습

삼투 현상의 예

- 화분에 비료를 많이 주면 식물이 말라죽는다.
- 시든 야채에 물을 뿌리면 싱싱해진다.
- 배추에 소금을 뿌리면 숨이 죽는다.
- 매실을 설탕에 재우면 쭈글쭈글해진다.

미니사전

농도 용액이 얼마나 진하고 묽은지 수치로 나타낸 값

반투과성 막 분자의 크기가 큰 용질은 통과시키지 못하고, 크기가 작은 물만 통과시키는 막
(예) 셀로판 막, 세포막, 달걀 속껍질

(5) 뿌리에서 물의 흡수 삼투 현상에 의해 뿌리에서 물이 흡수된다.

① **삼투 현상** : 반투과성 막을 경계로 두 용액의 농도가 다를 때 저농도에서 고농도 쪽으로 물이 이동하는 현상이다.

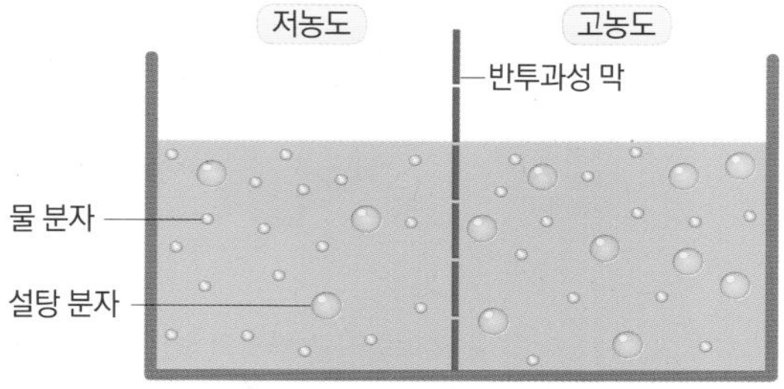

▲ 삼투 현상이 일어나기 전

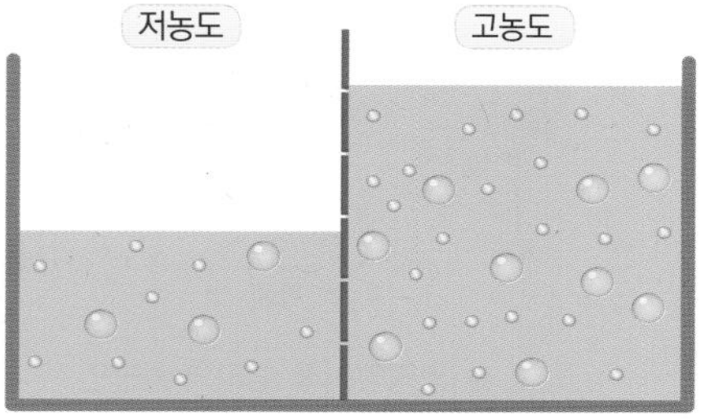

▲ 삼투 현상이 일어난 후

② **뿌리에서 물의 흡수 원리** : 뿌리털 세포의 세포막은 반투과성 막이며, 뿌리털 세포 속의 용액의 농도가 흙 속 용액의 농도보다 높아 삼투 현상에 의해 물이 흙에서 뿌리털로 이동하게 된다.

③ **흡수된 물의 이동** : 뿌리를 구성하는 세포들은 안쪽으로 갈수록 세포 내 용액의 농도가 높아지기 때문에 흡수된 물이 뿌리 안쪽 물관으로 계속 이동하게 된다.

[뿌리 각 부위의 농도 관계]

흙 속 < 뿌리털 < 피층 < 내피 < 물관

[물의 이동 경로]

흙 속 → 뿌리털 → 피층 → 내피 → 물관

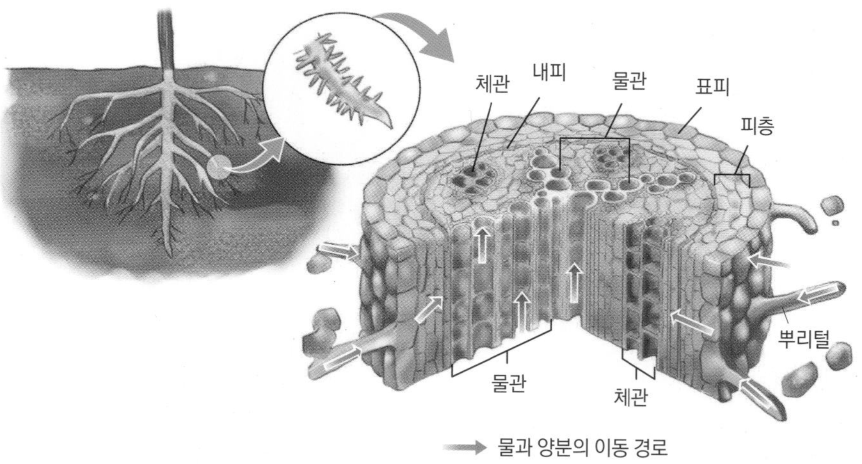

▲ 뿌리에서 물과 양분의 이동 경로

정답 p17

Q3 뿌리에서 물이 흡수되는 원리를 설명하시오.

2. 줄기

(1) 줄기의 구조

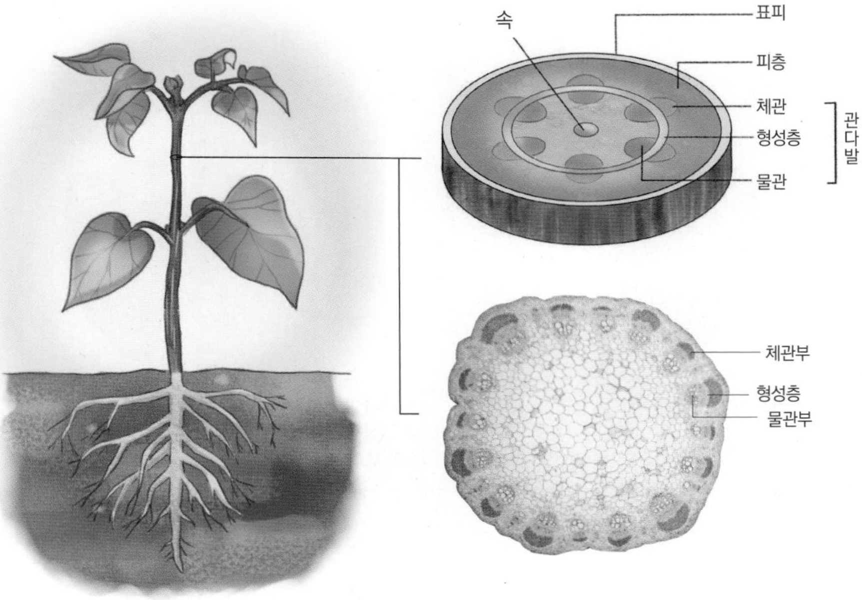

① **표피** : 줄기의 가장 바깥쪽에 있는 한 겹의 세포층으로 줄기를 싸서 내부를 보호한다.

② **피층** : 표피 안쪽의 여러 겹의 세포층이다.

③ **속** : 줄기의 가장 안쪽(가운데) 부분의 세포층이다.

④ **관다발** : 물관 + 체관 + 형성층으로 구성되어 있다.(외떡잎식물은 형성층이 존재하지 않는다.)

구분	물관	체관	형성층
기능	뿌리에서 흡수한 물과 무기 양분의 이동 통로	잎에서 광합성을 통해 만들어진 유기 양분의 이동 통로	세포 분열이 일어나 줄기의 부피 생장이 일어나는 부분
위치	형성층 안쪽	형성층 바깥쪽	물관과 체관 사이
구성 세포	• 죽은 세포로 구성 • 세포벽이 두꺼움	• 살아 있는 세포로 구성 • 세포벽이 없음	• 세포 분열이 활발한 살아 있는 세포로 구성
특징	• 위아래 세포벽이 없어져 연속된 하나의 관 모양을 이루며, 곁에 다양한 무늬가 있다. 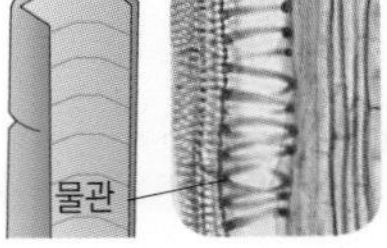 ▲ 물관의 단면	• 위아래 세포들 사이에 구멍이 뚫린 체판이 있어 이를 통해 양분이 이동한다. • 주변에 반세포[1]가 둘러싸고 있다.  ▲ 체관의 단면	• 쌍떡잎식물과 겉씨식물에만 존재한다. 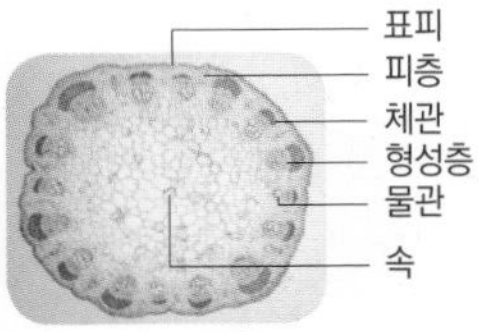 ▲ 줄기의 단면

정답 p17

Q4 줄기의 구조 중 광합성 산물인 유기 양분의 이동 통로는 무엇인가?

나이테

봄과 여름에는 형성층에서 세포 분열이 활발하여 세포벽이 두껍게 자라지 못하고, 물이 충분히 공급되기 때문에 부피가 큰 세포가 형성되어 대체로 색이 연하다. 그러나 가을부터는 성장 속도가 감소하여 세포벽이 두껍고 세포의 부피가 작아 조직이 치밀해지게 되어 색이 진해진다. 이렇게 연한 색깔의 조직과 진한 색깔의 조직이 번갈아 만들어지면서 동심원 모양의 테를 갖추게 되는데, 이를 나이테라고 한다.

① 반세포

세포가 분열할 때 체관과 나란히 만들어진 것으로 반세포는 세포 소기관을 모두 담고 있으며, 체관이 영양분을 전달하는 것을 도와준다.

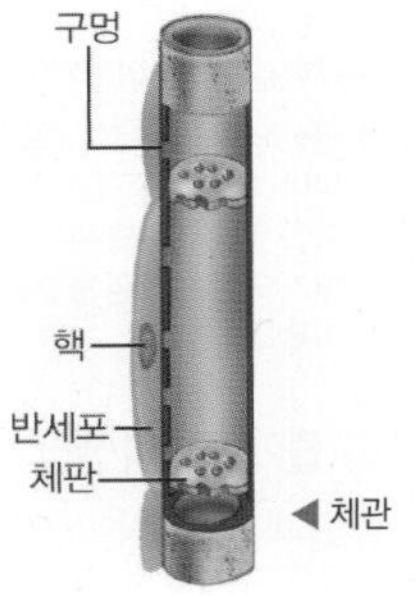

◀ 체관

② 체판

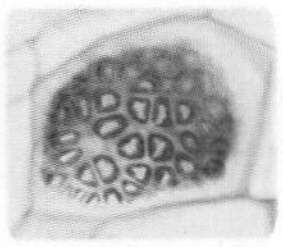

- 체관의 내부에 존재하는 판으로 체관 구성 세포의 위아래 세포벽에 체처럼 구멍이 많은 구조이다.
- 물관의 내부에 있는 물은 증산 작용 등에 의해 중력을 거슬러 올라가기 때문에 속도를 조절할 필요가 없지만 체관 내부의 유기물들은 중력을 따라 흘러내리기 때문에 속도를 조절해야 할 필요가 있다.

미니사전

부피 생장 식물이 생장할 때 줄기가 굵어지는 것

유기물 생물에 의해 만들어진 탄소를 포함한 화합물

③ **피목**

줄기 표면에 작게 갈라진 틈으로, 피목을 구성하고 있는 것은 해면 조직으로 이 구멍을 통해 기체가 드나들어 겨울철에 식물이 호흡한다.

환상 박피

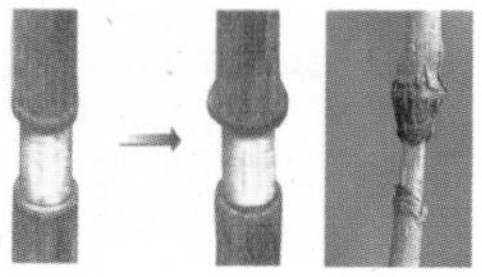

줄기의 껍질을 고리 모양으로 벗긴 후 시간이 지나면 벗겨낸 부분의 위쪽이 두꺼워진다.

- 이유 : 체관이 제거되어 유기 양분이 아래쪽으로 이동하지 못하고 윗부분에 쌓였기 때문이다.
- 알 수 있는 사실
  → 체관은 유기 양분이 이동하는 통로이다.
  → 체관은 관다발 바깥쪽에 위치한다.
- 환상 박피하는 이유 : 양분의 이동을 막아 박피한 줄기의 윗부분에서는 땅에 떨어지는 과일이 적어지고, 열매가 커지기 때문에 과수법에 많이 이용되고 있다.

줄기의 부피 생장

형성층이 있는 쌍떡잎식물이나 겉씨식물은 줄기가 굵어져 나무줄기를 이루지만, 초본류 등 형성층이 없는 외떡잎식물은 줄기가 굵어지지 않는다.

▲ 강아지풀

저장줄기

- 선인장의 줄기는 살줄기로 건조한 환경에서 견딜 수 있도록 줄기의 조직에 수분을 저장하는 저장줄기이다.
- 영양분을 저장하는 양파의 비늘줄기, 감자의 덩이줄기는 저장줄기이다.

미니사전

땅속줄기 옆으로 퍼져 나가며, 땅속에 있는 마디부터 뿌리가 나오고 줄기 끝에 싹이 생긴다.

지상경 땅위로 자라는 줄기

근경 땅속으로 뻗는 줄기

(2) 쌍떡잎식물과 외떡잎식물의 줄기 비교

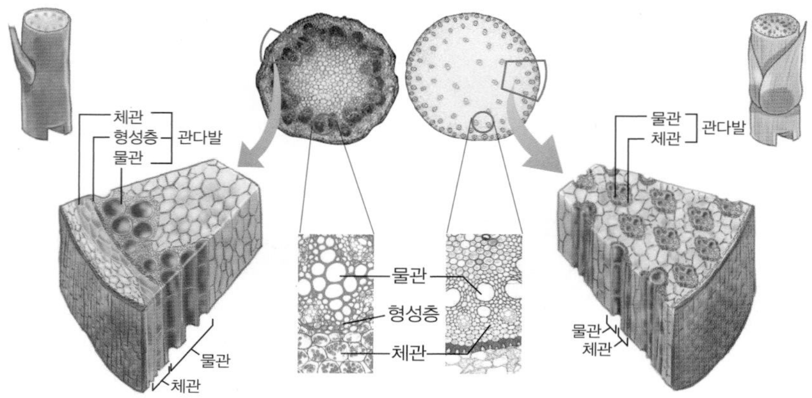

쌍떡잎식물	외떡잎식물
• 관다발의 배열이 규칙적이다. • 형성층이 있어 부피 생장이 일어난다. 예 봉선화, 민들레, 해바라기, 복숭아나무, 땅콩 등	• 관다발의 배열이 불규칙적이다. • 형성층이 없어 부피 생장이 일어나지 않는다. 예 보리, 강아지풀, 벼, 옥수수, 양파, 백합 등

(3) 줄기의 기능

① **지지 작용** : 잎, 꽃 등이 달려 있으며, 식물 몸체를 지탱한다.

② **운반 작용** : 물관과 체관을 통해 물과 양분을 운반한다.

③ **호흡 작용** : 피목③을 통해 산소를 흡수하고, 이산화 탄소를 내보낸다.

④ **저장 작용** : 여분의 양분을 줄기에 저장한다. 예 감자, 토란, 양파, 연, 사탕수수 등

(4) 줄기의 다양한 형태

곧은줄기

감는줄기

기어오르는줄기

덩이줄기

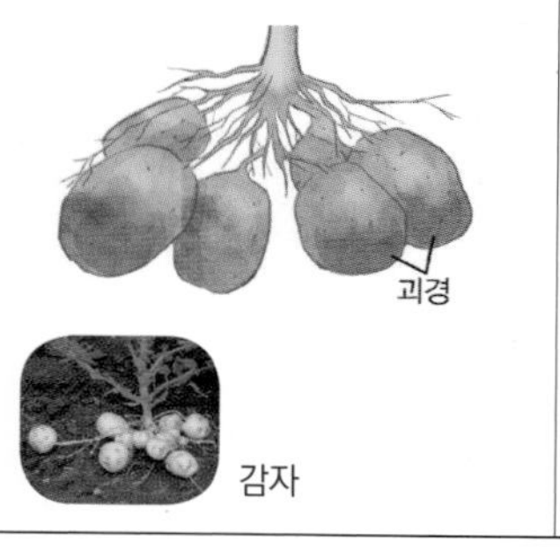

기는줄기

땅속줄기

정답 p17

Q5 형성층이 있고 관다발이 규칙적으로 배열되어 있는 식물의 종류는 무엇인가?

3. 잎

(1) 잎의 겉 구조

① **잎새** : 잎의 대부분을 차지하며, 엽록체가 있어 광합성이 활발하고 녹색을 띠는 부분이다. 잎새 구석까지 많은 잎맥이 퍼져 있다.
② **잎자루** : 잎새와 줄기를 연결해주는 역할을 한다.
③ **턱잎** : 속씨식물, 특히 쌍떡잎식물에서 많이 볼 수 있는 것으로 주로 어린 눈을 보호하는 역할을 한다.

잎의 겉 구조

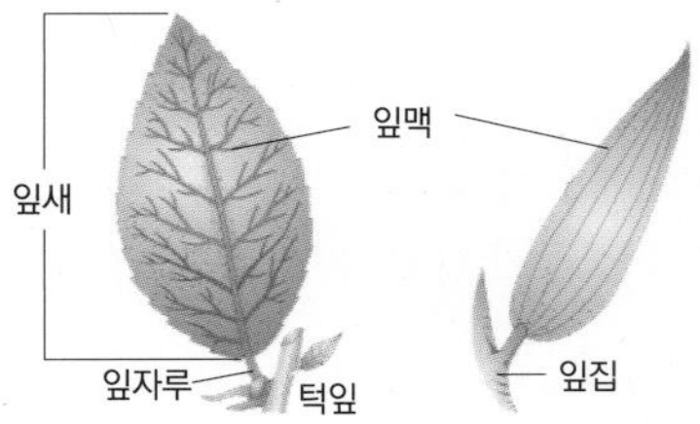

▲ 쌍떡잎식물 ▲ 외떡잎식물

잎의 속 구조

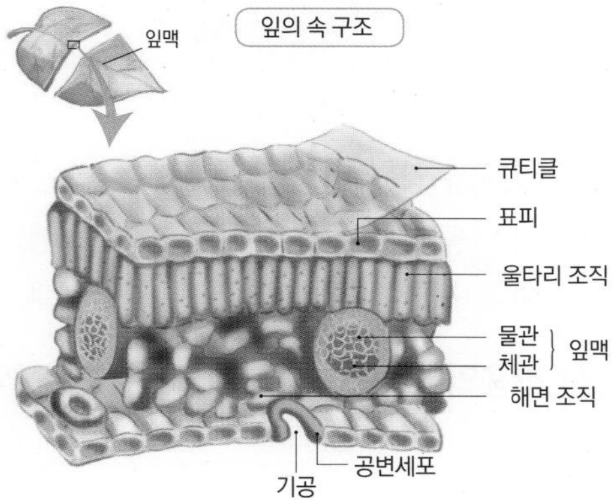

(2) 잎의 속 구조

표피 조직	표피	• 큐티클층으로 잎을 감싸고 있으며, 한 겹의 층을 이루고 있는 세포이다. • 잎을 보호하는 역할을 한다. • 엽록체가 없어 광합성은 일어나지 않는다.
	기공	• 2개의 공변세포로 이루어진 구멍이다. • 주로 잎의 뒷면에 분포한다. • 기체의 출입(이산화 탄소, 산소, 수증기)이 일어난다.
	공변세포	• 표피 세포가 변형된 반달 모양의 세포이다. • 주로 잎의 뒷면에 분포한다. • 엽록체가 있어 광합성이 일어난다. 공변세포 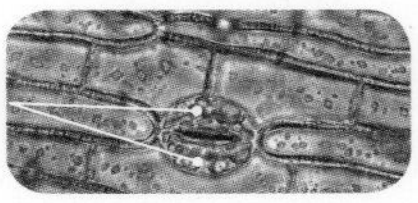
울타리 조직		• 세포가 규칙적으로 빽빽하게 배열되어 있다. • 엽록체가 있어 광합성이 가장 활발히 일어난다.
해면 조직		• 세포가 엉성하게 배열되어 있어 세포 사이의 빈틈으로 기체의 통로가 형성된다. • 엽록체가 있어 광합성이 일어난다.
잎맥		• 잎에 퍼져 있는 관다발로 물관과 체관으로 구성된다. • 잎을 지탱하며, 물질의 이동 통로이다.

(3) 잎의 기능

① **광합성 작용** : 엽록체에서 빛을 이용하여 포도당을 합성한다.
② **증산 작용** : 식물체 내의 물을 기공을 통해 수증기 형태로 공기 중으로 방출한다.
③ **호흡 작용** : 기공을 통해 산소를 받아들이고, 이산화 탄소를 방출한다.

정답 p17

Q6 잎의 구조 중 엽록체를 가지고 있어 광합성을 하는 곳을 모두 쓰시오.

잎의 변형

- 덩굴손 : 물체를 잡는다. 예 완두, 호박, 오이 등
- 바늘잎 : 몸을 보호하고 물의 증발을 막는다. 예 선인장
- 저수잎 : 물을 저장한다. 예 용설란
- 포충잎 : 곤충을 잡기에 알맞다. 예 파리지옥, 끈끈이주걱
- 비늘잎 : 여러 겹의 비늘잎으로 되어 있다. 예 양파, 튤립

붓꽃잎의 특징

일반적으로 잎의 앞면은 큐티클층이 있으며 울타리 조직이 빽빽하게 배열되어 있고, 뒷면은 기공이 주로 분포한다. 그러나 붓꽃과 같이 잎의 앞뒤 구별이 없는 잎에서는 울타리 조직과 해면 조직을 구별하기 어렵다. 또한, 같은 종류의 식물이라도 강한 햇볕 아래에서 자란 잎에서 울타리 조직이 더 발달한다.

▲ 붓꽃

잎 표면의 큐티클층

잎의 표면은 지방 물질이 이루는 큐티클 층이라는 왁스 층이 있어 물이 잎세포에 스며들지 않도록 한다. 이 큐티클 층은 세포가 빈틈없이 조밀하게 배열되어 있어 물이 통과할 수 없게 하며, 물이 증발하는 것을 막아 잎의 수분 손실을 막아주고 잎 내부를 보호한다.

미니사전

턱잎 잎자루가 줄기와 붙어 있는 곳에 좌우로 달려 있는 비늘 같은 잎

잎집 잎의 기부(뿌리와 만나는 줄기의 아랫 부분)가 집 모양으로 되어 줄기를 싸고 있는 것 같이 된 부분

4. 증산 작용

(1) 증산 작용 식물체 내의 물이 기공을 통해 수증기 형태로 증발되는 현상이다.

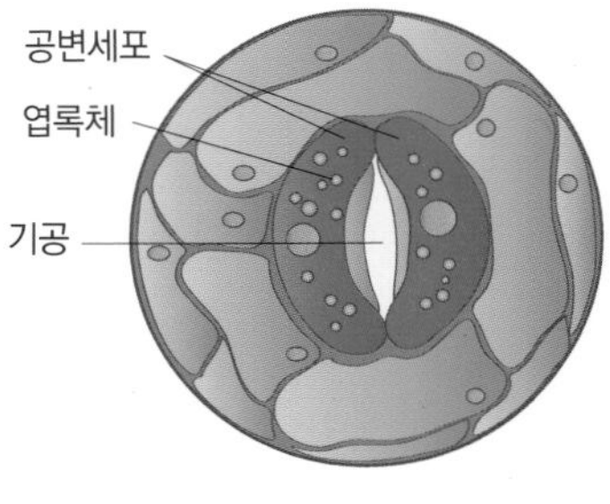

▲ 기공이 열린 상태 (낮)

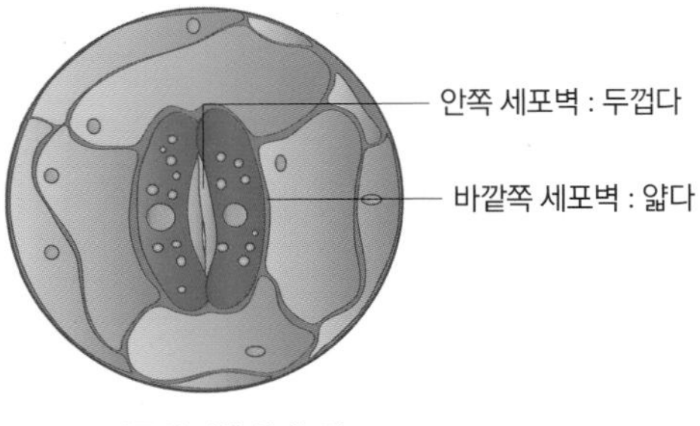

▲ 기공이 닫힌 상태 (밤)

(2) 증산 작용에 의한 현상

① 물 상승의 원동력
② 식물체의 체온 조절
③ 식물체 내의 수분량 조절
④ 식물체 내의 무기 양분의 농도 조절

(3) 증산 작용의 조절 공변세포에 의해 기공이 열리거나 닫혀서 증산 작용이 조절된다.

기공이 열리는 과정 (낮)

공변세포 내 엽록체에서 광합성이 일어난다. → 포도당의 생성으로 공변세포 내의 농도가 증가한다. → 삼투 현상에 의해 주변 세포로부터 물을 흡수한다. → 공변세포의 팽압이 증가한다. → 공변세포가 휘어지면서 기공이 열린다.

공변세포가 원래 모양으로 되면서 기공이 닫힌다. ← 공변세포의 팽압이 감소한다. ← 삼투 현상에 의해 주변 세포로 물을 방출한다. ← 공변세포 내의 농도가 감소한다. ← 햇빛이 약할 때 기온이 낮을 때 습도가 높을 때

기공이 닫히는 과정 (밤)

(4) 증산 작용이 잘 일어나는 조건 빨래가 잘 마르는 날씨와 비슷한 환경이다.

구분	햇빛	온도	바람	습도	체내 수분량
기공이 열림	강함	높을 때	강할 때	낮을 때	많을 때
기공이 닫힘	약함	낮을 때	약할 때	높을 때	적을 때

→ 증산 작용이 활발할수록 시험관 속 물의 양은 빨리 줄어든다.

※ 기름을 떨어뜨리는 이유 : 시험관의 물이 식물을 통하지 않고 자연 증발하는 것을 막기 위해서이다.

수련의 잎 기공

수련과 같이 물 위에 떠 있는 식물의 기공은 주로 잎의 앞면에 분포한다.

식물체 내의 무기 양분 조절

물을 증발시킴으로써 체내 양분의 농도를 증가시킨다.

세포의 팽압

세포가 물을 흡수하여 세포벽을 밀어내는 압력이다.

공변세포의 팽압이 높아질 때 활처럼 휘어지는 이유

세포의 바깥쪽 세포벽이 안쪽 세포벽보다 더 얇아서 잘 늘어나기 때문에 활처럼 휘어지게 된다.

(5) 증산 작용의 의의

① **식물체 내부의 물 상승의 원동력** : 기공을 통해 물을 내보내면 부족한 물을 보충하기 위해 뿌리에서 올라오는 물을 계속 흡수하면서 물 상승을 유발시킨다.

② **식물체의 체온 조절** : 물이 증발되면서 많은 열을 빼앗아가므로 높은 태양열에도 식물체의 온도가 올라가지 않는다.

③ **식물체 내의 수분량 조절** : 식물체 내의 수분의 양이 적당량 유지되도록 식물체로부터 수분이 방출된다.

④ **식물체 내의 무기 양분 농축** : 무기 양분이 과도하게 묽은 상태로 물에 녹아 있는 경우 물을 증발시켜서 농축한다.

정답 p17

Q7 식물체 내의 물이 잎의 기공을 통해 수증기 형태로 증발되는 현상을 무엇이라고 하는가?

물 분자의 구조

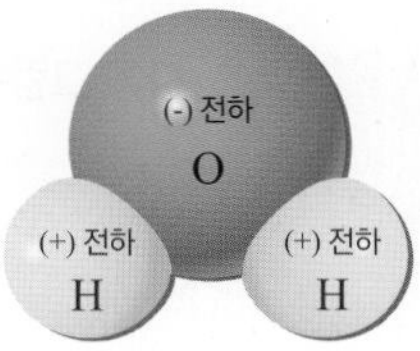

물 분자는 부분적으로 (+) 전기를 띠는 부분과 (-) 전기를 띠는 부분이 있는 극성 분자이다. 다른 분자를 잡아당기므로 응집력이 강하다.
→ 극성 분자와 결합력이 강하다.

5. 식물체 내에서 물 상승의 원동력

(1) 증산 작용

① 기공을 통해 빠져나간 물을 보충하기 위해 물관이 물을 흡수하는 압력이 커진다.

② 증산 작용으로 잎에서 물을 빨아들이는 압력은 20 ~ 40기압으로 뿌리의 물이 나무 꼭대기까지 올라갈 수 있다. (1기압으로 물을 10m 끌어올릴 수 있다.)

(2) 물 분자의 응집력 물 분자 사이에 서로 잡아당기는 힘이 작용하여 뿌리에서 잎까지 하나의 긴 물기둥이 만들어진다.

(3) 모세관 현상 물관이 모세관의 역할을 하여 관을 따라 물이 위로 올라간다. → 가는 관을 물에 담그면 물 분자와 관 사이의 잡아당기는 힘에 의해 물이 관을 따라 올라가는 것을 모세관 현상이라고 한다. 모세관 현상은 물 분자가 가는 물관을 이루는 식물 세포벽에 들러붙는 힘인 부착력과 물분자 사이에 끌어당기는 힘인 응집력에 의해 나타난다.

(4) 뿌리압 뿌리에서 삼투압 현상으로 흡수한 물을 위로 밀어올리는 보조적인 힘이다. 더운 여름철에는 근압(뿌리압)이 없는 경우도 있다.

일액 현상

밤에는 기공이 닫혀 증산 작용이 일어나지 않지만, 뿌리에서는 물을 계속 흡수하므로 남은 물이 생기는데, 이 물을 잎의 가장자리의 죽은 공변세포로 된 수공(작은 구멍)을 통해 내보낸다. 이를 일액 현상이라 하며 이슬과는 구분된다.

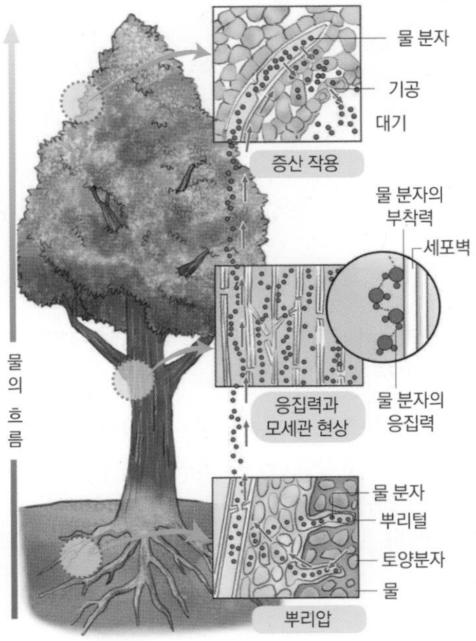

증산 작용이 일어나는 장소 확인하기

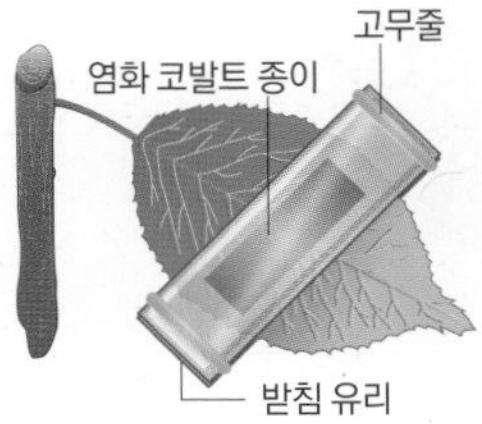

잎의 앞 · 뒷면에 각각 푸른색 염화 코발트 종이를 그림과 같이 고정시킨다. → 잎의 뒷면의 염화 코발트 종이의 색깔이 붉게 변한다. → 증산 작용으로 배출된 수증기 때문에 염화 코발트 종이의 색깔이 변한 것으로 잎의 뒷면에서 증산 작용이 더 활발하게 일어나는 것을 알 수 있다.

[식물에서 물 상승의 원동력 세기]

모세관 현상 < 뿌리압 < 응집력 < 증산 작용

미니사전

모세관 머리카락처럼 매우 가는 관

응집력 원자, 분자 사이의 인력

부착력 서로 다른 두 물질 사이의 끌어당기는 힘

뿌리

01 다음 그림은 뿌리의 종단면을 나타낸 것이다.

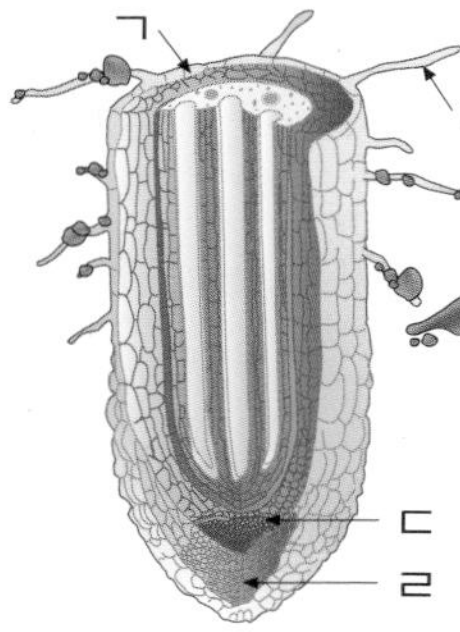

설명에 해당하는 뿌리의 구조를 그림에서 찾아 기호와 이름을 각각 쓰시오.

	설명	기호	이름
(1)	흙과 접촉하는 면적을 넓혀 물과 무기 양분을 효율적으로 흡수한다.		
(2)	세포 분열이 활발하게 일어나는 부분으로 뿌리의 길이 생장이 일어난다.		
(3)	뿌리 맨 바깥의 한 겹의 세포층으로 뿌리를 보호한다.		
(4)	죽은 세포로 구성되어 있어 생장점을 보호해 주는 역할을 한다.		

02 다음은 서로 다른 뿌리의 형태를 나타낸 것이다.

(가)와 (나)의 뿌리에 대한 설명으로 옳은 것은?

① (가)는 원뿌리와 곁뿌리의 구분이 없다.
② (나)는 주로 당근, 봉선화, 민들레에서 관찰할 수 있다.
③ (가)는 주로 강아지풀, 붓꽃, 옥수수 등에서 관찰할 수 있다.
④ (나)는 주로 유기 양분을 흡수하기 위해 발달한 구조이다.
⑤ (가)는 쌍떡잎식물, (나)는 외떡잎식물의 뿌리이다.

03 다음 중 뿌리의 기능으로 옳지 <u>않은</u> 것은?

① 증산 작용 ② 흡수 작용 ③ 호흡 작용
④ 저장 작용 ⑤ 지지 작용

04 다음 그림은 뿌리의 횡단면을 나타낸 것이다.

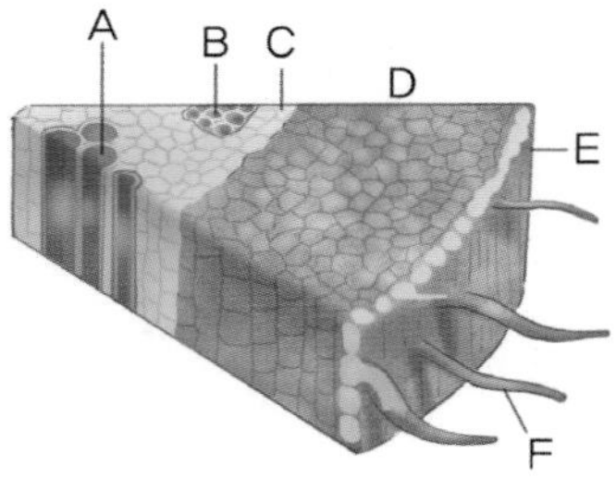

A ~ E에 해당하는 이름을 각각 쓰시오.

05 다음 그림은 뿌리의 구조를 나타낸 것이다. 흙 속의 물이 뿌리로 흡수될 때 세포 내 용액의 농도가 가장 높은 곳에서부터 낮은 곳 순서대로 쓰시오.

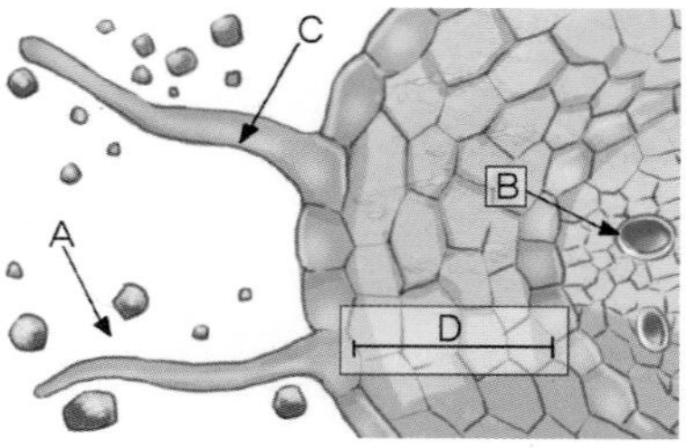

06 다음 중 뿌리에서의 물의 흡수와 이동에 대한 설명으로 옳지 <u>않은</u> 것은?

① 삼투 현상에 의해 물의 이동이 이루어진다.
② 물은 흙에서 뿌리털로 이동하여 흡수된다.
③ 뿌리털 속의 농도가 흙 속의 농도보다 더 높다.
④ 뿌리털에서 흡수된 물은 물관을 통해 잎까지 올라간다.
⑤ 흙에 비료를 많이 줄수록 흙 속의 물이 뿌리로 잘 흡수되어 식물이 더 잘 자랄수 있게 된다.

07 무한이는 다음과 같이 달걀을 식초에 담가 달걀의 속껍질이 드러나게 한 다음 물이 담긴 비커에 넣었다. 오랜 시간이 지난 후 달걀의 모습은 어떻게 변화하였을지 아래 조건을 만족시키며 설명하시오.

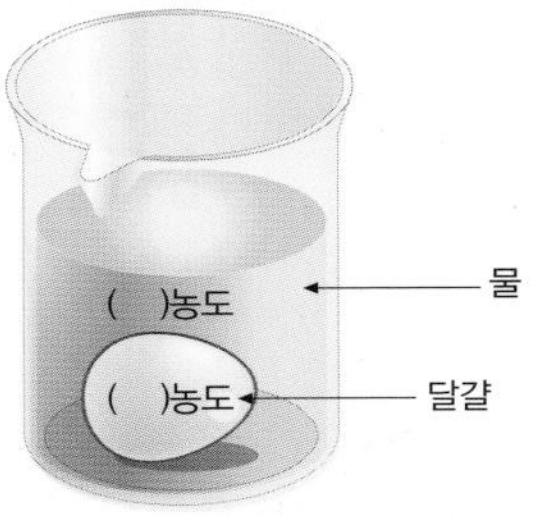

- 물과 달걀 내부의 농도를 비교하시오.
- 이동하는 물질의 이름을 쓰시오.

줄기

08 다음은 줄기의 단면 모습을 나타낸 모식도이다. A ~ E에 해당하는 이름을 쓰고, 〈보기〉에서 설명하는 것을 찾아 기호로 쓰시오.

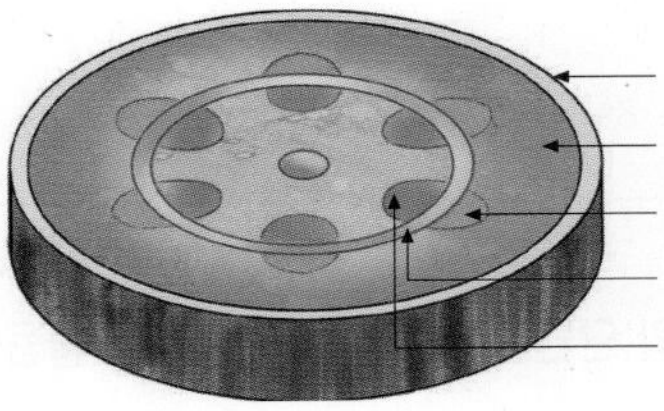

	이름	기호
A	( )	( )
B	( )	( )
C	( )	( )
D	( )	( )
E	( )	( )

보기

ㄱ. 줄기 안쪽에 있는 세포층
ㄴ. 물과 무기 양분의 이동 통로
ㄷ. 세포 분열이 일어나 부피 생장을 함
ㄹ. 줄기 가장 바깥 쪽의 한 겹의 세포층
ㅁ. 살아 있는 세포로 구성되며, 유기 양분의 이동 통로

09 다음 중 줄기의 기능을 있는 대로 고르시오.

① 호흡 작용 ② 증산 작용 ③ 운반 작용
④ 지지 작용 ⑤ 저장 작용 ⑥ 흡수 작용

10 다음 〈보기〉에서 물관과 체관의 특징을 각각 골라 바르게 짝지은 것은?

보기

ㄱ. 주변에 반세포가 둘러싸고 있다.
ㄴ. 살아 있는 세포로 이루어져 있다.
ㄷ. 위아래 세포 사이에 세포벽이 없다.
ㄹ. 잎에서 만들어진 양분이 이동하는 통로이다.
ㅁ. 위아래 세포 사이의 세포벽에 작은 구멍이 많이 뚫려 있다.
ㅂ. 죽은 세포로 이루어져 있으며, 하나의 연속된 관을 형성한다.

	물관	체관
①	ㄱ, ㅂ	ㄴ, ㄷ, ㄹ, ㅁ
②	ㄷ, ㅂ	ㄱ, ㄴ, ㄹ, ㅁ
③	ㄷ, ㅁ	ㄱ, ㄴ, ㄹ, ㅂ
④	ㄱ, ㄷ, ㅁ	ㄴ, ㄹ, ㅂ
⑤	ㄷ, ㅁ, ㅂ	ㄱ, ㄴ, ㄹ

11 다음 중 쌍떡잎식물과 외떡잎식물의 특징을 비교한 것으로 옳지 않은 것은?

		쌍떡잎식물	외떡잎식물
①	관다발 배열	규칙 배열	불규칙 배열
②	잎맥	그물맥	나란히맥
③	형성층 유무	있음	없음
④	부피 생장	없음	있음
⑤	뿌리의 종류	곧은뿌리	수염뿌리
⑥	떡잎	2장	1장

12 식물의 줄기 종류와 줄기가 변한 형태가 바르게 연결된 것은?

① 가시 - 장미, 선인장
② 덩굴손 - 포도, 완두
③ 덩이줄기 - 감자, 고구마
④ 감는줄기 - 양파, 나팔꽃
⑤ 저장줄기 - 선인장, 감자

13~14 **다음 그림은 두 종류 식물의 줄기 구조를 나타낸 것이다. 물음에 답하시오.**

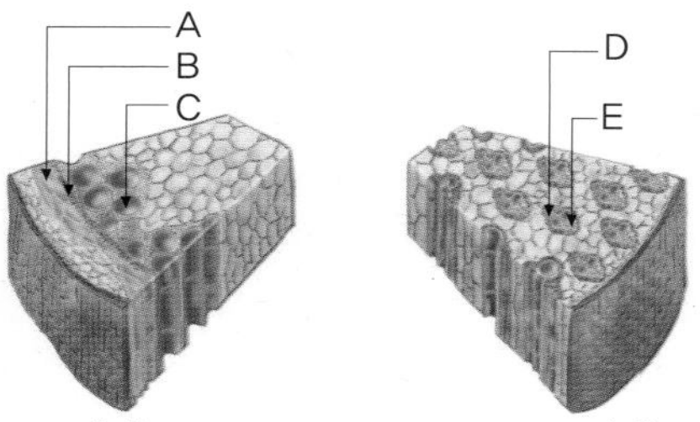

13 **(가), (나)에 대한 설명으로 옳은 것은?**

① (나)는 외떡잎식물의 줄기로 관다발이 없다.
② B는 옥수수, 호박 등의 외떡잎식물에만 있다.
③ (가)와 (나) 모두 부피 생장을 하여 줄기가 굵어진다.
④ A와 E는 뿌리에서 흡수한 물과 양분의 이동 통로이다.
⑤ 오래된 나무에서 볼 수 있는 나이테는 B 때문에 생기는 것이다.

14 **(가)와 (나)의 줄기를 갖는 식물을 바르게 짝지은 것은?**

	(가)	(나)
①	보리	옥수수
②	옥수수	대나무
③	봉선화	해바라기
④	봉선화	옥수수
⑤	민들레	해바라기

15 **식물의 관다발을 형성하는 물관은 매우 가는 관이 여러 개 모여 다발을 형성하고 있다. 다음 중 이와 같은 구조가 갖는 유리한 점으로 옳은 것은?**

① 줄기를 굵게 자라게 한다.
② 유기 양분의 이동을 쉽게 해준다.
③ 모세관 현상에 의해 물을 상승시키기 쉽다.
④ 형성층의 세포 분열이 왕성하게 일어나게 한다.
⑤ 물관 내 용액의 농도를 높여 삼투 현상이 잘 일어나게 한다.

16 **다음 그림과 같은 사과가 열려있는 사과나무를 환상 박피하고 오랜 시간이 지난 후 관찰하였을 때 옳은 현상을 있는 대로 고르시오.**

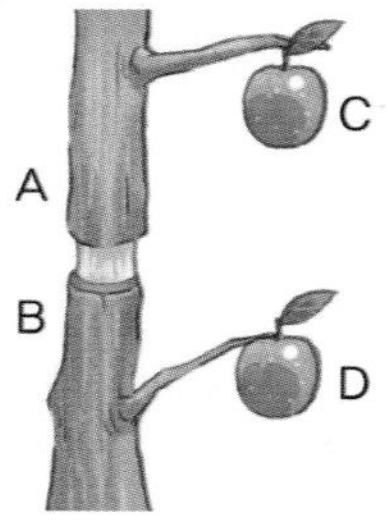

① A 부분이 부풀어 오른다.
② B 부분이 부풀어 오른다.
③ A와 B 부분 모두 부풀어 오른다.
④ 열매의 크기는 C가 D보다 커진다.
⑤ 물의 이동은 정지되지만, 양분의 이동은 계속 이루어지기 때문에 사과나무는 시간이 지나도 살아 있다.

잎

17 **다음 〈보기〉 중 식물의 잎에서 일어나는 작용에 해당하는 것만을 있는 대로 고르시오.**

보기

ㄱ. 광합성　ㄴ. 흡수 작용　ㄷ. 증산 작용
ㄹ. 지지 작용　ㅁ. 호흡 작용　ㅂ. 저장 작용

18~19 **다음은 잎의 단면을 나타낸 모식도이다. 물음에 답하시오.**

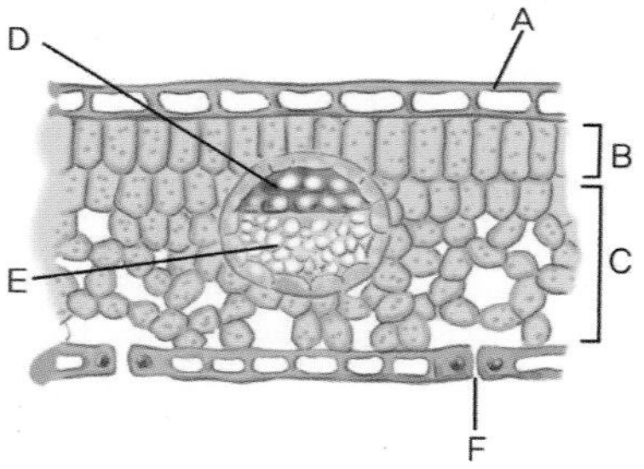

18 **A ~ F에 대한 설명으로 옳지 않은 것은?**

① A 는 표피 세포로, 한 층으로 되어 있으며 잎의 앞면과 뒷면에 있고, 엽록체가 없다.
② B 에는 엽록체가 많아 광합성이 활발하게 일어난다.
③ C 는 엉성하게 배열되어 있는 구조로 인하여 기체가 이동하기에 유리하다.
④ D 는 줄기의 체관과 연결되어 있다.
⑤ E 는 유기 양분이 이동하는 통로이다.

정답 및 해설 17쪽

19 다음 그림은 잎의 잎맥에 따른 잎의 종류를 나타낸 것이다. A ~ E 중 잎맥과 관계있는 구조를 모두 고른 것은?

① A, B　② A, F　③ B, C
④ D, E　⑤ C, D, E

증산 작용

20 다음은 증산 작용에 대한 설명으로 옳지 않은 것은?

① 체온을 조절해 준다.
② 체내 수분량을 조절한다.
③ 무기 양분을 농축시킨다.
④ 광합성이 효율적으로 일어날 수 있도록 도와준다.
⑤ 식물체 내의 물이 수증기 형태로 기공을 통해 빠져나가는 것이다.

21 다음은 증산 작용이 활발하게 일어나는 조건을 나타낸 것이다. 빈칸을 채우시오.

조건	햇빛	온도	바람	체내 수분량	습도
기공 열림	강할 때				

22~23 다음은 잎 뒷면의 표피를 현미경으로 관찰한 모식도이다. 물음에 답하시오.

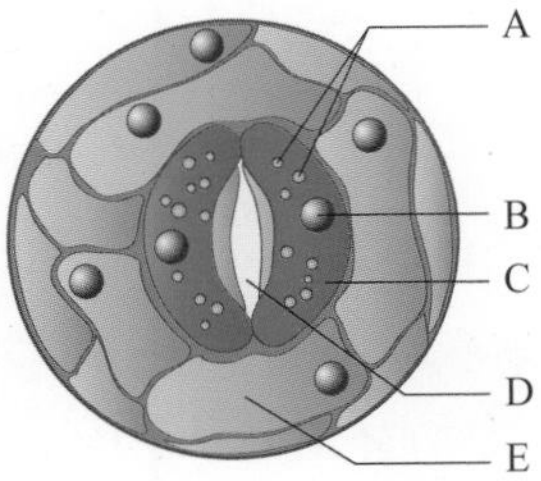

22 A ~ E에 대한 설명으로 옳지 않은 것은?

① D는 기체가 드나드는 통로이다.
② D는 주로 낮에 열리고 밤에 닫힌다.
③ C는 공변세포로 D의 개폐를 조절한다.
④ A는 엽록체로 빛을 이용하여 광합성을 한다.
⑤ 낮에는 C 내의 농도가 주변 세포에 비해 낮다.

23 낮에 물의 이동 경로와 그 결과 기공의 개폐 상태를 바르게 나타낸 것은?

	물의 이동 경로	기공의 개폐
①	C → E	닫힘
②	E → C	닫힘
③	C → E	열림
④	E → C	열림
⑤	D → E	열림

24~25 무한이는 다음 그림과 같이 실험 장치를 한 후 햇빛이 잘 드는 곳에 두었다. 물음에 답하시오.

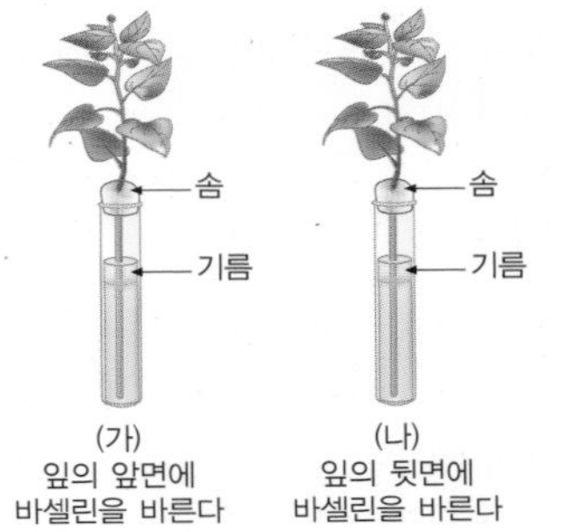

24 실험 결과 (가), (나) 중 물이 더 많이 줄어든 시험관은 어느 것인가?

25 위 실험 결과를 통해 알 수 있는 사실로 옳은 것은?

① 기공은 잎의 앞면보다 뒷면에 더 많다.
② 증산 작용은 습도가 낮을 때 더 잘 일어난다.
③ 잎의 표피 세포는 증산 작용이 일어나는 곳이다.
④ 식물체 내의 수분량에 따라 증산 작용이 달라진다.
⑤ 빛의 세기가 강할수록 공변세포의 팽압이 높아진다.

식물체 내에서 물 상승의 원동력

26 식물체 내의 물이 상승하는 데 영향을 주는 요인을 있는 대로 고르시오.

① 뿌리압　② 증산 작용　③ 광합성
④ 모세관 현상　⑤ 물의 응집력

개념 심화 문제

01 식물은 하나의 세포 또는 조직으로부터 완전한 식물체로 성장하는 능력을 가지고 있다. 따라서 이를 이용하여 식물체를 증식시키는 조직 배양이 가능하다. 다음 중 어느 조직을 이용하면 조직 배양을 가장 잘 할 수 있을까?

① 배추 잎의 표피 조직
② 당근 뿌리의 피층 내부 조직
③ 고구마 줄기의 물관 안쪽 조직
④ 당근 뿌리의 물관 또는 체관 조직
⑤ 고구마 줄기의 표피와 체관 사이의 조직

02 다음 그림은 잎의 단면 모습을 나타낸 것이다. 각 조직의 형태와 기능에 대해 옳은 것을 있는 대로 고르시오.

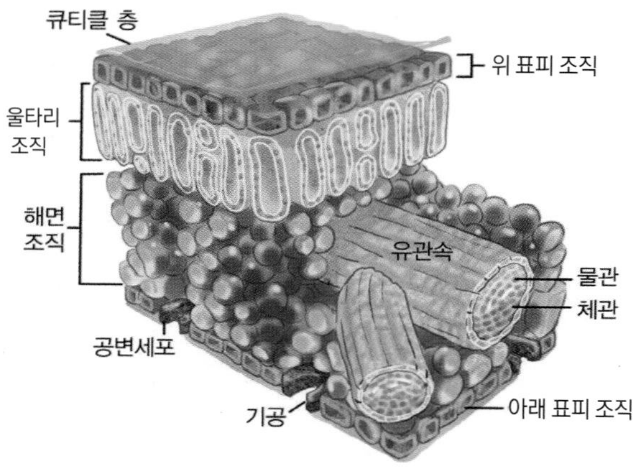

① 표피 세포에 존재하는 엽록체는 빛을 흡수하여 광합성을 한다.
② 물 위에 떠서 사는 식물인 연꽃의 기공은 잎의 뒷면보다 앞에 많이 존재한다.
③ 해면 조직은 엉성하게 배열되어 있어 공기가 내부에서 이동하기 위한 통로 역할을 한다.
④ 표피 세포는 상해나 수분 손실로부터 잎을 보호하기 위해 바깥쪽 세포벽이 안쪽보다 두껍다.
⑤ 큐티클 층은 식물체 표면을 보호하기 위해 분비되는 물질로 육상 식물보다 수중 식물에서 더 잘 발달되어 있다.
⑥ 표피 세포는 투명하여 들어온 빛을 투과시켜 울타리 조직(책상 조직)과 해면 조직에 도달하게 하여 광합성의 효율을 증가시킨다.

개념 돋보기

태양의 빛 에너지를 받아들이는 수용기

엽록체 안의 틸라코이드 막에는 광계(빛 에너지를 흡수하는 단위체)가 파묻혀 있다. 이 광계에는 200 ~ 300개의 여러 보조 색소들이 빛 에너지를 흡수하여 중심 색소인 엽록소 a로 전달한다.
엽록소 a는 빛 에너지를 흡수하여 고에너지의 전자를 방출하고 이 전자는 전자전달계를 이동하면서 화학 에너지(ATP, $NADPH_2$)로 전환된다.

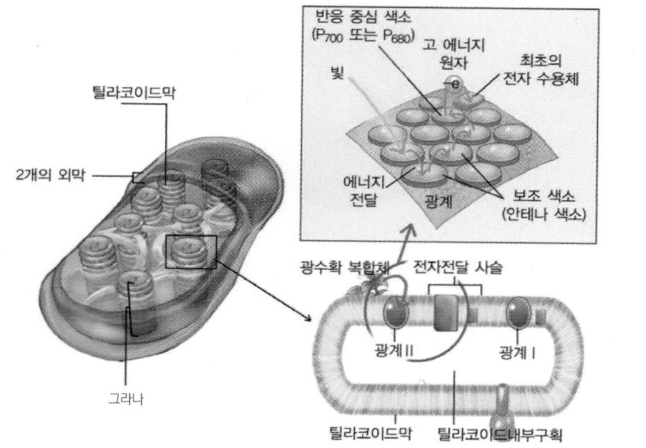

정답 및 해설 19쪽

03 **무한이는 아래 부분을 셀로판지로 막은 유리관에 진한 설탕물을 넣은 후 증류수에 담가 두고 유리관의 높이 변화를 관찰하였다. 물음에 답하시오.**

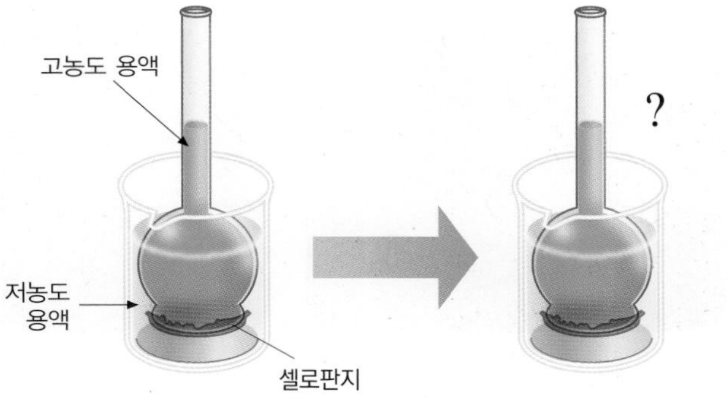

(1) 시간이 지난 후 물 높이의 변화로 예상되는 것만을 〈보기〉에서 있는 대로 고르시오.

보기				
ㄱ. 내려간다.	ㄴ. 올라간다.	ㄷ. 변화없다.	ㄹ. 올라갔다 내려온다.	ㅁ. 내려갔다 올라온다.

(2) 위 실험을 식물의 뿌리와 비교할 때 유리관과 증류수가 의미하는 것을 각각 쓰시오.

(3) 이 실험과 관련 있는 현상으로 옳은 것을 있는 대로 고르시오.

① 겨울에 눈이 오면 도로에 소금을 뿌린다.
② 배추를 절일 때 소금을 뿌리면 숨이 죽는다.
③ 땅속의 물은 뿌리털을 거쳐 물관까지 흡수된다.
④ 식물의 뿌리에 필요 이상의 비료를 주면 말라 죽는다.
⑤ 낮에 공변세포 안의 엽록체가 광합성을 하여 포도당을 생성하고 결국 기공이 열리게 된다.

04 **다음 그림은 큰 수조에 움직일 수 있는(신축성 있는) 반투과성 막을 설치한 뒤 양쪽에 농도가 다른 설탕 용액을 넣은 후의 변화를 관찰한 것이다.**

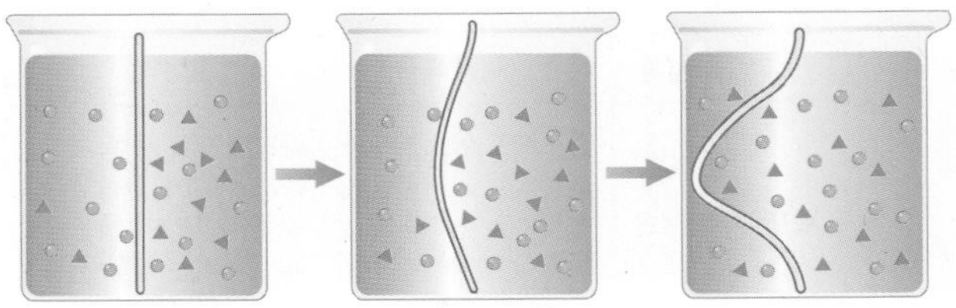

위 실험에 대한 설명으로 옳지 않은 것은?

① 삼투 현상을 설명하기 위한 실험이다.
② ●는 물에 녹은 설탕 분자를 나타낸 것이다.
③ 수조의 왼쪽이 저농도이고, 오른쪽이 고농도이다.
④ 용액의 농도 차이가 심할수록 작용은 더 활발하게 일어난다.
⑤ 움직일 수 없는 반투과성 막을 이용했다면 오른쪽 용액의 높이가 올라갈 것이다.

05 어떤 용액과 비교했을 때 삼투압(삼투 현상으로 인하여 반투과성 막이 받는 압력)이 같거나, 높거나, 낮은(농도가 같거나, 크거나, 작다) 용액을 각각 등장액, 고장액, 저장액이라고 한다. 다음 (가)와 (나)는 양파 세포를 세포액과 농도가 다른 용액에 넣었을 때 변화된 모습을 광학현미경으로 관찰한 것이다. 물음에 답하시오.

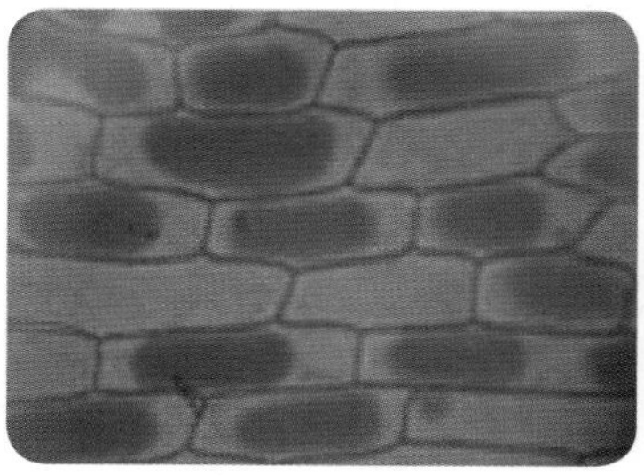

(가)

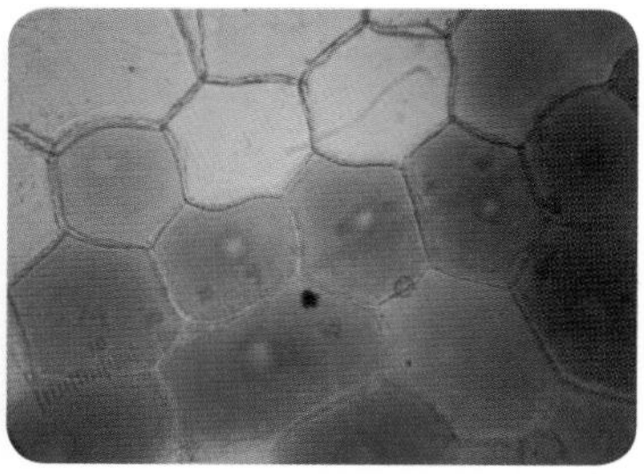

(나)

(1) (가), (나)는 각각 어떤 용액에 넣었을 때 변화된 모습인지, 그 이유를 들어 다음 표의 빈칸을 채우시오.

구분	(가)	(나)
용액		
이유		

(2) 다음 설명 중 옳은 것은 ○표, 틀린 것은 ×표 하시오.

① 식물 세포가 부피가 팽창해도 터지지 않는 것은 세포벽 때문이다. ( )
② 적혈구를 증류수에 넣으면 삼투 현상에 의해 용혈 현상이 일어난다. ( )
③ 식물 세포를 고장액에 넣으면 삼투 현상에 의해 물이 빠져나가 세포막이 터진다. ( )
④ 용혈 현상이 일어난 적혈구를 다시 고장액에 넣으면 원래의 적혈구 모양으로 회복된다. ( )
⑤ 원형질 분리가 일어난 식물 세포를 저장액에 넣으면 세포의 부피가 원래의 상태로 되돌아 간다. ( )

개념 돋보기

식물, 동물 세포의 삼투 현상

	등장액	저장액	고장액
식물 세포	변화없음	물이 세포 안으로 들어와 부피가 커지지만 세포벽이 있어 터지지 않고 최대 팽창한 상태인 팽윤 상태가 됨	세포 밖으로 물이 빠져나가 부피가 줄어들다 결국 세포막이 세포벽과 분리되는 원형질 분리가 일어남
동물 세포	변화없음	물이 적혈구 안으로 들어와 팽창하다 세포막이 터지는 용혈 현상이 일어남	적혈구 속의 물이 빠져나가 수축함

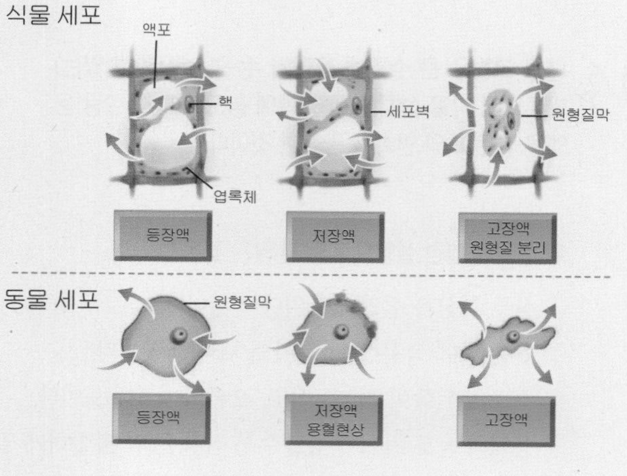

06

(가) 그래프는 하룻 동안의 식물의 증산량을 나타낸 것이다. 상상이는 그림 (나)와 같이 일정한 시간 간격으로 봉선화의 잎에 염화코발트 종이를 잎의 앞면과 뒷면에 붙이고 슬라이드로 고정시켜 색깔 변화를 관찰하였다.

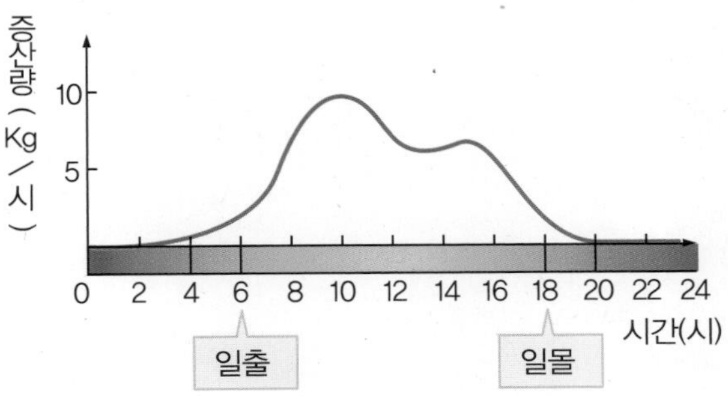

(가)

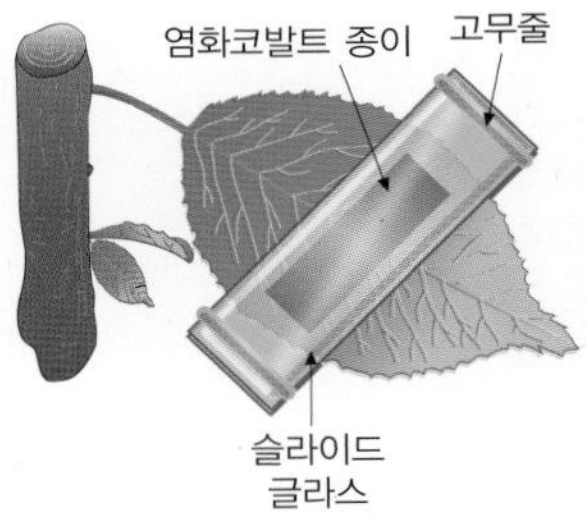

(나)

염화코발트 종이의 색깔 변화가 가장 빨리 일어나는 시간을 쓰고, 알맞은 조건을 고르시오.

(1) 색깔 변화가 가장 빨리 일어나는 시간	( )시
(2) 색깔 변화가 가장 빨리 일어나는 곳	(잎의 앞면 , 잎의 뒷면)
(3) 날씨	(맑은 날 , 흐린 날)
(4) 바람	(부는 날 , 불지 않는 날)

07

다음 표는 어떤 식물의 잎과 줄기에서 하루 동안에 검출되는 녹말과 포도당의 양을 조사한 결과이다. 물음에 답하시오.

시각	잎		줄기	
	녹말	포도당	녹말	포도당
오전 8시	+	-	-	+
오전 12시	+ + +	+	-	+ +
오후 2시	+ +	+	-	+ +
오후 6시	-	+ +	-	+ + +

(- : 없음, + : 조금 있음, + + : 많이 있음, + + + : 아주 많이 있음)

(1) 위 표를 보고 알 수 있는 사실로 옳은 것은?

① 광합성에 의해 만들어진 녹말은 모두 잎에서 소비된다.
② 해가 지면 잎에서는 영양분을 포도당 형태로 저장한다.
③ 줄기에 있던 녹말은 모두 잎으로 이동하여 검출되지 않는다.
④ 잎에 저장되었던 녹말이 포도당으로 분해되어 줄기를 통해 이동한다.
⑤ 잎에서 생성된 포도당은 녹말 형태로, 줄기에서 생성된 포도당은 포도당 형태로 저장된다.

(2) 하루 종일 잎에 아이오딘 - 아이오딘화칼륨 용액 반응을 시켜 보았을 때 반응을 나타내는 식물을 있는 대로 고르시오.

① 감자　② 양파　③ 붓꽃　④ 사탕수수　⑤ 민들레

사막 지역 식물 선인장

- 선인장의 잎은 가시로 변형되어 낮에 기공을 통해 뺏기는 수분을 최소한으로 줄인다. → 주로 밤에 기공을 열어 광합성에 필요한 이산화 탄소를 미리 체내에 축적해 놓는다.
- 선인장은 줄기에 엽록체가 있어서 줄기에서 주로 광합성이 일어난다.

수정란풀

수정란풀과 같이 엽록체가 없는 식물은 스스로 양분을 합성하지 못하므로 다른 식물에 기생해서 살아간다.

❶ 광합성 색소

구분	엽록소	카로티노이드
기능	대표적인 광합성 색소로 빛 흡수	엽록소가 잘 흡수하지 못하는 파장의 빛을 흡수하여 엽록소로 전달해 주는 보조 색소
종류	엽록소 a, b, c, d	카로틴(적황색), 크산토필(담황색)

광합성에 필요한 빛

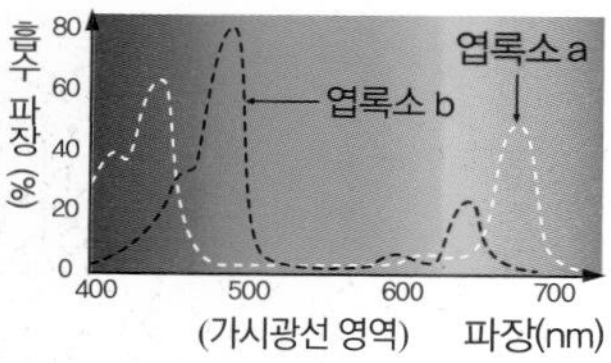

빛은 파장에 따라 자외선, 적외선, 가시광선 등으로 구분한다. 엽록체에 있는 엽록소 a, b가 광합성에 이용하는 빛은 가시광선으로 주로 빨간색 빛과 푸른색의 빛을 흡수한다.

미니사전

포도당 단당류로 탄수화물을 구성하는 기본 단위

엽록소 엽록체 안에 들어 있는 녹색 색소

ATP 에너지가 저장된 형태(생명체는 ATP 형태로 에너지를 이용한다.)

$NADPH_2$ 광합성에 작용하는 조효소

캘빈 회로 포도당이 생성되는 과정

6. 광합성

(1) 광합성 식물 세포의 엽록체에서 빛에너지를 이용하여 물과 이산화 탄소를 재료로 포도당을 생산하고 부산물로 산소가 발생하는 과정이다.

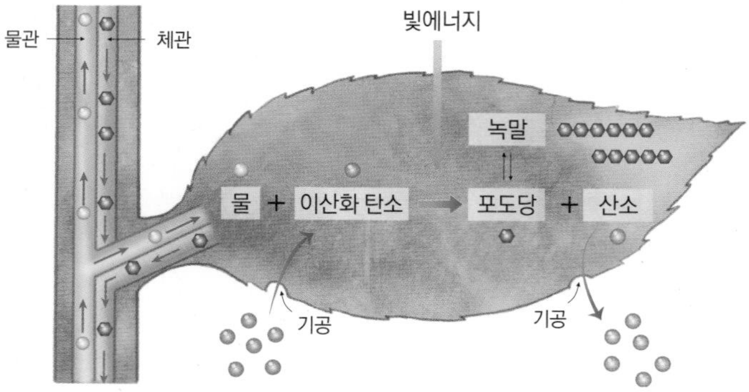

- 물 : 뿌리에서 흡수된 물이 물관을 따라 잎으로 이동
- 이산화 탄소 : 잎의 기공을 통해 흡수

➡

- 포도당 : 광합성 결과 만들어지는 유기물로 대부분 녹말로 바꾸어 저장됨
- 산소 : 호흡에 이용하고 나머지는 기공을 통해 방출

$$\begin{array}{ccccccccc} & & & & \text{빛에너지} & & & & \\ \text{물} & + & \text{이산화 탄소} & & \longrightarrow & \text{포도당} & + & \text{산소} & + & \text{물} \\ 12H_2O & & 6CO_2 & & & C_6H_{12}O_6 & & 6O_2 & & 6H_2O \end{array}$$

- 물: 뿌리에서 흡수된 물이 물관을 따라 잎으로 이동
- 이산화 탄소: 잎의 기공을 통해 흡수
- 포도당: 광합성 최초로 만들어지는 유기물로 대부분 식물은 녹말로 바꾸어 저장함
- 산소: 일부는 자신의 호흡에 이용, 나머지는 기공을 통해 방출

(2) 광합성이 일어나는 장소 식물의 잎 속에 있는 엽록체에서 일어난다. 엽록체는 식물 세포 안에 들어 있는 녹색의 알갱이로, 그 속에는 빛에너지를 흡수하는 엽록소라는 초록색 색소가 들어 있다.

① **엽록체** : 외막과 내막의 2중막 구조이며, 내막 안쪽에 그라나와 스트로마가 있다.

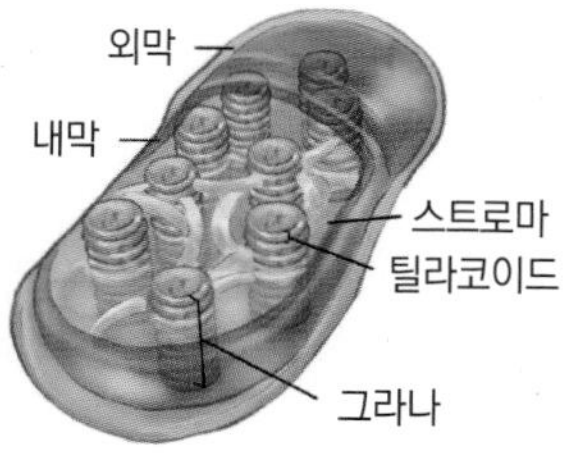

구분	그라나	스트로마
포함 물질	광합성 색소❶(엽록소, 카로틴, 크산토필)	DNA, RNA, 리보솜, 효소
기능	빛에너지를 흡수하여 화학 에너지로 전환	CO_2를 포도당으로 합성

② **광합성 과정**

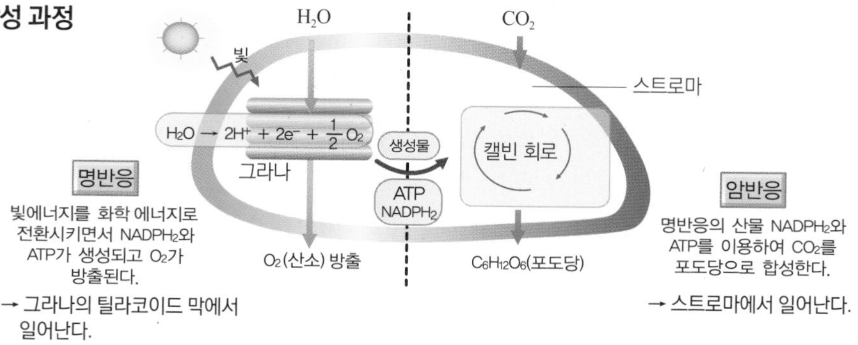

정답 p 21

Q8 광합성에 필요한 물질과 생성되는 물질은 각각 무엇인가?

(3) 포도당의 이동 및 저장 주로 밤에 이동하며, 체관을 통해 이동한다.

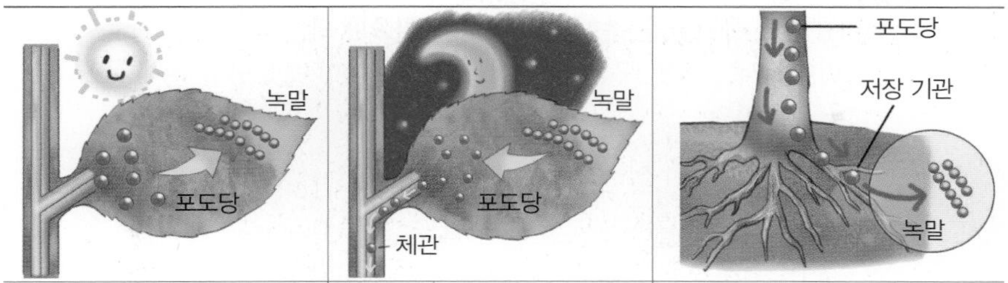

낮에 광합성 결과로 생성된 포도당은 녹말 형태로 잠시 잎에 저장된다.	밤이 되면 잎에 저장된 녹말이 포도당으로 바뀌어 체관을 통해 이동한다.	저장기관(뿌리, 줄기, 잎)으로 이동한 포도당은 다양한 형태로 바뀌어 오랫동안 저장된다.

→ 녹말이 포도당으로 바뀌어 이동하는 이유 : 분자량이 크고 물에 녹지 않는 녹말의 형태보다 분자량이 작고 물에 잘 녹는 포도당의 형태가 운반에 더 유리하기 때문이다.

(4) 광합성 산물의 이용

① 식물의 몸을 구성하는 성분으로 사용된다.
② 생장에 필요한 에너지원으로 이용한다.
③ 저장기관(뿌리, 줄기, 잎)에 다양한 형태로 저장한다.

(5) 광합성의 의의

① 무기물(물, 이산화 탄소)로부터 유기물(포도당)을 생성한다.
② 생물의 호흡에 필요한 산소를 생성한다.
③ 생물이 직접 이용할 수 없는 빛에너지를 포도당과 같은 화학 에너지로 전환함으로써 생물이 이용할 수 있는 에너지로 저장한다.

(6) 광합성에 영향을 미치는 환경요인 광합성은 빛의 세기, 이산화 탄소의 농도, 온도의 영향을 받는다.

빛의 세기	이산화 탄소의 농도	온도
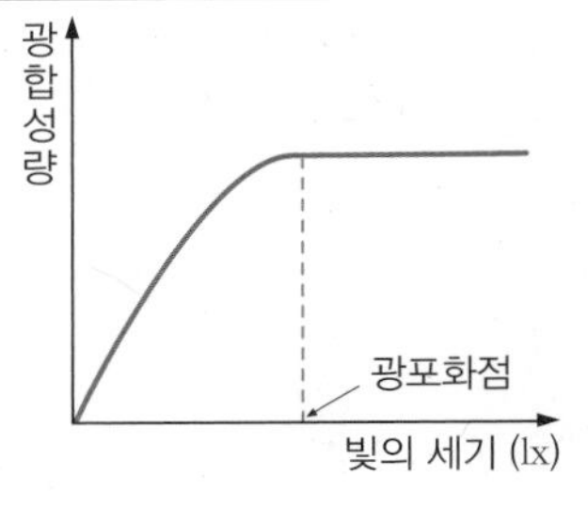	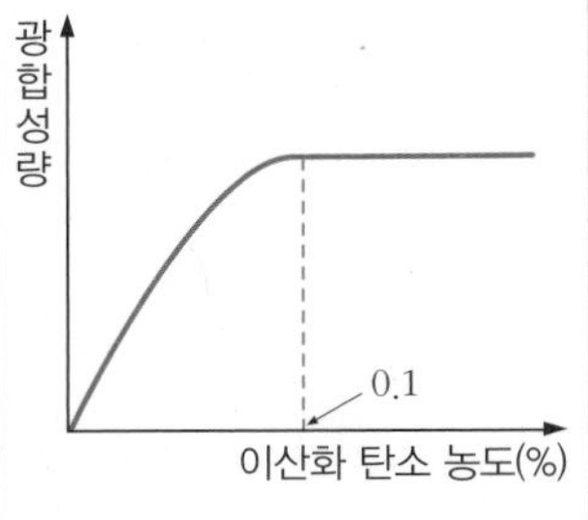	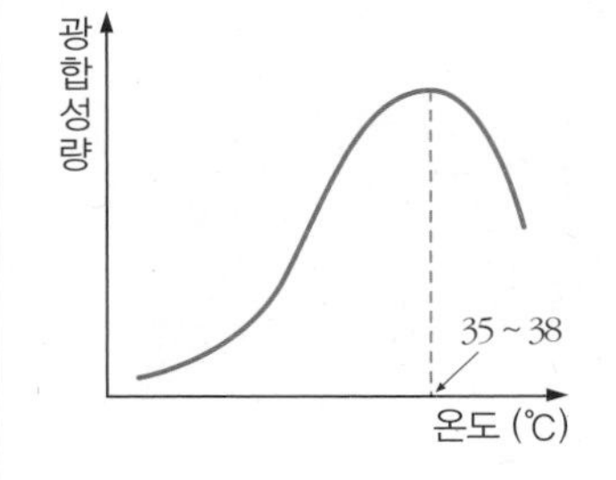
(이산화 탄소의 농도와 온도가 일정할 때)	(빛의 세기와 온도가 일정할 때)	(빛의 세기와 이산화 탄소의 농도가 일정할 때)
빛의 세기가 강할수록 광합성량이 어느 정도까지 증가하다가 더 이상 증가하지 않는다.	이산화 탄소의 농도가 증가할수록 광합성량이 어느 정도까지 증가하다가 더 이상 증가하지 않는다.	온도가 높을수록 광합성량이 증가하지만 약 40℃ 이상이 되면 광합성량이 급격히 감소한다.

정답 p 21

Q9 광합성에 영향을 주는 환경요인 세 가지를 쓰시오.

양분의 저장 형태

- 탄수화물 : 포도당(양파, 포도), 설탕(사탕무, 사탕수수), 녹말(벼, 보리, 감자, 고구마)
- 단백질 : 콩, 땅콩, 밀 등
- 지방 : 콩, 땅콩, 깨, 야자 등

광합성 결과 양분 확인 방법

잎에 아이오딘-아이오딘화칼륨 용액을 떨어뜨리면 광합성으로 생성된 녹말에 의해 청남색으로 변하는 것을 확인할 수 있다.

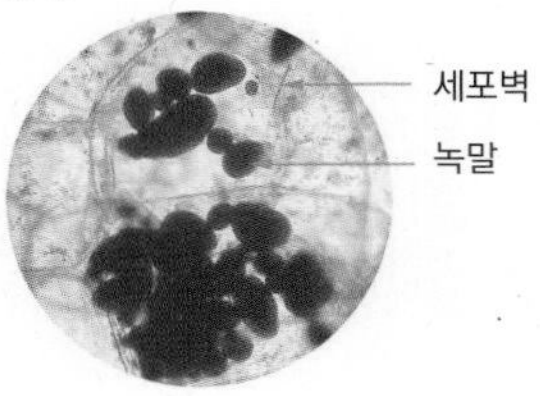

수생 식물의 광합성

수생 식물도 물속으로 들어오는 빛 에너지를 이용하여 광합성을 한다. 그 결과 발생되는 산소는 잎 주변의 기포를 통해 확인할 수 있다.

식물이 녹색인 이유

엽록소는 녹색 빛을 광합성에 사용하지 않고 반사시킨다. 이 녹색 빛이 우리 눈에 들어와서 식물이 녹색으로 보인다.

가을에 단풍이 드는 이유

가을이 되면 온도에 민감한 녹색을 나타내는 엽록소가 파괴되어, 카로티노이드의 색깔이 드러나기 때문이다.

7. 식물의 호흡

(1) 호흡 산소를 이용하여 유기물을 분해해서 생활에 필요한 에너지를 얻는 작용이다. → 모든 세포의 미토콘드리아에서는 밤낮 구분 없이 산소를 이용하여 포도당을 분해함으로써 에너지를 얻는다.

포도당	+	산소	+	물	⟶	물	+	이산화 탄소	+	에너지
$C_6H_{12}O_6$		$6O_2$		$6H_2O$		$12H_2O$		$6CO_2$		

- 포도당: 광합성을 통해 공급
- 산소: 광합성 결과 생성된 산소를 이용하거나 잎의 기공을 통해 흡수

(2) 호흡이 일어나는 시간과 장소

호흡이 일어나는 시간	낮과 밤 (항상)
호흡이 활발한 시간	• 싹이 틀 때 • 꽃이 필 때 • 식물이 생장할 때
에너지가 생성되는 장소	모든 세포 (세포 내 미토콘드리아)
기체 교환이 일어나는 장소	• 잎 : 기공 • 줄기 : 피목 • 뿌리 : 뿌리털, 표피

정답 p 21

Q10 식물의 호흡이 일어나는 시간과 장소를 각각 쓰시오.

8. 빛의 세기에 따른 기체 교환

(1) 하루 동안 식물의 기체 교환

낮	아침 · 저녁	밤
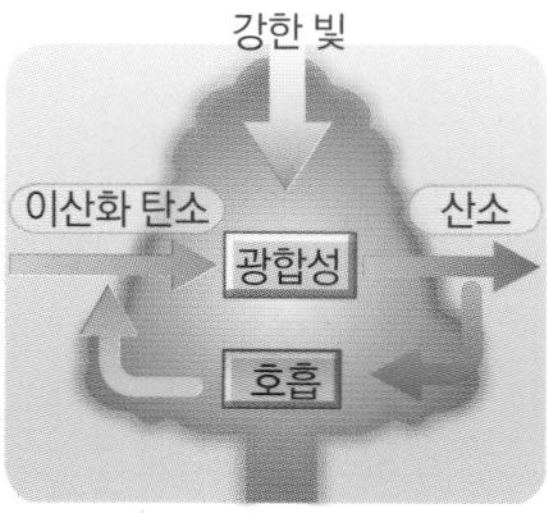	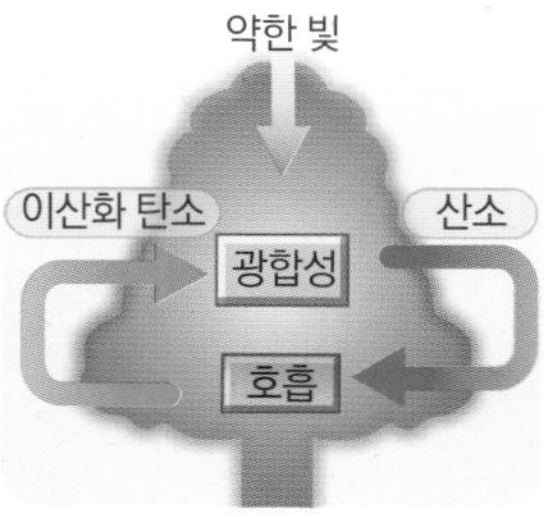	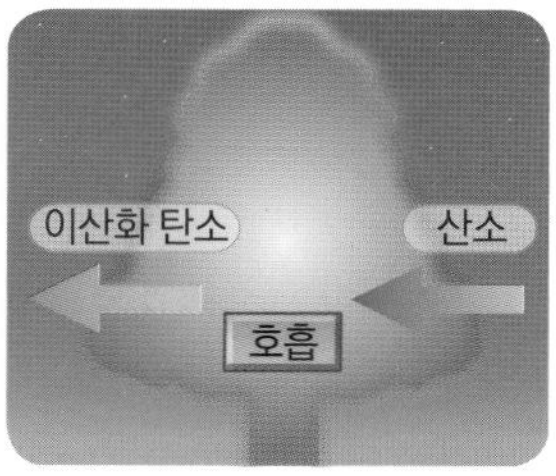
광합성량 > 호흡량	광합성량 = 호흡량 (외관상 기체의 출입이 없음)	광합성량 < 호흡량 (호흡만 일어남)
광합성량이 호흡량보다 많아 이산화 탄소를 흡수하고 산소를 방출한다.	광합성 결과로 발생된 산소는 모두 호흡에 이용되고, 호흡의 결과로 생성된 이산화 탄소는 모두 광합성에 이용된다.	호흡만 일어나기 때문에 잎의 기공을 통해 산소를 흡수하고 이산화 탄소를 방출한다.

식충식물

식충식물 또한 엽록체를 가지고 있어 광합성을 하지만, 척박한 환경에서 살아가기 때문에 광합성으로 얻는 에너지는 극히 미비하여 곤충을 잡아먹어 부족한 영양소와 에너지를 보충한다.

▲ 끈끈이주걱

(2) 빛의 세기에 따른 광합성량과 호흡량

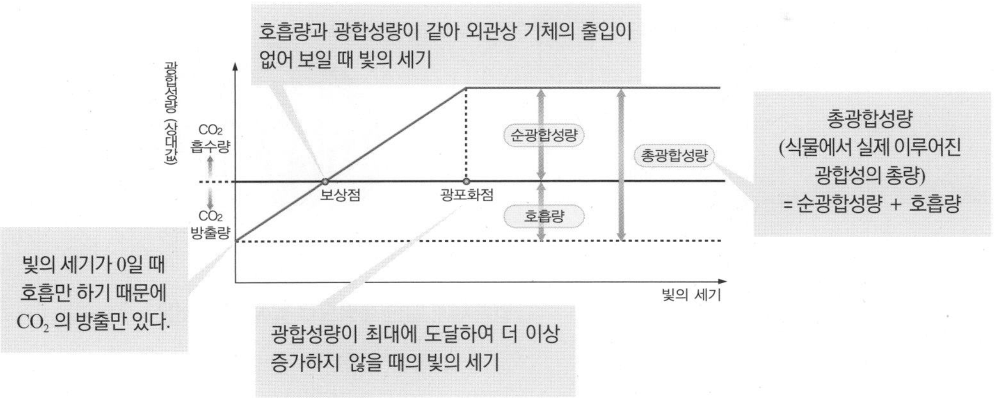

빛의 세기	총광합성량과 호흡량 비교	기체 출입	식물의 생장
0	호흡	CO_2 방출	죽는다
보상점 미만	총광합성량 < 호흡량	CO_2 방출, O_2 흡수	죽는다
보상점	총광합성량 = 호흡량	없음	생장 정지
보상점 이상	총광합성량 > 호흡량	CO_2 흡수, O_2 방출	생장

정답 p 21

Q11 보상점 미만의 빛을 비추었을 때 식물에는 어떤 변화가 일어나는가?

고랭지 농업

식물의 호흡량이 줄어들수록 식물의 생산량이 증가하는데, 고지대에서는 낮에는 기온이 높아 광합성이 활발히 일어나는 반면, 밤에는 기온이 평지보다 낮아 식물의 호흡량이 크게 줄어들기 때문에 고랭지 작물의 생산량이 증가한다.

음지식물

- 특징 : 일반적으로 잎이 넓고 얇으며 잎의 수가 적다.
- 보상점이 낮아 약한 빛에서도 광합성을 하여 살아갈 수 있다. 강한 빛에서는 오히려 광합성 효율이 떨어지게 된다.

▲ 스킨답서스

9. 광합성과 호흡 비교

구분	광합성	호흡
일어나는 장소	엽록체	모든 세포(미토콘드리아)
일어나는 시간	낮 (빛이 있을 때)	낮과 밤 (항상)
기체의 출입	CO_2 흡수, O_2 방출	CO_2 방출, O_2 흡수
물질의 변화	무기물 → 유기물 (양분 합성)	유기물 → 무기물 (양분 분해)
에너지 관계	에너지 저장(흡수)	에너지 방출

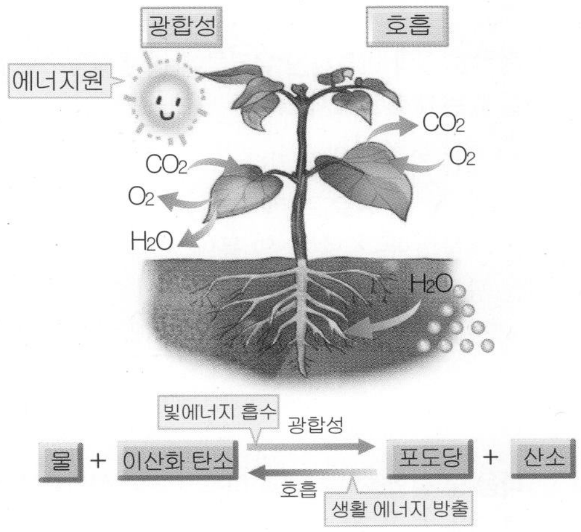

광합성 (빛에너지 흡수)

물 + 이산화 탄소 ⇄ 포도당 + 산소 + 물

호흡 (생활 에너지 방출)

미니사전

방출 비축하거나 생성된 물질을 내놓는 현상

무기물 생명을 지니지 않은 물질을 통틀어 이르는 말

광합성

27~28 다음은 광합성을 나타낸 모식도이다. 물음에 답하시오.

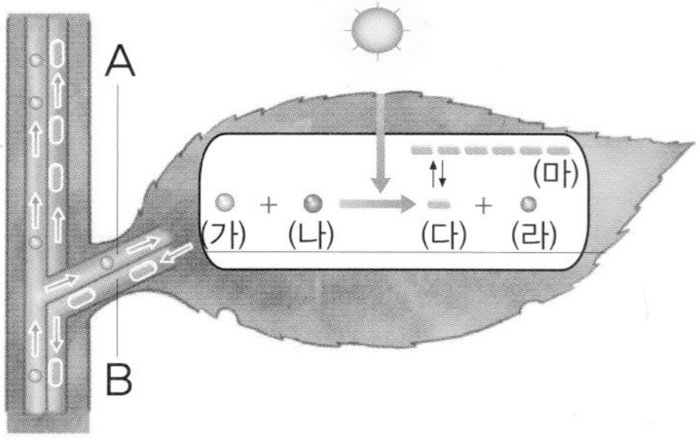

27 (가) ~ (마)에 해당하는 물질을 각각 쓰시오.

28 위 모식도에 대한 설명으로 옳은 것을 있는 대로 고르시오.

① 광합성의 최초 산물은 (다)이다.
② (나)와 (라)는 B를 통해 이동한다.
③ (다)와 (마)는 식물의 생활에 필요한 에너지원이다.
④ 뿌리털을 통해 흡수된 물은 A를 통해 잎까지 전달된다.
⑤ 광합성으로 만들어진 양분은 식물체 내를 이동할 때 (마) 형태로 이동한다.

29 광합성 결과 만들어진 유기물에 대한 설명으로 옳은 것을 있는 대로 고르시오.

① 호흡 작용에 이용된다.
② 광합성의 원료로 다시 이용된다.
③ 식물의 뿌리, 줄기, 잎 등에 저장된다.
④ 광합성 산물인 포도당 형태로만 저장된다.
⑤ 생활에 필요한 에너지를 내는데 이용된다.

30 다음 중 광합성의 산물과 이동에 대한 설명으로 옳은 것은 ○표, 틀린 것은 ×표 하시오.

(1) 광합성 결과 최초의 산물은 녹말이다. (　　)
(2) 광합성 산물은 체관을 따라 이동한다. (　　)
(3) 광합성 산물은 이동 시 포도당의 형태로 전환된다. (　　)
(4) 광합성 산물은 탄수화물, 단백질, 지방의 형태로 저장된다. (　　)

31 다음은 엽록체의 구조를 나타낸 것이다.

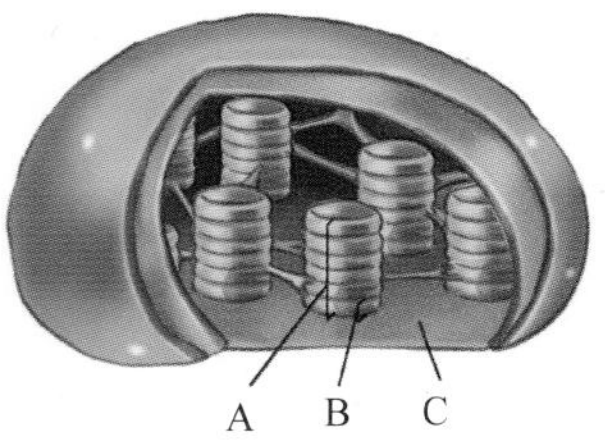

엽록체에 대한 설명으로 옳지 않은 것은?

① 광합성이 일어나는 장소로 외막과 내막의 2중막 구조로 이루어져 있다.
② A는 틸라코이드가 차곡차곡 겹쳐진 구조물이다.
③ A에는 엽록소를 포함한 각종 색소가 들어 있다.
④ C에서 빛에너지를 흡수하여 화학 에너지로 전환시키는 반응이 일어난다.
⑤ C에는 DNA, RNA, 리보솜 등이 들어 있다.

32~33 광합성은 두 단계를 거쳐서 일어난다. 첫 번째는 명반응이고 두 번째는 암반응이다. 명반응은 물과 빛을 이용해 포도당을 만들기 위해 필요한 고에너지를 얻는 과정이다. 암반응은 명반응에서 얻은 고에너지를 사용해 CO_2를 포도당으로 전환시킨다.

32 광합성의 명반응에 대한 설명으로 옳지 않은 것은?

① 명반응에서는 CO_2가 흡수된다.
② 명반응에서는 ATP가 합성된다.
③ 명반응은 빛이 있을 때에만 진행된다.
④ 명반응은 엽록체의 그라나에서 일어난다.
⑤ 명반응에서는 물의 분해가 일어나게 되고 그 결과 산소가 방출된다.

33 광합성의 암반응에 대한 설명으로 옳지 않은 것은?

① 암반응에서 CO_2가 흡수된다.
② 암반응에서는 포도당이 합성된다.
③ 암반응은 빛이 없을 때에만 진행된다.
④ 암반응은 엽록체의 스트로마에서 일어난다.
⑤ 암반응에서는 명반응의 결과로 생성된 ATP와 $NADPH_2$를 이용한다.

정답 및 해설 21쪽

34 상상이는 엽록체의 막을 파괴하여 다음 그림의 A와 B를 분리시킨 후 몇 가지 조건을 달리하여 실험을 하였다.

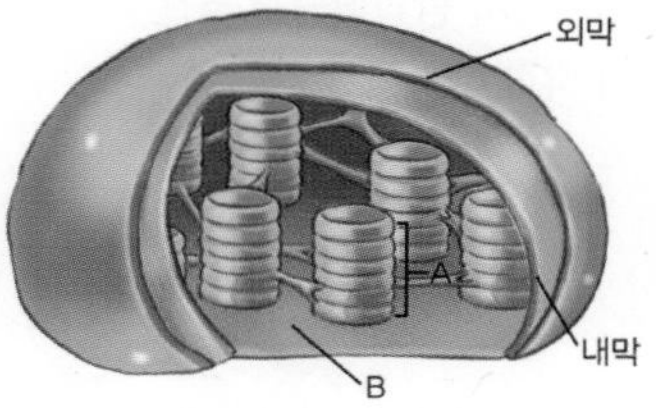

CO_2를 가장 많이 흡수할 것으로 예측되는 실험 조건으로 옳은 것은?

① B를 바로 암실에 넣어둔다.
② A와 B를 바로 함께 암실에 넣어둔다.
③ A에 1시간 동안 빛을 비춘 후 암실에 넣어둔다.
④ A에 1시간 동안 빛을 비춘 후 B와 함께 암실에 넣어 둔다.
⑤ B에 1시간 동안 빛을 비춘 후 A와 함께 암실에 넣어 둔다.

35 다음 그래프는 광합성에 영향을 주는 요인을 나타낸 것이다. (　　) 안에 해당하는 것을 각각 쓰시오.

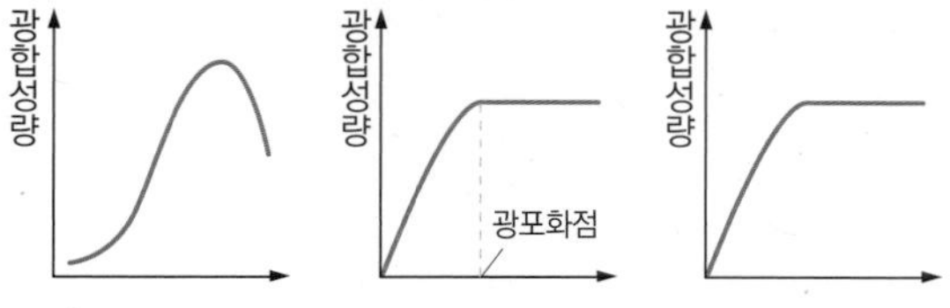

A : (　　　　)　B : (　　　　)　C : (　　　　)

36 다음 중 광합성에 영향을 주는 요인에 대한 설명으로 옳은 것은?

① 이산화 탄소의 농도와 광합성량은 비례한다.
② 35 ~ 40℃의 온도에서 광합성이 가장 활발하다.
③ 빛의 세기가 강할수록 광합성량은 계속 증가한다.
④ 환경 요인 중 어느 한 가지만 충족되면 광합성량은 증가한다.
⑤ 이산화 탄소의 농도와 빛의 세기는 광합성에 영향을 주지만 온도는 크게 관계가 없다.

37~38 다음 그래프는 강한 빛과 약한 빛에서 온도와 광합성의 관계를 나타낸 것이다.

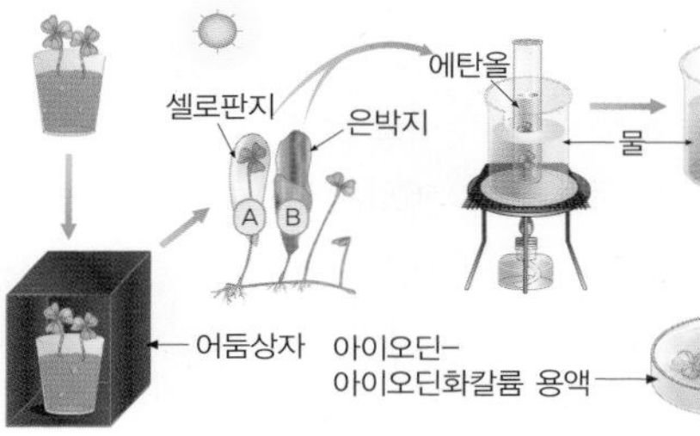

37 위 실험 결과 청남색으로 변한 토끼풀과 그 원인 물질을 바르게 짝지은 것은?

	청남색으로 변한 토끼풀	원인 물질
①	A	포도당
②	A	녹말
③	A, B	녹말
④	B	포도당
⑤	B	녹말

38 위 실험에 대한 설명으로 옳지 <u>않은</u> 것은?

① B잎을 은박지로 가리는 것은 빛을 차단하기 위해서이다.
② 에탄올은 불이 잘 붙기 때문에 반드시 물중탕으로 가열해야 한다.
③ 아이오딘 반응을 시키는 이유는 녹말의 생성 여부를 확인하기 위해서이다.
④ 에탄올에 잎을 넣고 가열하는 이유는 잎 속의 녹말을 제거하기 위해서이다.
⑤ 식물을 어둠 상자에 넣는 이유는 양분을 다른 곳으로 이동시키기 위한 것이다.

39 다음 그래프는 강한 빛과 약한 빛에서 온도와 광합성의 관계를 나타낸 것이다.

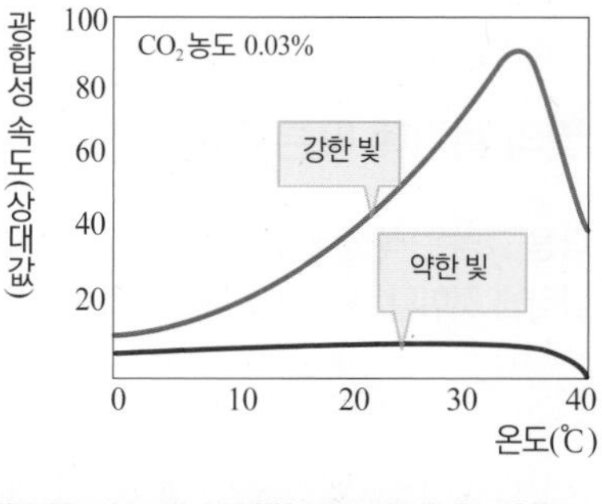

이 그래프를 바르게 해석한 것으로 옳은 것은?

① 빛이 강할 때 온도가 올라간다.
② 광합성량은 온도가 높아질수록 계속 증가한다.
③ 광합성은 온도가 낮을수록 빛의 영향을 많이 받는다.
④ 빛이 강할 때 온도가 높아질수록 광합성량이 증가한다.
⑤ 빛의 세기가 약할 때는 온도가 광합성 속도에 거의 영향을 주지 않는다.

식물의 호흡

40 **호흡에 대한 설명으로 옳은 것은 ○표, 틀린 것은 ×표 하시오.**

(1) 호흡은 밤에만 일어난다. ( )

(2) 호흡에 필요한 기체는 산소이다. ( )

(3) 호흡은 모든 세포에서 일어난다. ( )

(4) 호흡으로 발생하는 기체는 이산화 탄소이다. ( )

(5) 호흡은 유기물을 분해하여 에너지를 얻는 작용이다. ( )

(6) 호흡은 싹이 틀 때와 꽃이 필 때 왕성하게 일어난다. ( )

41 **다음 그림과 같이 집기병에 싹튼 콩과 삶은 콩을 각각 넣고 밀폐시킨 후 발생하는 기체를 석회수에 통과시켰다.**

(가) 싹튼 콩　　(나) 삶은 콩

이에 대한 설명으로 옳은 것은?

① (가) 집기병의 온도는 내려간다.
② (나) 집기병의 온도는 올라간다.
③ (나)에서 이산화 탄소 기체가 발생된다.
④ (가)에서 발생한 기체를 석회수에 통과시키면 뿌옇게 흐려진다.
⑤ (가)에 싹튼 콩이 들어 있기 때문에 광합성이 활발히 일어난다.

빛의 세기에 따른 기체 교환

42 **다음 그림은 식물에서 일어나는 기체 교환을 모식적으로 나타낸 것이다. A ~ D를 바르게 짝지은 것은?**

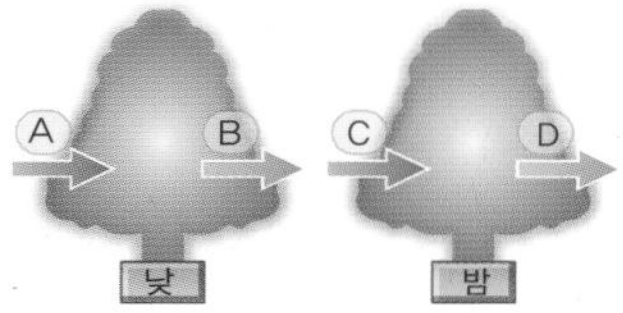

	A	B	C	D
①	이산화 탄소	이산화 탄소	산소	이산화 탄소
②	이산화 탄소	산소	산소	이산화 탄소
③	이산화 탄소	산소	이산화 탄소	산소
④	산소	이산화 탄소	산소	이산화 탄소
⑤	산소	이산화 탄소	이산화 탄소	산소

43 **다음 그림은 강한 빛이 비칠 때와 약한 빛이 비칠 때, 식물의 기체 교환을 모식적으로 나타낸 것이다. 그림 (가)와 (나)에서 광합성량과 호흡량의 관계를 부등호를 사용하여 각각 나타내시오.**

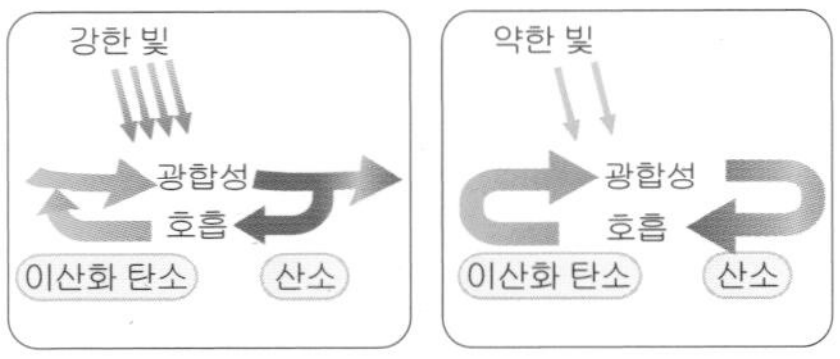

(가)　　(나)

44 **다음 그래프는 빛의 세기에 따른 광합성량의 변화를 나타낸 것이다. 각 설명에 해당하는 기호를 쓰시오.**

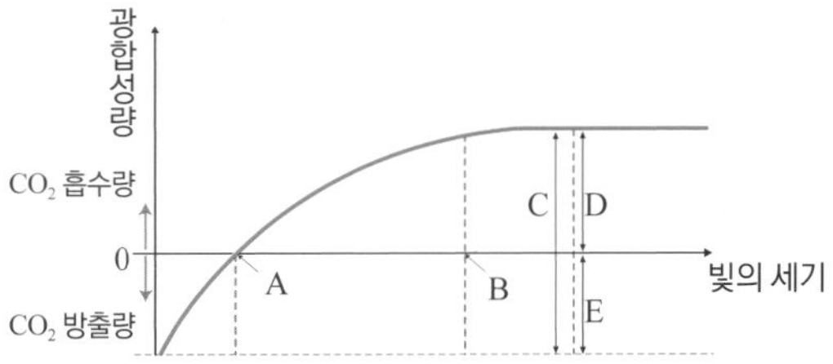

(1) 광합성량과 호흡량이 같을 때의 빛의 세기 ( )

(2) 식물의 광합성량이 최대로 되는 최소한의 빛의 세기 ( )

(3) 빛이 없을 때 호흡에 의해 방출된 이산화 탄소의 양 ( )

(4) 보상점 이상의 빛의 세기에서 실제 이루어진 광합성의 총량 ( )

광합성과 호흡 비교

45 **다음은 식물의 광합성과 호흡을 비교한 내용이다. 옳은 것을 있는 대로 고르시오.**

		광합성	호흡
①	(시간)	낮	항상
②	(장소)	엽록체	모든 세포
③	(흡수 기체)	산소	이산화 탄소
④	(방출 기체)	이산화 탄소	산소
⑤	(물질 변화)	무기물 → 유기물	유기물 → 무기물
⑥	(에너지 관계)	에너지 방출	에너지 저장
⑦	(생성물)	산소, 포도당	물, 이산화 탄소
⑧	(원료)	물, 산소	포도당, 이산화 탄소

08 다음 그림은 엽록체의 구조를 나타낸 것이다. 그림에 대한 해석이나 추론으로 타당한 것만을 〈보기〉에서 있는 대로 고르시오.

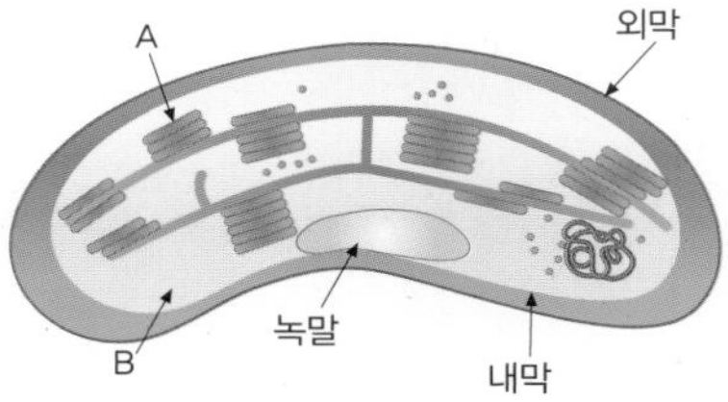

보기

ㄱ. CO_2가 이용되는 곳은 B이다.
ㄴ. 포도당은 A에서 합성되어 녹말로 저장된다.
ㄷ. A에서는 산소가 발생하는 반응이 일어난다.
ㄹ. 광합성에 필요한 빛이 흡수되는 곳은 B이다.
ㅁ. 명반응 산물인 $NADPH_2$는 B에서 사용된다.
ㅂ. 외막에는 광합성에 관여하는 엽록소가 있어서 명반응이 일어난다.

09 다음 그림은 단풍잎의 색소를 8월과 10월에 각각 추출하여 종이 크로마토그래피를 통해 분리시키는 실험을 나타낸 것이다.

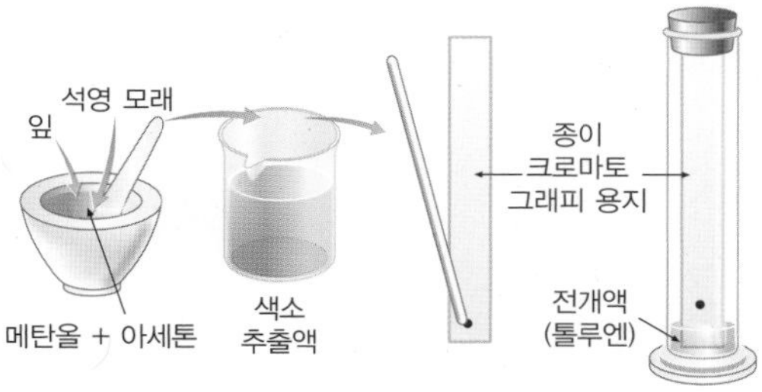

[실험 과정]

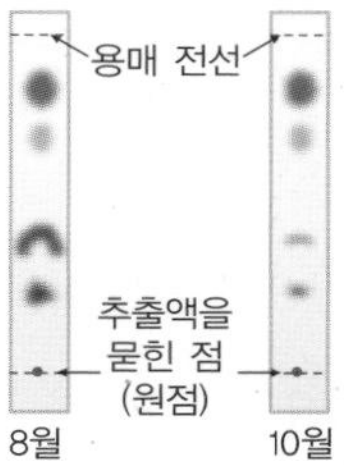

[결과]

위 실험에 대한 설명으로 옳은 것만을 〈보기〉에서 있는 대로 고르시오.

보기

ㄱ. 가을이 되면 엽록소의 양이 감소한다.
ㄴ. 8월과 10월의 잎에 들어있는 색소의 함량 비율은 큰 차이를 보이지 않는다.
ㄷ. 가을이 되면 광합성량이 줄어들게 되고, 그 결과 수분 소비량도 감소할 것이다.
ㄹ. 가을에 단풍이 드는 이유는 카로틴과 크산토필의 양이 상대적으로 증가하기 때문이다.

개념 돋보기

잎의 색소 분리(크로마토그래피)

$$\text{색소의 전개율}(R_f) = \frac{\text{원점에서 색소까지의 거리}}{\text{원점에서 용매 전선까지의 거리}}$$

- 분리된 색소 : 엽록소 a, 엽록소 b, 카로틴, 크산토필
- 색소의 전개율 : 카로틴 > 크산토필 > 엽록소 a > 엽록소 b
- 색소는 전개액에 대한 용해도가 클수록, 분자의 크기가 작을수록, 크로마토그래피 용지에 대한 흡착력이 작을수록 전개율이 커진다.

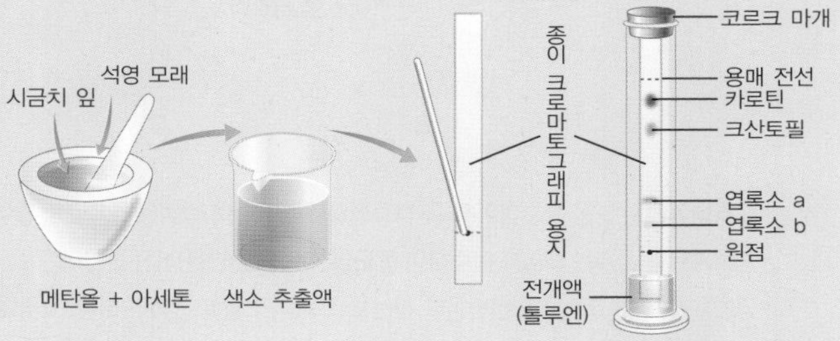

개념 심화 문제

10 **다음 그림은 식물 잎 속 엽록체의 그라나와 스트로마를 분리시켜 빛을 비추어주면서 O_2 방출, CO_2 흡수, 포도당의 생성 여부를 알아본 실험이다. 물음에 답하시오.**

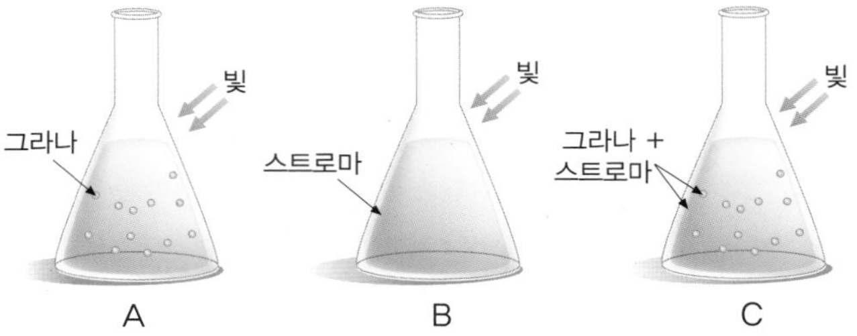

(1) 산소가 방출되는 플라스크의 기호를 있는 대로 고르시오.

(2) 포도당이 생성되는 플라스크의 기호를 있는 대로 고르시오.

(3) 이 실험의 결론으로 옳은 것을 있는 대로 고르시오.

① 스트로마 단독으로 포도당을 생성할 수 있다.
② 광합성에는 그라나와 스트로마가 모두 필요하다.
③ CO_2가 흡수되는 플라스크는 B 이므로 광합성을 하는데 필요한 원료가 CO_2임을 알 수 있다.
④ 그라나에서는 O_2가 흡수되기 때문에 식물이 호흡을 하기 위해서는 산소가 필요하다는 사실을 알 수 있다.
⑤ 그라나에서 빛을 흡수하여 산소를 방출하는 명반응이 먼저 일어나고 CO_2를 흡수하여 포도당을 생성하는 암반응이 그 다음에 일어난다.

개념 돋보기

그라나와 스트로마의 기능

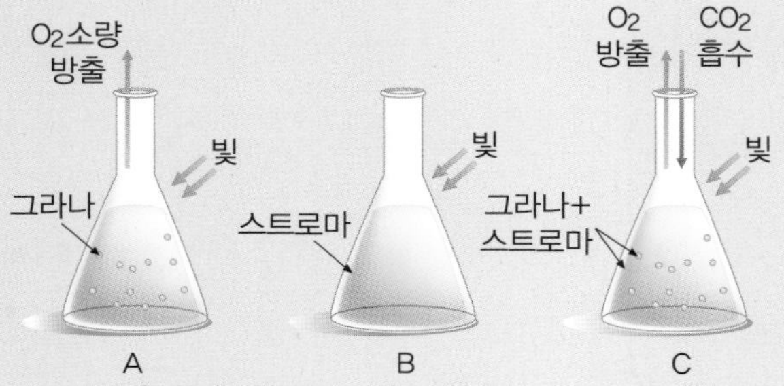

종류	O_2 방출	CO_2 방출	포도당 생성 유무
A (그라나)	소량 방출	흡수 안됨	X
B (스트로마)	방출되지 않음	흡수 안됨	X
C (그라나 + 스트로마)	계속 방출됨	흡수됨	O

- 그라나에서는 빛을 흡수하여 O_2를 방출한다(명반응). 이 과정은 스트로마 없이도 일어난다.
- 스트로마 혼자서는 CO_2를 흡수하여 포도당을 생성(암반응)하지 못한다.
- 명반응을 하는 그라나와 암반응을 하는 스트로마가 함께 있어야 하며, 그라나에서의 명반응이 먼저 일어나고, 그 반응의 결과 생성된 ATP와 $NADPH_2$의 에너지를 이용하여 스트로마에서의 암반응이 순차적으로 일어난다.

11 무한이는 다음과 같이 장치하고 광합성 실험을 하였다. 물음에 답하시오.

(가) 두 시험관 A, B에 CO_2 농도를 지속적으로 유지해 주기 위한 $NaHCO_3$ 용액을 같은 양 넣는다.
(나) 시험관 B에는 물풀을 넣고, 주사기를 이용하여 유리관 속 물방울의 위치를 같은 위치에 오도록 한다.
(다) 그림과 같이 장치하고 전구와 물풀 사이의 거리를 가까이 하면서 물방울의 이동 거리를 측정한다.

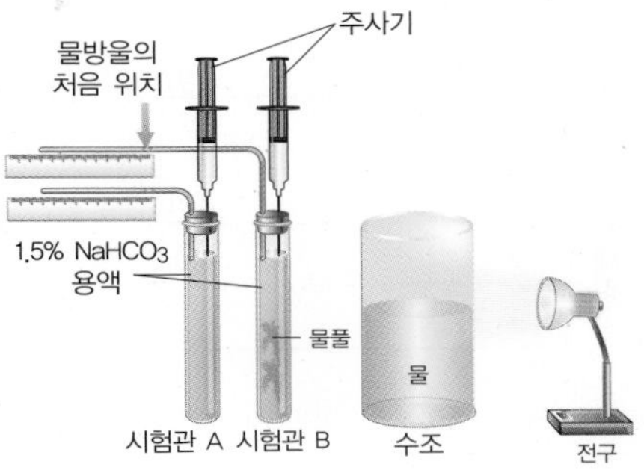

(1) 유리관의 물방울이 이동하는 시험관을 쓰고, 그 이유를 쓰시오.

(2) 위 실험의 결과를 예상하여 그래프로 나타내시오.

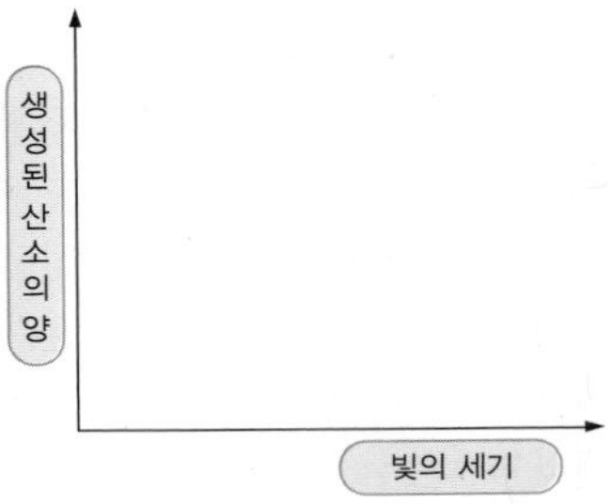

12 상상이는 엽록체에서 추출한 스트로마에 CO_2를 공급하면서 다음과 같은 조건으로 실험하였다.

반응 조건				생성물 (포도당)
온도(℃)	빛	$NADPH_2$	ATP	
25	+	+	+	검출됨
25	-	+	+	검출됨
25	-	-	+	검출 안됨
25	-	+	-	검출 안됨
4	-	+	+	검출 안됨

(- : 없음, + : 있음)

위 실험 결과를 옳게 해석한 것만을 〈보기〉에서 있는 대로 고르시오.

보기

ㄱ. 광합성은 온도의 영향을 받는다.
ㄴ. 포도당을 합성할 때 ATP의 에너지가 이용된다.
ㄷ. 포도당을 합성할 때 $NADPH_2$는 관여하지 않는다.
ㄹ. 포도당을 합성하기 위해서는 $NADPH_2$, ATP, 빛이 반드시 필요하다.

개념 심화 문제

13 다음 그래프는 빛의 세기와 온도에 따른 광합성 속도의 변화를 나타낸 것이다. 빛의 세기가 A와 B일 때 온도에 따른 광합성 속도 그래프는 어떻게 나타날지 〈보기〉에서 각각 골라 기호를 쓰시오.

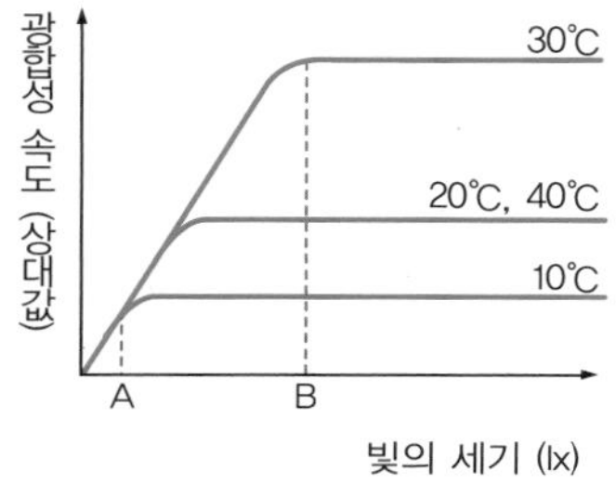

보기

ㄱ.
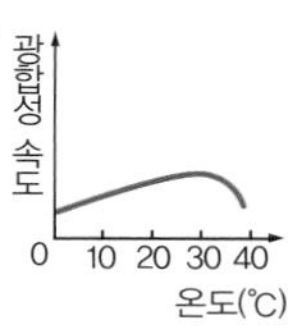

ㄴ.
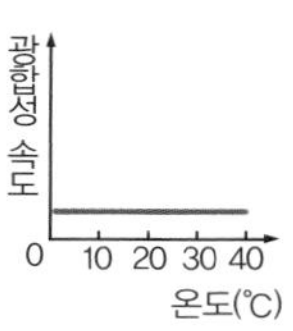

ㄷ.
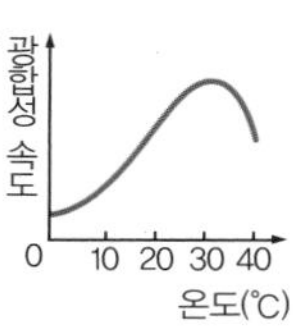

ㄹ.
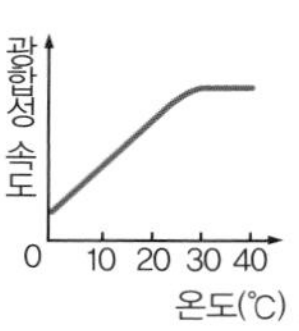

14 다음 그래프 (가), (나)는 빛의 세기와 온도, CO_2 농도에 따른 광합성의 변화를 나타낸 것이다. 두 그래프에 대한 설명으로 옳은 것만을 〈보기〉에서 있는 대로 고르시오.

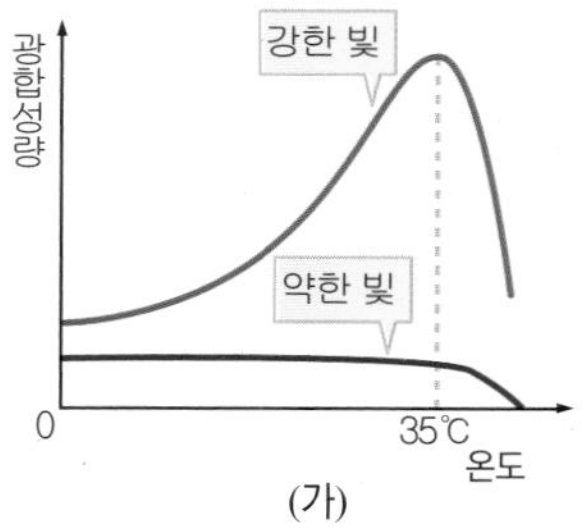

(가)

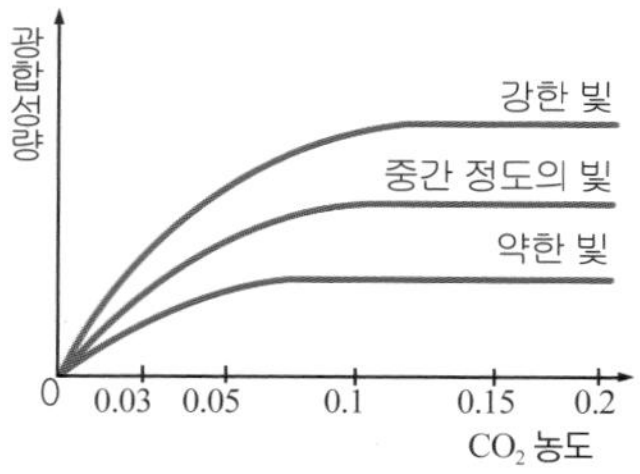

(나)

보기

ㄱ. 강한 빛에서는 온도가 높아질수록 광합성량이 계속 증가한다.
ㄴ. 빛의 세기가 충분하면 CO_2의 농도는 광합성량에 영향을 준다.
ㄷ. 빛의 세기가 약하면 온도는 광합성량에 영향을 거의 미치지 않는다.
ㄹ. CO_2 농도가 0.1% 보다 높을 때 빛의 세기는 광합성량에 영향을 준다.
ㅁ. 일정한 빛의 세기에서 CO_2 농도가 0.1% 보다 높으면, CO_2 농도는 광합성량에 영향을 준다.
ㅂ. 광합성 과정에는 효소가 관여하기 때문에 35℃ 이상의 온도에서는 효소의 변성으로 광합성량이 감소하는 것이다.

개념 돋보기

광합성에 영향을 미치는 요인

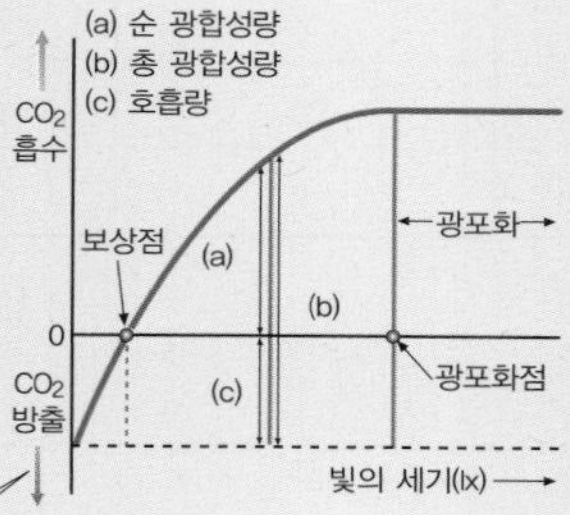

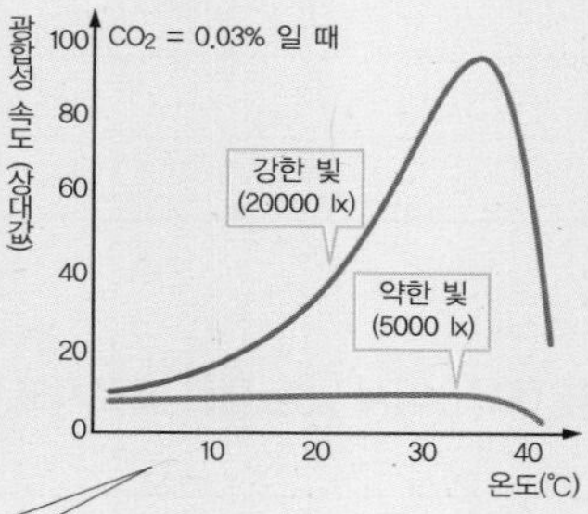

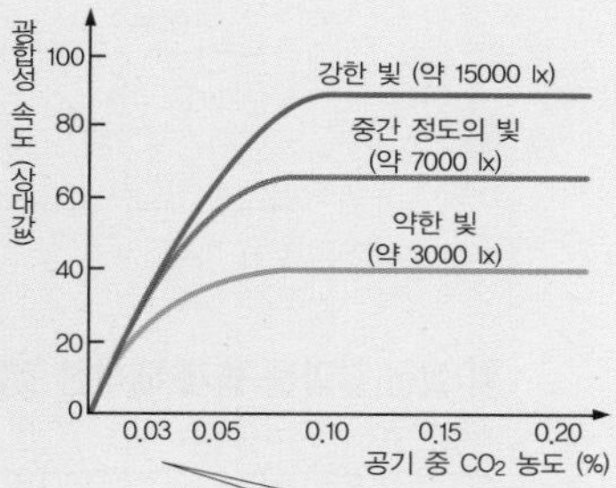

빛의 세기
빛의 세기가 강해질수록 광합성량은 증가하지만 광포화점 이상에서는 일정하게 유지된다.

온도
빛이 강할 때는 광합성 속도가 온도의 영향을 받지만 빛이 약할 때는 온도의 영향을 거의 받지 않는다. 광합성 과정에는 효소가 관여하므로 고온에서는 효소의 구조가 변하여 광합성 속도가 급격히 감소한다.

이산화 탄소의 농도
CO_2의 농도 0.03% 이하에서는 광합성 속도가 빛의 세기와 관계없이 CO_2 농도에 따라 증가하지만 0.03% 이상에서는 빛의 세기가 강할수록 광합성 속도가 더 빠르게 증가한다. 이렇게 증가하다가 CO_2 농도가 0.1% 이상이 되면 광합성 속도가 더 이상 증가하지 않는다.

15 **다음은 엽록소 a와 엽록소 b를 분리한 후 빛의 파장에 따라 엽록소의 빛 흡수율 변화를 나타낸 그래프이다. 물음에 답하시오.**

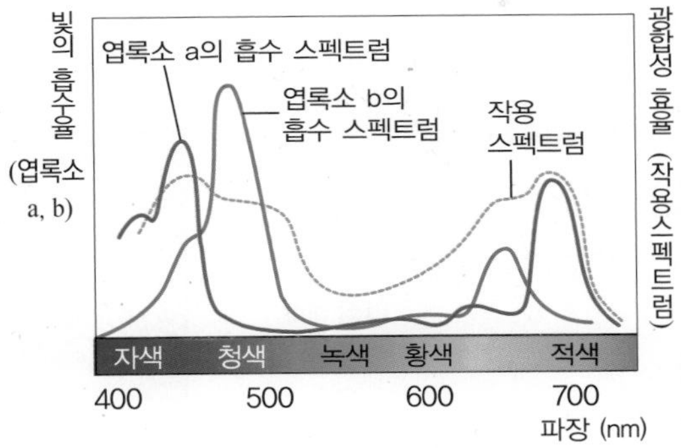

(1) 우리의 눈은 물체에서 반사되어 눈으로 들어오는 빛을 감지하여 물체의 색깔을 식별한다고 할 때, 식물의 잎은 어떤 색으로 보일지 그 이유와 함께 쓰시오.

(2) 아래의 가시광선을 식물의 잎에 비춰 주었을 때 광합성의 효율이 가장 낮게 나타나는 것은?

① 파란색 광선 ② 자주색 광선 ③ 빨간색 광선
④ 초록색 광선 ⑤ 노란색 광선 ⑥ 파란색과 빨간색이 혼합된 색의 광선

(3) 녹조류인 파래와 홍조류인 김을 물이 담긴 비커에 넣은 후 각각 청색, 녹색, 황색, 적색빛을 바꿔 비추어가며 광합성률을 측정하였다. 파래와 김이 가장 높은 광합성률을 보일 것으로 예상되는 빛의 색깔을 순서대로 쓰시오.

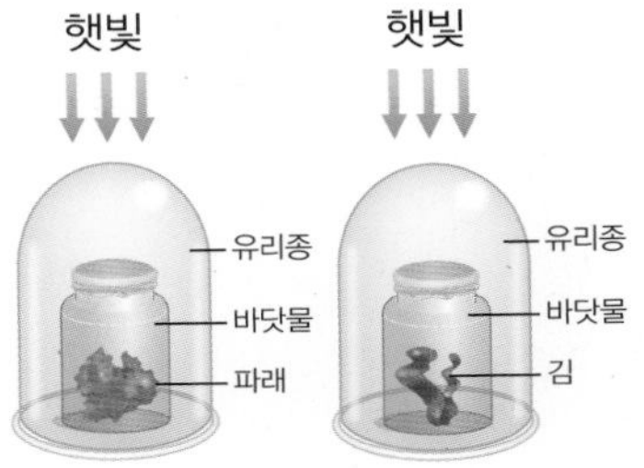

개념 돋보기

엥겔만 실험

1883년 엥겔만은 녹조 식물인 해캄과 호기성 세균을 슬라이드 글라스 위에 올려놓은 후 빛을 프리즘으로 분산시켜 비추었다. 그 결과 호기성 세균은 청색광, 자색광, 적색광 근처에 많이 모인다는 것을 알게 되었다. 호기성 세균은 해캄의 광합성 작용이 활발하여 산소가 많이 배출된 곳에 모인다. 이 사실을 통해 엥겔만은 광합성 과정에서 주로 청색광과 적색광이 흡수되어 산소를 발생시킨다고 결론을 내렸다.

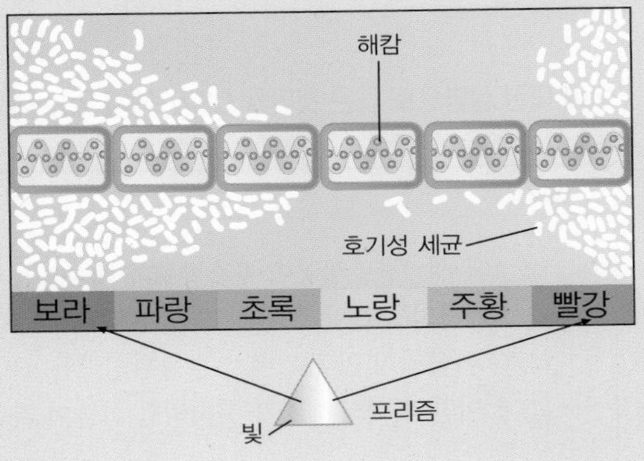

16 그림 (가)는 시금치 잎에서 추출한 각 광합성 색소의 빛 흡수율인 흡수 스펙트럼(위)과 시금치 잎의 광합성 속도인 작용 스펙트럼(아래)을 나타낸 것이고, 그림 (나)는 호기성 세균과 해캄을 함께 넣어 둔 슬라이드 글라스에 가시광선을 분광시켜 쪼여 주었을 때 호기성 세균의 분포 정도를 나타낸 것이다.

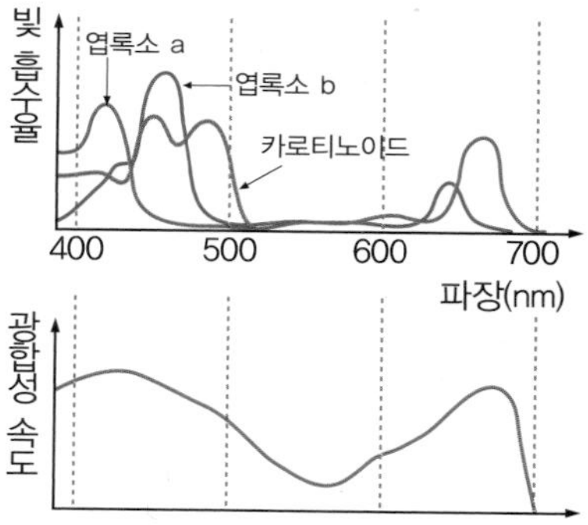

(가)

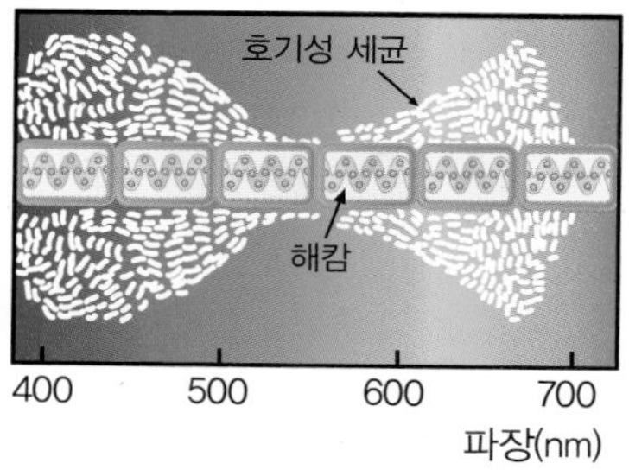

(나)

위 자료에 대한 설명으로 옳은 것만을 〈보기〉에서 있는 대로 고르시오.

보기

ㄱ. 카로티노이드에서 흡수한 빛은 광합성에 이용된다.
ㄴ. 해캄의 엽록체는 호기성 세균의 도움을 얻어 적색광을 흡수한다.
ㄷ. 시금치와 해캄은 모두 녹색광보다 청색광에서 광합성이 더 활발하다.
ㄹ. 호기성 세균의 분포는 해캄의 광합성 산물인 포도당에 영향을 받아 나타난다.

17 다음은 빛의 세기에 따른 광합성량의 변화를 CO_2 출입량으로 나타낸 것이다.

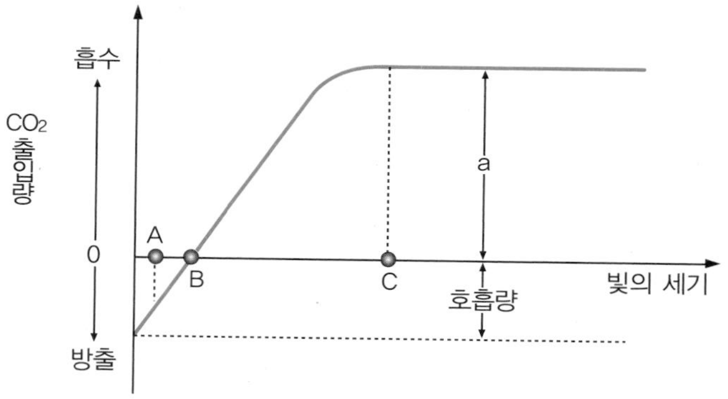

이에 대한 설명으로 옳은 것만을 〈보기〉에서 있는 대로 고르시오.

보기

ㄱ. A에서는 광합성량이 호흡량보다 적다.
ㄴ. B에서의 호흡량은 A에서의 호흡량보다 적다.
ㄷ. C 이상의 빛의 세기에서 순광합성량은 a이다.
ㄹ. B 미만의 빛의 세기가 지속되면 식물이 자라지 못한다.

정답 및 해설 23쪽

18 **다음 그래프는 양지 식물과 음지 식물의 빛의 세기에 따른 광합성량을 나타낸 것이다. 물음에 답하시오.**

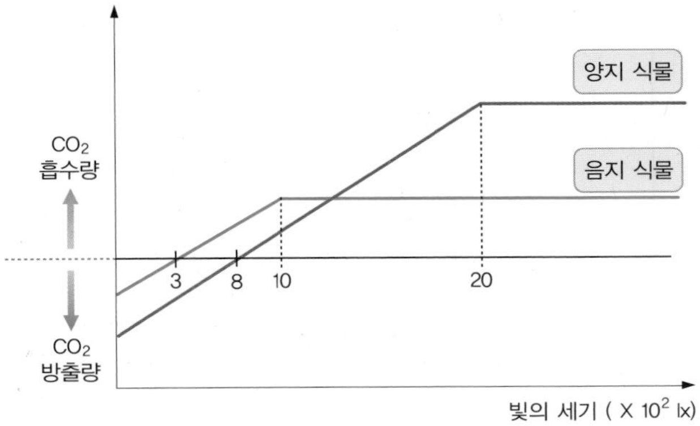

(1) 양지 식물과 음지 식물의 보상점과 광포화점은 각각 얼마인지 다음 표의 빈칸을 채우시오.

	보상점 (lx)	광포화점 (lx)
양지 식물	(ㄱ)	(ㄴ)
음지 식물	(ㄷ)	(ㄹ)

(2) 다음 〈보기〉 중 바르게 설명한 것만을 있는 대로 고르시오.

보기

ㄱ. 1000 lx 빛의 세기에서 잘 자라는 식물은 음지 식물이다.
ㄴ. 300 lx보다 약한 빛의 세기가 지속되면 음지 식물은 죽는다.
ㄷ. 호흡량은 빛의 세기에 관계가 있고 양지 식물이 음지 식물보다 크다.
ㄹ. 500 lx 빛의 세기가 지속되면 음지 식물은 살지만 양지 식물은 죽는다.
ㅁ. 1000 lx에서 호흡량과 총광합성량은 음지 식물이 양지 식물보다 크다.
ㅂ. 1000 lx 빛의 세기에서 순광합성량은 양지 식물이 음지 식물보다 크다.

개념 돋보기

음지 식물과 양지 식물

▲ 음지 식물 (스파티필름)

▲ 양지 식물 (산세베리아)

음지 식물	양지 식물
약한 빛에서도 잘 산다.	강한 빛에서 잘 산다.
보상점과 광포화점이 낮다.	보상점과 광포화점이 높다.
잎이 넓고 얇으며 대게 잎의 수가 적고 큐티클 층이 얇다.	대체로 잎이 좁고 두꺼우며, 미세한 털들이 있다. 증산 작용을 억제하기 위해 큐티클 층이 두껍다.
음지 식물을 양지에 방치하면, 잎이 축 쳐지고 고사한다.	양지 식물을 음지에 방치하면, 광합성이 잘 일어나지 않아 잎이 가늘고 길게 자라며 약해진다.
 음지 식물 잎의 단면	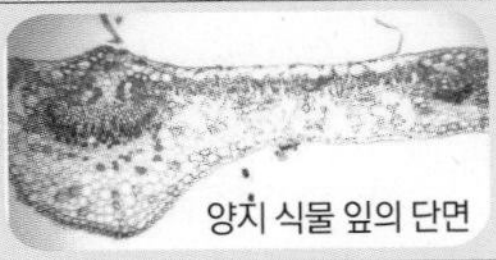 양지 식물 잎의 단면

19 다음 그래프는 빛의 세기와 CO_2 농도에 따른 사탕수수와 벼의 광합성 속도를 나타낸 것이다.

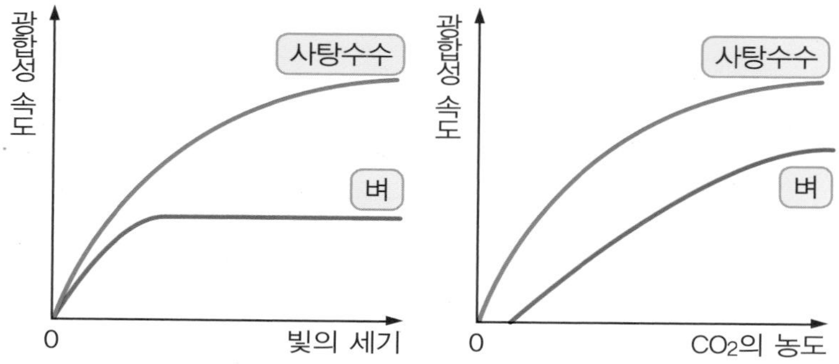

(가) (나)

이에 대한 설명으로 옳은 것만을 〈보기〉에서 있는 대로 고르시오.

보기

ㄱ. 사탕수수는 벼보다 광포화점이 낮다.
ㄴ. 사탕수수는 벼보다 광합성 효율이 높다.
ㄷ. 광합성을 할 수 있는 CO_2 의 최소 농도는 사탕수수가 벼보다 낮다.

20 다음 그림은 그늘에서 어린 두 식물 (가)와 (나)가 생장하는 모습을, 표는 빛의 세기에 따른 두 식물의 광합성량을 나타낸 것이다.

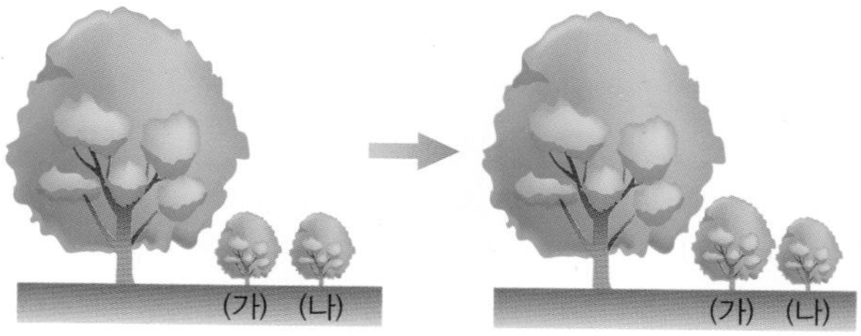

빛의 세기 (lx)	0	1000	2000	3000	4000
식물 (가)의 CO_2 흡수량 (mg/h)	- 2.0	3.8	4.2	4.2	4.2
식물 (나)의 CO_2 흡수량 (mg/h)	- 4.0	1.8	7.5	12.0	12.0

이에 대한 설명으로 옳은 것만을 〈보기〉에서 있는 대로 고르시오.

보기

ㄱ. (가)의 보상점은 1000 lx보다 작다.
ㄴ. (나)는 (가)보다 호흡량이 크다.
ㄷ. 1000 lx에서 (가)의 총광합성량은 (나)보다 크다.
ㄹ. 광포화점 이상에서 (가)는 (나)보다 순광합성량이 더 크다.

21 다음 그래프는 대기의 CO_2 농도가 각각 300ppm과 1000ppm일 때, 어느 식물의 하루 동안 시간에 따른 CO_2 흡수 속도를 나타낸 것이다. (단, 날씨는 맑다.)

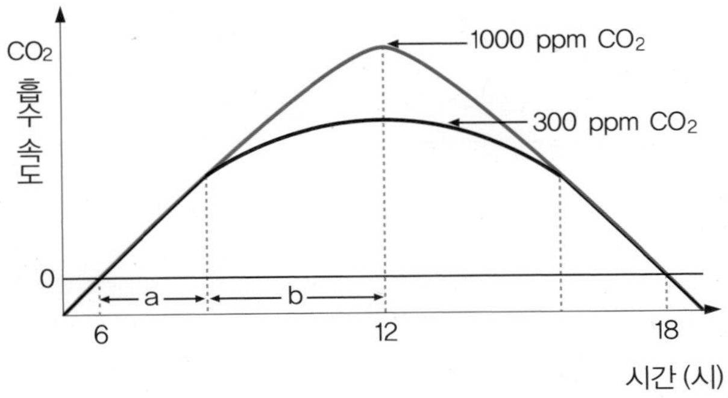

위 그래프에 대한 설명으로 옳은 것만을 <보기>에서 있는 대로 고르시오.

보기

ㄱ. 이 식물은 하루 동안 보상점이 2회 나타난다.
ㄴ. b 구간에서 광합성 속도는 CO_2 농도에 반비례한다.
ㄷ. a 구간에서는 빛의 세기가 광합성 속도에 영향을 준다.
ㄹ. CO_2 농도가 낮을 때보다 높을 때 하루 동안 순광합성량이 많다.

22 다음은 공기 중의 이산화 탄소 조건을 다르게 하여 광합성에 대해 알아본 실험이다.

[실험 과정]
(가) 같은 크기의 유리통 2개에 같은 식물의 잎을 넣고, 물을 준비하여 그림과 같이 잎의 잎자루를 물속에 담근다.
(나) A 에는 보통 공기를, B 에는 CO_2를 제거한 공기를 각각 채우고 밀폐시킨 채 빛을 비추면서 유리통 내부의 CO_2 농도 변화를 측정한다.

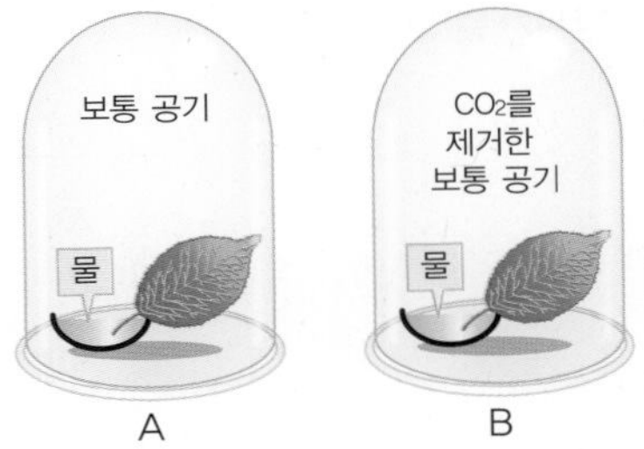

[실험 결과]

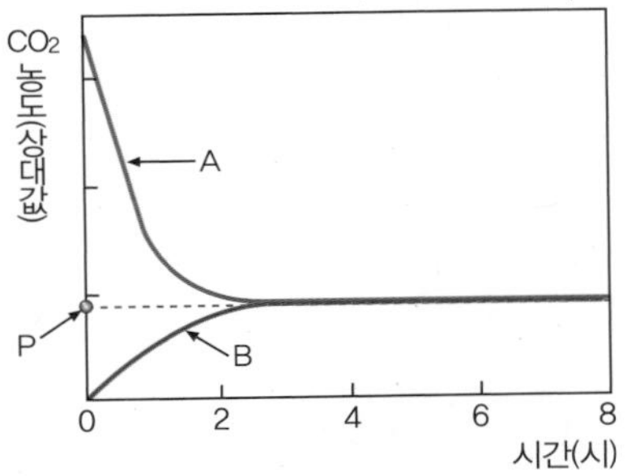

위 실험에 대한 설명으로 옳은 것만을 <보기>에서 있는 대로 고르시오.

보기

ㄱ. B 에서는 광합성이 일어나지 않는다.
ㄴ. A 에서는 3시간 후 광합성이 일어나지 않을 것이다.
ㄷ. B 는 호흡으로 인해 방출한 CO_2를 광합성에 이용할 것이다.
ㄹ. CO_2 농도가 P 보다 낮은 조건에서 이 식물은 생장하지 못할 것이다.
ㅁ. A 에서 이산화 탄소의 양이 줄어드는 것은 잎의 호흡 작용 때문이다.

23 다음은 1941년 루벤이 광합성 과정에 관련한 실험을 한 것이다.

[실험 과정]

클로렐라가 든 2개의 삼각플라스크 중 삼각플라스크 (가)에는 ^{18}O로 표지된 물($H_2{}^{18}O$)과 보통의 CO_2를 넣어 주고, 삼각플라스크 (나)에는 보통의 물 (H_2O)과 ^{18}O로 표지된 $C^{18}O_2$를 넣어 주고, 빛을 쬐어 준 후 산소를 분석하였다.

[실험 결과]

(가)에서는 $^{18}O_2$가 발생하였고 (나)에서는 보통의 O_2가 발생하였다.

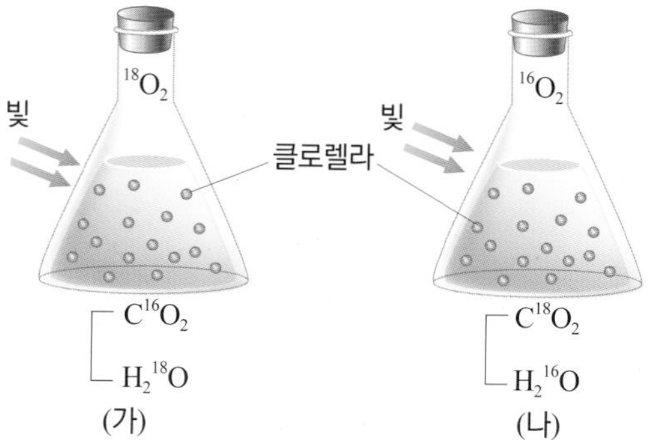

위 실험의 결론으로 가장 타당한 것은?

① 광합성 작용을 하기 위해서는 반드시 빛이 필요하다.
② 광합성 결과 방출되는 산소(O_2)는 물(H_2O)에서 유래한 것이다.
③ 광합성 결과 방출되는 산소(O_2)는 이산화 탄소(CO_2)에서 유래한 것이다.
④ 광합성 결과 생성되는 포도당과 산소는 이산화 탄소와 물에 의해 생성된 것이다.
⑤ 광합성 결과 발생한 산소는 $^{16}O_2$, $^{18}O_2$ 이므로 이산화 탄소나 물에서 모두 유래되었다.

24 다음 그래프는 목초의 일종인 알팔파의 광합성량을 1시간 간격으로 3일 동안 측정하여 나타낸 것이다. (단, 9월 5일은 하루 종일 날씨가 맑았다.)

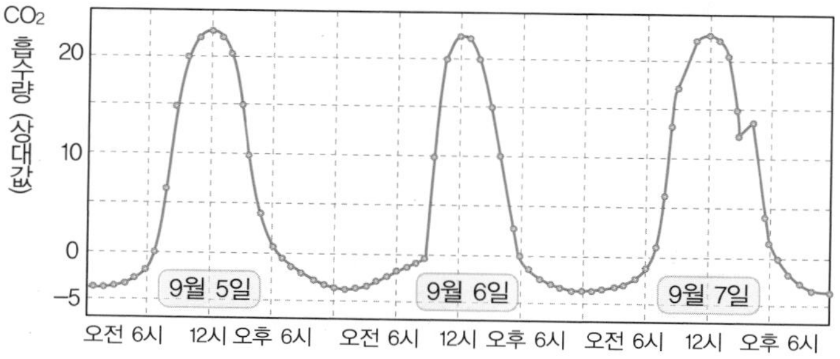

위 그래프에 대한 설명으로 옳지 않은 것은?

① 9월 6일은 아침에 날씨가 흐렸다.
② 9월 7일은 오후 한 때 구름이 끼었다.
③ 하루 중 광합성량이 최대일 때는 12시 경이다.
④ 9월 6일 저녁에 호흡량과 광합성량이 같아진 시각은 오후 6시 경이다.
⑤ 알팔파에 1일 간 축적된 광합성 산물의 양은 9월 5일이 9월 6일보다 적었다.

25

상상이는 생물이 호흡할 때 일어나는 변화를 알아보기 위해 오른쪽 그림과 같이 공기가 든 밀폐된 시험관을 각각 콩 속으로 넣어서 장치하였다. 물음에 답하시오.

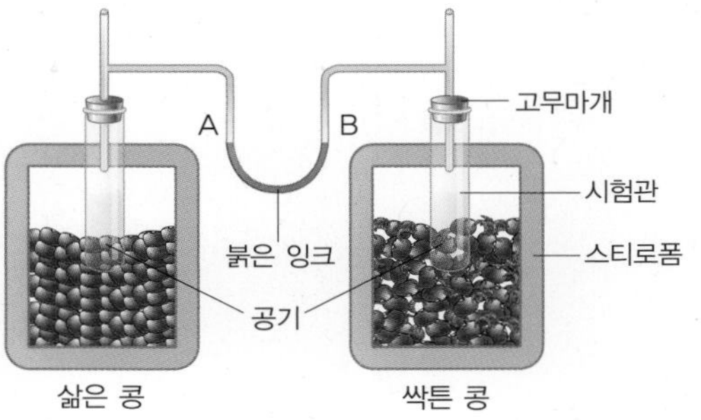

(1) 실험 결과 A와 B 부분의 붉은 잉크의 높이는 어떻게 변할지 예상하여 쓰시오.

A : (　　　　　　　)　　B : (　　　　　　　)

(2) 이 실험을 통해 검증할 수 있는 가설은 무엇인가?

① 식물이 호흡할 때 산소를 필요로 할 것이다.
② 식물이 호흡할 때 열에너지를 방출할 것이다.
③ 식물이 호흡할 때 이산화 탄소를 방출할 것이다.
④ 식물의 호흡량은 광합성량에 상관없이 일정하다.
⑤ 식물의 호흡 속도는 온도의 영향을 크게 받을 것이다.

26

무한이는 다음과 같이 중성의 BTB 용액을 같은 양 넣고 각각 다른 조건으로 실험 설계를 하여 시간이 지남에 따른 BTB 용액의 색깔 변화를 관찰하였다. 물음에 답하시오.

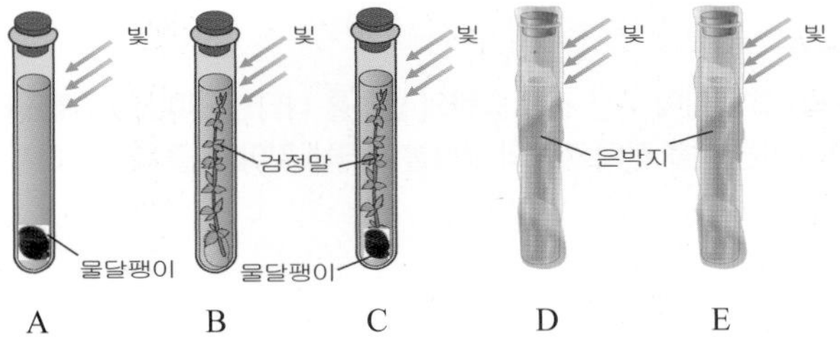

A	B	C	D	E
물달팽이	검정말	검정말	검정말	검정말
		물달팽이	물달팽이	은박지
			은박지	

(1) 가장 빨리 황색으로 변하는 시험관과 가장 빨리 청색으로 변하는 시험관의 기호와 이유를 각각 쓰시오.

	기호	이유
가장 빨리 황색으로 변하는 시험관	①	②
가장 빨리 청색으로 변하는 시험관	③	④

(2) 위 실험을 통해 알 수 있는 사실만을 〈보기〉에서 있는 대로 고르시오.

보기

ㄱ. 물달팽이는 호흡 결과 CO_2를 방출한다.
ㄴ. 빛의 세기는 광합성량에 영향을 미친다.
ㄷ. 식물은 빛이 없을 때 산소를 흡수하고, CO_2를 방출한다.
ㄹ. 식물은 빛을 이용하여 광합성 작용을 한 결과 산소를 방출한다.
ㅁ. 빛이 없어도 물달팽이와 식물을 함께 넣어 두면 계속 살 수 있다.
ㅂ. 물에 녹아 있는 산소의 농도에 의해 식물의 광합성량은 영향을 받는다.

27 다음은 완두의 잎에서 광합성 산물이 온도에 따라 어떻게 소모되는지를 조사한 결과 그래프를 나타낸 것이다.

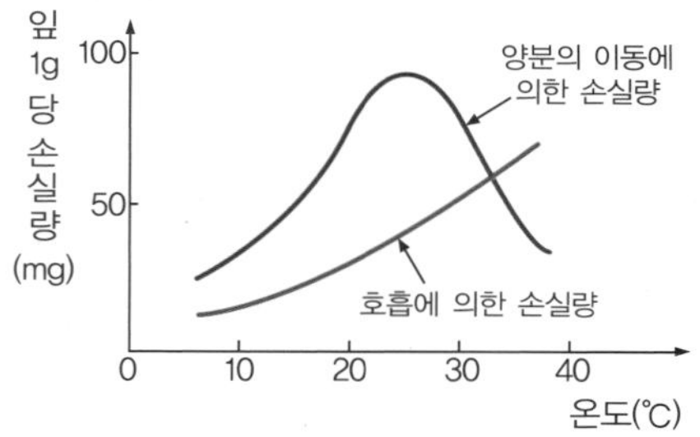

위 자료에 대한 설명으로 옳은 것만을 〈보기〉에서 있는 대로 고르시오. (단, 총 손실량은 양분의 이동에 의한 손실량과 호흡에 의한 손실량을 합한 값이다.)

> 보기
>
> ㄱ. 온도가 높아질수록 호흡량이 많아져 총손실량은 계속 증가한다.
> ㄴ. 35 ℃보다 25 ℃일 때 광합성 산물이 에너지원으로 쓰이는 양이 더 적다.
> ㄷ. 온도에 관계없이 양분의 이동에 의한 손실량과 저장 기관에 저장되는 양분의 양은 같다.

28 다음 그래프 (가)는 어두운 곳에서 발아한 콩(식물(콩+싹))의 시간에 따른 건조 중량의 변화를 나타낸 것이고, 그래프 (나)는 발아 5일 후부터 일부는 밝은 곳에, 일부는 암실에 두고 시간에 따른 식물 전체 중량의 변화를 나타낸 것이다. 물음에 답하시오.

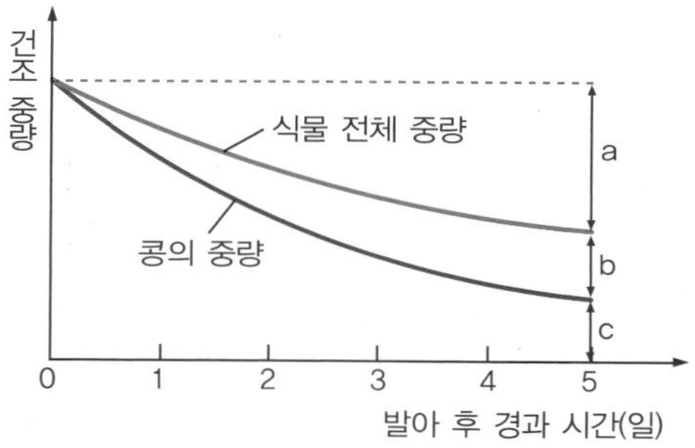

(가)

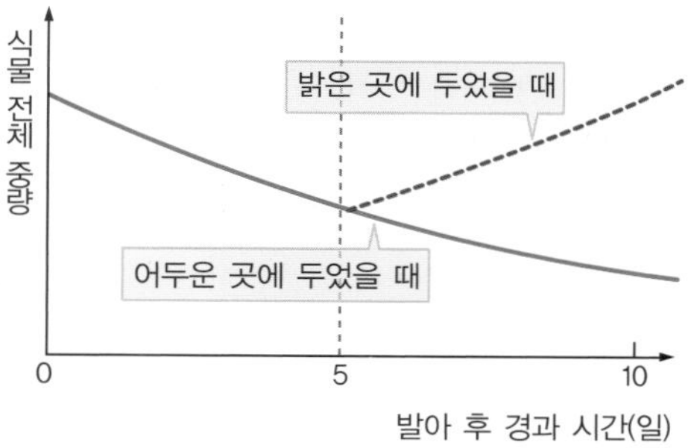

(나)

(1) 다음에 해당하는 것을 그래프 (가)에서 찾아 각각 기호로 쓰시오.

① 발아 후 5일째 되는 날까지 콩이 호흡에 의해서 소비한 에너지 양	
② 발아 후 5일째 되는 날까지 식물의 기관이 발달하는 데 소비한 에너지 양	

(2) 그래프 (나)에서 밝은 곳에 두고 관찰한 식물의 전체 중량이 증가하는 이유를 설명하시오.

29 **다음 그래프는 1949년 벤슨이 온도를 일정하게 유지한 상태에서 빛과 CO_2의 공급을 조절하면서 식물의 광합성량을 조사한 것이다. 물음에 답하시오.**

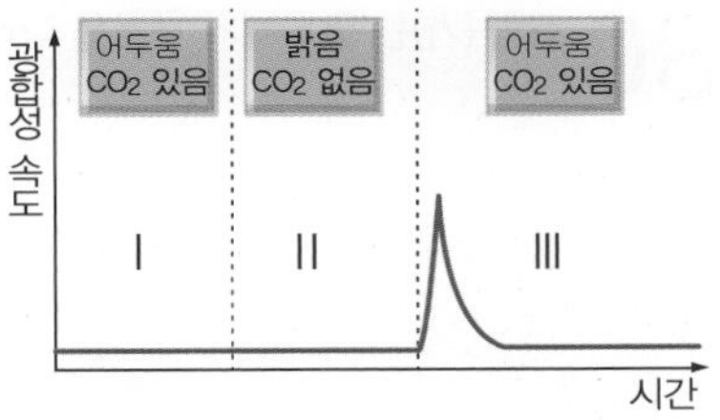

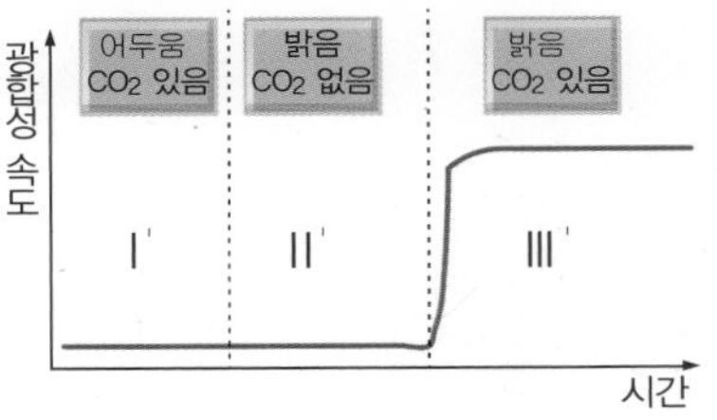

(1) 그래프에 대한 설명으로 옳지 않은 것은?

① 빛이 없으면 CO_2가 있어도 광합성은 일어나지 않는다.
② CO_2가 없으면 빛을 비추어 주어도 광합성은 일어나지 않는다.
③ 빛을 잠시 비춘 후 CO_2 를 공급하면 광합성이 일시적으로 일어난다.
④ 빛을 계속 비추어 주면서 CO_2를 공급해 주면 광합성은 계속 일어난다.
⑤ 빛이 공급되기 전에 CO_2를 일시적으로 공급한 후 빛을 공급하면 광합성이 일시적으로 일어난다.

(2) 위의 실험 결과를 종합하여 도출할 수 있는 결론으로 가장 타당한 것은?

① 광합성이 일어나기 위해서는 빛이 필요하다.
② 광합성이 일어나기 위해서는 CO_2가 필요하다.
③ 온도가 일정한 상태에서 광합성량을 결정하는 것은 빛의 세기이다.
④ 온도가 일정한 상태에서 광합성량을 결정하는 것은 CO_2의 농도이다.
⑤ 광합성은 빛을 이용하는 과정과 CO_2를 이용하는 과정으로 구성된다.

(3) 만일 이 식물을 대상으로 다음과 같은 과정을 진행할 경우 명반응이 일어나는 구간을 있는 대로 고르시오.

A		B		C		D
어두움 CO_2 있음	→	어두움 CO_2 없음	→	밝음 CO_2 없음	→	밝음 CO_2 있음

개념 돋보기

벤슨의 실험

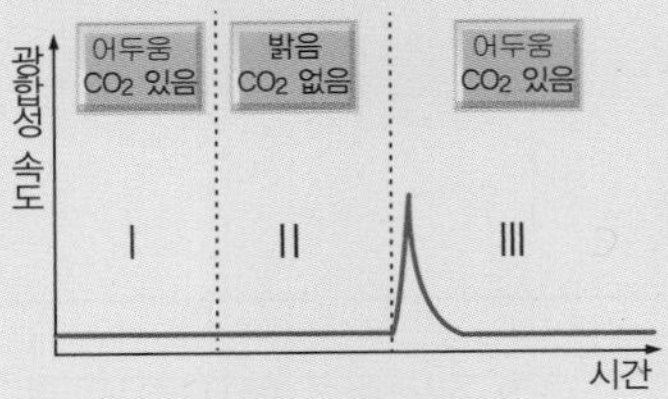

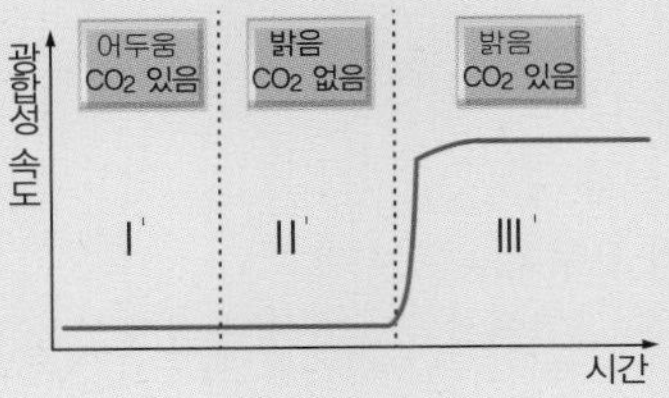

I, I′ 단계 → 빛이 없으면 CO_2가 있어도 광합성이 일어나지 않음
II, II′ 단계 → 빛이 있어도 CO_2가 없으면 광합성이 일어나지 않음
III 단계 → 빛을 잠시 비춘 후 CO_2를 공급하면 일시적으로 광합성이 일어남
III′ 단계 → 빛을 계속 비추면서 동시에 CO_2를 공급해 주면 광합성이 계속 일어남

→ 광합성 과정은 빛을 필요로 하는 과정(명반응)과 CO_2를 필요로 하는 과정(암반응)으로 이루어진다.
→ 명반응이 암반응보다 먼저 진행되어야 한다.

개념 심화 문제

30 그림 (가)는 엽록체의 구조를 나타낸 것이고, 그림 (나)는 빛과 CO_2 조건에 따른 포도당의 생성 속도를 나타낸 것이다.

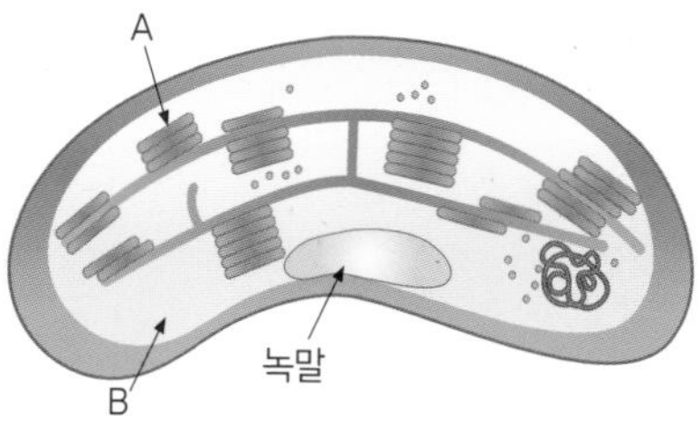

(가)

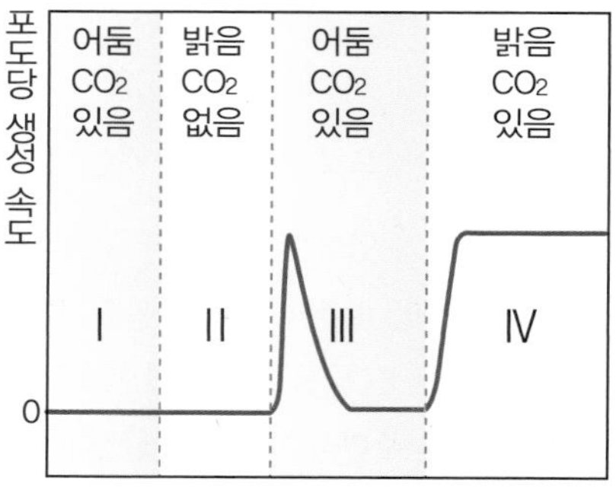

(나)

위 자료에 대한 설명으로 옳은 것만을 〈보기〉에서 있는 대로 고르시오.

보기

ㄱ. Ⅰ : A에서 CO_2가 이용된다.
ㄴ. Ⅱ : A에서 ATP와 O_2가 생성된다.
ㄷ. Ⅲ : B에서 $NADPH_2$가 생성된다.
ㄹ. Ⅳ : B에서 포도당이 녹말로 전환된다.

31 다음 그림은 광합성이 일어날 때 기체의 출입을 알아보기 위해 꾸민 장치를 나타낸 것이다.

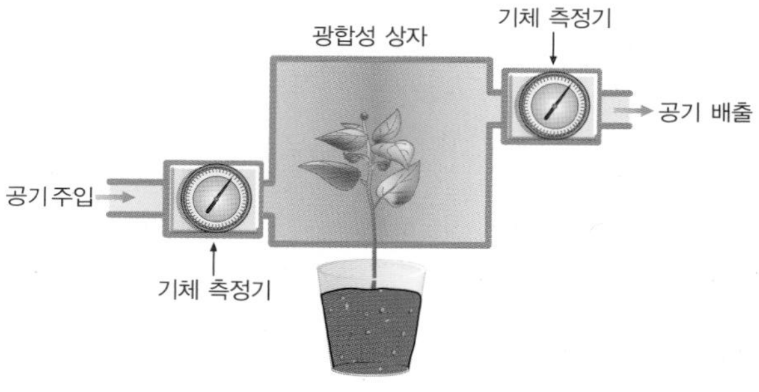

이에 대한 설명으로 옳은 것만을 〈보기〉에서 있는 대로 고르시오.

보기

ㄱ. 보상점에서는 광합성 상자 내의 O_2 농도가 변하지 않을 것이다.
ㄴ. 보상점보다 약한 빛에서 배출되는 O_2의 양이 주입되는 O_2양보다 많다.
ㄷ. 보상점보다 약한 빛에서 배출되는 CO_2 양이 주입되는 CO_2 양보다 적다.
ㄹ. 보상점에서는 기체 측정기로 측정되는 주입된 기체와 방출된 기체가 모두 없을 것이다.
ㅁ. 보상점보다 강한 빛에서 식물에게 $H_2{}^{18}O$를 주면 일정 시간 뒤 배출된 공기에서 ${}^{18}O_2$가 방출된다.

정답 및 해설 27쪽

단계적 문제 해결형

01 다음은 식물의 광합성 반응을 발견하는 데 도움이 된 관찰과 그와 연관된 결과들을 나타낸 것이다. 물음에 답하시오.

A. 18세기 말 영국의 프리스틀리는 밀폐된 유리 용기 안에 쥐를 넣어두자 얼마 후 쥐가 숨졌지만 식물과 함께 넣었더니 계속 생존하는 것을 관찰하였다.

B. 18세기 네덜란드의 잉엔하우스는 프리스틀리의 실험에서 쥐의 생존에 빛과 잎이 달린 줄기가 필수적이라는 사실을 밝혀냈다.

C. 화학적 분석으로 식물의 몸체는 대부분 셀룰로오스와 같은 탄수화물로 구성되어 있음이 밝혀졌다.

D. 스위스 화학자 소쉬르는 광합성 반응으로 합성된 탄수화물과 그 부산물로 생성된 가스 X 를 합친 무게가 광합성 반응에 필요한 가스 Y 의 무게보다 많은 것을 밝혀 이 반응에 추가로 Z 가 필요하다는 것을 증명했다.

E. 식물의 잎에 들어 있는 녹색 색소는 엽록소로서 양지 식물과 음지 식물에서 그 함량이 다르다.

F. 겨울철 비닐하우스 내에 온도를 높이기 위해 전기 히터를 사용한 경우와 연탄 난로를 사용한 경우를 비교하였더니 연탄 난로를 사용했을 때 식물이 훨씬 더 잘 자랐다.

G. 산업 혁명 이후로 급속한 화석 연료의 소모는 대기의 가스 조성 비율을 바꾸었으며, 지구 온난화를 초래했지만 식물의 생장 속도는 눈에 띄게 빨라졌다.

H. 동일한 식물의 경우 겨울철보다 여름철에 생장 속도가 빠르다.

(1) D의 진술에서 X, Y, Z는 각각 무엇인가?

(2) E의 진술에서 양지 식물과 음지 식물 중 빛이 약할 때 더 광합성률이 큰 것은 무엇인지 그 이유와 함께 서술하시오.

(3) F에서 연탄 난로를 사용할 경우 식물이 더 잘 자라는 까닭은 무엇인가?

지구 온난화 (global warming)

- 지구 온난화는 산업혁명 이전에도 자연계에서 일어나던 현상이나 20세기 들어서 석탄 · 석유와 같은 화석 연료 사용량의 증가, 무분별한 삼림 벌목 등으로 인해 그 속도가 빨라지고 있다. 지구 온난화는 1972년 로마 클럽의 보고서에서 공식적으로 지적된 이후 1985년 유엔세계 기상 기구(WMO)와 국제연합 환경계획(UNEP)이 이산화 탄소가 온난화의 주범임을 공식 선언하였다.
- 지구 온난화를 일으키는 물질에는 이산화 탄소 외에 메탄 · 이산화 질소 · 염화불화 탄소(프레온) · 수증기 등이 있다. 이 중 이산화 탄소에 의한 영향이 55%이며, 염화불화 탄소 24%, 메탄 15%, 이산화 질소가 6%의 영향을 미친다.

엽록소

- 엽록소는 현재까지 a,b,c,d로 표시하는 4가지 종류가 알려져있다. 이들은 보통 엽록체 건조량의 약 8% 정도이고, 고등 식물에서는 청록색의 엽록소 a, 황록색의 엽록소 b가 대략 3 : 1 정도의 비율로 들어 있다. 유기용매에 잘 녹으며 적색(640 ~ 670nm)과 청색(430 ~ 460nm)광선을 가장 잘 흡수하고 녹색 광선은 반사한다. 이들은 빛에너지를 흡수하여 화학 에너지로 전환시킨다.
- 다음 그림은 육상 식물의 색소액을 추출하여 크로마토그래피로 분리한 것이다.

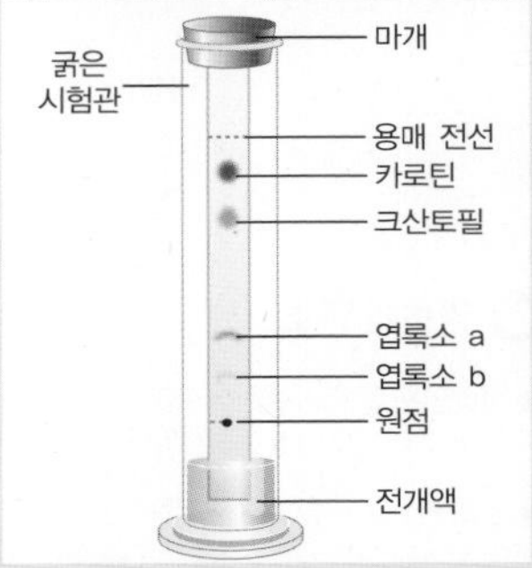

- 육상 식물 : 엽록소 a, b, 카로틴, 크산토필의 4가지 색소가 들어있다.
- 황적조류, 규조류, 갈조류 : 엽록소 c가 들어있다.
- 홍조류 : 엽록소 d가 들어있다.

(4) 식물의 광합성 속도에 영향을 미치는 요인과 관련된 진술 문장을 기호로 쓰시오.

(5) A에서 진술한 프리스틀리는 아래와 같은 방법으로 실험하였다. 각각의 실험 결과를 적고 그 이유를 쓰시오.

[실험 설계]

(가) : 유리 종 속에 촛불을 넣는다.

(나) : 유리 종 속에 쥐를 넣는다.

(다) : 유리 종 속에 식물과 촛불을 넣는다.

(라) : 유리 종 속에 식물과 쥐를 넣는다.

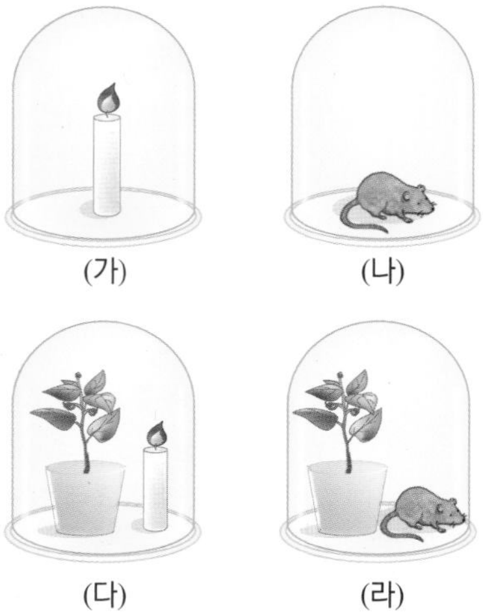

구분	결과	이유
(가)		
(나)		
(다)		
(라)		

(6) 위의 실험을 통해 프리스틀리가 발견한 사실은 무엇인가?

광합성량에 영향을 주는 요인

- 이산화 탄소의 농도 : 어느 한계(0.3%)까지는 농도가 높을수록 광합성이 잘 일어난다.
- 빛의 세기 : 어느 한계까지는 빛이 강할수록 광합성이 잘 일어나나 그 이상 높아지면 변화가 없다.
- 온도 : 35℃에서 광합성이 가장 활발하나 40℃ 이상이면 오히려 감소한다.

프리스틀리

영국 출신의 과학자인 프리스틀리는 유리 종 안에 촛불을 켜 놓은 후에 촛불이 꺼진 것을 보고 불타는 양초가 공기를 상하게 하여 촛불이 꺼졌다고 생각하였다. 그리고 나쁜 공기가 들어 있는 유리 종 안에 쥐를 넣었더니 쥐가 죽었으나 식물을 함께 넣어 놓으면 계속 살아 있는 것을 관찰하고 나쁜 공기가 식물에 의해 정화되어 쥐가 살아있다고 생각하였다. 그러나 이 실험은 반드시 빛이 비치는 곳에 있는 녹색 식물에서만 일어난다는 사실을 지적하지 않았기 때문에 그의 실험을 반복하던 다른 과학자들은 번번이 실패를 거듭하였다.

양초의 연소

- 파라핀은 탄소와 수소로 되어 있어, 연소하면 물과 이산화 탄소가 생성된다.
- 양초 + 산소 → 물 + 이산화 탄소 + 빛과 열

논리 서술형

02 다음은 평지와 고랭지에서 각각의 기온 변화와 온도에 따른 광합성량을 나타낸 그래프이다.

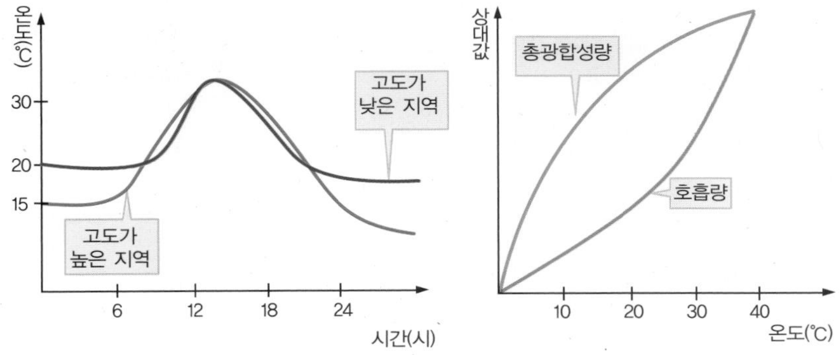

고랭지에서의 채소 재배가 평지에서의 재배보다 생산성이 높은 이유를 식물의 광합성과 호흡 측면을 중심으로 설명하시오.

논리 서술형

03 다음 자료는 현미경으로 여러 식물의 잎에 있는 기공을 관찰하고 얻은 결과이다. 이 자료를 보고 식물이 살아가는 환경에 따라 기공의 분포는 어떠한 특징을 가지는지 설명하시오.

식물명	잎 앞면의 기공 수	잎 뒷면의 기공 수
봉선화	10900	31500
완두	10100	21000
라일락	127	33000
수련	13000	58
수초	0	0

작물의 생산량이 클 조건

작물의 생산량이 크려면 순광합성량이 많아져 많은 양분을 생성하고 저장해야 한다. 순광합성량은 총광합성량에서 호흡량을 뺀 양이기 때문에 호흡량이 적을수록 순광합성량이 많아져 작물의 생산량이 높아지게 된다.

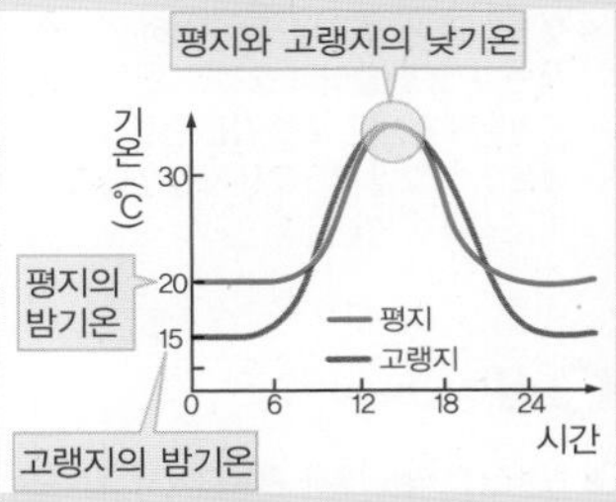

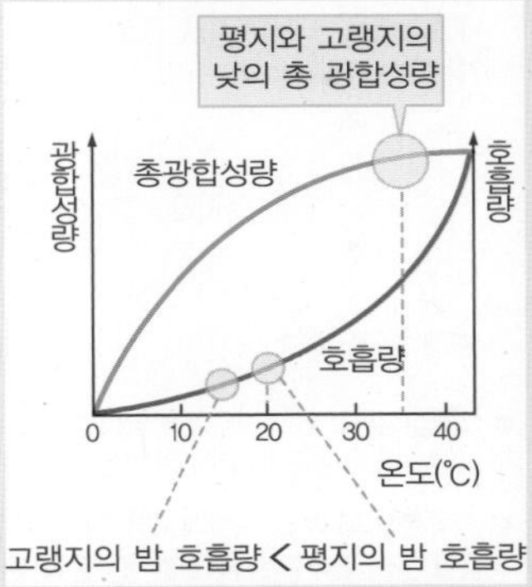

수중 식물의 특징

- 수중 식물은 육상 식물과 다르게 물 밖의 환경 변화에 큰 영향을 받지 않는다. 따라서 잎 표면의 큐티클 층이 없거나 표피 세포가 매우 얇다. 또한 기공이 발달해 있지 않은 경우가 많으며 육상 식물의 기공이 잎의 뒤쪽에 있는 것과는 달리 부엽식물의 경우 잎의 앞쪽에 기공이 있는 것을 볼 수 있다.
- 통기 조직(그물 또는 관 모양으로 연결되어 공기가 이동할 수 있는 조직)이 발달하였다. 종에 따라 통기 조직의 비율은 식물 몸체의 30 ~ 60%로 다양하다. 통도 조직은 식물체가 물 위에 쉽게 뜨거나 물속에 서식하는 경우에도 식물체 내의 공기의 순환을 가능하도록 한다. 이 외에 육상 식물이 뿌리를 통하여 수분을 흡수하는 반면, 수중 식물의 뿌리는 식물을 지지하며 무기 영양소를 흡수하는 역할을 한다.

▲ 연꽃

울타리 조직에 엽록체가 많은 이유

- 잎의 윗면에 울타리 조직에 있는 엽록체의 양이 아랫면의 해면 조직보다 많이 있는 이유는 윗면이 햇빛을 많이 받으므로 광합성이 더 활발하게 일어나기 때문이다.
- 붓꽃과 같이 잎의 앞·뒤 구별이 없는 잎에서는 두 조직(울타리 조직과 해면 조직)이 구별되지 않는다. 또한 같은 종류의 식물이라도 강한 햇볕 아래에서 자란 잎에서 울타리 조직이 더 발달된다.

삼투(Osmosis)

- 반투과성 막을 통해 저농도에서 고농도로 용매(물)가 확산하는 현상이다. 반투과성 막은 용매는 통과시키지만, 용질은 통과시키지 않는 성질이 있다.

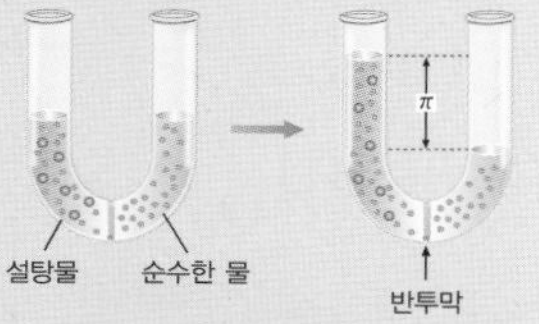

- 삼투압(삼투로 인해 반투과성 막이 받는 압력)은 농도와 온도에 비례하여 커진다.
- 삼투 현상의 예 : 물속에 넣은 적혈구의 용혈 현상, 배추를 소금에 절이면 물이 빠져나오는 현상 등

삼투압을 발견한 화학자 - 반트호프

- 용액의 삼투압 실험 값으로부터 삼투압에 관한 법칙이 기체의 압력의 법칙과 일치하는 것을 발견하고, 기체의 모든 법칙이 묽은 용액에서 그대로 성립한다는 것을 증명하였다. 삼투압의 발견과 열역학 연구에 대한 공로로 1901년에 노벨상이 처음으로 제정되자 반트호프는 제1회 노벨 화학상을 수상하였다.
- 반트호프의 법칙 : 삼투압(π)은 절대 온도와 몰농도에 비례한다.

$$\pi = CRT$$

(C : 몰농도[몰/L], R : 기체 상수[0.082기압·L/몰·K], T : 절대 온도[K])

논리 서술형

04 다음은 식물의 잎의 단면에 대한 그림과 특징이다. 물음에 답하시오.

(1) 오른쪽 그림은 수련의 잎 단면 사진이다. 수련의 잎 단면에는 빈 공간이 매우 많다. 이러한 특징이 나타나는 이유를 쓰시오.

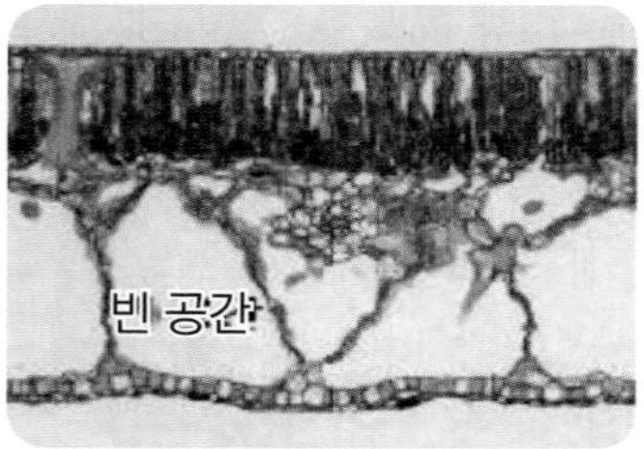

(2) 오른쪽 그림은 옥수수의 잎 단면 사진이다. 옥수수의 잎이 가지는 특징을 관찰하고, 그러한 특징이 나타나는 이유를 잎이 햇빛을 받는 방향과 관련지어 쓰시오.

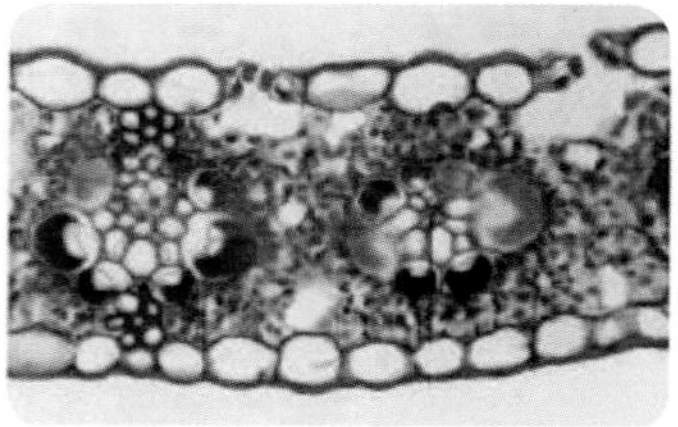

논리 서술형

05 습하고 온도가 높은 장소에 음식을 보관하면 곰팡이가 피는 것을 볼 수 있다. 하지만 벌꿀에는 곰팡이가 생기지 않는다. 곰팡이의 특징과 관련지어 그 이유가 무엇인지 쓰시오.

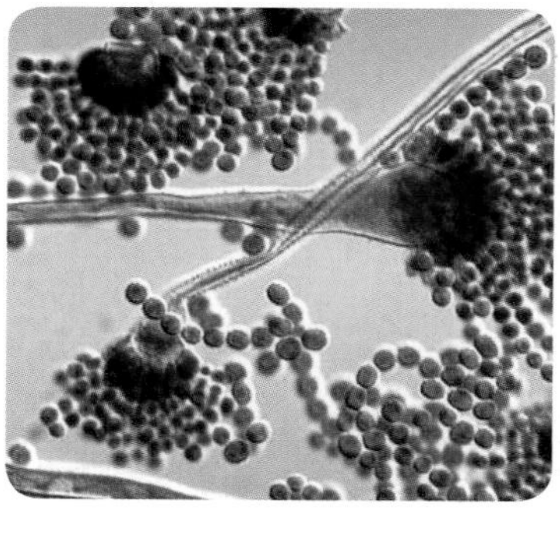
▲ 푸른곰팡이 확대 사진

▲ 곰팡이가 생기지 않는 벌꿀

곰팡이 특징 : 곰팡이는 주변에서 가장 흔히 볼 수 있는 미생물로 진핵 세포의 구조를 가지고 있다. 폭 10㎛ 내외의 실 모양의 균사체형으로 이루어져 있다. 곰팡이는 식품을 부패시키는 원인 중의 하나이지만 막걸리, 약주를 비롯한 양조 제품, 효소, 유기산, 항생 물질 등 생활에 유용하게 이용되기도 한다.

정답 및 해설 28쪽

단계적 문제 해결형

06 다음 제시문 1, 2, 3은 광합성에 관련된 글이다. 물음에 답하시오.

[제시문 1]

지구상의 모든 생명체는 궁극적으로 태양으로부터 에너지를 얻는다. 태양 빛은 식물 세포에 존재하는 엽록체에 의해 흡수되어 유기 화합물을 생산하는 데 쓰인다.

$6CO_2 + 12H_2O +$ 빛 에너지 $\rightarrow C_6H_{12}O_6 + 6H_2O + 6O_2$

즉, 광합성이란 대기 중의 이산화 탄소와 뿌리로부터 흡수된 물이 빛에너지를 이용하여 포도당으로 전화되는 과정이며, 이때 부산물로 산소가 발생하게 된다.

[제시문 2]

광합성은 빛을 필요로 하는 명반응과 CO_2를 필요로하는 암반응 두 단계로 나뉘어진다. 명반응은 엽록체의 틸라코이드 막에서 일어나며, 빛이 물 분자를 분해하고 이에 의해 전자와 ATP가 생성되며 부산물로 산소가 방출된다. 암반응은 명반응으로부터 전달된 전자와 ATP를 이용하여 포도당을 합성하는 과정이며, 빛의 존재와 상관없이 일어난다.

[제시문 3]

식물이 명반응에서 이용하는 빛은 가시광선 영역의 특정 파장인데, 이 빛은 틸라코이드 막의 색소에 의해 흡수된다. 여러 색소들 중 엽록소 a 와 전자 수용체가 반응 중심을 형성하며, 다른 색소들은 빛을 흡수하여 반응 중심에 전달하는 집광 안테나 역할을 한다. 이 반응 중심과 집광 안테나를 합쳐 광계라고 부른다. 명반응에는 두 개의 광계가 존재하는 것으로 알려져 있으며, 이 둘은 그 최대 흡수 파장이 다르다.

(1) 해캄과 호기성 세균을 하나의 용기에 넣어 배양할 때 그림과 같이 프리즘을 통과한 빛을 비추어 주었다. 일정 시간이 지난 후 호기성 세균이 해캄의 특정 부위에 몰려 자라고 있음을 알았다. 이로부터 어떤 사실들을 추론할 수 있는지 설명하시오.

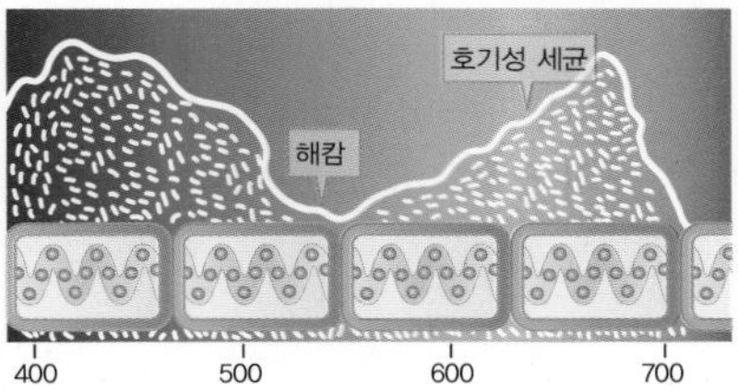

(2) 파장 680nm 이상의 빛을 비추면 광합성률은 급격히 감소한다. 하지만 파장 700nm의 빛과 파장 680nm의 빛을 동시에 비추면 오히려 두 파장의 빛을 독립적으로 주었을 때보다 광합성률이 증가하게 된다. 그 이유를 추론해 보시오.

(3) 24시간 계속 식물에게 빛을 비추어 주면 식물은 어떻게 될지 그 이유를 생각하여 쓰시오.

빛의 파장과 색

- 가시광선은 전자기파에서 약 380 ~ 750nm 범위로 파장 범위에 따라 다른 색으로 보인다. 엽록체에는 여러 종류의 색소가 있어 각기 다른 파장의 빛을 흡수한다.

구분	역할	흡수하는 빛
엽록소 a	명반응에 직접 참여	청색과 적색 빛 흡수
엽록소 b	보조 색소	청색과 주황색 빛 흡수
카로티노이드	보조 색소	청록색 빛 흡수

- 보조 색소들이 흡수한 빛에너지가 엽록소 a에 넘어가면, 이 에너지가 명반응에 이용된다. 그러므로 보조 색소들이 빛을 흡수하여 식물이 사용할 수 있는 빛의 영역이 넓어지게 된다.

물과 광분해

엽록체에서 물이 빛에너지에 의해 분해되는 과정으로 수소 이온(H^+)과 전자(e^-), 산소(O_2)를 생성한다.

$$H_2O \rightarrow 2H^+ + 2e^- + \frac{1}{2}O_2$$

- $2H^+$, $2e^-$: $NADP^+$와 결합하여 $NADPH_2$를 생성한다.
- O_2 : 외부로 방출된다.

에머슨의 상승 효과 (enhancement effect)

700nm의 빛을 줄 때 동시에 680nm의 빛을 주면 두 개의 파장의 빛을 각각 비추었을 때의 광합성률을 합한 것보다 광합성률이 훨씬 높아지는 현상이다.

벼의 생산량에 영향을 주는 요인

- 논벼는 식물체의 일부가 물속에 잠겨서 자라므로 어릴 때에는 수온의 영향을 많이 받지만, 수확할 때쯤에는 기온의 영향을 더 많이 받는다. 특히 일사량과 일조 시간이 벼의 광합성 작용에 미치는 영향은 매우 크다. 벼의 잎 면적이 클수록 일사량에 강한 것이 생육에 유리하므로, 물이 부족하지 않는 한 일사량이 강하고 일조 시간이 길수록 쌀 생산량은 높아진다.
- 우리나라의 경우 7 ~ 8월은 강우에 의한 일조 부족과 높은 온도로 벼의 물질 생산 및 축적에 불리하며, 9 ~ 10월에는 일사량은 충분하지만 기온이 낮아 벼 알이 충분히 익지 못하는 경우가 있다.

수액 주입 방법

나무에 지름 1cm, 깊이 3 ~ 4cm의 구멍을 뚫고 관을 꽂아 링거주사처럼 나무에 매달아 놓는다.

나무의 영양제 - 수간 주사

- 나무의 영양제를 흔히 수간 주사(樹幹注射)라고 하며 사용하는 수액은 영양제와 병충해 방제약제 두 종류가 있다.
- 영양제 수간 주사는 질소, 인산, 칼륨, 마그네슘, 황, 철 등 나무에 필요한 10대 영양소와 미량 원소, 식물 생장 호르몬을 비롯하여 발근 촉진제도 혼합하여 주입한다.
- 병충해 약제 수간 주사는 병이나 충해의 종류에 따라 알맞은 여러 가지 약제를 혼합하여 주입한다.

논리 서술형

07 다음은 2002년 신문 기사 내용의 일부분이다. 물음에 답하시오.

올 벼농사, 이젠 일조량에 달렸다.

집중호우와 태풍으로 인한 벼농사 피해가 심각한 가운데 올 벼농사의 성패가 일조량에 쏠리고 있다.

… (중략) …

농진청의 연구 결과에 따르면 하루분의 가을 햇살은 쌀 11만 석의 증산 효과를 가져온다고 한다. 쌀 수확량은 이삭이 패기 시작하는 8월 말 이전 20일 동안 20%의 영향을 받고 이삭이 팬 후 34일 동안 80%가 영향을 받는다고 농진청은 밝혔다. 이삭이 팬 후의 80%를 좌우하는 것이 바로 기온과 일조량이다.

8℃ 정도의 일교차에 9월의 평균 기온이 22℃ 정도를 유지하면서 땡볕이 대지에 내려앉으면 일조량이 25% 정도 줄어든 때보다 생산량이 8% 정도 증가한다. 이를 전체 벼 재배 면적으로 환산하면 하루분의 가을 햇볕으로 무려 11만 석이 증산된다고 농진청은 밝혔다. 지난 2000년에도 태풍 '사오마이'로 인해 30만 석 정도의 쌀 수확량 감소가 예상됐으나 이후 가을 날씨가 쾌청해 예년 수준의 수확량을 유지할 수 있었다.

일조량이 쌀 수확량에 영향을 미치는 이유를 쓰시오.

추리 단답형

08 나무가 병이 들었을 때 수액 주사를 놓는 경우가 많다. 수액 주사는 나무의 어느 부분에 놓는 것이 좋을까?(㉠) 또한 수액 주사를 놓기에 적절한 때는 언제인가?(㉡)

논리 서술형

09 다음은 나무에 대해 여러 방법으로 연구한 것이다. 물음에 답하시오.

(1) 길이가 1m인 어린 나무에 뿌리로부터 10cm 지점에 칼로 표시를 해 놓고 1년이 지난 뒤 그 위치를 확인하였을 때 표시한 부분의 위치는 어떻게 변했을지 이유와 함께 쓰시오.

(2) 나무에 대해 아는 가장 좋은 방법은 나이테를 관찰하는 것이다. 나이테는 나무의 변화 형태뿐만 아니라 나무가 성장한 지역의 환경 변화까지 보여 준다. 다음 두 나무의 나이테를 관찰하고 열대 지방에서 자란 나무가 무엇인지 이유와 함께 쓰시오.

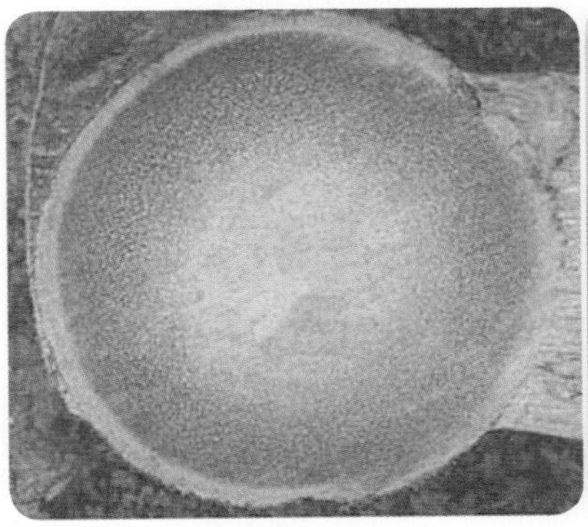

(가)

(나)

나무의 생장

- 나무 껍질(수피) 안쪽의 1 ~ 2cm 깊이에 형성층이 있다. 이 형성층을 중심으로 지름 방향으로 부피 생장을 한다.
- 나무마다 형성층 안쪽과 바깥쪽에 만드는 세포의 비율이 다르기 때문에 수피의 모양이 달라진다. 보통 형성층 안쪽으로 4개의 세포가 생기면 바깥쪽으로 2개의 세포가 자란다.
- 생장점은 뿌리 끝이나 줄기 끝에 있으며, 길이 생장을 담당한다.

나이테를 통해 알 수 있는 3가지 정보

① 과거 기후 변화
적당히 비가 오고 햇빛을 충분히 받아 좋은 날이 계속 된 해에는 나이테가 넓고, 몹시 춥거나 가뭄이 심한 해에는 나무가 제대로 자라지 못해 나이테 간격이 좁다. 또한 나무가 자랄 시기에 갑자기 환경이 나빠지면 '가짜 나이테'가 생기기도 한다. 더 극심한 경우에는 나이테를 만들지 않기도 한다.

② 연대
나무는 성장하면서 겪었던 자연 환경 조건을 수백 년, 수천 년 동안 나이테에 기록한다. 따라서 살아 있는 나무의 나이테를 연구하면 '표준 나이테 그래프'를 만들 수 있다. 이를 통해 연대를 모르는 옛 건물의 기둥 등을 비교 조사하면 정확한 연대를 밝힐 수 있다.

③ 방향
나무 밑기둥에 나타난 나이테의 형태를 보아 나이테 사이가 좁은 곳은 북쪽, 넓은 곳이 남쪽이다. 나무의 나이테를 보고 방향을 구분할 수 있는 이유는 나무의 남쪽을 향하고 있는 부분이 북쪽에 비해 좀 더 많은 양의 햇빛을 보게 되어 더 잘 자라기 때문이다.

창의력을 키우는 문제

논리 서술형

10 **다음 제시문 1, 2, 3과 실험 방법 및 결과를 읽고 물음에 답하시오.**

[제시문 1]

산업이 발달할수록 대기 오염의 정도는 심해진다. 대기의 오염은 곧바로 산성비의 주범이 되는데 도심의 경우에는 산성비의 주범이 자동차의 배기 가스에서 방출되는 질소 산화물이다. 그러나 공장 지대의 경우에는 굴뚝에서 방출되는 황산화물이 주범으로, 같은 산성비라 할지라도 지역에 따라 요인이 다를 수 있다. 산성비는 식물의 잎이 하얀색으로 변하는 황백화 현상의 원인이 된다.

[제시문 2]

빛에너지를 받은 엽록소에서는 높은 에너지의 전자가 방출되어 가까이에 있는 전자 수용체에 결합한 후 전자 전달계를 통해 이동하면서 화학 에너지로 전환된다. 그런데 엽록소가 파괴되거나 전자 수용체가 없으면 방출된 고에너지 전자는 에너지를 열과 함께 형광(붉은색)으로 방출하고 원래 상태로 되돌아오게 된다.

[제시문 3]

엽록소는 C, H, O, N, Mg 로 구성되어 있는데, 그 중 Mg 이 중심에 위치한다.

[실험 방법]

① 엽록소를 추출한 후 두 개의 시험관에 각각 넣고 묽은 질산 용액과 묽은 황산 용액을 한 방울 씩 넣는다.

② 시험관을 가볍게 흔들고 빛을 비추며 색깔 변화를 관찰한다.

[실험 결과]

구분	묽은 질산 용액을 넣은 시험관	묽은 황산 용액을 넣은 시험관
색깔 변화	약간의 형광 관찰됨	진한 붉은 색의 형광 관찰됨

(1) 묽은 황산 용액과 묽은 질산 용액을 넣은 시험관의 색깔 차이를 통해 알 수 있는 사실은 무엇인가?

(2) 붉은색의 형광이 증가할수록 광합성량은 어떻게 변할지 그 이유와 함께 쓰시오.

(3) 황산화물이 주성분인 산성비가 식물에게 황백화 현상을 일으키는 이유를 설명하시오.

엽록소의 빛 이용

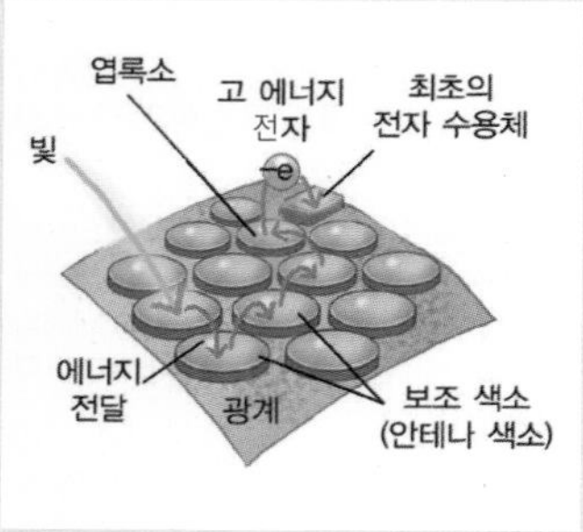

엽록소가 빛을 흡수하면 높은 에너지의 전자를 방출한다. 엽록소 근처에는 고에너지의 전자를 받아들이는 전자 수용체가 있어 전자 전달계로 이동하게 되고 이 과정을 통해 ATP, $NADPH_2$가 생성된다.

고에너지 전자의 에너지 방출

엽록소가 빛에너지를 받아 방출한 고에너지 전자는 전자 수용체가 없을 경우 원래의 상태로 되돌아 오면서 에너지를 열과 함께 형광으로 방출한다.

엽록소의 빛 이용

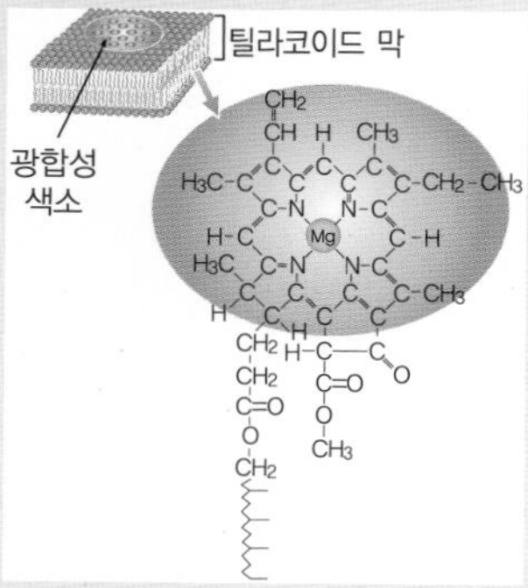

엽록소 분자 가운데에 Mg이 위치하는데, 황산 용액에 의해 빠져나오게 된다.

단계적 문제 해결형

11 다음은 식물의 광합성 반응 속도를 알아보기 위한 실험이다. 물음에 답하시오.

[실험 과정]

(가) 2.0% $NaHCO_3$ 용액을 3개의 페트리 접시에 각각 $\frac{2}{3}$ 정도 채운다.

(나) 250mL 삼각 플라스크에 100mL 의 2.0% $NaHCO_3$ 용액을 채운다.

(다) 3 ~ 4 장의 식물 잎을 포개 놓고 잎맥이 없는 부위를 선택하여 코르크 보러로 직경 0.5 ~ 1cm 정도의 잎 조각을 만든다.

(라) 약 40 개의 잎 조각을 2.0% $NaHCO_3$ 용액이 들어 있는 삼각플라스크에 띄우고 유리관이 달린 고무 마개로 막아 진공을 가해 잎 조각을 가라앉게 한다.

(마) 바닥에 가라앉은 잎 조각 5개 정도를 핀셋으로 조심스럽게 2.0% $NaHCO_3$ 용액이 들어 있는 페트리 접시에 옮겨 바닥에 가라앉힌다.

(바) 빛의 세기를 달리 하며 잎 조각이 떠오르는 시간을 측정한다.

(1) 위 실험에서의 아래의 각 변인은 무엇인가?

- 조작 변인(결과에 영향을 주도록 변화시키는 요인) :
- 종속 변인(측정하고자 하는 변인) :
- 통제 변인(선택한 조작 변인 외에 조작하지 않아야 할 변인) :

(2) 잎 조각이 떠오르는 이유는 무엇인가?

(3) 이 실험에서 2.0% $NaHCO_3$ 용액을 사용하는 이유는 무엇인가?

(4) 잎 조각이 떠오르는 시간과 광합성 속도와는 어떤 상관이 있을까?

(5) 빛의 세기와 광합성 속도와의 관계를 그래프로 나타내시오.

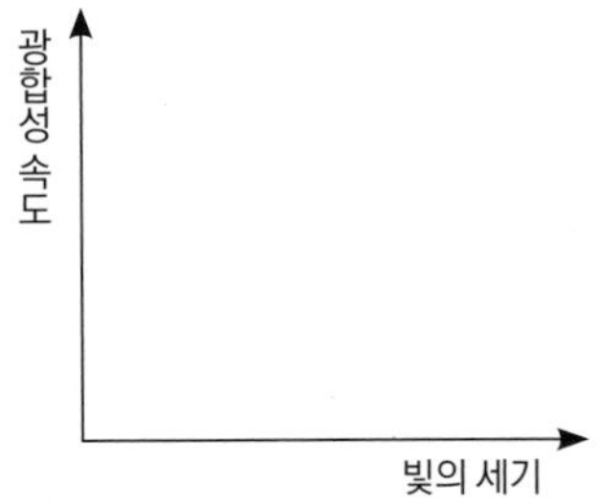

변인의 종류

- 독립 변인(조작 변인, 통제 변인) : 실험 결과에 영향을 주는 변인
- 조작 변인 : 실험에서 체계적으로 변화를 주는 변인
- 통제 변인 : 실험을 하는 동안 일정하게 유지시켜야 하는 변인
- 종속 변인 : 독립 변인의 변화에 따라 나타나는 것으로 실험 결과에 해당한다.

루벤의 실험

- 〈실험 1〉

클로렐라를 재료로 하여 산소의 동위 원소 ^{18}O를 함유하는 물($H_2{}^{18}O$)과 보통의 이산화 탄소($C^{16}O_2$)를 주고 빛을 쬐었다.
→ 실험 결과 : 발생한 산소는 모두 $^{18}O_2$이다.

- 〈실험 2〉

클로렐라를 재료로 하여 보통의 물($H_2{}^{16}O$)과 산소의 동위 원소 ^{18}O를 함유하는 이산화 탄소($C^{18}O_2$)를 사용하여 광합성을 시켰다.
→ 실험 결과 : 발생한 산소는 모두 $^{16}O_2$이다.

- 〈결론〉

광합성의 결과로 발생하는 O_2는 물의 분해 산물이다.

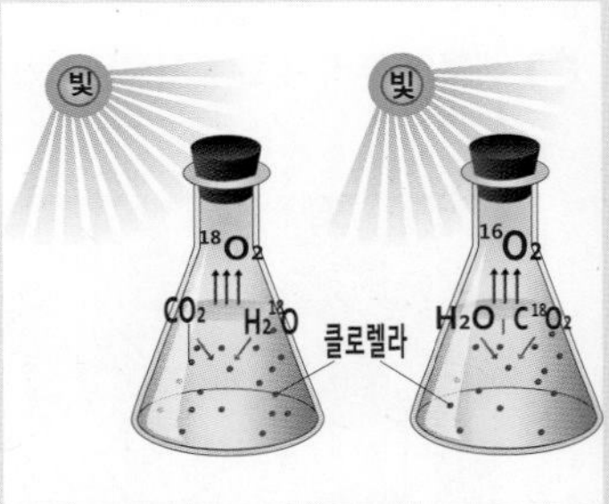

창의력을 키우는 문제

캘빈 회로(암반응)의 발견

미국의 캘빈과 그의 동료들은 클로렐라에 방사성 동위 원소로 표지된 $^{14}CO_2$를 공급하고 빛을 쪼여 주는 시간을 늘려 가면서 클로렐라 추출액을 분석하는 방법을 통해 ^{14}C의 전환 과정을 추적하여 광합성의 암반응 과정을 밝혀냈다.

광합성과 온실효과

대기 부피의 약 0.03%는 이산화 탄소가 차지한다. 한편, 대기 중의 이산화 탄소는 지구로부터 외부로 방출되는 복사열을 마치 온실의 투명 유리처럼 차단함으로써 지구상의 날씨를 온난하게 만드는 온실효과를 나타내는데, 화석 연료의 사용 증가로 인해 대기 중의 이산화 탄소 농도가 계속 증가하여 지구의 평균 온도가 상승하는 기상 이변을 초래하고 있다.

식물의 뿌리 세포에 저장된 녹말 모습

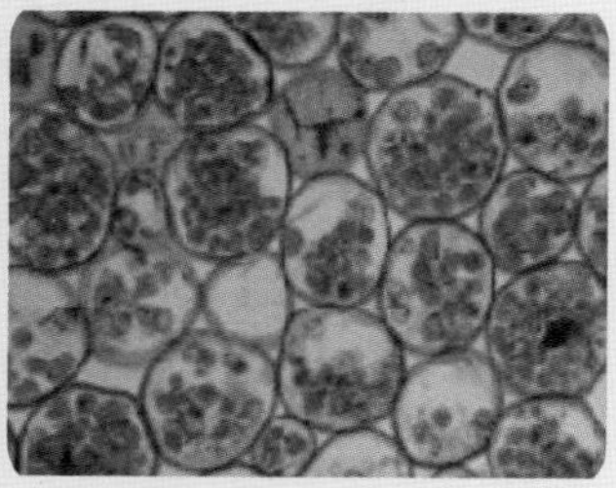

논리 서술형

12 **다음 그림은 녹색식물의 잎에서 일어나는 광합성 과정을 모식도로 나타낸 것이다. 물음에 답하시오.**

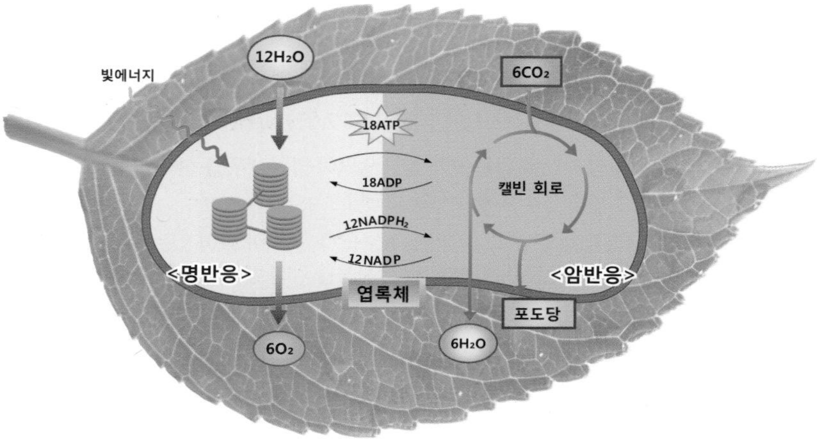

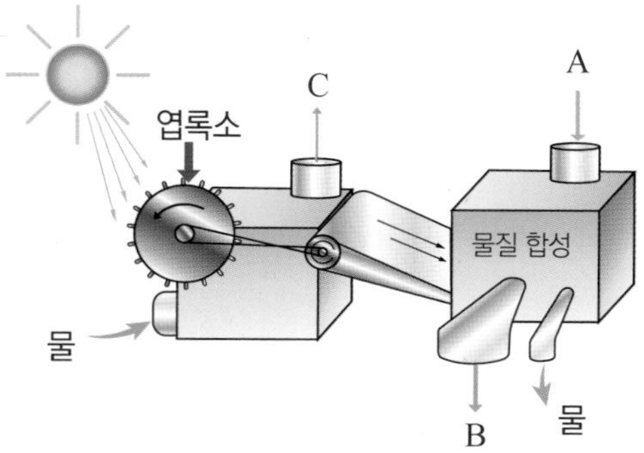

(1) A는 광합성에 사용되는 물질, B는 광합성 결과 합성되는 물질이다. A와 B는 각각 무엇인지 설명하시오.

(2) C는 광합성 결과 방출되는 기체이다. 이 기체의 종류를 쓰고 이 기체가 다른 생물체에 어떻게 사용되는지를 설명하시오.

(3) 농경지를 보호하거나 나무를 많이 심고 열대 우림을 보호하는 일이 온실 효과를 상쇄시킬 수 있는 이유를 설명하시오.

(4) 식물의 잎에서 B가 생성되었는지를 확인할 수 있는 실험 방법 1 가지를 50자 이내로 설명하시오.

정답 및 해설 30쪽

단계적 문제 해결형

13 **다음 그래프는 식물의 빛의 세기에 따른 광합성량을 나타낸 것이다. 물음에 답하시오.**

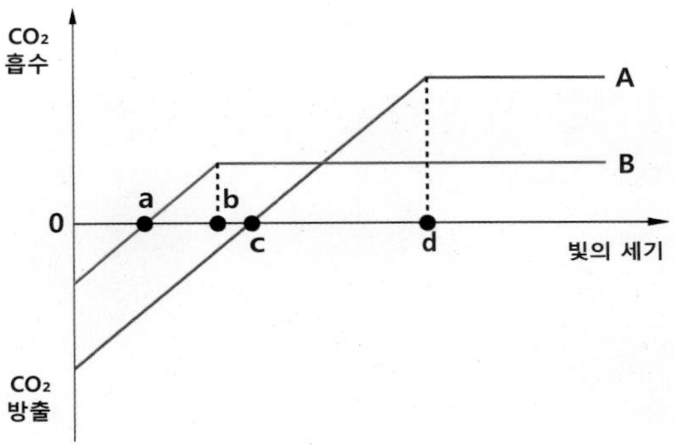

(1) 커다란 다리 밑에 식물을 심어 조경을 하려할 때 A와 B 식물 중 어떤 식물을 심는 것이 유리한지 그 이유와 함께 서술하시오.

(2) 위의 두 식물의 광합성량을 맑은 날 하루 종일 측정한 결과를 예측하여 그래프로 나타내 보시오. (A 식물의 호흡량은 5, B 식물의 호흡량은 10, 광포화점에서 A 식물의 광합성량은 10, B 식물의 광합성량은 20이다.)

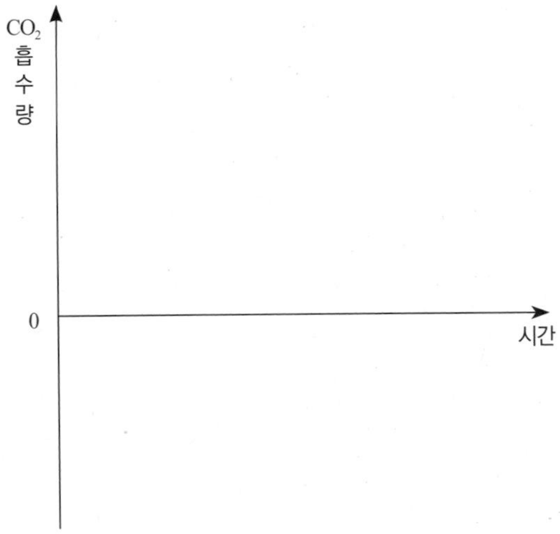

양지 식물과 음지 식물

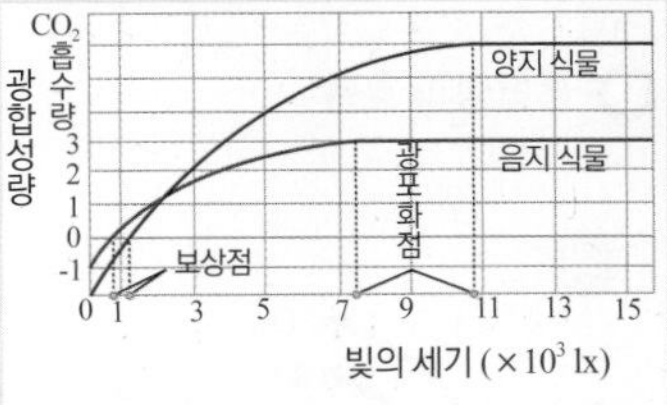

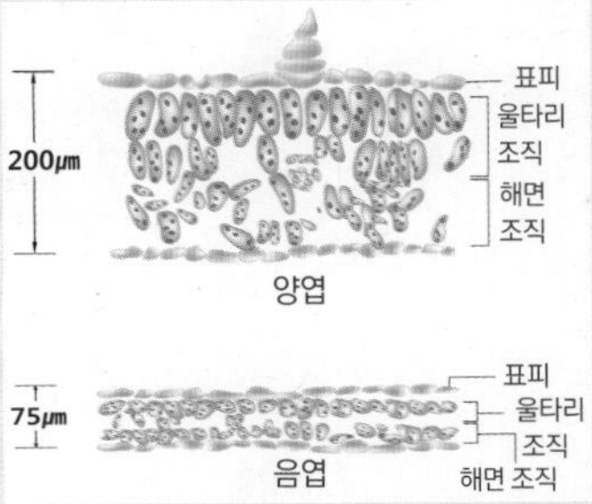

- 광포화점 : 광합성 속도가 더 이상 증가되지 않을 때의 빛의 세기이다.
- 보상점 : 호흡량과 광합성량이 같을 때의 빛의 세기로, 외관상 CO_2의 출입이 없는 것처럼 보인다.
- 양엽 : 음엽에 비하여 울타리 조직이 더 발달하여 두껍고 기공이 많다.
- 음엽 : 울타리 조직의 발달이 미약하고 기공이 양엽에 비해 적다.

광합성 산물의 이동

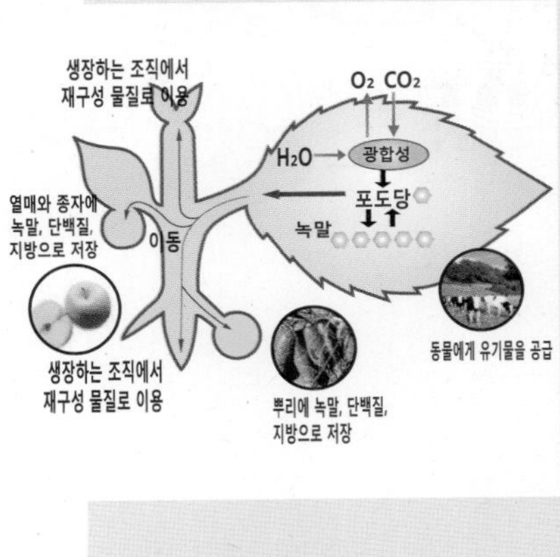

단계적 문제 해결형

14 이곳은 다른 지역에 비해 연평균 기온이 낮지만, 배추 농사가 잘 되기로 유명한 대관령이다. 배추가 한창 자라고 있는 5월의 어느 날, 배추밭에서 아줌마가 풀 뽑기를 하고 있다. 물음에 답하시오.

(1) 배추 세포와 아줌마(동물) 세포의 차이점을 비교하시오.

(2) 배추의 세포와 아줌마의 세포에서 진행되는 물질대사를 설명하시오.

(3) 햇빛이 강한 한낮에 배추의 기공으로 출입하는 기체는 무엇인가?

(4) 햇빛이 사라진 밤에 배추의 기공으로 출입하는 기체는 무엇인가?

광합성과 호흡

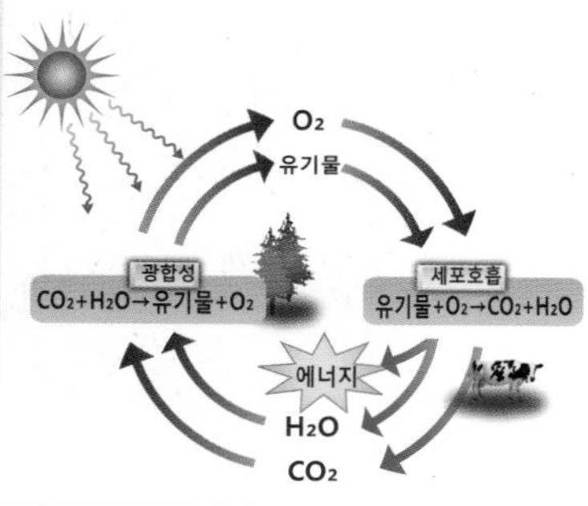

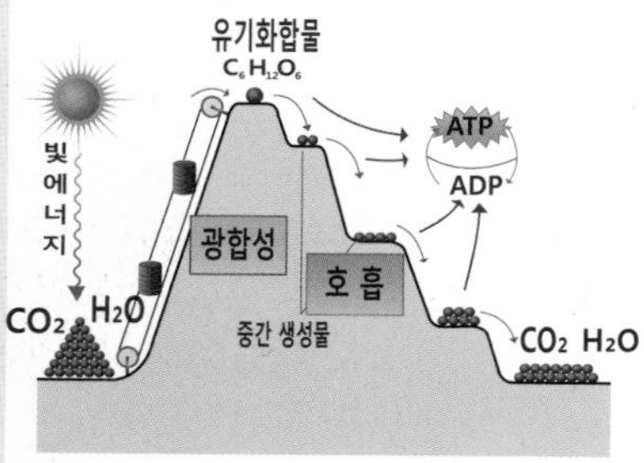

식물이 광합성을 통해 합성한 유기물은 호흡 과정을 거쳐 ATP로 전환된 후 생물체 안에서 여러 에너지로 전환된다.

엽록체(A)와 미토콘드리아(B)에서 일어나는 물질의 이동

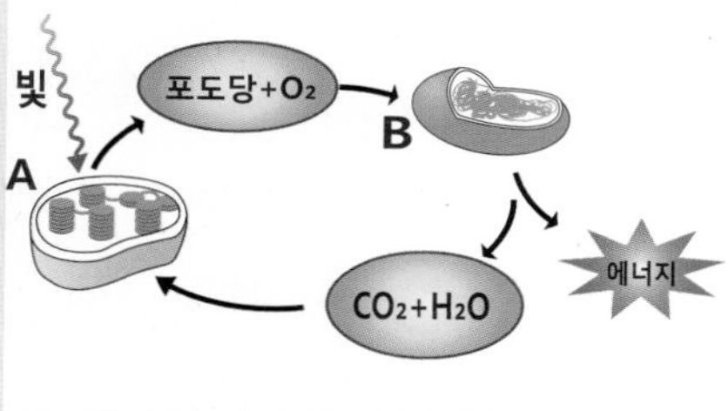

01 무한이는 크기가 같은 참나무 두 그루 (가), (나)를 각각 화분에 심고, 작은 온실에 넣었다. 다음 그림과 같이 참나무 (나)는 줄기 껍질의 일부를 그림 (다)와 같이 고리 모양으로 벗겼고 그 외의 조건은 같도록 하였다. 온실의 공기 속에는 방사성 동위원소로 표지된 이산화 탄소($^{14}CO_2$)가 포함되도록 하였고, 화분에 주는 물에는 방사성 동위 원소로 표지된 인(^{32}P)을 포함하여 물질의 이동 상태를 파악할 수 있도록 하였다.

[대회 기출 유형]

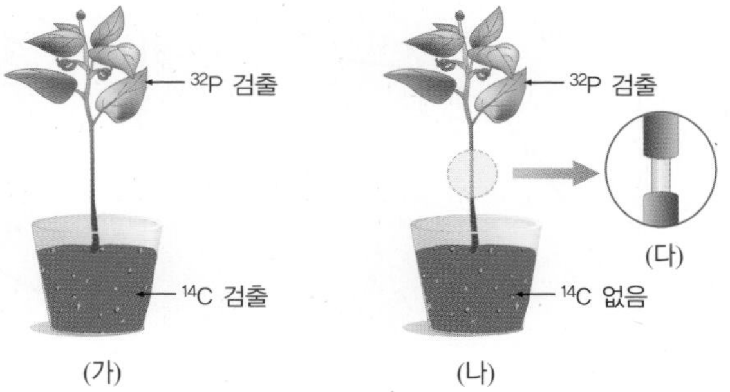

이 실험을 시작하고 6시간 후 그림과 같은 결과를 얻었을 때, 위 실험에 대한 해석으로 옳은 것만을 〈보기〉에서 있는 대로 고르시오.

보기

ㄱ. 체관부에서는 물이 이동한다.
ㄴ. 체관부는 나무의 껍질 부분에 있다.
ㄷ. 물관부는 줄기 안쪽인 목질부에 있다.
ㄹ. 이 식물의 줄기 중에서 ^{32}P 농도가 가장 높은 곳은 표피 조직이다.
ㅁ. 식물의 껍질을 고리 모양으로 벗겨낼 경우 잎에서 광합성이 일어나지 않는다.
ㅂ. 식물의 껍질을 고리 모양으로 벗겨낼 경우 뿌리에서 흡수한 물이 이동하지 못한다.

02 식물은 물이 없으면 살지 못한다. 식물은 물을 흡수하여 유기물을 만드는 데 이용하고, 쓰다 남은 물은 잎을 통해 밖으로 내보낸다. 식물이 흡수한 물을 잎 등을 통해 밖으로 내보내는 과정을 증산 작용이라고 한다. 다음 그림은 봉선화 잎의 증산 작용을 알아보려는 실험을 하기 위해 설치한 장치와 과정을 나타낸 것이다. 상상이는 봉선화의 키나 잎의 수, 시험관 물의 높이를 같게 하여 햇빛이 잘 비치는 곳에 둔 다음, 1시간 후에 물의 높이를 관찰하였다.

[대회 기출 유형]

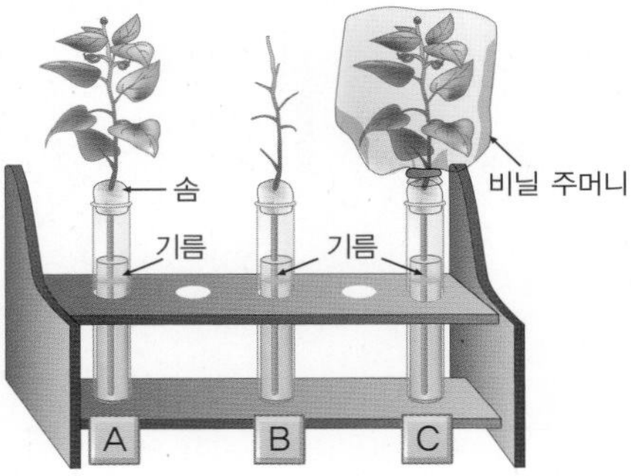

위 그림에 대한 설명으로 옳은 것만을 〈보기〉에서 있는 대로 고르시오.

보기

ㄱ. 1시간 후에 시험관 C의 비닐 봉지 안의 습도는 낮아질 것이다.
ㄴ. 바람이 잘 부는 곳에 두면, 시험관 A의 물의 높이가 낮아질 것이다.
ㄷ. 시험관에 기름을 넣은 이유는 물과 공기의 접촉을 막기 위한 것이다.
ㄹ. 시험관 주둥이를 솜뭉치로 막지 않아도 물의 높이는 거의 같을 것이다.
ㅁ. 시험관 B의 봉선화 잎을 따 버린 것은 줄기에서 물이 증발하는지 알아보기 위해서이다.

03 식물이 빛에너지와 무기물을 이용하여 유기물을 만드는 과정을 광합성이라고 한다. 광합성은 녹색 식물의 잎에 있는 엽록체에서 일어난다. 광합성의 결과 포도당이 만들어지며, 산소도 방출된다. 식물이 잘 자라기 위해서는 광합성이 활발하게 일어나야 한다. 광합성이 활발하게 일어나기 위해서는 여러 가지 물질이 있어야 하고 몇 가지 조건도 충분히 만족되어야 한다. 그래프 (가), (나), (다)는 모두 광합성량과 광합성에 영향을 끼치는 요인들 사이의 관계를 나타낸 것이다.

[대회 기출 유형]

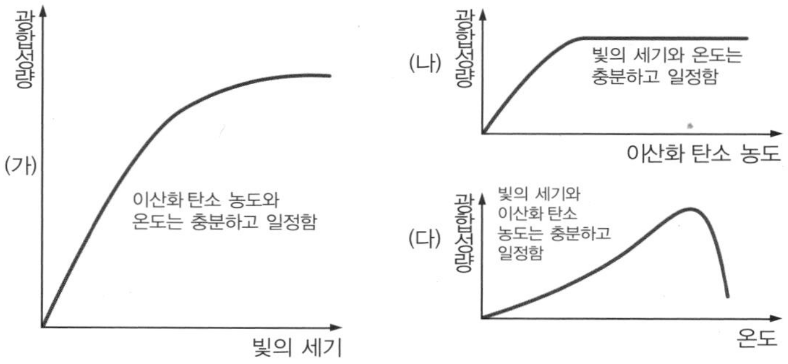

[광합성에 영향을 미치는 요인]

그래프 (가) ~ (다)에 대한 해석으로 옳은 것만을 〈보기〉에서 있는 대로 고르시오.

보기

ㄱ. 그래프 (가)는 음지에 둔 식물과 양지에 둔 식물의 광합성량이 다른 이유를 설명한다.
ㄴ. 그래프 (다)는 겨울에도 온도만 높여 주면 수박을 생산할 수 있는 한 이유를 나타낸다.
ㄷ. 그래프 (가)는 식물에 햇빛을 오래 비추어 줄수록 광합성량이 늘어나는 것을 나타낸다.
ㄹ. 그래프 (다)는 한 식물의 봄 광합성량과 가을의 광합성량이 비슷하다는 것을 나타낸다.
ㅁ. 그래프 (나)는 매연으로 공기가 오염된 지역에서 광합성이 더 활발하게 일어나는 것을 나타낸다.

04 한 식물학자가 두 종류의 식물(A와 B)이 주변의 조건에 따라 광합성이 일어나는 정도가 어떻게 달라지는지 알아보고자 하였다. 공기 중의 CO_2 농도, 잎의 온도, 빛의 세기 등을 변화시키면서 식물이 '1분 동안 흡수한 이산화 탄소의 양(순광합성률)'을 측정한 결과는 다음과 같다.

[대회 기출 유형]

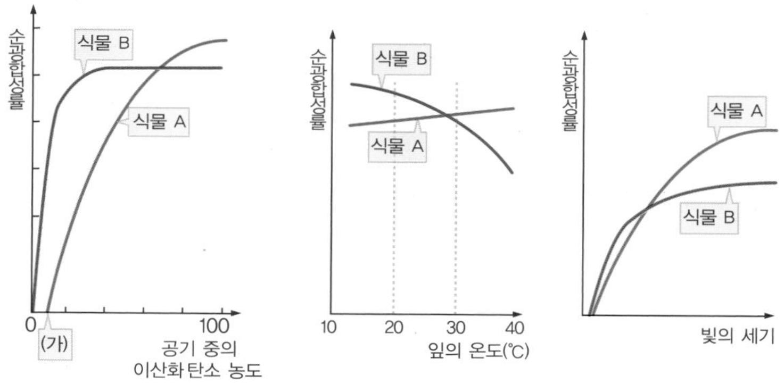

위 결과를 근거로 하여 두 식물 A, B에 대한 설명으로 옳은 것만을 〈보기〉에서 있는 대로 고르시오.

보기

ㄱ. 빛이 강한 곳에서는 식물 A가 식물 B보다 잘 자란다.
ㄴ. 식물 A는 외떡잎식물이고, 식물 B는 쌍떡잎식물이다.
ㄷ. 추운 곳에서는 식물 A에 비해 식물 B가 광합성을 잘 한다.
ㄹ. 공기 중의 CO_2 농도가 (가)보다 낮을 때 식물 A는 기공을 열지만, 식물 B는 기공을 닫는다.
ㅁ. 식물 잎의 온도가 높아짐에 따라 식물 A의 호흡량은 일정하지만, 식물 B의 호흡량은 많아진다.

05 다음 그림은 광합성과 호흡의 관계를 나타낸 것이다. (단, A와 D는 물질이며 B와 C는 생명체이다.)

[대회 기출 유형]

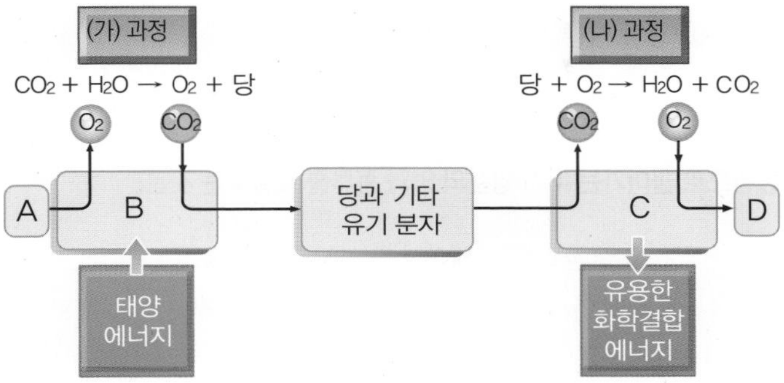

광합성과 호흡의 관계를 설명한 것으로 옳은 것만을 〈보기〉에서 있는 대로 고르시오.

보기

ㄱ. 바이러스는 C이다.
ㄴ. 곰팡이는 B에 속한다.
ㄷ. A와 D는 물 분자이다.
ㄹ. (가) 과정은 (나) 과정보다 먼저 지구상에 나타났다.
ㅁ. B에 속한 생물도 광합성으로 생성된 산소를 이용한다.

06 (A)는 닭의장풀(달개비) 잎의 표면에 있는 공기의 이동 통로인 기공의 닫힌 상태와 열린 상태를 나타낸 것이다. (B)는 기다란 고무 풍선의 한쪽에만 투명 테이프를 붙이고 붙인 쪽이 마주 보도록 하면서 두 풍선의 끝을 실로 묶고 풍선에 공기를 넣어 가운데에 공간이 생기게 한 풍선 모형으로 두 풍선은 공변세포를 나타낸 것이다.

[대회 기출 유형]

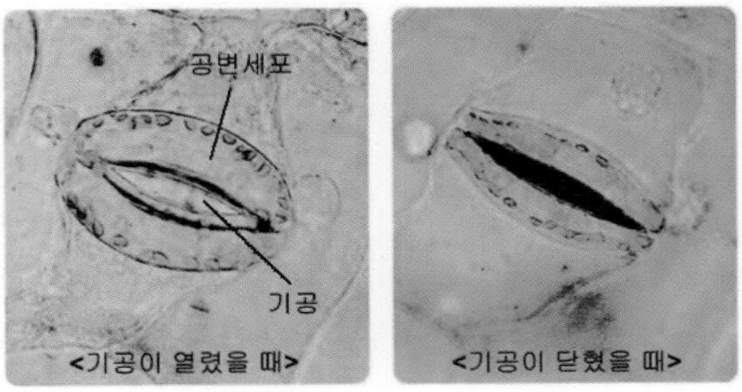

(A)

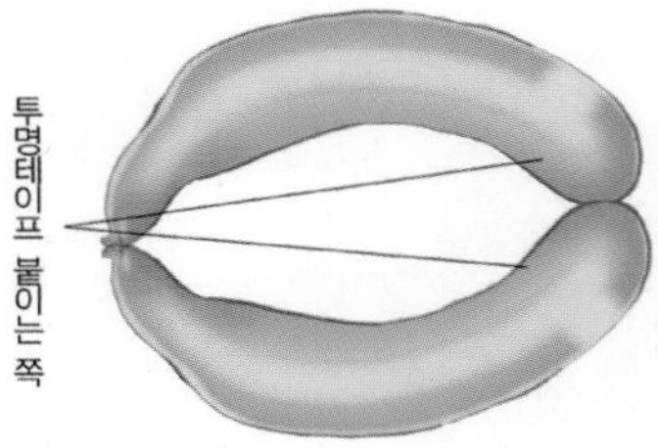

(B)

이에 대한 설명으로 옳은 것만을 〈보기〉에서 있는 대로 고르시오.

보기

ㄱ. 기공은 2개의 공변세포에 의해 이루어져 있다.
ㄴ. 공변세포 내의 수분이 부족할 경우 기공은 열린다.
ㄷ. 기공을 이루는 공변세포의 녹색 알갱이는 엽록체이다.
ㄹ. 공변세포는 기공 바깥쪽의 세포벽이 안쪽의 세포벽보다 더 잘 팽창한다.
ㅁ. 기공이 열렸을 때는 액체 상태의 물이, 닫혀 있을 때는 기체 상태의 수증기가 통과한다.

07 다음 중 높은 삼투압에서 잘 견딜 수 있게 발달한 식물은? [대회 기출 유형]

① 수생 식물 ② 건생 식물 ③ 염생 식물 ④ 중생 식물 ⑤ 육상 식물

08 식물의 수송 과정에서 물관으로 들어가는 무기 양분의 양과 종류를 조절하는 것은? [대회 기출 유형]

① 내피 ② 내초(물관부와 체관부를 싸고 있는 세포층) ③ 피층의 유세포
④ 반투과성 세포막 ⑤ 식물의 영양 원형질 연락사(세포 간 물질의 이동 통로)

09 다음 중 다세포로 이루어진 지근(곁뿌리)의 근원은? [대회 기출 유형]

① 헛물관 ② 내피 ③ 표피 ④ 피층 ⑤ 내포

10 다음 잎의 위쪽 표피와 아래쪽 표피에 대한 진술 중 옳은 것은? [대회 기출 유형]

① 위쪽 표피는 아랫쪽 표피보다 큐티클층이 더 두껍다.
② 아랫쪽 표피에는 대부분 많은 털이 나 있지만 위쪽 표피에는 그렇지 않다.
③ 아랫쪽 표피 세포들은 살아 있는 유세포인 반면 위쪽 표피 세포들은 그렇지 않다.
④ 위쪽 표피 세포들은 비교적 투명한데 반해 아랫쪽 표피 세포들은 엽록체를 갖고 있다.
⑤ 잎의 바깥쪽에 접해 있는 위쪽 표피 세포의 세포벽은 안쪽면보다 더 두꺼운 반면 아랫쪽은 그렇지 않다.

11 아래 그림은 어떤 식물 기관의 횡단면이다. 이 그림에 해당하는 형태적, 해부학적, 분류학적, 생태학적 용어만을 〈보기〉에서 있는 대로 고르시오.

[대회 기출 유형]

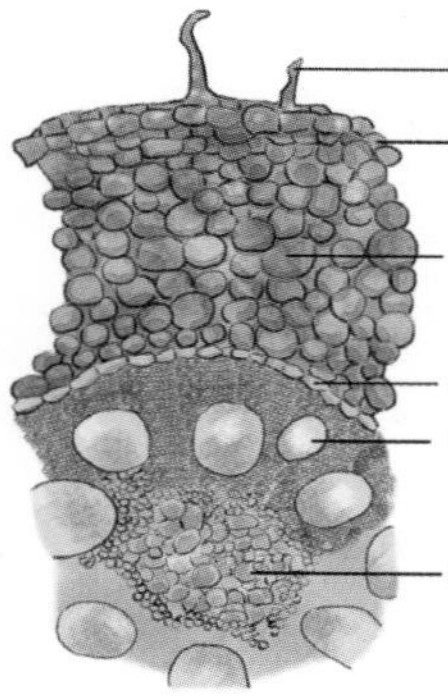

보기

ㄱ. 뿌리 ㄴ. 줄기 ㄷ. 잎자루 ㄹ. 육상 식물
ㅁ. 수생 식물 ㅂ. 쌍떡잎식물 ㅅ. 외떡잎식물

12 만약 원형질 분리가 일어난 어떤 식물 세포를 그 세포의 원래 삼투압과 같은 용액에 넣으면 어떤 일이 일어나겠는가? [대회 기출 유형]

① 변화가 없다.
② 세포가 터진다.
③ 팽윤 상태가 된다.
④ 세포벽과 세포막이 떨어질 때까지 물이 방출된다.
⑤ 주변 용액의 삼투압과 동일한 상태가 될 때까지 물을 얻는다.

정답 및 해설 31쪽

13 **다음 곡선 중 빛의 세기에 따른 광합성 정도를 바르게 표시한 것은?** [대회 기출 유형]

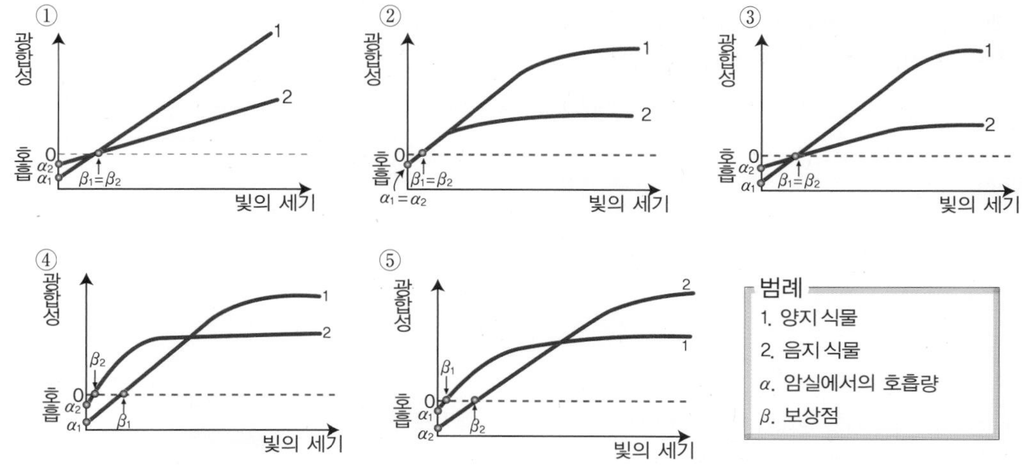

14 **그림은 수분이 부족한 조건에서 일중 시간에 따른 식물의 증산량을 나타낸 것이다. 큐티클층에 의한 증산에 해당하는 것은?** [대회 기출 유형]

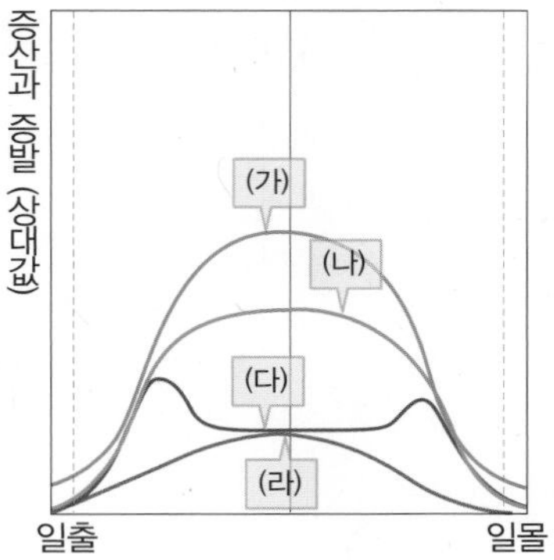

① (가) ② (나) ③ (다) ④ (라)

15 **열대 우림의 거대한 산불로 발생하는 연기가 주변 지역의 식물에 미치는 효과로 적합한 것만을 〈보기〉에서 있는 대로 고르시오.** [대회 기출 유형]

보기			
ㄱ. 호흡량 증가	ㄴ. 증산량 증가	ㄷ. 식물 성장 감소	ㄹ. 광합성량의 감소

16 **진딧물은 어린 나무 줄기의 어느 층에서 영양분을 섭취하는가?** [대회 기출 유형]

① 형성층에서 섭취 ② 형성층의 바깥 층에서 섭취 ③ 형성층의 안쪽 층에서 섭취
④ 식물의 나이에 따라 다른 층에서 섭취 ⑤ 진딧물의 나이와 발달 단계에 따라 다른 층에서 섭취

17 **다음의 그래프는 빛의 세기와 공기 중의 CO_2 농도 변화에 따라 식물의 CO_2를 이용한 광합성량이 어떻게 변하는지를 보여 준다. 그래프에서 직선으로 변화하는 (a) 부분에서 광합성량을 제한하는 요인을 있는 대로 고르시오.** [대회 기출 유형]

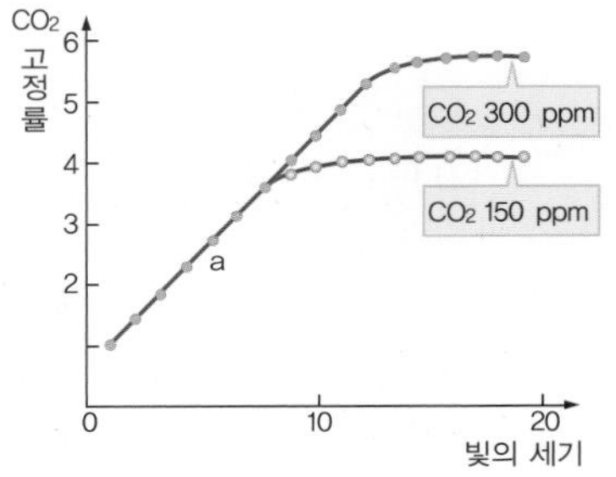

① 빛 ② 온도 ③ CO_2 ④ 빛의 파장

18 다음 그래프는 온도는 일정하게 유지하고 식물을 어두운 곳에 12시간 두고, 이어 빛에 12시간 노출시켜 두었을 때 식물의 산소 방출률과 흡수율을 조사한 결과이다. 식물이 24시간 동안 호흡으로 사용한 총 산소양을 가장 정확히 예상한 것은?

[대회 기출 유형]

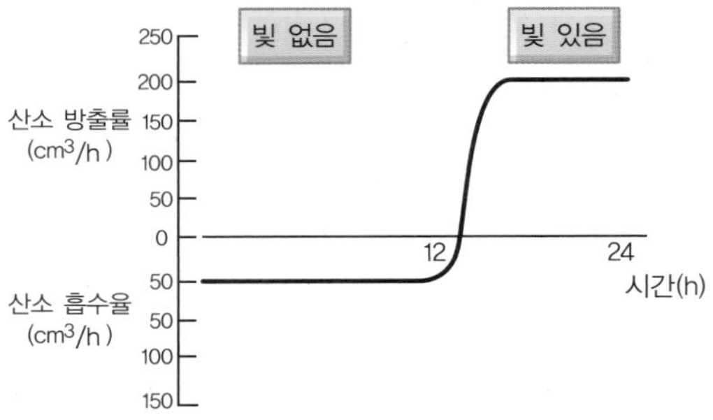

① $50cm^3$　② $600cm^3$　③ $1000cm^3$
④ $1200cm^3$　⑤ $1800cm^3$

19 그림 Ⅰ ~ Ⅵ 는 서로 다른 형태의 식물 세포이다. 다음 (1) ~ (4)의 세포 형태에 해당되는 그림을 찾아 그 기호를 쓰시오.

[대회 기출 유형]

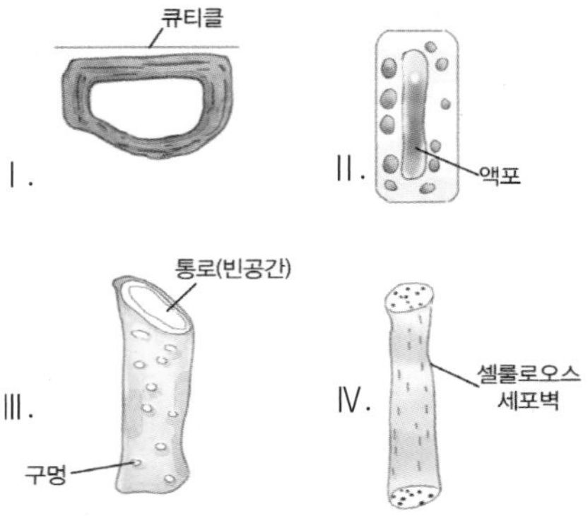

(1) 체관 : (　　　　　　)
(2) 물관 : (　　　　　　)
(3) 표피 : (　　　　　　)
(4) 울타리 조직 세포 : (　　　　　　)

20 다음은 쌍떡잎식물의 뿌리 단면을 나타낸 것이다. 물음에 답하시오.

[대회 기출 유형]

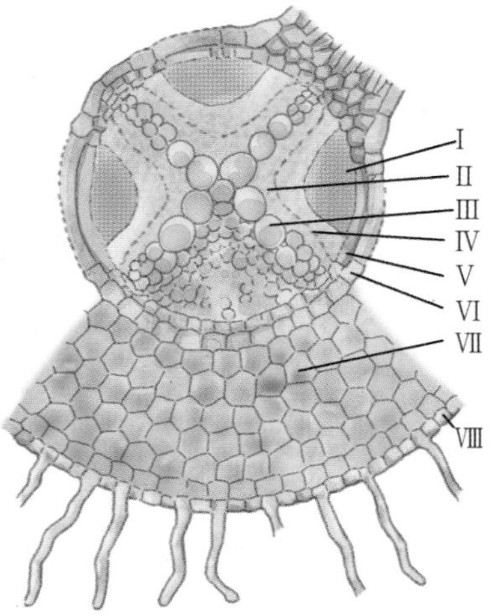

(1) 그림의 Ⅰ ~ Ⅷ 에 해당되는 조직이나 세포 형태의 이름을 아래 〈보기〉에서 찾아 쓰시오.

보기

1. 물관	2. 피층	3. 체관	4. 반세포
5. 뿌리털	6. 수	7. 내피	8. 형성층
9. 표피	10. 유세포	11. 뿌리골무	

Ⅰ : (　　　　　　)　Ⅲ : (　　　　　　)
Ⅳ : (　　　　　　)　Ⅵ : (　　　　　　)
Ⅶ : (　　　　　　)　Ⅷ : (　　　　　　)

(2) 다음 설명은 위 그림에서 어느 부분인가? 그림의 기호를 쓰시오.

영양분을 토양이나 영양 용액으로부터 흡수하여 식물의 윗부분으로 수송시킨다.
쌍떡잎식물의 뿌리에서 죽은 세포를 가지고 있는 부분이다.

21

다음 (1) ~ (6)은 식물 조직의 특징을 나타낸 것이다. 이 특징이 나타나는 식물의 기관을 〈보기〉에서 찾아 기호로 쓰시오. (단, 〈보기〉의 기호를 여러 번 사용할 수 있다.)

[대회 기출 유형]

보기		
ㄱ. 뿌리	ㄴ. 줄기	ㄷ. 잎

(1) 나이테를 가진다. (　　　)
(2) 큐티클을 가지고 있다. (　　　)
(3) 감자의 변형된 형태이다. (　　　)
(4) 당근에서 변형된 형태이다. (　　　)
(5) 물관의 중심이 X자 형태를 가진다. (　　　)
(6) 울타리 조직과 해면 조직인 유조직성 세포를 가진다. (　　　)

22

홍조류는 해양의 녹색광과 청색광이 투과할 수 있는 깊은 바닷속에서 살아간다. 이에 대한 설명으로 옳은 것은? [대회 기출 유형]

① 홍조류는 타가영양 생물체이다.
② 홍조류가 해안 얕은 곳에서 살면 죽는다.
③ 홍조류는 광합성을 작동하는 데 적외선을 사용한다.
④ 홍조류는 이 깊이에서 유용한 파장의 빛을 흡수하는 부속 색소를 가진다.
⑤ 홍조류는 적색과 청색광을 보다 효율적으로 흡수하는 체계를 가지고 있다.

23

식물은 사용할 수 있는 수분의 양을 최대화하기 위하여 여러 적응 방법을 발달시켰다. 이러한 적응 방법 중의 하나는 어느 것인가?

[대회 기출 유형]

① 잎의 표면적을 크게 함
② 큐티클 등의 두께를 얇게 함
③ 건조한 때에 많은 잎을 자라게 함
④ 잎의 온도를 올리기 위하여 잎의 방향을 바꿈
⑤ 탄소를 포도당으로 합성하는 과정에서 잃게 되는 수분의 양을 줄임

24

다음은 (가)와 (나) 식물의 줄기를 가로로 잘라 현미경으로 관찰한 것을 그림으로 나타낸 것이다.

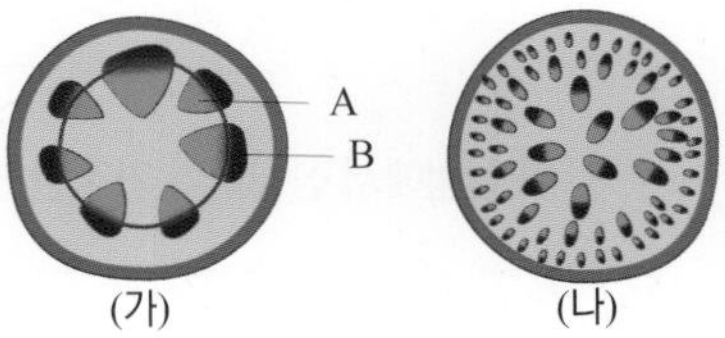

이에 대한 설명으로 옳은 것만을 〈보기〉에서 있는 대로 고르시오.

보기
ㄱ. (나) 식물의 꽃잎 수는 3의 배수이다.
ㄴ. (가) 식물에는 형성층이 있으나, (나) 식물에는 형성층이 없다.
ㄷ. 온대 지방의 나이테는 해마다 새로운 A가 형성되기 때문에 생기는 것이다.

25 무한이는 시험관 속의 물풀에서 나오는 기포의 수가 식물과 전등 사이의 거리에 따라 어떻게 달라지는지 알아보는 실험을 하여 다음과 같은 결과를 얻었다.

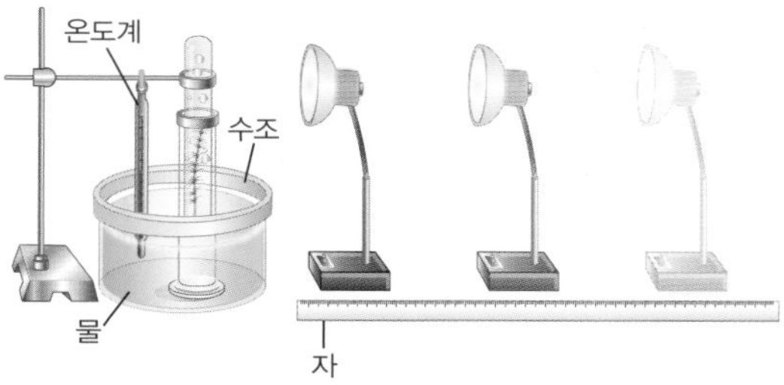

거리(cm)	5	10	15	20	25	30	35
기포의 수	64	65	52	38	21	6	2

위 실험 결과를 해석한 것으로 옳은 것은?

① 물풀에서 나오는 기포는 이산화 탄소이다.
② 빛의 세기가 강해질수록 광합성의 양도 계속 증가한다.
③ 광합성 속도는 빛보다는 온도의 영향을 더 많이 받는다.
④ 광합성 속도는 대체로 빛의 세기가 증가함에 따라 증가한다.
⑤ 광합성 속도는 빛의 세기와 빛의 종류에 대해 동시에 영향을 받는다.

26 상상이는 물풀을 다음과 같이 시험관에 넣고 기포가 올라오는 수를 세어봄으로써 식물이 자라는 데 무엇이 영향을 미치는지 알아보고자 하였다.

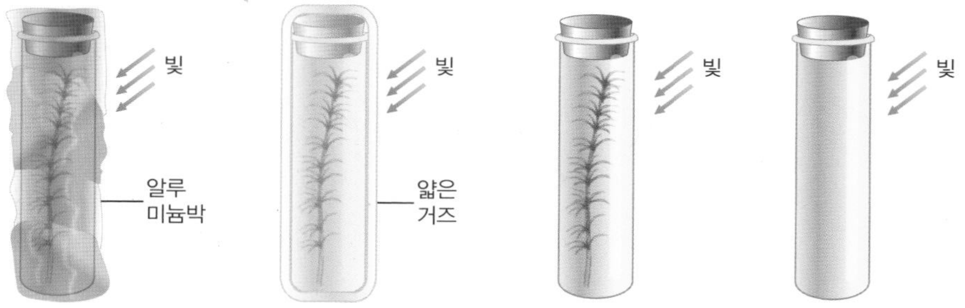

위 실험에서 상상이가 가정한 것으로 옳은 것만을 〈보기〉에서 있는 대로 고르시오.

보기

ㄱ. 물풀의 크기에 따라 기포수가 달라질 것이다.
ㄴ. 기포수와 식물이 자라는 정도는 비례할 것이다.
ㄷ. 물의 색깔은 식물이 자라는 데 영향을 미칠 것이다.
ㄹ. 빛의 세기는 식물이 자라는 정도에 영향을 미칠 것이다.

27 **다음은 식물의 각 구조를 나타낸 것이다. 물음에 답하시오.** [대회 기출 유형]

(a)

(b)

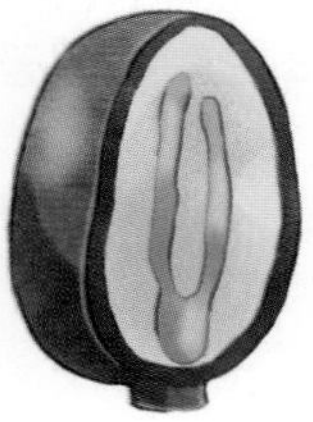
(c)

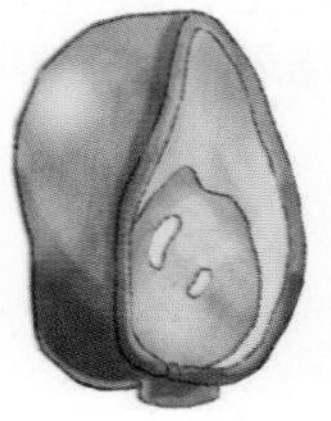
(d)

(e)

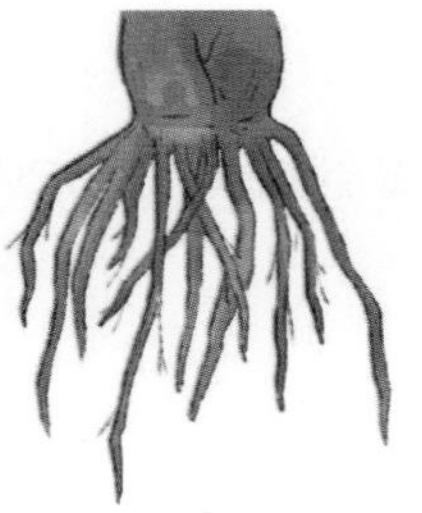
(f)

(g)

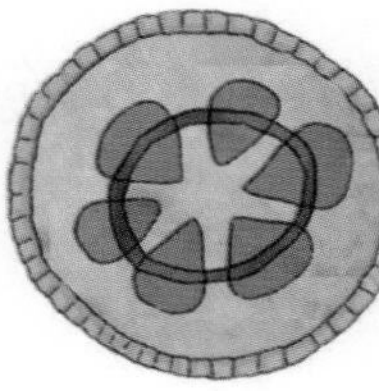
(h)

(i)

(j)

(1) 외떡잎식물의 기관을 모두 골라 알파벳 기호로 순서대로 쓰시오.

(2) 쌍떡잎식물의 기관을 모두 골라 알파벳 기호로 순서대로 쓰시오.

28 **식물의 조직과 그 세포를 짝지은 것 중 옳지 않은 것은?** [대회 기출 유형]

① 뿌리털 - 표피 조직
② 헛물관 - 유관속 조직
③ 반세포 - 배설 조직
④ 공변 세포 - 표피 조직
⑤ 울타리 조직 - 기본 조직

29 헬몬트(Helmont, J. B. van ; 1577~1644)는 커다란 화분에 흙 90kg을 채운 다음에 2kg짜리 어린 버드나무 가지를 심었다. 그리고 5년 동안 규칙적으로 물만 주면서 키웠다. 5년 후 무게를 재본 결과, 버드나무는 75kg이었다. 그런데 어찌된 일인지 흙의 무게는 단 57g만 줄어들었을 뿐이었다. 버드나무가 자라는 동안 흙의 무게가 거의 줄지 않았다는 것을 통해 알 수 있는 사실에 대해 서술하시오. (단, 빛과 이산화 탄소는 충분하게 공급되었다.)

30 나무를 옮겨 심을 때 잎을 따거나 잔가지를 자르는 모습을 볼 수 있는데, 그 이유에 대해 서술하시오.

31 이른 봄에 그림과 같이 나무의 껍질을 동그랗게 도려내는 실험을 하였다. 그 결과 도려낸 위쪽 부위는 아래 그림처럼 시간이 경과하면서 부풀어 올랐다.

[서울과학고등학교 기출 유형]

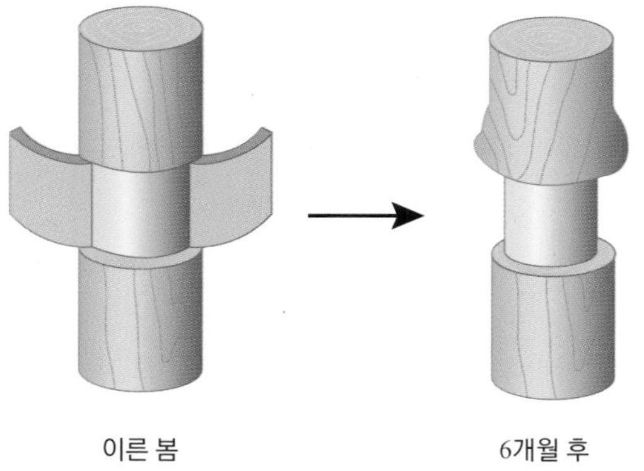

이 실험을 수행한 목적으로 가장 타당한 것은?

① 나무 껍질에 병균을 감염시키기 위하여
② 부피 생장이 일어나는 곳을 알아보기 위하여
③ 길이 생장을 담당하는 생장점의 위치를 알아보기 위하여
④ 뿌리에서 흡수한 물이 상승하는 원동력이 무엇인지 알아보기 위하여
⑤ 유기양분이 관다발 중 어느 관을 통해서 이동하는지 알아보기 위하여

32 그래프는 이산화 탄소 농도와 온도에 대한 상대적 광합성량의 변화를 나타낸 것이다. [서울과학고등학교 기출 유형]

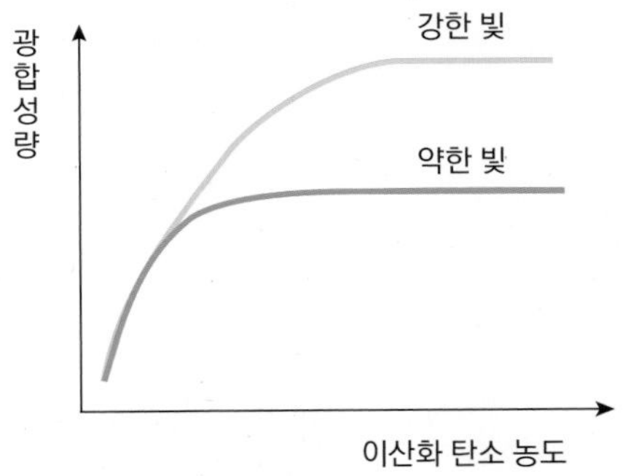

(가)

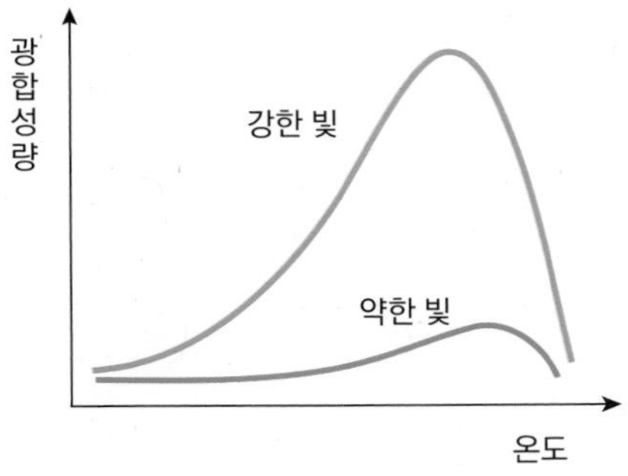

(나)

그래프를 옳게 해석한 것만을 〈보기〉에서 있는 대로 고르시오.

보기

ㄱ. (나)에서 온도가 같더라도 빛의 세기에 따라 광합성량이 달라진다.
ㄴ. (나)에서 강한 빛이나 약한 빛에서 광합성을 하기에 적당한 온도가 존재한다.
ㄷ. (가)에서 이산화 탄소의 농도가 일정량 이상이 되면 빛의 세기는 광합성량에 영향을 미치지 않는다.
ㄹ. (가)에서 빛의 세기가 일정할 때, 이산화 탄소의 농도가 일정량 이상이 되면 광합성량은 더 이상 증가하지 않는다.

33 식물의 증산 작용은 주로 잎 뒷면에서 일어난다. 그 이유를 증산 작용의 조건과 관련지어 서술하시오.

음악을 즐기는 식물

이완주 박사는 식물 생육을 촉진시키고 병해충을 억제해 주는 친환경 그린 음악 농법을 창안한 학자이다. 그는 부드럽고 잔잔한 음악을 듣고 자란 오이, 토마토 등의 열매가 월등히 많아진다는 것과 음악을 들려준 양배추가 들려 주지 않은 쪽보다 병충해에 강하다는 실험 결과를 발표했다.

▲ 사물놀이를 들려 준 벼(오른쪽)가 들려 주지 않은 벼보다 더 잘 자라고, 잎도 더 푸르고 이삭도 더 빨리 많이 맺혔다. (이완주 박사의 실험 결과)

▲ 음악을 들려 주지 않은 양배추(왼쪽)는 진딧물이 그루 당 110마리였지만 음악을 들려준 양배추(오른쪽)에서는 그루 당 3마리만 발생했다. (이완주 박사의 실험 결과)

클래식이나 부드러운 음악은 식물 생장에 도움을 주지만, 록음악이나 헤비메탈과 같은 시끄러운 음악, 또는 거리의 자동차 소음 등은 식물의 생장에 해로운 것으로 나타났다. 어느 종류의 음악이 어떤 메커니즘으로 이런 결과를 가져오는지 식물에 따라 좋아하는 음악과 싫어하는 음악이 있는지는 아직 연구 중에 있다.

식물은 귀가 없는데 어떻게 소리를 듣는 걸까? 소리의 파동이 세포벽에 물리적 자극을 주면 내부의 세포벽이 떨면서 식물 자체에 흐르는 10~50mV의 전압이 변하게 된다. 이런 전기적 자극은 세포막과 세포질에 전달되어 광합성 등 기본 대사를 증진시키고, 기공을 많이 열게 해 호흡과 양분 흡수를 높인다. 이와 같이 음악을 들려준 식물이 해충에 강해지거나 성장이 왕성해지는 것은 전기적 자극에 뒤따른 화학적 반응 때문인 것으로 알려져 있다.

정답 p 35

Q1. 식물이 어떠한 방법으로 음악을 즐기고 성장을 촉진 할 수 있는지 예상해 보시오.

Imagine Infinite

식물의 행동

식물이 아름다운 음악을 좋아하고 소음을 스트레스로 여긴다면, 사람들이 꽃을 함부로 꺾거나, 나무를 마구 베어내는 행동들이 식물들로 하여금 공포감과 아픔을 느끼게 하는 것은 아닐까? 사실 식물에게 사람의 손길은 무척 큰 스트레스로 작용한다. 온실 속 화초는 주인의 정성어린 손길에 이른 꽃을 피우는데, 사랑에 대한 보답이 아니라 스트레스 때문에 꽃을 빨리 피워 열매를 맺은 후 시들기 위한 것이라고 한다.

날이 더워지면 인간과 같이 부채질을 하는 식물도 있다. 바람 한 점 불지 않는 뙤약볕 속의 포플러나무는 몸 안의 열을 식히기 위해 스스로 이파리를 흔든다.

생존을 위해 울음소리를 내는 식물도 있다. 생장이 빠른 사시나무는 많은 양의 물을 뿌리에서 이파리로 빨아올리는데 토양수를 빨리 공기 중으로 방사하기 위해 이파리를 마구 떨어댄다. '사시나무 떨듯 한다'는 것은 바람에 의한 게 아니라 사시나무 스스로 내는 소리인 것이다.

너도밤나무는 동물의 암컷이 새끼를 낳은 후 몸살을 앓는 것과 같이 한번 씨앗을 만들고 나면 7년 동안 몸살을 앓는다고 한다.

▲ 포플러나무

▲ 사시나무

▲ 너도밤나무

정답 p 35

Q2. 음악에 반응하는 식물이 사람의 말(좋은말, 나쁜말)에도 반응을 하는지 알고 싶다면 어떻게 실험을 꾸며야할 지 간단히 쓰시오. (좋은말 예 : 사랑해, 이쁘다 등, 나쁜말 예 : 미워, 못생겼다 등)

Q3. 포플러 나무나 사시나무는 스스로 이파리를 흔든다. 그렇다면 식물의 움직임과 동물의 움직임은 어떤 차이가 있을지 자신의 생각을 쓰시오.

Biology

III

03 소화와 순환

우리가 매일 섭취한 영양소는 어떤 경로를 통해 우리 몸에 흡수될까? 사랑의 표시로 우리는 하트를 그린다. 하트 모양의 심장은 어떻게 작동할까?

1. 영양소

(1) 영양소 몸을 구성하거나 에너지원으로 쓰이는 등 생명 활동에 필요한 물질로 음식물을 통해 얻는다.

(2) 영양소의 종류 및 기능

종류	주영양소(탄수화물, 단백질, 지방), 부영양소(물, 무기염류, 비타민)
기능	• 생명 활동, 근육 운동, 체온 유지 등 생활에 필요한 에너지를 제공한다. • 몸을 구성하는 성분 (새로운 세포를 만들거나 상처 회복)으로 이용된다. • 몸의 생리적인 기능을 조절하는 역할을 한다.

(3) 주영양소(3대 영양소) 몸을 구성하며, 에너지원으로 쓰인다.

① 주영양소의 구분

구분		탄수화물	단백질	지방
구성 원소		C H O 탄소 수소 산소	C H O N 탄소 수소 산소 질소	C H O 탄소 수소 산소
기본 단위		포도당	아미노산	지방산 + 글리세롤
		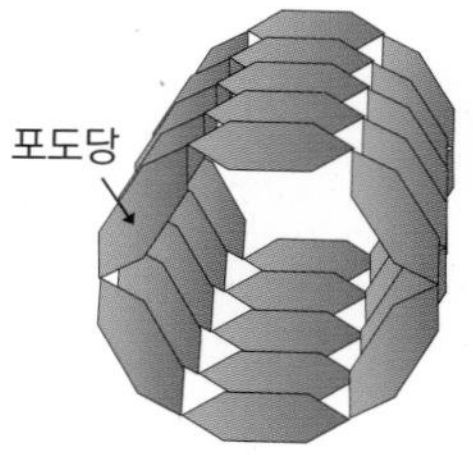 ▲ 탄수화물의 구조	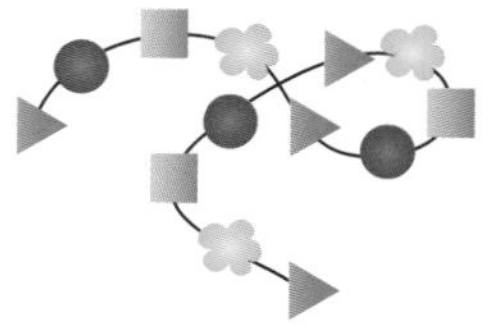 ▲ 단백질의 구조	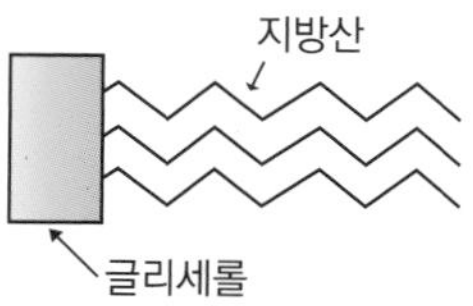 ▲ 지방의 구조
기능	에너지원	주에너지원	탄수화물이나 지방이 부족할 때 에너지원	저장 에너지원
		1g 당 4kcal	1g 당 4kcal	1g 당 9kcal
	몸 구성	O	O	O
		일부만 몸을 구성함(0.6%)	몸을 구성하는 주성분	몸을 구성하는 성분
	그 외 기능	섭취한 탄수화물의 대부분이 에너지원으로 사용되기 때문에 몸을 구성하는 비율이 작음	특히 세포의 원형질, 근육, 효소, 항체 등을 구성함	피부 밑에 쌓여 체온을 유지하는 데 사용(피하 지방)
특징		사용하고 남은 탄수화물은 간이나 근육에 글리코젠 형태로 저장	• 성장기에는 세포 수가 증가하므로 충분히 섭취해야 함 • 필수 아미노산 : 체내에서 합성되지 않으므로 반드시 음식으로 섭취해야 함	• 과잉 섭취할 경우 비만, 고혈압의 주원인이 됨 • 물에 녹지 않고 유기 용매에 잘 녹음
함유 식품		쌀, 떡, 빵, 감자, 고구마 등	우유, 살코기, 달걀, 치즈 등	식용유, 버터, 땅콩, 참기름 등
종류		• 단당류 : 탄수화물의 기본 단위 예 포도당, 과당, 갈락토오스 • 이당류 : 단당류 두 개가 결합 예 설탕 (포도당 + 과당), 엿당 (포도당 + 포도당), 젖당 (포도당 + 갈락토오스) • 다당류 : 단당류가 여러 개 결합 예 녹말, 셀룰로오스, 글리코젠	• 20여 종류의 아미노산의 결합 순서에 따라 단백질의 종류가 결정된다. • 단순 단백질 : 알부민(달걀 흰자), 글로불린(달걀 노른자), 콜라겐(뼈, 피부) • 복합 단백질 : 카세인(우유), 펩신(위액), 헤모글로빈(적혈구)	• 중성 지방 : 지방산 3분자와 글리세롤 1분자로 구성, 에너지 저장과 체온 유지에 중요한 역할, 보통 지방이라고 부르며, 음식물에 함유된 지질의 95%를 차지 • 인지질 : 세포막의 주성분 • 스테로이드 : 콜레스테롤, 성호르몬, 부신피질 호르몬의 주성분

영양 성분 분석표

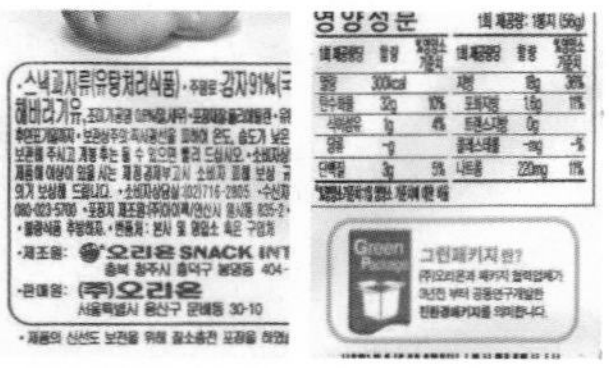

우리가 먹는 대부분의 가공 식품에는 '영양 성분'이라는 제목과 함께 영양소의 함량과 영양소 기준치에 대한 비율이 표시되어 있다. 여기에는 5가지 의무 표시 영양소인 탄수화물, 단백질, 지방, 나트륨, 열량에 대한 내용이 있다.

영양소별 섭취 비율

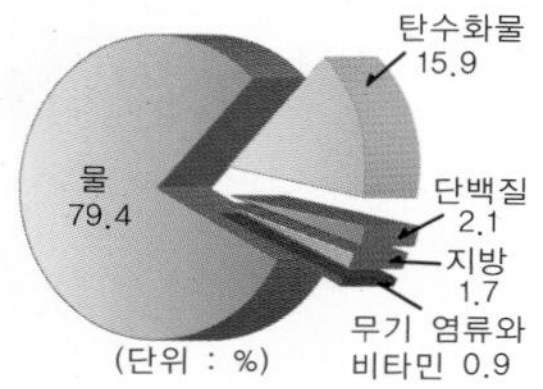

물 > 탄수화물 > 단백질

인체의 구성 성분

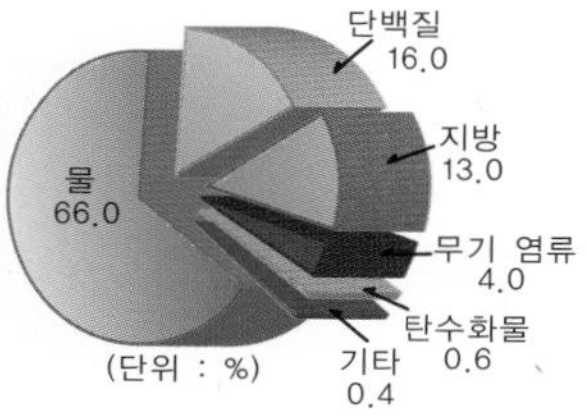

물 > 단백질 > 지방

탄수화물이 섭취량에 비해 몸의 구성 성분으로 차지하는 비율이 낮은 이유는 체내에서 주로 에너지원으로 쓰이기 때문이다.

미니사전

복합 단백질 아미노산과 다른 성분이 결합된 단백질

열량 칼로리(cal)단위로 나타내며, 1cal는 물 1g을 1℃ 올리는 데 필요한 에너지이다.

② 주영양소의 검출 방법❶

영양소		검출 시약	반응색	특징
탄수화물	녹말	아이오딘 - 아이오딘화칼륨 용액	청남색	아이오딘 반응
	포도당	베네딕트 용액	황적색	베네딕트 용액에 포도당을 넣고 반드시 가열해야 함
단백질		뷰렛 용액 (5% 수산화 나트륨 용액 + 1% 황산 구리 용액)	보라색	뷰렛 반응
지방		수단 III 용액	선홍색	수단 III 반응 (고체 지방은 벤젠에 녹여서 검출)

(4) 부영양소 생리 기능을 조절하지만, 에너지원으로 쓰이지 않는다.

① 부영양소의 구분

구분		물	무기염류	비타민
기능	몸 구성	O	O	X
		몸의 구성 성분 중 가장 많은 양(66%) 차지	뼈와 이를 구성	몸의 구성 성분 아님
	생리 기능 조절	O	O	O
		생물의 모든 생명 활동 조절	체액의 농도, 효소의 활성화	적은 양으로 다양한 생리 기능 조절
기능 및 특징		• 원형질의 주성분 • 혈액의 주성분으로 영양소와 노폐물, 이산화 탄소 등 운반 • 생물체 내 화학 반응에 관여 • 물은 기화열이 커서 땀으로 체온 조절을 하는데 유리	• 체내에서 합성되지 않으므로 반드시 음식물로 섭취해야 함 • 주로 물에 용해된 상태로 흡수되고 세포액이나 혈액 중에 이온 상태로 존재 • 뼈와 이에서는 염을 이루어 존재	• 체내에서 합성되지 않으므로 반드시 음식물로 섭취해야 함 • 지용성 비타민(A, D, E, K)과 수용성 비타민(B군, C)으로 구분 • 매우 소량이지만 부족하면 결핍증, 과다 섭취하면 과잉증이 나타남

② 무기염류의 종류와 기능

종류	작용	결핍증	함유 식품
나트륨(Na)	삼투압 조절, 신경 자극 전달	신경통	소금, 채소
칼슘(Ca)	뼈와 이의 성분, 혈액 응고 및 근육 수축에 관여	골다공증❷	우유, 생선
칼륨(K)	삼투압, pH 조절	근수축 장애	녹황색 채소, 감자
철(Fe)	헤모글로빈의 주성분	빈혈	간, 시금치
요오드(I)	갑상샘 호르몬의 성분	갑상샘 비대증	해조류
인(P)	뼈와 이의 성분, ATP의 성분	구루병	우유, 달걀

③ 비타민의 종류와 기능

종류		작용	결핍증 및 결핍 증상	함유 식품
지용성 비타민	A	로돕신(약한 빛 감지)의 성분	야맹증 → 밤에 물체가 잘 보이지 않음(시력 저하)	당근
	D	뼈와 이의 칼슘 흡수 촉진	구루병❸ → 뼈가 약해져 척추나 다리가 휨(골격 변형)	간
	E	생식 세포 형성	불임	달걀
	K	혈액 응고 단백질(프로트롬빈) 합성	혈우병 → 혈액의 응고 지연	우유, 버터
수용성 비타민	B_1	탄수화물 대사 촉진	각기병❸ → 다리가 공기가 든 것처럼 붓고 마비됨	곡류
	B_2	생장 촉진	성장 장애, 피부병(피부가 건조해지고 입안에 염증 발생)	효모
	C	세균에 대한 저항력 증진	괴혈병 → 잇몸이나 피부 등에서 피가 남	야채, 과일

정답 p 35

Q1 3대 영양소와 부영양소의 종류를 각각 쓰시오.

❶ 영양소 검출에 따른 반응색

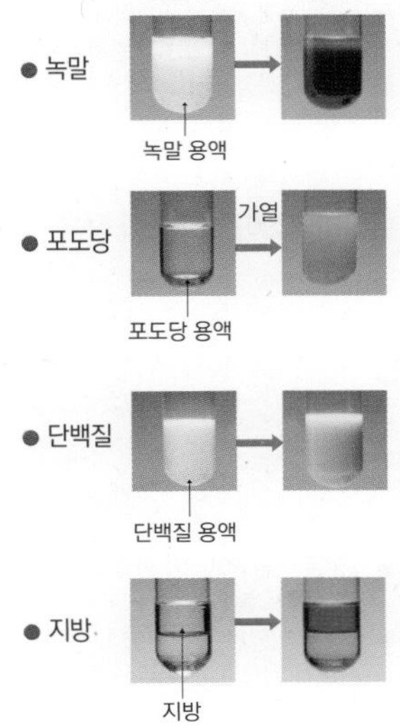

❷ 골다공증

뼈의 무기질과 단백질이 줄어들어 뼈 속 조직이 엉성해져 골절되기 쉬운 질병

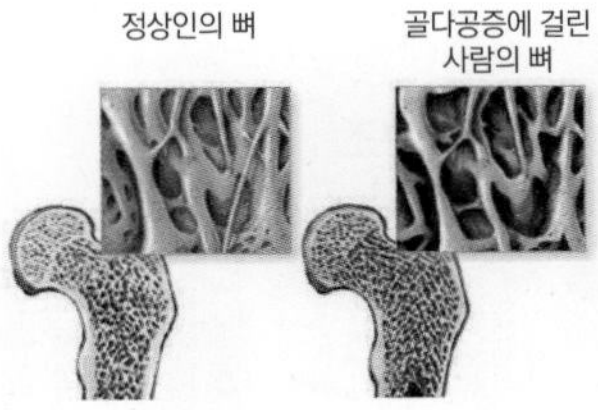

❸ 구루병과 각기병

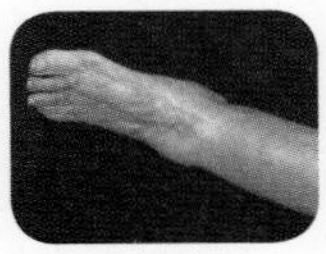

• 구루병 : 비타민 D의 결핍으로 뼈가 약해져 골격 변형이 일어나는 결핍 증상

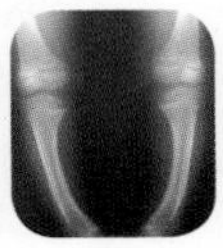

• 각기병 : 비타민 B1의 결핍으로 다리에 공기가 든 것처럼 부으며 마비되는 증상

비타민 과다 섭취

비타민을 과다 섭취하면 수용성 비타민의 경우 오줌 등을 통해 몸 밖으로 배출된다. 그러나 지용성 비타민은 체내에 축적되어 생리 작용을 방해한다.

미니사전

기화열 액체가 기체가 되면서 주위에서 빼앗는 열

로돕신 눈의 망막에 있는 붉은색의 빛을 감지하는 단백질

2. 소화

(1) 소화[1] 섭취한 음식물에 들어 있는 영양소를 체내로 흡수하기 위해 잘게 분해하는 과정이다.

(2) 소화 기관

소화관	입 → 식도 → 위 → 소장 → 대장 → 항문으로 이어지는 관으로 음식물이 지나가며 소화되는 통로
소화샘	소화액을 분비하는 기관으로 침샘(귀밑샘, 턱밑샘, 혀밑샘 등), 위샘(위액), 장샘(장액), 이자(이자액), 간(쓸개즙) 등으로 구성

(3) 소화 과정

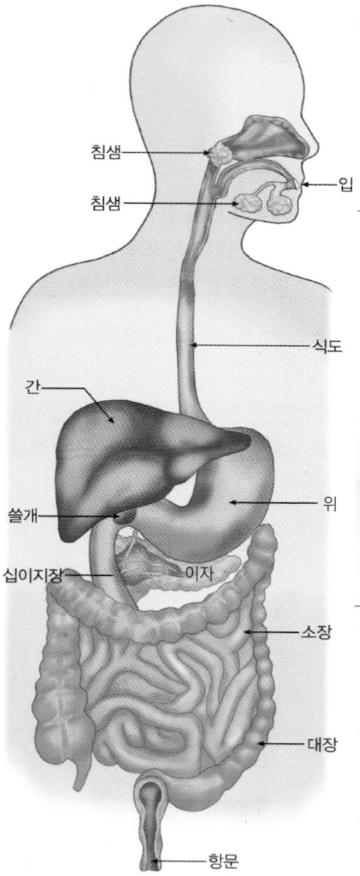

		탄수화물
입(침)		• 기계적 소화 - 저작 운동 : 이에 의해 음식물이 잘게 부서짐 → 소화 효소와 접촉하는 표면적을 넓힘 - 분절(혼합) 운동 : 혀에 의해 음식물이 침과 잘 섞이도록 함 • 화학적 소화 - 침 속의 아밀레이스에 의해 녹말이 엿당으로 분해됨
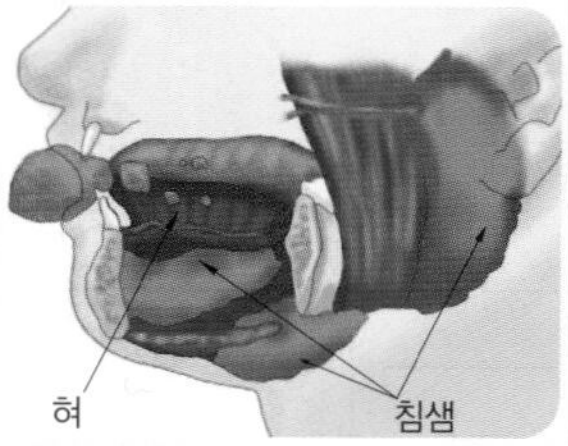 ▲ 입의 구조		
위[3][4](위액)		
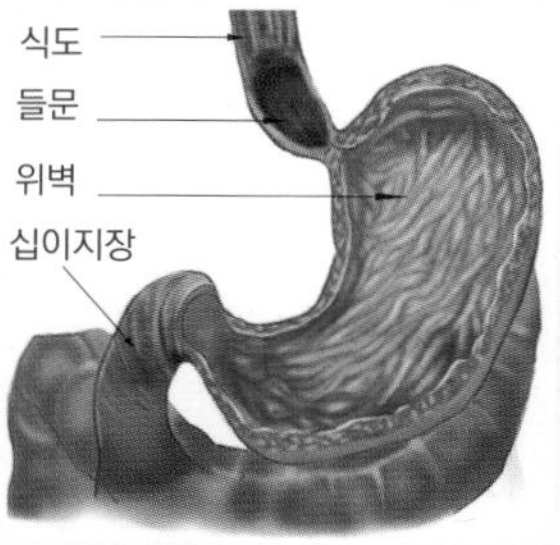 ▲ 위의 구조		• 이자액 → 생성 장소 : 이자 → 작용(분비)장소 : 십이지장 → 소화 효소 : 아밀레이스, 트립신, 라이페이스
소장	십이지장(이자액, 쓸개즙)	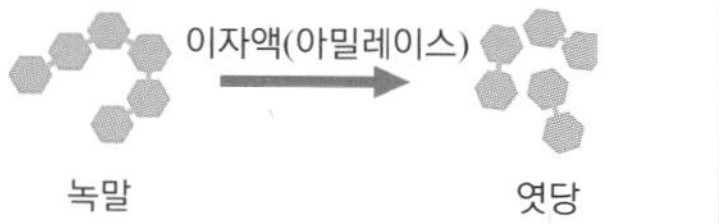
소장	소장(장액)	 락테이스 젖당 → 갈락토오스 + 포도당 수크레이스 설탕 (이당류) → 과당 + 포도당 (단당류)
최종 산물		포도당, 갈락토오스, 과당
소장, 대장, 항문		• 최종 산물은 소장에서 흡수 • 주로 수분 흡수 • 연동 운동에 의해 대변(찌꺼기) 배출

정답 p 35

Q2 입에서 녹말을 분해하는 소화 효소는 무엇인가?

---

❶ 소화의 필요성

음식물 속의 영양소(녹말, 단백질, 지방)는 분자의 크기가 크기 때문에 소장 벽의 세포막을 통해 흡수되기 어렵다. 따라서 세포막을 통과할 수 있는 작은 크기로 분해되는 소화 과정이 필요하다.

❷ 아밀레이스의 소화 작용

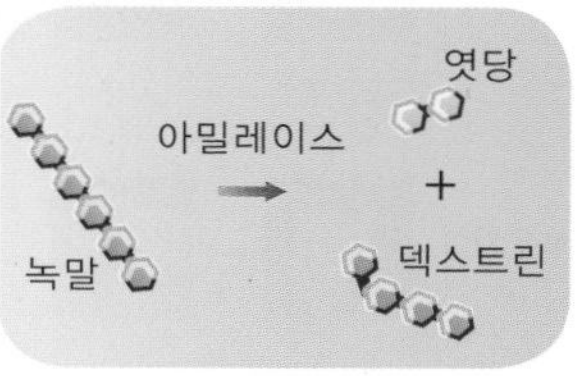

- 녹말은 아밀레이스에 의해 엿당과 덱스트린으로 분해된다.
- 엿당은 이당류로 단맛이 나는데 밥을 오래 씹으면 단맛이 느껴지는 이유이다.
- 녹말에서 엿당으로 분해되기까지의 중간 산물을 통틀어 덱스트린이라고 한다.
- 덱스트린 역시 아밀레이스에 의해 엿당으로 분해된다.

❸ 위의 구조

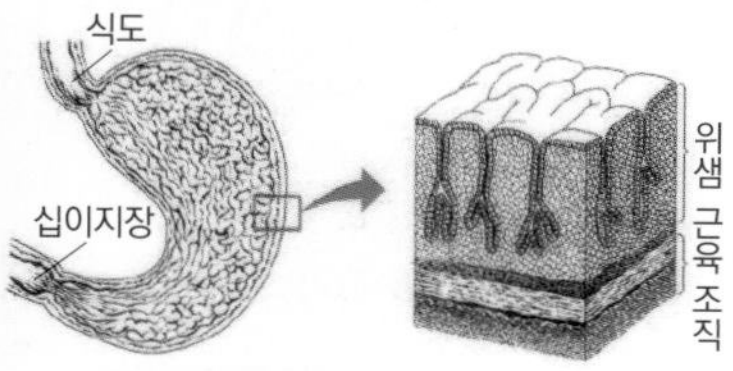

위는 수축성이 크고 두꺼운 근육 주머니로 내벽에 많은 주름이 있다.

❹ 위벽이 녹지 않는 이유

- 강산인 염산이 위샘에서 분비됨에도 위가 상하지 않는 이유는 뮤신이라는 점액질이 위벽을 싸고 있기 때문이다.
- 소화 효소인 펩신은 불활성 상태인 펩시노젠으로 분비된다. 펩시노젠은 염산에 의해 펩신으로 활성화되기 전에는 단백질을 분해할 수 없다.

미니사전

펩톤 폴리펩타이드의 한 종류로 2개 이상의 아미노산이 결합되어 있는 단백질

소화샘 소화액을 분비하는 분비샘

기계적 소화[5]			화학적 소화
음식물을 잘게 부수거나, 이동시키거나, 섞는 작용			영양소가 소화 효소[6][7]에 의해 작은 알갱이로 분해되는 작용
저작 운동	꿈틀(연동) 운동	분절(혼합)운동	• 음식물의 소화가 빨리 일어나도록 도와준다(촉매 역할). • 특정 소화 효소는 특정 영양소만 분해한다. • 소화 효소는 주성분이 단백질이므로 특정 온도(35~40℃)와 특정 pH에서 반응 속도가 빠르다.
음식물을 이로 잘게 부수는 작용 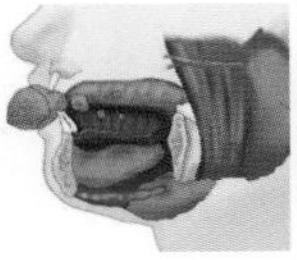	음식물을 아래로 이동시키는 운동 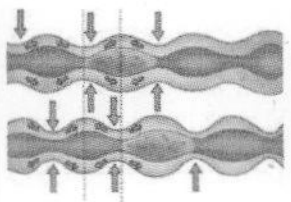	음식물과 소화액을 섞는 운동 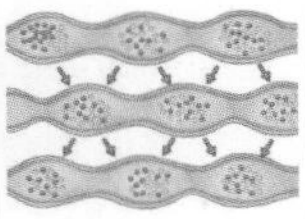	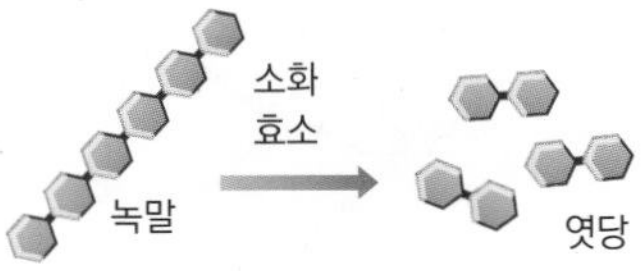

▲ 소화의 종류

단백질	지방
• 염산(HCl)의 작용 → 살균 작용 → 위 속 음식물 부패 방지 → 펩시노젠 활성화 • 펩신 : 단백질 분해 효소이며, 펩시노젠 형태로 분비된다. • 기계적 소화 - 분절(혼합) 운동 : 음식물과 위액이 잘 섞이도록 함 - 꿈틀(연동) 운동 : 죽 상태가 된 혼합물을 십이지장으로 밀어냄 • 화학적 소화 위액 속의 펩신(펩시노젠이 염산에 의해 펩신이 됨)이 단백질을 펩톤으로 분해  펩신 단백질 → 펩톤(폴리펩타이드)	[소화를 돕는 기관의 작용] • 간 → 여러 가지 화학 반응이 일어나는 장소이며, 해독 작용을 하고 쓸개즙을 생성한다. • 쓸개 → 쓸개즙을 저장하고 분비한다. • 이자 → 3대 영양소의 소화 효소, 탄산수소 나트륨($NaHCO_3$: 산성 음식물 중화), 호르몬을 분비한다. • 쓸개즙 → 생성 장소 : 간 → 저장 장소 : 쓸개 → 작용(분비) 장소 : 십이지장 • 특징 : 소화 효소는 아니지만 지방을 유화시켜 소화를 도움
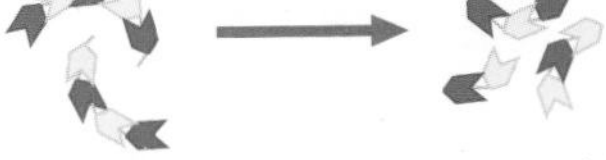 이자액(트립신) 펩톤(폴리펩타이드) → 디펩타이드, 트리펩타이드	 쓸개즙의 유화 작용[8], 이자액(라이페이스) 지방 → 지방 → 지방산 + 모노글리세리드
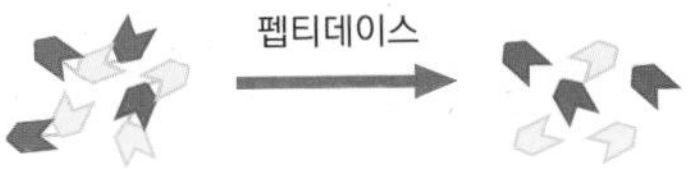 펩티데이스 디펩타이드, 트리펩타이드 → 아미노산	
아미노산	지방산 + 글리세롤
• 최종 산물은 소장에서 흡수 • 주로 수분 흡수 • 연동 운동에 의해 대변(찌꺼기) 배출	• 최종 산물은 소장에서 흡수 • 주로 수분 흡수 • 연동 운동에 의해 대변(찌꺼기) 배출

⑤ 기계적 소화의 의의

- 음식물이 소화액과 접촉할 수 있는 표면적을 넓혀 줌으로써 소화가 빨리 일어날 수 있도록 한다.
- 표면적을 넓힌 (예) : 소장의 융털, 폐의 폐포, 신장의 세뇨관, 물고기의 빗살 모양의 아가미

⑥ 소화 효소에 영향을 미치는 요인

- 온도 : 소화 효소가 활발하게 작용하는 온도 범위는 체온 범위(35 ~ 40℃)이다. → 고온에서는 효소의 주성분인 단백질이 변성되어 제 기능을 하지 못한다.

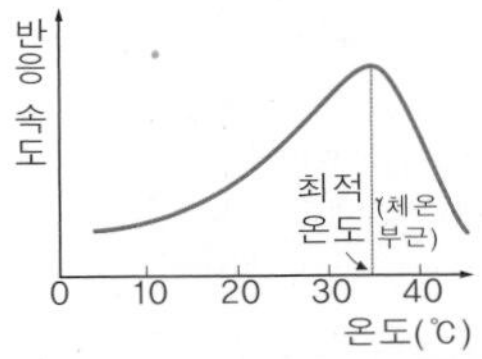

- pH : 소화 효소의 종류에 따라 활발하게 작용하는 최적 pH가 있다.

→ 펩신의 최적 pH : 2
→ 아밀레이스의 최적 pH : 7
→ 트립신의 최적 pH : 8
→ 라이페이스의 최적 pH : 9

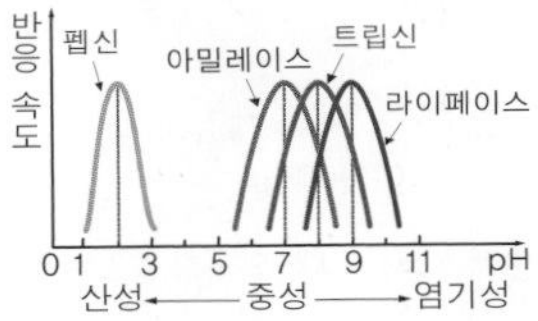

⑦ 효소의 기질 특이성

한 가지 효소가 한 가지 영양소만 분해하는 것을 의미한다. → 아밀레이스는 녹말만, 펩신은 단백질만 분해한다.

⑧ 쓸개즙의 유화 작용

큰 지방 덩어리를 작은 지방 덩어리로 쪼개어 라이페이스와 접촉하는 지방의 표면적을 넓혀준다.

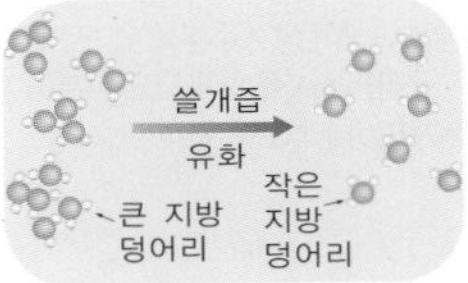

미니사전

저작 음식물을 이로 씹어 부수는 작용

연동 소화 기관의 근육이 움직이며, 음식물을 아래로 내려보내는 운동

3. 영양소의 흡수와 이동

(1) 영양소의 흡수[1] 소화가 끝난 영양소는 소장의 융털로 흡수된다.

① **소장의 구조** : 안쪽 벽에 많은 주름과 융털이 있어 영양소와 접촉할 수 있는 표면적을 넓혀 영양소를 효과적으로 흡수한다.

② **융털의 구조**[2] : 중앙에 암죽관이 있고, 그 주위를 모세혈관이 둘러싸고 있다.

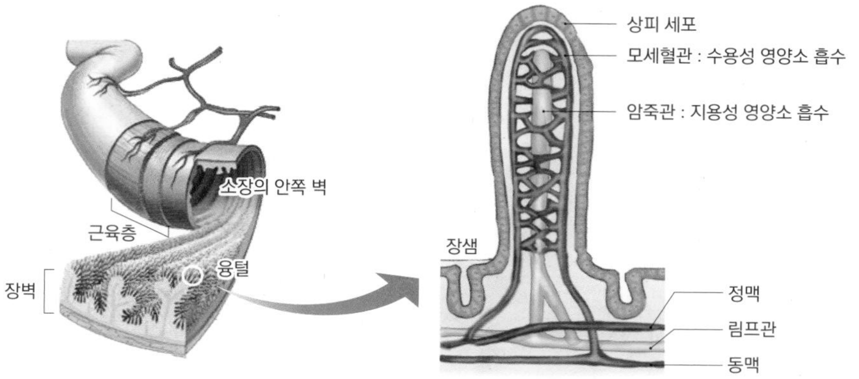

▲ 소장의 내벽의 구조(좌)와 융털의 단면(우)

(2) 영양소의 이동

① **수용성 영양소** : 융털의 모세혈관으로 흡수되어 온몸으로 운반된다. 예 단당류(포도당, 과당, 갈락토오스), 아미노산, 무기염류, 수용성 비타민 B군, C

융털의 모세혈관 → 간문맥 → 간[3] → 간정맥 → 하대 정맥 → 심장 → 온몸

② **지용성 영양소** : 융털의 암죽관에서 흡수되어 온몸으로 운반된다. 예 지방산, 글리세롤, 지용성 비타민 A, D, E, K

융털의 암죽관 → 림프관 → 가슴 림프관 → 빗장밑 정맥 → 상대 정맥 → 심장 → 온몸

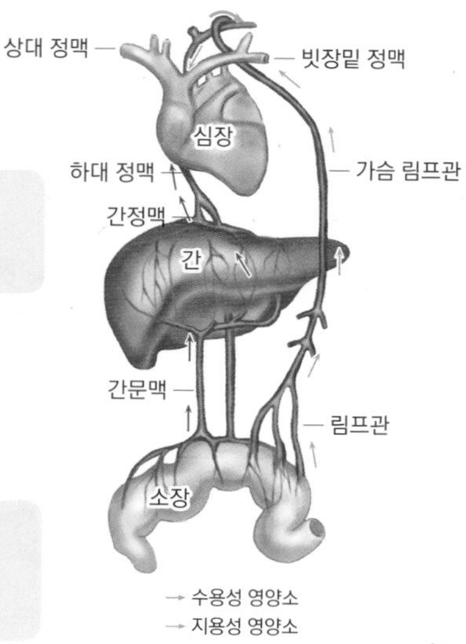

▲ 영양소의 이동 경로

(3) 대장

① **대장의 구조** : 맹장 + 결장 + 직장의 3개 부위로 구성된다.

② **대장의 작용**

- 소화액이 분비되지 않아 화학적 소화가 일어나지 않으며, 주로 물(수분)이 흡수된다.[4]
- 대장균에 의해 섬유소(셀룰로오스)가 분해된다.
- 흡수되지 않고 남은 물질은 대장의 꿈틀(연동) 운동에 의해 대변(찌꺼기)으로 항문을 통해 밖으로 배출된다.

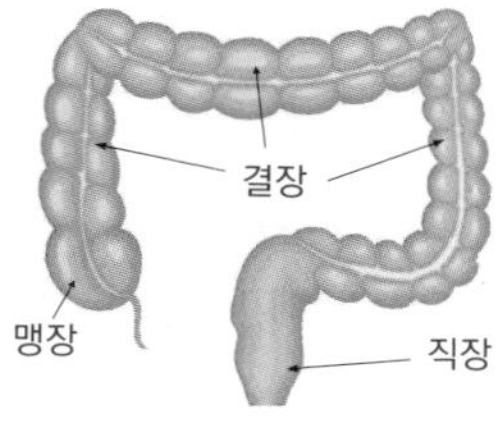

▲ 대장의 구조

정답 p 35

Q3 소장에서 효율적으로 영양분이 흡수될 수 있도록 표면적을 넓혀 주는 구조는 무엇인가?

---

❶ 부영양소(물, 무기염류, 비타민)의 흡수

- 부영양소는 소화 과정을 거치지 않는다.
- 비타민과 무기염류는 소장 융털의 모세혈관에서 흡수되고, 물은 소장과 대장에서 흡수된다.

❷ 융털의 구조

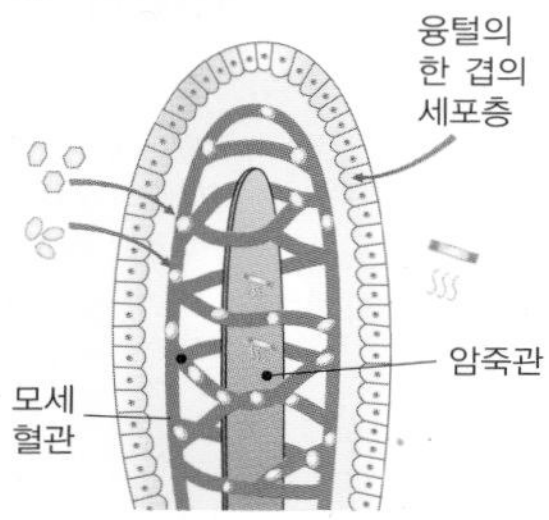

융털은 한 겹의 세포층으로 되어 있어 물질이 쉽게 통과할 수 있다.

❸ 간의 3가지 기능

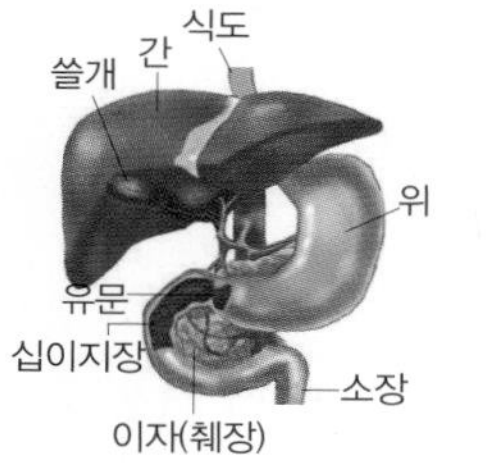

- 쓸개즙 생성 : 지방의 소화 효소는 아니지만, 라이페이스의 소화 작용을 돕는다.
- 양분의 저장 : 포도당을 글리코젠 형태로 저장해 두었다 필요할 때 포도당으로 분해하여 이동시킨다.
- 해독 작용 : 유독성 노폐물인 암모니아(NH_3)를 무독성인 요소로 바꾸어 준다.

❹ 대장의 수분 흡수

- 보통 성인의 경우 하루 동안 7 L 정도의 소화액이 분비되는데 소장과 함께 대장에서 이러한 소화액과 음식물에 포함된 수분을 흡수한다.
- 대장에 이상이 생겨 수분을 제대로 흡수하지 못하면 설사를 하게 되고, 수분이 지나치게 많이 흡수되면 변비에 걸린다.

미니사전

암죽관 림프관의 일종으로 지방 성분이 흡수되어 뿌옇게 된 액체가 흐른다는 의미에서 붙은 이름

간문맥 소장에서 나온 혈액이 간으로 들어가는 혈관

개념 확인 문제

정답 및 해설 35쪽

영양소

01 다음 중 영양소의 기능으로 옳지 않은 것은?

① 몸의 구성 성분 ② 몸의 생리 작용 조절
③ 산소 운반 ④ 체온 유지 ⑤ 에너지원

02 무한이는 영양소를 다음 표와 같이 구분하였다.

A	B
탄수화물, 지방, 단백질	물, 무기염류, 비타민

A와 B에 대한 설명으로 옳은 것은?

① A는 결핍증이 있지만, B는 결핍증이 없다.
② A와 B의 구분 기준은 에너지원으로의 사용 여부이다.
③ A는 우리 몸을 구성하지만, B는 몸을 구성하지 않는다.
④ A는 적은 양으로 몸의 생리 기능을 조절하지만, B는 다량이 필요하다.
⑤ A는 체내에서 합성되지만, B는 체내에서 합성되지 않으므로 반드시 음식으로 섭취해야 한다.

03 우리가 주식으로 먹는 쌀의 주성분은 탄수화물인데도 우리 몸을 구성하는 성분 중에는 탄수화물이 0.6% 밖에 되지 않는다. 그 이유를 바르게 설명한 것은?

① 탄수화물의 대부분이 바로 에너지원으로 이용되기 때문에
② 탄수화물의 대부분이 단백질이나 지방으로 바뀌기 때문에
③ 쌀 속에는 녹말이 들어있어 우리 몸에서 소화되지 않기 때문에
④ 쌀 속의 녹말이 소화가 될 때 탄수화물의 성질이 변하기 때문에
⑤ 쌀 속에 있는 탄수화물은 녹말 형태로 우리 몸에서 흡수되기 때문에

04 다음 설명에 해당하는 영양소의 이름을 각각 쓰시오.

- 아미노산이 기본 단위이다.
- 탄소, 수소, 산소, 질소 등으로 구성된다.
- 에너지원으로 1g 당 4kcal의 열량을 낸다.
- 몸의 구성 성분이며 효소, 항체, 호르몬의 주성분이다.

(1) : (　　　　　　)

- 체온 유지에 관여한다.
- 영양소와 노폐물을 운반한다.
- 우리 몸의 대부분을 차지한다

(2) : (　　　　　　)

- 지용성 비타민이다.
- 간유, 물고기에 많이 들어있다.
- 부족하면 구루병이 생긴다.

(3) : (　　　　　　)

05 다음은 어떤 음식물 속에 어떤 영양 성분이 들어 있는지 알아보기 위해 실험한 결과이다.

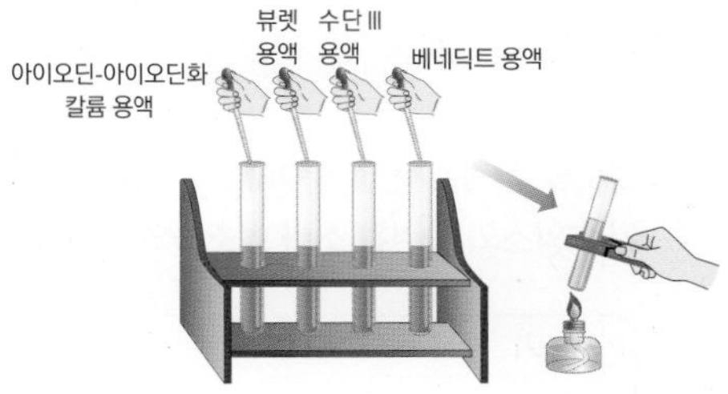

시험관	A	B	C	D
색깔 변화	노란색	보라색	선홍색	황적색

이 음식물 속에 들어 있지 않은 영양소는 무엇인가?

① 포도당 ② 지방 ③ 단백질
④ 녹말 ⑤ 단당류

소화

06 다음 중 소화의 개념을 가장 바르게 설명한 것은?

① 음식물을 먹는 과정
② 세포에 산소를 공급하는 과정
③ 고분자 물질을 합성하는 과정
④ 음식물에서 에너지를 얻는 과정
⑤ 표면적의 증가로 영양소를 흡수하는 과정
⑥ 영양소가 세포에 흡수될 수 있도록 잘게 분해하는 과정

07 다음 중 영양소와 그 영양소의 최종 분해 산물을 바르게 연결한 것은 무엇인가?

① 녹말 - 엿당 ② 단백질 - 아미노산
③ 단백질 - 펩톤 ④ 지방 - 지방산, 글리코젠
⑤ 녹말 - 덱스트린

08 **다음 소화의 종류에 대한 설명으로 옳은 것은 ○, 틀린 것은 ×표 하시오.**

(1) 기계적 소화는 소화 효소에 의해 일어난다. ( )

(2) 혀로 음식물을 골고루 섞어 주는 것은 기계적 소화이다. ( )

(3) 밥을 입에 넣고 오래 씹으면 단맛이 나는 이유는 입에서의 기계적 소화 때문이다. ( )

(4) 저작 운동은 화학적 소화가 잘 일어나도록 하기 위해 음식물의 표면적을 넓혀 준다. ( )

(5) 물구나무를 서서 음식을 먹어도 음식물이 위로 내려가는 이유는 기계적 소화에 의한 것이다. ( )

09 **다음은 화학적 소화에 관여하는 소화 효소들이다. 제시된 영양소와 관련된 소화 효소들의 기호를 쓰시오.**

보기	
(ㄱ) 아밀레이스	(ㄴ) 트립신
(ㄷ) 라이페이스	(ㄹ) 말테이스
(ㅁ) 펩티데이스	(ㅂ) 수크레이스
(ㅅ) 락테이스	(ㅇ) 펩신

(1) 단백질 : ( )
(2) 탄수화물 : ( )
(3) 지방 : ( )

10~11 **무한이는 사람의 어떤 소화 기관에서 소화액을 추출하여 6개의 시험관에 각각 나누어 넣고 그림과 같이 장치하였다. 물음에 답하시오.**

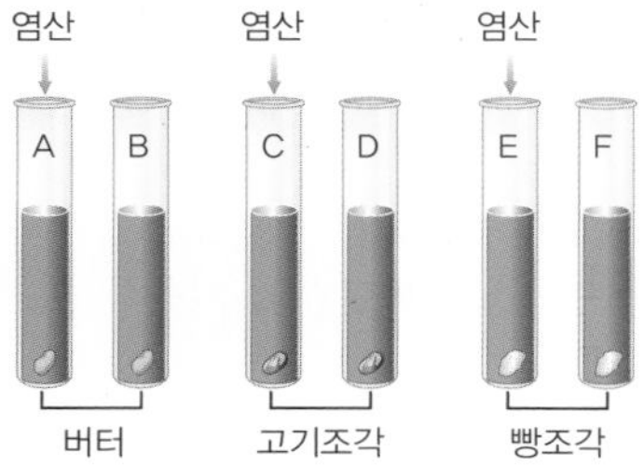

10 **오랜 시간 후 C시험관에서만 고기 조각이 줄어 들었다면 어느 소화 기관에서 소화액을 추출하였다고 생각할 수 있는가?**

① 입 ② 위 ③ 간 ④ 이자 ⑤ 십이지장

11 **염산은 시험관 속에서 어떤 역할을 하는가?**

① 식균 작용 ② 부패 방지 ③ 살균 작용
④ 산성 환경 제공 ⑤ 소화 효소 활성화

12~13 **다음 그림은 사람의 소화 기관을 나타낸 것이다. 물음에 답하시오.**

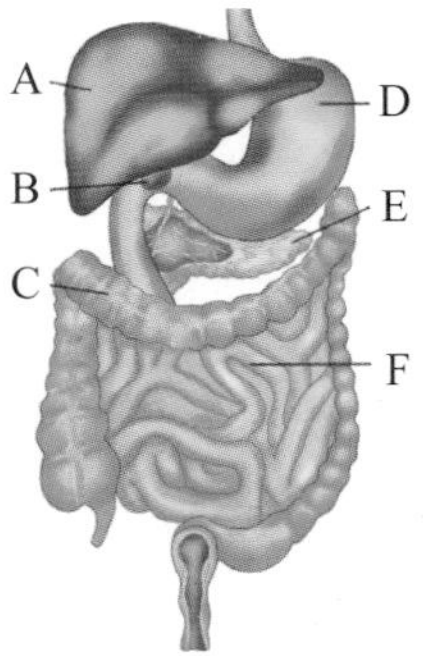

12 **탄수화물, 단백질, 지방을 모두 분해할 수 있는 소화액을 생성하는 기관의 기호와 이름을 차례대로 쓰시오.**

13 **각 기관에 대한 설명으로 옳은 것을 있는 대로 고르시오.**

① A에서는 소화 효소는 아니지만 지방의 소화를 돕는 물질이 생성된다.
② B에 지방의 소화 효소가 들어 있다.
③ C에서 화학적 소화는 일어나지 않으며 대부분의 물이 이곳에서 흡수된다.
④ D는 단백질의 화학적 소화가 최초로 일어나는 장소이다.
⑤ E에서 생성되는 물질에 의해 지방의 소화가 최초로 일어난다.
⑥ F에서는 흡수 작용만 일어난다.

14 **다음은 세 가지 소화 효소의 pH에 따른 반응 속도를 나타낸 그래프이다. 각 기호에 알맞은 소화 효소를 바르게 연결한 것은?**

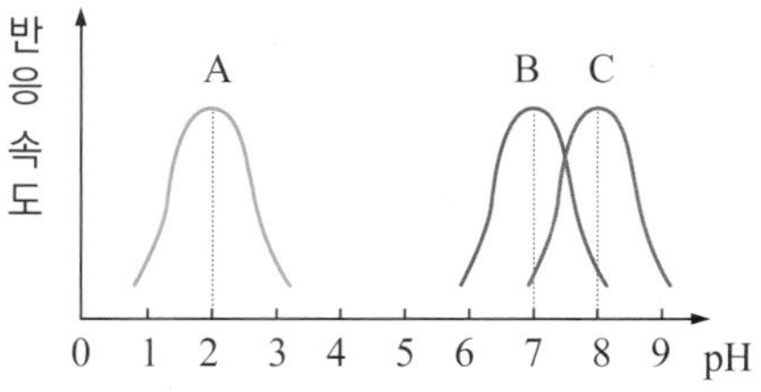

	A	B	C
①	펩신	아밀레이스	트립신
②	펩신	라이페이스	트립신
③	트립신	아밀레이스	라이페이스
④	아밀레이스	라이페이스	트립신
⑤	아밀레이스	펩신	라이페이스

15~16 다음 실험 과정 A ~ C를 읽고 물음에 답하시오.

(가) 비커 3개에 각각 증류수 20mL를 넣는다. 비커에 다음과 같은 처리를 한다.
(나) · 비커 A : 삶은 감자를 으깬 것
· 비커 B : 일정 시간 동안 씹은 삶은 감자
· 비커 C : 삶은 감자를 씹고 바로 끓인 것
(다) 36℃ 온도에 10분 정도 놓아 둔 후 당 검사지를 넣고 색깔 변화를 관찰한다.

15 실험 결과 비커 A, B, C 중 당 검사지의 색이 변하는 것은 무엇인가?

16 위와 같은 실험 결과의 원인이 되는 소화 효소의 이름은 무엇인가?

17 다음은 무엇을 설명한 것인가?

- 간에서 생성된다.
- 소화 효소는 아니다.
- 지방을 작은 알갱이로 분해하는 라이페이스의 소화 작용을 도와준다.

18 다음은 침의 소화 작용을 알아보기 위한 실험이다. 실험을 통해 알 수 있는 사실로 옳은 것만을 <보기>에서 있는 대로 고르시오.

(가) 녹말풀을 4개의 시험관(A ~ D)에 3mL 씩 나누어 넣고 각 시험관에 그림과 같이 첨가물을 넣은 후 온도를 다르게 유지하였다.

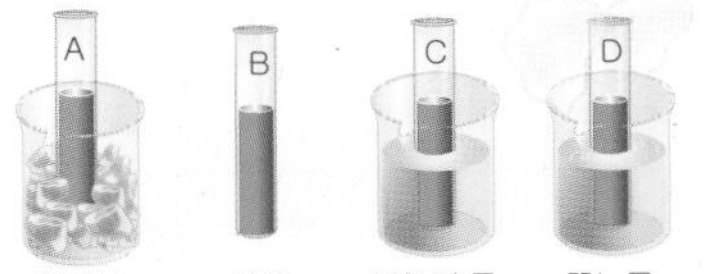

(나) 일정 시간이 흐른 뒤 시험관의 용액에 아이오딘 반응을 시킨 결과 시험관 C를 제외한 모든 시험관의 색깔이 청남색으로 나타났다.

보기

ㄱ. 모든 효소는 한 종류의 물질에만 작용한다.
ㄴ. 온도가 높아질수록 효소의 반응 속도는 빨라진다.
ㄷ. 침 속에 있는 소화 효소는 녹말을 다른 물질로 분해한다.
ㄹ. 침 속에 있는 소화 효소는 체온과 비슷한 온도에서 작용한다.

소화

19~20 다음 그림은 소장의 융털 구조를 나타낸 것이다. 물음에 답하시오.

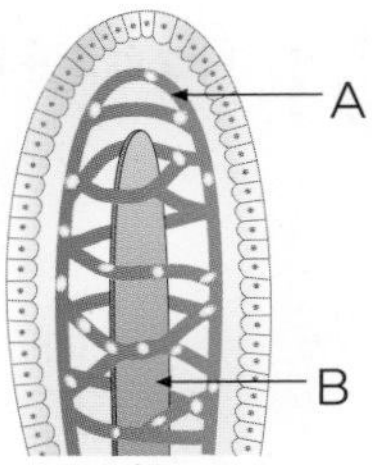

19 A와 B의 이름을 각각 쓰시오.

A : (   )
B : (   )

20 A를 통해 흡수되는 영양소만을 <보기>에서 있는 대로 고르시오.

보기

(ㄱ) 칼슘　(ㄴ) 포도당　(ㄷ) 지방산
(ㄹ) 아미노산　(ㅁ) 글리세롤　(ㅂ) 비타민 A
(ㅅ) 비타민 D

21 다음 중 융털에서 흡수된 수용성 영양소의 이동 경로로 옳은 것은?

① 암죽관 → 간 → 심장 → 온몸
② 모세혈관 → 간 → 심장 → 온몸
③ 모세혈관 → 심장 → 간 → 온몸
④ 암죽관 → 림프관 → 심장 → 온몸
⑤ 모세혈관 → 림프관 → 심장 → 온몸

22 소장 내부는 주름이 많고 융털이 많이 나 있어 영양소를 효과적으로 흡수할 수 있다. 다음 중 이와 같은 원리가 아닌 것은?

① 폐의 폐포 구조
② 탄산 음료 캔 바닥
③ 라디에이터(방열기) 구조
④ 물고기 빗살 모양의 아가미
⑤ 기계적 소화에 의한 음식물 분해

23 다음 중 대장에 관하여 바르게 설명한 것은?

① 지방의 소화가 일어난다.
② 수분의 흡수가 일어나고 찌꺼기는 몸 밖으로 내보낸다.
③ 대장에서는 기계적 소화보다는 화학적 소화가 주로 일어난다.
④ 음식물과 소화액을 잘 섞어주는 연동 운동과 혼합 운동이 일어난다.
⑤ 소화되지 않은 영양소를 분해하기 위해 3대 영양소를 분해할 수 있는 소화액이 분비된다.

개념 심화 문제

01

다음 표는 4 종류의 음식에 들어 있는 영양소의 함량을 나타낸 것이다.

	단백질 (g)	지방 (g)	탄수화물 (g)	무기염류 (g)	비타민 A (g)	비타민 C (g)
(가)	2	1	0	4	2	0
(나)	1	75	0	12	0	0
(다)	1	0	0	57	2000	11
(라)	1	1	90	5	0	0

음식 (가) ~ (라)에 대한 설명으로 옳은 것은?

① 음식물 100g 당 열량은 (라)가 가장 높다.
② (가)를 많이 먹으면 근육을 강화하는 데 도움이 된다.
③ (다)는 비타민 A가 많으므로, 각기병을 예방할 수 있다.
④ (나)와 (라)를 함께 먹으면 모든 영양소를 균형있게 섭취하게 된다.
⑤ 에너지를 빠르게 보충하기 위해서는 (라)보다 (다)를 먹는 것이 좋다.

02

그래프 (가)는 영양소의 인체 구성 비율, (나)는 단식 중 몸에 저장된 영양소 양의 변화를 나타낸 것이다.

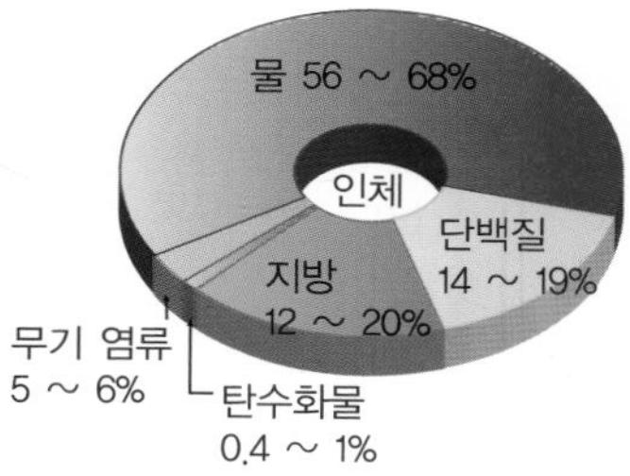

(가)

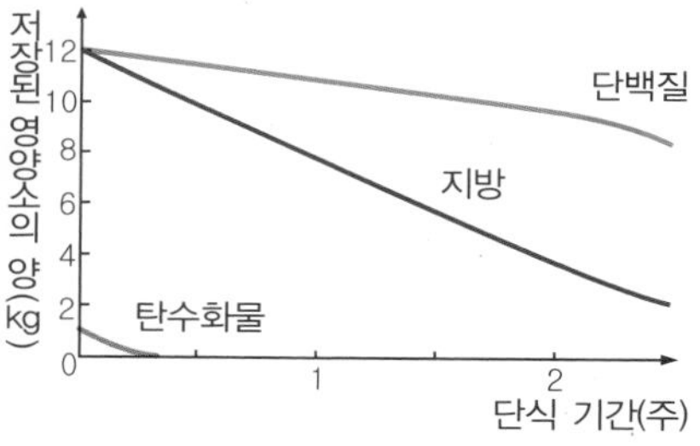

(나)

(가), (나)에 대한 해석으로 옳은 것은?

① 탄수화물은 인체를 구성하는 주성분이다.
② 지방이 완전히 소모된 후 단백질이 사용된다.
③ 단식 기간 중 가장 먼저 소모된 영양소는 탄수화물이다.
④ 인체의 구성 물질 중 단백질은 주로 에너지원으로 사용된다.
⑤ 인체 구성 비율이 높은 지방은 단식 기간 중 가장 적게 소모된다.

정답 및 해설 37쪽

03 다음은 골다공증의 정의에 대한 내용이다. 물음에 답하시오.

[골다공증]

골다공증은 뼈에 스펀지처럼 작은 구멍이 많이 나서 쉽게 부러지는 상태가 된 것을 말한다. 따라서 같은 크기의 뼈 무게를 측정했을 때 무게 자체가 적어지게 된다. 이런 경우 외부의 작은 충격에도 골절되거나 부러지기 쉬우므로 주의해야 한다. 뼈 속의 내부가 감소하는 것은 50세 이후에 나타나는 일반적인 특징이다. 하지만 상당히 많은 양의 뼈 내부 물질이 감소하게 되면 '골다공증' 이라고 부른다.

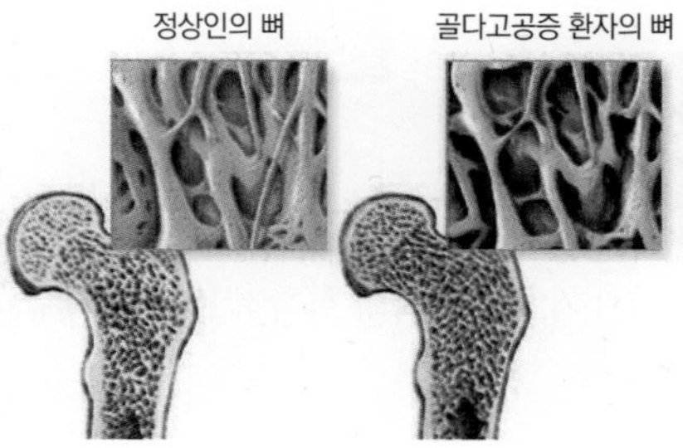

(1) 골다공증은 어떠한 영양소가 부족해서 생기는 것인가?

(2) 골다공증을 예방하기 위해 충분히 섭취해야 할 음식끼리 바르게 묶인 것은?

① 소금, 녹황색 야채　② 우유, 곡류　③ 우유, 생선
④ 달걀, 감자　⑤ 버터, 당근

04 다음과 같은 영양소를 섭취하였을 때 얻을 수 있는 열량은 약 몇 kcal인가?

(가) 아이오딘 반응에 청남색이 나타나는 영양소 50g
(나) 뷰렛 반응에 연한 푸른색이 나타나는 영양소 50g
(다) 수단 Ⅲ 용액에 선홍색이 나타나는 영양소 50g
(라) 간유 속에 있는 지용성 비타민 2.4mg

05 다음 그림은 소화 과정의 종류를 모식도로 나타낸 것이다.

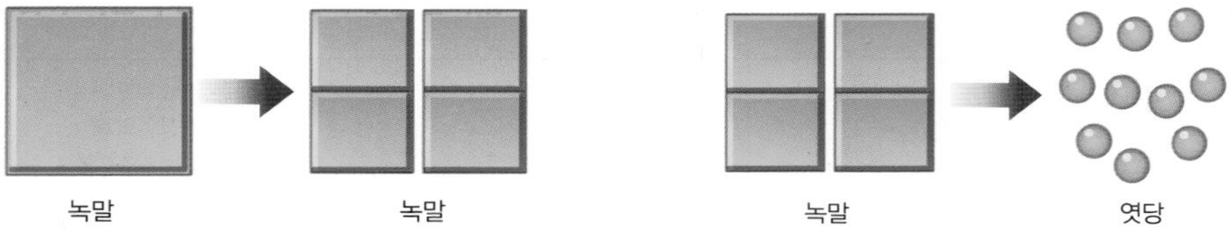

(1) 기계적 소화와 화학적 소화에 해당하는 것을 기호로 쓰시오.

㉠ 기계적 소화 : (　　　　)　　　㉡ 화학적 소화 : (　　　　)

(2) 위 그림에 대한 설명으로 옳은 것만을 〈보기〉에서 있는 대로 고르시오.

보기

ㄱ. A, B 모두 온도와 pH의 영향을 받는다.
ㄴ. B는 소화 효소에 의해 일어나는 과정이다.
ㄷ. A는 표면적을 넓혀줌으로써 소화 작용을 돕는다.
ㄹ. 입에서는 A 소화 과정이 일어나고, B 과정은 억제된다.
ㅁ. 소화 과정 B가 먼저 일어난 후 소화 과정 A가 일어난다.

(3) 그림 A에 해당하는 원리와 같은 경우만을 〈보기〉에서 있는 대로 고르시오.

보기

ㄱ. 밥보다는 죽이 소화가 잘 된다.
ㄴ. 쓸개즙이 지방 소화를 도와준다.
ㄷ. 입에 있던 음식물이 위로 내려가도록 한다.
ㄹ. 각설탕보다 가루 설탕이 물에 빨리 녹는다.
ㅁ. 잉크는 찬물보다 더운 물에서 더 빨리 퍼진다.
ㅂ. 음식물은 식탁 위에 두는 것보다 냉장고에 두는 것이 덜 상한다.

개념 돋보기

음식물의 표면적에 따른 소화 속도

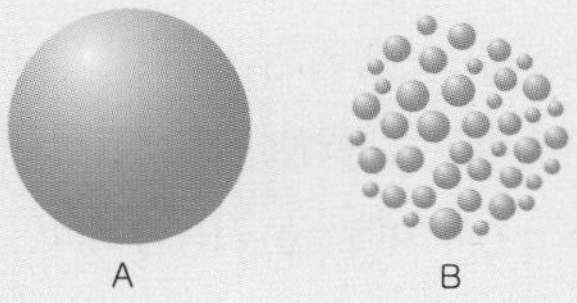

- 표면적은 B가 A보다 크다
→ 소화 효소와 닿는 면적이 B가 더 많다.

- B가 소화 효소와 더 많이 접촉하기 때문에 소화 산물도 A보다 빨리 생성된다.
→ B의 소화 시간이 A보다 짧으며, 결국 B가 A보다 체내에 흡수되는 시간이 빠르다.

- 충분한 시간이 흐른 후에는 결국 소화 산물의 양이 같아진다.
→ 시작할 때 A의 양과 B의 양이 서로 같았기 때문이다.

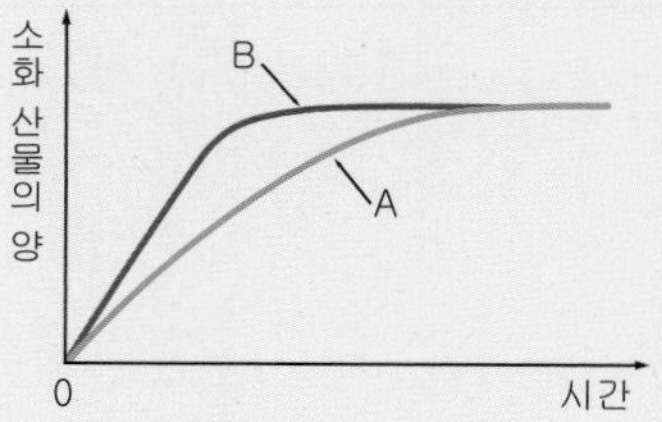

06 다음은 녹말과 포도당이 막을 통과하는 정도를 비교하여 소화의 필요성을 알아보기 위한 실험이다.

[실험 과정]

(가) 시험관 A에는 녹말 용액이 담긴 셀로판 튜브를 아이오딘 - 아이오딘화칼륨 용액 속에 넣었다.

(나) 시험관 B에는 포도당 용액이 담긴 셀로판 튜브를 베네딕트 용액 속에 넣었다. 일정 시간 후 시험관과 셀로판 튜브 내의 용액을 가열한다.

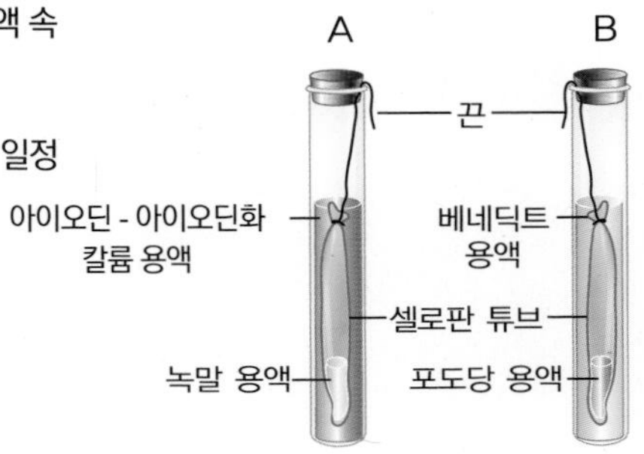

[결과]

1. 시험관 A에서는 셀로판 튜브의 안쪽만 청남색으로 변하였다.
2. 시험관 B에서는 셀로판 튜브 안쪽과 바깥쪽 용액이 모두 황적색으로 변하였다.

위 실험에 대한 설명으로 옳은 것만을 <보기>에서 있는 대로 고르시오.

보기

ㄱ. 녹말은 포도당보다 분자의 크기가 더 크다.
ㄴ. 녹말은 저분자 물질로 분해되어야 체내로 흡수될 수 있다.
ㄷ. 녹말의 일부는 포도당으로 소화되지 않고 흡수될 수 있다.
ㄹ. 이 실험에서 셀로판 막은 소장의 융털 세포막을 가정한 것이다.
ㅁ. 아이오딘-아이오딘화칼륨 용액은 셀로판 막을 통과하지만 베네딕트 용액은 셀로판 막을 통과하지 못한다.
ㅂ. 시험관 A의 셀로판 튜브 안에 침을 첨가하고 일정 시간이 지난 후 베네딕트 반응을 실시하면 B와 같은 결과를 얻을 수 있다.

07 다음은 상상이가 수행한 탐구 과정의 일부를 나타낸 것이다.

[가설 설정]

배즙에는 단백질을 분해하는 물질이 들어 있다.

[결과]

아래 표와 같이 실험을 구성하고 일정한 시간이 지난 후 아미노산 검출 반응을 실시하였다.

	넣은 물질	온도
시험관 A	배즙과 달걀 흰자	27℃
시험관 B	(가)	(나)

위 탐구 과정에서 세운 가설을 검증하기 위해서 필요한 (가)와 (나)의 내용으로 바르게 짝지어진 것은?

	(가)	(나)		(가)	(나)
①	배즙과 염산	27	②	증류수와 달걀 흰자	27
③	배즙	37	④	증류수	37
⑤	달걀 흰자	37			

08 다음은 소화 기관 A, B, C에서 3대 영양소의 소화와 흡수 과정을 나타낸 것이다.

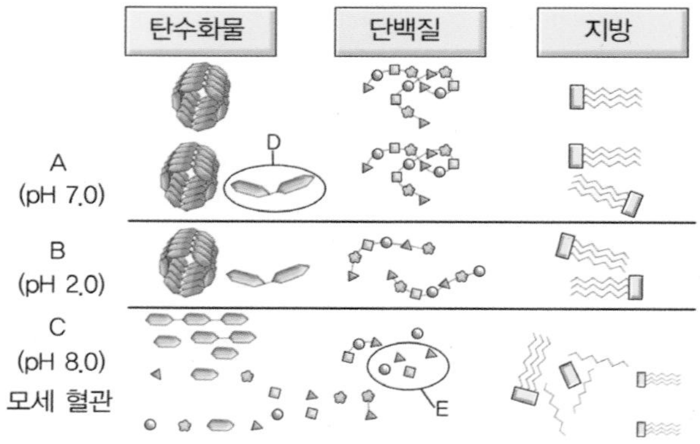

이에 대한 설명으로 옳은 것만을 〈보기〉에서 있는 대로 고르시오.

보기

ㄱ. D는 탄수화물이 분해된 덱스트린이다.
ㄴ. C에서 지용성 영양소는 암죽관으로 흡수된다.
ㄷ. E는 아미노산으로 단백질이 우리 몸에 흡수되는 형태이다.
ㄹ. 이자액은 산성인 B의 내용물이 C에서 약한 염기성이 되게 한다.
ㅁ. A와 C에서는 기계적 소화와 화학적 소화가 모두 일어나지만, B에서는 화학적 소화만 일어난다.

09 그래프 (가)는 소화 기관의 pH, (나)는 온도에 따른 소화 효소의 반응 속도, (다)는 pH 변화에 따른 소화 효소의 반응 속도를 나타낸 것이다.

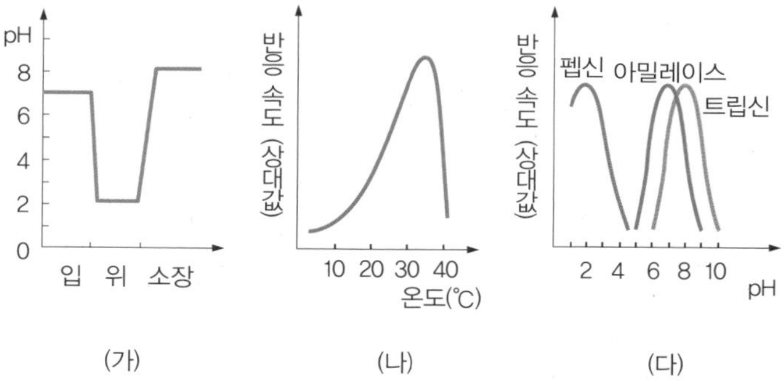

(가) ~ (다)에 대한 설명으로 옳은 것은?

① 소장에서 아밀레이스와 펩신의 반응 속도는 같다.
② 소화 효소의 반응 속도는 pH와 온도의 영향을 받는다.
③ 침 속의 아밀레이스는 입과 소장에서 녹말을 분해한다.
④ 펩신과 트립신은 위에서 경쟁적으로 단백질을 분해한다.
⑤ 온도와 pH가 높아질수록 소화 효소의 반응 속도는 빨라진다.

정답 및 해설 37쪽

10 다음 그래프 (가)는 소화관을 통해 이동하는 음식물의 pH, (나)는 소화 기관에 따른 영양소의 소화 과정을 나타낸 것이다. 물음에 답하시오.

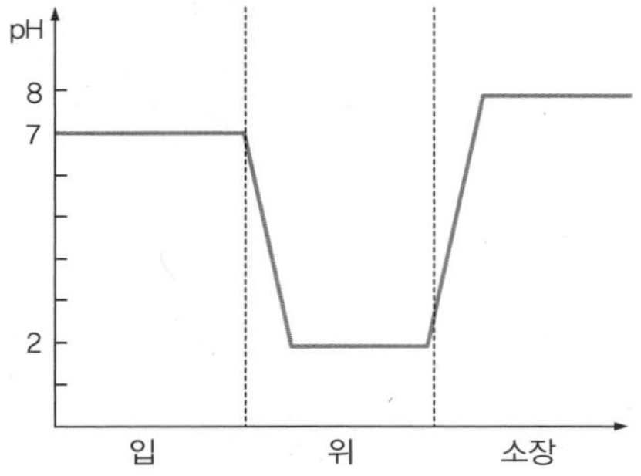

(가)

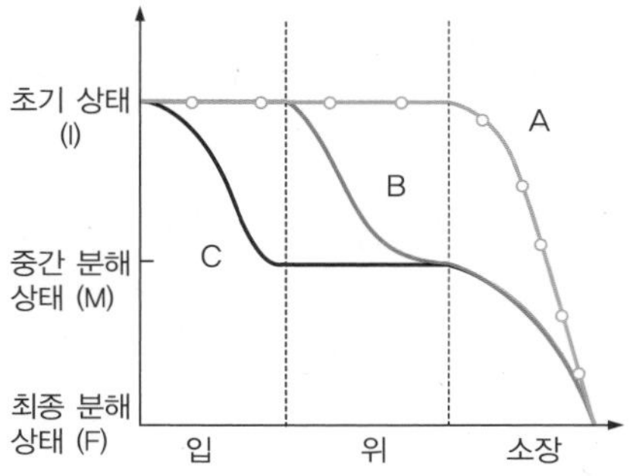

(나)

(1) 입에서 pH 7로 중성이던 음식물이 위에서 pH 2로 변하는 이유를 쓰시오.

(2) 다음 〈보기〉에서 알 수 있는 소화 효소의 특징을 쓰시오.

> **보기**
>
> 침 속의 아밀레이스는 입에서 소화 작용을 하지만, 위에서는 기능을 잃는다.
> 펩신은 위에서 단백질을 분해하지만 소장에서는 그 기능을 잃는다.

(3) 그래프 (나)를 통해 아래 해당하는 영양소가 각각 무엇인지 기호(A, B, C)를 쓰시오.

㉠ 녹말 : (　　　　　)　㉡ 단백질 : (　　　　　)　㉢ 지방 : (　　　　　)

(4) 3대 영양소가 모두 분해되는 소화 기관을 쓰시오.

개념 돋보기

유문 반사

음식물이 위로 들어오고 2 ~ 4시간이 지나면 위와 십이지장이 연결된 유문 부분이 때때로 열려 음식물이 소장으로 이동한다. 유문을 이루는 괄약근은 산성에서 닫히고 알칼리성에서 열린다. 알칼리성인 쓸개즙과 탄산수소 나트륨이 포함된 이자액이 분비되면 유문이 열리게 되고 산성 상태의 음식물이 넘어간다. 그렇게 되면 산성 음식물에 의해 다시 유문이 닫히게 된다. 한참 후 다시 십이지장에서 음식물이 알칼리성으로 바뀌면 또 다시 열리게 된다. 이와 같은 작용을 반복하면서 조금씩 음식물이 소장으로 넘어간다.

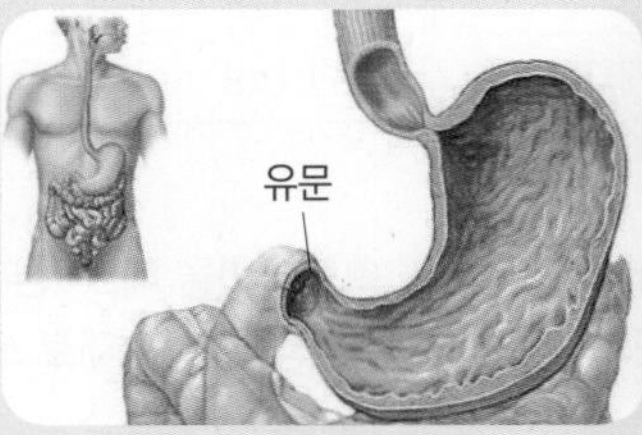

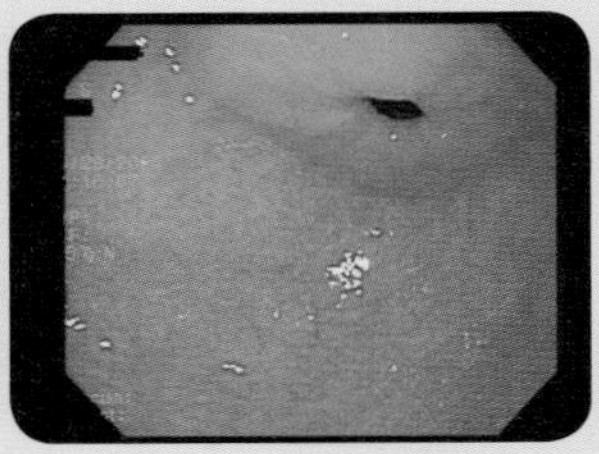

개념 심화 문제

11 **다음 그림은 쓸개 주위의 소화 기관을 나타낸 것이다. 물음에 답하시오.**

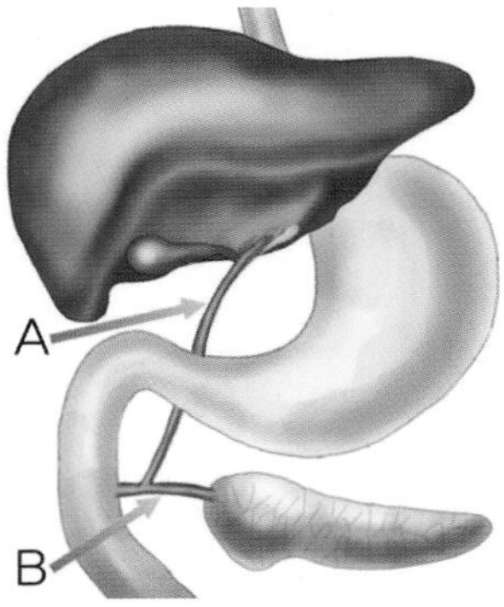

(1) 쓸개즙의 성분인 콜레스테롤의 양이 지나치게 많아지면 담석이 되어 A 부분이 막히는데 이를 '담석증'이라고 한다. 담석증에 걸릴 경우 나타나는 현상으로 옳은 것만을 〈보기〉에서 있는 대로 고르시오.

보기

ㄱ. 단백질의 소화는 크게 영향을 받지 않는다.
ㄴ. 지방의 소화가 효과적으로 일어나지 못하게 된다.
ㄷ. 라이페이스의 소화 과정이 더욱 활발하게 일어난다.
ㄹ. 위에서 분비되는 위액이 쓸개즙의 역할을 대신하게 된다.

(2) 그림에서 B 부분을 실로 묶었을 때 소화에 미치는 영향을 설명하시오.

12 **다음 표와 같이 식용유 10ml 가 들어 있는 시험관 A, B, C, D 에 증류수, 이자액, 쓸개즙 등 첨가 물질을 넣어 주고 온도를 30℃로 유지한 채 일정 시간 두었다.**

첨가물 \ 시험관	A	B	C	D
식용유	10ml	10ml	10ml	10ml
증류수	5ml	5ml	5ml	-
이자액	4ml	5ml	-	5ml
쓸개즙	1ml	-	5ml	5ml

실험 결과 생성된 모노글리세리드의 양을 측정하였을 때, 빠른 시간 내에 많은 양의 모노글리세리드를 얻을 수 있는 시험관(㉠)과 모노글리세리드가 전혀 생성되지 않는 시험관(㉡)을 순서대로 쓰시오.

13 다음은 사람의 위에서 일어나는 소화 작용을 알아보기 위한 실험이다. 물음에 답하시오.

[실험 방법]

5 개의 시험관에 고기 조각 10g 씩 넣고, 각 시험관에 그림과 같이 위액에서 추출한 X, Y 물질을 첨가한 후 37℃ , 중성 상태로 두었다.

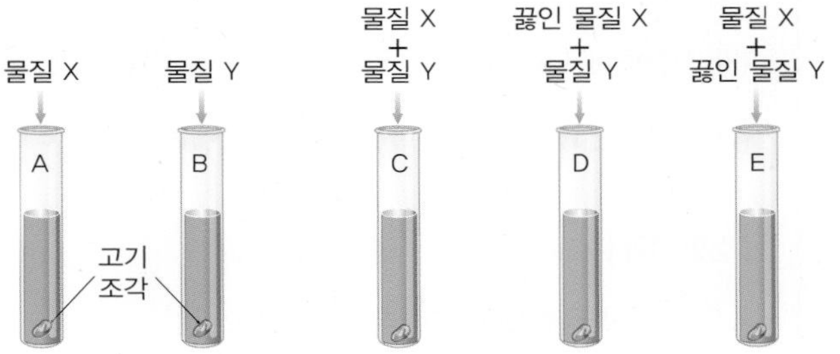

[실험 결과]

구분	A	B	C	D	E
고기 질량	10g	10g	5g	10g	5g

(1) 이 실험을 통해 '물질 Y는 소화 효소가 아니다.' 라고 결론지었다면, 어떤 시험관의 결과를 토대로 한 것인지 모두 고르시오.

(2) X 와 Y 는 각각 무엇인지 쓰고 두 물질 사이의 관계를 설명하시오.

14 다음 표는 영양소 A, B의 형태와 소화된 산물을, 그림은 소장에서 흡수된 여러 가지 영양소의 이동 경로를 나타낸 것이다.

영양소	영양소 형태	소화된 산물	
A	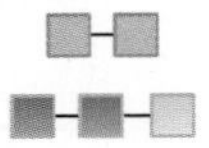		아미노산
B		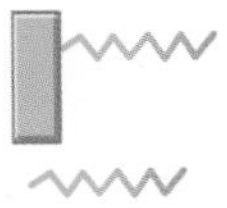	모노 글리세리드 지방산

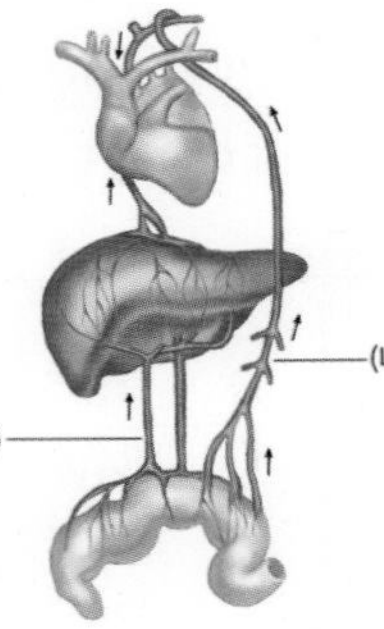

A와 B에 대한 설명으로 옳은 것만을 〈보기〉에서 있는 대로 고르시오.

보기

ㄱ. A와 B는 모두 지용성 영양소이다.
ㄴ. A는 소장에서 소화된 후 (가)를 통해 이동한다.
ㄷ. B는 쓸개즙에 의해 최종 소화된 후 (나)를 통해 이동한다.

15 소화와 순환을 연구하기 위해 다음과 같은 실험을 하였다.

[실험 방법]

(가) 실험용 쥐에 10g 의 사료를 먹였다. (사료 구성 성분 : 녹말 90% + 물 10%)

(나) 쥐의 A 와 B 에서 영양소의 농도 변화를 관찰하였다.

[실험 결과]

A 에서의 포도당 농도는 B 에서의 $\frac{1}{5}$ 이었다.

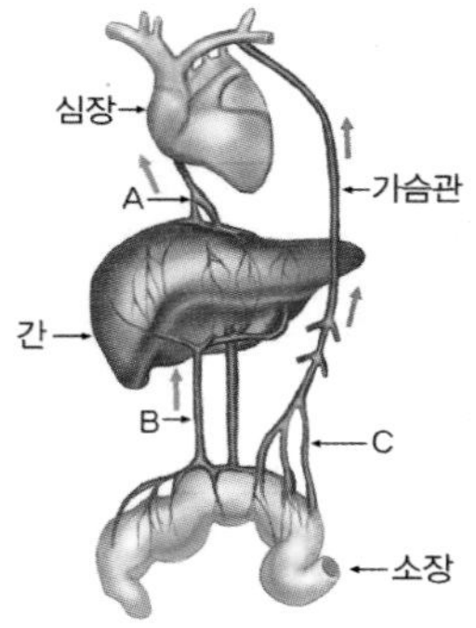

(1) A ~ C에서 추출한 혈액 중 베네딕트 반응을 보이는 곳을 모두 기호로 쓰시오.

(2) 위 자료에 대한 해석으로 옳지 않은 것은?

① 간은 혈당량 조절에 관여한다.

② 굶긴 쥐에서의 포도당 농도는 A가 B보다 높다.

③ 사료가 소화 과정을 거쳐 생성된 산물은 포도당이다.

④ 소장에서 흡수된 포도당의 대부분은 간에서 분해된 것이다.

⑤ 소장에서 흡수된 포도당은 간을 거쳐 심장을 통해 온몸으로 운반된다.

(3) 소장에서 흡수된 영양분 중 C를 통해 심장으로 이동하는 영양분만을 〈보기〉에서 있는 대로 고르시오.

보기

포도당　비타민 D　아미노산　지방　물　모노글리세리드　비타민 C　지방산　무기염류　비타민E

개념 돋보기

간의 혈당량 조절

- 식사 직후 혈당량 : 간정맥 > 간문맥
  → 이유 : 식사 직후에는 혈당량이 낮으므로 간에 저장되어 있던 글리코젠을 포도당으로 분해하여 혈액에 공급하기 때문에

- 식사 3시간 후 혈당량 : 간정맥 < 간문맥
  → 이유 : 소장의 모세 혈관을 통해 흡수된 포도당으로 인해 혈당량이 높아지기 때문에, 혈당량 조절을 위해 간에서 포도당이 글리코젠으로 합성되어 저장되기 때문에

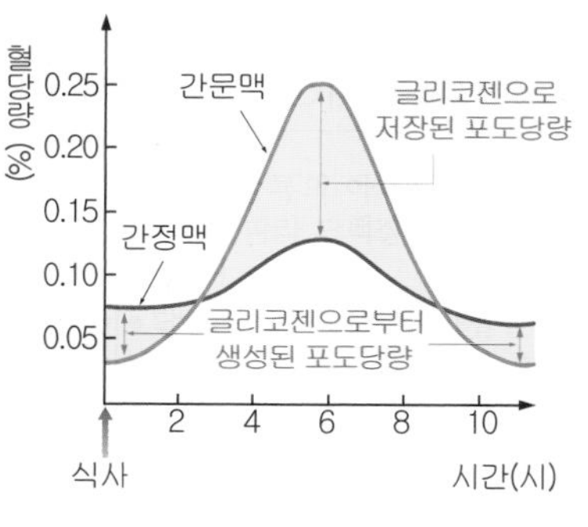

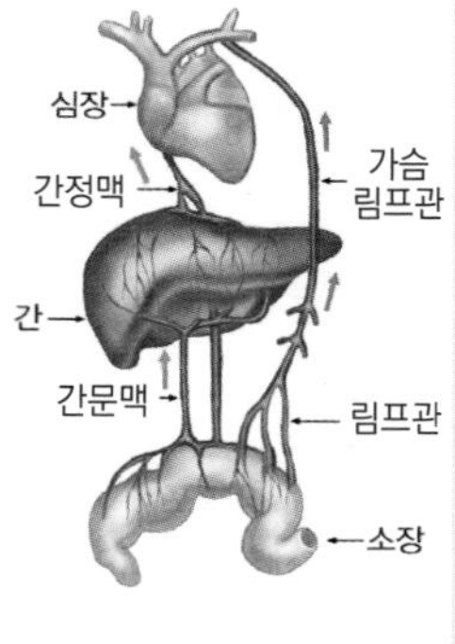

16 다음 그림은 3대 영양소의 소화 과정을 나타낸 것이며 A ~ D는 소화 효소이다.

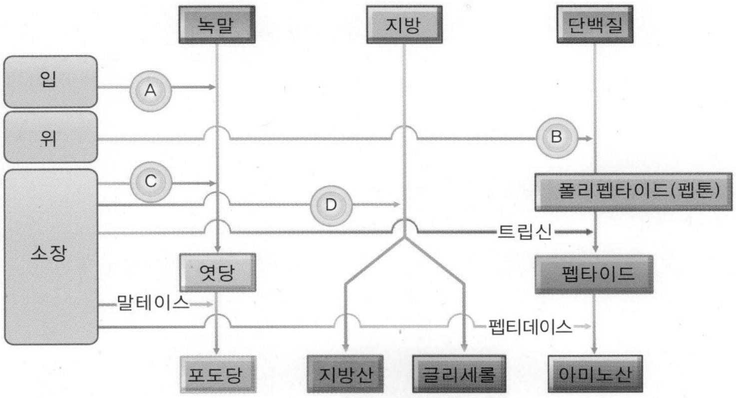

이에 대한 설명으로 옳은 것만을 〈보기〉에서 있는 대로 고르시오.

보기

ㄱ. 소장에서 3대 영양소가 모두 소화된다.
ㄴ. C는 이자에서 생성되고, D는 간에서 생성된다.
ㄷ. D는 쓸개즙이 없으면 소화 과정이 이루어지지 않는다.
ㄹ. B는 염산에 의해 활성화되는 물질이며 강한 산성에서 활성이 높다.
ㅁ. A는 C에 의해 활성화되기 때문에 반드시 두 소화 효소가 필요하다.

17 다음 그림은 소장에서 세 가지 영양소가 소화되어 흡수되는 과정을 각각 나타낸 것이다.

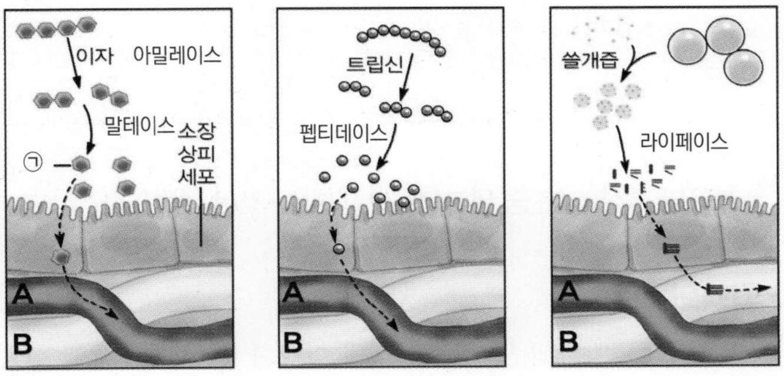

이에 대한 설명으로 옳은 것만을 〈보기〉에서 있는 대로 고르시오.

보기

ㄱ. A와 B에 모두 판막이 존재한다.
ㄴ. ㉠은 베네딕트 반응으로 검출된다.
ㄷ. 쓸개즙의 작용은 화학적 소화에 해당된다.
ㄹ. A로 들어간 ㉠은 간을 거치며 일부는 간에 저장된다.

4. 혈액의 구성과 기능

(1) 혈액의 구성[1] 45%의 고체 성분인 혈구와 55%의 액체 성분인 혈장으로 구성된다.

구분	상태	포함 물질	원심 분리 전 혈액의 구성
혈장(55%)	혈액의 액체 성분	• 물(혈장의 90% 이상) • 영양소(포도당, 아미노산, 지방, 비타민, 무기염류 등) • 효소 • 노폐물	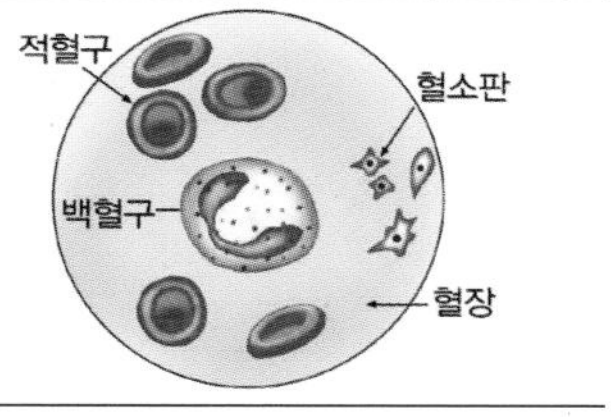
혈구(45%)	혈액의 고체 성분	적혈구, 백혈구, 혈소판	

(2) 혈구[2]의 종류 혈구는 적혈구, 백혈구, 혈소판으로 구성된다.

구분	적혈구[3]	백혈구[4]	혈소판
모습	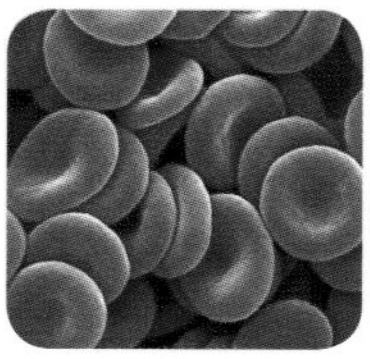 철(Fe)을 함유한 헤모글로빈이 있어 붉은 색을 띰	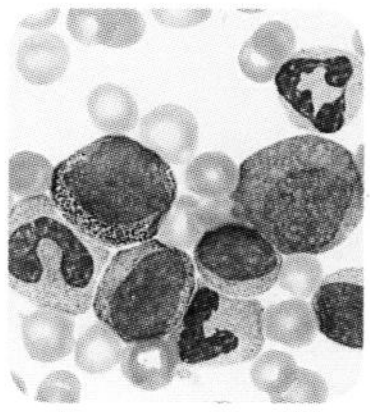	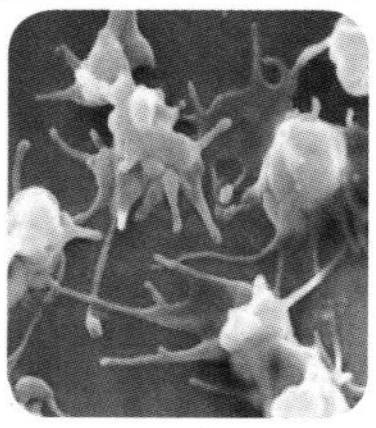
모양	가운데가 오목한 원반형	모양과 크기가 일정하지 않음	불규칙하게 엉겨 있음
핵	X	O	X
수명	100 ~ 120 일 • 생성 : 골수 • 파괴 : 간이나 지라	수 시간 ~ 수 일 • 생성 : 골수 • 파괴 : 골수와 지라	7 ~ 11 일 • 생성 : 골수 • 파괴 : 지라
크기(㎛)	7 ~ 8	7 ~ 30	2 ~ 4
수(개/mm^3)	450만(여자) ~ 500만(남자)	6000 ~ 8000 (세균에 감염되면 수 증가)	20만 ~ 30만 (부족한 경우 지혈이 잘 되지 않음)
기능	• 산소 운반 : 헤모글로빈이 산소와 결합하여 산소를 운반함	• 식균 작용 : 몸속에 침입한 세균을 잡아먹음 • 면역 작용 : 항체를 생성하여 병원체를 제거함	• 혈액 응고 작용 : 혈액 응고에 관여하는 효소인 트롬보키네이스가 들어 있어 출혈이 발생하면 혈액을 응고시켜 딱지를 형성해 출혈을 멈추게 함

정답 p 42

Q4 혈구의 구성 성분 중 대부분을 차지하는 것은 무엇인가?

(3) 혈액의 기능

① **운반 작용** : 영양소와 노폐물, 산소와 이산화 탄소, 호르몬과 항체 등을 운반한다.

운반되는 물질	운반해 주는 물질
산소	적혈구
이산화 탄소	적혈구와 혈장
영양소, 노폐물, 호르몬, 항체	혈장

② **조절 작용** : 혈액의 삼투압, 혈당량, pH, 체온 등의 항상성을 조절한다.

• 체온 조절 : 간이나 근육에서 발생한 열을 온몸에 전달하여 체온을 조절한다.
• 항상성 유지 : 혈액의 삼투압, 혈당량, pH 등을 일정하게 유지한다.

① 원심분리 후 혈액의 구성

혈액을 원심 분리하면 혈장과 혈구로 나누어진다.

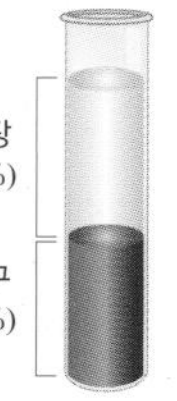

② 혈액 내 혈구의 수

수명이 다한 적혈구는 간이나 지라에서 파괴되지만, 그 수만큼 골수에서 적혈구를 새로 만들어 보충하기 때문에 혈액 내의 적혈구 수는 항상 일정하게 유지된다.

③ 고산 지대 거주민의 적혈구 수

산소가 부족한 고산 지대에 사는 사람은 산소 운반의 효율을 높이기 위해 적혈구 수가 많다. → 고산 지대에 적응한 사람은 적혈구가 약 700만 개로 증가한다.

④ 백혈병

• 혈액암의 일종으로, 백혈구의 비이상 증식으로 미성숙한 백혈구의 수는 증가하나, 성숙한 백혈구 수는 감소한다. 따라서 백혈병 환자는 세균의 감염으로도 죽을 수 있다.
• 백혈병 환자의 혈액은 정상 혈액과 비교했을 때 백혈구 수 증가로 희게 보이므로 백혈병이라고 부른다.

미니사전

헤모글로빈 적혈구 속에 들어 있는 색소 단백질로 혈액을 붉게 보이게 하는 원인 물질

골수 뼈 속에 있는 연한 조직으로 혈구 생성 장소

지라 가장 큰 림프 기관으로서 혈액 속의 혈구 세포를 만들거나 제거하는 데 관여

면역 체내에 병원체가 침입하여도 병이 나지 않도록 저항력이 생기는 일

③ 방어 작용

• 식균 작용 : 체내에 들어온 이물질이나 세균을 백혈구가 제거한다.

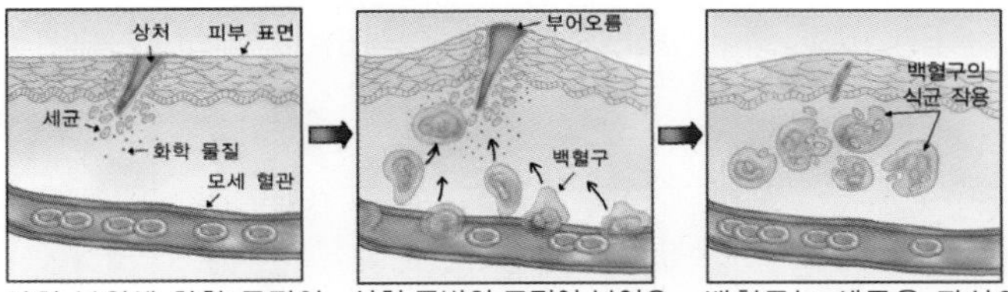

상처 부위에 화학 물질이 분비된다. / 상처 주변의 조직이 부어오르고 백혈구가 모세혈관을 빠져나온다. / 백혈구는 세균을 자신의 세포 내로 끌어들여 제거한다.

→ 염증 반응 : 몸속으로 침입한 세균은 백혈구의 식균 작용으로 제거된다.

▲ 백혈구의 식균 작용 과정(염증 반응)

• 혈액 응고⑤ : 출혈이 생기면 혈소판은 혈액을 응고시켜 세균의 침입을 막고 혈액 손실을 방지한다.

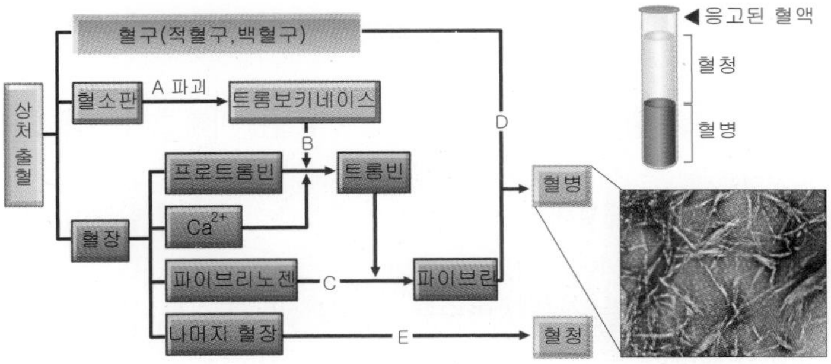

〈 혈액 응고 과정 〉

A. 상처로 혈액이 공기와 접촉하게 되면 혈소판이 파괴되면서 트롬보키네이스가 분비된다.
B. 트롬보키네이스는 혈장 속의 Ca^{2+} 와 함께 프로트롬빈을 트롬빈으로 활성화시킨다.
C. 트롬빈은 혈장 속의 파이브리노젠을 파이브린으로 만든다.
D. 파이브린은 혈구와 엉겨서 혈병을 만들어 혈액을 응고시킨다.
E. 혈액 응고에 참여하지 않은 혈장은 노란 액체 상태의 혈청이 된다.

• 항체⑥ 생성(항원-항체 반응) : 이물질이나 병원체에 대항하여 림프구가 항체를 생산하여 몸을 보호한다.
• 항원 : 체내에 침입한 병원체나 이물질이다.
• 항체 : 항원에 대항하기 위해 체내에서 생성되는 물질이다.
• 항원 - 항체 반응 : 항체는 항원과 결합하여 항원을 제거하거나 기능을 약화시키는 작용이다.
• 항원 - 항체 반응의 특이성 : 그 항체를 만들어지게 한 항원하고만 결합하는 특이성이다.
예 혈액의 응집 반응, 알레르기(두드러기, 천식 등), 조직 이식 거부 반응, 예방 주사 등

(4) 혈액형과 수혈

① **ABO식 혈액형** : 적혈구 표면에 항원에 해당하는 응집원 A, B가 있고, 혈장 속에 항체에 해당하는 응집소 α, β가 있다.

A형의 혈액	B형의 혈액	AB형의 혈액	O형의 혈액
	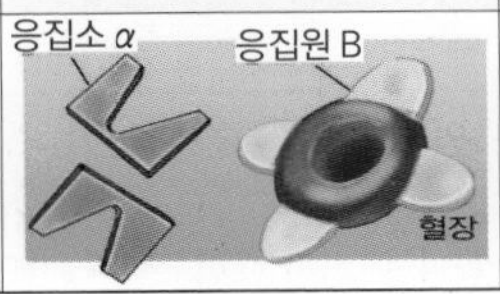	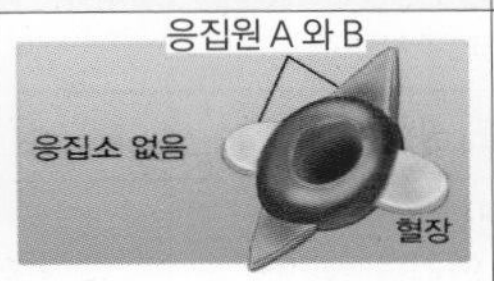	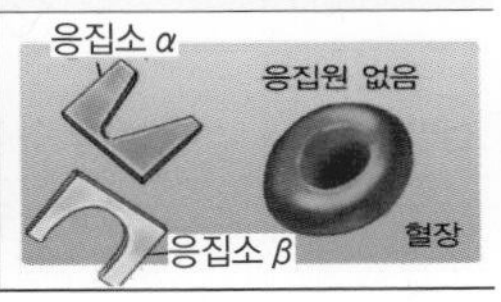

⑤ 혈액 응고 방지법

• 저온 처리 : 트롬보키네이스, 트롬빈 등의 효소 작용을 억제시켜 준다.
• 시트르산나트륨 또는 옥살산나트륨 첨가 : 혈장 속의 Ca^{2+}를 제거시켜 트롬빈 형성을 막아 준다.
• 헤파린 또는 히루딘 첨가 : 트롬빈의 생성 및 작용을 억제한다. (헤파린은 사람의 간에, 히루딘은 거머리의 침 속에 있다.)
• 유리 막대로 젓는다 : 파이브린을 제거한다.

⑥ 항체의 구조

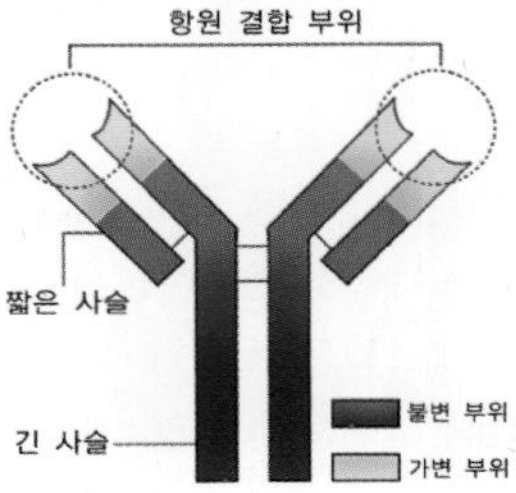

항체는 2개의 긴 사슬과 짧은 사슬 로 구성되어 Y자형 구조를 갖는다. Y자형 구조의 항원 결합 부위는 항체마다 다른 모양을 하는데 이것이 특정 항원하고만 결합하는 이유이다.

란트슈타이너

(K. Landsteiner, 1868 ~ 1943)
1901년 ABO식 혈액형을 발견하였다. 그런데 ABO식 혈액형이 서로 같은데도 수혈할 때 응집 반응이 일어나서 사람이 사망하는 사건이 가끔 발생하였다. 이것은 ABO식 혈액형 이외에 다른 혈액형이 있음을 의미하였다. 그는 연구 끝에 Rh식 혈액형을 발견하게 되었다.

미니사전

혈청 혈액이 응고될 때 분리되는 엷은 황색의 투명한 액체로 항체, 영양소 등 함유

조직 이식 생물의 일부 부위에 다른 부위의 조직 일부를 떼어내어 이식하는 것

⑦ 응집 반응
용액 속의 분자 혹은 기타 덩어리 등이 서로 달라붙어 뭉치는 현상으로 혈액의 항원, 항체 사이에서 응집체가 생성되는 응집 반응이 일어나면 혈액은 굳는다.

② **혈액형 판정** : (응집원 A + 응집소 α), 또는 (응집원 B + 응집소 β)가 만나면 항원-항체 반응의 일종으로 응집 반응[7]이 일어나는데 이를 통해 혈액형을 판정할 수 있다.

응집원 \ 응집소	응집원 A (A형) 	응집원 B (B형) 	응집원 A, B (AB형) 	응집원 없음 (O형) 
B형 표준 혈청 (항 A 혈청) → 응집소 α 포함	응집 O 	응집 X 	응집 O 	응집 X 
A형 표준 혈청 (항 B 혈청) → 응집소 β 포함	응집 X 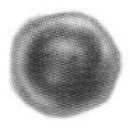	응집 O 	응집 O 	응집 X 

❶ 사람 심장의 구조

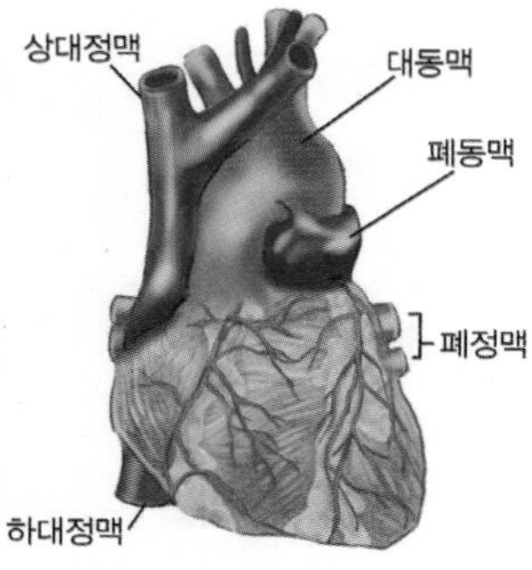

5. 심장과 혈관

(1) 심장의 구조[1] 심장은 주먹만한 크기의 근육질 주머니로 2개의 심방과 2개의 심실로 구성되어 있으며, 가슴의 중앙에서 약간 왼쪽에 위치한다.

① **심방** : 심장으로 들어오는 혈액을 받아들이는 곳으로 심실에 비해 크기가 작고 내벽이 얇으며, 정맥과 연결되어 있다.

② **심실** : 심장 밖으로 혈액을 내보내는 곳으로 내벽 근육층이 두껍고 탄력이 강하며(좌심실의 벽이 가장 두꺼움), 동맥과 연결되어 있다.

③ **판막**[2] : 혈액이 거꾸로 흐르는 것을 막아주는 구조로 심방과 심실, 심실과 동맥 사이에 있으며, 심장의 수축과 이완에 따라 열리고 닫혀 혈액의 역류를 방지한다.

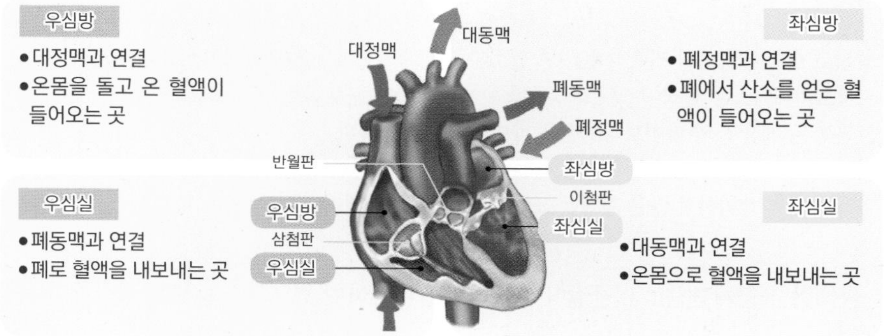

❷ 심장 판막의 종류 및 위치

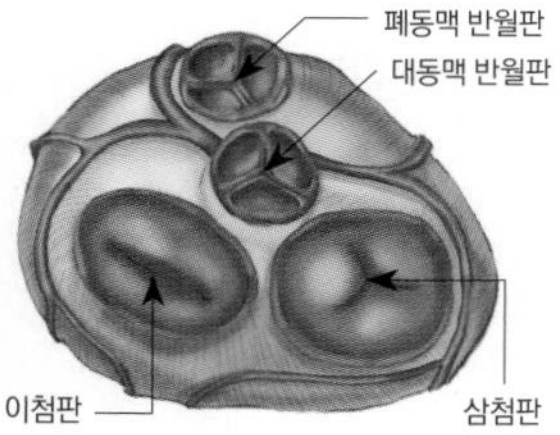

- 삼첨판 : 우심방과 우심실 사이 (3개의 판)
- 이첨판 : 좌심방과 좌심실 사이 (2개의 판)
- 반월판 : 우심실과 폐동맥 사이, 좌심실과 대동맥 사이 (3개의 판)

(2) 심장 박동 심방과 심실의 규칙적인 수축과 이완 운동으로 혈액 순환의 원동력이다.

① **심장 박동의 주기**

- 확장기 → 수축기 → 휴지기 과정을 거치면서 1회 박동한다.
- 1회 박동하는 데 걸리는 시간은 약 0.8초이다.

구분	확장기	수축기	휴지기
시간	0.1초	0.3초	0.4초
심장	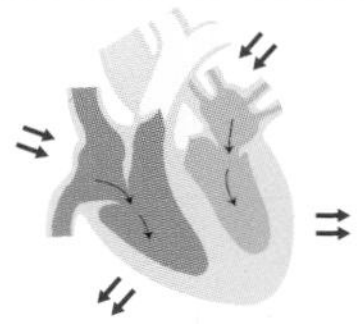	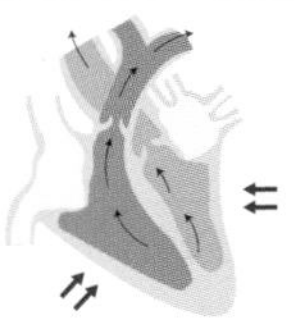	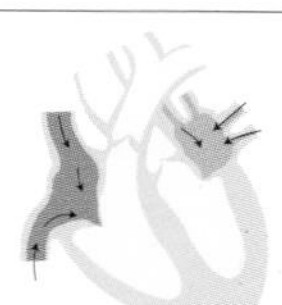
심방과 심실	심방 수축, 심실 이완	심방 이완, 심실 수축	심방 이완, 심실 이완
판막 상태	• 반월판 닫힘 • 삼첨판, 이첨판 열림	• 반월판 열림 • 삼첨판, 이첨판 닫힘	• 반월판, 삼첨판, 이첨판 닫힘 (혈액이 심방으로 들어올 때)

② **심장 박동의 자동성** : 심장 스스로 박동하는 능력이다.

→ 심장은 다른 기관과 달리 심장 자신의 충격에 의해서 박동이 스스로 일어난다.

굴심방 결절 흥분	방실 결절 흥분	히스 다발	푸르키녜 섬유
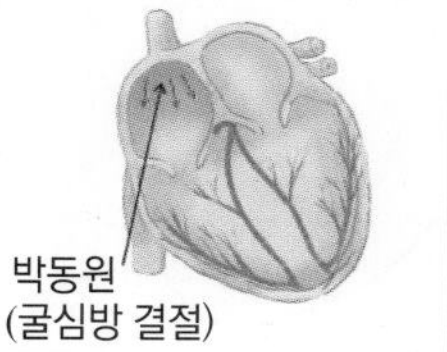	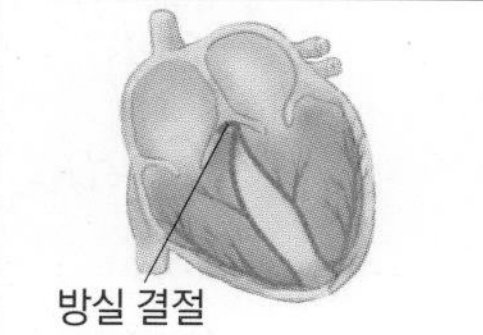	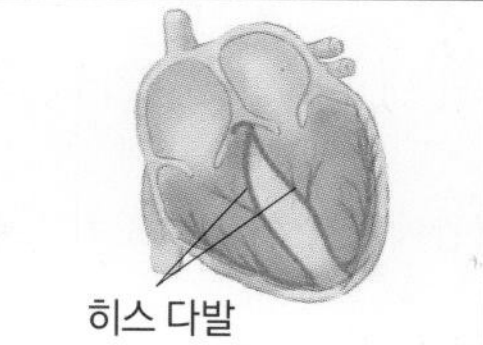	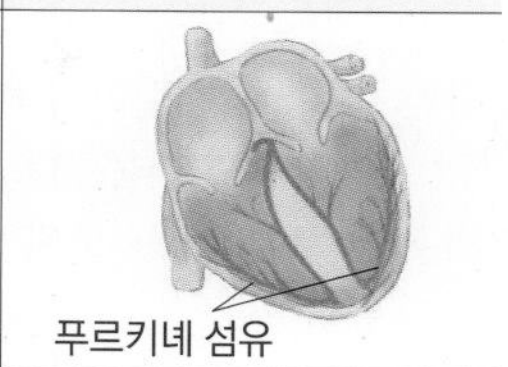
대정맥과 우심방 사이에 굴심방 결절(심장 박동의 박동원)이라는 조직이 주기적으로 흥분을 일으킴	굴심방 결절 흥분으로 좌우 심방이 수축하게 되면 심방과 심실 사이에 있는 방실 결절이 흥분함	방실 결절의 흥분은 방실 결절과 연결되는 신경 다발인 히스 다발을 거침	히스색(히스 다발)과 연결되어 좌우 심실로 넓게 퍼져 있는 푸르키녜 섬유로 흥분이 전달되어 좌우 심실을 수축시킴

정답 p 42

Q5 다음 설명 중 옳은 것에는 ○표, 틀린 것에는 ×표 하시오.

(1) 심방은 정맥과 연결되어 있다. ( )

(2) 심실이 수축되면 반월판이 열리고 이첨판, 삼첨판이 닫힌다. ( )

(3) 심장 박동의 박동원은 푸르키녜 섬유이다. ( )

(3) 혈관의 종류와 특징

구분	동맥	모세혈관[3]	정맥
구조	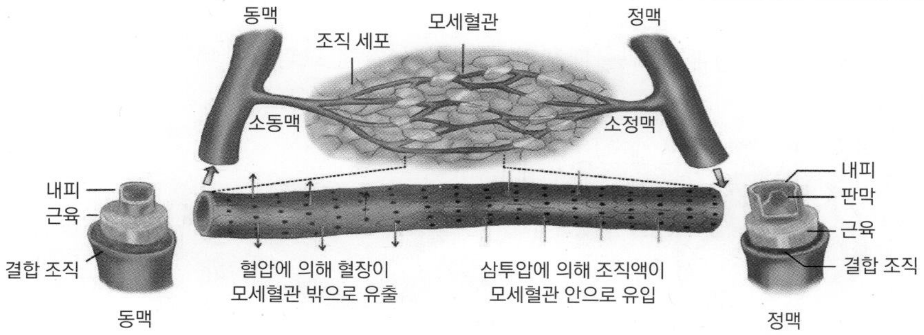		
특징	• 심장에서 나가는 혈액이 흐르는 혈관으로 심실과 연결됨 • 심실의 수축에 의한 높은 혈압을 견디기 위해 혈관벽이 두껍고 탄력성이 강함 • 몸 속 깊은 곳에 분포 • 맥박이 나타남	• 동맥과 정맥을 연결하는 혈관 • 온몸에 그물처럼 퍼져 있음 → 혈관 중 총 단면적이 가장 큼 • 한 겹의 세포층으로 되어 있으며, 혈류 속도가 매우 느려 혈액과 조직 세포 사이에 물질 교환이 효과적으로 일어남	• 심장으로 들어 오는 혈액이 흐르는 혈관으로 심방과 연결됨 • 혈압이 낮기 때문에 혈관벽이 동맥보다 얇고 탄력성이 약함 • 몸의 표면(피부 가까이)에 분포 • 혈액이 거꾸로 흐르는 것(역류)을 방지하기 위해 판막[4] 존재

6. 혈액의 순환

(1) 혈관의 비교

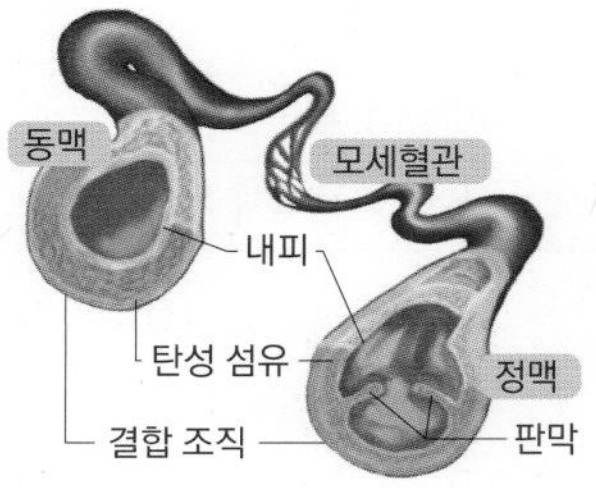

내용	비교 결과
혈류 방향	동맥 → 모세혈관 → 정맥
혈관벽의 두께	동맥 > 정맥 > 모세혈관
혈관벽의 탄력성	동맥 > 정맥 > 모세혈관
혈압	동맥 > 모세혈관 > 정맥
혈류 속도	동맥 > 정맥 > 모세혈관
총 단면적	모세혈관 > 정맥 > 동맥

③ 모세혈관의 단면

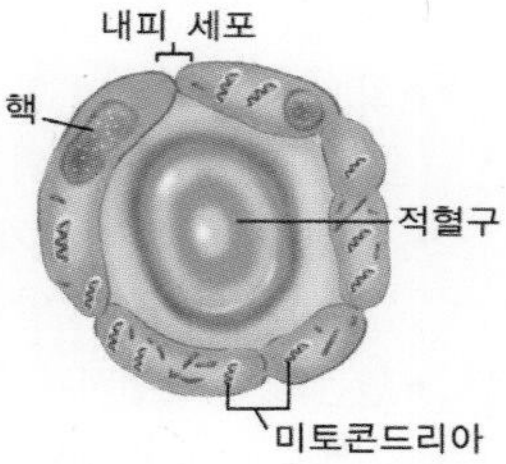

모세혈관은 혈관벽이 한 층의 얇은 세포층으로 되어 있으며, 적혈구 한 개가 겨우 빠져나갈 수 있는 굵기이기 때문에 조직 세포와의 물질 교환이 효율적으로 일어난다.

④ 판막의 기능

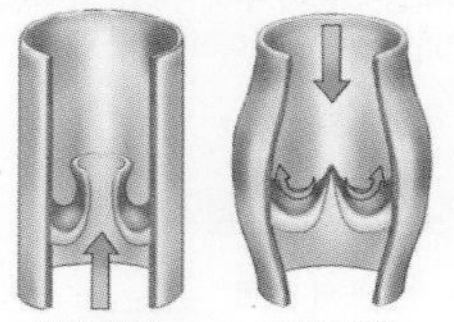

● 판막의 주된 기능은 심장의 수축과 이완에 맞추어 열리거나 닫히며, 혈액을 일정한 방향으로 흐르도록 하는 것이다.

● 판막은 혈압이 낮아져서 발생할 수 있는 혈액의 역류를 막기 위해 심장뿐만 아니라 정맥의 곳곳에도 존재한다.

미니사전

굴심방 결절 심장 박동의 근원지

방실 결절 우심방과 우심실 경계에 있는 세포 덩어리로 심방의 흥분은 여기로 전달됨

히스 다발 방실 결절에 연결된 신경 다발

푸르키녜 섬유 심실에 전체적으로 퍼져 있는 자극 전달 섬유

중추 중심, 핵심과 유사한 뜻으로 주요 기능을 담당하는 기관을 의미함

모세혈관 털처럼 가는 혈관

혈류 피의 흐름

맥박 심장의 운동에 의해 동맥에 미치는 주기적인 파동

〈 혈압, 혈관의 단면적, 혈류 속도 〉

- 최고 혈압과 최저 혈압이 나타나는 시기 : 좌심실이 수축하면 최고 혈압, 좌심실이 이완하면 최저 혈압이 나타난다.
- 동맥에서 혈류 속도가 물결 모양인 이유 : 좌심실이 수축할 때 혈압이 올라가고 , 좌심실이 이완하면 혈압이 내려가며 계속 변하기 때문이다.
- 혈관의 총 단면적과 혈류 속도의 관계 : 반비례 → 모세혈관에서는 혈류 속도가 느리기 때문에 조직 세포와 물질 교환이 유리하다.
- 정맥의 혈압이 (-)임에도 불구하고 혈액의 역류가 일어나지 않는 이유 : 정맥의 판막이 역류를 방지한다.

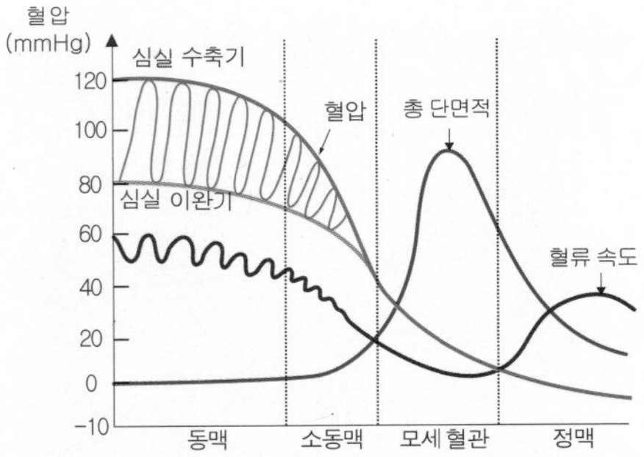

(2) **혈액의 순환** 심장에서 나온 혈액이 동맥, 모세혈관, 정맥을 거쳐 다시 심장으로 돌아가는 과정으로 온몸을 순환하는 온몸 순환과 폐를 순환하는 폐순환으로 나뉜다.

① **온몸 순환(체순환)** : 좌심실에서 나온 동맥혈이 온몸을 돌면서 조직 세포에 산소와 영양소를 주고, 조직 세포에서 생긴 이산화 탄소와 노폐물을 받아 정맥혈이 되어 우심방으로 들어오는 혈액 순환 과정이다. → 동맥혈에서 정맥혈로 바뀐다.

좌심실 → 대동맥 → 온몸의 모세혈관(물질 교환) → 대정맥 → 우심방

② **폐순환** : 우심실에서 나온 정맥혈이 폐를 순환한 후 이산화 탄소를 내보내고 산소를 받아 동맥혈이 되어 좌심방으로 들어오는 혈액 순환 과정이다. → 정맥혈에서 동맥혈로 바뀐다.

우심실 → 폐동맥 → 폐포의 모세혈관(기체 교환) → 폐정맥 → 좌심방

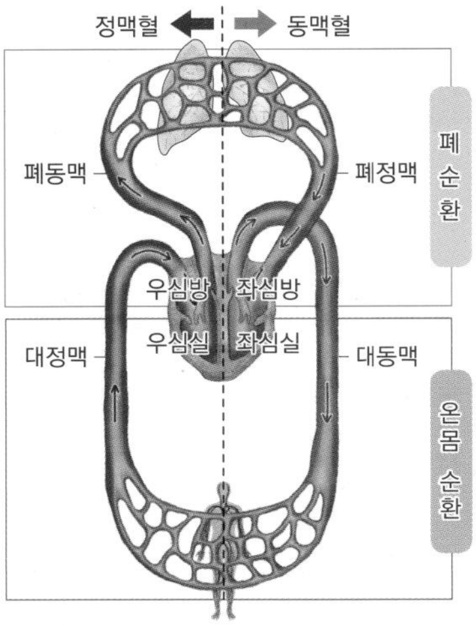

혈액은 폐의 모세혈관을 지나면서 폐포로 이산화 탄소를 내보내고 산소를 받아온다.

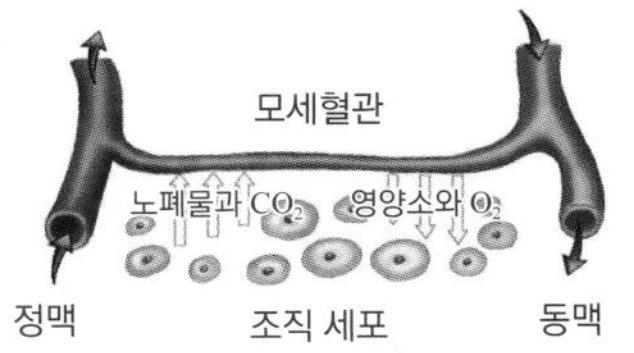

혈액은 온몸의 모세혈관을 지나면서 조직 세포에 산소와 영양소를 공급하고 조직 세포에서 생긴 이산화 탄소와 노폐물을 받는다.

구분		정맥혈	동맥혈
의미		산소가 적게 포함된 혈액	산소가 많이 포함된 혈액
색깔		암적색	선홍색
흐르는 곳	혈관	대정맥, 폐동맥	대동맥, 폐정맥
	심장	우심방, 우심실	좌심실, 좌심방

정답 p 42

Q6 다음 ( ) 안에 알맞은 말을 고르시오.

(1) 온몸을 돌고 심장으로 들어가는 혈관에는 (동맥혈 , 정맥혈) 이 흐른다.

(2) 폐에서는 (물질 교환, 기체 교환) 이 일어난다.

맥박

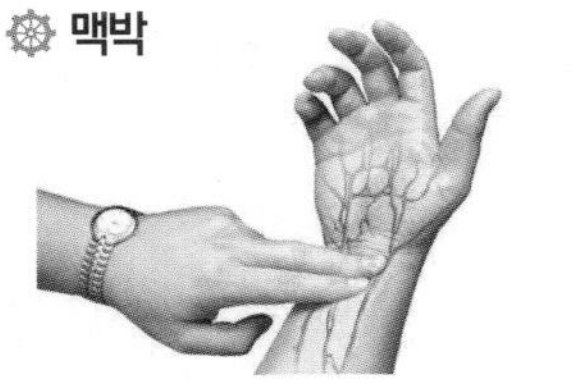

심실의 수축과 이완에 따라 동맥에서도 그 탄력성 때문에 수축과 이완이 되풀이 되는데, 이것을 맥박이라한다.

정맥에서의 혈액 이동

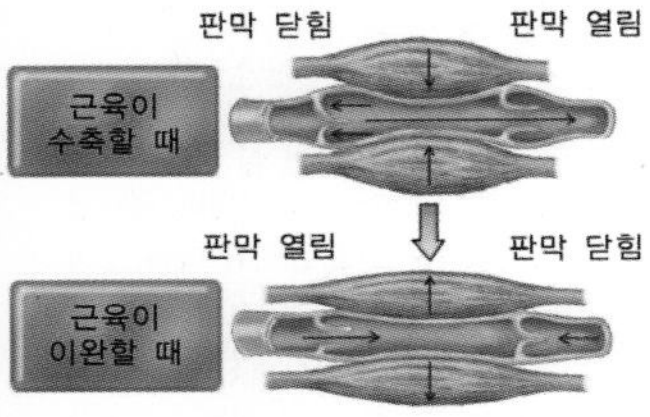

정맥이 심장의 위치보다 아래에 있을 경우에는 중력을 이기고 거꾸로 올라가야 한다. 이때 정맥혈을 심장으로 다시 돌아가게 하는 중요한 힘은 근육의 수축과 이에 의한 압력 변화이다.

순환계 질병

- 고혈압 : 최저 혈압이 90mmHg 이상, 최고 혈압이 140mmHg이상으로 지속되는 상태
- 동맥 경화 : 동맥 혈관벽에 콜레스테롤 등의 지방 성분이 쌓여 동맥의 내부가 좁아져 혈액 순환에 이상이 생기는 현상
- 뇌졸중 : 뇌동맥이 막히거나 터져 몸의 일부 또는 전신이 마비되는 현상

미니사전

혈압 혈액이 혈관벽에 미치는 압력으로 보통 건강한 사람의 최고 혈압은 120mmHg, 최저 혈압은 80mmHg

혈액의 구성과 기능

24 다음 중 혈액의 기능에 해당하는 것만을 〈보기〉에서 있는 대로 고르시오.

> 보기
> ㄱ. 운반 작용 ㄴ. 방어 작용 ㄷ. 소화 작용
> ㄹ. 분비 작용 ㅁ. 조절 작용 ㅂ. 분해 작용

25~28 오른쪽 그림은 혈액의 구성 성분을 나타낸 것이다. 다음 설명에 해당하는 혈액 성분의 기호와 이름을 쓰시오.

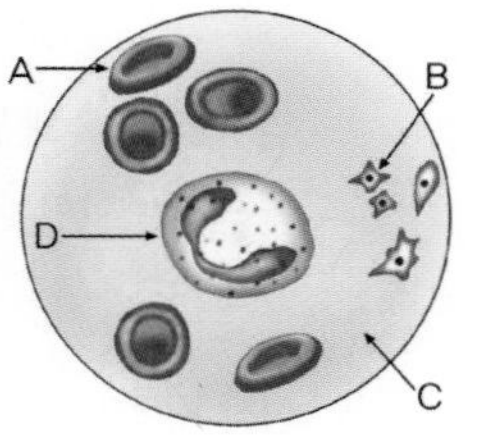

25 헤모글로빈이 있어 산소를 운반하며, 혈구 중 가장 많다.

26 염증이 있을 때 그 수가 급격히 증가하며, 크기가 혈구 중 가장 크다.

27 상처가 났을 때 혈액을 응고시켜 출혈을 방지한다.

28 영양소, 효소, 노폐물, 물 등을 함유하고 있으며, 운반하는 기능을 한다.

29 혈액에 관한 설명으로 옳지 않은 것은?

① 혈구는 고형 성분이다.
② 혈장의 90% 이상이 물이다.
③ 혈구들은 골수에서 생성된다.
④ 혈장에는 노폐물, 항체 등이 들어 있다.
⑤ 혈구가 차지하는 비율이 혈장의 비율보다 많다.

30 다음은 항원-항체 반응에 대한 설명으로 옳지 않은 것은?

① 몸에 침입한 이물질은 항원으로 작용한다.
② 한 종류의 항체는 한 종류의 항원하고만 결합할 수 있다.
③ 한 항원에 의해 생긴 항체는 다른 항원하고도 결합할 수 있다.
④ 알레르기, 조직 이식 거부 반응 등도 항원-항체 반응의 일종이다.
⑤ 항체는 항원과 결합하여 그 기능을 억제하기 위해 만들어진 물질이다.

31 다음은 혈액형을 알아보기 위해 응집 반응을 실험한 결과이다.

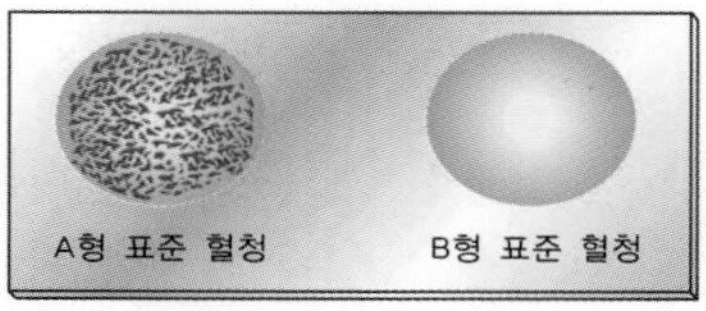

이 혈액형은 무엇인가?

32~33 다음 그림은 혈액 응고 과정을 나타낸 것이다. 물음에 답하시오.

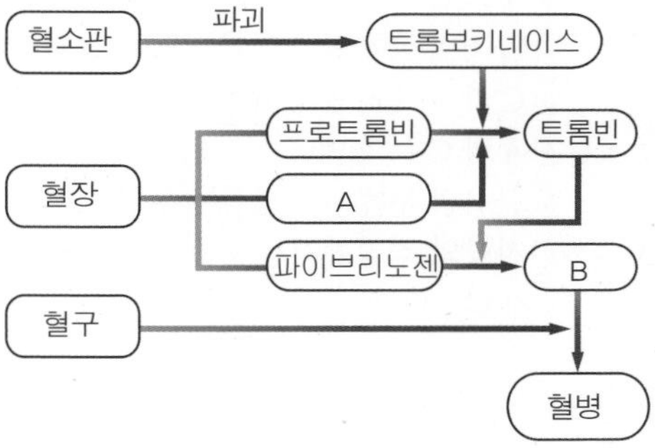

32 A와 B에 해당하는 것을 각각 쓰시오. A : ( ) B : ( )

33 위 혈액 응고 과정에 대한 설명으로 옳은 것은?

① 파이브리노젠은 혈소판에 의해 생성된 것이다.
② 혈액에 시트르산나트륨을 넣어 주면 파이브린이 많아진다.
③ 혈액을 유리 막대로 저어주면 혈소판의 파괴로 혈액이 응고된다.
④ 저온 처리를 하면 트롬보키네이스와 트롬빈의 작용이 억제된다.
⑤ 혈관 안에 흐르는 혈액에서는 트롬보키네이스를 관찰할 수 있다.

심장과 혈관

34 심장에 관한 설명으로 옳은 것만을 〈보기〉에서 있는 대로 고르시오.

> 보기
> ㄱ. 좌심실의 근육이 가장 두껍다.
> ㄴ. 대정맥은 우심방과 연결되어 있다.
> ㄷ. 심장 박동의 박동원은 우심방 상단에 있는 굴심방 결절이다.

35 다음은 사람의 심장 구조를 나타낸 것이다.

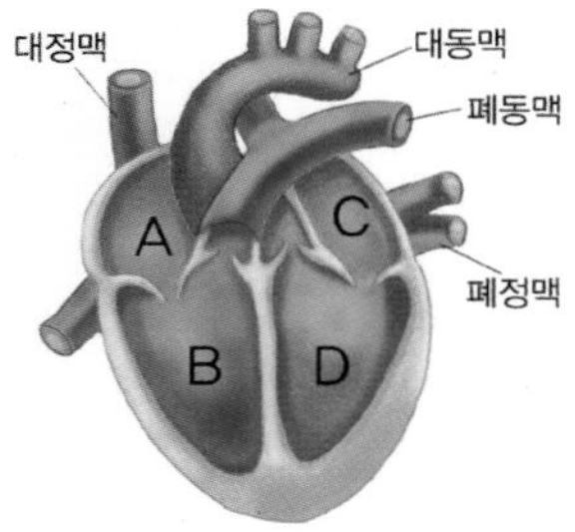

심장에 대한 설명으로 옳은 것을 있는 대로 고르시오.

① A 와 C 사이에는 판막이 있다.
② D 가 수축하면 혈액이 온몸으로 나간다.
③ C 가 수축하면 동시에 D 도 같이 수축한다.
④ A 와 C 는 혈액이 심장으로 들어오는 곳이다.
⑤ 근육의 두께는 좌심실이 우심실보다 더 두껍다.
⑥ 사람의 심장에서는 동맥혈과 정맥혈이 서로 섞이지 않는다.

36 다음은 심장 박동이 일어날 수 있도록 흥분이 전달되는 경로를 나타낸 것이다. 빈칸에 알맞은 단어를 쓰시오.

(㉠)흥분 → 심방 수축 → (㉡) 흥분 → 히스 다발 → (㉢)섬유 → 심실 수축

37 다음 중 심장 박동에 대한 설명으로 옳지 않은 것은?

① 심장 박동 주기는 약 0.8초이다.
② 심장은 스스로 박동하는 자동성이 있다.
③ 심한 운동을 하면 심장 박동수는 빨라진다.
④ 심장 박동이란 주기적인 수축, 이완 운동을 말한다.
⑤ 심장 박동은 확장기 → 휴지기 → 수축기 과정을 거친다.

38 다음 중 판막이 존재하는 위치가 아닌 것은?

① 우심방과 우심실 사이 ② 좌심실과 대동맥 사이
③ 우심방과 대동맥 사이 ④ 좌심방과 좌심실 사이
⑤ 정맥 내부

39 다음 그림은 심장 박동에 따른 좌심실의 부피 변화를 나타낸 것이다. (심장 1회 박동시 혈액 방출량은 70mL이다.)

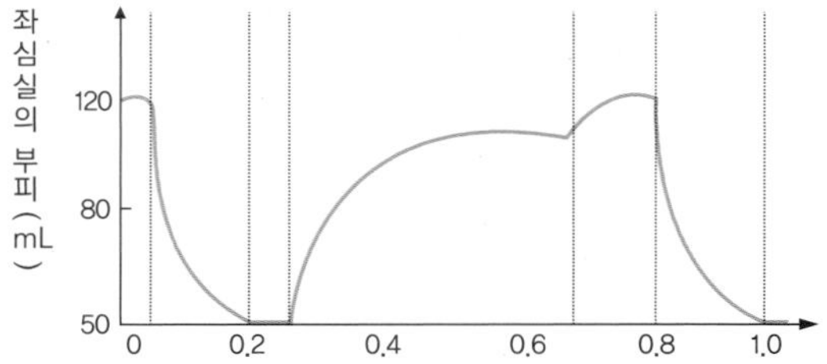

위 자료를 통해 알 수 있는 심장 박동 주기와 1분당 심박출량을 구하시오.

40 심장 박동에 따른 좌심방, 좌심실, 대동맥의 압력과 혈압에 관한 설명으로 옳은 것만을 <보기>에서 있는 대로 고르시오.

보기

ㄱ. 좌심방이 최대로 수축할 때 최고 혈압이 나타난다.
ㄴ. 좌심실 압력이 좌심방 압력보다 높아지면 이첨판이 닫힌다.
ㄷ. 좌심방의 압력이 좌심실 압력보다 높아지면 반월판이 열린다.

41~42 다음 그림은 혈관의 구조를 나타낸 것이다. 물음에 답하시오.

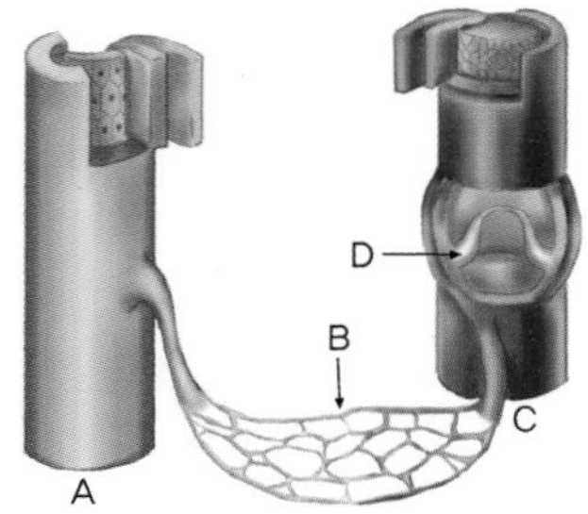

41 그림에 대한 설명으로 옳은 것을 있는 대로 고르시오.

① C 보다 B 의 혈압이 높다.
② 혈액은 C → B → A 방향으로 이동한다.
③ D 는 판막으로 혈액의 역류를 방지한다.
④ A 는 정맥, B는 모세혈관, C 는 동맥이다.
⑤ C 는 A 에 비해 혈관벽이 두껍고 탄력성이 크다.

정답 및 해설 42쪽

42 **다음 설명에 해당하는 혈관의 기호와 이름을 쓰시오.**

한 층의 세포로 이루어진 벽을 가지고 있고, 혈액이 흐르는 속도가 느려 물질 교환에 유리하다.

43 **여러 혈관의 특징에 대한 설명으로 옳지 않은 것은?**

① 정맥 곳곳에는 판막이 있다.
② 동맥에는 항상 동맥혈이 흐른다.
③ 모세혈관은 동맥과 정맥을 연결해 준다.
④ 동맥은 심장에서 나간 혈액이 흐르는 혈관이다.
⑤ 정맥은 심장으로 들어오는 혈액이 흐르는 혈관이다.

44 **다음 〈보기〉는 심장의 수축과 이완 운동을 순서없이 나타낸 것이다. 심장으로 혈액이 들어오기 위한 과정부터 나가기까지의 과정을 순서대로 나열하시오.**

(가) 심실 확장, 심방 수축	(나) 심실 수축
(다) 심방 이완	

혈액의 순환

45 **다음 그림은 동맥, 정맥, 모세혈관에서의 혈압과 혈류 속도, 혈관의 총 단면적을 나타낸 그래프이다.**

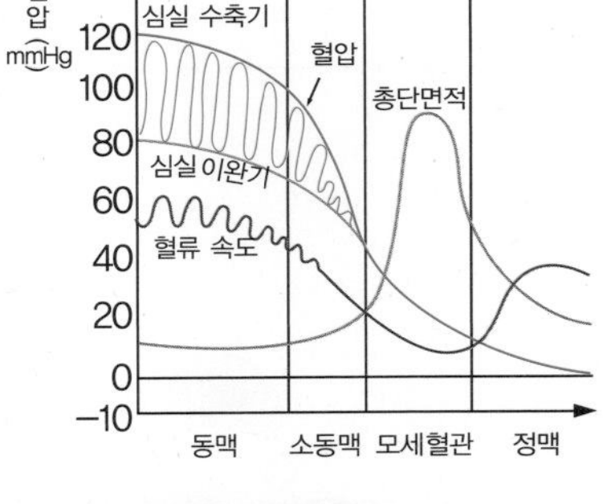

이에 대한 설명으로 옳지 않은 것은?

① 정맥에서의 혈압이 가장 낮다.
② 혈류 속도는 정맥이 가장 느리다.
③ 심실의 수축기 때 혈압이 가장 높다.
④ 최고, 최저 혈압은 약 120/80 mmHg 이다.
⑤ 모세혈관의 총 단면적이 다른 혈관에 비해 크다.

46 **다음 그림은 사람의 심장 구조를 나타낸 것이다. 산소가 많아 피의 색깔이 선홍색인 혈액이 흐르는 곳의 기호만을 있는 대로 고르시오.**

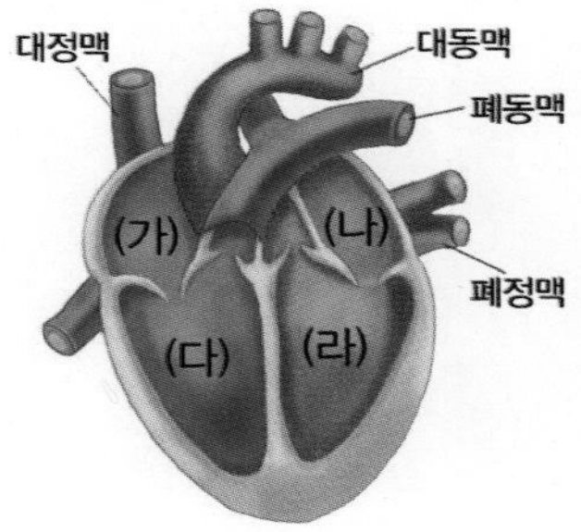

47 **다음 그림은 사람의 혈액 순환 경로를 나타낸 것이다.**

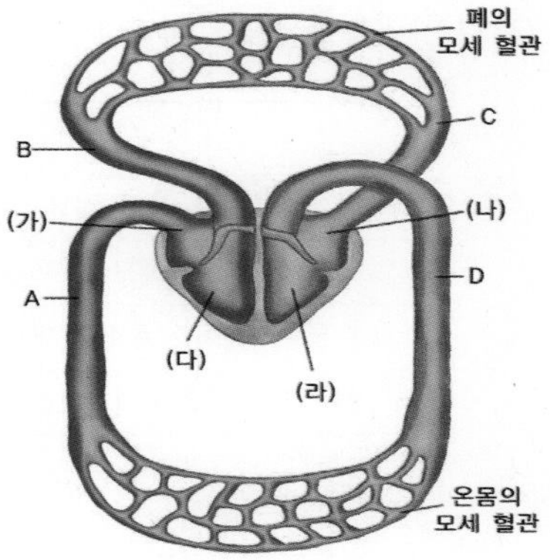

그림에 대한 설명으로 옳지 않은 것은?

① C 는 폐동맥으로 동맥혈이 흐른다.
② 정맥혈이 흐르는 혈관은 A 와 B 이다.
③ 폐순환의 경로는 (다) - B - 폐 - C - (나)이다.
④ C 는 산소를 많이 포함하고 있는 혈액이 흐른다.
⑤ 폐에서는 기체 교환이 일어나 정맥혈을 동맥혈로 바꾸어 준다.

48 **온몸 순환(체순환)과 폐순환의 의의를 바르게 설명한 것을 〈보기〉에서 각각 1개씩 고르시오.**

보기
ㄱ. 체온이 항상 일정할 수 있도록 조절해 준다. ㄴ. 동맥과 정맥 사이의 혈압 차이를 조절해 준다. ㄷ. 온몸의 조직 세포에 산소와 영양분을 공급해 준다. ㄹ. 혈액 속의 이산화 탄소를 내보내고, 산소를 공급받는다. ㅁ. 심장이 수축과 이완 작용을 스스로 할 수 있도록 조절한다.

(1) 온몸 순환의 의의 : (　　　　　　)
(2) 폐순환의 의의 : (　　　　　　)

개념 심화 문제

18 다음 그림은 혈액의 모식도를 나타낸 것이고, 표는 4명의 학생들의 혈액을 채취하여 혈액 1mm^3 당 혈구 수를 조사한 것이다. 물음에 답하시오.

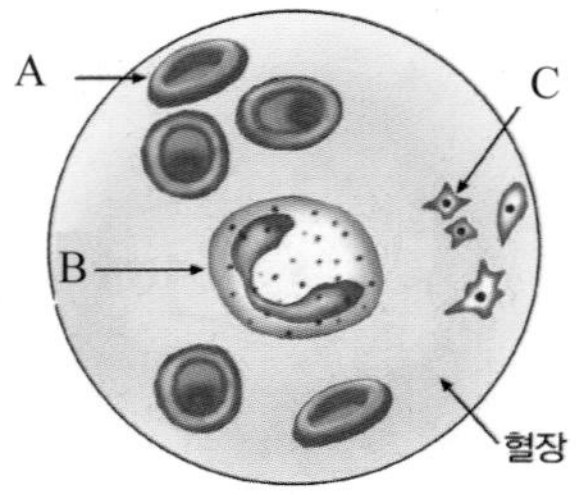

구분	정상인	세이	경진	희정	성환
A	450만 ~ 500만	300만	700만	450만	500만
B	7000 ~ 8000	7500	7000	20000	7500
C	25만 ~ 30만	25만	25만	30만	10만

[혈액 1mm^3 당 혈구 수(개)]

(1) 다음 내용에 알맞은 혈액의 구성 요소를 위 모식도에서 골라 기호를 쓰시오.

내용	기호
㉠ 아메바 운동을 하며, 식균 작용을 한다.	
㉡ 철을 갖고 있는 헤모글로빈을 포함하고 있어 붉게 보인다.	
㉢ 트롬보키네이스 효소를 가지고 있어 혈액의 과다 출혈을 막는다.	
㉣ ABO식 혈액형을 결정하는 응집원이 들어있다.	

(2) 위 표를 통해 추론할 수 있는 사실만을 〈보기〉에서 있는 대로 고르시오.

보기

ㄱ. 경진이는 고산 지대에 살고 있다.
ㄴ. 경진이는 빈혈이 자주 일어날 것이다.
ㄷ. 희정이는 세균성 질병에 감염이 된 상태이다.
ㄹ. 성환이는 상처가 났을 때 지혈이 잘 안될 것이다.
ㅁ. 세이는 저지대에 살고 있지만 비교적 건강 상태가 양호한 편이다.

개념 돋보기

헤모글로빈의 구조

헤모글로빈은 척추동물의 적혈구 속에 들어있는 색소로서 철을 포함한 헴(heme)과 단백질의 한 종류인 글로빈(globin)으로 구성되어 있다. 헤모글로빈 1 분자는 산소 4 분자를 운반할 수 있는데, 산소는 헤모글로빈의 헴에 결합하여 운반된다.

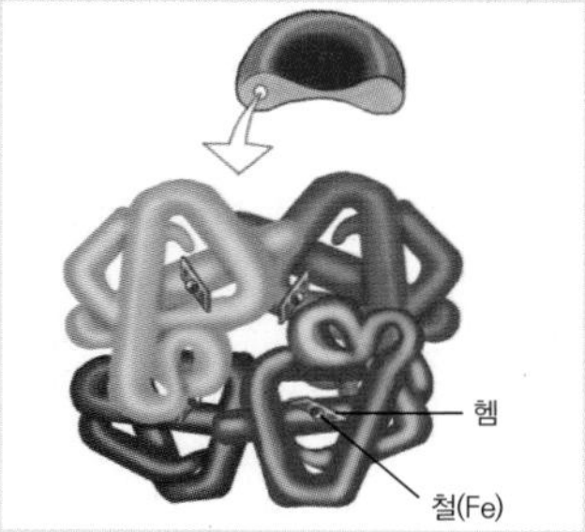

19 **다음 (가)는 혈액 응고 과정을 단계별로 나타낸 것이며, (나)는 혈액 응고에 관련된 실험을 하기 위한 장치이다. 물음에 답하시오.**

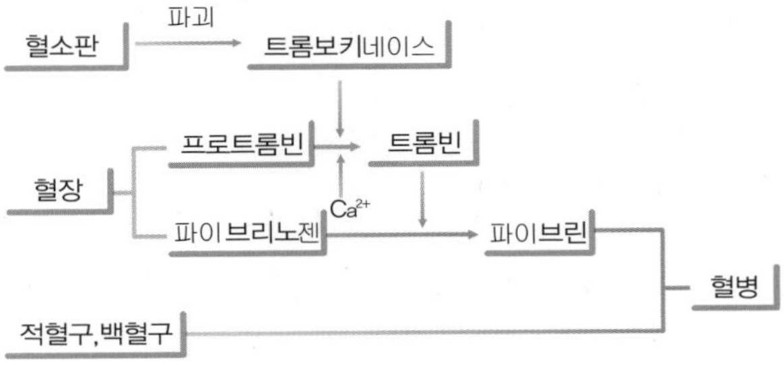

(가)

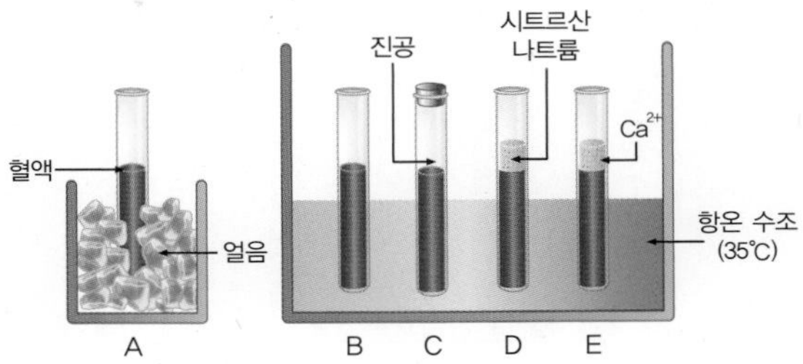

(나)

이 실험에 대한 설명으로 옳은 것만을 〈보기〉에서 있는 대로 고르시오.

보기

ㄱ. E 에서 Ca^{2+} 이 혈액의 응고를 방지해주는 역할을 한다.
ㄴ. 사람의 간에서도 트롬빈의 생성을 억제하는 물질이 만들어진다.
ㄷ. B 에서는 체온의 온도 상태를 유지했기 때문에 혈액이 응고되지 않는다.
ㄹ. A 에서는 저온 처리를 통해 효소들이 변형되지 않기 때문에 혈액이 응고된다.
ㅁ. D 에서 시트르산나트륨 대신에 옥살산나트륨을 첨가하여도 혈액은 응고되지 않는다.
ㅂ. C 에서는 혈액이 공기와 접하지 않기 때문에 혈소판이 파괴되지 않아 혈액이 응고되지 않는다.

20 **다음 그림은 산소가 헤모글로빈과 결합하고, 분리되는 현상을 나타낸 것이다. 물음에 답하시오.**

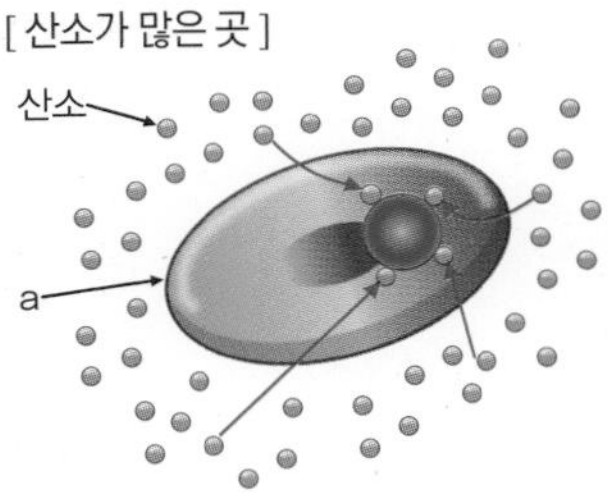

(가)

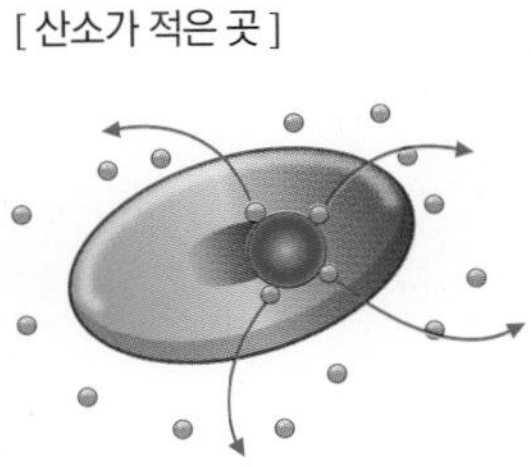

(나)

(1) a 는 무엇인가?

(2) (가) 와 (나) 의 현상이 우리 몸의 각각 어느 기관에서 일어나는지 순서대로 쓰시오.

(3) (가) 와 (나) 처럼 산소가 헤모글로빈과 결합, 분리되는 가장 직접적인 원인은 무엇인가?

① 혈구의 양 ② 산소 농도 ③ 혈장에 흐르는 영양분의 양
④ 이산화 탄소 농도 ⑤ 온도

개념 심화 문제

21 다음은 휴식을 취하고 있을 때와 운동할 때 각 기관에 공급되는 혈류량을 나타낸 것이며, 표는 이때의 심박출량을 나타낸 것이다. (단, 심박출량은 1분 동안 심장에서 내보내는 혈액량이다.)

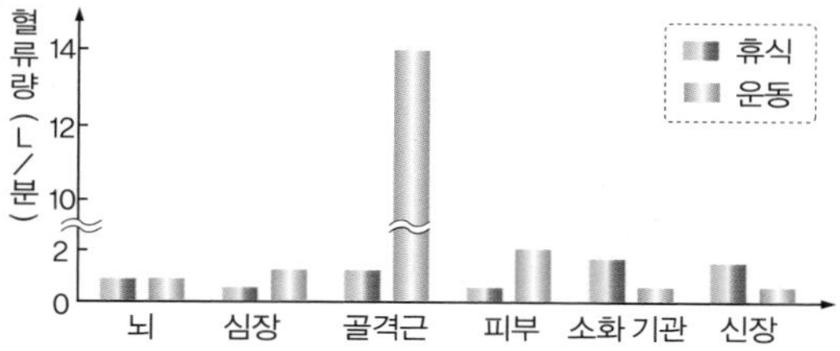

구분	휴식	운동
심박출량 (L/분)	5	20

위 자료에 대한 설명으로 옳은 것은?

① 휴식을 취할 때 모든 기관의 혈류량은 같다.
② 식사 후에 곧바로 운동을 하면 소화가 잘 된다.
③ 운동을 할 때 뇌로 공급되는 혈류량은 증가한다.
④ 휴식할 때보다 운동을 할 때 오줌의 양이 줄어든다.
⑤ 운동을 할 때 심장 근육으로 공급되는 산소와 영양소는 4배 정도 증가한다.

22 항원-항체 반응과 관련 있는 것만을 〈보기〉에서 있는 대로 고르시오.

보기

ㄱ. 상처가 났을 때 혈액을 응고시킨다.
ㄴ. 항원과 결합하여 침전시킨다.
ㄷ. 세균 등이 응집되도록 한다.
ㄹ. 세균의 독소나 바이러스를 중화시킨다.

개념 돋보기

운동할 때와 휴식을 취할 때 혈류량의 변화

구분	뇌	심장	근육	피부	신장	소화기	기타	총량
휴식 시	650	215	1,030	430	950	1,200	525	5,000
운동 시	750	750	12,500	1,900	600	600	400	17,500

[운동할 때 나타나는 변화]
- 총 혈류량이 증가한다.
- 특히 근육과 피부의 혈류량이 증가한다. → 근육은 에너지를 많이 생산하기 위해서, 피부는 최대한 많은 양의 열을 방출하기 위해서
- 신장의 혈류량이 감소한다. → 신장에서 생성되는 오줌의 양이 줄어든다.
- 소화기의 혈류량이 감소한다. → 식사 후 바로 운동을 하면 소화가 잘 안된다.

23 다음은 항원을 투여하여 나타나는 면역 반응에 대해 알아보고자 각각 다른 실험 수행 과정을 거쳤다. 각 실험에 따른 결과를 보고 물음에 답하시오.

[실험 1]

항원을 투여하였을 때 나타나는 1차 면역 반응과, 같은 항원을 2차 투여하였을 때 나타나는 2차 면역 반응을 조사하여 다음과 같은 결과를 얻었다.

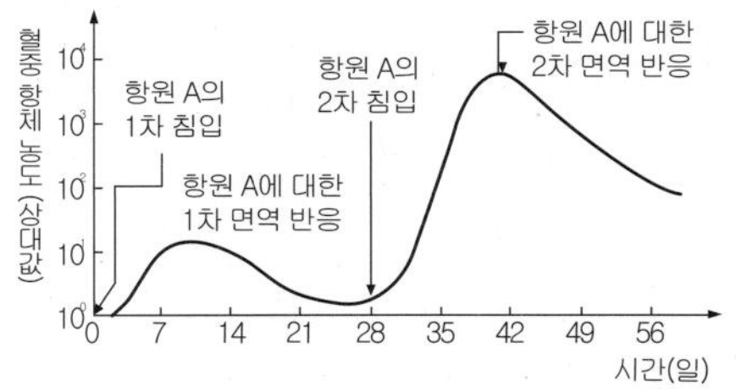

[실험 2]

항원 X 를 투여하고, 4주 후 항원 X 와 다른 종류의 항원 Y 를 함께 투여한 후 항체의 농도 변화를 조사한 결과이다.

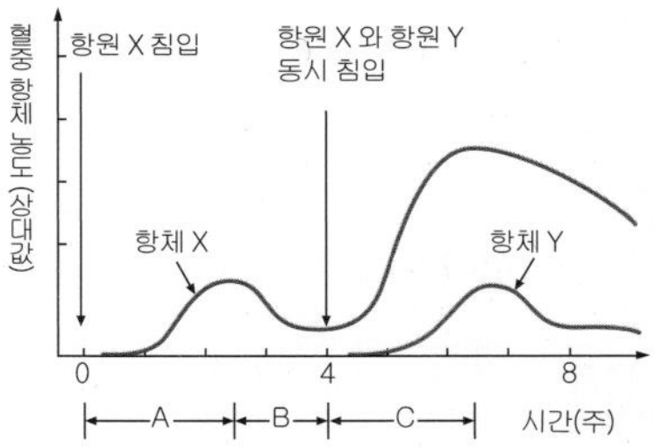

(1) [실험 1] 에서 2차 면역 반응이 1차 면역 반응과 다르게 나타나는 특징만을 〈보기〉에서 있는 대로 고르시오.

보기

ㄱ. 잠복기가 길다.

ㄴ. 신속하게 일어난다.

ㄷ. 항원에 의해 질병이 발생하여 감염 증상이 나타난다.

ㄹ. 항체가 훨씬 많이 생성된다.

(2) [실험 2] 에서 항원 X 와 Y 를 함께 투여했을 때 항체 X 와 Y 의 농도가 다르게 나타나는 이유를 설명하시오.

개념 돋보기

면역 체계

줄기 세포에서 생성된 림프구가 흉선(가슴샘)에서 성숙되면 T 림프구가 되며, 골수에서 성숙되면 B 림프구가 된다.

- 항원이 침입하면 T 림프구가 독성 T 림프구로 활성화되어 세균에 감염된 세포를 직접 파괴한다. → 세포성 면역
- 항원이 침입하면 보조 T 림프구의 도움을 받은 B 림프구는 증식하는 과정에서 기억 세포와 형질 세포를 만들며 이 형질 세포가 항체를 생성하게 된다. → 체액성 면역
- 동일한 항원의 재침입 시 남아 있던 기억 세포는 형질 세포로 바뀌어 빠르게 항체를 생성한다.

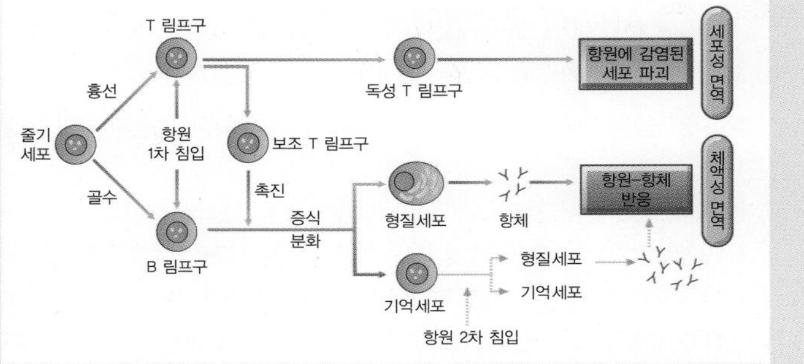

24 다음 그림은 ABO식 혈액형에 따른 수혈의 관계를 모식도로 나타낸 것이다. 물음에 답하시오.

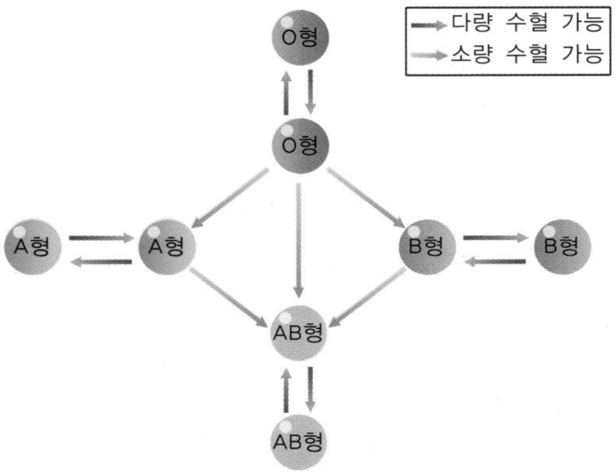

(1) ABO식 혈액형에 대한 설명으로 옳은 것만을 〈보기〉에서 있는 대로 고르시오.

보기
ㄱ. 응집소는 혈장에 존재한다. ㄴ. 응집원은 적혈구에 존재한다. ㄷ. 응집소는 α 와 β 두 가지 종류가 있다. ㄹ. 응집원은 A, B, AB 세 가지 종류가 있다. ㅁ. 혈액형은 A형, B형, AB형, O형 네 가지가 있다. ㅂ. 응집소는 ABO식 혈액형을 판정하는 기준이 된다. ㅅ. 응집원은 항체로 작용하여 응집소와 응집 반응을 일으킨다.

(2) 수혈이 이루어지기 위해서는 공급되는 혈액의 응집원이 수혈 받는 사람의 응집소와 응집 반응이 일어나지 않아야 한다. 따라서 A형인 사람이 B형인 사람에게 수혈할 수 없다. 그 이유를 다음 〈보기〉의 단어들 중 알맞은 것을 골라 설명하시오.

보기			
응집원 A	응집원 B	응집소 α	응집소 β

개념 돋보기

ABO식 혈액형에서의 수혈 관계

다른 혈액형의 사람끼리 혈액을 주고받기 위해서는 혈액을 주는 사람의 응집원이 혈액을 받는 사람의 응집소와 응집 반응이 일어나지 않아야 수혈이 가능하다.

- A형이 B형에게 수혈할 때 : A형의 응집원이 B형의 응집소와 응집 반응을 일으킨다.
- AB형이 다른 혈액형에게 수혈할 때 : AB형의 응집원이 다른 혈액형의 응집소 α 나 β 와 응집 반응을 일으킨다.
- O형이 다른 혈액형에게 수혈할 때 : O형에는 응집원 A, B가 모두 없으므로 응집 반응이 일어나지 않는다. 그러나 O형 혈장에 응집소 α 와 β 가 있어 다른 혈액형의 응집원과 응집 반응을 일으킬 수 있으므로 소량의 수혈만 가능하다.

25

다음 그림은 세 학생의 혈액 판정 결과와 ABO식 혈액형의 응집원과 응집소를 모식적으로 나타낸 것이다. 물음에 답하시오.

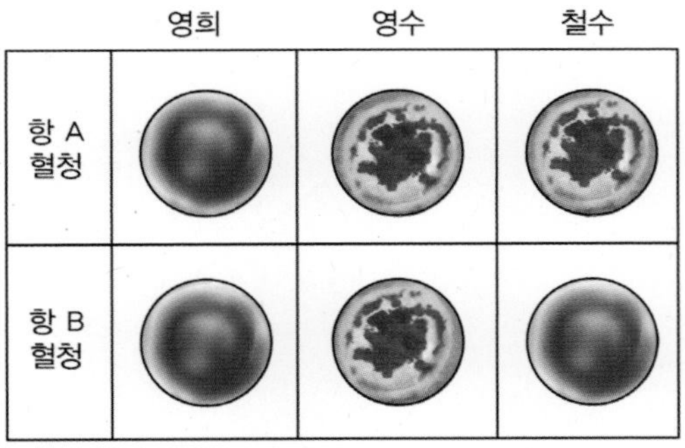

[그림 1]

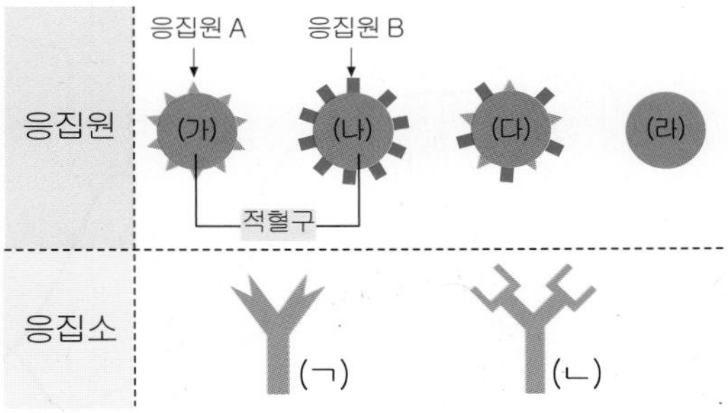

[그림 2]

(1) 항 A 혈청과 항 B 혈청에 들어 있는 것을 아래 〈보기〉에서 골라 순서대로 쓰시오.

보기

응집원 A　　응집원 B　　응집소 α　　응집소 β

㉠ 항 A 혈청 : (　　　　　　)　　㉡ 항 B 혈청 : (　　　　　　)

(2) 세 학생의 혈장과 혈구에서 각각 관찰할 수 있는 것을 [그림 2] 에서 찾아 기호를 쓰시오. (해당되는 것이 없는 경우 : - 로 표시한다.)

구분	영희	영수	철수
혈장			
혈구			

(3) [그림 1] 과 [그림 2] 에 대한 해석으로 옳은 것만을 〈보기〉에서 있는 대로 고르시오.

보기

ㄱ. 영희는 영수에게 혈액을 줄 수 있다.
ㄴ. 철수의 혈장에는 응집소(ㄱ)이 들어 있다.
ㄷ. 영희는 응집원 A와 응집원 B를 갖고 있다.
ㄹ. 철수의 혈액형은 A형으로 응집원 A를 갖고 있다.
ㅁ. 영수는 철수에게 혈액을 줄 수 있지만, 받을 수는 없다.
ㅂ. 영희의 혈청과 철수의 혈액을 섞으면 응집 반응이 일어난다.

26 다음 그림 (가)는 혈관의 종류에 따른 혈압, 혈류 속도, 혈관의 총 단면적을 나타낸 것이고, (나)는 휴식 중에 정상인의 순환계 각 부위에 함유된 혈액량을 나타낸 것이다. 물음에 답하시오.

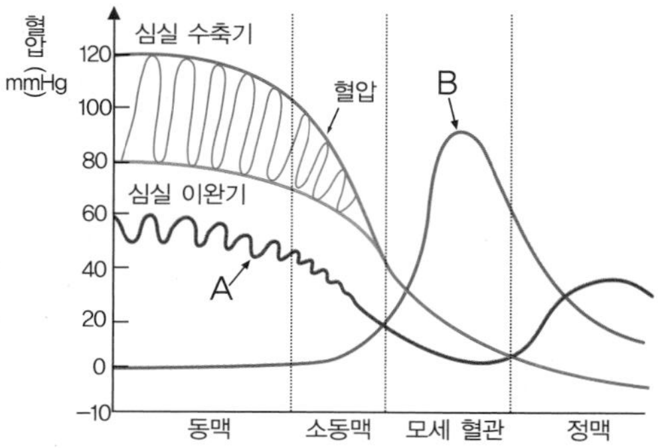

(가)

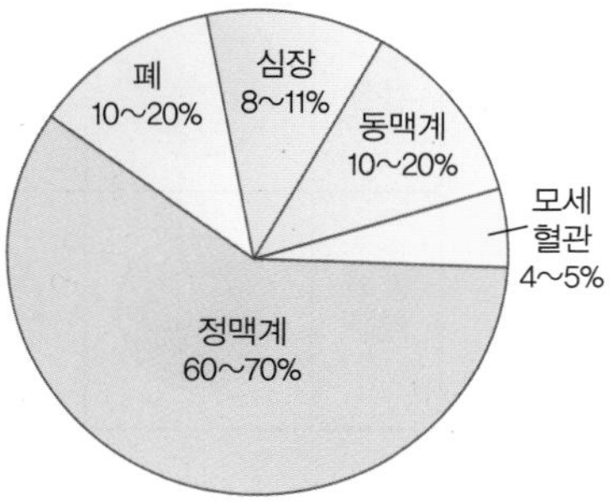

(나)

(1) 각각 A 와 B 가 나타내는 것은 무엇이며, 어떤 관계인지 설명하시오.

A : (　　　　　　　　)　　　　B : (　　　　　　　　)

(2) 위 자료에 대한 설명으로 옳은 것만을 〈보기〉에서 있는 대로 고르시오.

보기

ㄱ. 혈압은 혈관 굵기에 비례한다.
ㄴ. 좌심방 수축 시 최고 혈압이 된다.
ㄷ. 정맥은 혈압에 의해 혈액이 흐른다.
ㄹ. 혈압이 낮아질수록 혈류 속도는 느려진다.
ㅁ. 혈압의 크기는 동맥 > 정맥 > 모세혈관이다.
ㅂ. 동맥에서 A 가 물결 모양을 나타내는 것은 심장의 박동 때문이다.
ㅅ. 모세혈관은 혈류 속도가 느리므로 조직과의 물질 교환에 유리하다.

(3) 정맥에서의 혈압이 (-)값을 가져도 정맥 혈액이 심장으로 돌아올 수 있는 이유를 쓰시오.

27 다음은 심장 박동에 따른 좌심방, 좌심실, 대동맥의 압력 변화를 그래프와 표로 각각 나타낸 것이다. 물음에 답하시오.

시기	압력 비교
A	대동맥 > 좌심실 > 좌심방
B	좌심실 > 대동맥 > 좌심방
C	대동맥 > 좌심실 > 좌심방
D	대동맥 > 좌심방 > 좌심실

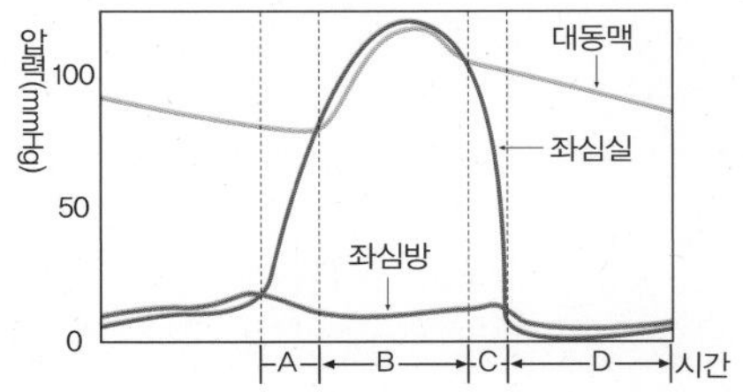

(1) B 시기일 때 판막의 개폐 여부 및 혈류 방향을 바르게 나타낸 것은?

	이첨판	반월판	혈류 방향
①	열림	열림	좌심실 → 좌심실
②	열림	닫힘	좌심실 → 대동맥
③	닫힘	열림	좌심실 → 대동맥
④	닫힘	닫힘	좌심방 → 좌심실
⑤	닫힘	닫힘	좌심실 → 대동맥

(2) 위의 그래프와 표에 대한 설명으로 옳은 것만을 〈보기〉에서 있는 대로 고르시오.

보기

ㄱ. 최고 혈압은 B 시기에서 일어난다.
ㄴ. B 시기에서 C 시기로 넘어가는 순간 반월판이 닫힌다.
ㄷ. C 시기에서 D 시기로 넘어가는 순간 이첨판이 닫힌다.
ㄹ. C 는 심장에서 일시적으로 혈액이 흐르지 않는 시기이다.
ㅁ. 좌심실이 수축하며 혈액이 좌심실에서 대동맥으로 흐르는 시기는 D 시기이다.

개념 돋보기

심장 박동에 따른 압력의 변화

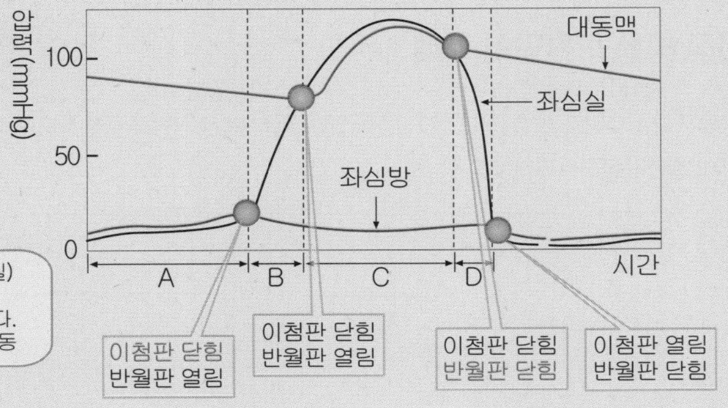

A 구간(대동맥 > 좌심방 > 좌심실)
좌심방의 압력이 좌심실보다 높다.
→ 좌심방의 혈액이 좌심실로 이동

B 구간(대동맥 > 좌심실 > 좌심방)
좌심실의 압력이 대동맥보다 낮기 때문에 혈액은 이동하지 않음.
→ 좌심실 수축하기 시작하는 지점

C 구간(좌심실 > 대동맥 > 좌심방)
좌심실의 압력이 대동맥보다 높다.
→ 혈액은 좌심실에서 대동맥으로 이동

D 구간(대동맥 > 좌심실 > 좌심방)
좌심실의 압력이 대동맥보다 낮기 때문에 혈액은 이동하지 않음.
→ 좌심실이 이완하는 휴지기

28 **다음 그림은 심장 박동 시 좌심실의 부피 변화 및 심장 박동음을 나타낸 것이다. 물음에 답하시오. (단, 심음은 판막이 닫힐 때 나는 소리이다.)**

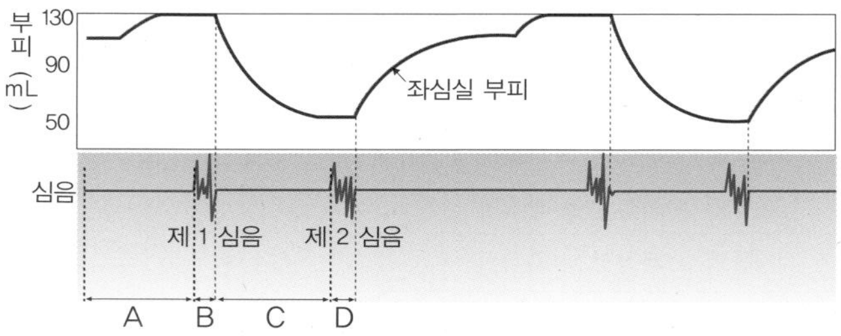

(1) 다음은 심장의 상태를 순서 없이 나타낸 것이다. 표의 심장 상태 (가) ~ (라)에 해당하는 시기를 위 그림에서 찾아 기호 (A ~ D)를 쓰시오.

	(가)	(나)	(다)	(라)
그림	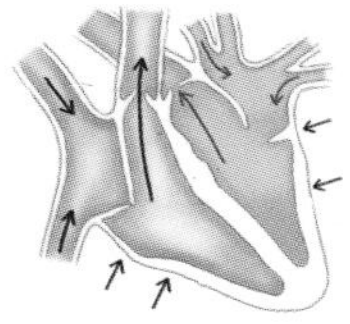	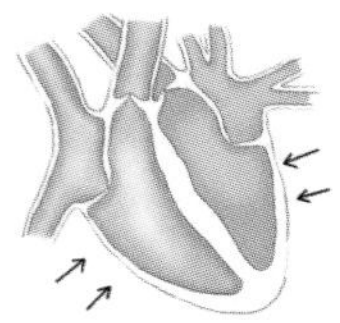	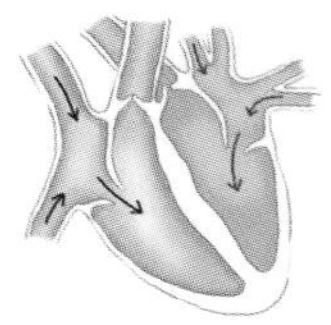	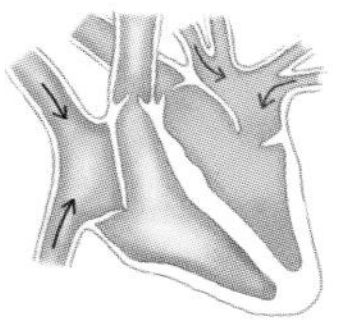
기호				

(2) 위 자료에 대한 설명으로 옳은 것만을 〈보기〉에서 있는 대로 고르시오.

보기

ㄱ. A와 D 시기에는 이첨판이 닫혀 있다.
ㄴ. C 시기에 좌심실과 대동맥 사이에 있는 반월판이 열린다.
ㄷ. 제 2심음이 발생한 이후 혈액이 좌심실에서 대동맥으로 흐른다.
ㄹ. 제 1심음은 혈액이 좌심실에서 좌심방으로 역류하는 것을 막기 위해 판막이 닫히면서 나는 소리이다.

개념 돋보기

심장 박동과 판막의 개폐

심음이란 심장에서 나는 소리로 제 1심음과 제 2심음이 있다. 제 1심음은 심방과 심실 사이의 삼첨판과 이첨판이 닫히는 소리이고, 제 2심음은 심실과 동맥 사이의 반월판이 닫히는 소리이다.

심음				
이첨판, 삼첨판	닫힘 (제 1심음 유발)	닫힌 상태 유지	닫힌 상태 유지	열림
반월판	닫힌 상태 유지	열림	닫힘 (제 2심음 유발)	닫힌 상태 유지
심장 및 혈액 상태	심실 수축하려함 혈액 이동 없음	좌심실의 수축으로 혈액이 좌심실에서 대동맥으로 이동함	반월판의 닫힘으로 좌심실의 혈액이 대동맥으로 이동하지 않음	심방의 혈액이 심실로 이동함

정답 및 해설 44쪽

29 다음 [그림 1] 은 혈액의 순환 경로를 모식적으로 나타낸 것이며, [그림 2] 는 혈관의 구조를 나타낸 것이다. 물음에 답하시오.

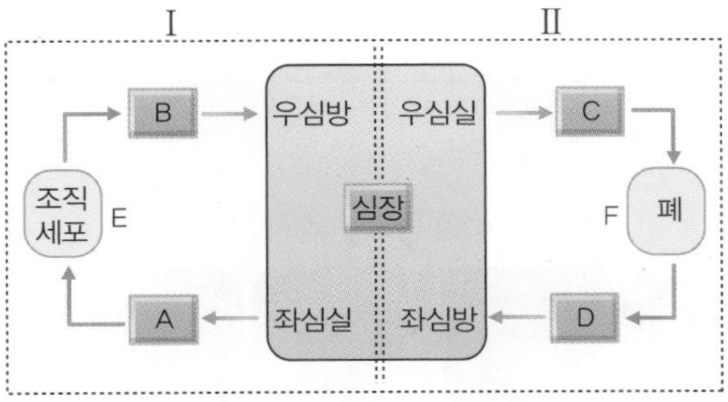

(A~F는 혈관을 나타낸다.)

[그림 1]

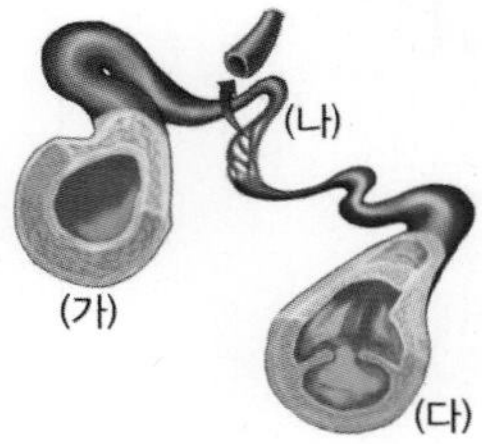

[그림 2]

(1) [그림 1] 에서 A ~ F 의 혈관에 해당하는 것을 [그림 2] 에서 찾아 기호를 쓰시오.

구분	A	B	C	D	E	F
기호						

(2) [그림 1] 에 대한 설명으로 옳은 것을 있는 대로 고르시오.

① C 는 가장 굵은 혈관이다.
② A 는 혈관 중에서 혈압이 가장 높다.
③ B 에는 산소가 풍부한 혈액이 흐른다.
④ D 는 혈관벽이 두껍고 탄력성이 크다.
⑤ 정맥혈이 흐르는 심장 부위는 우심방과 우심실이다.
⑥ Ⅰ 은 동맥혈이 정맥혈로, Ⅱ 는 정맥혈이 동맥혈로 바뀌는 흐름을 나타낸다.

30 다음 그림은 다른 혈관과 모세혈관의 혈류 속도를 비교하여 설명하기 위한 모형이다. 이 자료로 추론할 수 있는 것으로 옳은 것만을 〈보기〉 에서 있는 대로 고르시오.

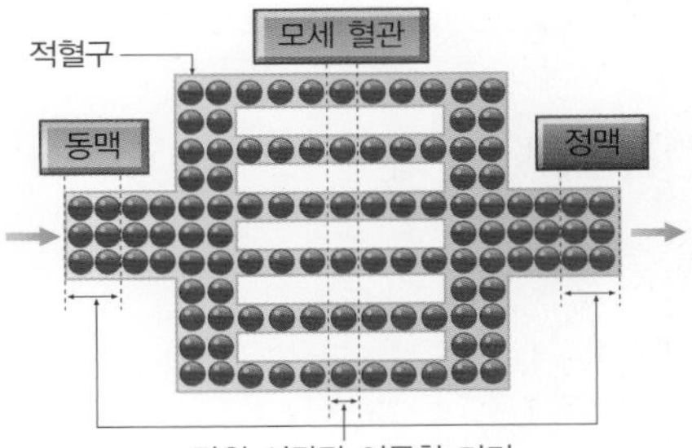

보기

ㄱ. 동맥보다 모세혈관의 혈압이 높다.
ㄴ. 혈류 속도는 심장에서 멀어질수록 점점 느려진다.
ㄷ. 모세혈관의 총 단면적이 크기 때문에 혈류 속도는 가장 느리다.
ㄹ. 일정한 시간 동안 흐르는 혈액의 양은 동맥과 모세혈관이 같다.
ㅁ. 모세혈관은 여러 갈래로 갈라져 조직 세포와의 접촉 면적을 넓혀준다.
ㅂ. 모세혈관의 혈관벽 두께는 세포 한 층으로 되어 있어 물질 교환이 효율적으로 일어난다.

창의력을 키우는 문제

식혜

식혜는 중국 주나라 시대의 〈예기〉에서 나오는 상류 계급에서 마시는 청량 음료의 하나인 '감주'의 윗물인 '단술'에서 그 기원을 찾을 수 있다. 우리 나라의 문헌에서는 1940년 경의 〈유문사설〉에서 처음 나타나고 있다. 식혜는 보통 단술, 감주라고 부르나 밥알을 띄워 먹는 것을 식혜라고 하고, 삭은 것을 끓여서 밥알은 건져내고 물만 먹는 것을 감주라고 구별하기도 한다.

엿기름

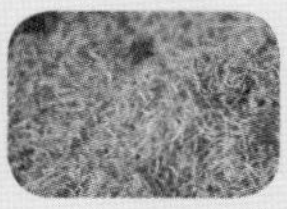

엿기름은 겉보리에 물을 부어 싹이 트게 한 다음에 말려서 빻은 것으로 아밀레이스를 함유하고 있다. 이것은 식혜나 엿을 만드는데 쓰인다.

소화 효소에 영향을 미치는 요인

● 온도

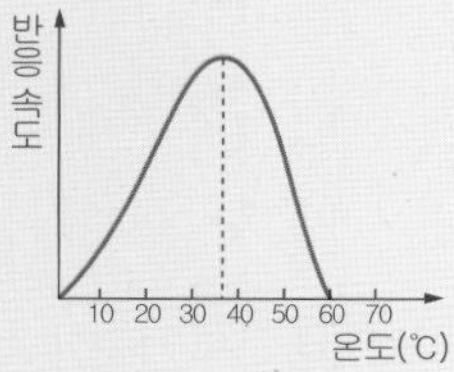

효소의 주성분이 단백질이므로 일정 온도 이상 올라가면 효소의 구조가 변하여 제 기능을 상실한다.

● pH

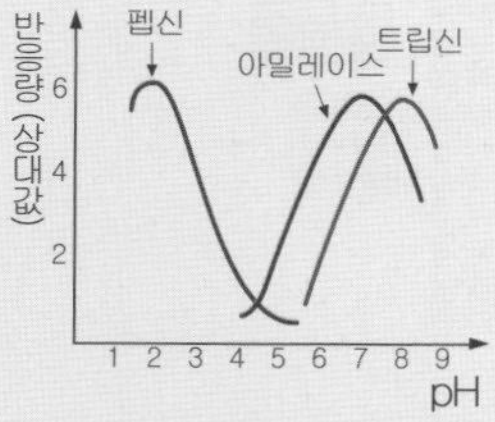

pH가 변하면 단백질의 입체 구조가 변하기 때문에 반응 속도가 떨어진다.

논리 서술형

01 다음 제시된 글을 읽고 물음에 답하시오.

[제시문 1]

식혜 만드는 과정

① 껍질째 빻은 엿기름 가루를 고운 체로 거른다.

② 물을 부어 2 시간 쯤 지나면 뿌연 물과 맑은 물로 분리되는데 맑은 물을 찬밥에 붓고 보온 밥솥에 4 ~ 5 시간 둔다.

③ 밥알이 떠오르면 조리로 밥알을 건져내어 찬물에 헹군다.

④ 나머지 식혜물은 끓이고 생강이나 설탕을 더 넣어 먹는다.

[제시문 2]

종자가 발아하기 위해서는 충분한 물이 필요하다. 종자는 물을 흡수하자마자 종자에 저장되어 있는 양분을 분해하기 위해 α(알파) 아밀레이스와 같은 효소들을 만든다.

(1) 엿기름이란 발아한 보리를 말한다. 위의 제시문을 통해 분리된 엿기름의 맑은 물에 있는 성분을 예상하고, 식혜가 단맛을 내는 이유를 설명하시오.

(2) 식혜의 조리법 과정 중 ② 와 ④ 과정을 바꾸어서 맑은 물을 끓인 후 찬밥에 부으면 어떤 결과가 예상되는지 이유와 함께 서술하시오.

정답 및 해설 48쪽

단계적 문제 해결형

02 **불고기를 양념할 때 과일을 갈아서 넣으면 고기가 연해진다. 무한이는 그 이유를 알아보기 위하여 다음과 같이 실험하였다. 물음에 답하시오.**

> [실험 과정]
> (가) 파인애플, 키위 100g 씩 강판에 간다.
> (나) 2 개의 비커 A, B 에 간 과일을 각각 넣고 비커 C 에는 증류수를 넣는다.
> (다) 같은 크기로 자른 쇠고기 조각을 3 개의 비커에 각각 넣는다.
> (라) 일정한 시간이 지난 후 고기에 어떤 변화가 생겼는지 관찰한다.

(1) 비커 A ~ C 에 들어 있는 쇠고기 조각에 각각 어떤 변화가 생겼을지 예상하여 쓰시오.

(2) 과일은 우리 몸속의 어떤 소화 효소와 같은 역할을 하는가?

(3) 실험 결과로 알 수 있는 사실을 쓰시오.

(4) 만약 소고기를 실험 과정 (나)의 소화 효소가 담긴 비커 A, B 에 넣을 때, 더 큰 변화가 일어나도록 하기 위해서는 어떤 방법을 쓸 수 있는지 쓰시오.

(5) 우리가 먹는 음식물 중에서 소화 효소를 포함하고 있는 것을 주변에서 찾아 쓰시오.

효소의 이용

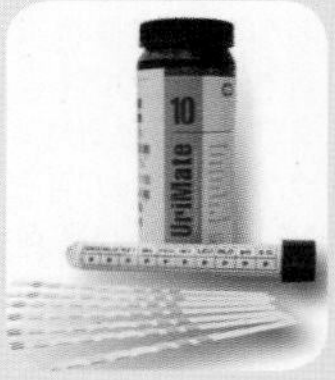

- 당검사지 : 당검사지에 포도당 산화효소가 들어 있어, 만일 오줌에 포도당이 있으면 이 효소에 의해 포도당이 산화되고 이때 발생하는 과산화수소가 검사지의 페록시데이스라는 효소와 반응하여 청색으로 변한다. 당검사지의 색의 짙고 연함에 따라 당뇨병 여부를 알 수 있다.

- 효소 세제 : 일반적으로 세탁물의 때는 지방인 것이 75%, 무기질인 것이 15%, 단백질인 것이 10% 정도이다. 효소 세제에는 단백질과 지방을 분해하는 것을 돕는 효소가 들어 있어 세정력이 뛰어나다.

- 돼지고기와 새우젓의 궁합 : 돼지고기는 단백질과 지방의 함량이 많기 때문에 새우젓에 들어 있는 프로테이스에 의해 단백질의 분해가 쉽게 일어난다. 또한 새우젓에는 지방 분해 효소인 라이페이스도 들어 있어 기름진 돼지고기의 지방 분해를 도와준다.

- 불고기 양념의 과일 : 과일 속에는 단백질 분해효소가 들어 있다. 따라서 과일이 들어가면 단백질이 분해되어 고기가 연해지고 맛있어진다.

- 무 : 무에는 전분 분해 효소인 아밀레이스가 가장 많고, 체내에서 생기는 과산화수소를 분해하는 카탈레이스라는 효소도 들어있다. 따라서 녹말 식품과 함께 먹으면 소화 작용에 효과가 좋다.

논리 서술형

03 **다음은 셀룰로오스에 대한 설명글이다. 물음에 답하시오.**

(가) 셀룰로오스는 지구상에서 가장 풍부하게 존재하는 물질로 포도당 분자들로 구성되어 있지만, 너무 조밀하게 결합되어 있어 분해하기가 어렵다. 셀룰로오스는 셀룰레이스라는 소화 효소에 의해 포도당으로 분해된다. 사람은 셀룰로오스를 분해하는 소화 효소가 없지만, 달팽이나 균류 같은 소수의 생물은 셀룰레이스를 생성한다. 또한, 초식성 동물이나 흰개미들은 직접 이 효소를 생성하지는 않지만, 장 내에 셀룰로오스를 분해할 수 있는 미생물이 있어 이들이 분해한 셀룰로오스의 분해 산물인 포도당을 장을 통해 흡수한다.

(나) 최근 식물에서 얻은 에탄올을 자동차의 연료로 사용하기 시작하였다. 이는 친환경 에너지로서 많은 관심을 받고 있다. 그러나 이 에탄올은 주로 곡물 알갱이를 원료로 쓰기 때문에 식량 가격을 폭등시키고 식량난 문제에 영향을 줄 수 있어 많은 비판이 있다. 따라서 현재는 곡물이나 옥수수가 아닌 식물 줄기나 목재를 원료로 한 셀룰로스 에탄올 개발이 한창이다.

(1) 풀의 주요 성분은 셀룰로오스이다. 풀을 뜯어먹고 사는 토끼와 사람의 소화 작용을 알아보기 위해 다음과 같이 셀룰로오스 15 ml 에 A, B, C, D 와 같은 재료를 넣고 실험을 하였다. 실험 결과 베네딕트 반응을 보인 시험관을 쓰고, 이를 통해 알 수 있는 사실에 대해 서술하시오.

	A	B	C	D
셀룰로오스 용액	10 ml	10 ml	10 ml	10 ml
재료	토끼 위의 순수 분비액	사람 위의 순수 분비액	토끼 위에서 분리된 미생물	사람 위에서 분리된 미생물

(2) 글 (나) 의 문제점을 해결할 수 있는 방법을 (가) 글을 바탕으로 다양하게 써 보시오.

흰개미

흰개미는 나무를 잘 갉아먹으며 1000여 종류의 나무를 소화시킬 수 있다는 사실이 발견됐다. 나무에 많은 섬유소를 흰 개미 속에서 사는 미생물들이 잘 분해하기 때문이다. 이 미생물들이 섬유소를 분해하면 이를 박테리아가 먹게 되고 에탄올을 추출할 수 있다. 따라서 흰개미는 바이오에탄올의 원료를 만드는데 탁월하다는 연구 결과가 발표되었다.

섬유소(셀룰로오스)

식물의 세포벽을 이루는 주성분으로서, 목질부(木質部)의 대부분을 차지하는 다당류이다. 녹말과 달리 물에 녹지 않으며, 신축성을 가지는 특징이 있다. 또한, 녹말이 소화 효소에 의해 쉽게 분해되는 반면 섬유소는 효소에 의해 전혀 분해되지 않는다.

사람과 섬유소

사람이 섬유소를 섭취하면 분해되지 않는 상태에서 장을 통과하는데 이때 장벽을 자극하여 윤활제를 분비시키므로 장 운동을 도와 변비 예방에 도움을 준다.

초식 동물의 섬유소 분해

소나 양같이 한 번 삼킨 먹이를 다시 게워내는 되새김 위를 가진 동물은 위에 섬유소를 분해할 수 있는 미생물이 살고 있어 섬유소나 다당류 등의 탄수화물을 분해하는 중요한 일을 한다. 말이나 토끼 같은 동물은 맹장이 매우 발달되어 있는데, 그 곳에 미생물이 살고 있어 역시 섬유소를 분해할 수 있다.

정답 및 해설 48쪽

논리 서술형

04 **다음 제시된 자료를 읽고 물음에 답하시오.**

[캡슐 요구르트]

유산균들이 강산의 바다인 위 속을 통과해 장까지 살아가는 것은 그리 쉬운 일이 아니다. 대개 일반 요구르트 내의 유산균이 장 속까지 생존해 갈 수 있는 양은 처음 양의 50 % 에 불과하다. 물론 생존한 50 % 에 해당하는 유산균 양은 150 mL 의 요구르트 중에 750 억 마리나 되므로 적은 것이 아니다. 하지만 마신 요구르트에 포함된 유산균의 대부분이 대장에 많이 전달될 수 있다면 더 좋은 것이 아닐까? 따라서 유산균에게 장 속까지 살아서 갈 수 있는 보호막을 입혀 놓은 것이 캡슐 요구르트다.

• pH에 따른 유산균의 생존률

pH	2	3	4	5	6	7	8
생존률 (%)	5	15	30	40	91	92	90

• 아침을 먹읍시다!

아침에 일어나면 신진 대사가 일어나면서 위액(위산)이 분비되는데, 아침을 거르면 위산은 계속 분비되고 그 위산이 위점막을 상하게 한다. 특히 밤 사이에 비록 적은 양이지만 지속적으로 위액이 분비되었기 때문에 자고 일어난 후에는 위의 산도가 매우 높아지게 된다. 따라서 아침을 거르게 되면 위궤양을 일으키기 쉽고 지적 능력도 떨어지므로 아침 식사를 하는 습관이 중요하다.

(1) 유산균을 섭취했을 때 소장까지 살아서 도달하는 유산균이 적은 이유는 무엇인가?

(2) 유산균의 대부분이 소장까지 안전하게 살아서 도달하기 위해서는 어떤 성분의 캡슐로 유산균을 싸주어야 하는지 설명하시오.

(3) 요구르트를 섭취하기에 가장 적절한 시기를 고르고, 그 이유가 무엇인지 설명하시오.

• 아침 식사 전에

• 아침 식사 후에

유산균

- 포도당을 분해하여 젖산을 생성하는 세균으로 젖산균이라고도 한다.
- 포유류의 장에 서식하는 유해한 세균들의 증식을 방지하는 중요한 세균이다.

유산균의 기능

- 설사, 변비 예방 : 장내 유해균의 성장을 막아 설사를 멈추게 하고, 장내의 환경을 산성으로 만들어 변비를 방지한다.
- 항암 효과 : 유산균이 발암 물질의 활동을 억제하는 효과가 있다.
- 면역 기능 강화 : 유산균이 항체 생산을 촉진시키고 병원균에 감염되는 것을 막아준다.

파스퇴르(Louis Pasteur)

발효와 부패에 관한 연구를 시작한 후 유산균을 처음 발견하였다.

메치니코프 (Elie Metchnikoff)

유산균 과학의 아버지로, 불가리아 민족의 장수 원인이 유산균 발효유에 있음을 주장하였다.

사람과 균

사람은 태어난 순간부터 먹는 음식, 옷가지 등 여러 통로를 통해 균을 몸 안으로 들여보낸다. 이 균들은 주로 장에 자리를 잡게 되고, 사람과 평생을 지낸다. 우리 몸의 세균은 3000여 종으로 약 1kg 정도의 세균이 있다.

천연 소화제

● 매실차

위장, 십이지장에 영향을 주어 소화액 분비를 돕고 위산 과다에도 좋다.

● 생강차

생강은 소화를 돕는 효능이 우수해서 속이 불편할 때 진하게 끓여 마시면 좋다.

● 식혜

엿기름을 이용해 만든 식혜는 소화 효소를 포함하고 있어 소화를 촉진한다.

● 참마죽

소화를 원할하게 하고 위를 보호한다.

알코올 흡수 과정

체내에 흡수된 알코올의 5%는 오줌이나 땀 등을 통해 배출되고, 나머지는 간에서 해독 작용을 거쳐 이산화 탄소와 물로 분해된다. 해독량을 초과하여 알코올을 섭취할 경우 체내에 알코올 분해 과정 중 중간 산물이 남아 간을 손상시킨다.

약과 음식의 궁합이 맞지 않는 경우

- 고혈압 치료제 : 자몽 주스, 산성 과일 주스는 간에서 약물의 작용을 방해해 혈압을 떨어뜨릴 위험이 있다.
- 비타민제 : 녹차·홍차, 녹차나 홍차에 함유된 탄닌 성분이 약물의 성분을 변화시켜 약효를 떨어뜨리거나 부작용을 일으킬 수 있다.
- 제산제 : 탄산 음료, 탄산 음료는 약이 장에 이르기 전에 미리 용해시키기 때문에 효과가 떨어진다.

논리 서술형

05 **어느 집에나 가정용 구급함을 열어 보면 소화제가 한 두 종류 있다. 최근 스트레스로 인한 소화 불량증 환자들이 워낙 많은 탓에 소화제도 엄청난 양이 팔린다고 한다. 물음에 답하시오.**

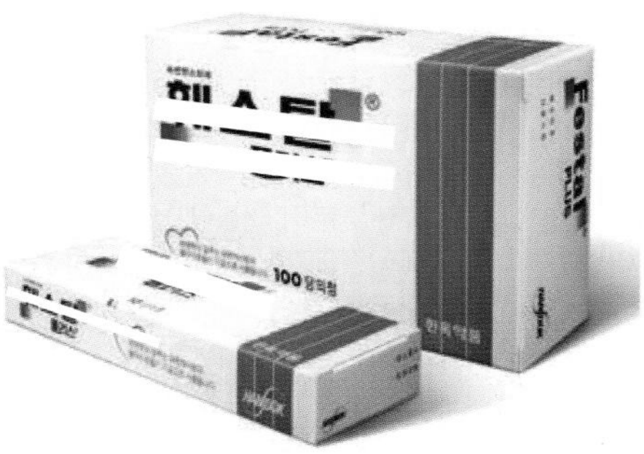

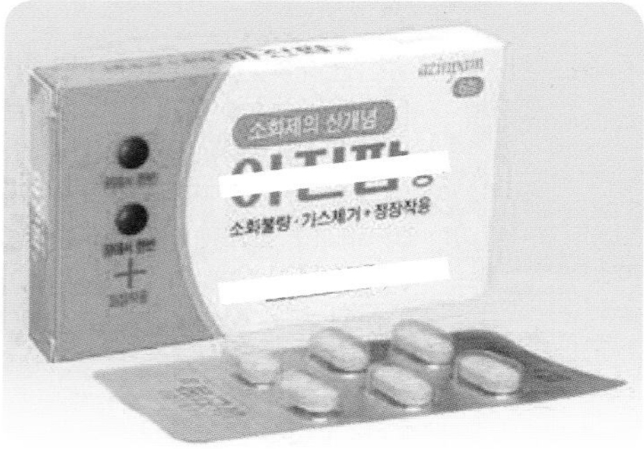

(1) 소화제는 음식물의 소화를 촉진하고, 위와 장의 소화 기능을 높이는 약물이다. 이러한 소화제에는 어떤 기능을 가진 성분이 들어 있어야 하며, 또한 어떤 조건을 갖추어야 하는지 쓰시오.

(2) 다음 논쟁에 관한 글을 읽고 자신의 의견을 정리하여 적으시오.

- 진이 : 요즘 음주 운전 단속이 많이 강화되었더라. 술 먹고 운전하면 안되겠어.
- 수미 : 에이~ 술 마시고도 음주 단속에 안걸리는 방법이 얼마나 많은데…
- 진이 : 그런 방법들은 다 소용없는 짓이야.
- 수미 : 어디서 들었는데 술을 먹고 나서 소화제를 먹으면 알코올이 다 소화되서 바로 운전해도 상관없대.
- 진이 : 그럴리가…

(3) 소화제와 우유를 함께 마시지 않도록 권장하고 있다. 그 이유가 무엇인지 설명하시오.

단계적 문제 해결형

06 다음 제시된 글을 읽고 물음에 답하시오.

흔히 마라톤 선수를 초인간이라 부른다. 마라톤을 올림픽의 꽃이라고 부르는 것도 가장 힘든 경기이기 때문이다. 마라톤 선수는 심장 크기부터 일반인과 다르다. 일반인은 좌우 직경이 약 10 cm 에 불과하나 마라톤 선수는 16 cm 이상이다. 또한 휴식할 때 심박수는 40 ~ 45회 정도에 불과하여 일반인이 70 회인 것에 비해 현저히 낮다. 바르셀로나 올림픽 금메달리스트 황영조도 선수 시절 38 회까지 기록한 바 있다. 심장 무게 또한 차이를 보여 마라톤 선수는 350 ~ 400g 이지만 일반인은 약 300g 에 불과하다. 장기간에 걸쳐 격한 훈련을 실시하는 스포츠 선수의 심장은 보통 사람보다 커지는데 이것을 '스포츠 심장(athletic heart)' 이라고 부른다.

(1) 마라톤 선수의 심장이 일반인 심장과 차이를 나타내는 이유를 설명하시오.

(2) 마라톤 선수는 심장의 4개의 방(2개의 심실, 2개의 심방) 중 특히 어느 부분이 발달되어 있을지 그 이유를 설명하시오.

(3) 마라톤 선수들이 고지 트레이닝 이후 혈액 검사를 하였을 때 관찰할 수 있는 변화에는 무엇이 있을지 설명하시오.

사람의 심장

- 심장은 주먹만한 크기로 길이 14cm, 직경 9cm, 무게 340g 정도 된다.
- 1분에 70번쯤 뛰면서 전신에 피를 보내는 펌프 역할을 한다.
- 하루 심장이 내보내는 혈액의 양은 1만 5천 L 정도로, 1.5 L 음료수 병 1만 개가 되는 양이다.

운동 강도에 따른 심장 박동수 및 심박출량

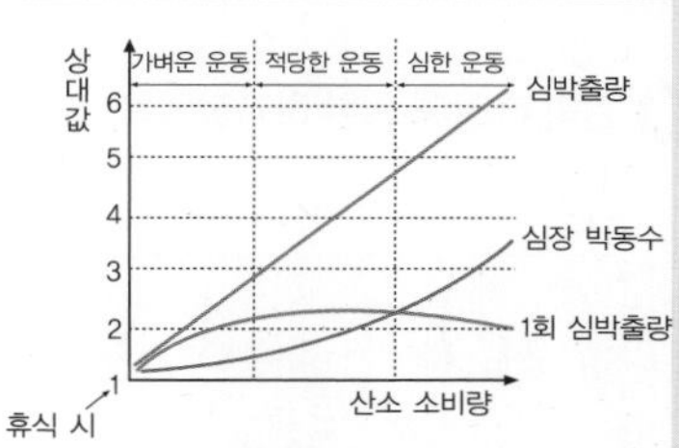

근육은 에너지를 생산하기 위해 산소를 필요로 한다. 따라서 운동 강도가 증가할수록 조직으로 공급되는 산소의 양이 증가하기 때문에 심장 박동수 및 심박출량은 증가한다.

고지대 트레이닝

대부분의 마라톤 선수의 트레이닝 환경은 평균 기압 760 mmHg, 산소 분압 159 mmHg 이다. 이러한 환경을 고지대로 변화시켜서 인체가 이에 적응하는 트레이닝을 함으로써 경기력에 관련된 여러 신체 기능을 향상시킬 수 있다.

창의력을 키우는 문제

단계적 문제 해결형

07 **다음은 라디오의 동의보감이라는 프로그램에 보내온 사연이다. 읽고 물음에 답하시오.**

- 진행자 (의사) : 안녕하세요? 어디가 편찮으셔서 이렇게 사연을 보내셨나요?
- 제보자 : 안녕하세요. 저는 ○○에 사는 25살 여성이구요, 직업은 백화점 판매원이에요. 하루 종일 오래 서 있는 일을 하다보니 다리가 매우 잘 붓는 편이에요.
- 진행자(의사) : 네.. 서 있는 직업을 가진 분들이 공통적으로 겪고 있는 고통이지요.
- 제보자 : 네. 저는 같이 일하는 동료들보다도 특히 더 잘 붓는 편인것 같아요. 최근에는 부쩍 피곤함도 많이 느끼고 있어요. 그런데 이상하게도 일하지 않는 날에는 다리가 전혀 붓지 않는 거에요. 의사선생님. 왜그런가요? 쉽게 설명 좀 해주세요.
- 진행자(의사) : (답변)
- 제보자 : 그렇군요.
- 진행자(의사) : 그래서 특히 운동 부족으로 다리에 근육이 없는 사람일수록 다리가 잘 붓는 것이지요.

[자료]

모세혈관의 혈장은 혈압과 혈장 삼투압의 차이에 의해 이동한다. 모세혈관의 혈압이 크면 모세혈관 내 혈장 성분이 조직 사이로 퍼져 나가고, 혈장 삼투압이 혈압에 비해 크면 조직 세포 사이로 퍼져 나간 액체(조직액)가 모세 혈관 안으로 스며들어 온다.

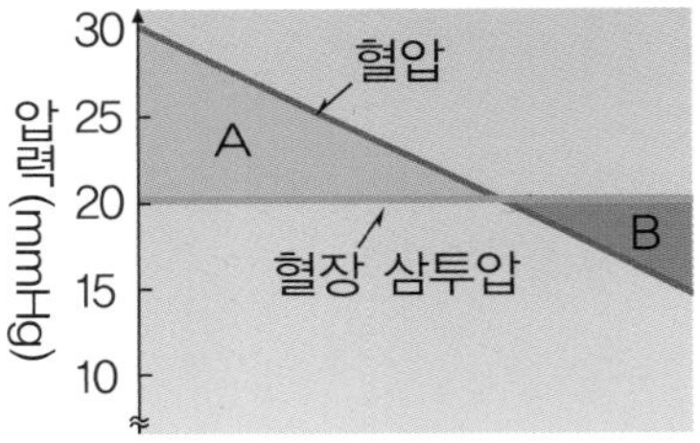

(1) 위 사연이 적힌 글과 자료를 참조하여 진행자(의사)가 했을 것으로 예상되는 답변을 모세혈관의 혈압과 조직 세포내 체액의 변화로 설명하시오.

(2) 다리에 근육이 없는 사람은 다리가 더 잘 붓는다고 한다. 이때 근육의 역할은 무엇인가?

(3) 다리가 붓는 것을 방지할 수 있는 방법들을 적어 보시오.

하지정맥류

하지정맥류는 오래 서 있는 등 하지 정맥 내의 압력이 높아지는 경우 정맥 벽이 약해지면서 판막이 손상되고 결국 심장으로 가는 혈액이 역류하여 늘어난 정맥이 피부 밖으로 보이게 되는 질병이다.

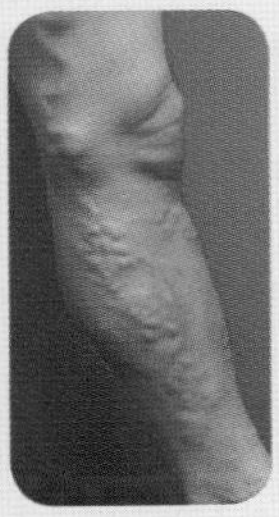

판막 손상에 의한 하지정맥류

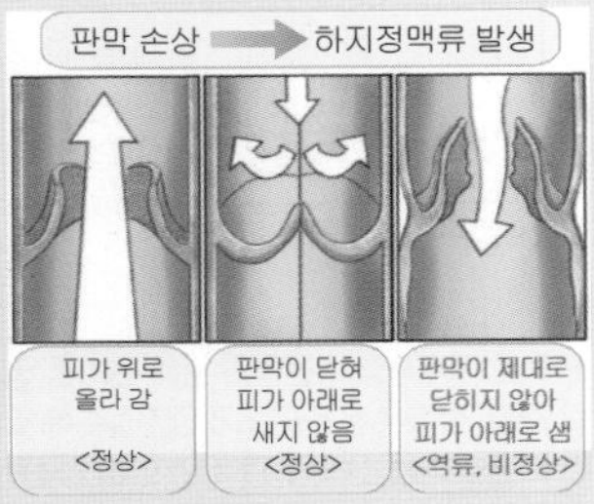

정맥 주변의 근육

정맥에서는 혈압이 아주 낮기 때문에 심장 박동에 의해 혈액이 이동하지 못해 정맥 내부의 판막이나, 정맥 주변 근육의 수축과 이완 작용을 통해 혈액이 이동한다. 따라서 움직이지 않고 오래 서 있거나 신발을 벗고 의자에 오래 앉아 있으면 근육의 수축과 이완 작용이 없어 혈액이 이동하지 못하고 한 곳에 모인다. 그러면 정맥이 팽창하게 되어 결국 다리가 붓고, 저리게 되는 것이다.

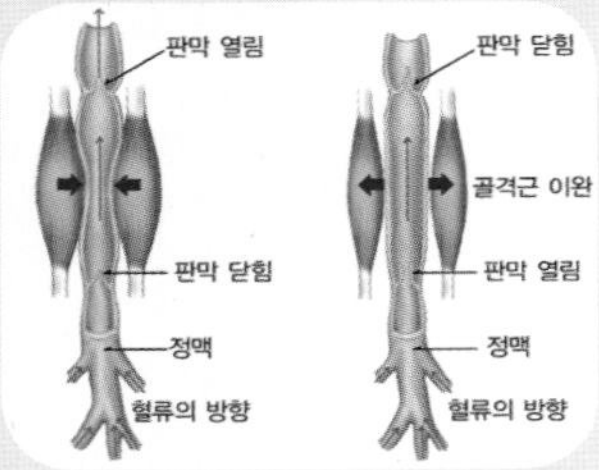

▲ 근육의 운동과 판막에 의한 정맥혈의 이동

정답 및 해설 49쪽

추리 단답형

08 다음 제시문을 읽고 물음에 답하시오.

[제시문 1]

헌혈 과정

A. 헌혈 전 여러 검사를 통해 헌혈할 조건을 갖추고 있는지 판단한다.

B. 팔의 위쪽을 고무줄로 묶은 후 아래쪽의 부풀어 오른 혈관 A 에 주사 바늘을 꽂는다.

C. 흰색 용액이 들어있는 채혈 봉투에 주사 바늘을 연결한다.

D. 주먹을 쥐었다, 폈다를 반복하며 헌혈한다.

[제시문 2]

혈액 비중이란, 일정량의 물의 무게를 1 이라 할 때 같은 양의 혈액의 무게를 말한다. 이것은 적혈구 수량이나, 신체 각 조직에 산소를 운반하는 헤모글로빈의 양에 영향을 받는다. 혈액 비중 검사는 황산구리 용액을 헌혈 기준 농도로 조정한 다음 이 용액에 혈액을 떨어뜨려 혈액이 뜨고 가라앉는 상태를 보고 헌혈 가능 여부를 판단하는 방법이다. 저비중 판정을 피하려면 철분이 든 음식(육류, 계란, 녹황색 채소, 다시마, 콩, 우유, 멸치 등)을 평소에 자주 먹어 주는 것이 좋다.

(1) 헌혈 전 하는 여러 종류의 검사 중 혈액 비중 검사에서 혈액이 뜨게 되면 헌혈할 수 없다. 그 이유가 무엇인가?

(2) 혈관 A 가 가지는 특징에 대해 자세히 설명하시오.

(3) 헌혈 과정의 C 에서 채혈 봉투에 들어 있던 흰색 용액의 역할은 무엇일지 추리하여 설명하시오.

헌혈의 종류

- 전혈 헌혈 : 우리가 일반적으로 알고 있는 헌혈로 혈액 성분의 전체(혈장과 혈구)를 헌혈하는 것이다.
- 성분 헌혈 : 성분 채집기를 이용하여 혈장이나 혈소판 중 한 가지 성분만 채혈하고 적혈구, 백혈구 등의 나머지 성분은 헌혈자에게 되돌려 주는 방식이다.

인공 혈액

- 신체의 혈관 내에 주입하여 혈액 기능을 대체하는 액체이다. 일반 혈액은 보관 기간이 3주에 불과한 반면 인공 혈액은 1년 가까이 보관할 수 있다.
- 산소 운반 역할을 하는 적혈구를 대신할 수 있는 인공 혈색소와 혈장의 기능을 대신할 수 있는 인공 혈장이 있다.
- 혈액의 표면에 노출되어 있는 단백질이나 당 등이 없어 혈액형에 관계없이 쓰일 수 있다.

헌혈에 대한 잘못된 상식

- 헌혈은 건강에 나쁘다? → 인체는 총 혈액의 10% 정도를 만일의 사태에 대비하여 여분으로 갖고 있다. 그러므로 320 ~ 400 mL 를 채혈하는 헌혈은 건강에 아무런 지장을 주지 않는다.
- 헌혈로 질병에 감염될 수 있다? → 헌혈에 사용하는 채혈 바늘, 채혈백은 모두 멸균 처리 됐을 뿐 아니라 일회용 제품이며, 헌혈 시 알코올 소독과 요오드 소독약으로 소독이 2차례 진행되기 때문에 세균에 감염될 염려는 없다.
- 헌혈로 다이어트를 할 수 있다? → 헌혈을 하면 헌혈량만큼 조직에 있던 혈액이 혈관 내로 이동하기 때문에 바로 보충이 된다. 따라서 헌혈은 다이어트와 무관하다.

백혈구 세포

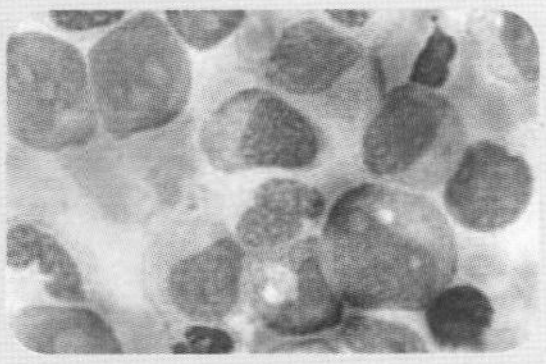

● 혈액 내 대부분의 큰 세포들이 백혈구 세포이다.

● 백혈구는 세포가 주위 적혈구에 비하여 매우 크다. 세포질이 풍부하며 과립들이 보이고 핵 가운데 인이 뚜렷하게 보인다.

조혈모 세포

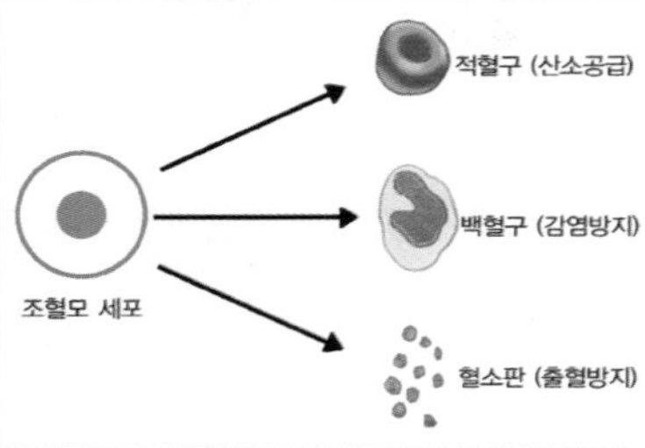

● 조혈모 세포는 혈액을 만드는 줄기 세포이다.

● 모든 혈액 세포는 뼈 안 골수 조직의 조혈모 세포라는 엄마(母)세포에서 만들어진다.

● 조혈모 세포는 성장하여 적혈구, 백혈구, 혈소판으로 나누어져 혈액을 구성하게 된다.

골수 이식 과정

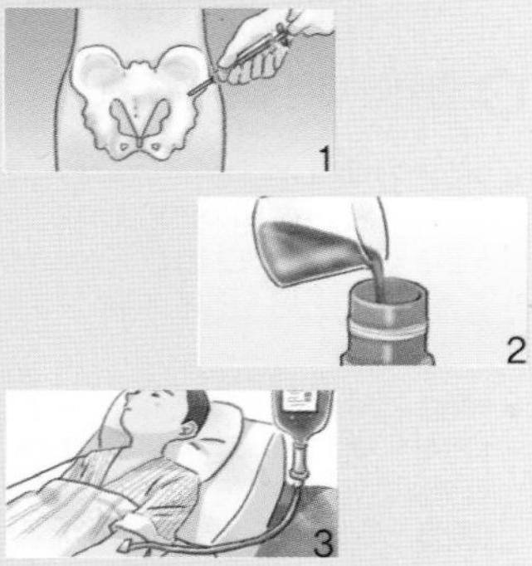

인체에서 골수가 가장 많은 곳은 엉덩이뼈이기 때문에 통상적으로 기증자의 엉덩이뼈에서 10 ~ 15mL/kg 용량의 골수를 채취한 후 필터로 걸러 순수한 골수만 환자에게 수혈하듯이 이식한다.

논리 서술형

09 다음 설명글을 읽고 물음에 답하시오.

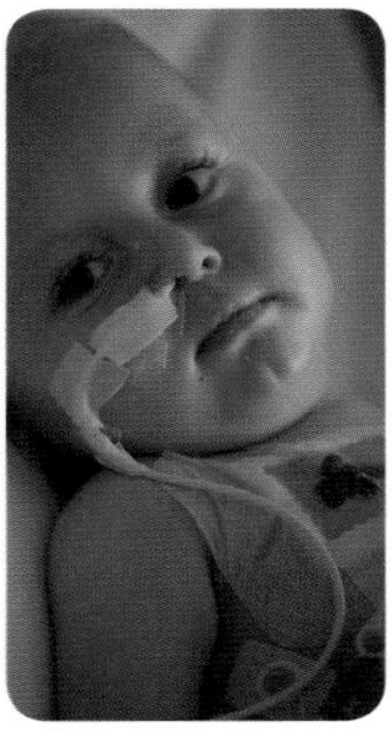

백혈병은 일종의 악성 혈액암으로 백혈구는 성숙하지 못하고 정상적인 기능을 수행하지 못하는 미숙한 단계에 머물게 되며, 이들 암세포는 그 수가 급증하게 되면서 다른 혈구 세포의 수가 현저하게 감소하게 된다.

백혈병 치료 방법 중 하나인 항암제 치료는 혈액 속의 백혈병 세포만 없애는 것으로 시간이 지나면 다시 백혈병에 걸리게 된다. 따라서 백혈병을 치료하는 가장 좋은 방법으로는 골수를 이식하는 방법인데, 이는 피를 만드는 세포인 조혈모 세포를 이식하여 회복시키는 방법으로 조혈모 세포를 채취할 수 있는 주 공급원은 골수이기 때문이다.

최근에는 골수뿐 아니라, 탯줄, 실핏줄에서도 조혈모 세포를 얻을 수 있다는 것이 알려지면서 조혈모 세포 이식이라는 말이 널리 쓰이고 있다.

[혈액의 나이]

- 적혈구 : 주로 골수에서 만들어지는데 그 수명은 120 일 정도이며, 그 기간이 다하면 모세혈관을 지나는 동안 찌그러져서 파열되고, 그 조각은 간과 지라에서 식균 작용으로 혈액으로부터 제거된다.
- 백혈구 : 거의 골수에서 형성되며 수명은 수 일 내지 2 주일 정도이고, 지라나 골수에서 파괴된다.
- 혈소판 : 골수에서 백혈구의 일종인 거대 세포의 일부가 절단되어 생성되는데, 그 수명은 4 ~ 5 일 정도이고, 지라에서 파괴된다.

(1) 백혈병으로 인해 나타날 수 있는 환자의 여러 증상을 추리하여 적어 보시오.

(2) 난치병으로 알려진 백혈병 치료에는 골수 이식이 가장 좋은 방법이다. 골수 이식을 통해 병을 치료할 수 있는 원리를 설명하시오.

(3) 다음 글이 옳고 그른지 판단하고 그 이유를 설명하시오.

골수 이식 이후 환자의 혈액형은 골수를 증여한 사람의 혈액형과 같아진다.

정답 및 해설 50쪽

단계적 문제 해결형

10 다음은 세 가지 용어에 대한 설명이다. 읽고 물음에 답하시오.

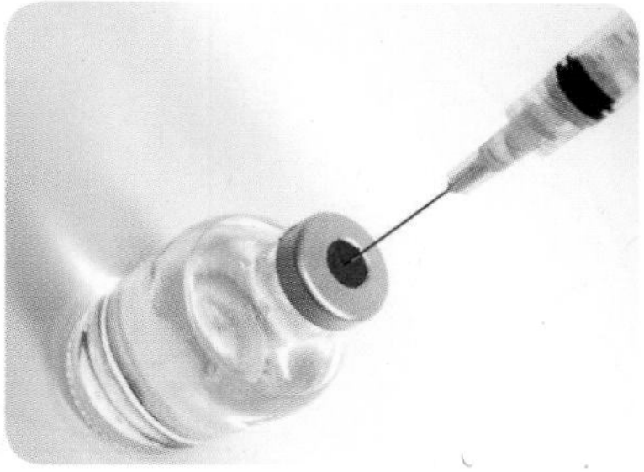

백신은 죽거나 기능이 약해진 병균, 또는 병균의 일부분으로 만들어진 가짜 병균이다. 백신은 예방 접종에 사용되는 약으로 우리는 소아마비, 간염, 일본뇌염, 장티푸스 등 10 종 이상의 질병에 대한 예방 접종을 받아 왔다.

면역은 특정 항원이 침입했을 때 그 항원을 기억하는 세포가 생겨서 이후에 동일한 항원이 재침입했을 때 신속하게 항원을 제거함으로써 같은 병에 걸리지 않게 하는 방어 기능이다.

감기와 독감 둘 다 바이러스가 원인으로 증세가 유사하기 때문에 혼돈하기도 한다. 하지만 감기는 수백 종에 이르는 바이러스가 원인이지만, 독감은 인플루엔자라는 바이러스에 의해 일어나며 크게 A 형, B 형, C 형으로 분류된다. 감기 바이러스의 변이는 그다지 크지 않아 인체에 치명적이지 않다. 하지만 독감은 10 ~ 40 년 주기로 대변이를 일으켜 새로운 종이 등장하기도 한다. 이에 세계보건기구(WHO)는 다음 해에 유행할 것으로 예측되는 균주를 발표하게 되는데 이렇게 만들어진 백신이 매년 독감으로부터 인류를 보호해 주고 있다.

(1) 건강한 쥐 두 마리를 각각 아래 그림과 같이 처리하였을 때, 건강하게 살아 있는 경우는 어느 것인가?

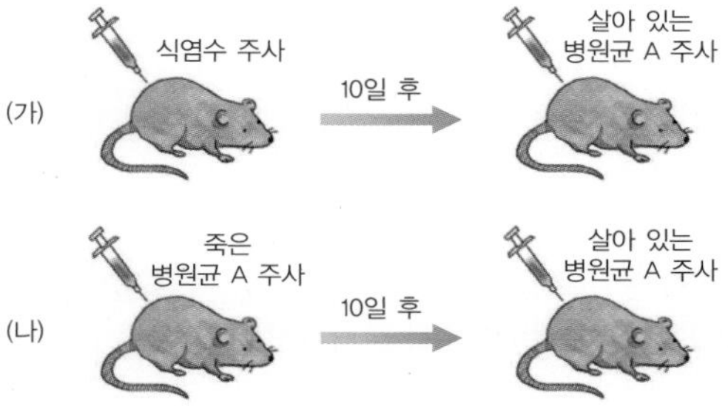

(2) 독성을 약화시킨 병원균이나 죽은 병원균을 주사하는 예방 접종의 원리를 설명하시오.

(3) 독감은 백신이 있는 반면에 일반 감기는 백신이 없는 이유는 무엇인지 설명하시오.

예방 접종

- 예방 접종은 신체의 면역력을 키우기 위해 이미 죽거나 기능이 약해져 질병을 일으키기 힘든 병원균인 백신을 인공적으로 투입하는 것이다.
- 백신에 포함된 병원균에 의해 질병에 노출될 위험이 있기 때문에 죽은 균을 사용해 백신을 만든다.
- 하지만 특정한 병원체들은 죽은 균으로는 항체가 제대로 만들어지지 않는다. → 결핵, 장티푸스, 황열, 홍역, 풍진, 천연두 등은 살아 있는 균을 이용해 백신을 만든다.

감기

- 감기는 호흡기에 염증이 일어나는 병이다. 증세는 재채기, 콧물, 목아픔, 기침, 두통 등 다양하지만 일괄하여 감기라고 부른다.
- 감기의 원인은 바이러스로 현재까지 알려진 바이러스만도 약 100 여 종에 이르고 있다. 따라서 감기를 치료하는 특효약은 없으며, 단지 감기로 인한 증세를 완화시켜주는 치료법을 사용하고 있다.

항원(세균) 침입 시 항체 생성 곡선

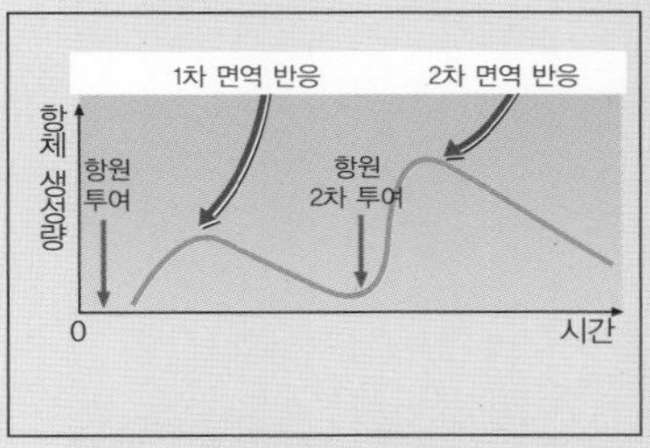

- 항원 1차 투여 : 잠복기가 있으며, 항체 생성이 느리고 그 양이 적다.
- 항원 2차 투여 : 1차 면역 반응 시 기억 세포가 생성되었기 때문에 잠복기가 거의 없으며, 항체 생성이 빠르고 그 양이 많다. 또한 오랫동안 체내에 남아 있게 된다. 따라서 침입한 항원으로 인한 질병에 걸리지 않는다.

창의력을 키우는 문제

단계적 문제 해결형

11 **효소는 체내에서 일어나는 물질대사 과정에 촉매로 작용한다. 다음 그래프는 온도에 따라 효소의 작용이 어떻게 달라지는지 나타낸 것이다. 물음에 답하시오.**

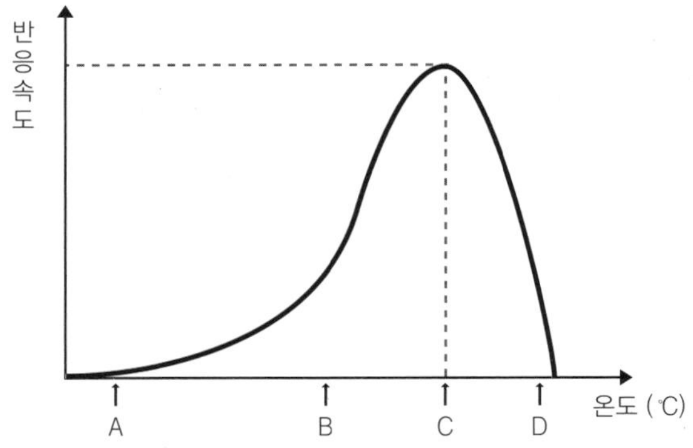

(1) 위의 그래프에서 A, B, C, D 중 최적 온도를 찾고, 최적 온도가 무엇인지 설명하시오.

(2) A 온도에서는 반응 속도가 매우 낮다. 그 이유를 쓰고, 우리 생활 속에서 이와 같은 현상을 이용한 예를 1가지만 서술하시오.

(3) 효소를 구성하는 주요 물질은 무엇인가? 또, 이 물질의 특성을 근거로 D 온도에서 반응 속도가 크게 낮아지는 이유를 설명하시오.

효소의 발견

- 효소는 동물, 식물, 미생물에 이르기까지 모든 생명체에 반드시 존재하는 것이다.
- 역사적으로 효소의 발견은, 1785년 이탈리아 스팔란차니(Spallanzani, L., 1729~1799) 가 동물의 위액을 채취하여 고기에 넣으면 고기가 녹는데 이때 고기를 녹이는 작용을 하는 물질을 펩신이라 불렀고, 이것이 단백질을 분해하는 작용을 하는 최초로 발견된 효소로 알려져 있다.
- 1833년 프랑스 페양(Payen, A.)과 페르소(Persoz, J. F. 1805~1868)는 보리의 맥아로부터 추출한 액을 이용하여 녹말을 분해시켰으며 이 녹말을 분해하는 물질을 디아스타제 효소라고 이름을 붙였다. 현재는 아밀레이스(amylase)라고 한다.
- 1835년 베르젤리우스(Berzelius, J. J., 1779~ 1848)는 생명 물질에 촉매가 존재한다는 것을 발견하였다. 감자 속 전분을 분해하는 물질이 있음을 알아 내고 효소라는 것을 기질에 작용하는 촉매(catalyst)라고 하였다.
- 1871년 독일의 퀴네(Kuhne, W., 1837~1900)는 소화 ·근육 ·신경에 관한 그의 생화학적 연구 가운데서도 특히 소화 효소의 연구가 유명하다. 효모 속에 있는 것이라는 뜻인 '효소(酵素:Enzyme)'와 이자에서 분비되는 단백질 분해 효소 트립신(trypsin)은 그가 명명한 것이다.

정답 및 해설 50쪽

● 단계적 문제 해결형

12 **다음 실험 과정에 대한 설명을 읽고 물음에 답하시오**

(가) 2 개의 셀로판 튜브에 각각 녹말 용액과 포도당 용액을 넣고 튜브의 다른 쪽 끝을 실로 묶는다.

(나) 증류수가 담긴 시험관 A 와 B 를 준비하여 A 에는 녹말 용액이 담긴 튜브를, B 에는 포도당 용액이 담긴 튜브를 넣는다.

(다) 15 분 후 각 시험관에 들어 있던 튜브를 꺼내고, 시험관 A 에는 아이오딘-아이오딘화칼륨 용액을 떨어뜨린 후 색 변화를 관찰하고, 시험관 B 에는 베네딕트 용액을 떨어뜨린 다음 가열하여 색 변화를 관찰한다.

(1) 각 시험관 속에서 일어난 변화를 설명하시오.

(2) 셀로판 튜브는 우리 몸의 어디에 해당하는지 말하고, 우리가 섭취한 영양분이 왜 소화되어야 하는지 그 까닭을 서술하시오.

● 단계적 문제 해결형

13 **다음은 3대 영양소의 소화 과정을 나타낸 그림이다. 물음에 답하시오.**

소화기관 / 영양소		입(pH = 7)	위(pH = 2)	소장(pH = 8.5)			
	소화액	침	위액	쓸개즙	이자액	장액	최종 산물
탄수화물	녹말	㉠			㉠	㉡	(가)
단백질			㉢		㉣	㉤	(나)
지방				쓸개즙 (유화)	㉥		(다)

(1) 각 빈칸에 알맞은 소화 효소의 이름 ㉠ ~ ㉥ 과 최종 분해 산물의 이름 (가) ~ (다) 를 쓰시오.

(2) 위와 소장의 최적 pH 를 만드는 물질을 설명하시오.

소화 기관

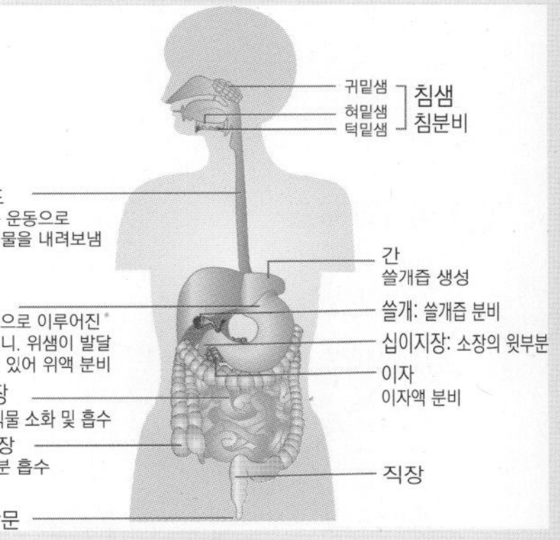

기계적 소화와 화학적 소화

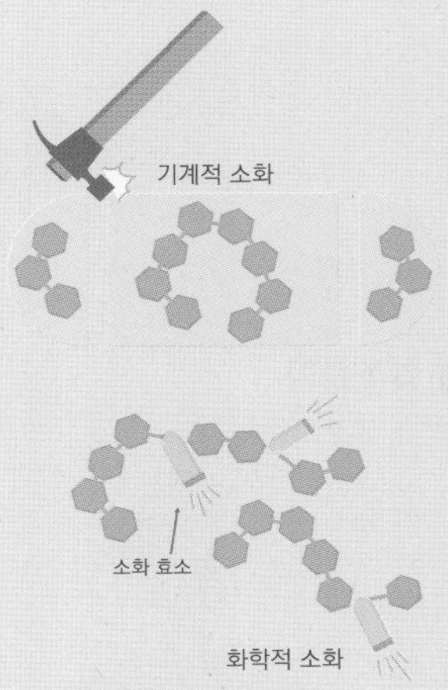

소화 효소

분비샘	소화 효소	기질	기능
침샘	아밀레이스	녹말	엿당으로 분해
위샘	펩신	단백질	폴리펩타이드로 분해
이자	아밀레이스	녹말	엿당으로 분해
	라이페이스	지방	지방산과 글리세롤로 분해
	트립신	단백질	디펩타이드, 트리펩타이드로 분해
	키모트립신	단백질	
장샘	말테이스	엿당	포도당으로 분해
	락테이스	젖당	포도당과 갈락토오스로 분해
	수크레이스	설탕	포도당과 과당으로 분해
	펩티데이스	펩타이드	아미노산으로 분해
	엔테로키네이스	트립시노젠	트립신으로 활성화

단계적 문제 해결형

14 다음은 심장 박동이 일어나는 과정을 3단계로 나타낸 그림이다. 물음에 답하시오.(→ 는 혈액의 흐름을 나타낸다.)

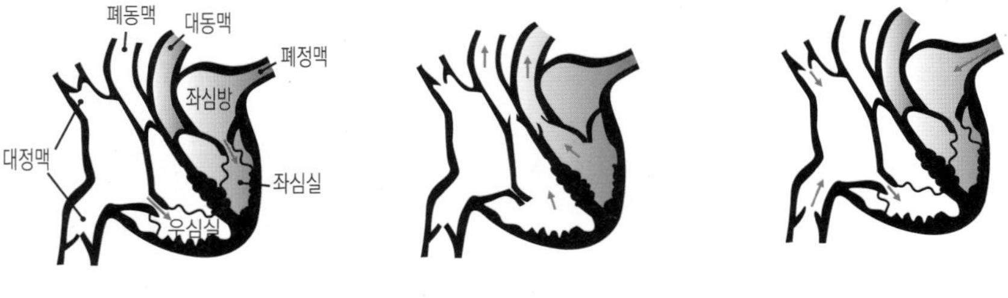

(A) (B) (C)

(1) A, B, C 각 단계에서 일어나는 심장 각 부위의 수축과 이완 및 혈액의 흐름에 대해 설명하시오.

(2) 심장 박동이 일어나는 동안 혈액은 항상 심방에서 심실로, 심실에서 혈관으로만 흐른다. 그 이유를 B 와 C 단계를 구분하여 설명하시오.

(3) 심방과 심실이 수축할 때의 나타나는 전기적인 변화를 기록한 것을 심전도라고 한다.

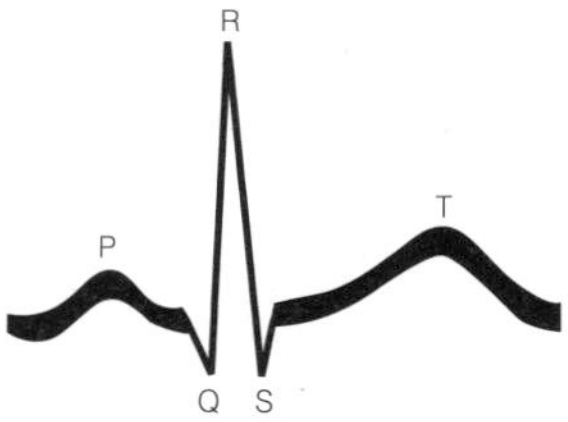

P : 심방 근육의 수축 시
Q - R - S : 심실 근육의 수축 시
T : 심실의 이완 시

다음 정상인과 심장병을 앓고 있는 사람의 심전도를 비교하여 이 심장병 환자의 심장 박동 상태에 대해 추론해 보시오.

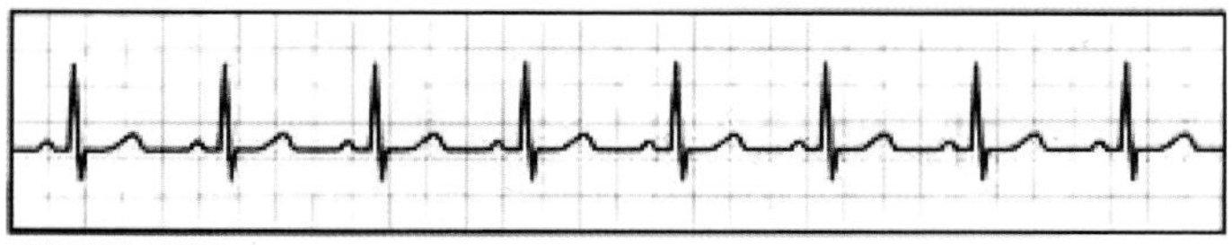

정상인의 심전도

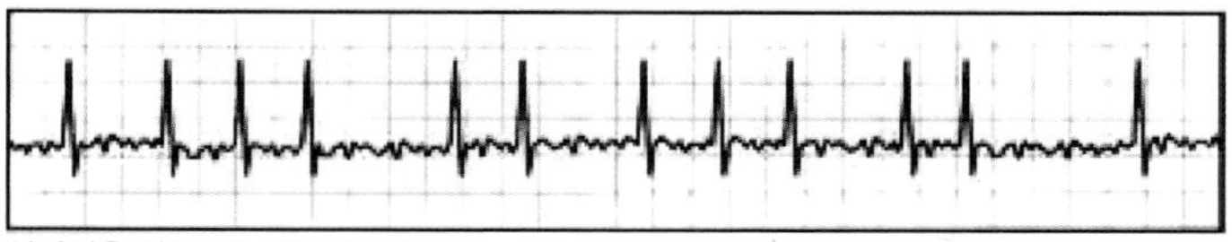

심장병을 앓고 있는 사람의 심전도

심장의 구조

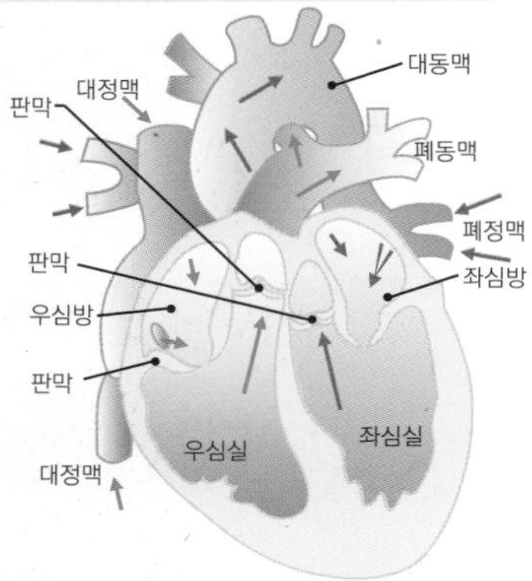

혈액 순환

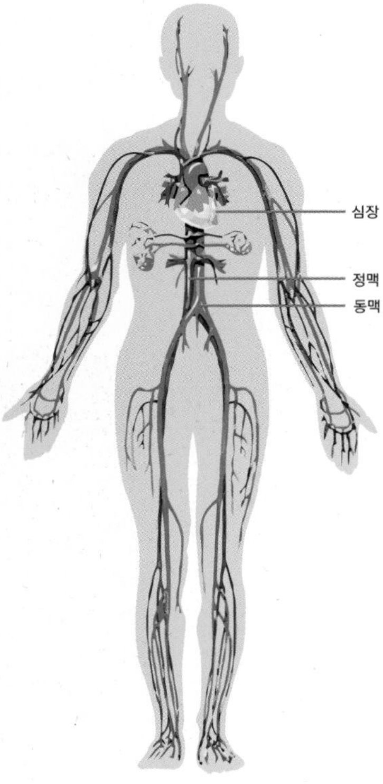

논리 서술형

15 **다음 그림은 치타가 사슴을 잡아먹고 달리는 모습을 나타낸 것이다. 물음에 답하시오.**

(1) 치타가 섭취한 사슴의 고기가 치타의 근육 세포까지 이동하는 동안 일어나는 화학 변화 과정과 이동 경로를 서술하시오.

(2) 달리고 있는 치타의 다리 근육 세포에서 일어나고 있을 화학 반응을 설명하시오.

추리 단답형

16 **다음 그림은 Rh⁻ 형인 엄마가 Rh⁺ 형인 아이를 임신했을 때 생기는 적아 세포증을 나타낸 것이다. 물음에 답하시오.**

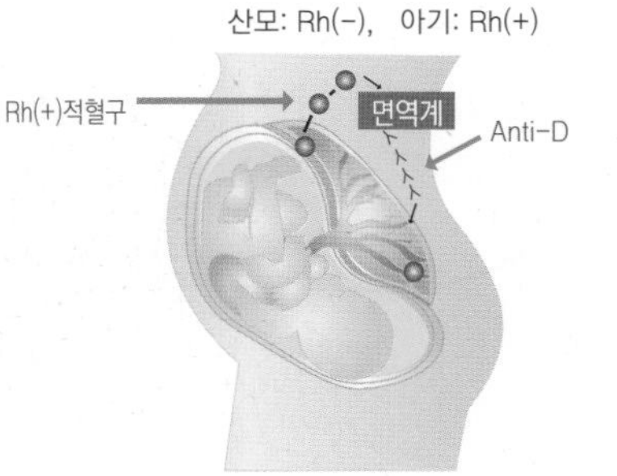

(1) 적아 세포증이 일어나는 이유를 설명하시오.

(2) 이 엄마가 두 번째 아기를 정상적으로 낳을 수 있는 방법을 말하시오.

(3) Rh 항체는 모체의 혈액에서 태아에게로 이동하여 아기가 적아 세포증에 걸리게 되지만, 엄마가 A 형이고 아기가 O 형일 경우에는 엄마의 혈액형에 의해 응집이 일어날 수 있음에도 불구하고 아기의 혈액형에 영향을 미치지 않는 이유는 무엇일까?

소화에서 호흡까지

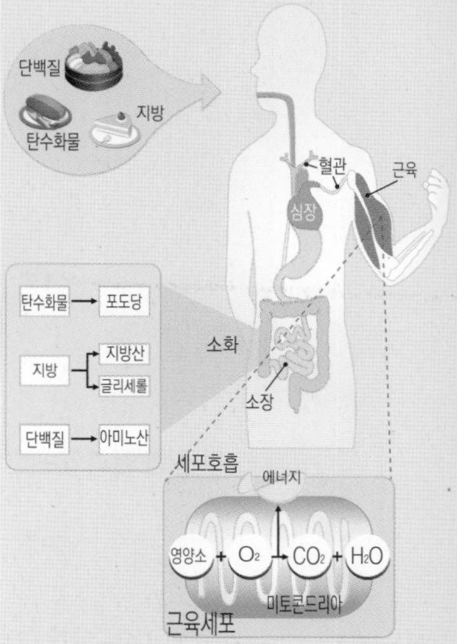

적아 세포증

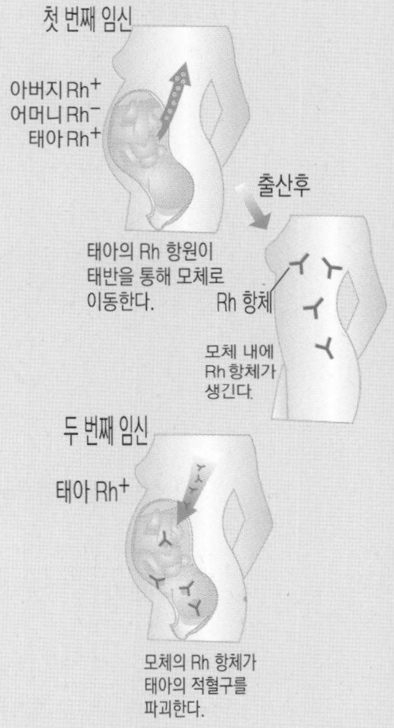

대회 기출 문제

01 무한이는 쓸개즙이 지방의 소화에 어떠한 영향을 미치는지 알아보기 위하여 콩기름에 소화액, 혹은 쓸개즙을 섞어 콩기름의 소화 정도를 알아보고 다음 그래프와 같이 실험 결과를 정리하였다.

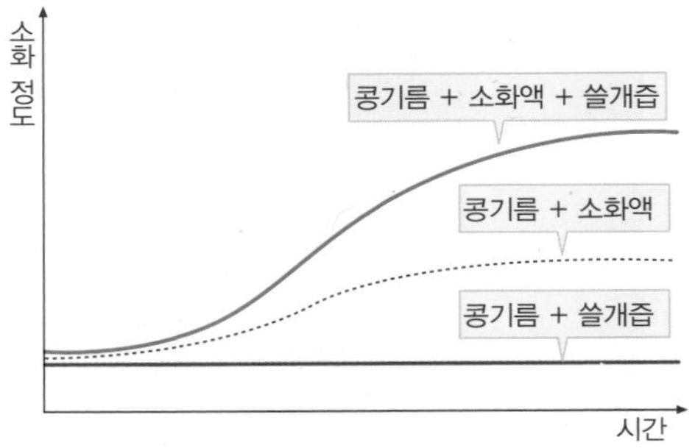

이 실험 결과와 관련된 설명으로 옳은 것만을 〈보기〉에서 있는 대로 고르시오.

보기

ㄱ. 쓸개즙에는 콩기름을 소화시키는 성분이 있다.
ㄴ. 쓸개즙은 소화액의 작용을 촉진하는 성질이 있다.
ㄷ. 콩기름에 소화액을 섞으면 소화 정도는 동일한 속도로 계속 증가한다.
ㄹ. 기름 때를 비누로 씻으면 잘 씻어지는 것은 쓸개즙이 작용하는 원리와 비슷하다.

02 다음은 입, 위, 소장에서 영양소별로 분해된 정도를 조사한 실험 결과를 그래프로 나타낸 것이다.

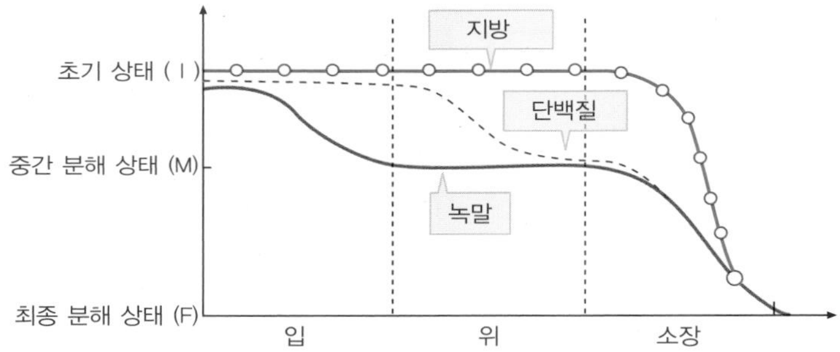

이 실험 결과를 해석한 것으로 옳은 것만을 〈보기〉에서 있는 대로 고르시오.

보기

ㄱ. 세 영양소의 분해는 소장에서 완료된다.
ㄴ. 지방은 소장에서 단백질보다 분해 속도가 느리다.
ㄷ. 물에 잘 녹는 영양소일수록 분해가 빨리 일어난다.
ㄹ. 녹말은 입에서 분해가 시작되고, 단백질은 위에서 분해가 시작된다.

03 다음은 정상인과 당뇨병 환자가 식사한 후에 혈당량(혈액 속의 포도당 농도)이 변하는 것을 조사하여 나타낸 것이다.

[대회 기출 유형]

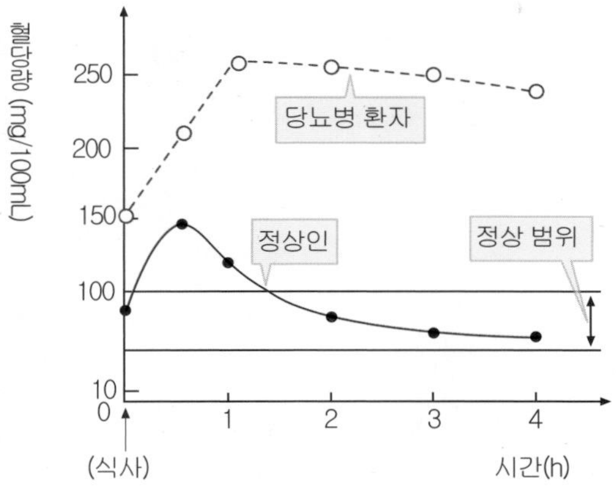

위 자료를 해석한 것으로 옳은 것을 있는 대로 고르시오.

① 당뇨병 환자는 정상인에 비하여 혈당량이 높다.
② 당뇨병 환자의 소변에 당 검사지를 넣으면 청색으로 변한다.
③ 당뇨병 환자는 정상인에 비하여 혈당이 줄어드는 속도가 느리다.
④ 정상인이 운동을 하지 않으면 혈당이 당뇨병 환자에 비하여 더 높아질 것이다.
⑤ 정상인은 당뇨병 환자에 비하여 식사 후 혈당이 최고값에 도달하는 데 걸리는 시간이 길다.

04 다음 표는 3주 동안의 단식 기간 중에 몸속의 영양소 양이 변하는 것을 나타낸 것이다.

구분	단식 시작	1주 후	2주 후	3주 후
탄수화물	0.5	0.0	0.0	0.0
지방	12.0	10.0	8.0	6.0
단백질	12.0	11.4	10.9	10.4

(단위 : kg)

이를 해석한 것으로 옳은 것만을 〈보기〉에서 있는 대로 고르시오.

보기

ㄱ. 영양소의 종류에 따라 소모되는 속도가 다르다.
ㄴ. 가장 먼저 소모되어 없어지는 영양소는 탄수화물이다.
ㄷ. 몸속에 에너지를 저장하는 역할에 적합한 것은 단백질이다.
ㄹ. 탄수화물이 완전히 소모된 다음에 다른 영양소가 소모되기 시작한다.

05 **다음 그림은 어류와 포유류의 순환계를 나타낸 것이다. 이 그림과 관련된 설명으로 옳은 것은 O 틀린 것은 X표 하시오.**

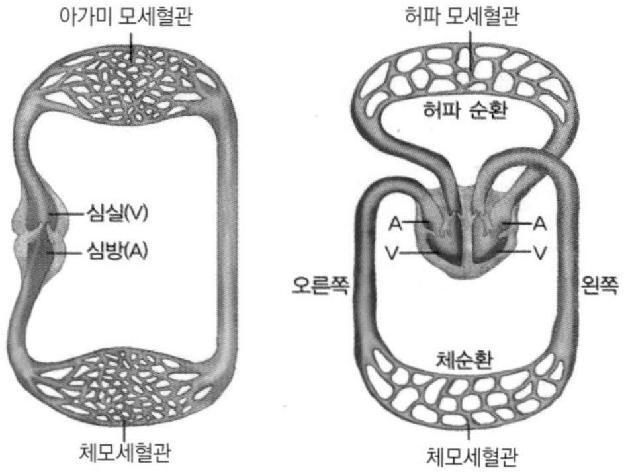

(가) 어류의 순환계　　(나) 포유류의 순환계

(1) 포유류의 경우 심장의 4개의 방(A, V)에서 동맥혈과 정맥혈이 섞인다. (　　　)

(2) 혈액을 심장에서 내보내는 데 관여하는 심장 펌프의 수는 포유류가 어류보다 더 많다. (　　　)

(3) 어류의 심장은 포유류의 심장과는 달리 산소가 결핍된 혈액만을 받아들이고 내보낸다. (　　　)

06 **상상이는 아밀레이스가 녹말의 분해에 어떠한 영향을 미치는지 알아보기 위하여 아밀레이스와 녹말의 혼합 용액을 사람의 체온과 비슷한 온도로 유지시키면서 시간에 따른 변화를 측정하여 다음과 같은 결과를 얻었다.**

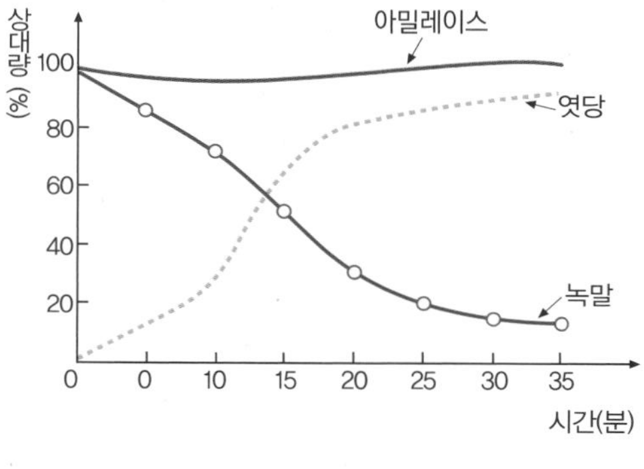

이 실험 결과를 해석한 것으로 옳은 것만을 〈보기〉에서 있는 대로 고르시오.

> 보기
>
> ㄱ. 아밀레이스는 녹말을 엿당으로 분해시킨다.
> ㄴ. 아밀레이스도 녹말과 반응하여 다른 물질로 변한다.
> ㄷ. 녹말의 농도가 변하는 정도는 약 20분 후부터 점차 느려진다.
> ㄹ. 엿당이 가지고 있는 에너지 양과 녹말이 가지고 있는 에너지 양은 같다.

07 다음은 식사와 운동이 혈당량에 미치는 영향을 조사한 결과를 나타낸 것이다.

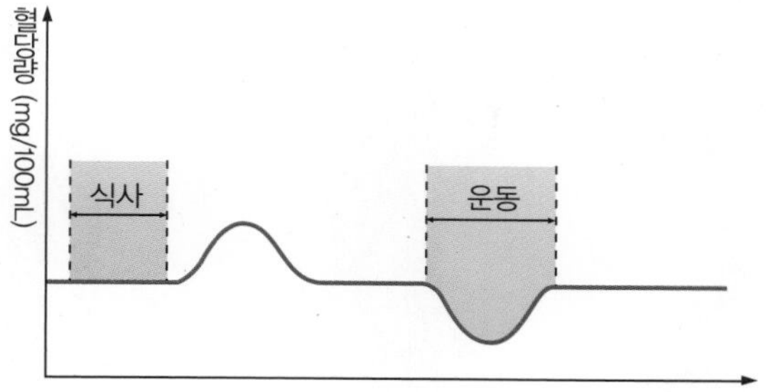

이 실험 결과를 해석한 것으로 옳은 것만을 〈보기〉에서 있는 대로 고르시오.

보기

ㄱ. 운동을 하는 동안은 혈당량이 계속 감소한다.
ㄴ. 혈당량이 증가하는 정도는 식사량에 비례한다.
ㄷ. 식사를 시작하면 혈당량이 바로 증가하기 시작한다.
ㄹ. 식사는 운동보다 혈당량 변화에 미치는 영향이 3배 이상이다.
ㅁ. 운동을 시작하면 바로 혈당량이 줄어들기 시작하였다가 다시 회복된다.

08 항체는 몸에 세균 등이 침투하였을 때 이에 대항하는 물질로서 몸 안에서 만들어지는 물질이다. 다음은 정상적인 쥐와 가슴샘을 제거한 쥐에게 2차례에 걸친 예방 접종을 하였을 때 항체의 양이 변하는 것을 나타낸 것이다.

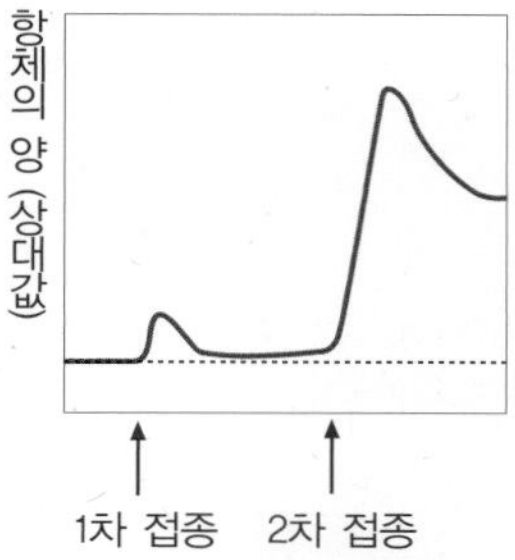

〈정상 쥐〉

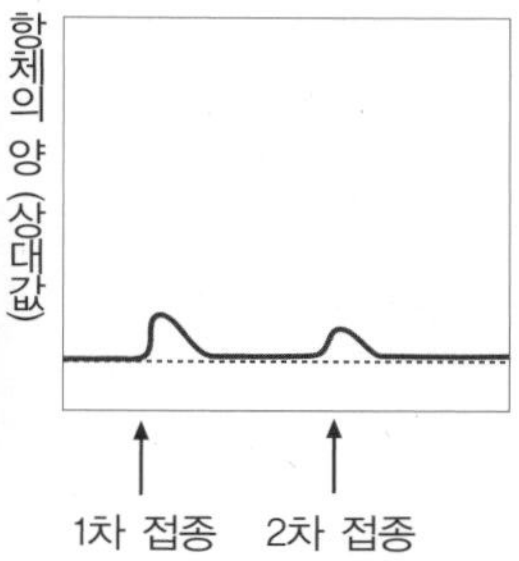

〈가슴샘을 제거한 쥐〉

위 실험 결과를 바르게 해석한 것을 있는 대로 고르시오.

① 가슴샘에는 1차 접종의 효과가 기억되는 기능이 있다.
② 정상 쥐의 경우 한 번만 접종하는 것보다 두 번 접종하면 질병 예방 효과가 훨씬 커진다.
③ 가슴샘을 제거한 쥐에서도 예방 접종을 여러 번 할수록 질병 예방 효과를 관찰할 수 있다.
④ 정상 쥐의 2차 접종 때 새로운 세균의 항원도 같이 접종시키면 항원에 대한 항체가 바로 만들어진다.
⑤ 정상 쥐와 가슴샘을 제거한 쥐를 섞어 놓고 사육을 하면, 가슴샘을 제거한 쥐의 면역력도 점차 높아진다.

09 그림은 정상적인 사람과 비만인 사람의 동맥 혈관 단면을 순서 없이 나타낸 것이다.

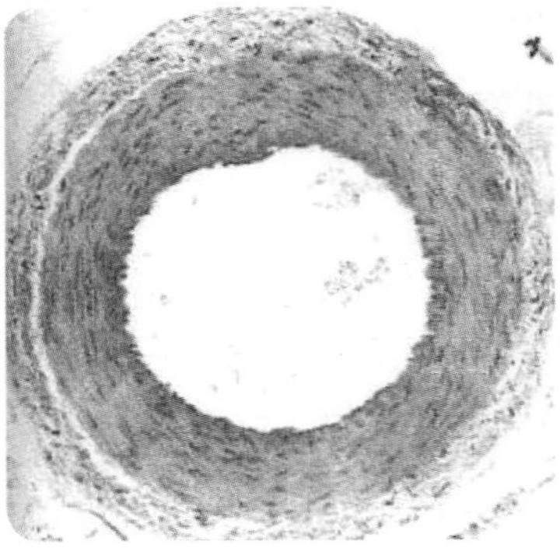

(A)

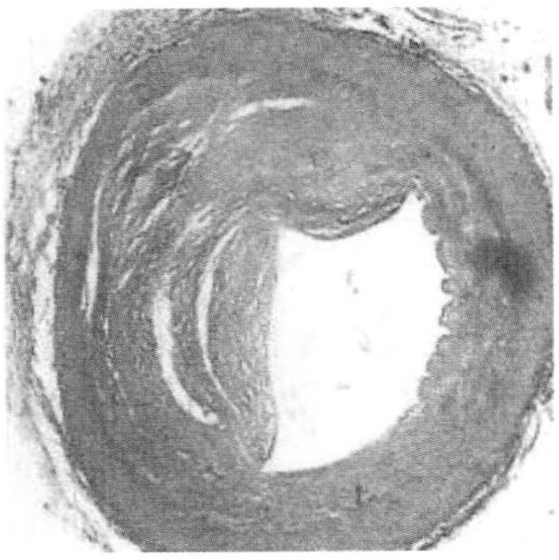

(B)

신체의 한 부분에서 혈관의 단면이 (A)에서 (B)로 변함에 따라 일어날 수 있는 현상을 추리한 것으로 옳은 것만을 〈보기〉에서 있는 대로 고르시오.

보기

ㄱ. 혈액의 압력이 증가할 것이다.
ㄴ. 혈액의 흐르는 양이 감소한다.
ㄷ. 혈액의 구성 성분이 그대로이다.
ㄹ. 정상인의 혈관벽은 B 에 가깝다.
ㅁ. 혈관벽이 파열될 수도 있을 것이다.

10 사람의 여러 가지 세포는 하는 일에 알맞은 특징을 각각 가지고 있는데, 혈액 속에 들어 있는 붉은색의 적혈구도 마찬가지이다.

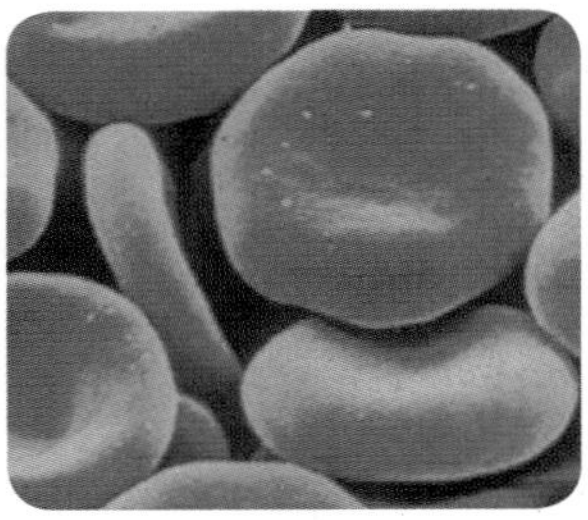

위의 적혈구 사진을 관찰했을 때, 그 특징에 대해 추리한 것으로 옳은 것만을 〈보기〉에서 있는 대로 고르시오.

보기

ㄱ. 붉은색은 출혈 유무를 알아보는 데 가장 좋다.
ㄴ. 둥근 모양이어서 혈관 속에서 서로 엉키지 않고 잘 흘러간다.
ㄷ. 세포막이 단단하여 형태가 잘 변하지 않고 병균의 공격에 잘 견딘다.
ㄹ. 적혈구의 형태는 공 모양에 비하여 표면적을 더 넓히는 역할을 한다.

11 **다음 그림에서 A 는 우리 몸에 병원체가 처음 침투하였을 때 나타나는 항체 생성 정도를 나타낸 것이고, B 는 동일한 병원체가 두 번째 침투하였을 때 나타나는 항체 생성 정도를 나타낸 것이다.**

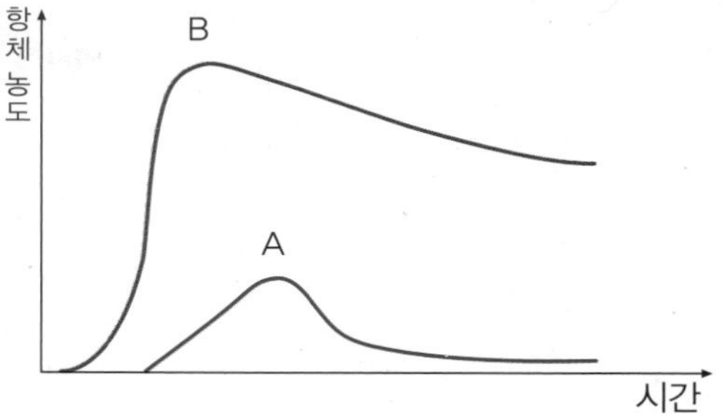

이 그래프를 이용하여 추리한 것으로 옳지 않은 것은?

① 병원균이 두 번째 침투하였을 때는 항체가 더 많이 생성된다.
② 병원균이 두 번째 침투하였을 때는 항체가 늦게 생성되기 시작한다.
③ 병원균이 두 번째 침투하였을 때 우리 몸이 더 효과적으로 대응할 수 있다.
④ 두 번째 병원균이 침투했을 때 B 와 같은 그래프가 나타나는 것은 기억 세포 덕분이다.
⑤ 병원균이 처음 침투하였을 때의 항체 생성 속도는 두 번째 침투 시 항체 생성 속도보다 느리다.

12 **그림 A 는 정상적인 모양의 적혈구이며, B 는 유전자의 변화에 의해 생긴 비정상적 모양의 적혈구이다. 비정상적 모양의 적혈구를 가진 사람은 모세혈관을 흐르는 적혈구가 서로 엉키면서 쉽게 파괴되어 빈혈에 걸리는 경우가 많고 평균 수명이 짧다. 그럼에도 말라리아 모기가 많은 지역에서는 오히려 이러한 비정상적인 적혈구를 가진 사람들의 평균 수명이 정상적인 적혈구를 가진 사람보다 더 길다.**

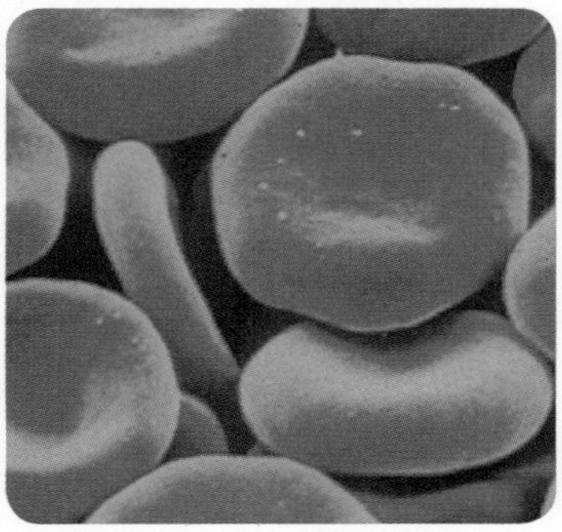
(A)

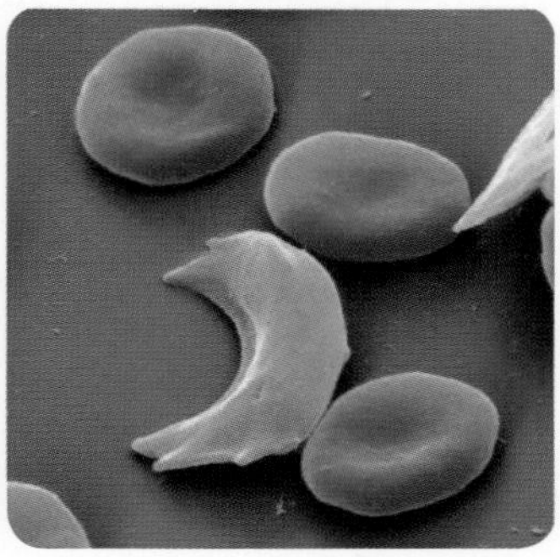
(B)

이러한 사실과 관련된 내용으로 옳은 것만을 〈보기〉에서 있는 대로 고르시오.

보기

ㄱ. 비정상적인 적혈구는 말라리아에 감염되어 생긴다.
ㄴ. 비정상적인 적혈구를 가진 사람은 말라리아에 저항성을 잃는다.
ㄷ. 말라리아 전염에 의한 평균 수명 연장 효과가 비정상적인 적혈구에 의한 평균 수명 단축 효과보다 더 작다.
ㄹ. 말라리아가 많이 발생하는 지역에서는 말라리아가 발생하지 않는 지역보다 비정상적인 적혈구를 가진 사람의 비율이 높다.

13 다음 그림은 인간의 소화계와 관련된 기관을, 표는 효소 혹은 화합물(효소/화합물)을 나타낸 것이다. 빈칸에 들어갈 내용을 그림과 표에서 찾아 소화 기관은 알파벳으로, 효소/화합물은 번호로 채워 넣으시오.

[대회 기출 유형]

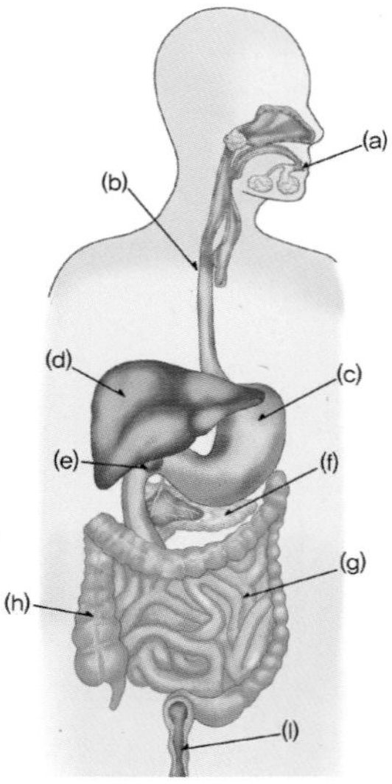

번호	효소/화합물
1	아밀레이스
2	트립신
3	말테이스
4	펩티데이스
5	쓸개즙
6	염산
7	라이페이스
8	펩신

(1) 탄수화물은 기관 (　　　　　)와(과) (　　　　　)에서 이당류로 분해되는데, 이 반응들은 효소 화합물 (　　　　　) 에 의하여 각각 일어난다.

(2) 지방은 기관 (　　　　　)에서 지방산과 모노글리세리드로 분해되며, 이 반응은 효소/화합물 (　　　　　)와(과) (　　　　　)에 의하여 일어나고, 이 효소들은 각각 기관 (　　　　　)와(과) 기관 (　　　　　)에서 만들어 진다.

14 사람의 소화계로 들어오는 음식물은 몇 가지 과정을 거치게 되는데, 이 과정은 기능적으로, 장소적으로 특수화되어 있다. 이에 대한 진술로 옳은 것만을 〈보기〉에서 있는 대로 고르시오.

[대회 기출 유형]

보기

ㄱ. 위 속에서는 펩타이드를 생성한다.
ㄴ. 소장의 기능은 물을 흡수하는 것이다.
ㄷ. 대장의 기능은 소화 효소를 생성하는 것이다.
ㄹ. 입에서 전분은 침 속의 아밀레이스에 의해 이당류로 분해된다.

15 **포유류에서 혈액의 순환은 심장의 해부학적 구조와 심장 박동의 주기에 의해 결정된다. 동맥, 정맥, 모세혈관의 구조적 차이는 그 것들의 기능의 차이와 상관성을 가지고 있다.**

[대회 기출 유형]

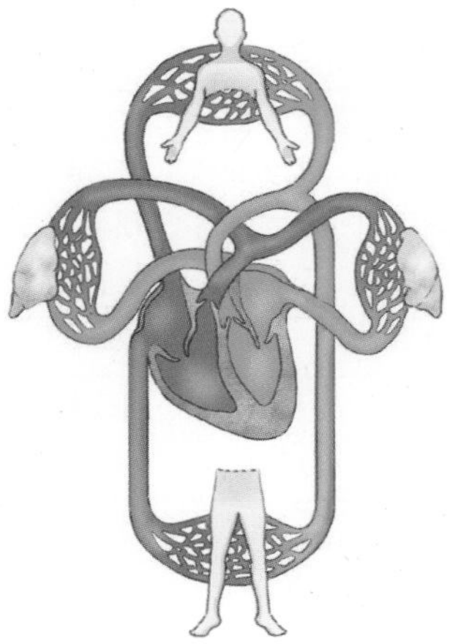

A	폐동맥
B	폐정맥
C	좌심방
D	우심방
E	좌심실
F	우심실
G	대동맥
H	대정맥

다음 그림은 혈관과 함께 인간의 심장을 보여주고 있다. 아래 문장의 빈칸에 해당되는 것을 표에 나오는 A ~ H 중에서 골라 해당하는 알파벳을 적으시오.

> (1) ____________은(는) 혈액을 내뿜고, 내뿜은 혈액은 (2)_________을(를) 지나 폐로 간다. 폐 안에서 혈구는 이산화 탄소를 폐로 방출하고, 산소를 받아 충전한다. 폐에서 이러한 작용을 통해 형성된 산소가 풍부한 혈액은 (3)_________을(를) 지나 다시 심장으로 돌아간다. 그 다음 혈액은 (4)_________에서 뿜어져 나와 (5)___________을(를) 통해 몸 전체로 퍼진다.

16 **다음은 혈액형 판정을 위해 표준이 되는 혈청에 어떤 사람의 혈액을 떨어뜨려 반응시킨 것이다. Rh^{+} A형의 혈액을 가진 사람은 누구인가? (단, (가) : 항 A 혈청, (나) : 항 B 혈청, (다) : 항 Rh 혈청이다.)**

[대회 기출 유형]

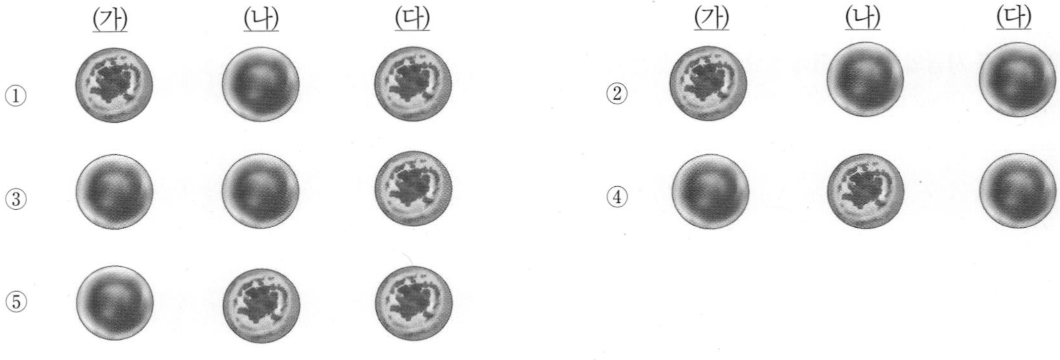

17 다음 표는 침 속의 아밀레이스의 활성을 알아보기 위한 실험을 나타낸 것이다. '산성도와 온도에 따라 침 속의 아밀레이스의 활성 정도가 다르다.'라는 가설을 알아보기 위해서 아이오딘-아이오딘화칼륨 용액으로 반응시켜 확인해야 할 시험관으로 묶인 것은?

[대회 기출 유형]

구분	시험관									
	A	B	C	D	E	F	G	H	I	J
묽은 녹말풀	6 ml	6 ml	6 ml	6 ml	6 ml	6 ml	6 ml	6 ml	6 ml	6 ml
침 희석액	4 ml	-	4 ml	4 ml	4 ml	4 ml	4 ml	4 ml	4 ml	4 ml
증류수	-	4 ml	-	-	-	-	-	-	-	-
0.1M HCl 용액	-	-	1방울	-	-	1방울	-	-	1방울	-
0.2M NaOH 용액	-	-	-	1방울	-	-	1방울	-	-	1방울
온도	37℃	37℃	37℃	37℃	0℃	0℃	0℃	100℃	100℃	100℃

	산성도	온도
①	A, C, D	A, E, H
②	A, B, C, D	A, B, E, H
③	E, F, G	A, E, H
④	H, I, J	A, B, E, H
⑤	E, F, G	A, B, E, H

18 위에 있는 주름의 기능은?

[대회 기출 유형]

① 음식물을 부수기 위한 것이다.
② 위의 용량을 증가시키기 위한 것이다.
③ 아밀레이스를 분비시키기 위한 것이다.
④ 위액 분비 면적을 증가시키기 위한 것이다.
⑤ 근 수축에 의해서 음식물을 소화액과 혼합하기 위한 것이다.

19 사람의 간에서 쓸개즙의 생산이 중단되면 작은 창자의 흡수 기능이 손상된다. 쓸개즙이 없다면 흡수가 심각하게 감소되는 물질을 있는 대로 고르시오.

[대회 기출 유형]

① 디펩타이드 ② 지용성 비타민 ③ 녹말 ④ 포도당 ⑤ 아미노산

20 다음 물질 중 사람의 혈액 응고에 필요한 것을 있는 대로 고르시오.

[대회 기출 유형]

① 프로트롬빈 ② 칼륨 ③ 칼슘 ④ 파이브리노젠 ⑤ 헤파린

21 다음 인간의 혈관계 중 혈액의 속도가 가장 느린 곳은?

[대회 기출 유형]

① 대동맥 ② 폐정맥 ③ 모세혈관 ④ 대정맥 ⑤ 폐동맥

22 ABO식 혈액형을 기준으로 할 때 O형인 사람의 혈액을 받을 수 있는 사람은 누구인가? [대회 기출 유형]

① A형만 ② B형만 ③ A와 B형만 ④ O형만 ⑤ 모두 다

23 다음 중 인간의 혈액 흐름의 방향을 옳게 나타낸 것은? [대회 기출 유형]

① 심장 → 폐 → 심장 → 다리 → 심장
② 심장 → 뇌 → 간 → 다리 → 심장
③ 심장 → 다리 → 심장 → 폐 → 다리 → 심장
④ 심장 → 신장 → 심장 → 폐 → 다리 → 심장
⑤ 심장 → 다리 → 폐 → 신장 → 다리 → 심장

24 다음 그림은 사람의 혈액 성분을 현미경으로 관찰하여 나타낸 모식도이다. 물음에 답하시오. [과학고등학교 기출 유형]

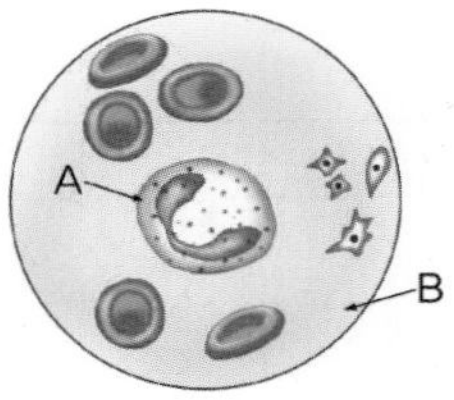

(1) 혈구 A 의 중요한 작용을 쓰시오.

(2) B 는 영양분과 노폐물을 운반한다. B 는 무엇인가?

25 그림 (가) 는 평상시 어떤 사람의 심장이 1회 박동할 때의 주기를 나타낸 것이고, 그림 (나) 는 이 사람의 심장이 활동할 때 발생하는 전위 변화를 기록한 심전도를 나타낸 것이다. 물음에 답하시오. [경기과학고등학교 기출 유형]

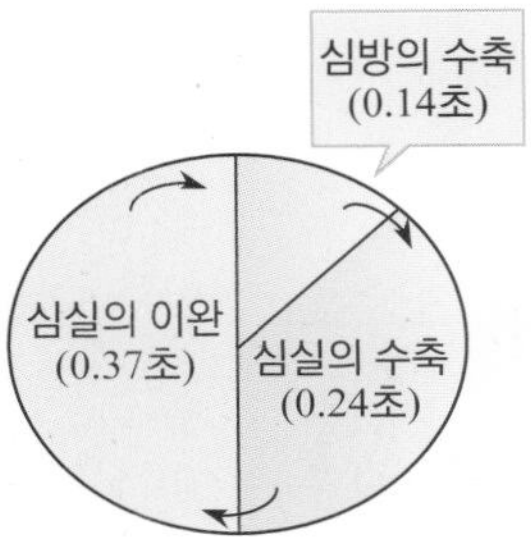

(가)

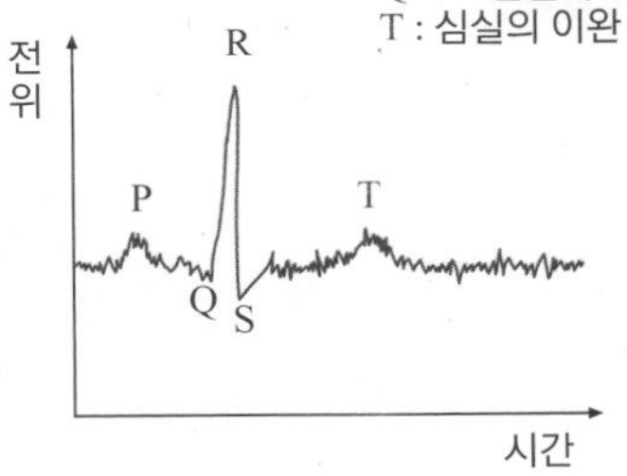

(나)

(1) P 점에서 심장 내에서 혈액이 이동하는 방향을 설명하시오.

(2) 평상시 위 사람의 1분간 심장 박동수를 구하시오.

(3) 위 사람의 혈액의 총량은 5.6 L 이고, 한 번의 박동으로 심장에서 나가는 혈액의 양이 70 mL 라면, 체내의 모든 혈액이 심장을 1번 통과하는 데 소요되는 시간은?

26 다음은 3대 영양소 A, B, C 가 소화관을 지나는 동안 소화가 진행되는 정도를 그래프로 나타낸 것이다. [영재학교 기출 유형]

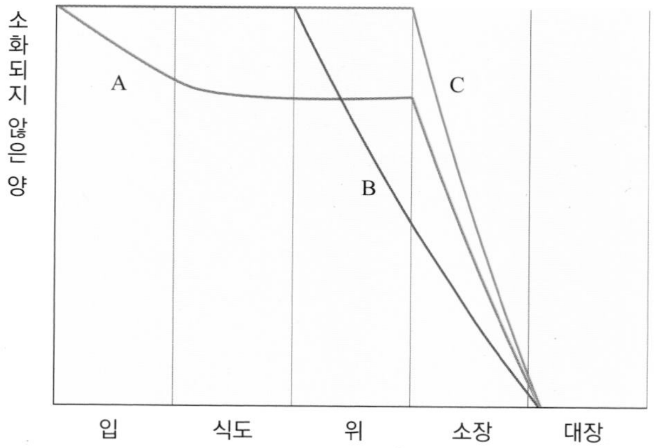

A 와 B 에 대한 설명으로 옳은 것만을 〈보기〉에서 있는 대로 모두 고르시오.

보기

ㄱ. A 는 쌀밥에 많이 들어있는 영양소이다.
ㄴ. A 를 소화하는 효소는 입과 소장에서 작용한다.
ㄷ. C 는 주로 소장에서 소화되므로 단백질일 것이다.
ㄹ. B 의 최종 분해 산물은 뷰렛 반응으로 검출할 수 있다.
ㅁ. B 의 최종 분해 산물은 소장의 모세혈관으로 흡수될 것이다.

27 다음은 사람의 혈액 속 모습을 나타낸 것이다. [대구과학고등학교 기출 유형]

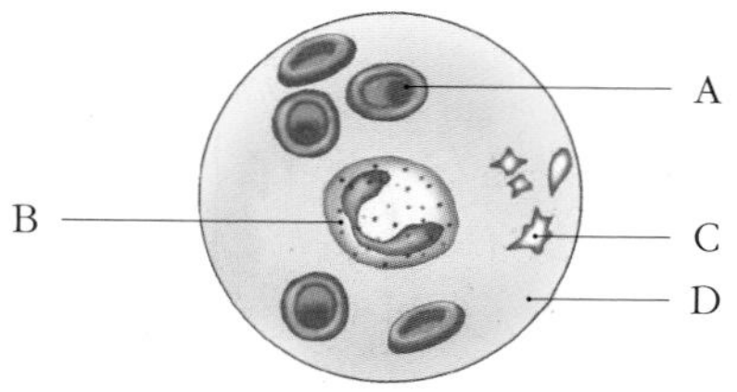

A 를 아래 그림처럼 서로 다른 포도당 용액 (가), (나), (다)에 넣었을 때, 세 용액의 농도를 부등호를 사용하여 비교하고, 그 이유를 설명하시오.

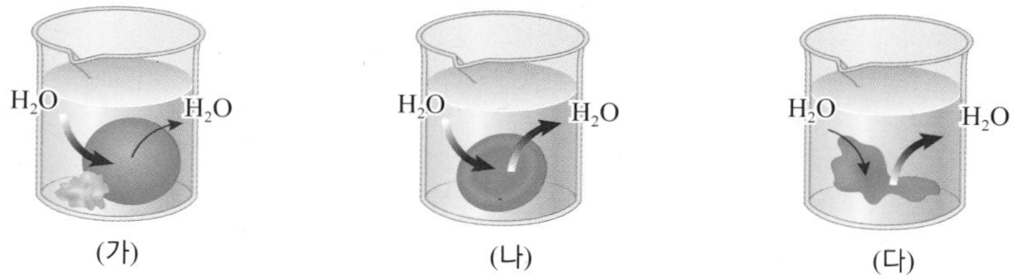

28 **다음 그래프는 정상인의 식사한 후와 운동 후, (가) 상대적인 혈당량과 (나) 인슐린 분비량의 변화를 각각 나타낸 것이다.**

[서울과학고등학교 기출 유형]

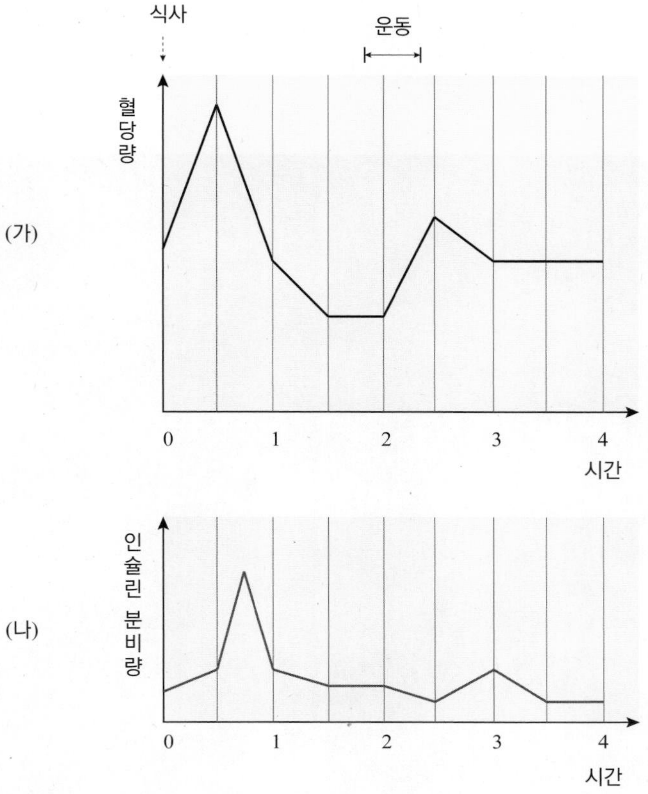

위 그래프에 대한 설명으로 옳은 것을 있는 대로 고르시오.

① 운동하는 동안 인슐린의 분비량이 증가한다.
② 인슐린의 분비량은 식사 후 30분에 최고에 이른다.
③ 식사 후 혈당량이 증가하면 인슐린의 분비량이 증가한다.
④ 단식을 하면 인슐린의 농도는 낮은 상태를 유지할 것이다.
⑤ 인슐린은 혈당량을 증가시켜 글루카곤이 분비되게 할 것이다.

인공 심장

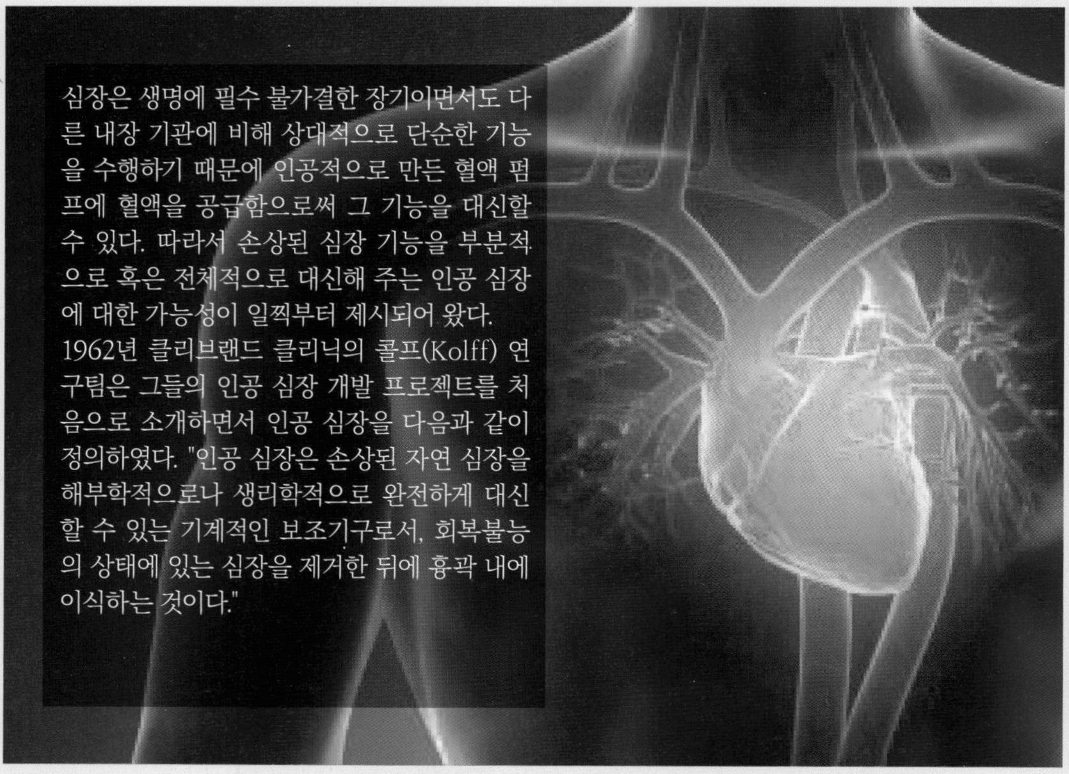

심장은 생명에 필수 불가결한 장기이면서도 다른 내장 기관에 비해 상대적으로 단순한 기능을 수행하기 때문에 인공적으로 만든 혈액 펌프에 혈액을 공급함으로써 그 기능을 대신할 수 있다. 따라서 손상된 심장 기능을 부분적으로 혹은 전체적으로 대신해 주는 인공 심장에 대한 가능성이 일찍부터 제시되어 왔다.
1962년 클리브랜드 클리닉의 콜프(Kolff) 연구팀은 그들의 인공 심장 개발 프로젝트를 처음으로 소개하면서 인공 심장을 다음과 같이 정의하였다. "인공 심장은 손상된 자연 심장을 해부학적으로나 생리학적으로 완전하게 대신할 수 있는 기계적인 보조기구로서, 회복불능의 상태에 있는 심장을 제거한 뒤에 흉곽 내에 이식하는 것이다."

인공 심장의 종류

인공 심장은 기능상 완전 인공 심장인 TAH(Total Artificial Heart)와 보조 인공 심장인 VAD(Ventricular Assist Device), IABP(Intra Aortic Baloon Pump)로 나눌 수 있다. IABP는 인공 심장의 가장 원시적인 형태로 혈액 순환의 일부만을 보조하는 역할을 하지만, 시술이 비교적 간단하기 때문에 현재 가장 많이 사용되고 있다.

▲ TAH(Total Artificial Heart)

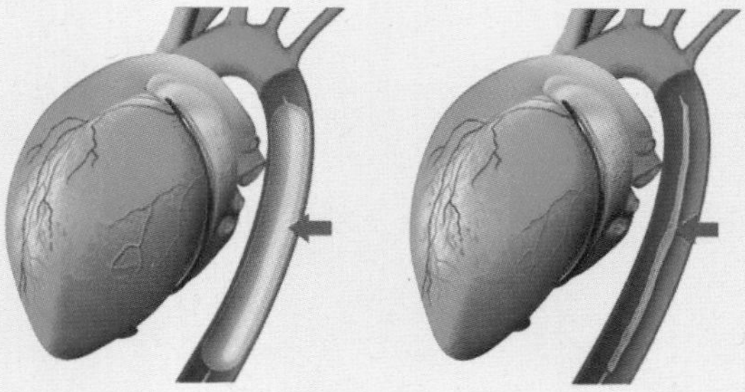

▲ IABP(Intra Aortic Baloon Pump)

Imagine Infinite

IABP의 기본 원리는 대퇴 동맥이나 말초 동맥으로부터 풍선을 부착한 관을 왼쪽 빗장밑 동맥 바로 아래까지 삽입하고, 풍선의 수축과 확장을 심장의 박동 주기에 맞추어 작동시킨다. 이는 심장의 확장기에 풍선이 확장되고, 수축기 직전에 풍선이 급속히 수축되어, 좌심실압을 낮추어 줌으로써 심장의 부담을 덜어준다. 동시에 심장 근육이 운동할 때 사용하는 산소 소비량을 감소시키는 데 도움을 준다. 또한 심장 동맥은 심장에 양분을 공급하는 기능을 하는데, IABP의 사용에 의하여 심장 동맥에 들어가는 혈류량을 증가시킨다.

IABP만으로 혈액 순환이 불가능한 경우에 사용되는 것이 VAD이다. 이는 심실의 혈액 방출 작업을 보조해 주는 장치이다. 주로 좌심실에 걸리는 부하가 많기 때문에 좌심실의 기능에 이상이 생긴 환자가 많으며, 따라서 좌심실보조장치(Left VAD)가 보편적으로 많이 사용되고 있다.

한편 심장의 기능이 완전히 저하된 경우 자연 심장의 기능을 전적으로 대신해 주는 TAH를 사용한다. TAH는 자연 심장의 좌우심방과 대동맥 및 폐동맥과 연결 부위를 잘라낸 자리에 부착되어 자연 심장의 기능을 완전히 대체하는 것이다.

현재 인공 심장 장치의 문제점은 에너지와 크기이다. 인공 심장 장치는 큰 에너지를 필요로 하기 때문에 배터리의 규모가 커지게 되고, 결국 전체적인 장치의 크기가 커지게 된다. 따라서 에너지 효율이 높은 장치를 개발하는 것이 관건이다. 또한 실제 심장의 피는 뭉치지 않는 반면 인공 심장 장치는 이물질이기 때문에 플라스틱, 금속 등에 피가 뭉치는 것이 가장 큰 문제로 지적되고 있다. 인체에 이식할 수 있는 인공 심장이 되기 위해서는 아직도 많은 문제점을 해결해야 한다.

전 세계적으로 많은 연구팀들은 전기 기계식 인공 심장이 차세대 인공 심장으로 가능하리라 예상하고 이의 개발에 매진하고 있다. 자연 심장의 기능을 완벽하게 대신할 수 있는 인공 심장의 개발이 현재는 매우 어렵고 힘들지만, 급속히 발전하고 있는 기초 과학 및 응용 과학의 도움으로 인하여 현재의 인공 심장이 가지고 있는 문제들이 하나씩 해결될 수 있으리라 기대해 본다.

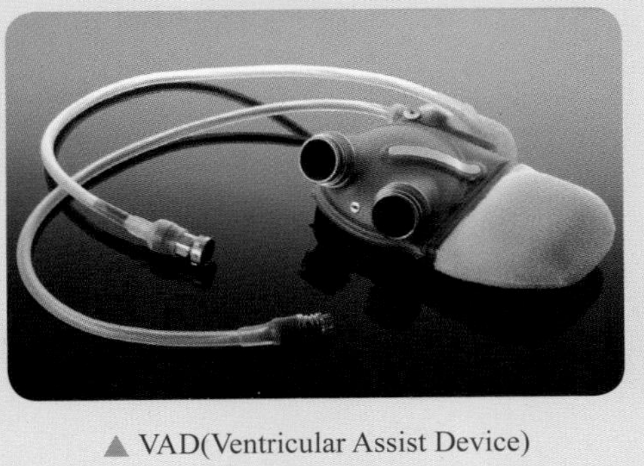

▲ VAD(Ventricular Assist Device)

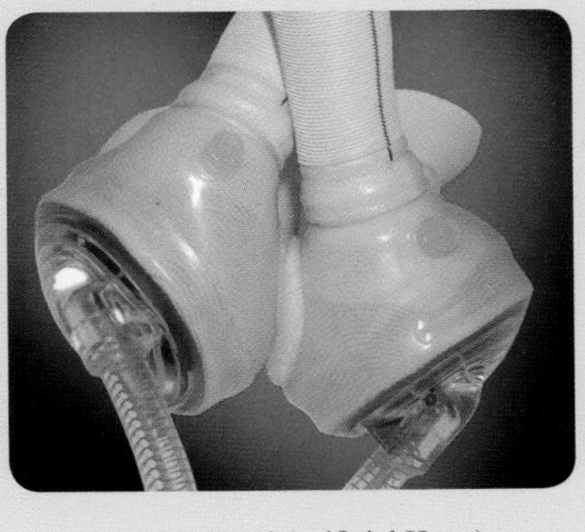

▲ TAH(Total Artificial Heart)

정답 p 55

Q1. 현재 상용화된 인공 심장 장치가 갖고 있는 문제점은 무엇인가?

Biology

IV

04 자극과 반응

뜨거운 물체가 손에 닿으면 황급히 손을 움추린 경험이 있을 것이다.
'뜨겁다' 라는 감각은 어떻게 느끼는 것일까?

Ⅳ 자극과 반응 (1)

1. 자극의 감각

(1) 시각

① 눈[1]의 구조와 기능

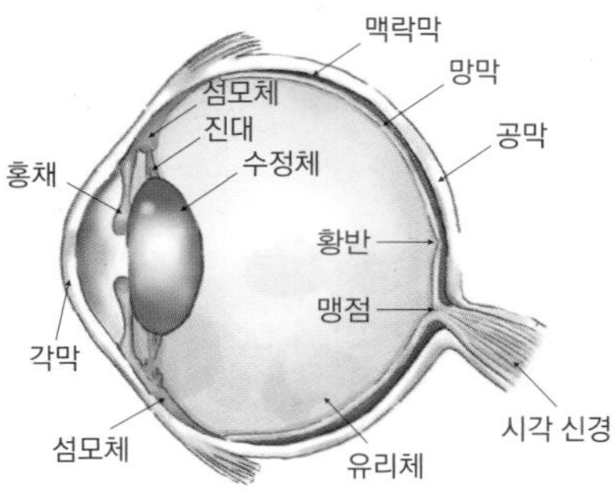

▲ 시각의 구조

각막	공막의 일부가 변해서 된 것으로 눈의 가장 바깥쪽을 싸고 있는 투명한 막
수정체	눈으로 들어오는 빛을 굴절시켜 망막에 상이 맺히도록 함
홍채[2]	동공의 크기를 조절하여 눈으로 들어오는 빛의 양을 조절함
섬모체와 진대	진대는 수정체와 섬모체를 연결하는 인대로 섬모체와 함께 수정체의 두께를 조절하여 원근을 조절함
망막	• 눈의 가장 안쪽에 위치한 막으로 상이 맺히는 곳 • 시각 세포[3](시세포)가 분포하여 빛의 자극을 수용함
맥락막	멜라닌 색소가 있는 막으로 빛의 산란을 막는 암실 역할을 함
황반	망막의 중심부로 시각 세포가 밀집되어 있어 선명한 상이 보임
맹점	시각 신경(시신경)이 모여 빠져나가는 곳으로 시각 세포가 없어 상이 맺혀도 보이지 않음
공막	흰자 위에 해당하는 곳으로 안구를 둘러싸 보호하는 역할을 함

② 시각의 전달 경로

빛 → 각막 → 수정체 → 유리체 → 망막(시각 세포) → 시각 신경 → 대뇌

③ 눈의 조절 작용

• 명암 조절 : 홍채의 축소와 확장에 의해 동공의 크기를 조절하여 눈으로 들어오는 빛의 양을 조절한다.

밝을 때

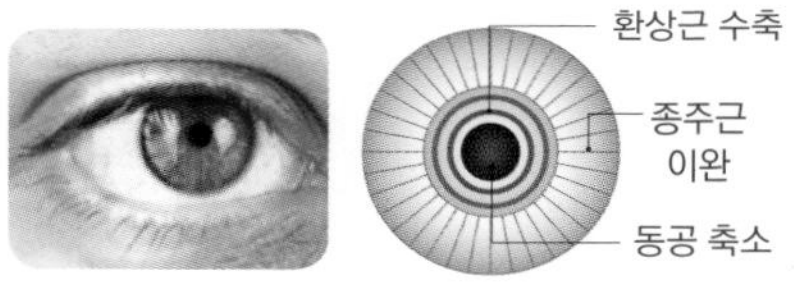

• 환상근이 수축하면 동공 쪽으로 홍채가 이동하여 면적이 넓어지면서 동공이 작아진다.
• 환상근 수축(홍채 확장) → 동공 축소 → 망막에 도달하는 빛의 양 감소

어두울 때

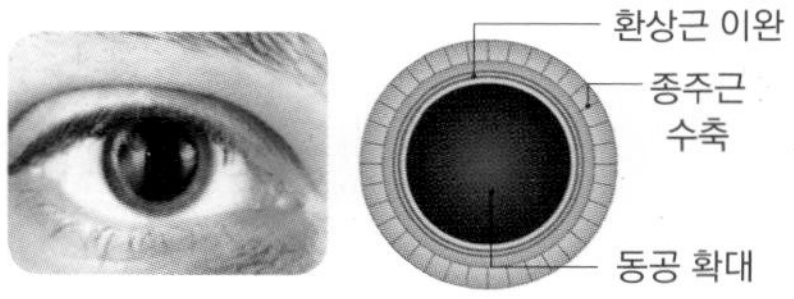

• 종주근이 수축하면 동공의 바깥쪽으로 홍채가 이동하여 면적이 작아지면서 동공이 커진다.
• 종주근 수축(홍채 축소) → 동공 확대 → 망막에 도달하는 빛의 양 증가

• 원근 조절 : 섬모체와 진대의 수축과 이완에 의한 수정체의 두께 조절을 통해 물체의 상이 망막에 정확하게 맺히도록 한다.

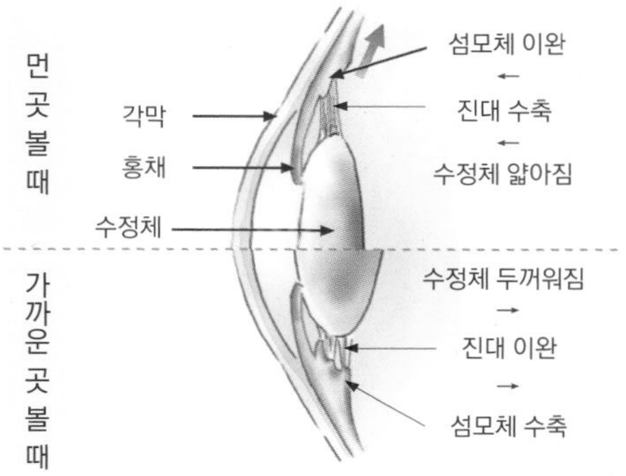

먼 곳 볼 때: 섬모체가 이완하여 수정체로부터 먼 쪽으로 이동한다.
→ 진대가 당겨져 팽팽해진다.(진대 수축)
→ 수정체가 바깥으로 당겨져 얇아진다.
(초점 거리가 길어진다.)

가까운 곳 볼 때: 섬모체가 수축하여 수정체 쪽으로 이동한다.
→ 진대가 느슨해진다.(진대 이완)
→ 수정체의 탄력성 때문에 부풀어 올라 두꺼워진다.
(초점 거리가 짧아진다.)

---

❶ 눈 VS 사진기

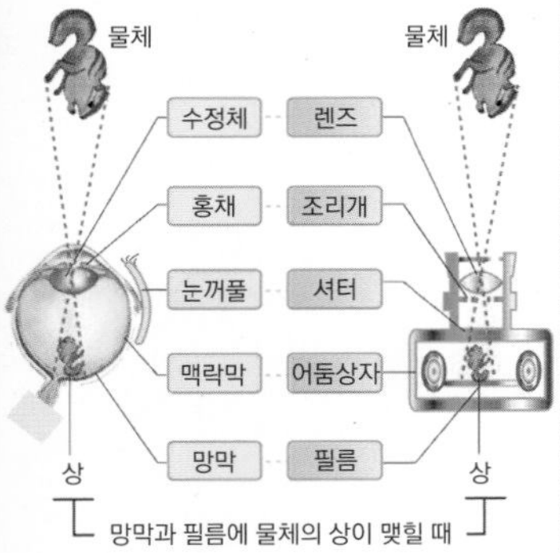

기능	눈	사진기
빛 차단	눈꺼풀	셔터
빛의 굴절	수정체	렌즈
빛의 양 조절	홍채	조리개
상이 맺히는 곳	망막	필름
빛의 산란 방지	맥락막	어둠상자

❷ 홍채

● 홍채의 색깔은 사람마다 달라서, 다양한 자신의 눈동자 색깔을 가지게 된다.
● 홍채의 무늬는 지문만큼이나 독특하여 일란성 쌍둥이조차 서로 무늬가 다르다. 이러한 특징을 이용하여 생체 인식에 활용한다.
→ 홍채 인식 기술

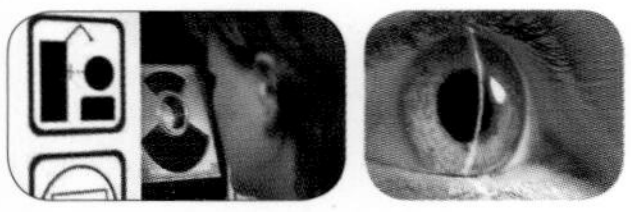

▲ 홍채 인식

❸ 시각 세포의 종류

구분	간상 세포	원추 세포
자극	약한 빛	강한 빛
감각	형태 구별, 명암	형태 구별, 명암, 색깔
분포 위치	망막 주변	망막 중앙
종류	1종류	3종류
이상 증세	야맹증	색맹

미니사전

환상근 동공 주위에 둥글게 분포하는 고리 모양의 근육으로 수축하면 홍채를 동공 쪽으로 잡아당긴다.

종주근 환상근 바깥쪽에 있는 근육으로 수축하면 홍채를 바깥쪽으로 잡아당긴다.

수축 수축은 근육 등이 오므라들거나 부피가 줄어드는 것 (↔ 이완)

④ **눈의 시력 이상**[4]**과 교정** : 눈의 초점이 망막에 정확하게 맺히지 않아 근시 또는 원시가 발생한다.

구분	근시	원시
원인	• 수정체와 망막 사이의 거리(안구의 거리)가 정상인보다 긴 경우 • 수정체가 정상인보다 두꺼운 경우	• 수정체와 망막 사이의 거리가 정상인보다 짧은 경우 • 수정체가 정상인보다 얇은 경우
물체의 상	• 망막 앞쪽에 맺힘 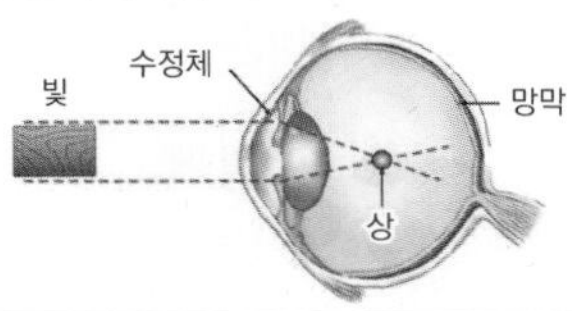	• 망막 뒤쪽에 맺힘 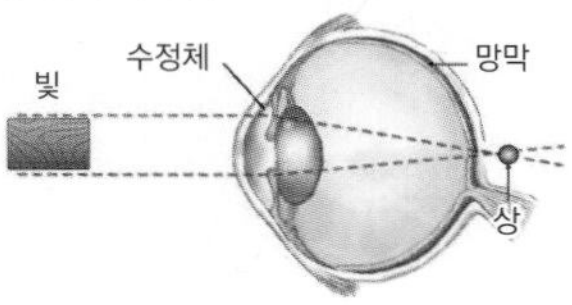
증상	• 가까운 곳의 물체는 잘 볼 수 있지만, 먼 곳의 물체는 잘 보지 못함	• 먼 곳의 물체는 잘 볼 수 있지만, 가까운 곳의 물체는 잘 보지 못함
교정 방법	• 오목 렌즈를 통해 상이 망막에 맺히도록 함 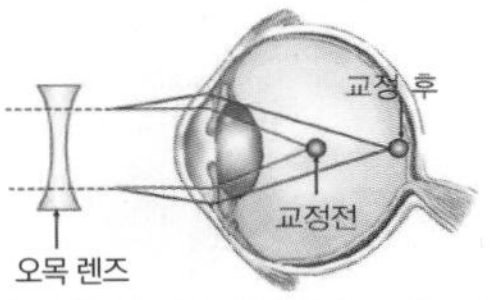	• 볼록 렌즈를 통해 상이 망막에 맺히도록 함 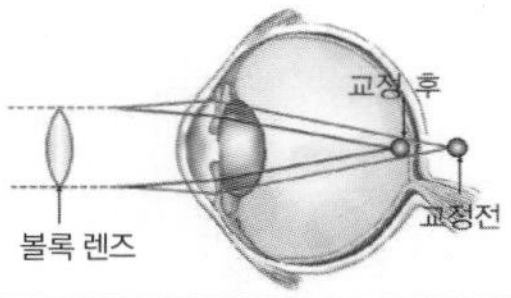

정답 p 55

Q1 • 가까운 곳의 물체를 볼 때 수정체의 두께는 (얇아진다 , 두꺼워진다).
• 어두운 곳에서는 동공의 크기가 (커진다 , 작아진다).

(2) 청각

① 귀의 구조와 기능

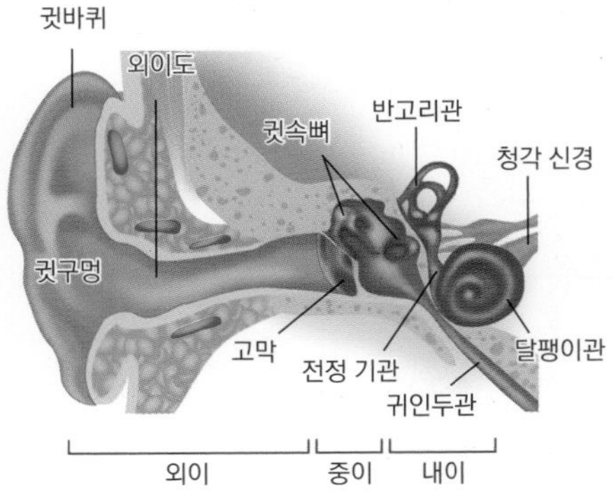

▲ 귀의 구조

위치	구조		기능
외이	귓바퀴, 귓구멍, 외이도		소리를 모아 고막으로 전달
중이	고막		음파에 의해 최초로 진동되는 얇은 막
	귓속뼈[5]		고막의 진동을 증폭시켜 내이로 전달하는 세 개의 작은 뼈
	귀인두관		• 중이와 인두를 연결하는 관 • 중이와 외이와의 압력을 같게 조절 • 고막을 보호하고 소리를 잘 듣게 함
내이	달팽이관		• 진정계, 고실계, 달팽이세관으로 구성 • 청각 세포가 분포되어 있어 소리 자극을 받아들여 전기 신호로 바꿔서 청각 신경으로 전달함
	평형 감각 기관	전정 기관[6]	몸의 기울기와 위치 감각을 수용함
		반고리관[6]	몸의 이동과 회전 감각을 수용함

② 청각의 성립 경로

소리(음파) → 귓바퀴 → 귓구멍 → 외이도 → 고막 → 귓속뼈
→ 달팽이관(청각 세포) → 청각 신경 → 대뇌

---

④ 난시와 노안

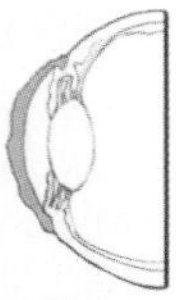

• 난시 : 각막이나 수정체의 굴절면(표면)이 고르지 않아 망막에 상이 여러 개 겹쳐 보이고 흐리게 보이는 눈의 이상 증세로서 난시 보정용 렌즈로 교정한다.
• 노안 : 나이가 들수록 수정체의 탄력이 떨어져 두께 조절이 잘 되지 않아 가까운 곳에 있는 것이 잘 보이지 않는 원시가 되며, 볼록 렌즈로 교정한다.

⑤ 귓속뼈

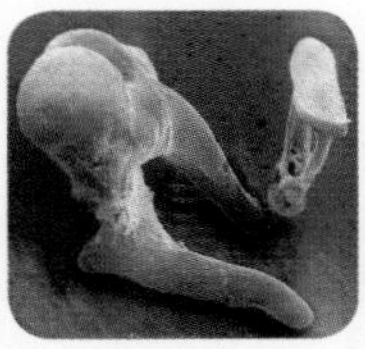

3개의 뼈로 구성되어 있으며, 고막의 진동을 30배 정도 증폭시켜 주는 기능을 한다.

⑥ 반고리관과 전정 기관

반고리관 : 3개의 고리가 서로 수직인 상태로 배열되어 있다.

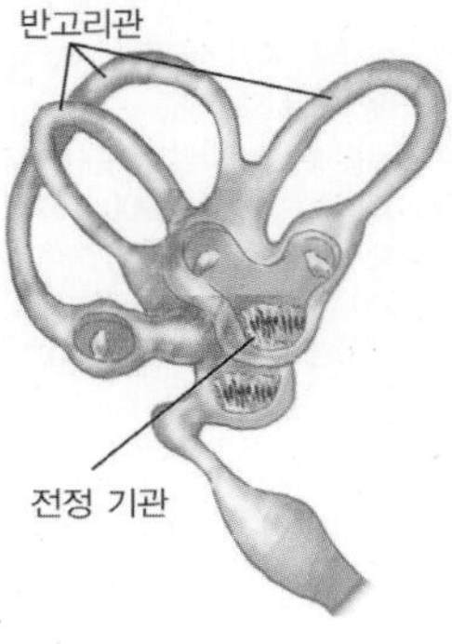

미니사전

자극 생물체에 반응을 일으키게 하는 환경 변화

인두 입안과 식도 사이에 있는 소화기관으로 공기와 음식물이 통과하는 통로

③ 평형 감각 기관[7]

• 전정 기관 : 몸의 기울기와 위치를 느끼게 한다.

구조	자극원	원리
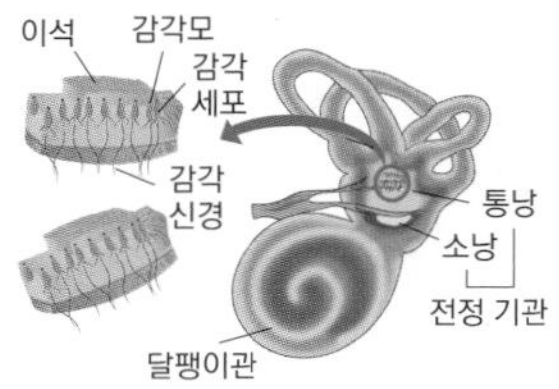	몸의 기울임에 따라 이석에 작용하는 중력	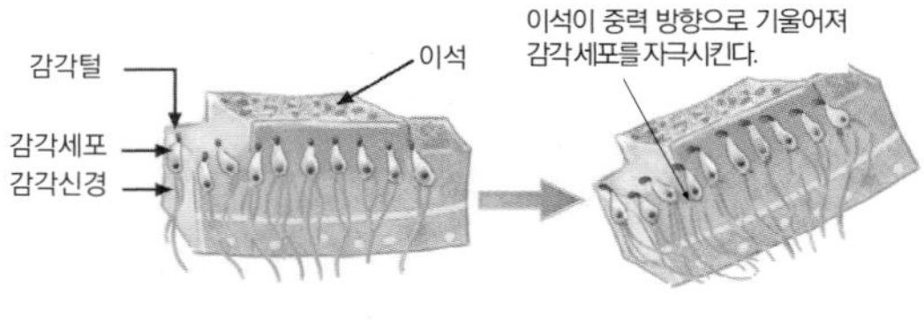 ▲ 몸이 수평일 때 ▲ 몸을 기울일 때 * 몸이 기울어지면 석회질 성분의 이석이 움직이면서 감각털을 누르고 감각세포를 자극하여 대뇌가 느끼게 된다.

• 반고리관 : 몸의 이동과 회전을 느끼게 한다.

구조	자극원	원리
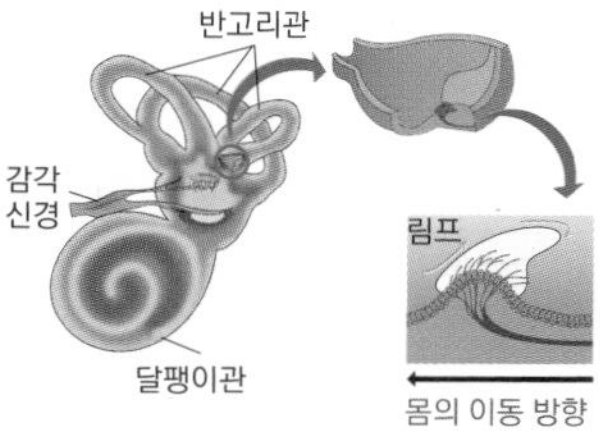	몸의 이동 방향에 따라 나타나는 림프의 관성	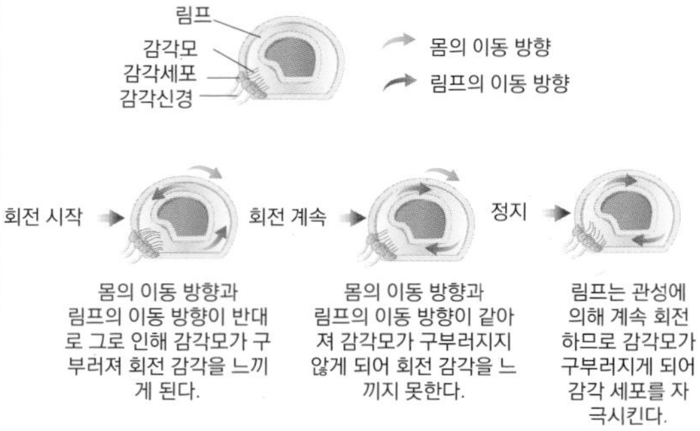

정답 p 55

Q2 귀의 구조에서 청각과 관계없는 기관을 있는 대로 고르시오.

a. 달팽이관 b. 전정 기관 c. 반고리관 d. 귓속뼈 e. 귀인두관

(3) 후각

구분	후각
구조	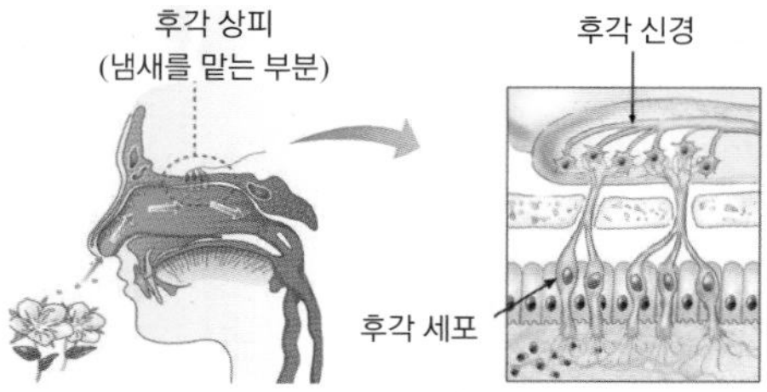 콧속 천장의 후각 상피 속에 후각 세포가 분포한다.
자극원	기체 상태의 화학 물질
성립 경로	기체 상태의 화학 물질 → 콧속 → 후각 상피 → 후각 세포[8] → 후각 신경 → 대뇌
특징	감각 기관 중 가장 예민한 감각이지만, 쉽게 피로해져 같은 냄새를 오래 맡으면 그 냄새를 느끼지 못하게 된다.

⑦ 평형 감각과 멀미

뇌는 귀에서 오는 정보뿐 아니라 눈을 통해 들어온 정보를 종합하여 평형 감각을 느낀다. 버스 또는 배를 탔을 때 귓속의 평형 감각 기관은 버스나 배의 흔들림을 모두 느끼는데, 눈은 버스나 배 내부의 정지된 물체를 보고 있을 때 뇌에서 귀와 눈으로부터 오는 정보가 서로 맞지 않아서 멀미를 하게 된다. 이럴 때에는 눈을 감거나 바깥의 멀리 있는 물체를 보는 것이 멀미 증상을 약화시키는 데 도움이 된다.

자극의 종류

- 물리적 자극 : 빛, 중력, 소리(음파), 온도, 전기 등
- 화학적 자극 : 기체와 액체 상태의 화학 물질

⑧ 후각 세포

- 후각 세포는 점액으로 덮여 있으며, 기체 상태 물질은 그 점액에 녹아 후각 세포를 자극하게 된다. 따라서 콧속이 마르면 기체 상태의 냄새 물질은 후각 세포를 자극하지 못하므로 냄새를 맡지 못하게 된다.
- 콧속 천장에는 후각 세포가 500만 개 정도 있으며, 2,000 ~ 4,000 가지 정도의 냄새를 구별할 수 있다. 후각 세포를 2억 5,000만 개 정도 가지고 있는 개는 사람보다 냄새에 민감하다.

미니사전

이석 귀속의 돌이라는 뜻으로 전정 기관의 섬모를 덮고 있는 탄산칼슘 조각

(4) 미각 ⑨

구분	미각
구조	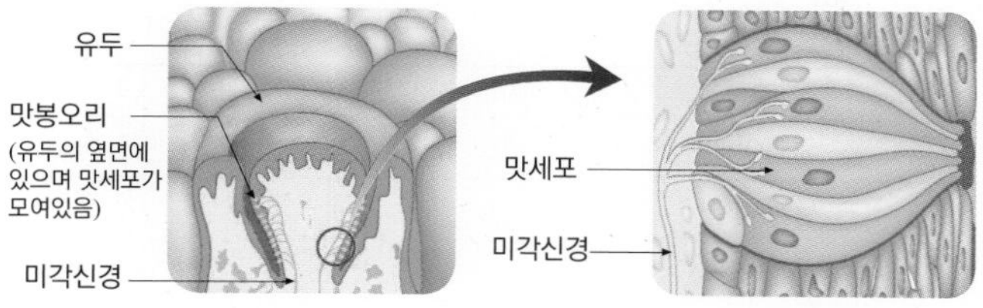 ▲ 혀의 표면 ▲ 맛봉오리의 구조 혀의 표면에 있는 작은 돌기인 유두의 양 옆 아래쪽의 맛봉오리 속에 맛세포가 있다.
자극원	액체 상태의 화학 물질
성립경로	액체 상태의 화학 물질 → 유두 → 맛세포 → 미각 신경 → 대뇌
특징	• 혀에서 느끼는 기본 맛은 짠맛, 신맛, 단맛, 쓴맛, 감칠맛 ⑩이다. • 혀에 있는 작은 돌기인 유두 근처에 많은 맛세포로 이루어진 맛봉오리가 분포한다.

(5) 피부 감각

구분	피부 감각
구조	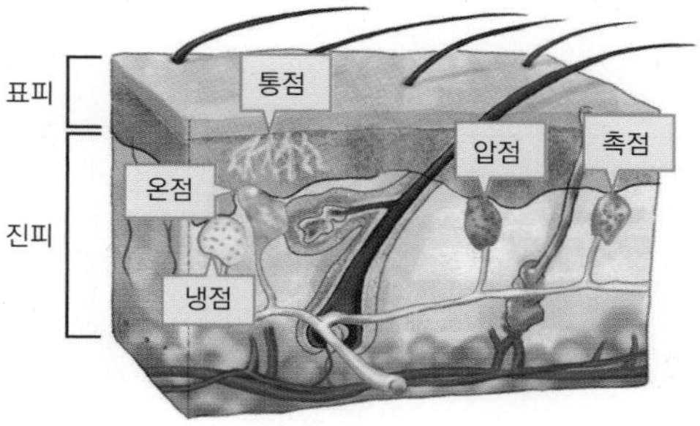 피부의 진피 속에 외부 자극을 받아들이는 감각점이 분포한다.
자극원	열, 화학 물질, 압력, 접촉, 온도 변화
성립경로	자극 → 감각점 → 감각점에 연결된 신경 → 대뇌

① 감각점의 기능 및 특징

감각점	기능	특징
통점	아픔을 느낀다. → 통각	• 감각점은 피부의 진피에 분포한다. • 몸의 부위에 따라 감각점의 분포 수가 다르다. → 감각점이 많이 분포할수록 예민하다. • 압각, 냉각, 온각, 촉각도 자극이 심해지면 통각으로 느낀다. • 내장 기관에도 감각점이 분포한다.
촉점	물체가 닿는 것을 느낀다. → 촉각	
압점	누르는 압력을 느낀다. → 압각	
온점	따뜻함을 느낀다. → 온각	
냉점	차가움을 느낀다. → 냉각	

② 감각점의 분포 : 감각점의 종류에 따라 밀도가 다르다. ⑪⑫

통점 > 압점 > 촉점 > 냉점 > 온점

⑨ 미각이 아닌 맛

매운맛과 떫은맛은 기본 맛이 아닌 통각이나 압각의 일종이다.

⑩ 감칠맛과 미각의 분포

- 감칠맛 : 아미노산의 일종인 글루탐산의 맛으로서 고기, 생선 등에 풍부하게 들어 있다.
- 대부분의 맛은 자극이 강하면 혀 전체에서 느낄 수 있지만, 혀의 부위에 따라 각 맛을 예민하게 느끼는 부위가 있다.
  (예) 단맛은 혀 전체에서 느낄 수 있지만, 혀 끝에서 가장 예민하게 느낀다.

복합 감각

- '가렵다', '간지럽다' 와 같은 감각은 한 종류의 감각점에 의해 나타나는 현상이 아닌 통각과 압각이 동시에 자극되어 나타나는 현상이다.
- 음식의 맛은 미각과 후각, 피부 감각을 통해 받아들인 자극을 대뇌에서 종합적으로 느끼는 것이다.

⑪ 감각점의 분포

감각점	분포 밀도(개/cm^2)
통점	100 ~ 200
압점	50
촉점	25
냉점	6 ~ 23
온점	3

⑫ 호먼큘러스

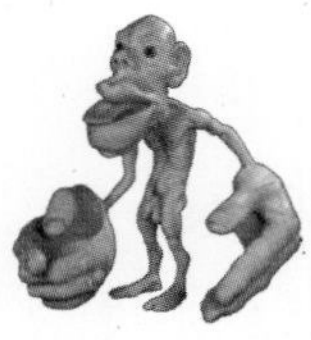

감각점의 분포를 상대적으로 나타낸 것으로, 입술, 손 등은 다른 부위보다 감각점이 많아 크게 표현된다. (손이 가장 예민하다.)

2. 자극의 수용과 반응

(1) 자극의 수용

감각 기관에 따라 받아들일 수 있는 자극의 종류가 다르다.

① **적합 자극** : 감각 기관의 수용기가 받아들일 수 있는 자극의 종류와 세기이다.

감각 기관	감각 수용기	적합 자극	감각	
눈	망막	빛	시각	
귀	달팽이관	음파	청각	
	전정 기관	중력	위치 감각	평형 감각
	반고리관	관성	회전 감각	
코	후각 상피	기체 상태의 화학 물질	후각	
혀	맛봉오리	액체 상태의 화학 물질	미각	
피부	피부 감각점	압력, 온도 변화, 접촉 등	피부 감각	

(2) 자극의 세기와 반응의 관계

① **역치** : 감각기가 반응을 일으킬 수 있는 최소한의 자극의 세기 → 역치가 작을수록 감각이 예민하다.

② **실무율** : 역치보다 약한 자극에서는 반응이 없으나, 역치보다 센 자극에서는 자극의 세기와는 상관없이 항상 일정한 반응의 크기가 나타나는 현상이다. (단일 근섬유나 신경 섬유 같은 단일 세포에만 적용된다.)

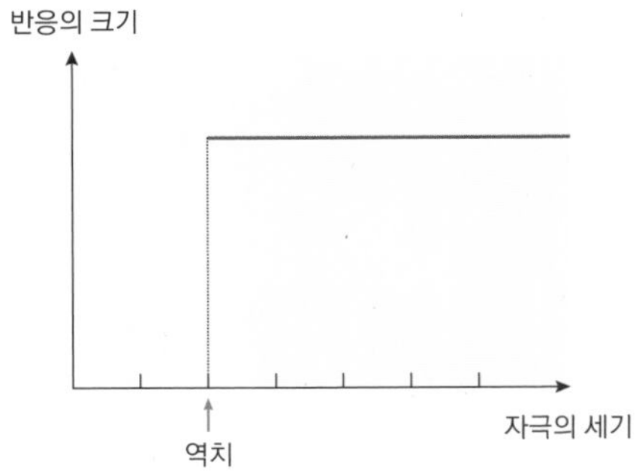

▲ 단일 세포에서의 반응

역치 이상의 자극의 세기에서는 반응의 크기가 동일하므로 실무율이 적용된다.

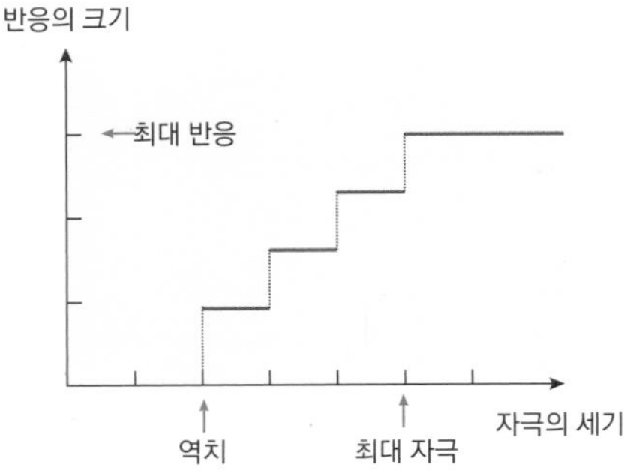

▲ 근육에서의 반응

여러 개의 세포로 이루어진 근육은 근육을 구성하는 세포마다 역치가 달라 자극의 세기가 커질수록 반응하는 세포의 수가 많아져 반응의 크기도 커지므로 실무율이 나타나지 않는다.

(3) 베버의 법칙[1]

자극의 변화를 느끼기 위해서는 처음 자극에 대해 일정한 비율 이상으로 변화된 자극을 받아야 자극의 변화를 느낄 수 있다.

$$K\,(\text{베버 상수}^{②}) = \frac{R_2\,(\text{나중 자극의 세기}) - R_1\,(\text{처음 자극의 세기})}{R_1}$$

→ 베버 상수는 감각 기관에 따라 다르며, 그 값이 작을수록 자극의 변화에 예민한 감각기이다.

예 • 사탕을 먹고 난 후 과일을 먹으면 단맛을 잘 느끼지 못한다.
• 공사장 같은 시끄러운 장소에서는 큰 소리로 말해야 들을 수 있다.
• 밝은 곳에서는 촛불의 밝기를 느끼기 어렵다.
• 무거운 짐을 들고 있는 사람은 짐에 작은 무게의 물건을 올려놓아도 무거워졌다고 느끼지 못한다.

정답 p 55

Q3 역치 이상의 자극에서 일정한 크기의 반응이 나타나는 현상을 무엇이라고 하는가?

① 베버 법칙의 예

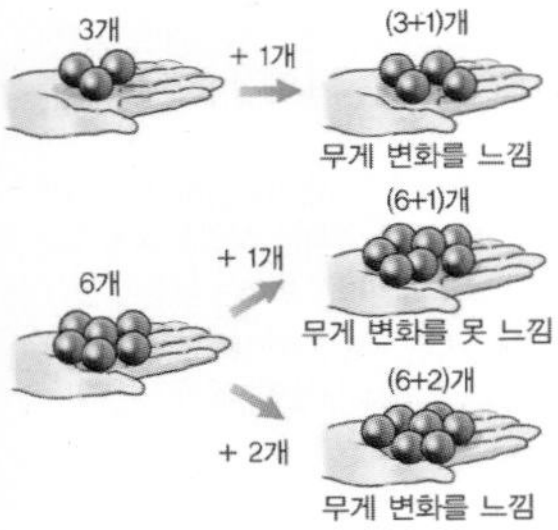

② 감각기의 베버 상수

- $K_{시각}$: $\frac{1}{120} \sim \frac{1}{100}$
- $K_{촉각}$: $\frac{1}{200}$
- $K_{후각}$: $\frac{1}{220} \sim \frac{1}{200}$
- $K_{미각}$: $\frac{1}{6}$
- $K_{청각}$: $\frac{1}{7}$

베버 상수가 가장 작은 후각이 가장 예민한 감각이다.

감각기의 순응

감각기에 같은 자극이 계속 주어지면 더는 자극을 느끼지 못하는 현상이다.

예 욕조 물속에 오래 있으면 뜨거운 것을 느끼지 못한다, 시계를 착용한 것을 느끼지 못한다, 옷을 입고 있으면 옷감의 감촉이 느껴지지 않는다. 등

3. 자극의 전달

(1) 뉴런과 자극의 전달

① **뉴런**[1] : 신경을 이루는 신경 세포로서 신경계의 구조적 · 기능적 단위이다.

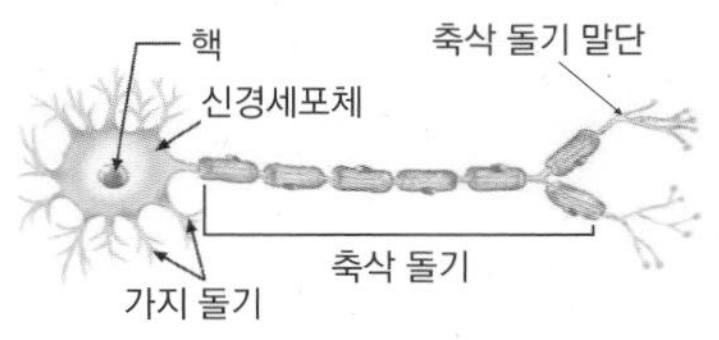

▲ 뉴런의 구조

신경 세포체	핵과 세포질로 구성된 뉴런의 본체로서 뉴런에 영양을 공급하고 뉴런의 생장과 물질대사에 관여함(생명 활동이 일어남)
신경 돌기	• 가지 돌기 : 신경 세포체에서 뻗어나온 짧은 돌기로 다른 뉴런이나 감각기로부터 오는 자극을 받아들임
	• 축삭 돌기 : 신경 세포체에서 뻗어나온 긴 돌기로 다른 뉴런이나 반응기로 자극을 전달함

② **뉴런의 종류**

감각 뉴런	• 감각 신경을 이루며, 감각기에서 받아들인 자극을 중추 신경(연합 뉴런)으로 전달한다. • 가지 돌기가 길게 발달되어 있고, 그 끝이 감각기에 분포한다. • 신경 세포체가 작으며, 신경 세포체가 축삭 돌기의 한쪽 옆에 붙어있다.
연합 뉴런	• 뇌, 척수와 같은 중추 신경을 이룬다. • 감각 뉴런과 운동 뉴런을 연결하며, 그 사이에서 흥분을 중계하고 정보를 처리한다. • 가지 돌기가 발달되어 있다.
운동 뉴런	• 운동 신경을 이루며, 중추 신경의 명령을 반응기에 전달한다. • 신경 세포체와 가지 돌기가 발달되어 있다. • 축삭 돌기가 길게 발달하여 그 끝이 반응기에 분포한다.

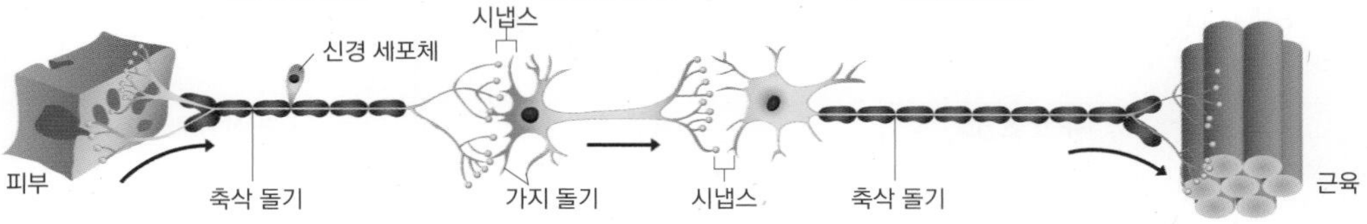

③ **자극의 전달 경로**

자극 → 감각 기관 → 감각 뉴런(감각 신경) → 연합 뉴런(중추 신경) → 운동 뉴런(운동 신경) → 운동 기관 → 반응

④ **자극의 전달**[2]**과 방향**

• 한 뉴런 내에서는 자극이 양방향으로 전달된다.
• 여러 개 뉴런이 연결되어 있는 경우 축삭 돌기에서 다른 뉴런의 가지 돌기 쪽으로만 전달된다.
→ 자극의 전달은 감각 뉴런, 연합 뉴런, 운동 뉴런 순서로 일어나며, 반대 방향으로는 자극이 전달되지 않는다.

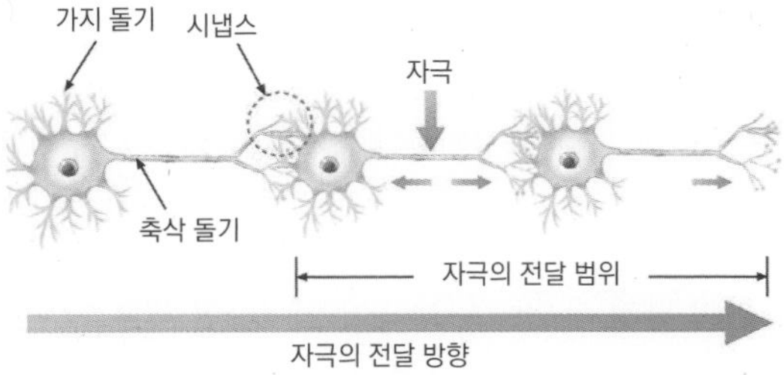

정답 p 55

Q4 신경계의 구조적, 기능적 단위의 신경 세포를 무엇이라고 하는가?

Q5 자극을 감각기에서 중추 신경계로 전달하는 뉴런을 무엇이라고 하는가?

❶ 뉴런의 모습

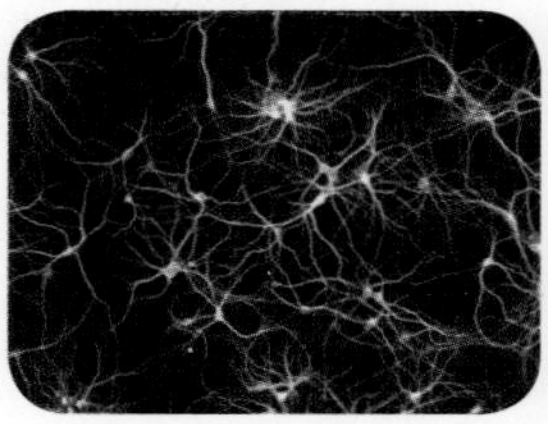

뉴런은 여러 개가 연결되어 한꺼번에 많은 정보를 처리할 수 있다.

❷ 뉴런의 자극 전달

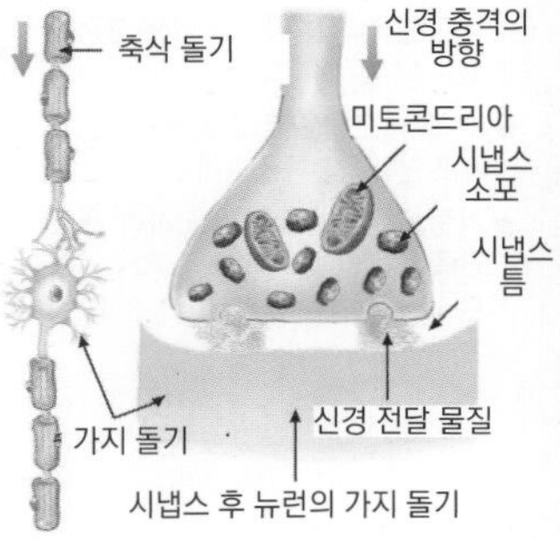

• 뉴런의 축삭 돌기 말단부와 다른 뉴런의 가지 돌기가 이루는 공간을 시냅스라고 한다. 시냅스에서는 축삭 돌기 말단에서 분비된 신경 전달 물질이 시냅스 후 뉴런의 가지 돌기로 전달되면서 자극이 전달된다.
• 시냅스를 이루는 두 뉴런은 맞닿아 있지 않고, 약 20 nm 정도의 간격을 두고 떨어져 있는데, 이를 시냅스 틈이라고 한다.

③ 이온의 이동 방법

- Na^+-K^+ 펌프 : ATP 에너지를 이용하여 Na^+ 은 세포 밖으로, K^+ 은 세포 안으로 이동시킨다. (능동 수송)
- 이온 통로(Na^+ 통로와 K^+ 통로) : 이온의 농도 차이에 의해 이온이 고농도에서이동한다. (확산)

④ Na^+의 농도

Na^+ 통로를 통한 Na^+ 의 이동은 확산에 의해 일어나므로 세포 안의 Na^+ 농도가 바깥보다 높아질 수 없다. → 탈분극이 일어났을 때에도 Na^+ 의 농도는 세포 안보다 바깥이 더 높다.

⑤ 분극 상태에서 뉴런 안팎의 이온 분포

이온	뉴런 안쪽	뉴런 바깥쪽
Na^+	15 mM	150 mM
K^+	140 mM	5 mM
Cl^-	10 mM	120 mM
단백질 음이온	100 mM	-

- 염화 이온이나 단백질 음이온의 세포막 투과성은 무시할 수 있기 때문에 뉴런 안팎의 전하는 K^+ 으로 결정된다.
- K^+ 의 세포 밖으로의 이동으로 인해 세포 안이 음전하를 띠게 된다.
- 기준 전위(E=0)와 비교하여 세포 안쪽이 바깥쪽에 비해 약 70mV 정도 낮은 전위를 유지하는데 이를 -70mV(휴지 전위)라고 한다.

미니사전

분극 막을 경계로 안팎이 서로 다른 전극을 띠고 있는 상태

전위 전기적 위치 에너지로서 단위는 V를 사용한다.

막전위 뉴런의 세포막을 경계로 나타나는 세포 안과 밖의 전위 차이

능동 수송 에너지를 소모하며 농도 기울기를 거슬러 저농도에서 고농도로 물질을 이동시키는 작용

대전 외부 힘에 의해 전하량의 평형이 깨지면 물체는 (-)전기 혹은 (+)전기를 띠게 되는데 이렇게 전기를 띠게 되는 현상

(2) 흥분의 전도

① **흥분** : 뉴런이 자극을 받아 세포막의 전기적인 특성이 변하는 현상이다.

② **흥분의 전도** : 뉴런이 자극을 받아 발생한 흥분이 축삭 돌기를 따라 이동하는 것이다.

③ **흥분의 발생 과정** : 흥분의 전도는 일정 세기 이상의 자극을 받은 뉴런에서 활동 전위가 생성됨으로써 시작되며 분극, 탈분극, 재분극의 순서로 일어난다.

- 분극 : 뉴런이 자극을 받지 않았을 때 세포막을 경계로 안쪽은 음(-)전하, 바깥쪽은 양(+)전하를 띠고 있는 상태이다.
- 탈분극 : 뉴런이 역치 이상의 자극을 받아 Na^+ 통로가 열려 Na^+ 이 빠르게 세포 안쪽으로 확산되어 막전위가 상승하는 현상이다.
- 재분극 : 탈분극이 일어났던 부위에 다시 Na^+ 통로가 닫히고 K^+ 통로가 열려 K^+ 이 세포 바깥쪽으로 확산되어 원래의 막전위 상태로 돌아가는 현상이다.

구분	분극 상태일 때 ⑤	탈분극이 일어날 때	재분극이 일어날 때
이온의 이동과 분포 ③④	• Na^+-K^+ 펌프 : Na^+-K^+ 펌프가 ATP 를 소모하여 Na^+ 은 세포 바깥쪽, K^+ 은 세포 안쪽으로 이동시킨다. (능동 수송) • 일부 열려있는 K^+ 통로를 통해 세포 안쪽의 K^+ 은 세포 바깥으로 확산되지만, Na^+ 통로는 닫혀 있어 Na^+ 은 세포 안쪽으로 확산되기 어렵기 때문에 세포막 안팎의 이온 분포가 불균등해진다.	• 뉴런이 역치 이상의 자극을 받으면 막투과성이 변하여 Na^+ 통로가 열린다. → Na^+ 이 농도차에 의해 Na^+ 통로를 통해 세포 안쪽으로 빠르게 확산된다.	• Na^+ 통로는 닫히고 K^+ 통로가 열린다. → K^+ 이 세포 바깥쪽으로 확산된다.
대전 상태	세포 안쪽은 음이온이 양이온보다 많아 음(-)전하를 띠고, 세포 밖은 상대적으로 양(+)전하를 띤다.	Na^+ 의 확산으로 세포 안쪽의 막전위가 상승하는 탈분극이 일어나 세포 안쪽은 양(+)전하, 세포 바깥쪽은 음(-)전하를 띠게 된다.	K^+ 의 확산으로 세포 안쪽은 음(-)전하, 세포 바깥쪽은 양(+)전하로 회복된다.
막전위	[휴지 전위] 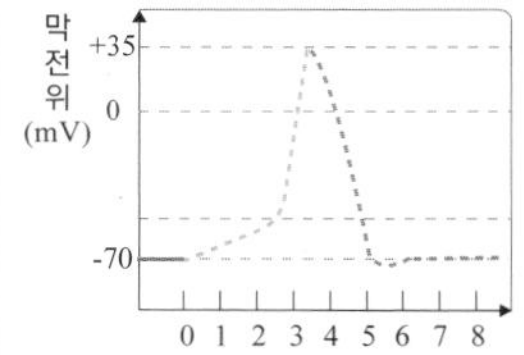 분극 상태에서 나타나는 세포막 안팎의 전위차로서 자극을 받지 않은 상태의 뉴런의 막전위는 약 -70mV 이다.	[활동 전위] 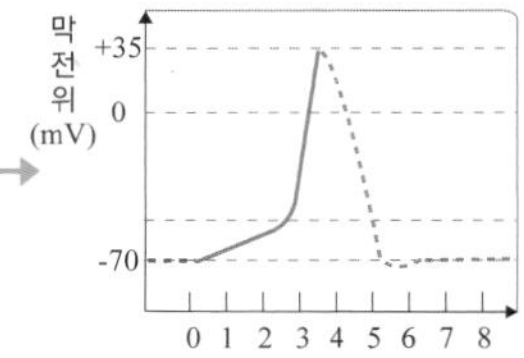 Na^+ 의 유입에 의해 나타나는 막전위로, 막전위가 약 +35mV 까지 상승한다.	[휴지 전위로 회복] 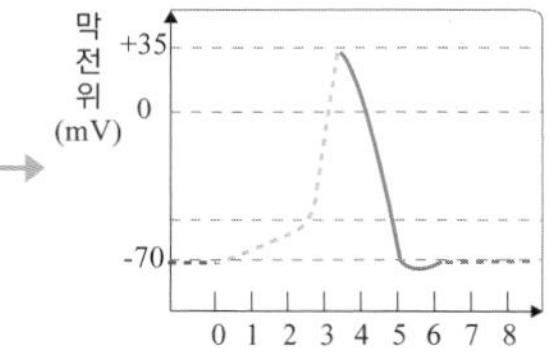 막전위가 하강하여 휴지 전위로 되돌아온다.
모식도	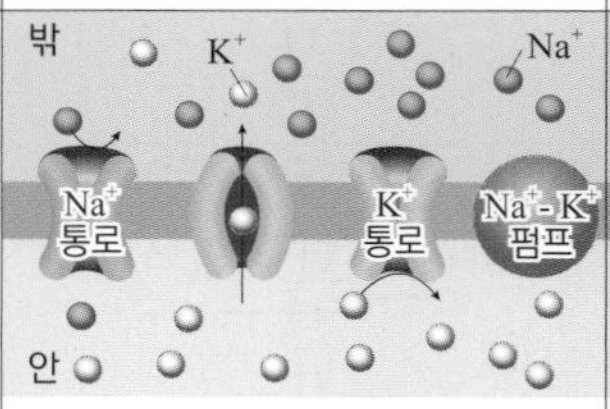 Na^+-K^+펌프에 의해 이온 농도차가 유지되며 세포 안에는 K^+이, 밖에는 Na^+이 많다.	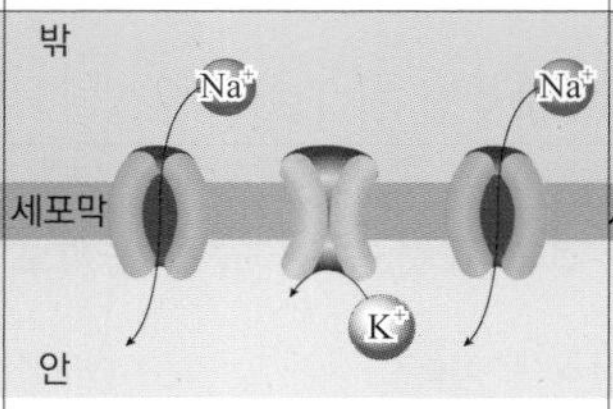 자극을 받아 Na^+통로가 열려 Na^+이 확산되어 활동 전위가 발생한다.(K^+ 통로는 닫혀 있어 K^+은 이동하지 않는다.)	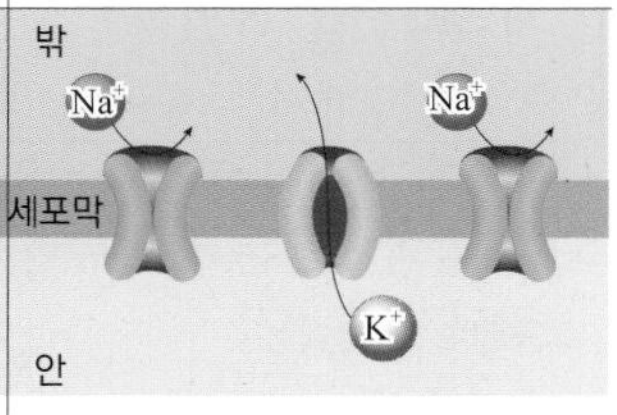 Na^+통로가 닫히고 K^+통로가 열려 K^+이 확산되어 막전위가 하강(뉴런의 막전위는 - 70mV 이하로 떨어지는 과분극 상태까지 하강)하고 이후 Na^+-K^+펌프에 의해 Na^+과 K^+이 재배치되어 휴지 전위를 회복한다.

④ **흥분의 전도 원리** : 뉴런의 특정 부위에 탈분극이 일어나면 세포 안으로 유입된 Na^+ 이 옆으로 확산되면서 연속적으로 탈분극을 일으켜 흥분이 전도된다.

정답 p 55

Q6 분극 상태에서 세포막 안쪽은 (㉠)전하, 바깥쪽은 (㉡)전하를 띤다.

⑤ **흥분의 전도 과정** : 신경에 의한 조절은 신속한 조절이 필요할 때, 호르몬에 의한 조절은 넓은 범위에 지속적으로 작용할 때 용이하다.

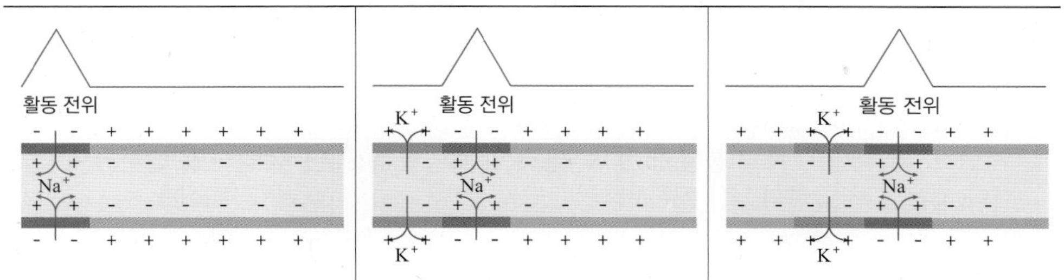

㉠ 자극에 의해 뉴런의 한 부위에서 Na^+ 이 유입되어 탈분극이 일어난다.	㉡ Na^+ 이 확산되어 탈분극이 이웃한 막 부위로 퍼져 나가 새로운 활동 전위를 일으킨다. 활동 전위가 지나온 부위의 막은 K^+ 의 유출로 재분극 된다.	㉢ 탈분극과 재분극의 과정이 다음 막 부위에서도 반복되어 활동 전위가 축삭의 말단까지 이동한다.

⑥ **흥분의 전도 속도에 영향을 주는 요인** ⑥⑦

- 말이집의 유무 : 말이집 신경의 말이집은 절연체 역할을 하므로, 랑비에 결절에서만 흥분이 발생하는 도약 전도가 일어나기 때문에 말이집 신경이 민말이집 신경보다 흥분 전도 속도가 빠르다.
- 축삭의 지름 : 축삭의 지름이 클수록 이온의 이동에 대한 저항이 감소하여 흥분의 전도 속도가 빠르다.

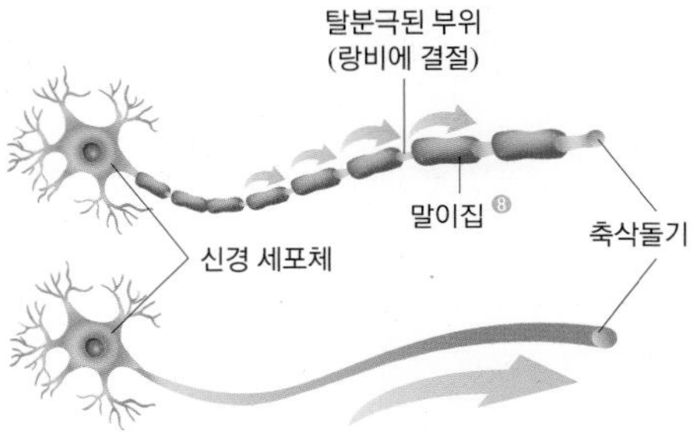

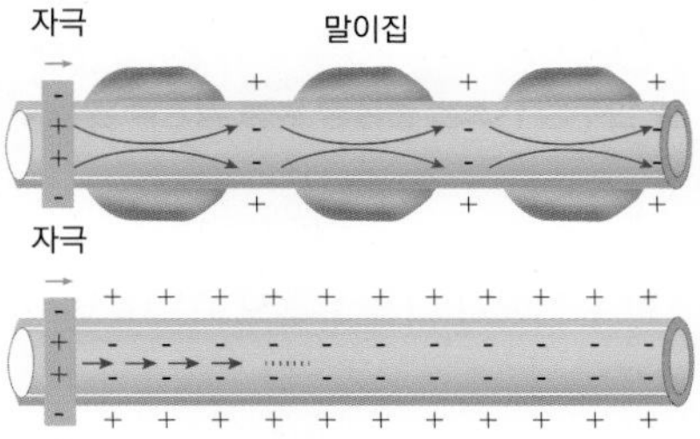

⑦ **흥분 전도의 방향성** : 유입된 Na^+ 이 양방향으로 확산되므로 뉴런 내에서 흥분은 양방향으로 전도된다.

정답 p 55

Q7 말이집 신경에서 흥분이 랑비에 결절에서 다음 랑비에 결절로 건너뛰듯이 전도되는 현상을 무엇이라고 하는가?

(3) 흥분의 전달

① **흥분의 전달** : 한 뉴런에서 다른 뉴런으로 흥분이 이동하는 현상으로서 흥분의 전달은 화학 물질인 신경 전달 물질의 확산에 의해 이루어진다.

② **흥분의 전달 과정**

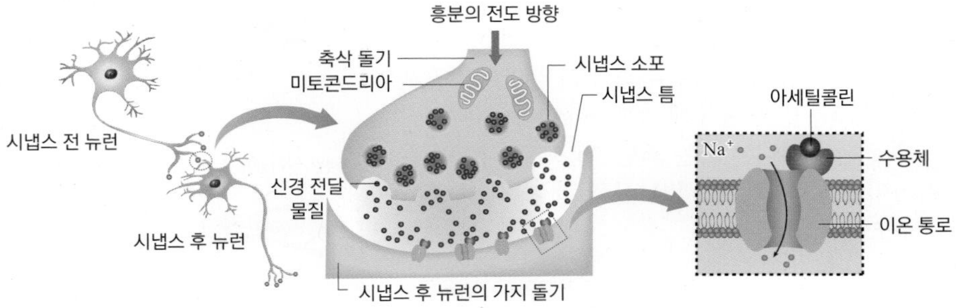

▲ 흥분 전달 과정

⑥ 자극의 세기와 흥분 전도 속도

- 역치 이상에서는 자극의 세기에 관계없이 동일한 뉴런에서의 흥분 전도 속도는 일정하다.
- 강한 자극을 받으면 약한 자극을 받았을 때보다 활동 전위가 더 자주 생성된다.

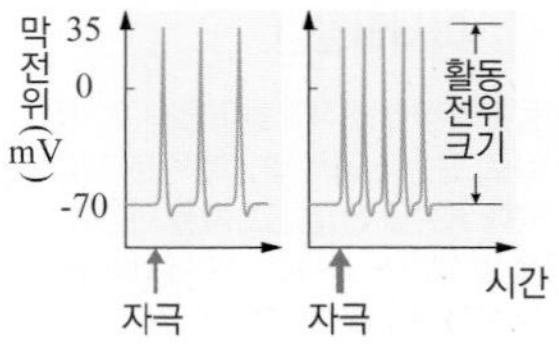

⑦ 흥분의 전도 속도

- 말이집 신경이 민말이집 신경보다 흥분의 전도 속도가 빠르다.
- 축삭의 지름이 클수록 흥분의 전도 속도가 빠르다.

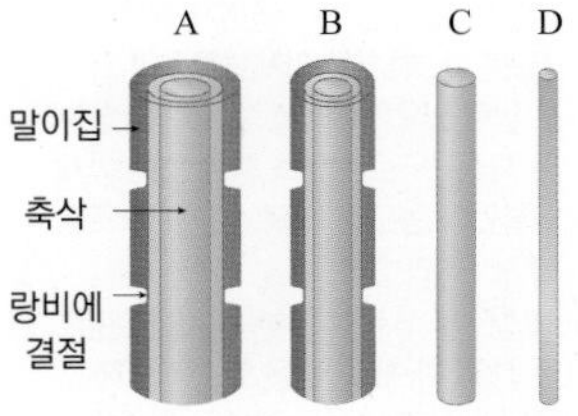

온도가 같을 때, 흥분 전도 속도 : A > B > C > D

⑧ 말이집 신경 VS 민말이집 신경

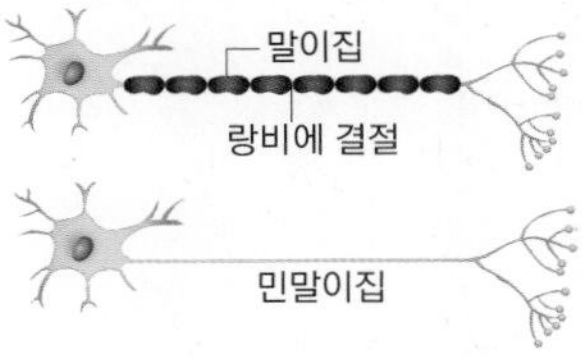

말이집 신경	● 뉴런의 축삭돌기가 말이집에 싸여 있는 신경 ● 도약 전도가 일어나 민말이집 신경보다 흥분 전도 속도가 빠름 예 척추동물의 감각 신경과 운동 신경
민말이집 신경	● 뉴런의 축삭돌기에 말이집이 없는 신경 ● 흥분 전도 속도가 느림 예 무척추동물의 신경과 자율 신경의 신경절 이후 뉴런

미니사전

도약 전도 말이집 신경에서 흥분의 전도가 랑비에 결절에서 다음 랑비에 결절로 건너뛰듯이 일어나는 것

㉠ 흥분이 축삭 돌기 말단까지 전도되어 축삭 돌기 말단에 활동 전위가 발생한다.
㉡ 축삭 돌기 말단의 시냅스 소포가 세포막과 융합하여 시냅스 소포 안에 있던 신경 전달 물질[9](아세틸콜린[10])이 시냅스 틈으로 분비된다.
㉢ 신경 전달 물질이 확산되어 시냅스 후 뉴런의 가지 돌기나 신경 세포체의 세포막에 있는 수용체와 결합한다.
㉣ 시냅스 후 뉴런의 Na^+ 통로가 열려 세포 안쪽으로 Na^+ 이 유입되면 탈분극이 일어나 흥분을 전달한다.

③ **흥분의 전달 속도** : 시냅스에서 흥분의 전달은 화학 물질의 확산에 의해 일어나므로 축삭에서 일어나는 흥분의 전기적 전도보다 속도가 느리다.

④ **흥분 전달의 방향성** [11]
- 신경 전달 물질이 들어 있는 시냅스 소포는 축삭 돌기 말단에만 있다.
- 신경 전달 물질의 수용체는 가지 돌기와 신경 세포체에만 있고, 축삭 돌기 쪽에는 없다.

→ 흥분은 시냅스 전 뉴런의 축삭 돌기 말단에서 시냅스 후 뉴런의 가지 돌기나 신경 세포체 쪽으로만 전달된다.

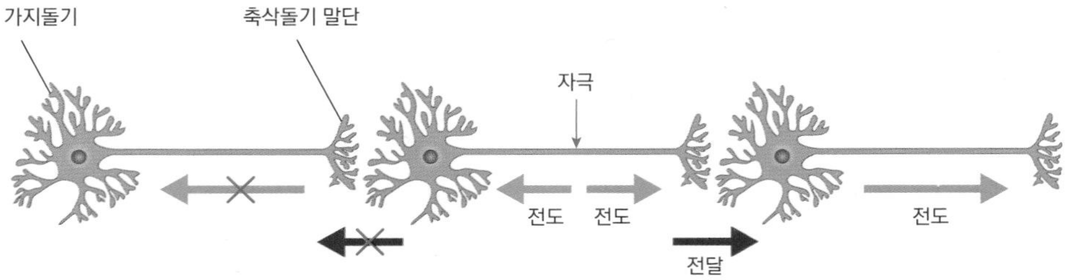

Q8 한 뉴런에서 다음 뉴런으로 흥분이 이동하는 현상을 무엇이라고 하는가?

4. 근수축 운동

(1) 골격근의 구조

① **골격근의 운동** : 골격근은 뼈에 붙어서 몸을 지탱하거나 의식적인 몸의 움직임에 관여하며, 신경계의 명령에 따라 골격근이 수축 · 이완하여 몸의 움직임이 조절된다.
- 골격근은 운동 뉴런에 의해 조절되며, 골격근의 양 끝은 서로 다른 뼈에 붙어 있어 골격근이 수축하면 뼈대가 움직인다.
- 뼈대에는 2개의 골격근이 쌍으로 붙어 있으며, 한쪽 근육이 수축하면 다른 쪽 근육은 이완한다.

② **골격근의 구조**
- 골격근은 평행하게 배열된 여러 개의 근육 섬유 다발로 구성되어 있으며, 각각의 근육 섬유는 더 가느다란 근육 원섬유로 이루어져 있다.
- 하나의 근육 원섬유에는 근수축의 기본 단위인 근육 원섬유 마디(근절)가 여러 개 반복되어 나타난다.

→ 근육 원섬유 마디는 가는 액틴 필라멘트 사이에 굵은 마이오신 필라멘트가 일부분씩 겹쳐 배열되어 있는 구조이다.

골격근의 구조 ▶

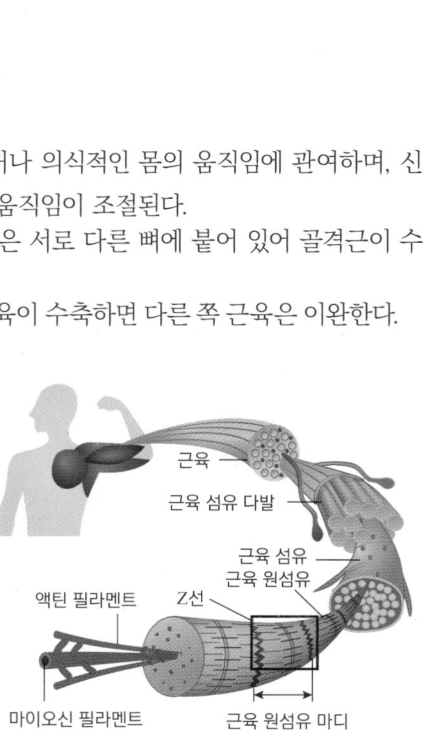

⑨ 신경 전달 물질
뉴런에서 분비되어 인접해있는 다른 뉴런이나 반응기 등에 신호를 전달하는 화학 물질
(예) 아세틸콜린, 아드레날린, 글루타메이트, 도파민, 세로토닌, 가바 등

⑩ 아세틸콜린
동물의 신경 조직에 들어 있는 염기성 물질로, 운동 신경의 말단에서 분비되어 근육에 흥분을 전달하고, 자율 신경의 신경절 및 부교감 신경의 말단에서도 분비되는 신경 전달 물질이다.

⑪ 아세틸콜린의 작용과 제거
- 아세틸콜린은 시냅스 틈을 통해 확산되어 시냅스 후 뉴런의 세포막에 있는 수용체에 결합함으로써 이온 통로가 열리게 한다. 열린 이온 통로를 통해 Na^+ 이 세포 안으로 들어가 탈분극을 일으킨다. 하지만 아세틸콜린이 그대로 남아 있으면 시냅스 후 뉴런은 흥분이 지속되므로 시냅스 틈에 있는 아세틸콜린의 농도는 적정 수준으로 조절되어야 한다.
- 시냅스 후 뉴런의 탈분극을 일으킨(흥분 전달) 아세틸콜린은 효소에 의해 분해되어 시냅스 전 뉴런으로 흡수되어 아세틸콜린으로 재합성 된다.

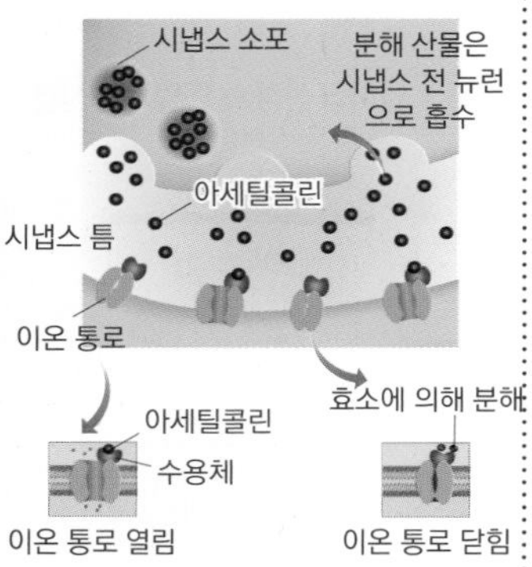

흥분의 전도 vs 흥분의 전달
- 뉴런 내에서는 흥분이 양방향으로 전도되지만, 뉴런과 뉴런 사이에서는 흥분이 시냅스 전 뉴런의 축삭돌기 말단에서 시냅스 후 뉴런의 가지 돌기나 신경 세포체 쪽으로만 전달된다.
- 축삭 돌기에서는 이온들의 이동을 통한 전기적 전도가 일어난다.
- 시냅스에서는 신경 전달 물질에 의한 화학적 전달이 일어난다.

- Z선 : I대(명대) 중앙의 가느다란 선으로 근육 원섬유 마디와 마디를 구분하는 경계선이며 근육 원섬유 마디를 지지해주는 역할을 한다.
- 근육 원섬유 마디(근절) : 근수축의 기본 단위가 되며 마이오신으로 된 굵은 필라멘트와 액틴으로 된 가는 필라멘트가 일부분씩 겹쳐 배열되는 구조이다.
- I대(명대) : Z선 양쪽으로 액틴 필라멘트만 있어서 밝게 보이는 부분이다.
- A대(암대) : 굵은 마이오신 필라멘트로 인해 어둡게 보이는 부분으로 마이오신 필라멘트 전체 길이와 일치한다.
- H대 : A대 중앙의 약간 밝은 부분으로 마이오신 필라멘트만 존재하는 부분이다.
- M선 : H대 중앙의 가느다란 선으로 진하게 나타나며 마이오신 필라멘트와 연결되어 있어 이를 지지해주는 역할을 한다.

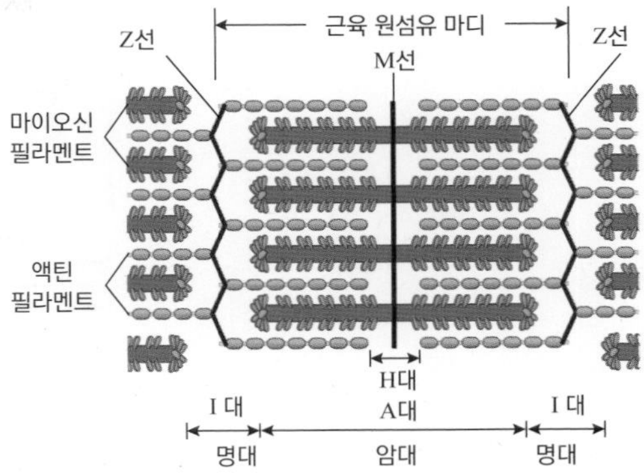

(2) 근수축 과정

① **근수축 원리** : 액틴 필라멘트가 마이오신 필라멘트 사이로 미끄러져 들어가 근육 원섬유 마디가 짧아지면서 근육이 수축된다.

② **활주 필라멘트 모델(활주설)**

- 근육이 수축하는 동안 액틴 필라멘트가 마이오신 사이로 미끄러져 들어가 근육 원섬유 마디의 길이가 짧아지면서 수축이 일어난다고 설명하는 근수축 이론이다.
- 가는 액틴 필라멘트와 마이오신의 길이는 변하지 않고 두 필라멘트가 마주 보는 방향으로 미끄러져 들어가므로 겹쳐진 부분이 늘어나면서 근육 원섬유 마디는 짧아진다.

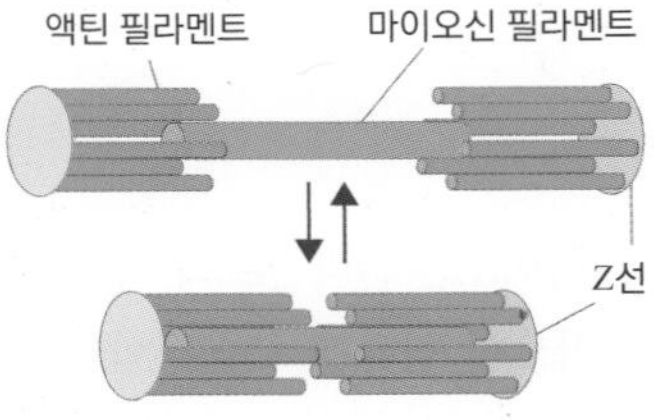

③ **근수축 과정**

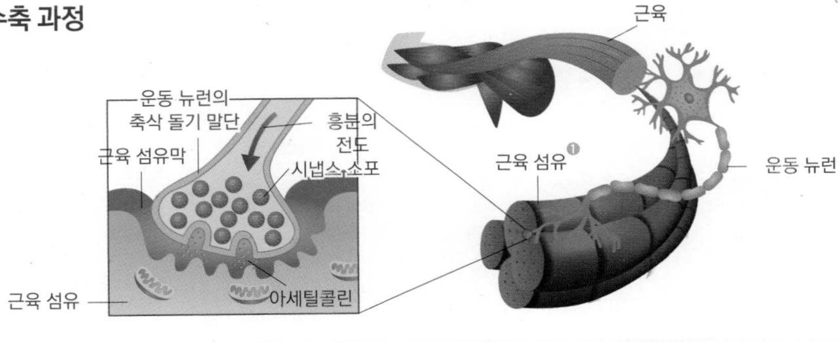

㉠ 운동 뉴런에서 아세틸콜린 분비 : 흥분이 운동 뉴런을 따라 전도되어 활동 전위가 축삭 말단에 도달하면 아세틸콜린이 분비된다.

㉡ 근육 섬유막의 탈분극 : 운동 뉴런 말단에서 분비된 아세틸콜린이 확산되어 근육 섬유막의 수용체와 결합하면 탈분극이 유도되어 활동 전위가 발생한다.

㉢ 근소포체에서 Ca^{2+} 방출 : 활동 전위가 근육 섬유의 근소포체에 도달하면 Ca^{2+} 통로가 열리고 근소포체에 저장되어 있던 Ca^{2+} 이 세포질로 방출된다.

㉣ Ca^{2+} 이 액틴 필라멘트와 결합❷ : Ca^{2+} 이 액틴 필라멘트에 결합하면 마이오신과 결합할 수 있는 부위가 드러나게 된다.

㉤ 마이오신이 액틴 필라멘트에 결합하여 끌어당김(활주) : 마이오신은 액틴과 결합하여 액틴 필라멘트를 근육 원섬유 마디의 중심으로 끌어당긴다. 이때 액틴 필라멘트가 미끄러져 들어옴으로써 근수축이 일어나며, ATP가 사용된다.

㉥ 근육의 이완 : 활동 전위가 사라지면 세포질 내의 Ca^{2+} 은 근소포체로 능동 수송되며, 액틴 필라멘트에 결합했던 Ca^{2+} 이 사라지면 마이오신 결합 부위가 다시 가려지고 그에 따라 근수축이 종료되어 근육이 이완된다.

❶ **근육 섬유**

근육 섬유 다발을 이루는 근육 세포로, 근육 섬유는 하나의 세포가 많은 핵을 가진 다핵성 세포이다.

❷ **액틴 필라멘트와 Ca^{2+}**

근육이 휴식 상태에 있을 때는 액틴 필라멘트에서 마이오신과 결합하는 부위가 가려져 있지만, Ca^{2+} 이 액틴 필라멘트에 결합하면 마이오신 결합 부위가 노출된다.

미니사전

근소포체 근육 섬유에 있는 소포체로 칼슘 이온을 저장한다. 근육 섬유의 세포막에 연결된 관을 끼고 발달되어 있어서 근육 섬유막의 탈분극으로 생긴 활동 전위가 근소포체로 깊숙이 잘 전달된다.

④ **근수축 시 근육 원섬유의 변화** : 근육 원섬유 마디와 I대, H대의 길이는 짧아지고, 액틴 필라멘트와 마이오신 필라멘트, A대의 길이는 변화 없다.

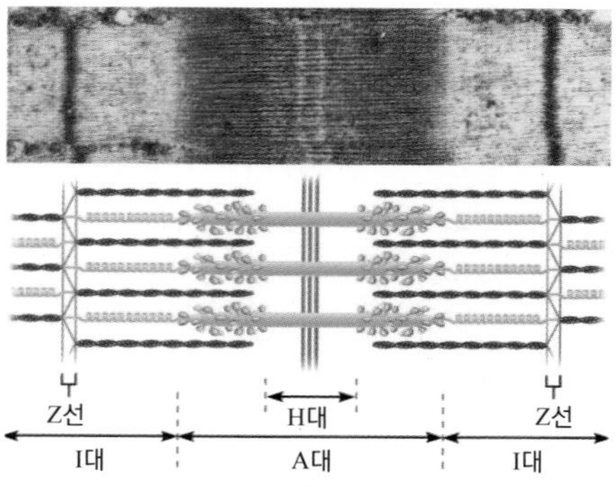

▲ 근육 이완

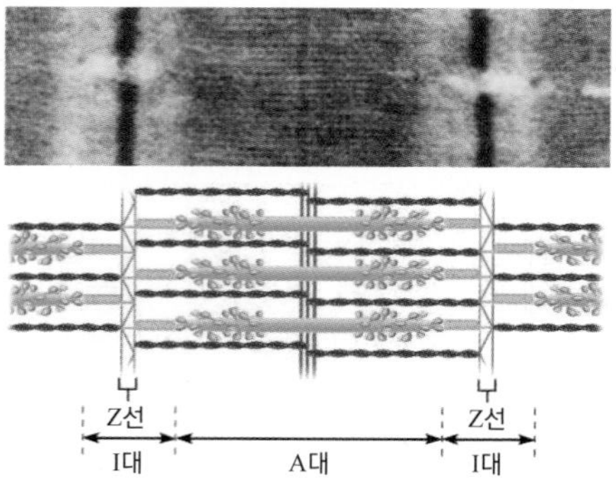

▲ 근육 수축

- 근수축 시 액틴 필라멘트와 마이오신 필라멘트의 길이는 변화가 없으며, 액틴 필라멘트가 마이오신 필라멘트 사이로 미끄러져 들어가 액틴 필라멘트와 마이오신 필라멘트의 겹치는 부분이 늘어난다.
- A대(암대)는 마이오신의 길이에 해당하므로, 근수축 시 A대의 길이는 변화가 없다.
- 근수축 시 I 대(명대), H대, Z선과 Z선 사이(근육 원섬유 마디)의 길이가 짧아지며, H대는 사라지기도 한다.

근육의 증가

- 성장기에 근육이 증가하는 것은 근육 원섬유 마디(근절)의 길이가 증가하는 것이 아니라 새로운 근육 원섬유 마디가 추가되어 길이가 증가하는 것이다.
- 운동을 통해 근육이 증가하는 것은 근육 원섬유 마디의 폭이 증가하는 것이다.

⑤ **마이오신 필라멘트와 액틴 필라멘트의 상호 작용** : 근육 섬유가 탈분극되면 액틴 필라멘트가 마이오신 필라멘트와 결합하는데, 이때 마이오신 필라멘트의 머리가 근수축에 원동력을 제공하는 에너지 반응의 중심이 된다.

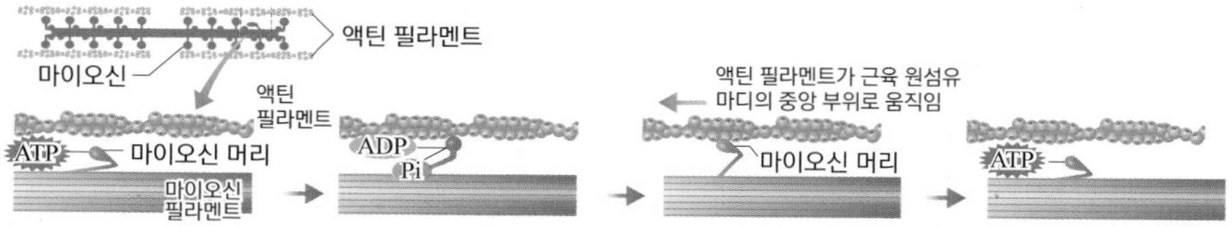

㉠ 마이오신 필라멘트의 머리가 ATP와 결합한다.	㉡ ATP가 ADP로 분해되면서 마이오신 필라멘트의 머리가 액틴 필라멘트와 결합한다.	㉢ 마이오신 필라멘트의 머리가 휘어지면서 액틴 필라멘트를 근육 원섬유 마디의 중심 쪽으로 끌어당긴다.	㉣ 새로운 ATP가 마이오신 필라멘트의 머리에 붙으면 마이오신 필라멘트가 액틴 필라멘트에서 떨어져 나가고 새로운 근수축 과정이 시작된다.

정답 p 55

Q9 근육 원섬유 마디와 마디를 구분하는 경계선을 무엇이라고 하는가?

Q10 액틴 필라멘트가 마이오신 사이로 미끄러져 들어가 근육 원섬유 마디의 길이가 짧아지면서 수축이 일어난다고 설명하는 근수축 이론을 무엇이라고 하는가?

Q11 다음 중 근수축 시 짧아지는 것을 모두 고르시오.

a. H대　b. A대　c. 액틴 필라멘트　d. 마이오신 필라멘트　e. 근육 원섬유 마디

미니사전

Pi(무기 인산 = 무기질 인) ATP에 붙은 세 개의 인산기로서 ATP 자체는 유기 인산이라고 함

(3) 근수축의 에너지원

① **근수축 시 에너지의 공급** : 근육 섬유가 반복적인 수축을 하기 위해서는 ATP가 필요한데, 이 ATP는 크레아틴 인산과 포도당으로부터 공급된다.

- 저장 ATP : 각 근육 섬유에는 즉시 사용할 수 있는 ATP가 저장되어 있는데, 이것은 약 3초간 수축을 지속할 수 있는 정도이다.
- 크레아틴 인산[3]의 분해 : 저장된 ATP가 고갈되면 근육에 저장되어 있던 크레아틴 인산이 크레아틴과 인산으로 분해되면서 고에너지 인산을 ADP[4]에 공급하여 ATP가 합성된다. 이 과정에 의해 ATP가 빠르게 합성되지만, 지속되는 시간은 약 15초이다.
- 포도당의 분해 : 혈액으로부터 흡수한 포도당과 근육에 저장된 글리코젠이 분해되어 생성된 포도당은 ATP 합성을 위한 에너지원으로 쓰인다.

- 산소가 충분할 때 : 산소 호흡으로 포도당이 산화되어 이산화 탄소와 물로 분해되면서 다량의 ATP를 합성하여 공급한다.
- 산소가 부족할 때 : 무산소 호흡으로 포도당이 분해되면서 ATP를 합성한다. 이때 부산물로 젖산이 생성되며 젖산이 많이 축적되면 근육이 피로해진다.

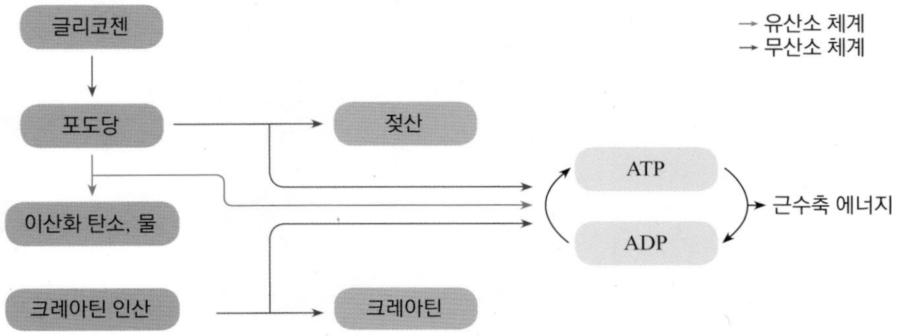

▲ 근수축에 필요한 ATP 에너지의 공급 경로

- 산소 호흡 과정과 무산소 호흡 과정에 의해 생성된 ATP가 공급(ADP와 Pi로 분해되어 에너지 방출)되어 근육이 반복적으로 수축할 수 있다. 일정 시간 이상 지속되는 운동에 필요한 ATP는 대부분 산소 호흡에 의해 공급되며, 포도당뿐만 아니라 지방산도 에너지원으로 이용된다.
- 산소 공급 없이 근수축에 필요한 ATP를 생성하는 과정은 위와 같다. 그러나 무산소 체계에 의한 ATP 공급으로는 운동을 오래 지속할 수 없고, 산소 호흡 과정에 의해 ATP를 공급받아야 한다.

② **근육 피로와 회복**

- 근육 운동 후 피로를 느끼는 것은 근육에 많은 젖산이 축적되고, 글리코젠과 ATP가 고갈되기 때문이다.
- 피로해진 근육이 휴식을 취하면서 산소가 충분히 공급되면, 젖산의 일부가 산소 호흡으로 분해되고, 이 과정에서 생성된 ATP를 이용하여 나머지 젖산을 글리코젠으로 재합성하여 피로가 풀린다.

정답 p 55

Q12 근육의 수축에 필요한 직접적인 에너지원은 무엇인가?

③ 크레아틴 인산

- 크레아틴 인산은 아미노산의 일종인 크레아틴이 인산과 결합한 고에너지 인산 복합체이다.
- 효소에 의해 인산이 분리되어 ADP를 ATP로 전환하는데 이용된다.

④ ATP와 ADP

ATP의 에너지 저장과 방출 : ADP와 무기 인산(Pi)을 결합시켜 ATP를 합성함으로써 에너지를 저장하고, ATP가 ADP와 무기 인산으로 분해됨으로써 에너지를 방출한다.

자극의 감각

01 오른쪽 그림은 눈의 구조를 나타낸 것이다.

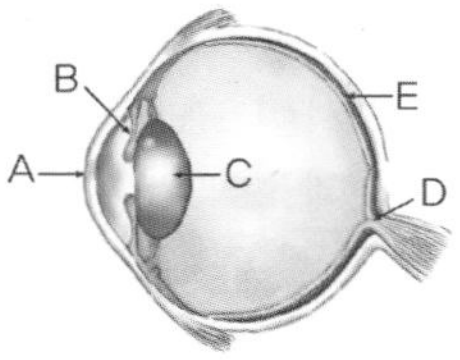

눈의 각 부분에 대한 설명으로 옳은 것은?

① A - 눈으로 들어오는 빛의 양을 조절한다.
② B - 카메라의 렌즈에 해당하며, 빛을 굴절시킨다.
③ C - 시세포가 분포하며, 상이 맺힌다.
④ D - 눈의 형태를 유지하고 내부를 보호한다.
⑤ E - 암실과 같은 역할을 한다.

02 어두운 곳에 있다 밝은 야외로 나오니 매우 눈이 부셨다. 이때 눈의 상태로 옳은 것은?

	홍채	동공
①	수축	확대
②	수축	축소
③	수축	변화 없음
④	이완	확대
⑤	이완	축소

03 다음 중 가까운 곳에 있는 물체를 볼 때 눈의 각 부분의 상태로 옳은 것은?

	섬모체	진대	수정체
①	이완	팽팽해짐	얇아짐
②	이완	느슨해짐	두꺼워짐
③	수축	느슨해짐	두꺼워짐
④	수축	팽팽해짐	두꺼워짐
⑤	수축	느슨해짐	얇아짐

04

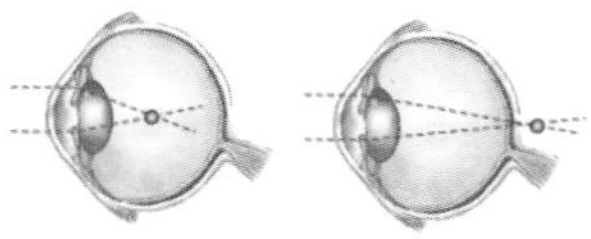

(가) (나)

증상	먼 곳의 물체를 잘 볼 수 없다	가까운 곳의 물체를 잘 볼 수 없다.
그림 기호	㉠	㉡
렌즈	㉢	㉣

05 다음 그림과 같이 눈의 변화가 나타났을 때 이 사람이 처한 상황을 바르게 예상한 것은?

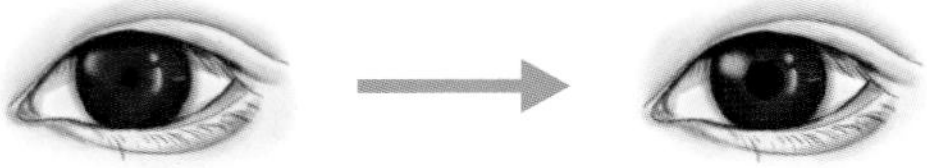

① 어두운 동굴에 들어갔다.
② 끼고 있던 안대를 벗었다.
③ 바늘귀에 실을 끼워 넣고 있다.
④ 먼 곳으로 날아가는 새를 바라보고 있다.
⑤ 밤하늘에 펼쳐진 화려한 불꽃놀이를 구경하고 있다.

06 다음 그림은 사람의 눈과 사진기의 구조를 나타낸 것이다.

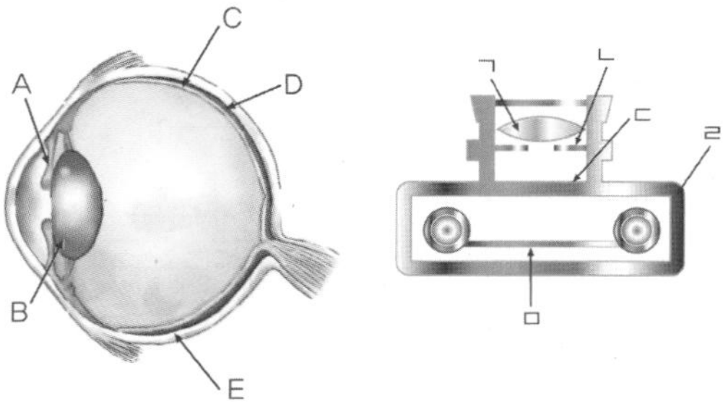

눈과 사진기에서 같은 기능을 하는 구조끼리 바르게 연결한 것은?

	눈	사진기
①	A	ㄱ
②	B	ㄴ
③	C	ㄷ
④	D	ㄹ
⑤	E	ㅁ

07 오른쪽 그림은 사람의 코의 구조를 나타낸 것이다. 후각 세포가 존재하여 냄새를 맡을 수 있는 곳은 어디인가?

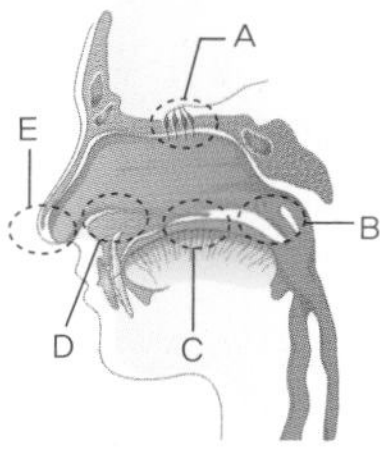

① A ② B ③ C ④ D ⑤ E

08~09 다음 그림은 사람의 귀의 구조를 나타낸 것이다.

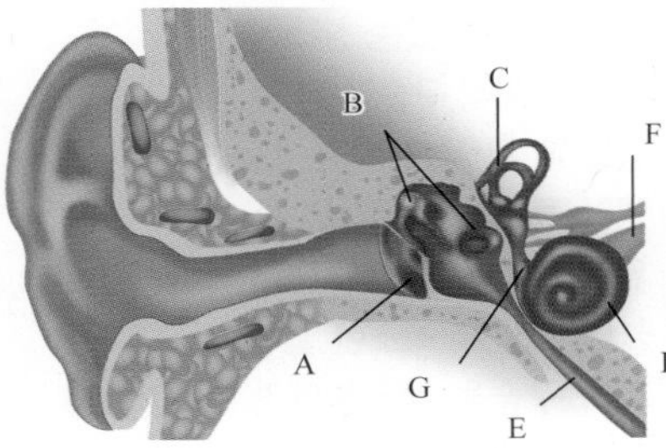

08 다음 각 설명에 해당하는 구조의 기호와 이름을 쓰시오.

(1) 음파에 의해 최초로 진동하는 얇은 막이다. (　　　　)

(2) 고막의 진동을 증폭시켜 음파를 달팽이관으로 전달한다. (　　　　)

(3) 청각 세포가 분포하여 청각 자극을 받아들여 청각 신경으로 전달한다. (　　　　)

(4) 차를 타고 높은 산에 올라 귀가 먹먹해졌을 때 침을 삼키면 풀리는 현상과 관계있다. (　　　　)

09 소리가 전달되는 경로를 순서대로 바르게 나열한 것은?

① A → B → C → D
② A → C → D → E
③ A → B → D → F
④ A → B → G → D → E
⑤ A → B → C → G → D → F

10 다음과 같은 현상과 관계있는 귀의 구조를 그림에서 찾아 기호와 이름을 쓰시오.

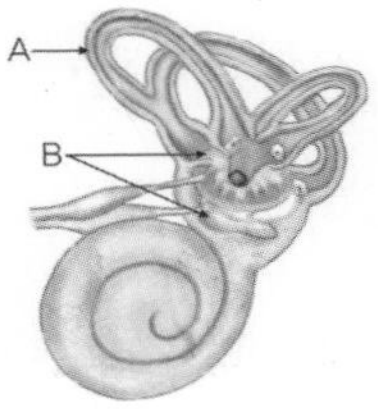

(1) 평균대 위에서 떨어지지 않고 몸의 균형을 유지한다. (　　　　)

(2) 회전 놀이기구를 타고 내리면 계속 어지럽고 몸의 중심을 잡기가 힘들다. (　　　　)

11 다음 후각에 대한 설명으로 옳지 않은 것은?

① 쉽게 피로해지는 감각이다.
② 사람의 감각 중 가장 예민한 감각이다.
③ 후각의 자극원은 기체 상태의 화학 물질이다.
④ 장시간 동안 같은 냄새를 지속적으로 느낄 수 있다.
⑤ 후각 상피에 있는 후각 세포에 의해 감각을 받아들인다.

12 다음 중 미각에 대한 설명 중 옳은 것만을 있는 대로 고르시오.

① 소금물의 맛은 혀 전체적으로 느낄 수 있다.
② 각각의 맛을 느끼는 맛세포가 고르게 분포하고 있다.
③ 혀의 부위에 따라 각 맛을 예민하게 느끼는 부위가 있다.
④ 미각은 액체 상태의 화학 물질이 자극이 되어 느끼는 감각이다.
⑤ 식초의 농도가 너무 진하면 혀끝의 맛봉오리에 있는 맛세포에 의해 통증으로 받아들여진다.

13 손가락 끝이나 혀 끝이 다른 감각보다 예민한 이유를 바르게 설명한 것은?

① 피부가 매우 얇기 때문에
② 신경이 많이 밀집되어 있기 때문에
③ 신경의 전달 속도가 빠르기 때문에
④ 감각점이 많이 분포되어 있기 때문에
⑤ 통점, 압점, 냉점, 온점이 같은 수로 분포하기 때문에

14 다음 중 피부에서 일어나는 감각에 대한 설명으로 옳지 않은 것은?

① 내장 기관에도 감각점이 분포한다.
② 피부의 진피에 있는 감각점에서 일어난다.
③ 따뜻함과 차가운 정도를 느끼는 것은 온점이다.
④ 통점의 수가 가장 많으며, 온점의 수가 가장 적다.
⑤ 감각점의 수는 신체 부위에 따라 다르게 분포한다.

15 다음 중 사람의 감각 기관과 적합 자극의 연결이 옳지 않은 것은?

	감각 기관	적합 자극
①	눈	빛
②	귀(달팽이관)	음파
③	귀(전정 기관)	관성 자극
④	코	기체 상태의 화학 물질
⑤	혀	액체 상태의 화학 물질

자극의 수용과 반응

16 다음 그래프는 자극의 세기에 따른 반응의 관계를 나타낸 것이다.

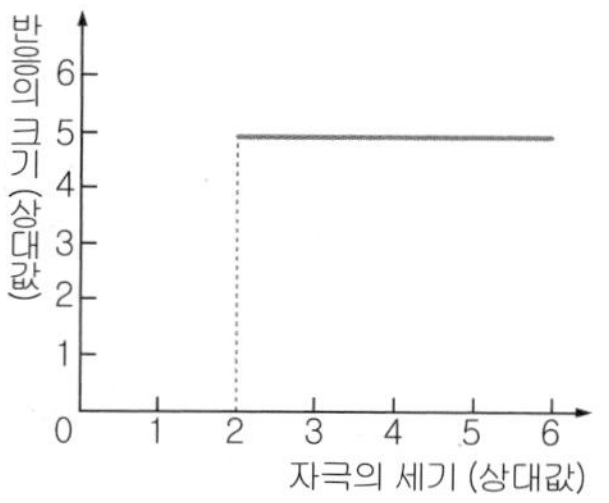

그래프에 대한 설명으로 옳은 것을 있는 대로 고르시오.

① 역치는 2이다.
② 실무율이 적용되는 반응이다.
③ 자극의 세기와 반응의 크기는 비례한다.
④ 단일 근육 섬유나 단일 신경 섬유에서 나타나는 반응이다.
⑤ 자극의 세기가 너무 큰 경우 오히려 반응이 나타나지 않는다.

17~18 다음은 단일 근섬유에 자극의 세기에 변화를 주면서 나타난 반응의 크기를 측정한 것이다.

자극의 세기	0	5	10	15	…	30
반응의 크기(상대값)	0	0	4	4	…	?

17 단일 근섬유의 역치의 범위를 바르게 나타낸 것은?

① $0 <$ 역치 < 5
② $0 <$ 역치 < 10
③ $5 \leq$ 역치 ≤ 10
④ $5 <$ 역치 ≤ 10
⑤ $10 \leq$ 역치 < 15

18 위 단일 근섬유에 자극의 세기가 30 이상일 때 나타나는 반응의 크기는?

19 다음은 사람이 자극을 받을 때 자극을 느끼는 각 감각 기관의 베버 상수 값이다.

감각 기관	시각	압각	미각	청각
베버 상수	0.0011	0.0005	0.1674	0.1435

가장 예민한 감각 기관은 무엇인가?

20 무한이는 손 위에 40g 의 구슬이 놓여 있는 상태에서 10g 짜리 구슬을 더 얹었을 때 더 무거워지는 느낌이 들었다. 그렇다면 손 위에 100g 짜리 구슬이 놓여 있을 때 최소한 몇 g 짜리 구슬을 올려놓아야지 더 무거워졌다고 느낄 수 있을까?

자극의 전달

21 다음은 뉴런의 구조를 나타낸 것이다.

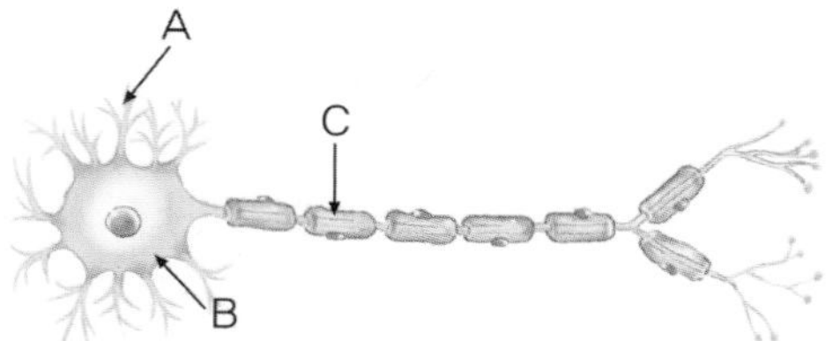

각 설명에 해당하는 구조의 기호와 이름을 쓰시오.

(1) 다른 뉴런에서 오는 자극을 받아들인다. (　　　　)

(2) 자극을 다른 뉴런이나 반응기관으로 전달한다. (　　　　)

(3) 핵을 포함하는 뉴런의 본체로 생장과 물질대사를 담당한다. (　　　　)

22 다음 그림은 뉴런 A ~ C가 연결된 모습을 나타낸 것이다.

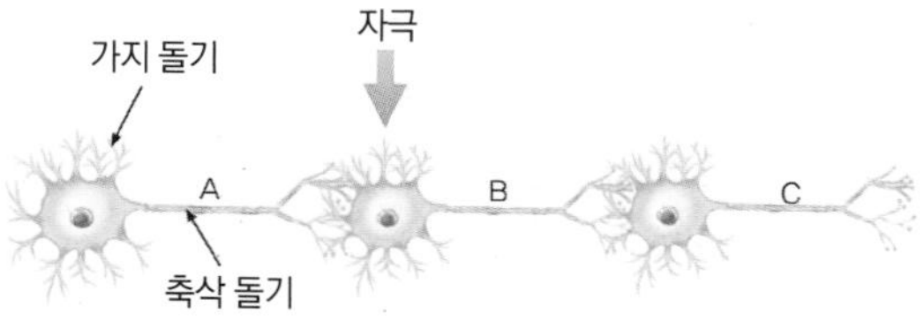

화살표 부분에 자극이 가해졌을 때 자극이 전달되는 뉴런을 모두 고르시오.

정답 및 해설 55쪽

23~24 다음은 뉴런이 연결되어 있는 모습을 나타낸 것이다.

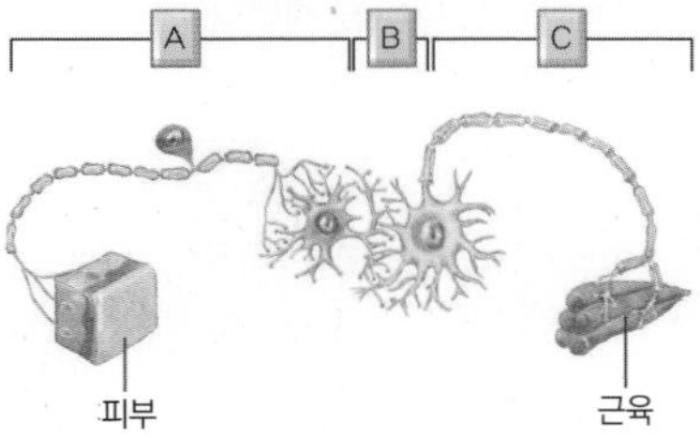

23 이에 대한 설명으로 옳은 것만을 <보기>에서 있는 대로 고르시오.

보기

ㄱ. 뉴런은 크게 A와 B 두 종류로 나누어진다.
ㄴ. B는 연합 신경을 구성하며, 감각 뉴런과 운동 뉴런을 연결해준다.
ㄷ. C는 근육을 통해 들어오는 자극을 받아들여 대뇌로 전달해 준다.
ㄹ. A는 감각 신경을 구성하는 뉴런으로 감각기에서 수용한 자극을 전달한다.

24 자극의 전달 경로를 바르게 나열한 것은?

① A → C → B ② A → B → C ③ C → B → A
④ C → A → B ⑤ B → A → C

25 다음 흥분의 발생 과정에 대한 설명으로 옳은 것은 ○표, 틀린 것은 ×표 하시오.

(1) 흥분의 전도는 탈분극, 분극, 재분극의 순서로 일어난다. ( )
(2) 재분극 때에는 막전위가 하강하여 휴지 전위로 되돌아온다. ( )
(3) 탈분극 때에는 K^+ 통로가 열려 K^+ 이 빠르게 확산되어 이동한다. ( )
(4) 분극은 뉴런이 자극을 받지 않았을 때의 상태로 세포막 안쪽은 음(-)전하, 세포막 바깥쪽은 양(+)전하를 띠고 있다. ( )

26 다음 설명에 해당되는 것은 무엇인가?

ATP 에너지를 이용하여 Na^+ 은 세포 바깥으로, K^+ 은 세포 안쪽으로 이동시킨다.

① Na^+ 통로 ② K^+ 통로 ③ 연합 뉴런
④ 운동 뉴런 ⑤ Na^+ - K^+ 펌프

27 다음은 뉴런에 한 번의 자극을 주었을 때의 막전위 변화를 나타낸 것이다.

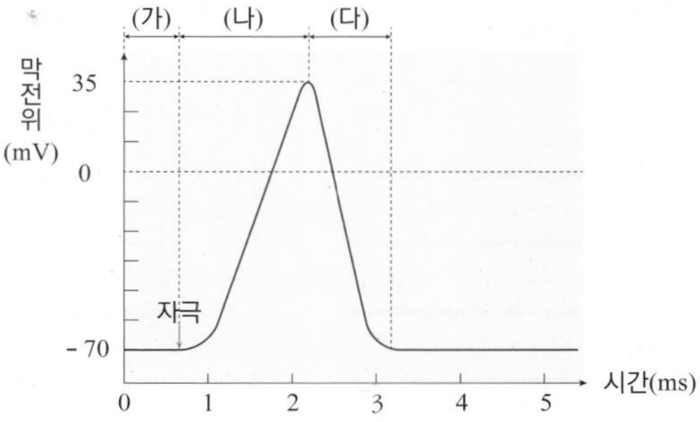

* ms : 밀리세컨드(1/1000초)

이에 대한 설명으로 옳은 것만을 <보기>에서 있는 대로 고르시오.

보기

ㄱ. (가)에서 뉴런 안쪽은 양(+)전하, 바깥쪽은 음(-)전하를 띠고 있는 상태이다.
ㄴ. (나)에서 Na^+ 이 세포 안쪽으로 들어올 때 에너지가 필요하다.
ㄷ. (다)에서 K^+ 이 뉴런 밖으로 다량 이동한다.

28 말이집 신경이 민말이집 신경보다 흥분 전도 속도가 빠른 이유로 옳은 것은?

① 역치가 크기 때문에
② 활동 전위가 크기 때문에
③ Na^+ 통로가 더 많기 때문에
④ 도약 전도가 일어나기 때문에
⑤ 축삭의 지름이 더 크기 때문에

29 다음은 뉴런 (가)와 (나) 사이에 형성된 시냅스의 모식도를 나타낸 것이다.

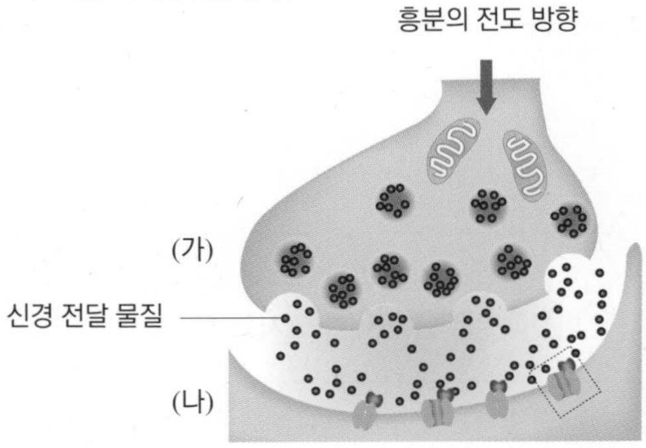

운동 뉴런이나 부교감 신경에서 분비되는 대표적인 신경 전달 물질의 이름을 쓰시오.

근수축 운동

30 **다음은 근육 원섬유의 구조를 간단히 나타낸 것이다. 다음 물음에 답하시오.**

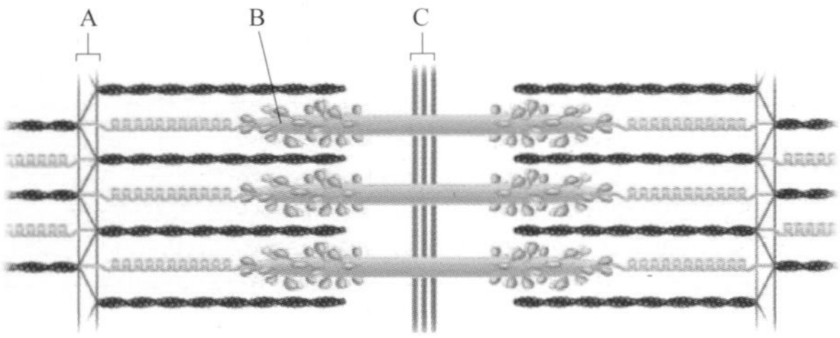

(1) 근육 원섬유를 구성하는 B의 이름을 쓰시오. (　　　　　)

(2) 근육 원섬유 마디의 중심부에 있는 선 구조의 기호와 이름을 쓰시오. (　　　　　)

(3) 근육 원섬유 마디와 마디를 구분하는 경계선으로 근육 원섬유 마디를 지지해주는 역할을 하는 부분의 기호와 이름을 쓰시오. (　　　　　)

31 **다음 중 근수축 원리에 대한 설명으로 옳은 것만을 〈보기〉에서 있는 대로 고르시오.**

> **보기**
>
> ㄱ. 액틴 필라멘트와 마이오신 필라멘트가 관여한다.
> ㄴ. 근수축 시 액틴 필라멘트의 머리는 ATP와 결합한다.
> ㄷ. 액틴 필라멘트의 길이는 변하지 않고, 마이오신 필라멘트의 길이만 짧아진다.

32 **다음 중 근육이 수축할 때 길이가 변하지 않는 것만을 〈보기〉에서 있는 대로 고르시오.**

> **보기**
>
> ㄱ. A대　　　　ㄴ. H대
> ㄷ. I대　　　　ㄹ. 근육 원섬유 마디

33 **다음 빈칸에 알맞은 단어를 쓰시오.**

> 하나의 골격근은 여러 개의 (㉠) 다발로 구성되어 있으며, (㉠)는 더 가느다란 (㉡)로 이루어져 있다.

34 **다음 그림은 근육으로 흥분이 전달되는 과정 중 일부를 모식적으로 나타낸 것이다.**

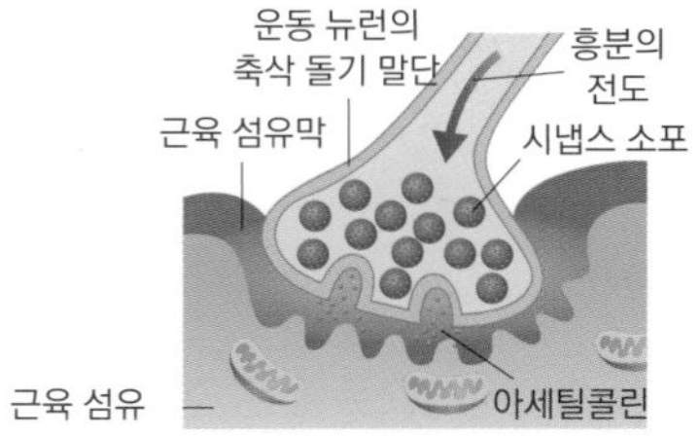

이에 대한 설명으로 옳은 것만을 〈보기〉에서 있는 대로 고르시오.

> **보기**
>
> ㄱ. 근수축 과정에서는 ATP가 소모된다.
> ㄴ. 활동 전위가 근소포체에 도달하면 Ca^{2+} 통로가 닫힌다.
> ㄷ. 흥분이 감각 뉴런을 따라 전도되어 활동 전위가 축삭 말단에 도달하면 아세틸콜린이 분비된다.

35 **근수축에 필요한 에너지 공급에 대한 설명으로 옳은 것만을 〈보기〉에서 있는 대로 고르시오.**

> **보기**
>
> ㄱ. 근육에 젖산이 많이 축적되면 피로를 느끼게 된다.
> ㄴ. 포도당에서 젖산이 되는 과정은 근육에 산소가 충분히 공급될 때 진행된다.
> ㄷ. 크레아틴 인산에서 에너지를 합성하는 과정은 산소가 없는 조건에서도 진행된다.

36 **상상이는 마라톤을 하고 난 후 근육이 당기고 아프며, 피로를 심하게 느꼈다. 마라톤을 하기 전에 비해 상상이의 근육 섬유에서 그 양이 증가한 물질을 있는 대로 고르시오.**

① 젖산　② 글리코젠　③ ATP
④ 크레아틴인산　⑤ 크레아틴

01

다음은 4가지 물체를 각각 2초 동안 관찰하였을 때 나타나는 수정체의 두께 변화 그래프이다.

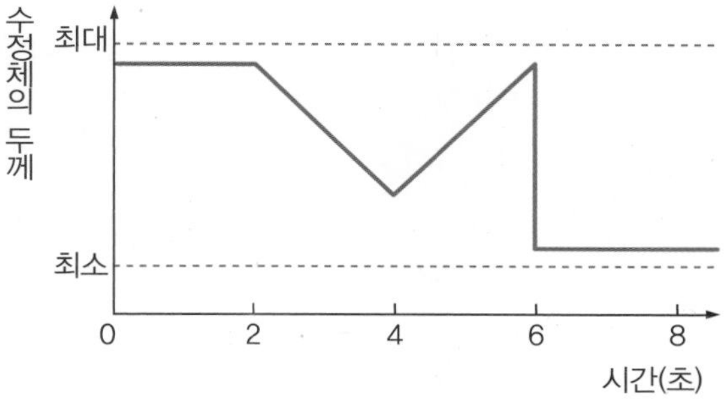

시간이 경과 함에 따라 영수가 관찰한 물체와 눈의 조절 작용에 대해 바르게 설명한 것을 있는 대로 고르시오.

	시간	설명
①	0 ~ 2초	먼 곳의 정지되어 있는 물체를 바라보고 있다.
②	2 ~ 4초	섬모체가 이완하고 진대가 팽팽해지고 있다.
③	2 ~ 4초	멀리 있던 물체가 서서히 다가오고 있다.
④	4 ~ 6초	초점 거리가 점점 짧아지고 있다.
⑤	6 ~ 8초	가까운 곳에 있던 물체가 멀어지는 것을 보고 있다.

02

10 cm 떨어진 거리에서 왼쪽 눈을 가리고 오른쪽 눈으로 그림의 ○ 를 보면서 서서히 거리를 멀어지게 한다. 거리를 멀리하다 보면 어느 정도의 거리에서 + 가 안보일 때가 있다.

+ 가 보이지 않을 때 상이 맺힌 위치를 그림에서 찾아 기호를 쓰고, 그 이유를 바르게 설명한 것을 〈보기〉에서 찾아 기호를 쓰시오.

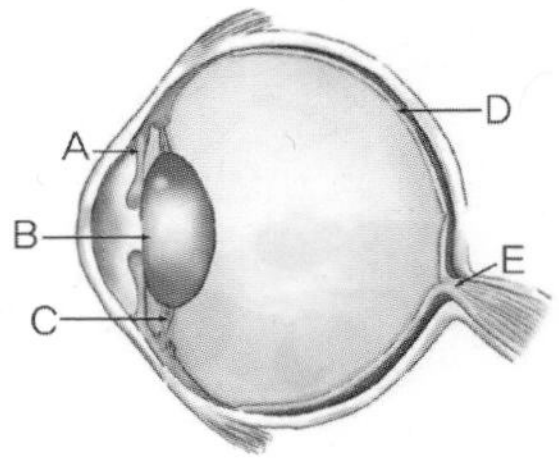

보기

ㄱ. 상이 맺히지 않기 때문에
ㄴ. + 상이 망막 뒤에 맺히기 때문에
ㄷ. + 상이 망막의 황반에 맺히기 때문에
ㄹ. 망막에는 시신경이 분포되어 있지 않기 때문에
ㅁ. + 상이 시세포의 분포가 없는 맹점에 맺히기 때문에

03 **다음 그림은 시력 교정을 받아야 하는 사람과 정상 시력을 가진 사람의 안구 모양을 나타낸 것이다. (단, 두 그림의 배율은 같고, + 선은 안구의 길이를 비교하기 위해 그려 넣은 것이다.)**

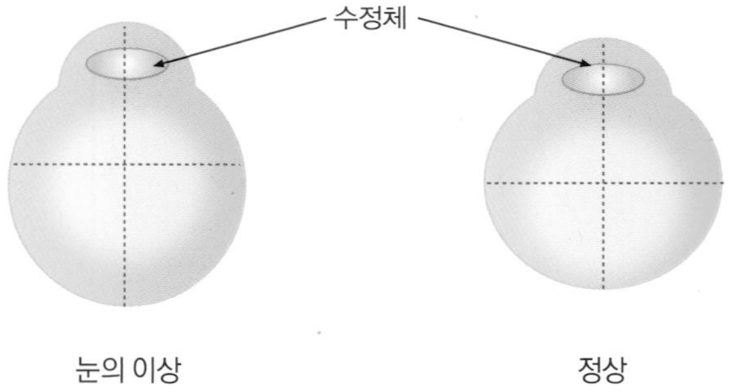

시력 교정을 받아야 하는 사람의 상태를 옳게 설명한 것만을 〈보기〉에서 있는 대로 고르시오.

보기

ㄱ. 먼 곳을 볼 때 망막에 선명한 상이 맺히지 않는다.
ㄴ. 멀리 있는 물체보다 가까이 있는 물체가 더 잘 보인다.
ㄷ. 시력 교정을 위해 볼록 렌즈로 제작된 안경을 써야 한다.
ㄹ. 수정체와 망막 사이의 거리가 정상 시력을 가진 사람보다 멀다.

04 **다음 그림은 사람의 눈의 구조를 나타낸 것이다.**

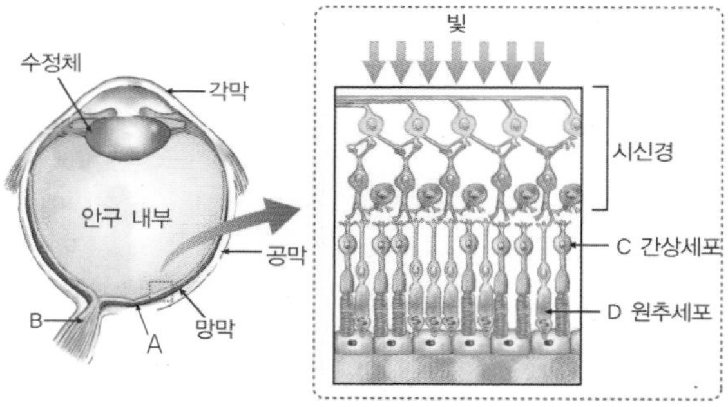

각 부분에 대한 설명으로 옳은 것을 있는 대로 고르시오.

① 색맹은 C에 이상이 생겨 나타나는 증상이다.
② 어두운 곳에서 빛에 대한 역치는 C가 D보다 작다.
③ B에는 시신경이 분포하지 않기 때문에 빛을 감지하지 못한다.
④ A는 눈동자의 색깔에 관계없이 항상 검은색 색소를 가지고 있다.
⑤ 눈으로 들어온 빛이 바로 시신경(시각 신경)을 자극하여 뇌로 전달된다.

05 다음 그래프는 망막에 있는 3가지 원추 세포의 빛의 파장에 따른 빛 흡수율을 나타낸 것이다.

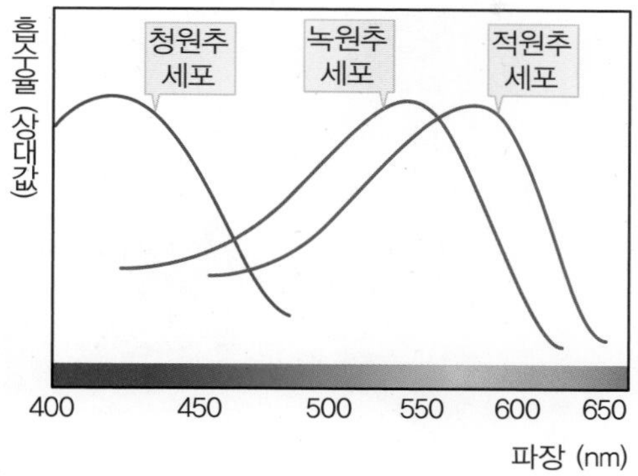

위 그래프를 바르게 해석한 것만을 〈보기〉에서 있는 대로 고르시오.

보기

ㄱ. 원추 세포의 이상 증세로 야맹증이 나타난다.
ㄴ. 사람은 3가지 색깔인 청색, 녹색, 적색의 빛에만 반응을 보인다.
ㄷ. 사람은 다른 동물에 비해 감지할 수 있는 빛의 파장의 범위가 넓다.
ㄹ. 빛의 파장에 따라 3종류의 원추 세포가 흡수하는 빛의 흡수율은 다르다.

개념 돋보기

유문 반사

세 종류의 원추 세포가 빛을 흡수하는 정도가 다르다. → 여러 가지 색깔을 구별할 수 있다.

구분	적합 자극	감각	분포	종류	이상 증세
간상 세포	약한 빛	형태, 명암	망막 주변	1종류	야맹증
원추 세포	강한 빛	형태, 명암, 색깔	망막 중앙	3종류 (청원추, 녹원추, 적원추 세포)	색맹

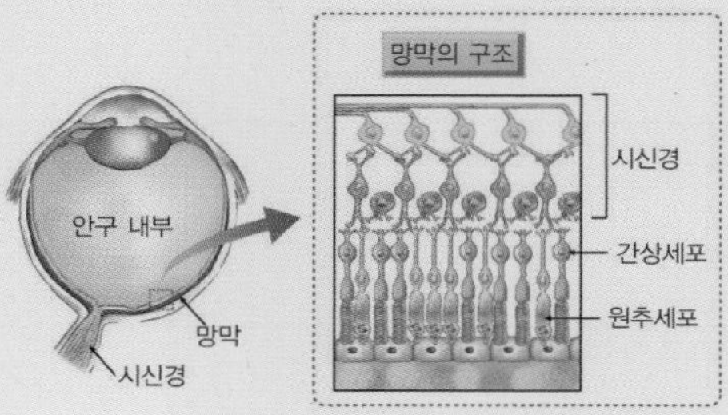

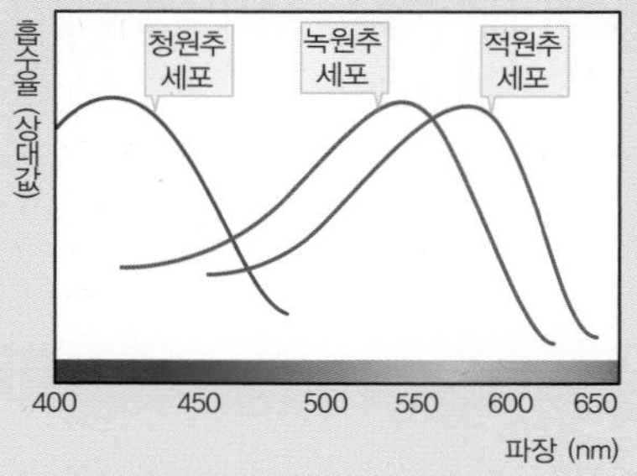

▲ 망막의 3종류 원추 세포의 빛 파장에 따른 흡수율

06 다음 그림은 귀의 내부 구조를 나타낸 것이다. 물음에 답하시오.

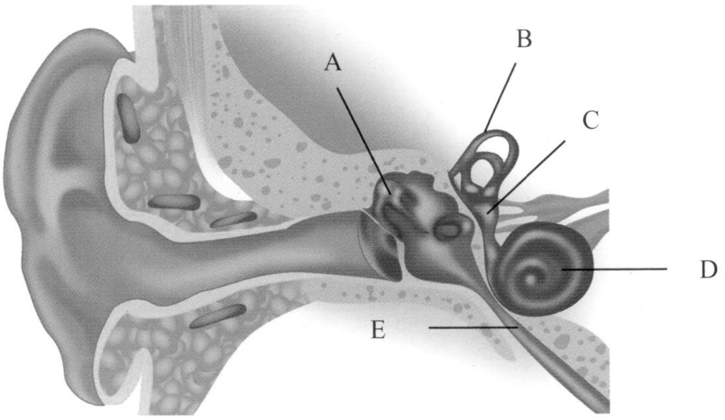

(1) 귀의 구조에 대한 설명으로 옳은 것만을 〈보기〉에서 있는 대로 고르시오.

보기

ㄱ. 무중력 상태에서는 C가 작용하지 않는다.
ㄴ. B의 구조가 비정상이면 소리를 듣지 못한다.
ㄷ. 높은 곳에 올라가면 귀가 먹먹해지는데, E가 이를 조절해준다.
ㄹ. 회전 기구를 타고 내리고 난 후에도 잠깐 동안 어지러움을 느끼는 것은 D의 작용 때문이다.

(2) 다음은 귓속으로 들어오는 소리의 진폭 변화를 나타낸 것이다.

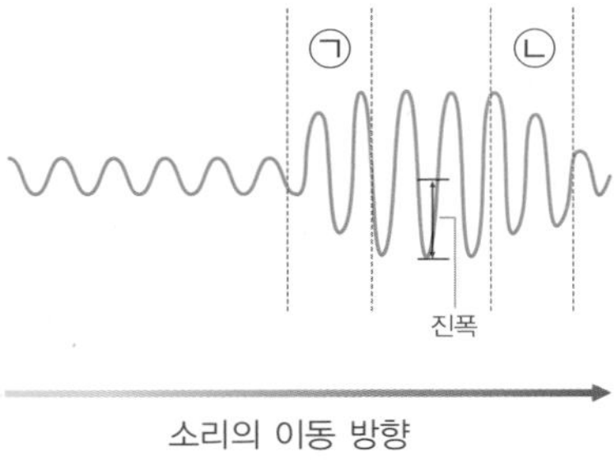

㉠, ㉡과 같은 현상이 나타나는 귀의 구조를 찾아 기호(A ~ E)와 이름을 쓰시오.

구분	기호	이름
㉠		
㉡		

정답 및 해설 58쪽

07 다음 그림은 회전할 때 반고리관 내의 변화를 나타낸 것이다.

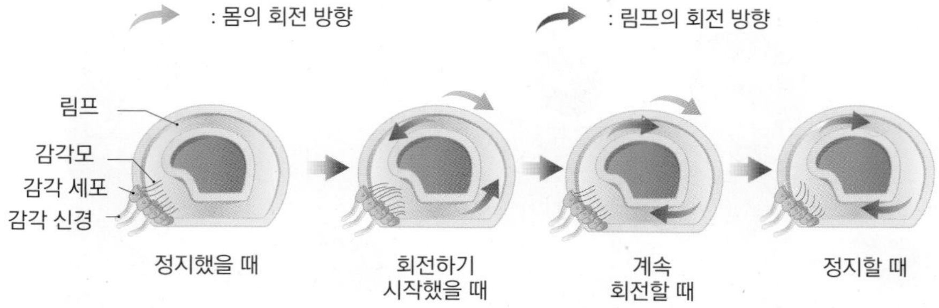

위 자료에 대한 해석으로 옳은 것만을 <보기>에서 있는 대로 고르시오.

보기

ㄱ. 속도 변화가 클 때 감각모는 몸과 같은 방향으로 굽는다.
ㄴ. 회전을 시작할 때 감각모는 몸의 회전 방향과 반대 방향으로 굽는다.
ㄷ. 계속 같은 속도로 돌고 있을 때는 회전을 시작할 때보다 더 어지럽게 느껴진다.
ㄹ. 회전 감각은 달리던 버스가 갑자기 정지하면 몸이 앞으로 쏠리는 것과 같은 원리로 설명할 수 있다.

08 다음은 멀미와 귀에서 일어나는 평형 감각의 원리를 나타낸 것이다.

- 버스를 타고 가면서 신문을 보면 메스꺼워지거나 약간의 불쾌감을 느끼는 경우가 있다.
- 평형 감각은 위치 감각에 회전 감각과 시각 작용이 결합되어 몸의 평형 상태를 유지한다.

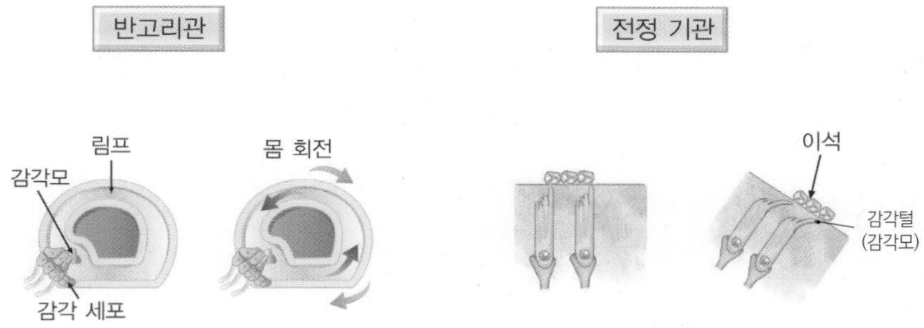

〈정지 상태〉 〈회전 시작〉 〈서 있을 때〉 〈기울어져있을 때〉

이에 대한 설명으로 옳은 것만을 <보기>에서 있는 대로 고르시오.

보기

ㄱ. 회전 감각은 림프의 관성에 의해 느껴진다.
ㄴ. 위치 감각은 중력에 의한 이석의 움직임으로 느낀다.
ㄷ. 멀미는 시각 정보와 평형 감각이 조화로운 결합을 이루지 못할 때 느낄 수 있다.

09 무한이와 상상이는 다음과 같은 과정으로 무와 사과의 맛을 알아내는 실험을 하였다.

위 실험을 통해 알 수 있는 사실은 무엇인가?

① 후각은 맛을 느끼는 데 필요하지 않은 감각이다.
② 후각과 미각이 복합적으로 작용하여 맛을 느끼게 한다.
③ 역치 이상의 자극을 주어야 맛을 정확하게 구별할 수 있다.
④ 시각에 의한 자극의 정보가 주어지지 않으면 맛을 구별할 수 없다.
⑤ 후각은 쉽게 피로해지기 때문에 음식 맛을 구별하는 데 큰 도움이 되지 않는다.

10 다음 표는 연령에 따른 미각의 역치를 나타낸 것이다.

연령(세)	15 ~ 29	30 ~ 44	45 ~ 59	60 ~ 74
단맛	0.540	0.522	0.604	0.975
짠맛	0.071	0.091	0.110	0.270
신맛	0.0022	0.0017	0.0021	0.0030
쓴맛	0.000321	0.00026	0.000389	0.000872

위 자료에 대한 설명으로 옳은 것만을 〈보기〉에서 있는 대로 고르시오.

보기

ㄱ. 나이가 들수록 맛을 잘 느끼지 못한다.
ㄴ. 나이가 들면 쓴맛보다 신맛에 예민해진다.
ㄷ. 모든 연령에서 단맛을 가장 예민하게 받아들인다.
ㄹ. 연령이 많아질수록 특히 짠맛에 대한 감각이 현저하게 감소한다.

11 다음 표는 끝이 뾰족한 두 개의 핀을 피부에 대고 동시에 눌렀을 때 떨어진 두 점으로 인식할 수 있는 최단 거리를 측정한 것이다.

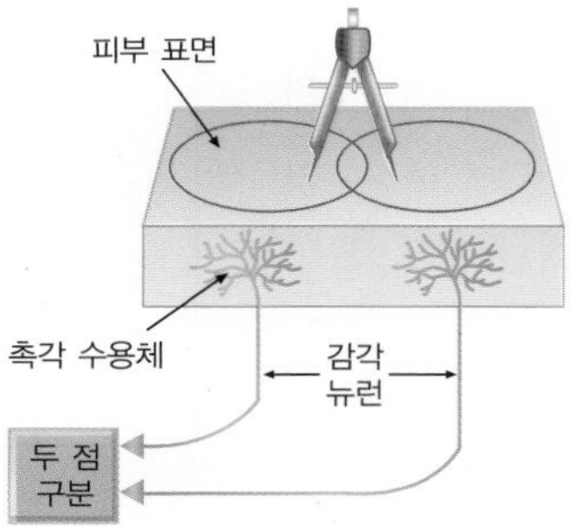

신체 부위	최단 거리(mm)
등	39.5
뺨	25
입술	6
손바닥	10.3
손가락	2.7
발가락	10

위 자료에 대한 설명으로 옳은 것만을 〈보기〉에서 있는 대로 고르시오.

보기

ㄱ. 가장 둔감한 부위는 등이다.
ㄴ. 촉각이 가장 예민한 곳은 입술이다.
ㄷ. 신체의 부위에 따라 감각점의 분포가 다르다.
ㄹ. 촉점이 가장 많이 분포하는 곳은 손가락이다.
ㅁ. 두 핀의 거리를 15mm로 하면 입술과 발가락에서는 한 점으로 느끼게 된다.
ㅂ. 눈을 감고 물체를 식별할 때 손가락보다는 손바닥을 사용하는 것이 더 정확하다.

12 다음 그래프는 온도에 따른 피부 감각 수용기의 반응 정도를 나타낸 것이다. (단, 활동 전위 변화가 클수록 감각이 강하게 느껴진다.)

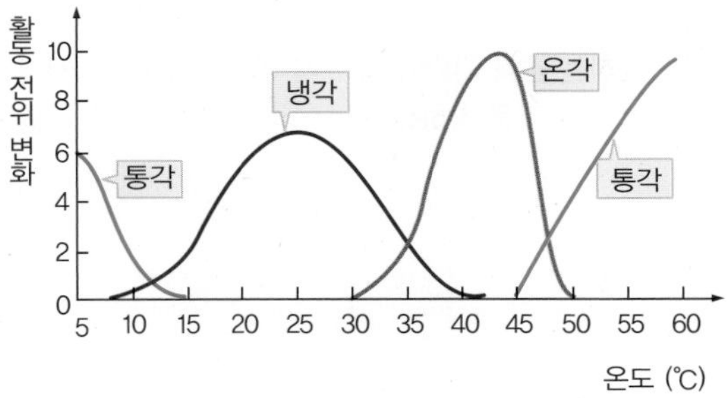

보기

ㄱ. 0℃의 얼음물에서는 통증이 느껴진다.
ㄴ. 18℃의 물을 28℃로 가열하면 물이 따뜻해진 것을 느낄 수 있다.
ㄷ. 20℃에서는 냉점과 온점이 모두 반응에 관여한다.
ㄹ. 35℃ 부근에서는 온도가 변하는 것을 느낄 수 없다.
ㅁ. 40℃에서 45℃로 물의 온도가 올라가도 물이 따뜻해진 것을 느끼지 못한다.
ㅂ. 60℃는 온점의 적합 자극이다.

13 다음 그래프는 3종류의 신경 섬유에 전기 자극 주었을 때 나타나는 반응의 크기를 나타낸 것이다. 물음에 답하시오.

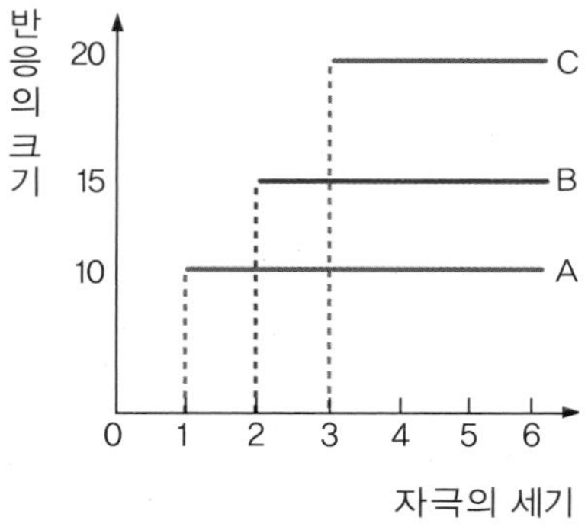

(1) 가장 예민한 신경 섬유부터 순서대로 나열하시오.

(2) 자극의 세기가 10 이상 주어질 때 각 신경 섬유에 나타나는 반응의 크기를 예상하여 쓰시오.

A : (　　　　) B : (　　　　) C : (　　　　)

14 다음 그래프는 처음 물의 온도를 다르게 했을 때 온도의 변화를 느낄 수 있는 최소 변화량을 나타낸 것이다. 만약 40℃ 의 물에 손을 담근 후 다른 온도의 물에 손을 넣었을 때 온도 변화를 느낄 수 있는 물의 온도 변화량은 몇 ℃ 인가?

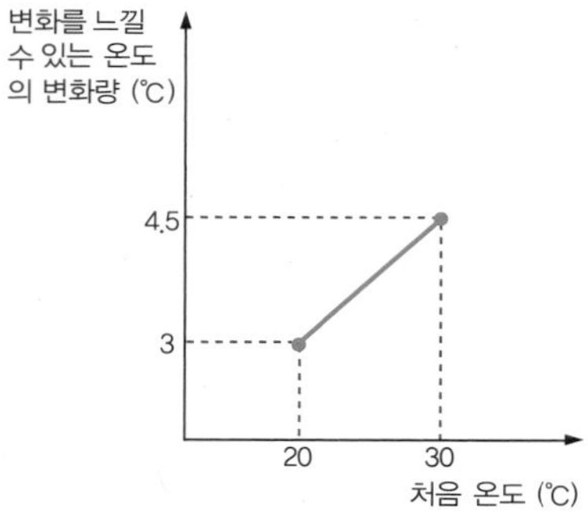

15 다음 표는 같은 종류의 자극에 반응하는 감각 기관에 대해 자극의 세기를 변화시킬 때 A, B, C 세 사람이 느끼는 반응의 정도를 나타낸 것이다. (+ : 자극을 느낌, ++ : 자극을 강하게 느낌, - : 자극을 느끼지 못함)

자극의 변화	99	100	101	103	105	107	109
A	-	-	+	+	+	+	++
B	-	+	+	+	++	++	++
C	-	+	+	+	+	++	++

위 자료에 대한 해석이나 추론으로 옳은 것만을 〈보기〉에서 있는 대로 고르시오.

보기

ㄱ. A는 C보다 역치가 작다.
ㄴ. 자극의 변화에 가장 예민한 사람은 B이다.
ㄷ. 109 이상의 세기에서는 반응의 정도가 일정할 것이다.
ㄹ. 자극의 세기가 커지면 자극에 반응하는 세포의 수가 증가한다.

16 **아래의 그래프는 어떤 사람의 두 감각기 A와 B가 처음 자극의 세기에 따른 자극의 변화를 느끼는 데 필요한 최소 자극 변화량을 나타낸 것이다.**

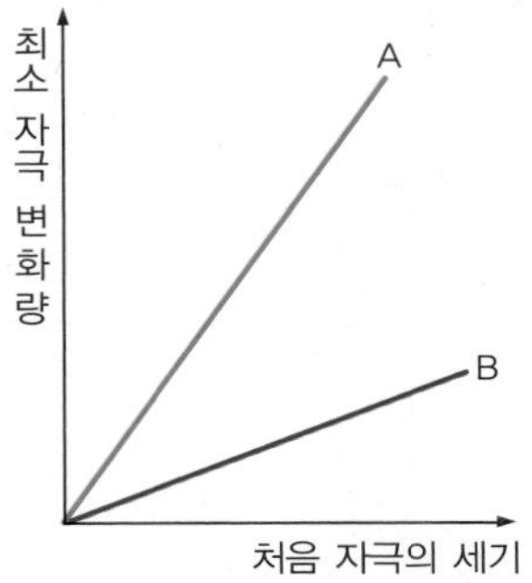

이 그래프를 통해 알 수 있는 사실로 옳은 것만을 〈보기〉에서 있는 대로 고르시오.

보기

ㄱ. 감각기 A는 B보다 더 예민하다.
ㄴ. 그래프의 기울기는 각 감각기의 베버 상수에 해당한다.
ㄷ. 처음에 큰 자극을 받으면 더 큰 자극의 변화가 있어야 변화를 느낄 수 있다.
ㄹ. A와 B가 자극의 변화를 느끼기 위해서는 B에 더 큰 자극의 변화를 주어야 한다.

17 **다음은 베버의 법칙을 나타낸 것이다. 물음에 답하시오.**

$$K\text{ (베버 상수)} = \frac{R_2\text{ (나중 자극의 세기)} - R_1\text{ (처음 자극의 세기)}}{R_1}$$

(1) 베버의 법칙이 의미하는 것을 설명하시오.

(2) 베버의 법칙의 예로 알맞은 것만을 〈보기〉에서 있는 대로 고르시오.

보기

ㄱ. 약을 먹은 후에 단맛이 나는 사탕을 먹는다.
ㄴ. 낮에 촛불을 켜면 밝은 것을 잘 느끼지 못한다.
ㄷ. 냉탕에 몸을 담그면 처음에는 추위가 느껴지지만 시간이 지날수록 춥게 느껴지지 않는다.
ㄹ. 도서관에서는 작은 목소리도 잘 들리지만 시끄러운 공사장에서는 큰소리로 말해야 들린다.
ㅁ. 낮에 어두운 극장 안으로 들어가면 처음에는 물체가 잘 보이지 않다가 서서히 보이기 시작한다.
ㅂ. 무거운 물건을 들고 있는 사람은 가벼운 물건을 들고 있는 사람보다 무게 변화를 잘 느끼지 못한다.

18 화살표 위치에서 역치 이상의 자극을 주었을 때 흥분이 전달되지 않는 곳을 찾아 기호와 그 이유를 쓰시오.

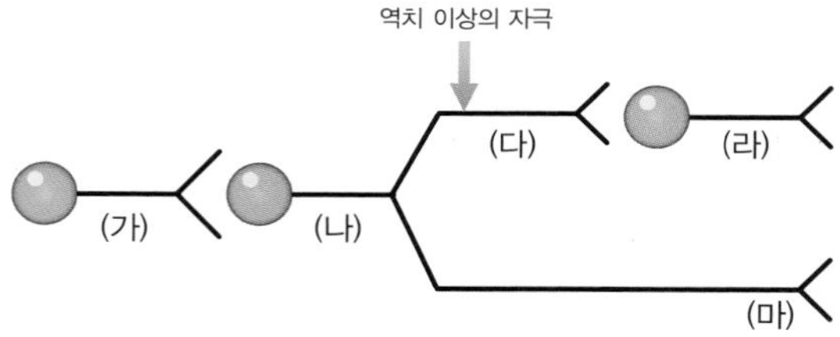

19 다음은 뉴런의 축삭 돌기 말단의 시냅스를 나타낸 것이다.

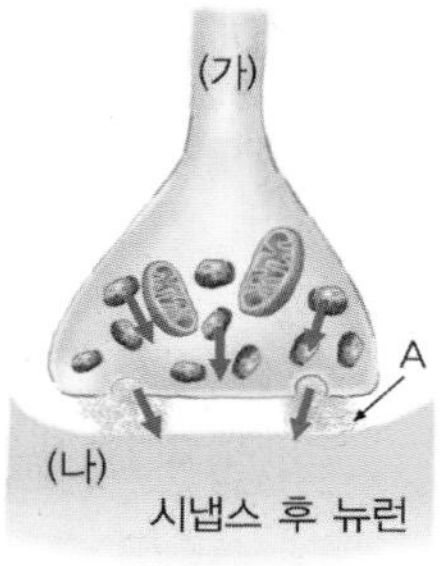

그림에 대한 설명으로 옳은 것만을 〈보기〉에서 있는 대로 고르시오.

보기

ㄱ. 흥분의 전달 방향은 (가) → (나)이다.
ㄴ. 물질 A는 (가)에서 만들어진 것이다.
ㄷ. 물질 A는 시냅스 틈에 계속 축적된다.
ㄹ. 시냅스에서 당질 코르티코이드라는 물질이 분비되어 이웃하는 뉴런의 가지 돌기로 전달된다.
ㅁ. 시냅스에서 다른 가지 돌기로 자극이 전달되는 속도는 같은 뉴런 내에서의 자극 전도 속도보다 빠르다.

개념 돋보기

시냅스

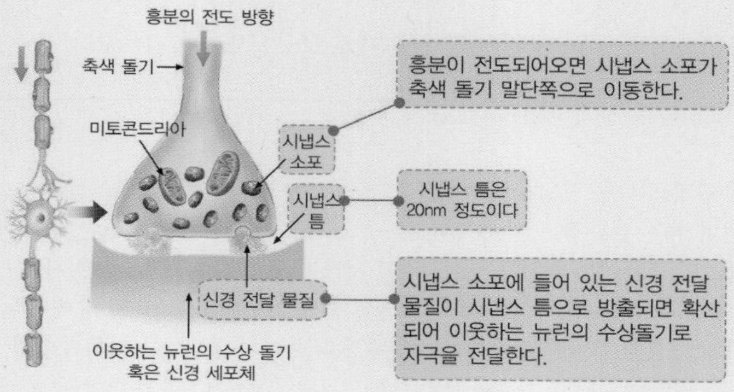

정답 및 해설 58쪽

20 다음은 여러 종류의 뉴런을 나타낸 것이다.

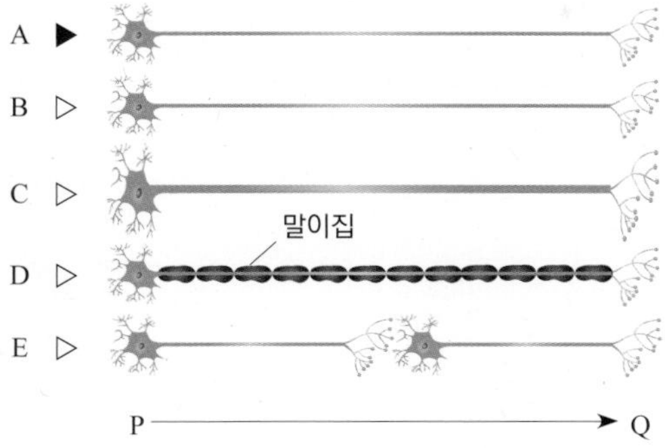

(▶ : 강한 자극, ▷ : 약한 자극)

P 지점에서 동시에 자극을 주었을 때, 흥분이 Q 지점까지 가장 먼저 도달하는 순서대로 등호와 부등호를 이용하여 나타내시오.
(단, 약한 자극과 강한 자극은 모두 활동 전위를 발생시킨다.)

21 뉴런의 축삭 돌기에서 한 번의 자극으로 발생한 흥분이 A를 지나 B로 전도되었다.

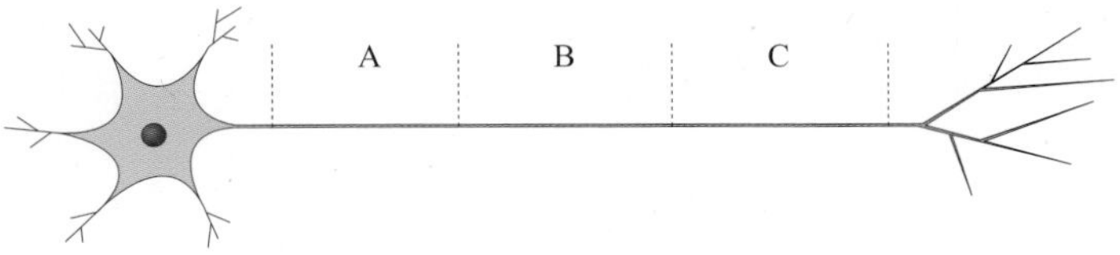

이때 막 안팎의 전하를 바르게 나타낸 것은?

①
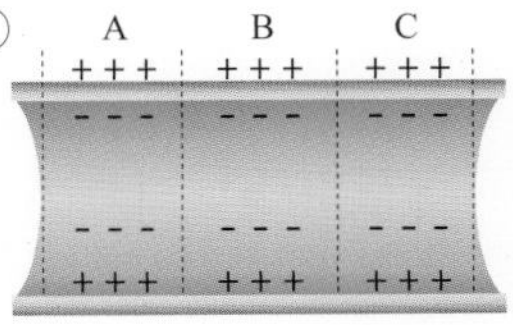

②
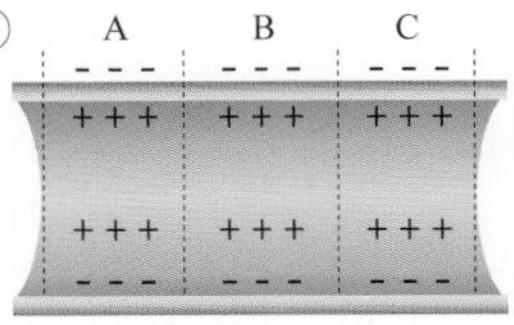

③
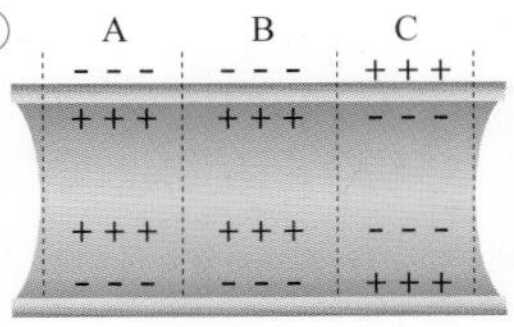

④
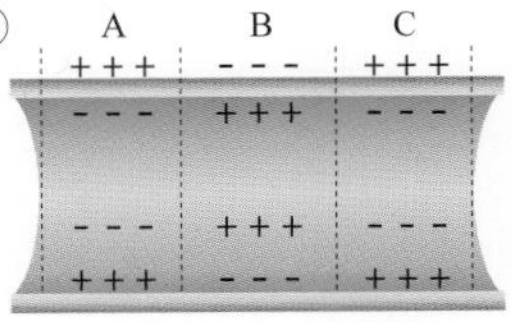

⑤
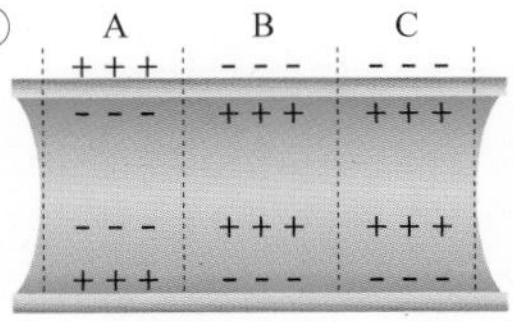

22 다음 그림 (가)는 어떤 뉴런에 역치 이상의 자극을 1회 주었을 때의 활동 전위를, (나)는 (가)의 어떤 시기에 막전위와 이온 ㉠과 ㉡의 농도를 나타낸 것이다. (단, 이온 ㉠과 ㉡은 Na^+ 과 K^+ 을 순서 없이 제시한 것이다.)

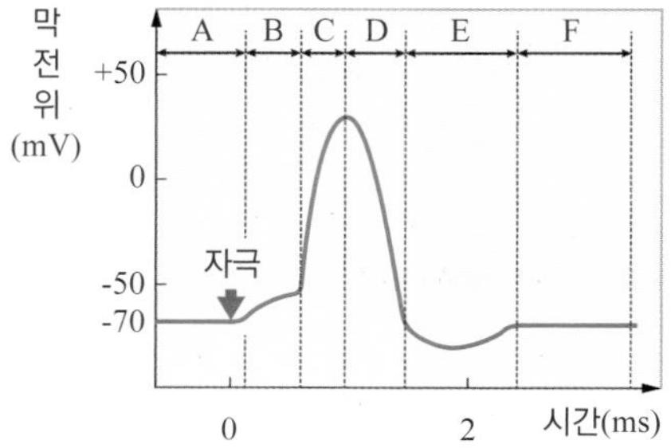

(가)

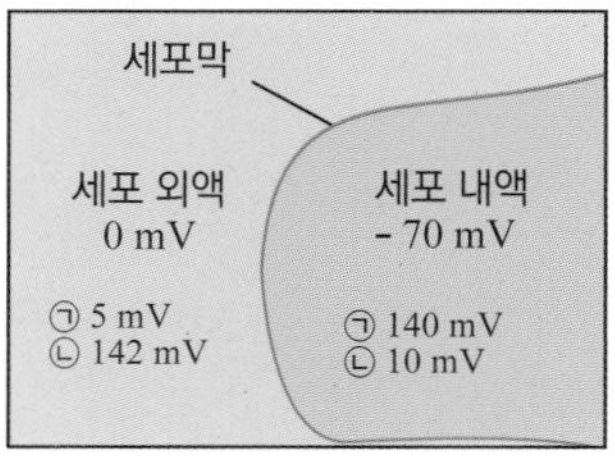

(나)

위 자료에 대한 설명으로 옳은 것만을 〈보기〉에서 있는 대로 고르시오.

보기

ㄱ. 구간 A에서 세포 바깥쪽은 (-), 세포 안쪽은 (+)로 대전되어 있다.
ㄴ. ㉡은 구간 B에서 세포 안쪽으로, 구간 C에서 세포 바깥쪽으로 확산된다.
ㄷ. 구간 D에서 ㉠이 이동하는 통로가 열린다.
ㄹ. 구간 E에서 ㉡이 이동하는 통로가 열린다.
ㅁ. F 시기에 에너지를 이용하여 ㉠을 세포 안쪽으로, ㉡을 세포 바깥쪽으로 이동시킨다.

23 다음 그림 (가)는 신경 A ~ C 를, (나)는 (가)의 P 지점에 역치 이상의 자극을 동시에 1회씩 준 후, Q 지점에서의 막전위 변화를 나타낸 것이다. (나)의 Ⅰ ~ Ⅲ 은 각각 A ~ C 의 막전위 변화 중 하나이다. (단, t_1 과 t_2 는 Ⅰ ~ Ⅲ 에서 같은 시점을 나타낸 것이다.)

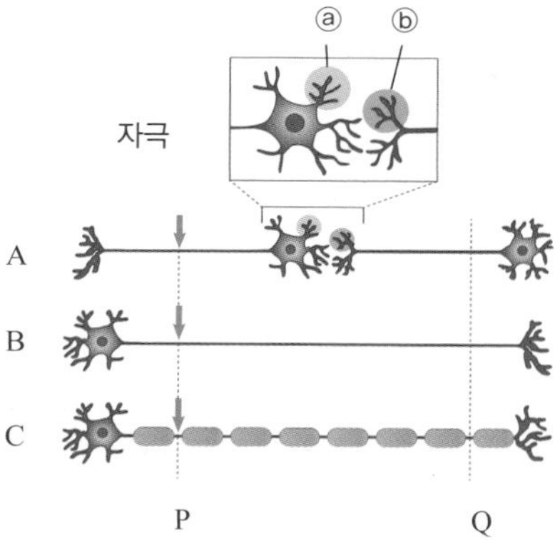

(가)

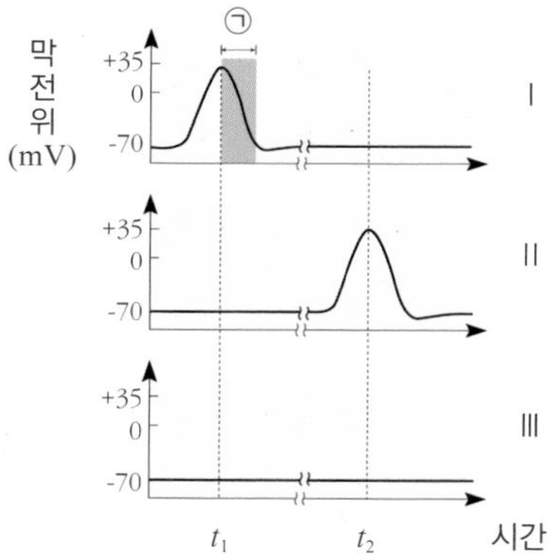

(나)

이에 대한 설명으로 옳은 것만을 〈보기〉에서 있는 대로 고르시오.

보기

ㄱ. 시냅스 소포는 ⓐ보다 ⓑ에 더 많다.
ㄴ. 구간 ㉠에서 K^+은 농도 차에 의해 세포 안쪽에서 바깥쪽으로 확산된다.
ㄷ. A의 막전위 변화는 (나)의 Ⅰ에, C의 막전위 변화는 (나)의 Ⅲ에 해당한다.

24 다음은 광학 현미경으로 관찰한 근육의 모습이다.

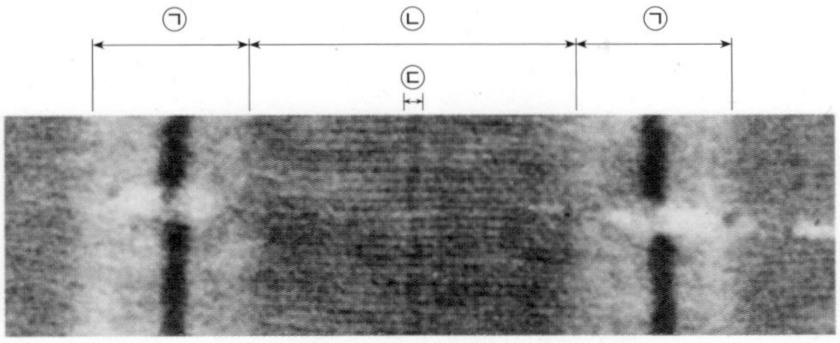

이에 대한 설명으로 옳은 것만을 〈보기〉에서 있는 대로 고르시오.

보기

ㄱ. ㉠은 액틴 필라멘트로 구성된다.
ㄴ. ㉡은 근육 원섬유 마디를 나타낸다.
ㄷ. ㉡은 액틴 필라멘트와 마이오신 필라멘트로 구성된다.
ㄹ. 근수축이 일어나더라도 ㉡의 길이는 변하지 않는다.
ㅁ. ㉢은 마이오신 필라멘트만으로 구성된다.

25 다음은 골격근의 구조를 나타낸 것이다. 골격근의 수축과 이완은 액틴 필라멘트가 마이오신 사이로 미끄러져 들어가고 나오는 활주설로 설명되고 있다.

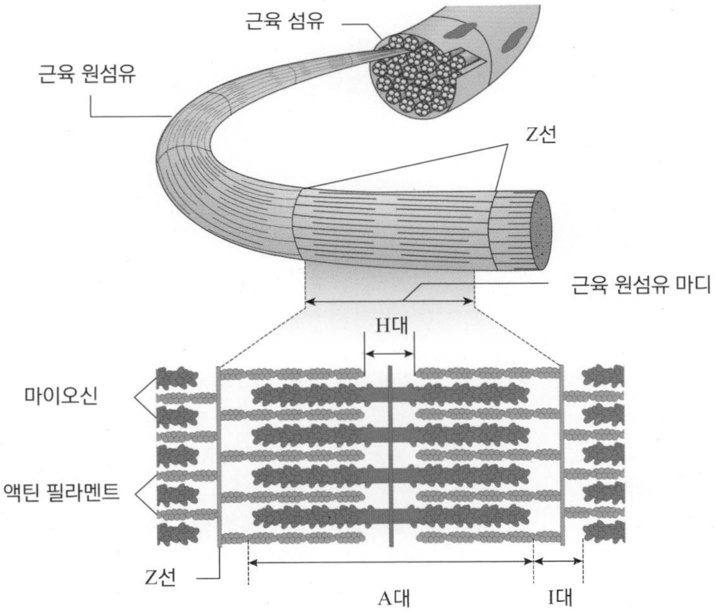

활주설을 지지하는 내용으로 옳은 것만을 〈보기〉에서 있는 대로 고르시오.

보기

ㄱ. 근수축이 일어날 때 근육 원섬유 마디와 H대의 길이는 짧아진다.
ㄴ. 근수축이 일어날 때 A대의 길이는 변화없고, I대의 길이는 짧아진다.
ㄷ. 근육이 수축했을 때와 이완했을 때 액틴 필라멘트와 마이오신의 길이는 변하지 않는다.

5. 신경계

(1) 신경계[1] 주위의 변화를 느껴 판단하고 적절한 반응을 일으키는 기관계로 중추 신경계와 말초 신경계로 나뉜다.

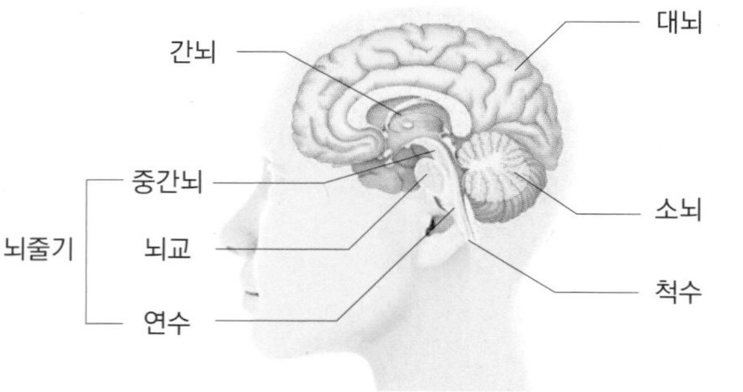

① **중추 신경계** : 자극을 판단하여 명령을 내리는 곳으로서 뇌와 척수로 구성된다.

- 뇌 : 대뇌, 소뇌, 간뇌, 중간뇌(중뇌), 뇌교, 연수 등으로 이루어져 있다.
- 척수 : 연수 아래쪽으로 이어진 중추 신경 다발로서 척추에 의해 보호되며, 뇌와 말초 신경의 중간 다리 역할을 한다.

대뇌[2]	• 전체 뇌가 차지하는 부분 중 가장 큰 부분으로 주름이 많다. • 좌우 두 개의 반구로 이루어져 있으며, 서로 몸의 반대쪽을 통제한다. • 겉질은 신경 세포체가 모인 회색질이며, 속질은 신경 섬유가 모인 백색질이다. • 고등 정신 활동과 감각 및 수의 운동의 중추이다.
소뇌	• 대뇌 다음으로 큰 뇌이며, 몸의 평형을 유지하는 기관으로 대뇌와 함께 수의 운동(근육 운동)을 조절한다.
간뇌	• 대뇌와 중뇌를 연결하는 부분으로 시상과 시상 하부로 구분된다. • 자율 신경계의 중추로서 체온 조절, 삼투압 조절, 혈당량 조절 등 항상성 유지에 중요한 역할을 한다.
중간뇌 (중뇌)	• 뇌줄기 중에서 가장 윗부분이며, 눈의 움직임(안구 운동)과 빛의 밝기에 따른 홍채의 작용(동공 반사)을 조절하고 소뇌와 함께 평형을 유지하는 역할을 한다.
뇌교 (교뇌)	• 소뇌와 대뇌 사이에서 감각 및 운동 정보를 담당하는 곳으로, 연수와 함께 호흡 조절의 역할을 하기도 한다.
연수 (숨골)	• 연수에서는 뇌와 척수를 연결하는 신경의 일부가 좌우 교차된다. • 심장, 폐, 혈관 등의 운동을 조절하며, 재채기, 하품, 침, 눈물 등의 반사 중추이다.
척수[3]	• 감각 신경과 운동 신경이 연결되어 있어 뇌와 몸의 각 부분 사이에 정보를 전달하는 통로 역할을 한다. • 무의식적 반응의 중추이다.

② **말초 신경계** : 중추 신경계에서 뻗어 나와 온몸에 퍼져 있는 신경으로 감각, 운동을 담당하는 체성 신경계와 생리 작용을 조절하는 자율 신경계로 구성된다.

체성 신경계	• 대뇌의 직접적인 지배를 받는다. (중추는 대뇌) • 중추 신경과 감각 기관, 반응 기관을 연결한다. • 감각 신경과 운동 신경이 쌍으로 존재한다. • 의식적인 자극과 반응에 관여한다. • 12쌍의 뇌신경과 31쌍의 척수 신경으로 구성된다. - 뇌신경 : 뇌에서 얼굴과 내장으로 뻗은 신경 - 척수 신경 : 척수에서 팔다리와 온몸으로 뻗은 신경 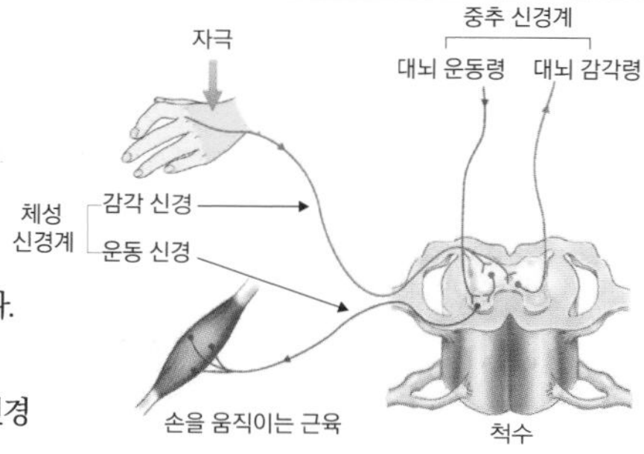 ▲ 체성 신경계의 모식도
자율 신경계	• 대뇌의 지배를 받지 않는다. • 최고의 중추는 간뇌이며 이 밖에도 중간뇌, 연수, 척수의 조절을 받는다. • 중추 신경에서 나와 주로 내장 기관에 분포한다. • 운동 신경으로만 구성된다. • 소화, 순환, 호흡, 호르몬 분비 등 생명 유지와 관련된 기능을 조절한다. • 교감 신경과 부교감 신경으로 구성되며, 두 신경은 서로 길항(대항) 작용을 통해 내장 기관의 기능을 자율적으로 조절한다. • 교감 신경 : 몸이 위기 상황에 대처하도록 긴장과 흥분 상태로 만들어 준다. • 부교감 신경 : 흥분 상태의 몸을 안정된 상태로 이완시켜 준다.

❶ 사람의 신경계

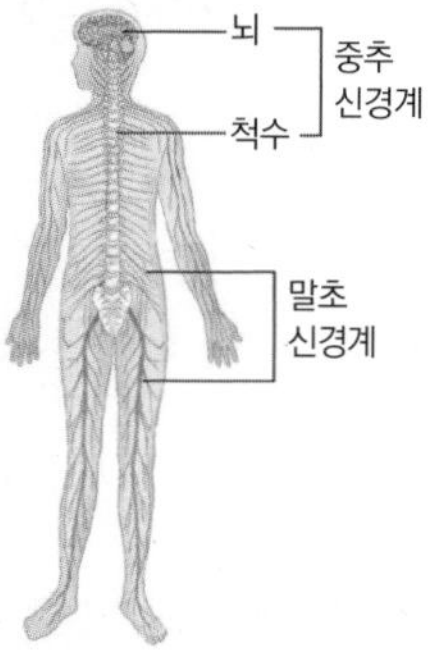

사람의 신경계는 중추 신경계와 말초 신경계로 구성된다.

❷ 대뇌 구분

대뇌 겉질은 기능에 따라 감각령, 연합령, 운동령으로 나뉜다.

- 연합령 : 추리, 판단, 기억 등의 고등 정신 활동의 중추
- 감각령 : 감각기로부터 자극을 받아들여 감각을 감지하는 중추
- 운동령 : 운동 기관에 명령을 지시하는 운동 담당 중추

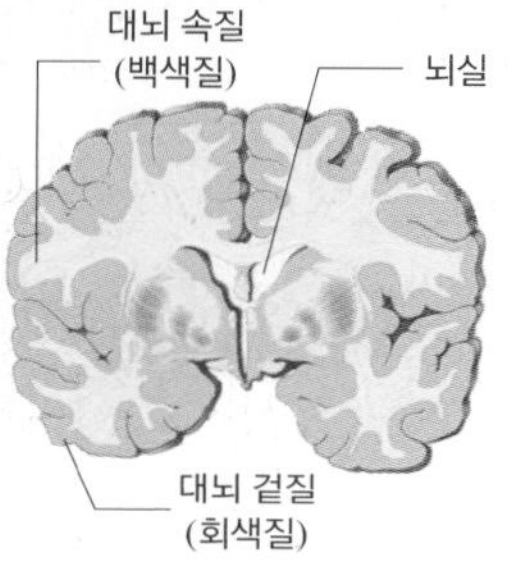

▲ 뇌의 가로 단면

❸ 척수의 구조

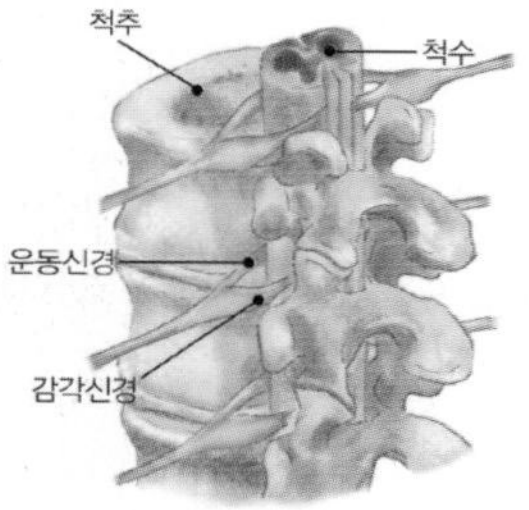

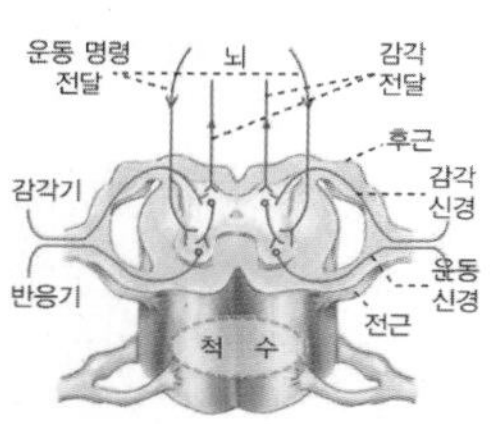

척수는 감각기에서 받아들인 자극을 뇌로 전달하는 감각 신경과 뇌의 명령을 반응기로 전달하는 운동 신경의 통로이다. 결국 척수는 뇌와 말초 신경을 연결해준다. 척수의 겉질은 백질, 속질은 회백질이다.

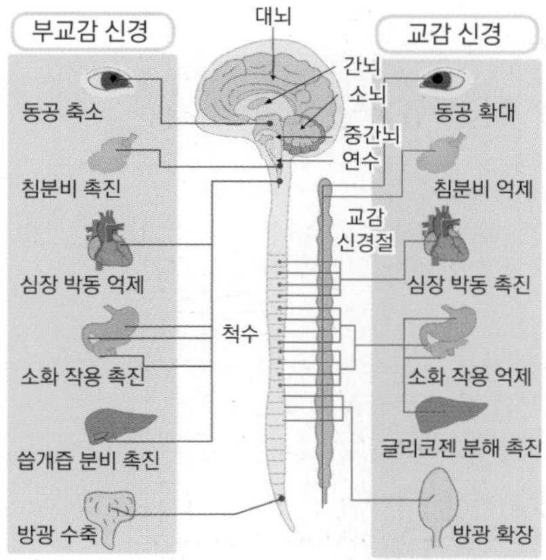

▲ 자율 신경계의 모식도

구분	교감 신경	부교감 신경
심장 박동	촉진	억제
호흡 운동	촉진	억제
동공	확대	축소
소화액 분비	억제	촉진
침 분비	억제	촉진
혈압	상승	하강
방광	이완	수축

▲ 자율 신경의 길항 작용

교감 신경	부교감 신경
• 척수의 가운데 부분에서 나오며, 흥분을 유발하는 반응을 담당한다. • 신경절 이전 뉴런이 신경절 이후 뉴런보다 짧다. • 신경절에서는 아세틸콜린, 신경 말단에서는 아드레날린이 분비된다.	• 중뇌, 연수, 척수의 끝부분에서 나오며, 흥분을 억제하는 반응을 담당한다. • 신경절 이전 뉴런이 신경절 이후 뉴런보다 길다. • 신경절과 신경 말단 모두에서 아세틸콜린이 분비된다.

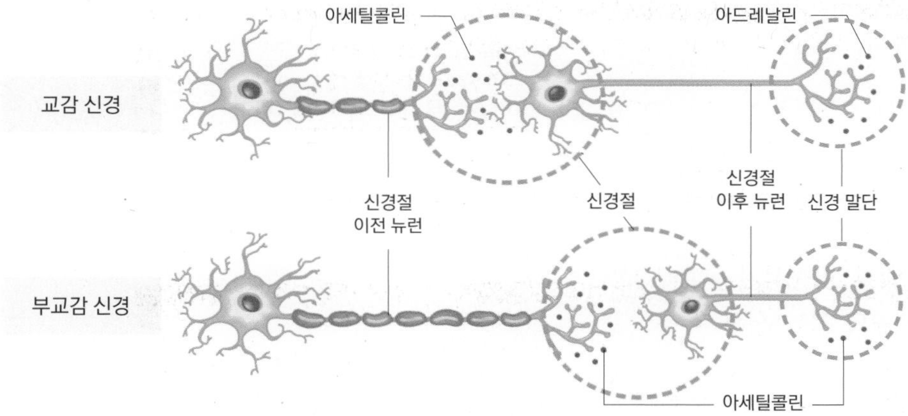

▲ 자율 신경의 작용 비교

(2) 자극에 대한 반응의 종류

① **의식적인 반응**[4] : 대뇌가 중추가 되어 대뇌의 판단과 명령에 따라 의식적으로 일어나는 반응이다.

자극 → 감각기 → 감각 신경 → 중추 (대뇌) → 운동 신경 → 반응기 → 반응

② **무의식적 반응(반사)** : 척수, 연수, 중뇌가 중추가 되어 대뇌를 거치지 않고 일어나는 반응으로 대뇌까지 자극이 전달되지 않기 때문에 반응 속도가 매우 빠르다.

자극 → 감각기 → 감각 신경 → 중추 (척수, 연수, 중뇌) → 운동 신경 → 반응기 → 반응

뇌단층 촬영(PET)

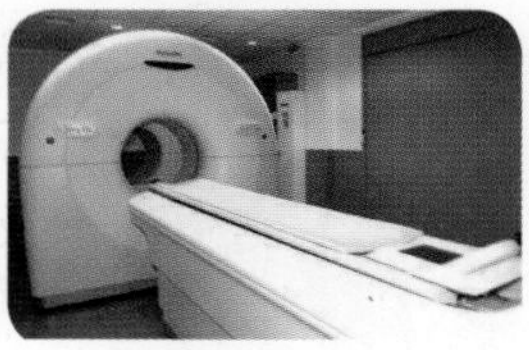

약간의 방사성 동위원소로 표지된 포도당 등을 환자에게 주사하고 이 포도당이 뇌에서 사용될 때 방출되는 방사능을 감지기로 포착한 후 컴퓨터로 분석해 3차원 영상을 얻는 방법이다. 이 방법을 사용하면 뇌의 어느 부분이 활발하게 작용하는지 알 수 있다.

④ 의식적 반응의 예

자극	식탁에 차려져 있는 맛있는 밥
감각기	눈 : 밥을 본다.
감각신경	시각신경
중추	대뇌
운동신경	운동신경
반응기	팔의 근육
반응	숟가락을 들어 밥을 먹는다.

미니사전

길항(대항) 작용 하나의 기관에 서로 반대되는 2가지 요인이 동시에 작용을 하여 그 효과를 서로 상쇄시키는 작용(기관의 기능을 조절하는 현상)

구분	무조건 반사	조건 반사
뜻	자극에 대해 무의식적으로 빠르게 나타나는 반응	과거의 경험이 조건이 되어 나타나는 무의식적인 반응
반사 중추	• 척수 반사 : 무릎 반사[5], 회피 반사(뜨거운 물체나 뾰족한 물체가 몸에 닿았을때 움츠리기) • 연수 반사 : 재채기, 침분비, 딸꾹질, 하품, 눈물 등 • 뇌 반사 : 중간뇌의 동공반사[6] → 홍채 조절	• 대뇌 예 파블로프의 실험[7] → 신 과일을 보거나 상상만 해도 입안에 침이 고인다.
반사 경로	자극 → 감각기 → 감각 신경 → 중추(척수, 연수, 중간뇌) → 운동 신경 → 반응기 → 반응	자극 → 감각기 → 감각 신경 → 중추(대뇌) → 운동 신경 → 반응기 → 반응
특징	• 대뇌까지 자극이 전달되지 않기 때문에 반응 속도가 매우 빠르다. → 갑자기 닥친 위험으로부터 우리 몸을 보호할 수 있다.	• 과거의 경험이 조건이 되어 일어나는 반응이므로 과거 경험에 따라 반응이 달라질 수 있다.
반사 경로 모식도	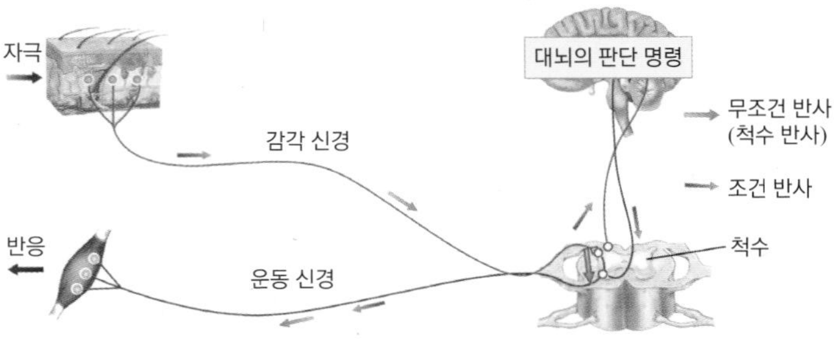	

정답 p 61

Q13 다음 설명을 읽고 옳은 것은 ○, 틀린 것은 ×표 하시오.

(1) 무조건 반사는 대뇌와 관계없이 일어나는 무의식적인 반응이다. ( )

(2) 체성 신경계는 감각 신경으로만 구성되고, 자율 신경계는 운동 신경으로만 구성된다. ( )

(3) 약물 몸에서 생리적, 정신적인 변화를 일으킬 수 있는 물질이다.

① 약물의 오용과 남용

오용	남용
• 약물을 의사의 처방에 따르지 않고 임의로 사용하는 것	• 약물을 치료가 아닌 다른 목적으로 이용하거나 너무 많이 복용하는 것
예 의사 처방전(소화 불량으로 처방한 약이므로 식후 30분 후에 드세요)에 따르지 않음 	예 진통제(모르핀)를 너무 많이 복용함 

② 약물 오 · 남용의 문제점

• 내성 : 약물을 계속 복용하면 체내에 생긴 저항력으로 약의 효과가 떨어져 조금씩 더 많은 양의 약물을 복용하게 된다.

• 의존성 : 약물을 한 번 사용하면 자꾸 사용하고 싶은 충동으로, 습관성(심리적 의존성)과 중독성(신체적 의존성)이 있다.

• 금단 현상 : 중독된 약의 복용을 중단했을 때 여러 비정상적인 증상이 나타난다.

⑤ 무릎 반사

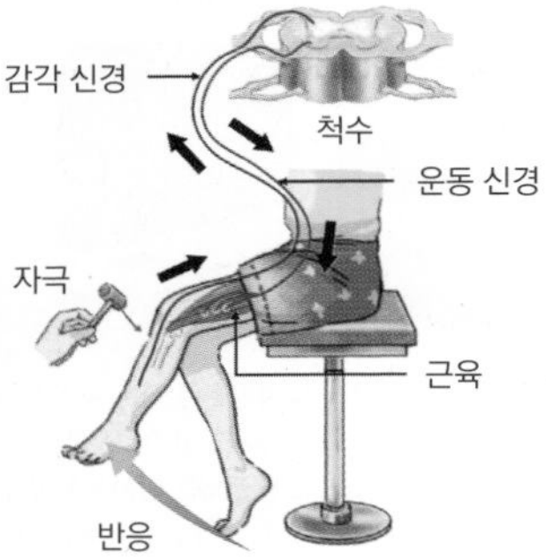

⑥ 동공 반사

중뇌에 의해 주변 밝기에 따라 홍채가 조절되어 동공 반사가 일어난다.

● 밝을 때 : 홍채 확장 → 동공 축소

● 어두울 때 : 홍채 축소 → 동공 확장

▲ 밝을 때 ▲ 어두울 때

⑦ 파블로프의 실험

(A) 먹이를 주면 침이 나온다. (무조건 반사)

(B) 종소리만 들려주면 침은 나오지 않는다.

(C) 먹이를 줄 때, 종소리를 반복하여 들려준다.

(D) 종소리만 들려주어도 침을 흘린다. (조건 반사)

③ **약물의 분류 및 피해**

구분		종류	신체에 미치는 영향
각성제	중추 신경을 자극하는 물질	카페인[8], 니코틴, 코카인	신경을 흥분시켜 호흡과 심장 박동을 촉진하고 긴장 상태를 유지시킴
진정제	중추 신경을 억제하는 물질	알코올[9], 진통제, 수면제	신경을 억제하여 호흡과 심장 박동을 느리게 하는 진정 효과와 통증을 완화하는 진통 효과
환각제	중추 신경을 자극하거나 억제하는 물질	대마초(마리화나), LSD, 흡인제(본드, 시너)	환각 상태에 빠져 판단력이 상실되거나 환상, 환청을 유발하고 의식을 잃을 수 있음

④ **담배와 술**

구분		신체에 미치는 영향
담배	타르	발암성 물질로 여러 암 중 주로 폐암을 유발시킴
	니코틴	중독성을 일으키는 성분으로 모세혈관을 수축시켜 혈압을 상승시키며, 신경계를 흥분시킴
	일산화 탄소	산소 부족현상, 기억력 저하, 현기증 유발
술		• 주의력이나 판단력을 떨어뜨리게 하며(뇌와 신경의 기능 저하), 쉽게 감정이 동요됨 • 위나 간의 손상을 유발시킴

정답 p 61

Q14 카페인, 니코틴, 코카인의 공통적인 약물의 분류는 무엇인가?

6. 호르몬

(1) 호르몬

① **호르몬** : 내분비샘에서 분비되어 미량으로 특정 세포나 기관에 작용하여 생리 작용을 조절하는 화학 물질이다.

② **내분비샘과 외분비샘**

구분	모식도	특징
내분비샘	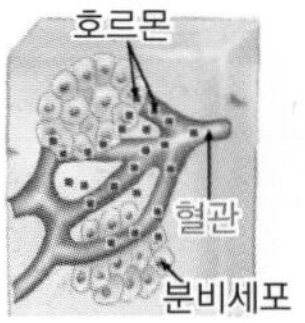	분비관이 따로 없어 호르몬을 혈관으로 직접 분비한다. 예 뇌하수체[1], 이자, 갑상샘 등
외분비샘	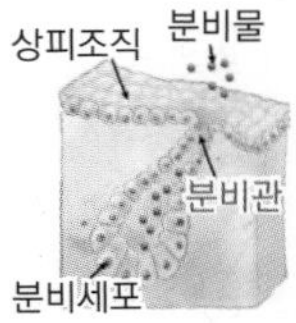	분비관을 통해 분비물(침, 소화액, 땀 등)을 몸 밖이나 소화관으로 분비한다. 예 침샘, 소화샘, 땀샘 등

③ **호르몬의 특징**

- 호르몬의 분비와 작용 → 내분비선에서 생성된 후 혈관으로 분비되어 혈액을 통해 운반된다.
- 미량으로 생리 작용을 조절한다. → 부족하면 결핍증, 많으면 과다증이 나타난다.
- 특정한 표적 기관에서만 작용한다. → 생성되는 장소와 작용하는 장소가 다르다. (내분비샘에서 생성되어 혈액이나 조직액을 통해 온몸으로 운반된다.)
- 척추 동물 간에는 종 특이성이 없어서 항원으로 작용하지 않아 같은 호르몬의 경우 다른 종에서도 같은 효과를 나타낸다.

8 카페인

- 카페인은 차, 콜라나무 열매, 카카오 등에서 얻는다.
- 체성 신경계를 자극하는 효과가 있어 운동 수행 능력 증가, 피로감 감소, 민첩성 증가 등의 긍정적인 효과도 있지만, 지속적으로 마시는 사람에게 습관성 중독을 유발한다.
- 카페인은 녹차, 콜라, 커피, 초콜릿 등에 함유되어 있다.

9 알코올 남용 및 의존

알코올 남용은 과도한 음주로 인해 정신적, 신체적, 사회적 기능에 장애가 오는 것으로, 심한 경우 알코올 의존에 이르게 된다.

1 뇌하수체

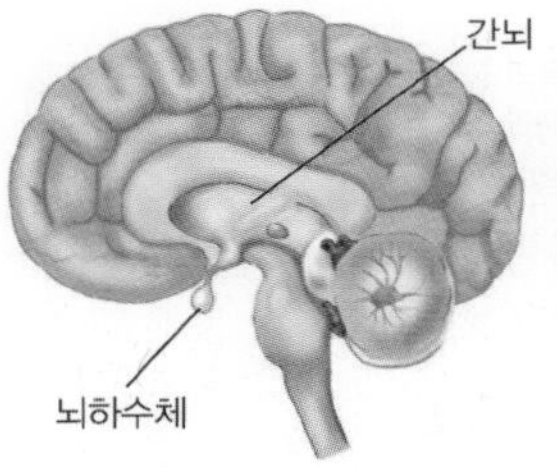

- 뇌하수체는 사람의 코 바로 뒤쪽의 시신경 아래쪽에 자리잡고 있는 타원형의 내분비 기관이다.
- 뇌하수체는 전엽, 중엽, 후엽으로 나뉘며 호르몬의 분비와 조절에 중요한 역할을 한다.

미니사전

표적 기관 혈관을 통해 이동하는 호르몬이 최종적으로 도착하여 작용하게 되는 기관

종 특이성 특정한 종에서만 볼 수 있는 현상

④ **호르몬의 분비와 작용** : 혈액에는 여러 가지 호르몬이 들어 있지만, 자물쇠의 구멍에 맞는 열쇠만이 문을 열듯이 호르몬은 자신이 작용하는 표적 세포나 표적 기관에만 효과를 나타낸다.

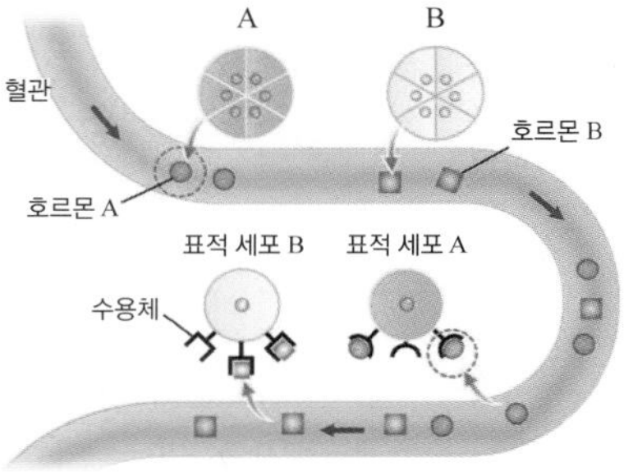

▲ 호르몬과 표적 세포

⑤ **신경과 호르몬의 비교**[2] : 신경에 의한 조절은 신속한 조절이 필요할 때, 호르몬에 의한 조절은 넓은 범위에 지속적으로 작용할 때 용이하다.

구분	신경계	호르몬
자극 전달 매체	뉴런	혈액
자극 전달 속도 및 반응 속도	뉴런을 통해 이동하기 때문에 흥분 전달 속도 및 반응 속도가 매우 빠름	분비, 운반, 작용에 시간이 걸리기 때문에 전달 속도 및 반응 속도가 비교적 느림
효과의 지속성	일시적이며, 지속 시간이 짧음	비교적 오래 지속됨
작용 범위	뉴런이 연결되는 부위에만 작용하므로 작용 범위가 좁음	멀리 있는 기관의 활동을 조절하므로 작용 범위가 넓음
특징	일정한 방향으로만 자극이 전달됨	표적 기관에만 작용함

정답 p 61

Q15 호르몬이 기능을 수행하는 특정 기관을 무엇이라고 하는가?

⑥ **사람의 내분비샘과 호르몬**

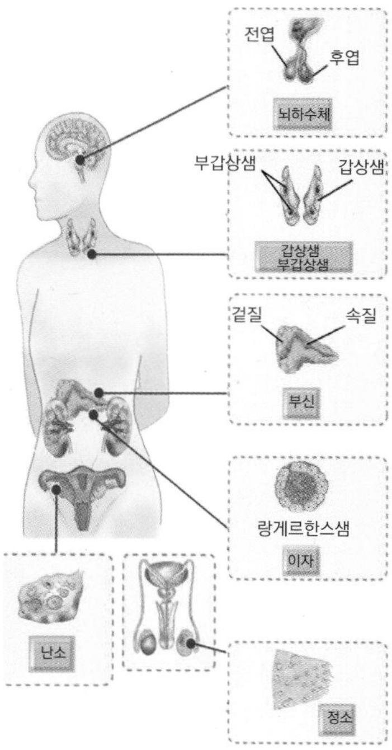

내분비샘		호르몬	기능
뇌하수체	전엽	생장 호르몬	생장 촉진
		내분비샘 자극 호르몬	내분비샘 자극 → 호르몬 분비 촉진
	후엽	옥시토신	분만 시 자궁 근육 수축 촉진
		항이뇨 호르몬(ADH)	콩팥에서 수분 재흡수 촉진
갑상샘[3]		티록신	세포 호흡 및 물질대사 촉진
부신[4]	겉질	무기질 코르티코이드(알도스테론)	콩팥에서 Na^+ 흡수, K^+ 배출
		당질 코르티코이드	혈당량 증가(지방, 단백질 → 포도당)
	속질	아드레날린(에피네프린)	혈당량 증가(글리코겐 → 포도당), 혈압 상승, 심장 박동 촉진
이자	α 세포	글루카곤	혈당량 증가(글리코겐 → 포도당)
	β 세포	인슐린	혈당량 감소(포도당 → 글리코겐)
생식샘	정소	테스토스테론	정자의 생산 촉진, 남성의 2차 성징 발현
	난소	에스트로젠	여성의 2차 성징 발현, 자궁 내벽의 발달 촉진
		프로게스테론	배란 억제, 자궁 내벽을 두껍게 유지

② 신경과 호르몬의 전달 방식

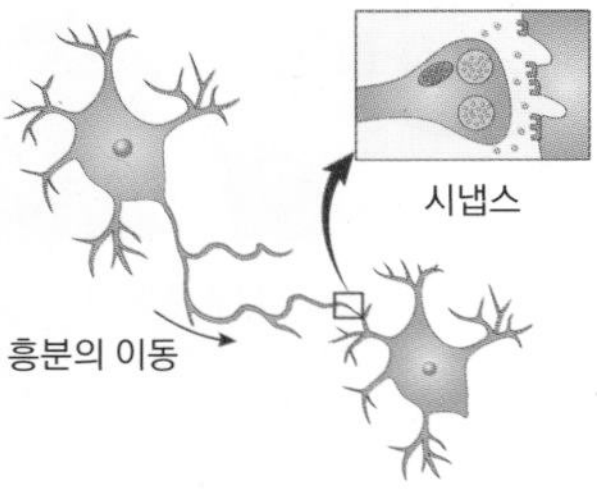

▲ 신경의 전달 방식

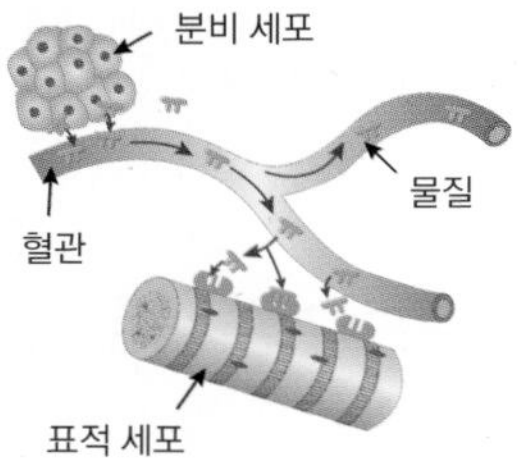

▲ 호르몬의 전달 방식

③ 갑상샘

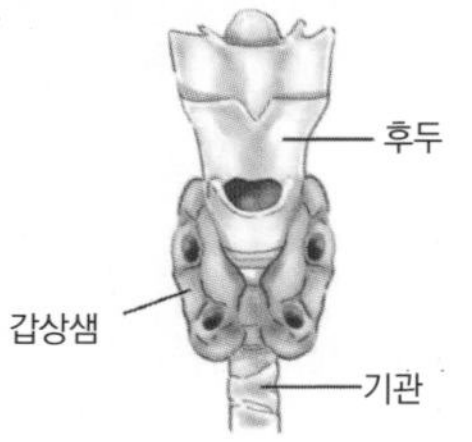

목의 한가운데서 앞으로 튀어나온 물렁뼈의 아래쪽 기도를 감싸고 있는 내분비샘이다.

④ 부신

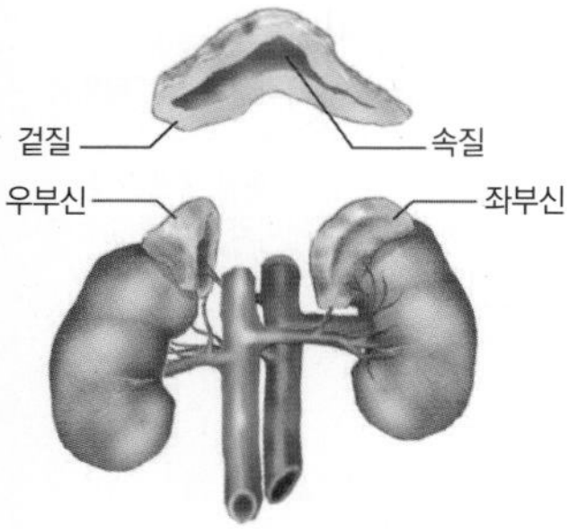

- 사람의 좌우 콩팥 위에 있는 한쌍의 내분비 기관으로 생명 유지에 중요한 내분비샘이다.
- 좌측은 반달형, 우측은 편평한 삼각형 모양을 하고 있다.

⑦ 피드백 원리에 의한 호르몬 조절

- 피드백[5] : 어떤 변화에 의한 결과가 변화를 일으킨 원인에 다시 영향을 미치는 현상이다.

→ 양성 피드백 : 결과가 원인을 강화시키는 방향으로 작용하는 현상 예 옥시토신에 의한 출산 촉진 과정 등

→ 음성 피드백 : 결과가 원인을 억제함 예 티록신의 분비 조절 등

[티록신의 분비 조절 과정]

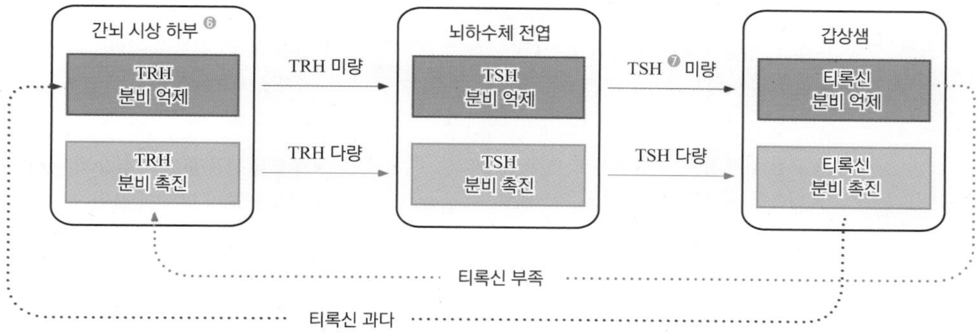

• TRH : TSH 방출 호르몬 • TSH : 갑상샘 자극 호르몬

혈액 속에 티록신의 양이 부족하게 되면 티록신의 분비가 촉진되지만, 티록신이 과다하게 많으면 티록신의 분비가 억제된다.

구분	조절 과정
티록신이 과다 분비되었을 때	시상 하부와 뇌하수체 전엽의 작용 억제 → TRH, 갑상샘 자극 호르몬(TSH) 분비 감소 → 티록신 분비 감소
티록신이 부족할 때	시상 하부와 뇌하수체 전엽의 작용 활발 → TRH, 갑상샘 자극 호르몬(TSH) 분비 증가 → 티록신 분비 증가

⑧ 호르몬 분비량 이상에 따른 질병 : 호르몬은 매우 적은 양으로 큰 효과를 내기 때문에 분비량이 지나치게 많거나 적으면 이상 증상이 나타난다.

질병	원인	증상
거인증	성장기에 생장 호르몬 과다	키가 비정상적으로 커짐
소인증	성장기에 생장 호르몬 부족	몸이 자라지 않음
말단 비대증	성장기 이후 생장 호르몬 과다	입술과 코가 두꺼워져 얼굴이 변하고, 손발이 커짐
갑상샘 기능 항진증 (바제도병)	티록신 과다	물질대사가 과도하게 진행되어 체중이 감소하고, 과민해지며 눈이 돌출됨
갑상샘 기능 저하증[8] (크레틴병)	티록신 부족	• 어린 아이는 골격 성장이 지연되고, 정신 박약 증상이 나타남 • 어른은 피부가 붓고 체중이 증가하며, 피로해지고 추위를 잘 탐 → 신체적 기능이 저하됨(점액 수종)
당뇨병	인슐린 부족	심한 갈증, 배뇨량 증가, 허기지며 합병증 발생

정답 p 61

Q16 양성 피드백 원리에 의해 조절되는 호르몬 조절을 있는 대로 고르시오.

a. 부교감 신경 b. 티록신 c. 옥시토신 d. 인슐린 e. 글루카곤

⑤ 피드백 vs 길항(대항) 작용

- 피드백 : 결과가 원인을 억제하거나(음성 피드백) 촉진(양성 피드백)함
- 길항(대항) 작용 : 한 기관에 서로 반대되는 작용을 하여 일정한 상태를 유지하는 작용

예 교감 신경과 부교감 신경, 인슐린과 글루카곤(혈당량 조절) 등

⑥ 간뇌 시상 하부

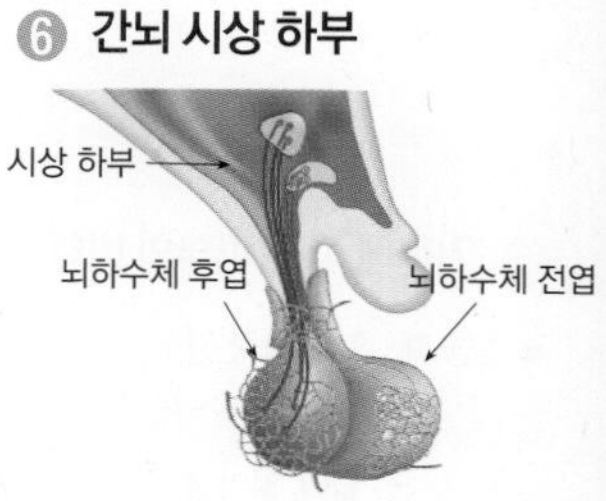

- 시상 하부는 간뇌의 일부이며, 뇌하수체와 연결된 부위로서 인체의 항상성을 조절하는 중추이다.
- 신경계를 통하여 몸 안이나 외부환경에 대한 정보를 받아 들이고, 뇌하수체 후엽에서 분비될 호르몬을 만들거나 뇌하수체 전엽에 호르몬을 방출하여 내분비계를 조절한다.

⑦ 뇌하수체 전엽에서 분비되는 자극 호르몬

자극 호르몬	기능
갑상샘 자극 호르몬 (TSH)	갑상샘을 자극하여 티록신 분비 촉진
부신 겉질 자극 호르몬 (ACTH)	부신 겉질을 자극하여 코르티코이드 분비 촉진
여포 자극 호르몬 (FSH)	여성에서는 여포 성숙, 남성에서는 세정관 발달
황체 형성 호르몬 (LH)	여성에서는 배란 촉진, 남성에서는 테스토스테론 분비 촉진
젖분비 자극 호르몬 (프로락틴)	임신 전후에 분비, 젖샘의 발달 및 젖 분비 촉진

⑧ 갑상샘종

티록신이 부족하면 뇌하수체 전엽에서 갑상샘 자극 호르몬(TSH)이 계속 분비되어 갑상선을 자극하게 되고, 결국 갑상선이 비대해지게 된다.

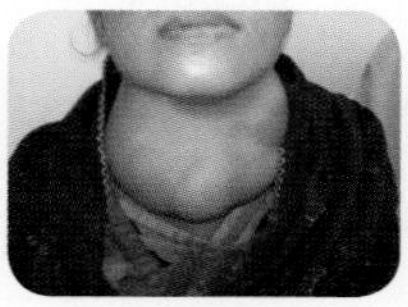

▲ 갑상샘종 환자

⑨ 사람의 체온 조절

- 사람의 정상 체온은 36.5 ℃ 이며, 정상 체온이 아니면 즉시 체온 조절 장치가 작동한다.
- 간뇌의 시상 하부는 자율 신경계와 뇌하수체에 신호를 통해 호르몬과 신경 전달 물질이 분비되도록 하여 열 방출과 열 생성을 조절하여 체온의 변화 범위가 1 ℃ 내에서 유지되도록 한다.

⑩ 기온에 따른 피부의 변화

- 추울 때 : 열 방출량 감소

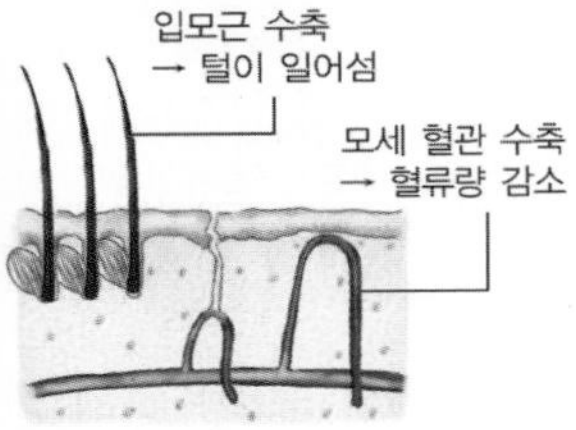

- 더울 때 : 열 방출량 증가

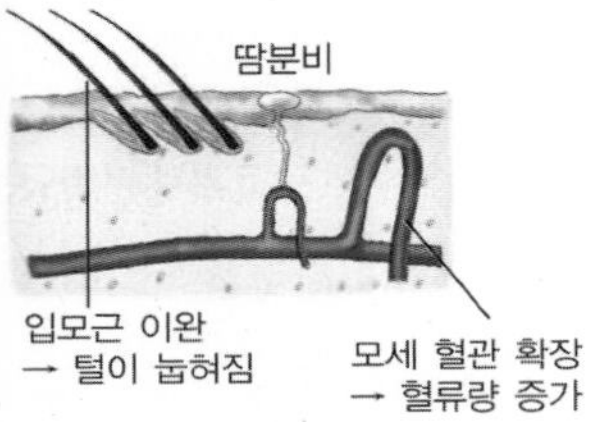

⑪ 땀 분비

땀을 흘리면 땀이 기화하면서 기화열을 피부로부터 빼앗아가므로 피부의 온도를 낮추게 된다.

미니사전

입모근 털 주변에 연결된 근육으로 추울 때는 수축하여 털을 세우고 소름을 돋게 함

(2) 항상성 외부 환경이 변하더라도 체온(36.5 ℃), 혈당량(0.1 %), pH, 삼투압, 수분 조절과 같은 체내 상태를 일정한 범위 내에서 유지하려는 성질로 중추는 간뇌의 시상 하부이며, 신경과 호르몬의 피드백 조절 및 길항(대항) 작용에 의해 이루어진다.

① **체온 조절**[9] : 티록신, 인슐린/글루카곤, 당질/무기질 코르티코이드가 작용하여 열 발산량 및 열 발생량을 조절함으로써 체온을 일정하게 유지시킨다.

추울 때 (체온 하강 시)		더울 때 (체온 상승 시)	
열 방출 억제 (열 발산량 감소)	• 교감 신경 흥분 → 피부의 모세혈관 수축, 입모근 수축(소름이 돋는다)[10], 땀 분비 억제[11], 체표면적 감소	열 방출 촉진 (열 발산량 증가)	• 교감 신경 작용 완화 → 피부의 모세혈관 확장, 입모근 이완[10] → 땀분비 증가[11], 체표면적 확장
열 생성 촉진 (열 발생량 증가)	• 교감 신경 흥분 → 심장 박동 촉진 • 티록신, 당질 코르티코이드, 아드레날린 분비 증가 → 간과 근육에서 세포 호흡(물질대사) 촉진 → 열 생성 촉진 • 골격근을 수축하여 몸 떨림	열 생성 억제 (열 발생량 감소)	• 부교감 신경 흥분 → 심장 박동 억제 • 티록신 분비 억제, 인슐린, 무기질 코르티코이드 분비 증가 → 간과 근육에서 세포 호흡(물질대사) 억제 → 열 생성 억제

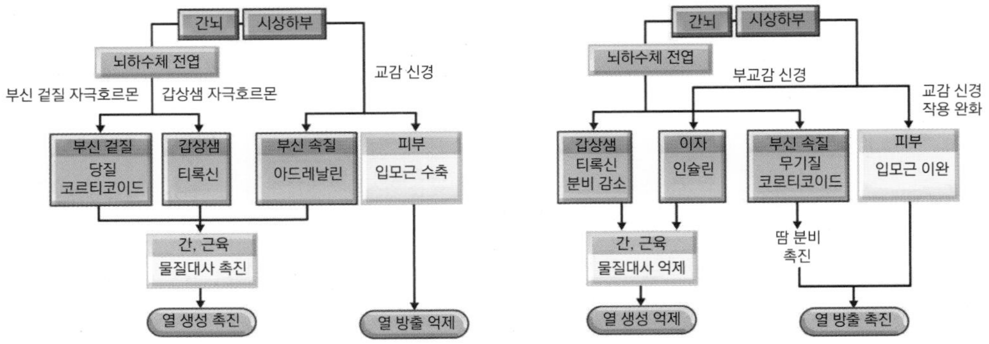

② **혈당량 조절** : 인슐린과 글루카곤, 당질 코르티코이드, 아드레날린이 관여하여 혈당량을 일정하게 유지시킨다.

구분	혈당량 높을 때 (고혈당)	혈당량 낮을 때 (저혈당)
조절 과정	• 간뇌의 시상 하부 → 부교감 신경 흥분 → 이자 β 세포에서 인슐린 분비 → 간에서 포도당을 글리코젠으로 전환, 세포에서 혈액 속의 포도당 흡수 촉진 → 혈당량 감소	• 간뇌의 시상 하부 → 교감 신경 흥분 → 이자 α 세포에서 글루카곤 분비, 부신 속질에서 아드레날린(에피네프린) 분비 → 간에서 글리코젠을 포도당으로 전환 → 혈당량 증가 • 간뇌의 시상 하부 → 뇌하수체 전엽 → 부신 겉질에서 당질 코르티코이드 분비 → 혈당량 증가(단백질, 지방 → 포도당)
모식도	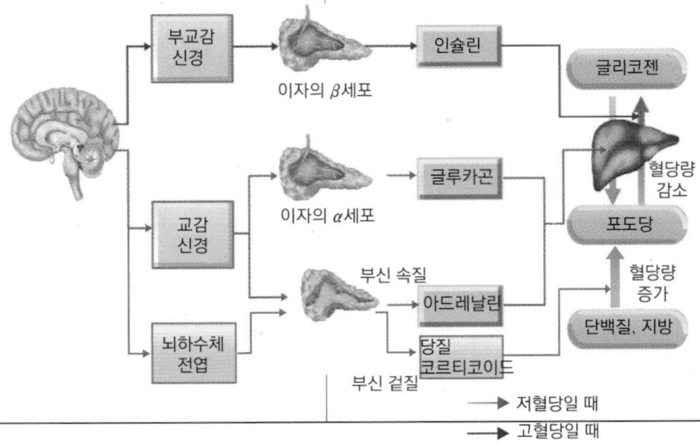	

③ **삼투압 조절**[12] : 항이뇨 호르몬(ADH)과 무기질 코르티코이드가 관여하여 삼투압을 일정하게 유지시킨다.

구분	삼투압이 높을 때	삼투압이 낮을 때
조절 과정	• 항이뇨 호르몬(ADH) 분비 증가 → 콩팥에서 수분 재흡수 촉진 → 오줌량 감소 → 체내 수분량 증가 (삼투압 감소) • 무기질 코르티코이드 분비 감소 → 콩팥에서 Na^+ 재흡수 억제 (삼투압 감소)	• 항이뇨 호르몬(ADH) 분비 감소 → 콩팥에서 수분 재흡수 억제 → 오줌량 증가 → 체내 수분량 감소 (삼투압 증가) • 무기질 코르티코이드 분비 증가 → 콩팥에서 Na^+ 재흡수 촉진 (삼투압 증가)
모식도	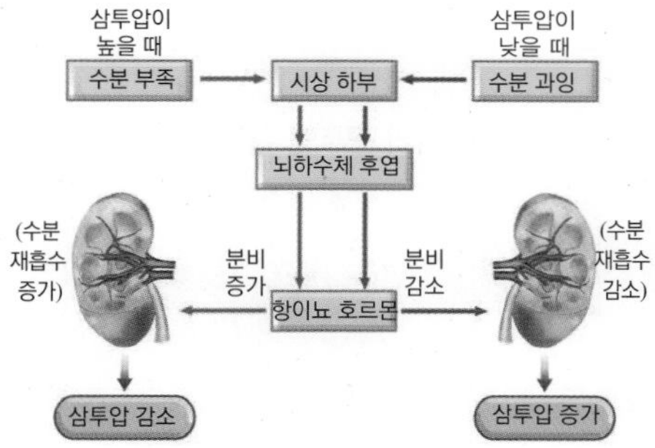 ▲ 항이뇨 호르몬(ADH)에 의한 삼투압 조절	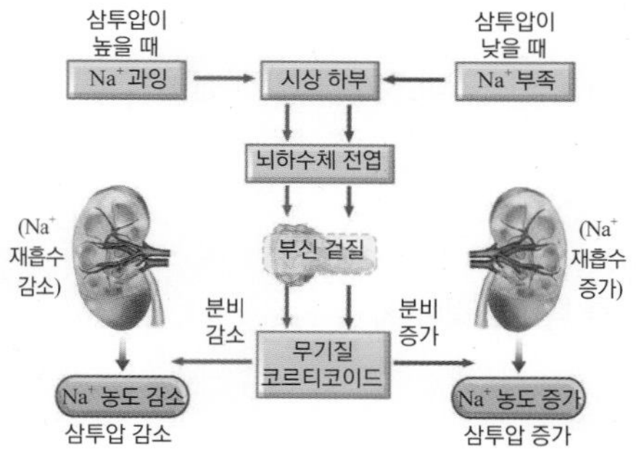 ▲ 무기질 코르티코이드에 의한 삼투압 조절

(3) 호르몬과 식물의 생장[13][14]

① **옥신** : 식물의 줄기와 뿌리 끝의 생장점에서 생성되어 식물의 길이 생장을 촉진하는 호르몬이다.

구분	내용	그래프
특징	• 빛의 반대 방향, 중력(아래) 방향으로 이동 • 길이 생장 촉진, 끝눈 생장 촉진, 곁눈 생장 억제 • 식물의 기관마다 생장을 촉진하는 옥신의 최적 농도가 다름	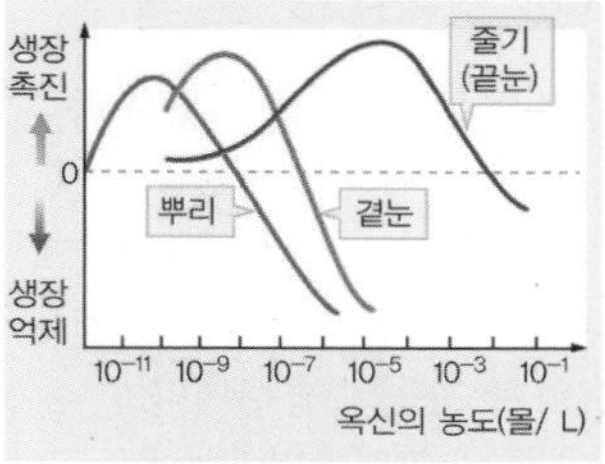 ▲ 옥신의 농도에 따른 기관의 생장
예	옥신의 농도에 따른 기관의 생장 : 줄기의 생장이 촉진되는 옥신의 농도에서는 뿌리와 곁눈의 생장이 억제된다.	

② **굴광성** : 식물이 빛의 방향에 따라 굽어 자라는 성질로, 줄기는 빛이 오는 방향으로 뿌리는 빛의 반대 방향으로 굽어 자란다. → 옥신은 빛의 반대 방향으로 이동하는데, 옥신에 의해 세포 분열이 활발하게 되어 길이 생장이 촉진되므로 식물은 빛이 오는 방향으로 굽어 자라게 된다.

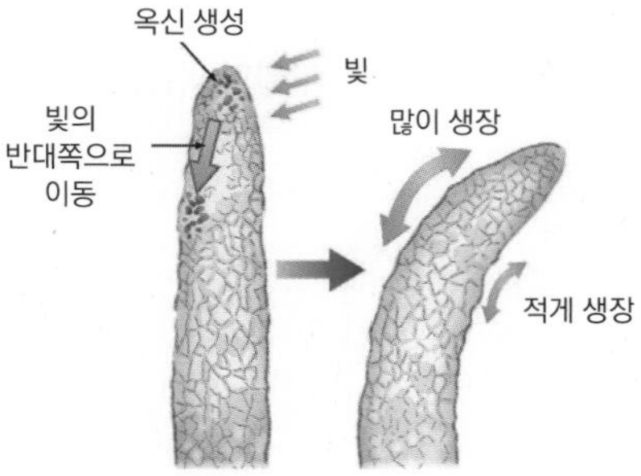

③ **굴지성** : 싹튼 식물을 수평으로 놓아두면 중력 자극에 의하여 뿌리가 땅을 향하여 생장하는 현상으로서 식물 호르몬 중 ABA(abscisic acid ; 아브시스산)에 의한 현상으로 알려져 있다.

• 어린 식물을 수 분 내지 10여 분 수평하게 한 후에 수직으로 되돌리면, 줄기는 곧 수평시에 받은 중력 방향과 반대로, 뿌리는 중력 방향으로 굴곡한다.
• 식물을 원운동 시키면 원의 중심과 바깥 방향으로 뿌리가 자라고, 원의 중심 방향으로 줄기가 자란다. (식물은 원의 바깥 방향으로 원심력을 받는다.)

---

⑫ 체내의 삼투압

체내의 삼투압은 체액의 농도를 의미한다. 체액에 무기염류가 많이 포함될수록 농도가 높아진다.
● 체액의 삼투압이 높을 때에는 체내로 물이 흡수되거나, 무기염류가 빠져나가 체액의 농도가 내려가야 한다.
● 체액의 삼투압이 낮을 때에는 체내로 물이 공급되지 못하게 하거나, 무기염류가 공급되어 농도를 높여야 한다.

동물 호르몬 VS 식물 호르몬

식물체 내에서 생성되는 호르몬은 동물 호르몬과 구조적으로 매우 다르다. 동물 호르몬은 아미노산으로부터 유도된 고분자량 화합물인 폴리펩타이드나 단백질 및 스테로이드가 대부분인 반면, 식물의 경우에는 비교적 단순한 구조의 호르몬들이 많다. (예) 에틸렌(ethylene)의 경우는 탄소 두 개와 수소 네 개로 이루어진 매우 단순한 구조를 갖지만, 이것은 식물에서 매우 중요한 역할을 한다.

⑬ 에틸렌 호르몬

● 에틸렌은 기체로 된 식물 호르몬으로 식물의 성숙을 촉진하는 기능을 하는 호르몬이다.
● 에틸렌은 가스나 석유가 연소할 때 생기는 에틸렌 가스와 같은 물질로 외부에서 에틸렌을 뿌려 줘도 식물의 성숙을 촉진하기 때문에 오래 전부터 상업적으로 이용되어 왔다.

⑭ 식물체 내 생장 조절 호르몬

식물의 생장 조절 호르몬은 옥신(Auxin)과 지베렐린(Gibberellin)이 대표적이다.
● 옥신 : 줄기 끝, 뿌리 끝의 생장점에 분포하여 길이 생장을 촉진시킨다.
● 지베렐린 : 키 작은 완두에 처리하면 줄기 생장을 촉진시킨다.

신경계

37 **다음 중 사람의 신경계에 대한 설명으로 옳지 않은 것은?**

① 뇌와 척수는 중추 신경계에 해당된다.
② 말초 신경계는 자극과 명령을 전달한다.
③ 신경계는 크게 중추 신경계와 말초 신경계로 구분된다.
④ 말초 신경계는 체성 신경계와 자율 신경계로 이루어져있다.
⑤ 중추 신경계는 12쌍의 뇌신경과 31쌍의 척수 신경으로 구성된다.

38 **다음 그림은 뇌의 구조를 나타낸 것이다.**

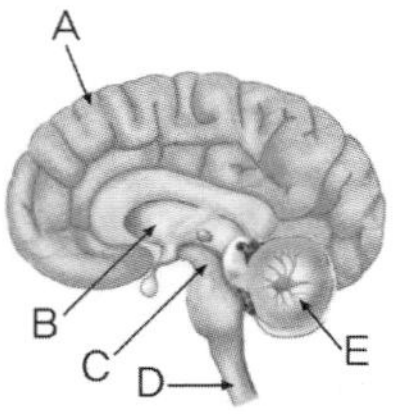

A ~ E의 기능에 대한 설명으로 옳지 않은 것은?

① A - 판단, 추리, 기억 등의 고등 정신 활동을 담당한다.
② B - 체온과 혈당량을 조절하는 등 항상성 조절 중추이다.
③ C - 좌우 신경의 교차가 일어나며 기침, 재채기, 하품 등의 무조건 반사의 중추이다.
④ D - 심장 박동, 호흡, 소화관 운동의 중추이다.
⑤ E - 몸의 균형 및 근육 운동을 조절한다.

39 **뇌의 구조에서 다음과 같은 기능을 하는 부위의 이름을 쓰시오.**

- 신경의 교차가 일어난다.
- 하품, 구토, 재채기 등의 반사 중추이다.
- 이곳을 다치면 심한 경우 생명이 위태로울 수 있다.
- 호흡 운동, 심장 박동, 소화 운동을 조절하는 중추이다.

( )

40 **교감 신경에 의한 증상으로 옳지 않은 것은?**

① 혈압 상승 ② 소화 운동 촉진
③ 심장 박동 촉진 ④ 호흡 운동 촉진
⑤ 동공 확대

41 **다음 중 자율 신경계에 대한 설명으로 옳지 않은 것은?**

① 중추는 대뇌이다.
② 감각 신경은 없고 운동 신경만 존재한다.
③ 자신의 의지와 상관없이 신경의 흥분이 일어난다.
④ 교감 신경과 부교감 신경으로 구성되며 서로 길항 작용을 한다.
⑤ 내장 기관에 분포하여 그 기관의 작용을 자율적으로 조절한다.

42 **다음 그림은 뇌의 구조를 나타낸 것이다.**

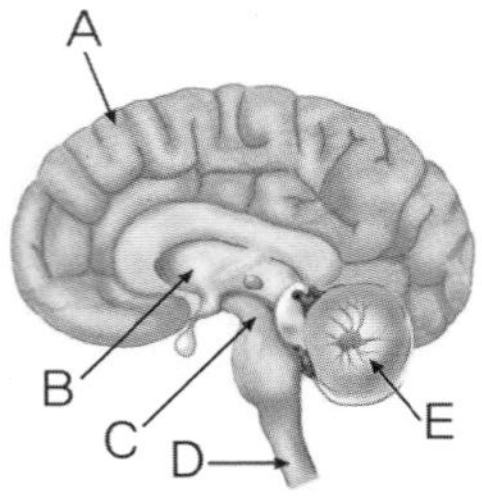

사고 후 다음과 같은 증상들이 나타났을 때 손상된 뇌의 부위에 해당하는 구조의 기호와 이름을 쓰시오.

(1) 평균대 위에서 중심을 잡지 못하고 떨어진다. ( )
(2) 눈에 빛을 비추어도 동공의 크기가 변하지 않는다. ( )
(3) 더위나 추위를 잘 느끼지 못하며, 체온 조절이 잘 안된다. ( )
(4) 과거의 기억을 모두 잃어버리고, 자신의 이름조차 기억하지 못한다. ( )

43 **다음 〈보기〉 중 무조건 반사에 해당하는 것만을 있는 대로 고르시오.**

보기
ㄱ. 하품을 하면 눈물이 나온다. ㄴ. 떨어지는 자를 보고 재빨리 잡았다. ㄷ. 귤을 보기만 해도 입에 침이 고인다. ㄹ. 밥을 입에 넣었더니 침이 분비되었다. ㅁ. 청소를 하다 먼지가 코에 들어와 재채기를 한다. ㅂ. 밥을 먹을 때마다 종소리를 들은 개는 종소리만 들어도 침을 흘린다.

정답 및 해설 61쪽

44 다음은 신경계의 연결 모습을 나타낸 모식도이다.

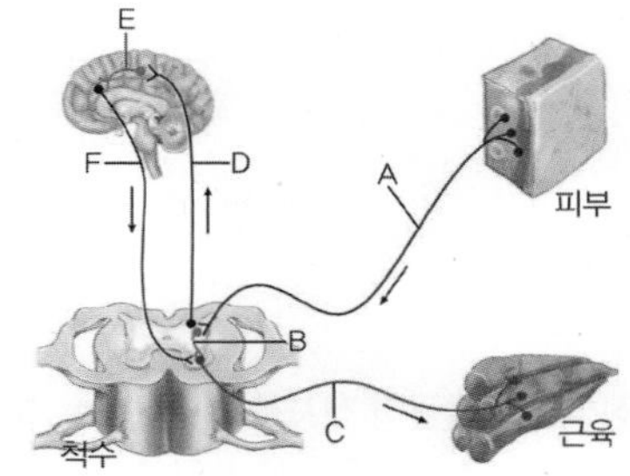

엄마는 아기를 목욕시키기 위해 목욕물의 온도를 적당하게 맞추고 있다. 이때 목욕물의 온도가 알맞다고 생각하여 물속에서 손을 빼내는 과정이 일어나는 동안 자극의 전달 경로를 순서대로 쓰시오.

45~46 다음은 신경계가 연결된 모습을 나타낸 것이다.

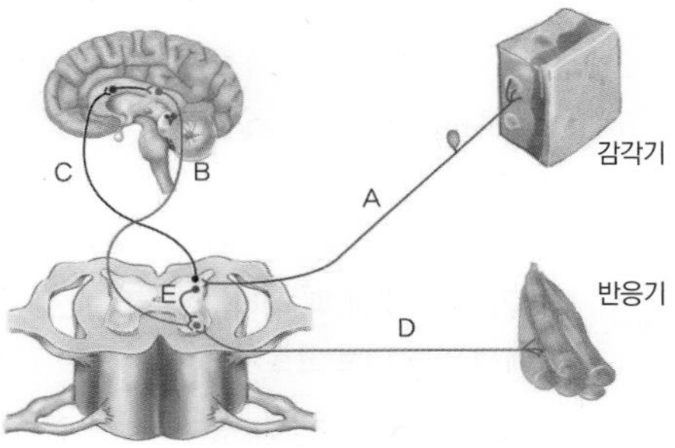

45 무릎뼈 밑을 고무 망치로 때렸을 때 발이 저절로 올라가는 반응을 조절하는 중추와 자극의 전달 과정을 기호로 나열하시오.

46 A → E → D의 경로를 통해 일어나는 반응의 예로 옳은 것은?

① 감기에 걸려 계속 기침을 한다.
② 맛있는 피자를 상상하니 군침이 돈다.
③ 사이다를 너무 급하게 먹다 딸꾹질을 했다.
④ 뜨거운 물체에 손이 닿으면 빠르게 움추린다.
⑤ 어두운 곳에 있다 밝은 곳에 나오니 동공이 작아졌다.

47 다음은 개를 대상으로 파블로프가 실험한 과정이다.

(가) 먹이를 주면 침이 나온다. (나) 종소리만 들려주면 침이 나오지 않는다. (다) 먹이를 줄 때마다 종소리를 들려준다. (라) 종소리만 들려주어도 침을 흘린다.

위 실험에 대한 설명으로 옳은 것은?

① (가) 과정은 조건 반사에 해당된다.
② 조건에 따라 반사의 중추가 변한다.
③ (라) 과정은 무조건 반사에 해당된다.
④ 과거의 경험이 조건이 되어 일어나는 반사이다.
⑤ 무조건 반사의 원리를 알아보기 위한 실험이다.

48 다음에서 설명하고 있는 약물을 있는 대로 고르시오.

• 신경을 억제한다. • 몸의 통증을 완화시킨다. • 호흡과 심장 박동을 느리게 한다.

① 알코올 ② 본드 ③ 시너
④ 수면제 ⑤ 코카인

49 다음 각각의 설명에 해당하는 것을 〈보기〉에서 고르시오.

보기
ㄱ. 남용　　ㄴ. 금단 현상　　ㄷ. 오용 ㄹ. 내성　　ㅁ. 의존성

(1) 습관성과 중독성이 나타나는 것 (　　)
(2) 약물을 의사의 처방 없이 임의로 사용하는 것 (　　)
(3) 약물을 치료가 아닌 다른 목적으로 사용하는 것 (　　)
(4) 중독된 약의 복용을 중단했을 때 여러 비정상적인 증상이 나타나는 것 (　　)
(5) 약물을 사용할 때마다 양을 늘리지 않으면 효과가 나타나지 않는 현상 (　　)

50 사람들은 잠이 오는 것을 막기 위해 커피를 많이 마신다. 커피 속에 들어 있는 성분과 그 성분이 속하는 약물을 바르게 짝지은 것은?

① 니코틴 - 각성제 ② 니코틴 - 환각제
③ 카페인 - 각성제 ④ 카페인 - 진정제
⑤ 코카인 - 환각제

호르몬

51 **다음 중 호르몬에 대한 설명으로 옳은 것을 있는 대로 고르시오.**

① 분비관을 통해서 분비된다.
② 효과는 빠르고 매우 일시적이다.
③ 적은 양으로도 생리 작용을 조절한다.
④ 각 호르몬마다 작용하는 표적 기관이 따로 있다.
⑤ 돼지의 인슐린을 사람에게 주사해도 사람의 인슐린과 동일한 작용을 한다.

52 **오른쪽 그림은 여성의 내분비샘을 나타낸 것이다. 각 분비샘에서 분비되는 호르몬과 그 기능이 바르게 연결된 것은?**

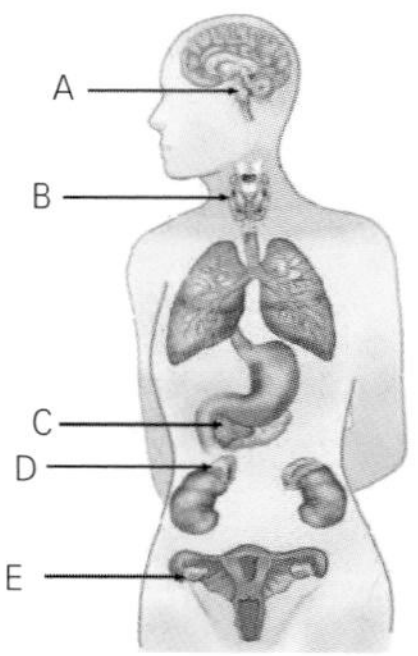

	내분비샘	호르몬	기능
①	A	갑상샘 자극 호르몬	혈당량을 증가시킴
②	B	티록신	수분 재흡수 촉진
③	C	인슐린	혈당량 감소
④	D	부신 겉질 자극 호르몬	배란 억제
⑤	E	테스토스테론	여성의 2차 성질 발현

53 **다음은 티록신의 분비량이 조절되는 과정이다.**

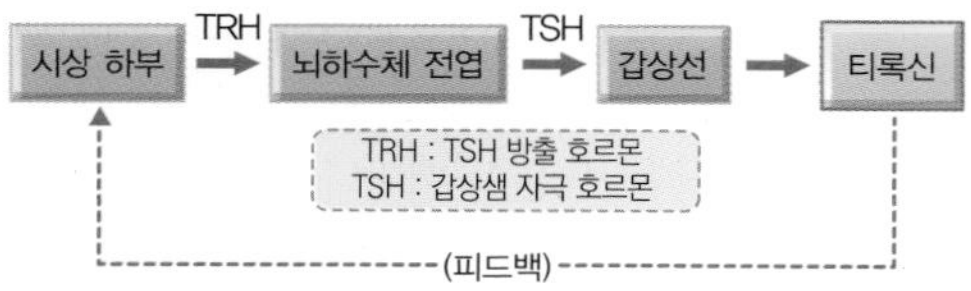

혈액 속에 티록신의 농도가 증가하게 될 때 호르몬의 분비량이 어떻게 변화할지 알맞은 말에 ○표 하시오.

TRH	(감소 , 증가)
TSH	(감소 , 증가)
티록신	(감소 , 증가)

54

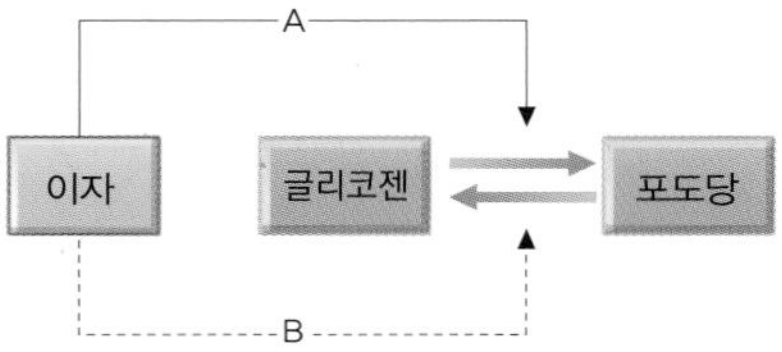

정상적인 사람이 식사를 하고 난 후, 분비량이 증가하는 호르몬의 기호와 명칭을 쓰시오.

55 **다음은 체내의 항상성을 유지하기 위한 과정을 나타낸 것이다.**

혈액의 삼투압 (가) → 뇌하수체에서 ADH 분비 (나) → 신장에서 수분 재흡수 (다) → 오줌량 (라)

음식을 너무 짜게 먹은 후 갈증이 느껴질 때 (가) ~ (라)의 변화를 바르게 나타낸 것은?

	(가)	(나)	(다)	(라)
①	증가	촉진	촉진	감소
②	증가	억제	억제	감소
③	증가	촉진	억제	감소
④	감소	촉진	촉진	증가
⑤	감소	억제	억제	증가

56 **날씨가 너무 추울 때 나타나는 현상으로 옳은 것만을 〈보기〉에서 있는 대로 고르시오.**

> **보기**
>
> ㄱ. 소름이 돋는다.
> ㄴ. 입모근이 수축한다.
> ㄷ. 열 방출량이 증가한다.
> ㄹ. 땀 분비량이 감소한다.
> ㅁ. 피부의 모세혈관이 확장된다.
> ㅂ. 간과 근육에서 세포 호흡이 촉진된다.

57 **식물 호르몬인 옥신에 대한 설명으로 옳지 않은 것은?**

① 중력 방향으로 이동한다.
② 줄기의 길이 생장을 촉진한다.
③ 식물의 줄기 끝에서 생성된다.
④ 빛의 반대 방향으로 이동한다.
⑤ 농도에 관계없이 모든 기관의 생장을 촉진한다.

26 다음 그림은 감각기에 수용된 자극이 중추 신경계를 거쳐 반응기에 전달되는 경로이다.

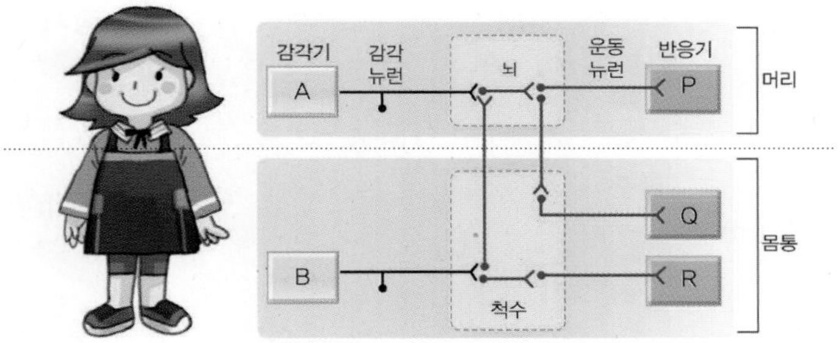

다음 각 행동에 해당하는 자극의 전달 경로를 바르게 선으로 연결하시오.

(1) 정지선을 위반하는 차를 보고 얼굴을 찡그렸다. •	• A → P 경로
(2) 어두운 방에서 손으로 벽을 더듬어 스위치를 찾았다. •	• B → Q 경로
(3) 뜨거운 냄비를 잡았다가 자신도 모르게 빠르게 손을 뗐다. •	• B → R 경로

27 다음은 페널티킥을 막는 골키퍼의 몸에서 일어나는 자극의 수용과 반응 경로를 나타낸 모식도이다.

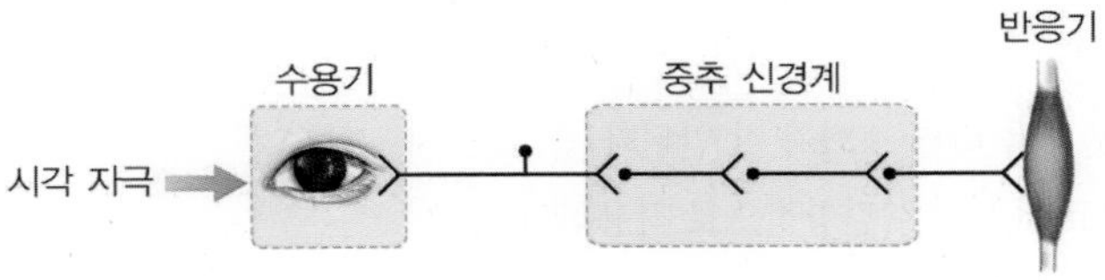

위 자료에 대한 설명으로 옳은 것만을 〈보기〉에서 있는 대로 고르시오.

> **보기**
>
> ㄱ. 눈에 감지된 시각 자극은 척수를 통해 뇌에 전달된다.
> ㄴ. 골키퍼가 공을 잡기 위해 움직일 때는 척수로부터 흥분이 시작된다.
> ㄷ. 눈에서 자극을 수용하여 다리 근육에서 반응이 일어나는 경우 감각 뉴런, 연합 뉴런, 운동 뉴런이 모두 관여한다.

28 다음 그림은 교감 신경과 부교감 신경이 장기와 연결되어 있는 모습과 조절 작용을 나타낸 것이다.

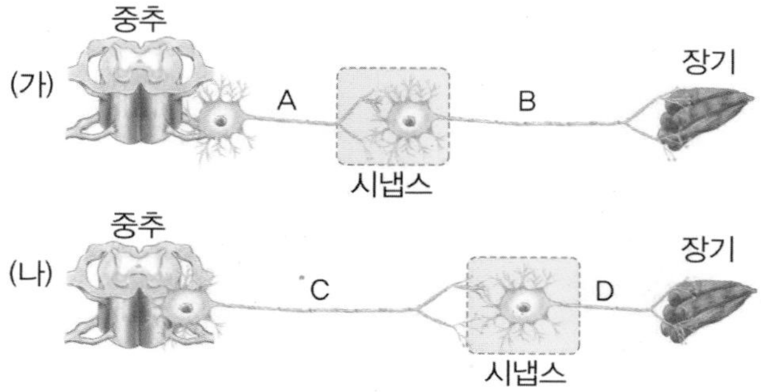

구분	심장 박동	호흡 운동	동공	혈관	소화관 운동
교감 신경	촉진	촉진	확대	수축	억제
부교감 신경	억제	억제	축소	확장	촉진

(1) 위 신경에 대한 설명으로 옳은 것만을 〈보기〉에서 있는 대로 고르시오.

보기

ㄱ. 흥분하거나 화가 났을 때에는 신경 (가)의 작용이 신경 (나)의 작용보다 촉진된다.
ㄴ. 중추의 명령이 C와 D를 통해서 심장에 전달되면 심장 박동 속도가 느려지게 된다.
ㄷ. B와 D의 축삭 돌기 말단에서 장기로 분비되는 흥분 전달 물질은 서로 같은 물질이다.

(2) 다음 중 교감 신경과 부교감 신경에 대한 설명으로 옳지 않은 것은?

① 식사 후 바로 운동을 하면 소화가 잘 안된다.
② 교감 신경과 부교감 신경은 길항적으로 작용한다.
③ 달리기를 할 때에는 교감 신경의 작용이 활발해진다.
④ 밥을 먹고 나서 졸린 것은 부교감 신경의 작용에 의해 나타나는 현상이다.
⑤ 긴장되거나 위험한 상황에 처하면 부교감 신경의 작용이 활발하게 촉진된다.

29

다음 그림은 손이 자극을 받아 손을 움직이기까지 과정의 중추 신경과 말초 신경의 연결을 나타낸 것이다. (단, A ~ D는 시냅스이다.)

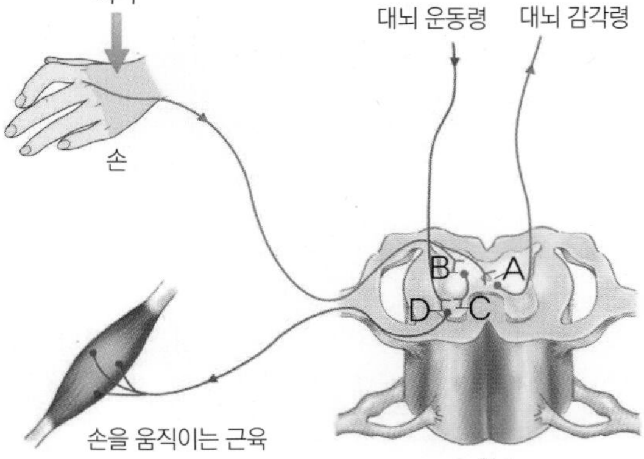

시냅스 A ~ D에 신경 신호의 전달을 억제하는 국부 마취제를 주사하였을 경우 나타날 수 있는 증상으로 옳은 것만을 〈보기〉에서 있는 대로 고르시오.

보기

ㄱ. A가 마취되면 핀에 손가락이 찔려도 통증을 느끼지 않는다.
ㄴ. B가 마취되어도 의지에 의해 스스로 손을 움직일 수 있다.
ㄷ. B와 D가 마취되면 자극을 느낄 수는 있지만 손을 움직일 수는 없다.
ㄹ. C가 마취되어도 반사에 의해 무의식적으로 손을 움직일 수 있다.
ㅁ. D가 마취되면 손을 움직일 수 없다.

30

다음 그림은 감각기와 반응기 사이의 흥분 전달 경로를 나타낸 것이다.

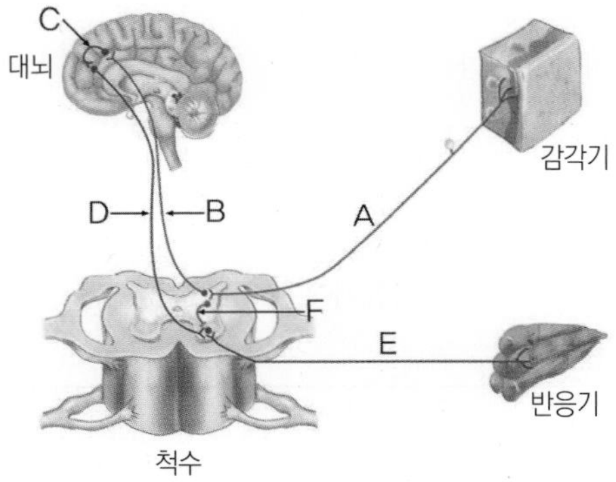

위 자료를 토대로 발바닥이 압정에 찔렸을 때 나타나는 현상에 대한 설명 옳은 것만을 〈보기〉에서 있는 대로 고르시오.

보기

ㄱ. 경로 A → F → E 를 거쳐 즉시 발을 들게 된다.
ㄴ. D가 손상된 사람의 경우 아픔을 느낄 수 없다.
ㄷ. 감각기에 수용된 자극은 C로는 전달되지 않는다.

31 다음은 사람의 중추 신경계를 나타낸 모습이다. 물음에 답하시오.

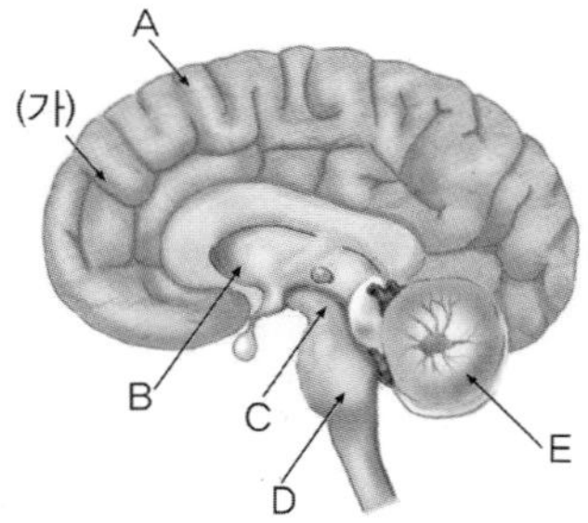

(1) 다음 표는 혈액 속 알코올 농도에 따른 증상을 나타낸 것이다. 자료를 바탕으로 혈중 알코올 농도가 높아짐에 따라 영향을 받는 중추 신경의 기호(A ~ E)를 골라 순서대로 나열하시오.

혈액 속 농도 (%)	증상
0.05	기분이 들뜨며, 얼굴이 붉어진다.
0.05 ~ 0.1	반응 속도가 느려지고, 말이 많아지며 발음이 불분명해진다.
0.1 ~ 0.3	몸을 똑바로 가누지 못하여 걸음걸이가 불안정해진다.
0.3 ~ 0.45	걷지 못하고, 의식이 없어진다.
0.45 이상	호흡이 마비되어 사망한다.

(2) 사고로 인해 뇌를 다친 환자를 자기 공명 영상 장치(MRI)로 검사한 결과 (가) 지점이 손상되어 있었다. 이 환자에게서 나타날 가능성이 높은 증상은 무엇인가?

① 체온 조절이 제대로 안 된다.
② 성격이 매우 폭력적으로 변한다.
③ 심장 박동이 매우 불규칙해진다.
④ 안구 운동에 심각한 장애가 온다.
⑤ 몸의 균형을 제대로 유지하기 어렵다.

32 다음 중 약물에 대한 설명으로 옳은 것만을 <보기>에서 있는 대로 고르시오.

보기

ㄱ. 중독된 약물 사용을 중지하면 금단 현상이 나타난다.
ㄴ. 대마초, 본드, 시너는 감각을 왜곡시키는 환각을 일으킨다.
ㄷ. 담배, 콜라, 커피 등은 중추 신경을 진정시키는 효과가 있다.
ㄹ. 알코올은 중추 신경을 억제하여 통증을 완화시키는 효과가 있다.
ㅁ. 카페인은 중추 신경을 흥분시켜 호흡과 심장 박동을 빠르게 한다.
ㅂ. 주기적으로 일정량만을 사용하면 약물에 대한 의존성에서 벗어날 수 있다.
ㅅ. 약물은 사용할수록 내성이 생겨 사용량을 늘려야 같은 효과를 얻을 수 있다.

33 다음 그림은 정상인과 이자에 이상이 발견된 당뇨 환자의 식사 후 혈당량과 혈액 내 인슐린의 농도 변화를 나타낸 것이다.

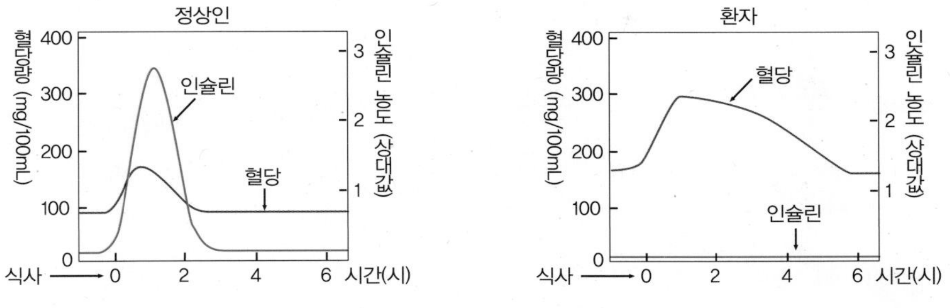

(가) (나)

이에 대한 설명으로 옳은 것만을 〈보기〉에서 있는 대로 고르시오.

보기

ㄱ. 이 환자는 이자의 α 세포에 이상이 있다.
ㄴ. 이 환자에게 인슐린을 투여하면 혈당량이 감소할 것이다.
ㄷ. 식사를 하기 전 당뇨병 환자의 혈당량은 정상인보다 낮을 것이다.
ㄹ. 정상인은 혈당량이 증가하면 인슐린의 분비량이 급격히 감소한다.
ㅁ. 정상인의 경우 인슐린의 분비는 옥시토신처럼 양성 피드백에 의해 조절된다.

34 다음 그림 (가)는 어떤 사람의 글리코젠 저장량 변화를, (나)는 호르몬에 의해 혈당량이 조절되는 과정을 나타낸 것이다.

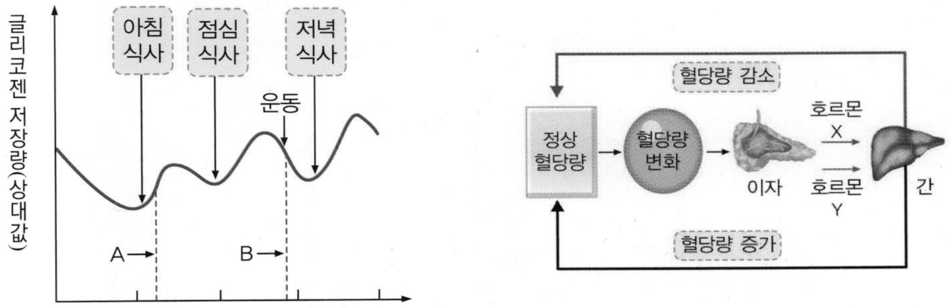

(가) (나)

위 자료에 대한 설명으로 옳은 것만을 〈보기〉에서 있는 대로 고르시오.

보기

ㄱ. 구간 A에서는 호르몬 Y의 분비가 증가한다.
ㄴ. 구간 B에서는 운동으로 인해 포도당이 소모된다.
ㄷ. 호르몬 X에 의해 포도당이 글리코젠으로 전환된다.
ㄹ. 혈당량이 정상보다 낮으면 호르몬 Y의 분비가 감소한다.
ㅁ. 호르몬 Y의 분비량이 부족하면 오줌에서 포도당이 검출될 수 있다.

35 다음 그림은 체액의 삼투압을 조절하는 과정을 나타낸 것이며, 표는 휴식할 때와 운동할 때 수분의 배출량을 나타낸 것이다.

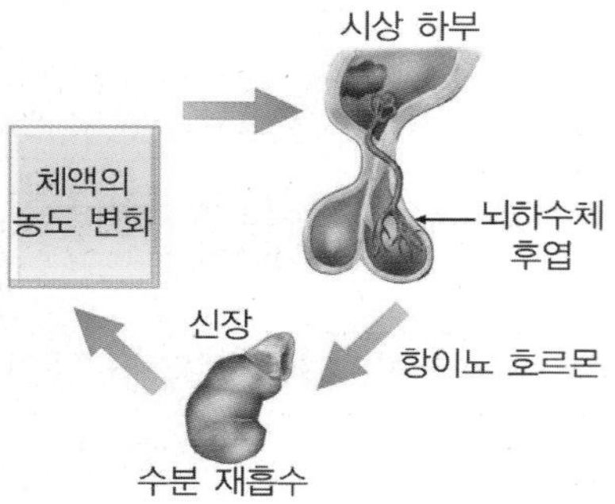

구분	수분 배출량 (mL/시간)		
	땀	오줌	계
휴식	10	80	90
운동	490	10	500

위 자료에 대한 설명으로 옳은 것만을 〈보기〉에서 있는 대로 고르시오.

보기

ㄱ. 운동을 하면 체내 삼투압은 증가한다.
ㄴ. 오줌 속 요소 농도는 휴식할 때보다 운동할 때가 더 높다.
ㄷ. 땀의 배출량이 많을수록 항이뇨 호르몬의 분비량은 감소한다.
ㄹ. 운동할 때 땀을 흘리는 가장 큰 이유는 체액의 농도를 일정하게 유지하기 위한 것이다.

36 다음 그림은 부표의 작용으로 의해 수조에 들어있는 물의 양이 일정하게 유지되는 장치를 나타낸 것이다.

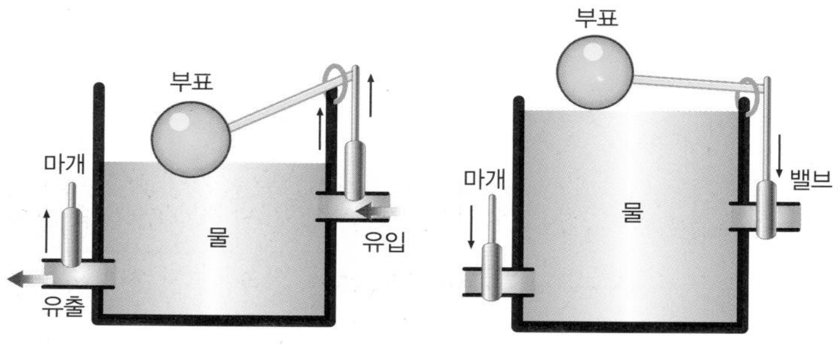

우리 몸에서 이와 유사한 원리에 의해 조절이 이루어지는 예를 〈보기〉에서 있는 대로 고르시오.

보기

ㄱ. 눈물 분비 조절
ㄴ. 소화액 분비 조절
ㄷ. 인슐린과 글루카곤의 작용으로 혈당량 조절
ㄹ. 갑상선에서 분비되는 티록신의 양을 일정 수준으로 조절

37 다음은 호르몬에 대한 설명이다.

> 당뇨병이란 이자에서 분비되는 인슐린의 양이 부족하거나 이자의 정상적인 기능이 이루어지지 않게 되면 혈중 포도당 농도가 높아져 소변에 포도당을 배출하는 질환이다. 예전에는 당뇨병 환자에게 돼지에서 추출한 인슐린을 주사하여 치료하였으나 최근에는 생명 공학적인 방법으로 사람의 인슐린을 직접 주사제로 이용하고 있다.

위 자료에서 추론할 수 있는 호르몬의 특성을 모두 쓰시오.

38 다음 그림 (가)는 항이뇨 호르몬에 의해 체내 삼투압이 조절되는 과정을 나타낸 것이며, (나)는 혈압과 혈장 삼투압에 따른 항이뇨 호르몬(ADH)의 농도를 나타낸 것이다. 물음에 답하시오.

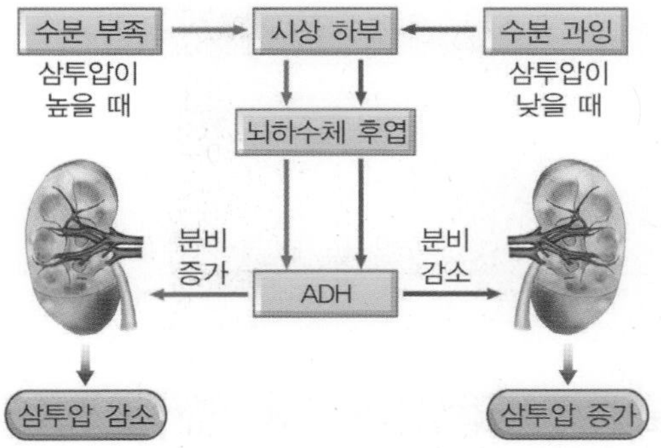

(가)

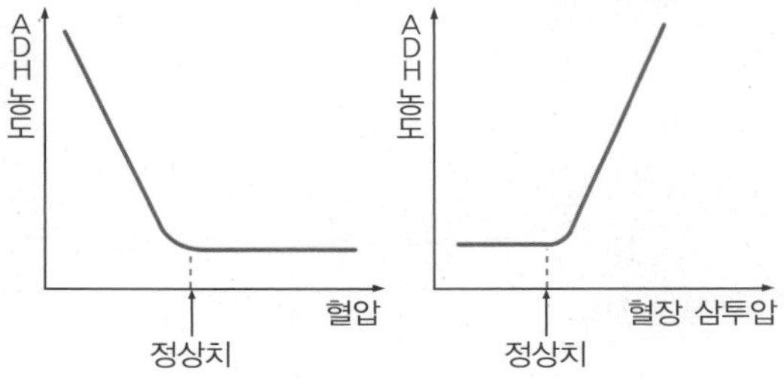

(나)

(1) 항이뇨 호르몬이 체내에서 삼투압을 조절하는 과정에 대한 설명으로 옳지 않은 것은?

① 땀을 많이 흘리면 ADH의 분비가 증가한다.
② 물을 많이 마시면 ADH의 분비가 증가한다.
③ ADH의 분비가 증가하면 오줌의 양이 감소한다.
④ 체내에 수분이 부족하면 ADH의 분비가 증가한다.
⑤ 체내에 수분이 부족하면 농도가 진한 오줌을 소량 배출한다.

(2) 혈압과 혈장 삼투압에 따른 항이뇨 호르몬(ADH)에 대한 설명으로 옳은 것은?

① 짠 음식을 많이 먹으면 혈압이 감소한다.
② 혈압이 정상치보다 낮아지면 오줌 생성량이 증가한다.
③ 혈압이 정상치보다 높아지면 ADH의 분비가 증가한다.
④ 생리 식염수를 많이 마시면 ADH의 분비량이 증가한다.
⑤ 혈장 삼투압이 정상치보다 높아지면 오줌 생성량이 감소한다.

39 다음은 추울 때 나타나는 체온 조절 과정을 모식도로 나타낸 것이다.

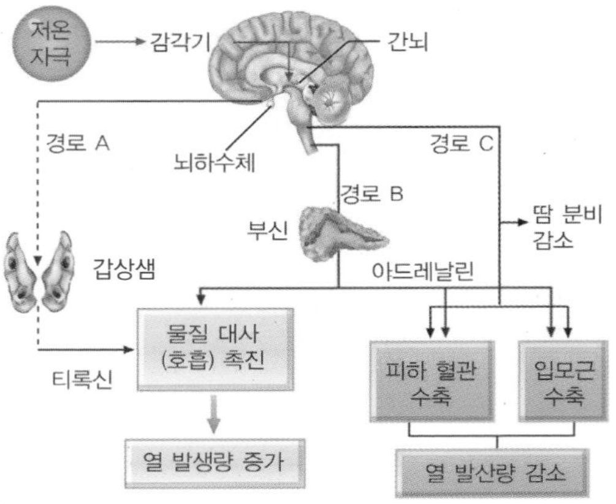

경로 A ~ C에 대한 설명으로 옳은 것만을 〈보기〉에서 있는 대로 고르시오.

보기

ㄱ. A는 부교감 신경에 의해 일어나는 조절 과정이다.
ㄴ. B와 C는 교감 신경에 의해 일어나는 조절 과정이다.
ㄷ. 체온은 신경과 호르몬의 작용으로 조절된다.
ㄹ. 경로 B는 대뇌의 조절을 받는다.
ㅁ. 경로 C의 결과 피부를 통해 많은 양의 열이 몸 밖으로 나간다.

40 다음 그림은 저온 자극에 대한 뇌하수체와 갑상샘에서 일어나는 피드백 조절 과정을 나타낸 것이다.

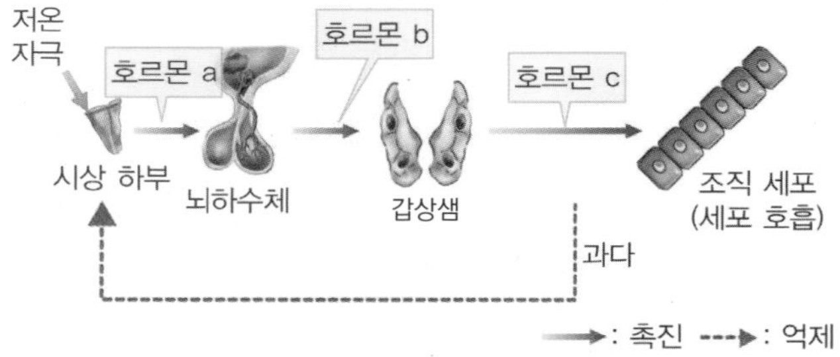

보기

ㄱ. 호르몬 b와 c의 표적 기관은 갑상샘이다.
ㄴ. 호르몬 c가 부족하면 호르몬 b의 분비량이 증가된다.
ㄷ. 혈관에 호르몬 b를 주사하면 호르몬 a의 분비량이 증가한다.
ㄹ. 호르몬 c를 매일 혈관에 주사하면 갑상선에서 호르몬 c의 분비량이 감소한다.

41 다음 그래프는 10분 동안 냉수욕을 하기 전후와 운동 전후의 체온 변화를 나타낸 것이다.

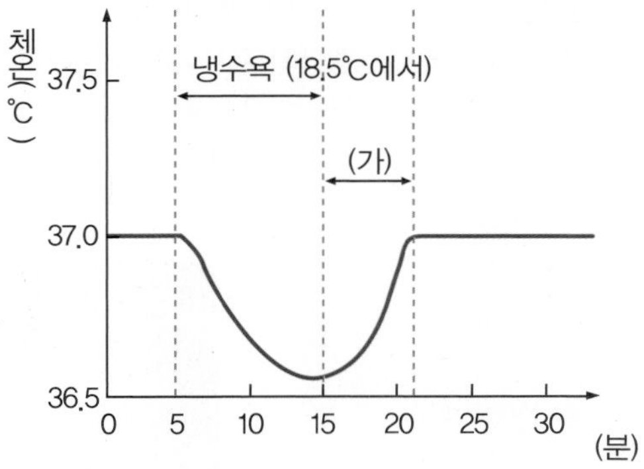

냉수욕 하기 전과 후

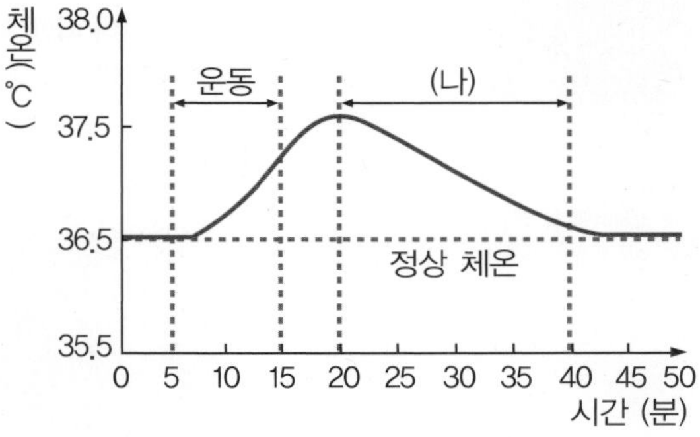

운동 전과 후

그래프에 표시된 (가)와 (나)의 각 구간에서 나타날 수 있는 현상을 <보기>에서 있는 대로 고르시오.

보기

A. 혈당량 감소
B. 입모근 수축
C. 골격근 운동 증가
D. 땀 분비 촉진
E. 입모근 이완
F. 티록신의 분비량 증가
G. 피부 모세혈관 이완
H. 물질대사 활발

	(가) 구간	(나) 구간
기호		

42 다음은 귀리 자엽초를 가지고 수행한 실험과 그 결과를 나타낸 것이다.

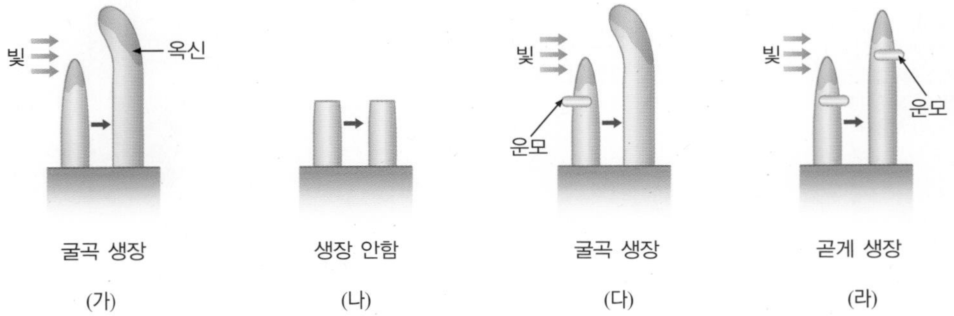

위 실험에 대한 설명으로 옳은 것만을 <보기>에서 있는 대로 고르시오.

보기

ㄱ. 운모는 식물의 생장을 방해한다.
ㄴ. 옥신은 자엽초 끝에서 만들어진다.
ㄷ. 자엽초 끝을 잘라내어도 굴광성은 나타날 것이다.
ㄹ. 옥신의 농도가 높은 곳에서는 생장이 억제된다.
ㅁ. 옥신은 빛을 쪼인 곳의 반대 방향으로 이동한다.

창의력을 키우는 문제

논리 서술형

01 다음 그림은 간상 세포와 원추 세포의 파장에 따른 활성화 영역을 나타낸 것이다. 일반적으로 위급한 상황이 되면 주변이 어두워진다. 이러한 상황에서 지시 사항이 눈에 잘 띄게 하기 위해 팻말의 바탕색은 녹색을 사용한다. 아래 자료를 바탕으로 그 이유를 설명하시오.

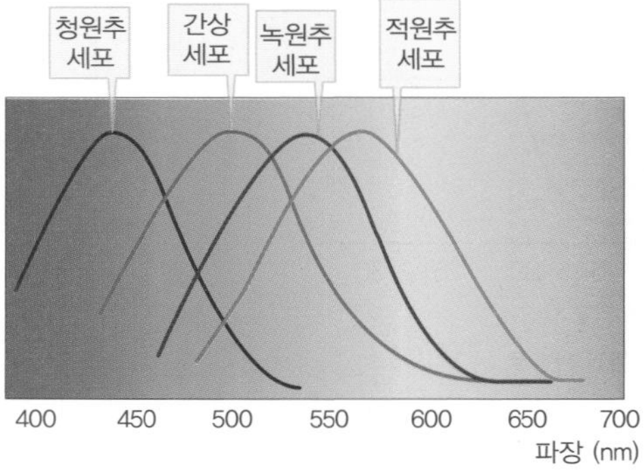

논리 서술형

02 1889년 독일 의사였던 메링과 민코스키는 개의 이자를 제거하면 어떤 소화 장애가 일어나는지를 실험하는 과정에서 뜻밖의 사실을 관찰하였다. 이자를 제거(A)한 개의 오줌에 많은 개미가 모여들었는데, 그 원인을 분석한 결과 오줌 속에 많은 양의 포도당이 들어 있음을 밝혀냈다. 또한 이들은 이자에서 십이지장으로 연결되는 관을 제거(B)하는 실험도 하였는데, 이때는 오줌 속에 포도당이 많이 들어 있지 않았다.

(1) 이자를 제거한 개의 오줌에 개미가 많이 모여든 이유를 쓰시오.

(2) 위의 B 실험의 결과를 보고 이자액 분비 세포에서 십이지장으로 분비되는 물질(이자액)과 랑게르한스섬에서 분비되는 물질(호르몬)이 운반되는 방법을 비교하여 설명하시오.

극장 안의 의자 색깔이 빨간색인 이유

적원추 세포, 녹원추 세포, 청원추 세포 의 분포 비율은 정상인의 경우 40 : 20 : 1 로 알려져 있다. 극장 같이 어두운 곳에 들어가면 일시적으로 주위가 보이지 않지만 어둠에 익숙해지면 주위가 보이기 시작한다. 이때 빛을 감지하여 활발하게 작용하는 세포는 적원추 세포가 많기 때문에 일반적으로 빨간색이 눈에 가장 잘 띄어 의자색을 빨간색으로 한다.

원추 세포와 간상 세포

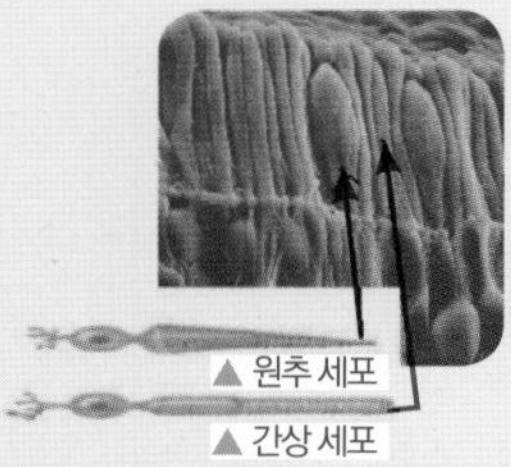

원추 세포는 송곳 모양, 간상 세포는 막대 모양이다.

수술복이 녹색인 이유

의사가 강한 조명 아래에서 수술하면서 붉은 피를 계속 보게 되면 빨간색을 감지하는 원추 세포가 피로해지게 되고, 이때 의사가 흰색의 수술복을 입고 있다면 동료 의사를 바라볼 때 빨간색과 보색인 초록색의 잔상이 생기게 된다. 이러한 잔상을 느끼지 못하도록 수술실에서는 녹색 가운을 사용한다.

이자의 랑게르한스섬

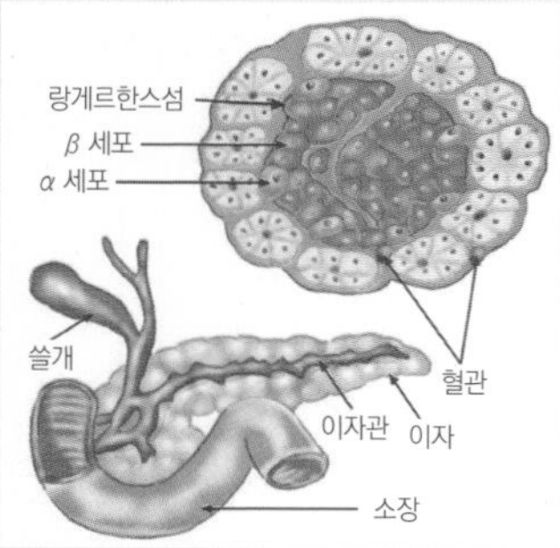

논리 서술형

03 우주 비행사는 까다로운 신체 검사와 심리 테스트를 거친 후 선발된다. 이후 고된 훈련을 받게 되는데 주요한 훈련 내용은 다음과 같다.

원심력 발생 장치에 의한 로켓의 가속도에 견디는 훈련

회전 탁자에 서서 상하 좌우의 흔들림에 견디는 훈련

한 사람이 겨우 들어갈 만한 공간에 수평 · 수직 · 사방의 3방향으로 회전하는 '로터'라는 장치에 의해 모든 회전 운동에 견디는 훈련

엘리베이터 장치에 의한 무중력 상태에서 견디는 훈련

(1) 우주 비행사들이 위와 같은 훈련을 거침으로써 회전 감각과 평형 감각이 향상될 수 있을까? 아니면 회전 감각은 타고나는 것일까? 자신의 생각을 이유와 함께 설명하시오.

(2) 우주에서 눈을 감고 몸을 기울일 때 몸의 기울어짐을 느낄 수 있을까? 자신의 생각에 ○표 하고 그렇게 생각한 이유를 설명하시오.

YES	NO

몸의 평형 감각

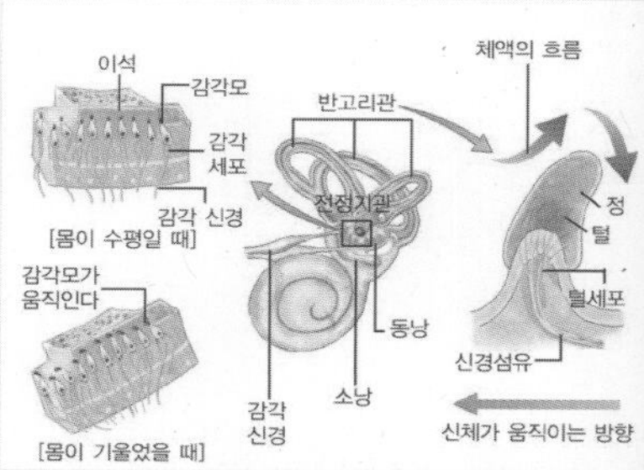

● 위치 감각 : 우리 몸을 기울이면 이석이 중력 자극에 의해 낮은 곳으로 이동하여 전정 기관의 감각 세포에 있는 섬모를 자극하므로 몸이 기울어졌음을 알 수 있다.

● 회전 감각 : 반고리관 안에는 림프액이 들어 있으며, 작은 섬모를 가진 감각 세포가 있다. 몸이 회전을 시작하면 림프액의 관성에 의해 감각 세포가 흥분하게 되고 이를 통해 몸이 회전하는 것을 느끼게 된다.

우주인의 건강

● 우주인들의 가장 큰 적은 바로 멀미다. 우주 적응 증후군(SAS, Space Adaptation Syndrome)이라고 알려진 이 증상은 멀미와 같이 메스꺼움, 구토를 동반하며 우주인의 50%가 이 증상을 보인다고 알려졌다.

● 혈액이 머리 쪽으로 몰려 두통이 발생하고 중력이 없기 때문에 척추가 늘어나 이를 붙잡고 있는 근육에 통증이 발생하는 것이다. 두통과 척추 통증은 부은-머리 새-다리 증후군(Puffy-head Birdslegs Syndrome)이라고 불리며 일주일 정도 지나야 통증이 사라진다.

● 우주선 내부의 소음은 우주인의 숙면을 방해한다. 대부분의 우주인들은 수면제를 복용하거나 귀마개를 사용하지만 국제 우주정거장 내부의 소음이 75dB(데시벨)로 국내 법적 소음 피해 인정 기준인 70dB 를 훨씬 초과한다. 이는 컴퓨터 하드디스크와 냉각팬이 돌아가는 소리 등 다양한 원인이 소음을 지속적으로 내보내기 때문이며 다양한 고주파에 의한 난청도 발생할 수 있다.

눈은 2개

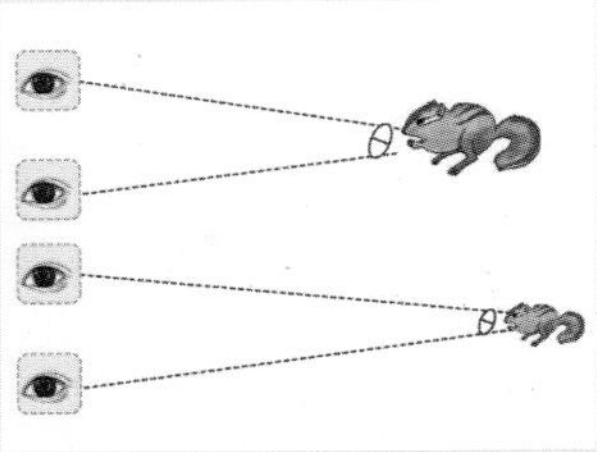

동물들은 두 눈으로 본 상이 각각 뇌에 전달되는데, 각각의 눈으로 본 상의 차이가 적으면 뇌에서는 그 물체가 멀리 떨어져 있는 것으로 인식하게 되고, 시차가 크면 가까운 곳에 있는 것으로 인식한다. 하지만 목표물까지의 거리가 멀어지면 시차가 매우 작아져 한쪽 눈으로 본 것과 큰 차이가 없게 된다.

추리 단답형

04 다음 만화를 읽고 물음에 답하시오.

목격자가 범행 현장을 목격한 뒤 취조실에서 범인이 들어간 건물에 대해 설명하고 있다. 목격자의 진술 중 정확한 증언으로 보기 어려운 것은 무엇인가?

① 건물의 색
② 건물의 높이
③ 건물의 폭
④ 건물의 형태
⑤ 목격자의 위치에서 건물까지의 거리

정답 및 해설 66쪽

추리 단답형

05

체온 조절은 생명을 살아가는데 매우 중요한 기능이다. 사람이 체내에서 체온을 유지하는 과정과 사람 외에 다른 동물들이 체온을 조절하는 방법에 대해 알아보자. 다음은 타이타닉호의 비극에 관련된 설명글이다. 읽고 물음에 답하시오.

1912년 4월 14일 오후 11시 40분 2000명이 넘는 승객을 태운 호화 유람선 타이타닉 호는 갖가지 첨단 장비로 인해 '침몰하지 않는 배'로 명성을 누리고 있었지만, 빙산과의 충돌로 인해 두 동강으로 조각난 후 깊은 바다 속으로 가라앉고 말았다. 1시간이 넘어 구조선이 도착하였지만, 바닷물에 빠진 대부분의 사람들이 구명복을 입었음에도 불구하고 모두 사망한 상태였다. 당시 침몰 해역은 맑은 날씨였지만 차가운 수온에 의한 저체온증으로 사망한 것으로 추정하고 있다.

(1) 바다에서 구명조끼를 입고 있었음에도 불구하고 사람들은 저체온증에 의해 사망하였다. 바다에 빠진 사람들이 체온 조절을 위해 몸에서 나타났을 것으로 보이는 과정을 다음과 같이 도식화하였을 때 빈칸에 들어갈 단어를 쓰시오.

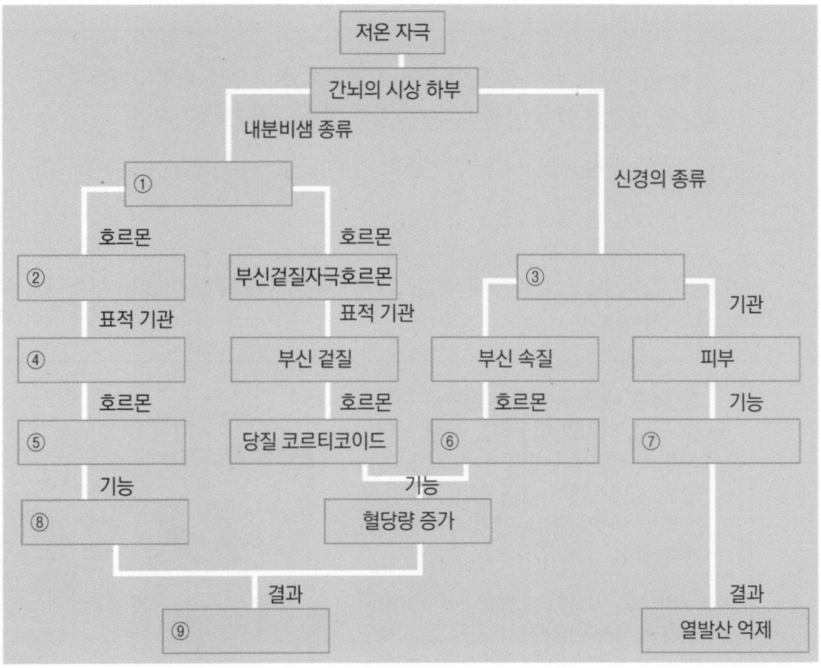

(2) 사람 외에 다른 포유 동물이나 변온 동물이 체온을 올리거나 내리는 다양한 방법을 쓰시오.

체온을 올리는 방법	체온을 내리는 방법

독감에 걸리면 체온이 상승하는데도 불구하고 몸이 떨리고 추위를 느끼는 이유는?

체온 조절 중추에서는 체온의 기준 온도를 설정한다. 평상시 기준 온도는 36.5℃이다. 그러나 우리 몸이 세균에 감염되면 프로스타글란딘이라는 물질이 생성되어 이 물질이 체온 조절 중추의 온도를 높여 기준 온도가 높게 설정된다. 예를 들어, 기준 온도가 40℃로 설정되면 체온이 39℃가 되더라도 춥게 느껴져, 체온 조절 중추는 신체의 각 부위에 체온을 올리도록 명령을 내린다. 따라서 체온이 39℃가 넘어도 체온을 올리기 위해서 근육을 수축시키므로 몸이 떨리게 되고, 열의 발산을 막기 위하여 땀도 나지 않게 된다.

사람의 체온 36.5℃

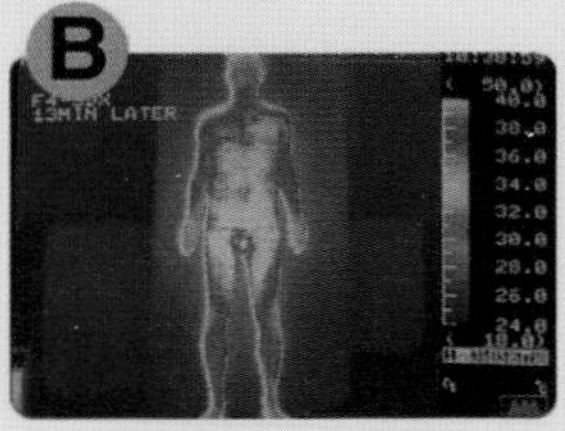

체온이 36.5℃인 이유는 그 온도에서 효소의 활성이 최적화되기 때문이다. 우리 몸에서 촉매 역할로 반응의 속도를 조절하는 주성분은 단백질로 고온에서 변성된다. 따라서 효소는 약 40℃까지 활성이 증가되다가 일정 온도가 넘어가면 변성이 되어 촉매 작용을 하지 못한다. 따라서, 효소를 최대한 활성화시키고, 효소가 변성되지 않는 온도가 36.5℃인 것이다.

체온에 따른 몸의 상태

온도	상태
34.5℃ 이하	·자신의 의지대로 몸이 움직이지 않음 ·환각 증세 보임
36.2℃ 이하	·신진대사가 활발하지 않음 ·자율 신경이 정상 활동 하지 않음
37.5℃ 이상	·감기 등으로 발열할 때 나타나는 증상으로 백혈구의 작용이 활발해짐 ·체온이 1℃ 오르면 면역력은 37% 높아져 바이러스에 대항할 수 있게 함
고온	·효소의 변성으로 생체 활동이 제대로 일어나지 않아 생명이 위험함

창의력을 키우는 문제

뇌보다 빠른 발을 가진 동물

길앞잡이(tiger beetle)는 딱정벌레목에 속하는 매우 빠른 육식 곤충이다. 길앞잡이는 발이 너무 빨라 시력을 관장하는 뇌가 이를 따라가지 못한다. 따라서 먹이를 잡을 때 순간적으로 앞이 안보이기 때문에 먹이를 잡는 것을 멈추고 종종 쉬는 것을 볼 수 있다. 이 곤충은 빨리 달릴수록 뉴런이 정보를 제대로 전달하지 못하기 때문에 만약 먹이 곤충이 도망가다 방향을 바꾸더라도 계속 앞을 향해 달려 나가게 된다.

여러 가지 동물의 흥분 전달 속도

동물		전달 속도(m/s)
척추 동물	사람	60~65
	고양이	78
	개	78
	토끼	61
	개구리	15~42
무척추 동물	오징어	4.5
	지렁이	0.6

스트레스를 받으면 왜 소화가 안될까?

긴장하거나 스트레스를 받을 때, 우리 몸은 이것을 일종의 위험 신호로 인식한다. 따라서 근육에 신속히 에너지를 전달하기 위해 호흡·순환기의 활동을 급속히 증가시켜 위험에 대비하려는 경향이 있다. 반면에 소화기는 단시간에 에너지를 공급할 수 있는 기관이 아니기 때문에 활동이 억제되어 입맛이 줄고 소화력이 떨어지게 된다. 이러한 작용은 교감·부교감 신경에 의해 우리의 의지와 상관없이 자율적으로 조절된다.

단계적 문제 해결형

06 **다음은 시각과 청각을 통해 받아들인 자극이 전달되는데 걸리는 시간을 비교하기 위한 실험 과정과 각 과정을 5회 반복한 결과 값이다.**

[실험 Ⅰ]

두 사람이 한 조가 되어 한 사람은 자를 떨어뜨리고, 다른 한 사람은 떨어지는 자를 잡는다. 이때 자의 기준선으로부터 잡은 곳까지의 거리를 측정한다.

[실험 Ⅱ]

한 사람은 안대를 하고 실험 Ⅰ 과 같은 실험을 한다. 이때 자를 떨어뜨리는 사람은 떨어뜨리는 동시에 소리를 내어 알려 준다.

[실험 Ⅲ]

실험 Ⅰ 과 같은 실험을 하는데, 이때 자를 잡는 사람은 제시된 수학 문제를 머리로 계산하면서 동시에 떨어지는 자를 잡는다.

[실험 결과]

	1회	2회	3회	4회	5회
실험 Ⅰ에서 자가 떨어진 거리(cm)	18.1	17.4	14.5	15.0	16.0
실험 Ⅱ에서 자가 떨어진 거리(cm)	24.5	22.0	19.0	17.0	17.5
실험 Ⅲ에서 자가 떨어진 거리(cm)	47.5	45.6	44.5	44.9	42.5

(1) 눈과 귀로부터 받아들인 자극이 전달되어 반응으로 나타나기까지 걸린 시간을 구하고, 이 실험을 통해 알 수 있는 사실을 한 문장으로 쓰시오.

(단, 낙하 거리 $h(m) = \frac{1}{2}gt^2$, 중력 가속도(g) = 10 m/s^2, t 는 시간(초)이다.)

(2) 위와 같이 자극의 종류에 대한 반응의 빠르기가 다른 이유는 무엇일지 다음 글을 읽고 추리하여 쓰시오.

한 뉴런 내 자극은 양방향으로 전달될 수 있다. 하지만 이웃하는 뉴런 사이의 자극의 전달은 뉴런과 뉴런 사이의 공간인 시냅스에서 신경 전달 물질이 확산되어 이웃하는 뉴런의 가지 돌기로 전달된다.

그러므로 이웃하는 뉴런 사이의 자극 전달 속도는 한 뉴런 내 자극 전달 속도에 비해 느린 편이다. 따라서 뉴런과 뉴런을 연결하는 시냅스의 수가 많을수록 자극 전달 속도는 더욱 느려진다.

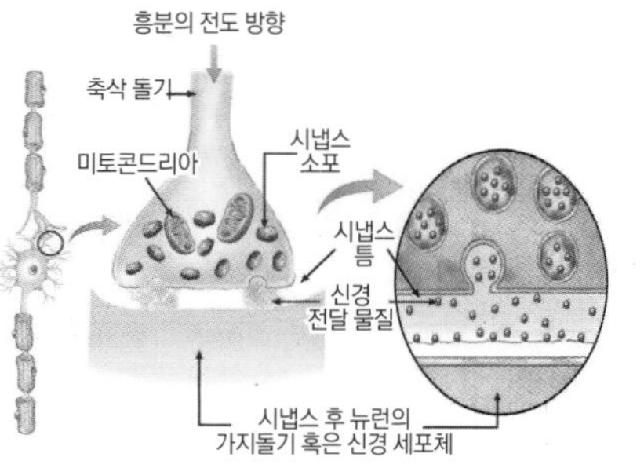

(3) [실험 Ⅰ]과 [실험 Ⅲ]의 결과를 바탕으로 운전 중 핸드폰 사용이 교통 안전에 미치는 영향에 대해 자신의 생각을 쓰시오.

정답 및 해설 67쪽

논리 서술형

07

(1) 티록신 분비 조절 과정

① 시상 하부에서 TRH가 분비되어 뇌하수체를 자극하면 뇌하수체 전엽에서 TSH가 분비된다.

② TSH가 갑상샘을 자극하면 티록신 분비가 촉진된다.

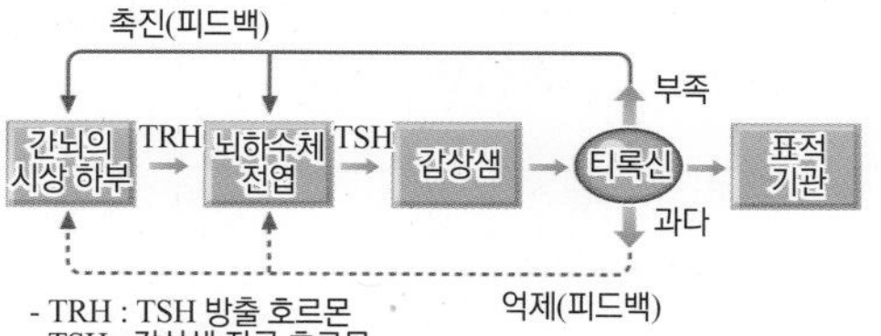

- TRH : TSH 방출 호르몬
- TSH : 갑상샘 자극 호르몬

③ 티록신 양이 증가하면 시상 하부와 뇌하수체의 작용을 억제하여 티록신 분비가 억제된다.

④ 티록신 양이 줄어들면 시상 하부와 뇌하수체의 작용이 촉진된다.

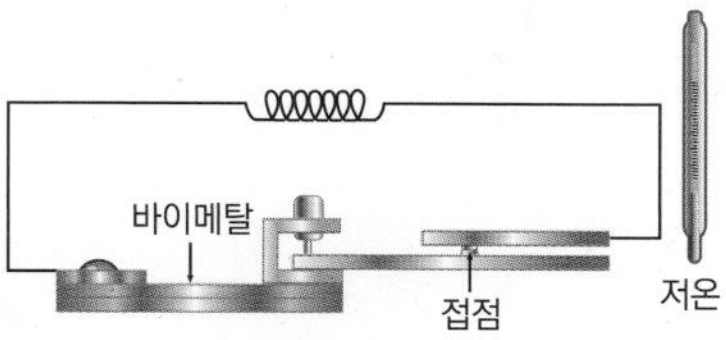

(가) 접점이 붙어 있다.

(2) 다리미의 자동 온도 조절 장치(바이메탈)

다리미의 온도를 조절해주는 원리에는 바이메탈이 이용된다. 바이메탈은 온도가 낮을 때에는 수평이 되어 접점에 붙어 있으며, 온도가 높을 때에는 바이메탈이 휘어져 접점이 떨어지게 되면서 결국 전원 회로가 끊어져 전기 다리미의 온도가 낮아지게 된다. 그리고 온도가 낮아짐에 따라 바이메탈이 원래 모양으로 되돌아와 접점에 닿으면 회로가 닫혀 온도는 다시 올라가게 된다.

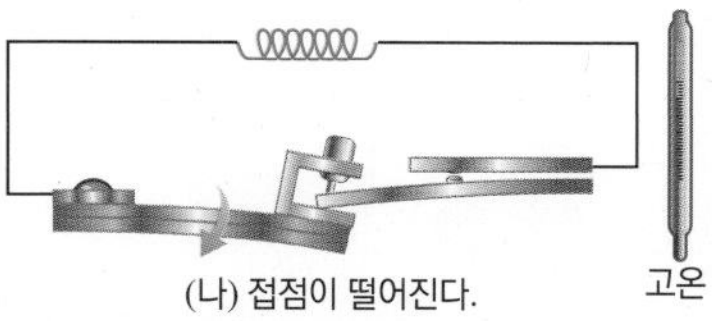

(나) 접점이 떨어진다.

(1) 티록신이 조절되는 과정과 다리미 안의 바이메탈의 공통점을 쓰시오.

(2) 다음 설명과 같은 현상을 위의 원리로 설명할 수 있을까? 자신의 생각을 말하고 그 이유를 설명해 보시오.

> 아이를 출산할 때 뇌하수체 후엽에서 옥시토신이 분비되어 자궁의 근육을 수축시키게 되면 진통이 온다. 분비된 옥시토신은 다시 뇌하수체 후엽을 자극하여 옥시토신의 분비를 촉진하고 결국 진통은 더 강해지면서 분만이 이루어진다.

(3) 티록신의 양이 항상 체내에서 일정하게 유지되도록 조절되는 과정과 같은 원리로 조절되는 다양한 예를 주변에서 찾아 써 보시오.

티록신의 과다증 결핍증

● 과다증 : 바제도병

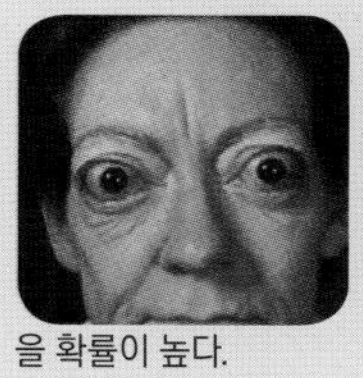

안구 돌출을 수반하는 갑상선 기능 항진증으로 바제도병 환자는 심장 박동수의 증가로 인한 심장병을 앓을 확률이 높다.

● 결핍증 : 갑상샘종

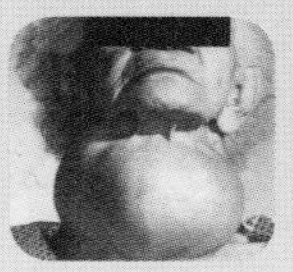

티록신이 부족하면 뇌하수체에서 갑상샘 자극 호르몬(TSH)이 계속 분비되어 결국 갑상선이 비대해지게 된다.

바이메탈의 원리

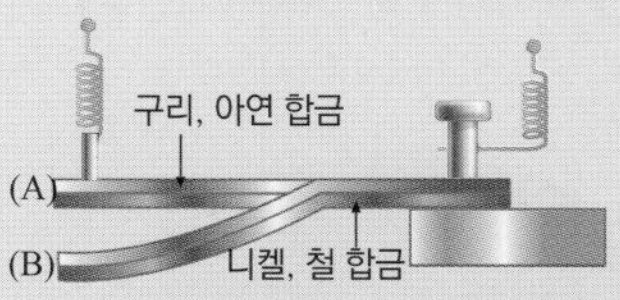

온도 조절 장치의 바이메탈은 팽창률이 다른 두 금속을 붙여 놓았기 때문에 온도가 높아지면 휘어진다.

양성 피드백의 예

아기가 배고파서 우는 것이 아니라 몸이 아파서 우는 경우 부모가 아기에게 음식을 먹이려고 하면 아기는 더욱 심하게 울 것이다. 이와 같이 부모의 행동이 원래의 행동을 더 자극하여 증가시키는 방향으로 작용하는 것을 양성 피드백이라고 한다.

수조 속에 있는 부표 (일정 유지)

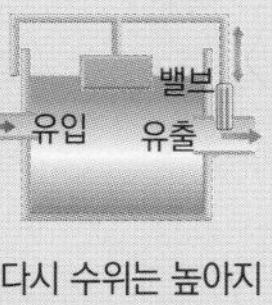

수조의 물의 양이 많아지면 부표에 의해 밸브가 열려 물의 양이 줄어들게 된다. 이렇게 수위가 낮아지면 밸브가 잠기고, 지속되는 물의 유입에 의해 다시 수위는 높아지게 된다. 이러한 과정을 반복하면서 수위는 항상 일정 범위에서 유지된다. (음성 피드백)

창의력을 키우는 문제

고통을 느끼지 못하는 뇌

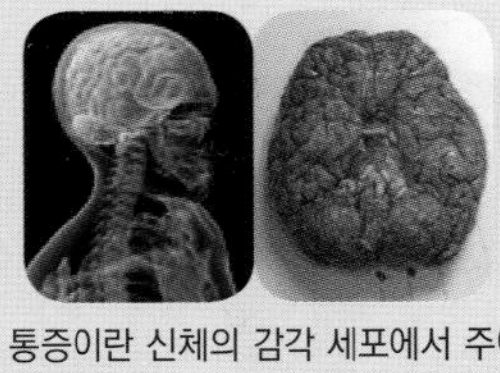

● 통증이란 신체의 감각 세포에서 주어진 자극을 뇌로 인지하는 것을 말한다. 그러나 정작 뇌 자체는 고통을 느낄 수 있는 통증 감각 기관이 없어 통증을 느낄 수 없다. 그래서 뇌의 피질은 찌르거나 잘라도 아무런 감각을 느끼지 못한다.

● 이런 점을 이용해 의사들은 환자가 깨어 있는 상태로 뇌 수술을 수행해서 환자의 두뇌 중 중요한 부분을 손상시키지 않도록 주의를 기울이기도 한다.

대뇌의 구분

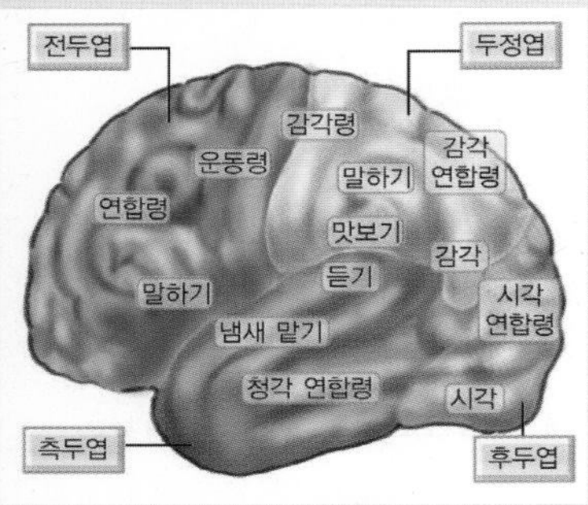

(1) 기능에 따른 구분

● 운동령 : 의식적인 근육 운동을 담당하며 운동 신경 충격(motor impulse)을 일으키는 부분이다.

● 감각령 : 피부와 맛 수용기로부터 감각 정보를 받는 부분이다.

● 연합령 : 정신 활동을 담당하는 부분이다.

(2) 위치에 따른 구분

● 전두엽 : 의식적인 움직임 조절에 관여하며 언어 중추로 기능한다.

● 전전두엽 : 전두엽의 바로 앞부분으로 감각 정보를 분류한다.

● 두정엽 : 피부의 감각 수용기로부터 감각을 받는 부분과 몸의 자세나 위치를 감지하는 부위를 포함한다.

● 후두엽 : 시각 신경에서 시각 정보를 받는 부위로 시각이 분석되는 곳이다.

● 측두엽 : 청각과 후각의 정보를 받아 처리하고 시각 정보의 처리에도 관여한다.

추리 단답형

08 다음 그림은 식물 인간과 뇌사 상태인 사람의 뇌를 나타낸 것이다. (단, 어두운 부분은 뇌의 기능이 상실된 부위이다.)

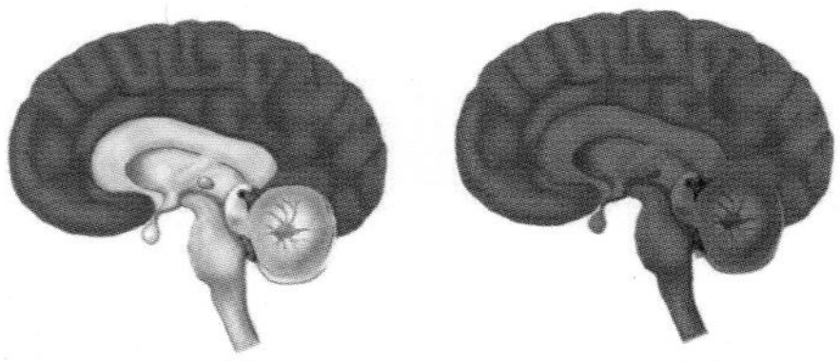

[식물인간] [뇌사자]

식물 인간과 뇌사 상태가 어떻게 다른지 비교하여 옳은 것에 O표 하시오.

구분	식물 인간 상태	뇌사 상태
손상 부위	대뇌	뇌 전체
몸의 균형	가능, 불가능	가능, 불가능
호흡	가능, 불가능	가능, 불가능
심장 박동	가능, 불가능	가능, 불가능
항상성 유지	가능, 불가능	가능, 불가능
소화 및 순환	가능, 불가능	가능, 불가능
동공 반사	가능, 불가능	가능, 불가능
병의 진행 경과	수개월 ~ 수년 생존 이후 회복 또는 사망	생명 유지 장치 제거 시 사망 (2주 이상 생명 유지 어려움)
현 상태의 장기 기증 여부	가능, 불가능	가능, 불가능

추리 단답형

09 다음 하루 일상 생활에서 작용하는 뇌의 활동 부위를 알아보기 위해 각 상황마다 뇌를 단층 촬영한 것이다.

열심히 친구와 수다떨고 있는 모습	헤드셋을 끼고 음악에 심취해있는 모습	책상에 앉아서 수학 공식을 떠올리며 머리에 띠를 두르고 생각하고 있는 모습	손으로 얼굴을 괸 채 창밖을 바라보며 창밖의 초원 및 푸른 하늘을 감상하고 있는 모습
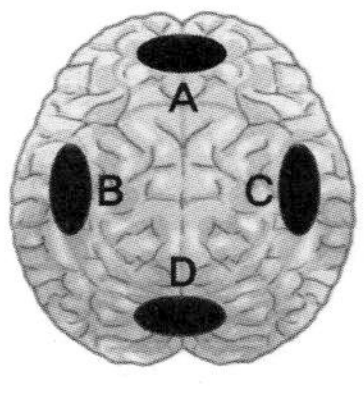	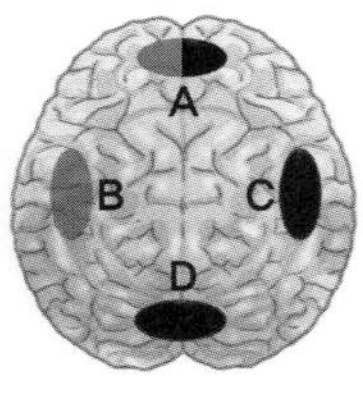	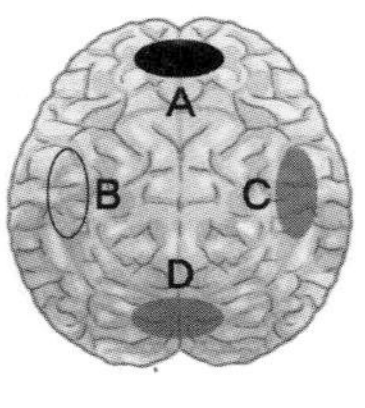	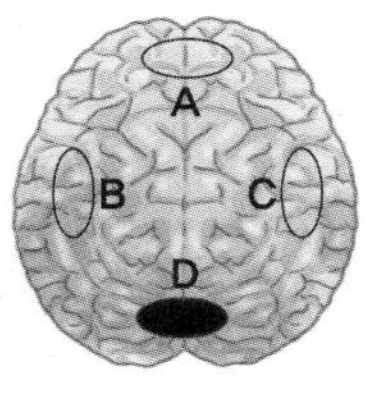

* 뇌의 검게 칠해진 부분은 활동이 매우 활발한 정도를 나타낸다.

각 기능을 담당하는 중추를 찾아 기호를 쓰시오.

(1) 사고 중추 (　　　)　　(2) 시각 중추 (　　　)

(3) 청각 중추 (　　　)　　(4) 언어 중추 (　　　)

정답 및 해설 67쪽

논리 서술형

10 **다음은 색맹에 대한 설명글과 색맹을 판별하는 테스트이다.**

Ⅰ. 색맹 : 사물의 색깔을 구분하지 못하는 상태

- 전색맹 : 색상의 식별이 전혀 되지 않아 명암에 의해서만 다소 구별할 수 있다. 빛이 강할 때에는 눈이 부셔 볼 수 없는 현상이 나타난다.
- 적색맹 : 빨강이 아주 어둡게 보여 갈색이나 회색빛이 도는 황색으로 보이게 된다.
- 녹색맹 : 녹색이 노랑으로 보이며, 채도가 낮은 녹색은 회색에 가깝게 보인다.
- 청황색맹 : 파랑 노랑이 느껴지지 않는 증상으로 이 색맹은 매우 희귀하다.

Ⅱ. 색맹 검사표

두 가지 색을 명도와 채도를 변화시킨 점들의 나열로 구성되며 숫자, 글자 등을 다른 색의 바탕 위에 놓고 구별하는 방법이다.

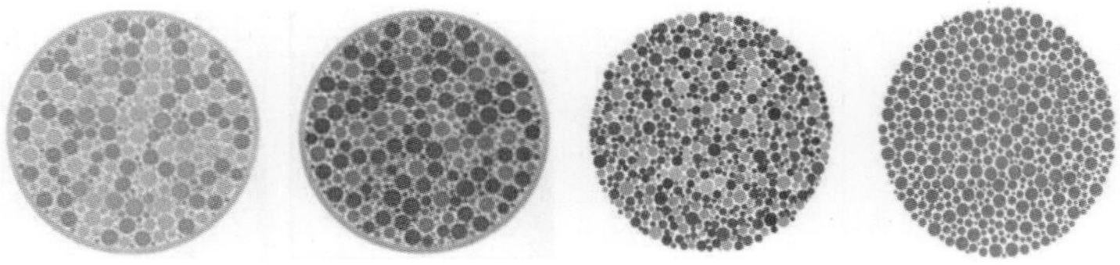

(가) (나) (다) (라)

정상인 사람은 (가) 그림의 숫자를 5로 읽고 (나) 그림은 9, (다) 그림은 2, (라) 그림은 12로 읽는다.

Ⅲ. A, B, C 세 사람이 색맹 테스트를 받은 결과

(○ : 읽을 수 있었다, × : 읽을 수 없었다)

	그림 (가)	그림 (나)	그림 (다)	그림 (라)
A	○	×	×	○
B	×	○	○	○
C	×	×	×	×

세 사람의 색맹 종류를 제시된 자료를 이용하여 추리 · 진단해 보고, 그 원인을 설명하시오.

투우사의 빨간 망토

색을 구별하는 능력은 고등한 무척추 동물에서 최초로 나타났다. 두족류(오징어, 문어, 낙지 등), 갑각류(게, 새우, 가재 등), 그 외 많은 곤충들은 색을 잘 구별한다. 다수의 어류, 양서류, 파충류, 조류 등 주행성 척추 동물들도 색채의 세계를 느낀다. 하지만 포유류의 대부분은 색맹이다. 말이나 소, 족제비, 들쥐 등은 색을 구별하지 못한다. 따라서 스페인의 투우사가 휘두르는 새빨간 망토에 소가 흥분해서 달려드는 것이란 생각은 잘못된 것이다.

사람이 볼 수 있는 색

빛은 적외선, 가시광선, 자외선이 있다. 이중에서 사람의 눈으로 볼 수 있는 것은 파장이 대략 400㎚ 에서 700㎚ 사이인 가시광선이다. 사람이 가시광선 영역만을 볼 수 있는 이유는 눈의 시각 세포(원추 세포)가 가시광선 외의 파장을 흡수하지 못하기 때문이다.

뱀이 바라보는 세상

뱀은 인간이 볼 수 없는 빛, 즉 가시광선의 붉은색 바깥에 있는 적외선을 감지하는 눈을 가지고 있다. 인간의 눈에 있는 신경 세포는 가시광선에만 반응한다. 그런데 뱀은 눈 아래 구멍에 독특한 신경 세포인 골레이 세포(golay cell)를 가지고 있어 적외선까지 볼 수 있다. 적외선은 기본적으로 열이기 때문에 만약 뒤에 있는 물체가 앞에 있는 물체보다 많은 열을 발산한다면, 뱀은 뒤에 있는 물체를 우선적으로 보게 된다.

자율 신경

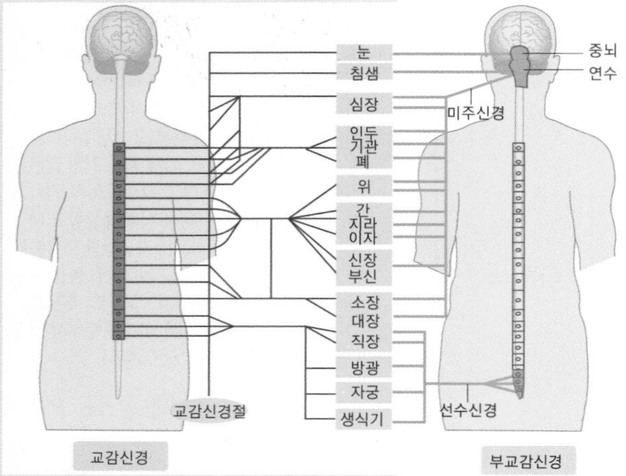

거짓말 탐지기

사람은 누구나 어떤 질문을 받고 이에 대해 거짓말을 하면, 그 거짓말이 탄로 나지 않을까 걱정하면서 처벌받을 것을 겁내 긴장하고 초조, 불안해하기 마련이다. 이와 같은 위험 또는 위협적 상황에 처하거나 그것을 인식하면 자율 신경, 특히 교감 신경의 작용에 의해 여러 가지 생리적 변화를 야기한다. 즉 교감 신경이 보다 강하게 작용하면 혈압이 올라가거나 박동수가 빨라진다거나 땀이 많이 난다거나 살갗이 쭈뼛해져서 닭살같이 된다거나 눈동자가 커진다거나 소화가 안 되는 등의 생리적 변화를 초래한다. 이런 여러 가지 생리적 변화 중에서 호흡 또는 심장 박동수, 혈압의 변화를 측정할 수 있는 폴리그래프(Polygraph)의 일종이 바로 거짓말탐지기다.

그러나 이 방법은 정서 반응에 의존하기 때문에 죄가 없는 예민한 사람이 유죄가 될 수도 있다. 반대로 이성적이고 냉정한 죄인이 무죄가 될 수도 있어 신뢰성에 많은 의문이 제기돼 왔다. 따라서 최근에 폴리그래프의 단점을 보완하는 새로운 형태의 거짓말 탐지기가 등장했다. 바로 뇌파를 이용한 거짓말 탐지기다.

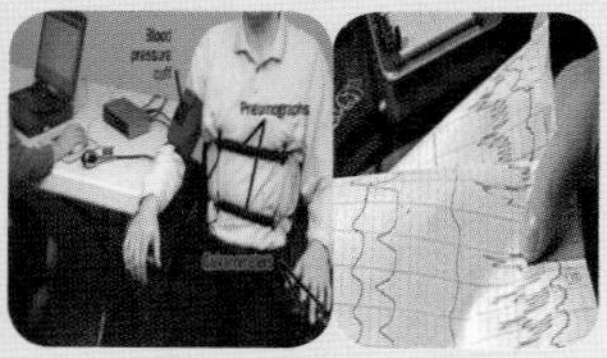

논리 서술형

11 **다음 그림은 자율 신경의 작용을 나타낸 그림이다.**

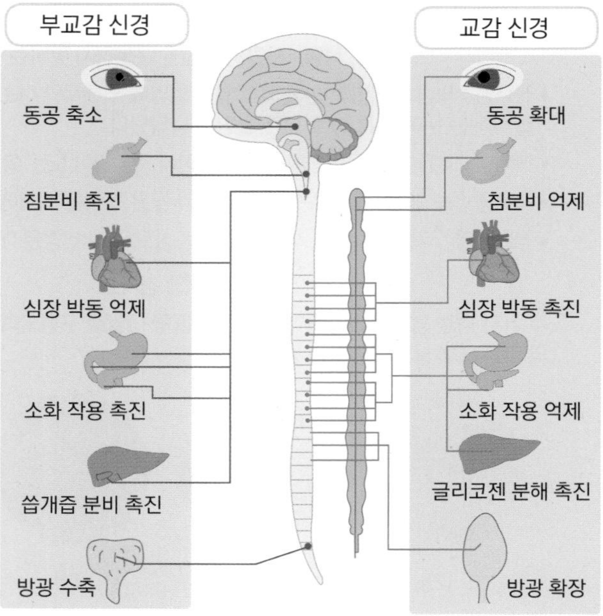

(1) 다음 그림과 같이 고양이에게 쫓기고 있는 쥐의 신체에서는 작용하는 자율 신경의 종류를 쓰고, 신체 각 부분(심장, 폐, 위, 간)은 자율 신경의 자극에 대해 어떻게 반응하는지를 설명하시오.

(2) 혈압이나 호흡 등 생체 반응을 이용하여 피의자 진술의 진위성을 판별하는 장치인 거짓말 탐지기가 요즘에는 상반된 진술과 이해관계가 얽혀 있는 교통사고 피의자 진술의 진위성을 판별하는 데 활용되고 있다. 거짓말 탐지기의 원리를 설명하시오.

정답 및 해설 67쪽

논리 서술형

12 **그림은 이자 분비샘의 단면도와 식사 후 시간 경과에 따른 혈당량 및 호르몬 분비의 변화를 나타낸 것이다. 호르몬 A와 B의 명칭을 쓰고, 각각의 기능을 설명하시오.**

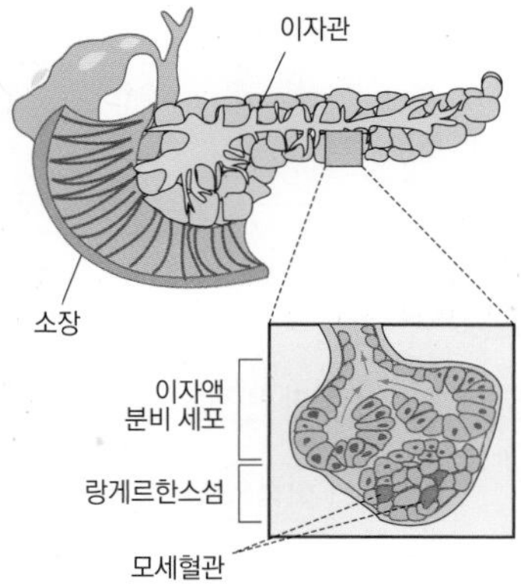

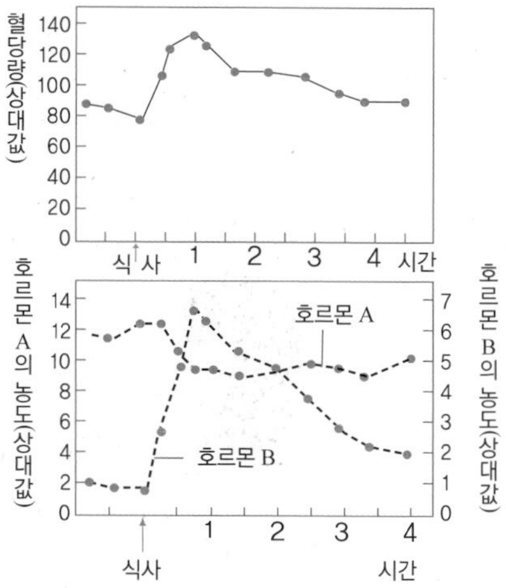

추리 단답형

13 **다음은 마이크로폰에 대한 설명이다. 읽고 물음에 답하시오.**

> 마이크로폰(Microphone)은 소리 에너지를 전기 에너지로 변환시키는 전자 기기이다. 음파에 의해 생긴 진동을 받는 진동판, 그것을 전기 신호로 바꾸는 변환부, 출력부의 3 부분으로 구성된다. 음파에 의해 진동판(diaphragm)이 진동을 하면, 진동판에 붙어 있는 코일이 자석에 의한 자기장 속에서 움직여 코일에 전압이 발생하게 된다. 즉, 기계적 진동은 결과적으로 전기적 신호로 변화하게 된다.
>
> 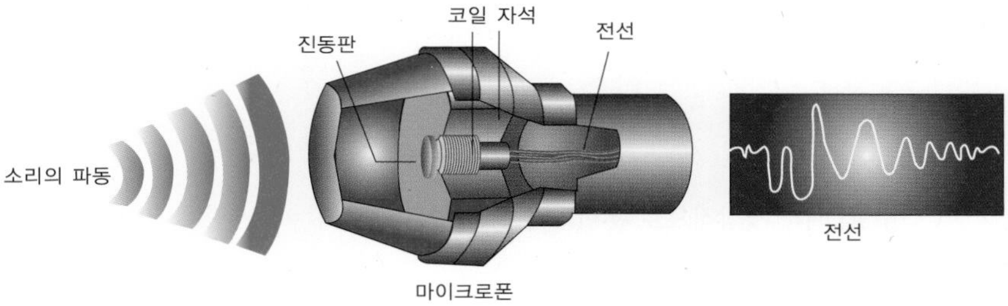
>

귀의 구조와 마이크로폰의 구조에서 비슷한 역할을 하는 것을 아래 그림에서 찾아 명칭과 그 기능을 쓰시오.

마이크로폰의 구조	진동판	코일 자석	전선
귀의 구조	㉠	㉡	㉢
기능	㉣	㉤	㉥

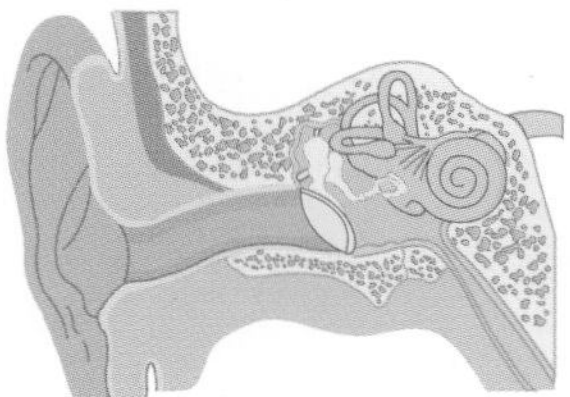

인슐린 펌프

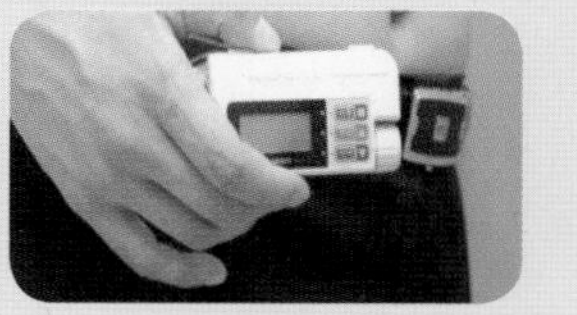

● 인슐린 펌프 치료는 건강한 췌장의 기능을 가장 유사하게 모방하는 방법이다. 인슐린 펌프는 개인별 프로그램이 된 계획에 따라 하루 24시간 동안 인슐린을 체내로 전달한다. 인슐린 펌프 치료 시, 원하는 음식을 원하는 시간에 먹거나, 식사를 거르거나, 저혈당 두려움 없이 자거나 운동할 수 있다.

● 인슐린 펌프는 휴대전화 정도 크기 및 중량의 작은 장치이며, 체내에 이식하는 것이 아니다. 피부 바로 아래로 작고 부드러운 튜브를 통해 인슐린이 체내로 투여되며, 2~3일마다 튜브를 교체한다. 간단한 버튼 조작을 통해 원하는 용량의 인슐린을 체내로 투여할 수 있으며, 샤워나 수영을 하거나, 옷을 갈아입을 때 쉽게 펌프를 몸에서 떼어낼 수 있다.

혈당량 조절 기작

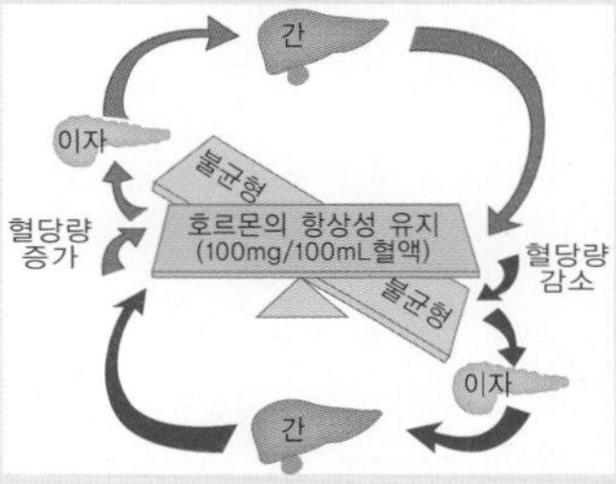

보청기

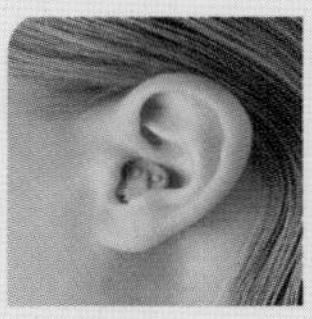

보청기는 소리의 증폭을 위한 전기 음향 장치이다. 특성상 말소리뿐 아니라 주변 소음까지 증폭을 시키기 때문에 처음에는 오히려 시끄러운 느낌을 받을 수도 있다.

인공 와우

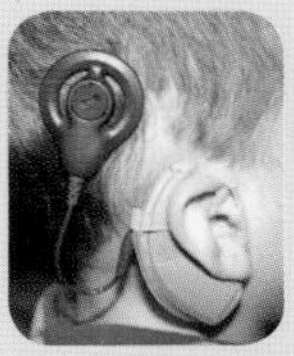

인공 와우는 소리를 전혀 들을 수 없는 사람에게 청각을 제공해주기 위한 전자 장치이다. 인공 와우 수술은 외부에서 들어오는 소리를 전기적인 자극으로 변환하여 청각 신경을 자극할 수 있는 전극을 달팽이관에 삽입하는 수술이다.

창의력을 키우는 문제

단계적 문제 해결형

14 **오줌의 양은 섭취하는 물의 양과 직접적인 관계가 있으며, 호르몬에 의해 조절된다. 다음은 호르몬에 의한 체내 수분량 조절을 나타내는 그림이다. 물음에 답하시오.**

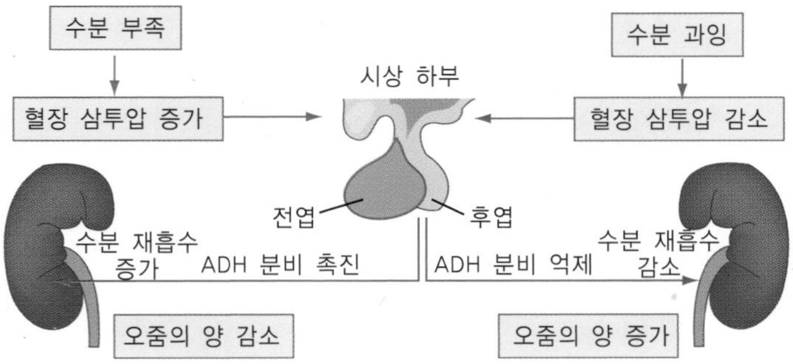

(1) ADH(항이뇨 호르몬)는 오줌량을 조절하는 호르몬이다. 이 호르몬을 분비하는 내분비 기관과 표적 기관의 이름을 차례대로 쓰시오.

㉠ ADH 분비 기관 :

㉡ ADH의 표적 기관 :

(2) 여름밤에 수박을 많이 먹고 자면 자다가 오줌이 마려워서 잠을 깨는 경우가 많다. 그 이유를 위의 그림을 참고로 하여 설명하시오.

(3) ADH가 정상적으로 분비되지 않을 경우 예상되는 문제점은 무엇인가?

(4) 고혈압 환자가 짜게 먹으면 안되는 이유와 고혈압 환자의 약을 처방할 때 ADH 분비를 억제하는 성분을 포함시키는 이유를 서술하시오.

호르몬의 작용 기작

호르몬은 혈액 속을 흘러 전신으로 이동하고, 표적 세포에 도달하여 정보를 전달하며 그 작용은 표적 세포에 따라 다르다. ㉮ 아드레날린이라는 호르몬은 골격 근육의 세포에서는 혈류를 증가시키지만 소화관 세포에서는 반대로 혈류량을 감소시키도록 작용한다.

㉮ 스테로이드 호르몬의 작용 :

스테로이드계 호르몬은 표적 기관의 세포막을 통과해 세포 내로 들어갈 수 있으며, 세포 내로 진입한 호르몬은 핵 속에서 호르몬-단백질 복합체를 형성하여 유전자 발현에 영향을 끼쳐 단백질이나 효소의 합성을 촉진하게 된다.

㉯ 단백질계 호르몬의 작용 :

단백질계 호르몬은 세포막에 있는 수용체와 결합하여 세포 내의 제2전령 물질(cAMP)을 생성하고, 제2전령 물질은 일련의 효소를 활성화시켜 세포의 물질대사를 조절하게 된다.

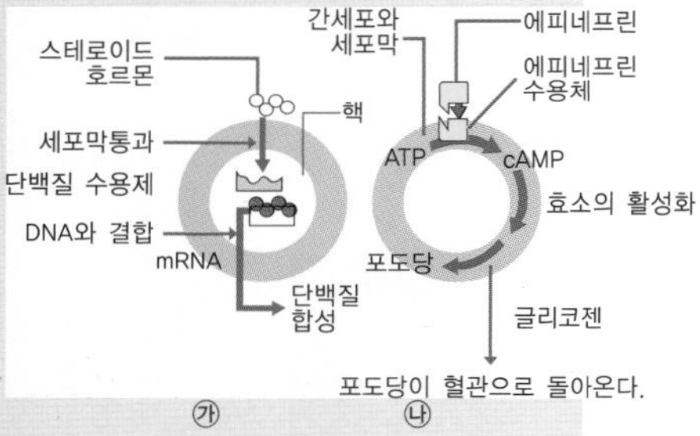

정답 및 해설 68쪽

단계적 문제 해결형

15 **그림 (가)는 횡단보도에서 사람이 보행 신호를 보고 길을 건너가는 경우, (나)는 뜨거운 것에 손이 닿았을 때 자신도 모르게 손을 치우고 나서 뜨거움을 느끼는 경우 자극에 대하여 반응이 일어나는 과정을 나타낸 것이다.**

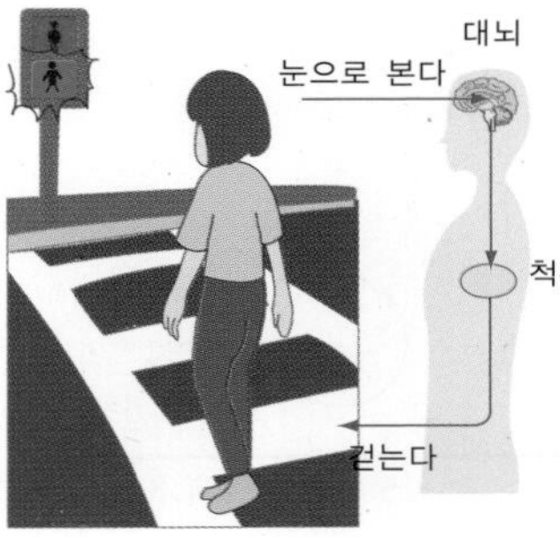

(가)

(나)

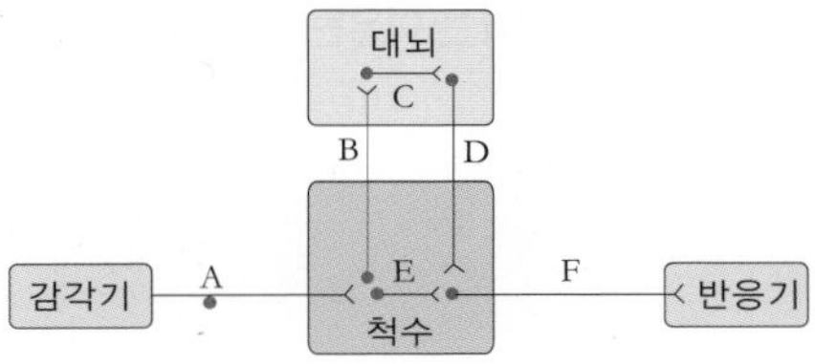

(다)

(1) 그림 (다)의 A ~ F는 각각 무슨 뉴런인지 밝히시오.

(2) (가)와 (나) 반응에서 중추(연합 뉴런) 역할을 한 곳은 각각 어디인가?

(3) (나) 반응이 일어난 경로를 그림 (다)에서 기호로 연결해 보시오.

뇌

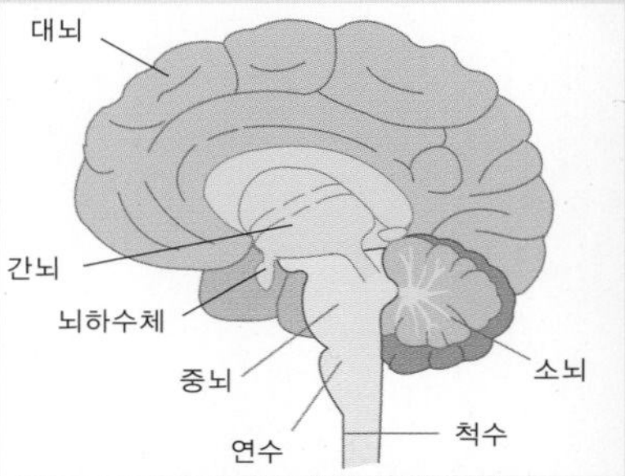

뉴런

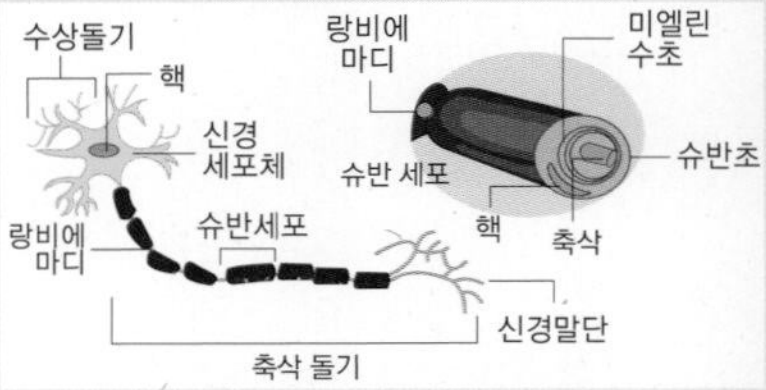

척추와 척수

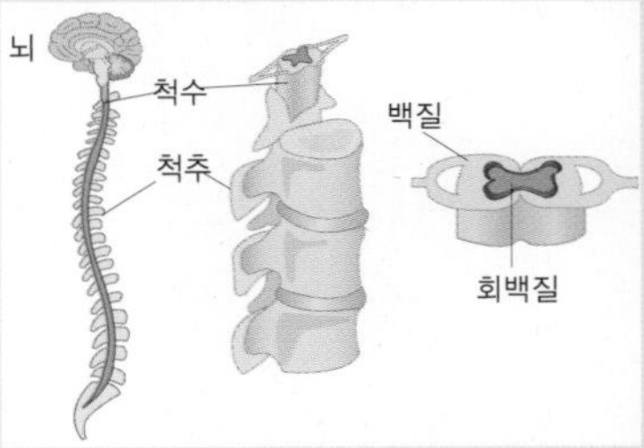

무릎반사(knee jerk reflex) 경로

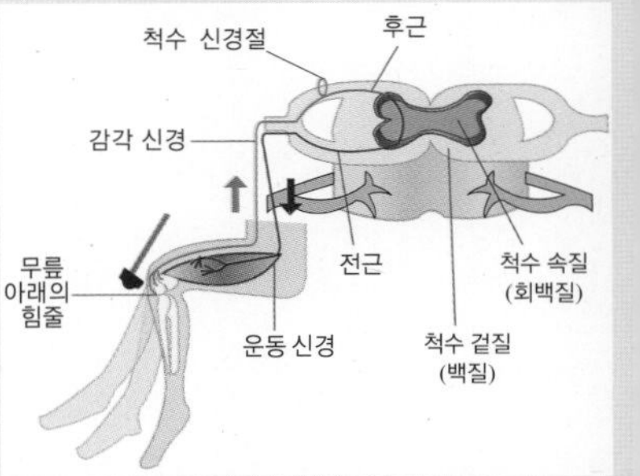

무릎반사는 두 개의 뉴런이 관련되며 반사가 일어나는 과정은 다음과 같다.

무릎의 사두근에 있는 신장수용기(stretch receptor; 골격근에서 일어나는 변화를 감지하는 뉴런) 자극 → 감각 신경 → 척수에 전달 → 운동 신경 → 근육 수축

논리 서술형

16 다음은 뉴런이 역치 이상의 자극을 받았을 때 막전위의 변화를 나타낸 그래프이다.

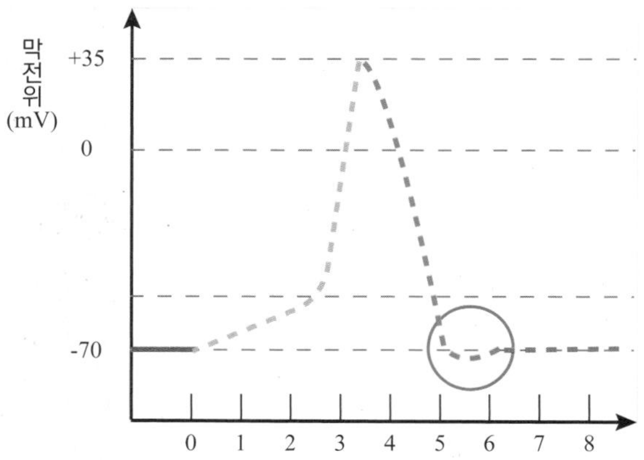

재분극이 일어날 때 막전위가 휴지 전위 이하로 떨어지는 지점이 있는데, 이와 같은 시기를 과분극이라고 한다. 과분극 현상이 일어나는 이유는 무엇일지 서술하시오.

논리 서술형

17 다음 그림 (가)는 사람 뇌의 시냅스에서 흥분이 전달되는 과정을, 그림 (나)는 마약이 뇌의 시냅스에 미치는 작용을 나타낸 것이다.

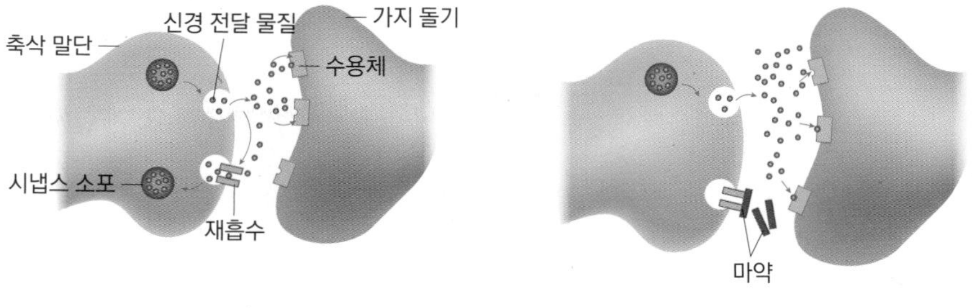

(가) (나)

마약을 복용하면 과도한 흥분 상태와 환각 증상이 나타난다. 그 이유가 무엇인지 위 그림과 관련지어 서술하시오.

추리 단답형

18

근육의 수축 · 이완이 일어날 때에는 근육 원섬유 마디의 길이 변화에 따라 수축 강도가 달라진다. 다음 그래프는 근육 원섬유 마디의 길이 변화에 따른 근육의 수축 강도를 나타낸 것이다. B에서 A 상태로 될 때 근육 원섬유 마디에서 일어나는 변화를 마이오신 및 액틴 필라멘트와 관련지어 설명하시오.

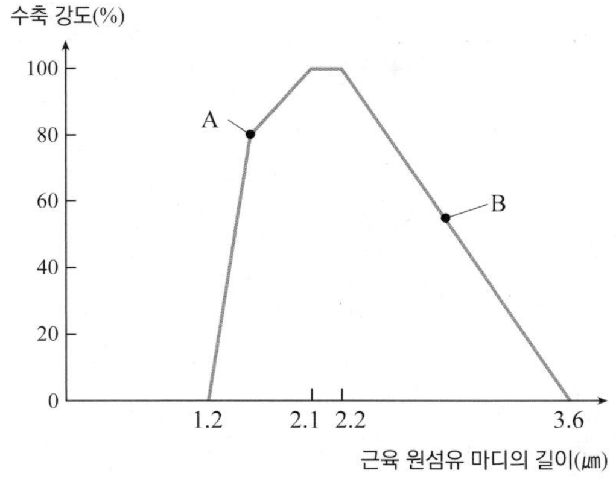

단계적 문제 해결형

19

그림은 가벼운 운동을 할 때 운동 초기에 근육에서 소모되는 에너지원의 상대적 비율을 나타낸 것이다. (단, 어느 시각에서도 각 에너지 비율을 합하면 100% 이다.)

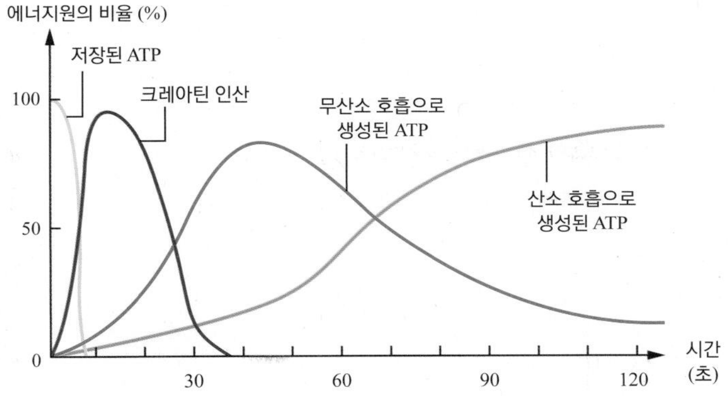

(1) 이에 대한 설명으로 옳은 것만을 〈보기〉에서 있는 대로 고르시오.

보기

ㄱ. 가장 먼저 소모되어 없어지는 것은 크레아틴 인산이다.
ㄴ. 운동 시작 후 20초 동안 근육 운동에 필요한 대부분의 에너지는 산소 없이도 공급된다.
ㄷ. 운동 지속 시간이 길어지면 무산소 호흡에 의한 ATP 생성은 일어나지 않을 것이다.

(2) 주어진 그래프를 참고하여 무산소 호흡과 산소 호흡 과정에 의해 ATP를 공급하는 방법의 장단점을 각각 서술해 보시오.

대회 기출 문제

01 눈을 통해서 사물을 보고, 자연 현상을 관찰하며, 그에 따라 사물을 판단한다. 뉴턴이 맹인이었더라도 사과가 땅에 떨어지는 것을 근거로 만유인력 법칙을 발견할 수 있었을까? 눈은 물체에서 오는 빛을 받아들여 물체의 모양과 색깔을 보게 하는 감각 기관으로서 그림과 같이 카메라와 비슷한 구조로 되어 있다.

[대회 기출 유형]

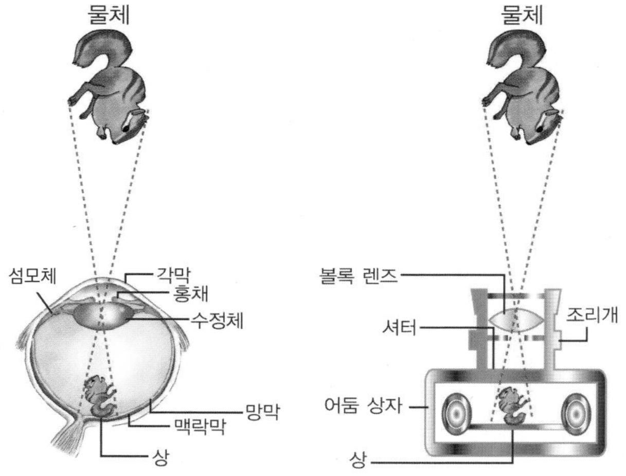

위 그림을 보고 다음 중 옳은 것을 있는 대로 고르시오.

① 실제로 우리가 보는 사물은 모두 거꾸로 되어 있다.
② 눈의 섬모체와 조리개가 하는 기능은 서로 비슷하다.
③ 눈의 망막과 카메라의 필름이 하는 기능은 서로 비슷하다.
④ 망막에 맺혀진 상은 물체에서 반사된 빛에 의해 만들어진 것이다.
⑤ 수정체의 모양은 대부분 가운데가 볼록한 볼록 렌즈와 같은 구조이다.

02 사람들은 등산을 하다 갑자기 무서운 멧돼지를 만나면 급히 피하려고 할 것이다. 위와 같은 상황에 처했을 때 몸에서 일어나는 반응으로 옳은 것을 있는 대로 고르시오.

[대회 기출 유형]

① 아드레날린의 분비가 촉진된다.
② 근육으로 혈액의 흐름이 촉진된다.
③ 방광이 축소됨으로써 자신도 모르게 오줌이 나온다.
④ 간에서 글리코젠으로부터 포도당의 생산이 촉진된다.
⑤ 이자의 기능이 활성화되어 소화 효소의 분비가 촉진된다.

03 그림은 사람 눈의 구조를 나타낸 것이다. 이 자료에 대한 설명으로 옳은 것은?

[수능 기출 유형]

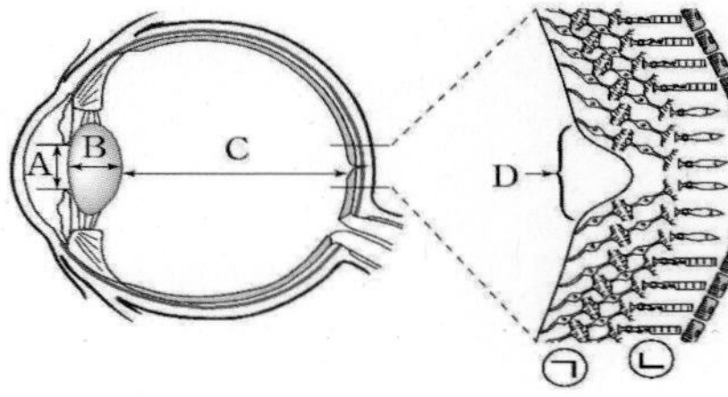

① C가 정상보다 길면 원시가 된다.
② 가까운 곳을 볼 때 B가 줄어든다.
③ D에는 간상 세포가 밀집되어 있다.
④ 망막에서의 흥분 전달은 ㉡에서 ㉠으로 진행된다.
⑤ 밝은 곳에서 어두운 곳으로 이동할 때 A가 줄어든다.

04 그림은 중이와 내이에 있는 감각 기관의 구조를 나타낸 것이다. 이에 대한 설명으로 옳은 것만을 〈보기〉에서 있는 대로 고르시오.

[수능 기출 유형]

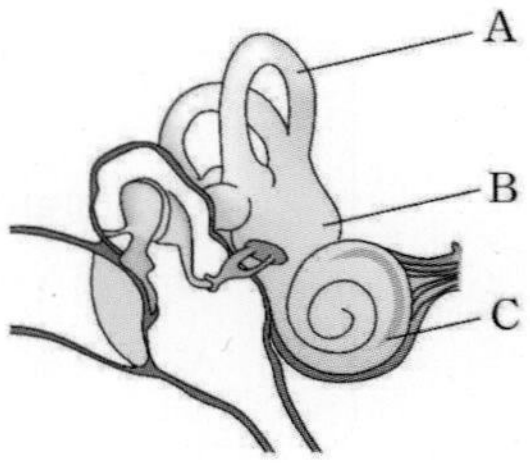

보기

ㄱ. B는 기압 변화에 민감하게 반응한다.
ㄴ. C는 몸의 회전을 감지하는 감각 기관이다.
ㄷ. A와 C에서는 림프의 움직임이 신경 흥분을 유도한다.

05 그림은 정상인과 이자에 이상이 생긴 당뇨 환자의 식사 후 혈당량과 혈액 내 인슐린의 농도 변화를 나타낸 것이다.

[수능 기출 유형]

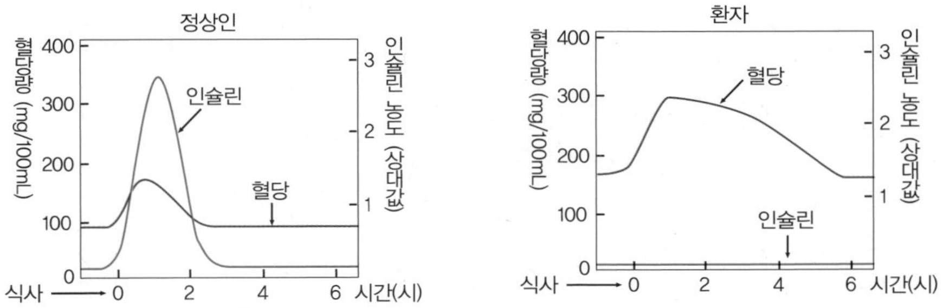

이에 대한 설명으로 옳은 것만을 〈보기〉에서 있는 대로 고르시오.

보기

ㄱ. 이 환자는 이자의 세포에 이상이 있다.
ㄴ. 이 환자에게 인슐린을 투여하면 혈당량이 감소할 것이다.
ㄷ. 정상인의 경우 인슐린의 분비는 피드백에 의해 조절된다.

06 그림은 호르몬에 의해 혈당량이 조절되는 과정이다. [수능 기출 유형]

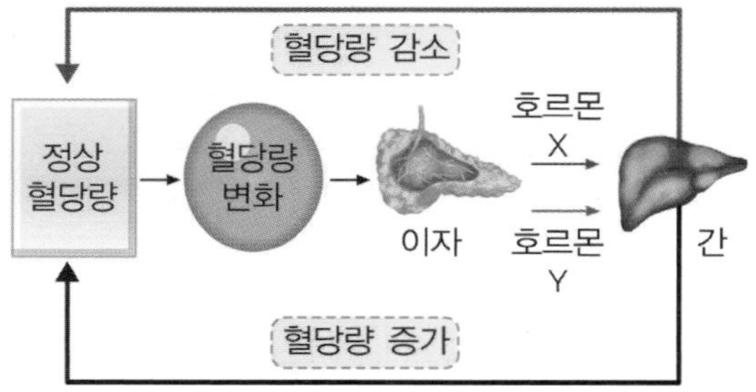

위 자료에 대한 설명으로 옳은 것만을 〈보기〉에서 있는 대로 고르시오.

보기

ㄱ. 혈당량이 정상보다 낮아지면 Y의 분비가 증가한다.
ㄴ. X와 Y의 관계는 티록신과 항이뇨 호르몬의 관계와 같다.
ㄷ. X의 분비량이 부족하면 오줌에서 포도당이 검출될 수 있다.

07 그림 (가)는 어떤 정온 동물의 위를 냉각시켰을 때 뇌의 온도와 티록신 분비량의 변화를, 그림 (나)는 시상하부를 냉각시켰을 때 티록신 분비량의 변화를 나타낸 것이다. [수능 기출 유형]

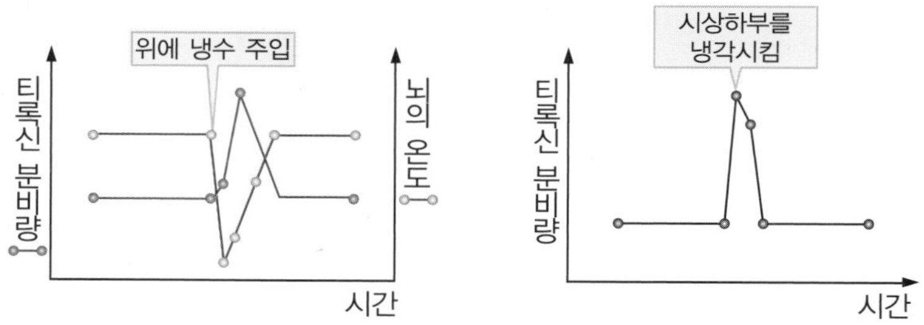

(가) (나)

이에 대한 설명으로 옳은 것만을 〈보기〉에서 있는 대로 고르시오.

보기

ㄱ. 티록신은 세포 호흡을 촉진한다.
ㄴ. 시상하부는 갑상샘의 기능에 영향을 미친다.
ㄷ. 뇌의 온도가 낮으면 갑상샘의 분비 기능이 저하된다.

08 다음은 호르몬의 분비 조절 방식 중 하나를 나타낸 것이다.

[수능 기출 유형]

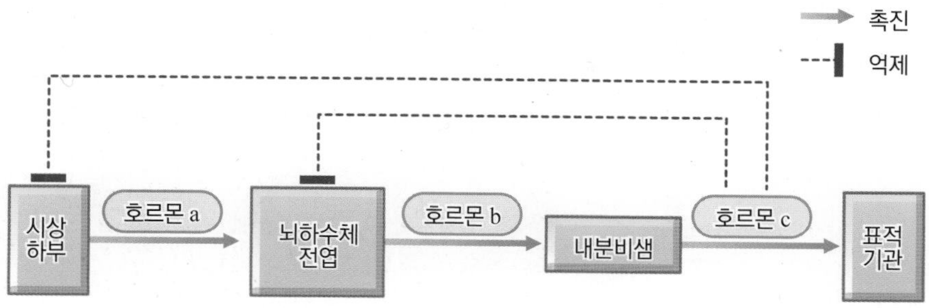

이에 대한 설명으로 옳은 것만을 〈보기〉에서 있는 대로 고르시오.

보기

ㄱ. 티록신의 분비는 이와 같은 방식에 의해 조절된다.
ㄴ. 호르몬 c가 과다 분비되면 호르몬 b의 분비가 증가한다.
ㄷ. 혈관에 호르몬 b를 주사하면 호르몬 a의 분비가 증가한다.

09 우리 몸은 몸 안에서 일어나는 과정들 뿐만 아니라 몸 밖의 물리적 세계의 정보들을 다양한 감각 수용체를 이용하여 수집한다. 대부분의 수용체는 특수화된 뉴런(신경 세포)이나 상피 세포이다. 감각 기관에 따라 서로 다른 유형의 세포들이 하나씩, 또는 그룹으로 존재한다. 아래의 표를 보고 기관, 감각 세포, 수용체의 유형을 올바르게 짝지은 것은?

기관	감각 세포	수용체의 유형
I. 피부	1. 피부의 감각점	a. 열수용체
II. 혀	2. 원추 세포	b. 기계적 감각 수용체
III. 코	3. 간상 세포	c. 화학 수용체
IV. 눈	4. 맛봉오리	d. 광수용체

① I, 1, b ② II, 2, c ③ III, 3, a ④ III, 2, c ⑤ IV, 4, d

10 그림 (가)는 무릎 반사가 일어나는 경로를, (나)는 피부에 자극이 가해졌을 때 척수 반사가 일어나는 경로를 나타낸 것이다.

[과학고 기출 유형]

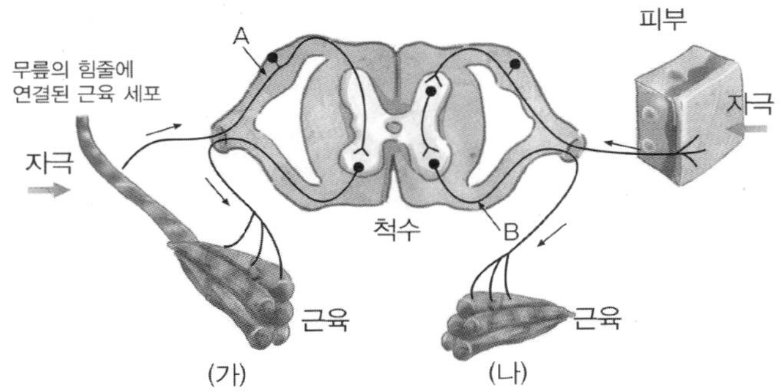

(1) A 뉴런과 B 뉴런의 명칭을 쓰시오.

A :　　　　　　　　　　B :

(2) 중추 신경계에 존재하는 4개 뉴런 a, b, c, d의 연결 순서를 밝히려는 실험을 다음과 같이 하였다. (단, 4개의 뉴런은 일렬로 연결되어 있다.)

각 뉴런에 막전위를 측정할 수 있는 미세 전극을 꽂은 후 역치 이상의 자극을 가하여 흥분이 발생된 뉴런을 조사한 결과가 다음과 같았다.
(+ : 발생함, - : 발생하지 않음)

자극 받은 뉴런	흥분 발생 여부			
	a	b	c	d
a	+	+	-	-
a, c	+	+	+	+

위 실험 결과로 볼 때, b 뉴런이 자극을 받았을 경우 흥분이 발생하는 뉴런을 모두 골라 기호로 답하시오.

11 다음은 체온 조절 과정을 나타낸 모식도이다. [수능 기출 유형]

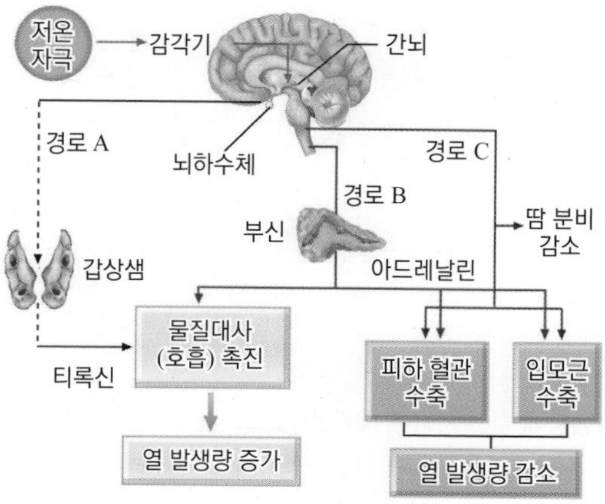

경로 A, B, C에 대한 신경과 호르몬의 분비 관계를 〈보기〉에서 골라 바르게 짝지은 것은?

보기

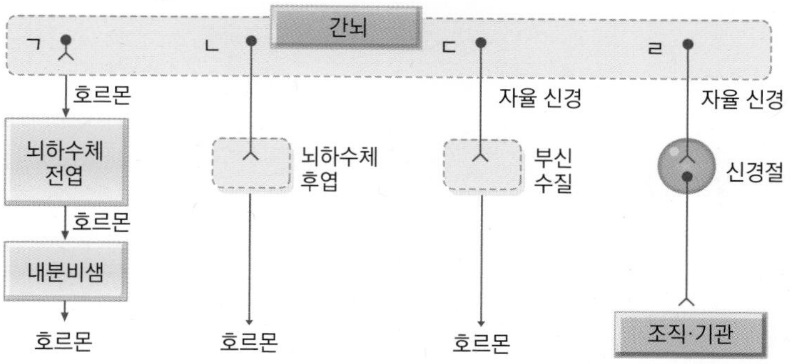

	경로 A	경로 B	경로 C
①	ㄱ	ㄴ	ㄷ
②	ㄱ	ㄷ	ㄴ
③	ㄱ	ㄷ	ㄹ
④	ㄴ	ㄷ	ㄹ
⑤	ㄹ	ㄷ	ㄴ

12 아이오딘이 들어 있는 음식물을 오랫동안 섭취하지 못하면 갑상샘이 비대해지는 갑상샘종에 걸릴 수 있다. 그림은 정상인의 경우 저온 자극에 대응하여 티록신 분비가 조절되는 과정이다.

[수능 기출 유형]

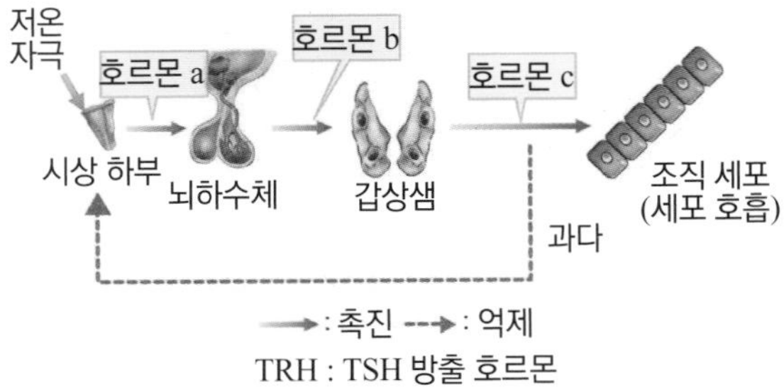

위 자료를 참고로 할 때 갑상샘종에 걸린 사람에 대한 설명으로 옳은 것만을 〈보기〉에서 있는 대로 고르시오.

보기

ㄱ. 정상인보다 추위를 덜 탄다.
ㄴ. 조직 세포에서 세포 호흡이 활발하게 일어난다.
ㄷ. 정상인보다 뇌하수체에서 분비되는 TSH의 양이 많다.

13 다음 중 감각기에 대한 설명 중 옳은 것은?

① 간상 세포는 밝은 곳에서 색채에 반응하는 시각 세포이다.
② 명암 조절은 진대에 의한 동공 크기의 조절로 이루어진다.
③ 섬모체가 수축하면 수정체가 두꺼워져 초점 거리가 짧아진다.
④ 사람의 기본 미각은 단맛, 신맛, 짠맛, 쓴맛, 매운맛의 5가지이다.
⑤ 귓속뼈에서 증폭된 음이 고막에 전달되어 달팽이관의 림프를 진동시킨다.

14 사람의 후각 수용기 세포에 대한 설명으로 옳지 않은 것은?

① 후각 수용기 세포는 화학 수용기이다.
② 비강 위쪽 부위로 뻗은 감각 뉴런이다.
③ 비강 안에 점액질의 농도가 높아야 냄새를 잘 맡는다.
④ 냄새를 내는 화학 분자들이 코로 들어가서 점액질에 녹아 섬모에 붙게 된다.
⑤ 정답 없음

15 사람의 평형 감각기에 대한 설명으로 옳지 않은 것은?

① 감각 수용기는 내이 안에 들어 있다.
② 평형 감각 수용은 섬모 상피에서 섬모의 움직임에 의해 작동된다.
③ 반고리관에는 림프액이 채워져 있어 움직임에 따라 림프액의 흐름이 생긴다.
④ 3개의 반고리관은 서로 둥근 모양으로 배열하여 머리의 회전율과 각도를 감지한다.
⑤ 정답 없음

16 다음 중 사람의 신경계에 대한 설명으로 옳은 것은?

① 척수 반사는 감각과 운동 뉴런으로 된 반사이다.
② 뇌와 척수의 겉질은 회백질이고 속질은 백질이다.
③ 대뇌, 간뇌, 소뇌, 연수 안에는 각각 뇌실이 있다.
④ 뇌와 척수에 있는 뇌척수액은 연결되어 있지 않다.
⑤ 구조적으로 교감 신경은 척수에 연결되어 있고 부교감 신경은 뇌와 척수에 연결되어 있다.

17 다음은 신경 자극의 전달 방향을 나타낸 것이다. (가)는 무엇을 나타낸 것인가?

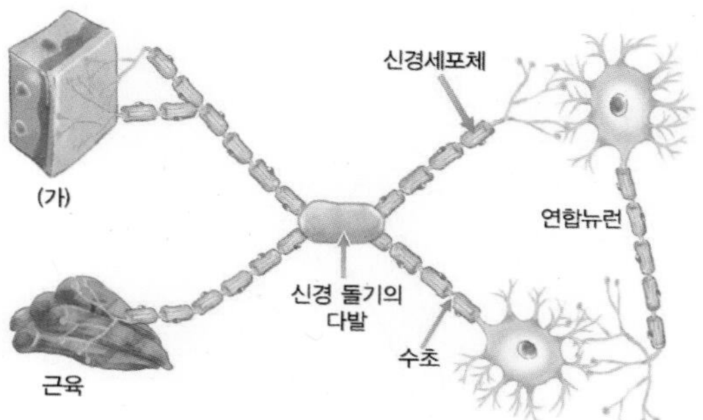

① 운동 뉴런 ② 감각 수용체 ③ 근육 ④ 시냅스 ⑤ 척수

18 혈당량에 이상이 발생했을 때, 혈당량의 조절에 영향을 미치는 기관을 있는 대로 고르시오.

보기

ㄱ. 이자 ㄴ. 부신 ㄷ. 갑상샘 ㄹ. 정소 ㅁ. 간뇌

19 다음은 냄새를 맡기까지 과정을 나타낸 그림이다. 공기 중의 냄새 분자 물질이 코로 들어와 점액에 녹아 섬모에 달라붙게 되면 전기 신호가 발생한다. 이 신호가 뇌로 전달되어 그 냄새를 알아차리게 된다. 냄새 맡는 과정과 관련된 다음 설명 중에서 옳은 것을 〈보기〉에서 있는 대로 고르시오.

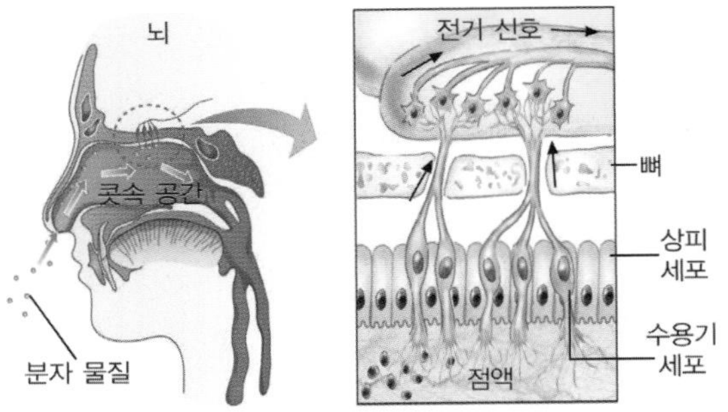

보기

ㄱ. 후각의 적합 자극은 기체 상태의 화학 물질이다.
ㄴ. 점액이 마르게 되면 전기 신호가 더욱 많이 발생하므로 냄새를 더 잘 맡는다.
ㄷ. 시간이 지나면서 냄새에 익숙해 지는 것은 전기 신호가 지속적으로 생기기 때문이다.
ㄹ. 냄새 인식을 유발한 분자 물질은 코의 점액을 통해 다시 공기 중으로 빠져나가지 않는다.

20 다음은 A, B, C 세 동물에게 같은 종류의 자극을 주었을 때 자극의 크기에 따른 반응의 크기 변화를 나타낸 그래프이다.

[대회 기출 유형]

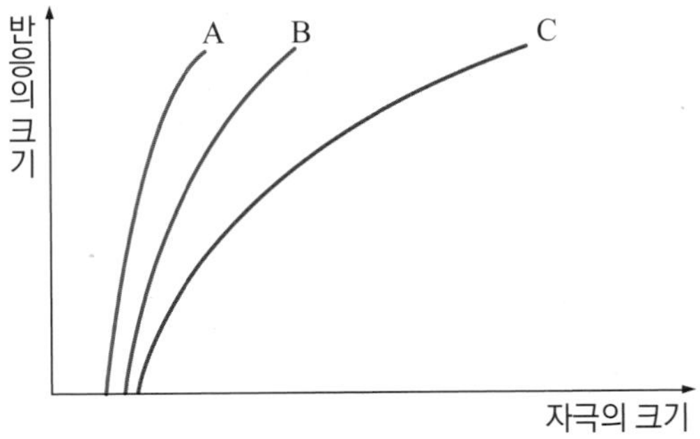

이 그래프를 바르게 해석한 것만을 〈보기〉에서 있는 대로 고르시오.

보기

ㄱ. C 동물이 자극에 가장 예민하다.
ㄴ. A 동물이 생태계에서 생존하는 데 가장 유리하다.
ㄷ. C 동물은 받아들일 수 있는 자극의 크기 범위가 가장 넓다.
ㄹ. 자극의 세기가 어느 정도 이하에서는 반응이 전혀 나타나지 않는다.

21

다음은 여러 동물의 정상적인 체온 범위와 체온이 너무 높아 죽게 되는 온도인 치사 체온을 나타낸 것이다. 이 표로부터 알 수 있는 사실은 ○, 알 수 없는 사실은 ×표 하시오.

동물	정상 체온(℃)	치사 체온(℃)
바늘두더지	30~31	37
고슴도치	34~36	41
사람	37	43
뻐꾸기	40~41	47
참새	40~41	47

(1) 몸집이 작은 동물일수록 정상 체온이 높다. (　　　)

(2) 정상 체온보다 6℃ 정도 높아지면 생명이 위험해진다. (　　　)

(3) 조류는 포유류에 비해 정상 체온과 치사 체온이 모두 높다. (　　　)

22

다음은 시냅스에서 흥분이 전달되는 과정을 모식적으로 나타낸 것이다. 이에 대한 설명으로 옳은 것만을 〈보기〉에서 있는 대로 고르시오.

[대회 기출 유형]

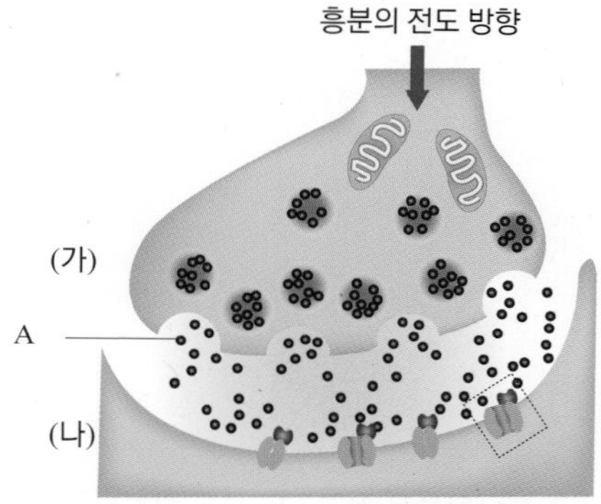

보기

ㄱ. 흥분은 (가)에서 (나)로만 전달된다.
ㄴ. 물질 A는 전기적 신호로 (나)의 세포막을 탈분극 시킨다.
ㄷ. 물질 A는 역치 이상의 자극으로 (가)에 흡수된다.

23

다음 그림 (가)는 시냅스로 연결된 두 뉴런을, (나)는 Ⅰ ~ Ⅲ의 조건일 때 ㉣에서의 막전위 변화를 나타낸 것이다.

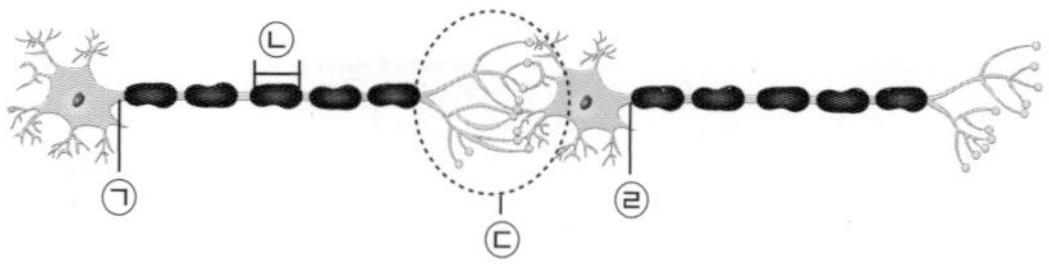

(가)

	Ⅰ	Ⅱ	Ⅲ
조건	㉠에 자극 A와 B를 순차적으로 줌	㉠에 자극 A를 준 후 ㉢에 물질 X를 처리함	㉠에 자극 B를 준 후 ㉢에 물질 Y를 처리함
㉣에서 막전위 변화	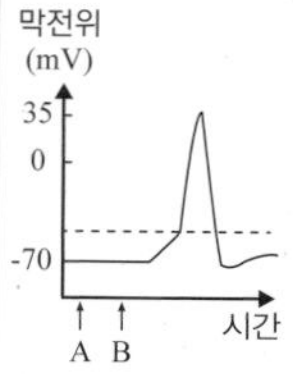	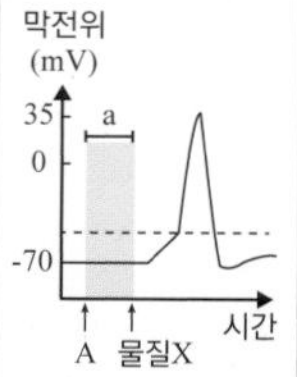	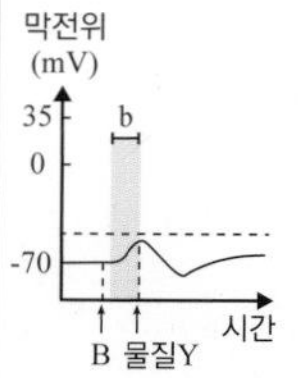

(나)

이에 대한 설명으로 옳은 것만을 〈보기〉에서 있는 대로 고르시오. (단, 자극 A는 활동 전위를 발생시키지 않는다.)

보기

ㄱ. Ⅰ - 자극 B에 의해 ㉡에서 활동 전위가 발생한다.
ㄴ. Ⅱ - 구간 a 동안 ㉣에서 Na^{+} - K^{+} 펌프가 작동한다.
ㄷ. Ⅲ - 구간 b 동안 자극 B에 의해 시냅스 이전 뉴런의 축삭 돌기 말단에서 신경 전달 물질이 분비된다.

24 그림은 뉴런에서 물질 X 의 처리 여부에 따른 막전위 변화를 나타낸 것이다. 물질 X 는 세포막에 있는 이온 통로를 통한 Na^+ 과 K^+ 의 이동 중 하나를 억제한다. 이에 대한 설명으로 옳은 것은 ○, 틀린 것은 ×표 하시오.

[수능 기출 유형]

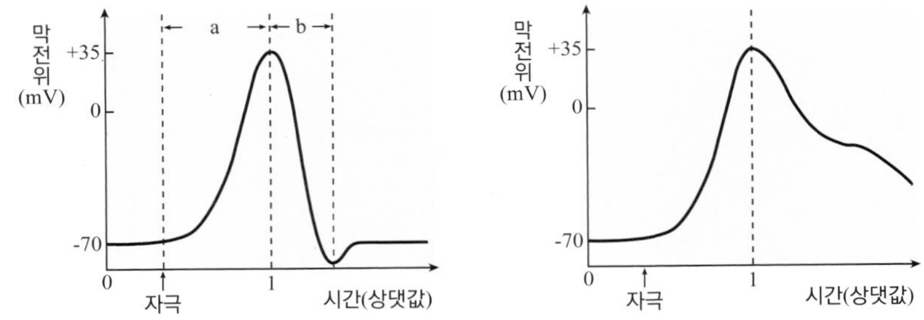

(가) 물질 X 처리 안 함 (나) 물질 X 처리함

(1) a 구간에서 Na^+ 은 세포 내로 유입된다. ( )

(2) b 구간에서 K^+ 통로는 모두 닫혀있다. ( )

(3) 물질 X는 Na^+ 의 이동을 억제한다. ( )

25 다음은 골격근의 근육 원섬유를 구성하는 단백질 필라멘트를 모식적으로 나타낸 것이다. [대회 기출 유형]

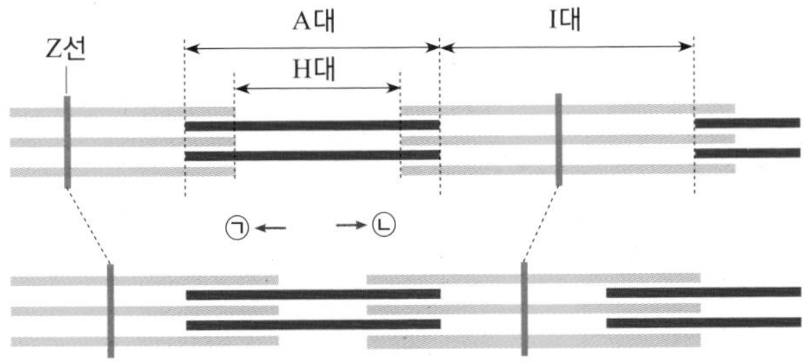

위 자료에 대한 설명으로 옳은 것만을 〈보기〉에서 있는 대로 고르시오.

보기

ㄱ. ㉠은 수축, ㉡은 이완이다.
ㄴ. ㉠에는 ADP가 필요하고, ㉡에는 ATP가 필요하다.
ㄷ. ㉡이 일어나면 H대와 I대의 길이가 길어지고, A대의 길이는 변화없다.

26 **다음은 골격근의 구성과 수축 과정에 대한 자료이다.** [수능 기출 유형]

A. 골격근은 근육 섬유 다발로 구성되고, 하나의 근육 섬유는 여러 개의 근육 원섬유를 가지고 있다.
B. 표는 골격근 수축 과정의 두 시점 ⓐ 와 ⓑ 에서 근육 원섬유 마디 X 의 길이를, 그림은 ⓑ 일 때 X 의 구조를 나타낸 것이다. (X 는 좌우 대칭이다.)

시점	X의 길이(㎛)
ⓐ	2.4
ⓑ	3.2

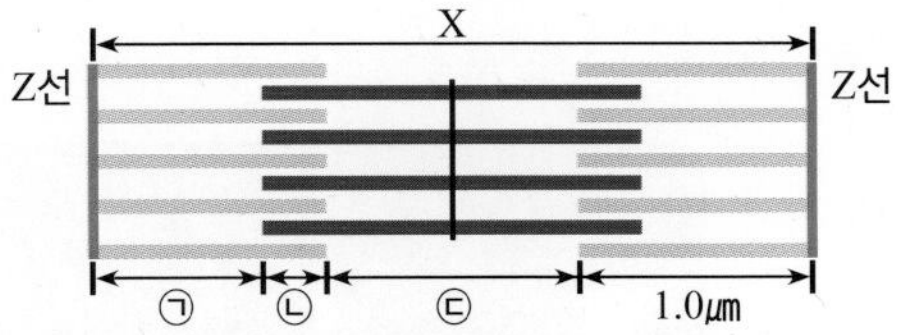

C. 구간 ㉠ 은 액틴 필라멘트만 있는 부분이고, ㉡ 은 액틴 필라멘트와 마이오신 필라멘트가 겹치는 부분이며, ㉢ 은 마이오신 필라멘트만 있는 부분이다.
D. ⓑ 일 때 A대의 길이는 1.6 ㎛이다.

이에 대한 설명으로 옳은 것만을 〈보기〉에서 있는 대로 고르시오.

보기

ㄱ. 근육 원섬유는 동물의 구성 단계 중 세포 단계이다.
ㄴ. ⓐ일 때 H대의 길이는 0.4 ㎛이다.
ㄷ. $\dfrac{\text{㉡의 길이}}{\text{㉠의 길이 + ㉢의 길이}}$ 는 ⓑ일 때보다 ⓐ일 때가 작다.

27 **죽은 지 얼마 되지 않은 동물의 근육은 딱딱하게 굳는데, 이를 사후경직이라고 한다. 사후경직이 일어나는 이유를 근수축과 에너지의 관점에서 설명하시오.**

28 **갑자기 격렬한 운동을 했을 때 다리가 붓고 근육통이 발생하는 이유를 근수축 에너지의 공급과 관련지어 설명하시오.**

머리에 마음이 있다?!

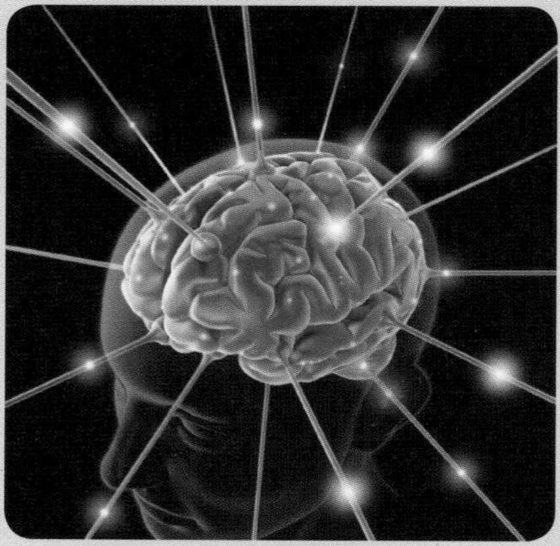

감정에 대한 연구는 객관적으로 포착하기 어렵기 때문에 이제까지는 극히 일부분에서만 이루어졌다. 그러나 최근엔 감정 변화가 뇌의 기능에 매우 큰 영향을 끼친다고 생각하여 활발하게 연구가 진행되고 있다.

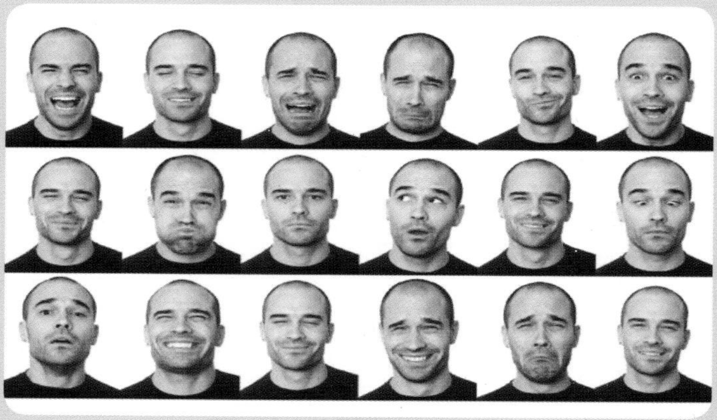

편도체

1937년 하인리히 클뤼버와 폴 부시는 원숭이의 좌우 양쪽에 있는 '편도체(amygdala)'라는 곳을 포함하는 측두엽을 파괴하면 원숭이한테서 기묘한 행동이 나타난다는 사실을 발견했다. 원숭이는 먹을 수 있는 것과 없는 것을 구별하지 못하게 되며, 이전까지 무서워했던 것을 무서워하지 않게 된다.

그리고 사람 역시 편도체가 파괴되면 원숭이와 같은 결과를 보인다는 연구가 발표되었다. 편도체는 뇌 안에 있는 대뇌변연계라는 부위의 일부이다. 이 편도체를 포함하는 대뇌변연계에서 감정이 처리되는데 인간의 경우 편도체가 파괴되면 감정에 장애가 나타난다. 편도체만 파괴되는 '우르바흐비테 증후군' 환자는 표정을 통해 상대방의 감정을 읽지 못한다. 그 결과 사회적인 관계를 형성하는 데 많은 어려움이 따른다. 따라서 편도체는 감정과 감정에 관련된 판단 등도 주관한다고 여겨지고 있다.

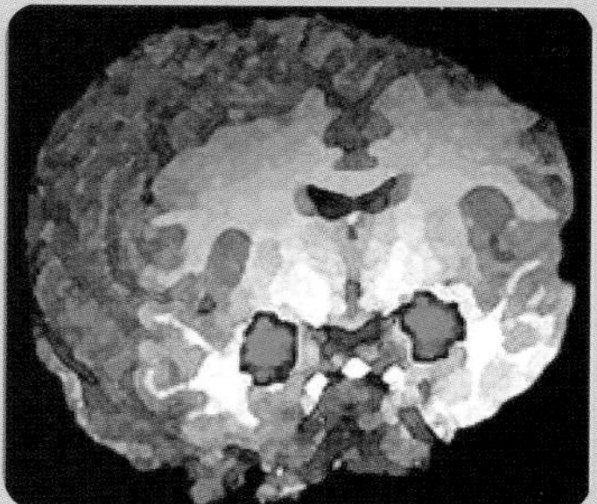

▲ 원숭이의 편도체

Imagine Infinitely

기억과 해마

대뇌변연계에는 '해마(hippocampus)'라는 언어적 기억, 의식적 기억, 특히 쾌감을 담당하는 소기관과 '편도체(amygdala)'라는 감정적 기억, 무의식적 기억으로 공포나 분노를 담당하는 소기관으로 분류된다. 만일 우리의 뇌에서 해마가 없다면 우리는 새로 경험하거나 학습한 것을 기억할 수 없을 것이다. 해마는 가까운 과거의 기억을 유지해 줄 뿐만 아니라, 최종적으로는 기억 내용을 피질에 전달하는 기관이며, 그런 정보들은 대뇌 피질에 장기 기억으로 저장된다.

해마에 정보가 전달되는 경로는 두 가지가 있다. 하나는 감정 처리의 중추인 편도체를 거쳐서 해마로 가는 경우와 다른 하나는 피질을 거쳐서 해마로 가는 경로이다. 실제 일본의 이이지마 도시오 박사는 뇌의 각 부위별로 슬라이스 표본을 만들어 정보가 어떻게 해마로 보내지는지 조사하였다. 그 결과 피질과 편도체를 동시에 자극하면 정보가 해마로 전달된다는 사실이 밝혀졌다. 예를 들면 식사를 할 때 요리의 냄새, 색깔, 모양의 정보는 편도체를 거치면서 감정을 동반하는 정보로 만들어진 다음 해마로 정보를 보낸다. 동시에 음식물의 미각, 후각 정보는 피질을 거쳐 해마로 들어간다. 이 두 정보가 해마에 전달되어 맛있는 식사를 한 일이 기억에 오래 남게 되는 것이다.

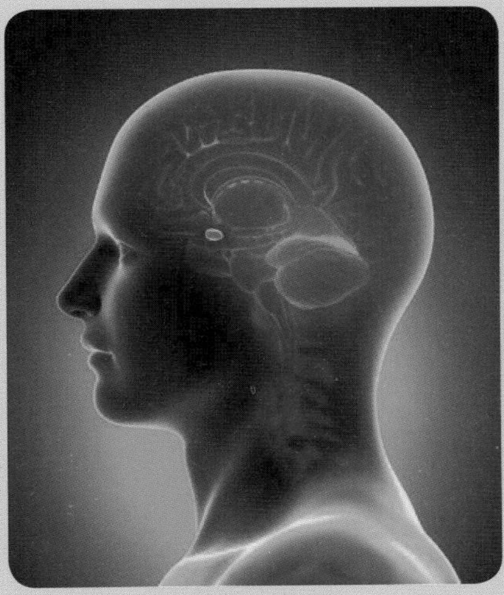

▲ 편도체(amygdala)

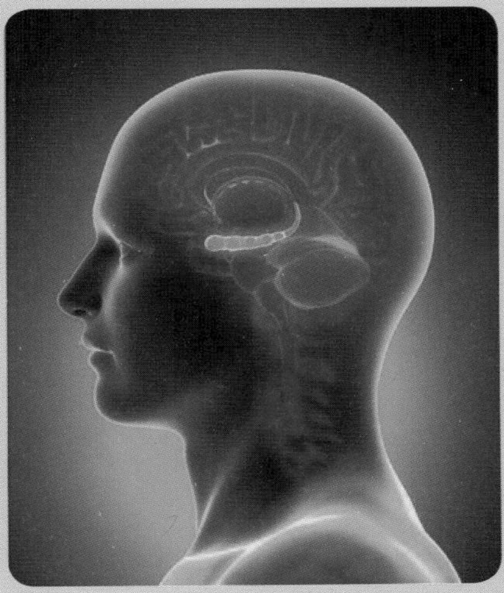

▲ 해마(hippocampus)

정답 p 72

Q1. 머리(뇌)에서 감정과 기억을 주관하는 부분은 각각 어디인가?

Q2. '외상(트라우마) 후 스트레스 장애'란 생명을 위협할 정도의 극심한 스트레스(정신적 외상)를 경험하고 나서 발생하는 심리적 반응이다. 강렬한 트라우마는 편도체를 활성화하고 해마를 얼어붙게 한다. 이를 치료할 수 있는 방법에 대해 나름대로의 방법을 생각해 보자.

[식물 세포의 구조]

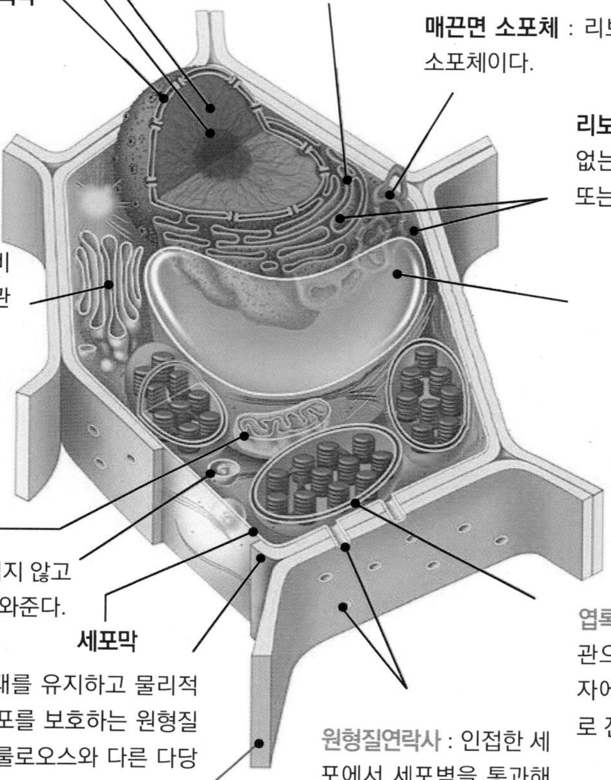

※ **중심 액포**, **엽록체**, **세포벽**, **원형질연락사**는 식물 세포에서만 관찰되는 세포 소기관이다.

[동물 세포의 구조]

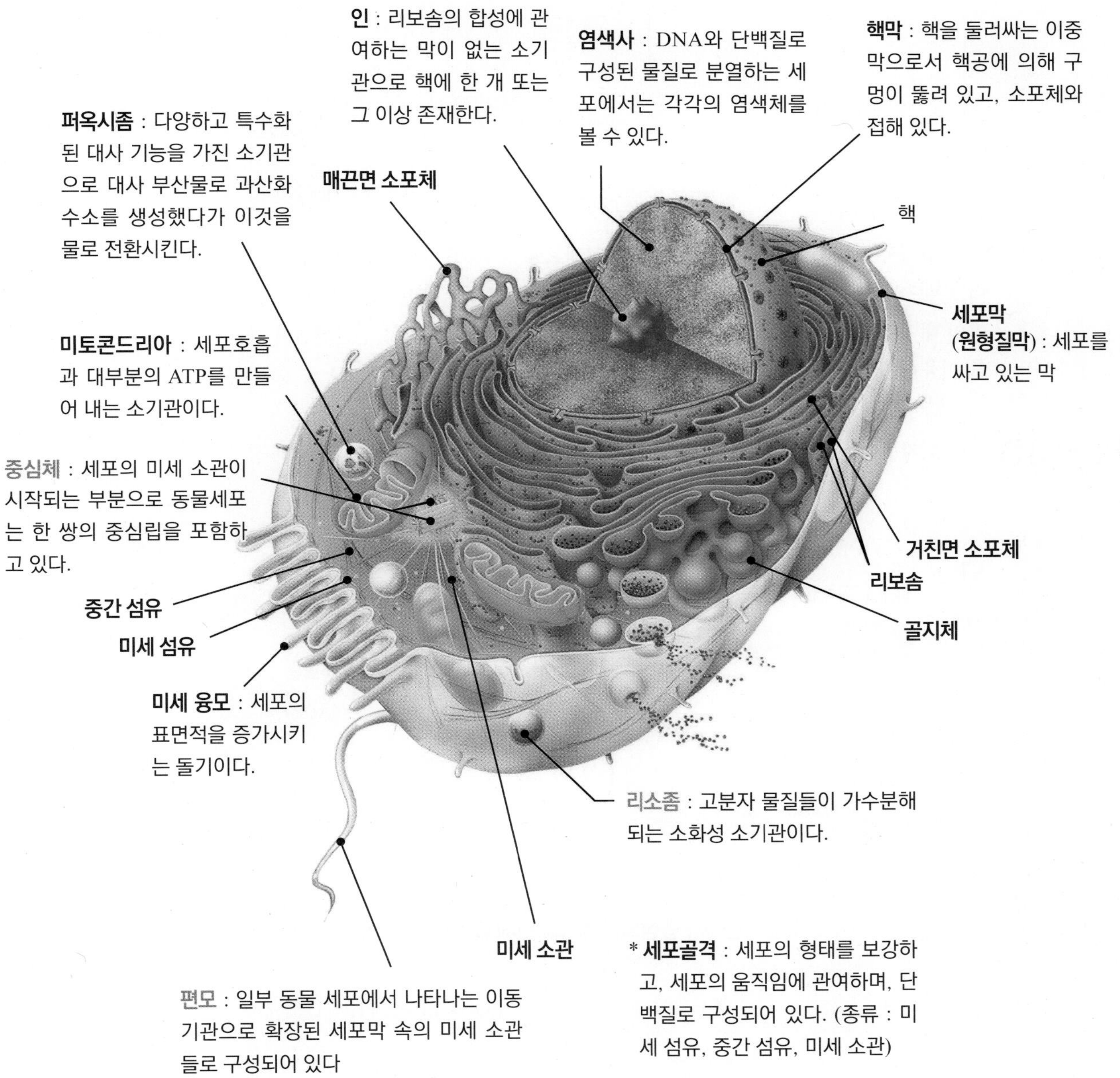

※ **중심체, 리소좀, 편모**는 동물 세포에서만 관찰되는 세포 소기관이다.

부록 2 [세포 호흡과 광합성]

A. 세포 호흡 유기물을 산화시켜 생명 활동에 필요한 에너지를 얻는 과정

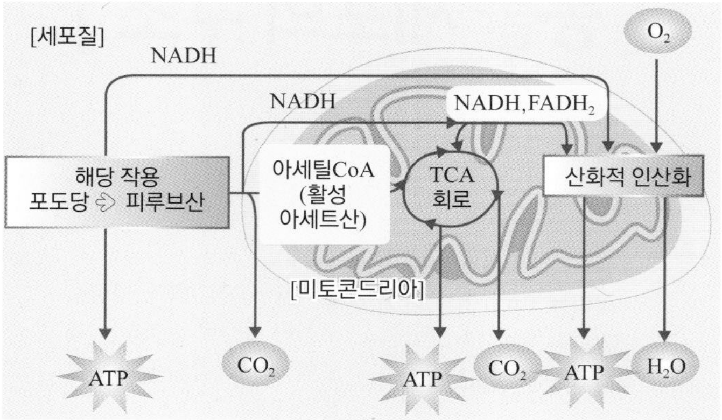

$C_6H_{12}O_6$(포도당) + $6O_2$ + $6H_2O$ → $6CO_2$ + $12H_2O$ + 에너지(ATP)

→ 세포질에서는 1개의 포도당이 2개의 피루브산으로 분해되는 **해당 작용**이 일어나며, 피루브산은 미토콘드리아의 바탕질(기질)에서 TCA **회로**를 통해 CO_2로 완전히 분해된다. 그 후, 미토콘드리아의 내막의 전자 전달계에서는 **산화적 인산화**에 의해 전자가 O_2로 전달되면서 방출되는 에너지를 이용하여 ATP를 합성한다.

B. 광합성 빛에너지를 이용하여 물(H_2O)과 이산화 탄소(CO_2)를 포도당으로 합성하는 과정

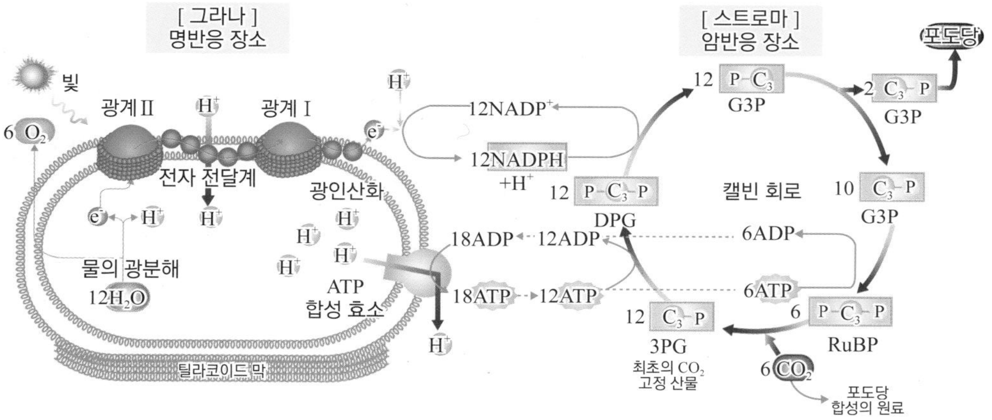

[포도당 1 분자가 합성되기까지의 전체 광합성 과정 반응식]

(명반응) $12H_2O + 12NADP^+ \xrightarrow{\text{빛에너지}} 6O_2 + 12NADPH + 12H^+$

18ADP 18ATP

(암반응) $6CO_2 + 12NADPH + 12H^+ \longrightarrow C_6H_{12}O_6 + 6H_2O + 12NADP^+$

(전체 반응식) $6CO_2 + 12H_2O \xrightarrow{\text{빛에너지}} C_6H_{12}O_6 + 6O_2 + 6H_2O$

→ **명반응**에서 빛에너지를 이용하여 ATP와 NADPH를 생성하고, O_2를 방출한 이후 **암반응**에서 ATP와 NADPH를 이용하여 CO_2를 포도당($C_6H_{12}O_6$)으로 합성한다.

C. 광합성과 세포 호흡의 전과정 비교

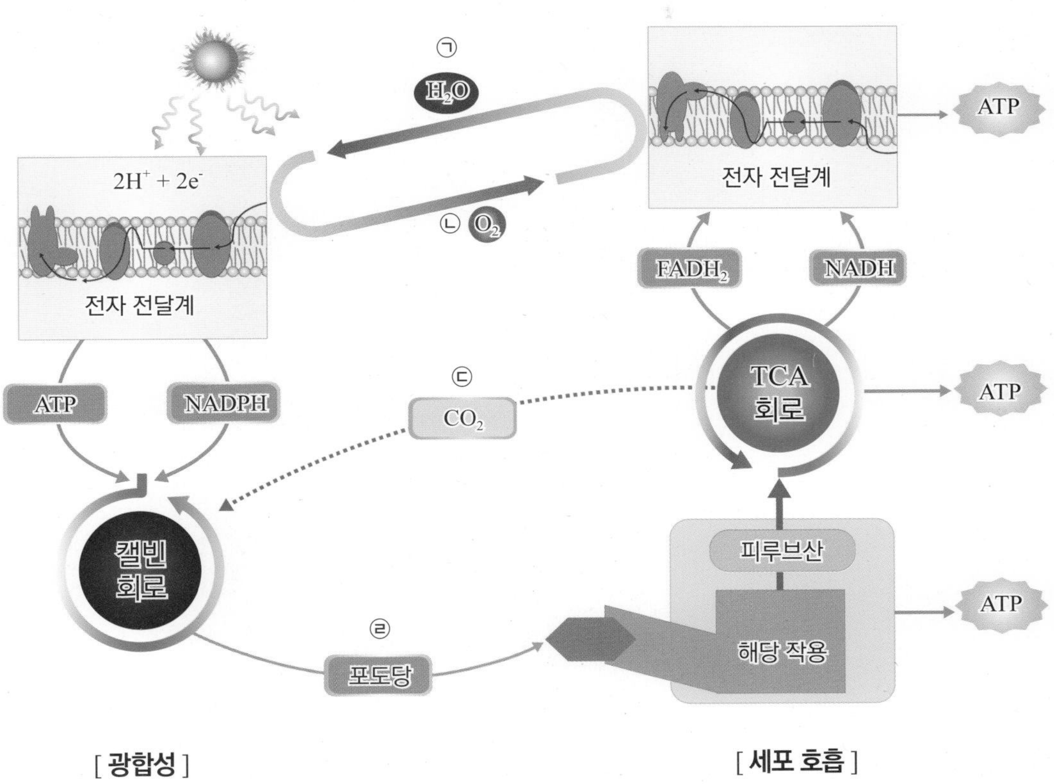

㉠ 세포 호흡에서 방출된 H_2O는 광합성의 원료로 사용된다.
㉡ 광합성에서 방출된 O_2는 세포 호흡의 원료로 사용된다.
㉢ 세포 호흡에서 방출된 CO_2는 광합성의 원료로 사용된다.
㉣ 광합성에서 생성된 포도당은 세포 호흡에서 에너지원으로 사용된다.

구분	광합성 (동화 작용)	세포 호흡 (이화 작용)
과정	빛에너지를 포도당의 화학 에너지로 저장 • 명반응 : 빛에너지를 ATP와 NADPH에 화학 에너지로 저장 • 암반응 : ATP와 NADPH에 저장된 화학 에너지로 CO_2를 환원시켜 포도당 합성	포도당의 화학 에너지로 ATP를 합성 • 해당 작용 : 포도당을 피루브산으로 분해 • TCA 회로 : 피루브산의 화학 에너지를 NADH와 $FADH_2$에 저장 • 산화적 인산화 : NADH와 $FADH_2$를 이용하여 ATP 합성
장소	• 명반응 : 엽록체의 그라나(틸라코이드 막) • 암반응 : 엽록체의 스트로마	• 해당 작용 : 세포질 • TCA 회로 : 미토콘드리아의 기질 • 산화적 인산화 : 미토콘드리아의 내막
공통점	• 효소에 의한 화학 반응 • 전자 전달계와 화학 삼투에 의해 ATP 합성	

※ NAD^+, FAD^+ : 탈수소 효소의 조효소로 산화 환원 반응에서 전자의 운반체로 작용한다. (산화형 : NAD^+, FAD^+ 환원형 : NADH, $FADH_2$)
※ $NADP^+$: 세포 호흡에서의 NAD^+와 거의 같은 역할을 하며, 광합성의 명반응에서의 전자 수용체로 작용한다. (산화형 : $NADP^+$, 환원형 : NADPH)

MEMO

무한상상

무한상상

창·의·력·과·학

아이 앤 아이

I&I

윤찬섭 저

생명과학(상)

개정 2판

정답 및 해설

무한상상

창·의·력·과·학

I&I 아이앤아이

생명과학(상)

정답과 해설

무한상상

Ⅰ. 생물의 구성과 다양성 (1)

개념 보기

Q1 핵, 세포질, 세포막, 세포벽, 엽록체, 액포, 미토콘드리아, 골지체, 리보솜, 소포체

Q2 핵, 세포질, 세포막, 미토콘드리아, 골지체, 리보솜, 리소좀, 소포체, 중심체, 편모, 액포(작거나 없음)

Q3 세포의 수에 따라 구분한다.

개념 확인 문제

정답 23~25쪽

세포의 구조와 기능

01 (1) X (2) O (3) O (4) O (5) X (6) O (7) O　02 ④

03 ㄱ. 핵　ㄴ. 골지체　ㄷ. 미토콘드리아　ㄹ. 퍼옥시좀　ㅁ. 세포막　ㅂ. 세포벽　ㅅ. 엽록체　ㅇ. 액포　ㅈ. 소포체　04 ⑤

05 ④　06 A : 편모　B : 매끈면 소포체　C : 리소좀　D : 미토콘드리아　E : 중심체　F : 세포막　G : 골지체　H : 리보솜　I : 거친면 소포체　J : 핵　07 ④　08 ㄴ, ㅇ

09 (나), 핵　10 세포의 수가 많기 때문이다.

11 (1) 리보솜 (2) 세포막 (3) 골지체 (4) 미토콘드리아 (5) 엽록체 (6) 액포 (7) 리소좀 (8) 세포질　12 ㄱ, ㄴ, ㅁ, ㅂ　13 ③

14 액포　15 ③　16 ⑤　17 ⑤

단세포 생물과 다세포 생물

18 ①, ③　19 단세포 생물, 다세포 생물　20 ④

01 (1) X (2) O (3) O (4) O (5) X (6) O (7) O

해설 | (1) 세포벽은 식물 세포에서만 관찰이 가능하다.

(2) 세포는 생물체를 구성하는 기능적, 구조적 기본 단위이다. 따라서 모든 생물체는 세포로 이루어져 있다고 할 수 있다.

(3) 단세포 생물은 몸이 세포 한 개로 이루어진 생물이다.

(4) 세포의 수는 생물의 몸집 크기에 영향을 주는데 세포 수가 많을수록 생물의 크기가 크다.

(5) 생명 활동의 대부분은 원형질에서 일어난다. 후형질에는 생명 활동의 결과로 생긴 세포벽과 액포가 이에 속한다.

(6) 같은 생물체 안에서도 몸의 부위, 기능에 따라 그 세포의 형태, 크기 및 구조는 매우 다양하다.

(7) 일반적으로 세포는 사람의 육안으로 보이지 않는다. 사람이 구별할 수 있는 가장 작은 물체의 크기는 대략 0.2mm이다. 따라서 0.2mm보다 작은 세포는 맨눈으로 볼 수 없다. 하지만, 그 크기가 매우 커서 맨눈으로 확인할 수 있는 세포도 있는데 대표적인 것으로 타조알, 달걀 등이 있다.

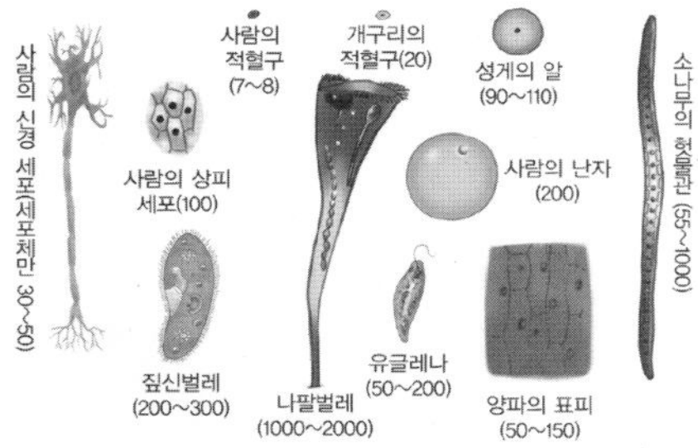

▲ 세포의 모양과 크기의 다양성 (단위 : ㎛)

02 ④

해설 | ④ 생물체의 크기는 세포의 크기가 아닌 세포의 수와 관계 있다. 몸집이 클수록 세포의 수가 많은 것이며, 세포의 크기가 큰 것이 아니다. 세포는 세포막을 통해 물질을 이동시키며, 표면적이 클수록 물질 대사가 잘 일어난다. 세포의 크기가 커지게 되면 작은 세포가 여러 개 있을 때보다 표면적이 작으므로 단위 면적당 이동하는 물질의 양이 줄어 들게 된다. 따라서 몸집이 큰 생물은 세포의 크기는 일정하게 유지한 채 수를 늘림으로써 단위 부피당 표면적을 늘리게 된다.

03 ㄱ. 핵　ㄴ. 골지체　ㄷ. 미토콘드리아　ㄹ. 퍼옥시좀　ㅁ. 세포막　ㅂ. 세포벽　ㅅ. 엽록체　ㅇ. 액포　ㅈ. 소포체

04 ⑤

해설 | ① 일반적으로 세포의 크기는 10 ~ 20㎛로 매우 다양하다. 사람의 신경 세포는 1m 이상, 적혈구는 7.5㎛, 백혈구는 12 ~ 25㎛, 사람의 난세포는 0.25mm 정도 크기이다. (1㎛(마이크로미터) $=10^{-6}$m)

⑤ 생물의 몸을 이루는 세포는 몸의 부위에 따라, 생물의 종류에 따라 그 크기와 기능, 모양이 다양함을 알 수 있다.

05 ④

해설 | 세포벽과 엽록체는 식물 세포에서만 관찰할 수 있는 세포 소기관으로 세포벽은 식물체의 형태를 유지시켜 주며, 엽록체는 식물이 광합성 작용을 통해 영양분을 얻도록 하는 기관이다. 액포는 동물, 식물 세포에서 공통적으로 관찰되지만 동물 세포의 경우 배설 기관이 따로 있어서 노폐물을 배출할 수 있기 때문에 액포가 크게 발달되어 있지 않다. 식물 세포의 액포에는 여러 가지 유기산 색소, 노폐물 등을 포함한 물로 가득 차 있는데, 과일의 여러 맛을 내는 성분과 향기가 들어 있기도 한다.

06 A : 편모　B : 매끈면 소포체　C : 리소좀　D : 미토콘드리아　E : 중심체　F : 세포막　G : 골지체　H : 리보솜　I : 거친면 소포체　J : 핵

07 ④

해설 | 중심체는 1쌍(2개)의 중심립으로 구성되어 있다. 중심립은 동물 세포에서만 볼 수 있는 구조로, 핵 주변에 직각 구조로 겹쳐져 있다.

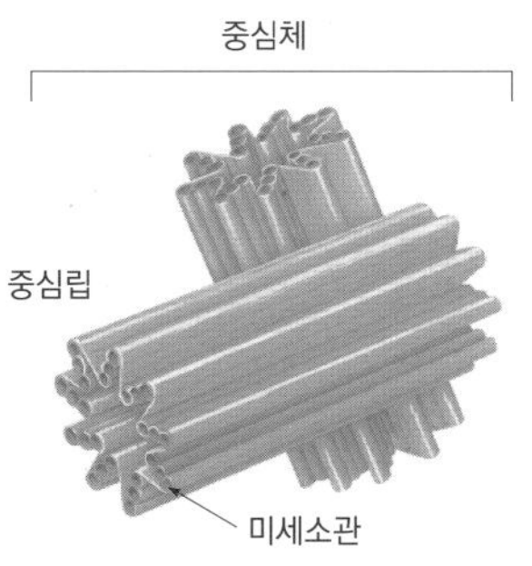

중심립은 단백질로 이루어진 미세소관 3개의 묶음 9개가 동심원을 이룬 구조(9+0)로 되어 있다. 지름이 약 0.2㎛이고 길이는 약 0.4㎛의 원통형으로 되어 있는 이 세포 소기관은 세포가 분열할 때 양끝으로 이동하여 이곳에서 방추사가 형성된다. 이 모습이 마치 별과 같은 모

양을 지니고 있다고 하여 성상체(aster)로 불린다.

08 ㄴ, ㅇ
해설 | 후형질은 생명 활동이 일어나지 않는 죽은 부분으로 세포벽과 액포 및 세포 내 함유하고 있는 물질이 포함된다. 원형질은 생명 활동이 일어나는 부분으로 후형질을 제외한 나머지 세포 소기관이 존재하는 세포질이 이에 해당된다.

09 (나), 핵
해설 | (가) : 세포질, (나) : 핵, (다) : 엽록체, (라) : 세포막, (마) : 액포, (바) : 세포벽
세포 소기관 (나)는 식물 세포와 동물 세포에 공통적으로 들어있는 핵이다.

10 세포의 수가 많기 때문이다.
해설 | 생물체의 크기는 세포의 크기가 아닌 세포의 수와 관계있다. 따라서 몸집이 큰 것은 세포의 수가 많기 때문이다.

11 (1) 리보솜 (2) 세포막 (3) 골지체 (4) 미토콘드리아 (5) 엽록체 (6) 액포 (7) 리소좀 (8) 세포질
해설 |

후형질	액포	생명 활동 결과 생긴 노폐물이나, 색소, 당분을 저장하는 기관으로 오래된 식물 세포일수록 발달되어 있다.
	세포벽	식물 세포의 형태를 유지하고 지탱해 주는 역할을 하며, 셀룰로오스가 주성분이다.
원형질	핵	DNA를 가지고 있어 생명 활동의 중심이 된다.
	엽록체	식물의 광합성 작용이 일어나는 장소로서 유기물을 합성하고, 산소를 발생한다.
	골지체	물질의 저장과 분비 장소로 소낭을 형성하여 단백질을 싸서 분비한다.
	미토콘드리아	세포의 호흡이 일어나 에너지를 생성하는 장소이다.
	리보솜	단백질을 합성하는 장소로 거친면 소포체에 부착해 있거나 세포질에 자유롭게 흩어져 있다.
	리소좀	세균과 같은 이물질을 제거하고 노후된 세포를 스스로 분해한다.
	소포체	세포 내 물질의 이동 통로 역할을 한다.
	세포막	세포 안과 밖의 물질의 이동 통로이며, 물질의 출입을 통제한다.(선택적 투과성)

12 ㄱ, ㄴ, ㅁ, ㅂ
해설 | A는 엽록체로 식물 세포에서만 볼 수 있는 세포 소기관이다. 엽록체는 광합성을 하는 장소로 빛에너지를 화학 에너지로 전환하여 생성물인 포도당 속에 저장한다. 또한 자신의 DNA, RNA, 리보솜을 가지고 있어 스스로 증식이 가능하다. 5 ~ 8㎛ 의 타원형 모양으로 2중 막 구조로 되어 있으며, 내막의 안쪽은 그라나와 스트로마로 구성된다. 엽록체는 색소체(식물 세포에 존재하는 색소를 함유하는 세포 소기관)의 한 종류로 색소체에는 엽록체 외에 잡색체, 백색체 등이 있다. 잡색체는 엽록소를 가지고 있지 않으며, 카로틴(주황색)이나 크산토필(노란색) 등을 갖는다. 백색체는 색소가 없어 무색이고 녹말 등 양분을 저장하며, 무나 파의 흰 부분의 세포에 주로 들어있다.
ㄷ은 액포, ㄹ은 미토콘드리아, ㅅ은 핵에 대한 설명이다.

13 ③
해설 | 리보솜은 핵으로부터 전달되어 온 유전 정보에 따라 생명 활동과 재생 등에 필요한 단백질을 합성한다. 이렇게 합성된 단백질은 소포체를 통해 이동하여 골지체로 운반되며, 골지체에서는 이 물질을 변형시키고 성숙시킨 후 막으로 싸서(소낭) 세포 밖으로 분비하거나 리소좀에 저장한다.

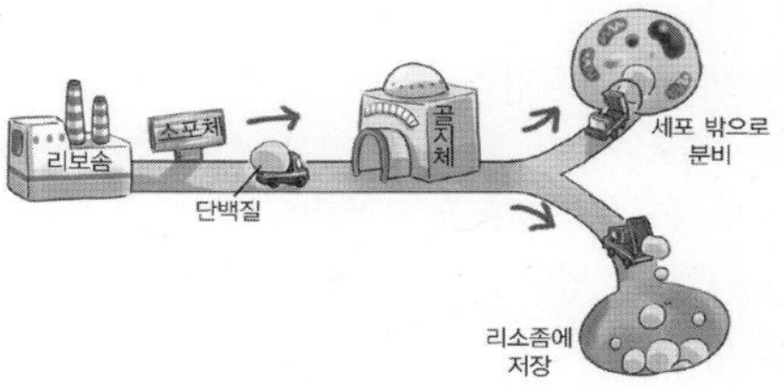

14 액포
해설 | 액포에는 당분이나 안토시안 색소, 노폐물 등이 들어 있으며, 후형질이므로 어린 세포보다 늙은 세포에서 더 발달해 있다.

15 ③
해설 | (가)는 세포가 규칙적으로 배열되어 있고, 육각형의 모습을 이루고 있으므로 식물 세포이다. (나)는 세포가 불규칙적으로 배열되어 있으며, 대체로 둥근 모습을 하고 있으므로 동물 세포이다. 세포벽은 식물 세포에서만 관찰할 수 있는 세포 소기관이다.

구분	관찰대상	핵	세포질	세포벽	세포배열
식물 세포	양파 표피세포	○	○	○	규칙적
동물 세포	입안 상피세포	○	○	×	불규칙적

16 ⑤
해설 | ① 리보솜은 단백질을 합성하는 장소이다.
② 소포체는 리보솜에서 합성한 단백질과 같은 물질을 운반하는 역할을 한다.
③ 골지체는 물질의 저장 및 분비 역할을 담당한다.
④ 미토콘드리아는 세포 내 호흡을 통해 에너지를 공급해 주는 역할을 한다.
⑤ 리소좀은 골지체에서 만들어지며, 물질을 분해하는 효소를 가지고 있어 세균이나 이물질을 분해한다.

17 ⑤
해설 | 그림은 골지체이다. 골지체는 막으로 된 납작한 주머니 구조가 여러 겹으로 포개진 구조이다. 골지체는 소포체의 일부가 떨어져 나와 생긴 것으로, 물질의 저장 및 분비에 관여한다.

18 ①, ③
해설 | 생명 활동의 결과로 생기는 부분을 후형질이라고 하며, 세포벽, 액포 등이 있다. 특히 식물 세포가 나이가 들수록 생명 활동의 결

과 생기는 노폐물이 계속 쌓이게 되므로 이 노폐물을 저장하는 액포가 발달하게 된다. 세포벽은 1차, 2차 세포벽으로 이루어진다. 1차벽은 얇고 유연한 세포벽이며, 2차벽은 세포막 사이에 만들어진 두껍고 단단한 세포벽이다.(2차벽이 없는 경우도 있다.) 2차벽은 성숙한 식물세포에서 만들어진다.

19 단세포 생물, 다세포 생물

해설 | 몸이 하나의 세포로 이루어진 생물을 단세포 생물, 몸이 여러 개의 세포로 이루어진 생물을 다세포 생물이라고 한다.
10억 년 전까지는 단세포성 생물만 존재했다. → 시간이 흐르면서 이 생물들이 변화하는 환경에 자신의 기능과 구조를 적응시켜 나가기 시작했다. → 세포가 분열 후에 떨어지지 않고 '덩어리'를 이루는 능력을 가짐으로써 다세포성 생물을 형성하게 되었다. → 생물체가 여러 개의 세포로 구성될 수 있게 되면서 구조가 복잡해지고 기능이 다양해지며 특수화되었다.

20 ④

해설 | 짚신벌레의 몸 길이는 170 ~ 290㎛이며 몸은 유선형이다. 앞끝은 둥글고 뒤끝은 뾰족하여 짚신 모양을 이룬다. 몸 전체에 균일하게 섬모가 빽빽이 자라고 입은 몸의 중앙부에서 깔때기 모양으로 열리며, 여기서 몸의 앞끝 왼쪽에 이르기까지 위구부(圍口部)라는 큰 홈이 계속되어 있다. 짚신벌레는 담수에 살며 못 · 도랑 · 논 · 늪 등에 흔히 존재한다. 먹이는 짚신벌레의 한쪽에 있는 세포입이라는 구멍을 통해 안으로 들어간다. 세포입은 식도관으로 이어지고, 먹이는 식도관에서 공 모양의 식포로 원형질 속으로 들어간다. 배설물은 세포항문에서 배출된다.

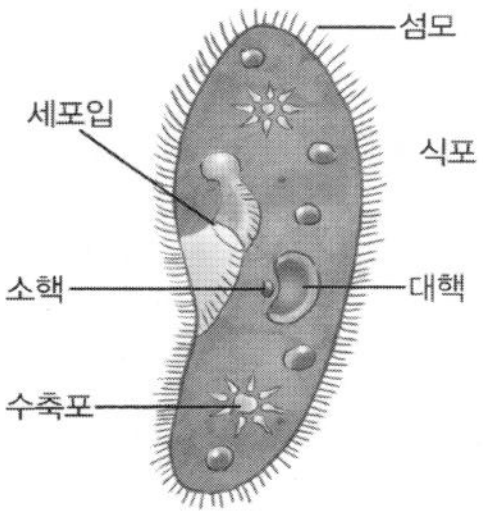

▲ 짚신벌레

개념 심화 문제

정답 26~35쪽

01 ㄱ, ㄷ　02 ③
03 (1) (가)핵, (나)엽록체, (다)미토콘드리아　(2) ㄴ, ㄹ
04 (1) ④, ⑤　(2) (ㄱ) : 리보솜, 중심체　(ㄴ) : 소포체, 골지체, 리소좀, 액포, 세포막　(ㄷ) : 핵, 미토콘드리아, 엽록체　05 ②, ③, ④
06 (1) ③　(2) ③　07 (1) G, 골지체　(2) ④
08 (1) ⑤　(2) ㄴ, ㄷ　09 ⑤　10 ①　11 ㄱ, ㄹ
12 ⑤　13 ㄱ　• 옳지 않은 항목 바르게 고치기 : 해설참조
14 해설참조　15 (1) • ㄱ 영역 : 반달말, 장구말, 볼복스, 돌말　• ㄴ 영역 : 유글레나　• ㄷ 영역 : 종벌레, 아메바, 짚신벌레　(2) 해설참조

01 ㄱ, ㄷ

해설 | 〈 세포의 특징 〉
- 세포는 생물체의 구조적, 기능적 기본 단위이다.
- 세포는 일정한 크기 이상 자라지 않으며, 분열 과정을 통해 세포의 수가 늘어난다.
- 세포는 생물의 종류에 따라 다르며, 몸을 구성하는 부위에 따라 같은 생물체 안에서도 세포의 크기와 모양이 다르다.
- 생물체의 크기는 세포의 크기와 관계없이 세포 수에 따라 결정된다. 우리 몸을 이루는 세포의 수는 키나 몸무게에 따라 달라지지만, 일반적으로 갓난아이의 경우 약 20조 개, 성인 남성의 경우 60 ~ 100조 개 정도인 것으로 알려져 있다.

02 ③

해설 | 사람과 같은 포유류는 어미와 연결되어 있는 탯줄을 통해 영양분을 공급받아 성장한다. 그러나 난생을 하는 조류, 파충류 등은 난자 자체에 많은 양의 에너지원을 저장함으로써 성장하는데 필요한 에너지를 공급받는다. 알의 구조를 보면 배아(병아리가 되는 부분)는 알 전체 부피의 극히 일부분을 차지한다. 그리고 난황 부분에 영양분을 저장한다. 난황을 둘러싼 흰자에도 영양 물질이 들어있으며, 주로 외부의 충격을 완화시키고, 수분을 조절하는 기능을 하고 있다. 따라서 알은 배아(난세포)와 이를 둘러싼 영양분으로 구성되기 때문에 알을 하나의 세포라고 할 수 있다.

03 (1) (가)핵, (나)엽록체, (다)미토콘드리아　(2) ㄴ, ㄹ

해설 | (1) DNA 함량이 가장 많은 세포 소기관 (가)는 핵이다. 이산화 탄소 소비량이 가장 많은 세포 소기관 (나)는 엽록체이다. 산소 소비량이 가장 많은 세포 소기관 (다)는 미토콘드리아이다. 원심 분리를 하면 크고 무거운 세포 소기관일수록 아래쪽에 먼저 가라앉는다. 밀도는 핵 > 엽록체 > 미토콘드리아이므로 가장 먼저 분리되는 세포 소기관은 (가)핵이다.
(2) ㄱ. 침전액 (가)에는 DNA함량이 가장 많으므로 핵이 가장 많이 들어 있다.
ㄴ. 엽록체는 광합성을 하므로 이산화 탄소를 많이 소비한다. 그러므로 이산화 탄소의 소비량이 가장 많은 (나)에 엽록체가 가장 많이 들어 있음을 추리할 수 있다.
ㄷ. 가장 무거운 세포 소기관은 핵인데 핵은 (가)에 가장 많이 들어있다.
ㄹ. 미토콘드리아는 세포 호흡에 관여하므로 산소를 많이 소비한다. 그러므로 산소 소비량이 가장 많은 (다)에 미토콘드리아가 가장 많이 들어 있음을 추리할 수 있다.

04 (1) ④, ⑤　(2) (ㄱ) : 리보솜, 중심체　(ㄴ) : 소포체, 골지체, 리소좀, 액포, 세포막　(ㄷ) : 핵, 미토콘드리아, 엽록체

해설 | (1) DNA와 RNA, 리보솜을 가지고 있는 엽록체와 미토콘드리아는 세포 내에서 증식하고 분열하여 또 다른 엽록체와 미토콘드리아를 생성한다. 그러나 이들이 독립적인 유전 물질을 가지고 있다 하더라도, 핵에 의한 조절로부터 독립적인 것은 아니다.
(2) 리보솜은 세포 내에서 작은 과립 형태로 발견되며, 소포체의 표면에 붙어 있거나 세포질에 자유롭게 흩어져 있다. 리보솜은 자신이

포함되어 있는 세포에 비해 그 크기가 매우 작지만, 수많은 단백질과 RNA가 합쳐져 있는, 막이 없는 큰 구조이다.

〈 엽록체와 미토콘드리아 이중막의 기원 〉

엽록체와 미토콘드리아 이중막의 기원에 대한 주장은 내부 공생설로 그 내용은 다음과 같다. 약 20억 년 전 엽록체와 미토콘드리아가 영양분을 흡수하거나 광합성 작용을 하며 독립적으로 존재했던 것으로 추정된다. 이들은 더 큰 세포에 의해 삼켜지게 되고 결국 세포질 안에 갇혀 살아남게 되었다. 그리고 큰 세포와 같은 속도로 분열하면서 자손 세포도 같은 엽록체와 미토콘드리아를 갖게 되었다. 이 시나리오에 따르면 큰 세포는 작은 세포로부터 광합성 산물을 얻고, 작은 세포는 큰 세포의 보호를 받아 서로 공생 관계를 유지하는 것이다. 이 과정에서 2중막의 외막은 삼키는 세포의 세포막에서, 그리고 내막은 삼켜진 세포의 세포막에서 유래되었을 것으로 보고 있다.

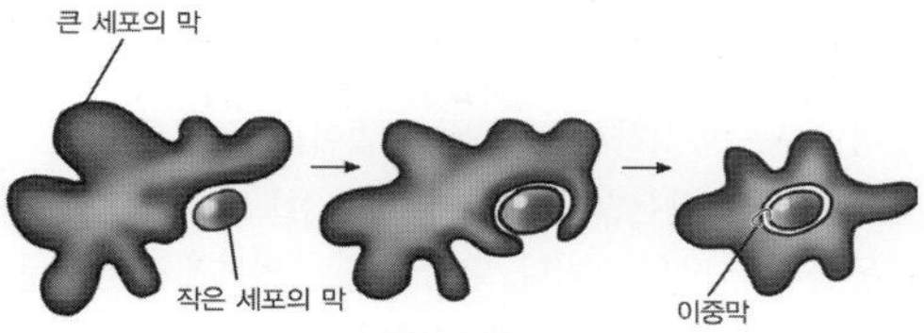

▲ 내부공생설 : 미토콘드리아와 엽록체를 싸고 있는 이중막은 그 기원이 두가지로 서로 다르다. 외막은 삼키는 세포의 외형질막에서, 내막은 삼켜진 세포의 원형질막에서 유리되었을 것이다.

05 ②, ③, ④

해설 | 〈세포설〉

- 세포는 생물의 구조적 · 기능적 기본단위이다.
- 모든 세포는 세포로부터 만들어진다.
- 모든 생물은 하나 또는 그 이상의 세포로 구성되어 있다.

⑤ 세포의 모양은 생물의 종류에 관계없이 대체로 비슷하다.
⑥ 세포설은 전자 현미경 이전에 이미 주장되었다.
⑦ 로버트 훅은 세포를 발견한 사람이다.

06 (1) ③ (2) ③

해설 | (1) 이 실험은 세포의 크기를 제한하는 원인이 세포의 표면적과 부피의 관계에 있음을 밝히는 것이다. 세포를 정육면체로 가정할 때, 세포의 크기에 따른 부피와 표면적의 증가 정도는 다음과 같다.

세포의 길이	1 cm	2 cm	3 cm
표면적 (S)	$6\ cm^2$	$24\ cm^2$	$54\ cm^2$
부피 (V)	$1\ cm^3$	$8\ cm^3$	$27\ cm^3$
$\frac{\text{표면적 (S)}}{\text{부피(V)}}$	6	3	2

실험 결과에 따르면 세포가 커짐에 따라 단위 부피당 표면적의 비가 감소하므로, 작은 세포일수록 세포막을 통한 물질 교환이 보다 효율적일 것이다.

① 세포의 부피 증가율이 표면적의 증가율보다 크다.
② 몸집의 크기는 세포 수와 상관있다.
④ 세포의 물질 대사에 필요한 물질 교환이 세포막을 통해 이루어지는 것은 사실이지만, 주어진 실험의 가설은 아니다.
⑤ 세포의 크기가 커짐에 따라 세포막의 단위 면적당 물질의 이동량이 증가한다면 세포의 크기가 커져도 지장이 없을 것이다.

(2) 세포의 길이가 100배로 길어진다면 세포의 표면적은 60000, 부피는 1000000로 증가할 것이다. 이때 표면적 증가에 비해 부피 증가 비율이 더 커져 단위 부피당 표면적의 비는 0.06으로 감소한다. 따라서 세포막을 통한 물질 교환은 더욱 어려워지게 된다.

07 (1) G, 골지체 (2) ④

해설 | (1) 1898년 이탈리아의 현미경학자 Camillo Golgi가 신경세포에서 정교한 구조를 발견했는데, 그때 당시 광학 현미경의 해상도의 한계로 모든 세포에서 관찰이 불가능하였다. 그러나 1950년대 후반에 전자 현미경의 등장으로 골지체는 신경 세포뿐만 아니라 모든 세포(진핵 세포)에 확실히 존재하는 것으로 알려졌다. 골지체의 정확한 모습은 종에 따라 다양하지만, 골지체는 납작한 막 주머니들과 막으로 둘러싸인 작은 소낭들로 구성되어 있다.

(2) 골지체는 소포체로부터 단백질을 받아 이들을 포장하고, 세포 밖으로 분비하거나 리소좀에 저장한다. 따라서 골지체는 주로 분비 세포에 발달해 있으며, 대표적으로 소화액이 분비되는 소화샘 세포가 이에 해당된다.

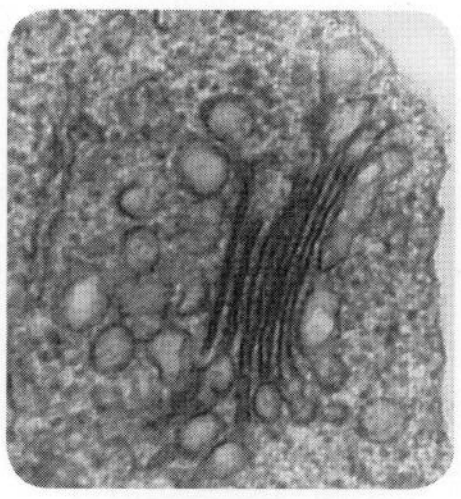

▲ 현미경으로 관찰한 골지체

08 (1) ⑤ (2) ㄴ, ㄷ

해설 | (1) (가)의 작용은 단백질의 합성과 분비 과정으로 거친면 소포체에서는 단백질의 합성과 수송이 일어나고, 골지체와 분비 소낭을 통해 단백질의 저장과 분비가 일어난다. 따라서 (가)와 같이 이동하는 물질은 단백질이 주성분인 호르몬이 가장 타당하다.

(2) ㄱ. A는 리소좀으로 물질을 분해하는 효소를 가지고 있다. 단백질을 합성하는 것은 리보솜이다.
ㄴ. 미토콘드리아인 B와 핵인 C는 모두 외막과 내막의 2중막 구조로 되어 있다.
ㄷ. 형광 단백질은 외부 이물질로 인식되어 식포를 형성하며, 세포 내부로 들어오게 되면 리소좀에 의해 분해되어 없어진다. 문제의 그림에서 형광 단백질의 농도가 점점 연해지는 것을 통해서도 추리할 수 있다.

09 ⑤

해설 | 세포에 방사성 동위 원소로 표지된 아미노산을 투여한 후, 세포 소기관에서 방사능 양을 측정하면 (가)에서 가장 먼저 높은 비율로 측정된다. 이것은 (가)에서 아미노산이 단백질로 합성되기 때문이다. 시간이 흐름에 따라 (나)와 (다)에서 비율이 높아지고 있으므로 단백질은 (나)에서 (다)로 이동했음을 추리할 수 있다.

① (가)는 방사성 동위 원소로 표지된 아미노산이 가장 많이 모이는 곳이므로 단백질을 합성하거나 이동시키는 곳으로 추정할 수 있다.

② 10분까지는 시간이 지날수록 단백질이 (나)에 축적되지만, 그 이후에는 (다)로 단백질이 이동한다고 할 수 있다.
③ 방사능의 비율이 가장 높은 (가)에서 단백질의 합성이 일어난다.
④ (다)에서는 다른 세포 소기관보다 방사능이 늦게 검출되므로 단백질은 그 전에 이미 합성되었다는 것을 알 수 있다.

10 ①
해설 | ① 미토콘드리아와 엽록체는 자신의 DNA와 RNA를 가지고 있어 핵의 도움 없이도 독자적으로 증식하고 단백질을 합성할 수 있다.
② 엽록체는 식물의 광합성이 일어나는 장소로 식물 세포에서만 관찰할 수 있는 세포 소기관이다.
③ 미토콘드리아와 엽록체 모두 2중막 구조로 되어 있다.
④ 미토콘드리아는 에너지를 많이 소모하는 근육 세포에 많이 있다. 하지만 엽록체는 광합성을 많이 하는 잎의 울타리 조직 세포에 많이 존재한다. 오래된 식물 세포일수록 많아지는 것은 후형질이며, 대표적인 것은 액포이다.
⑤ 물질을 분해하는 효소가 있어 손상된 세포 소기관을 분해하는 역할을 하는 것은 리소좀이다.

11 ㄱ, ㄹ
해설 | ㄱ. A는 소포체로 막의 일부가 핵막과 세포막 사이에 연결되어 있다. 이것은 핵 속에서 단백질을 만들기 위한 정보가 리보솜으로 전달되는 경로가 된다.
ㄴ. 소포체는 동물 세포와 식물 세포에서 모두 존재한다.
ㄷ. 거친면 소포체의 주된 기능은 단백질 합성이고, 탄수화물과 지질의 합성은 주로 매끈면 소포체에서 일어난다.
ㄹ. 리보솜이 붙어 있는 거친면 소포체는 리보솜에서 만들어진 단백질이 이동하는 통로이다. 단백질은 골지체로 전달되어 분비 소낭을 통해 세포 밖으로 분비된다. 따라서 거친면 소포체는 세포 밖으로 분비될 단백질을 합성하는 세포에 발달되어 있다.

12 ⑤
해설 | 운동을 시키면 근육 운동에 필요한 에너지를 공급하기 위하여 미토콘드리아가 많이 필요하게 된다. 미토콘드리아는 자신의 DNA를 가지고 있어 스스로 증식이 가능하기 때문에 근육 운동 시 필요한 미토콘드리아가 많이 생성된다. 문제의 그림에서 DNA와 결합하는 형광 물질을 처리한 후 현미경으로 관찰하면 운동을 시키지 않은 쥐에 비해 운동을 시킨 쥐는 세포질에서 형광을 띠는 세포 소기관이 많아졌음을 알 수 있다. 동물 세포의 세포질에서 DNA를 가지고 있는 세포 소기관은 미토콘드리아이므로 운동을 시키면 에너지 생성을 위해 미토콘드리아의 수가 증가한다고 추리할 수 있다.

13 ㄱ • 옳지 않은 항목 올바르게 고치기 : ㄴ. A는 미토콘드리아, B는 리보솜이다. 미토콘드리아는 세포 호흡에 관여하며, DNA를 함유하고 있어 자기 복제가 가능하지만, 리보솜은 DNA가 없어 자기 복제를 할 수 없다.
ㄷ. B는 리보솜으로, 막에 싸여 있지 않으며 단백질이 합성되는 장소이다.
ㄹ. C는 골지체로, 물질의 저장 및 분비에 관여한다. 단백질 합성은 리보솜(B)에서 일어난다.
ㅁ. D는 중심체로, 세포가 분열할 때 방추사 형성에 관여한다.

14 A : 리소좀, 가수 분해 효소가 들어 있어 세포 내 소화를 담당한다. B : 미토콘드리아, 세포 호흡(영양소를 분해하여 에너지 생성)이 일어난다. C : 거친면 소포체, 단백질 합성이 일어나는 리보솜이 붙어 있으며, 단백질 이동 통로 역할을 한다. D : 엽록체, 광합성이 일어나는 장소로 빛에너지를 화학 에너지(포도당)으로 변환시킨다.

15 (1) • ㄱ 영역 : 반달말, 장구말, 볼복스, 돌말 • ㄴ 영역 : 유글레나 • ㄷ 영역 : 종벌레, 아메바, 짚신벌레 (2) 엽록체가 있어서 광합성을 하는 식물적 특징을 가지며, 편모가 있어서 운동성이 있는 동물적 특징을 가진다.
해설 | (1) 반달말, 볼복스, 장구말, 돌말 등은 엽록체가 있어서 독립적으로 영양분을 합성하며, 운동성은 없어 식물적 특징을 가진다. 이와는 달리 종벌레, 짚신벌레, 아메바 등은 섬모나 위족을 이용하여 운동하는 동물적 특징을 가진다. 유글레나는 엽록체와 편모를 모두 가지고 있어 식물과 동물의 공통된 영역에 해당된다.
(2) 유글레나는 세계에 약 150종이 분포한다. 몸체는 원뿔 모양이고 길이는 0.025 ~ 0.254mm 정도이다. 몸 안에 엽록체를 가지고 있어 광합성을 하는 점에서는 식물이라고 할 수 있으나, 몸을 싸는 세포벽이 없고 편모로 유영하며, 안점(眼點)으로 빛을 감각하는 점에서는 동물이라 할 수 있다. 몸은 단세포로 되어 있고, 대부분 가늘고 긴 유선형이다. 따뜻한 계절에 작은 연못이나 웅덩이의 물 표면에 녹색의 덩어리를 만든다. 대부분이 녹색 식물에 있는 엽록소를 가지고 있어 녹색을 띠며, 빛 에너지를 이용하고 작은 생물체를 먹기도 한다. 종류에 따라서는 배양하기 쉬우므로 연구용 · 교재로 많이 이용되어 왔다. 특히 편모 운동의 관찰, 주광성(走光性)의 실험 등에서는 낯익은 생물이다. 유글레나의 주광성이란 안점에서 빛을 감지하여 빛이 오는 방향으로 헤엄을 치는 성질을 말한다.

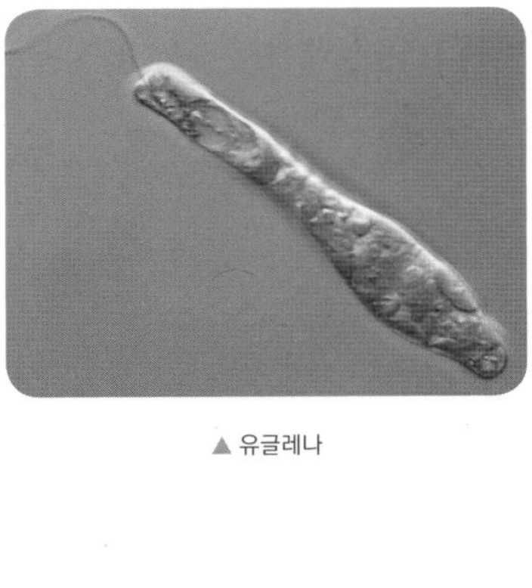

▲ 유글레나

Ⅰ. 생물의 구성과 다양성 (2)

개념 보기

Q4 ㉠ 조직계 ㉡ 기관계　　Q5 b
Q6 a, d, e　　Q7 e

개념 확인 문제

정답　44~46쪽

생물체의 유기적 구성
21 (1) X (2) O (3) X (4) X　22 A : 조직 B : 조직계 C : 기관 D : 기관계
23 조직계, 기관계
24 ①　25 B, D, A, E, C　26 (가) : 조직 (나) : 기관 (다) : 기관계　27 ②
28 ②　29 ①　30 ③

생물의 분류
31 ②, ④, ⑤　32 (1) O (2) O (3) O (4) X
33 ③　34 번식 방법, 종자(씨), 포자　35 ⑤
36 (1) O (2) X (3) X (4) O　37 ④　38 ④
39 ③　40 ③

21 (1) X (2) O (3) X (4) X
해설 | (1) 식물은 한 장소에서 생활하며 스스로 필요한 양분을 광합성 작용을 통해 만들어낸다. 그러나 동물은 스스로 양분을 만들지 못하기 때문에 계속 다른 생물을 잡아먹어야 하므로 식물에 비해 외부 환경의 변화에 민감하게 반응해야 한다. 따라서 동물의 몸 구조가 환경에 빠르게 반응할 수 있도록 몸이 체계적으로 분화되어 잘 발달되어 있으며, 식물보다 복잡하다.
(3) 식물의 구성 단계는 세포 → 조직 → 조직계 → 기관 → 개체이고 동물의 구성 단계는 세포 → 조직 → 기관 → 기관계 → 개체이다.
(4) 생물의 구성 단계 중 가장 넓은 범위의 구성 단계는 개체이다.

22 A : 조직 B : 조직계 C : 기관 D : 기관계
해설 | 식물의 구성 단계 : 세포 → 조직 → 조직계 → 기관 → 개체
동물의 구성 단계 : 세포 → 조직 → 기관 → 기관계 → 개체

23 조직계, 기관계
해설 | 식물에서만 볼 수 있는 조직계는 표피 조직계, 관다발 조직계, 기본 조직계로 나뉜다. 조직계는 식물의 내부를 보호하거나 수분과 양분을 이동시키고 식물체를 지지하는 기능을 한다.
동물에서만 볼 수 있는 생물의 구성 단계는 기관계이다. 사람의 경우 약 200여 종의 서로 다른 세포들이 모여 조직을 만들고, 조직이 모여 기관을 형성하며, 이들은 다시 복잡한 기관계를 구성한다. 사람의 기관계는 지지, 보호, 에너지 대사 등의 기능을 수행하며 여러 가지 방법으로 상호 작용을 한다.

24 ①
해설 | A : 조직계 B : 세포 C : 개체 D : 조직 E : 기관이다.

식물에서만 볼 수 있는 생물의 구성 단계는 조직계이다

구분	구성
표피 조직계	표피 조직, 공변 세포, 뿌리털 등
기본 조직계	유조직, 기계 조직
관다발 조직계	물관, 체관, 형성층

25 B, D, A, E, C
해설 | 식물의 구성 단계는 세포(B) → 조직(D) → 조직계(A) → 기관(E) → 개체(C) 순으로 구성된다.

26 (가) : 조직 (나) : 기관 (다) : 기관계

27 ②
해설 | ① 소장은 기관에 해당하며, 소장 이외의 대장, 위, 식도, 입 등의 같은 기능을 담당하는 기관이 모여 기관계(소화계)를 이룬다.
② 사람의 세포 중에는 핵이 없는 세포도 있다. 대표적인 예가 적혈구이다.
③ 세포의 수와 생물 몸집의 크기는 비례한다. 생물 몸집의 크기는 세포의 크기와 전혀 상관이 없다.
④ 기능에 따라, 장소에 따라 세포의 모양은 다양하다.
⑤ 모양과 기능이 비슷한 세포끼리 모여 그 상위 단계인 조직을 이룬다.

28 ②
해설 | 동물은 운동 능력을 가지고 있어 스스로 움직일 수 있으며(ㄱ), 엽록체가 없기 때문에 광합성을 통해 스스로 양분을 합성하기 어렵다(ㄴ). 따라서 다른 동물이나 식물을 잡아먹음으로써 생명을 유지한다. 또한 식물과 달리 조직과 기관이 모여 일정한 기능을 하는 기관계가 발달해 있다(ㅁ).
ㄷ. 식물은 동물에 비해 외부 자극에 대한 반응이 느리다.
ㄹ. 식물과 동물 모두 생식 능력이 있어 자손을 번식한다.

29 ①
해설 | (A)는 잎으로 기관을 나타낸다. 식물의 뿌리, 줄기, 잎은 영양 기관이고 꽃, 열매는 생식 기관에 속한다.

30 ③
해설 | ③ 피부, 뼈, 근육은 조직에 해당하는 부분이다.
① 모든 생물체를 구성하는 가장 기본 단위는 세포이다.
② 사람의 팔은 기관으로 일정한 형태와 기능을 가진다.
④ 근육은 조직이므로 그 하위 단계인 근육 세포가 모여 근육을 구성한다.
⑤ 피부를 이루는 세포들끼리는 모양과 기능이 같아 조직을 형성한다.

31 ②, ④, ⑤
해설 | 자연 분류는 생물의 외부 형태나 내부 구조, 생식 방법, 생식 기관의 구조, 발생 과정 등 생물이 가진 고유한 특징을 기준으로 생물 상호 간의 유연 관계와 진화의 계통에 따라 분류하는 방법이다.

①, ③ 식성이나 서식지를 기준으로 분류하는 것은 인위 분류에 해당된다. 인위 분류는 사람이 임의에 따라 생물의 특징을 가지고 분류하는 방법이다.

32 (1) O (2) O (3) O (4) X

해설 | (1) 종은 생물을 분류하는 기본 단위이다.
(2) 생물학적 종은 자연 상태에서 자유롭게 교배하여 생식 능력을 가진 자손을 낳을 수 있는 개체들을 묶는 것으로 생식적 격리를 가장 중요하게 여긴다.
(3) 서로 다른 종끼리 교배하여 자손이 태어나기도 하는데(종간 잡종) 이런 경우 생식 능력이 없게 된다.
(4) 서식지와 식성, 외형적인 모습이 같아도 두 동물이 서로 교배하여 새끼를 낳을 수 없거나 새끼가 태어나더라도 생식 능력이 없다면 동일한 종이라고 할 수 없다.

33 ③

해설 | 주어진 자료는 파충류에 대한 설명이다. 파충류는 몸이 비늘로 덮여 있으며, 폐호흡을 하고, 체온이 외부의 환경에 따라 변하는 변온 동물이다. 파충류의 비늘은 몸 표면에서 일어나는 수분의 손실을 크게 줄여 주지만 동시에 피부를 통한 가스 교환을 불가능하게 하기 때문에 비늘이 있는 파충류는 가스 교환(호흡)을 전적으로 폐에 의존하게 된다. 도룡뇽은 양서류이다.

34 번식 방법, 종자(씨), 포자

해설 | 식물은 크게 번식 방법에 따라 분류할 수 있다. 종자로 번식하면 종자(꽃)식물, 포자로 번식하면 민꽃(포자)식물로 분류한다.

35 ⑤

해설 | ① 분류의 기본 단계는 계, 문, 강, 목, 과, 속, 종의 7단계이다.
② 각 문에는 여러 개의 강이 속하므로, 문이 강보다 상위 분류 단계이다.
③ 생물을 분류할 때 가장 기본적으로 종의 단위로 구분하게 된다.
④ 개과는 식육목의 하위 분류 단계이다. 따라서 개과의 모든 동물뿐만 아니라 다른 과의 동물들도 식육목에 속하므로 개과보다 식육목에 속하는 동물이 더 다양하다.
⑤ 하위 분류 단계가 같으면 상위 분류 단계도 일치하게 된다.

36 (1) O (2) X (3) X (4) O

해설 | (1) 개와 늑대의 속명은 '*Canis*(개속)'으로 서로 같다.
(2) 개와 늑대의 속명은 '*Canis*'로 같지만, 종명은 각각 '*familiaris*'와 '*lupus*'로 서로 다르다.
(3) 개와 늑대의 명명자는 Linne(린네)로 동일하지만 주어진 자료로는 알 수 없다.
(4) 개와 늑대가 동일한 속에 속하고 과, 목, 강, 문,계는 속보다 상위 분류 단계이므로, 개와 늑대가 속하는 과, 목, 강, 문, 계의 이름은 모두 같다.

37 ④

해설 | 동물은 척추의 유무에 따라 척추동물과 무척추동물로 나눌 수 있다. 척추동물에는 어류, 양서류, 파충류, 조류, 포유류 등이 포함되며, 무척추동물에는 절지동물, 환형동물, 연체동물, 편형동물, 극피동물, 강장동물 등이 포함된다. 따라서 A 그룹은 도롱뇽(양서류), 비둘기(조류), 토끼(포유류)이며, B 그룹은 사슴벌레(절지동물), 불가사리(극피동물), 소라(연체동물)로 나누어지기 때문에 (가)와 (나)의 분류 기준은 척추의 유무이다.

38 ④

해설 | 양서류는 어릴 적에는 아가미로 호흡하며, 성체가 되면 폐호흡을 하게 되며, 환경의 온도에 맞춰 체온을 변화시키는 변온 동물이다. 또한 체외 수정을 하며 알을 낳아 번식한다.

39 ③

해설 | ㄱ. A, B_1, B, C_1, C는 모두 D를 공통 조상으로 가지며 이로부터 분화되어 온 생물들이다.
ㄴ. 계통수의 가지가 나누어지는 지점이 아래일수록 분화가 먼저 이루어진 것이며, 위로 올라갈수록 최근에 분화된 것이다. 따라서 A와 B가 먼저 분화가 일어났으며, 이후 C에서 C_1으로 분화가 일어났다. 그리고 가장 마지막에 B에서 B_1으로 분화가 일어난다.
ㄷ. 유연 관계를 따지면 B는 B_1과 C는 C_1과 유연 관계가 가장 가깝다. 다섯 가지 생물군을 두 무리로 나누면 (A, B_1, B)와 (C_1, C) 으로 나눌 수 있다.

40 ③

해설 | 고래는 수온에 상관없이 체온을 일정하게 유지하는 항온동물이며, 폐로 호흡하고, 자궁 내에서 태아가 자라고, 배꼽이 있다. 암컷은 배 아래쪽에 1쌍의 젖꼭지가 있어, 젖을 먹여 새끼를 키운다. 비록 생김새는 물고기 같지만, 고래의 지느러미를 자세히 살펴보면 물고기와는 확연히 다르다는 것을 알 수 있다. 옛날 육지에 살던 고래가 물에 살게 되면서 앞다리 및 앞발은 가슴지느러미로, 뒷다리 및 뒷발은 꼬리지느러미로 변했다. 고래의 가슴지느러미 속의 뼈를 살펴보면 포유동물의 원형인 5개의 발가락뼈를 가진 것이 많으며 퇴화되어 4개밖에 없는 것도 있다. 꼬리지느러미는 물고기와는 달리(물고기는 수직으로 달려있어서 좌우로 흔든다.) 수평으로 달려있어 상하로 움직인다. 덕분에 고래는 수면과 바닷물 속을 자유로이 오르내리기 위한 강한 추진력을 얻을 수 있다. 또한, 먹이를 먹기에 편하도록 입이 비교적 크며, 포유동물의 특징인 털은 거의 퇴화되고 입주위의 감각털만이 남아있다. 물고기와는 달리 비늘이 없으며 비단처럼 매끈한 피부를 가졌다. 또, 피부 바로 아래에 있는 작은 구멍 뒤에 숨겨진 귓바퀴가 없는 귀로 소리를 듣는다.

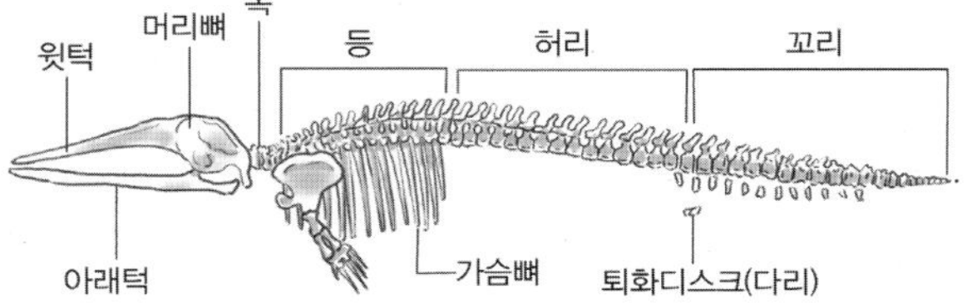

▲ 고래의 해부학적 골격

개념 심화 문제

정답 47~56쪽

16 ● 세포 - 벽돌 한 장, 유리 한 장, 전선 한 가닥 ● 조직 - 벽, 유리창, 전선들 ● 기관 - 거실, 부엌 ● 개체 - 집
17 해설 참조 18 A : 표피 조직 B : 울타리 조직 C : 해면 조직 D : 공변세포 A + D : 표피 조직계 B + C : 기본 조직계
19 (1) ①, A는 식물의 소화, 순환, 감각, 호흡, 배설 기관과 구성 단계가 같다. (2) ② 20 (1) C, D (2) A, B, E 21 ③
22 ⑤ 23 ④ 24 (1) ㉠ : 씨방 안에 있다. ㉡ : 겉으로 드러나 있다. (2) A2 : 선태식물, B1 : 종자식물, B2 : 양치식물, C1 : 속씨식물, C2 : 겉씨식물, D1 : 쌍떡잎식물, D2 : 외떡잎식물 (3) A1 - B1 - C1 - D2 25 ②
26 ㄱ, ㄷ 27 ③ 28 ㄱ, ㄴ 29 해설참조
30 ③ 31 (1) 5종 (2) ㄴ, ㄷ ● 옳지 않은 것 : ㄱ
● 이유 : (가) 시기에서는 종의 분화가 3회 일어났고, (나)와 (다) 시기에서는 종의 분화가 2회 일어났다. 따라서 (가), (나), (다) 시기 모두에서 새로운 종이 출현하였다.

16

생물의 구성 단계	세포	조직	기관	개체
집의 구성 요소	벽돌 한 장, 유리 한 장, 전선 한가닥	벽, 유리창, 전선들,	거실, 부엌	집

17

조직계	→ (조직)	→ (세포)
식물체를 감싸서 보호한다.	(마)	(다)
양분의 합성과 저장을 한다.	(바)	(가)
물질의 이동 통로이며 식물의 지지 작용을 한다.	(나)	(라)

해설 | 조직계는 식물체를 감싸서 보호하는 표피 조직계, 양분의 합성과 저장의 기능을 담당하는 기본 조직계, 물질의 이동 통로이며 식물의 지지 작용의 기능을 담당하는 관다발 조직계 등으로 구분된다.

18 A : 표피 조직 B : 울타리 조직 C : 해면 조직 D : 공변세포 A + D : 표피 조직계 B + C : 기본 조직계
해설 | 표피 조직과 공변세포 외에 뿌리털 등이 모여 표피 조직계를 구성한다. 울타리 조직과 해면 조직은 주로 광합성 작용이 일어나는 장소로 양분을 합성하고 저장하는 기능을 하며, 이들이 모여 기본 조직계를 구성한다.

19 (1) ①, A는 식물의 소화, 순환, 감각, 호흡, 배설 기관과 구성 단계가 같다. (2) ②
해설 | (1) A : 기관, B : 기관계, C : 개체, D : 조직, E : 세포이다.
① 물관이나 체관은 조직 단계로 통도 조직에 해당된다. 동물의 기관(A)은 식물에서 영양 기관(뿌리, 줄기, 잎), 생식 기관(꽃, 열매)과 구성 단계가 같다.
(2) 동물이 고등 생물로 진화하면 기관의 종류도 다양해지고, 이들 기관들은 그 작용에 있어서 서로 일관된 기능을 하는 것끼리 모여 기관계를 형성한다.

기관	기관계	기능
입, 식도, 위, 소장, 대장 등	소화계	먹이의 소화와 흡수
폐	호흡계	가스 교환
혈액, 혈관, 심장 등	순환계	체액의 순환
신장, 방광, 요도 등	배설계	노폐물의 배설
눈, 귀, 코, 혀, 피부	감각계	자극의 수용
뇌, 척수, 운동 신경, 감각 신경 등	신경계	자극의 전달과 조절
정소, 난소, 자궁, 수정관 등	생식계	생식 세포

20 (1) C, D (2) A, B, E
해설 | (1) 자연 분류는 생물이 가진 특징을 기준으로 생물 사이의 관계를 고려하여 분류하는 방법으로 외부 형태나 내부 구조, 생식 방법 등에 따라서 분류할 수 있다. 식물에서는 생식 방법에 따라 종자식물, 포자식물로 나뉘며, 씨방의 유무에 따라 속씨식물, 겉씨식물로 분류할 수 있다. 속씨식물은 다시 떡잎의 수에 따라 외떡잎식물과 쌍떡잎식물로 분류된다. 따라서 자연 분류 방법으로 분류한 학생은 C와 D이다.
(2) 인위 분류는 사람들이 정한 임의의 기준에 따라 생물을 분류하는 방법이다. 그 기준의 예로는 식용 유무, 식생, 서식지 등에 따라 분류할 수 있다. 학생 A는 꽃이 피는 계절, 학생 B와 E는 식물의 서식지에 따라 분류했기 때문에 이 학생들은 인위 분류에 의해 분류한 것이다.

21 ③
해설 | 분류 기준 A에 의해 잣나무와 (벼, 대나무, 콩, 참나무)로 분류되므로, 잣나무만 다르고 나머지(벼, 대나무, 콩, 참나무)에는 공통적으로 나타나는 특징이 분류 기준이 된다. 따라서 분류 기준 A는 씨방의 유무 또는 물관의 종류이다. 분류 기준 B에 의해 (벼, 대나무)와 (콩, 참나무)로 분류되는데, (벼, 대나무)는 모두 나란히맥이고 (콩, 참나무)는 모두 그물맥이다. 따라서 분류 기준 B는 잎맥의 모양이다. 만약 나이테의 유무에 따라 분류한다면 (벼, 콩, 대나무)와 (잣나무, 참나무)로 구분되어야 한다.

22 ⑤
해설 | 생물의 분류 단계는 종-속-과-목-강-문-계로서 종이 분류의 기본 단위이고, 종들 사이에서의 공통점을 찾아 유사한 종들끼리 묶은 것이 속이다. 그림에서 A, B, C는 공통적으로 잎이 어긋나기 형태로 배열되어 있고 D만 잎이 마주나기 형태로 배열되어 있다. 따라서 A, B, C를 한 속으로, D를 다른 속으로 구분할 수 있는 분류 기준은 잎의 배열 상태이다.

23 ④
해설 | (가)는 관다발이 있고, 꽃이 피며 씨방이 있는 속씨식물로 쌍떡잎식물에 속한다. 은행나무, 소철, 소나무는 관다발이 있고, 꽃이 피는 식물 중 밑씨가 드러나 있는 (다)겉씨식물에 속한다.
(나)는 씨방이 있는 속씨식물로 외떡잎식물에 속한다. 외떡잎식물은 물관을 가지며 뿌리는 수염뿌리이다.
(다)는 꽃이 피는 종자식물 중 씨방이 없는 겉씨식물에 속한다. 겉씨식물은 물관 대신 헛물관을 가지고 있다.

(라)는 관다발이 있고, 꽃이 피지 않는 양치식물에 속한다. 양치식물은 꽃이 피지 않는 식물 중 가장 발달한 식물로서 그늘지고 습한 토양에서 잘 자라며, 뿌리, 줄기 잎의 구별이 뚜렷하다.
(마)는 관다발이 없는 선태식물에 속한다.

24 (1) ㉠ : 씨방 안에 있다. ㉡ : 겉으로 드러나 있다. (2) A2 : 선태식물, B1 : 종자식물, B2 : 양치식물, C1 : 속씨식물, C2 : 겉씨식물, D1 : 쌍떡잎식물, D2 : 외떡잎식물 (3) A1 - B1 - C1 - D2
해설 | (2) 검색표란 유연 관계나 계통을 알아볼 수 있게 그린 계통수와 달리, 단순히 2개의 대응되는 성질을 차례로 늘어놓아 해당되는 것을 따라가다 보면 최종적으로 찾는 생물군의 이름에 쉽게 도달할 수 있도록 만든 것이다. 주어진 검색표에 빠진 부분은(C1과 C2) 씨방의 유무에 따라 분류한 것으로 C1은 밑씨가 씨방 안에 있는 속씨식물이며, C2는 씨방이 없어 밑씨가 드러난 겉씨식물이다. 나머지 A1과 A2는 기관의 분화 및 관다발의 유무에 따라 분류하여 A2는 선태식물에 해당된다. B1과 B2는 꽃의 유무 즉 번식 방법에 따라 분류한 것으로 B1은 종자식물, B2는 포자식물이 해당된다. 마지막으로 D1과 D2는 떡잎의 수에 따라 분류한 것으로 D1은 쌍떡잎식물, D2는 외떡잎식물이 해당된다.
(3) 보리의 특징을 가지고 주어진 검색표를 따라가 보면, 보리는 뿌리, 줄기, 잎의 구분이 있고 관다발이 있는 식물이기 때문에 A1에 해당된다. 보리는 종자식물로서 꽃이 피며 씨로 번식하고(B1), 그 씨가 씨방에 싸여 보호받고 있다(C1). 보리는 잎이 나란히맥이며, 수염뿌리를 가지고 있어 외떡잎식물의 특징을 나타낸다.(D2) 따라서 보리의 분류 단계를 큰 순서대로 정리하면 A1 - B1 - C1 - D2로 배열할 수 있다.

25 ②
해설 | 분류 기준 a는 기관의 분화 또는 관다발의 유무이다. 선태식물은 관다발이 없는 비관다발 식물이며 뿌리, 줄기, 잎의 구분이 없다. 양치식물, 겉씨식물, 속씨식물은 관다발이 발달한 관다발 식물이며, 뿌리, 줄기, 잎의 구분이 있는 식물이다. 분류 기준 b는 꽃의 유무 또는 종자의 유무이다. 선태식물과 양치식물은 꽃이 피지 않고 포자로 번식하지만, 겉씨식물과 속씨식물은 꽃이 피고 종자로 번식한다. 분류 기준 c는 씨방의 유무이다. 겉씨식물은 씨방이 없어 밑씨가 밖으로 노출되어 있고, 속씨식물은 밑씨가 씨방 속에 싸여 있다.

26 ㄱ, ㄷ
해설 | • 숭어, 고등어 → 어류 • 올챙이 → 양서류 • 악어 → 파충류 • 펭귄 → 조류 • 고래 → 포유류
제시된 표에서 어류와 올챙이가 한 그룹이고 파충류, 조류, 포유류가 또 다른 그룹이다. 어류와 양서류의 공통점은 변온동물이며, 체외수정을 하고 아가미로 호흡(양서류의 경우 어릴적에만)하는 것이다. 변온동물이라는 공통점은 다른 그룹의 파충류도 가지는 특징이므로 체온을 유지하는 방법은 분류 기준이 아니다. 그러므로 이 두 그룹을 분류한 기준은 수정 방법(번식 방법)과 호흡 방법이다.

27 ③
해설 | 연체동물이 가지는 어류와의 가장 큰 구조적 차이점은 골격을 유지하는 기능을 가진 척추의 유무이다. 연체동물은 척추가 없고 몸이 연하고 탄력이 있으며 체절이 없다. 연체동물의 몸은 외투막에 싸여 있으며, 외투막에서 분비된 석회질의 껍데기를 가진 것들이 많다. 또한 대부분 어류처럼 주로 물속에서 생활하며 아가미로 호흡하지만, 달팽이류는 외투막으로 호흡한다.

28 ㄱ, ㄴ
해설 | ㄱ. 위의 종들은 *Australopithecus*(원인속) 과 *Homo*(사람속)의 두 속으로 분류된다.
ㄴ. 지층에서 발견된 인류 화석들을 비교해 보면 현생 인류에 가까운 모습을 보일수록 뇌 용량이 증가한다. 유인원에 가까운 오스트랄로피테쿠스의 뇌용량은 500cc, 거기서 조금 진화하여 도구를 사용하는 인류의 뇌용량은 650cc, 더 진화하여 불을 사용한 인류의 뇌 용량은 1000cc이며, 현생 인류의 최조 조상의 뇌 용량은 1400cc정도이다.
ㄷ. 현생 인류인 *Homo Sapiens* 는 같은 속에 속하는 *Homo erectus*(호모 에렉투스), *Homo habilis*(호모 하빌리스)와 유연 관계가 가깝고, 다른 속에 속하는 *Australopithecus afarensis*(오스트랄로피테쿠스 아파렌시스)와는 유연 관계가 가장 멀다.

▲ 오스트랄로피테쿠스 아파렌시스

▲ 호모 하빌리스

호모 에렉투스▲

▲ 호모 사피엔스

29
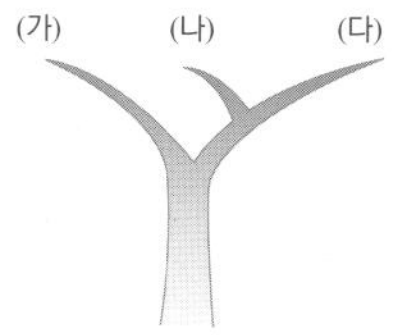

해설 | 다리의 유무에 따라 (가)와 (나), (다)로 나눌 수 있다. 그리고 다시 (나)와 (다)는 다리 수에 따라서 나누어지므로 총 3개 종으로 구분 지을 수 있다.

30 ③
해설 |
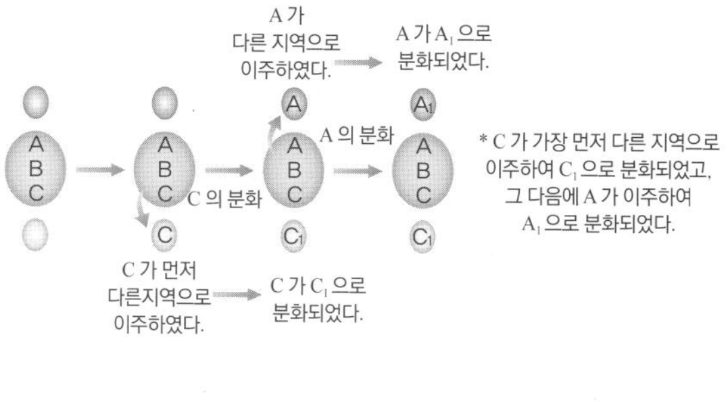

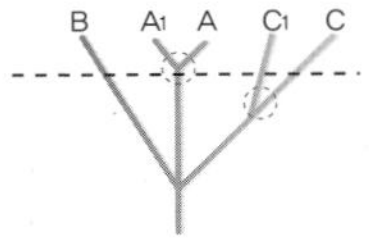

* 먼저 분화된 C_1은 계통수의 아래쪽에서 분지되고, 나중에 분화된 A_1은 위쪽에서 분지되어야 한다.

31 (1) 5종 (2) ㄴ, ㄷ • 옳지 않은 것 : ㄱ • 이유 : (가) 시기에서는 종의 분화가 3회 일어났고, (나)와 (다) 시기에서는 종의 분화가 2회 일어났다. 따라서 (가), (나), (다) 시기 모두에서 새로운 종이 출현하였다.

해설 | (1) 계통수는 공통 조상 P에서 (가), (나), (다) 시기를 거치며 위로 올라갈수록 최근에 분화된 것이다. 종 ㉠, ㉡은 (나) 시기에서 가지의 끝이 나타나므로 이 시기에 멸종하였고, 종 ㉢은 (다) 시기에 멸종하였다. 따라서 현재까지 가지가 이어져 있는 ㉣ ~ ㉧ 5종만이 현존하고 있다.

(2) ㄴ. (가) 시기에서는 종의 분화가 3회 일어났고, (나)와 (다) 시기에서는 종의 분화가 2회 일어났다. 따라서 종의 분화가 가장 많이 일어난 시기는 (가) 시기이다.

ㄷ. 현존하는 종들은 먼저 조상형인 P에서 왼쪽으로 분화된 가지 쪽에 속하는 ㉣, ㉤을 한 무리로, 오른쪽으로 분화된 가진 쪽에 속하는 ㉥, ㉦, ㉧을 한 무리로 분류할 수 있다.

창의력을 키우는 문제

57 ~ 66쪽

01. 단계적 문제 해결형

(1) [실험1] : M형자루에 C형 헛뿌리를 이식하면 C형의 갓이 재생된다. [실험2] : C형 자루에 M형 헛뿌리를 이식하면 M형의 갓이 재생된다.

(2) 삿갓말의 모양을 결정하는 것은 헛뿌리에 있는 핵이다. 두 실험의 경우 자루의 종류에 상관없이 헛뿌리의 핵에 의해 종의 특징을 나타내는 것을 관찰할 수 있기 때문이다. 따라서 이 실험을 통해 핵이 세포의 생명 활동을 지배하는 중심기관이라는 사실을 알 수 있다.

해설 | 헛뿌리의 핵에 의해 삿갓말의 삿갓 형태가 다르게 재생된다. 이는 헛뿌리의 핵이 유전 형질의 발현 등을 지배하는 생명 활동의 중심 기관이기 때문이다. 이 실험을 통해서 핵의 기능을 이해할 수 있다.

02. 논리 서술형

(1) 동물이 식물과 분류되는 기준 중 하나로 스스로 움직임이 가능한지의 여부이다. 동물은 스스로 움직일 수 있는 반면 식물은 몸체를 뿌리를 이용해 땅에 고정시킨 채 움직이지 않는다. 하지만 식충식물의 경우 먹이를 포획하기 위해서 번개 같은 속도로 잎자루를 움직인다. 이렇게 먹이를 잡기 위해 스스로 움직이는 것은 동물적 특성이라 할 수 있다.

(2) • 현미경을 통해 세포를 관찰하고 엽록체나 액포, 세포벽 등 식물 세포에서만 관찰할 수 있는 소기관을 확인한다.

• 식물의 뿌리, 줄기, 잎, 꽃 등 식물의 구성 단계인 기관들을 확인할 수 있다.

• 식충식물 역시 광합성을 하므로 잎에 저장되어 있는 영양분을 요오드 검출 반응을 통해 확인할 수 있다.

해설 | 〈식충식물이 곤충을 잡아먹는 이유〉

주로 습지대 같은 생존 조건이 가혹한 지역에 서식하는 이 식물의 포획 활동은 습지 토양에는 없거나 부족한 질소, 인, 칼륨 같은 원소를 동물로부터 얻음으로써 척박한 환경에서 생장, 번식을 가능하게 해준다. 늪이나 습지의 토양은 일반 토양에 비해 산소가 부족하고 공기의 유통이 잘 되지 않는다. 그래서 유입되는 유기물의 양은 많지만 유기물을 분해시키는 호기성 미생물의 활동은 저조하여 유기 물질들이 잘 썩지 않는다. 유기물의 분해는 식물의 필수 영양물질인 질소의 공급원이라는 점에서 볼 때, 늪지의 토양은 식물이 이용할 수 있는 질소가 절대적으로 부족한 곳이기 때문이다.

파리지옥은 잎을 꽉 다물지 않는데 그 이유는 너무 작은 벌레는 잎을 움직이는데 소비한 에너지에 비해 충전하는 에너지 양이 작기 때문이다. 따라서 작은 벌레는 살짝 벌린 틈으로 빠져나갈 수 있다. 그러나 그 틈을 빠져 나가지 못할 크기의 먹이가 걸리게 되면 먹이가 움직일 때 마다 감각모를 자극하여 결국 큰 압박을 가하게 된다. 잎이 닫히는 속도는 약 0.5초 이하라고 한다. 식물이 이렇게 빨리 움직이기 위해서는 많은 에너지가 소비되는데 계속 잎을 건드리게 되면 에너지를 너무 많이 소모하게 되어 결국 죽게 된다.

03. 단계적 문제 해결형

(1)

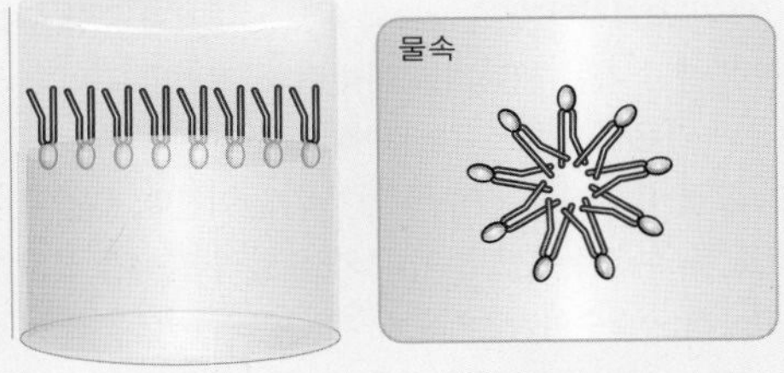

(2) 유동 모자이크막 설

• 이유: 단위막 설은 세포막의 전자현미경적 구조를 설명하기에는 적합하나 세포의 외, 내부에 있는 물질이 이동할 수 있는 통로가 없기 때문에 물질의 출입을 설명하기 어렵다. 이와는 달리 유동 모자이크막 설은 인지질 2중층 속에 단백질이 파묻혀 있어서 여러 물질들을 통과시킬 수 있는 통로의 역할을 한다. 따라서 유동 모자이크막 설이 단위막 구조설보다 막을 통한 물질의 출입 조절 현상을 쉽게 설명할 수 있다.

해설 | (1) 지방산이 있는 꼬리 부분은 물과 잘 섞이지 않는 소수성이고, 인산기가 있는 머리 부분은 물과 잘 섞이는 친수성이다. 따라서 물속에서 인지질의 친수성 머리는 물에 끌리는 반면, 소수성 꼬리는 물을 피해 다른 소수성 분자들과 결합하려고 한다.

(2) 유동 모자이크 모형이란 유동성을 가진 인지질 2중층에 단백질이

떠다니는 형태를 의미한다. 인지질의 바다를 단백질이 떠다니며 각 기능을 수행하게 된다.
막은 다음과 같이 3가지 성분으로 구성된다.
1. 인지질 : 물에서 2중층을 형성하여(내부는 소수성 외부는 친수성) 세포 내부와 외부를 구분하는 역할을 한다.
2. 단백질 : 지질 2중층을 통과 못하는 물질들을 수송하거나 세포와 세포 사이를 연결하는 등 세포막의 대부분의 기능을 수행한다.
3. 당 : 세포 인식에 관여하며, 세포를 보호하는 역할을 한다.
이러한 구성 요소가 서로 상호 작용하여 세포막은 세포 내용물들이 빠져나가 주변 물질과 섞이지 않도록 하는 장벽 역할, 세포 생존과 성장에 필요한 영양분을 유입하고 노폐물을 배출하는 역할, 세포 외부 환경을 인식하여 세포가 환경 변화에 반응할 수 있게 하는 역할 등을 수행할 수 있게 된다.

04. 논리 서술형

(1) 정자의 편모는 정자 세포의 이동을 가능하게 한다. 편모를 채찍처럼 활발히 휘저어 전진하고, 난자에 도달하여 수정이 이루어진다.
(2) 신경 돌기는 전화선과 같이 사방에서 자극을 수집하거나 사방으로 자극을 전달하기에 알맞게 되어 있다. 신경 세포(뉴런)나 전화선은 다 같이 전기적 신호를 전달한다.
(3) 적혈구는 혈관을 따라 관을 이동하면서 산소를 이동시키기 때문에 혈관을 막지 않도록 원반 모양으로 가장자리가 매끄럽게 되어 있다.

해설 | (1) 긴 꼬리처럼 생긴 정자의 편모는 머리의 중앙 부분과 연결되는 털처럼 생긴 가는 필라멘트 다발이다. 꼬리의 길이는 50㎛정도이며, 정자의 가운데에 미토콘드리아가 있는 부분에서는 두께가 1㎛이던 것이 꼬리 끝 쪽으로 갈수록 점차 가늘어진다. 유글레나와 일부 세균에서도 볼 수 있는 편모는 섬모와는 달리 길이가 길고 일반적으로 그 수가 1개 ~ 소수이다.
(2) 신경 세포는 두뇌를 구성하는 주된 세포이다. 곤충 등에 있어서는 신경 세포 다발(ganglion)이 두뇌의 역할을 한다. 인간의 두뇌에는 대뇌 피질에만 약 100억 개의 신경 세포가 존재하는 것으로 추산되고 있다. 신경 세포는 나뭇가지 모양으로 사방으로 뻗어 나와 자극을 받아들이는 수상 돌기와 신경 세포에 양분을 공급하는 신경 세포체, 자극을 전달해주는 축색 돌기로 이루어져 있다.
(3) 적혈구의 둥근 모양은 혈관을 따라 이동할 때 혈관을 손상시키지 않고 이동할 수 있도록 한다.

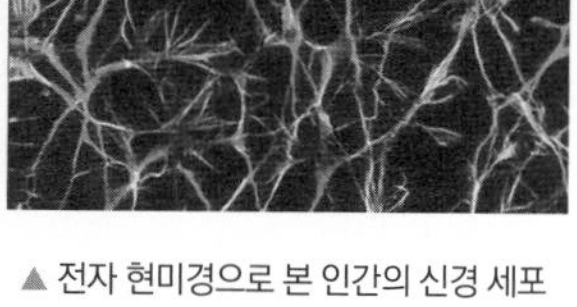
▲ 전자 현미경으로 본 인간의 신경 세포

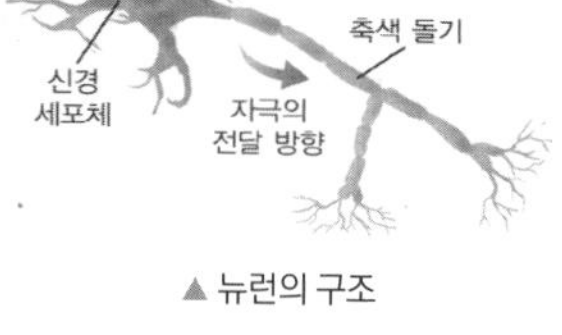

▲ 뉴런의 구조

05. 단계적 문제 해결형

(1) 조직
(2) 인공 배양된 피부는 상피 세포로만 구성된 상피 조직이지만 실제로 우리 몸을 감싸고 있는 피부에는 여러 감각 세포와 조직액을 구성하는 세포 등 다양한 세포들이 존재한다.

해설 | 피부는 인체 체표면 전체를 덮고 있는 가장 큰 장기로서 성인의 경우 그 면적이 약 1.2 ~ $2.3m^2$ 로 무게는 체중의 16 % 를 차지한다. 피부는 단순히 인체의 외부를 싸고 있는 포장지가 아니다. 피부의 주 역할은 체액의 유실을 막아주고 외부로부터 유해 물질과 미생물의 유입을 막으며 외부 충격, 방사선과 자외선 등으로부터 우리 몸을 보호하는 기능을 수행하고 있는 조직이다. 피부는 모낭, 털, 땀샘, 피지선 등 여러 부속 기관을 보유하고 있어 보호막 기능 외에도 다양한 기능을 수행하고 있는 중요한 복합 기관이다. 피부는 상층부의 표피(epidermis), 표피층 하단부의 기저막(basementmembrane), 진피(dermis)로 구성된다. 표피에 비해, 진피의 두께는 부위에 따라 많은 차이가 있지만 표피의 약 3배로 알려져 있다.

06. 논리 서술형

백혈구
• 이유 : 리소좀은 여러 종류의 물질을 분해하는 효소가 있어 세균 같은 이물질이 침입했을 때 이를 분해시키는 역할을 한다. 따라서 세균을 잡아먹음으로써 우리 몸을 보호하는 기능을 가진 백혈구에 리소좀이 발달되어 있을 것이다.

해설 | 병원에 입원을 했을 때 가장 흔히 하는 혈액 검사 속에는 혈액 내 백혈구 수를 보는 검사가 포함되어 있다. 그 간단한 혈액 검사를 통해서 환자의 상태를 즉시 확인해 볼 수 있다. 즉, 감기에 걸렸다든지 또는 박테리아에 의한 가벼운 상처가 난 경우 말초 혈액의 백혈구 수가 증가된다. 보통의 경우 7000 ~ 8000이지만 이 경우에는 9000 혹은 그 이상의 수치를 보일 수도 있다. 침입한 균에 대항해서 백혈구의 수가 증가함으로써 효율적으로 감염에 대처하고 있는 것이다. 반대로 이유를 알 수 없게 백혈구의 수가 5000 이하가 된다면 매우 심각한 상황을 맞을 수도 있다. 극단적으로 백혈구의 수가 3000 이하인 경우 평상시에 전혀 문제가 되지 않는 목감기나 가벼운 설사 등으로 목숨까지 잃게 되는 아주 심각한 상황에 빠질 수도 있다. 이처럼 혈액의 백혈구 역할은 우리 몸을 감염으로부터 방어하는 데 매우 중요한 역할을 한다. 이러한 백혈구의 기능은 세포 안에 물질 및 세균을 분해하는 효소를 포함한 리소좀이 발달되어 있기 때문에 가능하다.

07. 추리 단답형

(1) 암, 백혈병　　(2) 심부전, 위궤양

해설 | (1) 암이란 특정 세포가 분화 과정 중 어느 단계에서 무한정으로 성장하여 정상 조직들을 침범 및 파괴하는 질환으로 정의된다. 암에 대한 기록은 기원전 1000년 경 이집트의 고대 문헌에서 처음으로 발견되었고 인류의 역사와 함께 하고 있다. 백혈병은 혈액 암의 일종으로 혈액을 구성하는 세포 중 백혈구가 암세포로 된 것이다. 즉, 뼈 속의 골수에서 정상적인 모양의 세포를 만들어내지 못하고 미성숙 세포를 지나치게 많이 만들어 내어 각 기능을 제대로 하지 못하게 된다. 이러한 혈액 속의 암세포는 주위의 정상적인 조직에 파고 들어가서 망가뜨리기도 한다. 따라서 암과 백혈병은 모두 비정상적인 세포에 의한 질병이므로 세포 단계의 질병이라 할 수 있다.
(2) 심부전은 심장의 구조적 또는 기능적 이상으로 인해 생기는 질병이므로 기관 단계의 질병이라 할 수 있다. 이 질병은 심장의 혈액을 받아들이거나 짜내는 펌프 기능이 감소하여 신체 조직에 필요한 혈액을 제대로 공급해주지 못해 발생하는 질병이다. 위궤양은 산성 상태 위액이 과다하게 분비되어 위 내벽에 상처가 생기는 질병이다. 음식을 먹고 난 후 위의 운동과 위액의 분비에 의해 상처 부위가 자극되어 복통을 호소하게 된다. 따라서 가능한 위액의 분비를 억제하고, 위의 운동을 억제해서 병의 발생 부위를 보호해야 한다. 위궤양 역시 위의 기능이 제 역할을 하지 못하여 생기는 질병이므로 기관 단계 이상의 질병이라 할 수 있다.

08. 논리 서술형

석순은 동굴의 천장에서 떨어지는 석회수가 공기 중의 이산화탄소와 반응하여 탄산칼슘 광물이 쌓여 만들어진 것이다. 이와는 달리 죽순은 광합성 작용에 의해 유기물을 만들어 세포 수를 늘림으로써 그 크기가 커지는 것이다.

해설 | 죽순은 공기 중의 이산화 탄소와 토양 속의 물을 흡수하여 광합성을 통해 포도당을 만들고, 이것과 뿌리에서 흡수한 각종 무기양분을 이용하여 체내에서 자신의 몸을 구성하는 물질을 합성함으로써 생장한다. 즉, 죽순이 자라는 것은 물질 대사에 의한 것이다. 반면 석순이 자라는 것은 석순 내부에서 어떤 변화가 일어나는 것이 아니라 이미 외부에서 만들어진 탄산칼슘이 기존의 석순에 계속 침착됨으로써 크기가 커지는 것이다. 즉, 석순이 자라는 것은 탄산칼슘이라는 물질의 증가에 의한 것이다.

09. 논리 서술형

(1) (가) 그래프 : 메뚜기, 도롱뇽, 악어, 거북이, 상어, 두꺼비
(나) 그래프 : 고래, 펭귄, 호랑이, 오리, 캥거루
(2) (가) 그래프를 나타내는 동물은 변온동물이므로 체내에서 온도를 조절할 수 있는 능력을 가지지 못하는 동물이다. 따라서 겨울에는 동면을, 여름에는 하면을 하거나 외부 환경의 태양열이나 수온, 지열을 이용하여 체온을 조절한다.

해설 | 변온동물은 내부의 대사과정에서 발생된 열을 이용할 수가 없어 외부 환경의 열을 이용해 체온을 상승시킨 후에 활동이 가능하다. 이때 이용하는 열은 태양열, 수온, 지열 등이 있다. 이러한 변온동물의 장점은 대사에 필요한 에너지가 적게 소비되지만 외부 환경의 열에 의지하므로 밤이나 추운 계절 동안은 활동이 위축된다는 단점이 있다. 그래서 빙점 이하에서 세포 내의 물이 얼지 않도록 체액 속에 부동 물질을 갖고 있어 혈액이 얼지 않도록 방지한다. 메뚜기, 도룡뇽, 악어, 거북이, 상어, 두꺼비 등은 변온동물로 이들은 태양열을 이용해 자신의 체온을 올린 다음 활동한다. 너무 체온이 오를 경우 음지나 외부의 수분을 이용해 체온을 내린다.
항온동물에는 포유류와 조류가 이에 속하고, 근육 활동으로 인한 열을 이용하여 체온을 일정하게 유지하는 특징을 가지며 다음 세 가지 구조가 필요하다. 첫째, 열을 체내에서 발생시키기 위해 산소가 필요한데, 충분한 산소를 보내기 위해서 심장이 완전하게 4실로 나누어지고 폐에서는 능률적으로 물질 교체가 될 수 있어야 한다. 둘째, 체온의 상승을 방지하기 위하여 땀을 흘리거나, 호흡수를 많게 하여 열의 발산을 할 수 있어야 한다. 마지막으로 체표로부터의 열이 빠져나가는 것을 방지하기 위하여 몸체 표면에 털 또는 깃털이 있어야 한다. 조류와 포유류는 체온의 조절 기능이 발달되어 있어서 외부 온도에 관계없이 체온을 유지할 수 있으므로 지구 어디에서나 서식할 수 있다.

10. 추리 단답형

(1) 배추 세포의 밖이 세포 안보다 고농도이기 때문에 세포 속에 있던 물이 세포막(반투과성 막) 밖으로 빠져나왔기 때문이다(삼투 현상).
(2) (가) - 세포보다 고농도
(나) - 세포와 같은 농도
(다) - 세포보다 저농도
(3) (해수) - 어류 - 사람 - 파충류 - 양서류

해설 | 생물체의 세포막은 반투과성 막이므로 세포와 세포 밖의 농도가 차이가 나면 물의 이동이 일어난다. 세포를 고농도 용액에 넣으면 세포 밖으로 물이 빠져나가 세포의 부피가 줄게 되고 등장액에서는 세포의 부피 변화가 없으며, 저장액에 세포를 넣으면 세포 밖에서 세포 안으로 물이 들어와 세포의 부피가 증가한다.

11. 추리 단답형

(가) B (나) D (다) C (라) A

해설 | 그림의 동물을 분류하는 첫 번째 기준은 점의 유무이고, 점이 있는 동물을 다시 겹눈에 점이 있는지의 유무, 겹눈에 점이 없는 동물을 다시 더듬이에 혹이 있는지의 유무로 분류하면 다음과 같다.

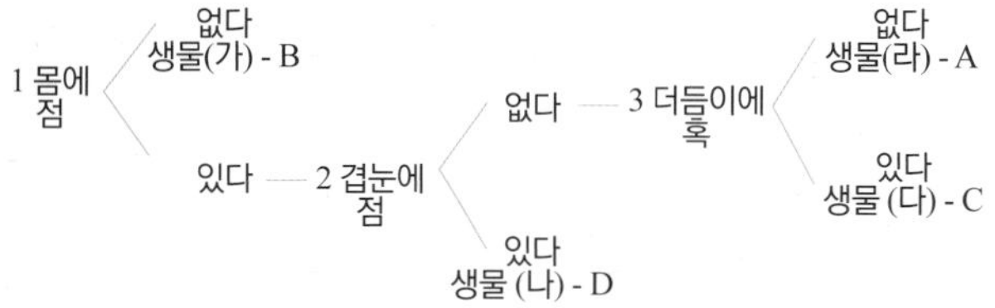

12. 추리 단답형

• A1 : 몸이 머리, 가슴, 배의 3부분으로 구분되고, 다리는 3쌍이다. • B1 : 몸이 수많은 마디로 되어 있고, 마디 당 1쌍 이상의 다리가 있다. • C2 : 촉각이 2쌍이고, 다리는 5쌍이다.
• 모기 : 곤충류, 지네 : 다지류, 전갈 : 거미류, 게 : 갑각류

해설 | 분류 검색표는 한 가지의 기준을 가지고 이분법적으로 배열해 놓은 것이다. 따라서 A1과 A2를 구분하는 기준은 몸을 구분하는 개수, 다리 수이다. A2에서 몸이 2부분, 다리가 3쌍이 아니라고 특징을 나열했으므로 곤충류를 포함하면서 동시에 A2 기준과 반대되는 특징을 갖는다. 곤충은 몸이 3부분으로 나누어져 있고, 다리가 3쌍이므로 A1의 특징을 서술할 수 있다. B1 역시 B2와 반대되는 특징이면서 동시에 다지류의 특징을 포함하고 있어야 한다. 따라서 몸의 마디 수가 많으며, 다리 수 또한 마디 당 1쌍 이상씩 가지고 있는 특징을 갖는다. 마지막으로 C2는 C1과 반대되는 특징이면서 동시에 갑각류를 포함할 수 있어야 한다. 갑각류에 대표적인 생물인 게의 특징을 보면 다리가 5쌍이며, 2쌍의 촉각을 가지고 있으므로 C2의 특징은 촉각이 2쌍, 다리는 5쌍이다.

13. 추리 단답형

(1) 이산화 탄소 같은 무기물을 이용하여 유기물을 합성하였는지의 유무를 확인하기 위해서
(2) 토양 속의 유기물을 가열하여 분해되어 나오는 기체를 확인하기 위해서
(3) 동화 작용

해설 | 실험 장치는 동화 작용(광합성)을 통하여 생명체의 유무를 확인하기 위한 것이다. 따라서 토양에 생명체가 있다면 광합성에 의한 흡열 반응이 일어나며, 유기물이 합성될 것이다. 그리고 가열 장치는 합성된 유기물을 연소시키기 위한 것으로, 연소에 의해 발생된 $^{14}CO_2$에 의해 방사능이 검출될 것이다.

14. 추리 단답형

(1) • 생물적 특징 : 유전 물질(핵산)을 이용하여 번식한다, 돌연변이가 일어난다. • 무생물적 특징 : 세포 구조가 아니다, 스스로 물질대사를 하지 못한다.
(2) 효소를 가지고 있지 않기 때문이다.
(3) 바이러스는 반드시 살아 있는 생물체 내에서 기생 생활을 하기 때문이다.

해설 | (1) 사스 바이러스는 살아 있는 세포에 기생하여 번식한다고 했으므로 살아 있는 생물체 내에서 핵산을 이용하여 증식한다고 판단할 수 있다. 사스 바이러스는 코로나 바이러스와 비슷한 종류이지만, 독감 예방 주사를 맞아도 안심할 수 없는 것은 사스 바이러스가 돌연변이를 일으키기 때문이라고 판단할 수 있다. 이와 같이 사스 바이러스가 핵산을 이용하여 증식한다는 것과 돌연변이를 일으킨다는 것은 생물적인 특징이다. 이에 비해 사스 바이러스가 세포의 구조를 갖지 않으며, 스스로 물질대사를 하지 못하는 것은 무생물적인 특징이다.
(2) 모든 생명체의 몸에서 물질대사 즉, 화학 반응이 일어나기 위해서는 생체 촉매인 효소가 필요한데, 바이러스는 자신의 효소를 가지고 있지 않아 숙주 생물체의 효소를 이용한다.
(3) 바이러스는 매우 원시적인 구조를 하고 있으므로 지구상에 최초로 출연했을 거라 생각하기 쉽지만 반드시 살아 있는 숙주 생물체가 필요하므로 지구상에 최초로 출현한 생명체라 보기 어렵다.

대회 기출 문제

정답 67 ~ 75쪽

01 ㄷ, ㅁ, ㅂ	02 ㄱ, ㄹ, ㅁ	03 ㄱ	04 ㄴ, ㄹ
05 ②, ④	06 ㄷ, ㄹ	07 ②	08 해설 참조
09 ㄱ	10 ②	11 ④	12 ③
13 ②	14 ③	15 ①	16 ④
17 ㄱ, ㄴ	18 학생 A, B	19 ㄴ, ㄷ	20 ㄱ, ㄴ, ㄷ
21 ㄴ	22 ㄴ, ㄷ		

01 ㄷ, ㅁ, ㅂ

해설 | ㄱ. 파충류의 종류와 수가 급격히 줄기는 했지만 곧 멸종된다고 볼 수 없다.
ㄴ. 현재 가장 번성한 동물은 포유류이므로 가장 진화한 동물이라고 할 수 있다.
ㄷ. 가장 최근에 나타난 동물은 화석 상의 기록으로 가장 늦게 나타난 조류이다.
ㄹ. 현재 경골어류의 폭이 넓은 것은 자연선택을 받아 더 번성하고 있는 것이므로 연골어류보다 진화된 동물이라 할 수 있다.
ㅁ. 갑골어류는 멸종하기 전 종류와 수가 급격히 감소했다.
ㅂ. 현재 폭이 가장 넓은 동물은 경골어류와 포유류이므로 가장 번성하고 있는 것으로 추리할 수 있다.

02 ㄱ, ㄹ, ㅁ

해설 | ㄱ. 표피 조직은 주로 식물체 겉면을 유지하면서 물질의 출입을 통제하며, 혈액은 물질 운반 등을 담당한다.
ㄴ. 표피 조직을 이루는 세포들의 크기는 비슷하며, 혈액을 구성하는 세포들도 다른 조직에 비하면 상대적으로 크기가 비슷한 편이다.

ㄷ. 혈액을 구성하는 세포들 중 적혈구와 혈소판은 핵이 없고, 백혈구는 핵을 가지고 있다.
ㄹ 표피 조직을 구성하는 세포들은 유사한 기능이 있는 세포들로 구성되어 있으며, 혈액을 구성하는 적혈구, 백혈구, 혈소판과 같은 세포 성분도 유사한 기능을 하는 세포들로 구성되어 있다.
ㅁ. 식물의 표피 조직은 잎의 구성 요소 중 하나이며, 혈액은 혈관계의 구성 요소이다.

03 ㄱ
해설 | ㄱ. 생태계는 생물 인자(생산자, 소비자, 분해자 등)와 무생물 인자(기후 조건 등)로 구성되어 있다.
ㄴ. 생물권은 지구상의 모든 생태계의 총합을 말한다.
ㄷ. 무생물에 존재하는 분자의 종류와 구성비율은 생물에 존재하는 분자의 종류와 구성비율은 서로 다르다.
ㄹ. 식물은 조직들이 모인 조직계가, 동물은 기관들이 모인 기관계가 특징이다. 식물에서는 기관계가 별도로 없고 각 기관들이 모여 개체를 구성한다.

04 ㄴ, ㄹ
해설 | 거미는 거미류에 속하며 곤충류와 다른 동물이다. 거미는 다리가 4쌍인데 비하여 곤충은 3쌍이다. 또한 거미는 머리가슴, 배의 2부분으로 되어 있는데 비하여, 곤충은 머리, 가슴, 배의 3부분으로 되어 있다. 곤충은 날개를 가진 것도 있고, 가지지 않은 것도 있다. 예를 들어 개미의 경우 대부분이 날개를 가지지 않지만, 수개미나 여왕 개미는 날개를 가지고 있다. 따라서 날개의 유무는 분류 기준으로 사용할 수 없다.

05 ②, ④
해설 | A는 핵, B는 미토콘드리아, C는 세포벽, D는 엽록체이다. 식물 세포는 동물 세포와 달리 단단하고 두꺼운 세포벽으로 둘러싸여 있다. 핵은 유전 정보를 가지고 있고, 미토콘드리아는 세포 호흡에 의하여 에너지를 생산하는 곳이며, 식물 세포만 가지는 엽록체는 빛을 이용하여 포도당을 만든다.

06 ㄷ, ㄹ
해설 | 일명 연두벌레라고도 하는 유글레나는 식물처럼 엽록체를 가지고 있어서 광합성을 한다. 이러한 식물의 특성을 가지고 있으면서 동시에 편모를 이용하여 헤엄치는 동물의 특성도 가지고 있어서 분류학적으로 애매한 개체이다.

07 ②
해설 | (가)는 겉씨식물, (나)는 속씨식물, (다)는 양치식물, (라)는 선태식물이다. 겉씨식물에는 소나무, 은행나무 등, 속씨식물에는 민들레, 장미, 감나무 등, 양치식물에는 고사리, 쇠뜨기 등이 해당되며, 선태식물에는 우산이끼, 솔이끼 등이 속한다.

08 • S5와 유연 관계가 가장 가까운 것 : S2
• S5와 유연 관계가 가장 먼 것 : S3
S5와 공통점이 4개(C, D, E, F)로 가장 많은 것은 S2이므로 S5와 S2는 유연 관계가 가장 가까우며, 반대로 S5와 공통점이 1개(C) 밖에 없으므로 S3와 S5는 유연관계가 가장 멀다.
해설 | 생물들의 유연관계는 분류상으로, 혹은 발생 계통 가운데 어느 정도 가까운가를 나타내기 때문에 공통된 특징을 많이 가지고 있을수록 가까운 유연 관계를 나타내며, 공통된 특징이 적을수록 먼 유연 관계를 나타낸다.

09 ㄱ
해설 | 조류는 앞다리는 날개, 입은 각질의 부리를 가지고 있다. 온몸이 깃털로 덮인 항온동물로 난생을 한다. 펭귄은 깃털을 가진 조류로서 남극의 바람과 추위에 잘 견디기 위해 깃털이 촘촘하게 나 있으며, 겉에는 기름이 발라져 있어 물이 침투하지 못한다. 그 아래에는 단열 역할을 하는 공기층이 있으며, 피부 아래에는 지방이 두툼하게 자리 잡고 있다. 일반적으로 조류들은 잘 날아다니기 위해 몸이 가벼운 편이지만 날지 못하는 펭귄은 오히려 속이 꽉 찬 무거운 뼈를 가지고 있다. 이들의 몸이 무거운 것은 바다 속 먹이를 잡는데 쉽게 몸이 가라앉을 수 있도록 도움을 준다.

10 ②
해설 | 매끈면 소포체는 리보솜이 붙어 있지 않으며, 탄수화물과 지질의 합성에 관여한다. 골지체는 소포체로부터 소낭의 형태로 물질을 전달받아 세포 외부로 방출한다.

11 ④
해설 | 극피동물에는 성게, 불가사리, 해삼 및 바다나리 등 다양한 종류들이 포함되는데, 염도(鹽度)에 대하여 민감하여 육지의 담수에는 살지 않고 오직 바다에서 생존하며 대부분은 저서성 생활을 한다. 극피동물의 형태적 특징은 많은 수가 불가사리와 같은 5개의 팔이 방사상으로 뻗어 있다는 것이며, 내부기관은 입과 항문을 지니고 있는 소화관이 있다. 그러나 머리(뇌), 심장 및 특별한 배설체계는 없으며 신경계통은 몸체의 대칭면을 따르면서 망상조직의 신경색을 이루고 있고 감각기관은 잘 발달되어 있지 않다.

12 ③
해설 | 세포막은 단백질과 인지질 2중층으로 구성되어 있다. 인지질층의 구조를 보면 머리 부분과 꼬리 부분으로 나눌 수 있다. 머리 부분은 친수성, 꼬리 부분은 소수성의 특징을 가지고 있다. 세포의 안과 밖은 수분이 포함된 환경이다. 따라서 인지질 2중층으로 되어 있어야 안과 밖의 조건을 맞출 수 있는 것이다. 또한 소수성 부분과 친수성 부분으로 나누어져 있기 때문에 세포 밖의 물질들이 함부로 세포를 통과할 수 없다. 따라서 막 단백질 통로를 통해서만 세포의 안과 밖을 드나들 수 있다.

13 ②
해설 | 액포는 단일막 기관으로 주로 식물 세포에서 발견되며, 저장 기관으로 사용한다. 리보솜에서 형성된 단백질이 골지체로 이동하여 소낭에 담겨 각 목표 지점에 옮겨지는데, 이때 소낭은 수송 기능을 담당한다.

14 ③
해설 | 리소좀은 여러 종류의 가수 분해 효소를 가지고 있어 세포 내 소화를 담당하며 세균과 같은 이물질의 침입 시 식포를 형성하여 분해한다. 또한 손상되거나 오래된 세포 소기관을 분해하기도 한다. 이러한 기능을 가진 리소좀이 발달한 세포로는 백혈구가 있다.

15 ①
해설 | 세포에서 단백질은 소포체에 부착된 리보솜에서 합성된다. 이렇게 합성된 단백질은 골지체로 이동하여 작은 소낭에 싸인 채 세포 내에서 세포막을 통해 세포 밖으로 방출된다. 따라서 단백질의 합성과 분비하기까지 거치는 세포 소기관은 리보솜, 소포체, 골지체 세포막 순이다.

16 ④
해설 | 파충류는 몸이 비늘로 덮여 있으며, 폐호흡을 하는 변온동물이다. 난생을 하지만 별도의 유생 시기는 거치지 않는다.

17 ㄱ, ㄴ
해설 | 세포 호흡이 일어나는 장소인 A는 미토콘드리아이며, 세포 내 소화를 담당하는 세포 소기관인 B는 리소좀이다. 소포체로부터 전달된 물질을 운반하는 세포 소기관인 C는 골지체이다.
ㄱ. 미토콘드리아에서는 생명 활동에 필요한 에너지를 내기 위해 이화 작용이 일어난다.
ㄴ. 세포 내 소화가 일어나기 위해서는 소화에 필요한 효소가 있어야 한다. 리소좀에는 세포 내 소화에 이용되는 가수 분해 효소가 다량 포함되어 있다.
ㄷ. 골지체는 동물 세포와 식물 세포 모두에 존재하는 세포 소기관이다.

18 학생 A, B
해설 | 동물의 구성 단계는 세포 → 조직 → 기관 → 기관계 → 개체이다.
학생 A : 상피 조직은 동물의 표면이나 내장 기관의 안쪽 벽을 덮고 있다. 학생 B : 소장과 식도는 모두 동물의 구성 단계 중 기관에 해당한다. 학생 C : 결합 조직, 근육 조직, 상피 조직, 신경 조직이 모여 기관을 이룬다. 조직계는 동물에는 없고 식물에만 있는 구성 단계이다.

19 ㄴ, ㄷ
해설 | ㄱ. 원심 분리기를 이용하여 세포 파쇄액으로부터 세포 소기관을 분리하는 과정은 세포 분획법이다.
ㄴ. 리보솜은 핵이나 엽록체보다 작고 가볍다. 따라서 리보솜은 핵보다 작고 가벼운 성분이 포함된 ㉡과 엽록체보다 작고 가벼운 성분이 포함된 ㉢에 모두 있다.
ㄷ. ㉠을 1000 g 에서 10분 동안 원심 분리하면 핵이 침전되고, ㉡을 3000 g 에서 10분 동안 원심 분리하면 엽록체가 침전된다. 따라서 ㉠을 3000 g 에서 10분 동안 원심 분리하면 침전물에 핵과 엽록체가 있다.

20 ㄱ, ㄴ, ㄷ
해설 | ㄱ. 강은 목보다 상위 분류 단계이므로 같은 목에 속하는 생물은 모두 같은 강에 속한다. 따라서 십각목에 속하는 A와 B는 같은 강에 속한다.
ㄴ. D의 학명은 '속명 + 종소명 + 명명자'로 표기하였으므로 이명법을 사용하였다.
ㄷ. A와 C는 보리새우과에 속하고, D는 물맞이게과에 속한다. 따라서 C와 A의 유연관계는 C와 D의 유연관계보다 가깝다.

21 ㄴ
해설 | A는 E와 속명이 같으므로 고양이과에 속하고, D는 B와 속명이 같으므로 개과에 속한다. 따라서 C는 족제비과에 속하는 동물이다.
ㄱ. A와 F는 고양이과에 속하고, C는 족제비과에 속하므로 A와 C의 유연관계는 A와 F의 유연관계보다 멀다.
ㄴ. 강은 목보다 상위 분류 단계이므로 같은 목에 속하는 생물은 모두 같은 강에 속한다. 따라서 식육목에 속하는 A ~ F는 모두 같은 강(포유강)에 속한다.
ㄷ. 학명은 '속명 + 종소명 + 명명자(생략 가능)'로 표기하는 이명법을 사용한다. 따라서 D의 학명에서 '*Canis*'는 속명이고, 종소명은 '*latrans*'이다.

22 ㄴ, ㄷ
해설 | 핵막을 가지는 생물은 다시마, 쇠뜨기, 푸른곰팡이이다. 관다발을 가지는 생물은 쇠뜨기이다. 단세포 생물은 대장균이다. 독립 영양 생물은 다시마, 쇠뜨기이다. 따라서 ○가 하나뿐인 ㉡과 ㉢은 각각 '관다발을 가진다.'와 '단세포 생물이다.' 중 하나이므로 A는 대장균이거나 쇠뜨기이다. D는 ○가 2개 이상인 반면, A에는 ㉣도 없으므로 A는 대장균이고, ㉡은 '단세포 생물이다.', ㉢은 '관다발을 가진다.'이며, D는 쇠뜨기이다. ㉣은 B ~ D에 모두 있으므로 '핵막을 가진다.'이고, ㉠은 '독립 영양 생물이다.'이다. 따라서 B는 다시마이고, C는 푸른곰팡이이다.
ㄱ. 대장균(A)은 독립 영양 생물이 아니므로 ⓐ는 '×'이고, 쇠뜨기(D)는 핵막을 가지므로 ⓑ는 '○'이다.
ㄴ. 다시마(B)는 바다에서 광합성을 하는 식물이므로 세포벽을 가진다.
ㄷ. 균계에 속하는 푸른곰팡이(C)와 양치식물에 속하는 쇠뜨기(D)는 모두 포자로 번식한다.

imagine infinitely 76 ~ 77

Q1. [예시 답안] 세포 사멸은 예정된 세포의 죽음이므로 즉, DNA가 규칙적으로 분절되면서 천천히 스스로 자살하므로 후유증을 일으키지 않는다. 하지만, 세포 괴사는 외부 환경의 자극에 의해 DNA가 무작위적으로 파손되는 세포의 돌연사이므로 후유증이 발생할 수 있다.

II. 식물의 영양 (1)

개념 보기

Q1 뿌리털 Q2 지지 작용, 저장 작용, 흡수 작용, 호흡 작용
Q3 저농도 용액의 물이 반투과성 막을 통해 고농도 용액 쪽으로 이동하는 삼투 현상이다. Q4 체관 Q5 쌍떡잎식물
Q6 울타리 조직, 해면 조직, 공변세포 Q7 증산 작용

개념 확인 문제

정답 88~91쪽

뿌리
01 (1) ㄴ, 뿌리털 (2) ㄷ, 생장점 (3) ㄱ, 표피 (4) ㄹ, 뿌리골무
02 ⑤ 03 ① 04 A : 물관 B : 체관 C : 내피 D : 피층 E : 표피 F : 뿌리털 05 B > D > C > A
06 ⑤ 07 물이 농도가 더 큰 달걀 내부로 이동하므로 달걀의 부피는 커진다.

줄기
08 A : 표피, ㄹ B : 피층, ㄱ C : 체관, ㅁ D : 형성층, ㄷ E : 물관, ㄴ 09 ①, ③, ④, ⑤ 10 ② 11 ④
12 ⑤ 13 ⑤ 14 ④ 15 ③ 16 ①, ④

잎
17 ㄱ, ㄷ, ㅁ 18 ④ 19 ④

증산 작용
20 ④ 21 ㉠ 높을 때 ㉡ 강할 때 ㉢ 많을 때 ㉣ 낮을 때
22 ⑤ 23 ④ 24 (가) 25 ①

식물체 내에서 물 상승의 원동력
26 ①, ②, ④, ⑤

01 (1) ㄴ, 뿌리털 (2) ㄷ, 생장점 (3) ㄱ, 표피 (4) ㄹ, 뿌리골무
해설 |

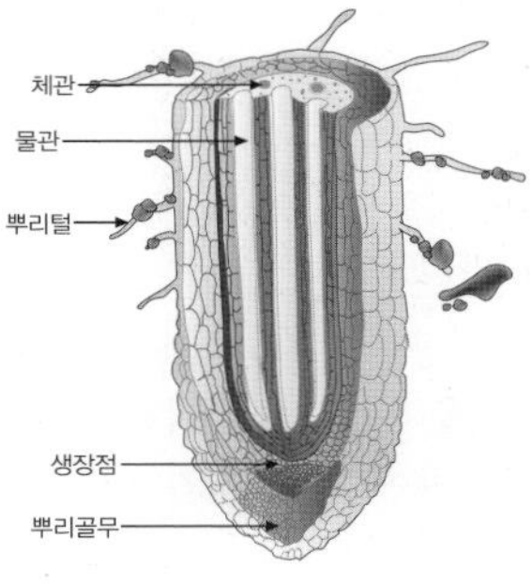

02 ⑤
해설 | 뿌리는 흙 속의 물과 무기 양분을 흡수한다. (가)는 원뿌리와 곁뿌리의 형태가 뚜렷이 구분되는 뿌리로 곧은 뿌리이다. (나)는 전체적으로 굵기와 길이가 비슷한 뿌리로 수염뿌리이다. 곧은뿌리를 갖는 식물로는 쌍떡잎식물인 당근, 봉선화, 민들레 등이 있으며, 겉씨식물로는 소나무 은행나무 등이 있다. 수염뿌리를 갖는 식물은 외떡잎식물로 강아지풀, 옥수수, 보리 등이 있다.

03 ①
해설 | 증산 작용은 식물의 잎에서 체내 수분을 수증기 형태로 기공을 통해 증발시키는 현상으로 주로 잎에서 일어나는 작용이다. 뿌리의 기능에는 호흡 작용, 지지 작용, 흡수 작용, 저장 작용이 있다.

04 A : 물관 B : 체관 C : 내피 D : 피층 E : 표피 F : 뿌리털
해설 |

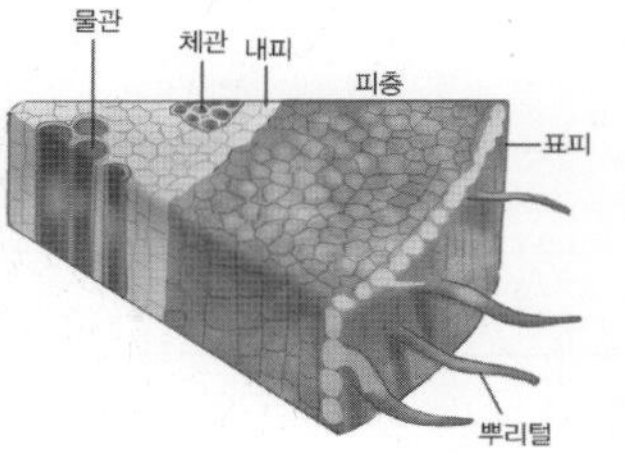

05 B > D > C > A
해설 | 삼투 현상은 용매(물)가 저농도에서 고농도로 이동하는 현상이다. 흙속의 농도보다 뿌리털 안쪽의 농도가 더 높기 때문에 흙속의 물이 뿌리털 안쪽으로 이동한다. 그러므로 C뿌리털(저농도)에서 D피층(고농도)으로 이동하고, D피층(저농도)에서 B뿌리의 물관(고농도)으로 이동한다.

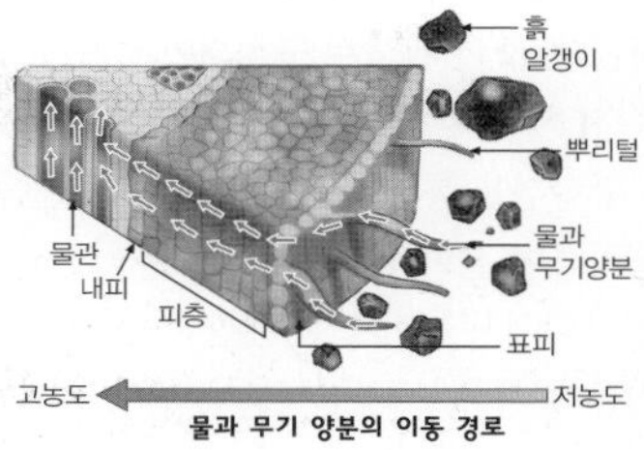

06 ⑤
해설 | ① 반투과성 막인 뿌리털 세포막을 경계로 흙 속의 물이 세포 내로 이동하는 것은 삼투 현상에 의한 것이다.
② 세포 속 농도가 흙 속 용액의 농도보다 높기 때문에 삼투 현상에 의해 흙 속의 물이 식물체 내로 이동하게 된다.
③ 뿌리를 구성하는 세포들은 안쪽으로 갈수록 농도가 더욱 높아진다. 따라서 물은 흙에서 식물 안쪽으로 계속 이동하게 된다.
④ 뿌리털에서 흡수된 물은 물의 이동 통로인 물관을 통해 다른 기관들에게 전달된다.
⑤ 흙에 비료를 많이 주면 식물이 말라 죽는다. 그 이유는 비료 때문에 흙 속의 농도가 높아지면 삼투 현상에 의해 식물체 내의 물이 흙 속으로 빠져 나오기 때문이다.

07 물이 농도가 더 큰 달걀 내부로 이동하므로 달걀의 부피는 커진다.
해설 | 달걀 속껍질은 반투과성 막이므로 삼투 현상에 의해 고농도인 달걀 속으로 물이 들어간다.

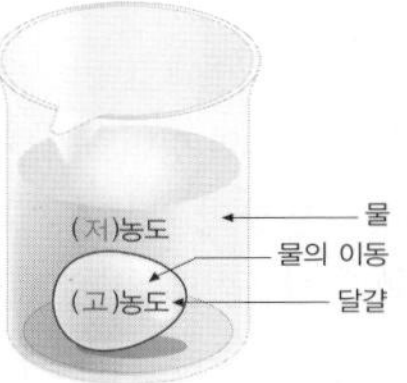

08 A : 표피, ㄹ B : 피층, ㄱ C : 체관, ㅁ D : 형성층, ㄷ E : 물관, ㄴ

해설 |

표피		줄기의 가장 바깥쪽에 있는 한 겹의 세포층
피층		표피 안쪽에 있는 여러 겹의 세포층
관다발	물관	물과 무기 양분의 이동 통로
	형성층	세포 분열이 일어나 부피 생장이 일어나는 분열 조직
	체관	유기 양분의 이동 통로

09 ①, ③, ④, ⑤

해설 | 줄기는 식물체를 지지하고, 피목을 통해 호흡하고, 양분을 저장하며, 물관과 체관을 가지고 있어 물질을 운반한다. ② 증산 작용은 잎에서 일어나는 작용이며, ⑥ 흡수 작용은 뿌리의 주된 기능이다.

10 ②

해설 | 물관은 뿌리에서 흡수한 물과 무기 양분의 이동 통로로 형성층 안쪽에 위치한다. 죽은 세포로 구성되어 있으며(ㅂ), 위아래 세포벽이 없어(ㄷ) 연속된 하나의 관 모양을 이룬다.

체관은 잎에서 광합성을 통해 만들어진 양분의 이동 통로(ㄹ)로 형성층 바깥쪽에 위치하며 살아 있는 세포로 구성되어 있다(ㄴ). 또한, 가늘고 긴 세포들 사이에 구멍이 뚫린 체판이 있어(ㅁ) 이를 통해 세포를 통한 물질의 이동이 자유로우며, 이들 주변에 반세포가 둘러싸고 있다(ㄱ).

11 ④

해설 | ④ 쌍떡잎식물은 형성층이 있으므로 부피 생장을 하지만 외떡잎식물은 형성층이 없어 부피 생장을 하지 못한다.

	쌍떡잎식물	외떡잎식물
떡잎	2장	1장
뿌리의 종류	곧은뿌리	수염뿌리
형성층 유무	있음	없음
관다발 배열	규칙적	불규칙적
잎맥	그물맥	나란히맥
꽃잎의 수	4 또는 5의 배수	없거나 3의 배수
식물의 예	봉선화, 호박, 민들레, 강낭콩, 무궁화, 해바라기, 복숭아나무, 벚나무 등	보리, 붓꽃, 강아지풀, 옥수수, 잔디, 양파, 백합, 대나무, 수선화, 달개비 등

12 ⑤

해설 | 식물의 줄기는 여러 형태로 변형되어 환경에 적응한다. 장미의 가시, 포도의 덩굴손, 감자의 덩이줄기, 양파의 비늘줄기, 나팔꽃의 감는줄기가 그 예이다. 선인장의 가시와 완두의 덩굴손은 잎이 변형된 것이다. 선인장의 줄기는 살줄기로 건조한 환경에서 견딜 수 있도록 줄기의 조직에 수분을 저장하는 저장줄기이며, 양파의 비늘줄기, 감자의 덩이줄기는 영양분을 저장하는 저장줄기이다. 고구마는 뿌리의 변형을 거친 것이다.

13 ⑤

해설 | A : 체관 B : 형성층 C : 물관 D : 물관 E : 체관

(가)는 형성층이 있는 쌍떡잎식물 줄기의 단면, (나)는 형성층이 없는 외떡잎식물 줄기의 단면이다. 그러므로 형성층이 있는 (가)식물에서만 부피 생장이 일어나며, 형성층의 환경에 따른 분열 속도에 따라 나이테가 생기게 된다.

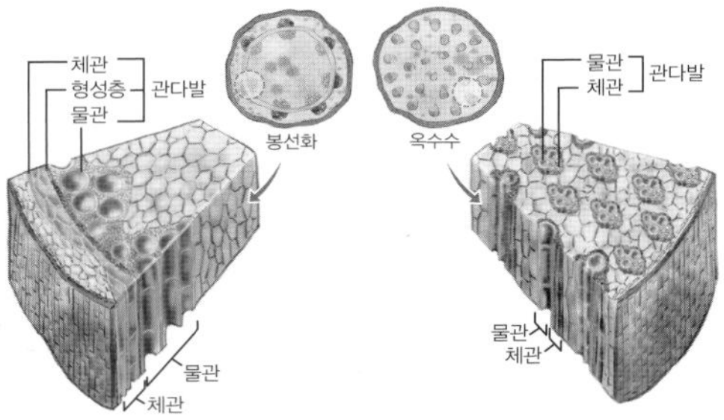

14 ④

해설 | 민들레, 봉선화, 해바라기는 쌍떡잎식물이며, 옥수수, 보리, 대나무 등은 외떡잎식물이다.

15 ③

해설 | 가는 관을 따라 물이 올라가는 현상을 모세관 현상이라고 한다. 관이 가늘수록 모세관 현상이 잘 일어나 물이 높이 올라가기 때문에 물관은 가는 관들이 모여 다발을 형성하는 것이 유리하다.

16 ①, ④

해설 | 이 실험에 의해 사과나무의 줄기의 체관이 잘려나가게 된다. 따라서 잎에서 만들어진 유기 양분이 아래로 이동하지 못하기 때문에 A에 양분이 쌓이면서 부풀어 오르게 된다. 양분이 B부분 아래로는 이동하지 못하기 때문에 사과나무의 열매는 D가 C보다 작아진다.

17 ㄱ, ㄷ, ㅁ

해설 | 광합성은 잎의 공변 세포와 울타리 조직, 해면 조직 내의 엽록체에서 일어나며, 호흡 작용과 증산 작용은 잎의 기공에서 일어난다. 지지 작용과 저장 작용은 뿌리와 줄기의 공통적인 기능이며, 흡수 작용은 뿌리의 기능이다.

18 ④

해설 | A : 표피 조직 B : 울타리 조직 C : 해면 조직 D : 물관 E : 체관 F : 기공

① A는 표피 세포가 모여 이룬 표피 조직이다. 엽록체가 없기 때문에 투명하여 빛을 잘 투과시킬 수 있다.

② B는 울타리 조직으로 엽록체가 들어 있는 세포들이 조밀하게 모여 있기 때문에 광합성이 활발하게 일어난다.

③ C는 해면 조직으로 비어 있는 공간을 통해 기공을 통해 흡수된 공

기가 자유롭게 이동할 수 있다.
④ D는 줄기의 물관과 연결되어 있다.
⑤ E는 체관으로 줄기의 체관과 연결되어 있으며, 양분의 이동 통로 역할을 한다.

19 ④
해설 | 잎맥은 물관과 체관으로 구성된다. 물관과 체관은 물과 양분의 이동 통로로 이용되고, 잎이 일정한 형태를 유지할 수 있도록 해주는 골격의 기능도 가지고 있다.

20 ④
해설 | 식물체 내의 물이 수증기 형태로 기공을 통해 밖으로 빠져나가는 현상을 증산 작용이라고 한다. 식물은 증산 작용을 통해 물을 뿌리에서 잎까지 상승시킬 수 있으며, 체내 수분량과 물질의 농도를 조절할 수 있을 뿐 아니라 체온도 조절할 수 있다.
④ 광합성에 물이 필요하긴 하지만 증산 작용은 물을 배출시키는 활동이므로 광합성을 활발하게 도와주는 작용은 아니다.

21 ㉠ 높을 때 ㉡ 강할 때 ㉢ 많을 때 ㉣ 낮을 때
해설 | 증산 작용이 활발하게 일어나는 조건은 빨래가 잘 마르는 조건과 같다.

22 ⑤
해설 | 낮에는 활발한 광합성 작용에 의해 공변세포 내 농도가 주변보다 높아지게 되고 공변세포 내로 물이 유입되게 된다. 공변세포의 세포벽이 팽압을 받게 되면, 바깥쪽의 얇은 세포벽이 기공 쪽의 세포벽보다 더 많이 늘어나게 되어 공변세포가 활처럼 휘어지며 기공이 열린다.

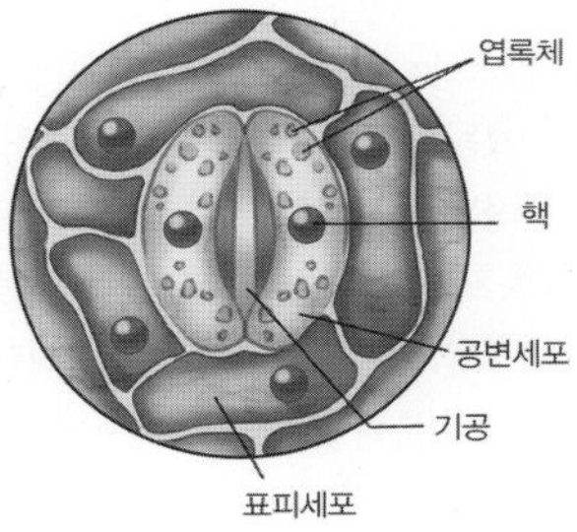

23 ④
해설 | 공변세포에는 엽록체가 있어서 낮에 광합성을 하면 주위의 세포에 비해 농도가 높아지게 되므로 그 결과 주위의 표피 세포로부터 물이 이동하여 공변세포로 들어온다. 또한 공변세포는 기공 안쪽보다 바깥쪽 세포막이 얇기 때문에 물이 들어오게 되면 공변세포가 바깥쪽으로 휘어지기 때문에 기공이 열리게 된다.

24 (가)
해설 | 바셀린은 기공을 막아 증산 작용을 억제한다. 따라서 앞면에 바셀린을 바른 경우 뒷면의 기공으로만 증산 작용이 일어나게 되고, 뒷면에 바셀린을 바르면 앞면의 기공으로만 증산 작용이 일어나게 된다. 그러나 대부분의 기공은 잎의 뒷면에 분포하므로 앞면에 바셀린을 바른 경우 증산 작용이 더 활발히 일어나 물이 많이 줄어들게 된다.

25 ①
해설 | 대부분의 기공은 잎의 뒷면에 분포하므로 바셀린을 잎의 뒷면에 바른 경우보다 잎의 앞면에 바른 경우 증산 작용이 더 활발히 일어난다.

26 ①, ②, ④, ⑤
해설 | 줄기에서 물 상승의 원인이 되는 힘을 비교하면 증산 작용 > 물 분자의 응집력 > 뿌리압 > 모세관 현상 순서이다.
③ 이산화 탄소를 흡수하여 포도당을 생성하고 산소를 방출하는 광합성 작용은 물 상승과 직접적인 관련이 없다.

개념 심화 문제

정답 92~95쪽

01 ② 02 ②, ③, ④, ⑥ 03 (1) ㄴ (2) • 유리관 : 뿌리털 • 증류수 : 흙 속의 물과 무기 양분 (3) ②, ③, ④, ⑤ 04 ②
05 (1) 해설참조 (2) ① O ② O ③ X ④ X ⑤ O
06 (1) 10시 (2) 잎의 뒷면 (3) 맑은 날 (4) 부는 날
07 (1) ④ (2) ①, ③, ⑤

01 ②
해설 | 조직 배양을 하기 위해서는 세포 분열이 일어나는 조직이 필요하므로 식물의 생장점이나 형성층 부분의 조직이 가장 적당하다. 생장점은 주로 뿌리 끝에 위치하며 형성층은 체관과 물관 사이에 위치한다. 따라서 뿌리의 피부 내부 조직은 생장점이 있어 조직 배양을 가장 잘 할 수 있다.

02 ②, ③, ④, ⑥
해설 | ① 표피 세포에는 엽록체가 없으며, 대부분의 엽록체는 울타리 조직(책상 조직)에 들어 있다.
② 물 위에 떠서 사는 식물은 잎의 앞면은 공기와 접해 있는 반면 잎의 뒷면은 물과 접해 있기 때문에 기체 교환은 잎의 앞면에서 일어나는 것이 효과적이다. 따라서 물 위에 떠서 사는 식물의 기공은 잎의 앞면에 많이 존재한다.
③ 해면 조직(갯솜 조직)은 세포가 매우 엉성하게 배열되어 있는데 이는 기공을 통해 식물체 내로 들어온 기체가 식물체 안에서 이동할 때 이동 통로의 역할을 하기 위해서이다.
④ 표피 세포는 외부의 자극이나 수분 손실을 방지하기 위해 바깥쪽과 접해 있는 세포벽이 안쪽보다 두껍게 발달하였다.
⑤ 큐티클은 생물체를 보호해 주고, 수분 손실을 방지해 주며, 외부 물질이 식물체 내로 침입하는 것을 방지해 준다. 따라서 수중 식물 보다는 육상 식물에 더 발달되어 있다.
⑥ 표피 세포는 엽록체가 없기 때문에 녹색을 띠지 않고 투명하다. 따라서 외부에서 들어오는 빛을 투과시켜 빛이 울타리 조직(책상 조직)과 해면 조직(갯솜 조직)에 도달할 수 있도록 하여 광합성의 효율을 증가시킨다.

03 (1) ㄴ (2) • 유리관 : 뿌리털 • 증류수 : 흙 속의 물과 무기 양분 (3) ②, ③, ④, ⑤

해설 | 아래가 셀로판지(반투과성 막)로 막혀 있는 고농도의 설탕 용액을 넣은 유리관을 증류수에 넣으면 삼투 현상에 의해 셀로판 막을 통해 증류수가 유리관 안으로 들어와 유리관 용액의 높이가 높아지게 된다. 제시된 실험은 식물에서 물이 뿌리로 흡수되는 원리를 설명한 것으로 유리관은 뿌리털, 증류수는 흙 속의 물을 나타내는 것이다. 우리 주변에서도 많이 볼 수 있는 삼투 현상의 예는 다음과 같다.

〈 삼투 현상의 예 〉

- 뿌리털로 흙 속의 물이 삼투압에 의해 흡수된다.
- 건포도를 물에 넣으면 삼투압에 의해 탱탱해진다.
- 얇게 썬 감자를 소금물에 넣으면 삼투압에 의해 시들해진다.
- 채소를 소금물에 절이면 삼투압에 의해 채소 내 물이 빠져나와 숨이 죽는다.
- 화분에 비료를 너무 많이 주면 삼투압에 의해 흙 속으로 물이 빠져나가 식물이 말라죽는다.
- 당근 속을 파서 소금을 가득 넣으면 삼투압에 의해 당근에서 물이 빠져나와 소금물이 된다.
- 공변세포 내부의 엽록체의 광합성 작용으로 농도가 높아져 삼투압에 의해 주변의 물이 공변세포 내로 들어오면 기공이 열린다.

04 ②

해설 | ① 삼투 현상은 저농도의 물이 고농도로 이동하는 현상이므로 이 실험을 통해 삼투 현상을 이해할 수 있다.
② 시간이 지날수록 왼쪽의 ○수가 줄어들고 반대로 오른쪽에는 많아지므로 ○가 왼쪽에서 오른쪽으로 이동했음을 알 수 있으며, 반투과성 막을 통과할 수 있는 것은 물이기 때문에 ○는 물이다.
③ 반투과성 막이 왼쪽으로 휘어지는 것은 물이 왼쪽에서 오른쪽으로 이동하였기 때문이므로 왼쪽이 저농도, 오른쪽이 고농도이다.
④ 용액의 농도 차이가 커질수록 삼투압의 차이가 커지므로 삼투 작용은 더 활발하게 일어난다.
⑤ 신축성이 없는 반투과성 막을 사용하면 물이 왼쪽에서 오른쪽으로 이동하므로 오른쪽 용액의 물 높이가 올라간다.

05 (1) (가) : 고장액 • 이유 : 양파의 표피 세포를 고장액에 넣으면 세포 안의 물이 밖으로 빠져나가 세포막이 수축하게 되기 때문에 세포막과 세포벽이 분리되었다(원형질 분리). (나) : 저장액 • 이유 : 저장액에 세포를 넣으면 세포 내부로 물이 유입되어 세포질의 부피가 늘어나 세포막이 팽팽해져서 세포벽에 세포막이 밀착하게 된다.
(2) ① O ② O ③ X ④ X ⑤ O

해설 | (2) (가)는 세포의 물이 세포 밖으로 빠져나가 세포질이 세포벽과 분리된 모습이므로 이러한 삼투 현상은 양파 세포액보다 고장액에 넣었을 때 나타난다. (나)는 물이 세포막 안쪽으로 들어와 세포가 팽창된 모습이므로 저장액에 넣었을 때 모습이다.
식물 세포는 세포벽이 있어서 고장액에 넣었을 때 세포 전체가 수축되지 않고 단단한 세포벽이 그 형태를 유지하고 있다. 또 저장액에 넣었을 때는 세포 안쪽에 흡수된 물에 의해 세포벽을 미는 팽압이 커지지만 세포벽으로 인하여 어느 순간 더 이상 세포 안으로 물이 이동되지 못해 세포가 터지는 경우는 없다. 그러나 적혈구(동물 세포)로 동일한 실험을 하면 양파 세포와는 달리 고장액에 넣으면 적혈구 세포 전체가 수축되어 쭈그러들게 되고, 저장액에 넣으면 물이 세포 안으로 계속 들어와 세포막이 터지는 용혈 현상이 일어나게 된다.
③ 식물 세포를 고장액에 넣으면 세포 내의 물이 빠져나가 원형질 분리가 일어난다.
④ 용혈 현상으로 세포막이 파괴된 적혈구는 원래의 상태로 회복되기 어렵다.
⑤ 원형질 분리가 일어난 세포를 다시 저장액에 넣으면 세포의 부피가 원래 상태로 돌아오는데, 이것을 원형질 복귀라고 한다.

06 (1) 10시 (2) 잎의 뒷면 (3) 맑은 날 (4) 부는 날

해설 | (1) 염화코발트 종이는 물과 반응하면 붉은색으로 변한다. 잎의 앞면과 뒷면에 염화코발트 종이를 붙이고 실험하면 증산 작용이 일어날 때 식물체 내의 물이 기공을 통해 빠져나가기 때문에 붉은색으로 변하게 된다. 제시된 그래프에서 증산 작용은 10시에 가장 활발한 것으로 나타나므로 그 시간에 염화코발트 종이가 가장 빨리 색깔이 변하게 된다.
(2) 증산 작용이 일어나는 기공이 잎의 앞면보다 뒷면에 많이 분포하기 때문에 잎의 뒷면에 부착된 염화코발트종이의 색깔이 더 먼저 변하게 된다.
(3), (4) 증산 작용이 활발하게 일어나는 조건으로는 햇빛이 강할 때, 온도가 높을 때, 바람이 많이 불 때, 습도가 낮을 때, 체내 수분량이 많을 때이다.

07 (1) ④ (2) ①, ③, ⑤

해설 | (1) 광합성은 주로 잎의 엽록체에서 일어난다. 광합성 결과 최초 산물은 포도당이지만 잎에서 곧 녹말 형태로 바꾸어 저장되고, 밤이 되면 녹말은 물에 잘 녹는 포도당으로 분해되어 줄기의 체관을 통해 각 저장 기관으로 이동한다. 따라서 잎에서 오전, 오후에 녹말이 계속 검출되는 것은 생성된 포도당을 일시적으로 녹말 형태로 저장하기 때문이며, 해가 진후 포도당이 검출되기 시작하는 것은 양분이 이동하기 위해 녹말이 포도당으로 분해되었기 때문이다. 줄기의 체관을 따라 이동하는 양분은 대부분이 포도당이기 때문에 줄기에서는 녹말이 검출되지 않으며 특히 해가 진 후 이동하는 포도당의 양이 많아지는 것을 확인할 수 있다.
① 광합성 결과 생성된 녹말은 포도당 형태로 각 저장 기관(뿌리, 줄기, 잎)등으로 이동하여 여러 형태로 저장된다.
② 해가 지면 잎에서는 저장해 놓았던 녹말을 다시 포도당 형태로 분해한다.
③ 줄기에서는 양분이 주로 포도당 형태로 체관을 통해 이동하기 때문에 녹말이 검출되지 않는다.
⑤ 대부분의 식물은 잎에서 광합성 작용이 일어나며 포도당을 생성하기 때문에 줄기에서는 포도당이 생성되지 않는다.
(2) 아이오딘 반응으로는 녹말을 검출할 수 있다. 따라서 주로 포도당 형태로 저장하는 양파와 설탕 형태로 저장하는 사탕수수에서는 아이오딘 - 아이오딘화칼륨 반응으로 녹말을 검출할 수 없다.

II. 식물의 영양 (2)

개념 보기

Q8 • 필요한 물질 : 물(H_2O), 이산화 탄소(CO_2) • 생성되는 물질 : 산소 (O_2) , 포도당, 물(H_2O)

Q9 빛의 세기, 이산화 탄소, 온도

Q10 • 시간 : 항상(밤, 낮) • 장소 : 모든 세포(미토콘드리아)

Q11 보상점 미만의 빛에서는 광합성량보다 호흡량이 크기 때문에 생성물인 포도당을 지속적으로 사용하여 결국에는 죽게 된다.

개념 확인 문제

정답 100~102쪽

광합성

27 (가) : 물(H_2O) (나) : 이산화 탄소(CO_2) (다) : 포도당 (라) : 산소(O_2) (마) : 녹말 28 ①, ③, ④ 29 ①, ③, ⑤

30 (1) X (2) O (3) O (4) O 31 ④ 32 ① 33 ③

34 ④ 35 A : 온도 B : 빛의 세기 C : 이산화 탄소

36 ② 37 ② 38 ④ 39 ⑤

식물의 호흡

40 (1) X (2) O (3) O (4) O (5) O (6) O 41 ④

빛의 세기에 따른 기체 교환

42 ② 43 (가) : 광합성량 > 호흡량 (나) : 광합성량 = 호흡량 44 (1) A (2) B (3) E (4) C

광합성과 호흡 비교

45 ①, ②, ⑤, ⑦

27 (가) : 물(H_2O) (나) : 이산화 탄소(CO_2) (다) : 포도당 (라) : 산소(O_2) (마) : 녹말

해설 | (가)는 물로 물관을 통해 뿌리로부터 잎까지 이동하며, (나)는 이산화 탄소로 기공을 통해 흡수된다. (다)는 포도당으로 잎에서 광합성을 통해 생성되며, 녹말(마)로 저장된다. (라)는 산소로 기공을 통해 방출된다.

28 ①, ③, ④

해설 | ① 광합성 최초의 산물은 (다)포도당이며 단당류이다. 잎에 일시적으로 (마)녹말 형태로 있다가 밤이 되면 B 체관을 통해 이동하게 된다.

② (나)이산화 탄소와 (라)산소는 기공을 통해서 외부와의 출입이 이루어진다.

③ 녹말과 포도당은 식물체가 살아가는데 필요한 에너지를 얻을 수 있는 근원이다.

④ 뿌리털을 통해 흡수된 물은 A 물관을 통해 잎까지 전달된다.

⑤ 광합성 결과 최초의 산물은 포도당이지만 녹말 형태로 잎에 저장되어 있다가 체관을 통해 이동할 때는 분자량이 작고 물에 잘 녹는 형태인 (다)포도당으로 바뀌어 이동한다.

29 ①, ③, ⑤

해설 | 광합성 산물인 포도당은 주로 녹말의 형태로 저장되었다가 밤에 다시 포도당 형태로 분해되어 식물의 저장 기관으로 이동하여 여러 형태로 저장된다. 포도당은 이동할 때의 형태이다. 포도당이 호흡에 의해 분해되면 생활에 필요한 에너지를 방출하는데 이 에너지원은 주로 꽃이 피거나, 싹이 틀 때, 식물이 생장할 때 이용한다.

30 (1) X (2) O (3) O (4) O

해설 | (1) 광합성 결과 최초의 산물은 포도당이다. (2), (3) 포도당은 낮에 녹말의 형태로 잎에 일시적으로 저장되었다가 밤에 다시 물에 잘 녹는 형태인 포도당으로 분해되어 체관을 통해 다른 저장 기관으로 이동한다. (4) 광합성을 통해 생성된 포도당은 여러 단계를 거쳐 탄수화물이나 단백질, 지방으로 전환되기도 한다.

31 ④

해설 | A는 그라나, B는 틸라코이드, C는 스트로마이며, C에서는 주로 이산화 탄소를 포도당으로 합성하는 암반응이 일어난다.

① 엽록체는 광합성이 일어나는 장소로 외막과 내막인 2중막 구조로 이루어져 있다.

② 내막 안쪽에는 틸라코이드가 겹쳐져 층상 구조를 이루고 있는 그라나와 그라나 사이를 채우고 있는 기질 부분인 스트로마가 있다.

③ 틸라코이드 막에는 빛을 받아들이는 색소(엽록소, 카로틴, 크산토필)가 있어서 명반응이 일어난다.

④ 그라나를 이루는 틸라코이드 막에서 빛에너지를 화학 에너지로 전환시키는 명반응이 일어난다.

⑤ 스트로마에는 DNA, RNA, 리보솜 등이 들어 있으며 명반응 산물을 이용하여 CO_2를 포도당으로 합성하는 암반응이 일어난다.

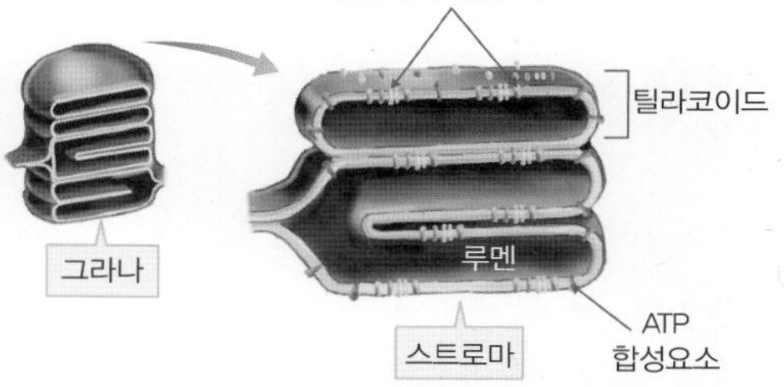

32 ①

해설 | ① 명반응은 엽록체의 그라나(그라나의 틸라코이드)에서 일어나며, 이는 엽록소와 기타 보조 색소들이 흡수한 빛에너지를 화학 에너지로 전환시키는 과정이다. 물의 분해에 의해 O_2가 생성되어 기공을 통해 방출되고, 물의 분해 과정에서 생긴 전자와 수소 이온에 의해 ATP와 $NADPH_2$가 생성된다.

33 ③

해설 | ③ 암반응은 엽록체의 스트로마에서 일어나며, 명반응의 산물인 $NADPH_2$와 ATP를 이용하여 대기로부터 흡수한 CO_2를 포도당으로 합성하는 과정으로 빛을 필요로 하지 않는 반응이지만 빛이 있을 때에도 진행된다. 암반응의 과정은 매우 복잡하며, 그 과정마다 여

러 효소가 관여하기 때문에 온도에 의해 영향을 받는다.

34 ④

해설 | ④ 명반응은 틸라코이드(A)에서 일어난다. 따라서 A의 반응을 이끌어내기 위해서는 반드시 빛이 필요하다. 그리고 명반응의 결과 만들어진 생성물을 이용하여 스트로마(B)에서 암반응이 순차적으로 일어난다. 따라서 A에 1시간 정도 빛을 비춘 후 스트로마와 함께 암실에 넣어둔 조건에서 가장 많은 CO_2를 흡수할 것이다.

35 A : 온도 B : 빛의 세기 C : 이산화 탄소

해설 | 광합성에 영향을 주는 요인으로는 온도, 빛의 세기, 이산화 탄소의 농도가 있다. 광합성량은 온도가 상승함에 따라 증가하다가 약 38 ~ 40℃ 이상이 되면 급격히 감소한다. 그리고 광합성량은 이산화 탄소의 농도가 상승함에 따라 증가하다가 0.1% 에 이르면 더 이상 증가하지 않는다. 또한, 광합성량은 빛의 세기가 강해질수록 증가하다가 어느 한계(광포화점)에 이르면 더 이상 증가하지 않는다.

36 ②

해설 | ① 이산화 탄소의 농도가 높을수록 어느 정도까지는 광합성량이 증가하지만, 계속 증가하지는 않는다.

② 광합성은 여러 효소가 관여하는 작용이기 때문에 효소의 주성분인 단백질이 변성되지 않는 온도까지는 광합성량이 증가하다 그 온도 이상이 되면 단백질이 변성되어 제기능을 하지 못하게 되어 광합성량이 감소한다.

③ 빛의 세기가 강할수록 어느 정도까지는 광합성량이 증가하지만, 계속 증가하지는 않는다.

④ 어느 한 가지 요소라도 충족이 되지 않으면 광합성은 일어나지 않는다.

⑤ 이산화 탄소의 농도, 빛의 세기, 온도 모두 광합성에 영향을 주는 환경 요인이다.

37 ②

해설 | 아이오딘 - 아이오딘화칼륨 용액에 의해 청남색으로 변하는 것은 녹말이다. 햇빛을 받은 토끼풀 A에서만 광합성이 일어나 녹말이 생성된다. 따라서 아이오딘 - 아이오딘화칼륨 용액에 의해 청남색으로 변하게 된다.

38 ④

해설 | ②, ③, ④ 에탄올에 잎을 넣어 중탕하면 엽록소가 에탄올로 빠져 나와 제거되고 녹말만 남게되어 아이오딘 - 아이오딘화칼륨 용액과 반응시켰을 때 색깔 변화를 뚜렷하게 관찰할 수 있다.

39 ⑤

해설 | 광합성량은 약한 빛에서는 온도의 영향을 크게 받지 않고, 강한 빛에서는 온도가 높을수록 어느 정도까지는 증가하다 40℃ 이상으로 높아지게 되면 광합성 속도는 급격히 감소한다.

40 (1) X (2) O (3) O (4) O (5) O (6) O

해설 | 식물의 호흡은 산소를 이용해 유기물(포도당)을 분해하여 생활에 필요한 에너지를 얻는 작용이다.

(1) 호흡은 밤낮의 구별이 없이 항상 일어난다.

(2) 호흡은 산소를 이용하여 유기물을 분해하기 때문에 반드시 산소를 필요로 한다.

(3) 호흡은 살아 있는 모든 세포에서 일어난다.

(4) 호흡 결과 이산화 탄소를 배출한다.

(5) 식물의 호흡은 생활에 필요한 에너지를 얻기 위함이다.

(6) 씨가 싹트거나, 꽃이 필 때, 생장할 때 특히 더 많은 에너지가 필요하기 때문에 호흡이 활발해진다.

41 ④

해설 | 싹튼 콩은 비록 싹이 났지만 엽록체가 거의 없어 광합성을 하지 못하고 호흡만 하므로 이산화 탄소가 발생하여 석회수가 뿌옇게 흐려진다. 따라서 (가)에서 호흡이 일어나며, 산소가 흡수되고 그 결과 이산화 탄소가 방출되어 석회수를 뿌옇게 한다. 또한 호흡으로 에너지가 방출되어 온도가 올라가게 된다. (나)의 삶은 콩은 더 이상 생명 활동을 하지 않기 때문에 호흡 작용이 일어나지 않는다.

42 ②

해설 | 낮에는 광합성량이 호흡량보다 더 많아 광합성에 필요한 CO_2를 흡수하고, 광합성 결과 생성된 O_2를 방출한다. 밤에는 빛이 없어서 광합성은 일어나지 않고 호흡만 일어나기 때문에 O_2를 흡수하고, CO_2를 방출하게 된다.

43 (가) : 광합성량 > 호흡량 (나) : 광합성량 = 호흡량

해설 | (가)는 낮 동안의 기체 출입 관계를 나타낸 것으로 광합성량이 호흡량보다 많아 이산화 탄소를 흡수하고 산소를 방출한다.

(나)는 아침이나 저녁 때, 광합성량과 호흡량이 같아 외관상 기체의 출입이 없는 시기 즉 보상점일 때이다.

44 (1) A (2) B (3) E (4) C

해설 |

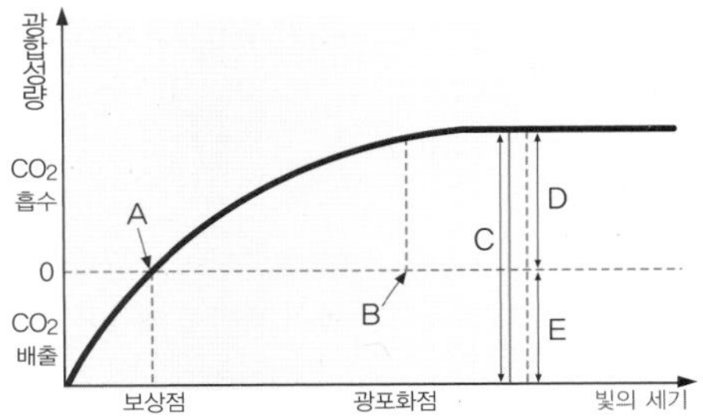

(1) 광합성량과 호흡량이 같으면 호흡에 의해 방출된 CO_2가 광합성을 하기 위해 모두 흡수되어 외관상 CO_2 출입이 없는 것처럼 보인다. 따라서 광합성량과 호흡량이 같을 때는 CO_2 흡수량이 0일 때 빛의 세기로 A이며, 이를 보상점이라고 한다.

(2) 식물의 광합성량이 최대로 되는 최소한의 빛의 세기는 B로 이를 광포화점이라고 한다.

(3) 빛이 없으면 광합성은 일어나지 못하고 호흡만 일어나게 된다. 따라서 CO_2만 방출되는데 이를 호흡량이라고 하며, 그래프의 E에 해당된다.

(4) 호흡에 의해 방출된 CO_2도 광합성에 다시 쓰이므로 실제 식물에 의해 이루어진 광합성의 총량은 겉으로 드러난 CO_2흡수량(순광합성량)에 호흡에 의해 방출된 CO_2량을 더해야 한다. 따라서 그래프의 C가 실제 식물의 총광합성량이 된다.

45 ①, ②, ⑤, ⑦

해설 | ③ 광합성은 이산화 탄소를 흡수하며, 호흡은 산소를 흡수한다.

④ 광합성 결과 산소가 방출되며, 호흡 결과 이산화 탄소가 방출된다.

⑥ 광합성은 에너지를 저장(흡수)하고, 호흡은 에너지를 발생시킨다.

⑧ 광합성의 원료로는 물과 이산화 탄소가 이용되며, 호흡의 원료로는 포도당과 산소가 이용된다.

개념 심화 문제

정답 103~116쪽

08 ㄱ, ㄷ, ㅁ 09 ㄱ, ㄷ, ㄹ 10 (1) A, C (2) C (3) ②, ⑤ 11 (1) B ● 이유 : 해설참조 (2) 해설참조
12 ㄱ, ㄴ 13 A : ㄴ B : ㄷ 14 ㄴ, ㄷ, ㄹ, ㅂ
15 (1) 녹색 ● 이유 : 해설참조 (2) ④ (3) 적색, 청색 16 ㄱ, ㄷ
17 ㄱ, ㄷ, ㄹ 18 (1) ㄱ : 800 ㄴ : 2000 ㄷ : 300 ㄹ : 1000 (2) ㄱ, ㄴ, ㄹ 19 ㄴ, ㄷ 20 ㄱ, ㄴ
21 ㄱ, ㄷ, ㄹ 22 ㄷ, ㄹ 23 ② 24 ⑤
25 (1) A : 올라간다 B : 내려간다 (2) ② 26 (1) ① : D ② : 해설참조 ③ : B ④ : 해설참조 (2) ㄱ, ㄷ, ㄹ 27 ㄴ, ㄷ
28 (1) ① : a ② : b (2) 광합성 작용에 의해 포도당이 생성되기 때문에 29 (1) ⑤ (2) ⑤ (3) C, D 30 ㄴ, ㄹ 31 ㄱ, ㅁ

08 ㄱ, ㄷ, ㅁ

해설 | 명반응은 엽록체의 그라나(A)의 틸라코이드에서 일어난다. 틸라코이드 막에는 빛을 흡수하는 엽록소와 그 밖의 보조 색소들이 있어서 빛에너지를 화학 에너지로 전환시키게 된다. 이 과정에서 $NADPH_2$와 ATP가 생성되고 O_2가 방출된다. 암반응은 스트로마(B)에서 명반응의 산물인 $NADPH_2$와 ATP를 이용하여 대기로부터 흡수한 CO_2를 포도당으로 합성한다.

ㄴ. 포도당은 스트로마(B)에서 합성되며 광합성에 의해 생성된 포도당은 잎에 녹말로 저장된다.

ㄹ. 빛을 받아들이는 엽록소 및 광합성 색소들은 그라나(A)를 이루는 틸라코이드 막에 분포되어 있다.

ㅂ. 엽록체는 외막과 내막의 2중막 구조이며, 내막의 안쪽에 그라나(A)와 스트로마(B)가 들어 있다. (광합성에 관여하는 색소는 그라나에 들어 있다.)

09 ㄱ, ㄷ, ㄹ

해설 | ㄱ. 종이 크로마토그래피를 통해 잎의 색소를 분리하면 맨 위에서부터 카로틴, 크산토필, 엽록소 a, 엽록소 b 순으로 분리되어 나타난다. 이 중 카로틴과 크산토필은 카로티노이드로 엽록소와 구별된다. 8월과 10월의 잎의 색소를 분리한 크로마토그래피의 결과를 보면 10월의 경우 8월에 비해 엽록소 a와 b의 양이 많이 줄어든 것을 확인할 수 있다.

ㄴ. 10월은 엽록소 a와 b가 급격히 감소하므로 8월과 10월 잎에 들어있는 색소의 함량 비율을 비교하면 10월의 엽록소 a, b 색소 함량 비율이 감소했을 것이라고 추리할 수 있다.

ㄷ. 가을이 되어 엽록소 양이 줄어드는 실험 결과로 보아, 가을이 되면 광합성량이 감소하고, 광합성 재료로 사용되던 물의 양도 줄어들게 된다. 결국 기온이 떨어지게 되면 식물은 엽록소 양을 줄여 수분이 소모되는 것을 최소화한다.

ㄹ. 가을에 단풍이 드는 이유는 광합성 색소 중 카로틴과 크산토필의 양이 증가했기 때문이 아니다. 8월과 10월의 크로마토그래피 결과를 비교해 보면 카로틴과 크산토필의 양은 거의 비슷하다. 단지 엽록소 a와 b의 양이 감소했음을 알 수 있는데 이 엽록소 감소로 인하여 카로틴과 크산토필의 양이 상대적으로 많아져 단풍이 드는 것이다.

10 (1) A, C (2) C (3) ②, ⑤

해설 | (1) 그라나에서는 빛을 흡수하고 산소를 방출하는 명반응 과정이 일어난다. 그러므로 그라나가 들어 있는 A와 C 플라스크에서 산소가 발생하게 된다.

(2) 스트로마에서 일어나는 암반응은 이산화 탄소를 흡수하여 포도당으로 합성한다. 이때 그라나에서 명반응을 거치면서 생성된 물질들 (ATP, $NADPH_2$)이 이용되기 때문에 스트로마에서의 암반응이 일어나려면 그라나의 명반응이 먼저 일어나야 한다. 따라서 그라나 없이 스트로마만 있는 B에서는 포도당이 생성되지 않고 그라나와 스트로마가 모두 들어 있는 C 플라스크에서 포도당이 생성된다.

(3) ① 암반응은 명반응의 산물을 이용하기 때문에 그라나 없이 스트로마 단독으로는 포도당을 생성할 수 없다.

② 암반응 이전에 명반응이 반드시 일어나야 하므로 명반응이 일어나는 그라나와 암반응이 일어나는 스트로마가 모두 필요하다.

③ 스트로마는 그라나에서 일어난 명반응의 산물을 이용하기 때문에 그라나 없이 스트로마 단독적으로는 암반응이 일어나기 어렵다. 따라서 플라스크 B에서는 암반응이 일어나지 않으므로 CO_2가 흡수되지 않는다.

④ 그라나에서 명반응이 일어나며, 그 결과 $NADPH_2$와 ATP가 생성되고, O_2를 방출한다.

⑤ 그라나를 구성하는 틸라코이드 막에는 빛을 수용하는 엽록소가 있어 빛에너지를 화학 에너지로 전환시키고 O_2를 방출한다. 스트로마에서는 명반응 결과 생성된 $NADPH_2$와 ATP를 이용하여 외부의 CO_2를 흡수하고 포도당을 생성한다.

11 (1) B ● 이유 : 식물은 광합성을 하여 산소를 발생시키기 때문에 산소 기체의 발생으로 시험관 내 기체의 부피가 팽창하기 때문에 B의 물방울이 이동하게 된다.

(2)

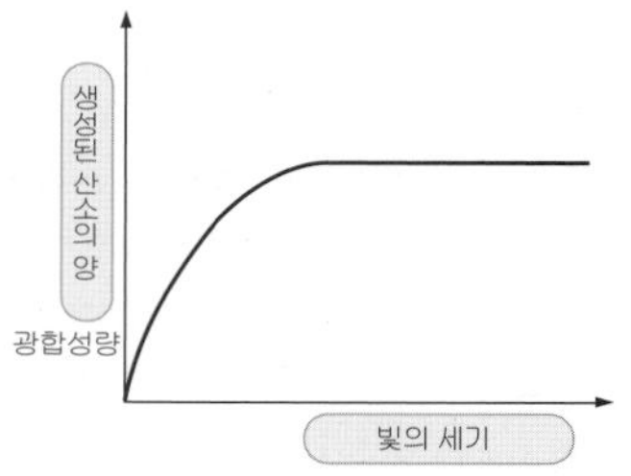

해설 | 전구와 물풀 사이의 거리를 조작함으로써 빛의 세기를 조절하며, 물방울의 이동한 거리를 측정하면 빛의 세기와 산소 발생량(광합성량)과의 관계를 알 수 있다.

- 수조 속에 든 물은 전구에서 오는 열을 흡수하여 시험관 내부의 물의 온도가 상승하는 것을 막아준다.
- $NaHCO_3$은 이산화 탄소를 보충해 주는 역할을 함으로써 광합성이 이루어지는 동안 지속적으로 이산화 탄소 농도를 일정하게 유지시켜 준다. ($NaHCO_3$ 가열 → $Na_2CO_3 + CO_2 + H_2O$)

(2) 빛의 세기가 증가할수록 생성되는 산소의 양(광합성량)도 증가하지만 빛의 세기가 어느 정도 이상인 경우 광합성량은 일정하게 유지된다.

12 ㄱ, ㄴ

해설 | ㄱ. 낮은 온도 4℃일 때 (빛을 공급하면 온도가 올라가기 때문에 빛을 제한한 상태에서 $NADPH_2$와 ATP만 공급하였다.) 스트로마에서 암반응이 일어나기 위한 반응물인 $NADPH_2$와 ATP가 공급되었음에도 불구하고 포도당이 생성되지 않는 것으로 보아 온도가 광합성 작용에 영향을 미친다는 사실을 알 수 있다. 실제 암반응은 여러 효소의 작용에 의해 일어나므로 온도가 낮아지게 되면 효소의 작용이 억제되어 암반응이 일어나지 않는다.

ㄴ. ATP 또는 $NADPH_2$가 없으면 포도당은 검출되지 않는다. 따라서 포도당을 합성할 때는 반드시 ATP와 $NADPH_2$가 모두 필요하다는 사실을 알 수 있다.

ㄷ. $NADPH_2$가 공급되지 않으면 포도당이 검출되지 않으므로 $NADPH_2$가 암반응에 반드시 필요하다는 사실을 알 수 있다.

ㄹ. 포도당을 합성하기 위해서는 반드시 ATP와 $NADPH_2$가 모두 필요하다. 단지 명반응이 일어나는 그라나에서 빛을 받아들여 ATP와 $NADPH_2$를 생성하기 때문에 인위적으로 ATP와 $NADPH_2$가 공급되어진다면 굳이 빛은 필요하지 않다.

13 A : ㄴ B : ㄷ

해설 | 빛의 세기가 약할 때(A)에는 광합성 속도는 온도에 관계없이 일정하다. 따라서 온도에 따른 광합성 속도 그래프는 온도에 관계없이 일정하게 나타난다(ㄴ).

빛의 세기가 강할 때(B)에는 빛은 이미 광포화점 이상이며, 온도가 10℃ 에서 30℃ 가 될 때까지는 계속 증가하다 40℃ 에서는 다시 감소하는 것을 확인할 수 있다. 따라서 온도에 따른 광합성 속도 그래프는 30℃ 에서 최대 광합성 속도를 나타낸다(ㄷ).

14 ㄴ, ㄷ, ㄹ, ㅂ

해설 | ㄱ. 강한 빛에서 온도는 광합성 속도에 영향을 크게 준다. 온도가 증가할 때마다 광합성 속도는 증가하며 35℃ 이상으로 높아지게 되면 광합성 속도는 급격히 감소한다.

ㄴ. 빛의 세기와 온도 이외에 CO_2 농도도 광합성량에 영향을 준다.

ㄷ. 약한 빛에서는 온도가 변하더라도 광합성 속도는 거의 변화가 없다.

ㄹ. CO_2 농도가 0.1%보다 높을 때 빛의 세기가 강할수록 광합성 속도는 증가한다.

ㅁ. 빛의 세기를 일정하게 하고 CO_2의 농도를 증가시키면 CO_2 농도가 0.1% 에 이를 때까지는 광합성량이 증가하고 그 후에는 일정해진다.

ㅂ. 온도가 35℃ 이상이 되면 급격하게 감소하는 이유는 광합성의 과정이 주로 효소들에 의해 진행되기 때문이다. 효소는 열에 의해 변성되기 때문에 높은 온도에서는 광합성량이 감소하는 것이다.

15 (1) 녹색 • 이유 : 잎의 엽록소 a, b의 빛의 흡수율은 청색과 적색에서 가장 크고, 녹색에서 가장 작으므로 녹색 빛은 식물의 잎이 반사하게 된다. 잎에서 반사된 녹색 빛이 우리 눈에 들어오기 때문에 식물의 잎은 녹색으로 보인다. (2) ④ (3) 적색, 청색

해설 | (2) 광합성의 효율을 나타내는 것은 작용 스펙트럼이며, 초록색에서 가장 작다.

(3) 그래프에서 엽록소 a와 엽록소 b가 가시광선 중의 어떤 빛을 가장 많이 흡수하는지 표현하고 있다. 가로축은 가시광선의 종류를 나열하고 있고, 세로축은 빛의 흡수율의 정도를 나타낸다. 그래프에 따르면 보라색 계열과 빨강색 계열의 빛은 엽록소 a에 의하여 많이 흡수되고, 파랑색 계열과 빨강색 계열은 엽록소 b에 의하여 흡수가 많이 된다. 반면 녹색, 노랑, 주황 계열의 빛은 흡수가 거의 되지 않는다. 우리 눈에 보이는 잎의 색깔은 가시광선 영역의 빛 중 잎에서 반사되는 계열의 빛이 보이게 되므로 녹색, 노랑, 주황 계열이 많다. 그래프에서 가장 낮은 흡수율을 보이는 녹색, 노랑, 주황의 빛은 거의 반사되거나 투과되기 때문에 광합성 반응에 이용되지 않는다. 해조류는 자신이 띠는 색깔의 보색 계통의 빛을 주로 흡수한다. 주로 수심이 얕은 곳에 사는 파래(녹조류)의 엽록소는 파장이 긴 적색 계통의 빛을 주로 흡수하여 광합성에 이용하기 때문에 적색 빛을 비추어주는 것이 좋다. 또한 수심이 깊은 곳에 사는 김(홍조류)는 수심이 깊은 곳까지 전달 될 수 있는 짧은 파장의 청색 계통의 빛을 흡수하여 광합성을 한다. 따라서 김에는 청색 빛을 비추어 주는 것이 광합성의 효율을 증가시킬 수 있다.

16 ㄱ, ㄷ

해설 | ㄱ. 카로티노이드는 엽록소가 잘 흡수하는 파장대의 빛은 물론, 흡수하지 못하는 파장대의 빛도 흡수하여 엽록소로 전달해 주는 역할을 한다.

ㄴ. 해캄의 엽록체에는 엽록소가 들어 있고, 엽록소는 가시광선 중 청색광과 적색광을 잘 흡수하고 녹색광은 잘 흡수하지 못한다. 호기성 세균은 해캄이 광합성 작용에 의해 방출하는 산소를 이용할 뿐 엽록체에서 빛을 흡수하는 데 도움을 주지 않는다.

ㄷ. 시금치와 해캄은 모두 녹색광을 거의 흡수하지 않고 청색광과 적색광을 주로 흡수하므로, 녹색광보다는 청색광과 적색광에서 광합성이 더 활발하게 일어나는 사실을 알 수 있다.

ㄹ. 호기성 세균은 산소 호흡으로 에너지를 얻고 살아가는 미생물로, 실험에서 호기성 세균은 해캄의 엽록체에서 광합성 결과 방출되는 산소를 이용하기 위해 모여든다. 따라서 (나)에서 해캄이 방출하는 산소의 양과 호기성 세균의 분포 정도가 거의 일치한다.

17 ㄱ, ㄷ, ㄹ

해설 | ㄱ. A는 보상점보다 약한 빛의 세기이므로 A에서는 광합성량이 호흡량보다 적다.

ㄴ. 빛의 세기가 0일 때 식물은 광합성을 하지 못하고 호흡만 하기 때문에 이때의 CO_2 방출량은 호흡량에 해당한다. 그래프에서 호흡량은 광합성량에 관계없이 일정하므로 A와 B에서의 호흡량은 같다.
ㄷ. 보상점 이상의 빛의 세기에서 흡수한 CO_2 양이 순광합성량(외관상 광합성량)이므로, C 이상의 빛의 세기에서 순광합성량은 a 이다.
ㄹ. B는 보상점이며, 보상점 미만의 빛의 세기에서는 호흡량이 광합성량보다 많다. 따라서 보상점 미만의 빛의 세기가 지속되면 식물은 생장하지 못하고 결국 죽게 된다.

18 (1) ㄱ : 800　ㄴ : 2000　ㄷ : 300　ㄹ : 1000　(2) ㄱ, ㄴ, ㄹ
해설 | (2) ㄱ. 1000 lx 빛의 세기에서 음지 식물의 순광합성량이 양지 식물의 순광합성량보다 더 크다. 따라서 1000 lx 빛의 세기에서는 음지 식물이 양지 식물보다 더 잘 자랄 것이다.
ㄴ. 300 lx는 음지 식물의 보상점으로 보상점보다 약한 빛의 세기에서는 호흡량이 총광합성량보다 크다. 따라서 보상점보다 약한 빛의 세기가 지속되면, 호흡에 의한 유기물 소비량이 커서 결국 음지 식물은 시들어 죽게 된다.
ㄷ. 식물의 호흡량은 빛의 세기가 0일 때의 CO_2 방출량으로, 각 식물마다 빛의 세기에 상관없이 항상 일정하다.
ㄹ. 500 lx 는 음지 식물의 보상점 300 lx 보다 강하고 양지 식물의 보상점 800 lx 보다 약한 빛의 세기이기 때문에 음지 식물은 살 수 있지만 양지 식물은 살 수 없다.
ㅁ. 빛의 세기가 0일 때 CO_2 방출량이 호흡량이고, 식물에 따라 호흡량은 빛의 세기에 관계없이 일정하므로 빛의 세기가 0일 때 CO_2 방출량이 더 큰 양지 식물의 호흡량이 음지 식물보다 크다. 1000lx에서의 총광합성량은 눈금이 표시되어 있지 않으므로 양지 식물과 음지 식물의 정확한 비교를 할 수가 없다.
ㅂ. 1000 lx 빛의 세기에서 CO_2 흡수량인 순광합성량은 음지 식물이 양지 식물보다 크다.

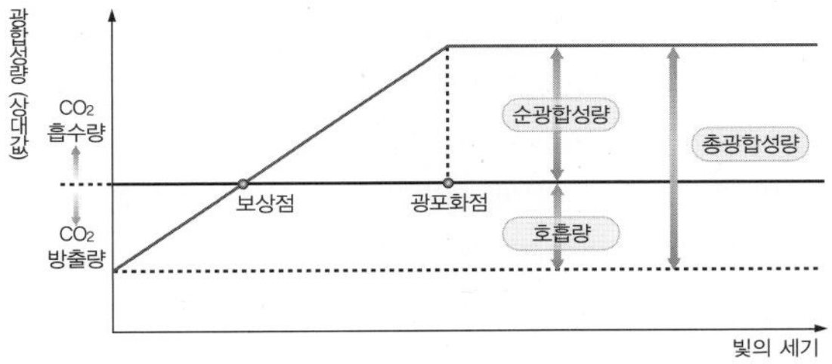

19 ㄴ, ㄷ
해설 | ㄱ. (가)에서 사탕수수는 벼보다 광포화점이 높은 것을 알 수 있다.
ㄴ. 사탕수수는 벼에 비해 빛의 세기와 CO_2 농도에 따른 광합성 속도가 상대적으로 높으므로 광합성 효율이 높다.
ㄷ. (나)에서 광합성이 시작되는 CO_2 최소 농도는 사탕 수수(0에 가까움)가 벼보다 낮은 것을 알 수 있다.

20 ㄱ, ㄴ
해설 | ㄱ. 보상점은 CO_2 흡수량이 0 mg/h일 때의 빛의 세기이므로 (가)의 보상점은 1000 lx 보다 작다.
ㄴ. 호흡량은 빛의 세기가 0일 때 CO_2 흡수량이므로, (가)의 호흡량(2.0mg/h)은 (나)의 호흡량(4.0mg/h)보다 작다.
ㄷ. 총광합성량은 순광합성량 + 호흡량이므로 1000 lx 에서 (가)의 총광합성량은 5.8(2.0 + 3.8), (나)의 총광합성량은 5.8(4.0 + 1.8)로 같다.
ㄹ. 광포화점에서 (가)의 순광합성량은 4.2 mg/h이고, (나)의 순광합성량은 12.0mg/h이다. 따라서 광포화점 이상에서 순광합성량은 (가)가 (나)보다 더 작다.

21 ㄱ, ㄷ, ㄹ
해설 |

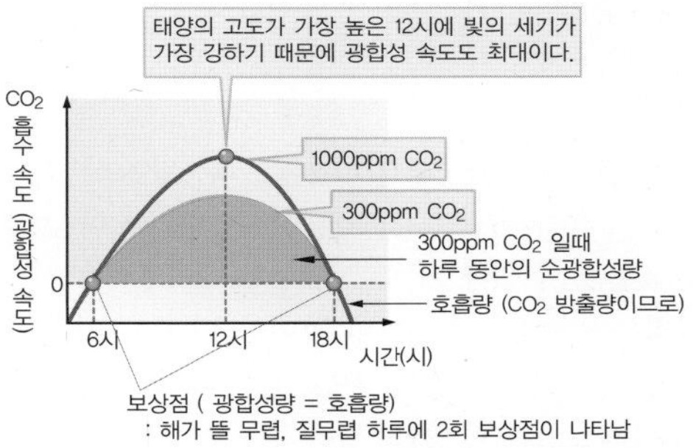

ㄱ. CO_2 흡수 속도가 0일 때 CO_2 기체의 출입이 없는 보상점을 나타내므로 하루에 2회(6시경, 18시경) 나타난다.
ㄴ. b 구간에서는 CO_2 농도가 높을 때가 낮을 때보다 광합성 속도가 빠르게 증가하는 것으로 나타났으므로 반비례하는 것은 아니다.
ㄷ. a 구간에서는 CO_2 농도가 달라도 흡수 속도(CO_2 흡수 속도 = 광합성 속도)가 차이가 나지 않으므로 CO_2 농도는 광합성 속도에 영향을 미치지 않는다. 이 구간에서는 시간에 따라 빛의 세기가 달라지고 이에 따라 광합성 속도가 달라지므로 빛의 세기가 광합성에 영향을 주는 요인이라고 생각할 수 있다.
ㄹ. 하루 동안의 순광합성량은 CO_2가 외관상 출입이 없는 CO_2 흡수 속도 = 0인 두 시기(6시, 18시) 사이에서의 광합성량 즉, CO_2 흡수량이다. 따라서 그래프에서 하루 동안의 순광합성량은 CO_2 흡수 속도가 0인 가로축 위와, 그래프 아래의 면적에 해당한다. 그 면적을 비교해보면 CO_2 농도가 낮을 때(300ppm) 보다 높을 때(1000ppm) 순광합성량이 많다.

22 ㄷ, ㄹ
해설 | P 는 보상점으로 CO_2 농도가 이보다 낮은 조건에서는 광합성량보다 호흡량이 많으므로 식물은 생장할 수 없다.
ㄱ. B 에서는 비록 공기 중의 CO_2는 없지만 식물이 호흡에 의해 방출한 CO_2를 이용하여 광합성에 이용하게 된다.
ㄴ. 3시간 이후 CO_2 농도가 일정한 것은 광합성에 의한 CO_2 흡수량과 호흡에 의한 CO_2 방출량이 같기 때문이다. 즉 광합성과 호흡이 동시에 일어나는 것을 알 수 있다.
ㅁ. A에서 CO_2 양이 줄어드는 이유는 공기 중의 CO_2를 광합성에 이용하기 때문이다.

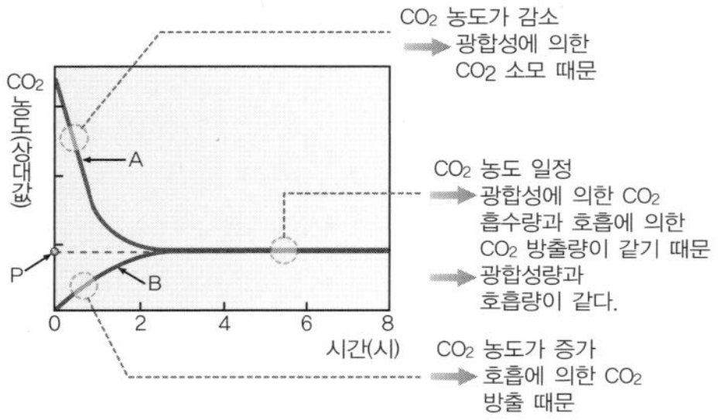

23 ②

해설 | (가)에서는 방사성 동위 원소로 표지된 $^{18}O_2$가 발생하였고, (나)에서는 보통의 O_2가 발생한 것으로 보아 광합성에서 발생하는 O_2는 H_2O에서 유래되었다는 것을 알 수 있다.

24 ⑤

해설 | ① 9월 5일 또는 7일과 비교했을 때 9월 6일은 CO_2 흡수량이 9시가 지나서야 비로소 (+)값으로 되었다. 따라서 아침에는 날씨가 흐렸다는 것을 알 수 있다.
② 9월 7일은 오후 4시 경 CO_2 흡수량이 낮아졌다가 다시 높아졌으므로 오후 한 때 구름이 끼었던 것으로 볼 수 있다.
③ CO_2 흡수량으로 볼 때 광합성량은 12시 경이 최대이다.
④ 호흡량과 광합성량이 같으면 CO_2 흡수량이 0이 되므로 9월 6일 저녁에 호흡량과 광합성량이 같아진 시각은 오후 6시 경이다.
⑤ 1일 간 축적된 광합성 산물의 양은 CO_2 흡수량이 (+)값으로 되는 그래프의 밑면적에 해당하므로 9월 5일이 9월 6일보다 많다.

25 (1) A : 올라간다 B : 내려간다 (2) ②

해설 | 삶은 콩에서는 호흡이 일어나지 않으며, 싹튼 콩에서는 호흡에 의해 생성된 에너지가 열의 형태로 방출된다. 따라서 스티로폼 내부의 온도가 올라가게 되고 밀폐된 시험관 안의 공기 기체의 부피 팽창으로 붉은 잉크를 밀어내게 된다. 따라서 A의 잉크 높이는 올라가게 되며, B의 잉크 높이는 내려가게 된다. 이 실험을 통해서 생물이 에너지를 방출할 때 열에너지도 발생한다는 사실을 알 수 있다.

26 (1) ① : D ② : 검정말과 달팽이가 동시에 호흡을 하여 발생되는 이산화 탄소 양이 많기 때문에 ③ : B ④ : 검정말이 광합성을 하여 이산화 탄소를 소비하기 때문에 (2) ㄱ, ㄷ, ㄹ

해설 | (1) 광합성 과정에서는 산성 기체인 CO_2를 흡수하고 호흡 과정에서는 CO_2를 방출한다. 달팽이는 호흡을 하고, 검정말은 빛이 있을 때에 광합성을 하고 빛이 없을 때에는 호흡만 한다. 따라서 B는 검정말이 단독으로 광합성을 하므로 C와 같이 달팽이와 함께 있을 때보다 CO_2가 빨리 줄어들어 청색이 된다. D는 검정말과 달팽이가 동시에 호흡을 하므로 A보다 CO_2가 빨리 늘어 가장 먼저 황색이 된다.
(2) ㄱ. 물달팽이는 호흡 결과 CO_2를 방출하기 때문에 중성 BTB 용액의 색깔이 황색으로 변하게 된다.
ㄴ. 빛의 세기에 따른 광합성량을 비교하기 위해서는 빛의 세기를 각각 다르게 하고(조작변인), 다른 조건들은 모두 같게 하여(변인통제) 실험해야 한다.
ㄷ. 시험관 E에서는 빛이 은박지에 의해 차단되기 때문에 식물은 광합성 작용을 하지 않는 반면 지속적으로 호흡을 하기 때문에 산소를 흡수하고 이산화 탄소를 배출한다.(황색으로 변한다.)
ㄹ. 시험관 C에서는 식물과 물달팽이를 동시에 넣었을 때, 식물이 빛에 의해 광합성 작용을 하기 때문에 그 결과 호흡에 필요한 산소를 방출하고 이 산소를 물달팽이가 이용하기 때문에 물달팽이는 계속 살 수 있다.
ㅁ. 시험관 D에서는 빛이 은박지에 의해 차단된 상태에서 식물과 물달팽이가 동시에 들어 있다. 이때 식물은 빛이 없으므로 광합성을 하지 않고 호흡만 하게 되므로 물달팽이와 식물의 호흡 작용에 의해 이산화 탄소가 늘어나고 산소는 줄어들게 되어 결국 죽게 된다.
ㅂ. 물에 녹아 있는 산소의 양에 따른 광합성량을 비교하기 위해서는 시험관마다 공급되는 산소의 양을 달리하고(조작변인) 나머지 조건들은 동일하게 한 채(변인통제) 실험해야 한다.

27 ㄴ, ㄷ

해설 | ㄱ. 온도가 높아질수록 호흡에 의한 손실량은 증가하지만 고온 (40℃이상)에서는 호흡에 관여하는 효소가 변성되므로 온도가 높아질수록 호흡량이 계속 증가하는 것은 아니다. 그리고 양분의 이동에 의한 손실량은 약 25℃까지는 증가하다가 그 이후에는 감소한다. 따라서 온도가 높아질수록 총손실량(양분의 이동에 의한 손실량 + 호흡에 의한 손실량)이 계속 증가하는 것은 아니다.
ㄴ. 에너지원으로 쓰이는 양은 호흡에 의한 손실량이다. 그래프에서 호흡에 의한 손실량은 온도가 낮아질수록 감소하고 있으므로 35 ℃보다 25 ℃일 때 광합성 산물이 에너지원으로 쓰이는 양이 더 적다.
ㄷ. 잎에서 생성된 양분은 호흡에 의해 소비되거나 저장 기관으로 이동하게 된다. 이 중 양분의 이동에 의한 손실량은 저장 기관에 저장되는 양분의 양과 같다.

28 (1) ① : a ② : b (2) 광합성 작용에 의해 포도당이 생성되기 때문에

해설 | (1) 발아를 시작하게 되면 식물은 호흡과 동시에 싹을 틔워 키우는데 많은 에너지를 소비한다. 호흡은 식물의 모든 세포에서 이루어지기 때문에 호흡에 의한 소모량을 측정하기 위해서는 식물의 전체 중량의 감소량을 측정한다. 하지만 콩이 싹을 틔우는데 사용하는 에너지는 콩 안의 떡잎에 저장해 둔 양분을 이용하여 얻기 때문에 식물의 기관 발달에 사용된 에너지양을 알기 위해서는 콩의 중량의 차이를 비교해야 한다.
(2) 발아한 콩을 암실에 계속 두게 되면 호흡만 일어나기 때문에 계속 식물체 내 양분을 소비함으로써 식물 전체 중량은 감소하게 된다. 하지만 밝은 곳에 둔 식물은 광합성 작용이 일어나기 때문에 그 결과 유기 양분인 포도당이 생성되어 식물 전체 중량은 증가하게 된다.

29 (1) ⑤ (2) ⑤ (3) C, D

해설 | (1) 그래프 Ⅰ, Ⅱ에서 CO_2가 공급되고 빛이 주어져도 광합성이 일어나지 않는다는 사실을 알 수 있다.
(2) 빛을 먼저 비추어 준 후 빛 없이 CO_2를 공급하면 광합성이 일시적으로 일어나게 된다. 이를 통해 광합성 과정에 반드시 CO_2 와 빛이 동시에 필요한 것은 아니라는 사실을 알 수 있다. 즉 빛이 필요한 반응과

CO_2가 필요한 반응이 구분된다는 것이다.
(3) Ⅲ 과정에서 일시적으로 광합성이 일어난 이유는 Ⅱ 과정에서 일어난 명반응의 산물을 이용하여 암반응이 진행되었기 때문이다. 따라서 명반응이 암반응보다 먼저 일어나며, 암반응은 명반응의 산물과 CO_2만 있으면 언제든지 일어날 수 있다. → C 과정은 명반응이 일어나는 과정이라고 할 수 있고, CO_2가 주어지는 경우 광합성 과정이 완성이 되며, D 과정은 명반응과 암반응이 연속적으로 일어나게 된다.

30 ㄴ, ㄹ
해설 | 그림 (가)에서 A는 명반응이 일어나는 그라나, B는 암반응이 일어나는 스트로마이다. 그림 (나)에서 빛이 있으면 명반응이 일어나고, 암반응이 일어나기 전 명반응이 먼저 일어나 명반응 산물인 ATP와 $NADPH_2$를 이용하여 암반응이 진행되면서 포도당이 생성된다는 사실을 알 수 있다.
ㄱ. Ⅰ 에서는 빛이 없으므로 명반응이 일어나지 못하여, 암반응의 반응에 필요한 ATP와 $NADPH_2$가 생성되지 않기 때문에 CO_2가 있고 없음에 관계없이 암반응도 일어나지 못한다.
ㄴ. Ⅱ 에서는 빛이 있으므로 A(그라나)에서 명반응이 일어나 ATP와 $NADPH_2$ 및 O_2가 생성된다.
ㄷ. Ⅲ 에서는 빛이 없어 명반응이 일어나지 않으므로 명반응 산물인 $NADPH_2$가 생성되지 않는다. 다만 Ⅱ에서 명반응 결과 생성된 ATP와 $NADPH_2$가 있기 때문에 일시적으로 B(스트로마)에서 암반응이 일어날 수 있으며 그 결과 포도당이 생성된다.
ㄹ. Ⅳ 에서는 빛과 CO_2가 있으므로 명반응과 암반응이 모두 일어나 포도당이 생성된다. 광합성을 통해 만들어진 포도당은 낮에는 B(스트로마)에서 녹말로 전환되어 일시적으로 저장되어 있다가 밤이 되면 녹말이 분자량이 작고 물에 잘 녹는 형태인 포도당으로 분해되어 체관을 통해 식물체의 각 부분으로 이동한다.

31 ㄱ, ㅁ
해설 | ㄱ. 보상점은 광합성량과 호흡량이 같을 때 빛의 세기이므로 광합성에 의해 방출된 O_2가 모두 호흡에 사용된다. 따라서 광합성 상자 내부의 O_2의 농도는 일정하다.
ㄴ. 보상점보다 약한 빛에서는 호흡량이 광합성량보다 크기 때문에 주입되는 O_2양이 배출되는 O_2양보다 많다.
ㄷ. 보상점보다 약한 빛에서는 호흡량이 광합성량보다 크기 때문에 배출되는 CO_2 양이 주입되는 CO_2 양보다 많다.
ㄹ. 보상점에서는 호흡량과 광합성량이 같기 때문에 주입되는 CO_2와 O_2의 주입량과 배출량이 같게 존재한다.
ㅁ. 보상점보다 강한 빛에서는 광합성량이 호흡량보다 크기 때문에 O_2가 발생된다. 이때 산소는 명반응 과정에서 물의 분해에 의해 생성되기 때문에 $H_2{}^{18}O$를 주면 ${}^{18}O_2$가 발생된다.

창의력을 키우는 문제

117 ~ 128쪽

01. 단계적 문제 해결형

(1) X : 산소 Y : 이산화 탄소 Z : 물
(2) 음지 식물 •이유 : 양지 식물은 음지 식물보다 광포화점이 높으므로 햇빛이 많은 곳에서는 양지 식물이 햇빛을 효율적으로 이용하여 광합성을 더 많이 할 수 있으므로 음지 식물보다 생장 속도가 빠르다. 하지만 빛의 세기가 약할 때는 양지 식물이 오히려 음지 식물보다 광합성 속도가 느리다. 반대로 음지 식물은 광포화점이 낮기 때문에 햇빛이 많은 곳에서는 광합성 효율이 양지 식물보다 낮다(양지 식물보다 빨리 광포화점에 도달하여 광합성량이 많이 늘지 않기 때문). 하지만 그늘에서는 광합성을 효율적으로 실시함과 동시에 호흡량이 적고 광보상점이 낮기 때문에 그늘에서 광합성 효율이 양지 식물보다 높다.
(3) 연탄 난로 연소 결과 이산화 탄소가 발생되어 비닐하우스 내 이산화 탄소의 농도가 높아지기 때문에 광합성량이 증가하게 된다.
(4) F, G, H
(5) (가) 결과 : 촛불이 꺼진다. •이유 : 양초의 연소 결과 산소가 고갈되고 이산화 탄소가 증가하기 때문에
(나) 결과 : 생쥐가 죽는다. •이유 : 생쥐의 호흡 결과 이산화 탄소가 증가하고 산소는 부족해져 생쥐가 더 이상 호흡할 수 없기 때문에
(다) 결과 : 양초가 계속 탄다. •이유 : 식물의 광합성 작용에 의해 생성된 산소가 양초의 연소를 도와주기 때문에
(라) 결과 : 생쥐가 계속 산다. 이유 : 식물의 광합성 작용에 의해 생성된 산소로 생쥐가 계속 호흡할 수 있기 때문에
(6) 식물은 CO_2를 흡수하고 O_2를 방출한다.

해설 | (1) 광합성은 물과 이산화 탄소를 원료로 하여 산소와 포도당을 생성하는 반응이다. 따라서 생성된 기체 X 는 산소, 광합성 반응에 필요한 기체 Y 는 이산화 탄소이다. 그리고 이 반응에 추가적으로 필요한 Z 는 물이다.
(3) 연탄이나 숯의 주성분은 탄소이고, 연소시키면 이산화 탄소와 물이 생성된다. 광합성에 꼭 필요한 이산화 탄소를 제공하기 때문이다.
(4) 광합성의 요인은 이산화 탄소의 농도, 빛의 세기, 온도이다.
F : 연탄 연소로 인해 이산화 탄소의 농도가 증가하여 광합성 속도에 영향을 주게 된다.
G : 화석 연료 역시 연소 결과 이산화 탄소의 농도를 증가시켜 광합성 속도에 영향을 주어 식물의 생장을 빠르게 한다.
H : 겨울보다 여름에 식물의 생장 속도가 빠른 이유는 온도가 높기 때문이다.
(5) 촛불과 쥐는 각각 연소와 호흡을 하기 위해 산소를 소비하고 이산화 탄소를 방출한다. 하지만 식물과 함께 있으면 식물의 광합성 작용에 의해 생성된 산소를 소비하면서 지속적으로 연소와 호흡을 유지할 수 있다.
(6) 프리스틀리는 동물의 호흡이나 양초의 연소로 오염된 공기가 식물에 의해 정화된다고 생각하였다. 그리고 이후에 식물이 산소를 배

출한다는 사실을 발견하였다.

02. 논리 서술형

고도가 높은 고랭지의 경우 하루 동안의 일교차가 크다. 낮에는 평지와의 기온 차이가 거의 없으나, 밤에는 평지에 비해 기온이 낮으므로 호흡량이 상대적으로 적다. 총광합성량과 호흡량의 차는 순광합성량으로 나타나며, 고랭지가 평지에 비해 순광합성량이 크기 때문에 작물의 생산량이 높다.

해설 | 고랭지 농업은 남부의 따뜻한 지방에서는 해발 고도가 비교적 높은 곳에서, 북부 지방에서는 낮은 곳에서 이루어지는 것이 일반적이다. 고랭지의 겨울은 온도가 낮고 눈이 쌓여 있는 기간이 길다. 여름철에는 평균 기온이 20℃ 내외로 비교적 선선하고 강우량도 많으며 일조 시간이 길다. 기온이 낮고 수분 증발량이 적어 강수량이 적은 봄철에도 오랜 기간 토양의 수분이 마르지 않는다. 또한 여름철에는 낮의 기온은 평지와 비슷하지만 밤의 기온이 낮아 밤과 낮의 기온 차가 평지에 비하여 비교적 크다. 이러한 기후 관계로 병충해도 적다. 반면에 겨울에는 적설이 많고 동결(凍結)하는 일이 많으므로 겨울 작물의 재배는 제한을 받게 되어 토지 이용률이 낮다. 강원도 대관령의 감자, 무, 배추 재배는 대표적인 고랭지 농업의 예이다.

03. 논리 서술형

보통 식물의 기공은 잎에 많이 존재한다. 특히 육상 식물은 외부 환경에 노출이 덜 되는 잎의 뒷면에 기공이 많이 있다. 그러나 물 위에 뜬 잎에서는 기공이 앞면에 많이 존재하며, 잎이 물 속에 들어가 있는 식물의 경우에는 기공이 존재하지 않는다. 즉, 기공을 통한 기체 교환이 어려운 경우 기공이 분포하지 않는다.

해설 | 수생 식물의 가장 큰 특징은 육상 식물과는 다르게 표피층이 매우 얇고, 기공이 발달해 있지 않다는 것이다. 육상 식물의 기공이 잎의 뒷면에 있는 반면, 부엽 식물의 기공은 잎의 앞면에 있다. 수생 식물은 물속에서 자라기 때문에 강렬한 햇빛을 피할 수 있고 물 밖의 물리적인 환경(바람 등)에 큰 영향을 받지 않기 때문에 잎 표피의 큐티클 층이 없거나 표피 조직이 단층으로 이루어져 있다. 이로 인해 다른 육상 식물들보다 부드러운 몸을 가지고 있다.

〈 식물의 종류에 따른 기공의 위치 〉

- 잎의 뒷면 : 일반적으로 육지에 살고 잎이 넓은 식물의 경우 잎의 뒷면에 더 많은 기공이 분포한다.

예 고무나무, 대부분의 속씨식물, 라일락, 쌍떡잎식물 등

- 잎의 앞면 : 잎이 물 위에 떠 있는 식물의 경우에는 잎의 앞면에 기공이 더 많다.

예 수련, 마름, 가래 등 물에 떠 있는 부엽식물

- 잎의 양면 : 잎이 가늘거나 원통형 모양이어서 앞뒤의 구별이 어려운 경우는 잎의 앞면과 뒷면에 거의 비슷하게 있다.

예 해바라기, 귀리, 옥수수, 콩, 감자, 배, 버드나무, 외떡잎식물 등

04. 논리 서술형

(1) 수련은 물 위에 떠서 생활하는 식물로, 잎이 물 위에 뜨려면 가벼워야 하는데, 잎 내부에 있는 빈 공간에 공기가 들어 있어서 전체가 가벼워져 물 위에 뜰 수 있다.
(2) 옥수수는 잎이 전체적으로 위를 향하고 있어 햇빛을 골고루 받는다. 따라서 앞·뒷면의 구분 없이 모두 울타리 조직이 발달해 있다.

해설 | (1) 대부분의 목본성 쌍떡잎식물과 관목에서는 잎의 아랫면에만 기공이 있고 연꽃과 같은 수생 식물의 경우에는 윗면에만 기공이 있다. 기공의 개폐는 빛과 이산화 탄소의 농도, 수분, 온도에 의해 영향을 받게 된다. 연꽃의 기공이 잎의 아랫면에 있다면 기공이 수면에 접하고 있어 잎과 대기 사이에서 공기층의 움직임이 적어지기 때문에 확산이 일어나지 않게 되고, 식물은 기공을 통해 이산화 탄소와 산소의 교환을 할 수가 없게 되어 광합성에 심각한 제한을 받게 될 것이다.
(2) 잎에서 햇빛을 많이 받는 부분에 주로 엽록체가 많이 있는 울타리 조직이 발달해 있다. 옥수수의 경우에는 잎의 앞·뒷면의 구별이 없어 잎의 어느 부분에서도 모두 햇빛을 강하게 받을 수 있기 때문에 잎의 앞·뒷면에 모두 울타리 조직이 발달해 있는 것을 관찰할 수 있다.

05. 논리 서술형

꿀은 농도가 매우 높기 때문에 삼투 현상으로 인해 곰팡이의 세포 내의 물이 꿀로 빠져나간다. 따라서 곰팡이의 세포 내부가 건조한 상태가 되어 꿀에서 살아갈 수 없다.

해설 | 꿀이나 잼은 오래 보관해 두어도 상하지 않는데, 이는 당의 농도가 증가하면 삼투 현상으로 효모나 미생물의 세포 내부의 물이 밖으로 빠져나가므로 탈수 작용이 일어나 파괴되기 때문이다. 일반적으로 과일이나 음식을 보관할 때 설탕 등으로 재워서 보관하면 더 오래 보관할 수 있는 이유가 이 때문이다.

06. 단계적 문제 해결형

(1) 호기성 세균은 광합성 결과 발생한 산소 주변에 모여드는데, 파장이 640 ~ 680nm인 적색광과 파장이 430 ~ 460nm인 청색광 주변에 가장 많이 모여들었다. 따라서 광합성에 주로 사용되는 빛은 적색광과 청색광임을 알 수 있다.
(2) 700nm와 680nm의 빛을 흡수하는 광계가 따로 따로 존재하며, 680nm의 빛을 흡수하는 광계가 먼저 활동해야만 다음 광계가 활동할 수 있다.
(3) 광합성의 암반응은 빛에 상관없이 명반응이 앞서 이루어지면 명반응의 생성물을 이용하여 포도당을 합성하는 과정이므로 24시간 빛을 비추어 주더라도 광합성 작용이 계속 일어나

지만, 이산화 탄소의 농도가 낮아져 광합성 효율이 매우 떨어져서 포도당을 만들지 못하므로 그런 상태가 지속되면 식물의 생장이 저하되고, 죽게 될 수도 있다.

해설 | (1) 호기성 세균은 유기 호흡을 하기 때문에 산소가 발생되는 곳에 모인다. 세균들이 주로 청색광과 적색광 쪽에 모여드는 것으로 보아 이 빛의 파장에서 주로 산소가 발생된다는 사실을 알 수 있다. 결국 식물(해캄)은 주로 청색광과 적색광을 이용하여 광합성 작용을 한다는 사실을 유추할 수 있다.
(2) 빛에너지를 흡수하는 단위체로 광계라고 불리는 이 구조는 틸라코이드 막에 존재한다. 광계는 최대 흡수 파장이 680nm인 제 2 광계와 최대 흡수 파장이 700nm인 제 1 광계로 이루어져 있다. 이 두 광계가 동시에 명반응에 관여했을 때 명반응의 생성물인 O_2, ATP, $NADPH_2$ 가 최대로 생성된다.
(3) 빛이 충분하여 광합성 속도가 빨라지면 엽록체 내의 이산화 탄소의 농도가 낮아져서 포도당을 만들지 않아서 광호흡 상태에 들어가게 된다. 광호흡 상태에서도 광합성은 이루어지지만 그 효율이 매우 떨어진다.

07. 논리 서술형

벼가 익을 때는 광합성에 의한 녹말 생성이 필요하다. 벼의 경우에는 일조량만 많으면 온도의 상승과 함께 광합성량이 증가한다. 그러나 흐리거나 비가 오는 날이 계속되면 햇빛이 부족하여 벼의 저장 녹말이 감소하게 되고 수확량이 떨어지게 된다.

해설 | 식물 세포의 엽록소가 햇빛을 받으면 기공을 통하여 잎 내부로 들어온 이산화 탄소를 이용하여 당을 만들고, 당과 뿌리에서 빨아올린 물, 질소 및 다른 광물질들이 결합하여 여러 가지 필요한 유기물질을 만든다. 그리고 조직에서 쓰이고 남은 물질들은 다른 조직으로 이동되어 생장에 쓰이거나 열매나 뿌리에 저장한다. 즉, 작물의 생산량이란 특정 기간에 만들어진 광합성량을 의미한다. 엄밀히 말하면, 총광합성량에서 생장이나 호흡에 쓰인 에너지를 뺀 것이 된다.(보통 식물은 광합성량의 25 ~ 30%를 호흡으로 소모한다).

08. 추리 단답형

- ㉠ : 물관
- ㉡ : 증산 작용이 왕성할 때이며, 바람이 불 때, 온도가 높을 때, 습도가 낮을 때, 빛의 세기가 강할 때 등이다.

해설 | 병균에 오염되거나 양분이 부족한 노쇠한 나무는 식물에게도 링거 주사를 놓는데, 수액 주사는 식물의 물관부를 통해 공급해주며 중심 쪽의 물관부보다는 바깥쪽의 물관부가 약물의 이동 통로가 된다. 물관을 통하여 주입된 수액은 가지와 잎으로 퍼져나가게 된다. 나이를 너무 먹어 쇠약해진 나무, 옮겨 심느라 뿌리가 잘려진 나무, 썩은 나무속을 파내고 외과수술 한 나무 등은 빨리 나무의 세력을 회복하고 뿌리가 잘 나올 수 있도록 줄기에 주사를 준다.
증산 작용이 활발하게 일어날 때 물의 상승도 활발히 일어나기 때문에 맑게 개인 날이나 또는 건조한 시기의 이른 아침이 가장 적당하다.

09. 논리 서술형

(1) 그대로이다. • 이유 : 식물의 생장 부위는 생장점으로 뿌리 끝과 식물의 줄기 끝 부분에만 있기 때문에 나무의 10cm 부근에 표시된 지점은 이미 생장이 멈춘 부분이다. 따라서 그 위치는 변하지 않고 그대로 있다.
(2) (가) • 이유 : 나이테는 6 ~ 7월 경 세포 분열이 활발하게 일어나는데 이때 만들어진 세포는 크고 세포벽도 얇고 부드러워 색이 연하다. 그리고 7 ~ 9월에 이르면 세포 분열 활동이 느려지며 크기가 작고 세포벽이 두껍고 진한 색을 띠게 된다. 따라서 계절 변화가 뚜렷한 온대지방에서는 이 경계선이 1년에 하나씩 계속 추가되지만 계절 변화가 없는 열대 기후에서는 나이테가 생기기 어렵다.

해설 | (1) 생장점의 위치

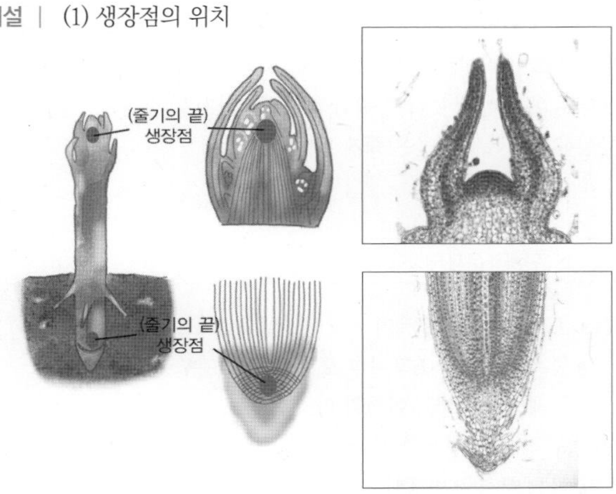

(2) 나이테는 춘재와 하재를 만들 수 있을 만큼 계절 변화가 뚜렷한 온대나 한대 지방의 나무에서만 나타난다. 열대 지방에서는 우기, 건기에 따라 비슷한 테가 생기기도 하지만 그건 진정한 나이테가 아니다. 나이테는 그 해의 기후에 많은 영향을 받는다. 비도 햇빛도 적당한 날이 계속되면 나이테가 넓고 그렇지 않은 경우에는 좁아진다. 나이테는 나무가 자라는 환경의 영향도 많이 받기 때문에 나무가 한창 자랄 시기에 가뭄이나 병이 돌아 환경이 나빠졌을 때는 가짜 나이테가 생기거나 아예 안 만들어지기도 하며, 전쟁 등 환경에 큰 변화를 주는 일이 발생한 해에는 정상적이지 않은 모양의 테가 생기기도 한다.

10. 논리 서술형

(1) 질산과 황산에 의해 엽록소가 파괴되지만 황산에 의한 엽록소 파괴 현상이 더 심하다.
(2) 형광이 증가할수록 광합성에 이용되는 빛의 양이 감소하므로 광합성량이 감소하여 결국 식물은 양분을 합성할 수 없어 죽게 된다.
(3) 엽록소 분자는 마그네슘을 포함하고 있는데 황산은 마그네슘을 엽록소 분자로부터 떨어지게 만들어 엽록소 분자가 빛을 흡수할 수 없는 구조로 변형시킨다.

해설 | (1) 빛을 받아들이는 엽록소가 파괴되면 빛에 의해 방출된 고에너지의 전자가 수용되지 않기 때문에 자신이 가지고 있는 에너지를 열 또는 형광으로 방출하게 된다. 따라서 엽록소가 많이 파괴될 수록 형광으로 방출되는 양이 많기 때문에 색깔이 더욱 진해지게 된다. 묽은 황산 용액에 넣은 시험관의 색깔이 더욱 진했기 때문에 황산에 의한 엽록소 파괴 정도가 질산보다 심하다는 사실을 알 수 있다.
(2) 붉은색의 형광이 진해진다는 것은 엽록소 파괴가 심하다는 것을 의미하므로 광합성에 관여하는 엽록소가 줄어들게 되어 광합성량이 감소하게 되고 식물은 죽게 된다.
(3) 엽록소의 성분인 Mg이 부족해지면 잎이 하얀색으로 변하는 황백화 현상이 나타나게 된다. 산성비의 주성분인 황산은 엽록소 분자 구조의 중심에 있는 Mg을 빠져나오게 하여 엽록소 분자를 변형시킨다. 따라서 엽록소 파괴로 잎은 하얀색을 띠게 되며 엽록소 부족으로 빛을 제대로 흡수하지 못하여 광합성이 일어나지 않게 되어, 결국 양분을 합성하기 어려워 식물은 죽게 된다.

11. 단계적 문제 해결형

(1) • 조작변인 : 빛의 세기
• 종속변인 : 잎 조각이 떠오르는 시간(광합성 속도)
• 통제변인 : 온도, 이산화 탄소의 농도
(2) 광합성 결과 발생한 산소 기포가 잎에 붙어 잎 조각이 떠오르게 하는 부력을 발생시킨다.
(3) 광합성 과정에 필요한 이산화 탄소를 충분히 공급하기 위해
(4) 반비례
(5)

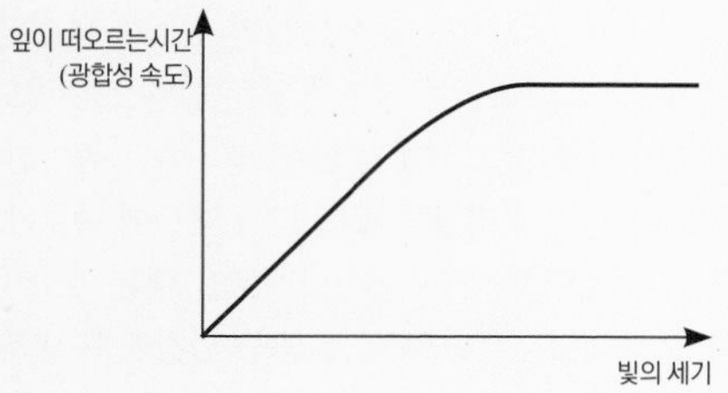

해설 | 이 실험은 잎 디스크를 만들어 진공을 가해 잎에 붙어 있는 산소를 없앤 후, 빛의 세기를 달리하며 잎이 떠오르는 시간(광합성 속도)를 측정해 보는 실험이다. 광합성 작용이 활발할수록 산소가 많이 발생해 잎 디스크가 빨리 떠오르게 된다. 따라서 잎 디스크가 떠오르는 시간의 역수 값이 광합성 속도가 된다.
이때, $NaHCO_3$는 물에 녹으며 이산화 탄소를 발생시키기 때문에 이산화 탄소를 충분히 공급하여 이산화 탄소 농도가 광합성 속도에 영향을 미치지 못하도록 한다.

12. 논리 서술형

(1) A : 이산화 탄소 B : 포도당
(2) 산소, 다른 동물의 호흡에 이용
(3) 온실 효과를 일으키는 대기 중의 이산화 탄소를 식물이 광합성 할 때 흡수하므로
(4) 식물의 잎을 에탄올로 탈색시킨 후 아이오딘 - 아이오딘화칼륨 용액을 떨어뜨려 녹말이 있는지를 확인한다.

해설 | (1) 광합성은 엽록체에서 물과 이산화 탄소(무기물)을 이용하여 포도당(유기물)을 합성하는 대표적인 동화 작용이다. 물질을 합성하는 과정에는 에너지가 필요하므로 빛에너지를 흡수하게 된다.
(2) 식물의 광합성 과정에서 발생하는 산소는 식물은 물론 다른 생물들의 호흡에 이용되어 유기물을 산화시킬 때 쓰이게 된다.
(3) 식물은 광합성 과정에서 이산화 탄소를 흡수하여 지구 온난화를 방지할 수 있으므로 농경지나 열대 우림을 보호하고 나무를 많이 심어야 한다.
(4) 광합성 결과 합성된 포도당은 곧바로 녹말로 합성되므로 아이오딘 - 아이오딘화칼륨 용액을 떨어뜨려 청남색으로 색깔이 변하는 것을 확인한다.

13. 단계적 문제 해결형

(1) B • 이유 : A는 양지 식물, B는 음지 식물의 그래프이다. 다리 밑은 음지이고 약한 빛에서도 잘 자라는 식물을 심어야하므로 B 식물을 심는 것이 유리하다.
(2)

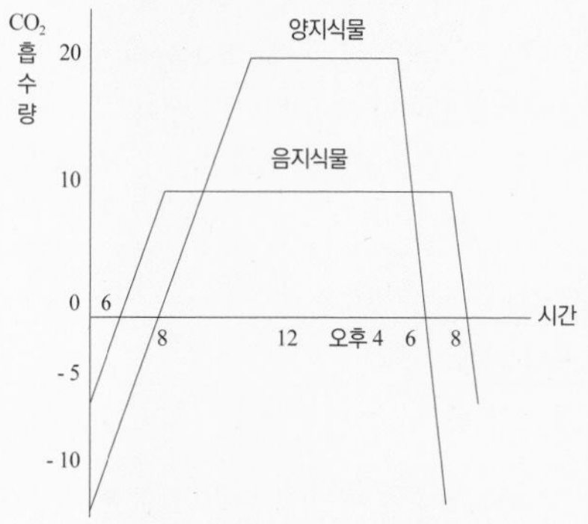

해설 | (1) 빛의 세기가 b일 때, 음지 식물인 B는 잘 자라지만 양지 식물인 A는 죽는다. 음지 식물은 보상점이 낮아 약한 빛에서 잘 자라므로 그늘이 지는 큰 다리 아래는 음지 식물로 조경을 해야 한다.
(2) 맑은 날 하루 종일 식물을 관찰하면 보상점은 해뜰 때와 해질 때 두 번 나타난다.

14. 단계적 문제 해결형

(1) • 배추(식물 세포) : 엽록체와 미토콘드리아를 모두 가지고 있으며, 미토콘드리아의 수가 동물 세포에 비해 적다.
 • 아줌마(동물 세포) : 엽록체가 없다.
(2) • 배추(식물세포) : 호흡, 광합성 • 아줌마(동물 세포) : 호흡
(3) 이산화 탄소를 흡수하고 산소를 방출한다.
(4) 산소를 흡수하고 이산화 탄소를 방출한다.

해설 | 동물과 식물 모두 살아 있는 동안(밤과 낮 항상)에는 호흡을 한다. 호흡 작용이 일어나는 장소는 세포 내 미토콘드리아이며, 화학 반응 과정은 $C_6H_{12}O_6 + 6O_2 \rightarrow 6CO_2 + 6H_2O$ + 화학 에너지(ATP 합성)로 포도당 속의 화학 에너지를 분해하여 생활에 필요한 에너지로 전환한다. 그러므로 동물이나 식물 모두 호흡할 때는 산소를 흡수하고 이산화 탄소를 방출한다.
식물은 빛이 있는 낮에는 광합성 작용을 하는데 장소는 식물 세포 내 엽록체이고 화학 반응 과정은
$6CO_2 + 6H_2O$(물) + 빛에너지 → $C6H_{12}O_6$(당) + $6O_2$ 이다. 즉, 식물은 빛이 있는 낮에는 광합성을 하기 때문에 이산화 탄소를 흡수하고 산소를 방출한다.

대회 기출 문제

정답 129 ~ 139쪽

01 ㄴ, ㄷ	02 ㄴ, ㄷ, ㄹ	03 ㄱ, ㄴ	04 ㄱ, ㄷ
05 ㄷ, ㄹ, ㅁ	06 ㄱ, ㄷ, ㄹ	07 ③	08 ④
09 ③	10 ①	11 ㄱ, ㄹ, ㅅ	12 ⑤
13 ④	14 ④	15 ㄷ, ㄹ	16 ②
17 ①	18 ④	19 (1) Ⅳ (2) Ⅲ (3) Ⅰ (4) Ⅱ	
20 (1) Ⅰ : 3 Ⅲ : 1 Ⅳ : 8 Ⅵ : 7 Ⅶ : 2 Ⅷ : 9 (2) Ⅲ			
21 (1) ㄴ (2) ㄷ (3) ㄴ (4) ㄱ (5) ㄱ (6) ㄷ			22 ④
23 ⑤	24 ㄱ, ㄴ, ㄷ	25 ④	26 ㄴ, ㄹ
27 (1) a, b, d, e, f (2) c, g, h, i, j		28 ③	
29, 30 해설참조	31 ⑤	32 ㄱ, ㄴ, ㄹ	33 해설참조

01 ㄴ, ㄷ
해설 | 물에 포함된 ^{32}P는 물과 같이 이동하여 물이 어디로 이동하는지 알려주는 표지자 역할을 한다. 이산화 탄소에 포함된 ^{14}C는 탄소의 이동을 알려준다.
줄기 껍질의 일부를 고리 모양으로 벗겨 내었을 때(환상 박피) 뿌리에서는 ^{14}C를 검출하지 못하였고, 잎에서는 ^{32}P를 검출했다. 이것은 광합성에 의해 잎에서 만들어진 ^{14}C를 함유한 녹말(포도당)이 뿌리로 이동하지 못하였다는 것을 의미한다. 즉, 잎에서 만들어진 양분의 이동 통로인 체관부가 줄기 껍질 부위에 있기 때문에 환상 박피를 하게 되면 체관이 제거되어 실험과 같은 결과를 얻게 된다. 반면에 물과 무기염류의 이동 통로인 물관부의 경우 줄기의 안쪽에 있어 손상을 입지 않았기 때문에 잎에서도 ^{32}P가 검출이 되는 것이다.
ㄱ. 체관부는 잎에서 광합성 작용에 의해 생성된 유기 양분이 이동하는 통로이다.
ㄹ. ^{32}P는 뿌리에서 흡수되는 물과 함께 이동하므로 물이 이동하는 물관부와 잎에서 ^{32}P의 농도가 가장 높게 나타난다.
ㅁ. 환상 박피를 하면 줄기 껍질 쪽의 체관이 손상되고 잎으로 올라가는 물관부는 손상되지 않으므로 잎에 물이 계속 공급되어 광합성 작용이 일어나게 된다.
ㅂ. ^{32}P가 잎에서 검출된다는 것은 ^{32}P가 물과 함께 이동하는 물관이 손상되지 않은 것이므로 물은 물관을 통해 계속 이동할 수 있다.

02 ㄴ, ㄷ, ㄹ
해설 | ㄱ. 시험관 C에서는 잎을 통해 증산된 수증기가 비닐 봉지 내에 갇혀 있으므로 습도는 높아질 것이다.
ㄴ. 바람이 잘 부는 곳에 두면, A의 경우 잎을 통한 증산 작용이 활발히 일어나 물의 높이가 낮아진다.
ㄷ. 시험관에 기름을 넣으면 물 위로 기름층이 형성되어 물과 공기의 접촉을 막게 되므로 시험관 내의 물이 증발되지 않는다.
ㄹ. 이미 시험관에 기름층이 형성되어 있으므로 솜뭉치를 막지 않아도 물의 높이는 거의 같은 상태를 유지한다.
ㅁ. 시험관 B는 잎을 통한 증산 작용을 알아보기 위한 실험의 대조군으로서 설치한 것이다.

03 ㄱ, ㄴ
해설 | ㄱ. 양지 식물보다 음지 식물의 광합성량이 작은 이유를 설명한다.
ㄴ. 그래프 (다)는 온도와 광합성량과의 관계를 나타낸 것이다. 따라서, 겨울에도 온도를 적당하게 유지하는 온실 등에서 수박을 재배할 수 있다.
ㄷ. 식물에 빛을 계속해서 비출 경우 광포화점에 도달할 때까지는 광합성량이 증가하지만 그 이상에서는 일정하게 광합성량이 유지된다.
ㄹ. 그래프 (다)는 온도에 따른 식물의 광합성량을 비교한 것이다. 봄과 가을에는 일조량이나 빛의 세기가 다르므로 이 그래프를 통해서 봄과 가을의 광합성량이 비슷하다는 결론을 내릴 수 없다.
ㅁ. 매연의 주성분은 이산화 탄소만이 아니라 일산화 탄소와 아황산가스로 엽록체 파괴 등을 일으키는 매연이기 때문에 그래프 (나)를 설명할 수 없다.

04 ㄱ, ㄷ
해설 | ㄱ. 양지 식물인 식물 A는 빛이 강한 곳에서 식물 B보다 순광합성률이 높으므로 잘 자란다.
ㄴ. 식물 A는 양지 식물, B는 음지 식물이다.
ㄷ. 음지 식물인 식물 B는 낮은 온도에서는 식물 A보다 광합성률이 높으므로 A보다 잘 자란다.
ㄹ. 공기 중의 이산화 탄소 농도가 (가)보다 낮을 때 식물 A, B 모두 기공을 열어 기체 교환을 한다.
ㅁ. 순광합성률이 낮아진다는 것은 호흡량이 증가한다는 것을 의미한다. 어느 일정 온도까지의 잎의 온도 증가에 따라 식물 A의 경우 순광합성량이 조금씩 증가하므로 호흡량은 조금씩 감소하고, B의 경우는 순광합성량이 감소하므로 호흡량은 증가한다. 그러나 잎의 온도가

어느 일정 온도 이상이 되면 물질 대사에 관여하는 효소 파괴로 인하여 광합성과 호흡이 제대로 되지 않을 것이다.

05 ㄷ, ㄹ, ㅁ

해설 | ㄱ, ㄴ. B에 해당하는 생물체로는 식물, 조류, 박테리아가 있다. 이들은 태양 에너지를 이용하여 광합성 작용을 통해 스스로 양분을 얻는다. C는 호흡을 하는 생물체이다. 바이러스는 무생물이며 곰팡이는 균류로 C에 해당한다.

ㄷ. 광합성에 의해 이산화 탄소는 포도당으로 합성된다. 이 포도당은 생명체가 에너지를 얻기 위한 작용으로 호흡을 하면서 다시 이산화 탄소와 물 분자로 전환된다.

ㄹ. 광합성 작용 결과 생성된 산소는 대기 중으로 방출된다. 지구상의 최초의 세포는 광합성이나 호흡 능력이 없었다고 추정된다. 그러나 광합성은 호흡보다 먼저 나타났어야만 하는데, 이는 호흡을 가능하게 할 만큼 대기권에 풍부한 산소가 축적되기 위해서는 오랜 시간 동안 광합성 과정이 일어나야 했기 때문이다.

ㅁ. B 생물 역시 살아가는데 필요한 에너지를 얻기 위해 스스로가 만든 산소를 이용하여 호흡을 한다.

06 ㄱ, ㄷ, ㄹ

해설 | ㄱ. 표피 세포의 일종인 공변세포 2개가 맞닿아서 기공을 이루고 있다.

ㄴ. 식물체 내의 수분이 부족할 경우 수분 손실을 방지하기 위해서 기공은 닫힌다.

ㄷ. 기공을 이루는 공변세포는 표피 세포의 일종으로 다른 표피 세포와는 달리 엽록체를 가지고 있다.

ㄹ. 공변세포는 기공 바깥쪽의 세포벽이 안쪽의 세포벽보다 두께가 얇아 더 잘 팽창한다.

ㅁ. 기공을 통해서 기체 상태의 수증기(물), 산소, 이산화 탄소 등이 출입한다.

07 ③

해설 | 삼투압에 잘 견딜 수 있는 식물은 주변 환경이 높은 농도로 이루어진 곳에서 자라나는 염생 식물이다.

- 염생 식물 : 바닷가에서 사는 식물들 가운데 염분에 특히 잘 견디는 식물이다. 이들은 자신의 세포 속에 소금기가 축적되어도 살 수 있도록 하는게 적응의 주요 목표이다. 세포 속에 소금기가 많이 들어 있기 때문에 오히려 세포 안의 삼투압 값이 높아져서 주변에서 물을 더욱 효율적으로 흡수할 수 있다.
- 건생 식물 : 바위나 모래밭같이 물기가 적고 마른 곳에서 잘 자라는 식물로 공기가 건조한 곳이나 온도가 낮은 곳, 토양의 염류 농도가 높은 곳 따위의 수분 흡수가 곤란한 곳에서 생육할 수 있다.
- 중생 식물 : 수중 식물과 건생 식물의 중간 식물로 수분이 적당한 산과 들에서 자라는데 대부분의 식물이 해당한다.

08 ④

해설 | 뿌리에서 물을 흡수할 때 뿌리털을 통해 흡수된다. 뿌리털은 반투과성 막으로 되어있으며 물과 무기 양분의 흡수는 반투과성 막을 경계로 저농도에서 고농도로 이동하는 삼투 현상에 의해 이루어진다.

09 ③

해설 | 뿌리털은 한 개의 표피 세포가 변형되어 만들어진 것으로 흙과 접촉하는 표면적을 넓혀 물과 무기 양분을 효율적으로 흡수하는 역할을 한다.

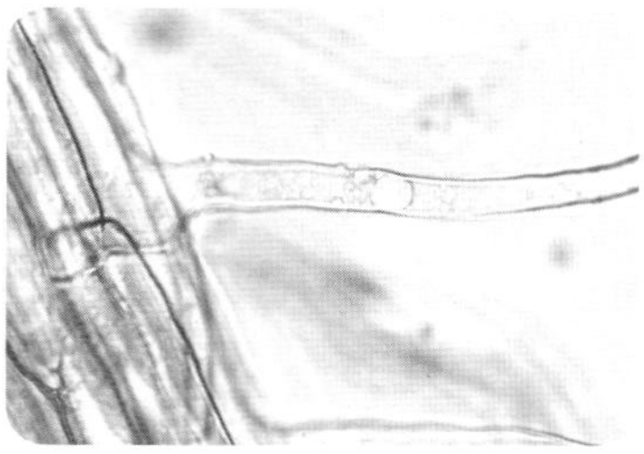

▲ 뿌리털

10 ①

해설 | 식물 잎의 위쪽을 상표피, 아래쪽을 하표피라고 하는데 햇빛을 직접적으로 받고 외부로 보이게 노출되는 상표피는 촘촘하게 상당히 규칙적으로 배열되어 있고, 그 표면에는 큐티클인 소수성(hydrophobic) 물질로 코팅되어 있다. 상표피는 과도한 빛을 반사하고 온도를 조절하는 역할을 한다. 또한 비가 왔을 때 잎이 물에 젖지 않는 것도 큐티클 층이 덮여 있기 때문이다. 표피 조직에는 엽록체가 없어서 투명하며, 외부의 빛을 투과시켜 엽록소에 효율적으로 전달해 준다.

11 ㄱ, ㄹ, ㅅ

해설 | ㄱ. 뿌리털이 있으므로 뿌리 부분에 해당한다.

ㄹ. 뿌리털이 발달된 것으로 봐서 수분이 많지 않은 곳에서 서식하는 육상 식물이다.

ㅅ. 관다발이 흩어져 있으므로 외떡잎식물이다.

12 ⑤

해설 | 식물 세포를 고장액에 넣으면 원형질 분리가 일어나는데, 이후 이 세포를 다시 저장액에 넣으면 원형질이 다시 정상으로 회복한다. 이것을 원형질 복귀라고 한다.

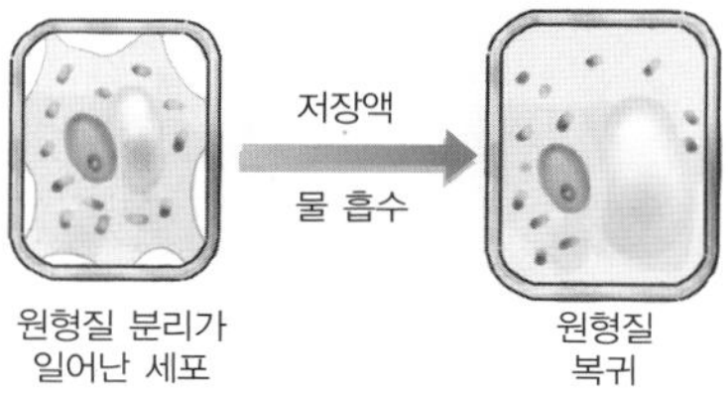

13 ④

해설 | 음지 식물은 햇빛이 직접 내리쬐지 않는 숲 등의 그늘진 곳에서 잘 자라는 식물이다. 따라서 약한 빛에서도 광합성이 최대로 일어나기 위해서는 보상점과 광포화점이 낮아야 한다.

양지 식물은 햇빛이 직접 내리쬐는 양지바른 곳에서 잘 자라는 식물로 강한 빛에서 광합성이 활발하게 일어나야 하므로 보상점과 광포화점이 음지 식물에 비해 크다.

14 ④

해설 | 증산 작용은 식물 속의 물이 수증기가 되어 식물체의 표면에

서 대기 속으로 방출되는 현상이다. 증산 작용이 일어나는 장소는 주로 잎이다. 잎의 표면은 큐티클이라는 단단한 층으로 덮여 있으므로 증산의 주요 부분은 기공이다. 기공을 완전히 닫으면 증산은 이루어지지 않으나 실제로는 잎 표면의 큐티클 층을 통해서도 증산이 일어나고 있다. 기공으로부터의 증산을 기공 증산, 큐티클 층을 통한 증산을 큐티클 증산이라 한다. 식물의 종류에 따라 다르나 보통은 기공 증산이 대부분을 차지한다.

15 ㄷ, ㄹ

해설 | 산불로 인해 발생하는 연기와 재는 식물의 잎의 기공을 막으며, 빛을 차단시키기 때문에 식물의 광합성량은 감소하게 되고 결국 식물은 생장이 멈추게 되거나 죽게 된다.

16 ②

해설 | 진딧물은 변형된 섭식 기관인 탐침을 가지고 나무를 뚫어서 체관 안에 도달할 때까지 줄기 안으로 꽂아 넣는다. 체관 안의 압력은 주변 식물조직보다 크기 때문에 체관 안의 영양분이 탐침을 통해 진딧물의 소화기관으로 들어가게 된다. 진딧물이 양분을 얻는 체관은 형성층의 바깥쪽에 위치한다.

17 ①

해설 | (a) 부분에서는 주변 CO_2 농도에 영향을 받지 않는다. CO_2 농도가 300ppm, 150ppm 모두 같은 비율로 광합성량이 증가하고 있다. (a) 부분에서 광합성량은 빛의 세기가 증가할수록 비례하여 증가하는 것으로 보아 A부분에서 광합성량을 제한하는 요인은 빛이라는 사실을 알 수 있다.

18 ④

해설 | 식물이 호흡을 하기 위해서는 O_2를 흡수하고 CO_2를 방출하기 때문에 산소 흡수율은 결국 CO_2 방출량을 의미한다.
따라서 이 식물의 호흡량은 시간당 50cm^{3}이며, 식물의 호흡은 24시간(항상) 일어나고 있기 때문에 24시간 동안 식물의 호흡으로 사용한 산소량은 50cm^3× 24시간 = 1200cm^{3}이다.

19 (1) Ⅳ (2) Ⅲ (3) Ⅰ (4) Ⅱ

해설 | Ⅰ. 표피 세포 : 큐티클 아래에 있으며 한 층의 세포로 이루어진다.
Ⅱ. 울타리 조직 세포 : 잎의 윗면의 표면에 직각인 방향으로 배열되어 있으며, 엽록체를 많이 가지고 있어 광합성 작용이 활발하다.
Ⅲ. 물관 : 죽어 있는 세포로 세포벽이 두꺼우며 하나의 관 모양을 이루고 있다.
Ⅳ. 체관 : 살아 있는 세포로 세포벽이 얇으며 가늘고 긴 세포들 사이에 구멍이 뚫린 체판이 있어 양분이 이동한다.

20 (1) Ⅰ : 3 Ⅲ : 1 Ⅳ : 8 Ⅵ : 7 Ⅶ : 2 Ⅷ : 9 (2) Ⅲ

해설 | (2) 뿌리에서 줄기로 물과 무기 양분이 이동하는 통로이며 죽은 세포로 구성되어 있는 조직은 물관이므로 Ⅲ에 해당된다. 표피 세포는 양파의 표피 세포와 같이 일반적으로 살아 있는 세포이다.

21 (1) ㄴ (2) ㄷ (3) ㄴ (4) ㄱ (5) ㄱ (6) ㄷ

해설 | (1) 주로 목본류의 줄기에서 나이테를 관찰할 수 있다.
(2) 잎의 겉표면은 큐티클로 둘러싸여 있어 증산 작용으로 인한 수분 증발을 최소화시킨다.
(3) 감자는 줄기에 양분이 저장된 상태이다.
(4) 당근은 뿌리에 양분이 저장된 것이다.
(5) 뿌리의 단면은 물관이 중심의 X자 형태를 띠며 배열되어 있다.
(6) 잎에서는 주로 광합성 작용이 일어나며 특히 엽록체를 가지고 있는 울타리 조직과 해면 조직에서 주로 일어난다.

22 ④

해설 | 홍조류에는 김이나 풀가사리 무리처럼 얕은 바다에서 생육하는 것도 있지만, 대부분은 바다 깊은 곳에서 자란다. 특히, 우뭇가사리는 약 10m 정도의 깊은 곳에서 많이 자라며, 이 밖에 100m 이상의 깊은 곳에서 자라는 종류도 매우 많다. 홍조류가 이렇게 깊은 곳에서 자랄 수 있는 것은 체내에 있는 홍조소가 있어서 약 0.5μm 부근의 단파장 빛을 광합성에 이용하기 때문이다. 빛은 바다 수심이 깊어짐에 따라 적색·주황색·황색·자색·남색·녹색·청색의 순서로 흡수되므로, 가장 깊은 곳까지 도달될 수 있는 것은 청색과 녹색이다. 따라서, 홍조식물은 깊은 바다에 위치하면서 자신의 몸 빛깔과 보색 관계에 있는 청색이나 녹색빛을 광합성에 이용한다.

23 ⑤

해설 | 식물은 다양한 방법으로 수분 손실을 방지하기 위하여 진화해 왔다.
①, ② 식물은 잎의 표피 바깥쪽을 두꺼운 큐티클 층으로 둘러싸거나, 공기와 접하는 잎의 표면적을 작게 하여 증산 작용을 통해 손실되는 물의 양을 최소화한다.
③ 잎을 생장시키는 것은 기공의 수를 늘려 증산 작용에 의한 수분 손실의 양을 증가시키기 위함이다. 이 때문에 습도가 높아 증산 작용이 더디게 일어날 때 잎의 생장이 주로 이루어진다.
④ 잎의 온도를 높이게 되면 체온 조절을 위해 체내 수분의 증발량이 더욱 많아지기 때문에 잎의 온도를 높이지 않는 것이 식물에게 유리하다.

24 ㄱ, ㄴ, ㄷ

해설 | (가) 식물 : 쌍떡잎식물 (나)식물 : 외떡잎식물
ㄱ. 쌍떡잎식물의 꽃잎수는 4나 5의 배수이며, 외떡잎 식물의 꽃잎 수는 3의 배수로 구성되어 있다. 쌍떡잎식물의 관다발 배열은 매우 규칙적이며 물관(A), 체관(B), 형성층을 가지고 있다. 그러나 외떡잎식물은 형성층이 없고 물관과 체관이 모인 관다발이 흩어져있는 배열 상태를 이룬다. 따라서 세포 분열에 의한 부피 생장이 일어나지 않는다.
ㄴ. (가)에는 형성층이 있으므로 부피 생장을 하나, (나)에는 형성층이 없어 부피 생장을 하지 않는다.
ㄷ. 나무의 나이테는 형성층에 의한 부피 생장으로 인해 물관부에 해마다 새로운 층이 형성되기 때문에 나타난다. 겨울 동안에는 세포 분열 속도가 느리지만 온도가 올라가게 되면 활발하게 분열하면서 봄부터 여름까지는 지름이 크고 얇은 새로운 물관부가 만들어진다. 반면에 여름부터 가을까지의 형성층의 분열 속도는 줄어 들어 간격이 매

우 좁은 물관부가 형성된다. 이러한 과정을 반복하면서 나이테가 형성되는 것이다.

25 ④

해설 | ① 물풀에서 나오는 기포는 광합성 결과로 나오는 산소이다.
② 빛의 세기가 어느 한계 이상 증가한 후에는 광합성 속도는 거의 증가하지 않는 것을 알 수 있다.
③ 제시된 실험은 전구의 거리를 다르게 함으로써 빛의 세기만을 달리하였고, 그 나머지 조건, 특히 온도 조건은 변화시키지 않았기 때문에 온도에 따른 광합성 속도는 알 수 없다.
④ 전구와의 거리가 가까울수록 빛의 세기가 증가하게 되고, 그 결과 기포의 수가 증가하였기 때문에 광합성 속도는 대체로 빛의 세기에 따라 증가한다고 할 수 있다.
⑤ 빛의 종류에 따른 실험이 이루어지지 않았기 때문에 빛의 종류와 광합성 속도의 관련성은 이 실험을 통해서는 알 수 없다.

26 ㄴ, ㄹ

해설 | ㄱ. 제시된 실험에서 검정말의 크기를 각각 다르게 하며 기포수를 비교하지 않았기 때문에 물풀의 크기가 식물이 자라는 정도에 영향을 줄 것이라고 가정하지 않았다.
ㄴ. 식물이 자라는 정도를 비교하기 위해서 기포수를 조사하였다. 기포수는 광합성의 결과 방출되는 산소이므로 결국 광합성량을 의미하며 광합성이 활발할수록 식물이 더욱 잘 자랄 것이다. 따라서 기포수와 식물의 자라는 정도는 비례할 것이다.
ㄷ. 제시된 실험에서 물의 색깔을 변화시키면서 기포수를 관찰하지 않았기 때문에 물의 색깔과 식물이 자라는 정도의 관계를 알고자 한 실험은 아니다.
ㄹ. 알루미늄 호일은 빛을 전혀 투과시키지 않으며, 얇은 거즈는 빛을 조금만 투과시키기 때문에 물풀에 도달하는 빛의 양을 각각 다르게 하며 기포의 수를 비교하였다. 따라서 빛의 세기에 따른 기포수를 알 수 있으며 빛의 세기가 식물의 자라는 정도에 영향을 줄 것이라고 가정한 것이다.

27 (1) a, b, d, e, f (2) c, g, h, i, j

해설 | (1) 외떡잎식물은 대부분 씨 안의 배에 들어 있는 1장의 떡잎을 가지고 있다. 예외는 있으나 외떡잎식물은 전형적으로 꽃잎 · 꽃받침잎 · 수술 등 꽃을 이루는 기관이 3 또는 3의 배수로 나타난다. 잎은 대부분 나란히맥으로 잎의 아래쪽에서 갈라지거나 주맥에서 갈라져 나온다. 줄기에는 물과 양분을 통도시키는 물관이 배열된 관다발이 흩어져 있다. 모든 외떡잎식물 중 약 10% 정도가 목본성인데, 야자나무류나 대나무류 같은 몇몇 식물은 줄기 안쪽에 있는 세포가 커지거나 새로운 세포를 만들어 줄기의 지름이 계속 커진다. 반면 쌍떡잎식물은 줄기에 형성층이 있어 지름이 커지게 된다. 대부분의 외떡잎식물은 초본성이다. 원뿌리는 거의 없으며 수염뿌리가 잘 발달되어 있다.
(2) 쌍떡잎식물의 꽃은 대체로 꽃받침 · 꽃잎 · 수술 등이 4개 또는 5개이거나 그의 몇 배수로 되어 있다. 잎은 대개 물과 양분을 운반하는 물관이 그물처럼 얽혀 있는 그물맥이며, 줄기에서는 물관들이 줄기 표면 가까이에 하나의 원통처럼 되어 있다. 쌍떡잎식물의 50% 정도는 나무로, 일생 동안 계속 분열능력을 가지는 형성층이라고 하는 세포층에서 새로운 조직이 만들어지기 때문에 줄기의 지름이 해마다 증가한다. 원뿌리에서처럼 줄기도 가지를 내는 것이 보통이다.

28 ③

해설 | ①, ②, ④, ⑤ 표피 세포, 뿌리털, 공변세포는 표피 조직에 해당된다. 울타리 조직 외에 해면 조직 등은 유조직(기본 조직)에 속하며, 헛물관, 체관, 물관은 통도 조직(유관속 조직)에 해당된다.
③ 속씨식물은 체관 세포의 측면에 반세포라는 작은 세포가 있어서 특정 단백질을 합성하고, 물질을 이동시키는 역할을 한다. 따라서 체관 세포 자체만으로는 양분의 수송이 이루어지지 않으며, 반세포가 죽게 되면 필요한 물질이 선택적으로 수송되지 않으므로 체관의 기능이 정지하게 된다.

29 흙의 양 변화는 거의 없는 것으로 보아 나무의 생장은 5년 동안 규칙적으로 주었던 물의 영향을 받은 것이라 할 수 있다. 즉, 버드나무가 뿌리를 통해 물을 흡수하고, 물관을 통해 나무의 상층부까지 수분을 공급함으로써 충분한 빛과 대기 중 이산화 탄소를 통해 광합성(유기물 합성)이 활발하게 일어나게 되어 나무의 무게가 증가하였다.

30 뿌리가 활착(옮겨 심거나 접목한 식물이 서로 붙거나 뿌리를 내려서 사는 것)되기 전에는 원활한 수분 공급이 어렵기 때문에 활발한 증산 작용을 방지하기 위해서이다.

31 ⑤

해설 | 나무의 줄기는 가장 바깥쪽 표피, 표피 안쪽에 여러 세포층인 피층, 줄기의 가장 안쪽 세포층인 속, 관다발(물관 + 체관 + 형성층)로 구성되어 있다. 나무의 껍질을 도려냈을 때 시간 경과에 따라 도려낸 위쪽 부위가 부풀어 오른 것은 체관을 통해 이동하는 양분이 쌓인 것이다.(환상 박피) 환상 박피는 식물의 체관부가 잘려져 나가 동화 양분이 밑으로 이동하지 못하고 박피된 윗부분에 축적되기 때문에 나타나는 현상이다. 따라서 이 실험은 잎에서 일어나는 광합성에 의해 생성된 유기 양분이 줄기의 체관을 타고 나무의 아래로 이동된다는 것을 입증한다.

32 ㄱ, ㄴ, ㄹ

해설 | ㄱ, ㄴ. 온도에 따른 광합성량은 빛의 세기의 영향을 받으며, 광합성량에 가장 최적화된 온도가 존재한다.
ㄷ, ㄹ. (가) 이산화 탄소의 농도에 따른 광합성량은 빛의 세기의 영향을 받으며, 빛의 세기가 일정할 때 이산화 탄소의 농도가 일정량 이상이 되면 광합성량은 일정해진다.

33 증산 작용이 활발하게 일어나는 조건으로는 햇빛이 강할 때, 온도가 높을 때, 바람이 많이 불 때, 습도가 낮을 때, 체내 수분량이 많을 때이다. 증산 작용이 일어나는 기공과 공변세포가 잎의 앞면에 있으면 뜨거운 자외선 즉, 강한 햇빛과 높은 온도에 영향을 받아 파괴되기 쉽기 때문에 뒷면에 많이 분포한다.

imagine infinitely

140 ~ 141쪽

Q1. 식물은 세포벽으로 전달되어 오는 음파의 진동을 감지하고 이 물리적 자극이 세포막에 전달되어 전압의 변화를 일으킨다. 이 전기적 자극이 화학적 반응을 일으켜 식물 성장을 돕는 물질을 생산한다고 예상할 수 있다.

Q2. 크기가 같고 잎의 수가 같은 식물 2그루를 같은 모양, 같은 크기의 화분에 같은 양분의 흙을 넣고 심는다. 그 후 한쪽 식물에는 사랑한다, 예쁘다 등의 좋은 말만 계속 들려주고, 다른 한쪽 식물에는 미워한다, 못생겼다 등의 나쁜 말만 계속 들려준 후 두 식물의 생장 상태를 비교한다.

Q3. [예시 답안] 동물의 움직임은 먹이를 찾으러 움직이거나, 다른 동물(천적)을 피해서 자리를 이동하면서 움직인다. 반면 식물은 제자리에 뿌리를 내리고 잎이나 잔가지 등 몸의 일부분만 움직인다.

Ⅲ. 소화와 순환 (1)

개념 보기

Q1 • 3대 영양소 : 탄수화물, 단백질, 지방 • 부영양소 : 물, 무기염류, 비타민 Q2 아밀레이스 Q3 융털

개념 확인 문제

149~151쪽

영양소

01 ③ 02 ② 03 ① 04 (1) 단백질 (2) 물 (3) 비타민 D 05 ④

소화

06 ⑥ 07 ② 08 (1) X (2) O (3) X (4) O (5) O
09 (1) ㄴ, ㅁ, ㅇ (2) ㄱ, ㄹ, ㅂ, ㅅ (3) ㄷ 10 ② 11 ⑤
12 E, 이자 13 ①, ③, ④, ⑤ 14 ① 15 B
16 아밀레이스 17 쓸개즙 18 ㄷ, ㄹ

영양소의 흡수와 이동

19 A : 모세혈관 B : 암죽관 20 ㄱ, ㄴ, ㄹ 21 ②
22 ② 23 ②

01 ③

해설 | 영양소의 기능으로는 건강 유지, 체온 유지, 성장, 생활 에너지 제공 등이 있다. 산소 운반은 적혈구(헤모글로빈)의 기능이다.

02 ②

해설 | ① A에는 결핍증이 없으며, B에 해당하는 무기염류, 비타민은 체내에 부족할 경우 결핍증을 일으킨다.
② A는 3대 영양소, B는 부영양소를 나타낸다. A와 B는 에너지원으로 사용되는지의 여부에 따라 나누어진다.
③ A는 우리 몸을 구성한다. B에 해당하는 물과 무기염류 또한 우리 몸을 구성한다. 물의 경우 우리 몸의 대부분을 차지하며, 무기염류의 칼슘 같은 물질은 뼈와 이를 구성한다.
④ 무기염류와 비타민 등은 체내에서 매우 적은 양을 필요로 하지만 없어서는 안 될 중요한 물질이다.
⑤ A, B 모두 외부 음식물을 통해 섭취한다. 아미노산의 경우 체내에서 합성되지만, 합성되지 않은 일부 아미노산도 있기 때문에 반드시 음식으로 섭취해야 한다. 이러한 아미노산을 필수 아미노산이라고 한다.

03 ①

해설 | 탄수화물은 대부분 에너지원으로 사용되기 때문에 섭취량에 비해 몸의 구성 비율이 적다.

04 (1) 단백질 (2) 물 (3) 비타민 D

해설 | (1) 단백질은 3대 영양소 중의 하나로 에너지원이며 세포의 원형질, 효소, 근육 등을 구성하는 주요 성분이므로 성장기 때 많이

섭취해야 한다.
(2) 물은 우리 몸을 구성하는 성분 중 가장 많은 양을 차지하며, 체온 유지 및 생리 기능을 조절한다. 또한 영양소와 노폐물, 이산화 탄소 등을 운반하는 기능도 있다.
(3) 비타민 D는 주로 간유나 생선, 버섯 같은 음식에 들어 있으며, 부족할 경우 뼈가 약해져 골격의 변형이 일어나는 구루병이 생긴다.

05 ④
해설 | 아이오딘-아이오딘화칼륨 용액은 녹말 검출 시약으로 반응 결과 청남색으로 변한다. 뷰렛 용액은 단백질 검출 시약으로 반응 결과 보라색으로 변한다. 베네딕트 용액은 포도당 검출 시약으로 반응 결과 황적색으로 변한다. 수단 Ⅲ 용액은 지방 검출 시약으로 반응 결과 선홍색으로 변한다. 실험 결과표에서 뷰렛 용액, 수단 Ⅲ 용액, 베네딕트 용액의 색깔이 변했으므로 이 음식물 속에는 단백질, 지방, 포도당과 같은 당분류가 들어 있다. 하지만 녹말 검출 시약의 색깔은 변화가 없으므로 녹말은 들어있지 않다.

06 ⑥
해설 | 우리가 섭취한 영양소는 대부분 녹말, 단백질, 지방 같은 고분자 물질이기 때문에 소장의 융털의 세포막을 통과할 수 없다. 따라서 흡수가 가능한 상태로 분해되어야 한다. 영양소를 소화 기관에서 흡수할 수 있는 저분자 상태로 분해하는 과정을 소화라고 한다.

07 ②
해설 | 영양소의 최종 분해 산물은 다음과 같다.
•녹말 → 포도당 •단백질 → 아미노산 •지방 → 지방산과 모노글리세리드이다. 영양소의 최종 분해 산물만이 우리 몸에 흡수될 수 있다.

08 (1) X (2) O (3) X (4) O (5) O
해설 | (1), (2), (4), (5) 기계적 소화는 물리적인 힘에 의해 음식물을 부수거나 이동시키거나 혼합시키는 과정이다. 치아로 음식물을 부수는 저작 운동, 음식물을 항문 방향으로 이동시키는 연동 운동, 음식물을 소화액과 혼합시키는 혼합 운동 등이 해당된다. 화학적 소화는 소화 효소에 의해 영양소가 분해되는 과정이다.
(3) 소화 효소에 의해 탄수화물이 단맛을 내는 당으로 분해되었으므로 화학적 소화이다.

09 (1) ㄴ, ㅁ, ㅇ (2) ㄱ, ㄹ, ㅂ, ㅅ (3) ㄷ
해설 | 녹말은 아밀레이스, 말테이스, 락테이스, 수크레이스 등의 소화 효소에 의해 포도당으로 분해되며, 단백질은 펩신, 트립신, 펩티데이스에 의해 아미노산으로 분해된다. 지방은 라이페이스에 의해 지방산과 모노글리세리드로 분해된다.

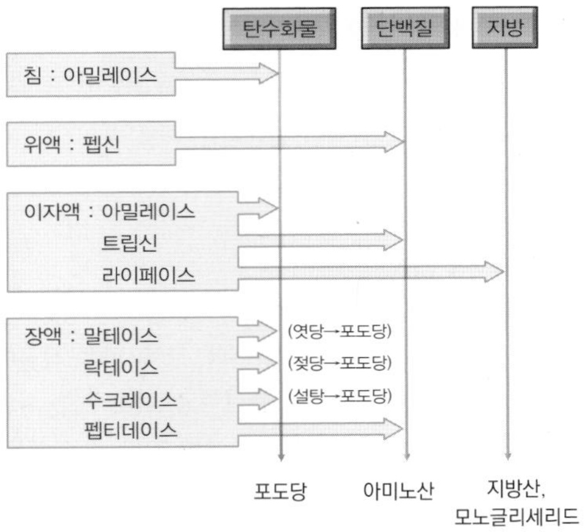

10 ②
해설 | 고기의 주된 영양소는 단백질이다. 고기 조각이 줄어 들었다는 것은 소화를 의미하며, 결국 단백질을 분해할 수 있는 소화 효소를 활성화시키는 염산이 분비되는 기관인 위에서 소화액을 추출했을 것이다.

11 ⑤
해설 | 위 속에서 분비되는 위액에는 염산과 소화 효소인 펩시노젠이 들어 있다. 염산은 살균 작용, 음식물의 부패 방지 등의 기능이 있지만, 펩시노젠을 펩신으로 활성화시켜 주는 역할도 한다. 펩시노젠 자체만으로는 소화 효소의 기능을 가질 수 없으며, 염산에 의해 펩신으로 활성화되어서야 비로소 제 기능을 할 수 있다.

12 E, 이자
해설 | 이자에서 생성되는 이자액은 3대 영양소를 소화시키는 소화 효소를 모두 포함하고 있다. (탄수화물-아밀레이스, 단백질-트립신, 지방-라이페이스)

13 ①, ③, ④, ⑤
해설 |

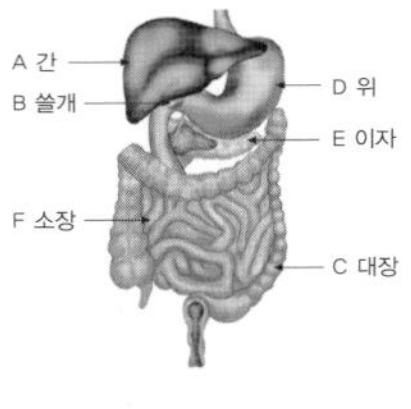

① 간(A)에서는 소화 효소는 아니지만 지방의 소화를 도와주는 쓸개즙을 생성한다.
② 쓸개(B)는 쓸개즙을 저장한다.
③ 대장(C)에서는 대부분의 수분이 흡수된다.
④ 위(D)에서는 단백질의 소화가 최초로 일어난다.
⑤ 이자(E)에서는 3대 영양소의 분해 효소가 모두 생성된다.
⑥ 소장(F)에서는 최종 산물의 흡수 작용뿐만 아니라 소화 작용도 일어난다.

14 ①
해설 |

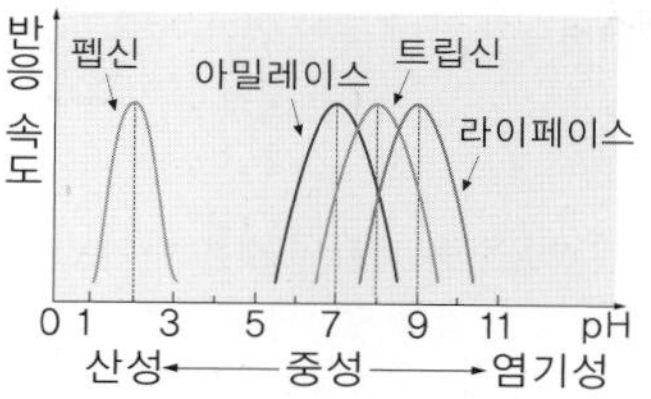

소화 효소의 최적 pH는 효소의 종류에 따라 다르다. 소화 효소 펩신의 최적 pH : 2, 아밀레이스의 최적 pH : 7, 트립신의 최적 pH : 8, 라이페이스의 최적 pH : 9

15 B

해설 | 비커 B는 아밀레이스에 의해 녹말이 엿당으로 분해되어 당 검사지 색이 변한다. 시험관 C는 씹은 삶은 감자를 바로 끓였기 때문에 소화 효소인 아밀레이스가 변성되어 녹말의 소화가 일어나지 않으므로 색깔 변화가 없다.

16 아밀레이스

해설 | 으깬 삶은 감자가 있는 비커 A에는 녹말을 엿당으로 분해시키는 아밀레이스가 없다. 일정 시간 씹은 삶은 감자가 있는 비커 B에는 아밀레이스가 녹말을 분해한다. 씹은 삶은 감자를 씹어서 바로 끓인 비커 C에는 아밀레이스가 있지만 가열 때문에 소화 효소인 아밀레이스가 감자가 소화되기 전에 변성되므로 녹말의 소화가 일어나지 않아 색깔 변화가 없다.

17 쓸개즙

해설 | 쓸개즙은 간에서 생성되어 쓸개에 저장되어 있다가 십이지장으로 분비된다. 비록 소화 효소는 아니지만 지방이 소화되기 쉽도록 더 작은 알갱이로 분해시키는 유화 작용을 한다.

18 ㄷ, ㄹ

해설 | ㄱ, ㄷ. 시험관 C에서만 소화 작용이 일어나 녹말이 엿당으로 분해된다. 따라서 시험관 A, B, D에 녹말이 그대로 들어 있어 아이오딘 반응 결과 청남색을 나타내는 것이다.
ㄴ, ㄹ. 소화 효소는 사람의 체온과 비슷한 온도(35 ~ 40℃)에서 활성이 가장 크다. 온도가 너무 높으면 효소가 파괴되고(시험관 D), 온도가 너무 낮으면 효소가 활성화되지 않는다.(시험관 A)

19 A : 모세혈관 B : 암죽관

해설 | 중심부에 있는 것은 암죽관으로 지용성 영양소가 흡수되며, 암죽관을 둘러싸고 있는 것은 모세혈관으로 수용성 영양소가 흡수된다.

20 ㄱ, ㄴ, ㄹ

해설 |

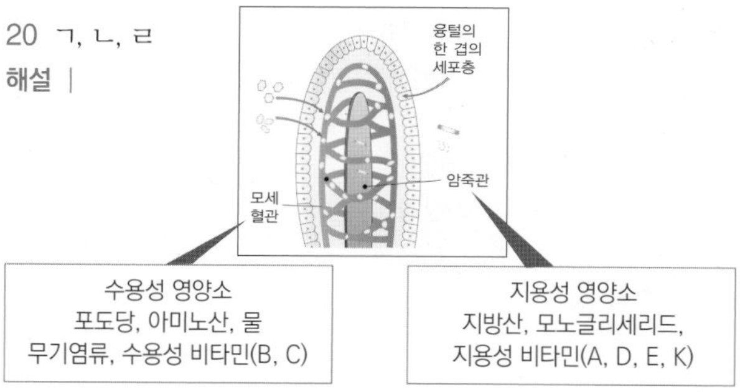

21 ②

해설 |

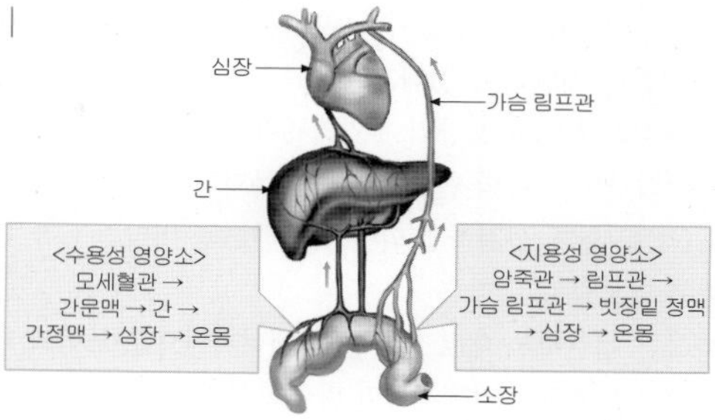

22 ②

해설 | ① 폐의 내부는 수많은 폐포로 이루어져 있다. 폐포는 산소와 이산화 탄소의 교환 장소로 기체와의 접촉 면적을 넓혀 한꺼번에 많은 양의 기체 교환이 이루어질 수 있도록 한다.
② 탄산 음료 캔 바닥이 넓은 것은 캔 내부의 기압에 의해 캔이 터지는 것을 방지하기 위해서이다. 음료 속에 녹아 있는 기체와 캔과의 접촉 면적을 넓혀줌으로써 압력을 낮추어주는 원리이다.
③ 겨울철 실내 난방 장치로 사용하는 라디에이터는 구불구불 아코디언 같은 관 모양으로 되어 있어 공기와의 접촉 면적을 늘림으로써 열전달을 효율적으로 할 수 있다.
④ 물고기 아가미의 빗살무늬 구조는 물속에 녹아 있는 산소가 아가미를 거칠 때 더 많은 양의 물과 접촉함으로써 기체 교환을 효율적으로 할 수 있도록 한다.
⑤ 기계적 소화는 음식물을 잘게 부수어 줌으로써 소화 효소와의 접촉 면적을 넓혀 주어 소화의 효율을 증가시킨다.

23 ②

해설 | 대장에서는 소화 효소가 분비되지 않아 화학적 소화는 일어나지 않고, 소장에서 흡수되고 남은 물이 흡수된다. 또한 대장균에 의한 셀룰로오스의 분해가 일어난다.

개념 심화 문제

정답 152~161쪽

01 ② 02 ③ 03 (1) 무기염류 - 칼슘 (2) ③
04 650 kcal 05 (1) ㉠ : A ㉡ : B (2) ㄴ, ㄷ (3) ㄱ, ㄴ, ㄷ, ㄹ
06 ㄱ, ㄴ, ㄹ, ㅂ 07 ② 08 ㄴ, ㄷ, ㄹ 09 ②
10 (1) 위액에 강한 산성을 띠는 염산이 포함되어 있기 때문에 (2) 소화 효소는 적정 pH에서만 활성화된다. (3) ㉠ : C ㉡ : B ㉢ : A (4) 소장 11 (1) ㄱ, ㄴ (2) 해설참조
12 ㉠ : D ㉡ : C 13 (1) C 와 E (2) • X : 펩시노겐 Y : 염산 • 소화 효소인 X(펩시노겐)는 Y(염산)에 의해 활성화된다.
14 ㄴ 15 (1) A, B (2) ④ (3) 비타민 D, 지방산, 모노글리세리드, 비타민 E 16 ㄱ, ㄹ 17 ㄴ, ㄹ

01 ②

해설 | ① 단백질과 탄수화물은 1g당 4kcal, 지방은 1g당 9kcal의 열량을 낸다. 따라서 지방이 많이 포함된 음식 (나)의 열량이 가장 높다.
② 단백질은 근육 외에도 세포의 원형질, 효소 등을 구성하기 때문에

신체가 급격히 성장하는 청소년기에 반드시 섭취해야 하는 영양소이다.
③ 비타민 A의 결핍증은 야맹증이다. 따라서 음식 (다)를 많이 섭취하게 되면 야맹증을 예방할 수 있다.
④ (나)는 다량의 지방과 소량의 무기염류가 포함되어 있으며, (라)는 다량의 탄수화물과 소량의 단백질, 지방, 무기염류가 들어있다. 따라서 (나)와 (라)를 함께 섭취하게 되면 비타민 A와 비타민 C가 부족하여 결핍증을 일으킬 수 있다.
⑤ 탄수화물은 섭취하는 대로 대부분이 에너지원으로 쓰이기 때문에 빠른 에너지를 보충하기 위해서라면 탄수화물이 많이 들어있는 음식 (라)를 먹는 것이 좋다.

02 ③

해설 |

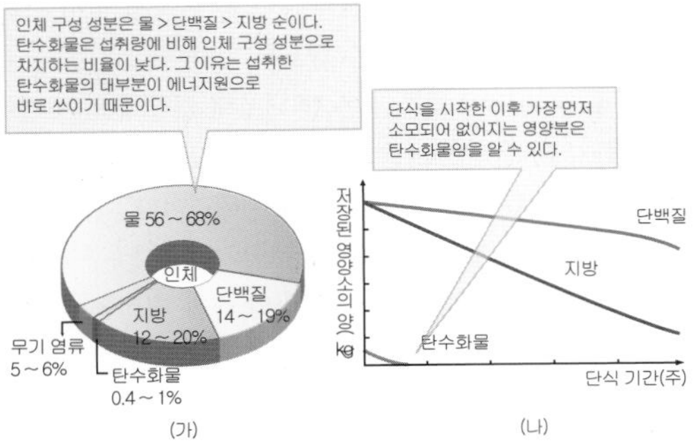

① 인체를 구성하는데 주성분은 물, 단백질 등이며 탄수화물은 소량만이 구성 성분으로 쓰인다.
② 그래프 (나)에서 단백질과 지방의 기울기가 기울어져 있다. 따라서 지방과 단백질 모두 단식 시작 이후부터 체내에서 소모되고 있음을 알 수 있다. 지방의 감소 기울기가 더 크기 때문에 지방의 소모량이 크다는 사실을 짐작할 수 있다.
④ 인체의 구성 물질 중 주로 에너지원으로 사용되는 것은 탄수화물이다.
⑤ 단식 기간 2.5주 동안에 탄수화물의 감소량은 1kg(1-0)이며, 단백질은 3kg(12-9), 지방은 10kg(12-2)으로 지방의 소모량이 가장 많다.

03 (1) 무기염류 - 칼슘 (2) ③

해설 | (1) 골다공증은 뼈의 내부를 이루는 물질이 빠져나가 뼈가 약해지는 질병이므로 뼈의 주성분인 무기염류, 특히 칼슘을 많이 섭취해야 한다.
(2) 칼슘은 체내에서 합성되지 않기 때문에 음식물을 통해 섭취해야 한다. 칼슘이 들어 있는 대표적인 음식은 우유, 생선이다.

〈 음식별 함유 영양소 〉

- 소금 : 나트륨이 많이 들어 있는 음식으로, 신경통을 예방할 수 있다.
- 녹황색 채소, 감자 : 칼륨이 다량 들어 있어 근수축 장애를 예방할 수 있다.
- 곡류 : 비타민 B_1이 많이 들어 있어 각기병을 예방할 수 있다.
- 달걀 : 인이 많이 들어 있어 구루병을 예방할 수 있다.
- 버터 : 지용성 비타민 K가 많이 들어 있어 혈액 응고를 지연시키는 데 효과가 있다.
- 당근 : 지용성 비타민 A가 많이 들어 있어 야맹증을 예방할 수 있다.

04 650 kcal

해설 | 제시글에서 반응색을 나타낸 것은 아이오딘 용액과 수단 III 용액이므로 녹말과 지방을 각각 50g씩 섭취했음을 알 수 있다. 녹말 형태의 탄수화물은 1g당 4kcal의 열량을 지방은 1g당 9kcal의 열량을 내므로 이 영양소를 섭취했을 때 얻을 수 있는 총 열량은 (50g × 4kcal/g) + (50g × 9kcal/g) = 650kcal 이다. (부영양소에 해당하는 비타민은 에너지원으로 쓰이지 않기 때문에 열량 계산에서 제외시킨다.)

검출 반응	검출 영양소	반응 전 색깔	반응색
베네딕트 반응	포도당, 엿당	청색	황적색
아이오딘	녹말	옅은 갈색	청남색
수단 III 반응	지방	적색	선홍색
뷰렛 반응	단백질	연한 청색	보라색

05 (1) ㉠ : A ㉡ : B (2) ㄴ, ㄷ (3) ㄱ, ㄴ, ㄷ, ㄹ

해설 | (1) 기계적 소화는 음식물을 잘게 부수거나(저작 운동) 음식물을 항문 방향으로 이동시키고(연동 운동) 소화 효소와 잘 섞이도록(혼합 운동) 하는 운동이 있다. 화학적 소화는 영양소가 소화 효소에 의해 분해되어 화학적 성질이 변하는 소화 작용이다. 따라서 과정 A는 크기가 큰 녹말이 크기가 작은 녹말로 잘게 나누어지므로 기계적 소화에 해당한다. 과정 B는 녹말이 엿당으로 분해되는 과정으로 화학적 소화에 해당한다.
(2) ㄱ. 화학적 소화는 단백질이 주성분인 소화 효소에 의해 이루어지기 때문에 온도와 pH의 영향을 많이 받지만 기계적 소화는 온도나 pH에 크게 영향 받지 않는다.
ㄴ. B는 화학적 소화이므로 소화 효소에 의해 일어나는 과정이다.
ㄷ. 기계적 소화는 음식물을 잘게 부수어 주어 소화 효소와의 접촉면적을 넓혀주는 역할을 한다.
ㄹ. 입에서는 이로 음식물을 잘게 부수는 저작 운동과 혀로 음식물과 침을 섞어주는 혼합 운동이 일어나며, 침 속의 아밀레이스에 의해 녹말이 엿당을 분해되는 화학적 소화가 동시에 일어난다.
ㅁ. 기계적 소화와 화학적 소화는 동시에 일어난다.
(3) ㄱ. 죽은 쌀보다 잘게 으깨지기 쉬우므로 침과의 접촉 면적이 넓어져 빨리 소화가 이루어진다.
ㄴ. 쓸개즙은 큰 지방 덩어리를 작은 지방 덩어리로 쪼개주는 유화 작용을 통해 소화 효소인 라이페이스와 접촉하는 면적을 증가시켜 준다.
ㄷ. 음식물이 내려가는 것은 기계적 소화 과정인 연동 운동이다.
ㄹ. 가루 설탕은 각설탕보다 표면적이 크므로 더 빨리 녹는다.
ㅁ. 잉크는 더운 물에서 분자의 확산 속도가 빠르기 때문에 빨리 퍼진다.
ㅂ. 음식물을 냉장고에 보관하게 되면 온도가 낮아 미생물이 번식하지 못하기 때문에 음식이 덜 상하게 된다.

06 ㄱ, ㄴ, ㄹ, ㅂ

해설 | 탄수화물은 분자 크기가 커 셀로판 튜브(반투과성 막 : 작은 분자들은 통과하지만 큰 분자들은 통과하지 못하는 미세한 구멍으로 이루어진 막)를 통과하지 못하며, 포도당과 엿당은 분자 크기가 작아 셀로판 튜브를 통과하여 시험관의 물속으로 확산될 수 있다.

ㄱ. 녹말은 다당류의 한 종류로 단당류인 포도당보다 분자의 크기가 더 크다.

ㄴ. 녹말 형태로는 셀로판 튜브를 통과할 수 없고 포도당 형태일 때 셀로판 튜브를 통과할 수 있듯이 우리 몸에서도 녹말이 아닌 포도당 형태가 되어야 체내로 흡수된다. 즉, 녹말은 포도당 형태로 분해되어서야 비로소 흡수가 가능하다.

ㄷ. 셀로판 튜브 안쪽만 아이오딘 반응에 의해 청남색으로 변한 것은 튜브 안쪽에 있던 녹말이 셀로판 튜브 막을 통과할 수 없기 때문이다. 따라서 녹말 형태로 융털에 흡수되는 것은 불가능하다.

ㄹ. 셀로판 튜브는 소장 벽의 융털 막을 의미한다. 셀로판 튜브를 통과하는 것은 융털 막을 통과하여 우리 몸에 흡수되는 것을 의미한다.

ㅁ. 아이오딘-아이오딘화칼륨 용액이 셀로판 튜브 안에 있는 녹말과 반응했다는 사실은 아이오딘-아이오딘화칼륨 용액이 셀로판 막을 통과할 수 있다는 것이다. 마찬가지로 베네딕트 용액에 의해서는 셀로판 튜브 내부와 외부 모두 황적색으로 변하였기 때문에 베네딕트 용액 역시 셀로판 막을 통과할 수 있음을 알 수 있다.

ㅂ. 녹말이 들어 있는 시험관 안에 침을 넣어 주면 침 속의 녹말을 분해하는 소화 효소인 아밀레이스에 의해 분해되어 저분자 물질인 포도당이 형성될 것이다. 이 포도당은 셀로판 튜브 막을 통과할 수 있기 때문에 베네딕트 반응을 하면 결국 시험관 B와 같은 결과를 얻게 된다.

07 ②

해설 | 배즙에 단백질을 분해하는 물질이 들어 있다는 사실을 확인하기 위한 실험 과정이므로 배즙은 조작 변인으로 작용해야 하며, 그 밖의 나머지 환경은 동일하게 통제해야 한다.(변인 통제)

시험관 A는 배즙을 인위적으로 넣어줌으로써 환경을 설정한 실험군이기 때문에, 시험관 B는 실험 결과를 제대로 확인하기 위해 비교할 수 있도록 어떤 조건도 변화시키지 않는 대조군의 역할을 해야 한다. 따라서 시험관 B는 배즙을 제외한 나머지 조건을 동일하게 하고, 배즙 대신 실험 결과에 영향을 주지 않는 증류수를 넣어 준다.

08 ㄴ, ㄷ, ㄹ

해설 | A는 pH 7인 환경에서 탄수화물만 분해되므로 입이고, B는 pH 2인 환경에서 단백질만 분해되므로 위이다. C는 pH 8인 환경으로 탄수화물, 단백질, 지방이 모두 소화되므로 소장이다.

ㄱ. 입에서는 녹말이 아밀레이스에 의해 이당류인 엿당으로 분해가 되므로 D는 엿당이다. 덱스트린은 녹말의 소화 과정에서 생기는 중간 물질이다.

ㄴ. 소장에서 수용성 영양소는 모세혈관으로, 지용성 영양소는 암죽관을 통해 흡수된다.

ㄷ. 단백질은 분자가 매우 크기 때문에 소화 과정을 거쳐 가장 작은 단위인 아미노산 형태(E)로 바뀐 후 체내에 흡수된다.

ㄹ. 이자액에 포함된 탄산수소 나트륨이 위에서 내려온 산성 음식물을 중화시키기 때문에 소장에서 약한 염기성이 된다.

ㅁ. 입(A)에서는 기계적 소화인 저작 작용과 혼합 운동이 일어나며, 동시에 아밀라아제에 의해 녹말이 엿당으로 분해되는 화학적 소화가 일어난다. 위(B)에서는 기계적 소화인 연동 운동과 혼합 운동이 일어나며, 펩신에 의해 단백질이 펩톤(폴리펩타이드)로 분해되는 화학적 소화가 동시에 일어난다. 소장(C)에서는 기계적 소화인 연동 운동과 혼합 운동이 일어나며, 3대 영양소가 소화 효소에 의해 모두 분해되는 화학적 소화가 동시에 일어난다.

09 ②

해설 |

① 소장에서는 pH가 8이므로 펩신이 작용하지 못한다. 아밀레이스의 최적 pH는 7 이므로 소장에서의 작용이 어느정도 가능하다.

② 그래프 (나)를 통해 소화 효소는 온도에 영향을 받는다는 사실을 알 수 있고, 그래프 (다)를 통해서는 pH의 영향을 받는다는 사실을 알 수 있다.

③ 침 속에서 분비된 아밀레이스는 입에서 녹말을 엿당으로 분해한다. 하지만 침 속의 아밀레이스가 산성 환경인 위로 넘어가게 되면 변성되기 때문에 그 기능을 잃는다. 소장에서는 이자액에서 분비되는 아밀레이스에 의해 녹말이 엿당으로 분해된다.

④ 펩신과 트립신은 최적 pH가 다르기 때문에 펩신은 위에서 작용하며, 트립신은 소장에서 각각 활성을 띤다. 따라서 펩신과 트립신은 서로 경쟁 관계에 놓여 있지 않다.

⑤ 온도가 체온 범위를 벗어나게 되면 소화 효소는 변성되어 제 기능을 가지지 못하며, 소화 효소마다 최적 pH가 다르다.

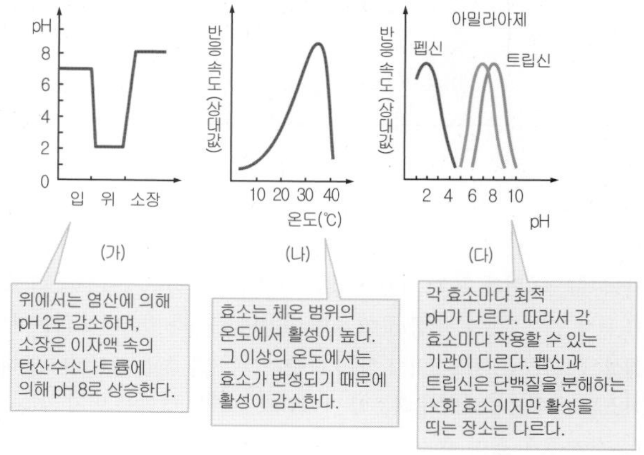

10 (1) 위액에 강한 산성을 띠는 염산이 포함되어 있기 때문에 (2) 소화 효소는 적정 pH 에서만 활성화된다. (3) ㉠ : C ㉡ : B ㉢ : A (4) 소장

해설 | (1) 위액에서는 강산성을 띠는 염산(HCl)이 포함되어 있다. 따라서 이 물질에 의해 입에서 위로 이동한 음식물은 pH 2인 상태로 변하게 된다.

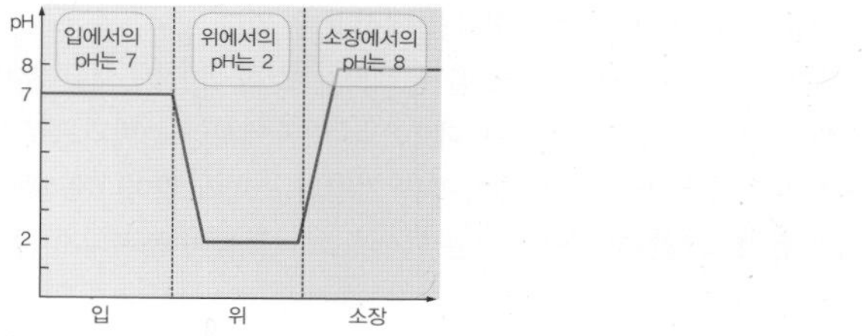

(2) 제시글을 통해 아밀레이스는 pH 7인 입에서는 작용을 하지만 pH 2인 위에서는 그 기능을 잃는다는 사실을 알 수 있다. 펩신 또한 pH 2인 위에서는 그 기능을 하지만 pH 8인 소장에서는 제 역할을 하지 못한다는 사실을 알 수 있다. 이렇게 소화 효소마다 제 기능을 할 수 있는 기관이 다른 것은 소화 효소가 활성화되기에 적합한 pH가 있기 때문이다.
(3) 입에서 최초로 녹말이 소화 효소 아밀레이스에 의해 엿당으로 분해된다. 위에서는 단백질이 펩신에 의해 펩톤(폴리펩타이드)으로 분해되며, 소장에서는 지방이 라이페이스에 의해 지방산과 모노글리세리드로 분해된다. 따라서 A는 지방, B는 단백질, C는 녹말이다.
(4) 제시된 그래프에서 세 가지 물질의 상태가 모두 변하면서 기울기가 생기는 구간은 소장이다.
소장에서는 3대 영양소를 분해하는 소화 효소가 모두 분비되는 장소이기 때문에 소장에서 최초의 지방의 분해가 이루어지게 되고, 이전에 입에서, 위에서 소화되었던 녹말과 단백질이 거듭 분해되는 과정이 이루어진다.

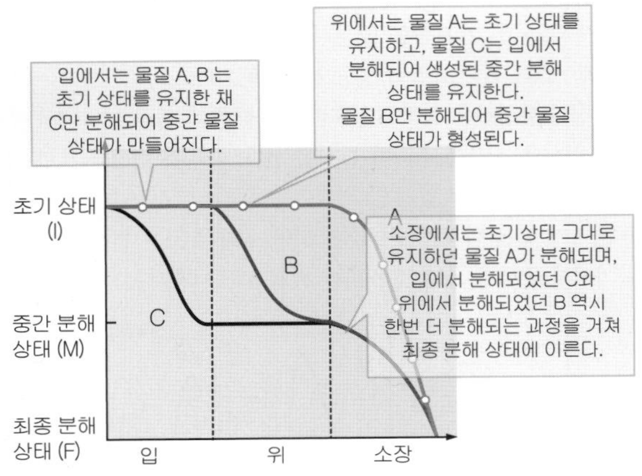

11 (1) ㄱ, ㄴ (2) 3대 영양소를 분해할 수 있는 소화 효소가 모두 이자액에 들어 있다. 특히 지방을 최초로 분해하는 라이페이스 소화 효소가 들어 있기 때문에 B를 묶어 주면 지방의 소화가 일어나지 않는다.
해설 | (1) ㄱ. 단백질의 소화를 담당하는 소화 효소 펩신이나 펩티데이스는 제대로 분비되기 때문에 단백질의 소화는 영향을 받지 않는다.
ㄴ. 쓸개즙은 소화 효소는 아니지만 지방의 소화가 효과적으로 일어나도록 도와주는 역할을 한다. 따라서 쓸개즙이 분비되지 않으면 지방의 소화가 일어나지 않는 것은 아니지만 소화가 효과적으로 일어나지 못한다.
ㄷ. 쓸개즙은 지방이 라이페이스에 의해 소화되는 것을 도와주는 역할을 한다. 하지만 A부분이 막혀서 쓸개즙이 분비되지 않으면 라이페이스에 의해 지방이 소화되는 과정이 느려지게 된다.
ㄹ. 특정 소화 효소는 특정 영양소에만 작용하는 기질 특이성이 있기 때문에 위액이 쓸개즙의 역할을 대신할 수 없다.
(2) 이자에서는 3대 영양소를 분해하는 소화 효소가 모두 분비된다. 이 중 지방을 분해하는 라이페이스는 이자에서만 분비되므로 이자액이 분비되는 관을 실로 묶어 주면 지방의 소화가 일어나지 않는다. 또한 산성 음식물을 중화시키는 탄산수소 나트륨이 분비되지 않으므로 소장에서의 소화율이 전반적으로 떨어진다.

12 ㉠ : D ㉡ : C
해설 | 쓸개즙은 간에서 생성되어 쓸개에 저장되었다가 십이지장으로 분비된다. 쓸개즙은 지방 입자의 크기를 매우 작게 하여 라이페이스와의 접촉 면적을 증가시켜(유화 작용) 지방의 소화 작용을 활발하게 해준다. 식용유의 주성분은 지방으로 라이페이스에 의해 지방산과 모노글리세리드가 생성된다. 따라서 지방의 소화가 빨리 일어날수록 모노글리세리드의 생성량은 증가한다. 그러므로 라이페이스 만으로도 지방의 소화가 이루어지지만 쓸개즙의 유화작용에 의해 더욱 활발히 일어나게 되는 것이다.(증류수는 식용유 분해에 영향을 미치지 않는다.)

시험관	반응
A	이자액 쓸개즙 모두 있기 때문에 지방의 소화가 이루어진다.
B	이자액에 들어 있는 라이페이스에 의해 지방의 소화는 이루어지지만 소화 속도는 느리다.
C	쓸개즙은 소화 효소가 아니므로 지방의 소화 과정이 이루어지지 않아 모노글리세리드가 생성되지 않는다.
D	쓸개즙이 지방의 소화를 도와주기 때문에 짧은 시간 안에 생성되는 모노글리세리드의 생성량이 가장 많다.

13 (1) C와 E (2) • X : 펩시노젠 Y : 염산 • 소화 효소인 X(펩시노젠)는 Y(염산)에 의해 활성화된다.
해설 | (1) Y가 소화 효소가 아님을 증명하기 위해서는 Y가 열을 받아도 변성되지 않는 것을 보여 주어야 한다. E 시험관과 C 시험관을 비교하면, 물질 Y를 끓이든 끓이지 않든 같은 결과를 보이므로 물질 Y가 소화 효소가 아님을 알 수 있다.
(2) 제시된 실험에서 고기 조각의 주성분은 단백질로 위에서 분비되는 소화 효소 펩신에 의해 분해된다. 펩신은 펩시노젠 형태로 분비되어 염산에 의해 활성화된다.

〈 C와 D 시험관 비교 〉

→ 물질 X를 끓이기 전에는 단백질이 분해되었지만, 끓인 후에는 고기 질량의 변화가 없기 때문에 물질 X는 열을 받으면 변성이 된다는 사실을 알 수 있다.

〈 C와 E시험관 비교 〉

→ 물질 Y를 끓여서 넣은 시험관 E의 결과가 끓이지 않은 Y가 들어 있는 시험관 C와 같기 때문에 물질 Y는 열을 받아도 변성되지 않는다는 사실을 알 수 있다.

〈 A와 B 시험관 비교 〉

→ 물질 X나 Y가 단독으로 단백질을 분해할 수 없음을 알 수 있다.
이 사실을 종합해 볼 때, 물질 X는 단백질 성분으로 된 효소이므로 펩시노젠이며, 물질 Y인 염산에 의해 활성화된다는 사실을 알 수 있다.

14 ㄴ
해설 | ㄱ. A(단백질)은 수용성 영양소이고, B(지방)은 지용성 영양소이다.
ㄴ. A(단백질)는 소장에서 분비되는 장액 속의 펩티데이스에 의해 최종 분해되어 아미노산이 된다. 아미노산은 수용성 영양소이기 때문에

소장에서 모세혈관으로 흡수되어 (가)간문맥를 통해 간을 거쳐 심장으로 전달된다.

ㄷ. B(지방)는 이자액에 들어 있는 라이페이스에 의해 최종 분해되어 지방산과 모노글리세리드로 나누어진다. 지방은 지용성 영양소이기 때문에 소장에서 암죽관으로 흡수되고 (나)림프관과 가슴 림프관을 거쳐 심장으로 전달된다.

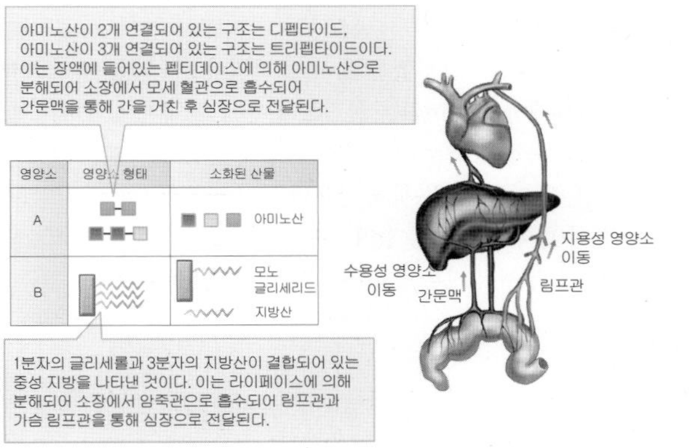

15 (1) A, B (2) ④ (3) 비타민 D, 지방산, 모노글리세리드, 비타민 E

해설 | (1) 베네딕트 용액으로 검출할 수 있는 영양소는 포도당이다. 포도당은 모세혈관을 통해 간문맥(B)과 간정맥(A)을 거치기 때문에 A, B에서 관찰할 수 있다.

(2) ① 간에서는 포도당을 저장하거나 생성하여 혈당량을 조절한다.

② 굶긴 쥐는 혈액 내에 포도당량(혈당량)이 줄어들기 때문에 간에서 저장되었던 글리코젠을 분해하여 포도당을 생성하고 이를 간정맥을 통해 내보낸다. 따라서 간정맥(A)이 간문맥(B)보다 혈당량이 높게 측정된다.

③ 사료의 구성 성분은 녹말이기 때문에 소화 과정을 거쳐 생성되는 최종 분해 산물은 포도당이다.

④ 소장에서 흡수된 포도당은 사료 속에 들어 있는 녹말이 소화 과정을 거쳐 생성된 것이다.

⑤ 소장에서 포도당은 수용성 영양소이므로 모세 혈관을 통해 흡수되고, 간문맥과 간정맥을 거쳐 심장으로 이동한다.

(3) 수용성 영양소의 이동 경로는 '융털의 모세혈관 → 간문맥 → 간 → 간정맥 → 하대 정맥 → 심장'이며, 지용성 영양소의 이동 경로는 '융털의 암죽관 → 림프관 → 가슴 림프관 → 빗장밑 정맥 → 상대정맥 → 심장'으로 서로 이동하는 경로가 다르다.

C는 림프관으로 지용성 영양소의 이동 경로이므로 지방산, 모노글리세리드, 비타민 D, E가 해당된다. 지방산과 모노글리세리드는 소장에서 흡수될 때의 형태이고, 림프관으로 이동할 때에는 다시 지방으로 합성된 형태로 이동한다.

16 ㄱ, ㄹ

해설 | ㄱ, ㄴ. 음식물이 소장으로 이동하는 과정에서 십이지장을 거칠 때 이자액이 분비된다. 이자액은 이자에서 생성되는데 이자액에는 3대 영양소의 소화 효소인 아밀레이스(C), 라이페이스(D), 트립신이 들어 있다.

ㄷ. 라이페이스(D)는 지방을 분해하는 소화 효소이며, 쓸개즙에 의해 도움을 받는다. 쓸개즙이 없으면 지방의 소화 과정이 느려지고 결국 소장에서 흡수되는 지방의 양이 줄어들 뿐이다. 즉, 소화 과정이 이루어지지 않는 것은 아니다.

ㄹ. B(펩신)은 위액에 들어 있는 물질로 펩시노젠 형태로 염산과 함께 분비된다. 펩시노젠은 염산에 의해서 활성화되어 펩신이 된다. 따라서 펩신은 pH 2(강산성)에서 가장 활성화된다.

ㅁ. 아밀레이스는 입에서 분비되는 침에 들어 있는 소화 효소로 활성화된 상태에서 분비된다. A(아밀레이스)를 활성화시켜 주는 물질은 없다.

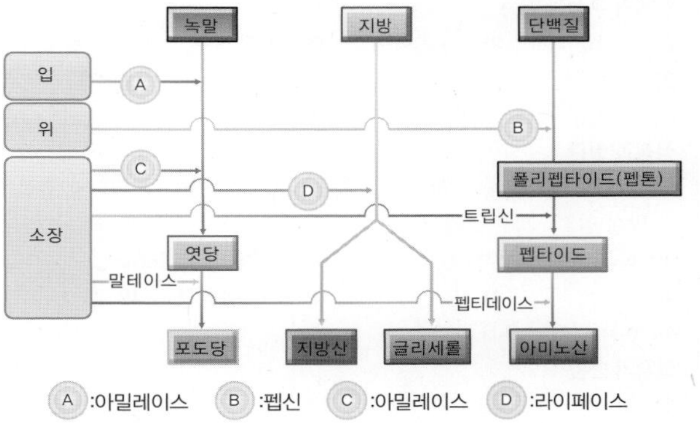

17 ㄴ, ㄹ

해설 | ㄱ. A는 수용성 영양소가 흡수되는 경로이므로 모세혈관을 나타낸다. B는 지용성 영양소가 흡수되는 경로이므로 림프관을 나타낸다. 판막은 혈압이 낮은 정맥에서 혈액의 역류를 방지하기 위한 구조이므로 모세혈관과 림프관에서는 판막이 없다.

ㄴ. 말테이스에 의해 최종적으로 분해되는 산물은 포도당이다. 따라서 ㉠은 포도당이며, 베네딕트 반응으로 검출할 수 있다.

ㄷ. 쓸개즙은 소화 효소는 아니지만 지방을 잘게 분해시켜 라이페이스와의 접촉 면적을 넓혀주기 때문에 화학적 소화가 아닌 기계적 소화에 해당된다.

ㄹ. A(모세혈관)으로 들어간 포도당(㉠)은 간에서 글리코젠 형태로 저장된다. 그리고 체내의 혈당량이 낮아지면 저장된 글리코젠을 포도당으로 분해하여 혈당량을 조절한다.

Ⅲ. 소화와 순환 (2)

개념 보기

Q4 적혈구 Q5 (1) O (2) O (3) X Q6 (1) 정맥혈 (2) 기체 교환

개념 확인 문제

정답 167~169쪽

혈액의 구성과 기능

24 ㄱ, ㄴ, ㅁ 25 A, 적혈구 26 D, 백혈구 27 B, 혈소판
28 C, 혈장 29 ⑤ 30 ③ 31 B형
32 A : Ca^{2+} B : 파이브린 33 ④

심장과 혈관

34 ㄱ, ㄴ, ㄷ 35 ②, ④, ⑤, ⑥ 36 ㉠ 굴심방 결절 ㉡ 방실 결절 ㉢ 푸르키녜 37 ⑤ 38 ③
39 • 심장 박동 주기 : 0.8초 • 1분당 심박출량 : 5250mL
40 ㄴ 41 ①, ③ 42 B, 모세혈관 43 ②
44 (다) - (가) - (나)

혈액의 순환

45 ② 46 (나), (라) 47 ① 48 (1) ㄷ (2) ㄹ

24 ㄱ, ㄴ, ㅁ
해설 | 혈액은 산소, 이산화 탄소, 영양소, 노폐물 등을 운반한다(운반 작용). 그리고 삼투압과 pH, 체온, 혈당량 등을 조절하여 일정하게 유지시킴으로써 내부 환경의 항상성을 유지시킨다(조절 작용). 또한 혈액은 식균 작용, 혈액 응고, 면역 작용 등 우리 몸을 이물질 등으로부터 보호한다(방어 작용).

25 A, 적혈구
해설 | 적혈구에는 헤모글로빈이 있어 산소와 쉽게 결합할 수 있으며 혈구의 대부분을 차지한다.

26 D, 백혈구
해설 | 염증이 있을 때 그 수가 급격히 증가하는 것은 백혈구로 그 크기는 혈구 중 가장 크다.

27 B, 혈소판
해설 | 상처가 나면 혈소판이 파괴되어 혈액을 굳게 함으로써 출혈을 막아준다.

28 C, 혈장
해설 | 혈장은 영양소, 효소, 노폐물 등의 물질을 운반한다.

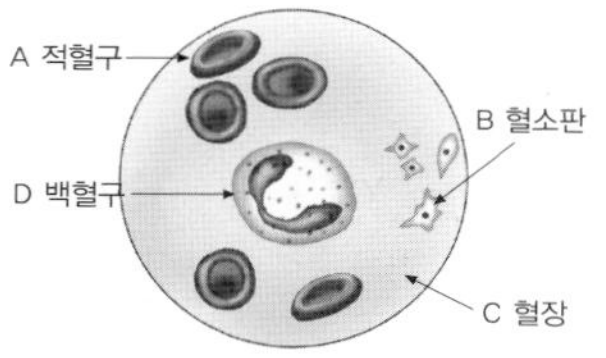

29 ⑤
해설 | 혈구들은 주로 골수에서 생성되며 간이나 지라에서 파괴된다. 혈액은 고체 성분의 혈구(45%)와 액체 성분의 혈장(55%)로 구성된다. 혈장의 90%는 물이며, 그 외에 단백질, 무기염류, 등의 영양분과, 노폐물, 호르몬, 항체 등이 들어 있다.

30 ③
해설 | ① 몸에 침입한 세균이나 독소 등의 이물질은 항원으로 작용한다.
②, ③ 항체는 항원이 침입했을 때 이를 제거하거나 기능을 약화시키기 위해 체내에서 만들어지는 물질로 항원과 항체가 결합하여 반응을 일으킨다. 특정 항체는 그 항체를 만들게 한 항원하고만 결합하는 특성이 있는데 이를 '항원-항체 반응의 특이성'이라고 부른다.
④, ⑤ 항원-항체 반응에는 혈액의 응집 반응, 알레르기, 투베르쿨린 피부 검사, 조직 이식 거부 반응, 예방 주사(백신) 등이 있다.

31 B형
해설 | 혈액의 응집 반응은 적혈구 막 표면에 있는 응집원과 혈장에 있는 응집소가 결합하여 엉겨 붙는 현상이다. (예 : 응집원A-응집소 α, 응집원B-응집소β) 이와 같은 응집 반응을 통해 혈액형을 판정할 수 있다.

	A형 표준 혈청	B형 표준 혈청
포함 물질	응집소 β	응집소 α
실험 결과	응집 일어남	응집 일어나지 않음

A형 표준 혈청은 A형인 사람의 혈액에서 추출한 혈청이므로 응집소 β를 포함하고 있다. B형 표준 혈청은 B형인 사람의 혈액에서 추출한 혈청이므로 응집소 α를 포함하고 있다. 실험 결과 응집소 β 하고 응집 반응이 일어났기 때문에 응집원 B를 가지고 있는 혈액형은 B형이다.

32 A : Ca^{2+} B : 파이브린
해설 | 〈 혈액 응고 과정 〉

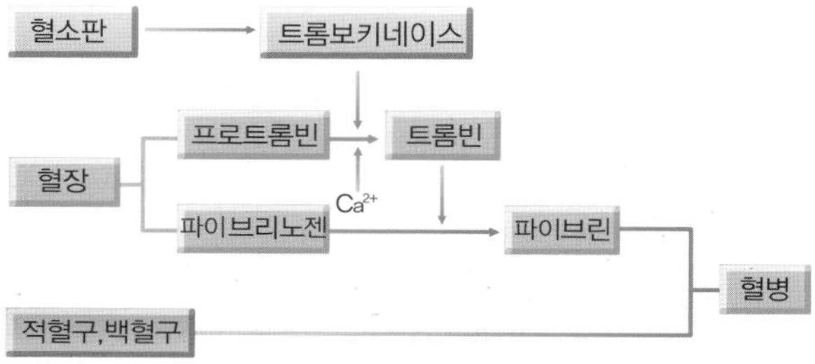

33 ④
해설 | ① 파이브리노젠은 혈장 속에 있는 단백질로 트롬빈에 의해 파이브린으로 변한다.(혈청은 혈장에서 파이브리노젠을 제거한 것이다.)
② 시트르산나트륨이나 옥살산나트륨을 첨가시키게 되면 혈장 속의 Ca^{2+}가 제거되어 프로트롬빈을 트롬빈으로 활성화시키지 못한다. 따라서 트롬빈이 부족해, 파이브린의 양도 많아지지 못한다.

③ 혈액을 유리 막대로 저어주면 파이브린이 제거되어 혈액의 응고를 방지할 수 있다.
④ 저온 처리를 하면 트롬보키나아제, 트롬빈 등의 효소 작용이 억제되어 혈액 응고가 방지된다.
⑤ 트롬보키나아제는 혈소판이 공기 중에 노출이 되었을 때 파괴되면서 방출된다. 혈관 속에서는 혈소판이 파괴되지 않기 때문에 트롬보키네이스를 관찰하기 어렵다. 만약 혈관 내에서 혈소판이 파괴된다 할지라도 간에서 생성되는 헤파린에 의해 혈액의 응고를 막아준다.

34 ㄱ, ㄴ, ㄷ
해설 | ㄱ. 심실은 심장에서 혈액이 나가는 부분으로 특히 온몸으로 혈액을 내보내는 좌심실은 내벽이 가장 두껍고 탄력이 있다.
ㄴ. 심방은 혈액이 들어오는 부분으로 정맥과 연결되어 있다. 온몸을 돌고 들어오는 대정맥은 우심방과 연결되어 있다.
ㄷ. 대정맥과 우심방 사이에 동방결절이 있어 스스로 흥분을 발생시켜 심장 박동이 스스로 이루어질 수 있도록 한다.

35 ②, ④, ⑤, ⑥
해설 | A : 우심방 B : 우심실 C : 좌심방 D : 좌심실
① 심실이 수축할 때 혈액이 심방으로 역류하는 것을 방지하기 위해 심방과 심실 사이에 판막이 있다.(우심방과 우심실 사이 : 삼첨판, 좌심방과 좌심실 사이 : 이첨판)
② D는 좌심실로 혈액을 온몸으로 내보내는 곳이다.
③ 심방이 수축하면 심방의 혈액이 심실로 이동한다. 심실에 모인 혈액은 심실의 수축으로 인해 동맥으로 이동한다. 따라서 심방과 심실 수축은 동시에 일어날 수 없다.
④ A와 C는 심방으로 온몸 또는 폐를 돌고 온 혈액이 심장으로 들어오는 곳이다.
⑤ 좌심실에서 온몸으로 혈액을 내보내 순환시키기 때문에 좌심실 근육이 가장 두껍고 수축하는 힘이 강한 구조로 되어 있다.
⑥ 사람의 심장에서는 동맥혈은 좌심방과 좌심실을 거치고, 정맥혈은 우심방과 우심실을 거친다. 따라서 동맥혈과 정맥혈은 서로 섞이지 않는다.

36 ㉠ 굴심방 결절 ㉡ 방실 결절 ㉢ 푸르키네
해설 | 대정맥과 우심방 사이에 있는 굴심방 결절이 흥분하여 좌우 심방이 수축하고, 이 흥분은 심방과 심실 사이에 있는 방실 결절로 전해진다. 방실 결절의 흥분은 히스 다발을 거쳐 좌우 심실로 넓게 가지를 뻗고 있는 푸르키네 섬유로 전해져 좌우 심실을 수축시킨다.

37 ⑤
해설 | ① 심장 박동의 주기는 약 0.8초(수축기 0.3초 + 휴지기 0.4초 + 확장기 0.1초) 정도로 1분 동안 75회 박동한다.
② 심장을 몸에서 떼어 내어 생리 식염수에 넣어 두면 한동안 심장 박동이 계속 되는데 이것은 심장이 다른 기관과 달리 박동에 필요한 흥분을 스스로 발생시켜 박동할 수 있는 능력이 있기 때문이다. 이를 심장의 자동성이라고 한다.
③ 심한 운동을 하면 근육이 더 많은 에너지를 생성하기 위해 산소를 필요로 한다. 이때 충분한 양의 산소를 공급해주기 위하여 심장 박동은 빨라지게 된다.
④ 심장 박동은 심장의 주기적인 수축, 이완 운동을 말한다.
⑤ 심장 박동의 주기는 확장기 → 수축기 → 휴지기 과정을 거치며 1회 박동한다.

38 ③
해설 | 판막은 혈액의 역류를 방지해주는 역할을 한다. 정맥은 혈압이 낮기 때문에 혈액이 거꾸로 흐르는 것을 방지하기 위해 정맥 내부 곳곳에 판막이 존재한다. 심장 내에서는 심방과 심실 사이와, 심실과 동맥 사이에 위치한다.

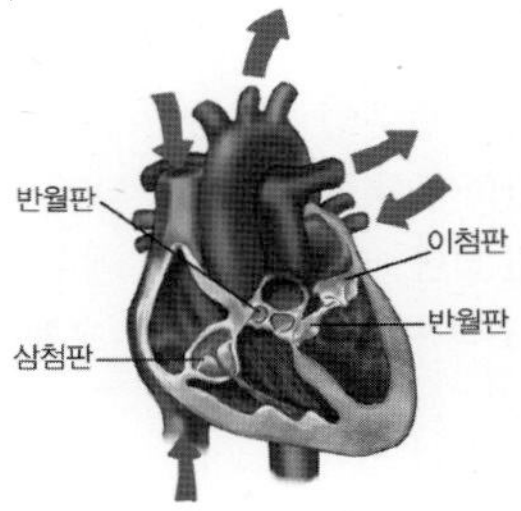

우심방과 우심실 사이 → 삼첨판	우심실과 폐동맥 사이, 좌심실과 대동맥 사이 → 반월판
좌심방과 좌심실 사이 → 이첨판	

39 • 심장 박동 주기 : 0.8초 • 1분당 심박출량 : 5250mL
해설 | 심장 박동의 주기는 수축기에서 또 다른 수축기까지 걸린 시간이다. 그래프에서 좌심실의 체적(부피)이 가장 낮을 때는 좌심실이 수축했음을 의미한다. 따라서 좌심실의 체적이 가장 낮을 때부터 다시 최저가 되는 시점까지 걸리는 시간이 0.8초이므로 심장 박동의 주기는 0.8초이다. 심장 1회 박동시 혈액 70mL이고, 1분 동안에는 75회 심장이 박동하기 때문에 1분 동안 심장에서 방출된 혈액량은 75회 × 70mL = 5250mL이다.

40 ㄴ
해설 | ㄱ. 혈압은 심장에서 밀려 나간 혈액이 혈관벽에 미치는 압력이므로 좌심실이 수축했을 때 최고 혈압이 나타난다.
ㄴ. 심실의 압력이 높아지면 혈액이 좌심방으로 역류할 수 있기 때문에 심방과 심실 사이의 판막 (이첨판, 삼첨판)이 닫힌다.
ㄷ. 좌심방의 압력이 높아지는 때는 혈액이 심실로 들어오는 시기이다. 이때에는 동맥에서 심실로 혈액이 역류할 수 있으므로 심실과 동맥 사이의 판막(반월판)이 닫힌다.

41 ①, ③
해설 |

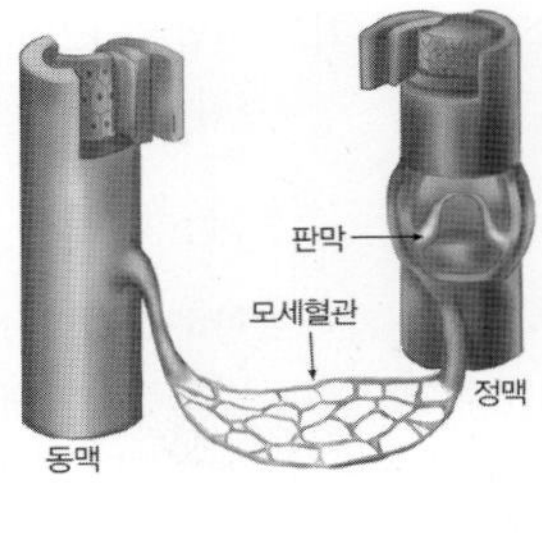

① 혈압은 동맥에 가까울수록 높다.
② 혈액은 심장에서 나와 동맥을 지나 모세혈관을 거쳐 정맥을 통해 심장으로 들어가므로 혈액의 이동 방향은 A → B → C 이다.
③ D는 판막으로 혈액의 역류를 방지해준다. 정맥에 판막이 필요한 이유는 혈압이 낮아 혈액이 역류할 수 있기 때문이다.
④ 판막(D)이 있는 혈관은 정맥이며, 정맥과 동맥을 연결해 주는 혈관은 모세혈관이다. 그러므로 A는 동맥, B는 모세혈관, C는 정맥, D는 판막이다.
⑤ 동맥(A)은 심장에서 가깝기 때문에 혈압이 높다. 높은 혈압을 견디기 위해 동맥(A)은 정맥(C)에 비해 혈관벽이 두껍고 탄력성이 크다.

42 B, 모세혈관

해설 | 모세혈관은 적혈구 한 개가 겨우 지나갈 수 있을 정도로 매우 얇은 혈관으로 혈관벽이 한 층의 세포로 되어 있고, 총 단면적이 동맥이나 정맥보다 훨씬 넓다. 따라서 혈액이 매우 느리게 흐르므로 모세혈관 내의 혈장과 조직 세포 사이의 물질 교환이 효과적으로 이루어진다.

43 ②

해설 | ① 정맥은 혈압이 매우 낮아 혈액이 역류할 수 있기 때문에 판막을 가지고 있다.
② 동맥혈이 흐르는 혈관은 대동맥, 폐정맥이며, 정맥혈이 흐르는 혈관은 대정맥, 폐동맥이다. 따라서 반드시 동맥혈이 동맥 혈관에서 흐르는 것은 아니다.
③ 모세혈관은 동맥과 정맥을 이어 준다.
④ 심장에서 나가는 혈액이 흐르는 혈관은 동맥이다.
⑤ 정맥은 심장으로 들어오는 혈액이 흐르는 혈관이다.

44 (다) - (가) - (나)

해설 | 심장은 수축과 이완 작용(박동)을 통해 혈액을 순환시킨다. 심방이 이완을 하게 되면 혈액이 심방으로 들어오게 된다. 그리고 심방이 수축하게 되면 심방에 있던 혈액이 심실로 이동하게 되면서 심실은 확장하게 된다. 그리고 심실 수축으로 인해 심장에 있던 혈액이 방출된다.

45 ②

해설 | ① 혈압은 심장에서 멀수록 낮아지기 때문에 동맥 > 모세혈관 > 정맥 순서대로 낮아지므로 정맥에서 혈압이 가장 낮다.
②, ⑤ 모세혈관의 총 단면적이 가장 넓기 때문에 혈류 속도는 가장 느려진다. 혈류 속도가 느리므로 모세혈관에서의 물질 교환이 효과적으로 이루어진다.
③, ④ 좌심실이 수축하면 최고 혈압, 좌심실이 이완하면 최저 혈압이 나타난다. 그러므로 최고 혈압은 120mmHg, 최저 혈압은 80mmHg이다.

46 (나), (라)

해설 | 동맥혈은 산소를 많이 포함하고 있어 선홍색을 띤다. 산소의 농도가 높은 혈액(동맥혈)이 흐르는 혈관은 폐에서 기체 교환을 마치고 나온 폐정맥 - 좌심방 - 좌심실 - 대동맥 이다. 정맥혈은 산소의 농도가 낮은 혈액으로 암적색을 띠고 있다. 산소의 농도가 낮은 혈액(정맥혈)은 온몸을 돌고 심장으로 들어가는 대정맥 - 우심방 - 우심실 - 폐동맥이다.

47 ①

해설 | ①, ④, ⑤ 동맥혈은 산소의 농도가 높은 혈액으로 정맥혈이 폐에서 이산화 탄소를 내보내고 산소를 받기 때문에 동맥혈로 바뀐다. 따라서 폐를 지나온 혈액은 산소의 농도가 매우 높다. 동맥혈이 흐르는 혈관은 (C)폐정맥 - (나)좌심방 - (라)좌심실 - (D)대동맥이다.
② 정맥혈은 산소의 농도가 낮은 혈액으로 온몸을 돌면서 산소를 조직 세포에게 건네주고 심장으로 들어가는 혈관에 흐른다. 따라서 (A)대정맥 - (가)우심방 - (다)우심실 - (B)폐동맥에 정맥혈이 흐른다.
③ 폐순환은 폐를 통한 혈액 순환이다. 따라서 (다)우심실 - (B)폐동맥 - 폐(모세혈관) - (C)폐정맥 - (나)좌심방 경로를 따라 이동한다.

48 (1) ㄷ (2) ㄹ

해설 | 온몸 순환(체순환)은 산소와 영양소를 온몸의 조직 세포에 전달하고 이산화 탄소와 노폐물을 받아오는 순환이고, 폐순환은 폐에서 이산화 탄소를 내보내고 산소를 받아오는 순환이다.

개념 심화 문제

정답 170~179쪽

18 ㉠ : B ㉡ : A ㉢ : C ㉣ : A (2) ㄱ, ㄷ, ㄹ 19 ㄴ, ㅁ, ㅂ
20 (1) 적혈구 (2) 폐, 온몸 각 기관(조직 세포) (3) ④ 21 ④
22 ㄴ, ㄷ, ㄹ 23 (1) ㄴ, ㄹ (2) 항원 X 에 대한 기억 세포는 존재하지만, 항원 Y 에 대한 기억 세포는 존재하지 않기 때문에
24 (1) ㄱ, ㄴ, ㄷ, ㅁ (2) A형인 사람의 응집원 A와 B형 사람의 응집소 α 간에 응집 반응이 일어나기 때문이다.
25 (1) ㉠ : 응집소 α ㉡ : 응집소 β (2) 해설참조 (3) ㄱ, ㄹ, ㅂ
26 (1) • A : 혈류 속도 • B : 혈관의 총단면적 • A, B 관계 : A와 B는 반비례 관계이다. (2) ㅂ, ㅅ (3) 혈액의 역류를 막기 위한 판막이 있으며, 정맥 주변 근육 운동에 의해 혈액이 이동한다.
27 (1) ③ (2) ㄱ, ㄴ, ㄹ 28 (1) (가) : C (나) : B (다) : A (라) : D (2) ㄴ, ㄹ 29 (1) A : (가) B : (다) C : (가) D : (다) E : (나) F : (나) (2) ②, ⑤ 30 ㄷ, ㄹ, ㅁ, ㅂ

18 ㉠ : B ㉡ : A ㉢ : C ㉣ : A (2) ㄱ, ㄷ, ㄹ

해설 | (1) A - 적혈구 : 헤모글로빈이 들어 있어 산소를 운반한다. 헤모글로빈은 혈액 색소로서 혈액이 붉은 색을 띠게 한다. 적혈구 막 표면에는 응집원이 있어 응집원의 종류에 따라 A형, B형, AB형, O형으로 구분한다. B - 백혈구 : 아메바 운동을 하여 모양과 크기가 일정하지 않으며 식균 작용을 통해 병원균을 직접 제거한다. 따라서 몸에 세균 감염이나 염증이 생기면 백혈구의 수가 증가한다. C - 혈소판 : 골수 내에 있던 큰 세포로부터 갈라져 나온 세포 조각으로 공기와 접촉하게 되면 트롬보키네이스라는 효소의 작용으로 혈액을 응고시켜 지혈 작용에 중요한 역할을 한다.
(2)

정상인에 비하여 적혈구 수가 많다. 따라서 산소 운반이 보다 효율적으로 일어나야만 하는 특수한 지역 (고산지대)에 살고 있음을 추리할 수 있다.

혈소판의 수가 적기 때문에 혈소판의 기능인 혈액 응고 기능에 이상이 생겨 지혈이 잘 안되는 증상이 나타난다.

구분	정상인	세이	경진	희정	성환
A	450만~500만	300만	700만	450만	500만
B	7000~8000	7500	7000	20000	7500
C	25만~35만	25만	25만	35만	10만

정상인에 비해 적혈구의 수가 적다. 따라서 적혈구의 기능인 산소 운반 능력이 저하되어 빈혈 증상을 보일 것이다.

백혈구 수치가 정상인보다 높은 것으로 보아 몸의 어느 부위에 염증이 생기거나 세균성 질병에 감염되었음을 알 수 있다.

19 ㄴ, ㅁ, ㅂ

해설 |

시험관	반응	결과
A (ㄹ)	저온 처리를 하면 트롬보키네이스, 트롬빈 등 효소의 작용이 억제되므로 혈액의 응고를 방지할 수 있다.	혈액 응고 방지
B (ㄷ)	공기와 접하게 되면 혈소판 내의 트롬보키네이스 효소의 작용으로 혈장에 있는 프로트롬빈이 트롬빈으로 바뀌고, 트롬빈이 다시 파이브리노젠을 파이브린으로 변화시켜 혈구와 엉기면서 혈액이 응고된다.	혈액 응고
C (ㅂ)	진공 상태에서는 혈소판이 파괴되지 않기 때문에 혈액 응고 작용이 일어나지 않는다.	혈액 응고 방지
D (ㅁ)	시트르산나트륨 또는 옥살산나트륨을 첨가하면 혈장 속의 Ca^{2+} 가 제거되어 혈액의 응고를 방지할 수 있다.	혈액 응고 방지
E (ㄱ)	Ca^{2+} 는 트롬보키네이스와 함께 프로트롬빈을 트롬빈으로 활성화시키기 때문에 Ca^{2+} 를 첨가하게 되면 혈액이 응고된다.	혈액 응고
(ㄴ)	헤파린 또는 히루딘을 첨가하면 각각 트롬빈의 생성 및 작용을 억제하여 혈액 응고를 방지해 준다. 헤파린은 사람의 간에서 생성되며, 히루딘은 거머리의 침 속에 들어 있다.	혈액 응고 방지

20 (1) **적혈구** (2) **폐, 온몸 각 기관(조직 세포)** (3) ④

해설 | (1) 산소를 운반하는 것은 적혈구로서, 산소는 적혈구 속에 들어 있는 헤모글로빈과 결합하여 운반된다.

(2) 그림 (가)는 산소가 헤모글로빈과 결합하는 과정으로 우리 몸에서 혈액이 폐를 지날 때 이루어진다. 폐는 호흡에 의해 외부에서 받아들인 산소로 인해 산소 분압이 높고 반대로 이산화 탄소의 분압은 낮다. 폐에서 받아들인 산소는 혈액에 의해 운반되어 조직 세포로 이동하게 되는데, 조직 세포에서는 에너지를 생성하기 위해 산소를 소모하므로 산소의 분압이 낮고 이산화 탄소의 분압이 높은 상태이다. 따라서 혈액의 산소가 분리되어 조직 세포와 혈액 사이에 산소와 이산화 탄소를 교환하게 된다.

(3) 이산화 탄소는 물 분자와 결합하여 탄산(H_2CO_3)을 형성하므로 대사가 활발한 조직에서는 이산화 탄소 발생에 의해 pH 가 떨어지게 되며, 이러한 변화는 헤모글로빈에서 산소가 방출되도록 유도한다. 단백질로 구성되어 있는 헤모글로빈은 다른 단백질과 마찬가지로 단백질의 구조에 영향을 미치는 온도, pH 에 따라 영향을 받는다. pH 가 떨어지면 헤모글로빈의 산소 친화도 역시 떨어지는데 이를 보어효과(Bohr shift)또는 보어변위라 한다.

21 ④

해설 | ① 휴식을 취할 때에 각 기관에 흐르는 혈류량은 서로 다르다.

② 식사 후에 운동을 하게 되면 소화 기관으로 공급되는 혈류량이 적어져 소화 기관의 활동이 둔해지기 때문에 소화가 잘 이루어지지 않는다.

③ 운동을 할 때와 쉴 때 뇌에 공급되는 혈류량은 비슷하다.

④ 신장으로 공급되는 혈류량은 운동을 할 때보다 휴식을 취할 때 더 많다.

⑤ 운동을 할 때 심장에 공급되는 혈류량은 쉴 때에 비해 2배 정도 증가하므로 혈액에 의해 운반되는 산소와 영양소도 2배 정도 증가한다.

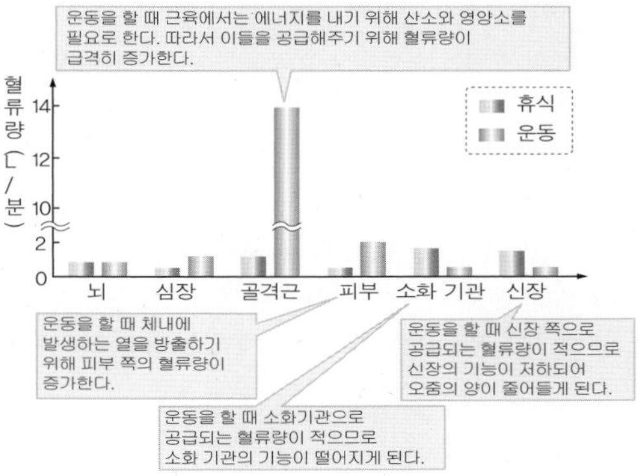

22 ㄴ, ㄷ, ㄹ

해설 | ㄱ. 혈액 응고는 항원-항체 반응이 아니라 혈소판이 파괴됨과 동시에 효소의 작용에 의해 진행되는 과정이다.(응집원과 응집소에 의한 혈액 응집은 항원-항체 반응의 예임)

ㄴ, ㄷ, ㄹ. 항원-항체 반응으로는 항원을 침전시키는 침전 반응과 외부에서 들어온 세균이나 바이러스 등이 항원으로 작용하여 항체와 결합시키는 응집 반응, 세균독소나 바이러스를 중화시키는 중화반응이 있다.

23 (1) ㄴ, ㄹ (2) 항원 X 에 대한 기억 세포는 존재하지만, 항원 Y 에 대한 기억 세포는 존재하지 않기 때문에

해설 | (1) 같은 항원이 2차 침입을 하게 되면 1차 침입했을 때 B림프구의 일부가 기억 세포로 남아 있기 때문에 빠르게 형질 세포로 분화, 증식하여 항체를 생성한다. 따라서 잠복기가 거의 없으며, 다량의 항체를 신속하게 생산하고 이로 인해 항원에 의해 나타나는 질병이나 증상이 거의 나타나지 않게 된다.

(2) 항원 X는 1차 투여했을 때 B 림프구의 일부가 기억 세포로 남아있어 2차 투여했을 때 기억세포에 의해 빠르게 항체를 생성할 수 있다. 하지만 특정 항체는 특정 항원에만 작용하기 때문에 항원 Y에 대한 항체는 없다. 따라서 항원 Y에 대한 1차 면역 반응에 의해 소량의 항체만 형성된다. 또한, 항원 Y에 대한 1차 면역 반응이 이전에 일어나지 않았기 때문에 기억 세포가 형성되지 않아 항원 X와 같이 빠르게 항체를 생성할 수 없다.

- 면역 반응

항원이 제거된 후 같은 항원의 재침입 시 신속하게 항체가 생성되어 같은 병에 다시는 걸리지 않게 되는 현상

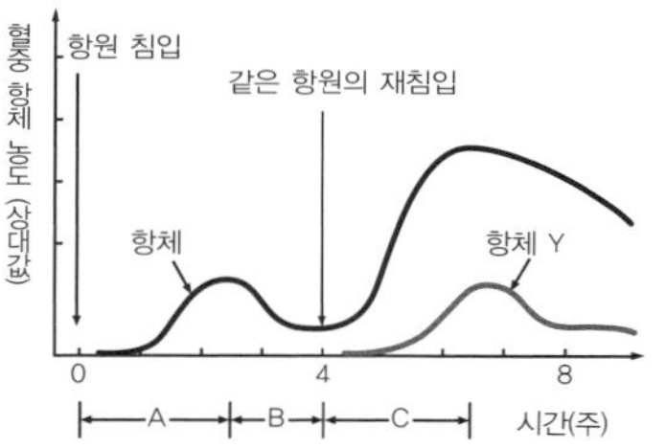

- 1차 면역 : 항원이 처음 침입했을 때 소량의 항체와 기억 세포가 생긴다.
- 2차 면역 : 같은 항원이 재침입하면, 이전의 기억세포에 의해 다량의 항체가 빠른 시간에 생성된다.

24 (1) ㄱ, ㄴ, ㄷ, ㅁ (2) A형인 사람의 응집원 A와 B형 사람의 응집소 α 간에 응집 반응이 일어나기 때문이다.

해설 | 응집원 A만 있으면 A형, 응집원 B만 있으면 B형, 응집원 A와 B가 둘 다 있으면 AB형, 응집원 A와 B가 둘 다 없으면 O형이라고 한다.

(1) ㄱ. 혈장에는 항체로 작용하는 응집소가 있다.

ㄴ. 적혈구의 막 표면에는 항원으로 작용하는 응집원이 있다.

ㄷ. 혈장에 있는 응집소는 α 와 β 두 종류가 있다.

ㄹ. ABO식 혈액형의 응집원으로는 응집원 A와 응집원 B 두 종류가 있다.

ㅁ. 혈액형은 A형, B형, O형, AB형 네 종류가 있다.

ㅂ. 적혈구 막 표면에 있는 응집원에 따라 혈액형의 종류가 나누어진다.

ㅅ. 응집원은 항원으로 작용하여 혈장에 있는 응집소와 응집 반응을 일으킨다.

25 (1) ㉠ : 응집소 α ㉡ : 응집소 β

(2)

구분	영희	영수	철수
혈장	ㄱ, ㄴ	-	ㄴ
혈구	(라)	(다)	(가)

(3) ㄱ, ㄹ, ㅂ

해설 | 제시된 표를 분석하여 먼저 각 학생의 혈액형을 판정한 후 각 혈액형에 해당되는 응집원과 응집소를 찾는다.

(1) 항 A 혈청에는 응집소 α가 존재하므로 이에 응집 반응을 나타내면 응집원 A가 있는 것이다. 항 B 혈청에는 응집소 β가 존재하므로 이에 응집 반응을 나타내면 응집원 B가 있는 것이다. 따라서 영희는 O형, 영수는 AB형, 철수는 A형이다.

구분	영희	영수	철수
항 A 혈청 (B형 표준 혈청) → 응집소 α 존재	응집 X	응집 O	응집 O
항 B 혈청 (A형 표준 혈청) → 응집소 β 존재	응집 X	응집 O	응집 X
혈액형 판정	O형	AB형	A형

(2) 그림 2는 응집원과 응집소를 나타낸 모식도이다. 응집원 A의 모양을 통해 이 응집원과 결합할 수 있는 응집소 α가 (ㄱ)이라는 것을 알 수 있다. (나)는 응집원 B이고 이 응집원과 결합이 가능한 응집소 β는 (ㄴ)이다. 예를 들어 혈액형이 B형인 경우 적혈구 표면에 (나)응집원 B가 있다. 혈장 속에 응집소 β(ㄴ)가 들어 있으면 항원-항체 반응에 의해 혈액이 응집되므로 응집소 α(ㄱ)가 들어 있다. 따라서 O형인 영희는 응집원이 없는 (라)적혈구가 있고, 혈장에는 응집소 α(ㄱ)와 응집소 β(ㄴ)를 가지고 있다. AB형인 영수는 적혈구 표면에 (가)응집원 A와 (나)응집원 B를 가지고 있고, 혈장에는 응집소가 없다. A형인 철수는 (가)응집원 A 와 응집소 β(ㄴ)가 들어 있다.

(3) ㄱ. 수혈은 주는 사람의 응집원과 받는 사람의 응집소가 응집 반응이 일어나지 않을 때 가능하다. 영희는 O형이므로 응집원 A, B가 모두 없다. 그리고 영수는 AB형이므로 응집소 α, β가 없다. 따라서 영희의 혈액을 영수에게 수혈했을 때 응집 반응이 일어나지 않으므로 수혈할 수 있다. 하지만 O형 혈장에 응집소 α, β가 모두 있기 때문에 AB형의 혈구에 있는 응집원 A, B와 응집 반응이 일어날 수 있으므로 소량의 수혈만 가능하다.

ㄴ. A형인 철수의 혈장에는 응집원 A와 응집 반응을 일으키지 않아야하므로 응집소 β(ㄴ)가 들어 있다.

ㄷ. 영희는 O형이므로 적혈구 표면에 응집원을 가지고 있지 않다.

ㄹ. 철수의 혈액형은 A형이므로 적혈구의 막 표면에 응집원 A를 가지고 있다.

ㅁ. AB형인 영수는 응집원 A와 B를 모두 가지고 있어 A형인 철수에게 수혈을 하면 A형의 응집소 β와 응집 반응이 일어나기 때문에 수혈할 수 없다. 하지만 반대로 응집원 A가 들어 있는 철수의 혈액을 응집소가 없는 AB형에게 수혈할 경우 응집 반응이 일어나지 않기 때문에 수혈이 가능하다.(다만, 소량만 수혈 가능)

ㅂ. 혈청이란 혈장에서 혈장 단백질인 파이브리노젠이 제거된 것이다. 따라서 O형 영희의 혈청에는 응집소 α와 β가 모두 들어 있다. 이 혈액을 A형인 철수의 혈액과 섞으면 혈구에 있는 응집원 A와 영희의 응집소 α가 응집 반응을 일으키게 된다.

26 (1) • A : 혈류 속도 • B : 혈관의 총 단면적 • A, B 관계 : A와 B는 반비례 관계이다. (2) ㅂ, ㅅ (3) 혈액의 역류를 막기 위한 판막이 있으며, 정맥 주변 근육 운동에 의해 혈액이 이동한다.

해설 | (1) A는 동맥 혈관을 지나므로 심장의 수축, 이완 운동(박동)에 의해 파형을 이루고 모세혈관으로 가면서 가장 낮아지다가 정맥에서 다시 큰 값을 나타내므로 혈류 속도를 나타낸다. B는 모세혈관에서 가장 큰 값을 나타내고 정맥 그리고 동맥 순으로 나타나기 때문에 총 단면적을 의미한다. (혈류 속도와 총 단면적은 반비례한다.)

(2) ㄱ. 모세혈관은 적혈구 하나가 겨우 빠져나갈 정도의 굵기이다. 그럼에도 혈압은 정맥에 비해 크기 때문에 혈압과 혈관 굵기는 비례한다고 할 수 없다.

ㄴ. 좌심실에서 강한 수축이 일어나기 때문에 좌심실과 연결된 동맥에서 혈압이 가장 높게 나타난다.

ㄷ. 정맥에서는 혈압이 (-)값을 가진다. 따라서 정맥에서의 혈액은 판막과 주변 근육의 수축 운동에 의해 흐른다.

ㄹ. 정맥에서는 혈압이 매우 낮음에도 불구하고 혈류 속도는 모세혈관에 비해 빠르다.

ㅁ. 혈압의 크기는 심장에서 가장 가까운 순서에 따라 동맥 > 모세혈관 > 정맥 순으로 작아진다.

ㅂ. 좌심실이 수축할 때 혈압이 올라가고, 좌심실이 이완하면 혈압이

내려가는 과정을 반복하기 때문에 동맥에서 혈류 속도는 물결 모양을 나타낸다.
ㅅ. 모세혈관에서 혈류 속도가 가장 느리다. 따라서 주변 조직과의 물질 교환이 보다 효율적으로 일어나게 된다.
(3) 정맥에서의 혈액은 정맥 주변 근육의 수축과 이완 운동에 의해 생긴 압력과 판막의 역할로 혈액이 심장 쪽으로 이동한다.

27 (1) ③ (2) ㄱ, ㄴ, ㄹ
해설 | (1) B 시기일 때 좌심실의 압력이 대동맥과 좌심방보다 높으므로 이첨판은 닫혀 있고, 반월판은 열려 있다. 따라서 혈액이 좌심실에서 대동맥으로 흐르게 된다.

시기	압력 비교	혈액 이동	판막 개폐
A	대동맥 > 좌심실 > 좌심방	혈액 이동 없음	반월판 닫힘 이첨판 닫힘
B	좌심실 > 대동맥 > 좌심방	좌심실 → 대동맥	반월판 열림 이첨판 닫힘
C	대동맥 > 좌심실 > 좌심방	혈액 이동 없음	반월판 닫힘 이첨판 닫힘
D	대동맥 > 좌심방 > 좌심실	좌심방 → 좌심실	반월판 닫힘 이첨판 열림

(2) ㄱ. 최고 혈압은 좌심실이 강하게 수축하며 대동맥으로 혈액이 밀려나가는 시기이므로 B 시기이다.
ㄴ. B 시기에는 좌심실의 압력이 대동맥보다 높아 반월판이 열려 있지만, C 시기로 넘어갈 때 좌심실의 압력이 대동맥보다 낮아지므로 반월판이 닫히게 된다.
ㄷ. C 시기에는 좌심실의 압력이 좌심방보다 높아서 혈액의 역류를 막기 위해 이첨판이 닫혀 있지만, D 시기로 넘어갈 때 좌심실의 압력이 좌심방보다 낮아지므로 이첨판이 열려 혈액이 좌심방에서 좌심실로 흐르게 된다.
ㄹ. C 시기는 압력이 대동맥 > 좌심실 > 좌심방 순이므로 혈액의 역류를 막기 위해 이첨판과 반월판이 모두 닫혀 있다. 따라서 심장에서는 일시적으로 좌심방에서 좌심실로, 좌심실에서 대동맥으로 혈액이 흐르지 않는다.
ㅁ. 좌심실이 수축하여 좌심실의 압력이 대동맥의 압력보다 높은 시기는 B 시기이다. 이때 혈액은 좌심실에서 대동맥으로 흐른다.

28 (1) (가) : C (나) : B (다) : A (라) : D (2) ㄴ, ㄹ
해설 | (1) A 시기에는 좌심실의 부피가 증가하므로 좌심방의 수축에 의해 혈액이 좌심방에서 좌심실로 이동하는 (다) 상태이다. B 시기에는 좌심실의 부피가 최대이므로 압력도 최대 상태이다. 따라서 좌심실이 수축을 시작하는 상태인 (나)이다. C 시기에는 좌심실의 부피가 감소하므로 좌심실의 수축에 의해 좌심실의 혈액이 대동맥으로 빠져 나가는 (가) 상태이다. D 시기에는 좌심실의 부피가 최소로 줄어들게 되므로 좌심실의 압력이 가장 낮은 상태가 될 것이며, 이때 심장은 혈액이 온몸을 돌고 심방으로 들어가게 되는 (라) 상태이다.
(2) ㄱ. A 시기는 심실이 이완된 상태이다. 심실이 이완될 때는 이첨판과 삼첨판이 열리면서 심방으로부터 심실로 혈액이 들어온다. D시기에는 이첨판이 닫혀 있다.(심방에서 심실로 혈액이 이동하지 않음)
ㄴ. C 시기는 제 1심음 직후부터 제 2심음 직전까지의 시기로 심실 수축기에 해당하기 때문에 심실과 연결된 대동맥 사이의 반월판이 열려 혈액이 대동맥으로 흐른다.
ㄷ. 제 2심음은 심실에서 혈액이 나갈 때 열렸던 반월판이 닫히면서 나는 소리이다. 따라서 제 2심음이 발생하고 난 후 혈액은 심방에서 심실로 이동하게 된다.
ㄹ. 제 1심음은 심실 수축기에 발생한다. 심실이 수축할 때는 심방으로의 혈액의 역류를 막기 위해 이첨판과 삼첨판이 닫히는데 이때 제 1심음이 발생한다.

29 (1) A : (가) B : (다) C : (가) D : (다) E : (나) F : (나)
(2) ②, ⑤
해설 | (1)

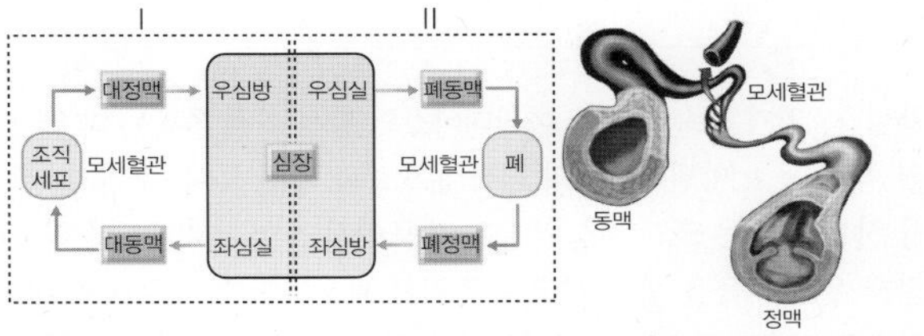

(2) ① 가장 굵은 혈관은 높은 혈압을 견뎌야 하는 대동맥이기 때문에 A가 해당된다.
② 좌심실에서 강한 수축이 일어나기 때문에 좌심실과 연결된 대동맥(A)에서 혈압이 가장 높게 나타난다.
③ 대정맥(B)은 조직 세포로부터 이산화 탄소와 노폐물을 받아오는 혈관이다. 따라서 이산화 탄소의 농도가 높은 정맥혈이 흐른다. 산소가 풍부한 혈액은 동맥혈이다.
④ D는 폐정맥으로 폐의 모세혈관을 거치면서 산소를 얻기 때문에 산소가 풍부한 동맥혈이 흐른다. 혈관벽이 두껍고 탄력성이 큰 것은 좌심실의 강한 수축에 의해 높은 혈압을 견뎌야 하는 대동맥(A)이다.
⑤ 정맥혈은 온몸을 돌면서 이산화 탄소를 받은 혈액으로 대정맥(B) → 우심방 → 우심실 → 폐동맥(C)을 거쳐 폐로 들어간다. 폐에서 다시 이산화 탄소와 산소의 기체 교환이 일어나 산소의 농도가 높은 동맥혈로 바뀌게 된다. 따라서 정맥혈이 흐르는 심장 부위는 우심방과 우심실이다.
⑥ Ⅰ는 좌심실 → 대동맥 → 온몸(조직 세포) → 대정맥 → 우심실을 거치는 온몸 순환(체순환)의 경로로 동맥혈이 이산화 탄소와 노폐물이 풍부한 정맥혈로 바뀌는 흐름이다.
Ⅱ는 우심실 → 폐동맥 → 폐 → 폐정맥 → 좌심방을 거치는 폐순환의 경로로 정맥혈이 산소가 풍부한 동맥혈로 바뀌는 흐름이다.

30 ㄷ, ㄹ, ㅁ, ㅂ
해설 | 동맥과 정맥을 일정 시간 동안 흐르는 적혈구가 모세혈관을 흐를 때, 각 모세혈관을 흐르는 적혈구의 속도는 총 단면적이 넓은 만큼 느려지는 것을 알 수 있다. 즉, 모세혈관은 총단면적이 커서 혈류 속도가 느리므로 주변 조직과 물질 교환이 용이하다.

창의력을 키우는 문제

180 ~ 193쪽

01. 논리 서술형

(1) 종자가 발아할 때는 씨앗에 저장되어 있는 양분을 분해하기 위해 아밀레이스 성분이 나온다. 엿기름도 발아한 보리이므로 맑은 물에는 아밀레이스 성분이 있다. 이 아밀레이스에 의해 밥(녹말)이 엿당으로 분해되었기 때문에 단맛이 나는 것이다.
(2) 식혜는 아밀레이스 소화 효소에 의해 만들어지므로 온도와 pH의 영향을 받는다. 따라서 소화 효소인 아밀레이스가 들어 있는 맑은 물을 끓여서 밥에 붓게 되면 아밀레이스가 변성되어 밥(녹말)을 엿당으로 분해하지 못하게 되고 결국 단맛이 나지 않게 될 것이다.

해설 | 엿기름 속에 든 β 아밀레이스의 활성 최적 온도는 약 55 ℃로 침 속에 든 α 아밀레이스의 최적 온도보다 훨씬 높다. 따라서 엿기름을 사용할 때는 55℃ 이상의 온도의 물에서 풀어 우려내어야 한다. 이렇게 우려낸 물을 밥에 붓고 따뜻하게 보온하면 엿기름 속의 아밀레이스의 작용으로 밥알의 녹말이 엿당으로 분해되어 독특한 맛과 향이 나는 식혜가 완성된다.

02. 단계적 문제 해결형

(1) 아무 것도 넣지 않은 C 비커에 있는 쇠고기보다 A, B 비커에 있는 쇠고기가 더 연해졌다.
(2) 펩신
(3) 파인애플, 키위 등 과일에는 단백질을 분해하는 소화 효소 성분이 들어 있다.
(4) 35 ~ 40℃ 의 온도를 유지해준다, 염산 용액을 넣어서 산성으로 만든다. 이처럼 몸속의 위와 비슷한 환경을 만들어준다.
(5) 식혜를 만들 때 사용하는 엿기름에는 녹말을 분해하는 소화 효소인 아밀레이스가 있다, 냉면이나 메밀 국수와 함께 먹는 무에도 소화 효소가 있어 소화를 돕는다.

해설 | 파인애플에는 단백질의 소화를 돕는 '브로멜라인'이라는 효소가 들어있다. 이 효소는 소화 기관을 정화하고 활성화하며 콜레스테롤 수치를 낮추는데 도움을 준다. 또한 키위에는 단백질을 분해하는 소화 효소인 '액티나딘'이 들어있다. 이렇게 과일 속에 들어있는 소화 효소 성분이 단백질을 분해시켜 고기를 연하고 부드럽게 만들어 주기 때문에 불고기를 양념할 때 과일이 많이 사용되며, 식후에 과일 쥬스를 갈아 마심으로써 소화 작용에 도움을 받기도 한다. 무에는 아밀레이스와 같은 소화 효소인 다이스테이스가 들어 있어 전분, 녹말과 같은 탄수화물을 분해한다.

03. 논리 서술형

(1) C 시험관, 초식동물(토끼)은 셀룰로오스를 분해하는 소화 효소인 셀룰레이스를 가지고 있는 것이 아니라 위 속에 공생하는 세균이 셀룰레이스를 형성하여 분해할 수 있는 것이다.
(2) 곡물 알갱이를 원료로 쓰지 않고 풀, 나뭇가지, 건초 등을 사용하여 알코올을 생성하는 방법이 있다. 이 물질(풀, 나뭇가지, 건초 등)을 분해하기 위해서는 다음과 같은 일이 선행되어야 한다.
- 셀룰레이스를 체내에 가지고 있는 달팽이를 대량으로 사육하여 달팽이가 먹이로 사용하는 식물에서 에탄올을 추출할 수 있도록 한다.
- 토끼같은 초식 동물 몸속에 있는 미생물을 대량으로 배양한다. 이 미생물은 셀룰로오스를 직접 분해할 수 있기 때문에 식물에서 에탄올을 추출하는 것이 가능해 진다.
- 흰개미의 몸속에 있는 미생물을 대량으로 배양하거나, 미생물의 유전자를 파악하여 인위적인 생산을 하여 식물에 적용시킴으로써 에탄올을 얻을 수 있다. 흰개미는 딱딱한 나무를 주식으로 하기 때문에 식량으로 이용되는 옥수수나 곡식류 등을 이용할 필요가 없어 식량난도 줄일 수 있다.

해설 | (1) A, C 시험관 : 초식 동물인 토끼는 스스로 셀룰로오스를 분해하는 소화 효소를 가지고 있는 것이 아니라 위에 들어 있는 미생물이 셀룰로오스를 분해하여 그 분해 산물을 흡수하는 것이다. 따라서 A 시험관에서는 셀룰로오스 분해가 일어나지 않아 포도당이 형성되지 않으므로 베네딕트 반응을 보이지 않는다.
B, D 시험관 : 사람은 셀룰로오스 분해 효소를 가지고 있지 않다. 섭취하는 셀룰로오스의 일부는 대장에서 서식하는 대장균에 의해 분해되기도 한다. 따라서 사람의 위 분비액이나 위에서 분리한 미생물에 의해 셀룰로오스가 분해되기 어려우므로 베네딕트 반응은 일어나지 않는다.
(2) 에탄올을 생산하는 가장 중요한 단계는 식물의 세포벽을 파괴하고 방출되는 당류를 발효시키는 것이다. 현재의 기술은 식물의 셀룰로오스를 소화시킬 수 있는 셀룰레이스를 가지고 있는 미생물을 이용하는 것이다. 그 중 대안으로 각광받고 있는 것이 흰개미이다. 흰개미는 나무를 잘 갉아먹는다. 연구진은 흰개미의 소화 기관에서 추출한 미생물이 1000여 종류의 나무를 소화하는 데 탁월하다는 사실을 발견했다. 나무에는 섬유 성분이 많이 포함돼 있어서 흰개미의 미생물을 잘 배양해 셀룰로오스를 분해하면 이를 박테리아가 먹게 되고 에탄올을 추출할 수 있는 것이다.

04. 논리 서술형

(1) 위에서는 염산이 분비되므로 pH 2 정도로 강한 산성을 띤다. 유산균은 강한 산성에서 생존율이 낮기 때문에 캡슐에 싸여 있지 않은 유산균은 대부분 위에서 죽고 소장까지 살아서 도달하는 유산균은 적다.

(2) 유산균을 싸는 캡슐막은 강한 산성인 위에서 소화되지 않는 성분이어야 하므로 지방이나, 다당류 형태의 성분으로 이루어진 얇은 막이다. 위를 통과한 캡슐은 십이지장을 거치면서 라이페이스에 의해 분해되고 소장을 통과하며 대장으로 넘어가 제 역할을 할 수 있는 것이다.
(3) • 아침 식사 후에 • 이유 : 밤 사이에 위액은 지속적으로 분비되기 때문에 위의 산성도는 매우 높아지게 된다. 따라서 아침에 식사 전에 유산균이 들어 있는 요구르트를 먹게 되면 위액의 강한 산성에 의해 유산균이 생존할 수 없게 된다.

해설 | 유산균을 보호하는 지방막은 전체 크기가 10 - 40μm정도이고, 막의 두께는 1μm 이하이다. 즉 우리가 혀로 막을 느끼기는 어려운 두께다. 물론 소비자들이 느낄 수 있도록 1.5mm 두께의 막에 유산균을 포함시킨 경우도 있다. 이 경우에는 요구르트 150mL 안에 2백 개 이상의 캡슐이 들어있고, 1개의 캡슐 안에는 2백만 마리 이상의 유산균이 들어 있다. 캡슐이라고 해서 내부가 비어 있는 것은 아니다. 캡슐 내부의 중간에는 기포들이 있는데, 여기에 유산균들이 자리하고 있다. 또 유산균들의 먹이인 분유도 포함되어 있다.

05. 논리 서술형

(1) 소화제에는 3대 영양소인 다당류, 지방, 단백질을 분해시킬 수 있는 소화 효소와 지방의 소화를 돕는 쓸개즙 성분 등이 들어 있어서 신체에서 분비되는 소화 효소의 기능을 도와주어야 한다. 소화제의 조건으로는 섭취했을 때 체내에서 소화 기능을 도와주는 작용 외에 부작용이 일어나지 않아야 한다. 즉 인체에 해가 없어야 한다. 또한 거부 반응이 일어나서는 안되며, 중독성을 가진 물질이 포함되어 있으면 안된다.
(2) 소화제는 위장 내의 알코올이 혈액으로 배출되도록 촉진시켜 알코올이 혈액으로 보다 빨리 흡수되도록 하기 때문에 혈중 알코올 농도를 급격히 상승시킬 수 있으므로 술을 마시고 소화제를 먹는 행동은 옳지 못하다.
(3) 약들의 유효 성분이 칼슘과 결합하여 체외로 빠져나가기 때문이다.

해설 | 소화제란 소화 불량, 식욕 감퇴, 과식, 식체, 위부 팽만감, 가스 제거, 소화 촉진을 목적으로 사용되는 의약품을 말한다. 소화제 자체는 인체에 해가 없으면서 기존의 소화 과정이 빠르고 확실하게 일어나도록 돕는 보조 수단이다. 소화제에는 보통 섭취된 음식 중의 당질, 단백질, 지방, 섬유소 등을 분해 · 소화시키는 소화 효소와 체내 소화액인 담즙 성분으로서 지방의 소화를 돕는 이담(利膽)제, 위장 운동을 촉진시키는 건위(健胃)생약 및 장내 가스를 제거해 주는 제산제, 위염(胃炎) 등으로 손상된 장점막 재생을 돕는 점막 수복제 등이 유효 성분으로 배합되어 있어 소화를 돕게 된다.

06. 단계적 문제 해결형

(1) 심한 운동을 하게 되면 혈액이 근육에 더 많은 양의 산소를 전달해야 하기 때문에 심장의 수축 이완 운동이 빨라진다. 이렇게 지속적인 훈련과정을 거치게 되면 심장의 수축, 이완 운동에 의해 근육양이 늘어나게 되어 마라톤 선수의 심장이 일반인보다 크게 된다.
(2) 좌심실 : 좌심실의 강한 수축에 의해 온 몸으로 혈액이 흐르면서 근육에 산소를 전달해 주기 때문에 좌심실의 운동에 의해 근육이 발달할 것이다.

(3) 산소가 희박한 고지에서 운동을 하는 경우에는 운동 시 필요한 산소를 공급해 주어야 하기 때문에 호흡수가 평소보다 더 가빠진다. 따라서 평지에서 사는 사람이 고지에서 트레이닝을 하면 적혈구량이 증가하며, 운동 후 평지에 내려왔을 때 심박수는 평소보다 감소하게 된다.

해설 | 고지대의 낮은 기압은 낮은 산소 분압을 의미하며 이로 인해 달리기 경기에 있어서 매우 중요한 산소 공급과 관련된 심장의 수축, 이완 운동에 결정적인 역할을 한다. 고지대에서는 신체 조직으로 산소 전달이 감소되어 저산소증(Hypoxia)이 일어나게 된다. 이러한 불리한 환경적 상황은 환기량 및 심박수 증가, 피로도의 증가, 산소 섭취량 감소, 수분 손실의 증가, 식욕 감소를 일으키게 되고 인체의 기능은 저하된 상태에서 힘든 훈련에 적응하게 된다. 이러한 환경에 적응되면 결국 달리기 능력과 관계있는 인체 기능을 향상시킬 수 있으므로 고지 트레이닝을 실시하는 것이다.

07. 단계적 문제 해결형

(1) 우리 몸의 심장은 비교적 위쪽에 위치하기 때문에 다리의 혈액이 심장으로 돌아가려면 다리의 정맥에서 혈액이 중력에 거슬러서 올라가야 한다. 정맥의 혈압이 거의 음압인데도 혈액순환이 가능한 이유는 정막 내 판막이 혈액의 역류를 막아주고 혈관 주변의 근육이 수축, 이완해 줌으로써 혈액을 이동시켜주기 때문이다. 그런데 오래 서 있으면 주변 근육들의 수축, 이완 작용이 약해져서 혈액이 심장 쪽으로 잘 이동하지 못하게 된다. 그러면서 혈액이 다리의 정맥에 모이게 되고 정맥이 팽창하여 다리가 붓게 되는 것이다.
(2) 근육의 수축과 이완을 통해 정맥의 혈액을 심장 쪽으로 잘 이동시켜 주어 모세혈관의 혈장이 조직 세포 사이로 빠져 나가 세포와 세포 사이가 늘어나 붓는 것을 방지해 준다.
(3) 걷기 운동 또는 다리를 심장보다 높혀 주는 등 정맥에서의 혈액이 심장 방향으로 잘 흐를 수 있도록 하는 방법이 있다.

해설 | 혈압은 혈장이 모세혈관에서 조직으로 빠져 나오게 하는 압력이고, 혈장 삼투압은 조직액이 모세혈관 속으로 들어가게 하는 압

력이다.

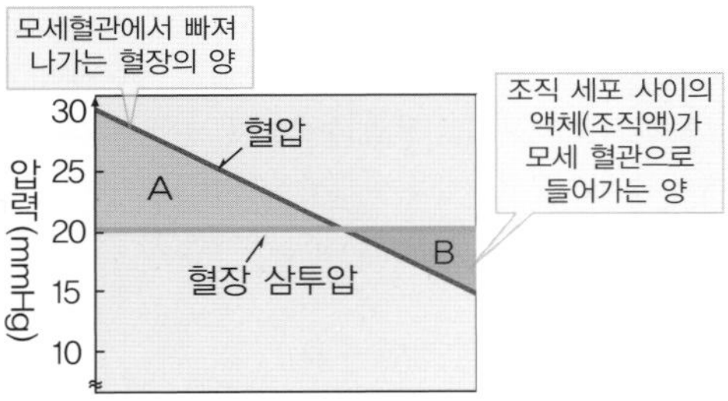

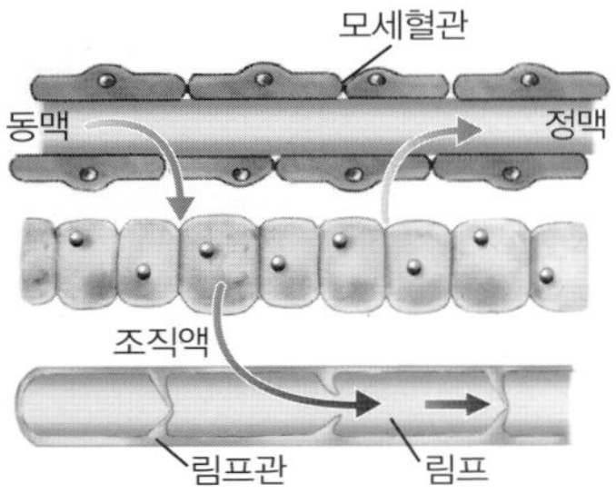

08. 추리 단답형

(1) 혈액을 황산구리 용액에 떨어뜨렸을 때 비중이 낮아 뜨게 되면 적혈구의 수가 상대적으로 적은 것이므로 산소의 운반이 제대로 이루어지지 않아 빈혈 증상이 나타나기 쉽기 때문이다.
(2) 혈관 A는 정맥이므로 보통 피부 가까이에 분포하며, 혈압이 낮기 때문에 혈액의 역류를 방지하기 위한 판막이 있다.
(3) 혈액을 보관할 때 응고되는 것을 방지하기 위한 항응고제

09. 논리 서술형

(1) 백혈병에 의해 미성숙한 백혈구의 수는 늘어나는 대신 다른 혈구의 수가 감소하게 된다. 따라서 적혈구 감소로 인해 빈혈증상 (어지러움, 호흡 곤란, 두통, 피로감 등)이 나타나게 되고 제 기능을 하는 백혈구가 감소로 인해 세균에 쉽게 감염된다. 또한 혈소판 감소로 인해 피멍이 잘 들며 잇몸, 코 등에 자주 피가 나고 잘멈추지 않는다.
(2) 골수에는 혈액을 만드는 세포인 조혈모 세포가 들어 있기 때문에 환자의 비정상적인 골수를 제거하고 몸에 건강한 골수를 이식하게 되면 새로운 적혈구 및 백혈구 및 혈소판이 생성된다.
(3) 골수 이식을 받게 되면 조혈모 세포에 의해 새로운 적혈구가 생성되기 때문에 생성된 적혈구 막 표면의 응집원에 따라 혈액형이 바뀔 수 있다.

해설 | 골수 이식은 중증 재생불량성 빈혈, 급성 골수성 백혈병, 급성 임파구성 백혈병, 만성 골수성 백혈병, 골수 이형성 증후군 등 악성 혈액 질환을 치료하는 방법으로, 먼저 환자의 병적 상태인 골수 세포를 완전 제거하기 위해 대량의 항암 화학 요법이나 전신 방사선 조사를 실시하여 질병을 치료한 다음, 파괴된 환자의 골수 기능을 회복시키기 위해 골수 조직형이 일치하는 건강한 공여자의 골수 세포를 채취하여 정맥 내로 주입하여 환자의 골수 내에 생착되도록 하여 정상적인 조혈 기능을 하도록 하는 치료법이다.

10. 단계적 문제 해결형

(1) (나)
(2) 약한 병원균을 인체 내에 투입시켜 그 병원균에 대한 항체를 스스로 만들게 함으로써 같은 병원균이 침투했을 때 방어할 수 있도록 면역력을 길러준다.
(3) 독감은 인플루엔자라는 바이러스에 의한 것이므로 백신을 만들 수 있지만, 감기 바이러스는 작은 변이를 일으키기 때문에 바이러스의 종류가 수백 종에 이른다. 그러므로 수백 종에 이르는 감기 바이러스를 예상하기 힘들기 때문에 백신을 만드는 데 어려움이 있다.

해설 |

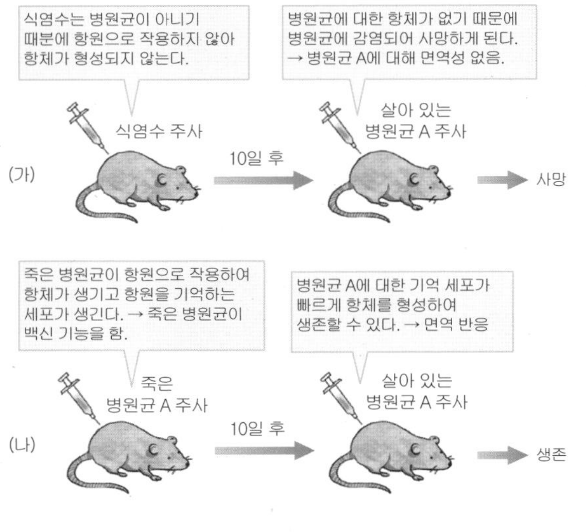

11. 단계적 문제 해결형

(1) C, 효소의 작용이 가장 활발할 때의 온도
(2) 온도가 낮으면 반응 속도가 감소하므로 음식물을 냉장고에 보관한다.
(3) 단백질, 온도가 높아지면 효소가 변성되어 촉매 작용을 잘 하지 못하기 때문이다.

해설 | (2) 효소의 반응 속도는 온도의 영향을 받는데, 낮은 온도에서는 반응 속도가 감소하므로(효소의 작용이 활발하지 않은 것이므로 변성이 일어나는 것은 아님) 음식물을 냉장고에 오랫동안 보관할 수 있다.
(3) 효소의 주성분은 단백질이다. 단백질은 열에 약하므로 D 온도에

서는 단백질 구조가 변하는 변성이 일어나 반응 속도가 크게 낮아지게 된다.

12. 단계적 문제 해결형

(1) 시험관 A 에서는 아이오딘-아이오딘화칼륨 용액에 의해 녹말이 검출되지 않으나, 시험관 B에는 포도당이 있으므로 베네딕트 용액에 황적색으로 검출된다.
(2) 세포막, 세포막을 통과할 수 있는 작은 입자로 분해하기 위해서

해설 | 시험관 A 에 넣은 튜브 속의 녹말은 입자가 커서 셀로판 튜브를 빠져 나오지 못하지만 시험관 B에 넣은 튜브 속의 포도당은 셀로판 튜브를 통과하여 밖으로 빠져 나온다. 그러므로 B시험관에서만 베네딕트 반응이 나타나 청색이 황적색으로 변하게 된다. 이처럼 우리가 섭취한 영양소가 세포까지 운반되기 위해서는 작은 입자 크기로 분해되어야 하기 때문에 소화 과정이 필요하다.

13. 단계적 문제 해결형

(1) ㉠ : 아밀레이스 ㉡ : 말테이스 ㉢ : 펩신 ㉣ : 트립신 ㉤ : 펩티데이스 ㉥ : 라이페이스 (가) : 포도당 (나) : 아미노산 (다) : 지방산과 모노글리세리드
(2) 위액 속에는 염산(HCl)이 있어 위 속을 산성으로 만들고 이자에서 십이지장으로 탄산수소 나트륨($NaHCO_3$)이 분비되어 산성의 음식물을 중화시킨다.

해설 | 위에서 작용하는 펩신은 산성에서 작용하므로 위액 속에는 강산인 염산이 들어 있어 펩신이 작용할 수 있는 조건을 만든다. 또한, 위로부터 강한 산성을 띤 내용물이 십이지장으로 내려오면 이자에서 십이지장으로 탄산수소 나트륨($NaHCO_3$)이 분비되어 산성의 음식물을 중화시킨다.

14. 단계적 문제 해결형

(1) • A : 두 심방의 수축으로 혈액이 심방에서 심실로 들어온다.
• B : 두 심실이 수축하면서 혈액이 각각 폐동맥과 대동맥으로 나간다. • C : 심방과 심실이 이완되면서 혈액이 심방과 심실로 들어온다.
(2) • B : 심실에서 심방으로의 혈액의 역류를 방지하기 위해 심방과 심실 사이에 있는 판막(이첨판, 삼첨판)이 닫히므로 혈액이 심방에서 심실로 흐른다. 그 후, 심실과 혈관 사이의 판막(반월판)이 열려 심실에서 혈관으로 혈액이 흐른다. • C : 심실과 동맥 사이의 판막(반월판)이 닫히므로 혈관에서 심실로 혈액이 흐르지 않는다. 즉, 혈액은 심실에서 혈관으로 흐른다.
(3) 심장병을 앓고 있는 사람은 정상인보다 심장 박동이 불규칙하고 빈번하게 일어나고 있다. 즉, 심장병을 앓고 있는 사람의 심전도에서 PQ, ST의 시간이 짧게 나타나는 것으로 보아 심방에서 심실로 혈액 이동이 원활하게 일어나지 않는다. 따라서 심장병 환자는 심방 근육이 약해졌거나, 심방과 심실 사이의 판막이 손상되어 제대로 작동(잘 열리지 않음)하지 않을 것이다.

해설 | (1), (2) 혈액의 흐름은 압력의 차이에 의해 일어나게 된다. 즉 심방이나 심실의 수축으로 압력이 커지면 심방에서 심실로 심실에서 동맥으로의 혈류가 생기게 된다. 또한, 좌심방과 좌심실 사이에는 이첨판, 우심방과 우심실 사이에는 삼첨판, 심실과 동맥 사이에는 반월판이 있어 혈액의 역류를 막는다.
(3) 심전도는 심장의 이상을 측정할 때 많이 이용되는데, 박동 주기를 정상인과 비교하여 보면 박동이 빈번하게 일어나고 주기도 규칙적이지 않음을 알 수 있다.

15. 논리 서술형

(1) 섭취한 고기 속의 유기물은 소화 기관을 거쳐 흡수할 수 있는 상태의 작은 입자로 분해된 후, 소장의 융털 돌기 속으로 흡수되어 혈액을 통해 심장으로 들어오고 심장 박동 시 좌심실에서 대동맥으로 나간 혈액 속의 영양소는 치타의 근육 세포에 도달하게 된다.
(2) 근육 세포의 미토콘드리아에서 포도당은 물과 이산화 탄소로 분해되며 포도당 속의 에너지는 ATP 형태의 에너지로 전환되어 근육의 운동에 쓰인다.

해설 | (1) 치타가 사냥하여 섭취한 유기물(단백질이나 지방 등)은 소화 기관을 거치며, 세포 내로 흡수될 수 있는 작은 단위로 분해되어 소장을 거쳐 흡수되고 혈액 순환을 통해 필요한 세포로 전해진다.
(2) 세포의 미토콘드리아에서는 전달된 영양소는 산소로 분해하는 호흡 과정을 통해 분해되고 생명활동에 필요한 여러 에너지로 전환된다.

16. 추리 단답형

(1) 임신 후기나 분만 시에 아기의 Rh 응집원이 모체로 전해지면 모체 내에 응집소(항체)가 형성되고 둘째 아기를 임신하였을 때 태반을 통해 항체가 전달되어 아기의 적혈구를 파괴하게 된다.
(2) 첫 아기를 출산한 직후, 모체의 체내에 생긴 항체를 없애는 주사를 맞는다.
(3) Rh 응집소는 태반을 통해 태아에게로 확산될 수 있지만, ABO식 혈액형의 응집소는 크기가 커서 태반을 통과하지 못한다.

해설 | Rh^- 형인 엄마가 Rh^+ 형인 아이를 임신했을 때 임신 후기나 분만 시에 아기의 Rh 응집원이 모체로 전해지면 모체 내에 응집소(항체)가 형성된다. 첫째 아기는 무사히 낳을 수 있더라도 둘째 아기를 임

신하였을 때 이미 모체 내에 생긴 크기가 작은 항체는 태반을 통해 태아에게 전달되어 태어의 적혈구를 파괴한다. 미숙한 적혈구만 남게 되는 태아는 적아 세포증으로 유산된다. 때문에 출산 직 후 모체 내에 생긴 항체를 제거하는 항항체 주사를 맞으면 다음 아기도 건강하게 출산할 수 있다.

대회 기출 문제

정답 194 ~ 205쪽

01 ㄴ, ㄹ　02 ㄱ, ㄹ　03 ①, ②, ③
04 ㄱ, ㄴ　05 (1) X (2) O (3) O　06 ㄱ, ㄷ
07 ㅁ　08 ①, ②　09 ㄱ, ㄴ, ㄷ, ㅁ
10 ㄱ, ㄴ, ㄹ　11 ②　12 ㄹ　13 (1) a, g, 1 (2) g, 7, 5, f, d　14 ㄹ　15 (1) F (2) A (3) B (4) E (5) G　16 ①　17 ①　18 ②
19 ②　20 ①, ③, ④　21 ③　22 ⑤
23 ①　24 (1) 식균 작용 (2) 혈장
25 (1) 심방에서 심실로 혈액이 이동 (2) 80회 (3) 1분
26 ㄱ, ㄴ, ㅁ　27 (가) < (나) < (다) • 이유 : 해설참조
28 ③, ④

01 ㄴ, ㄹ

해설 | ㄱ. 쓸개즙과 콩기름이 섞여 있는 시험관에서는 소화가 전혀 일어나지 않았기 때문에 소화 효소가 없다는 사실을 알 수 있다.
ㄴ. 쓸개즙은 소화 효소는 아니지만 지방이 라이페이스에 의해 소화되는 과정을 도와 지방이 효과적으로 소화되도록 한다.
ㄷ. 콩기름과 소화액이 섞인 시험관의 소화 정도 그래프는 일정한 비율로 증가하는 것이 아니기 때문에 소화 정도가 동일한 속도로 이루어지지 않는다.
ㄹ. 쓸개즙은 소화 효소는 아니지만 지방을 작은 덩어리로 잘게 분해시키는 유화 작용을 통해 물과 잘 섞이게 하며, 지방의 소화가 효과적으로 일어나도록 돕는다. 이는 비누의 세탁 작용과 비슷한 원리이다.

02 ㄱ, ㄹ

해설 | ㄱ. 세 영양소의 최종 분해 상태가 되는 곳은 모두 소장이다.
ㄴ. 지방은 소장에서 소화가 일어나며, 단백질과 지방의 소화되는 정도의 기울기를 비교했을 때 지방이 더 빠른 시간 안에 최종 분해 상태에 도달하는 것을 볼 수 있다.
ㄷ. 영양소마다 소화 기관을 거칠 때 분비되는 특정 소화 효소에 의해 순차적으로 소화가 일어난다. 따라서 물에 잘 녹는 특징을 가진 영양소라고 분해가 빨리 일어나는 것은 아니다.
ㄹ. 녹말은 입에서 초기 상태에서 중간 분해 상태로 바뀌기 때문에 소화가 입에서 처음 일어난다고 할 수 있다. 단백질은 위에서 초기 상태에서 중간 분해 상태로 바뀌는 과정이 일어나므로 위에서 분해가 처음 시작된다.

03 ①, ②, ③

해설 | ① 그래프에서 당뇨병 환자는 정상인에 비하여 전체적으로 그래프가 높으므로 당뇨병 환자가 정상인보다 혈당량이 높다는 것을 알 수 있다.
② 당 검사지에는 포도당 산화 효소가 들어있다. 만일 오줌에 포도당이 있으면 포도당이 산화되고 이때 발생하는 과산화수소가 검사지의 페록시데이스라는 효소와 반응하여 청색으로 변한다.
③ 정상인은 식사 후 혈당량이 빠른 시간 안에 최고값에 오르고 4시간이 채 안 걸리는 시간 동안 혈당이 거의 절반으로 줄어들게 된다. 하지만 당뇨병 환자는 4시간이 지나도 처음 혈당보다 높은 상태를 지속적으로 유지한다.
④ 제시된 그래프는 정상인의 일반 상태일 때 혈당량을 나타낸 것이다. 오히려 운동을 하게 되면 혈액 속의 혈당량이 소모되기 때문에 혈당량은 그래프의 값보다 낮아지게 된다.
⑤ 정상인은 식사 후 1시간 이내에 혈당량이 최고값에 도달한다. 반면에 당뇨병 환자는 1시간 이후에 혈당량이 최고값에 도달한다. 따라서 정상인은 당뇨병 환자에 비해 혈당이 최고값에 도달하는데 걸리는 시간이 짧다.

04 ㄱ, ㄴ

해설 | 제시된 표를 분석해 보면 탄수화물은 단식을 시작한지 1주 후에 몸속에 하나도 남아 있지 않게 된다. 지방은 3주 후에도 6.0kg이 남아 있으며, 3주 동안 소모량은 6kg이다.(12.0-6.0) 단백질은 3주 후에 몸속에 남아 있는 질량이 10.4로 3주 동안 소모량은 1.6kg(12.0-10.4)이다. 따라서 같은 시간 동안 지방과 단백질의 소모량을 비교하면 지방의 소모량이 매우 크다.
ㄱ. 같은 시간 동안 소모되는 영양소양을 비교해 보면 영양소마다 그 속도가 다름을 알 수 있다.
ㄴ. 탄수화물이 1주일 후에 몸속에 남아있지 않으므로 가장 먼저 소모되어 없어진 것이다.
ㄷ. 단백질과 탄수화물은 1g당 4kcal, 지방은 1g당 9kcal의 열량을 낸다. 따라서 우리 몸속에 저장되어 있는 영양소 중 같은 양으로 가장 큰 에너지를 내는 지방이 우리 몸에 에너지를 저장하기에 적합한 형태이다.
ㄹ. 단식 시작 후 1주일 동안 탄수화물, 지방, 단백질의 양이 모두 감소하였기 때문에 세 영양소가 동시에 소모되는 것을 알 수 있다.

05 (1) X (2) O (3) O

해설 | ㄱ. 포유류는 2심방 2심실이지만 심방과 심실 사이에는 혈액의 역류를 방지하기 위한 판막이 있으며 심방끼리, 심실끼리는 서로 혈액이 흐르지 않기 때문에 정맥혈과 동맥혈이 섞이지 않는다.
ㄴ. 혈액을 심장에서 내보내는 방은 심실로 포유류는 좌심실과 우심실 2개가 있기 때문에 심실이 1개인 어류보다 많다.
ㄷ. 어류의 심장은 1심방 1심실이기 때문에 아가미의 모세혈관에서 산소를 받아들인 혈액이 바로 체세포 모세혈관으로 이동하여 산소를 건네주고, 이산화 탄소를 받은 후 다시 심장으로 들어오게 된다.

06 ㄱ, ㄷ

해설 | ㄱ. 시간이 지날수록 녹말의 양은 줄어들고 엿당이 많아지므로 아밀라아제에 의해 녹말이 엿당으로 분해되었음을 알 수 있다.
ㄴ. 아밀라아제는 처음이나 끝이나 그 양이 변하지 않음으로 반응 과정에서 다른 물질로 변하지 않는다.
ㄷ. 녹말이 분해되는 속도가 처음 20분 동안은 기울기가 급하게 기울어져 있기 때문에 빠르다는 것을 짐작할 수 있으며, 20분 이후에는 기

울기가 완만해지며 분해되는 속도가 감소한다.
ㄹ. 녹말이 분해되면서 에너지가 일부 방출이 되기 때문에 같은 양의 녹말과 엿당을 비교하면 녹말이 가진 에너지량이 엿당보다 크다.

07 ㅁ
해설 | ㄱ. 운동을 하는 동안에는 혈당량이 감소하다가 어느정도 지나면 다시 혈당량이 증가한다.
ㄴ. 혈당량이 항상 식사량에 비례하여 증가하는 것은 아니다. 탄수화물 종류를 많이 섭취하면 혈당량이 더 증가하는 경향이 있다.
ㄷ. 식사 후 어느정도 시간이 흐른 뒤에 혈당량이 오른다.
ㄹ. 그래프 상에서 식사와 운동이 혈당량 변화에 미치는 영향은 비슷해 보인다.
ㅁ. 운동을 시작하면 바로 혈당량이 줄어들기 시작하였다가 다시 회복된다.

08 ①, ②
해설 | ① 가슴샘을 제거한 쥐가 면역 체계를 잃었기 때문에 가슴샘이 면역 기능을 담당하는 것을 짐작할 수 있다. 또한 면역이란 이전의 항원이 침입했을 때 기억 세포가 생성되어 있다가 같은 항원의 2차 침입 시 빠르게 항체를 생성하여 질병의 예방하는 것이기 때문에 가슴샘에서 항원에 대한 기억 기능이 있는 것이라 할 수 있다.
② 정상 쥐의 경우 2차 접종했을 때 항체가 빠른 시간 안에 많은 양이 생성되었기 때문에 두 번 접종하는 것이 질병 예방에 효과가 있음을 알 수 있다.
③ 가슴샘을 제거한 쥐의 경우 2차 접종했을 때 오히려 1차 접종 때보다 항체 생성량이 줄어든 것을 그래프를 통해 확인할 수 있다. 따라서 가슴샘을 제거한 쥐는 여러 차례 예방 접종하는 것이 효과가 없다.
④ 새로운 항원을 2차 접종 때 같이 주입하였더라도 새로운 항원은 쥐의 체내에서는 항원에 대한 기억 세포가 없으므로 항체가 바로 만들어지지 않는다. 항체가 만들어지기까지 시간이 필요하다.
⑤ 면역력은 체내에 침입한 이전의 항원에 대한 항체가 형성되어 질병을 예방하는 것이기 때문에 정상 쥐와 가슴샘을 제거한 쥐를 같은 공간에 넣어 사육하는 것은 아무런 영향을 주지 않는다.

09 ㄱ, ㄴ, ㄷ, ㅁ
해설 | 비만인 사람의 동맥의 혈관벽에 지방 성분이 쌓이면 혈액이 흐르는 단면적이 좁아지면서 혈압이 높아진다.
ㄱ, ㅁ. 혈관벽이 좁아지면 상대적으로 혈압은 증가하게 되므로 높은 혈압에 의해 혈관벽이 터질 수도 있다.
ㄴ. 혈액의 흐르는 양은 좁아진 혈관으로 인해 그 양이 다소 줄어들게 된다.
ㄷ. 혈액의 구성 성분은 변하지 않는다.
ㄹ. 정상인의 혈관벽은 A이다.

10 ㄱ, ㄴ, ㄹ
해설 | ㄱ. 붉은색을 띠는 적혈구를 통해 출혈 유무를 알아볼 수 있다.
ㄴ. 적혈구는 둥글고 부드럽기 때문에 미세한 모세혈관 속에서 서로 엉키지 않고 잘 흘러간다.
ㄷ. 병원균이 침입했을 때 대항하는 것은 백혈구로 세포막이 적혈구에 비해 단단한 편이다.
ㄹ. 적혈구가 도너츠 모양처럼 납작하게 생겨서 기체와 접촉할 수 있는 면적이 증가되어 기체 교환이 효율적으로 일어나게 한다.

11 ②
해설 | ①, ⑤ 병원균이 처음 침입한 A는 두 번째 침입한 B에 비해 항체가 생성되는 시간이 길고 항체의 양도 적다.
② 같은 항원이 재차 침입을 하게 되면 1차 침입했을 때 몸 속에 기억 세포가 형성되어 있어 더 빠른 시간에 많은 양의 항체가 생성될 수 있다.
③ 병원균이 두 번째 침투하였을 때 더 빠른 시간에 많은 양의 항체를 생성하게 되므로 효과적으로 질병에 대항할 수 있다.

12 ㄹ
해설 | ㄱ. 비정상적인 적혈구는 말라리아의 감염에 의해 생기는 것이 아니라 유전자의 변화에 의해 발생하는 것이다.
ㄴ. 비정상적인 적혈구를 가진 사람이 말라리아 감염 지역에서 오히려 평균 수명이 긴 것으로 보아 비정상적인 적혈구가 말라리아에 대해 저항성을 가질 것이라고 추리할 수 있다.
ㄷ. 비정상적인 적혈구가 말라리아에 대해 저항성을 가져서 수명 연장 효과를 나타내는데, 이는 빈혈에 의한 수명 단축 효과보다 상대적으로 크다는 것을 나타낸다.
ㄹ. 말라리아가 많이 발생하는 지역에서는 비정상적인 적혈구가 말라리아에 대한 저항성을 가지기 때문에 평균 수명이 길어져 오히려 말라리아가 발생하지 않는 지역에 비해 비정상적인 적혈구를 가진 사람의 비율이 높게 나타난다.

13 (1) a, g, 1 (2) g, 7, 5, f, d
해설 | (1) 탄수화물이 최초로 소화되는 기관은 입이며, 미처 분해 과정을 거치지 못한 탄수화물의 분해가 일어나는 기관이 소장(십이지장)이다. 입에서는 침 속의 아밀레이스에 의해 분해되며, 소장(십이지장)에서는 이자액에 포함되어 있는 아밀레이스에 의해 분해되어 탄수화물은 이당류인 엿당이 된다.
(2) 지방이 최초로 소화되는 기관은 소장(십이지장)이다. 이곳에서 이장액에 포함되어 있는 라이페이스에 의해 소화된다. 이 과정에서 쓸개즙에 의해 소화 과정의 효과가 촉진된다. 라이페이스의 생성 장소는 이자이며, 쓸개즙은 간에서 생성되어 쓸개에 저장되어 있다가 십이지장으로 분비된다.

14 ㄹ
해설 | ㄱ. 위 속에서는 단백질의 소화가 최초로 일어나며, 소화 효소 펩신에 의해 폴리펩타이드(펩톤) 형태로 분해과정이 일어난다.
ㄴ. 소장에서는 화학적 소화가 일어나는 동시에 흡수 작용도 일어난다. 소장의 벽면은 무수히 많은 융털로 되어 있어 영양소의 최종 분해 산물을 흡수한다. 물은 대장에서 흡수된다.
ㄷ. 대장에서는 소화액이 분비되지 않기 때문에 화학적 소화가 일어나지 않는다. 대장의 주요 기능은 수분을 흡수하는 것이며, 연동 운동에 의해 대변을 밖으로 배출한다. 이 밖에도 대장에서는 대장균에 의해 섬유소를 분해한다.

15 (1) F (2) A (3) B (4) E (5) G
해설 | 폐로 들어가는 혈액은 우심실의 수축에 의해 이동하며, 우심실과 연결되어 있는 폐동맥을 통해 폐로 들어간다. 폐에서는 이산화탄소와 산소의 기체 교환이 일어나 혈액은 산소를 가득 채운 상태가 되어 폐를 나온다. 산소의 농도가 높은 혈액은 폐정맥을 통해 좌심방으로 들어가게 되며 좌심실로 이동한다. 그리고 좌심실의 수축에 의해 대동맥을 통해 온몸으로 퍼져 나간다.

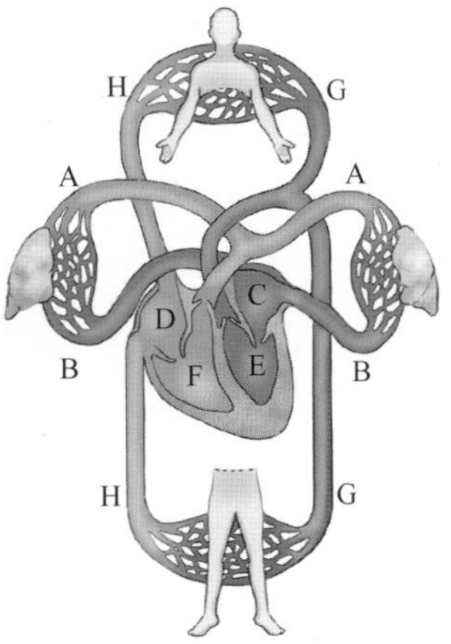

A	폐동맥
B	폐정맥
C	좌심방
D	우심방
E	좌심실
F	우심실
G	대동맥
H	대정맥

16 ①
해설 | Rh^+ A형을 가진 사람은 응집원 A와 Rh 응집원을 가지고 있다. 따라서 응집원 A와 응집소 α를 포함한 (가)항 A 혈청을 섞으면 응집 반응이 나타나야 한다. 또한 Rh^+ 응집원을 가지고 있으므로 Rh 응집소를 가지고 있는 항 Rh 혈청과 혈액을 섞었을 때 응집 반응이 일어나야 한다.

구분	항 A 혈청	항 B 혈청	항 Rh 혈청
응집소 종류	응집소 α	응집소 β	응집소 Rh

〈 Rh식 혈액형 〉
Rh식 혈액형은 란트슈타이너가 개발하였다. 아프리카산 붉은 털 원숭이 혈액(Rh 응집원을 가지고 있음)을 토끼에게 주사하면 항체가 생성된다. 그 항체가 바로 Rh 응집소이다. 따라서 이 토끼의 혈청이 곧 Rh식 혈청인 것이다. 이 혈청에 혈액을 떨어뜨려 응집이 되면 Rh^+, 응집이 안 되면 Rh^- 형이다.
- Rh^+ : 응집원 있음, 응집소 없음
- Rh^- : 응집원 없음, 응집소는 Rh^+형 혈액이 체내에 들어올 때 형성됨

17 ①
해설 | 산성도에 따른 아밀레이스의 활성 정도를 알아보기 위해서는 다른 조건들은 모두 고정시킨 채(변인 통제), 산성도만 달리 하여(변인 조작) 수행해야 한다. 따라서 산성도와 아밀레이스의 관계를 알아보기 위해서는 시험관 A, C, D가 적당하다.
온도에 따른 아밀레이스의 활성 정도를 알아보기 위해서는 다른 조건들은 모두 고정시킨 채, 오로지 온도만 달리하여(변인 조작) 실험해야 한다. 따라서 온도와 아밀레이스의 관계를 알아보기 위해서는 시험관 A, E, H가 적당하다.

18 ②
해설 | 위의 안쪽을 보면 점액에 덮힌 무수한 주름이, 작은 산맥처럼 연결되어 있다. 위 속이 음식물로 가득 차면 이 주름이 평평하게 늘어나서 1 리터 이상의 음식물을 받아들일 수 있게 된다.

19 ②
해설 | 쓸개즙은 소화 효소는 아니지만 지방을 잘게 분해해 주어 라이페이스와의 접촉 면적을 넓혀줌으로써 지방의 소화가 효과적으로 일어나도록 도와준다. 쓸개즙은 지용성 영양소의 소화와 흡수에 영향을 주기 때문에 쓸개즙이 없다면 지용성 영양소들의 흡수 기능이 떨어지게 된다.

20 ①, ③, ④
해설 | 혈액 응고 작용은 효소에 관련된 일련의 단계적 과정으로 일어난다. 혈소판이 공기 중에 노출이 되면 혈소판의 트롬보키네이스가 분비되며 혈장 속의 Ca^{2+}와 함께 프로트롬빈을 트롬빈으로 활성화시킨다. 트롬빈은 혈장 속의 파이브리노젠을 파이브린으로 만들어 혈구와 엉기면서 혈액을 응고시킨다.

21 ③
해설 | 모세혈관에서 혈류 속도가 가장 느리기 때문에 조직 세포와의 물질 교환 및 기체 교환이 매우 유리하다.

22 ⑤
해설 | 수혈을 할 때는 혈액을 주는 사람의 응집원이 혈액을 받는 사람의 응집소와 응집 반응이 일어나서는 안된다. O형에는 응집원 A, B 두 종류가 모두 없기 때문에 어떠한 혈액형의 사람에게 주어도 응집 반응이 일어나지 않는다. 하지만 O형 혈장에는 응집소 α와 β가 있어 다른 혈액형의 응집원과 응집 반응을 일으킬 수 있으므로 소량의 수혈만 가능하다.

23 ①
해설 | 심장(우심실)에서 폐로 들어간 혈액은 산소를 받아 다시 심장(좌심방)으로 들어가게 되며, 좌심실의 수축에 의해 온몸으로 흘러나가 모세혈관을 통해 조직 세포와 물질 교환 및 기체 교환을 하고 다시 심장(우심방)으로 들어오는 순환의 과정을 거친다.

24 (1) 식균 작용 (2) 혈장
해설 | (1) A는 백혈구로 주요 기능은 체내에 침입한 세균을 잡아먹는 식균 작용과 항체를 생성하여 병원체를 제거하는 면역 작용을 한다.
(2) 혈장은 혈액의 액체 성분으로 90% 이상이 물로 이루어져 있으며, 영양소 및 노폐물, 효소 등을 운반한다.

25 (1) 심방에서 심실로 혈액이 이동 (2) 80회 (3) 1분
해설 | (1) 점 P 에서 심방의 수축이 일어나고 있으므로 이로 인해 심방의 혈액이 심실로 이동하게 된다.
(2) (가)에서 심장이 1회 박동하는 데 걸리는 시간은 0.75초이므로 1분(60초) 동안 심장 박동수는 80회이다.

(3) 1회 심장이 박동할 때 심박 출량이 70 mL 이므로 체내에 있는 혈액의 총량인 5.6 L 가 모두 체내를 돌려면 심장은 80회 박동해야 한다. 심장이 80회 박동하는 데 걸리는 시간은 1분이므로 체내 모든 혈액이 심장을 1번씩 통과하는 데 걸리는 시간 또한 1분이다.

26 ㄱ, ㄴ, ㅁ
해설 | A는 탄수화물, B는 단백질, C는 지방이다.
ㄷ. C는 주로 소장에서 소화되므로 지방이다.
ㄹ. B(단백질)의 최종 분해 산물은 아미노산이다. 뷰렛 반응은 단백질 검출 방법이다.
ㅁ. 수용성 영양소인 단백질의 최종 분해 산물(아미노산)은 소장 융털의 모세혈관으로 흡수된다.

27 (가) < (나) < (다) • 이유 : (가)에 넣은 적혈구는 적혈구 밖으로 나가는 물보다 적혈구 내로 들어오는 물이 더 많아 팽윤 상태가 되다가 터지는 용혈 현상이 일어났으므로 (가) 용액은 적혈구 내부의 농도보다 낮은 저장액이다. (나)에 넣은 적혈구는 적혈구 안팎으로 이동하는 물의 양이 같아(물의 이동이 균형을 이루고 있어) 적혈구 부피의 변화가 없는 것처럼 보이므로 (나) 용액은 적혈구 내부의 농도와 거의 비슷한 등장액이다. (다)에 넣은 적혈구는 적혈구 안으로 들어오는 물보다 적혈구 밖으로 나가는 물이 많아 적혈구는 쭈그러들었으므로 (다) 용액은 적혈구 내부의 농도보다 높은 고장액이다.
해설 | A는 적혈구, B는 백혈구, C는 혈소판, D는 혈장이다.

28 ③, ④
해설 | ① 운동하는 동안 인슐린량은 오히려 줄어들었다.
②, ③ 식사 후 30분에 최고에 이르는 것은 혈당량이며, 혈당량이 증가하면 곧 인슐린량도 최고에 이른다.
⑤ 인슐린은 혈당량을 감소시키는 호르몬이다.(혈액 내의 포도당을 세포 내로 유입해 다시 다당류(글리코겐)의 형태로 저장하는 작용을 촉진시킨다.)

imagine infinitely

206 ~ 207쪽

Q1. • 큰 에너지를 필요로 하기 때문에 배터리의 규모가 커지게 되고, 결국 전체적인 장치의 크기가 커지게 된다는 문제점이 있다.
• 인공심장 박동기를 달았다는 것 자체가 강제로 심장을 뛰게 하는 것이므로 심장에 과부하가 걸릴 수 있다. 심장이 쉬는 틈틈히 심장과 혈관에 쌓인 노폐물을 배출해야 하는데, 과부하는 이런 노폐물을 더 쌓이게 만들 것이다. 왜냐하면 심장이 쉬고 싶을 때 전기충격으로 강제로 움직이게 하면 그것은 심장의 잠재에너지를 폭발시키는 것이기 때문이다. 그만큼 인공심장의 수명이 단축될 수 있어 인공심장의 교체 기간이 짧아진다. 또한, 인공심장을 교차하는 일은 단순히 배터리를 교체하는 것 처럼 쉬운 일이 아니기 때문에 위험하다.
해설 | 인공심장 장치의 크기를 작게하기 위해서는 고성능 배터리를 개발해야 한다. 기계 장치 안에서 혈액의 응고가 되지 않도록 하는 기술 또한 필요하다.

Ⅳ. 자극과 반응 (1)

개념 보기

Q1 • 두꺼워진다 • 커진다 Q2 b, c, e Q3 실무율
Q4 뉴런 Q5 감각 뉴런 Q6 ㉠ : 음(-) ㉡ : 양(+)
Q7 도약 전도 Q8 흥분의 전달 Q9 Z선
Q10 활주 필라멘트 모델(활주설) Q11 a, e Q12 ATP

개념 확인 문제

정답 222~226쪽

자극의 감각
01 ⑤ 02 ⑤ 03 ③ 04 ㉠ : (가) ㉡ : (나) ㉢ : 오목 렌즈 ㉣ : 볼록 렌즈 05 ① 06 ④ 07 ①
08 (1) A, 고막 (2) B, 귓속뼈 (3) D, 달팽이관 (4) E, 귀인두관
09 ③ 10 (1) B, 전정 기관 (2) A, 반고리관 11 ④
12 ①, ③, ④ 13 ④ 14 ③ 15 ③
자극의 수용과 반응
16 ①, ②, ④ 17 ④ 18 4 19 압각 20 25g
자극의 전달
21 (1) A, 가지 돌기 (2) C, 축삭 돌기 (3) B, 신경 세포체
22 B, C 23 ㄴ, ㄹ 24 ② 25 (1) X (2) O (3) X (4) O 26 ⑤ 27 ㄷ 28 ④
29 아세틸콜린
근수축 운동
30 (1) 마이오신 필라멘트 (2) C, M선 (3) A, Z선 31 ㄱ
32 ㄱ 33 ㉠ : 근육 섬유 ㉡ : 근육 원섬유 34 ㄱ
35 ㄱ, ㄷ 36 ①, ⑤

01 ⑤
해설 | ① A : 각막 - 눈의 가장 바깥쪽의 막으로 눈을 보호한다.
② B : 홍채 - 동공의 크기를 조절하여 눈으로 들어오는 빛의 양을 조절한다.
③ C : 수정체 - 빛을 굴절시켜 상이 망막에 맺히도록 한다.
④ D : 맹점 - 시신경이 빠져나가는 곳으로 시각 세포가 없다.
⑤ E : 맥락막 - 검은 색소를 포함하고 있어, 암실 역할을 한다.

04 ㉠ : (가) ㉡ : (나) ㉢ : 오목 렌즈 ㉣ : 볼록 렌즈
해설 선천적으로 안구의 길이가 길어지거나, 수정체가 두꺼워진 경우 물체의 상이 망막 앞쪽에 맺히기 때문에 먼 곳의 물체를 잘 볼 수 없다. 이런 눈을 근시라고 하며 오목 렌즈로 교정한다.
선천적으로 안구의 길이가 짧아지거나, 수정체가 얇은 경우는 물체의 상이 망막 뒤쪽에 맺히기 때문에 가까운 곳의 물체를 잘 볼 수 없다. 이런 눈을 원시라고 하며, 볼록 렌즈로 교정한다.

05 ①
해설 | (가)는 홍채가 확장하여 동공이 축소된 상태이므로 밝은 곳에 있을 때 눈의 모습이다. (나)는 홍채가 축소하여 동공이 확대된 상

태로 어두운 곳에 있어 많은 빛을 받아들이기 위한 상태이다. 따라서 (가)에서 (나)의 상태로 변화한 경우는 밝은 곳에서 어두운 곳으로 환경이 바뀌었을 때이다.

06 ④

해설 | A : 홍채 B : 수정체 C : 망막 D : 맥락막 E : 공막
ㄱ : 렌즈 ㄴ : 조리개 ㄷ : 셔터 ㄹ : 어둠 상자 ㅁ : 필름
렌즈(ㄱ)는 빛을 굴절시키는 역할을 하므로 수정체(B)의 기능과 같다.
조리개(ㄴ)는 카메라 안으로 들어오는 빛의 양을 조절하는 장치로 홍채(A)와 같은 역할을 한다.
셔터(ㄷ)는 빛을 차단시켜주는 기능을 하므로 눈의 눈꺼풀과 같은 역할을 한다.
어둠 상자(ㄹ)는 빛의 산란을 방지하여 상이 정확하게 필름에 맺힐 수 있도록 하므로 눈의 맥락막(D)과 같은 기능을 한다.
필름(ㅁ)은 상이 맺히는 곳으로 눈에서는 망막(C)에 해당된다.

07 ①

해설 | 후각 세포는 콧속 천정의 후각 상피 세포 안에 들어 있다.

08 (1) A, 고막 (2) B, 귓속뼈 (3) D, 달팽이관 (4) E, 귀인두관

해설 | 소리는 귓바퀴에서 모아져 외이도를 통해 들어가 고막을 최초로 진동시킨다. 진동은 청소골을 지나는 동안 증폭되어 달팽이관에 전달되는데, 이 진동에 의해 달팽이관의 림프가 진동하여 청각 세포를 흥분시킨다. 청각 세포의 흥분은 청각 신경을 통해 대뇌에 전달되어 소리를 인식하게 된다.

09 ③

해설 | 청각의 전달 경로는 소리(음파) → 귓바퀴 → 고막(A) → 귓속뼈(B) → 달팽이관(D) → 청각 세포 → 청각 신경(F) → 대뇌이다.

10 (1) B, 전정 기관 (2) A, 반고리관

해설 | (1) 몸이 기울어지는 정도에 따라 몸의 평형을 조절하는 곳은 전정 기관이다. (2) 회전 놀이 기구를 탄 후 내려도 반고리관 속의 림프가 관성에 의해 한동안 회전을 하므로 계속 어지럽다고 느끼게 된다.

11 ④

해설 | 후각은 감각 중 가장 예민하여 쉽게 피로해지므로 오랜 시간 같은 냄새를 지속적으로 맡을 수 없다.

12 ①, ③, ④

해설 | ② 종류에 따라 혀에 분포되어 있는 맛세포의 밀집 부위가 다르다.
⑤ 통증은 미각이 아닌 혀의 피부 감각에 의해 받아들여지는 감각이다.

13 ④

해설 | 손가락 끝에는 감각점이 많이 분포하기 때문에 감각이 예민하다. 따라서 시각 장애인의 경우 손끝의 압점을 이용한 점자 해독이 가능하다.

14 ③

해설 | 따뜻함을 받아들이는 곳은 온점, 차가운 느낌을 받아들이는 곳은 냉점이다. 온점과 냉점은 공통적으로 상대적인 온도 변화를 느낀다.

15 ③

해설 | 귀의 전정 기관 내 이석(청사)의 기울기가 달라짐에 따라 몸의 위치와 자세를 느낄 수 있는데 이는 중력에 의해 나타나는 현상이다. 귀의 반고리관에서 림프의 관성에 의한 회전 감각을 수용한다.

16 ①, ②, ④

해설 | ① 자극의 세기가 2일 때 처음 반응이 나타났으므로 역치는 2이다.
③ 일반 조직에서는 자극의 세기가 커질수록 반응의 크기도 커지지만, 단일 세포에서는 역치 이상의 자극에서 최대의 반응을 보이며 그 반응의 크기가 일정하므로 자극의 세기와 반응의 세기가 비례한다고 할 수 없다.
②, ④ 자극의 세기가 2 이상에서는 반응의 크기가 일정한 실무율을 보이고 있다. 실무율이 적용되는 것은 단일 근육 섬유나 단일 신경 섬유 같은 단일 세포이므로, 이 그래프는 실무율이 적용되는 단일 근육 섬유 또는 단일 신경 섬유를 나타냄을 알 수 있다.
⑤ 단일 섬유에서는 역치보다 약한 자극에서는 반응이 없으나, 역치보다 센 자극에서는 세기와는 상관 없이 항상 일정한 반응의 크기가 나타난다(실무율). 또한, 자극에 따른 반응이 나타나며 자극의 변화를 느끼기 위해서는 처음 자극에 대해 일정한 비율 이상의 변화된 자극을 받아야 한다. 그러므로 자극의 세기가 커지면 변화된 자극을 느껴 여전히 반응이 나타난다.

17 ④

해설 | 자극의 세기가 5일 때는 반응이 일어나지 않다가 10일 때 반응이 일어났다. 따라서 반응이 일어난 최소한의 자극의 세기(역치)는 자극 5는 포함하지 않으나 그 크기보다 크며, 10보다 작을 것이다. 자극의 세기가 10일 때 최초 반응을 보일 수도 있기 때문에 역치의 범위에 자극의 세기 10도 포함시켜야 한다.

18 4

해설 | 단일 근섬유는 실무율을 따르므로 역치 이상의 자극이 주어지더라도 역치 때 보였던 반응의 크기와 같게 나타난다. 따라서 아무리 큰 자극의 세기더라도 역치 때 보인 반응의 크기 값 4로 일정하게 나타난다.

19 압각

해설 | 베버 상수가 작을수록 자극의 변화에 매우 민감한 감각이다. 압각이 베버 상수 값이 가장 작으므로 가장 예민한 감각 기관이다. 제시된 표의 베버 상수값은 압각 - 시각 - 청각 - 미각 순으로 예민하다.

20 25g

해설 | $\text{베버 상수}(K) = \dfrac{\text{나중 자극의 세기 - 처음 자극의 세기}}{\text{처음 자극의 세기}}$

$= \frac{50-40}{40} = \frac{1}{4}$ 이므로 $\frac{(100+x)-100}{100} = \frac{x}{100} = \frac{1}{4}$ 이다. 따라서 $x = 25g$

21 (1) A, 가지 돌기 (2) C, 축삭 돌기 (3) B, 신경 세포체

해설 | (1) 가지 돌기는 신경 세포체로부터 분화되어 나온 여러 개의 짧은 돌기로 다른 뉴런의 자극을 수용한다.
(2) 축삭 돌기는 신경 세포체에서 나온 긴 돌기로, 흥분을 다른 뉴런이나 반응기로 전달한다.
(3) 신경 세포체는 핵과 세포질로 구성되어 있어 뉴런의 생장과 물질대사에 관여한다.

22 B, C

해설 | 한 뉴런 내에서는 자극이 양방향으로 전달된다. 하지만 여러 개의 뉴런이 연결되어 있을 때에는 축삭 돌기 말단에서 다른 뉴런의 가지 돌기 쪽으로만 전달된다.

23 ㄴ, ㄹ

해설 | A는 감각 뉴런, B는 연합 뉴런, C는 운동 뉴런이다.
ㄱ. 뉴런은 감각 뉴런, 연합 뉴런, 운동 뉴런 총 3 종류로 구분된다.
ㄴ. 연합 뉴런은 뇌와 척수에 주로 존재하며, 감각 뉴런과 운동 뉴런을 연결해 준다.
ㄷ. 운동 뉴런은 중추 신경계의 명령을 반응기에 전달한다.
ㄹ. 감각 뉴런은 감각기에서 받아들인 자극을 중추 신경계로 전달한다.

24 ②

해설 | 자극의 전달 경로는 감각기 → 감각 뉴런 (A) → 연합 뉴런(B) → 운동 뉴런 (C) → 반응기 순으로 이루어진다.

25 (1) X (2) O (3) X (4) O

해설 | (1) 흥분의 전도는 자극을 받은 뉴런에서 활동 전위가 생성됨으로써 시작되며 분극, 탈분극, 재분극의 순서로 일어난다.
(3) 탈분극 때에는 뉴런이 역치 이상의 자극을 받아 Na^+ 통로가 열려 Na^+이 빠르게 세포 안쪽으로 확산되어 막전위가 상승한다.

26 ⑤

해설 | Na^+ - K^+펌프는 ATP를 소모하여 Na^+은 세포 바깥쪽으로, K^+은 세포 안쪽으로 이동시킨다. 이와 같이 농도 기울기에 역행하여 저농도에서 고농도로 에너지를 이용하여 물질을 이동시키는 것을 능동 수송이라고 한다.

27 ㄷ

해설 | (가)는 분극, (나)는 탈분극, (다)는 재분극 상태의 막전위를 나타낸다.
ㄱ. 분극은 뉴런이 자극을 받지 않았을 때의 상태로 Na^+ - K^+ 펌프가 ATP를 소모하여 Na^+ 은 세포 바깥쪽으로, K^+은 세포 안쪽으로 이동시킨다. 그 결과 세포막을 경계로 뉴런 안쪽은 음전하, 바깥쪽은 양전하를 띠고 있는 상태가 된다.
ㄴ. 탈분극은 뉴런이 역치 이상의 자극을 받아 Na^+ 통로가 열려 Na^+이 빠르게 세포 안쪽으로 확산되어 막전위가 상승하는 현상으로, 이때 Na^+ 은 이온 통로를 이용하여 확산 현상으로 이동하는 것이므로 에너지는 필요 없다.
ㄷ. 재분극은 탈분극이 일어났던 부위에서 Na^+ 통로가 닫히고 K^+ 통로가 열려 K^+ 이 세포 바깥쪽으로 확산되어 원래의 막전위 상태로 돌아가는 현상이다.

28 ④

해설 | 말이집 신경에서는 흥분의 전도가 랑비에 결절에서 다음 랑비에 결절로 건너뛰듯이 일어나는데 이를 도약 전도라고 한다. 말이집은 절연체 역할을 하여 랑비에 결절에서만 흥분이 발생하므로 말이집 신경은 민말이집 신경보다 흥분 전도 속도가 빠르다.

29 아세틸콜린

해설 | 신경 전달 물질은 뉴런 (가)에서 분비되어 인접한 다른 뉴런 (나)에 신호를 전달하는 화학 물질이다.
아세틸콜린은 동물의 신경 조직에 들어 있는 염기성 물질로, 운동 신경의 말단에서 분비되어 근육에 흥분을 전달하고, 자율 신경의 신경절 및 부교감 신경의 말단에서도 분비되는 신경 전달 물질이다.

30 (1) 마이오신 필라멘트 (2) C, M선 (3) A, Z선

해설 | (1) B는 마이오신 필라멘트이다.
(2) C는 암대(H대) 중앙의 가느다란 선으로 진하게 나타나는 M선이다. M선은 마이오신 필라멘트와 연결되어 있어 이를 지지해 주는 역할을 한다.
(3) A는 명대(I대) 중앙의 가느다란 선으로 근육 원섬유 마디와 마디를 구분하는 경계선인 Z선이다. Z선은 근육 원섬유 마디를 지지해주는 역할을 한다.

31 ㄱ

해설 | ㄴ. 근수축 시 마이오신 필라멘트의 머리는 ATP와 결합하며, ATP는 ADP로 분해되면서 마이오신 필라멘트가 액틴 필라멘트와 결합한다. 그 후, 마이오신 필라멘트의 머리는 휘어지면서 액틴 필라멘트를 근육 원섬유 마디의 중심 쪽으로 끌어 당긴다. 즉, 액틴 필라멘트가 마이오신 필라멘트 쪽으로 미끄러져 들어가 근육 원섬유 마디의 길이가 짧아지면서 근육이 수축된다.
ㄷ. 근수축 시 액틴 필라멘트와 마이오신 필라멘트의 길이는 변하지 않으며, 두 필라멘트는 마주보는 방향으로 미끄러져 들어가므로 겹쳐진 부분이 늘어나면서 근육 원섬유 마디가 짧아지는 것이다.

32 ㄱ

해설 | 근육 원섬유 마디와 I대, H대의 길이는 짧아지고, 액틴 필라멘트와 마이오신 필라멘트, A대의 길이는 변화 없다.

33 ㉠ : 근육 섬유 ㉡ : 근육 원섬유

해설 | 골격근은 팽팽하게 배열된 여러 개의 근육 섬유 다발로 구성

되어 있으며, 각각의 근육 섬유는 더 가느다란 근육 원섬유로 이루어져 있다.

34 ㄱ

해설 | ㄱ. 마이오신은 액틴과 결합하여 액틴 필라멘트를 근육 원섬유 마디의 중심으로 끌어당겨진다. 액틴 필라멘트가 미끄러져 들어옴으로써 근수축이 일어나며, 이때 ATP가 사용된다.
ㄴ. 활동 전위가 근육 섬유의 근소포체에 도달하면 Ca^{2+} 통로가 열리고 근소포체에 저장되어 있던 Ca^{2+}이 세포질로 방출된다.
ㄷ. 흥분은 운동 뉴런을 따라 전도되어 활동 전위가 축삭 말단에 도달하면 아세틸콜린이 분비된다.

35 ㄱ, ㄷ

해설 | ㄱ. 무산소 호흡 결과로 생성되는 젖산은 피로의 원인이 되는 물질이다.
ㄴ. 포도당이 젖산으로 분해되는 과정은 산소가 부족할 때 일어난다.
ㄷ. 크레아틴 인산으로 에너지를 합성하는 과정은 크레아틴 인산이 분해될 때 나오는 고에너지 인산을 ADP에 공급하여 ATP를 합성하는 과정으로 산소가 없어도 진행된다.

36 ①, ⑤

해설 | 근육 운동 후 피로를 느끼는 것은 근육에 많은 젖산이 축적되고, 글리코젠과 ATP가 고갈되기 때문이다. 근육 운동을 하고 나면 근육 섬유에서는 근수축에 필요한 에너지를 공급하느라 글리코젠, 크레아틴 인산의 양은 감소하고 젖산과 크레아틴의 양은 증가한다.

개념 심화 문제

정답 227~239쪽

01 ②, ④ 02 E, ㅁ 03 ㄱ, ㄴ, ㄹ 04 ②, ④
05 ㄹ 06 (1) ㄱ, ㄷ (2) ㉠ : A, 귓속뼈 ㉡ : D, 달팽이관
07 ㄴ, ㄹ 08 ㄱ, ㄴ, ㄷ 09 ② 10 ㄱ, ㄹ
11 ㄱ, ㄷ, ㄹ 12 ㄱ 13 (1) A, B, C (2) A : 10 B : 15 C : 20 14 6℃ 15 ㄴ, ㄹ 16 ㄴ, ㄷ
17 (1) 처음에 강한 자극을 받고 있을수록 더 큰 변화가 있어야 자극의 변화를 느낄 수 있다. (2) ㄴ, ㄹ, ㅂ 18 (가) • 이유 : 해설 참조 19 ㄱ, ㄴ 20 D > C > A = B > E
21 ④ 22 ㄷ, ㅁ 23 ㄱ, ㄴ 24 ㄱ, ㄷ, ㄹ, ㅁ
25 ㄱ, ㄴ, ㄷ

01 ②, ④

해설 | ① 0 ~ 2초 사이에는 수정체의 두께가 두껍게 유지되고 있는 상태이므로 가까운 곳의 정지되어 있는 물체를 바라보고 있다.
② 2 ~ 4초 사이에는 수정체가 점점 얇아지고 있으므로 점점 멀어지고 있는 물체를 바라보고 있다. 이때 섬모체는 이완하고 진대는 팽팽해져 수정체는 얇아지게 된다.
③ 2 ~ 4초 사이에는 수정체의 두께가 얇아지고 있으므로 가까이 있던 물체가 서서히 멀어지고 있다.
④ 4 ~ 6초 사이에는 다시 수정체가 두꺼워지고 있다. 따라서 먼 곳에 있던 물체가 서서히 다가오고 있다. 이때는 섬모체가 수축하고 진대는 느슨해져서 수정체가 두꺼워지게 되므로 초점 거리는 짧아지게 된다.
⑤ 6 ~ 8초 사이에는 수정체의 두께가 얇은 상태를 유지하는 것으로 보아 먼곳의 정지되어 있는 물체를 바라보고 있다.

02 E, ㅁ

해설 | 맹점(E)은 시신경이 맥락막과 공막을 뚫고 나가는 부분으로, 시세포가 분포하지 않아 상이 맺혀도 보이지 않는다.

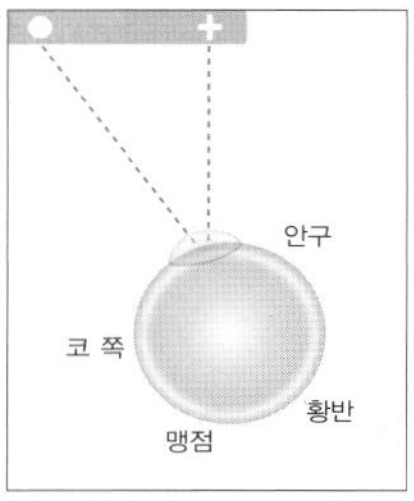

03 ㄱ, ㄴ, ㄹ

해설 | 시력 교정을 받아야 하는 사람은 정상인에 비해 수정체와 망막 사이의 거리가 멀다(ㄹ). 상이 망막 앞에 맺히므로 시력 교정자는 먼 곳의 물체는 잘 보이지 않으며(ㄱ), 가까운 물체가 잘 보이는 근시이다(ㄴ). 따라서 오목 렌즈를 착용하여 상이 망막에 맺힐 수 있도록 함으로써 시력을 교정할 수 있다(ㄷ).

04 ②, ④

해설 | ① 색맹은 색깔을 구별하는 원추 세포(D)에 이상이 생길 때 나타나는 증상이다.
② 어두운 곳이라 하더라도 빛에 대한 역치가 낮은 간상 세포의 작용으로 물체 명암을 구분할 수 있다. 그러므로 간상 세포에 이상이 생기면 어두운 곳에서 잘 볼 수 없는 야맹증이 나타난다.
③ B는 시신경이 빠져나가는 곳이다.
④ 눈동자의 색깔은 홍채에 있는 멜라닌 세포가 만들어내는 멜라닌 색소의 비율에 의해 결정된다. 멜라닌 색소는 기본적으로 검은색이지만 비율에 따라 갈색, 호박색, 녹색, 파란색 색깔이 나타난다. A는 맥락막으로 빛의 산란을 방지하여 상이 뚜렷하게 맺히도록 도와주기 위해 검은색 색소가 들어 있어 암실의 역할을 한다. 이와 같이 상이 정확히 맺힐 수 있도록 도와주는 구조이기 때문에 눈동자의 색깔과 관계없이 맥락막은 항상 검은색 색소를 가지고 있다.
⑤ 눈으로 들어온 빛은 시세포에 의해 받아들여진 후 시신경을 통해 대뇌로 전달된다.

05 ㄹ

해설 | ㄱ. 원추 세포는 색깔을 구별할 수 있는 세포로 이상 증세는 색맹으로 나타난다. 야맹증은 간상 세포의 이상 증세이다.
ㄴ. 100 ~ 700nn 빛의 파장에서는 3종류의 원추 세포가 하나 또는 세 개까지 동시에 빛을 받아들이기도 한다. 특히 녹색 빛의 파장에서는 3가지 원추 세포가 모두 빛을 흡수하고 있다. 그러므로 사람은 다양한 여러 빛을 받아들이고 구별할 수 있다.
ㄷ. 제시된 자료 만으로는 사람과 동물이 받아들이는 빛의 파장의 범위를 비교할 수 없기 때문에 사람이 동물에 비해 받아들이는 빛의 파장 범위가 넓은지 알 수 없다.
ㄹ. 빛의 파장에 따라 3가지 원추 세포가 빛을 흡수하는 정도가 달라 다양한 색을 구별할 수 있다.

06 (1) ㄱ, ㄷ (2) ㉠ : A, 귓속뼈 ㉡ : D, 달팽이관

해설 | A는 귓속뼈, B는 반고리관, C는 전정 기관 D는 달팽이관, E는 귀인두관이다.

(1) ㄱ. 무중력 상태에서는 중력이 작용하지 않기 때문에 중력을 적합 자극으로 하는 전정 기관이 작용하지 않는다.

ㄴ. B는 반고리관으로 회전 감각을 조절한다. D의 구조가 비정상이면 소리를 듣지 못한다.

ㄷ. E는 귀인두관으로 고막의 안과 밖의 기압 차를 조절해 주는 역할을 한다. 높은 곳에 올라가면 기압이 낮아져서 귀가 먹먹해지는데 이때 귀인두관이 압력을 조절한다.

ㄹ. 회전 기구를 타고 내린 후에도 잠깐 동안 어지러운 것은 반고리관 속에 들어있는 림프가 관성에 의해 일시적으로 회전하고 있기 때문이다.

(2) 외부에서 들어온 음파는 최초로 고막을 진동시키고 귓속뼈(A)에서 증폭된다. 따라서 소리의 진폭이 증가하는 ㉠은 귓속뼈에서 일어나는 변화이다. 달팽이관에 도착한 음파에 의해 달팽이관 안에 들어있는 림프가 진동하게 되고 이 진동으로 청각 세포가 흥분하여 대뇌로 전달되어 소리를 듣게 된다.

07 ㄴ, ㄹ

해설 | ㄱ. 정지하고 있다가 갑자기 몸을 움직이면 반고리관의 림프는 관성에 의해 몸의 운동 방향과는 반대 방향으로 굽어진다. 이때 몸의 속도 변화가 클수록 감각모가 많이 굽고 그에 따른 회전 감각을 강하게 느끼게 된다.

ㄴ. 감각모는 림프의 회전 방향으로 굽는데, 회전을 시작할 때는 림프가 몸의 회전 방향과 반대 방향으로 회전하므로 감각모도 몸의 회전 방향의 반대 방향으로 굽는다.

ㄷ. 계속 같은 방향으로 일정한 속도를 유지하며 회전할 때는 림프의 회전 방향과 몸의 회전 방향이 일치하게 된다. 따라서 감각모가 크게 기울지 않기 때문에 회전 감각은 약하게 느껴진다.

ㄹ. 달리던 버스가 정지하면 몸이 앞으로 쏠리는 것도 관성에 의한 현상 중 하나이다. 회전 감각은 반고리관 속에 들어있는 림프의 관성에 의한 현상이다.

08 ㄱ, ㄴ, ㄷ

해설 | • 회전 감각 - 반고리관 : 몸이 회전하게 되면 관성에 의해 림프의 흐름을 감각 세포 위의 감각모가 감지함으로써 회전 감각을 느끼게 해준다. • 위치 감각 - 전정 기관 : 몸이 기울어지게 되면 이석도 함께 기울어져 감각모를 누르게 된다. 이때 감각 세포가 흥분하여 이 자극이 감각 신경을 통해 소뇌로 전달되므로 몸의 기울어짐을 느끼게 된다.

ㄱ. 정지 상태에서 회전을 시작하면 림프는 관성에 의해 몸의 회전 방향과 반대 방향으로 움직인다. 이에 따라 감각모가 굽어져서 회전 감각이 강하게 느껴진다.

ㄴ. 몸이 기울어지면 중력 자극에 의해 이석이 움직여 감각모에 가해지는 압력이 달라진다.

ㄷ. 평형 감각은 위치 감각과 회전 감각, 시각 작용이 결합되어 몸의 평형 상태를 유지하게 되는데, 이것이 조화롭게 결합되지 않으면 멀미가 나타날 수 있다.

09 ②

해설 | 맛은 맛봉오리 속 맛세포에서 느끼고, 냄새는 후각 세포에서 느끼지만 실제로 맛은 미각 외에 후각, 촉각, 온도 등의 복합적인 작용에 의해 느껴지는 종합 감각이다.

10 ㄱ, ㄹ

해설 | ㄱ. 나이가 들수록 전체적으로 역치는 높아지고 있기 때문에 맛에 대해 둔감해진다는 것을 알 수 있다.

ㄴ. 나이가 들더라도 쓴맛이 신맛보다 역치가 낮으므로 신맛보다 쓴맛에 더 예민하다.

ㄷ. 혀에서 느끼는 네 가지 맛 중에서 역치가 가장 낮은 것은 쓴맛이므로 모든 연령에서 쓴맛을 가장 예민하게 받아들인다.

ㄹ. 나이가 들수록 각 맛에 대한 역치가 커지고 있지만 그 중에서 짠맛은 15 ~ 29세 때 0.071이었고, 60 ~ 74세 때 0.270으로 역치값이 4배 정도 증가하여 변화 비율이 가장 크다. 따라서 특히 짠맛에 대한 반응이 크게 둔감해지는 것을 알 수 있다.

11 ㄱ, ㄷ, ㄹ

해설 | 두 점으로 느끼는 거리가 짧을수록 감각점 사이의 거리가 짧다는 것이므로 감각점이 밀집되어 있다는 것을 의미한다. 따라서 두 점으로 느끼는 거리가 짧을수록 감각점이 조밀하게 분포하며 자극에 예민하다.

ㄱ. 두 점으로 느끼는 최단 거리가 가장 먼 부위는 등이다. 이것은 감각점이 가장 적게 분포한다는 것이므로 제시된 자료 중에서 등이 가장 둔한 곳이다.

ㄴ. 두 점으로 느끼는 최단 거리가 짧을수록 촉점의 밀도가 높으며 그만큼 예민한 것이다. 따라서 손가락 - 입술 - 발가락 - 손바닥 - 뺨 - 등 순이다.

ㄷ 신체 각 부위에서 두 점으로 느끼는 최단 거리는 모두 다르다. 이는 감각점의 분포가 신체 부위에 따라 다르기 때문이다.

ㄹ. 촉점이 가장 많이 분포하는 부분은 두 핀 사이의 간격이 가장 짧은 부분으로 손가락이다.

ㅁ. 입술과 발가락이 두 점으로 느끼는 최단 거리는 각각 6mm, 10mm 이므로 두 핀 사이의 거리를 15mm로 하면 두 점으로 느낄 수 있다.

ㅂ. 눈을 감고 식별할 때 촉점이 가장 많이 분포하는 손가락을 사용하는 것이 더 정확하다.

12 ㄱ

해설 | • 통각은 15℃ 보다 낮은 온도와 45℃ 보다 높은 온도에서 작용하여 통증으로 나타난다. • 냉각은 약 8~42℃ 의 온도에서 성립하며, 25℃ 에서 감각이 가장 강하다. • 온각은 약 30 ~ 50℃ 의 온도에서 성립하며, 약 42℃ 에서 감각이 가장 강하다.

ㄱ. 0℃ 의 얼음물에서는 냉각은 나타나지 않고 통각만 작용하므로 이를 통해 통증을 느끼게 된다.

ㄴ. 15℃ ~ 30℃ 범위의 온도에서는 냉각만이 작용하므로 18℃ 의 물의 온도를 10℃ 높여 28℃ 가 되어도 물이 처음보다 따뜻해졌다는 사실을 느낄 수 없다.

ㄷ. 20℃ 에서는 냉각은 나타나지만 온각이 나타나지 않기 때문에 냉

점만이 자극에 관여한다는 사실을 알 수 있다.
ㄹ. 35℃ 부근에서는 처음보다 온도가 낮아지게 되면 냉각에, 처음보다 온도가 높아지게 되면 온각에 의해 반응이 나타난다.
ㅁ. 40℃ 에서 45℃ 사이에서는 온각이 나타나므로 온도 변화를 느낄 수 있다.
ㅂ. 60℃ 는 고온으로 온각이 나타나지 않고 통각만 나타나므로 통증이 느껴진다. 온점의 적합 자극은 약 42℃ 정도이다.

13 (1) A, B, C (2) A : 10 B : 15 C : 20
해설 | (1) 가장 작은 자극의 세기로 반응이 나타난 A가 가장 예민하고, 그 다음은 B, C 순서이다.
(2) 실무율의 법칙을 따르기 때문에 자극의 세기가 10일 때에도 반응의 크기는 처음 나타난 크기이다.

14 6 ℃
해설 | 그래프에서 기울기 $\frac{\Delta R}{R_1}$ 은 베버상수(K)를 의미한다.
기울기는 늘 일정하므로 $\frac{4.5 - 3}{30 - 20} = 0.15 = \frac{x - 4.5}{40 - 30}$ 이다.
따라서 x = 6℃ 이다.

15 ㄴ, ㄹ
해설 | ㄱ. A 는 자극의 세기 101 에서 최초의 반응을 보였고, C 는 자극의 세기 100에서 최초 반응을 보였으므로 A 는 C 보다 역치값이 크다.
ㄴ. 자극의 세기가 가장 작은 100에서 반응을 보인 B 와 C 가 A보다 예민하며 B 와 C 를 비교하면 B 는 자극의 세기 105 에서 반응의 크기가 증가하였으나, C 는 자극의 세기 107 에서 비로소 반응의 크기가 증가하였으므로 B 가 가장 자극의 변화에 민감하게 반응하는 것을 알 수 있다.
ㄷ. 자극의 세기가 증가함에 따라 반응의 크기가 커졌으므로 실무율이 적용되지 않는다는 사실을 알 수 있다. 따라서 자극의 세기가 109 이상의 세기로 증가하게 되면 이에 따른 반응의 크기는 이전과 같이 일정하게 나타나는 것이 아니라 더 증가할 것이다. 하지만 어느 정도의 자극의 세기에서 반응의 크기가 증가할지는 제시된 자료를 통해 정확하게 구할 수 없다.
ㄹ. 자극의 세기가 커지면서 A 는 자극의 세기 109, B 는 자극의 세기 105, C 는 자극의 세기 107 에서 반응의 크기가 증가하였다. 이것은 자극에 반응하는 세포의 수가 증가하였기 때문이다.

16 ㄴ, ㄷ
해설 | ㄱ. B 는 A 보다 자극의 변화를 느끼는데 필요한 자극의 변화량이 작다. 따라서 아주 작은 변화에도 민감하게 인지하고 받아들일 수 있다는 것을 알 수 있다.
ㄴ. 그래프의 기울기는 베버 상수를 나타낸다. 베버 상수의 값이 작을수록 매우 예민하다.
ㄷ. 베버의 법칙의 의미는 처음 자극의 세기가 클수록 자극의 변화량도 커야만 자극의 변화를 느낄 수 있다는 것이다.
ㄹ. 같은 자극이 A 와 B 에게 주어졌을 때, A 가 자극의 변화를 느끼기 위한 자극의 변화량이 B 보다 크므로 A 에게 더 큰 자극의 변화를 주어야 한다.

17 (1) 처음에 강한 자극을 받고 있을수록 더 큰 변화가 있어야 자극의 변화를 느낄 수 있다. (2) ㄴ, ㄹ, ㅂ
해설 | (2) ㄱ. 약을 먹고 입 안이 쓴 상태에서 단맛이 나는 사탕을 먹게 되면 단맛의 감각을 받아들이는 맛세포의 활동에 의해 쓴맛이 다소 줄어들게 된다.
ㄴ, ㄹ, ㅂ. 처음 자극이 주어진 후 나중 자극을 받을 때 처음 자극에 비하여 일정 비율 이상의 자극을 받아야 자극의 변화를 느낄 수 있는데 이를 베버의 법칙이라고 한다. 따라서 처음 주어진 자극의 종류와 같은 종류의 자극을 주면서 동시에 변화량이 처음 주어진 자극의 세기에 비례하는 것은 ㄴ, ㄹ, ㅂ이다.
ㅁ. 밝은 곳에 있다 어두운 곳으로 들어가면 처음에는 잘 보이지 않는다. 하지만 어둠에 익숙해지면서 홍채의 조절로 인해 동공의 크기가 확대되며 서서히 보이기 시작한다. 이러한 현상을 순응 현상이라고 한다. 처음에 주어진 자극(밝은 빛)과 변화된 자극(어둠)이 같은 속성의 자극이 아니므로 베버의 법칙이 적용된다고 볼 수 없다.
ㅂ. 찬물에 대해 처음에는 차갑게 느껴지지만 시간이 지날수록 차가움이 사라지는 것은 순응 현상이라고 한다.

18 (가) • 이유 : 하나의 뉴런 내에서는 자극이 양 방향으로 전달되지만 이웃하는 두 뉴런 사이에서는 축삭 돌기 말단에서 다른 뉴런의 가지 돌기 쪽으로만 자극이 전달된다.

19 ㄱ, ㄴ
해설 | (가)는 시냅스 전 뉴런, (나)는 시냅스 후 뉴런, A는 아세틸콜린과 같은 신경 전달 물질이다.
ㄱ. 시냅스에서의 흥분 전달은 신경 전달 물질에 의해 이루어지므로 흥분의 전달 방향은 신경 전달 물질이 있는 (가)에서 시냅스 후 뉴런 (나)로 이루어진다.
ㄴ. 물질 A는 (가)에서 만들어져 시냅스 소포에 들어 있던 것이다.
ㄷ. 물질 A는 신경 전달 물질이며, 시냅스 틈으로 분비된 후 분해되거나 재흡수되어 시냅스 틈에서 제거된다. 그렇지 않으면 과도한 흥분이 생기고 새로운 자극을 전달하는데 문제가 생기게 된다.
ㄹ. 당질 코르티코이드는 호르몬이지 신경 전달 물질이 아니다.
ㅁ. 시냅스에서의 자극의 전달 속도는 뉴런 내에서의 자극 전달 속도보다 훨씬 느리다.

20 D > C > A = B > E
해설 | 흥분의 전도 속도는 말이집 신경이 민말이집 신경보다 빠르다. 따라서 말이집이 있는 D가 가장 먼저 Q에 도달한다. 또한 축삭의 지름이 클수록 흥분의 전도 속도가 빠르며, 자극의 세기가 역치값 이상이 되면 자극의 세기와 관계없이 흥분 전도 속도는 같다. 따라서 A와 B의 속도는 같고, 축삭의 지름이 큰 C는 A와 B보다 전도 속도가 빠르다. E의 경우 2개의 뉴런으로 구성되어 있는데, 뉴런과 뉴런 사이에서 일어나는 흥분의 전도는 화학 물질인 신경 전달 물질의 확산으로 일어나 전기적 전도보다 늦게 일어나므로 E가 가장 느리게 Q에 반응이 도달한다.

21 ④

해설 | 흥분이 A를 지나 B까지만 전도되었으므로, C는 흥분이 전도되지 않은 분극 상태로 세포막 안쪽은 음(-)전하, 바깥쪽은 양(+)전하를 띠고 있는 상태이다. A는 자극을 받아 탈분극이 일어난 뒤, 재분극이 일어나므로 세포 안쪽은 음(-)전하, 바깥쪽은 양(+)전하를 띤다. B는 A에서 자극을 전도받아 탈분극이 일어나므로 세포 안쪽은 양(+)전하, 세포 바깥쪽은 음(-)전하를 띠게 된다.

22 ㄷ, ㅁ

해설 | ㄱ. A는 분극 상태로 세포 바깥쪽은 (+), 세포 안쪽은 (-)로 대전되어 있다.
ㄴ. (나)는 세포 내액이 -70mV인 휴지 전위 상태이므로 분극 상태의 막전위인 것을 알 수 있다. 분극 상태에서는 세포 안쪽은 K^+이 많고, 바깥쪽은 Na^+이 더 많이 분포되어 있으므로 ㉠은 K^+, ㉡은 Na^+이다. Na^+은 탈분극 때 세포 안쪽으로 이동한다. B와 C는 모두 막전위가 상승하고 있는 탈분극 시기이다.
ㄷ. D는 재분극 시기로 Na^+통로가 닫히고 K^+통로가 열려 K^+이 세포 바깥쪽으로 확산되어 원래의 막전위 상태로 돌아가려는 상태이다.
ㄹ. 구간 E는 재분극이 끝나가는 시기이다. Na^+이 이동하는 통로는 자극을 받았을 때 열린다.
ㅁ. 구간 F는 다시 분극 상태로 회복된 것으로 Na^+ - K^+ 펌프가 ATP를 소모하여 Na^+은 세포 바깥으로, K^+은 세포 안으로 능동 수송시킨다.

23 ㄱ, ㄴ

해설 | ㄱ. ⓐ는 가지 돌기, ⓑ는 축삭 돌기의 말단이다. 시냅스 소포는 축삭 돌기 말단에만 있다.
ㄴ. 구간 ㉠은 재분극이 일어날 때로 Na^+ 통로는 대부분 닫히고, K^+ 통로가 열려 K^+이 농도 차에 의해 세포 안쪽(고농도)에서 바깥쪽(저농도)으로 다량 확산되어 나간다.
ㄷ. A와 B는 민말이집, C는 말이집 신경으로 말이집 신경의 전도 속도가 가장 빠르므로 탈분극이 가장 먼저 일어난 Ⅰ이 C에 해당한다. A는 뉴런 내에서 양방향으로 전달이 일어나지만, 흥분은 시냅스 전 뉴런의 축삭 돌기 말단에서 시냅스 후 뉴런의 가지 돌기나 신경 세포체 쪽으로만 전달되므로 다음 뉴런으로 전달이 일어나지 않는 Ⅲ에 해당한다. 따라서 B는 Ⅱ에 해당한다.

24 ㄱ, ㄷ, ㄹ, ㅁ

해설 | ㉠은 I대, ㉡은 A대, ㉢은 H대이다. 근수축 시 근육 원섬유 마디, I대, H대는 짧아지고, 액틴 필라멘트, 마이오신 필라멘트, A대의 길이에는 변화가 없다.
ㄴ. ㉡은 굵은 마이오신 필라멘트로 인해 어둡게 보이는 A대(암대)로 마이오신 필라멘트 전체 길이와 일치한다. 근육 원섬유 마디는 근수축의 기본 단위로서 A대 + I대에 해당한다.

25 ㄱ, ㄴ, ㄷ

해설 | 근수축이 일어날 때 근육 원섬유 마디와 I대, H대의 길이는 짧아지고 액틴 필라멘트와 마이오신 필라멘트, A대의 길이는 변화가 없다. 액틴 필라멘트가 마이오신 필라멘트 사이로 미끄러져 들어가 근육 원섬유 마디가 짧아지면서 근육이 수축된다.

Ⅳ. 자극과 반응 (2)

개념 보기

Q13 (1) O (2) X　Q14 중추 신경을 흥분시키는 각성제
Q15 표적 기관　Q16 c

개념 확인 문제

정답 248~250쪽

신경계

37 ⑤　38 ③　39 연수　40 ②　41 ①
42 (1) E, 소뇌 (2) C, 중간뇌(중뇌) (3) B, 간뇌 (4) A, 대뇌
43 ㄱ, ㄹ, ㅁ　44 A → D → E → F → C　45 척수, A → E → D
46 ④　47 ④　48 ①, ④　49 (1) ㅁ (2) ㄷ (3) ㄱ (4) ㄴ (5) ㄹ　50 ③

호르몬

51 ③, ④, ⑤　52 ③　53 감소, 감소, 감소　54 B, 인슐린
55 ①　56 ㄱ, ㄴ, ㄹ, ㅂ　57 ⑤

37 ⑤

해설 | ⑤ 뇌신경과 척수 신경은 중추 신경계에서 뻗어나와 얼굴, 온몸으로 퍼져있으며, 12쌍의 뇌신경과 31쌍의 척수 신경은 말초 신경계 중 체성 신경계에 해당된다.

38 ③

해설 | A : 대뇌, B : 간뇌, C : 중간뇌(중뇌), D : 연수, E : 소뇌
③ 중뇌는 눈동자의 운동과 홍채의 조절 중추이다. 신경의 교차가 일어나며 기침, 재채기, 하품 등의 무조건 반사의 중추는 연수이다.

39 연수

해설 | 연수에서 신경의 교차가 일어나므로 대뇌의 좌반구는 몸의 오른쪽 감각과 운동을 조절하고, 우반구는 몸의 왼쪽 감각과 운동을 조절한다.

40 ②

해설 | 긴장하거나 정신적으로 흥분할 때 교감 신경이 작용한다. 이때 심장 박동, 호흡 운동은 촉진되고, 혈관의 수축으로 혈압은 상승하게 되며, 침분비나 소화액 분비 등이 억제되어 소화 작용이 원활하게 일어나지 않는다.

41 ①

해설 | 자율 신경계의 최고 중추는 간뇌이며 중간뇌, 연수, 척수의 조절을 받는다. 따라서 대뇌의 직접적인 지배를 받지 않으므로 의지와 상관없이 반응이 일어나게 된다.

42 (1) E, 소뇌 (2) C, 중간뇌(중뇌) (3) B, 간뇌 (4) A, 대뇌

해설 | (1) 평균대 위에서 균형을 잡지 못하고 자꾸 떨어지는 것은 몸

의 균형 및 평형조절 기능을 담당하는 소뇌의 이상 증세이다.
(2) 눈에 빛을 비추어도 동공이 반응하지 않는 것은 안구 운동과 홍채의 조절 중추인 중간뇌의 이상 증세이다.
(3) 더위나 추위를 잘 느끼지 못하고 체온 조절을 하지 못하는 경우 체온과 혈당량 등 항상성 조절 중추인 간뇌의 이상 증세이다.
(4) 기억은 고등 정신 활동이므로 과거의 기억을 모두 잃어버린 것은 대뇌의 기능이 일부 손상되었기 때문이다.

43 ㄱ, ㄹ, ㅁ
해설 | ㄱ. 하품을 할 때 눈물이 분비되는 것은 연수 반사이다.
ㄴ. 떨어지는 자를 보고 잡는 것은 의식적으로 일어나는 반응이므로 조건 반사이다.
ㄷ. 예전에 먹었던 귤이 시었다는 경험에 의해 대뇌에 기억되어 조건으로 작용한 것이므로 조건반사에 해당된다.
ㄹ. 침 분비 조절 작용은 연수에서 담당하므로 연수 반사에 해당된다.
ㅁ. 재채기는 연수 반사에 해당된다.
ㅂ. 밥을 먹을 때마다 듣던 종소리는 조건으로 작용하여 종소리만 들어도 밥을 먹을 때처럼 침을 흘리게 된다. 따라서 조건반사이다.

44 A → D → E → F → C
해설 | 피부 감각점에서 받아들인 감각이 감각 신경을 통해 대뇌로 이동하면 대뇌에서 자극에 대한 적절한 판단을 내린 후 운동 신경을 통해 반응기로 전달한다.

45 척수, A → E → D
해설 | 무릎 반사의 중추는 척수이므로 무릎을 망치로 살짝 치면 자극 → 감각기 → 감각신경 → 척수의 연합 신경 → 운동 신경 → 반응기 → 반응으로 자극이 전달된다.

46 ④
해설 | ①과 ③은 연수가 중추인 연수 반사이다.
②는 대뇌가 중추인 조건 반사이다.
④ A → E → D는 척수가 중추인 척수 반사의 경로이다.
⑤는 중간뇌가 중추인 중간뇌 반사이다.

47 ④
해설 | 파블로프의 개 실험의 경우 개는 종소리가 나면 먹이를 준다는 과거의 경험을 기억하고 있기 때문에 종소리만 들어도 침을 흘리게 되는 것이다.(조건 반사)
① 음식을 입에 넣었을 때 침이 나오는 것은 연수가 중추인 무조건 반사이다.
③ 경험에 의해 종소리만 듣고도 침을 흘리는 것(라)은 대뇌가 중추인 조건 반사이다.

48 ①, ④
해설 | ①, ④ 알코올, 진통제, 수면제는 신경을 억제하여 호흡과 심장 박동을 느리게 하는 진정 효과와 통증을 완화하는 진통 효과가 있다.
②, ③ 본드와 시너는 환각제로 중추 신경을 자극하거나 억제하여 환각 상태에 빠지게 하며, 판단력 상실, 환상, 환청 등이 유발된다.
⑤ 코카인은 각성제로 신경을 흥분시켜 호흡과 심장 박동을 촉진하고 긴장 상태를 유지시킨다.

50 ③
해설 | 신경계에 작용하여 졸음을 막아주는 약물은 각성제이다. 각성제에는 카페인, 니코틴, 코카인 등이 포함되며, 커피에는 주로 카페인이 함유되어 있다.

51 ③, ④, ⑤
해설 | ① 호르몬은 특정한 분비관 없이 내분비샘에서 직접 혈액으로 분비된다.
② 호르몬의 효과는 느리고 지속적이다.

52 ③
해설 | A는 뇌하수체, B는 갑상선, C는 이자, D는 부신, E는 난소이다.
① 뇌하수체에서 분비되는 호르몬 중 갑상선 자극 호르몬은 갑상샘을 자극하여 갑상샘에서 호르몬의 분비가 촉진되도록 한다.
② 갑상샘에서 분비되는 티록신은 세포 호흡을 촉진하고 물질대사도 활발하게 한다.
③ 이자에서는 인슐린과 글루카곤이 분비되는데 서로 길항작용을 한다. 글루카곤은 혈당량을 증가시키고, 인슐린은 혈당량을 감소시킨다.
④ 부신 겉질에서는 무기질 코르티코이드와 당질 코르티코이드가, 부신 속질에서는 아드레날린(에피네프린)이 분비된다. 무기질 코르티코이드는 Na^+ 흡수와 K^+ 배출을 촉진한다. 당질 코르티코이드와 아드레날린은 혈당량을 증가시키는 기능을 한다.
⑤ 난소에서는 에스트로젠과 프로게스테론이 분비된다. 이 호르몬은 2차 성징을 발현시키는 역할을 한다. 테스토스테론은 정소에서 분비되는 호르몬으로 남성의 2차 성징을 발달시킨다.

53 감소, 감소, 감소
해설 | 티록신 농도가 정상 수준보다 높으면 이 정보가 뇌하수체에 피드백 되어 체내 혈액 속 티록신 농도를 낮추기 위해 갑상샘 자극 호르몬의 분비량은 감소하고 뒤이어 티록신의 분비량도 감소한다. (음성 피드백)

54 B, 인슐린
해설 | A와 B는 모두 이자에서 분비되는 호르몬이다. A는 글리코젠을 포도당으로 분해하는 과정에 작용하므로 혈당량을 높이는 글루카곤이다. B는 포도당을 글리코젠으로 합성하는 과정에 작용되므로 혈당량을 감소시키는 인슐린이다. 식사 후에는 혈당량이 증가하기 때문에 혈당량을 감소시켜 주어야 한다. 따라서 포도당을 글리코젠으로 합성하는 과정을 촉진하는 인슐린의 분비량이 증가해야 한다.

55 ①
해설 | 너무 짠 음식을 먹게 되면 체내 삼투압이 높아지기 때문에 체내에서는 체내 삼투압을 낮추기 위한 과정이 일어난다. 따라서 뇌하수체 후엽에서 ADH(항이뇨호르몬)의 분비량이 증가하게 되어 신장

에서 수분의 재흡수가 증가하게 되고 결과적으로 오줌량이 줄어들게 된다.

56 ㄱ, ㄴ, ㄹ, ㅂ

해설 | 날씨가 추우면 입모근이 수축(ㄴ)하여 소름이 돋아(ㄱ) 열방출량을 감소시킨다. 또한 모세혈관은 수축하며 땀 분비가 억제(ㄹ)된다. 티록신, 아드레날린의 분비량이 증가하여 간과 근육에서 세포 호흡이 촉진(ㅂ)됨에 따라 열 발생이 일어난다. 반대로 더울 때는 열 방출이 촉진(ㄷ)되므로 입모근은 이완하고 모세혈관이 확장(ㅁ)하며 땀 분비가 증가하게 된다.

57 ⑤

해설 | 식물의 뿌리 끝, 줄기 끝에서 생성되어 식물의 길이 생장을 촉진하는 옥신은 빛의 반대 방향, 중력 방향으로 이동한다.

⑤ 기관에 따라 옥신의 최적 농도가 다르다. 따라서 옥신의 농도에 따라 길이 생장 정도가 달라지며, 이로 인해 굴성(굴과성, 굴지성)이 나타난다.

개념 심화 문제

정답			251~259쪽
26 (1) A → P (2) B → Q (3) B → R			27 ㄷ
28 (1) ㄱ, ㄴ (2) ⑤		29 ㄱ, ㄴ, ㄷ, ㅁ	30 ㄱ
31 (1) A → E → D (2) ②		32 ㄱ, ㄴ, ㄹ, ㅁ, ㅅ	33 ㄴ
34 ㄴ, ㄷ	35 ㄱ, ㄴ	36 ㄹ	37 해설 참조
38 (1) ② (2) ⑤		39 ㄴ, ㄷ	40 ㄴ, ㄹ
41 (가) : B, C, F, H (나) : A, D, E, G			42 ㄴ, ㅁ

26 (1) A → P (2) B → Q (3) B → R

해설 | (1) A → P 경로 : A → 감각 뉴런 → 뇌 → 운동 뉴런 → P : 얼굴 부위에서 수용된 자극과 얼굴 부위 근육에서 나타난 반응 경로라고 추리할 수 있다. 따라서 정지선을 위반하는 차를 보고 얼굴을 찡그리는 것은 시각적 감각기를 통해 받아들인 자극을 대뇌의 조절을 받아 얼굴 근육의 움직임을 통해 반응이 나타나는 과정이다.

(2) B → Q 경로 : B → 감각 뉴런 → 척수 → 뇌 → 척수 → 운동 뉴런 → Q : 목 아랫부분에서 수용된 자극과 반응의 경로로 뇌를 거치므로 의식적인 반응으로 추리할 수 있다. 어두운 방에서 손으로 벽을 더듬어 스위치를 찾는 것은 손의 피부를 통해 감각이 수용되어 대뇌의 조절을 받아 손의 근육을 통해 나타나는 의식적인 반응이다.

(3) B → R 경로 : B → 감각 뉴런 → 척수 → 운동 뉴런 → R : 뇌를 거치지 않고 척수를 거친 후 반응기로 전달된다. 이 반응은 척수 반사로 뇌를 거치지 않으므로 B → Q의 경로보다 짧아 반응이 빠르게 나타난다. 따라서 뜨거운 냄비를 잡았다가 자신도 모르게 빨리 손을 떼는 것은 대뇌를 거치지 않는 척수 반사에 의한 것이다.

27 ㄷ

해설 | ㄱ. 얼굴에 있는 눈에서 감지된 시각 자극은 척수를 통하지 않고 바로 뇌에 전달되어 대뇌의 조절을 받아 반응기를 통해 나타난다.

ㄴ. 골키퍼가 공을 잡기 위해 움직이는 것은 대뇌의 조절을 받아 일어나는 것이다. 따라서 대뇌로부터 명령을 받아 흥분의 시작이 일어남으로써 자극은 공을 잡기 위한 팔과 다리의 근육으로 전달된다.

ㄷ. 눈에서 자극을 수용하여 대뇌의 조절을 받은 후 다리 근육에서 반응이 일어나는 과정에는 자극을 수용하는 감각 뉴런, 중추 신경계의 연합 뉴런, 반응기로 자극을 전달하는 운동 뉴런이 모두 관여한다.

28 (1) ㄱ, ㄴ (2) ⑤

해설 | (1) (가)는 교감 신경, (나)는 부교감 신경이다.

ㄱ. 흥분하거나 화가 났을 때는 교감 신경이 활발해지며, 심장 박동이 빨라지고 호흡이 빨라지는 등의 증상이 나타난다.

ㄴ. C와 D는 부교감 신경을 나타내며, 부교감 신경이 심장에 작용하면 심장 박동이 억제되어 느려지게 된다.

ㄷ. 교감 신경 말단에서는 아드레날린이 분비되고, 부교감 신경 말단에서는 아세틸콜린이 분비된다.

(2) 교감 신경과 부교감 신경으로 구성된 자율 신경계는 두 신경이 길항(대항) 작용을 통해 내장 기관의 기능을 자율적으로 조절한다.

①, ③ 심한 운동을 할 때는 교감 신경이 흥분하게 된다. 따라서 식사 후 운동을 하면 교감 신경에 의한 소화 작용의 억제 활동 때문에 소화가 잘 안된다.

② 교감 신경과 부교감 신경은 같은 기관에 분포하여 길항 작용을 통해 내장 기관의 기능을 자율적으로 조절한다.

④ 밥을 먹고 나서 몸이 나른해지고 졸리는 것은 부교감 신경의 작용 때문이다.

⑤ 긴장하거나 위험에 처한 상황에서는 교감 신경이 흥분하여 작용한다.

29 ㄱ, ㄴ, ㄷ, ㅁ

해설 | ㄱ. A는 손에서 받아들인 자극을 대뇌로 전달하는 시냅스이다. 따라서 이 부분이 마취되어 자극이 전달되지 않는다면 손가락에서 받아들여진 자극이 대뇌로 전달되지 않기 때문에 손가락의 통증을 느끼지 못한다.

ㄴ. B는 손에서 받아들인 자극을 척수의 연합 뉴런에 전달하는 시냅스이다. 이 부분이 마취되면 중추가 척수인 반사의 작용은 일어날 수 없지만 대뇌의 명령에 의한 자기 의지에 따른 손가락 운동은 일어날 수 있다.

ㄷ. B와 D가 마취되면 자극이 시냅스 A를 통해 대뇌로 전달되기 때문에 손에서 받아들여진 자극은 느낄 수 있지만 D 부분에서 자극이 차단되기 때문에 대뇌에서의 명령에 의한 의식적인 운동은 할 수 없다.

ㄹ. C는 척수의 연합 뉴런과 손을 움직일 수 있도록 자극을 전달하는 운동 뉴런을 연결하는 시냅스이다. 이 부분이 마취되면 척수가 중추가 되어 일어나는 반사 작용은 일어날 수 없다.

ㅁ. D는 대뇌의 명령을 손을 움직이는 근육에 연결되어 있는 운동 뉴런으로 전달하는 시냅스이다. 따라서 이부분이 마취되면 대뇌의 명령에 의한 자극의 전달이 일어나지 않아 손을 움직이는 근육으로 전달이 되지 않으므로 손을 의식적으로 움직일 수 없다.

30 ㄱ

해설 | ㄱ. 발바닥에 압정이 찔렸을 때는 즉시 발을 들어올리게 되는 척수 반사가 일어난다. 따라서 감각기(피부)를 통해 받아들인 자극을

대뇌가 아닌 척수로 전달하여 다시 반응기(발의 근육)로 전달시키는 경로를 따르게 되므로 A → F → E 과정을 거치게 된다.
ㄴ. D는 운동 신경으로 대뇌의 명령을 반응기로 전달한다. 따라서 D가 손상된 사람은 아픔을 느낄 수는 있다. 감각 뉴런(B)이 손상되면 아픔이 뇌로 전달되지 않아 압정에 의한 통증을 느낄 수 없다.
ㄷ. 반사 반응이 척수를 거쳐 바로 근육 운동으로 이어진다고 해서 발에서 받아들인 감각(통증)이 대뇌로 전달이 안되는 것은 아니다. 압정에 찔렸을 때의 아픔은 발의 근육 운동이 일어난 후에 대뇌로 전달되어 느끼게 된다.

31 (1) A → E → D (2) ②
해설 | A는 대뇌, B는 간뇌, C는 중간뇌, D는 연수, E는 소뇌이다.
(1) 술을 마셔 말이 많아지고 발음이 불분명해지는 것은 대뇌(A)의 언어 중추가 알코올의 영향을 받았기 때문이다. 몸을 똑바로 가누지 못하여 걸음걸이가 불안정해지는 것은 평형 감각을 조절하는 소뇌(E)가 알코올의 영향을 받았기 때문이다. 또, 호흡 곤란이 오는 것은 호흡 운동의 중추인 연수(D)가 알코올의 영향을 받았기 때문이다.
(2) ① 체온 조절이 안되는 것은 간뇌의 손상에 의해서 나타난다.
② 손상 부위는 대뇌의 앞부분으로 사고와 성격 등을 조절하는 부위이다. 따라서 이 부위가 손상되었을 경우 예전과는 다른 성격이 나타나며 폭력적으로 변할 수도 있다.
③ 심장 박동이 매우 불규칙한 경우는 척수와 연결되는 부위인 연수의 장애에 의해 나타난다.
④ 안구 운동의 중추는 중뇌로 이 부분이 손상되면 안구 운동과 홍채의 수축 및 이완 운동이 일어나지 못한다.
⑤ 몸의 균형을 유지하는 것을 담당하는 곳은 소뇌이다.

32 ㄱ, ㄴ, ㄹ, ㅁ, ㅅ
해설 | ㄱ. 중독된 약물의 사용을 중지하게 되면 손발이 떨리고 신경이 예민해지는 등의 금단 현상이 나타난다.
ㄴ. 대마초, 본드, 시너는 환각제로서 감각을 왜곡시키고 환각을 일으키는 특징이 있다.
ㄷ. 콜라, 커피에는 공통적으로 카페인이 들어있으며 카페인과 담배 속에 공통적으로 들어있는 니코틴은 신경계를 흥분시킨다.
ㄹ. 알코올은 중추 신경의 작용을 억제하여 통증을 완화시키는 중추 신경 억제제이다.
ㅁ. 카페인은 중추 신경 흥분제로서 호흡과 심장 박동을 빠르게 하며, 각성 효과가 있어 수면을 방해한다.
ㅂ. 약물은 주기적으로 일정량을 사용하게 되면 점차 약물에 대한 의존성이 생기고 심하면 중독증이 나타나게 된다. 따라서 의사의 처방에 따라 적정량을 정확한 방법에 따라 사용해야 한다.
ㅅ. 약물은 중추 신경계에 영향을 미치므로 사용할수록 내성이 생기기 때문에 사용량을 늘려야 같은 효과를 얻을 수 있다.

33 ㄴ
해설 | ㄱ. 정상인은 혈당량이 높아지면 인슐린이 분비되어 혈당량을 낮추어준다. 하지만 당뇨병 환자는 혈당량이 높아지더라도 이자의 β 세포에서 인슐린이 분비되지 않아 혈당량이 낮아지지 않는다.
ㄴ. 환자는 혈당량이 높은 상태를 유지하고 있으므로 포도당을 글리코겐으로 전화시켜주는 호르몬인 인슐린을 투여하면 혈당량이 감소할 것이다.
ㄷ. 식사를 하기 전 당뇨병 환자는 정상인에 비해 인슐린의 분비량이 현저히 낮다. 따라서 식사를 하기 전에도 당뇨병 환자는 정상인에 비해 혈당량이 높은 편이다.
ㄹ. 밥을 먹은 후 약 30분이 지나면 탄수화물이 소화 효소에 의해 포도당으로 분해되어 혈액 속으로 흡수되어 혈당량이 증가하게 된다. 이때 정상인은 즉각적으로 이자에서 인슐린의 분비량이 증가되어 여분의 포도당을 글리코겐의 형태로 저장하게 되므로 혈당량은 정상 수준으로 회복된다.
ㅁ. 정상인의 경우 인슐린의 분비량이 증가하여 혈당량이 낮아지면 인슐린의 분비량이 다시 낮아지는데, 이것은 혈당량이 정상 수준으로 낮아짐에 따라 피드백에 의해 인슐린의 분비량이 감소하기 때문에 인슐린의 양이 계속 증가하는 양성 피드백의 조절이 아니다.

34 ㄴ, ㄷ
해설 | ㄱ. 구간 A에서는 글리코겐 저장량이 증가하므로 포도당을 글리코겐으로 전환하여 혈당량을 낮추어주는 호르몬 X의 분비가 증가한다.
ㄴ. 구간 B에서는 운동으로 인해 포도당이 소모되고, 그에 따라 혈당량이 낮아져서 호르몬 Y의 분비가 증가하여 글리코겐을 포도당으로 전환하게 된다.
ㄷ. 호르몬 X는 혈당량을 감소시켜주는 호르몬으로 인슐린이다. 인슐린은 간에서 혈액 내 포도당을 글리코겐으로 전환시켜 혈액 내 포도당의 양(혈당량)을 감소시킨다.
ㄹ. 호르몬 Y는 혈당량을 증가시키므로 혈당량이 정상보다 낮을 때 분비가 촉진된다.
ㅁ. 호르몬 X인 인슐린의 분비량이 부족해지면 글리코겐으로 전환되는 포도당의 양이 줄어들기 때문에 혈액 내 포도당의 양(혈당량)이 증가하게 되고 결국 오줌 속에도 포도당이 섞여 나오는 증상을 보인다.

35 ㄱ, ㄴ
해설 | ㄱ. 운동을 하면 땀을 통해 체내 수분이 외부로 빠져나가므로 체내 삼투압은 증가하게 된다.
ㄴ. 운동을 하면 다량의 수분이 땀을 통해 배출되므로 오줌을 통한 수분 배출량이 줄어든다. 따라서 오줌 속의 요소의 농도는 휴식할 때보다 운동할 때가 더 높다.
ㄷ. 운동을 하면 땀으로 배출되는 양이 10에서 490(mL/시간)으로 늘어난다. 따라서 체내의 다량의 수분이 땀을 통해 배출되므로 항이뇨 호르몬의 분비량이 증가하여 체내로 수분이 재흡수되는 양을 증가시킨다.
ㄹ. 운동할 때 땀을 많이 흘리는 가장 큰 이유는 열을 발산시키기 위한 것으로 주로 체온을 유지하는 역할을 한다.

36 ㄹ
해설 | 물의 양이 많고 적음에 따라 자동적으로 밸브가 열리고 닫히면서 물의 양이 적정 수준으로 조절된다. 이는 결과가 다시 원인에 영향을 주어 자동적으로 조절되는 원리인 피드백 조절에 의한 항상성 유지를 나타낸 것이다.

ㄷ. 인슐린과 글루카곤은 서로 반대되는 작용을 하여 혈당량이 조절되므로 두 호르몬의 관계는 길항 작용이다.
ㄹ. 뇌하수체에서 분비되는 TSH(갑상샘 자극호르몬)는 갑상샘에서 티록신의 분비를 촉진하고, 티록신의 분비량이 과다하면 피드백에 의해 뇌하수체에서 TSH의 분비가 억제됨으로써 티록신의 양이 일정 수준으로 조절된다.(양성 피드백)

37 • 이자에서 인슐린이 분비된다고 하였으므로 호르몬은 특정 내분비샘에서 분비된다는 사실을 알 수 있다.
• 인슐린이 부족하거나 이자의 기능의 장애로 당뇨병이 나타난다고 하였으므로 결핍증이 나타난다고 할 수 있다.
• 당뇨병 환자에게 돼지 인슐린을 주사하면 치료할 수 있다는 것은 같은 척추 동물 내에서 다른 종의 호르몬을 추출하여 주사하더라도 효과가 있다는 것이다. 따라서 호르몬은 종 특이성이 없다는 것을 알 수 있다.

38 (1) ② (2) ⑤
해설 | (1) 땀을 많이 흘려 체내의 수분이 부족하게 되면 항이뇨 호르몬(ADH)의 분비가 촉진되어 신장에서 수분의 재흡수량이 증가하게 되고 결국 농도가 진한 오줌을 소량 배출하게 된다.
② 물을 많이 마시면 체내 수분량의 증가로 삼투압이 낮아지게 되기 때문에 항이뇨호르몬(ADH)의 분비가 감소하게 된다.
(2) ① 짠 음식을 많이 먹으면 혈장 삼투압이 높아지게 된다. 따라서 ADH 분비가 촉진되게 되어 체내 수분량은 증가하게 되고 결국 혈압은 증가한다.
② 혈압이 정상치보다 낮아지면 ADH의 분비량의 증가로 농도가 증가하기 때문에 신장에서의 수분 재흡수량이 증가하여 오줌의 생성량은 감소하게 된다.
③ 혈압이 정상치보다 높아지면 ADH의 농도는 감소하므로 ADH의 분비가 억제된다는 사실을 알 수 있다.
④ 생리 식염수는 체액의 삼투압과 같은 용액이기 때문에 생리 식염수를 아무리 많이 마셔도 체내의 삼투압의 변화가 생기지 않으므로 ADH의 농도는 변화하지 않는다.
⑤ ADH는 뇌하수체 후엽에서 분비되어 신장의 세뇨관에서 물의 재흡수를 촉진하는 역할을 한다. 혈장 삼투압이 정상치보다 높아지면 ADH의 농도가 높아지므로 신장에서 물의 재흡수량이 증가하게 되어 오줌 생성량은 감소할 것이다.

39 ㄴ, ㄷ
해설 | ㄱ. A는 뇌하수체 전엽 호르몬에 의해 내분비샘이 조절되는 과정이다.
ㄴ. B와 C는 자율 신경인 교감 신경에 의해 일어난다.
ㄷ. 체온은 뇌하수체 전엽, 갑상샘 등의 내분비샘에서 분비되는 호르몬과 자율 신경의 상호 작용에 의해 조절된다.
ㄹ. 경로 B는 간뇌의 시상 하부에 의해 교감 신경이 흥분하여 이루어진다.
ㅁ. 경로 C를 통해 피부 모세혈관과 입모근이 수축하여 피부를 통해 방출되는 열의 양이 감소한다.

40 ㄴ, ㄹ
해설 | ㄱ. 호르몬 b의 표적 기관은 갑상샘이고 호르몬 c의 표적 기관은 간, 근육 등과 같은 기관이다.
ㄴ. 호르몬 c가 부족하면 뇌하수체에서 호르몬 b의 분비가 촉진된다.
ㄷ. 혈관에 호르몬 b를 주사하면 호르몬 c의 분비량이 증가한다. 따라서 호르몬 c의 농도를 낮추기 위해 시상 하부의 기능이 억제되어 호르몬 a의 분비량은 감소하게 된다.
ㄹ. 혈액내 호르몬 c의 농도는 항상 일정한 수준으로 유지되려는 성질이 있다. 따라서 호르몬 c를 매일 주사하면 혈액 내 호르몬 c의 농도가 증가하여 이를 감소시키려는 작용이 일어나므로 뇌하수체에서 호르몬 b의 분비가 억제되어 결국 갑상샘에서 호르몬 c의 분비량이 감소하게 된다.

〈 피드백조절 〉
• 티록신 부족 → 간뇌의 시상하부 자극 → TRH 호르몬 분비 증가 → 뇌하수체 전엽 자극 → TSH 호르몬 분비 증가 → 갑상샘 → 티록신 분비 증가
• 티록신 과다 → 간뇌의 시상하부 억제 → TRH 호르몬 분비 감소 → 뇌하수체 전엽 자극 억제 → TSH 호르몬 분비 감소 → 갑상샘 → 티록신 분비 감소

41 (가) : B, C, F, H (나) : A, D, E, G
해설 | (가) 시기는 정상보다 체온이 낮은 상태이므로 입모근이 수축하여 열 손실을 줄이고, 골격근 운동이 증가하여 열 발생량을 증가시킨다. 또한 갑상샘에서 세포 호흡을 촉진시키는 호르몬인 티록신의 분비량이 증가하게 되어 세포 호흡을 통해 조직 세포의 물질대사가 활발해져 열 생성량을 증가시킴으로써 체온을 높인다.
(나) 시기에서는 정상보다 체온이 높은 상태이므로 체온을 낮추기 위해 발열량을 감소시키고 열발산량은 증가시키게 된다. 따라서 티록신의 분비량이 감소한다. 따라서 세포의 물질대사가 억제되고 혈당량이 감소하여 세포로의 포도당 공급을 줄인다. 또한 피부의 모세혈관이 확장되고 입모근이 이완하며, 땀 분비가 촉진되어 열발산량을 증가시킨다.

42 ㄴ, ㅁ
해설 | ㄱ. 운모는 식물의 생장을 직접적으로 방해하는 것이 아니며, 옥신의 이동을 방해함으로써 옥신의 이동 방향을 조절하여 옥신에 따른 식물의 변화를 관찰하기 위한 것이다.
ㄴ, ㅁ. 옥신은 자엽초의 끝에서 생성되어 빛의 반대 방향과 중력 방향으로 이동하여 식물의 굴광성을 나타낸다.
ㄷ. 옥신은 식물의 끝인 생장점에서 생성되기 때문에 이곳을 잘라주면 옥신이 생성되지 않아 생장이 촉진되지 않는다. 따라서 옥신의 농도 차이에 의한 생장 속도 차이로 굴광성이 나타나기는 어렵다.
ㄹ. 옥신은 식물의 생장을 촉진하는 호르몬이다. 따라서 식물의 기관마다 생장을 촉진하는 최적의 농도는 다르지만 일반적으로 농도가 높은 곳에서는 생장이 촉진된다.

창의력을 키우는 문제 260~273쪽

01. 논리 서술형

어두울 때는 주로 간상 세포가 작용하는데, 이때 간상 세포가 가장 잘 흡수하는 빛의 파장이 녹색 계통이기 때문이다. 표에서 간상 세포와 녹원추 세포의 활성화 영역이 가장 많이 겹친다.

02. 논리 서술형

(1) 이자를 제거하여 인슐린이 분비되지 않아 오줌으로 당이 많이 배출되었기 때문이다.
(2) 이자액 분비 세포에서 분비되는 물질은 분비관을 통해 체외로 분비되어 작용하는 외분비 물질이고, 랑게르한스섬에서 분비되는 호르몬은 혈액으로 분비되어 표적 기관에서 작용하는 내분비 물질이다.

해설 | 이자에서 인슐린이 제대로 분비되지 않으면 혈액 속의 포도당이 많아진다. 정상인은 신장의 사구체에서 보먼 주머니로 여과된 원뇨 속의 포도당이 세뇨관에서 모세혈관으로 100% 재흡수되는데, 혈액 속에 포도당이 너무 많으면 재흡수되지 못한 여분의 포도당이 소변에 섞여 나온다.
분비관을 통해 소화 기관으로 내보내지는 소화액 같은 물질을 외분비 물질이라 하고, 호르몬과 같이 분비관이 없이 혈액으로 내보내는 물질을 내분비 물질이라 한다.

구분	외분비샘	내분비샘
관의 유무	분비관 있음	분비관 없음
분비 부위	체외로 분비	혈액으로 분비
작용 부위	체외에서 작용	표적 기관에서 작용
예	침샘, 땀샘, 젖샘, 소화샘 등	뇌하수체, 갑상샘, 정소, 부신, 이자 등

03. 논리 서술형

(1) 사람의 후각이 개보다 둔한 것처럼 어느 정도의 감각 능력은 타고 난다. 하지만 훈련을 통해 능력이 개선되고 향상될 수 있다. 따라서 우주 비행사를 뽑을 때 적응 능력이 뛰어난 사람을 뽑기도 하지만 지속적인 훈련을 통해 그 능력을 발달시키기도 한다.
(2) No : 우주에는 중력이 없기 때문에 적합 자극이 중력인 전정 기관이 작용하지 않으므로 몸이 기울어진 것을 전혀 느끼지 못한다.

04. 추리 단답형

⑤

해설 | 동물들은 두 눈으로 본 상이 각각 뇌에 전달되는데, 각각의 눈으로 본 상의 차이가 적으면 뇌에서는 그 물체가 멀리 떨어져 있는 것으로 인식하게 되고, 시차가 크면 가까운 곳에 있는 것으로 인식한다. 하지만 목표물까지의 거리가 멀어지면 시차가 매우 작아져 한쪽 눈으로 본 것과 큰 차이가 없게 된다.

05. 추리 단답형

(1) ① 뇌하수체 전엽 ② TSH ③ 교감 신경 ④ 갑상샘 ⑤ 티록신 ⑥ 아드레날린 ⑦ 입모근, 모세혈관 수축 ⑧ 간, 근육의 물질대사(세포 호흡) 촉진 ⑨ 열 생성 증가

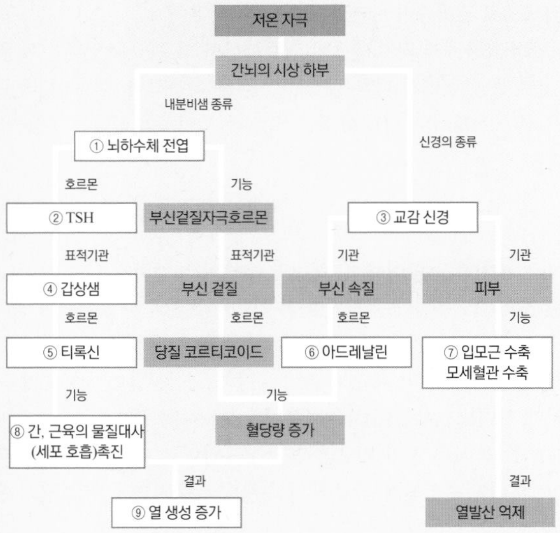

(2) 체온 조절의 방법

〈체온을 올리는 방법〉

- 털을 세운다(신체의 주위에 공기 층을 만들어 열전도를 억제한다.)
- 근육 떨림 (근육의 마찰열에 의해 온도를 높인다.)
- 지방의 연소(추운 겨울철에 비만인 사람이 추위를 덜 탄다.)
- 혈관의 수축(말단은 차가워져 버리지만, 중요한 장기에 피를 집중시켜 보온하는 효과가 있다. 추우면 손과 발에 동상이 잘 걸린다.)
- 햇볕을 받는다.
- 신체를 움츠리거나, 말아서 체표 면적을 줄여서 열을 빼앗기는 것을 억제시킨다.
- 운동을 한다.
- 육지로 올라온다. (물가에서 서식하는 동물)

〈체온을 내리는 방법〉

- 땀 흘림(기화열에 의한다)
- 혈관의 확장
- 그늘로 들어간다.
- 신체를 활짝 펼친다.
- 물을 마신다.
- 운동을 억제하고 휴식을 한다.
- 물에 몸을 담근다.(물가에 서식하는 생물)

06. 단계적 문제 해결형

(1) ● 시각에 의한 반응 시간 : 0.18초
● 청각에 의한 반응 시간 : 0.2초
● 시각에 의한 반응이 청각에 의한 반응보다 더 빠르다.

(2) 청각을 통해 대뇌로 전달되어 반응기로 보내지는 경로가 시각을 통해 자극이 전달되어 반응되기까지 경로에 비해 길기 때문이다.
자극은 뉴런에 의해서 전달되는데 한 뉴런 내에서 자극의 전달 속도는 빠르지만 이웃하는 뉴런에게 자극을 전달해주는 과정은 느리다. 따라서 여러 개의 뉴런이 자극 전달 과정에 참여할수록 자극의 전달 속도는 더욱 느려지게 된다.

(3) [실험 I]은 자를 잡는데 집중하였을 때 걸린 시간이 [실험 III]에서 수학계산이라는 다른 자극이 동시에 주어졌을 때 자를 잡는데 걸린 시간보다 빠르다.(시각에 의한 반응 시간 : 0.18초, 수학문제 풀면서 보인 반응 시간 : 0.3초) 따라서 여러 자극들이 동시에 전달될 때 반응 시간이 길어진다는 사실을 알 수 있다. 운전 중 핸드폰을 사용하게 되면 시각적 자극 외에 청각 및 지각 활동 등의 자극이 동시에 전달되므로 반응 속도가 느려져 위급한 상황에 빠르게 대처할 수 없게 된다.

해설 | 낙하 운동에서 낙하 거리 $h(m) = \frac{1}{2}gt^2$ (t : 시간(초)(g = 10 m/s^2)으로 나타난다.
5회 평균 낙하 거리가 [실험 I]에서는 16.2cm = 0.162m, [실험 II]에서는 20cm = 0.2m, [실험 III]에서는 45cm = 0.45m 이므로 각각 공식에 대입하여 낙하 시간 t를 구하면 각각이 반응 시간이 된다. [실험 I]에서는 0.18초, [실험 II]에서는 0.2초, [실험 III]에서는 0.3초가 된다.

07. 논리 서술형

(1) 뇌하수체에서 티록신을 분비하기 위하여 TSH를 분비하고 그 결과 갑상샘에서 티록신을 분비한다. 이 과정은 바이메탈이 접점에 닿아 닫힌 회로를 만들어 온도가 계속 올라가는 것과 같다. 그러나 다리미의 온도가 매우 높아졌을 때 바이메탈의 접점이 떨어짐으로써 열린 회로가 되어 온도가 낮아지는 것처럼 티록신의 분비량이 많아지게 되면 티록신은 TSH의 분비를 억제시켜 티록신의 양을 줄인다. → 음성 피드백 작용

(2) 설명할 수 없다. 음성 피드백과 달리 아이를 출산할 때에는 분비된 호르몬이 점점 호르몬의 분비량을 증가시키는 방향으로 조절되고 있다. 따라서 제시된 현상은 결과가 원인에 의해 더 강화되는 양성 피드백이므로 호르몬이 필요량보다 많이 분비되었을 때 호르몬의 분비가 억제되는 음성 피드백의 원리와는 다르다.

(3) 각종 냉방 장치, 가전기구, 냉장고, 혈당량, 수분, 체온 조절 등

08. 추리 단답형

구분	식물 인간 상태	뇌사 상태
손상 부위	대뇌	뇌 전체
청각,시각	가능 불가능	가능 불가능
호흡	가능 불가능	가능 불가능
심장 박동	가능 불가능	가능 불가능
항상성유지	가능 불가능	가능 불가능
소화 및 순환	가능 불가능	가능 불가능
동공반사	가능 불가능	가능 불가능
병의 진행 경과	수개월 ~ 수년 생존 이후 회복 또는 사망	생명 유지 장치 제거시 사망 (2주 이상 생명 유지 어려움)
현 상태의 장기 기증 여부	가능 불가능	가능 불가능

09. 추리 단답형

(1) A (2) D (3) C (4) B

해설 | 생각을 하는 동안 활동이 가장 활발한 A가 사고 중추이며, 풍경을 보는 동안 활동이 가장 활발한 D가 시각 중추, 음악을 듣는 동안 활동이 활발한 C가 청각 중추, 대화를 하는 동안 활발한 B가 언어 중추이다.

10. 논리 서술형

A - 녹색맹 : 원추 세포 가운데 녹색 빛을 감지하는 원추 세포가 없거나 기능이 약하여 적색과 녹색을 구분하지 못하기 때문에 나타난다.
B - 적색맹 : 원추 세포 가운데 적색 빛을 감지하는 원추 세포가 없거나 기능이 미비하기 때문에 나타난다.
C - 전색맹 : 원추 세포의 기능이 전혀 없어서 모든 색을 구별하지 못한다.

11. 논리 서술형

(1) 긴장하거나 위기에 처하면 교감 신경이 자극을 받아 아드레날린(에피네프린)이 분비되어 다음과 같은 현상이 일어난다.

구 분	심장 박동	호흡 운동	혈관	혈압	소화관 운동	소화액 분비	동공
교감신경	촉진	촉진	수축	상승	억제	억제	확대

(2) 위협적 상황에 처하거나 그것을 인식하면 이 외부의 자극은 곧 자율 신경, 특히 교감 신경의 작용에 의해 여러 가지 생리적 변화를 야기한다. 즉 교감 신경이 보다 강하게 작용하면 혈압이 올라가거나 박동수가 빨라진다거나 땀이 많이 난다거나 살갗이 쭈뼛해져서 닭살같이 된다거나 눈동자가 커진다거나 소화가 안 되는 등의 생리적 변화를 초래한다. 이런 여러 가지 생리적 변화 중에서 호흡 또는 심장 박동수, 혈압의 변화를 측정할 수 있는 폴리그래프(Polygraph)의 일종이 바로 거짓말 탐지기이다.

해설 | (1) 부교감 신경이 자극받았을 때의 현상은 다음과 같다.

구 분	심장 박동	호흡 운동	혈관	혈압	소화관 운동	소화액 분비	동공
부교감신경	억제	억제	확장	하강	촉진	촉진	축소

12. 논리 서술형

A는 글루카곤으로 혈당량을 증가시키며, B는 인슐린으로 혈당량을 감소시킨다.

해설 | 호르몬 A는 글루카곤으로 혈당이 감소되면 간에 저장되어 있던 글리코젠을 분해하여 혈당량을 증가시키며, 호르몬 B는 인슐린으로 포도당을 글리코젠으로 전환하거나 포도당 산화를 촉진시켜 혈당량을 감소시킨다.

13. 추리 단답형

㉠ : 고막 ㉣ : 외부 소리 신호에 따라 진동하여 내이로 전달한다.
㉡ : 달팽이관 ㉤ : 소리 자극을 전기 신호로 바꿔 청각 신경으로 전달한다.
㉢ : 청각 신경 ㉥ : 달팽이관에서 전달된 전기 신호를 뇌로 전달한다.

14. 단계적 문제 해결형

(1) ㉠ : 뇌하수체 후엽 ㉡ : 콩팥
(2) 수박을 많이 먹으면 혈액의 농도가 낮아져 ADH 분비량이 감소하여 신장에서 수분의 재흡수량이 감소한다. 따라서 오줌량이 증가한다.
(3) 요붕증(오줌이 많이 나옴)이 나타나고 체내 수분량이 부족해진다.
(4) 고혈압 환자의 경우 음식을 짜게 먹으면 ADH 분비량이 증가하여 수분의 재흡수량이 증가하고 혈액량이 많아져 혈압이 상승하게 된다. 또한 ADH는 혈관을 수축시키는 역할도 하기 때문에 혈압을 상승시키므로 고혈압 환자의 약을 처방할 때는 ADH 분비를 억제하도록 해야 한다.

해설 | 체내 수분량이 증가하여 삼투압이 낮아지면 뇌하수체 후엽에서 항이뇨 호르몬(ADH, 바소프레신)의 분비량이 감소하여 신장에서 물의 재흡수가 감소한다. 그 결과 오줌으로 배출되는 물의 양이 증가하여 체내 수분량은 감소한다.

15. 단계적 문제 해결형

(1) A : 감각 뉴런 B : 감각 뉴런 C : 연합 뉴런 D : 운동 뉴런
E : 연합 뉴런 F : 운동 뉴런
(2) (가) 대뇌 (나) 척수
(3) A - E - F

해설 | (1) 감각기로부터 자극을 중추부로 전달하는 A와 B 뉴런은 감각 뉴런, 뇌와 척수에 있는 C와 E 뉴런은 연합 뉴런, 중추부의 운동 명령을 전달하는 D와 F 뉴런은 운동 뉴런이다.
(3) 눈으로 신호등을 보고 건너는 반응의 중추는 대뇌이며, 뜨거운 냄비에 손이 닿아 재빨리 손을 떼는 것은 척수가 중추인 무조건 반사로, A → E → F의 경로를 거친다.

16. 논리 서술형

재분극 과정 중에 Na^+통로는 닫혀 있어 Na^+는 통과할 수 없는 상태일 때 K^+통로는 천천히 닫히면서 K^+가 세포 바깥으로 과도하게 유출되어 일시적으로 과도하게 분극이 이루어진 상태가 나타난다.

17. 논리 서술형

그림 (가)의 신경 전달 물질은 시냅스 전 뉴런으로 다시 흡수되거나 효소에 의해 분해되어 시냅스 후 뉴런으로 흥분이 계속 전달되지 않도록 하는데 비해, 그림 (나)의 마약은 신경 전달 물질이 재흡수되는 것을 막아 시냅스 후 뉴런으로 흥분이 계속 전달되게 하거나 그 양을 과도하게 많아지게 하여 지나친 흥분과 환각 증상을 일으킨다.

해설 | 다양한 신경 전달 물질은 시냅스에 서로 다른 효과를 발휘하여 행동, 정서, 인지 등에 서로 다른 결과를 유발한다. 시냅스 전달의 종결은 신경 전달 물질의 재흡수와 분해에 의해 시냅스 흥분의 전달이 끝난다. 하지만, 마약은 시냅스 전 뉴런으로 신경 전달 물질이 흡수되는 통로를 차단하여 시냅스 틈에 신경 전달 물질이 남아 있게 한다. 코카인과 암페타민은 아드레날린의 재흡수를 느리게 하여 아드레날린의 작용을 지속시킨다. 아드레날린의 재흡수 지연으로 흥분을 전달받는 수신 뉴런은 오랜 시간 동안 활성화된 상태가 된다. 반면 리튬은 노르아드레날린의 재흡수를 가속화시켜 기분을 더 우울하게 만들기도 한다. 이와 같이 신경 전달 물질을 증가 또는 감소시키는 약물은 개인의 기분과 큰 상관이 있다.

18. 추리 단답형

B에서 A 상태로 될 때는 액틴 필라멘트가 마이오신 필라멘트 사이로 미끄러져 들어가 H대와 I대의 폭이 짧아지고, 근육 원섬유 마디의 길이가 짧아진다.

해설 | B는 근육 원섬유 마디의 길이가 길고, A는 B보다 근육 원섬유 마디의 길이가 짧다. 이것은 근육이 수축할 때 액틴 필라멘트가 마이오신 사이로 미끄러져 들어가기 때문이다.

19. 단계적 문제 해결형

(1) ㄴ
(2) 무산소 호흡은 ATP를 필요할 때 빠르게 공급해 줄 수 있으나 지속적으로 많은 ATP를 공급해주지는 못한다. 산소 호흡은 ATP의 공급이 무산소 호흡보다 느리지만 지속적인 ATP 공급이 가능하다.

해설 | (1) ㄱ. 가장 먼저 소모되는 것은 저장된 ATP이다. ㄴ. 운동 시작 후 20초 동안은 저장된 ATP를 사용하고 크레아틴 인산으로부터 인산을 공급받아 ATP를 재합성하여 근육 운동에 이용하며, 무산소 호흡으로 생성된 ATP를 일부 사용한다. 따라서 운동 시작 후 20초 동안 운동에 필요한 대부분의 에너지는 산소 없이도 공급된다. ㄷ. 운동 지속 시간이 길어지면 산소 호흡에 의해 생성된 ATP에 많이 의존하여 운동에 필요한 에너지를 공급하지만, 무산소 호흡도 계속되어 근육 세포에 젖산이 축적된다.
(2) 무산소 호흡과 산소 호흡에 의한 ATP 생성 과정의 장단점에 따라 운동 초기에는 무산소 호흡으로 생성된 ATP가 주로 쓰이고, 이후에는 산소 호흡으로 생성된 ATP의 비중이 더 늘어난다.

대회 기출 문제

정답 274~285쪽

01 ③, ④, ⑤	02 ①, ②, ④	03 ④	04 ㄷ
05 ㄱ, ㄴ, ㄷ	06 ㄱ, ㄷ	07 ㄱ, ㄴ	08 ㄱ
09 ①	10 (1) A : 감각 뉴런, B : 운동 뉴런 (2) b 뉴런		
11 ③	12 ㄷ	13 ③	14 ③
15 ④	16 ⑤	17 ②	18 ㄱ, ㄴ, ㄷ, ㅁ
19 ㄱ, ㄹ	20 ㄷ, ㄹ	21 (1) X (2) O (3) O	
22 ㄱ	23 ㄴ, ㄷ	24 (1) O (2) X (3) X	
25 ㄱ, ㄷ	26 ㄴ	27, 28 해설 참조	

01 ③, ④, ⑤
해설 | ① 망막에 상이 거꾸로 맺혀지지만 이것이 대뇌의 시각령에 전달될 때는 다시 한번 거꾸로 뒤집어지기 때문에 바르게 보이는 것이다. 따라서 실제 사물이 거꾸로 있는 것은 아니다.
② 카메라의 조리개는 빛의 양을 조절하는 것이므로, 우리 눈에서 홍채와 하는 역할이 비슷하다. 성모체는 수정체(렌즈)의 두께를 조절하여 원근 조절을 담당한다.
③ 눈의 망막과 카메라의 필름은 모두 상이 맺히는 곳이다.
④ 망막에 맺힌 상은 보고 있는 물체에서 빛이 반사되어 눈으로 들어오는 빛에 의해 만들어진 것이다.
⑤ 수정체는 볼록 렌즈와 같은 구조이다.

02 ①, ②, ④
해설 | ① 위급한 상황에서는 부신 수질을 자극하여 아드레날린을 분비한다.
② 근육으로 혈액의 흐름이 촉진됨으로써 근육에서 에너지를 더 많이 생산하는데 필요한 산소를 공급해 준다. 이렇게 얻은 에너지를 통해 빠른 근육 운동으로 위급한 상황에서 대처할 수 있도록 한다.
③ 위급한 상황에서는 방광의 이완이 일어나게 된다.
④ 간에서 글리코겐으로부터 포도당의 생산이 촉진되어 혈액 속의 포도당을 증가시킨다.
⑤ 위급한 상황에서는 소화 기관의 작용이 억제되므로 소화 효소의 분비가 제대로 일어나지 않게 된다.

03 ④
해설 |

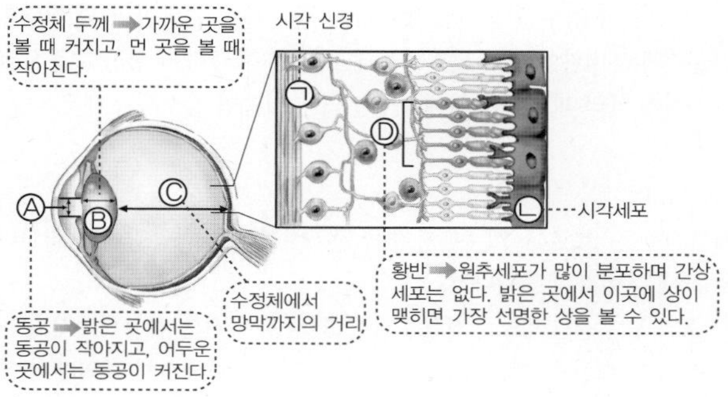

① 수정체에 망막까지의 거리(C)가 정상보다 길면, 먼 곳을 볼 때 상이 망막의 앞에 맺히는 근시가 된다.
② 가까운 곳을 볼 때는 수정체의 두께(B)가 두꺼워진다.
③ 황반(D)에는 간상 세포는 없고 원추 세포가 밀집되어 있다.
④ 빛 자극은 시각 세포(㉡)에서 수용한 후 시각 신경(㉠)을 통해 대뇌로 전달되어 시각이 성립한다.
⑤ 밝은 곳에서 어두운 곳으로 이동하면 동공의 크기(A)가 커진다.

04 ㄷ
해설 |

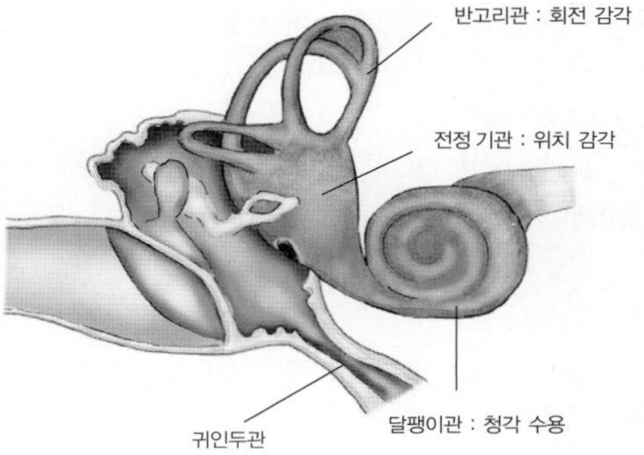

ㄱ. B는 전정 기관으로, 이석이 있어서 중력 자극에 의해 몸이 기울어지는 것을 감각한다. 기압 변화에 민감하게 반응하여 중이의 압력을 외부와 같게 조절하는 것은 귀인두관이다.
ㄴ. C는 달팽이관으로 음파 수용 장치이다. 회전 감각은 반고리관(A)에서 담당한다.
ㄷ. A는 반고리관으로, 관성에 의한 림프의 움직임에 의해 감각털이 굽는 자극이 신경을 흥분시켜 회전 감각을 수용한다. C는 달팽이관으로, 음파에 의한 림프의 진동에 의해 기저막이 상하로 움직이면서 청각 세포가 흥분되어 자극이 청각 신경을 통해 대뇌로 전달되어 청

각이 성립된다. A, C 모두 림프의 움직임이 신경 흥분을 유도한 것이다.

05 ㄱ, ㄴ, ㄷ

해설 | ㄱ. 정상인은 혈당량이 높아지면 인슐린이 분비되어 혈당량을 낮추지만, 이 환자는 혈당량이 높아지더라도 인슐린이 분비되지 않는다. 즉, 인슐린을 분비하는 이자의 β세포에 이상이 있음을 알 수 있다. 이자의 α세포에서 분비되는 글루카곤은 혈당량을 증가시키는 작용을 한다.

ㄴ. 이 환자는 인슐린 결핍에 의해 혈당량이 매우 높은 상태로 유지되므로 인슐린을 투여하면 혈당량이 감소할 것이다.

ㄷ. 정상인의 경우 인슐린의 분비량이 증가하여 혈당량이 낮아지면, 인슐린의 분비량이 다시 낮아지는데, 이것은 혈당량이 정상 수준으로 낮아짐에 따라 피드백에 의해 인슐린의 분비량이 감소하기 때문이다.

06 ㄱ, ㄷ

해설 | ㄱ. 호르몬 Y는 혈당량을 증가시키므로 혈당량이 정상보다 낮을 때 분비가 촉진된다.

ㄴ. X와 Y는 길항적으로 작용한다. 그러나 티록신은 갑상샘에서 분비되어 물질 대사를 촉진하고 항이뇨 호르몬은 뇌하수체 후엽에서 분비되어 신장에서 물의 재흡수를 촉진하므로 티록신과 항이뇨 호르몬은 서로 직접적인 영향을 주지 않는다.

ㄷ. 호르몬 X는 혈당량을 감소시키므로 인슐린이다. 인슐린의 분비량이 부족하면 혈당량이 정상보다 높아져 신장에서 여과된 포도당이 모두 재흡수되지 못하고 오줌으로 포도당이 배출될 수 있다. 이를 당뇨병이라 한다.

07 ㄱ, ㄴ

해설 | ㄱ. 뇌의 온도가 낮아질 때 티록신의 분비량이 촉진되어 온도를 회복하므로 티록신은 세포 호흡을 촉진하여 열을 발생시킨다는 것을 알 수 있다.

ㄴ. 티록신은 갑상샘에서 분비되는데 시상 하부의 온도 변화에 따라 티록신의 분비량 변화가 즉각 일어난 것은 시상하부에 의해 갑상샘의 기능이 조절되기 때문이다.

ㄷ. 뇌의 온도가 낮으면 갑상샘의 분비 기능이 촉진되어 티록신의 분비량이 증가한다.

08 ㄱ

해설 | ㄱ. 피드백 조절에 의해 호르몬 c가 과다할 때는 호르몬 a와 b의 분비가 억제되고, 호르몬 c가 부족할 때는 호르몬 a와 b의 분비가 촉진된다. 뇌하수체 전엽 호르몬의 조절을 받는 내분비샘에서 분비되는 티록신, 부신피질 호르몬, 에스트로젠, 프로게스테론 등이 있다.

ㄴ. 호르몬 c가 과다 분비되면 시상하부와 뇌하수체 전엽의 기능이 억제되어 호르몬 a와 b의 분비가 감소한다.

ㄷ. 혈관에 호르몬 b를 주사하면 호르몬 c의 분비량도 증가한다. 이에 따라 시상 하부의 기능이 억제되어 호르몬 a의 분비는 감소한다.

09 ①

해설 | 피부는 수많은 감각점들이 피부의 진피층에 분포하고 있다. 감각점의 종류는 분포 순서대로 비교하면 통점 > 압점 > 촉점 > 냉점 > 온점이다. 이들은 주변의 압력, 온도 변화, 접촉 등 물리적인 자극들을 수용하는 기계적 수용체이다.

10 (1) A : 감각 뉴런 B : 운동 뉴런 (2) b 뉴런

해설 | (1) 근육 세포에서 받아들인 자극이 척수로 전달될 수 있도록 자극을 전달하는 뉴런이므로 감각 뉴런이며, B는 척수에서 내린 자극이 근육 운동이 일어날 수 있도록 전달하는 운동 뉴런이다.

(2) 뉴런이 연결되어 있을 때 자극은 한 뉴런의 축삭 돌기 말단에서 다른 뉴런의 가지 돌기 쪽으로만 전달된다. 따라서 자극받은 뉴런이 a일 때 자극이 전달되어 흥분된 뉴런은 a와 b이므로 a뉴런의 축삭 돌기 끝에 b의 가지 돌기가 연결되어 있으며 c와 d뉴런은 순서는 알 수 없지만 a뉴런의 앞쪽에 연결되어 있음을 알 수 있다.

a와 c를 동시에 자극했을 때는 a, b, c, d가 동시에 흥분되므로 c의 축삭 돌기 말단에 d의 가지돌기가 연결되어 있음을 추리할 수 있다. 따라서 c - d - a - b 순서로 뉴런은 연결되어 있다. 이렇게 연결되어 있는 뉴런 b에 자극을 주게 되면 b의 축삭 돌기 말단과 연결된 뉴런은 없기 때문에 오로지 b뉴런만 흥분하게 된다.

11 ③

해설 | • 경로 A : 뇌하수체 전엽은 갑상샘 자극 호르몬(TSH)을 분비하여 내분비샘인 갑상샘에서 티록신의 분비를 촉진한다. 즉, 간뇌 → 갑상샘 자극 호르몬 방출 호르몬(TRH) → 뇌하수체 전엽 → 갑상샘 자극 호르몬(TSH) → 갑상샘 → 티록신의 경로를 거치므로 ㄱ과 같은 경로이다.

• 경로 B : 간뇌로부터 자율 신경인 교감 신경을 통해 부신 수질로 자극이 전달되면 아드레날린의 분비가 촉진된다. 즉, 간뇌 → 교감 신경(자율 신경) → 부신 수질(내분비샘) → 아드레날린(호르몬)의 경로를 거치므로 ㄷ과 같은 경로이다.

• 경로 C : 간뇌의 조절을 받아 자율 신경인 교감 신경이 피하 모세혈관 입모근을 수축시켜 열이 체외로 방출되는 양을 감소시킨다. 즉, 간뇌 → 교감 신경 → 피하혈관 → 입모근의 경로를 거치므로 ㄹ과 같은 경로이다.

ㄴ의 경로는 뇌하수체 후엽에서 분비되는 항이뇨 호르몬의 분비 경로이다.

12 ㄷ

해설 | ㄱ, ㄴ. 갑상샘종인 사람은 정상인보다 티록신의 농도가 낮으므로 조직 세포에서 세포 호흡에 의한 에너지 생성량이 적어 추위를 더 많이 탄다.

ㄷ. 갑상샘종에 걸린 사람은 혈중 티록신 농도가 정상인보다 낮으므로 시상 하부에서 TRH의 분비가 촉진되고, 그에 따라 뇌하수체에서 TSH분비가 촉진된다. 따라서 정상인보다 뇌하수체에서 분비되는 TSH의 양이 많다.

13 ③

해설 | ① 간상 세포는 명암을 구별하고 원추 세포는 색채에 반응, 색을 구별한다.

② 홍채에 의한 동공 크기의 조절에 의해서 명암 조절이 이루어진다.
④ 기본 미각은 단맛, 신맛, 짠맛, 쓴맛, 감칠맛의 5가지 미각이 있다. 매운맛은 통각이다.
⑤ 고막에 전달된 음이 귓속뼈에서 증폭되어 달팽이관의 림프를 진동시키는 것이다.

14 ③
해설 |

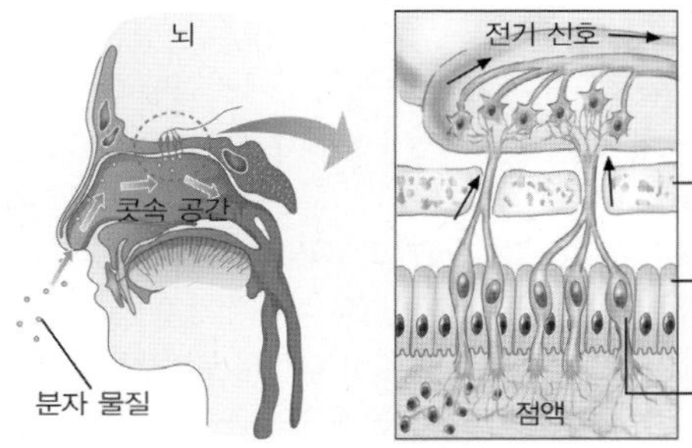

① 후각 수용기 세포는 화학 수용기이다. 냄새를 낼 수 있는 분자가 후각 세포 표면에 있는 수용체 단백질과 잘 들어 맞으면 후신경을 활성화시키는 물질을 분비하는데, 이는 화학적인 자극에 대해 반응하기 때문이다.
② 비강에서 비강 위쪽 부위인 뇌로 뻗은 감각 뉴런이다.
③ 점액이 농도가 진하게 되면, 점액에 녹은 분자들이 자유롭게 이동하지 못하므로 후세포와 만날 확률이 떨어져 냄새를 잘 맡지 못하게 된다.
④ 냄새를 내는 분자는 기체 상태 물질로 점액에 녹아서 후각 세포와 만나게 된다.

15 ④
해설 | ①, ② 평형 감각 기능을 담당하는 세포는 털세포로 우리 몸의 내이에 들어 있다. 이 털세포는 세포 표면에 있는 미세한 섬모들로 자극을 받아들인다.

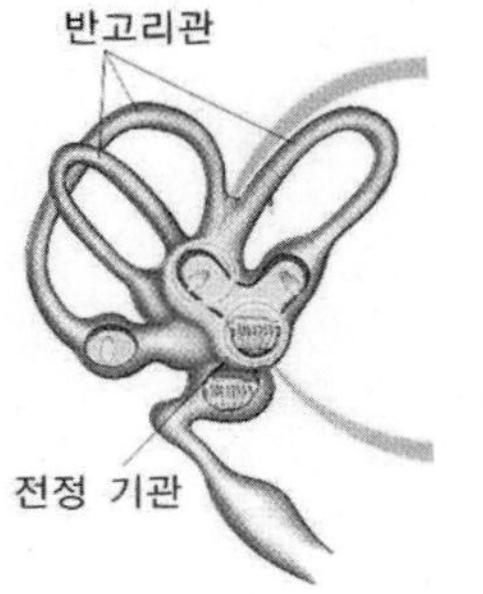

③ 반고리관에는 림프액이 있는데 움직일 때마다 림프액의 흐름이 생긴다. 이 흐름이 반고리관 내부에 있는 털세포를 자극시켜 우리가 평형을 유지하게 하는 것이다.
④ 반고리관은 서로 수직인 상태로 배열되어 있다.

16 ⑤
해설 | ① 척수 반사에는 연합 뉴런도 존재한다.
② 척수의 겉질은 백질이고 속질은 회백질로 구성된다. 반대로 뇌의 겉질은 회백질이고 속질은 백질이다.
③ 각각 뇌실에 따로 존재하지 않는다.
④ 뇌와 뇌척수액은 연결되어 있다.
⑤ 교감 신경은 척수에서 연결되어 있고, 부교감 신경은 뇌와 척수 모두에 연결되어 있다.

17 ②
해설 | 그림은 외부로부터 자극을 받아 그것을 감지하고 반응을 나타내기까지의 신경 전달 경로를 나타낸 것이다. 그림에서 (가)는 감각 수용체의 하나인 피부를 나타낸 것이다.

18 ㄱ, ㄴ, ㄷ, ㅁ
해설 |

내분비샘		주요 호르몬	주요 기능
이자 (랑게르한스 섬)		글루카곤(α세포)	혈당량 증가 (글리코젠 → 포도당)
		인슐린(β세포)	혈당량 감소 (포도당 → 글리코젠)
부신	피질	당질 코르티코이드	혈당량 증가, 염증 억제, 피부 감염에 대한 저항
	수질	아드레날린	혈당량 증가, 혈압 상승
갑상샘		티록신	물질 대사(특히 이화 작용) 촉진→ 포도당 생성, 양서류의 변태 촉진

19 ㄱ, ㄹ
해설 | ㄱ. 후각의 적합 자극은 기체 상태의 화학 물질이다.
ㄴ. 점액이 마르면 냄새의 기체 분자들이 녹아 들어가지 못하므로 전기 신호를 잘 발생하지 못하게 되어 냄새를 잘 맡지 못하게 된다.
ㄷ. 감각 기관 중 가장 예민한 것은 후각으로 쉽게 피로해지기 때문에 한 냄새를 오랫동안 맡을 수 없다. 이것은 동일한 냄새 자극원에 대한 전기적 신호가 지속적으로 발생하지 않기 때문이다.
ㄹ. 냄새 인식을 유발한 기체 분자 물질은 코를 통해 다시 공기 중으로 배출되지 않는다.

20 ㄷ, ㄹ
해설 | ㄱ. A, B, C 세 동물 중 가장 작은 크기의 자극에 반응한 것은 A 이므로 A동물이 자극에 대해 가장 예민하다는 사실을 알 수 있다.
ㄴ. A 동물은 매우 예민하여 주변 환경이 조금만 변하더라도 적응이 불가능하기 때문에 생존하기가 어렵다.
ㄷ. C 동물은 수용할 수 있는 자극의 크기는 작은 세기의 자극부터 큰 세기의 자극까지 수용 범위가 넓다. 따라서 주변 환경이 변하더라도 어느 정도의 자극은 모두 수용이 가능하므로 생존 할 수 있는 확률이 가장 높다.
ㄹ. 자극이 거의 0에 가까울 때는 A, B, C 모두 자극에 대한 반응이 나타나지 않고 있다.

21 (1) X (2) O (3) O
해설 | (1) 같은 조류에서 뻐꾸기와 참새를 비교했을 때 몸집이 작은 참새가 뻐꾸기와 달리 체온이 높지 않고 오히려 비슷하다. 따라서 몸집의 크기에 따라서 정상 체온이 다르다고 말하기 어렵다.
(2) 제시된 동물들은 치사 체온이 정상 체온보다 6℃ 정도 차이가 나

므로 정상 체온에서 6℃ 정도 체온이 오르면 생명이 위험하다고 할 수 있다.
(3) 조류의 정상 체온은 40 ~ 41℃, 치사 체온은 47℃ 이고 포유류의 정상 체온은 30 ~ 37℃, 치사 체온은 37 ~ 43℃이므로 조류는 포유류에 비해 정상 체온과 치사 체온 모두 높다고 할 수 있다.

22 ㄱ
해설 | ㄱ. 흥분은 시냅스 전 뉴런의 축삭돌기 말단에서 시냅스 후 뉴런의 가지돌기나 신경 세포체 쪽으로만 전달된다.
ㄴ. 물질 A는 화학 물질인 신경 전달 물질이다. A는 시냅스 소포 안에서 시냅스 틈으로 분비되어 가지 돌기나 신경 세포체의 세포막에 있는 수용체와 결합하면 Na^+ 통로가 열려 세포 안쪽으로 Na^+ 이 유입되어 탈분극을 일으킨다.
ㄷ. 신경 전달 물질인 물질 A는 (가)에서 역치 이상의 자극을 받았을 때 방출된다.

23 ㄴ, ㄷ
해설 | Ⅰ 에서 A 자극 이후 ㉣에서 막전위의 변화가 없으므로 A는 역치 미만의 자극인 것을 알 수 있다. Ⅱ 에서 A 자극을 준 후 축삭 돌기 말단에 X를 처리하였더니 ㉣에서 막전위가 변한 것으로 물질 X 는 신경 전달 물질 분비를 촉진하는 작용을 한다는 것을 알 수 있다. Ⅲ 에서 자극 B를 준 이후 물질 Y를 처리하였더니 역치 미만의 자극이 전달되었으므로 물질 Y는 신경 전달 물질의 분비를 억제하는 작용을 한다는 것을 알 수 있다.
ㄱ. ㉡은 말이집으로 미엘린이라는 지질 성분으로 되어 있어 절연체 역할을 하기 때문에 전도가 일어나지 않는다.
ㄴ. a 구간은 분극 상태로 뉴런이 자극을 받지 않았을 때이다. 분극 상태에서는 Na^+ -K^+ 펌프가 ATP를 소모하여 Na^+은 세포 바깥쪽, K^+은 세포 안쪽으로 이동시키는 능동 수송이 일어난다.
ㄷ. b 구간에서는 막전위가 상승하였다. 따라서 축삭 돌기의 말단으로 흥분의 전도가 일어나고, 이 전도로 인해 축삭 돌기 말단에서 신경 전달 물질이 분비된다.

24 (1) O (2) X (3) X
해설 | ㄱ. a 구간에서는 자극에 의해 활동 전위가 발생하였으므로 Na^+이 세포 내로 유입되어 탈분극이 일어났음을 알 수 있다.
ㄴ. b 구간에서는 재분극이 일어났으므로 통로를 통해 K^+이 유출되었음을 알 수 있다. 따라서 b 구간에서 K^+통로는 열려 있다.
ㄷ. (나)에서 물질 X를 처리하면 활동 전위는 발생하나 재분극 시 막전위의 변화가 (가)의 b보다 적게 일어난다. 이를 통해 물질 X가 세포 밖으로 K^+이 이동하는 것을 억제해 재분극이 느리게 일어나게 한다는 것을 알 수 있다.

25 ㄱ, ㄷ
해설 | 그림에서 ㉢는 H대이고, ㉡ + ㉢ + ㉡는 A대이다.
ㄱ. 근육 원섬유 마디의 길이가 짧아지는 ㉠은 수축이고, 다시 길어지는 ㉡은 이완이다.
ㄴ. ㉠ 과정에는 ATP가 ADP와 인산으로 분해되면서 방출되는 에너지가 필요하며, ㉡ 과정에서는 ATP의 결합이 필요하다.
ㄷ. 근육 이완이 일어날 때 근육 원섬유 마디, H대, I대는 다시 길어지고 A대의 길이는 변화없다.

26 ㄴ
해설 | ⓐ는 골격근이 상대적으로 수축되었을 때 X의 길이, ⓑ는 골격근이 상대적으로 이완되었을 때 X의 길이이다. ⓑ일 때 X의 길이는 3.2 μm이고, X는 좌우대칭이므로 ㉠ + ㉡ = 1.0 μm이고 ㉢은 1.2 μm이다. ⓑ일 때 A대의 길이는 1.6 μm이므로 ㉡이 0.2 μm이고, ㉠이 0.8 μm이다.
ㄱ. 근육에서 동물의 구성 단계 중 세포 단계에 해당하는 것은 근육 섬유이다. 근육 원섬유는 근육 섬유 내에 존재하는 섬유성 단백질 구조이다.
ㄴ. ⓐ일 때 X의 길이는 2.4 μm이고 A대의 길이는 1.6 μm이므로 액틴 필라멘트만 있는 부분의 길이는 X의 좌우 각각 0.4 μm이고, ⓐ에서 ⓑ로 움직일 때 ㉡의 길이가 각각 0.4μm씩 늘어나므로 액틴 필라멘트와 마이오신 필라멘트가 겹치는 부분은 좌우 각각 0.6 μm이다. 따라서 H대의 길이는 0.4 μm이다.
ㄷ. 근육 원섬유는 수축할수록 ㉠과 ㉢의 길이는 짧아지고 ㉡의 길이는 길어진다. ⓐ일 때는 ⓑ일 때보다 수축한 때이므로 상대적으로 ㉠과 ㉢의 길이는 짧고 ㉡의 길이는 길다. 따라서 $\frac{\text{㉡의 길이}}{\text{㉠의 길이} + \text{㉢의 길이}}$는 ⓑ일 때보다 ⓐ일 때가 크다.

27 죽은 후에는 세포 호흡이 일어나지 않아 ATP가 공급되지 않는다. 마이오신 필라멘트와 액틴 필라멘트가 결합된 상태에서 마이오신 필라멘트에 ATP가 결합해야 이들의 결합이 떨어져 근육이 이완되는데, ATP가 공급되지 않으므로 근육은 수축된 상태로 유지되어 딱딱하게 굳는 것이다.

28 격렬한 운동으로 근육에 산소가 부족해지면 필요한 만큼의 산소를 빠르게 공급할 수 없기 때문에 산소 없이 빠른 ATP 생산이 가능하도록 포도당이 젖산으로 분해되는 젖산 발효가 일어난다. 그 결과 근육에 젖산이 축적되어 다리가 붓고 근육통이 발생하게 된다.
해설 | 근육에 젖산이 축적되면 삼투에 의해 물이 흡수된다. 그 결과 근육이 부어 신경을 압박하므로 쥐가 나거나 통증을 일으킨다.

imagine infinitely 286 ~ 287쪽

Q1. 뇌 변연계의 해마와 편도체

Q2. [예시 답안] 기억이 저장된 해마와 감정을 담당하는 편도체 사이의 연결을 바꾸면 기억에 대한 감정 전환이 가능하다. 같은 상황에서도 안전하다는 것을 해마가 기억하도록 반복 학습한다.
해설 | 트라우마와 관련된 기억은 편도체와 관련되어 트라우마를 건드릴 때는 편도체만 작동되고 해마는 얼어 붙는다. 따라서 같은 상황에서도 안전하다는 것을 학습하는 등의 방법으로 치료할 수 있다.

창·의·력·과·학 아이앤아이 시리즈

무한상상

무한상상 교재 활용법

무한상상은 상상이 현실이 되는 차별화된 창의교육을 만들어갑니다.

아이앤아이 시리즈

특목고, 영재교육원 대비서

	아이앤아이 영재들의 수학여행		아이앤아이 꾸러미	아이앤아이 꾸러미 120제	아이앤아이 꾸러미 48제	아이앤아이 꾸러미 과학대회	창의력과학 아이앤아이 I&I
	수학 (단계별 영재교육)		수학, 과학	수학, 과학	수학, 과학	과학	과학
6세~초1	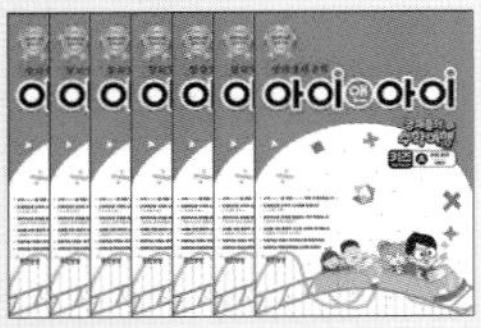	수, 연산, 도형, 측정, 규칙, 문제해결력, 워크북 (7권)					
초 1~3		수와 연산, 도형, 측정, 규칙, 자료와 가능성, 문제해결력, 워크북 (7권)		 수학, 과학 (2권)	 수학, 과학 (2권)		
초 3~5		수와 연산, 도형, 측정, 규칙, 자료와 가능성, 문제해결력 (6권)				 과학토론 대회, 과학산출물 대회, 발명품 대회 등 대회 출전 노하우	
초 4~6		수와 연산, 도형, 측정, 규칙, 자료와 가능성, 문제해결력 (6권)					
초 6							
중등		수와 연산, 도형, 측정, 규칙, 자료와 가능성, 문제해결력 (6권)		 수학, 과학 (2권)	 수학, 과학 (2권)	 과학토론 대회, 과학산출물 대회, 발명품 대회 등 대회 출전 노하우	 물리(상,하), 화학(상,하), 생명과학(상,하), 지구과학(상,하) (8권)
고등							